E. F. Heeger

Handbuch des Arznei- und Gewürzpflanzenbaues

Drogengewinnung

Handbuch des Arznei- und Gewürzpflanzenbaues

Drogengewinnung

von
Professor Dr. phil. E. F. Heeger
Direktor des Instituts für Sonderkulturen
der Karl-Marx-Universität Leipzig
mit einem Nachwort von M. Müllenberg

Verlag Harri Deutsch · Thun · Frankfurt am Main

Reprintausgabe der 1956 im Deutschen Bauernverlag, Berlin,
erschienenen 1. Auflage

CIP Titelaufnahme der Deutschen Bibliothek

Heeger, Erich, Fürchtegott:
Handbuch des Arznei- und Gewürzpflanzenbaues/
Erich Fürchtegott Heeger. – Repr. d. 1. Aufl. von 1956. –
Thun; Frankfurt am Main: Deutsch, 1989
ISBN 3-8171-1120-7

ISBN 3-8171-1120-7

Lizenzauflage für den Verlag Harri Deutsch, Thun,
Frankfurt am Main, 1989
Printed in the GDR

Vorwort

Während auf den meisten Spezialgebieten des Pflanzenbaues Lehr- und Handbücher vorhanden sind, fehlte bisher im deutschsprachigen Schrifttum ein solches auf dem Gebiete des Arznei- und Gewürzpflanzenbaues wie überhaupt der Drogengewinnung. Der erhöhte Drogenbedarf, wie er in den letzten Jahrzehnten in Erscheinung getreten ist, und der Wunsch, Arznei- und Gewürzpflanzen nach Möglichkeit im eigenen Lande in genügendem Umfange anzubauen, ließen das Fehlen eines übersichtlichen Werkes auf diesem Gebiete als Mangel empfinden. Zusammen mit Professor Dr. Karl Hugo Bauer, bis 1942 Direktor des Pharmazeutischen Instituts der Universität Leipzig, entschlossen wir uns im Jahre 1941 auf Grund unserer jahrelangen gemeinsamen Arbeit auf dem Gebiete der Drogengewinnung in Praxis und Forschung, diese Lücke zu schließen. Ungeachtet der damaligen ungünstigen Arbeitsbedingungen und der bald folgenden Erkrankung von Karl Hugo Bauer nahmen die Arbeiten einen befriedigenden Fortgang. Am 4. Dezember 1943 gingen dann durch Kriegseinwirkungen große Teile des Manuskriptes sowie das gesamte Bildmaterial in Leipzig verloren. Die Arbeit wurde von uns unter außerordentlich schwierigen Bedingungen fortgesetzt. Leider endete sie dann aber sehr bald mit dem Ableben von Karl Hugo Bauer am 8. August 1944. Ende 1945 nahm ich die Arbeit gemeinsam mit seinem langjährigen Mitarbeiter, Dozent Dr. Walter Poethke, Leipzig, jetzt Professor und Direktor des Instituts für Pharmazie und Lebensmittelchemie der Friedrich-Schiller-Universität in Jena, wieder auf. Im Jahre 1948 war der erste Band (Allgemeiner Teil) abgeschlossen. In der „Pharmazie" erschienen einige Vorabdrucke. Bedingt durch die damaligen Zeitverhältnisse, mußte dann leider die weitere Arbeit am Speziellen Teil eingestellt werden. So sah ich mich gezwungen, den Plan der Bearbeitung eines Handbuches der Arznei- und Gewürzpflanzen, umfassend Botanik, Drogengewinnung, Inhaltsstoffe und Verwendung, aufzugeben. Immer wieder wurde ich aber von Fachleuten der Praxis und Kollegen der Wissenschaft sowie namhaften Persönlichkeiten der pharmazeutischen Wirtschaft des In- und Auslandes gebeten, meine langjährigen Erfahrungen wenigstens auf meinem eigenen Arbeitsgebiet, dem des Arznei- und Gewürzpflanzenbaues, in Buchform erscheinen zu lassen. Auch die Deutsche Akademie der Landwirtschaftswissenschaften zu Berlin und der Deutsche Bauernverlag baten mich, im Interesse der Förderung der Drogengewinnung ein solches Handbuch zu schreiben. So entschloß ich mich, aus dem bisherigen umfangreichen Manuskript das Wichtigste für die Drogengewinnung zu exzerpieren und zu überarbeiten. Der pharmazeutisch-chemische Teil und die Ausführungen über die Verwendung der Drogen mußten dabei leider so gut wie unberücksichtigt bleiben, denn der Umfang des Werkes sollte stark eingeschränkt werden. Aus einem ursprünglich geplanten dreibändigen Werk war ein einbändiges zu gestalten. Diese nicht ganz einfache Aufgabe hoffe ich aber zur Zufriedenheit aller am Arznei- und Gewürzpflanzenbau interessierten Berufskreise gelöst zu haben. Ich bin mir dabei bewußt, daß die Drogengewinnung, und ganz besonders die der Arzneidrogen, sehr umfangreiche Kenntnisse in mehreren wissenschaftlichen Disziplinen erfordert, wenn sie erfolgreich durchgeführt werden soll. Auf zahlreiche, sich bei der Bearbeitung des Manuskriptes ergebende Probleme konnte von mir lediglich hingewiesen werden. Sie liegen auf verschiedenen Gebieten: auf denen der Botanik, der Landwirtschaft und des Gartenbaues, der Pflanzenzüchtung, der pharmazeutischen Chemie und der Pharmakognosie, der Pharmakologie und der klinischen Medizin.

Ich bin für jeden der Drogengewinnung dienenden Hinweis wie auch für jede sachliche Kritik dankbar. Sollte es mir mit diesem Werk gelungen sein, einen Beitrag zur Förderung der sachgemäßen Gewinnung von Qualitätsdrogen und deren Verwendung geleistet zu haben, so würde es mich als Landwirt freuen, Volkswirtschaft und Volksgesundheit einen guten Dienst erwiesen zu haben.

Auch ist es mir ein tiefempfundenes Bedürfnis, allen meinen Mitarbeitern des Sortenamtes für Nutzpflanzen, Zweigstelle Leipzig, und des Instituts für Sonderkulturen der Karl-Marx-Universität in Leipzig sowie allen Kollegen und Freunden, die mir ihre Unterstützung zuteil werden ließen, herzlich zu danken.

Leipzig, im Januar 1955

Erich Fürchtegott Heeger

Inhaltsverzeichnis

Seite

Einführung 11

Allgemeiner Teil

I. Abriß der Entwicklung des Arznei- und Gewürzpflanzenbaues 19

II. Die Bedeutung des Arznei- und Gewürzpflanzenbaues für Volkswirtschaft und Volksgesundheit 42

III. Die in Deutschland in der Hauptsache angebauten Arznei- und Gewürzpflanzen und ihre Drogen 47

IV. Die Standortsfaktoren 66

A. Klimatische Faktoren

1. Lichtfaktor 67
2. Temperaturfaktor 68

B. Klimatisch-edaphische Faktoren

3. Wasserfaktor 71
4. Kohlensäurefaktor 73

C. Edaphische Faktoren

5. Physikalische Bodenstruktur 76
6. Durchlüftung 76
7. Nährsalzgehalt, Spurenelemente 76
8. Wasserstoffionenkonzentration 77
9. Mikroorganismenleben 77

V. Die Klimaprovinzen Deutschlands 78

VI. Die deutschen Zentren des Arznei- und Gewürzpflanzenbaues 80

VII. Arten- und Sortenwahl mit Hinblick auf die betriebswirtschaftlichen Verhältnisse . . . 89

VIII. Fruchtfolge 107

IX. Einzel- und Mischkultur 115

X. Düngung 119

XI. Bodenbearbeitung 128

XII. Saat- und Pflanzgut 130

XIII. Aussaat und Pflanzung 132

XIV. Bestandspflege und Pflanzenschutz 143

XV. Ernte und Erträge 147

XVI. Trocknung 154

XVII. Lagerung und Versand 172

XVIII. Normierung und Standardisierung 177

Seite

XIX. Die Inkulturnahme wildwachsender Arzneipflanzen 185
XX. Aufgaben und Ziele der Arznei- und Gewürzpflanzenzüchtung 193
XXI. Die Nebennutzung von Arznei- und Gewürzpflanzen sowie die Verwendung anderer landwirtschaftlicher und gartenbaulicher Kulturarten für pharmazeutische Zwecke . . . 197

Spezieller Teil

Aconitum napellus L. † . . . . . . Eisenhut, Blauer 207
Agrimonia eupatoria L. . . . . . . Odermennig 210
Allium sativum L. . . . . . . Knoblauch 213
Allium schoenoprasum L. . . . . . . Schnittlauch 219
Althaea officinalis L. . . . . . . Eibisch 223
Althaea rosea (L.) Cav. *var. nigra* Hort. . . . . . Malve, Schwarze; Stockrose 229
Anethum graveolens L. . . . . . . Dill 233
Angelica archangelica L. . . . . . . Angelika; Engelwurz 238
Anthemis nobilis L. . . . . . . Kamille, Römische 249
Anthriscus cerefolium (L.) Hoffm. . . . . . . Gartenkerbel 253
Arctium lappa L. . . . . . . Klette, Große 255
Arnica montana L. . . . . . . Arnika; Bergwohlverleih 261
Artemisia abrotanum L. . . . . . . Eberraute 267
Artemisia absinthium L. . . . . . . Wermut 268
Artemisia dracunculus L. . . . . . . Estragon 275
Artemisia maritima L. . . . . . . Seestrandbeifuß 280
Artemisia vulgaris L. . . . . . . Gewürz-Beifuß 284
Asperula odorata L. . . . . . . Waldmeister 286
Atropa bella-donna L. † . . . . . . Tollkirsche 289

***B**orago officinalis* L. . . . . . . Boretsch 297
Brassica nigra (L.) Koch . . . . . . Senf, Schwarzer 300

Calendula officinalis L. . . . . . . Ringelblume 304
Cannabis sativa L. *var. indica* (Lam.) Hegi † . . . Haschisch-Hanf 309
Capsicum annuum L. . . . . . . Paprika (Gewürzpaprika) 320
Carum carvi L. . . . . . . Kümmel 328
Centaurium umbellatum Gilib. . . . . . . Tausendgüldenkraut 339
Chenopodium ambrosioides L. † . . . . . . Gänsefuß, Wohlriechender 342
Chrysanthemum cinerariifolium (Trev.) Vis. . . Insektenpulverpflanze, Dalmatinische 347
Cichorium intybus L. . . . . . . Zichorie 351
Cnicus benedictus L. . . . . . . Benediktenkraut 355
Cochlearia officinalis L. . . . . . . Löffelkraut 358
Coriandrum sativum L. . . . . . . Koriander 361

***D**atura stramonium* L. † . . . . . . Stechapfel, Gemeiner 366
Digitalis lanata Ehrh. † . . . . . . Fingerhut, Wolliger 377
Digitalis purpurea L. † . . . . . . Fingerhut, Roter 380

***E**chinacea-species* . . . . . . Sonnenhut-Arten 388

		Seite
Foeniculum vulgare Mill.	Fenchel	393
Galega officinalis L.	Geißraute	406
Glycyrrhiza glabra L.	Süßholz, Gemeines	409
Grindelia-species	Grindelia-Arten	414
Hydrastis canadensis L. †	Gelbwurz, Kanadische	417
Hyoscyamus niger L. †	Bilsenkraut	420
Hyssopus officinalis L.	Ysop	426
Inula helenium L.	Alant	430
Iris-species	Schwertlilie-Arten	435
Lavandula angustifolia Mill.	Lavendel, Echter	441
Lepidium sativum L.	Gartenkresse	451
Levisticum officinale Koch	Liebstock	453
Linum usitatissimum L.	Lein	459
Lobelia-species †	Lobelia-Arten	467
Majorana hortensis Moench	Majoran	472
Malva silvestris L.	Malve, Blaue	480
Marrubium vulgare L.	Andorn, Weißer	485
Matricaria chamomilla L.	Kamille, Echte	488
Melissa officinalis L.	Melisse	405
Mentha piperita L.	Pfefferminze	512
Mentha pulegium L.	Poleiminze	540
Mentha spicata L. em. Nathh. *var. crispata* (Schrad.) Beck	Krauseminze	538
Nigella sativa L.	Schwarzkümmel	541
Ocimum basilicum L.	Basilikum	514
Origanum vulgare L.	Dost	550
Paeonia officinalis L. (†)	Pfingstrose, Großblumige	553
Papaver somniferum L. (†)	Mohn	556
Petroselinum crispum (Mill.) Nym. ex Hort. Kew.	Petersilie, Garten-	573
Pimpinella anisum L.	Anis	578
Plantago lanceolata L.	Spitzwegerich	583
Rheum palmatum L.	Medizinalrhabarber	589
Ricinus communis L. †	Rizinus	602
Rosmarinus officinalis L.	Rosmarin	610
Rubia tinctorum L.	Krapp	613
Rumex acetosa L.	Sauerampfer, Großer	617
Ruta graveolens L.	Weinraute	621
Salvia officinalis L.	Salbei, Gebräuchlicher	626
Salvia sclarea L.	Muskateller-Salbei	634
Sanguisorba minor Scop.	Gartenpimpinelle	638

		Seite
Saponaria officinalis L.	Seifenkraut	641
Satureja hortensis L.	Bohnenkraut, Einjähriges	645
Satureja montana L.	Winter-Bohnenkraut	649
Silybum marianum (L.) Gaertn.	Mariendistel	653
Sinapis alba L.	Senf, Weißer	658
Symphytum officinale L.	Beinwell	664
Taraxacum officinale Web. in Wigg.	Löwenzahn, Kultur-	666
Thymus vulgaris L.	Thymian	673
Trigonella coerulea (L.) Ser.	Schabziegerklee	678
Trigonella foenum-graecum L.	Bockshornklee	681
Urtica-species	Brennessel-Arten	685
Valeriana officinalis L.	Baldrian, Gebräuchlicher	693
Verbascum-species	Königskerze-Arten	706
Viola tricolor L.	Feldstiefmütterchen	714

Nachwort . . . 721

Literaturhinweise . . . 723

Namenverzeichnis . . . 725

Verzeichnis der geographischen Namen . . . 730

Sachregister . . . 736

Bildnachweis . . . 775

Einführung

Das vorliegende Werk trägt den Titel „Handbuch des Arznei- und Gewürzpflanzenbaues — Drogengewinnung".
Demzufolge soll es in erster Linie in der Hand des Anbauers von Arznei- und Gewürzpflanzen ein Wegweiser und Ratgeber sein zur sachgemäßen Gewinnung von Qualitätsdrogen und zugleich als Nachschlagewerk für alle anderen sich mit Vegetabilien beschäftigenden Berufe dienen. Zu diesem Zwecke ist dem Buch ein ausführliches Sachregister beigefügt worden. Für Biologen, Gärtner, Landwirte und Drogenfachleute, die sich auf diesem Gebiete des Pflanzenbaues zu spezialisieren beabsichtigen, ist das Werk gleichzeitig als Lehrbuch verfaßt worden. Es war daher notwendig, den Anbau der einzelnen Arznei- und Gewürzpflanzenarten in botanischem sowie acker- und pflanzenbaulichem Zusammenhange darzustellen und darüber hinaus noch allgemein Wissenswertes mitzuteilen. Um dem Leser eine schnelle Orientierung über das wichtigste Schrifttum zu ermöglichen, wird am Schluß des Speziellen Teiles (Seite 720) eine Übersicht der häufiger benutzten Bücher und Zeitschriften gebracht. Weitere Quellennachweise befinden sich bei den einzelnen Kapiteln als Fußnoten. Hiermit dürfte Aufgabe und Zweck des Werkes umrissen sein. Den Inhalt betreffend, ist noch folgendes vorauszuschicken:
Hinsichtlich der Klassifizierung der Arznei- und Gewürzpflanzen* im Rahmen des gesamten Pflanzenbaues gehören sie zur Gruppe der Sonderkulturen, die auch Spezialkulturen oder Spezialfrüchte genannt werden. Ob es sich hierbei um eine landwirtschaftliche oder gärtnerische Sonderkultur handelt, ist hauptsächlich abhängig von der arbeitswirtschaftlichen Intensitätsstufe der anzubauenden Pflanzenart. Gemessen am „landwirtschaftlichen Pflanzenbau" ist speziell der „Arznei- und Gewürzpflanzenbau" — ähnlich dem Gemüsebau — im allgemeinen arbeits- und kapitalintensiv. Somit wird er gern dem gärtnerischen Pflanzenbau zugeordnet, was aber nur bedingt richtig ist. Im Kapitel VII „Arten- und Sortenwahl mit Hinblick auf die betriebswirtschaftlichen Verhältnisse" wird hierauf zurückgekommen.
In einem Handbuch des Arznei- und Gewürzpflanzenbaues können nicht alle in der Land- und Forstwirtschaft sowie im Gartenbau anzutreffenden Sonderkulturen behandelt werden, da hier nur solche interessieren, die Drogen liefern. Aus diesem Grunde beschränkte ich mich in Abstimmung mit Herrn Forstmeister GÜNTHER, Leiter der Abteilung Pappel- und forstliche Sonderkulturen des Instituts für Forstwissenschaft in Tharandt, Zweigstelle Graupa, auf folgende Definition des Begriffes Sonderkulturen:
Unter landwirtschaftlichen und gärtnerischen Sonderkulturen sind Nutzpflanzen zu verstehen, die auf Grund ihrer besonderen Kulturansprüche sowie ihrer wirtschaftlichen Verwertung einen flächenmäßig begrenzten Anbau zur Folge haben und daher im Rahmen des Acker- und Pflanzenbaues eine Sonderstellung einnehmen. Zu den forstlichen Sonderkulturen gehören solche Holzgewächse, die zur Erzielung eines bestimmten wirtschaftlichen oder landeskulturellen Zweckes besondere Kul-

* Begrifflich werden im deutschen Sprachgebrauch die „Arzneipflanzen" auch „Medizinal-" oder „Heilpflanzen" genannt, und für „Pflanzen" wird das Wort „Kräuter" gebraucht.

turmaßnahmen erfordern und nicht nur im Walde, sondern auch außerhalb desselben angebaut werden.

Im Falle der angebauten Arznei- und Gewürzpflanzen handelt es sich also um Drogen* liefernde Sonderkulturen für Vegetabilien verarbeitende Betriebe der Arznei-, Genußmittel- und Riechstoffindustrie, also nicht um landwirtschaftliche Nebenbetriebe. Letztere verarbeiten in engster Anlehnung an die Landwirtschaft deren Produkte, wie die Stärke- und Zuckerfabriken, Brennereien und Süßmostereien. Die Trocknerei in Verbindung mit der Landwirtschaft ist zwar ein landwirtschaftlich-technisches Nebengewerbe, jedoch handelt es sich beim Trocknen von Arznei- und Gewürzpflanzen durch den Anbauer um eine zur Haltbarmachung der Ernte unerläßliche allgemeine Maßnahme wie die Heuwerbung, welche keine gewerbliche Tätigkeit darstellt, auch wenn sie unter Verwendung technischer Anlagen gehandhabt wird. Die im Anbau gewonnenen Drogen werden von Vegetabilien be- und verarbeitenden Spezialbetrieben entsprechend den Gepflogenheiten des Handels und unter Berücksichtigung der amtlichen Arzneibücher sowie der sonstigen verbindlichen Bestimmungen, z. B. Normierungs- und Standardisierungsvorschriften, aufbereitet und in verschiedenen Schnitt- bzw. Pulverformen in den Handel gebracht. Hierbei handelt es sich um die einfachste Art der Drogenverarbeitung. Außerdem werden aus den frischen Arzneipflanzen und den Drogen eine ganze Anzahl galenischer Zubereitungen (Galenica) hergestellt, so z. B. Sirupe, Extrakte und Tinkturen. Die Drogen dienen auch industriellen Zwecken zur Gewinnung ihrer spezifischen Inhaltsstoffe (Reinsubstanzen) durch die pharmazeutisch-chemische Industrie und die Riechstoffabriken.

Auf die Chemie und Pharmakologie der Arzneipflanzen und damit auf die Inhaltsstoffe der Drogen und deren Wirkung wird nicht näher eingegangen, denn das würde den Rahmen eines Anbaubuches sprengen. Ich beschränkte mich daher in einer tabellarischen Übersicht (Tabelle S. 55) auf die Erwähnung der Hauptwirkstoffe und deren wichtigste Indikationsgebiete. Die neueste und wohl umfassendste Darstellung hinsichtlich der Hauptwirkstoffe, ihrer Pharmakologie, Toxikologie und Therapie liegt vor in dem Werk von O. GESSNER: „Die Gift- und Arzneipflanzen von Mitteleuropa", 2. Auflage, Heidelberg 1953. Dem chemisch, pharmazeutisch und medizinisch Interessierten kann dieses Buch zum Studium und Nachschlagen besonders empfohlen werden.

Was die Auswahl der in diesem Werke zu behandelnden Arznei- und Gewürzpflanzenarten anbelangt, so erfolgte sie nach ihrer wirtschaftlichen Bedeutung im mitteleuropäischen Anbau. Bedenkt man, daß nach L. REINHARDT: „Kulturgeschichte der Nutzpflanzen", IV. Band, 2. Hälfte, München 1911 (S. 271), bei den Völkern der Erde etwa 40000 Pflanzen in arzneilichem Gebrauche stehen, so dürfte es verständlich sein, daß nur eine kleine Auswahl der wichtigsten in Mitteleuropa angebauten bzw. anbaufähigen Arten möglich war. Berücksichtigt wurden in erster Linie die in den amtlichen „Sortenlisten" Deutschlands enthaltenen Arznei- und Gewürzpflanzenarten, soweit sie von wirtschaftlicher Bedeutung sind. Auch einige bisher seltener angebaute und zum Teil noch vorwiegend wildwachsend gesammelte Arzneipflanzen wurden aufgenommen, wenn es sich um solche handelte, die in der Heilkunde an Bedeutung gewinnen. Unberücksichtigt blieben zahlreiche Pflanzen, die nur in der Homöopathie Verwendung finden und deren Anbau lediglich beetweise von Spezialbetrieben erfolgt. Hinsichtlich der Drogen liefernden Sträucher und Bäume, wie überhaupt der forstlichen Sonderkulturen, beschränkte ich mich auf eine tabellarische Übersicht (Tabelle S. 202) der in Mitteleuropa angebauten Arten. Subtropische und tropische Nutzpflanzen, deren erfolgreicher Anbau in Deutschland nur unter heizbaren Glasflächen gewährleistet ist,

* Die sprachliche Erklärung des Wortes „Droge" ist unsicher. Es kann sich ableiten vom niederdeutschen *drög* = trocken, aber auch vom slawischen *doroga* = teuer, kostbar.

blieben unberücksichtigt. Überschneidungen mit einigen landwirtschaftlichen Kulturarten liegen insofern vor, als besonders einige Ölfruchtarten, z. B. der Mohn (*Papaver somniferum* L.), auch wichtige Arzneipflanzen sind. In diesem Falle dürfte es für den Landwirt wertvoll sein, einige ihm geläufige landwirtschaftliche Kulturarten einmal in drogenwirtschaftlicher Hinsicht kennenzulernen. Übrigens rechnet E. VON BOGUSLAWSKI in dem von ROEMER, SCHEIBE, SCHMIDT und WOERMANN herausgegebenen „Handbuch der Landwirtschaft", 2. Band, Pflanzenbaulehre, S. 318, Berlin 1953, die Ölpflanzen zu den Sonderkulturen, da sie eine verhältnismäßig geringe Flächenausdehnung aufweisen und infolge ihrer Einordnung und Bedeutung in der Fruchtfolge eine Sonderstellung einnehmen.

Bei der Schreibweise der wissenschaftlichen Namen bemühte ich mich, den gültigen internationalen botanischen Nomenklaturregeln zu folgen*. Sie weicht hinsichtlich der Stammpflanzen der im Deutschen Arzneibuch, 6. Ausgabe 1926 (DAB. 6) und Ergänzungsbuch (Erg.-B. 6), enthaltenen Drogen zuweilen ab. Synonyma wurden meist nur in solchen Fällen angeführt, wo der gültige wissenschaftliche Pflanzenname noch nicht allgemein bekannt ist. Auch auf eine Aufzählung der häufig sehr zahlreichen Volksnamen für ein und dieselbe Art wurde verzichtet. Ebenfalls blieb die Etymologie so gut wie unberücksichtigt. Hierüber kann bei H. MARZELL: „Wörterbuch der deutschen Pflanzennamen", Leipzig (erscheint seit 1937 in Lieferungen), nachgelesen werden. Hinsichtlich der wissenschaftlichen Namen der erwähnten Drogen richtete ich mich nach dem DAB. 6 und Erg.-B. 6, obgleich dort die Drogenbezeichnungen nicht immer formal und sachlich einheitlich gebildet sind**. Eine verbindliche Regelung liegt für die Schreibweise der amtlichen Arzneibücher noch nicht vor.

Im Allgemeinen Teil des Werkes wird, ausgehend von der historischen Entwicklung der Drogengewinnung in Deutschland, ein Überblick über das gesamte Gebiet des Arznei- und Gewürzpflanzenbaues gegeben. In Anlehnung an die Gliederung der Standortsfaktoren, wie sie H. LUNDEGÅRDH in seinem Buche „Klima und Boden in ihrer Wirkung auf das Pflanzenleben", 4. Auflage, Jena 1954, vorgenommen hat, werden diese speziell in ihrer Bedeutung für den Arznei- und Gewürzpflanzenbau einer kritischen, für den Praktiker verständlichen Betrachtung unterzogen. Aus der Kenntnis der Standortsfaktoren heraus werden die deutschen Zentren des Arznei und Gewürzpflanzenbaues charakterisiert. Alle acker- und pflanzenbaulichen Maßnahmen können nur erfolgreich sein, wenn sie den Standortsverhältnissen entsprechend durchgeführt werden.

Weiterhin wird die Frage der Arten- und Sortenwahl untersucht. Hier sind besonders betriebs- und speziell arbeitswirtschaftliche Gesichtspunkte zu beachten.

Ohne auf elementartechnische Einzelheiten einzugehen, wird kompendiarisch das acker- und pflanzenbaulich allgemein Wichtigste für die Durchführung einer erfolgreichen Gewinnung von Anbaudrogen gebracht. Auch prinzipielle Fragen, wie solche der Trocknung, der Lagerung und des Versandes von Drogen, werden behandelt. Außerdem wird zum Problem der Normierung und Standardisierung der Drogen Stellung genommen. Von jedem Arzneimittel ist zu fordern, daß die therapeutischen Eigenschaften eines solchen eindeutig festgelegt sind und daß es von stets gleichmäßiger Wirksamkeit ist. Dieser berechtigten ärztlichen Forderung können Normierungs- und Standardisierungsmaßnahmen gerecht werden. Sie sind von großer

* Herrn Prof. Dr. R. MANSFELD vom Institut für Kulturpflanzenforschung der Deutschen Akademie der Wissenschaften zu Berlin in Gatersleben danke ich für freundlich erteilte Hinweise betreffend Fragen der Systematik und botanischen Nomenklatur.

** Siehe hierzu MANSFELD, R.: Die Technik der wissenschaftlichen Pflanzenbenennung, Berlin 1949, und derselbe: Zur Nomenklatur und Terminologie der pflanzlichen Drogen. „Pharmazie" 7, S. 592 bis 595 (1952); bzw. „Arzneipflanzen-Umschau" 3, S. 345 bis 348 (1952).

Bedeutung für die Arzneipflanzenverwendung in der wissenschaftlichen Heilkunde. Auf dem Gebiete der Drogengewinnung muß das Qualitätsprinzip an erster Stelle stehen. Bereits der Pflanzenzüchter, der sich mit diesen Pflanzen beschäftigt, muß Qualitätszüchtung betreiben, die bei den Arzneipflanzen besonders schwierig ist. Es folgt daher ein Abriß der Aufgaben und Ziele auf diesem Gebiete der Pflanzenzüchtung. Außerdem werden noch einige, die Praxis am Rande der eigentlichen Drogengewinnung interessierende Fragen beantwortet, wie die der Nebennutzung landwirtschaftlicher und gartenbaulicher Kulturpflanzen bzw. deren Abfälle für pharmazeutische Zwecke, so z. B. die des Mohnstrohes als eines wichtigen Rohstoffs für die Gewinnung therapeutisch sehr wertvoller Alkaloide.
Im Speziellen Teil werden die einzelnen Arznei- und Gewürzpflanzenarten abgehandelt, wobei entsprechend dem Charakter des Buches der Abschnitt „Anbau" den Schwerpunkt darstellt. Unter dem Begriff „Anbau" werden im engeren Sinne alle Kulturmaßnahmen von der Saat bis zur Ernte verstanden, im weiteren Sinne auch alle Vorbedingungen (Standorts- und Vorfruchtwahl) sowie die Maßnahmen zur Haltbarmachung und Aufbewahrung der Ernte, im Falle des Arznei- und Gewürzpflanzenbaues insbesondere die Trocknung. Die Ursachen der mangelhaften Aufwärtsentwicklung der Drogengewinnung sind in der Hauptsache begründet durch das Zurückbleiben der Anbautechnik bei diesen Sonderkulturen gegenüber anderen Kulturarten. Es wird versucht, den Anbau unter Berücksichtigung der wenigen vorliegenden wissenschaftlich gesicherten Versuchsergebnisse bei den Arznei- und Gewürzpflanzen auf Grund meiner fünfundzwanzigjährigen praktischen und wissenschaftlichen Erfahrungen auf dem Gebiete der Drogengewinnung so darzustellen, daß dem Anbauer von Arznei- und Gewürzpflanzen unnützes Ausprobieren und damit unnötige Kosten erspart bleiben. Dabei bin ich mir bewußt, daß meine vorwiegend in der Praxis gesammelten Erfahrungen als häufig wichtigste Erkenntnisquelle nicht immer die allein richtigen zu sein brauchen. Als ein „Sicherheitsfaktor" ist in diesem Falle meine enge Zusammenarbeit mit der landwirtschaftlichen Praxis, insbesondere auch die mit Herrn W. Caesar zu werten. Genannter leitete als Landwirt jahrelang sehr erfolgreich den in Fachkreisen bestens bekannten, von Rudolf Caesar gegründeten Arzneipflanzenanbau- und Saatzuchtbetrieb Caesar & Co. in Schkopau bei Halle (Saale). Der wirtschaftseigene und vertragsgebundene, außerordentlich gut betreute Anbau dieses Tochterunternehmens der weltbekannten Drogenfirma Caesar & Loretz, die nahezu 75 Jahre in Halle (Saale) bestand, umfaßte jährlich bis zu 250 ha Arzneipflanzenanbaufläche. Mit Herrn W. Caesar arbeitete ich gemeinsam das Manuskript meiner Ausführungen über den Anbau durch, und wir erzielten in allen Anbaufragen Übereinstimmung, wobei ich auch viele praktische Hinweise seiner wertvollen Mitarbeit verdanke. Sehr kam es mir bei der Darstellung der Anbaumethodik darauf an, daß diese eine wirtschaftliche Drogengewinnung nach Möglichkeit gewährleistet. Aus diesem Grunde wurde häufig dem landwirtschaftlichen Anbau der Vorzug vor der gärtnerischen Kulturweise gegeben. Letzten Endes muß der Anbau in ökonomischer Hinsicht so gestaltet werden, daß er im Rahmen eines landwirtschaftlichen Betriebes einen ständigen Platz einnimmt, wie etwa der Feldgemüse- oder Obstbau. Das schließt einen selbständigen Arznei- und Gewürzpflanzenbau nicht aus und kann unter bestimmten Voraussetzungen zum Spezialbetrieb mit oder ohne Verbindung zur allgemeinen Landwirtschaft führen.
Der botanischen Charakteristik der behandelten Arznei- und Gewürzpflanzenarten liegt vorwiegend G. Hegis „Illustrierte Flora von Mitteleuropa", München, zugrunde. Bei einigen Arten wurde sie auszugsweise diesem Werke entnommen. Sehr allgemein gehalten wurden die Angaben über die geographische Herkunft und Verbreitung der Arten. Es lag nicht in meiner Absicht, eine bis ins einzelne führende

botanische Beschreibung der behandelten Arten zu geben, sondern es ging mir lediglich darum, daß der Anbauer die Pflanze, die er kultiviert, botanisch etwas näher kennenlernt. Zur Vertiefung der botanischen Kenntnisse muß auf die Spezialliteratur und vor allem auf das genannte Werk von HEGI verwiesen werden. Obgleich letzteres dringend einer Neubearbeitung bedarf, da einige Unstimmigkeiten oftmals sehr stören und diese „Flora" heute nicht mehr in allem dem neuesten Stand der botanischen Wissenschaft entspricht, ist es für den besonders allgemein botanisch interessierten Biologen, Gärtner, Landwirt und Drogenfachmann als Nachschlagewerk unentbehrlich. Die Früchte bzw. Samen fast aller behandelten Arznei- und Gewürzpflanzen werden morphologisch beschrieben und abgebildet, wobei sich wichtige samenkundliche Hinweise ergeben. Auf eine Sortenbeschreibung der zum Anbau gelangenden Sorten wurde verzichtet, da bereits eine ausführliche Charakteristik in dem Buche von E. F. HEEGER und K. BRÜCKNER, „Heil- und Gewürzpflanzen/Arten- und Sortenkunde", 2. Auflage, Berlin 1952, vorliegt. Die mir bekannten Arznei- und Gewürzpflanzensorten werden aber erwähnt, und auf spezielle Sortenfragen wird eingegangen, wenn sie für die Praxis von Bedeutung sind. Obgleich die Arznei- und Gewürzpflanzen schon von alters her angebaut werden, sind sie züchterisch zum Teil noch sehr wenig oder gar nicht bearbeitet, so daß von Sorten im eigentlichen Sinne nur in wenigen Fällen die Rede sein kann. Im Handel befinden sich nach Feststellungen des Sortenamtes:

1. Formengemische, wobei es sich um Herkünfte handelt, die züchterisch noch nicht bearbeitet wurden. Sie gelangen ohne Sortennamen unter der Bezeichnung „Handelssaatgut" in den Verkehr. Es handelt sich hierbei um im Inland erzeugtes Saatgut.
2. Landsorten, das sind solche Herkünfte, die schon lange in bestimmten Gebieten angebaut werden und somit über einen bekannten Herkunftscharakter verfügen. Sie sind züchterisch noch nicht beeinflußt und stellen mehr oder weniger Formengemische dar.
3. Zuchtsorten (Einzel- bzw. Hochzuchtsorten), die das Ergebnis züchterischer Arbeit sind. Die Mehrzahl der angebauten Arznei- und Gewürzpflanzenarten ist vertreten durch
   a) Gruppensorten oder Freie Sorten. Das sind Sorten, die von mehreren Züchtern erhaltungszüchterisch bearbeitet werden und unter der Bezeichnung „Stammsaat" in den Verkehr gelangen. Hierunter fallen auch Sorten ohne Sorteninhaber. Soweit Zuchtsorten selbständig (einmalig) und wirtschaftlich wertvoll sind, werden sie als
   b) Einzelsorten geführt. Der Begriff „Hochzuchtsorte", für dessen Anwendung eine besonders intensive Zuchtarbeit nachgewiesen werden muß, ist bei den Arznei- und Gewürzpflanzenarten nur in ganz wenigen Fällen anwendbar.

Auf den sehr bedeutungsvollen Pflanzenschutz wird hingewiesen. Die wichtigsten Krankheiten und Schädlinge werden erwähnt. Was ihre Auswirkungen und Bekämpfung anbelangt, so beschränkte ich mich in Fällen besonders gefährlichen Auftretens auf kurze Hinweise. Der Pflanzenschutz ist von großer wirtschaftlicher Bedeutung. Der Erfolg des Pflanzenbaues ist abhängig von der Gesunderhaltung der Pflanzen, wobei auch ganz besonders beim Anbau von Arznei- und Gewürzpflanzen den prophylaktischen Maßnahmen größter Wert beizumessen ist. Im übrigen sei auf die Spezialliteratur verwiesen, so u. a. auf die Arbeiten von E. MÜHLE und Mitarbeitern* über das Auf-

* Herr Professor Dr. E. MÜHLE, Direktor des Instituts für Phytopathologie der Karl-Marx-Universität in Leipzig, widmet sich seit vielen Jahren phytopathologischen Fragen, auch auf dem Gebiete der Sonderkulturen. Seine bisherigen Veröffentlichungen dienten mir häufig als Quelle bei der Bearbeitung des Abschnittes „Krankheiten und Schädlinge". Ihm bin ich auch für persönlich gegebene wertvolle Hinweise dankbar. Seinem Mitarbeiter, Herrn Diplom-Biologen FRÖHLICH, danke ich für die Überprüfung der wissenschaftlichen Namen der in diesem Buche erwähnten Nützlinge und Schädlinge der Arznei- und Gewürzpflanzen.

treten, die Lebensweise und Bekämpfung von Krankheiten und Schädlingen bei Arznei- und Gewürzpflanzen.
Die entomologischen Befunde verdanke ich meinem langjährigen Mitarbeiter Herrn W. UDE, der mit unendlichem Fleiß jahrelang die Arznei- und Gewürzpflanzenbestände der Zweigstelle des Sortenamtes in Leipzig-Probstheida und des Instituts für Sonderkulturen (Drogenlehrhof am Monarchenhügel in Liebertwolkwitz) in blütenbiologischer und phytopathologischer Hinsicht beobachtete*. Seine Arbeiten stellen gewissermaßen eine Fortsetzung der des bekannten Altmeisters der Insektenkunde Alexander REICHERT dar, welcher in den Jahren 1919 bis 1932 die umfangreichen Sonderkulturen der auf dem Gebiete der ätherischen Öle führenden Firma SCHIMMEL & Co. in Miltitz bei Leipzig** beobachtete, und der von F. VAN EMDEN, der sich mit der Schädlingsfauna bei Arznei- und Gewürzpflanzen in der Firma CAESAR & LORETZ***, Halle (Saale), befaßte.
Auf die Bedeutung dieser Sonderkulturen als Bienenweide wird hingewiesen.
Außerdem bringe ich noch einige drogenkundliche Hinweise, die für den Anbauer von Arznei- und Gewürzpflanzen von allgemeinem Interesse sein dürften. Ihnen liegen größtenteils, wie auch den Angaben über die im Handel geführten Drogenherkünfte, die Ausführungen von H. A. HOPPE, „Europäische Drogen", Band I und II, Hamburg 1951, zugrunde. Diese „Drogenkunde" kann dem drogenkundlich Interessierten ebenfalls als Nachschlagewerk empfohlen werden. Zuletzt fand unter „Besonderes" auch noch mancherlei Wissenswertes für den Anbauer über die Arznei- und Gewürzpflanzen Erwähnung. So wird z. B. auf die Verwendung einiger Arznei- und Gewürzpflanzen und Drogenabfälle in der Tierernährung hingewiesen. Ebenso wurde auf den Anbau einiger Arten als Zierpflanzen in der Gartengestaltung aufmerksam gemacht.
Mit dieser Darstellung des Arznei- und Gewürzpflanzenbaues hoffe ich, einen umfassenden Überblick über das gesamte zu behandelnde Spezialgebiet des Pflanzenbaues und besonders Anbauanleitungen gegeben zu haben, die geeignet sind, zur Entwicklung einer rationellen Drogengewinnung beizutragen.

* Siehe hierzu auch DORN, K.: Schädliche und nützliche Insekten an den Arznei- und Gewürzpflanzenbeständen der Zweigstelle Leipzig-Probstheida des Sortenamtes für Nutzpflanzen, „Pharmazie" 8, S. 747 bis 751 (1953); bzw. „Arzneipflanzen-Umschau" 3, S. 666 bis 670 (1953).

** Berichte von SCHIMMEL & Co., Miltitz bei Leipzig.

*** Jahresberichte von CAESAR & LORETZ, Halle (Saale).

Allgemeiner Teil

I. Abriß der Entwicklung des Arznei- und Gewürzpflanzenbaues[1]

Die Drogengewinnung ist ein kleiner Teil der Kulturgeschichte der Menschheit. Die Heilkräuter und die Gewürze, aber auch solche Drogen, die technischen oder kosmetischen Zwecken dienen, sind wichtige Bedarfsgüter. In der Tierernährung und Tierheilkunde spielen zahlreiche Arznei-, Gewürz- und Futterkräuter eine nützliche Rolle. Die Geschichte ihres Anbaues ist daher eng verbunden mit der der übrigen Nutzpflanzen. Es wäre eine interessante Aufgabe, im speziellen die Geschichte des Anbaues dieser Pflanzen zu erforschen und dann einmal zusammenfassend darzustellen, denn wir wissen hierüber noch verhältnismäßig wenig. Im Rahmen der Geschichte unserer Nutzpflanzen ist nur der Werdegang einer geringen Zahl von Heil- und Gewürzpflanzen mehr oder weniger ausführlich erforscht worden. Wir sind auch in historischer Hinsicht unzureichend unterrichtet über die Ausbreitung des Arznei- und Gewürzpflanzenbaues in Deutschland und die Entstehung der einzelnen Anbaugebiete.

Ein großes Verdienst Alexander TSCHIRCHS und Edmund O. von LIPPMANNS ist es, im Handbuch der Pharmakognosie von TSCHIRCH den Grund für eine Pharmakohistoria gelegt zu haben. In diesem Standardwerk findet sich ein Überblick über die Arzneipflanzenkultur in früherer Zeit. Wir haben einige wichtige Mitteilungen und Daten zur Geschichte des deutschen Heil- und Gewürzpflanzenbaues daraus entnommen. Sie ist eng verknüpft mit der Geschichte der Botanik, Medizin und Pharmazie. Es ist nicht die Aufgabe dieser Betrachtung, einen Abriß der Geschichte der Heilpflanzenkunde zu geben. Es soll lediglich ein Überblick über die Entwicklung des Arznei- und Gewürzpflanzenbaues im allgemeinen gegeben und darüber hinaus versucht werden, besonders die Entwicklung in Deutschland in großen Zügen aufzuzeichnen. Eine Übersicht der wichtigsten Anbaugebiete Deutschlands mit einigen Angaben zu ihrer Geschichte findet sich in einer 1927 erschienenen Arbeit von BOSHART[2], so daß hier nur besonders bedeutsame Gebiete Erwähnung finden und lediglich Ergänzungen zu der genannten Arbeit gebracht werden sollen.

In engem Zusammenhang mit der Entwicklung des Arznei- und Gewürzpflanzenbaues steht die Chemie dieser Pflanzen. Hierüber liegt eine neuere Abhandlung von POETHKE[3] vor. Da ich in diesem Anbau-Handbuch auf die Phytochemie nicht näher eingehen kann, begnüge ich mich mit diesem Hinweis.

Einige erhalten gebliebene Dokumente aus dem Altertum lassen bereits erkennen, daß die Heilpflanzenkultur tief in der Geschichte der Völker wurzelt. So z. B. wurden *Coriandrum sativum* L. und *Ricinus communis* L. im alten Ägypten angebaut, wie Gräberfunde bezeugen. In den Pfahlbauten aus der Zeit um 2000 v. Chr.. fand man Mohnsamen. Nach TSCHIRCH scheint der Anbau von *Papaver somniferum* L. zur Opium-

[1] HEEGER, E. F.: Zur Geschichte des Arznei- und Gewürzpflanzenbaues unter besonderer Berücksichtigung der Entwicklung in Deutschland. „Pharmazie“ 6, S. 262 bis 273 (1951); bzw. „Arzneipflanzen-Umschau“ 3, S. 74 bis 85 (1951).
Derselbe: Ein Beitrag zur Geschichte des Heilpflanzenanbaues. Nachrichten des Reichsverbandes der Heil-, Duft- und Gewürzpflanzenanbauer E. V. 7, Nr. 66 (1941).

[2] BOSHART, K.: Der deutsche Arzneipflanzenbau. „Heil- und Gewürzpflanzen“ 9, S. 145 bis 199 (1926/1927).

[3] POETHKE, W.: Die Entwicklung der Chemie der Arznei- und Gewürzpflanzen. „Pharmazie“ 6, S. 273 bis 280 (1951); bzw. „Arzneipflanzen-Umschau“ 6, S. 85 bis 92 (1951).

gewinnung in den Ländern südlich des Schwarzen Meeres sehr frühzeitig, wahrscheinlich schon zu HOMERS Zeiten, bestanden zu haben. Auf einer assyrischen Keilschrifttontafel des Britischen Museums in London aus der Zeit um 2700 v. Chr. wird von einer „braunen Droge", der „Tochter des Feldmohnes" gesprochen, womit wahrscheinlich schon Opium gemeint ist. Danach dürfte die Mohnkultur mit eine der ältesten sein. Auch die Kultur der Minze ist sehr alt, wie es Inschriften von Gräberfunden in Ägypten aus der Zeit zwischen 1200 bis 600 v. Chr. bezeugen. Schon im Alten Testament werden viele Arznei-, Duft- und Gewürzpflanzen erwähnt. So z. B. ist im „Hohen Lied SALOMOS" (5, 13) die Rede von „. . . Würzgärtlein, da Balsamkräuter wachsen . . .", von Gewürzbergen und Weihrauchhügeln. SIRACH (38, 4) weist ganz allgemein auf die Bedeutung von Pflanzen hin, die arzneilichen Zwecken dienen, indem er sagt: „Der Herr läßt die Arznei aus der Erde wachsen, und ein Vernünftiger verachtet sie nicht." Selbst Kultur- und Aufbereitungshinweise finden sich schon im Alten Testament. Aus einer Stelle des seit 740 v. Chr. zu Jerusalem wirkenden JESAJAS (Jesajas 28, 25 und 27) geht dies hervor. Im Vers 25 heißt es vom Landmann: „. . . so streut er Wicken und wirft Kümmel und sät Weizen und Gerste, jegliches wohin er's haben will, und Spelt an seinen Ort", und Vers 27: „. . . denn man drischt die Wicken nicht mit Dreschwagen, so läßt man auch nicht das Wagenrad über den Kümmel gehen; sondern die Wicken schlägt man aus mit einem Stabe und den Kümmel mit einem Stecken." Noch heute werden viele Heilpflanzensämereien, u. a. auch der Kümmel, im Kleinbetrieb mit einem Handknüppel oder Dreschflegel ausgedroschen. Bemerkt sei, daß der Kümmel die älteste in Europa nachweisbar als Gewürz verwendete Pflanze ist. Im neolithischen Pfahlbau von Robenhausen wurden verkohlte Kümmelfrüchte aus dem dritten vorchristlichen Jahrtausend gefunden. Die Früchte waren sicher wildwachsend gesammelt worden[1]. Von THEOPHRASTUS (geb. um 372, gest. 287 v. Ch.), einem Schüler des ARISTOTELES (384 bis 322 v. Chr.), ist uns überliefert worden, daß bereits im 4. Jahrhundert v. Chr. Arzneipflanzenkulturen in Kleinasien in Blüte standen. Übrigens wird THEOPHRASTUS als der Begründer der Heilpflanzenlehre, wie überhaupt als „der Vater der antiken Botanik" angesehen.

Systematisch angelegte Arzneipflanzenkulturen lassen sich zuerst bei den Römern nachweisen. Zeugen des damaligen Standes des Garten- und Landbaues sind vor allem die römischen Agronomen, von denen als der sachkundigste Lucius COLUMELLA (50 n. Chr.) angesehen wird. Von ihm sind 12 Bücher über die damalige Landwirtschaft erhalten geblieben. Er gab u. a. auch Anleitungen zum Anbau von *Inula helenium* L. und *Cannabis sativa* L., beschrieb die Kultur von *Crocus sativus* L. in Italien und erwähnte weitere Drogen. Als Arzt erwarb sich dann GALENOS (geb. 131, gest. zwischen 200 und 210 n. Chr.), dessen Arbeiten auf HIPPOKRATES (geb. um 460, gest. 377 v. Chr.) zurückgehen, große Verdienste um die Einführung der Arzneipflanzen in die Therapie. GALEN wirkte besonders in Alexandrien, dem damaligen Zentrum medizinischer Gelehrsamkeit, verbrachte eine Zeit seines Lebens aber auch in Rom am kaiserlichen Hofe. Der „*Materia medica*" GALENS ist es in starkem Maße zu verdanken, daß die Arzneipflanzen mit in den Vordergrund des ärztlichen Interesses rückten. Sein Name ist auch bis heute in der Bezeichnung „galenische Präparate" erhalten geblieben. Später beschäftigte sich besonders PALLADIUS mit Spezialkulturen. Seine aus dem 4. oder 5. Jahrhundert von ihm stammende Schrift enthält u. a. Angaben über den Anbau von *Inula helenium* L., *Pimpinella anisum* L., *Cnicus benedictus* L., *Coriandrum sativum* L., *Malva-spec.*, *Thymus serpyllum* L. em. Fries und weiteren Arznei- und Gewürzpflanzen. Sie enthält außerdem Notizen über *Matricaria chamomilla* L. (auch in medizinischer Hinsicht), *Foeniculum vulgare* Mill. und *Carum carvi* L.

[1] REINHARDT, L.: Kulturgeschichte der Nutzpflanzen. Bd. IV, 1. Hälfte, München 1911, S. 547.

In Italien waren besonders hervorragende Stätten naturwissenschaftlicher und ganz besonders medizinischer Lehre das Benediktinerkloster von Monte Cassino und im 11. Jahrhundert die Medizinschule von Salerno.
Die Benediktinermönche, denen die Urbarmachung des Landes und der Gartenbau Ordenspflicht waren, zogen von ihrem Stammkloster auf dem Monte Cassino über die Alpen nach Deutschland und brachten viele heilkräftige Pflanzenarten mit, die besonders der Mittelmeerflora angehörten und die von den Völkern Vorderasiens angebaut und verwendet wurden. Diese Pflanzen fanden bald in größerem Ausmaß nördlich der Alpen Verbreitung. Der „*Vita Caroli Magni*" entnehmen wir, daß KARL I. (768—814) die Mönche seines Reiches veranlaßte, sich mit der Heilkunde zu beschäftigen und Arzneipflanzen anzubauen. Das „*Capitulare C. M. de villis vel curtis imperialibus*", das auf Veranlassung KARLS I. oder LUDWIGS DES FROMMEN wahrscheinlich 812 von dem Benediktinermönch ANSEGIS geschrieben worden ist, der 823 Abt von St. Wandrille an der Seine-Mündung wurde, enthält eine Anweisung für die Pächter der königlichen Güter. Unter anderen Nutzpflanzen wird eine größere Anzahl Arzneipflanzen in diesem „*Brevarium rerum fiscalium*" genannt.

Im § 70 heißt es nach der Übersetzung von THAER[5], welcher der Text des Capitulare in PERTZ „ *Monumenta Germaniae historica* Tom III." p. 181 zugrunde liegt:

„Wir wollen, daß sie im Garten alle Kräuter haben, nämlich: Lilien, Rosen, Hornklee fenigrecum (*Trigonella foenum-graecum* L.), Frauenmünze costum (*Tanacetum balsamita* L.), Salbei, Raute, Eberraute abrotanum (*Artemisia abrotanum* L.), Gurken, Melonen, Kürbisse, Faseolen, Kreuzkümmel ciminum, Rosmarin, Feldkümmel careium (*Carum carvi* L.), Kichererbse, Meerzwiebel, Siechwurz gladiolum, Schlangenwurz dragantea (*Arum dracunculus* L.), Anis, Coloquinten, Heliotrop solsequiam, Bärenwurzel ameum (*Athamanta meum* L.), Sesel silum (*Seseli tortuosum* L.), Salat, Schwarzkümmel git, Gartenrauke (*Brassica eruca* L.), Kresse, Klette parduna (*Arctium lappa* L.), Poleymünze puledium (*Mentha pulegium* L.), Myrrhendolde olisatum (*Smyrnium olusatrum* L.), Petersilie, Sellerie, Liebstöckel (*Levisticum officinale* Koch), Sadebaum, Dill, Fenchel, Cichorien, Diptam (*Origanum dictamnus* L.), Senf, Bohnenkraut (*Satureja hortensis* L.), Brunnenkresse, Münze, Krausemünze, Rainfarren, Katzenmünze (*Nepeta cataria* L.), Tausendgüldenkraut febretugium (*Gentiana centaureum* L.), Mohn, Runkelrüben, Haselwurz vulgignia (*Asarum europaeum* L.), Eibisch ibischa, das ist Althee (*Althaea officinalis* L.), Malven, Karotten, Pastinaken, Melde adripias, Amaranth blidas, Kohlrabi ravacaulos, Kohl, Zwiebeln uniones, Schnittlauch britlas, Porree, Rettiche, Schalotten, Lauch, Knoblauch, Krapp warentiam, Weberkarden, Buffbohnen, Türkische Erbsen, Koriander, Kerbel, Wolfsmilch lacteridas, Muskat-Salbei sclarejam (*Salvia sclarea* L.); und soll der Gärtner über seinem Hause den Jupitersbart Javis barbam (*Sempervivum tectorum* L.) haben."

THAER weist in seinen Erläuterungen darauf hin, daß viele von den genannten Pflanzen nicht nur in der Gartenkunst von Bedeutung waren, sondern auch als Heilkräuter angebaut wurden, wie aus ECKHARDS Comentar de franc. orient. II, 980 hervorgeht. ANSEGIS besaß gute praktische Kenntnisse auf dem Gebiete der Arzneipflanzenkultur und verfügte über die nötigen Hilfsmittel, so auch über die alten Pflanzenglossare[6]. Eine Ausführung des „*Capitulare*", welches besonders für Südwestfrankreich Geltung besaß, liegt wahrscheinlich im Bauplan des Klosters St. Gallen vom Jahre 820 vor, in

[5] THAER, A.: Verordnung Karls des Großen über die kaiserlichen Güter oder Höfe. (*Capitulare C. M. de villis vel curtis imperialibus.*) Ein Beitrag zur Geschichte der Landwirtschaft. Fühlings landwirtschaftliche Zeitung 27, S. 241 bis 260 (1878).

[6] GAREIS, E.: Bemerkungen zu Kaiser Karls des Großen Capitulare. (In Germanist. Abhandl. 1893) Zit. nach A. TSCHIRCH: Handbuch der Pharmakognosie, 3. Abt., 1. Bd., Leipzig 1933, S. 1386.

dem, neben weiteren Gebäuden, die Anlage eines Arzthauses mit Krankensaal und Schröpfstube, auch der Grundriß eines Kräuter- und Küchengartens sowie eine Kräuterkammer eingezeichnet sind. Unmittelbar hinter der Arztwohnung, in der nordöstlichen Ecke des Klosters, lag der Kräutergarten. Er war in 16 Beete aufgeteilt und jedes Beet mit dem Namen der darauf anzubauenden Pflanzenart versehen. Für den Kräutergarten (*herbularius*) waren die folgenden Arten vorgesehen:

lilium = *Lilium-spec.* (wahrscheinlich handelte es sich um *Lilium candidum* L., Weiße Lilie);
rosas = *Rosa-spec.*, Rosenarten (nach TSCHIRCH war es vielleicht *R. rubiginosa* L., Weinrose, auch Gemeiner Hagedorn genannt, die angebaut wurde);
salvia = *Salvia-spec.*, Salbeiarten;
ruta = *Ruta graveolens* L., Weinraute;
gladiola = *Gladiolus-spec.*, Siegwurz – Allermannsharnisch-Arten (nach TSCHIRCH soll es sich hierbei um den Anbau von *Iris florentina* L., Florentiner Schwertlilie [Veilchenwurzel] und *Iris germanica* L. [Deutsche Schwertlilie] gehandelt haben);
pulegium = *Mentha pulegium* L., Poleiminze;
fenagraeca = *Trigonella foenum-graecum* L., Griechisch-Heu, Bockshornklee;
sisimbria = *Sisymbrium officinale* (L.) Scop., Wegrauke, Wilder Senf (nach TSCHIRCH ist es fraglich, ob es sich um diese Art handelte):
cumino = *Cuminum cyminum* L., Kreuzkümmel;
lubestica = *Levisticum officinale* Koch, Liebstock;
feniculum = *Foeniculum vulgare* Mill., Fenchel;
costo = *Chrysanthemum balsamita* L., Frauenminze;
menta = *Mentha-spec.*, Minzearten;
rosmarino = *Rosmarinus officinalis* L., Rosmarin;
fasiolo = *Phaseolus-spec.*, Bohnenarten (nach TSCHIRCH kommt vielleicht auch *Dolichos melanophthalmus* DC., ebenfalls eine Bohnenart, in Frage);
sataregia = *Satureja hortensis* L., Bohnenkraut.

Es handelte sich demnach mit Ausnahme von „*fasiolo*", von denen nur die Hülsen in der Heilkunde Verwendung finden, um Kräuter, die zum Teil noch heute für arzneiliche Zwecke angebaut werden.

Der Küchengarten (*hortus*) enthielt folgende Arten:

cepos = *Allium cepa* L., Gartenzwiebel;
porros = *Allium porrum* L., Porree;
apium = *Apium graveolens* L., Sellerie;
coliandrum = *Coriandrum sativum* L., Koriander;
anetum = nach TSCHIRCH *Anethum graveolens* L., Dill oder *Pimpinella anisum* L., Anis;
papaver = *Papaver somniferum* L., Schlafmohn;
radices = nach TSCHIRCH *Raphanus sativus* L., Gartenrettich;
magones = Mohrrübe (nach TSCHIRCH noch unklar);
betas = *Beta-spec.* (wahrscheinlich Mangold);
alias = *Allium sativum* L., Knoblauch;
ascolonias = *Allium ascalonicum* L., Schalotte;
petrosilium = *Petroselinum crispum* (Mill.) Nym. ex Hort. Kew., Petersilie;
cerefolium = *Anthriscus cerefolium* (L.) Hoffm., Gartenkerbel;
lactuca = *Lactuca-spec.*, Salatarten;
sataregia = *Satureja hortensis* L., Bohnenkraut;

pastinochus = *Pastinaca sativa* L., Pastinake;
caulas, nach TSCHIRCH *Brassica oleracea* L., Gemüsekohl;
gitto = *Nigella sativa* L., Schwarzkümmel.

Dieser Gemüsegarten war in seiner Zusammensetzung nicht sehr reichhaltig. Gewürzpflanzen waren in überwiegender Zahl vertreten. Es handelt sich daher mehr um einen Gewürz- als um einen Gemüsegarten. Eigenartigerweise ist „*sataregia*" in beiden Gartenplänen enthalten. Vielleicht wurden damals schon *Satureja hortensis* L. und *Satureja montana* L. kultiviert. Der Mohn „*papaver*" wurde als Gewürzpflanze, also nicht nur als „Öl- und Arzneipflanze", angebaut. Mit Ausnahme von „*magones*", dessen Bedeutung als Pflanzenart noch unklar ist, finden sich alle diese Pflanzen auch im „*Capitulare*". Fast zur gleichen Zeit schreibt Walafridus STRABO, 842 Benediktinerabt des Klosters Reichenau (Bodensee), ein vielbewundertes lateinisches Lehrgedicht über die Kräuter seines Gartens „*Hortulus*" (*De cultura hortorum*), worin er die Kräfte von 23 Heilpflanzen besingt, die damals in Gärten angebaut wurden. Darin sind 18 Arten aus dem „*Capitulare*" und außerdem noch 5 weitere, die schon in der Naturgeschichte des PLINIUS vertreten sind, enthalten. Es ist das erste botanische Dokument aus alter deutscher Zeit, das sich mit dem Anbau und der Pflege der Nutz- und Heilkräuter wirklich befaßt.

Aber auch andere naturkundliche und medizinische Dokumente des Mittelalters sind von großem Wert für die Geschichte der Nutzpflanzen. So ist besonders eine Heilmittellehre des Mittelalters zu erwähnen, nämlich die „*Physica*" (1150) der Äbtissin HILDEGARD VON BINGEN (etwa 1098—1179). Ihr Werk enthält die Anfänge einer deutschen Pflanzen- und Tierkunde. Im 2. und 3. Buche ihrer „*Physica*" ist eine Aufzählung von über 250 deutschen und in Deutschland einheimisch gewordenen „Gräsern, Kräutern und Früchten" mit ihren Nährwerten und Heilkräften enthalten[7]. Auch ALBERT VON LAUINGEN (1193—1280) aus Schwaben, dem häufig der Adelsname GRAF VON BOLLSTÄDT zugeschrieben wird, den seine Zeitgenossen den *Doctor universalis*, die Nachwelt ALBERTUS MAGNUS nennt, muß noch erwähnt werden. Er war Dominikanermönch. Unter den Naturforschern der scholastischen Periode ragt er besonders hervor. In seinem um 1240 geschriebenen Werke „*De virtutibus herbarum, lapidum et animalium*" im Kapitel „*De vegetabilibus libri* VII" widmet er sich auch Fragen des Pflanzenbaues einschließlich der Heilpflanzenkultur. Sein Schüler THOMAS DE CANTIMPRÉ (1201—1270) leitet zu KONRAD VON MEGENBERG (1309—1374) über[8]. Letzterer beendete im Jahre 1350 sein berühmtes „Buch der Natur", die erste Naturgeschichte in deutscher Sprache. Es handelt sich hierbei um eine selbständige deutsche Bearbeitung des „*Liber de natura rerum*" des THOMAS DE CANTIMPRÉ. Das Werk wurde bis 1540 öfter gedruckt und trug wesentlich zur Verbreitung der Kenntnis über die Heilwirkung verschiedener Kräuter bei und diente somit auch der Ausbreitung der Arzneipflanzengewinnung.

Im wesentlichen waren es die Klostergärten, aus denen sich der deutsche Heil- und Gewürzpflanzenbau im Laufe der Jahrhunderte zur Feldkultur entwickelte und von denen die Kenntnis vom Heilwert der Pflanzen ausging.

Wie die Mönche in ihren Klostergärten, so bauten später auch die Apotheker in ihren Gärten Arzneipflanzen an und standen in Verbindung mit den Kräutersammlern im Lande. Apothekern, Laboranten, Olitätenhändlern, Kräutersammlern und -händlern ist es in erster Linie zu verdanken, daß nach und nach viele in den deutschen Gauen wildwachsende Heilpflanzen im Laufe der Jahrhunderte in Kultur genommen wurden.

[7] STICKER, G.: Nährpflanzen und Heilpflanzen in der Geschichte. „Naturwissenschaftl. Wochenschrift" **21**, S. 609 bis 620 (1922).

[8] IBACH, H.: Leben und Schriften des KONRAD VON MEGENBERG. Diss. Würzburg 1938.

Die Apothekergärten haben sich lange erhalten. Nicht nur in Deutschland, in allen Kulturstaaten waren sie zu finden. Die Schleswig-Holstein-Dänische Apothekenordnung von 1672 schrieb sogar noch Kräutergärten bei den Apotheken vor.

Auch durch die Kreuzzüge und die Entdeckung Amerikas (1492) kamen viele Arzneipflanzen der Alten und Neuen Welt nach Deutschland, wo sie angebaut wurden. Die Entdeckung des Seeweges nach Indien (1498) war für den Drogenhandel und die Verbreitung der in Indien beheimateten Pflanzen von größter Bedeutung. Wie überhaupt

Abb. 1 Albertus Magnus

Abb. 2 Hieronymus Bock

die Einführung vieler Pflanzenarten und Drogen in Deutschland der Schaffung von Handelsverbindungen und Reisen zu verdanken ist. Auch wuchs mit der fortschreitenden Kenntnis der einheimischen Flora das Interesse für die ausländische Pflanzenwelt.

Zur Zeit des Spätmittelalters und der beginnenden Neuzeit erfuhr die Kräuterkunde einen großen Auftrieb. Durch die Einführung des Buchdrucks fand auch die Kenntnis von der Heilkraft der Pflanzen weitere Verbreitung im Volk. Erwähnt sei in diesem Zusammenhang der erste Versuch eines Kräuterbuchdruckes, der von der Druckerei des Peter SCHOEFFER in Mainz ausging. Im Jahre 1484 erschien ein Kräuterbuch (*Herbarius*) oder, wie es sein uns unbekannter Verfasser nennt, „*Aggregatar practicus de simplicibus*". Die Tätigkeit des Verfassers dieses Buches war eine rein kompilatorische. Größtenteils dienten als Quellen für die mittelalterlichen deutschen Kräuterbücher die Schriften der antiken Ärzte und Pflanzenkenner, die bis zum Ausgang des Mittelalters und zum Teil noch zu Beginn der Neuzeit ein großes Ansehen genossen. Ihr Gedankengut ist noch in Kräuterbüchern unserer Zeit anzutreffen.

Besonders aus dem Spätmittelalter und der beginnenden Neuzeit sind uns zahlreiche Kräuterbücher erhalten geblieben. An Hand der dickleibigen Folianten, den berühmten

Kräuterbüchern von Otto BRUNFELS (1489 bis 1534), Hieronymus BOCK, auch TRAGUS genannt, (1498—1554) und Leonhard FUCHS (1501—1566) gewinnen wir ein gutes Bild über die damalige Bedeutung der Arzneipflanzen[9]. BRUNFELS, BOCK und FUCHS werden mit Recht als die deutschen „Väter der Botanik" bezeichnet, denn sie waren die ersten, die in ihren Werken die Pflanzen ihrer engeren und weiteren Umgebung darstellten, nachdem sie diese zuerst gründlich kennenzulernen versucht hatten. Es waren bedeutende Gelehrte der Reformationszeit. Große Verdienste um die Kenntnis der Arzneipflanzen erwarb sich auch ein Schüler BOCKS, der nach seiner Vaterstadt Bergzabern genannte TABERNAEMONTANUS (Jacobus Theodorus, gest. 1590). Männer wie Nicolas MONARDES (1493—1578), André MATTHIOLI (1501—1577), Valerius CORDUS (1515—1544), Conrad GESNER (1516—1565), Carolus CLUSIUS (1525—1609), Caspar BAUHIN (1560—1624) und Theodor ZWINGER (1658 — 1724) lehrten in Europa neben anderen die ärztliche und botanische Wissenschaft und beschäftigten sich außerdem mit den Drogen. Auch Joachim CAMERARIUS[10] gibt bereits Anbauhinweise. So empfiehlt er, *Agrimonia eupatoria* L. im Herbst auszusäen. Ihre Werke, die zum Teil reich illustriert sind, trugen in starkem Maße zur Förderung der Pflanzenheilkunde bei. Die besonders vom 16. Jahrhundert an zu verfolgende starke Aufwärtsentwicklung des Heilpflanzenbaues in Deutschland ist auf die Verbreitung der hier genannten klassischen Werke und auch sonstiger Schriften über „Kraft und Wirkung" der Pflanzen zurückzuführen.

Abb. 3 Otto Brunfels

Auch des Volksarztes Theophrastus Bombastus PARACELSUS von Hohenheim (geb. 1493 oder 1494*, gest. 1541) muß noch gedacht werden[11]. Er hat nicht nur die Heilpflanzen immer wieder empfohlen und selber angewendet, sondern auch unablässig darauf gedrängt, Erfahrungen zu sammeln und die Natur zu beobachten.

Abb. 4 Leonhard Fuchs

[9] FISCHER, H.: Mittelalterliche Pflanzenkunde. München 1929.

[10] CAMERARIUS, J.: *Hortus medicus et philosophicus.* Frankfurt a. M. 1588; zit. nach GIZYCKI, Fr. von: *Agrimonia Eupatoria* L. — der Odermennig. „Pharmazie" 4, S. 276 bis 282 (1949); bzw. „Arzneipflanzen-Umschau" 2, S. 547 bis 553 (1949).

[11] BITTEL, K.: Paracelsus (Leben und Lebensweisheit in Selbstzeugnissen). Leipzig 1944.

* Bei PARACELSUS finden sich keine Angaben über seinen Geburtstag. Eine gesicherte Dokumentation ist nicht gegeben.

Abb. 5 Conrad Gesner

Abb. 6 André Matthiolus

Abb. 7 Theophrastus Bombastus Paracelsus von Hohenheim

Über Arzneipflanzenkulturen sind wir vom 15. Jahrhundert an unterrichtet, so wissen wir z. B., daß *Glycyrrhiza glabra* L. im 15. Jahrhundert bei Bamberg angebaut wurde. Auf Grund einer Bamberger Sage geht der Süßholzanbau in der Bamberger Gegend auf die Kaiserin Kunigunde, die Gattin Heinrichs II. (gest. 1024), zurück. Bis Ende des 18. Jahrhunderts war der Süßholzhandel in Bamberg noch sehr bedeutend. Erst um die

Mitte des 19. Jahrhunderts ist er stark zurückgegangen und im 20. Jahrhundert dann erloschen. Die Ursache für das Eingehen dieser alten Spezialkultur waren die billigen Auslandszufuhren namentlich aus Rußland und Spanien. Der Süßholzhandel war in Bamberg so bedeutend, daß man als Wahrzeichen der Stadt auf einem Stadtplan aus dem Jahre 1602 Süßholzpflanzen findet. Die in der Literatur zu findenden Angaben, daß *Glycyrrhiza glabra* im Wappen Bambergs enthalten ist, treffen nicht zu[12].

Im 16. Jahrhundert bestanden vielerorts Arzneipflanzenkulturen in Deutschland, und auch der erwerbsmäßige Anbau von Heilpflanzen war weit verbreitet. Besonders der bereits erwähnte Conrad GESNER berichtet in seinem Buche „*De hortis Germaniae*“ über die damaligen Arzneipflanzenkulturen in Deutschland. Ihm war bereits bekannt, daß man z. B. Pfefferminze nicht aus Samen ziehen soll, sondern durch Ableger vermehren muß. Auch in W. H. RYFFS (RIVIUS) „Reformierte Deutsche Apotheck“, Straßburg 1573, finden sich einige Angaben über Arzneipflanzenkulturen.

Aus dem 16. Jahrhundert stammt unseres Wissens die erste gründliche Anleitung zum Anbau von Arzneipflanzen von Pierre BELON. Sein Werk „*Les remonstrances sur le default du labor et culture des plantes et de la cognoissance d'icelles contenant la manière d'affranchir et appriviosir les arbres sauvages*“, Paris 1558, wurde von CLUSIUS ins

Abb. 8 „Gart der Gesuntheit“
(Antwerpen 1533 und 1547)

Lateinische übersetzt. Aber auch noch in anderen Werken der damaligen Zeit, die sich mit dem Gartenbau, der Land- und Forstwirtschaft und der medizinischen Wissenschaft beschäftigen, werden Heil- und Gewürzpflanzen erwähnt und hin und wieder auch diese Sonderkulturen beschrieben.

[12] Siehe hierzu GLEISBERG, W.: Gärtnerische Sonderkulturen/Heil-, Duft- und Gewürzpflanzenanbau; in: Der Gärtnerische Betrieb, München 1953, S. 499.

Im 17. Jahrhundert wurden in der Umgebung Nürnbergs, und zwar vor 1650, *Foeniculum vulgare* Mill., *Majorana hortensis* Moench, *Cnicus benedictus* L., später *Althaea officinalis* L., *Inula helenium* L., *Melissa officinalis* L., *Pimpinella anisum* L. und *Coriandrum sativum* L. in größerem Umfange angebaut. Auch mit der Verarbeitung der angebauten Kräuter begann man bereits. Aus *Majorana hortensis* Moench wurde z. B. in Nürnberg ein „durchdringend riechendes ätherisches Öl" destilliert.

Im Sächsischen Erzgebirge ist die Arzneipflanzengewinnung und -verarbeitung schon lange zu finden. Nach sicheren Quellen stand die Heilkräutergewinnung im 18. Jahrhundert dort noch in Blüte. Bereits im Jahre 1470 wird ein Wurzelhändler, der ins Erzgebirge kam, urkundlich erwähnt.

Im Bergflecken Bockau, zwischen Schneeberg und Schwarzenberg, wo heute noch Heilpflanzen, insbesondere *Angelica archangelica* L., feldmäßig angebaut werden, sagt der dortige Pfarrer und Dorfchronist KÖRNER um 1760: „Die erzgebirgischen Berge sind Destillieröfen, darinnen Gott alle medizinischen Wurzeln und Kräuter, so zur Arznei dienen, kochet und zeitiget." Die Bokkauer bebauten damals jedes geeignete Fleckchen Erde mit Arzneipflanzen[13 14].

Nach WEISS[15] dehnte sich die Kräutergewinnung während ihrer Blütezeit vom oberen Erzgebirge, wo besonders die Orte Eibenstock, Sosa, Jugel, Neudorf, Crottendorf, Tannenberg, Johanngeorgenstadt, Hundshübel, Stützengrün, Burkhardsgrün, Steinheidel, Trauter, Friedrichsgrün und Schneeberg erwähnenswert sind, bis nach dem Vogtland und nach Böhmen aus. Nach dem Jahre 1767 ging der Handel auf dem Lande zurück. Infolgedessen konnten auch der Anbau von Heilpflanzen und die Herstellung von Arzneien aus den Kräutern nicht aufrechterhalten werden. Nur in Bockau, dem alten Zentrum des obererzgebirgischen Heilpflanzenanbaugebietes, und in einigen Nachbarorten blieb der Arzneipflanzenanbau, und zwar besonders der von Angelika, bis in die Gegenwart erhalten.

Kurze Beschreibung des vortrefflichen

Ober-Erzgebirgischen Kräuter-Thee

Welcher mit Fleiß aus denen edelsten Wurzeln, Kräutern Blumen, Saamen und Hölzern zusammengesetzt wird, sondern auch wegen seines guten Geschmacks jeder Complexion wohl und annehmlich zu gebrauchen vor folgende Krankheiten.

Erstlich ist er durchdringend, eröffnet, treibet den Schweiß und stärket das Herz, widerstehet dem Gift, stärket das Gesicht und das Haupt, dienet zum Husten und zu den Flüssen.

2. Ist er eine Reinigung des Geblüts, in allen scorbutischen Krankheiten, versüsset, verdünnet, eröffnet in der Raude, Krätze, Jucken und Beißen der Haut.

3. Dienet er in allen Brustkrankheiten, löset den Schleim, wehret dem starken Husten, kurzen Athem, heilet Lung und Leber, auch Apostema, lindert die Schärfe im Hals und macht Auswurf.

4. Er reiniget und erwärmt die Mutter, treibet die Menses, vertreibet die Bleichsucht und ist sehr nützlich denen Jungfern und Weibern, die bleiche Farbe im Gesichte haben, in Summa bona fide vor Männer und Weiber ein köstliches Getränk, das was mit 3 Fingern gefaßt wird zu einem Kännchen Wasser. Wird mit Fleiß zugerichtet.

Abb. 9 Alte Anpreisung von „Kräuter-Thee"

Im 18. Jahrhundert war man allerorts bemüht, nach Möglichkeit Arznei- und Gewürzdrogen im Inland zu gewinnen, um Geld, das hierfür ins Ausland gehen mußte, zu sparen. So z. B. schlug im Jahre 1741 ein schwedisches Medizinalkollegium vor, einen Botanicus anzustellen. Es war der große Naturforscher Carl von LINNÉ (1707—1778),

[13] SIEBER, S.: Aus der Geschichte des Arzneipflanzenbaues im Erzgebirge. „Pharm. Ind." 8, S. 408 (1941 ; bzw. „Arzneipflanzen-Umschau" 1, S. 46 bis 47 (1941); siehe auch:

[14] WEISS, W.: In Nachr. d. Reichsverbandes d. Heil-, Duft- und Gewürzpflanzenanb. 8, S. 4 (1943) und

[15] Derselbe: Stellung und Bedeutung des Erzgebirges in der Heilpflanzenversorgung in Vergangenheit und Gegenwart. „Glückauf", Zeitschrift des Erzgebirgsvereins 57, Nr. 2 (1937).

der hierfür gewählt wurde. Er beschäftigte sich dann auch mit Medizinalpflanzen und bewies die Möglichkeit des Anbaues einer Anzahl offizineller Gewächse in Schonen (1753). Daraufhin traf die schwedische Regierung Maßnahmen zur Förderung des Arzneipflanzenbaues.

In Zell an der Mosel führte um 1776 der Apotheker Jacomo BORDOLO aus Como den Anbau von *Lactuca virosa* L. zur Gewinnung von *Lactucarium* ein[16].

In der ersten Hälfte des 19. Jahrhunderts steigerte sich der Bedarf an Arznei- und Gewürzpflanzen ganz beträchtlich. Die Steigerung war mitbedingt durch die schnelle

Abb. 10 Carl Linné

Abb. 11 Samuel Hahnemann

Entwicklung der pharmazeutischen und der Riechstoff-Industrie Deutschlands. Auch die verstärkte Verwendung frischer Arzneipflanzen bzw. Pflanzenteile in Form der verschiedensten Frischpflanzenzubereitungen in der Therapie blieb nicht ohne Einfluß. Besonderen Anteil an dieser Entwicklung hatten Samuel Friedrich Christian HAHNEMANN (1755–1843), der Begründer der Homöopathie, und Johann Gottfried RADEMACHER (1772–1850), der Schöpfer der Erfahrungsheillehre. Beide stellten bei einer Anzahl von Arzneipflanzen sorgfältige Untersuchungen an. Der Priester und Naturheilkundige Sebastian KNEIPP (1821–1897), Bad Wörishofen, trug mit seinen Wasser- und Kräuterkuren zur Förderung der Naturheilkunde bei. Als überzeugter Empiriker entriß er viele Heilkräuter der Vergessenheit. Seine Kräuterheilkunde enthält noch manches Gedankengut der spätmittelalterlichen Kräuterbücher.

Im 19. Jahrhundert entstanden weitere wichtige Hauptanbaugebiete, so die in Thüringen und Sachsen-Anhalt. In letzterem erstreckt sich das Fenchelanbaugebiet von Hohenmölsen im Südosten und Weißenfels a. d. Saale nach Norden zu über Lützen bis Bad Dürrenberg und östlich bis in die Nähe von Leipzig. „Lützener Fenchel" ist

[16] KERSTING, L.: Anbau und Verwertung von *Lactuca virosa*. „Pharmazie" 3, S. 471 (1948); bzw. „Arzneipflanzen-Umschau" 2, S. 428 (1948).

für *Fructus Foeniculi* ein Qualitätsbegriff im Drogenhandel. Zur Geschichte dieses Anbaugebietes fehlen nähere Angaben. Es dürfte sich hauptsächlich erst in der zweiten Hälfte des 19. Jahrhunderts zu der heutigen Bedeutung entwickelt haben. Das Hauptanbaugebiet für Gewürzkräuter liegt im östlichen Harzvorland bei Aschersleben.

Bereits im Jahre 1885 zeigten sich die ersten Spuren eines Kleinstanbaues von Gewürzpflanzen vor allem in den Seedörfern um Aschersleben. Der Anbau nahm laufend an Umfang zu, nachdem im dortigen Gebiet um 1890 die Majorankultur heimisch wurde[17]. Das Aschersleben er Anbaugebiet entwickelte sich dann rasch zur ,,Gewürzkammer Deutschlands" mit einer eigenen Spezialindustrie. Die aufbereiteten Gewürzdrogen, an erster Stelle gerebelter Majoran, wurden zu gefragten Exportdrogen. Der Anbau von *Valeriana officinalis* L. im südlichen Harzgebiet soll auf einen im Jahre 1848 nach Pansfelde, dem Hauptort des Baldriananbaues, zugezogenen Arbeiter zurückzuführen sein. Anderen Nachrichten zufolge soll Baldrian seit etwa 1840 in Pansfelde angebaut werden. FRIEDRICH[18] berichtet, daß sich der Lehrer und Kantor LICKEFETT, der seit 1833 in Pansfelde amtierte, für den feldmäßigen Baldriananbau einsetzte, um höhere Erträge zu erzielen, als durch das Sammeln von wildwachsendem Baldrian zu erreichen waren. Er sorgte auch für eine gute Pflege der Bestände und richtige Behandlung der Droge. *Radix Valerianae hercynica* wird wegen seiner hervorragenden Güte auch heute noch am meisten geschätzt. Zwischen 1806 und 1817 entwickelte sich in und um Kölleda der feldmäßige Anbau von *Mentha piperita* L. und einer Anzahl anderer Heilpflanzen*.

Abb. 12 Karl Boshart

Noch heute wird bei Kölleda ganz besonders der Anbau der Pfefferminze gepflegt. Die Arzneikräuter bauenden Kölledaer treiben ,,Botanisie", wie man diesen Spezialanbau dort nennt, und sie werden jetzt noch ,,Botaniker" genannt. Die ,,Thüringer Pfefferminze" ist auch heute eine Drogenhandelssorte**. Nach SCHMIDT[19] findet sich der Heilkräuterbau in Thüringen (Ringleben) seit den zwanziger Jahren des 19. Jahrhunderts, mit Ausnahme der Umgebung von Jena, wo Spezialkulturen bereits etwa hundert Jahre früher eingeführt wurden. Zum Hauptort des dortigen Anbaues ent-

[17] BAUMANN, H.: Vom Heil- und Gewürzkräuteranbau in und bei Aschersleben. ,,Arzneipflanzen-Umschau" 2, S. 472 bis 473 (1949).

[18] FRIEDRICH, H.: Zur Geschichte des Anbaues von *Valeriana officinalis* L. bei Pansfelde im Harz. ,,Arzneipflanzen-Umschau" 2, S. 404 (1948).

[19] Zit. nach BOSHART, K.: loc. cit. S. 19.

* Nach BOSHART, K., der in ,,Heil- und Gewürzpflanzen" 9, S. 145 bis 199 (1926/27) einen umfassenden Überblick über den damaligen Arzneipflanzenbau gab, soll der Pfefferminzanbau in Kölleda im Jahre 1812 durch einen Holländer eingeführt worden sein.

** Sortenkundliche Untersuchungen führten zu dem Ergebnis, daß es sich bei der ,,Thüringer Pfefferminze" nicht um eine bestimmte Thüringer Landsorte handelt, sondern um verschiedene Minzearten und -formen (E. F. HEEGER, ,,Pharmazie" 5, S. 559 bis 560 [1950]; bzw. ,,Arzneipflanzen-Umschau" 2, S. 853 bis 854 [1950]).

wickelte sich Jenalöbnitz. In der Gegend von Erfurt läßt sich der Kräuterbau bis ins Mittelalter zurückverfolgen[20]. Thüringen hat seinen Ruf als „Drogenkammer" Deutschlands bis heute gewahrt. Es wird dort besonders die Tradition des kleinflächigen Arzneipflanzenbaues, ganz besonders aber die des Kräutersammelns, gepflegt[21].

In diesem Zusammenhang sei noch eine interessante Spezialkultur erwähnt, die des Meer- oder Salz-Wermutes (*Artemisia maritima* L.). Diese zu den Halophyten zählende *Artemisia-species* wird auch Seestrandbeifuß genannt. Seit 1923 wird von SCHERING, Abteilung Arzneipflanzenanbau Artern, *Artemisia maritima* L. zum Zwecke der Santoningewinnung in den dortigen Salzgebieten angebaut und züchterisch bearbeitet. Nach HEGI wurden schon im 17. Jahrhundert in Frankreich und Thüringen santoninhaltige Formen der Kollektivart *Artemisia maritima* stellenweise kultiviert.

1845 wurde die Pfefferminze von Ringleben in Thüringen nach der Pfalz verpflanzt, wo sich nach 1880 ein weiteres Pfefferminzanbaugebiet entwickelte. Nach BOSHART[22] soll aber die Pfefferminze erstmalig um die Mitte des 19. Jahrhunderts aus Straßburg von einem Wurzelgräber nach Gommersheim (Pfalz) gebracht worden sein. Damals mußte in der dortigen Gegend der Anbau des Krapps (*Rubia tinctorum* L.) infolge der Entwicklung der Industrie synthetischer Farbstoffe aufgegeben werden, und die Pfefferminze bot einen willkommenen Ersatz als wertvolle Kulturpflanze. In Württemberg wurde der Kräuteranbau um 1840 eingeführt, und es bildete sich um Hegnach im Bezirk Waiblingen ein kleines Anbaugebiet, wo heute noch vorwiegend Pfefferminze angebaut wird. Die Pfefferminzkulturen in Oberbayern, in Erding und Eichenau, stammen erst aus neuerer Zeit. In diesen Moorgebieten um München fand der Pfefferminzanbau erst kurz nach dem ersten Weltkrieg Eingang[23]. Später kam noch ein geschlossener Anbau im Dachauer Moor hinzu. Diese oberbayerischen Gebiete erwiesen sich nach ihrer Kultivierung als sehr geeignet für den Pfefferminzanbau, besonders dem der 'Mitcham-Pfefferminze'.

Im Norden von Nürnberg-Fürth, im sogenannten „Knoblauchland", hat sich der Anbau von Heil- und Gewürzkräutern seit dem 17. Jahrhundert in Verbindung mit dem Gemüsebau bis heute erhalten. Seit etwa Mitte des 19. Jahrhunderts wurde im dortigen Gebiet der Anbau von *Althaea officinalis* L. zu einer wichtigen Sonderkultur. Der Knoblauchanbau ist aber in diesem Gebiet fast erloschen. Als weiteres fränkisches Anbaugebiet sei noch das von Schweinfurt und Umgebung genannt. Eine Anzahl Arzneipflanzen, besonders *Althaea officinalis* L., *Mentha piperita* L., *Valeriana officinalis* L., *Verbascum-species*, werden in größerem Umfange dort ebenfalls seit etwa der Mitte des 19. Jahrhunderts angebaut. Es sind dies besonders die Gemeinden Sennfeld, Schwebheim, Gochsheim, Grettstadt und Röthlein, die neben Feldgemüse Arzneipflanzen anbauen. Bemerkt sei noch, daß in Franken viele Heilkräuter wildwachsend gesammelt werden. So z. B. sind fränkische Kamillen, ebenso wie sächsische, eine sehr gefragte Droge.

Zu erwähnen ist auch das nordwestdeutsche Küstengebiet mit den vorgelagerten Inseln, wo im 19. Jahrhundert der Anbau von *Carum carvi* L. und *Sinapis alba* L. einen größeren Umfang annahm.

[20] REINHOLD, W.: Die Geschichte des Heilpflanzenbaues im Erfurter Gebiet. „Pharmazie" **6**, S. 167 bis 169 (1951); bzw. „Arzneipflanzen-Umschau" **3**, S. 52 bis 54 (1951).

[21] FEUERSTEIN, H.: Die Arzneikräuter Thüringens. „Pharmazie" **3**, S. 566 bis 570 (1948); bzw. „Arzneipflanzen-Umschau" **2**, S. 453 bis 458 (1948).

[22] BOSHART, K.: loc. cit. S. 19.

[23] LUTZENBERGER, H.: Die Einführung des Pfefferminzanbaues im Erdinger Moor. Vorträge für Heil- und Gewürzpflanzenanbauer. Berlin 1938, S. 141 bis 146.
WEISS, W.: Wie wir zum Krüllschnitt der Pfefferminze kamen. Vorträge für Heil- und Gewürzpflanzenanbauer. Berlin 1939, S. 143 bis 149.

Außer den hier aufgezählten Hauptanbaugebieten sind noch kleinere Gebiete vorhanden. Viele Arznei- und Gewürzpflanzen finden sich sporadisch außerhalb ihrer Anbauzentren. Eine Liste der hauptsächlichsten Anbauorte von Arznei-, Gewürz- und Riechstoffpflanzen unter Nennung der angebauten Sonderkulturen veröffentlichte TSCHIRCH[24] im Jahre 1890. Als wichtige Bezirke, die in größerem Umfange Drogen lieferten, nannte er Ostpreußen, Schlesien, Sächsische Lausitz, Erzgebirge, Hessen, Franken, Oberpfalz, Thüringen, Schwarzwald, Württemberg, Baden, Harz, Rheinpreußen und Provinz Sachsen.

Den Höhepunkt des Arzneipflanzenbaues in Deutschland bildete etwa das Jahr 1866. Bis dahin war Leipzig, begünstigt durch seine weltbekannte Messe, der erste deutsche Drogenhandelsplatz. In Leipzig hatte um 1750 der Kaufmann David Heinrich BRÜCKNER als erstes größeres Inlandsdrogenhaus sein „Kräutergewölbe" gegründet, und ihm ist es im wesentlichen zu verdanken, daß Leipzig zum Zentrum des deutschen Kräuterhandels wurde und im Laufe der Zeit internationale Bedeutung gewann. Die Wälder und Wiesen Sachsens sowie Sachsen-Anhalts und Thüringens und die dort bestehenden Kulturen von Arznei- und Gewürzpflanzen lieferten in der Hauptsache die heimischen Drogen für den Leipziger Markt. Der Anbau dieser Pflanzen reichte bis dicht an die Messestadt, wo sich bereits an der im Jahre 1409 gegründeten Universität seit 1580 speziell auch Arzneipflanzen in einem öffentlichen Pflanzengarten (Botanischer Garten) vorfanden. Die „botanisch-medizinischen" Universitätsgärten standen unter wissenschaftlicher Aufsicht bzw. Leitung und trugen viel zur Kenntnis der Arzneipflanzen und deren Kultur bei.

In der zweiten Hälfte des 19. Jahrhunderts begann eine Zeit des Niederganges, verursacht durch die Entdeckungen der Chemie, die Verarbeitung ausländischer Drogen und nicht zuletzt durch die Entwicklung des Rübenbaues. Zu Beginn des 20. Jahrhunderts ging der Anbau so weit zurück, daß der Vegetabilienhandel größtenteils auf den Import angewiesen war. Besonders in Hamburg entstanden große Drogenimporthäuser. Leipzigs Monopolstellung lockerte sich allmählich, als nach und nach neue große Drogenfirmen und chemisch-pharmazeutische Fabriken auch in anderen Städten, besonders in der Nähe der großen Anbaugebiete und Einfuhrhäfen, ins Leben gerufen wurden.

Abb. 13 Ludwig Kroeber

Erst während des Krieges 1914 bis 1918 nahm der deutsche Anbau wieder einen Aufschwung. Es wurde notwendig, den Bedarf an Drogen im Inland zu decken. Im Jahre 1917 kam es zur Gründung der „Deutschen Hortus-Gesellschaft zur Förderung der Gewinnung und Verwertung von Heil- und Gewürzpflanzen". Diese Gesellschaft mit ihren verdienstvollen Leitern Professor Dr. K. GIESENHAGEN, Apothekendirektor L. KROEBER und dem Botaniker Dr. K. BOSHART, hat großen Anteil besonders an der wissenschaftlichen Erforschung der Arznei- und Gewürzpflanzen. Die genannten Forscher haben sich besonders auf botanisch-pharmazeutischem Gebiete Verdienste erworben und BOSHART außerdem noch auf dem des Anbaues.

[24] TSCHIRCH, A.: Der Anbau der Arzneigewächse in Deutschland. Archiv der Pharmazie 228, S. 663 bis 686 (1890).

Ludwig KROEBER[25] war ein Pionier auf dem Gebiete der pharmazeutisch-chemischen Arzneipflanzenforschung. Die Ergebnisse seiner fruchtbaren Arbeiten fanden in vielen Einzelarbeiten und Werken ihren Niederschlag. Erwähnt werden sollen hier: „Das neuzeitliche Kräuterbuch", „Pharmakodynamik deutscher Heilpflanzen", „Rezeptbuch der Pflanzenheilkunde" und „Heilkraft der Pflanzen". Letztere drei Bücher wurden gemeinsam mit S. FLAMM und H. SEEL herausgegeben. In starkem Maße hat auch G. MADAUS zur Förderung der Phytotherapie beigetragen. Sein Lehrbuch der biologischen Heilmittel, Abt. I: „Heilpflanzen", Leipzig 1938, gehört zu den Standardwerken der Phytotherapie. Es wären noch viele Bücher zu nennen, die sich speziell mit der Arzneipflanzenkunde beschäftigen, aber sie hier aufzuzählen, würde den Rahmen dieses Kapitels überschreiten. Auch einige neuere Florenwerke trugen nicht unwesentlich dazu bei, das Interesse an den Arznei- und Gewürzpflanzen wachzuhalten, so z. B. ganz besonders G. HEGIS „Illustrierte Flora von Mitteleuropa".

Abb. 14 Gustav Hegi

Besonders eng gestaltete sich die internationale Zusammenarbeit der Hortus-Gesellschaft auf dem Gebiete der Arznei- und Gewürzpflanzenforschung und -praxis. 1927 wurde der „Internationale Verband zur Förderung der Gewinnung und Verwertung von Heil-, Gewürz- und verwandten Pflanzen" gegründet und eine „Vereinigung mitteleuropäischer Arzneipflanzen-Interessenten" ins Leben gerufen. Im Präsidium des Verbandes waren die hervorragendsten Fachleute Europas, wie AUGUSTIN, BOSHART, DE GRAAF, FLÜCK, PERROT, WASICKY u. v. a. vertreten. Internationale Heilpflanzenkongresse fanden statt: 1928 Budapest, 1929 Venedig-Padua, 1931 Paris, 1935 Brüssel. Im Jahre 1936 wurde in München der 1. Deutsche Heilpflanzen-Kongreß, verbunden mit einer Tagung des Präsidialkollegiums und Hauptausschusses des Internationalen Verbandes, abgehalten*. Gelegentlich des 12. Internationalen Gartenbau-Kongresses in Berlin im Jahre 1938 wurden im Rahmen der Sektion „Gewürz-, Duft- und Heilpflanzen" auf internationaler Basis Fragen auf dem Gebiete dieser Sonderkulturen behandelt**. Im gleichen Jahre fand ein Kongreß des Internationalen Verbandes in Prag statt.

Sehr gutnachbarlich gestaltete sich die Zusammenarbeit besonders mit Österreich, wo das „Komitee zur staatlichen Förderung der Kultur von Arzneipflanzen" mit einer Auskunftsstelle und einem botanischen Laboratorium an der Landwirtschaftlich-Chemischen Versuchsanstalt in Wien die Drogengewinnung förderte unter der Leitung hervorragender Fachleute, wie u. a. Professor Dr. HIMMELBAUR. In Korneuburg bei Wien befindet sich eine 1910 von Dr. MITLACHER gegründete Lehr- und Versuchs-

[25] Nekrolog (mit Bild). „Pharmazie" 6, S. 38 (1951) und „Pharmaz. Zhalle" 89, S. 418 (1950).

* Die gehaltenen Vorträge erschienen zum Teil in der Zeitschrift „Die Deutsche Heilpflanze" 3, 1936.

** Ausführliche Berichterstattung (Generalberichte, Vorträge, Diskussionen, Literatur) siehe „12. Internationaler Gartenbaukongreß Berlin 1938", Bd. I, herausgegeben vom Generalsekretär des Kongresses, Berlin 1939, S. 575 bis 656.

gartenanlage für Heil- und Gewürzpflanzen, die eine Einrichtung des Komitees ist*. In diesem Zusammenhang sei auch noch erwähnt, daß in der Tschechoslowakei der Arznei- und Gewürzpflanzenbau eine Pflegestätte fand bei der Abteilung für systematische und angewandte Botanik der Landwirtschaftlichen Landesforschungsanstalten in Brünn unter Leitung des Landesökonomierates Dr. J. APPL. Später gesellte sich zu dieser Anlage noch ein Versuchsgarten der Anstalt für Pflanzenbau und Pflanzenzüchtung der Landwirtschaftlichen Landesforschungsanstalten in Pruhonitz bei Prag und das Institut für Heilpflanzenforschung in Prag. Aber auch mit anderen Arznei- und Gewürzpflanzen anbauenden Staaten Europas fand ein ständiger Erfahrungsaustausch statt, so u. a. besonders mit Ungarn, wo sich Professor Dr. Béla AUGUSTIN von der Heilpflanzenversuchsstation in Budapest große Verdienste auf dem Gebiete der Drogengewinnung erwarb. Eng gestaltete sich auch die Zusammenarbeit mit den Forschern Hollands, Dänemarks, Frankreichs, Italiens, Spaniens und der Schweiz. A. TSCHIRCH, der in Bern wirkte und Hervorragendes auf dem Gebiete der Arznei- und Gewürzpflanzenforschung leistete, wurde bereits eingangs erwähnt. W. HIMMELBAUR[26] gibt in seinem Artikel über „Neuzeitliche Drogenpflanzenanlagen und Sammelbestrebungen in Europa" eine Übersicht aller jener Anstalten und Unternehmen, die sich bis zum Jahre 1923 mit Anbau und Sammeln von Heil- und Gewürzpflanzen beschäftigten.

Abb. 15 Alexander Tschirch

Kurze Zeit nach dem ersten Weltkrieg ging der Heil- und Gewürzpflanzenbau, der besonders in Mittel- und Süddeutschland neu auflebte, wieder stark zurück. Durch die Erzeugung billiger synthetischer Arzneimittel wurden die Drogen und galenischen Präparate auf dem Heilmittelmarkt zurückgedrängt und die Arzneipflanzenkulturen fast zum Verschwinden gebracht. Billige Drogenimporte ließen den heimischen Anbau unwirtschaftlich werden. Aber auch dem Volk war das Verständnis für Wert und Wirkung der deutschen Heilpflanzen zu einem großen Teil verlorengegangen. Nach HARAZIM[27] betrug die Gesamtanbaufläche für Arzneipflanzen einschließlich Kümmel 1883: 632 ha, 1893: 618 ha, 1900: 980 ha und 1927: 500 ha.

In der Zeit des größten Darniederliegens des Arznei- und Gewürzpflanzenbaues, etwa 1922 bis 1933, als der Anbau nur noch wenige hundert Hektar betrug, ging von dem alten Drogenhandelsplatz Leipzig die Wiederbelebung aus. An den Stadtgrenzen Leipzigs lagen die mit Arznei- und Duftpflanzen bebauten Versuchsfelder der auf dem Gebiete der Homöopathie und Riechstoffindustrie führenden Werke Dr. Willmar

[26] HIMMELBAUR, W.: Neuzeitliche Drogenpflanzenanlagen und Sammelbestrebungen in Europa. „Pharm. Monatsh." 5, S. 17 (1924); ref. im Bericht von SCHIMMEL & Co., Miltitz 1925.

[27] HARAZIM, E.: 50 Jahre deutscher Heil- und Gewürzpflanzenanbau. „Die Deutsche Heilpflanze" 1, S. 105 bis 108 (1935).

* Näheres siehe Denkschrift zum 25jährigen Bestehen des Komitees zur staatlichen Förderung der Kultur von Arzneipflanzen in Österreich. Wien 1935 (Selbstverlag). Die Schrift enthält ein Verzeichnis von Veröffentlichungen aus dem Gesamtgebiet der österreichischen Arzneipflanzenproduktion 1910 bis 1935.

SCHWABE in Leipzig-Paunsdorf und SCHIMMEL* in Miltitz. Die wissenschaftlichen Abteilungen dieser weltbekannten Werke erwarben sich große Verdienste um die Förderung der Arznei- und Riechstoffpflanzenkunde. Die Versuchsanlagen der Firma Dr. Willmar SCHWABE (jetzt VEB HOMÖOPHARM Dr. Willmar SCHWABE, Leipzig) haben sich zu Musteranlagen entwickelt. Im Jahre 1932 wurden zahlreiche Versuchsgärten in mehreren vorstädtischen Kleinsiedlungen im Kreise Leipzig angelegt.
Am Institut für Pflanzenbau und Pflanzenzüchtung der Universität Leipzig (Direktor Prof. Dr. A. ZADE) wurde mit den Vorarbeiten zur Aufnahme der Arznei-, Duft- und Gewürzpflanzen im deutschen Sortenregister begonnen.
Besonders Leipziger Jungakademiker erwarben sich Verdienste um die Förderung des Heilpflanzenwesens. Seit 1934 entstanden in allen Gegenden des Landes Sachsen mit Unterstützung der „Akademischen Selbsthilfe" in den neuerrichteten Siedlungen Muttergärten für Arznei- und Gewürzpflanzen, die der Verbreitung dieser Pflanzen dienten und vor allem im Volk wieder für die Verwendung der heilkräftigen Drogen und nützlichen Gewürze warben[28]. Diese Gärten wurden nach dem Vorbild der alten Apothekergärten angelegt. Von 1933 bis 1934 erschienen mit besonderer Förderung der deutschen Apothekerschaft Veröffentlichungen über den Arznei- und Gewürzpflanzenbau, die in Form von Sonderdrucken mit dem Titel: „Der Heil- und Gewürzpflanzen-Anbau der deutschen Siedler", für einen sachgemäßen Anbau dieser Sonderkulturen in ganz Deutschland warben. Das Landwirtschaftliche Institut der Universität Leipzig wurde eine Pflege- und Forschungsstätte auf diesem Gebiete der Landwirtschaft und des Gartenbaues und schulte Anbauer in vielen Kursen. Die Teilnehmer kamen aus allen Gegenden Deutschlands. Ein Versuchsring für Heil- und Gewürzpflanzenbau wurde bei der Abteilung für Gartenbau gegründet. Er umfaßte Sachsen und hatte darüber hinaus noch Versuchsansteller in ganz Deutschland[29]. Phytopathologische Fragen werden seit Jahren beim Institut für Phytopathologie der Karl-Marx-Universität in Leipzig bearbeitet. Im Jahre 1934 wurde in Leipzig auch das erste staatliche Sortenregister für Heil-, Gewürz- und Duftpflanzen, jetzt Zweigstelle des Sortenamtes für Nutzpflanzen, errichtet, wo besonders die sortenkundliche Forschung und andere wichtige Fragen der Drogengewinnung bearbeitet werden[30].
Ab 1934 wurden erstmalig sämtliche in Deutschland im Verkehr befindlichen Herkünfte von Arznei- und Gewürzpflanzen — es waren mehrere Hundert — zur Prüfung beim Sortenregister angemeldet und sortenkundlich untersucht.
Bei vielen handelte es sich um entbehrliche Formengemische, z. B. solche der Gattung *Mentha*. Für die Landeskultur und das Gesundheitswesen wertlose Herkünfte wurden von der weiteren Vermehrung ausgeschlossen. Das gesichtete Material wurde gemäß der Sortensystematik klassifiziert. So ließen sich im Jahre 1938 erstmalig Land- und Zuchtsorten (Gruppen- und Einzelsorten) herausstellen und in einer vorläufigen Sortenbeschreibung[31] charakterisieren. Dabei wurde die wichtige Feststellung getroffen, daß viele Arznei- und Gewürzpflanzen, obgleich sie schon seit dem Altertum angebaut

28 MÄDING: Die Errichtung von Muttergärten für Heil- und Gewürzpflanzenanbau in Sachsen und ihre Betreuung durch Jungakademiker. „Der Heil- und Gewürzpflanzen-Anbau der deutschen Siedler." 4. Veröffentlichung, S. 7 bis 9 (1934).

29 SCHEERER, G.: Der werdende Versuchsring. „Der Heil- und Gewürzpflanzen-Anbau der deutschen Siedler." 3. Veröffentlichung, S. 7 bis 8 (1933); SCHÄFER, W.: Der Versuchsring im Bild. Ebenda, 4. Veröffentlichung, S. 10 bis 11 (1934).

30 HEEGER, E. F.: Die sortenkundliche Forschung bei Heil-, Gewürz- und Duftpflanzen und ihre praktische Bedeutung für die Drogengewinnung. „Pharm. Ind." 10, S. 222 bis 225 (1943); bzw „Arzneipflanzen-Umschau" 1, S. 317 bis 320 (1943).

31 HEEGER, E. F.: Sortenbeschreibung der zugelassenen Heil- und Gewürzpflanzen. Berlin 1938 (nicht im Buchhandel).

* VEB SCHIMMEL verfügt heute über keine eigenen Werkkulturen mehr.

werden, züchterisch zum Teil noch sehr wenig oder gar nicht bearbeitet sind, so daß von Sorten im eigentlichen Sinne des Wortes nur in einigen Fällen die Rede sein kann. Sehr wenige Arten befinden sich nach Aussagen von Zuchtfirmen zum Teil bereits seit über hundert Jahren in züchterischer Betreuung, wie die Gruppensorte 'Deutscher Winter-Thymian' seit dem Jahre 1822. Als Zuchtmethode wird das Ausleseverfahren angegeben. Die Züchtungsarbeiten kamen bei den Arznei- und Gewürzpflanzen aber praktisch zum völligen Stillstand während des ersten Weltkrieges von 1914 bis 1918 und dann in der Zeit des größten Darniederliegens des Arznei- und Gewürzpflanzenbaues, 1922 bis 1933, so daß sich die züchterische Arbeit fast nur noch auf Erhaltungszucht beschränkte. Die Ursachen hierfür waren der Krieg und die sich daraus ergebenden wirtschaftlichen Folgen. Nach 1933 nahm der Arznei- und Gewürzpflanzenbau in Deutschland einen gewaltigen Aufschwung, in erster Linie bedingt durch die autarken Bestrebungen der damaligen Regierung. Die Züchtung bei diesen Sonderkulturen machte jedoch keine Fortschritte. Hochzuchten, wie sie bei den landwirtschaftlichen und gartenbaulichen Kulturarten in reicher Zahl geschaffen wurden, kamen so gut wie nicht zustande. In Deutschland ist von etwa 70 Arznei- und Gewürzpflanzenarten anerkanntes Saatgut erhältlich, wobei es sich vorwiegend um solches von Gruppensorten handelt. Saatgut von Hochzuchten steht 1954 nur zur Verfügung von *Anethum graveolens* L. (Blattdill 'Chrestensens Herkules'); *Anthriscus cerefolium* (L.) Hoffm. ['Krauskopf' ('Benarys Krauskopf')] und *Mentha piperita* L. ('Mitcham-Pfefferminze Herrnhuter Auslese'), außerdem von den landwirtschaftlichen Kulturarten Mohn, Lein und Weißer Senf. In der Deutschen Demokratischen Republik ist allerdings in den nächsten Jahren mit der Zulassung weiterer Hochzuchtsorten zu rechnen. Daß nur wenige Hochzuchtsorten von Arznei- und Gewürzpflanzen im Verkehr sind, liegt im folgenden begründet: Die Saatguterzeugung von Arznei- und Gewürzpflanzen oblag in Deutschland bis zum Jahre 1945 ausschließlich den privaten Saatzuchtfirmen. Sie beschäftigten sich nur am Rande mit diesen Sonderkulturen. Es gehörte schon mehr oder weniger zur Liebhaberei eines Züchters, wenn er sich etwas eingehender mit Fragen der Arznei- und Gewürzpflanzenzüchtung beschäftigte. Diese Sonderkulturen bilden in der Weltwirtschaft im Vergleich zu den übrigen Kulturpflanzen, abgesehen von einigen tropischen Arten, z. B. den Cinchonen, eine wohl artenreiche, aber mengen- und kapitalmäßig nur kleine Gruppe, bei der der Zuchtaufwand für den privaten Züchter nicht lohnt. Außerdem wirkt besonders erschwerend, daß es in der Arznei- und Gewürzpflanzenzüchtung hauptsächlich darauf ankommt, Sorten zu züchten, die gut im Ertrag sind und sich vor allem aber durch Qualitätseigenschaften auszeichnen. Es ist eine bekannte Tatsache, daß die Züchtung auf Qualität zu den schwierigsten Züchtungsaufgaben gehört. Die Arbeit wird noch wesentlich erschwert, wenn medizinischerseits Zuchtziele gestellt werden, bei denen es darauf ankommt, in therapeutischer Hinsicht wertvolle Qualitätsmerkmale herauszuarbeiten, wie die sedative Wirkung des Baldrians. Hierzu bedarf der Pflanzenzüchter nicht nur der Mitarbeit des Chemikers, sondern auch noch des Mediziners, und zwar vor allem des Pharmakologen. Mit den methodischen Züchtungsarbeiten muß die ständige chemisch-pharmazeutische und die pharmakologisch-klinische Kontrolle parallel laufen. Eine solche intensivierte Zuchtarbeit ist notwendig, wenn wirklich ein Fortschritt in der Arzneipflanzenzüchtung erzielt werden soll. Diese Arbeit lohnt sich aber nur für die Allgemeinheit, und sie muß daher auf deren Kosten durchgeführt werden.

Die Ergebnisse zwanzigjähriger sortenkundlicher Arbeit bei den in Deutschland angebauten Arznei- und Gewürzpflanzen fanden in Sortenbereinigungen und in der Herausstellung wertvoller Sorten und Herkünfte für den Anbau, in zahlreichen Abhandlungen und nicht zuletzt in dem 1952 in 2. Auflage erschienenen Buche „Heil-

und Gewürzpflanzen/Arten- und Sortenkunde" ihren Niederschlag. Außer einer Sortenbeschreibung der zum Anbau zugelassenen Heil- und Gewürzpflanzensorten stellt das Buch einen Beitrag und eine Vorarbeit für die internationale Drogennormierung dar[32]. In Westdeutschland hatte nach der Spaltung Deutschlands zunächst das Tabakforschungsinstitut in Forchheim bei Karlsruhe (Direktor Prof. Dr. KOENIG) das Sortenregister übernommen. Später wurde es vom Bundessortenamt Rethmar, Nebenstelle Bamberg, weitergeführt.

Die Bayerische Landesanstalt für Pflanzenbau und Pflanzenschutz in München beschäftigt sich seit 1918 mit Forschungs- und sonstigen Arbeiten auf dem Gebiete dieser Sonderkulturen[33]. Aus der Feder ihres langjährigen verdienstvollen Abteilungsdirektors Dr. Karl BOSHART gingen viele wertvolle Arbeiten hervor. Beim Staatsinstitut für Angewandte Botanik Hamburg wurden u. a. wichtige Arbeiten auf dem Gebiete der Arzneipflanzenforschung durchgeführt*. Bei der Versuchs- und Forschungsanstalt für Wein-, Obst- und Gartenbau in Geisenheim a. Rh. wurde eine Spezialabteilung für Heil- und Gewürzpflanzen geschaffen. Auch noch weitere Institute, wie das Botanische Institut in Münster, nahmen sich der Arzneipflanzenforschung an. An verschiedenen Orten entstanden größere Versuchs- und Demonstrationsanlagen. Es ist im Rahmen dieses Überblickes leider nicht möglich, alle bekanntgewordenen Versuchsstellen, die sich mit Arznei- und Gewürzpflanzen beschäftigen, aufzuführen und alle Personen namentlich zu nennen, die sich Verdienste auf dem Gebiete der Arznei- und Gewürzpflanzenforschung erwarben.

Der Staat gewann in immer zunehmendem Maße Interesse an der Kultur von Arznei- und Gewürzpflanzen. Organisationen, die zum Ziel hatten, Anbau und Sammeln zu fördern, wurden gegründet, so die „Deutsche Arbeitsgemeinschaft zur Förderung der Beschaffung heimischer Heil-, Gewürz- und Duftpflanzen", Sitz Leipzig, die 1935 in der neugegründeten „Reichsarbeitsgemeinschaft für Heilpflanzenkunde und Heilpflanzenbeschaffung e. V.", Sitz Berlin, aufging. Hinzu kam 1942 die „Reichsarbeitsgemeinschaft zur Erforschung der Heilpflanzen". Die Bestrebungen wurden zusammengefaßt und der dem Arznei- und Gewürzpflanzenbau besonders schädliche, oft rein spekulative Charakter beseitigt. Der Anbau wurde auf Grund amtlicher Erhebungen planmäßig erfaßt. Sondermaßnahmen, z. B. die Gewährung von Beihilfen für die Errichtung von Trocknungseinrichtungen, wurden getroffen, um den Anbau zu fördern. Forschungsarbeiten wurden finanziert.

Die Entwicklung des Arznei- und Gewürzpflanzenbaues in den Jahren 1934 bis 1938 ist aus umstehender Übersicht zu ersehen** (siehe Seite 38).

In den Jahren 1939 bis 1944 wurde in Deutschland die Anbaufläche stark ausgeweitet. Sie betrug im Jahre 1939 3731 ha, 1940 8302 ha, 1941 10373 ha. Der größte Teil (etwa 70—75%) dieser Anbaufläche entfiel auf Gewürzpflanzen. Für die Jahre 1942 bis 1945 konnten wir die statistischen Unterlagen nicht einsehen. Einen historischen Überblick

[32] HEEGER, E. F. u. BRÜCKNER, K.: Heil- und Gewürzpflanzen/Arten- und Sortenkunde. Berlin 1950. 2. Auflage 1952.

[33] STEIGERWALD, E.: Zur Geschichte des Anbaues von Heil- und Gewürzpflanzen in Bayern. „Planta Medica" 2, S. 139 bis 144 (1954).

* Ein Verzeichnis der Veröffentlichungen dieses sehr bekannten Instituts, das über eine Abteilung Warenkunde verfügt, die u. a. auch Drogen zum Gegenstand ihrer Untersuchungen hat, erscheint im Instituts-Jahresbericht. Der 57. bis 68. Jahrgang umfaßt die Jahre 1939 bis 1950 und ist in Hamburg erschienen.

** Die Angaben über die Anbauflächen 1934 und 1935 sind der Dissertation von WEHLMANN, Kf.: „Aufwand und Ertrag beim Anbau von Heil- und Gewürzpflanzen unter besonderer Berücksichtigung der Anbauverhältnisse in bäuerlichen Betrieben", Berlin 1940, unter Benutzung der Erhebung entnommen, die der frühere Reichsnährstand in diesen Jahren durchführte. Die Zahlen von 1936 bis 1938 entstammen den Bodenbenutzungserhebungen des ehemaligen Statistischen Reichsamtes. Die Erhebungsweise des ehemaligen Reichsnährstandes und des ehemaligen Statistischen Reichsamtes weichen voneinander ab. Der Vergleich ist daher nur beschränkt möglich.

Kulturart	Anbauflächen in ha				
	1934	1935	1936	1937	1938
Baldrian	56	70	79	76	89
Dill	2	4	47	110	107
Eibisch	44	71	37	51	61
Engelwurz	7	18	54	21	20
Fenchel	7	101	196	135	167
Königskerze	4	6	7	9	4
Koriander	—	11	24	78	130
Kümmel	25	35	87	695	1021
Majoran	344	402	380	288	296
Melisse	3	3	5	6	10
Pfefferminze	228	440	273	193	245
Ringelblume	nicht erfaßt		2	2	2
Senf, Weißer	32	124	1112	1909	624
Thymian	18	13	31	37	42
Andere Arten	50	71	168	286	318
Summe in Hektar	820	1369	2502	3896	3136

über die deutsche Drogengewinnung in den Jahren 1932 bis 1942 gibt SINZ[34]. Die Phytotherapie hatte dank der wissenschaftlichen Forschung wieder in starkem Maße an Bedeutung gewonnen. SEEL[35] berichtet über neue Möglichkeiten, sie zu fördern.

Durch die Kriegsereignisse ging der Anbau 1945 in Deutschland sehr stark zurück, was insbesondere dadurch bedingt war, daß andere landwirtschaftliche und gartenbauliche Kulturarten aus ernährungswirtschaftlich wichtigen Gründen in den Vordergrund des Anbaues rückten. Durch das Ausfallen wichtiger Arzneipflanzenkulturen wurde die Heilmittelversorgung der deutschen Bevölkerung zum Teil stark in Frage gestellt. 1946 erfolgte wieder eine ordnungsgemäße Planung auf dem Gebiete der Arznei- und Gewürzpflanzenerzeugung. In der damaligen Sowjetischen Besatzungszone, in welcher sich im wesentlichen die alten Hauptanbaugebiete befanden, wurde im Jahre 1946 eine Anbaufläche von 1480 ha, 1947 eine solche von 3300 ha für Heil- und Gewürzpflanzen vorgesehen. In der Deutschen Demokratischen Republik umfaßt der jährliche Anbau etwa 3500—5000 ha, wovon ebenfalls 70—75% auf Gewürzpflanzen entfallen dürften*.

Die Neubelebung des Anbaues in der Sowjetischen Besatzungszone ging in erster Linie wieder von dem alten Zentrum Leipzig aus, wo nach der Kapitulation Deutschlands 1945 ein wirtschaftlich gesunder Anbau im Leipziger Stadt- und Landkreis erhalten blieb und die Arbeiten des Sortenamtes für Heil- und Gewürzpflanzen ohne Unterbrechung fortgesetzt werden konnten. Auch der Leipziger Vegetabilienhandel förderte in starkem Maße den Anbau. Staatlicherseits widmete man diesen Sonderkulturen wieder Interesse und ließ ihnen ebenfalls Förderung zuteil werden. Pflanzenzuchtinstitute setzten die züchterischen Arbeiten bei Arznei- und Gewürzpflanzen fort oder nahmen diese neu auf, so die Institute für Pflanzenzüchtung der Deutschen Akademie der Landwirtschaftswissenschaften zu Berlin in Quedlinburg und in Bernburg (Saale) sowie das Institut für Kulturpflanzenforschung der Deutschen Akademie der

[34] SINZ, K.: Die deutsche Heilpflanzengewinnung in den Jahren 1932 bis 1942. Ein Rückblick. „Pharm. Ind." **10**. S. 58 bis 64 (1943); bzw. „Arzneipflanzen-Umschau" **1**, S. 253 bis 259 (1943).

[35] SEEL, H.: Arzneipflanzenplanung — Möglichkeiten zur Förderung der Arzneipflanzentherapie. „Pharm. Ind." **9**, S. 22 bis 27 (1942); bzw. „Arzneipflanzen-Umschau" **1**, S. 59 bis 64 (1942); Grundlagen und Probleme der Arzneipflanzentherapie. „Pharmazie" **3**, S. 356 bis 363 (1948); bzw. „Arzneipflanzen-Umschau" **2**, S. 389 bis 396 (1948).

* Amtliche statistische Zahlen waren nicht erreichbar.

Wissenschaften zu Berlin in Gatersleben. Letzteres Institut unterhält eine chemisch-physiologische Abteilung, wo u. a. die Physiologie der Solanaceen-Alkaloide und methodische Fragen der Alkaloidpflanzenzüchtung bearbeitet werden. Sehr verdienstvolle Arbeit wurde von dieser Abteilung in den letzten Jahren auch auf dem Gebiet der Mutterkornzüchtung und Gewinnung von *Secale cornutum* geleistet*.

Im Jahre 1950 wurde für Deutschland erstmalig der Arznei- und Gewürzpflanzenbau als Teilgebiet des landwirtschaftlichen und gärtnerischen Pflanzenbaues selbständiges Lehrfach bei der Landwirtschaftlichen Fakultät der Martin-Luther-Universität Halle-Wittenberg in Halle (Saale). Es war der geniale Landwirtschaftswissenschaftler und Pflanzenzüchter von Weltruf Theodor ROEMER, Halle, der veranlaßte, dieses Fachgebiet zum Gegenstand des Hochschulstudiums zu machen.[36] Außerdem bewirkte ROEMER, daß der Heil- und Gewürzpflanzenbau in dem von ihm in Zusammenarbeit mit anderen Gelehrten herausgegebenen internationalen Standardwerk, dem „Handbuch der Landwirtschaft"[37], erstmalig Berücksichtigung fand. Besonders mit der Einführung des Fachgebietes „Arznei- und Gewürzpflanzenbau" im Rahmen des Landwirtschaftsstudiums an der Universität Halle, die im größten Arznei- und Gewürzpflanzenanbaugebiet, in Sachsen-Anhalt, liegt, wurde ein wichtiger Schritt zur Förderung der Drogengewinnung getan. Die wissenschaftliche Arbeit in Halle erfuhr eine starke Förderung durch die in Fachkreisen Deutschlands und weit darüber hinaus bekannte Drogenfirma CAESAR & LORETZ mit ihrem vorbildlichen Arzneipflanzenanbaubetrieb CAESAR & Co. in Schkopau bei Merseburg[38].

Im Zuge der Förderungsmaßnahmen wurde im Jahre 1952 vom Staatssekretariat für Hochschulwesen der Deutschen Demokratischen Republik in Berlin an der Universität Leipzig, und zwar bei der Landwirtschaftlich-Gärtnerischen Fakultät, als erstes seiner Art in Deutschland, das Institut für Sonderkulturen mit einem Drogenlehrhof gegründet, nachdem bereits vorher Vorlesungen auf diesem Gebiete gehalten worden waren. Aber auch in Westdeutschland entwickelte sich der Anbau nach dem Zusammenbruch Deutschlands 1945 aufwärts. Neben der Bayerischen Landesanstalt für Pflanzenbau und Pflanzenschutz in München nahmen auch andere Institute die Arbeit auf dem Gebiet der Arznei- und Gewürzpflanzenforschung wieder auf, und neue gesellten sich hinzu. In der pharmazeutischen Industrie wurde der Anbau von Arzneipflanzen ebenfalls um neue Kulturen vermehrt. Erwähnt seien hier nur die Werkkulturen der sehr bekannten Arzneimittelwerke Dr. MADAUS in Köln, Dr. Willmar SCHWABE in Karlsruhe-Durlach und PROMONTA in Hamburg. Die Werkkulturen, die meist den Zweck haben, die eigene pflanzliche Rohstoffbasis zu gewährleisten, bedeuten aber im Grunde nichts anderes als das Wiedererstehen der „Kräutergärten" der alten Offizinen in größerem Ausmaß. Es ist dies eine Entwicklung, die nur begrüßt werden kann.

In Offstein bei Worms/Rhein werden von der Firma Heinrich BORNTRÄGER Arzneipflanzenkulturen u. a. zur Gewinnung von Frischpflanzen und Drogen für Homöopathie und Allopathie in so großer Artenzahl unterhalten, wie solche für Handelszwecke in Deutschland wohl nicht noch einmal vorhanden sind.

Was nun die Organisation des Arznei- und Gewürzpflanzenbaues anbelangt, so erfolgte diese nach 1945 in Westdeutschland nach anderen Prinzipien als in Ostdeutschland. In der Deutschen Bundesrepublik fanden die Landesverbände der Anbauer dieser

[36] Hochschulnachrichten. „Pharmazie" 6, S. 85 (1951) und „Pharmaz. Zhalle" 90, S. 144 (1951).

[37] ROEMER-SCHEIBE-SCHMIDT-WOERMANN: Handbuch der Landwirtschaft. 2. Aufl., 5 Bände, Berlin und Hamburg 1953. 2. Bd. Pflanzenbaulehre, Kapit. XIII, S. 605 bis 626: HEEGER, E. F.: Heil- und Gewürzpflanzenbau.

[38] Siehe auch FREUDENBERG, G. und CAESAR, R.: Arzneipflanzen (Anbau und Verwertung). Berlin und Hamburg 1954.

* Ein Verzeichnis der bisherigen Veröffentlichungen aus diesem Institut von internationalem Ruf liegt vor in dessen Berichten und Mitteilungen, betitelt: Die Kulturpflanze, Bd. 1, S. 49 bis 51 (1953).

Sonderkulturen ihren Zusammenschluß in der Arbeitsgemeinschaft für Arznei- und Gewürzpflanzenanbau e. V., Sitz Heidelberg[39], während in der Deutschen Demokratischen Republik die Anbauer eine Interessengemeinschaft in der Vereinigung der gegenseitigen Bauernhilfe (VdgB) bilden.

In der Deutschen Bundesrepublik haben im Zuge der Wiederbelebung der freien Wirtschaft erhebliche Drogenimporte erneut ein beträchtliches Ausmaß erreicht, so daß die Inlandsdroge wie vor 1933 heute wieder in hartem Wettbewerb mit der Importware steht und der Anbau stark fluktuiert. (Über den heutigen Umfang des Arznei- und Gewürzpflanzenbaues im gesamten Gebiet der Deutschen Bundesrepublik wird auf Seite 42 Näheres berichtet.)

Der Arznei- und Gewürzpflanzenbau hat sich in Deutschland seit dem frühen Mittelalter bis heute erhalten, trotz der sehr raschen Entwicklung der chemischen Synthese einiger Arznei- und Aromastoffe in der letzten Zeit. Er wird auch weiterhin ein wichtiges Sondergebiet des Gartenbaues und der Landwirtschaft bleiben. Wir sind der Ansicht, daß den in der Heilkunde altbewährten Arzneipflanzen und den von der Gastronomie bevorzugten Gewürzkräutern nicht dasselbe Los beschieden sein wird wie den heute ganz von der Bildfläche verschwundenen, früher aber in großem Umfang angebauten Farbpflanzen. Während die Farben heute in zum Teil hervorragenden Qualitäten synthetisch gewonnen werden, sind wir noch weit davon entfernt, alle pflanzlichen Wirk- und Aromastoffe durch künstliche zu ersetzen. Auch wird es wohl nie möglich sein, alles Organische zu synthetisieren und so auch nicht jede Arzneipflanze mit ihren therapeutisch wertvollen Haupt- und Nebenwirkstoffen sowie Ballaststoffen. Oftmals sind es eben alle Inhaltsstoffe einer Arzneipflanze, die ihren therapeutischen Wert bedingen. Trotz der anerkannten großen Fortschritte der chemischen Industrie in der ganzen Welt auf dem Gebiet der synthetischen Darstellung von therapeutisch sehr wertvollen und aus dem Arzneischatz der Völker nicht wegzudenkenden Reinsubstanzen haben sich aber doch die meisten Arzneipflanzen in der Heilkunde seit dem Altertum neben den Chemotherapeutica bis jetzt behauptet. Solange es Menschen und Tiere gibt, sind für sie die Pflanzen unentbehrlich, wobei speziell die Arzneipflanzen der Heilung ihrer Krankheiten und zur Gesunderhaltung dienen.

Was nun die Literatur speziell auf dem Gebiet des Arznei- und Gewürzpflanzenbaues anbelangt, so hat diese in der Neuzeit, besonders aber während der letzten 25 Jahre in Deutschland manche Bereicherung erfahren. Viele Abhandlungen fußen zum Teil noch auf der Anbauliteratur alter, mehr oder weniger überholter Anbauanleitungen, wie z. B. H. Jäger „Apothekergarten". Der Großherzoglich Sächsische Hofgarteninspektor H. Jäger war wohl im vorigen Jahrhundert mit einer der erfahrensten Praktiker auf dem Gebiet des Arznei- und Gewürzpflanzenbaues. Der „Apothekergarten" erschien erstmalig 1858 und letztmalig 1913 im Verlag von Otto Lenz in Leipzig, bearbeitet von Wesselhöft in vierter Auflage. Dieses kleine Werk trug wesentlich zur Förderung und Verbreitung des Heil- und Gewürzpflanzenbaues bei. Ein Anhang zu diesem Buch enthält auch historisch interessante Ausführungen von Dr. Schwabe in Weimar, betitelt „Der Medizin-Kräuterbau in Thüringen"[40].

Sehr brauchbare Kulturanweisungen veröffentlichte 1868 auch Löbe[41]. Aber auch noch viele andere Bücher und Broschüren, in denen deutsche Autoren den Anbau der Arznei- und Gewürzpflanzen als gärtnerisch-landwirtschaftliche Sonderkulturen behandeln, haben mehr oder weniger Anteil an deren Entwicklung.

[39] Kann, Fr.: Stand und Aufgabe des Heil- und Gewürzpflanzenanbaues. „Planta Medica" 2, S. 1 bis 3 (1954).
[40] Separatabdruck aus dem „Correspondenzblatt des Allgemeinen ärztlichen Vereins von Thüringen", Nr. 4 und 5 (1876).
[41] Löbe, W.: Anleitung zum rationellen Anbau der Handelsgewächse. 7 Bände, Stuttgart 1868 bis 1870.

An Fachzeitschriften, die sich mit der Drogengewinnung und -verarbeitung befassen und in denen speziell Fragen des Arznei- und Gewürzpflanzenbaues behandelt werden, hat es in Deutschland nicht gefehlt. Im Jahre 1917 wurde von der Deutschen Hortus-Gesellschaft die Fachzeitschrift „Heil- und Gewürzpflanzen" (früher Verlag von Dr. F. P. Datterer & Cie., Freising-München, jetzt Hippokrates-Verlag, Stuttgart) ins Leben gerufen. In dieser Zeitschrift vereinigten sich die internationalen Interessen, und es erschienen in ihr bedeutsame wissenschaftliche Arbeiten; 22 Bände liegen von ihr vor. 1943 wurde das Erscheinen leider eingestellt. Ein Verband deutscher Arzneipflanzenbauer wurde gegründet, der „Mitteilungen" herausgab, später als Reichsverband neu erstand und „Nachrichten" (1934 bis 1944) erscheinen ließ. Hierzu gesellten sich noch die Fachzeitschriften „Die Deutsche Heilpflanze" (1934 bis 1944) und seit 1941 die „Arzneipflanzen-Umschau". Letztere erschien bis 1944 als Sonderdruck aus der Zeitschrift „Die Pharmazeutische Industrie" und erscheint seit 1946 als ein solcher aus der Zeitschrift „Die Pharmazie".

Nach dem Kriege wurden auch Fragen der Heil- und Gewürzpflanzengewinnung in der Zeitschrift „Natur und Nahrung" behandelt. Diese Zeitschrift war zugleich das Veröffentlichungsorgan der Zentrale für Drogen und Wildfrüchte, die nach dem Kriege im wesentlichen die Arbeiten der Reichsarbeitsgemeinschaft für Heilpflanzenkunde und -beschaffung fortsetzte. Die Zentrale stellte 1950 ihre Arbeit ein. In der Deutschen Demokratischen Republik übernahm die Vereinigung volkseigener Erfassungs- und Aufkaufbetriebe (VVEAB) dieses Arbeitsgebiet, das 1954 auf das Erfassungs- und Absatzkontor für Heil-, Duft- und Gewürzpflanzen (Drogenkontor) mit dem Sitz in Leipzig überging[42]. 1953 wurde in Camberg (Taunus) die „Deutsche Gesellschaft für Arzneipflanzenforschung und -therapie" gegründet. Sie gibt eine Zeitschrift für Arzneipflanzenanwendung und Arzneipflanzenforschung, die „Planta Medica" heraus.

Von 1935 an fanden staatlicherseits Lehrgänge für Anfänger und Fortgeschrittene im Arznei- und Gewürzpflanzenbau statt. Die gehaltenen Vorträge liegen gedruckt vor. Es erschienen Flugblätter für den Arznei- und Gewürzpflanzenbau.

Wichtige wissenschaftliche Arbeiten finden sich in den Jahresberichten verschiedener Firmen, so z. B. in denen von E. Merck, Darmstadt; Schimmel, Miltitz bei Leipzig; Caesar & Loretz, Halle (Saale); Madaus, Dresden-Radebeul; in den Arbeitsberichten von Dr. Willmar Schwabe, Leipzig, in den Hausmitteilungen (Pharma-Medico) der Firmen Ysatfabrik in Wernigerode (Harz) und Blaes & Co. in München. Der Drogengroßhandel und auch die pharmazeutische Industrie haben durch die wissenschaftliche Arbeit in ihren Laboratorien die Erforschung der Arzneipflanzen, insbesondere die ihrer Inhaltsstoffe, und ihre therapeutische Anwendung erheblich gefördert.

Wissenschaftliche Arbeiten und praktische Beiträge auf dem Gebiet der Drogengewinnung finden sich in großer Zahl noch sehr verstreut in den botanischen, landwirtschaftlichen und gärtnerischen Fachzeitschriften sowie in vielen Mitteilungsorganen drogenverarbeitender Industriezweige, z. B. denen der Fett- oder Riechstoffindustrie. Überblickt man das deutsche Fachschrifttum auf dem Gebiet der Drogengewinnung in seiner Gesamtheit, so kommt man zu der Feststellung, daß es einen wertvollen Beitrag zur Geschichte unserer Nutzpflanzen darstellt. Den Arznei- und Gewürzpflanzenbau entsprechend seiner Tradition und unter Berücksichtigung der neuesten Ergebnisse acker- und pflanzenbaulicher Forschung zu erhalten und weiterzuentwickeln, muß auch in Zukunft eine wichtige Aufgabe sein. Ihr soll dieses Buch dienen.

[42] Siehe auch Kretschmer, W.: Die Versorgung des Handels und der Industrie mit Drogen. „Der Drogist" 1, S. 12 bis 14 (1954).

II. Die Bedeutung des Arznei- und Gewürzpflanzenbaues für Volkswirtschaft und Volksgesundheit[1]

In Deutschland sind keine wirtschaftsstatistischen Unterlagen vorhanden, die eine einigermaßen sichere Beurteilung des volkswirtschaftlichen Wertes der Drogenerzeugung ermöglichen. Über die Drogenernten aus Anbau und Wildwuchs liegen keine neueren amtlichen Unterlagen für eine annähernd zutreffende Beurteilung des mengenmäßigen Anfalls vor. Unter Zugrundelegung der amtlichen Anbauflächenstatistik ist lediglich eine sehr grobe Schätzung möglich. Nach dem Kriege wurden keine Anbauflächenstatistiken bekannt, in welchen der deutsche Arznei- und Gewürzpflanzenbau in seiner Gesamtheit enthalten ist. Neuerdings finden sich in den „Statistischen Berichten" des Statistischen Bundesamtes in Wiesbaden Angaben über Umfang und Ertrag des Anbaues dieser Sonderkulturen. Auch diese Feststellungen sind sehr lückenhaft. Wir sind also nur in der Lage, den flächenmäßigen Umfang des Arznei- und Gewürzpflanzenbaues des Nachkriegsdeutschlands überschläglich zu schätzen. Unsere Schätzung beläuft sich für die ersten Nachkriegsjahre auf jährlich etwa 10000 ha.

Nach Mitteilungen aus der Deutschen Bundesrepublik ist der Anbau von Arznei- und Gewürzpflanzen seit 1950 infolge der immer mehr zunehmenden Drogenimporte stark zurückgegangen, und zwar von 1126 ha im Jahre 1950 auf 731 ha im Jahre 1954. Im gleichen Jahre wird nach unseren Informationen die Gesamtanbaufläche in Deutschland kaum 6000 ha übersteigen, jedoch scheint sie wieder im Ansteigen begriffen zu sein. In den uns bekannten Anbauflächenerhebungen sind die Kleinstflächen, wie wir sie in Form der „Kräuterecke" in fast jedem Bauern-, Haus- und Schulgarten antreffen, nicht enthalten. In ihrer Gesamtheit stellen diese kleinen Flächen aber doch einen nicht zu unterschätzenden Faktor dar. Sie dienen vorwiegend dem Eigenbedarf der Haushaltungen an Gewürzen und Haustees sowie Demonstrationszwecken. Der Saatgutbedarf für diese Flächen ist besonders groß, da bekanntlich im Anbau Unerfahrene oft weit über die üblichen Aussaatnormen Saatgut verbrauchen. Es wäre ein Trugschluß, wollte man aus dem Saatgutverbrauch des Kleinstanbauers auf die Gesamtanbaufläche der Bauern-, Haus- und Schulgärten und sonstigen Anlagen folgern. Einen Ertragswert für diese anbauflächenstatistisch nicht erfaßten Flächen kann man kaum errechnen oder schätzen. Der durchschnittliche Ertragswert für die erwerbsmäßig genutzte Anbaufläche von jährlich etwa 6000 ha ist schwer zu beziffern, da die angebauten Arznei- und Gewürzpflanzen in Hinsicht auf ihren Bruttoerlös sehr unterschiedlich bewertet werden müssen. EBERT[2] errechnete im Anbaujahr 1947/48 aus den Bruttoeinnahmen verschiedener Betriebe Richtzahlen. Der Berechnung legte er die damals gültigen Erzeugerhöchstpreise für im Anbau gewonnene Drogen zugrunde. Eine Nachprüfung der Werte ergab Rechenfehler. Die berichtigten Werte folgen in nachstehender Tabelle:

[1] HEEGER, E. F.: Die Bedeutung des Arznei- und Gewürzpflanzenbaues für Volkswirtschaft und Volksgesundheit. Querschnitt durch den neuen Gartenbau. 2. Bd., Berlin 1953, S. 254 bis 258.
Derselbe: Die Bedeutung des Heil- und Gewürzpflanzenbaues im Rahmen der Landwirtschaft und des Gartenbaues und seine Bedeutung für das Gesundheitswesen. „Die Deutsche Landwirtschaft" 3, S. 131 bis 135 (1949).

[2] EBERT, K.: Der feldmäßige Anbau einheimischer Arznei-, Heil- und Gewürzpflanzen. Stuttgart 1949.

Bruttoerlös aus dem Anbau einiger Arznei- und Gewürzpflanzen
nach EBERT

Kulturart	Rohdroge	Ertrag dz/ha	Erzeuger-preis DM je dz	Brutto-erlös DM je ha
Baldrian	Wurzeln darrtrocken, gewaschen, gekämmt	25	390	9750
Eibisch	Wurzeln lufttrocken, geschält	15	400	6000
Melisse	Kraut getrocknet	24	160	3840
Thymian	Kraut getrocknet	80	110	8800
Pfefferminze	Blätter getrocknet	15	410	6150
Salbei	Blätter getrocknet	25	170	4250
Kamille	Blüten getrocknet	4	800	3200
Königskerze	Blüten getrocknet	10	1200	12000
Dill	Körner trocken, Maschinendrusch	10	165	1650
Fenchel	Körner trocken, Maschinendrusch	12	290	3480

Diese von EBERT ermittelten Werte für die verschiedensten Drogenarten lassen erkennen, daß die Bruttoeinnahmen je nach angebauter Art sehr verschieden hoch sind. Bei Körnerdill beläuft sich die Bruttoeinnahme je Hektar auf 1650 DM und bei Königskerzenblüten auf 12000 DM. Bei der ersteren Art handelt es sich um eine Körnerdroge, deren Gewinnung geringen Arbeits- und Kapitalaufwand erfordert, und bei der zweiten Art um eine hohe Gestehungskosten verursachende Blütendroge. Nach EBERT stellt sich der Brutto-Durchschnittserlös je Hektar, errechnet bei zehn verschiedenen Arten, auf 5912 DM. Dieser Wert ist entschieden zu hoch beziffert und kann Anlaß geben zu falschen Vorstellungen über die Wirtschaftlichkeit des Arznei- und Gewürzpflanzenbaues, zumal es sich bei EBERT um Erzeugerhöchstpreise handelt, die in der Praxis infolge von Qualitätsunterschieden nicht immer gezahlt werden können. Es werden in Deutschland eine große Zahl weiterer Arten angebaut, die EBERT bei seinen Betrachtungen unberücksichtigt ließ und deren Bruttoerlös nach eigenen Feststellungen nur selten über 4000 DM je Hektar liegt. Bedenkt man, daß in Deutschland großflächig vor allem Arten angebaut werden, die Körnerdrogen liefern, und daß diese verhältnismäßig niedrige Bruttoerlöse ergeben, so scheint es vertretbar zu sein, wenn der Bruttoertragswert der in Deutschland auf einer Anbaufläche von etwa 6000 ha angebauten Arznei- und Gewürzpflanzen jährlich mit 12 Millionen DM veranschlagt wird. Diese vorsichtige Schätzung gleicht dem von LIMBACH-BOSHART[3] im Jahre 1940 geschätzten Wert von 12 Millionen RM bei einer damals statistisch festgestellten Anbaufläche von allerdings 8302 ha bei etwas niedrigeren Preisen. Bedenkt man, daß die heimischen pflanzlichen Rohstoffe als Drogen und zur Herstellung von Arzneimitteln, kosmetischen Präparaten und für technische Zwecke und die Gewürzkräuter in der Nahrungsmittelindustrie Verwendung finden, so ist zu ermessen, welche beachtliche Bedeutung dem Arznei- und Gewürzpflanzenbau im Rahmen der deutschen Wirtschaft zukommt. Das volkswirtschaftliche Gesamteinkommen aus diesen Sonderkulturen dürfte weit über 100 Millionen DM betragen.

Viele deutsche Rohdrogen und auch bearbeitete Drogen waren vor dem Kriege sehr gefragte Exportartikel, wie auch Standardpräparate der deutschen pharmazeutischen Industrie von jeher auf dem Weltmarkt geschätzt wurden. Die heimische Drogengewinnung stellte damit ein bedeutendes Aktivum der deutschen Außenhandelsbilanz

[3] LIMBACH, R. und BOSHART, K.: Der Anbau von Heil-, Duft- und Gewürzpflanzen, 3. Aufl., Berlin 1944.

dar. Auch jetzt ist bereits wieder auf dem Weltmarkt ein zunehmendes Interesse für deutsche Qualitätsdrogen und Arzneimittel festzustellen. Die Erhaltung und Weiterentwicklung des Arznei- und Gewürzpflanzenbaues liegt durchaus im volkswirtschaftlichen Interesse.

Marktanalytische Studien, Bedarfserhebungen und -schätzungen, wie sie mehrmals vorgenommen wurden, ergaben, daß es bisher nicht möglich war, den gesamten Bedarf an Anbaudrogen aus der Inlandsproduktion zu decken. Von jeher bestanden bei einigen Arten Engpässe. Die Schwierigkeiten liegen in erster Linie auf gewinnungstechnischem und in zweiter auf finanzwirtschaftlichem Gebiet. Diese Ursachen können behoben werden. Den Arznei- und Gewürzpflanzenbau so zu entwickeln, daß er für den Gärtner und Landwirt wirtschaftlich ist, liegt im Interesse der Allgemeinheit. Bei verschiedenen Drogen sind Preisrevisionen jedoch unerläßlich, wenn der Anbau rentabel sein soll.

Obgleich in Deutschland viele Möglichkeiten zur Eigenversorgung mit pflanzlichen Drogen vorhanden sind, kann nicht ganz auf die Einfuhr pflanzlicher Rohstoffe für die Arzneimittel-, Riechstoff- und Nahrungsmittelindustrie verzichtet werden, weil die klimatischen Bedingungen in Deutschland die Gewinnung vieler Drogen nicht zulassen. Im wesentlichen kommen hierfür Arznei- und Gewürzpflanzen in Frage, die in Europa nicht anbaufähig sind oder durch inländische Paralleldrogen nicht ersetzt werden können. Hierbei handelt es sich um Drogen, die im Inland erzeugt werden und die in therapeutischer Hinsicht die Auslandsdrogen bis zu einem gewissen Grade zu ersetzen vermögen. Sie werden auch Austauschdrogen genannt. In nachstehender Übersicht werden einige inländische Paralleldrogen genannt, die den Arzneipflanzenanbauer interessieren:

Rhizoma Helenii, Alantwurzelstock
Austauschdroge für *Radix Senegae*, Senegawurzel

Semen Cucurbitae, Kürbiskerne
Austauschdroge für *Cortex Granati arboris et radicis*, Granatbaumrinde (Zweig- und Wurzelrinde); *Flores Koso*, Koso- oder Kussoblüten; *Flores Cinae* (fälschlich häufig *Semen Cinae* genannt), Zitwerblüten, Zitwersamen, Wurmsamen

Radix Taraxaci, Löwenzahnwurzel
Austauschdroge für *Radix Colombo*, Colombowurzeln, Kolumbawurzeln; *Cortex Cascarillae*, Kaskarillrinde

Die Gewinnung dieser und auch noch anderer Austauschdrogen in Deutschland bereitet keine oder nur geringe Schwierigkeiten.

Über den Umfang der Saat- und Pflanzguterzeugung und den Bedarf des Fachsamenhandels an Saat- und Pflanzgut von Arznei- und Gewürzpflanzen sind wir ebenfalls nur sehr unzulänglich unterrichtet infolge des Fehlens zuverlässiger statistischer Unterlagen. Deutschland hat bei einigen Arten einen beachtlichen Einfuhrbedarf von Arznei- und Gewürzpflanzensämereien aufzuweisen. Wiederum ist im Ausland deutsches Qualitätssaatgut einiger Arten gefragt. In Deutschland wurde bisher Vorbildliches auf dem Sorten- und Saatgutwesen bei den Sonderkulturen geleistet. Bereits im Jahre 1938 wurde von Staats wegen eine Sortenbereinigung bei den im Verkehr befindlichen Heil- und Gewürzpflanzenherkünften durchgeführt. Entbehrliche Formengemische sowie für die Landeskultur und das Gesundheitswesen wertlose Sorten konnten von der weiteren Vermehrung ausgeschlossen und somit aus dem Verkehr gezogen werden. An Hand einer Arten- und Sortenkunde (Sortenbeschreibung)[4] kann sich

[4] HEEGER, E. F. und BRÜCKNER, K.: Heil- und Gewürzpflanzen/Arten- und Sortenkunde. 2. Auflage, Berlin 1952.

heute jeder Anbauer über die Arten- und Sortenechtheit der anzubauenden Heil- und Gewürzpflanzen und die damit zusammenhängenden Fragen unterrichten, auch sind neuerdings diese Sonderkulturen im „Ratgeber zur Sortenwahl landwirtschaftlicher und gartenbaulicher Pflanzenarten“[5] enthalten. Im Interesse der Förderung der Drogengewinnung ist man besonders in der Deutschen Demokratischen Republik um die Leistungszucht bei Arznei- und Gewürzpflanzen bemüht mit dem Ziel der Schaffung von Sorten, deren Produkte in qualitativer wie quantitativer Hinsicht einem Wettbewerb auf dem internationalen Drogenmarkt standhalten.

Der Arznei- und Gewürzpflanzenbau ist nun nicht nur von volkswirtschaftlicher Bedeutung, sondern vor allem auch von großem volksgesundheitlichem Wert. Von den Pflanzen werden Stoffe erzeugt, auf die in der Heilkunde nicht mehr verzichtet werden kann und deren Synthese den Chemikern in vielen Fällen trotz aller Bemühungen noch nicht gelang. Es gibt eine bedeutende Zahl von Wirkstoffen, die bisher nur von der Pflanze in höchster Vollendung produziert werden. Innerhalb einer medikamentösen Gesamttherapie sind viele pflanzliche Wirkstoffe nicht mehr wegzudenken. Es ist hier nicht am Platze, über Vor- und Nachteile der Phytotherapie und Chemotherapie zu diskutieren; beide haben ihre Berechtigung. Letztere hat eine besonders rasche Entwicklung zu verzeichnen. Sie hat den Arzneischatz stark erweitert und verbessert. Die Arzneipflanzen haben deshalb aber nicht an Wert und Bedeutung eingebüßt. Aus einer Anzahl Arzneipflanzen werden therapeutisch hochwirksame Inhaltsstoffe isoliert. Diese dargestellten Reinsubstanzen stellen wichtige Rohstoffe der pharmazeutisch-chemischen Industrie dar. Die Drogengewinnung bildet auch die Rohstoffgrundlage für die Herstellung der Galenica. Hierzu gehören u. a. Pflanzenpulver, wie sie besonders häufig in der Tierheilkunde Verwendung finden. Auch für die Teetherapie werden große Mengen Drogen benötigt. Wir verfügen über eine reiche Zahl therapeutisch wirksamer Heilpflanzentees. Zugegeben sei aber, daß bei einer Anzahl obsoleter Heilpflanzen, die als Einzeltees oder in Teemischungen noch gelegentlich Verwendung finden, die Wirkung zweifelhaft ist. Das ärztliche Teerezept, das in der Apotheke ausgeführt wird, bietet hinreichend Gewähr für seinen therapeutischen Wert.

Neben den ausschließlich auf Grund von medizinischen Indikationen verwendeten Tees und Teegemischen finden auch viele Drogen als Genußmittel in großer Menge Verwendung. Häufig wird als Ersatz für echten Tee (*Folia Theae*) Kräutertee verwendet. Soweit es sich hierbei um arzneilich indifferente und wohlschmeckende Kräutertees handelt, ist gegen ihre Verwendung als Haustee nichts einzuwenden.

Umfangreich ist der Anbau von Gewürzpflanzen. In Deutschland nehmen die Gewürzkräuter etwa 70—75% der gesamten mit Arznei- und Gewürzpflanzen bestellten Anbaufläche ein. Es handelt sich hierbei um Pflanzen, deren ätherische Öle vorwiegend typische Geschmacksstoffe sind. Die Gewürzpflanzen spielen daher eine Rolle in der Ernährung sowie in der Diätetik, und sie sind wichtig für die Gesundheitsvorsorge. Sie verfügen zum Teil über spezifische Gesundheits- und Heilwerte und können somit für die Heilkunde von Bedeutung sein. Die Verwendung von deutschen Gewürzen kann nicht genügend empfohlen werden. Sie können zu einem Teil fremdländische Gewürze ersetzen und dazu beitragen, Devisen für Gewürzimporte zu sparen.

Für die Herstellung kosmetischer Mittel sind besonders die aromatischen Pflanzen wichtig, die ätherisches Öl zur Gewinnung von Riechstoffen enthalten. Den kosmetischen Mitteln kommt in der Gesundheitspflege ein besonderer Wert zu. Der Übergang vom Heilmittel zum Kosmetikum ist fließend.

[5] Ratgeber zur Sortenwahl landwirtschaftlicher und gartenbaulicher Pflanzenarten. Berlin 1951.

Die Arznei- und Gewürzpflanzen rechtzeitig und richtig zur Vorbeugung, Linderung und Heilung vieler Krankheiten angewandt, sind somit von großem Nutzen für Mensch und Tier. Besonders bei der Landbevölkerung ist die Pflanzenheilkunde mit ihren Heil- und Gewürzkräutern sehr geschätzt. Die Menschen auf dem Lande bevorzugen bei auftretenden Krankheitsfällen in Haus und Stall gern Kräuter und Kräutergemische, die aus den Gärten, von den Feldern und Wiesen sowie aus den Wäldern ihrer Umgebung stammen und deren Heilwert ihnen bekannt ist. Sie sind ihnen etwas Vertrautes und Unverfälschtes. Bei Landleuten ist oftmals ein inneres Widerstreben gegen das Einnehmen chemotherapeutischer Präparate zu erkennen. Die ärztliche Beratung sollte hierauf Rücksicht nehmen. Bei einem solchen Vorgehen läßt sich erfahrungsgemäß der Gesundungswille bei vielen Patienten wesentlich stärken.
Die Kosten der Heilmittelversorgung werden zum größten Teil von der Sozialversicherung bestritten. Den Kassenleistungen liegen die Beiträge zugrunde, die von der werktätigen Bevölkerung entrichtet werden. Sie sind sparsam zu verwalten, denn die an die Sozialversicherung gestellten Anforderungen sind nach dem Kriege sehr gestiegen. In kassenwirtschaftlichem Sinne hat die ärztliche Teetherapie den Vorzug, verhältnismäßig billig zu sein.
Landwirtschaft und Gartenbau mit ihrer gesamten Produktion sind von entscheidender Bedeutung für die Volksgesundheit. Im besonderen kann aber gesagt werden, daß mit dem Anbau von Arznei- und Gewürzpflanzen ein wichtiger Beitrag nicht nur in volkswirtschaftlicher, sondern vor allem auch in volksgesundheitlicher Hinsicht geleistet wird.

III. Die in Deutschland in der Hauptsache angebauten Arznei- und Gewürzpflanzen und ihre Drogen

In Deutschland werden etwa 50 Arten von Arznei- und Gewürzpflanzen feldmäßig angebaut. Eine weitaus größere Zahl wird außerdem meist nur gartenmäßig für pharmazeutische Spezialzwecke kultiviert, z. B. für die Herstellung homöopathischer Arzneimittel. Immer mehr werden bisher wildwachsende Arzneipflanzen in Kultur genommen. Wie die Menschheit heute nicht mehr allein von Wildpflanzen leben kann, sondern die Kulturpflanzen zu ihrer Lebenshaltung braucht, so reichen einige wildwachsende Arznei- und Gewürzkräuter bei weitem nicht mehr aus, den Bedarf an Drogen zu decken. In Deutschland werden daher Versuche durchgeführt, um zur anbaumäßigen Gewinnung verschiedener offizineller Arten zu kommen, die bisher fast ausschließlich wildwachsend gesammelt wurden. Dienen die natürlichen Verhältnisse der Wildpflanzen als Vorbild, dann ist ein erfolgreicher Anbau möglich, wie dies eigene Versuche bestätigen[1] (siehe auch Kapitel XIX, Seite 185).

Die Einbürgerung fremdländischer Arten ist erstrebenswert. Völlig fremde Florenelemente von erheblicher therapeutischer Bedeutung, z. B. der aus Nordamerika stammende Stechapfel (*Datura stramonium* L.), wurden erst vor nicht allzulanger Zeit in Deutschland naturalisiert. Heute ist man mit Hilfe pflanzenzüchterischer Methoden in der Lage, aus fremdländischen Arten in verhältnismäßig geringem Zeitraum Sorten zu entwickeln, die durchaus erfolgreich außerhalb der Areale ihres eigentlichen Anbaubereiches angebaut werden können. Manche Arten sind in letzter Zeit in Deutschland schon so weit akklimatisiert worden, daß ein erfolgversprechender größerer Freilandanbau möglich ist. So wird z. B. der in Hochasien beheimatete Chinesische Medizinalrhabarber (*Rheum palmatum* L. *var. tanguticum* Maxim.) mit bestem Erfolg angebaut. In therapeutischer Hinsicht ist die deutsche Droge der asiatischen gleichwertig. In Werkkulturen pharmazeutischer Betriebe werden verschiedene exotische Arten, u. a. therapeutisch wertvolle nordamerikanische *Passiflora-species*, schon in größerem Umfang im Freiland zur Arzneirohstoffgewinnung kultiviert[2]. Auch *Ricinus communis* L. wird in Deutschland bereits mit Erfolg zur Samengewinnung angebaut. Hierbei handelt es sich um ein aus den Tropen stammendes Wolfsmilchgewächs, das seit längerer Zeit in wärmeren Ländern zur Samengewinnung in Kultur genommen und bisher in Deutschland nur als einjährige Zierpflanze angebaut wurde. Die ölreichen Rizinussamen stellen einen sehr wertvollen technischen und arzneilichen Rohstoff dar, der bisher ausschließlich importiert werden mußte. Ähnliche Standortsansprüche wie Rizinus hat der Paprika (*Capsicum annuum* L.) aufzuweisen. Letzterer wird häufig in den Ländern Südosteuropas angebaut, aber auch in Deutschland gelangt neben dem Gemüsepaprika der Gewürzpaprika gelegentlich zum Anbau.

[1] HEEGER, E. F.: *Arnica montana* L. Pharmakoergastische Betrachtungen. „Pharmazie" 4, S. 24 bis 26 (1949); bzw. „Arzneipflanzen-Umschau" 2, S. 461 bis 462 (1949).
Derselbe: Ein Beitrag zur Kenntnis der Glykosidpflanzen *Digitalis purpurea* L. und *Digitalis lanata* Ehrh. „Forschungsdienst" 7, S. 367 bis 390 (1939).

[2] SCHRÖDER, H.: Zwei winterharte Passifloren. „Neue Berliner Gärtner-Börse", Heft 25/26, S. 33 bis 35 (1950).

In Mitteleuropa werden mit Ausnahme der offizinellen Bäume und Sträucher, deren Anbau in diesem Buche nicht behandelt wird, etwa 150 Arten Arznei- und Gewürzpflanzen ganz oder teilweise im Freiland kultiviert. Soweit sie in Deutschland zum Anbau gelangen, sind sie nachfolgend aufgeführt. Viele der erwähnten Arten werden auch wildwachsend gesammelt.

Achillea millefolium L.	Schafgarbe, Gemeine
Aconitum napellus L.	Eisenhut, Blauer
Acorus calamus L.	Kalmus
Adonis vernalis L.	Frühlings-Adonisröschen
Agrimonia eupatoria L.	Odermennig
Agropyron repens (L.) Pal. Beauv. (*Triticum repens* L.)	Quecke
Allium sativum L.	Knoblauch
Allium schoenoprasum L.	Schnittlauch
Allium ursinum L.	Bärlauch
Althaea officinalis L.	Eibisch
Althaea rosea (L.) Cav. *var. nigra* Hort.	Malve, Schwarze; Stockrose
Anacyclus officinarum Hayne	Bertram, Deutscher
Anemone pratensis L. (*Pulsatilla pratensis* Mill.)	Wiesenküchenschelle
Anethum graveolens L.	Dill
Angelica archangelica L. (*Archangelica officinalis* Hoffm.)	Angelika; Engelwurz
Anthemis nobilis L.	Kamille, Römische
Anthoxanthum odoratum L.	Ruchgras
Anthriscus cerefolium (L.) Hoffm.	Gartenkerbel
Arctium-species	Klette-Arten
Aristolochia clematitis L.	Osterluzei
Arnica montana L.	Arnika; Bergwohlverleih
Artemisia abrotanum L.	Eberraute
Artemisia absinthium L.	Wermut
Artemisia dracunculus L.	Estragon
Artemisia maritima L.	Seestrandbeifuß
Artemisia vulgaris L.	Gewürzbeifuß
Arum maculatum L.	Aronstab
Asperula odorata L.	Waldmeister
Atropa bella-donna L.	Tollkirsche
Borago officinalis L.	Boretsch
Brassica nigra (L.) Koch (*Sinapis nigra* L.)	Senf, Schwarzer
Calendula officinalis L.	Ringelblume
Cannabis sativa L. *var. indica* (Lam.) Hegi	Haschisch-Hanf
Capsicum annuum L.	Paprika
Carthamus tinctorius L.	Färber-Saflor
Carum carvi L.	Kümmel
Centaurium umbellatum Gilib. (*Erythraea centaurium* Pers.)	Tausendgüldenkraut
Chelidonium majus L.	Schöllkraut
Chenopodium ambrosioides L.	Gänsefuß, Wohlriechender
Chrysanthemum balsamita L. (*Tanacetum balsamita* L.)	Marienblatt; Balsamkraut
Chrysanthemum cinerariifolium (Trev.) Vis. (*Pyrethrum cinerariaefolium* Trev.)	Insektenpulverpflanze
Chrysanthemum parthenium (L.) Bernh.	Mutterkraut
Chrysanthemum vulgare (L.) Bernh. (*Tanacetum vulgare* L.)	Rainfarn
Cichorium intybus L.	Zichorie

Cnicus benedictus L.	Benediktenkraut
Cochlearia officinalis L.	Löffelkraut
Colchicum autumnale L.	Herbstzeitlose
Conium maculatum L.	Schierling, Gefleckter
Convallaria majalis L.	Maiglöckchen
Coriandrum sativum L.	Koriander
Crocus sativus L.	Safran, Echter
Cuminum cyminum L.	Kreuzkümmel
Datura stramonium L.	Stechapfel, Weißer
Dictamnus albus L.	Diptam
Digitalis lanata Ehrh.	Fingerhut, Wolliger
Digitalis purpurea L.	Fingerhut, Roter
Drosera rotundifolia L.	Sonnentau, Rundblättriger
Echinacea-species	Sonnenhut-Arten
Foeniculum vulgare Mill.	Fenchel
Fumaria officinalis L.	Erdrauch, Echter
Galega officinalis L.	Geißraute
Galeopsis segetum Necker (*Galeopsis dubia* Leers; *G. ochroleuca* Lam.)	Saathohlzahn
Gentiana lutea L.	Enzian, Gelber
Glycyrrhiza glabra L.	Süßholz
Grindelia-species	Grindelia-Arten
Helleborus niger L.	Christrose
Humulus lupulus L.	Hopfen
Hydrastis canadensis L.	Gelbwurz
Hyoscyamus niger L.	Bilsenkraut
Hypericum perforatum L.	Hartheu; Johanniskraut
Hyssopus officinalis L.	Ysop
Inula helenium L.	Alant, Echter
Iris-species	Schwertlilie-Arten
Lactuca virosa L.	Giftlattich
Lavandula-species	Lavendel-Arten
Ledum palustre L.	Sumpfporst
Leonurus cardiaca L.	Herzgespann
Lepidium sativum L.	Gartenkresse
Levisticum officinale Koch	Liebstock
Linum usitatissimum L.	Lein; Flachs
Lithospermum officinale L.	Steinsame, Echter
Lobelia inflata L.	Lobelie, Aufgeblasene
Majorana hortensis Moench (*Origanum majorana* L.)	Majoran
Malva silvestris L.	Malve, Blaue
Marrubium vulgare L.	Andorn
Matricaria chamomilla L.	Kamille, Echte
Melilotus officinalis (L.) Lam. em. Thuill.	Steinklee, Echter
Melissa officinalis L.	Zitronenmelisse
Mentha piperita L.	Pfefferminze
Mentha pulegium L.	Poleiminze
Mentha spicata L. em. Nathh. *var. crispata* (Schrad.) Beck	Krauseminze
Nigella sativa L.	Schwarzkümmel

Ocimum basilicum L.	Basilienkraut
Oenothera biennis L.	Nachtkerze
Ononis spinosa L.	Hauhechel
Origanum vulgare L.	Dost
Paeonia officinalis L.	Pfingstrose
Papaver rhoeas L.	Klatschmohn
Papaver somniferum L.	Schlafmohn
Passiflora-species	Passionsblume-Arten
Petroselinum crispum (Mill.) Nym. ex Hort. Kew. (*P. sativum* Hoffm.; *P. hortense* Hoffm.)	Petersilie
Pimpinella anisum L.	Anis
Pimpinella major (L.) Huds. (*Pimpinella magna* L.)	Bibernelle, Große
Pimpinella saxifraga L.	Bibernelle, Kleine
Plantago lanceolata L.	Spitzwegerich
Polygonum hydropiper L.	Wasserpfeffer-Knöterich
Portulaca oleracea L.	Portulak
Primula elatior (L.) Grufb.	Schlüsselblume, Hohe
Primula veris L. em. Huds. (*P. officinalis* Hill)	Frühlings-Schlüsselblume
Pulmonaria officinalis L.	Lungenkraut
Reseda odorata L.	Reseda, Wohlriechende
Rheum palmatum L. *var. tanguticum* Maxim.	Medizinalrhabarber
Ricinus communis L.	Rizinus
Rorippa nasturtium-aquaticum (L.) Hay. (*Nasturtium officinale* R. Br.)	Brunnenkresse
Rosmarinus officinalis L.	Rosmarin
Rubia tinctorum L.	Krapp; Färberröte
Rumex acetosa L.	Sauerampfer
Rumex patientia L.	Moenchsrhabarber; Gartenampfer
Ruta graveolens L.	Weinraute
Salvia officinalis L.	Salbei, Echter
Salvia sclarea L.	Muskateller-Salbei
Sanguisorba minor Scop. (*Poterium sanguisorba* L.)	Gartenpimpinelle; Wiesenknopf, Kleiner
Saponaria officinalis L.	Seifenkraut
Satureja hortensis L.	Bohnenkraut, Einjähriges
Satureja montana L.	Winterbohnenkraut
Sedum rupestre L. (*S. reflexum* L.)	Tripmadam
Silybum marianum (L.) Gaertn.	Mariendistel
Sinapis alba L.	Senf, Weißer
Solidago virgaurea L.	Goldrute
Symphytum officinale L.	Beinwell; Schwarzwurz
Taraxacum officinale Web. in Wigg.	Löwenzahn
Teucrium chamaedrys L.	Edelgamander
Teucrium marum L.	Amber-, Katzen-, Mastichkraut
Teucrium scorodonia L.	Salbeigamander
Thymus serpyllum L. em. Fries	Quendel
Thymus vulgaris L.	Thymian
Trigonella coerulea (L.) Ser.	Schabziegerklee
Trigonella foenum-graecum L.	Bockshornklee
Urginea maritima (L.) Bak. (*Scilla maritima* L.)	Meerzwiebel
Urtica-species	Brennessel-Arten
Valeriana officinalis L.	Baldrian, Gebräuchlicher

Veratrum album L.	Germer, Weißer
Verbascum-species	Königskerze-Arten
Verbena officinalis L.	Eisenkraut
Veronica officinalis L.	Ehrenpreis, Echter
Viola tricolor L.	Feldstiefmütterchen

Diese Liste ist keinesfalls vollständig. Besonders in den Werkkulturen der pharmazeutischen Industrie werden noch weitere Arten kultiviert, u. a. auch Arzneipflanzen fremder Klimabereiche in Gewächshäusern.
Die in Deutschland häufig zur Drogengewinnung angebauten Arten sind in der nachfolgenden systematischen Übersicht aufgeführt. Viele der erwähnten Arten finden gelegentlich auch in frischem Zustand zur Arzneibereitung Verwendung.

Nach Familien geordnete Übersicht der in Deutschland häufiger angebauten Arznei- und Gewürzpflanzen*

Familie	Wissenschaftlicher Name	Deutscher Name
Liliaceae	*Allium sativum* L.	Knoblauch
(Liliengewächse)	*Allium schoenoprasum* L.	Schnittlauch
Iridaceae	*Iris-species*	Schwertlilie-Arten
(Schwertliliengewächse)		
Moraceae	*Cannabis sativa* L.	Haschisch-Hanf
(Maulbeergewächse)	*var. indica* (Lam.) Hegi	
Urticaceae	*Urtica-species*	Brennessel-Arten
(Brennesselgewächse)		
Polygonaceae	*Rheum palmatum* L.	Medizinalrhabarber
(Knöterichgewächse)	*var. tanguticum* Maxim.	
	Rumex acetosa L.	Sauerampfer
Chenopodiaceae	*Chenopodium ambrosioides* L.	Gänsefuß, Wohlriechender
(Gänsefußgewächse)		
Caryophyllaceae	*Saponaria officinalis* L.	Seifenkraut
(Nelkengewächse)		
Ranunculaceae	*Aconitum napellus* L.	Eisenhut, Blauer
(Hahnenfußgewächse)	*Nigella sativa* L.	Schwarzkümmel
	Paeonia officinalis L.	Pfingstrose
	Hydrastis canadensis L.	Gelbwurz
Papaveraceae	*Papaver somniferum* L.	Schlafmohn
(Mohngewächse)		
Cruciferae	*Brassica nigra* (L.) Koch	Senf, Schwarzer
(Kreuzblütler)	*Cochlearia officinalis* L.	Löffelkraut
	Lepidium sativum L.	Gartenkresse
	Sinapis alba L.	Senf, Weißer
Rosaceae	*Agrimonia eupatoria* L.	Odermennig
(Rosengewächse)	*Sanguisorba minor* Scop.	Gartenpimpinelle; Wiesenknopf, Kleiner
Leguminosae	*Galega officinalis* L.	Geißraute
(Hülsenfrüchtler)	*Glycyrrhiza glabra* L.	Süßholz
	Trigonella coerulea (L.) Ser.	Schabziegerklee
	Trigonella foenum-graecum L.	Bockshornklee

* In Anlehnung an MANSFELD, R.: „Verzeichnis der Farn- und Blütenpflanzen des Deutschen Reiches". Jena 1940.

Familie	Wissenschaftlicher Name	Deutscher Name
Linaceae (Leingewächse)	*Linum usitatissimum* L.	Lein
Rutaceae (Rautengewächse)	*Ruta graveolens* L.	Weinraute
Euphorbiaceae (Wolfsmilchgewächse)	*Ricinus communis* L.	Rizinus
Malvaceae (Malvengewächse)	*Althaea officinalis* L.	Eibisch
	Althaea rosea (L.) Cav. *var. nigra* Hort.	Malve, Schwarze; Stockrose
	Malva silvestris L.	Malve, Blaue
Violaceae (Veilchengewächse)	*Viola tricolor* L.	Feldstiefmütterchen
Umbelliferae (Doldenblütler)	*Anethum graveolens* L.	Dill
	Angelica archangelica L.	Angelika; Engelwurz
	Anthriscus cerefolium (L.) Hoffm.	Gartenkerbel
	Carum carvi L.	Kümmel
	Coriandrum sativum L.	Koriander
	Foeniculum vulgare Mill.	Fenchel
	Levisticum officinale Koch	Liebstock
	Petroselinum crispum (Mill.) Nym. ex Hort. Kew.	Petersilie
	Pimpinella anisum L.	Anis
Gentianaceae (Enziangewächse)	*Centaurium umbellatum* Gilib.	Tausendgüldenkraut
Boraginaceae (Boretschgewächse)	*Borago officinalis* L.	Boretsch
	Symphytum officinale L.	Beinwell; Schwarzwurz
Labiatae (Lippenblütler)	*Hyssopus officinalis* L.	Ysop
	Lavandula angustifolia Mill.	Lavendel
	Majorana hortensis Moench	Majoran
	Marrubium vulgare L.	Andorn
	Melissa officinalis L.	Zitronenmelisse
	Mentha piperita L.	Pfefferminze
	Mentha pulegium L.	Poleiminze
	Mentha spicata L. em. Nathh. *var. crispata* (Schrad.) Beck	Krauseminze
	Ocimum basilicum L.	Basilienkraut
	Origanum vulgare L.	Dost
	Rosmarinus officinalis L.	Rosmarin
	Salvia officinalis L.	Salbei, Echter
	Salvia sclarea L.	Muskateller-Salbei
	Satureja hortensis L.	Bohnenkraut, Einjähriges
	Satureja montana L.	Winterbohnenkraut
	Thymus vulgaris L.	Thymian
Solanaceae (Nachtschattengewächse)	*Atropa bella-donna* L.	Tollkirsche
	Capsicum annuum L.	Gewürzpaprika
	Datura stramonium L.	Stechapfel, Weißer
	Hyoscyamus niger L.	Bilsenkraut
Scrophulariaceae (Rachenblütler)	*Digitalis lanata* Ehrh.	Fingerhut, Wolliger
	Digitalis purpurea L.	Fingerhut, Roter
	Verbascum-species	Königskerze-Arten
Plantaginaceae (Wegerichgewächse)	*Plantago lanceolata* L.	Spitzwegerich

Familie	Wissenschaftlicher Name	Deutscher Name
Rubiaceae	*Asperula odorata* L.	Waldmeister
(Labkrautgewächse)	*Rubia tinctorum* L.	Krapp
Valerianaceae (Baldriangewächse)	*Valeriana officinalis* L.	Baldrian, Gebräuchlicher
Campanulaceae (Glockenblumengewächse)	*Lobelia inflata* L.	Lobelie, Aufgeblasene
Compositae	*Anthemis nobilis* L.	Kamille, Römische
(Korbblütler)	*Arctium-species*	Klette-Arten
	Arnica montana L.	Arnika; Bergwohlverleih
	Artemisia abrotanum L.	Eberraute
	Artemisia absinthium L.	Wermut
	Artemisia dracunculus L.	Estragon
	Artemisia maritima L.	Seestrandbeifuß
	Artemisia vulgaris L.	Gewürzbeifuß
	Calendula officinalis L.	Ringelblume
	Chrysanthemum cinerariifolium (Trev.) Vis.	Insektenpulverpflanze
	Cichorium intybus L.	Zichorie
	Cnicus benedictus L.	Benediktenkraut
	Echinacea-species	Sonnenhut-Arten
	Grindelia-species	Grindelia-Arten
	Inula helenium L.	Alant, Echter
	Matricaria chamomilla L.	Kamille, Echte
	Silybum marianum (L.) Gaertn.	Mariendistel
	Taraxacum officinale Web. in Wigg.	Löwenzahn

In der nachstehenden Übersicht werden in alphabetischer Folge die Arznei- und Gewürzpflanzen aufgeführt, die häufiger zur Drogengewinnung angebaut werden. Viele von ihnen sind in wirtschaftlicher wie auch therapeutischer Hinsicht jedoch von geringer Bedeutung. Soweit sie offizinell und somit im Deutschen Arzneibuch (DAB. 6) und Ergänzungsbuch zu diesem (Erg.-B. 6) sowie im Homöopathischen Arzneibuch (HAB. 2) enthalten sind, wird darauf hingewiesen. Ebenfalls wurden die Forderungen hinsichtlich des Mindestwertstoffgehaltes vermerkt*. Darüber hinaus besitzen einige Arten in der Volksheilkunde Bedeutung. Letztere werden im Gegensatz zu den offizinellen Pflanzen als obsolete bezeichnet. Einige von ihnen werden auch als Frischgewürz oder für die Gewinnung von Gewürzdrogen angebaut. Neben dem Hauptwirkstoff bzw. den wichtigsten Inhaltsstoffen wurde auf die übliche Anwendung der Drogen hingewiesen, und zwar lediglich, um das über die einzelne Pflanze gegebene Bild in dieser Hinsicht zu vervollständigen. In der Literatur finden sich oft für ein und dieselbe Droge die mannigfachsten, dabei aber heterogensten Anwendungsweisen. Dies bedeutet oftmals eine wissenschaftliche Unzulänglichkeit und läßt vermuten, daß nicht immer gesicherte Unterlagen zu einer wissenschaftlich gerechtfertigten Anwendung dieser Drogen vorhanden sind. Nähere Angaben betreffend die Indikationsgebiete der erwähnten Drogen und der daraus zu gewinnenden Reinsubstanzen finden sich u. a. bei GESSNER sowie KROEBER[3].

[3] KROEBER, L.: Das neuzeitliche Kräuterbuch. Die Arzneipflanzen Deutschlands in alter und neuer Betrachtung. 3 Bände, Stuttgart 1947—1949.

* Siehe auch HEEGER, E. F. und ROSENTHAL, Chr.: Vorschläge für die Festsetzung der Wertstoffmindestgehalte deutscher Anbaudrogen im neuen Deutschen Arzneibuch auf Grund kritisch-experimenteller Untersuchungen. „Pharmazie“ 4, S. 380 bis 390 (1949); bzw. „Arzneipflanzen-Umschau“ 2, S. 573 bis 583 (1949).

Die behandelten Arznei- und

Stammpflanze	Droge	Enthalten im DAB. 6, Erg.-B. 6, HAB. 2
Aconitum napellus L. † Eisenhut, Blauer	*Herba Aconiti* Eisenhutkraut	HAB. 2 (ganze Pflanze)
	Tubera Aconiti Eisenhutknollen	Erg.-B. 6
Agrimonia eupatoria L. Odermennig	*Herba Agrimoniae* Odermennigkraut	Erg.-B. 6
Allium sativum L. Knoblauch	*Bulbus Allii sativi* Knoblauchzwiebel	Erg.-B. 6, HAB. 2
Allium schoenoprasum L. Schnittlauch	*Herba Allii schoenoprasi recens* frische Schlotten	—
Althaea officinalis L. Eibisch	*Flores Althaeae* Eibischblüten	—
	Folia Althaeae Eibischblätter	DAB. 6
	Radix Althaeae Eibischwurzel	DAB. 6
Althaea rosea (L.) Cav. *var. nigra* Hort. Malve, Schwarze; Stockrose	*Flores Malvae aboreae* Malvenblüten, Schwarze	Erg.-B. 6
Anethum graveolens L. Dill	*Fructus Anethi* Dillfrüchte	Erg.-B. 6
	Herba Anethi Dillkraut	—
Angelica archangelica L. Angelika; Engelwurz	*Fructus Angelicae* Angelikafrüchte	—
	Radix Angelicae Angelikawurzel	DAB. 6, HAB. 2
Anthemis nobilis L. Kamille, Römische	*Flores Chamomillae romanae* Kamillenblüten, Römische	Erg.-B. 6, HAB. 2 (ganze Pflanze)
Anthriscus cerefolium (L.) Hoffm. Gartenkerbel	*Herba Cerefolii* Gartenkerbelkraut	—
Arctium-species Klette-Arten	*Radix Bardanae* Klettenwurzel	Erg.-B. 6, HAB. 2
Arnica montana L. Arnika; Bergwohlverleih	*Flores Arnicae* Arnikablüten	DAB. 6
	Herba Arnicae Arnikakraut	—
	Radix Arnicae Arnikawurzel	HAB. 2 (*Rhizoma*)
Artemisia abrotanum L. Eberraute	*Folia Abrotani* Eberrautenblätter	HAB. 2
	Herba Abrotani Eberrautenkraut	—

Gewürzpflanzen und ihre Drogen

Hauptwirkstoffe	Hauptsächlichste Anwendung
Aconitine (*Tubera* lt. Erg.-B. 6:0,8%) und Nebenalkaloide	Fieber-, Rheuma- und Nervenmittel
Gerbstoffe, daneben ätherisches Öl und Bitterstoff	bei Leber- und Gallenleiden
ätherisches Öl (*Bulbus* lt. Erg.-B. 6:0,2%) und Biokatalysatoren	bei Mund- und Zahnfleischentzündungen, zur Krampfstillung, bei Darmerkrankungen, bei Arterienverkalkung und gegen zu hohen Blutdruck; Gewürz
ätherisches Öl	bei Magen- und Darmstörungen; Gewürz
Schleimstoffe	bei katarrhalischen Erkrankungen der oberen Luftwege, bei Magen- und Darmentzündungen; äußerlich zu Augen-, Mund- und Gurgelwässern
Schleimstoffe, etwas Gerbstoff und Anthocyanglykoside	bei Katarrhen der oberen Luftwege
ätherisches Öl (*Fructus* lt. Erg.-B. 6:2,5%)	bei Magen- und Darmstörungen; Gewürz
ätherisches Öl	bei Rheuma, Gicht und Nervenschmerzen, Magenmittel; zur Bereitung von Likören
ätherisches Öl (lt. Erg.-B. 6:0,6%), Bitterstoffe	schmerz- und krampfstillendes Mittel; Verwendung in der Kosmetik
ätherisches Öl	als harntreibendes Mittel; Gewürz
ätherisches Öl, Inulin, Gerbstoff und Schleim	bei Hautleiden und Furunkulose
ätherische Öle, Arnicin	zur Wundbehandlung, bei Furunkulose, als Mund-spül- und Gurgelmittel
ätherisches Öl, Bitterstoff, Gerbstoff, Alkaloid Abrotanin	zur Beseitigung von Magen- und Darmbeschwerden

Stammpflanze	Droge	Enthalten im DAB. 6, Erg.-B. 6, HAB. 2
Artemisia absinthium L. Wermut	*Folia Absinthii* Wermutblätter	—
	Herba Absinthii Wermutkraut	DAB. 6, HAB. 2
Artemisia dracunculus L. Estragon	*Herba Dracunculi* Estragonkraut	—
Artemisia maritima L. Seestrandbeifuß	*Herba Artemisiae maritimae* Seestrandbeifußkraut	—
Artemisia vulgaris L. Gewürzbeifuß	*Herba Artemisiae* Beifußkraut	Erg.-B. 6, HAB. 2 (Wurzel)
Asperula odorata L. Waldmeister	*Herba Asperulae odoratae* Waldmeisterkraut	Erg.-B. 6, HAB. 2
Atropa bella-donna L. † Tollkirsche	*Folia Belladonnae* Tollkirschenblätter	DAB. 6
	Radix Belladonnae Tollkirschenwurzel	Erg.-B. 6
	Semen Belladonnae Tollkirschensamen	—
Borago officinalis L. Boretsch	*Herba Boraginis* Boretschkraut	HAB. 2 (*Folia*)
Brassica nigra (L.) Koch Senf, Schwarzer	*Semen Sinapis* Schwarzer Senf	DAB. 6
Calendula officinalis L. Ringelblume	*Flores Calendulae* Ringelblumen	Erg.-B. 6, HAB. 2 (*Herba*)
Cannabis sativa L. *var. indica* (Lam.) Hegi † Haschisch-Hanf	*Herba Cannabis indicae* Indischer Hanf, Haschischkraut	Erg.-B. 6, HAB. 2 (getrocknete Krautspitzen)
Capsicum annuum L. Gewürzpaprika	*Fructus Capsici* Paprikafrüchte	DAB. 6, HAB. 2
Carum carvi L. Kümmel	*Fructus Carvi* Kümmelfrüchte	DAB. 6
Centaurium umbellatum Gilib. Tausendgüldenkraut	*Herba Centaurii* Tausendgüldenkraut	DAB. 6
Chenopodium ambrosioides L. † Gänsefuß, Wohlriechender	*Herba Chenopodii* Gänsefußkraut	Erg.-B. 6, HAB. 2
Chrysanthemum cinerariifolium (Trev.) Vis. Insektenpulverpflanze	*Flores Chrysanthemi cinerariifolii* Insektenblüten	Erg.-B. 6
Cichorium intybus L. Zichorie	*Radix Cichorii* Zichorienwurzel	—
Cnicus benedictus L. Benediktenkraut	*Herba Cardui benedicti* Benediktenkraut	DAB. 6
Cochlearia officinalis L. Löffelkraut	*Herba Cochleariae* Löffelkraut	HAB. 2
Coriandrum sativum L. Koriander	*Fructus Coriandri* Korianderfrüchte	Erg.-B. 6

Hauptwirkstoffe	Hauptsächlichste Anwendung
ätherisches Öl, Absinthin u. a. Bitterstoffe	als Magenmittel, auch bei Gallen- und Leberleiden
ätherisches Öl, Gerb- und Bitterstoffe	wird fast nur in der Konserven- und Kräuteressigfabrikation verwendet; Gewürz
ätherisches Öl mit Santonin	zur Santoningewinnung (Wurmmittel)
ätherisches Öl mit Cineol, daneben Gerbstoff, Bitterstoff und Harz	bei Verdauungsstörungen; Gewürz
Cumaringlykosid	gelegentlich bei Leberleiden und Gelbsucht; Getränkegewürz
l-Hyoscyamin (*Radix* lt. Erg.-B. 6: 0,35—0,5%, *Folia* lt. DAB. 6: 0,3%), daneben in geringerer Menge l-Scopolamin u. a. Alkaloide	in der Augenheilkunde, gegen Koliken, als Narkotikum und Beruhigungsmittel; zur Alkaloidgewinnung
Schleimstoffe	vorwiegend als Gewürz
Senfölglykosid Sinigrin	zur Appetitanregung, bei Verdauungsstörungen; äußerlich als Hautreizmittel; Gewürz
ätherisches Öl, carotinoide Farbstoffe, daneben etwas Bitterstoff, Saponin und Schleimstoffe	vorwiegend äußerlich zur Behandlung schlecht heilender Geschwüre und Wunden; Teeverschönerungsmittel
Harz und nur wenig terpenhaltiges ätherisches Öl	gelegentlich als Schlafmittel, bei Nervenschmerzen und Migräne sowie bei Asthma
Capsaicin, Carotinfarbstoff und mehrere Vitamine bzw. Provitamine	bei Darm- und Magenleiden, Hautreizmittel bei Rheuma und Neuralgien; Gewürz
ätherisches Öl (lt. DAB. 6: 4,0%) mit d-Carvon	bei Magen- und Darmbeschwerden; äußerlich zu Bädern; Gewürz und in der Likörindustrie
Bitterstoffe	bei Magen-, Leber- und Gallenleiden; in der Likörindustrie
ätherisches Öl mit Ascaridol	Wurmmittel
Pyrethrine	als Wurmmittel, vor allem bei Tieren; früher wichtiges Insektenvertilgungsmittel
Bitterstoff und Inulin	bei Gallen- und Nierenleiden; Kaffeegewürz
Bitterstoff Cnicin, daneben Schleim, Gerbstoff und wenig ätherisches Öl	als Magen- und Darmmittel, bei Leberleiden; in der Likörindustrie
Senfölglykosid, Bitterstoff, Gerbstoff und frisch reichlich Vitamin C	bei Gicht und Rheuma, frisch bei Vitamin-C-Mangel; als Gewürz
ätherisches Öl (lt. Erg.-B. 6 : 0,5%)	zur Appetitanregung; Gewürz

Stammpflanze	Droge	Enthalten im DAB. 6, Erg.-B. 6, HAB. 2
Datura stramonium L. †	*Folia Stramonii*	DAB. 6
Stechapfel, Weißer	Stechapfelblätter	
	Herba Stramonii recens	Erg.-B. 6
	frisches Stechapfelkraut	
	Semen Stramonii	Erg.-B. 6
	Stechapfelsamen	
Digitalis lanata Ehrh. †	*Folia Digitalis lanatae*	—
Fingerhut, Wolliger	Fingerhutblätter	
	Semen Digitalis lanatae	—
	Fingerhutsamen	
Digitalis purpurea L. †	*Folia Digitalis purpureae*	DAB. 6, HAB. 2
Fingerhut, Roter	Fingerhutblätter	
	Semen Digitalis purpureae	—
	Fingerhutsamen	
Echinacea-species	*Herba Echinaceae*	HAB. 2 (ganze Pflanze)
Sonnenhut-Arten	Sonnenhutkraut	
	Radix Echinaceae	—
	Sonnenhutwurzel	
Foeniculum vulgare Mill.	*Fructus Foeniculi*	DAB. 6
Fenchel	Fenchelfrüchte	
Galega officinalis L.	*Herba Galegae*	Erg.-B. 6
Geißraute	Geißrautenkraut	
Glycyrrhiza glabra L.	*Radix Liquiritiae*	DAB. 6
Süßholz	Süßholzwurzel	
Grindelia-species	*Herba Grindeliae*	Erg.-B. 6, HAB. 2
Grindelia-Arten	Grindeliakraut	
Hydrastis canadensis L. †	*Rhizoma Hydrastis*	DAB. 6, HAB. 2
Gelbwurz	Gelbwurz	
Hyoscyamus niger L. †	*Folia Hyoscyami*	DAB. 6, HAB. 2 (ganze Pflanze)
Bilsenkraut	Bilsenkrautblätter	
	Radix Hyoscyami	—
	Bilsenkrautwurzel	
	Semen Hyoscyami	—
	Bilsenkrautsamen	
Hyssopus officinalis L.	*Herba Hyssopi*	Erg.-B. 6
Ysop	Ysopkraut	
Inula helenium L.	*Rhizoma Helenii*	Erg.-B. 6, HAB. 2
Alant, Echter	Alantwurzelstock	
Iris-species	*Rhizoma Iridis*	DAB. 6, HAB. 2
Schwertlilie-Arten	Schwertlilienwurzel	
Lavandula angustifolia Mill.	*Flores Lavandulae*	DAB. 6
Lavendel	Lavendelblüten	
Lepidium sativum L.	*Herba Lepidii sativi*	—
Gartenkresse	Gartenkressekraut	

Hauptwirkstoffe	Hauptsächlichste Anwendung
l-Hyoscyamin (lt. Erg.-B. 6: *Semen* 0,3%) u. a. Alkaloide	Asthmamittel; zur Alkaloidgewinnung
Digitalisglykoside	Herzmittel mit ähnlicher Wirkung wie *Digitalis purpurea* *Semen:* zur Glykosidgewinnung
Digitalisglykoside	als wichtiges Herzmittel
	Semen: zur Glykosidgewinnung
ätherisches Öl	Wundmittel
ätherisches Öl (lt. DAB. 6: 4,5 %)	gegen Blähungen bei Kindern; äußerlich zu Gurgel- und Augenwässern; Gewürz
Galegin, ferner Saponin, Bitterstoff und etwas Gerbstoff	zur Förderung der Milchsekretion, als harntreibendes Mittel, gelegentlich gegen Zuckerkrankheit
Glycyrrhizin	bei Verschleimung der Atmungsorgane, Husten, Heiserkeit und Bronchialkatarrh
ätherisches Öl, Harz	bei Asthma und Bronchialkatarrh mit schwerlöslichem Schleim
Hydrastin, ätherisches Öl	als blutstillendes Mittel
Hyoscyamin (*Folia* lt. DAB. 6: 0,07%), ferner Scopolamin u. a. Alkaloide	*Folia:* Narkotikum, bei Nervenschmerzen, Krampfhusten und Asthma; *Radix:* gegen Schmerz- und Erregungszustände;
	Semen: zur Gewinnung der Alkaloide
ätherisches Öl	als schweißhemmendes Mittel, bei chronischem Bronchialkatarrh und Asthma
ätherisches Öl (*Rhizoma* lt. Erg.-B.6: 1,8%)	gegen Reiz- und tuberkulösen Kitzelhusten, ferner bei Bronchialkatarrh und Keuchhusten; in der Likörindustrie
Stärke, Schleim und ätherisches Öl	bei Katarrhen der oberen Luftwege; gelegentlich Verarbeitung zu Zahnpulvern und -pasten
ätherisches Öl	bei Migräne, nervösem Herzklopfen und Nervenschwäche; äußerlich als Hautreizmittel; zu Einreibungen, Bädern und Kräuterkissen; in der Kosmetik
Senfölglykosid	obsolet, frisch mit Vitamin C; Salat; Gewürz

Stammpflanze	Droge	Enthalten im DAB. 6, Erg.-B. 6, HAB. 2
Levisticum officinale Koch Liebstock	*Fructus Levistici* Liebstockfrüchte	—
	Herba Levistici Liebstockkraut	—
	Radix Levistici Liebstockwurzel	DAB. 6, HAB. 2
Linum usitatissimum L. Lein	*Semen Lini* Leinsamen	DAB. 6
Lobelia inflata L. † Lobelie	*Herba Lobeliae* Lobelienkraut	DAB. 6, HAB. 2 (ganze Pflanze)
Majorana hortensis Moench Majoran	*Herba Majoranae* Majorankraut	Erg.-B. 6, HAB. 2 (blühende Pflanze)
Malva silvestris L. Malve, Blaue	*Flores Malvae* Malvenblüten	DAB. 6
	Folia Malvae Malvenblätter	DAB. 6, HAB. 2 (blühende Pflanze)
Marrubium vulgare L. Andorn	*Herba Marrubii* Andornkraut	Erg.-B. 6
Matricaria chamomilla L. Kamille, Echte	*Flores Chamomillae* Kamillenblüten	DAB. 6
	Herba Chamomillae cum floribus Kamillenkraut mit Blüten	HAB. 2
Melissa officinalis L. Melisse, Zitronen-	*Folia Melissae* Melissenblätter	DAB. 6
Mentha piperita L. Pfefferminze	*Folia Menthae piperitae* Pfefferminzblätter	DAB. 6
	Herba Menthae piperitae Pfefferminzkraut	HAB. 2 (blühende Pflanze)
Mentha pulegium L. Poleiminze	*Herba Pulegii* Poleiminzekraut	—
Mentha spicata L. em. Nathh. *var. crispata* (Schrad.) Beck Krauseminze	*Folia Menthae crispae* Krauseminzeblätter	Erg.-B. 6
	Herba Menthae crispae Krauseminzekraut	—
Nigella sativa L. Schwarzkümmel	*Semen Nigellae sativae* Schwarzkümmelsamen	Erg.-B. 6, HAB. 2
Ocimum basilicum L. Basilienkraut	*Herba Basilici* Basilienkraut	—
Origanum vulgare L. Dost	*Herba Origani* Dostenkraut	Erg.-B. 6, HAB. 2

Hauptwirkstoffe	Hauptsächlichste Anwendung
ätherisches Öl	als harntreibendes und auswurfförderndes Mittel, bei Blähungen; Gewürz
Schleimstoffe, fettes Öl	als Abführmittel; äußerlich zur Behandlung von Brandwunden, erweichendes Mittel; zur Ölgewinnung
Lobelin und Nebenalkaloide	Asthmamittel, gegen Atembeschwerden
ätherisches Öl (lt. Erg.-B. 6: 1,0%)	bei Magenleiden, Blähungen, Stopfmittel; Gewürz, besonders bei der Wurstherstellung
Schleimstoffe	bei Erkrankungen der Atmungsorgane
ätherisches Öl, Marrubiin u. a. bittere Substanzen	bei katarrhalischen Erkrankungen der Luftwege und des Darmes
ätherisches Öl (*Flores* lt. DAB. 6: 0,4%) mit Cham-Azulen, Bitterstoff	schweißtreibendes Mittel, bei Verdauungsbeschwerden, bei Gallenleiden; äußerlich bei Verbrennungen, Ekzemen, Wunden, Entzündungen und Geschwüren
ätherisches Öl mit Citral und Citronellal	gegen Nervosität, bei Magen- und Darmbeschwerden; äußerlich zu Umschlägen bei schlechtheilenden Wunden und Geschwüren, ferner zu Kräuterkissen und Bädern; Gewürz
ätherisches Öl (*Folia* lt. DAB. 6: 0,7%) mit Menthol	krampfstillendes und blähungtreibendes Mittel; äußerlich auch zu Mund- und Gurgelwässern, Umschlägen und Bädern, reines Menthol äußerlich gegen Kopfschmerzen, Gewürz und in der Likörindustrie
ätherisches Öl mit Pulegon	ähnlich Pfefferminze, besonders bei Störungen der Verdauungsorgane
ätherisches Öl (*Folia* lt. Erg.-B. 6: 1,0%) mit Carvon	bei Störungen der Verdauungsorgane; Gewürz
ätherisches und fettes Öl, Saponin	als blähung- und harntreibendes Mittel; Gewürz, in manchen Ländern speziell für Backwaren
ätherisches Öl	als blähungtreibendes Mittel; Gewürz
ätherisches Öl	als Mittel bei Blähungen

Stammpflanze	Droge	Enthalten im DAB. 6, Erg.-B. 6, HAB. 2
Paeonia officinalis L. (†) Pfingstrose	*Flores Paeoniae rubrae* Pfingstrosenblüten	Erg.-B. 6
	Semen Paeoniae rubrae Pfingstrosensamen	Erg.-B. 6
	Radix Paeoniae rubrae Pfingstrosenwurzel	HAB. 2
Papaver somniferum L. (†) Schlafmohn	*Fructus Papaveris immaturi* bzw. *maturi* unreife bzw. reife Schlafmohnfrüchte	Erg.-B. 6
	Semen Papaveris Schlafmohnsamen,	DAB. 6
	Opium †	
Petroselinum crispum (Mill.) Nym. ex Hort. Kew. Petersilie	*Fructus Petroselini* Petersilienfrüchte	Erg.-B. 6
	Herba Petroselini Petersilienkraut	HAB. 2 (ganze Pflanze)
	Radix Petroselini Petersilienwurzel	Erg.-B. 6
Pimpinella anisum L. Anis	*Fructus Anisi* Anisfrüchte	DAB. 6
Plantago lanceolata L. Spitzwegerich	*Folia Plantaginis lanceolatae* Spitzwegerichblätter	—
	Herba Plantaginis lanceolatae Spitzwegerichkraut	Erg.-B. 6
Rheum palmatum L. *var. tanguticum* Maxim. Medizinalrhabarber	*Rhizoma Rhei* Rhabarberwurzelstock	DAB. 6, HAB. 2
Ricinus communis L. † Rizinus	*Semen Ricini* Rizinussamen	HAB. 2
Rosmarinus officinalis L. Rosmarin	*Folia Rosmarini* Rosmarinblätter	Erg.-B. 6, HAB. 2
Rubia tinctorum L. Krapp	*Radix Rubiae* Krappwurzel	HAB. 2
Rumex acetosa L. Sauerampfer	*Herba Rumicis* Sauerampferkraut	—
Ruta graveolens L. Weinraute	*Folia Rutae* Weinrautenblätter	Erg.-B. 6
	Herba Rutae Weinrautenkraut	HAB. 2
Salvia officinalis L. Salbei, Echter	*Folia Salviae* Salbeiblätter	DAB. 6, HAB. 2
	Herba Salviae Salbeikraut	—

Hauptwirkstoffe	Hauptsächlichste Anwendung
Gerbstoff und glykosidischer Farbstoff, fettes Öl, ätherisches Öl	*Flores:* zu Husten- und Räuchertees, Teeverschönerungsmittel; *Semen:* gelegentlich als Brechmittel; *Radix:* gelegentlich als Krampfmittel
Morphin, Narcotin, Codein, Thebain, Papaverin u. a. Alkaloide; fettes Öl; Opium (lt. DAB. 6: 12% Morphin)	*Fructus Papaveris immaturi:* gegen Hustenreiz, bei Schlaflosigkeit und zur Alkaloidgewinnung; *Fructus Papaveris maturi:* gegen Schlaflosigkeit und zur Alkaloidgewinnung; *Semen Papaveris:* zur Ölgewinnung und besonders zur Backwarenherstellung, zur Herstellung galenischer Präparate. Gehört zu den narkotischen Giften. Wirkt beruhigend, schmerzstillend und schlafmachend
ätherisches Öl (*Fructus* lt. Erg.-B. 6: 2,0%) mit Apiol; frisch Vitamin C; apiolhaltiges ätherisches Öl, Apiin, Schleim, Zucker	*Fructus:* harntreibendes Mittel; Gewürz; *Herba:* magenstärkendes, harn- und blähungtreibendes Mittel; Gewürz; *Radix:* harntreibendes Mittel
ätherisches Öl (lt. DAB. 6: 1,5%)	ähnlich Fenchel; Gewürz und in der Likörherstellung
Schleimstoffe und ein Glykosid, enthält ferner bakterizide bzw. bakteriostatische Wirkstoffe	bei Katarrhen der oberen Luftwege; äußerlich zur Wundbehandlung, mitunter auch gegen Durchfall
Anthracenderivate	Abführmittel
fettes Öl mit Ricin	Öl wichtiges Abführmittel; vielseitige industrielle Verwendung
ätherisches Öl (lt. Erg.-B. 6: 1,0%), Bitterstoffe	Magen-, Nerven- und Hautreizmittel, Antiseptikum; zu Spülungen
Di- und Trioxyanthrachinon-Glykoside, durch Glykosidspaltung entstehen Farbstoffe	bei Nierensteinerkrankungen; früher als Farbstoff
Kaliumbioxalat, in geringerer Menge freie Oxalsäure	in der Heilkunde kaum noch angewendet; Gewürz
ätherisches Öl (*Folia* lt. Erg.-B. 6: 0,2%), Glykosid Rutin	gegen Rheuma, Gicht, Nervenschmerzen; äußerlich auch als Hautreizmittel
ätherisches Öl (*Folia* lt. DAB. 6: 1,5%), Gerbstoffe, Bitterstoff und Harz	bei Bronchialkatarrh, gegen Nachtschweiß; äußerlich zum Spülen und Pinseln bei Mund- und Halskrankheiten; Gewürz

Stammpflanze	Droge	Enthalten im DAB. 6, Erg.-B. 6, HAB. 2
Salvia sclarea L. Muskatellersalbei	*Flores Salviae sclareae* Muskateller-Salbei-Blüten	—
Sanguisorba minor Scop. Gartenpimpinelle; Kleiner Wiesenknopf	*Herba Sanguisorbae* Gartenpimpinellenkraut	—
Saponaria officinalis L. Seifenkraut	*Herba Saponariae* Seifenkraut	—
	Radix Saponariae Rote Seifenwurzel	DAB. 6
Satureja hortensis L. Bohnenkraut, Einjähriges	*Herba Saturejae* Bohnenkraut	Erg.-B. 6
Satureja montana L. Winterbohnenkraut	*Herba Saturejae montanae* Winterbohnenkraut	—
Silybum marianum (L.) Gaertn. Mariendistel	*Fructus Cardui Mariae* Marienkörner (Stechkörner)	Erg.-B. 6
Sinapis alba L. Senf, Weißer	*Semen Sinapis* Weißer Senf	HAB. 2
Symphytum officinale L. Beinwell, Schwarzwurz	*Radix Symphyti* Beinwellwurzel	HAB. 2 (auch ganze Pflanze)
Taraxacum officinale Web. in Wigg. Löwenzahn	*Herba Taraxaci* Löwenzahnkraut	—
	Radix Taraxaci cum herba Löwenzahnwurzel mit Kraut	HAB. 2 (ganze Pflanze), Erg.-B. 6
Thymus vulgaris L. Thymian	*Folia Thymi cum floribus* Thymianblätter mit Blüten	—
	Herba Thymi Thymiankraut	DAB. 6, HAB. 2 (blühende Pflanze)
Trigonella coerulea (L.) Ser. Schabziegerklee	*Herba Trigonellae coeruleae* Schabziegerkraut	—
Trigonella foenum-graecum L. Bockshornklee	*Semen Foenugraeci* Bockshornkleesamen	DAB. 6
Urtica-species Brennessel-Arten	*Herba Urticae* Brennesselkraut	Erg.-B. 6, *U. dioica* und *U. urens*, HAB. 2, *U. urens* (blühende Pflanze)
	Radix Urticae Brennesselwurzeln	—
Valeriana officinalis L. Baldrian, Gebräuchlicher	*Radix Valerianae* Baldrianwurzel	DAB. 6, HAB. 2
Verbascum-species Königskerze-Arten	*Flores Verbasci* Königskerzenblüten	DAB. 6
	Folia Verbasci Königskerzenblätter	HAB. 2 (*Herba*)
Viola tricolor L. Feldstiefmütterchen	*Herba Violae tricoloris* Feldstiefmütterchenkraut	DAB. 6, HAB. 2

Hauptwirkstoffe	Hauptsächlichste Anwendung
ätherisches Öl	hauptsächlich in der Parfümerie
Gerbstoff und Flavon	vorwiegend als Gewürz
Saponine	bei chronischen Hautleiden, Flechten und Furunkulose; *Radix:* gelegentlich als Zusatz zu Zahnpulvern und -pasten
ätherisches Öl (lt. Erg.-B. 6: 0,4%), Gerbstoff	gegen Durchfall, Blähungen; Gewürz
ätherisches Öl	siehe *Satureja hortensis*
unerforschte Scharf- bzw. Bitterstoffe, daneben etwas ätherisches Öl	gegen Leber- und Gallenleiden
fettes Öl, Sinalbin, Myrosin	zur Appetitanregung; äußerlich bei Muskel- und Nervenerkrankungen; Gewürz
Gerbstoff, Schleimstoffe	bei schlechtheilenden Wunden
Bitterstoff, Taraxacin, Gerbstoffe, Harz (und Kautschuk), Cholin	bei Leber- und Gallenleiden, harntreibendes Mittel sowie bei Verdauungsstörungen; Wurzel: als Kaffeegewürz
ätherisches Öl mit Thymol	bei Erkrankungen der Atmungsorgane; äußerlich zu Umschlägen, Bädern, als Mundspül- und Gurgelmittel; Gewürz
Trigonellin	in der Heilkunde kaum gebräuchlich, Käsegewürz
Schleimstoffe, fettes Öl mit Cholesterin und Lezithin	bei Katarrhen und Drüsenerkrankungen; äußerlich zu Umschlägen gegen Geschwüre
Kieselsäure, Nesselgiftstoff, Vitamin A und C, Gerbstoff	*Herba:* harntreibendes Mittel, bei Gicht und Rheuma; zur Herstellung von Haarwässern; zur Chlorophyllgewinnung; *Radix:* zusammenziehendes Mittel
ätherisches Öl, Alkaloide, eine acyclische Estersäure	als Mittel bei nervösen Herzbeschwerden, leichtes Schlafmittel, bei Kolikschmerzen im Bereich des Magen-Darmkanals
Schleimstoffe und Saponine	als auswurfförderndes Mittel
Saponine	bei Hautleiden und als harntreibendes Mittel

IV. Die Standortsfaktoren

Dem Standort kommt als natürlichem Lebensmedium eine für die Pflanze entscheidende Bedeutung zu. Diese Tatsache hat der Mensch von alters her beachtet. Er versuchte, den Kulturpflanzen möglichst die besten Standortsverhältnisse zu geben, um sich die höchsten Ernteerträge zu sichern. Nicht immer sind aber die natürlichen Bedingungen so, daß durch sie allein eine ertragreiche Vegetation zustande kommt. Erst der Mensch griff zu allerlei künstlichen Mitteln, um den Pflanzen irgendwelche, von Natur aus notwendige, aber an Ort und Stelle fehlende Kulturbedingungen zu schaffen. Es sei nur an die Kulturen unter Glas erinnert.

Auch in neuester Zeit stehen Fragen, die sich mit den Standortsverhältnissen der Pflanzen beschäftigen, im Vordergrund des Interesses. Mehr denn je gilt es heute, die auf allen Gebieten des täglichen Lebens erwünschte Produktionssteigerung auch auf pflanzenbaulichem Gebiet zu erzielen, d. h. unsere Ernteerträge bei möglichst geringem Einsatz an kostspieligen Produktionsmitteln zu erhöhen. Die laufenden Forschungsarbeiten auf dem Gebiet des Acker- und Pflanzenbaues zeigen deutlich, daß im Hinblick auf die Verbesserung der Erträge bei weitem noch nicht alle Möglichkeiten erschöpft sind. Das gilt nicht nur für ausschließlich der menschlichen und tierischen Ernährung dienenden Nutzpflanzen, sondern ebenso für die Arznei- und Gewürzpflanzen. Auch diese erreichen nur die mengen- und gütemäßig angestrebten Erträge, wenn ihnen die besten Lebensbedingungen gegeben werden. Die dringliche Aufgabe eines jeden Pflanzenbauers ist es daher, sich über alle Fragen der Standortsverhältnisse, die in erster Linie für das Gedeihen der Pflanze entscheidend sind, zu unterrichten.

Aus Klima und Boden resultieren die natürlichen Standortsverhältnisse. LUNDEGÅRDH[1] differenziert sie wie folgt:

A. Klimatische Faktoren:
1. Lichtfaktor,
2. Temperaturfaktor.

B. Klimatisch-edaphische Faktoren:
3. Wasserfaktor,
4. Kohlensäurefaktor.

C. Edaphische Faktoren:
5. Physikalische Bodenstruktur,
6. Durchlüftung,
7. Nährsalzgehalt, Spurenelemente,
8. Wasserstoffionenkonzentration,
9. Mikroorganismenleben.

Dies sind die maßgeblichen Faktoren, von denen die Möglichkeiten jeglichen Pflanzenbaues abhängen. Sie bestimmen Planung und Organisation und damit letzten Endes die Rentabilität eines jeden Betriebes. Außerdem sind beim Anbau von Arznei- und Gewürzpflanzen die Standortsfaktoren noch von besonderer Wichtigkeit hinsichtlich der

[1] LUNDEGÅRDH, H.: Klima und Boden in ihrer Wirkung auf das Pflanzenleben. 4. Auflage, Jena 1954, S. 562 bis 563.

ihren Drogenwert festlegenden Inhaltsstoffe. So ist die Feststellung, daß sich durch die Bodenfaktoren die grüne Erntemenge leichter ändern läßt als die Menge bestimmter Pflanzeninhaltsstoffe, von großer Bedeutung*. In Anlehnung an die Gliederung der Standortsfaktoren von LUNDEGÅRDH sollen sie speziell in ihrer Bedeutung für den Arznei- und Gewürzpflanzenbau einer kurzen Betrachtung unterzogen werden.

A. Klimatische Faktoren

1. Lichtfaktor

Das Licht ist die Energiequelle der Photosynthese.
Auf die Pflanzen übt es weitgehende Einflüsse mit seinen verschiedenen Wellenlängen aus, deren Wirkungen auf den pflanzlichen Organismus aus nachstehender Tabelle von LUNDEGÅRDH ersichtlich sind.

Die verschiedenen Strahlungen in ihrer Wirkung auf die Pflanzen

Strahlung	Wellenlängengebiete**	Wirkung auf die Pflanzen
Röntgen	0,1—24 ÅE. (100—24000 XE.)	Überwiegend stark beschädigend
Ultraviolett	120—4000 ÅE.	In höherer Dosierung beschädigend, sonst auch wichtig für viele Synthesen
Violett, Blau	4000—4900 ÅE. (400—490 mμ)	Phototropismus, Photomorphose, Kohlensäureassimilation
Grün-rot	4900—7600 ÅE. (490—760 mμ)	
Ultrarot	7600 ÅE. bis etwa 0,3 mm	Temperaturfaktor im allgemeinen
Elektrische Wellen	2 mm bis unbegrenzt lang	Wenig bekannt

Eine scharfe Trennung zwischen den Wirkungen der verschiedenen Strahlen ist meist nicht möglich. Bereits bei der Keimung macht sich der Lichteinfluß bemerkbar. So vermögen manche Samen nur bei Lichtzutritt (Lichtkeimer), andere nur bei Lichtabschluß (Dunkelkeimer) normal auszukeimen; einige verhalten sich indifferent. Dabei können auch die einzelnen Wellenbereiche des Lichtes von verschiedener Wirkung sein. Manche Arten bedürfen zur normalen Keimung einer Strahlungsschwächung, z. B. *Majorana hortensis*, bei dem sich nach HECHT[2] die Verwendung gekalkter Frühbeetfenster zum Abdecken der Anzuchtkästen vorzüglich bewährt hat. Über die Keimbedingungen der meisten angebauten Arznei- und Gewürzpflanzen besteht Klarheit. Noch nicht völlig gedeutet ist allerdings die Physiologie der Lichtkeimung. Die photische kann vielfach durch chemische Wirkung, durch Temperatur, Quellungszustand usw. beeinflußt oder ersetzt werden.
In engem Zusammenhang mit den Lichtverhältnissen steht der Photoperiodismus der Pflanzen.
Von großem Einfluß sind die am Standort vorhandenen Lichtverhältnisse in anatomisch-morphologischer und somit auch in pharmakognostischer Hinsicht. Lichtblätter

[2] HECHT, W.: Beobachtungen bei der Keimung von *Origanum Majorana* L. und *Ocimum Basilicum* L. im Mistbeet. „Heil- und Gewürzpflanzen" 11, S. 178 bis 184 (1929).
* Siehe hierzu auch FLÜCK, H.: Der Einfluß des Bodens auf den Wirkstoffgehalt von Arzneipflanzen. „J. Pharmacy Pharmacol". 6, S. 153 bis 163 (1954).
** Die Maßeinheiten sind folgende: 1000 XE. = 1 ÅE. = 10^{-8} cm = 0,1 mμ (μμ; 1 μ = 0,001 mm). X-Einheiten werden für das Röntgengebiet, die übrigen für die Lichtstrahlung benutzt (ÅE. bedeutet Angström-Einheiten). Die mitunter benutzte Bezeichnung $\frac{\mu}{100}$ bedeutet 0,00001 mm.

sind meist klein und derb, Schattenblätter größer und zarter. Erstere weisen häufig eine stärkere Kutikula und ein stärkeres Palisadenparenchym auf, während bei letzteren Kutikula und Palisadenparenchym schwächere Entwicklung zeigen. Lichtmangel führt oft zu Etiolierungen, namentlich wenn mittel- und kurzwellige Strahlen fehlen.

Höchst bedeutungsvoll sind die Lichteinflüsse in physiologischer Hinsicht bei der Bildung der Inhaltsstoffe, wobei die verschiedenen Wellenlängen des Lichtes eine unterschiedliche Wirkung haben. So ist der Gehalt der Pflanzen an l-Ascorbinsäure stark abhängig von der Intensität der ultravioletten Strahlen. GÜNTHER, HEEGER und ROSENTHAL[3] stellten z. B. bei einigen Arznei- und Gewürzpflanzen fest, daß unter normalen Lichtverhältnissen gewachsene Pflanzen stets einen höheren Vitamin-C-Gehalt aufwiesen als solche, die unter Fensterglas kultiviert wurden.

Beim Anbau von Arznei- und Gewürzpflanzen ist weitgehend Rücksicht zu nehmen auf ihre individuellen Lichtansprüche. Starklichtpflanzen dürfen nicht als Schattenpflanzen oder umgekehrt behandelt werden. Hierauf ist besonders zu achten beim Anbau von Arznei- und Gewürzpflanzen als Unterkultur zu Obstgehölzen.

2. Temperaturfaktor

Eine ebenso große Bedeutung wie das Licht hat auch die Temperatur für die Pflanzen.

Die Wärmequelle der Erdoberfläche ist die Sonne. Bis zu 80% ihrer Energie entsendet sie als ultrarote Strahlen, die im allgemeinen den Temperaturfaktor bedingen.

Entscheidend für das Gedeihen der Pflanzen sind die klimatischen Temperaturextreme und die Entwicklungsdauer gewisser Temperaturen während bestimmter Jahreszeiten und Wachstumsperioden. Unter- oder Überschreiten des durch Minimum und Maximum begrenzten Lebensraumes bedeutet für die Pflanze Stillstand der Lebensvorgänge und vielfach den Tod. Die Temperatur, während der die Lebenskraft noch erhalten bleibt, reicht bei manchen Pflanzen bis weit unter 0° C, z. B. bei arktischen *Cochlearia-species* bis —46° C. Für Pflanzen aus tropischen Gegenden sind schon +2° C bis +5° C gefährlich. Das für die meisten Pflanzen noch erträgliche Maximum liegt bei +40° C. Bei weiteren Temperaturerhöhungen werden alle Lebensvorgänge in der Pflanze bis aufs äußerste eingeschränkt, oder die Pflanze stirbt ab. Das physiologische Temperaturoptimum bewegt sich je nach Pflanzenart in unseren Breiten zwischen +10° C und +30° C. Es ist bei den einzelnen Arten sehr verschieden und nur in geringen Grenzen durch Akklimatisation verschiebbar. Zwar können Pflanzen in einem Klima, das ihr physiologisches Optimum nicht erreicht, vegetativ noch gut gedeihen, aber sie werden selten oder nie blühen oder gar fruchten, wie dies für die Eberraute (*Artemisia abrotanum*) zutrifft. Die kurze Vegetationszeit zwischen spätem Frühjahr und zeitigem Herbst reicht unter deutschen Anbauverhältnissen bei einer Anzahl von Arznei- und Gewürzpflanzen, die in warmen Ländern beheimatet sind, nicht zum völligen Reifen aus. Hier wirkt eine „zeitliche Vorgabe“ durch Anzucht im Gewächshaus oder Frühbeet bzw. Verlegen der Aussaatzeiten ausgleichend. Bei mehrjährigen Pflanzen, die als Wurzeln, Wurzelstöcke, Knollen oder Zwiebeln nach dem Absterben der oberirdischen Sproßteile überwintern können, wird die Gefahr des Erfrierens durch Einmieten, Einschlagen oder Unterbringen in Mistbeetkästen und im Gewächshaus überwunden.

Eine sehr große Anzahl unserer angebauten Arznei- und Gewürzpflanzen ist im Mittelmeergebiet beheimatet und damit von Natur aus wärmebedürftig.

[3] GÜNTHER, E., HEEGER, E. F. und ROSENTHAL, Chr.: Der Vitamin-C-Gehalt der in Deutschland hauptsächlich angebauten Heil- und Gewürzpflanzen in kritisch-experimenteller Betrachtung. „Pharmazie“ 6, S. 24 bis 50 (1952); bzw. „Arzneipflanzen-Umschau“ 3, S. 201 bis 227 (1952).

Der Anbauer von Arznei- und Gewürzpflanzen muß sich bewußt sein, daß er nur durch Ausnutzen unseres Sommerklimas viele einjährige Pflanzenarten kultivieren kann. Oft muß — wie schon erwähnt — eine Vorkultur unter Glas die kurze Sommerperiode künstlich verlängern helfen.

Die Temperatur ist ein entscheidender Faktor der Keimung. Die Samen bzw. Früchte der Arznei- und Gewürzpflanzen benötigen zur Keimung je nach Art verschiedene Temperaturen. Für den Keimversuch liegen die Temperaturoptima für das Saatgut einer großen Zahl angebauter Arznei- und Gewürzpflanzen fest, die Minima aber nur bei sehr wenigen Arten. Letztere sind aber besonders für die Anbaupraxis von Bedeutung, da sie den Aussaatzeitpunkt wesentlich bestimmen. Die Aussaat sollte im allgemeinen frühestens erfolgen, wenn das Temperaturminimum erreicht ist, d. h. 50% aller Samen in der Lage sind, normale Blatt- und Wurzelkeime auszubilden. Eine Ausnahme hiervon machen die Frostkeimer. Manche Arzneipflanzen bedürfen einer vorübergehenden Frosteinwirkung, um normal keimen zu können[4]. Ausschlaggebende Bedeutung kommt der Temperatur auch bei der Keimstimmung zu. In der Sowjetunion ist die Jarowisation[5] von Saatgut eine seit Jahren übliche und verbreitete, im wesentlichen auf Temperatureinflüssen beruhende agrartechnische Maßnahme, um bei einigen Kulturarten, z. B. bei Getreide, eine verkürzte Vegetationszeit und gegebenenfalls eine Ertragssteigerung herbeizuführen. Untersuchungen auf dem Gebiet der Keimstimmung bei Arznei- und Gewürzpflanzen sind sehr erwünscht. Die Ertragssicherheit einiger therapeutisch wichtiger Arten, die in Deutschland infolge ihrer langen Entwicklungszeit nicht immer sicher zur Ausreifung kommen, könnte gefestigt werden. Von großer wirtschaftlicher Bedeutung wäre auch bei zwei- und mehrjährigen Arten die Verkürzung ihres Lebensablaufes, wobei allerdings der Ertragsfaktor im besonderen zu berücksichtigen ist. Vordringlich wären dann die großflächig angebauten, Körnerdrogen liefernden Arten zu bearbeiten, und zwar vor allem *Carum carvi* und *Foeniculum vulgare*. In der landwirtschaftlichen Praxis stößt die Gewinnung der Kümmel- und Fenchelfrüchte immer wieder auf betriebswirtschaftliche Schwierigkeiten, weil es sich um zwei- und mehrjährige Kulturen handelt, die erst vom zweiten Jahr an einen vollen Ertrag bringen. Dasselbe trifft auch für die Blütendrogen liefernden Arten *Althaea rosea var. nigra* Hort. und *Verbascum-species* zu.

Der Temperaturfaktor ist auf die Gesamtentwicklung der Pflanzen von großem Einfluß. Von besonderer Wichtigkeit ist die Wärmewirkung bei der Assimilation der Pflanzen, insbesondere der Kohlenhydratsynthese. Sie schafft die Bau- und Reservestoffe für das Wachstum und für die Frucht- bzw. Samenbildung. Bei den Arznei- und Gewürzpflanzen hängt die Bildung wertvoller Inhaltsstoffe weitgehend von den Assimilationsvorgängen ab. Bekannt ist, daß die C-Assimilation unter Mitwirkung des Lichtes und bei genügender Kohlensäurekonzentration mit steigender Temperatur vom Minimum bei etwa 0° C bis zum Maximum zwischen 30° und 40° C Wärme zunimmt. Ebenso temperaturabhängig ist die Dissimilation. Sie verläuft auch während der Nacht, wobei der Stoffverlust um so größer wird, je höher die Temperatur liegt. Für den Stoffgewinn sind warme Tage und kühle Nächte deshalb günstiger.

Es liegt nahe, die tageszeitlichen Schwankungen des Wertstoffgehaltes, die bis zu 20% und mehr des gesamten Gehaltes betragen können, mit den Stoffwechselvorgängen der Assimilation und Dissimilation in Zusammenhang zu bringen. So ist z. B. bei den von SCHELUDKO[6] gefundenen Tagesschwankungen des Ölgehaltes bei

[4] HEEGER, E. F.: Saatgutprüfungen im Sortenregister. „Die deutsche Heilpflanze“ **11**, S. 152 bis 153 (1937).

[5] Siehe u. a. KRAUSE, H.: Jarowisation und Heilpflanzenkultur. „Pharmazie“ **2**, S. 134 bis 136 (1947); bzw. „Arzneipflanzen-Umschau“ **2**, S. 156 bis 158 (1947).

[6] Zit. nach FLÜCK, H.: Der Einfluß der natürlichen Verhältnisse auf die Arzneipflanzen. Ber. 12. Int. Gartenbaukongreß. Bd. 1. Berlin 1938, S. 584.

Lavendel mit 1,1% (8 Uhr), 1,0% (12 Uhr) und 1,3% (20 Uhr) der Zusammenhang mit den Schwankungen der Assimilation zum mindesten angedeutet. Es sprechen hier allerdings vielleicht auch Veränderungen des Wassergehaltes und der Verdunstung des ätherischen Öles in der Mittagshitze mit.

Auch die jahreszeitlichen Schwankungen des Wertstoffgehaltes bei Arznei- und Gewürzpflanzen lassen sich als vornehmlich temperaturbedingt erklären. Sie sind aber auch vom Entwicklungsstadium abhängig. Das Temperaturoptimum für den Wertstoffgehalt der Blätter, z. B. einiger ätherisches Öl enthaltender Labiaten, scheint mit dem allgemein physiologischen Optimum zu Beginn der Blüte zusammenzufallen, da die kleineren Blätter der Blütentriebe gehaltreicher an ätherischem Öl sind als die vorher gebildeten größeren Blätter. Bei *Mentha piperita* konnte nachgewiesen werden, daß der Gehalt an ätherischem Öl zu Beginn der Blüte am höchsten ist[7]. Auch fanden wir bestätigt, daß die kleinen Blätter gehaltreicher als die größeren, die Blütenstände aber am gehaltreichsten sind. Ebenso scheint der Höchstgehalt an Pyrethrinen bei *Chrysanthemum cinerariifolium* zu dem Zeitpunkt, an dem die Blütenköpfchen voll geöffnet sind, mit dem Temperatur- und sonstigen Klimaoptimum dieser Pflanzen zusammenzufallen. Ähnliche Erscheinungen finden sich beim jahreszeitlichen Höchstgehalt von Glykosiden bei Glykosidpflanzen. So ist der Gehalt an Blausäureglykosiden bei den Blättern des Kirschlorbeers (*Prunus laurocerasus* L.) im Sommer während der Blütezeit am höchsten. Stärke und Schleim liefernde Pflanzen weisen bei Beginn oder am Ende der sommerlichen Temperatur- und Wachstumsperiode den günstigsten Gehalt auf, z. B. *Althaea officinalis* im Herbst.

Die vielfach verschiedenartige Wirkung der Klimafaktoren läßt sich auch unter den Einflüssen längerer Wetterperioden auf den Wertstoffgehalt der Arznei- und Gewürzpflanzen schwer auseinanderhalten. Nach DAFERT drückt heißes, trockenes Sonnenwetter bei *Mentha-species*, *Melissa officinalis* und *Thymus vulgaris* den Gehalt an ätherischen Ölen herab, während feuchtes, kaltes Wetter ihn steigert. Ähnliche Beobachtungen machten BAUER, RUDORF, HEEGER[8]. Nach den Feststellungen **DAFERTS**[9] **u. a.** würde die Glykosidbildung bei *Digitalis* durch heißes, sonniges Wetter stark angeregt. Umgekehrt fand BOSHART[10] bei *Datura stramonium* den Alkaloidgehalt bei heißem, sonnigem Wetter und gleichzeitig hoher Bodentemperatur herabgesetzt. Nach OBERMAYER[11] ist das Capsaicin im Paprika ein Produkt der „Quälung", d. h., je mehr die Pflanze dürstet und den direkten Sonnenstrahlen ausgesetzt ist, desto mehr Capsaicin bildet sie. Ohne Trockenheit, ohne Sonne werden weder die Schärfe noch das feine Aroma erzielt. Auf *Atropa bella-donna* scheint feuchtes Wetter gehaltmindernd zu wirken. BURMANN[12] hat Untersuchungen über den Parallelismus zwischen der mittleren Jahrestemperatur und dem Alkaloidgehalt von *Atropa bella-donna*, *Aconitum napellus* und *Colchicum autumnale* sowie dem Glykosidgehalt von *Digitalis purpurea* angestellt. Bei den höchsten mittleren Jahrestemperaturen (1907—1912) war auch der Alkaloid- und Glykosidgehalt am höchsten, bei den niedrigsten Temperaturen zeigte er die

[7] HEEGER, E. F.: Die Pfefferminze, eine monographische Darstellung unter besonderer Berücksichtigung neuer Erkenntnisse auf dem Gebiete des Anbaues, der Drogengewinnung und der Sortenfrage. Inauguraldissertation, Leipzig 1950; ref. in „Pharmazie" 5, S. 559 bis 560 (1950); bzw. „Arzneipflanzen-Umschau" 5, S. 853 bis 854 (1950).

[8] BAUER, K. H., RUDORF, W. und HEEGER, E. F.: Die Anbauverhältnisse einiger Heil- und Gewürzpflanzen unter besonderer Berücksichtigung der Wertstoffgehalte. „Landw. Jhrb." **92**, S. 1 bis 52 (1942).

[9] DAFERT, O.: Der Einfluß des Tageslichtes auf den Gehalt an wirksamen Stoffen bei Digitalis. „Angew. Bot." **3**, S. 22 (1921).

[10] BOSHART, K.: Kulturversuche mit Stechapfel und Tollkirsche mit besonderer Berücksichtigung der Schwankungen des Alkaloidgehaltes. „Heil- und Gewürzpflanzen" **13**, (1930/31).

[11] OBERMAYER: Der ungarische Gewürzpaprika, sein Anbau und seine Züchtung. „Die Ernährung der Pflanze" **34**, S. 147 (1938); zit. nach RAUNERT, M.: Der Paprika, Leipzig 1939, S. 29.

[12] Zit. nach SCHENCK, LUCASS, WEGENER: Allgemeine Heilpflanzenkunde. Dresden 1939, S. 213.

niedrigsten Werte. Die Annahme, daß das Wärmebedürfnis bei Alkaloid- und Glykosidpflanzen besonders groß und ihr Gehaltswert stark von der Sonnenstrahlenintensität abhängig ist, besteht wahrscheinlich cum grano salis zu Recht. Trotzdem muß zusammenfassend gesagt werden, daß im Hinblick auf die Klimaabhängigkeit (Licht- und Temperaturfaktor) Gesetzmäßigkeiten der Wertstoffsynthese aus den im Laufe der Jahre bekanntgewordenen Befunden der einzelnen untersuchten Arten nur schwer erkennbar sind. Wir konnten lediglich bei einigen Arznei- und Gewürzpflanzen aus der Familie der Labiaten und Umbelliferen unter deutschen Anbauverhältnissen eine Klimagebundenheit dahingehend beobachten, daß sie bei mittleren Temperaturen und genügender Feuchtigkeit hohe Erträge und hohe Wertstoffgehalte bringen.

Um die richtige Wahl des Standortes für die einzelnen Arten treffen und damit höchste Erträge und Wertstoffausbeuten erzielen zu können, ist die Klärung der Klimaabhängigkeit der angebauten Arznei- und Gewürzpflanzen ein dringendes Erfordernis.

B. Klimatisch-edaphische Faktoren

3. Wasserfaktor

Neben dem Licht und der Temperatur gehört das Wasser zu den wichtigsten Voraussetzungen des Pflanzenwachstums.

Während der Vegetationsperiode durchwandert ein ununterbrochener Wasserstrom die Pflanze von der Wurzel bis in die äußersten Sproßteile. Dabei kommt es auf den geregelten Ausgleich zwischen Wasseraufnahme und -abgabe an. Die Aufnahme ist im wesentlichen auf die Tätigkeit der Wurzel (Wurzelhaarzone) beschränkt; nur geringfügige Wassermengen werden durch oberirdische Organe aufgenommen. Der Ausgleich zwischen Wasseraufnahme und -abgabe richtet sich nach dem anatomisch-morphologischen Bau und der physiologischen Leistung der Pflanze sowie nach dem Standort, d. h. dem Wassergehalt des Bodens und den Verdunstungsbedingungen der Luft. Die Saugkraft der Wurzelhaare entzieht dem Boden das Wasser, das die Pflanze durchströmt und in Dampfform aus den Blättern entweicht (Transpiration), seltener in Tropfenform (Guttation) wie bei *Alchemilla* und *Tropaeolum*. Die Transpiration ist nur möglich durch den Dampfdruckunterschied zwischen der umgebenden Luft und der Interzellularluft der Blätter. Hierbei spielt die Temperatur eine große Rolle, von ihr ist die relative Luftfeuchtigkeit bzw. die Größe des Sättigungsdefizits der Luft wesentlich abhängig. Durch ein kompliziertes, aber sehr sinnvolles Zusammenspiel regelt sich die Transpiration, um die Höhe der Wasserabgabe der Wasseraufnahme anzupassen. Unter den zahlreichen Einrichtungen der Pflanzen zur Hemmung der Transpiration fallen bei einigen Arznei- und Gewürzpflanzen der wachsartige Überzug der Kutikula und der dichte Haarfilz der Blätter auf, z. B. bei *Ricinus* und *Verbascum-species, Tussilago farfara* L., *Salvia officinalis.* Hingegen kann dauernde hohe Luftfeuchtigkeit der Anlaß zu Hygromorphosen werden, um die Transpiration zu fördern. So treiben die bei Trockenheit normal zu Dornen umgewandelten Seitensprosse von Hauhechel (*Ononis spinosa* L.) zu beblätterten Trieben aus, oder beim Sauerdorn (*Berberis vulgaris* L.) unterbleibt die Bildung von Blattdornen. Neben der Wärme bewirkt der in den Gebirgshöhen abnehmende Luftdruck im allgemeinen größere Wasserverdunstung und damit auch größere Transpiration. So erklärt sich die in den klimatisch rauhen Alpen vorkommende Fülle grauwolliger und weißfilziger Pflanzen, wie sie ähnlich nur in den sonst klimatisch ganz andersartigen Gegenden des sonnigheißen Mittelmeers zu finden ist. Durch die bei der Transpiration entstehende Verdunstungskälte wirken die Pflanzen einer zu starken Erwärmung durch Sonnenstrahlung entgegen. Vielleicht gilt dies auch für die Verdunstung der von den Arznei- und Gewürzpflanzen gebildeten ätherischen Öle. Größere Pflanzenbestände, z. B. besonders nasse Wiesen, können durch starke Verdunstung zu Kältezentren werden und Frostgefahr für Nachbarbestände bringen.

Physikalisch gesehen, besteht der Wasserfaktor aus den Niederschlägen, der Boden- und der Luftfeuchtigkeit. In dieser Hinsicht stellen die Pflanzen ganz verschiedene Ansprüche an den Standort. Entsprechend dem Wasserhaushalt der Pflanzen unterscheidet man in abgestufter Folge die ökologischen Pflanzentypen: Hydrophyten, Hygrophyten, Mesophyten und Xerophyten. Oftmals ist es nicht leicht, die Pflanzen entsprechend einzuordnen. Die Ursache hierfür liegt darin, daß infolge der Periodizität vieler Klimate die Wasserökonomie gleichfalls periodischem Wechsel unterworfen ist. Für diese Fälle prägte SCHIMPER[13] den Begriff der Tropophyten.

Von großer Bedeutung für das Pflanzenwachstum sind die verschiedenen Formen der Niederschläge, in ihrer Wirkung als Regen, Schnee, Nebel oder Tau auf die Pflanze. Als am zuträglichsten haben die Formen zu gelten, welche allmählich niedergehen, langsam in den Boden eindringen und die Pflanzen nicht verletzen. Landregen ist günstiger als Platzregen. Starke Regenfälle können wie im Jahre 1954 zu Überschwemmungen führen. Durch den Mangel an Sauerstoff ersticken dann sehr schnell die Pflanzen, und Totalausfälle sind die Folge. Besonders die phenolhaltigen Abwässer der im Jahre 1954 über die Ufer getretenen Flüsse in Mitteldeutschland vernichteten das Erntegut selbst auf nur kurzfristig überspülten Flächen vollständig. Infolge der die Pflanze verschmutzenden Ablagerungen auf dem Laub war oft noch sonst einigermaßen brauchbares Erntegut wertlos geworden. Selbst bei den ausdauernden Kulturen traten unterschiedliche Schäden auf[14]. Besonders wertvolle Pflanzenbestände sollten daher gar nicht erst auf überschwemmungsgefährdetem Gelände angelegt werden. Jegliches Schadwasser muß vermieden und, wo es auftritt, beseitigt werden. Es wird darunter das Zuviel an Wasser im Boden verstanden, das zeitweise oder dauernd vorhanden ist und schädigende Auswirkungen auf das Pflanzenwachstum hat*. Ganz beträchtliche Schäden können durch Hagel, der am meisten gefürchteten Form des Niederschlages, entstehen. In hagelgefährdeten Gebieten sollten Arznei- und Gewürzpflanzen nicht bedenkenlos angebaut werden, da die Hagelgefährdung dem Gesetz der Wahrscheinlichkeit unterliegt**.

Für Trockengebiete wird der Tau ein Retter. Je trockener ein Gebiet, um so intensiver ist die Wirkung des Taues. Nebel gleicht einer Schattendecke. Wegen seiner starken Feuchtigkeit ist er für den Anbau von Arznei- und Gewürzpflanzen ungünstig. Eingeschlossene Anbaulagen mit lange stilliegenden, feuchten Dunstschichten begünstigen oft Pilzkrankheiten. So z. B. tritt bei *Mentha*-Kulturen in feuchten Lagen fast stets *Puccinia menthae* Pers. auf, so daß die Wirtschaftlichkeit des Anbaues infolge des Rostbefalles gefährdet sein kann. In unseren Breiten ist der Schnee im allgemeinen vom Anbauer erwünscht. Er wirkt als schützende Decke gegenüber Frost und Verdunstung und als Wasserspeicher für das Frühjahr. Wenn an vorübergehend warmen Tagen die Lufttemperatur ansteigt, bewahrt die Schneedecke die Pflanzen vor zu frühem Austreiben. Gefahren durch Schneebruch bestehen für unsere heimischen Arznei- und Gewürzpflanzen mit Ausnahme der Sträucher und Bäume kaum.

[13] SCHIMPER, A. F. W.: Pflanzengeographie auf physiologischer Grundlage. Jena 1898.

[14] HEEGER, E. F. und CAESAR, W.: Beobachtungen zum Heil- und Gewürzpflanzenbau 1954. „Deutsche Gärtnerpost" 6, Nr. 51 u. 52/53 (1954).

* Über Schadwasser und seine Kennzeichnung sowie Meliorationsmaßnahmen siehe u. a. bei MÖLLER, O.: Kapitel IV „Meliorationen" im Handbuch der Landwirtschaft, Bd. I, von ROEMER-SCHEIBE-SCHMIDT-WOERMANN, Berlin und Hamburg 1952.

** Siehe hierzu MÄTZNER, F.: Die Bedeutung einer Hagelschadenkarte für die Landwirtschaft und den Gartenbau. Wissenschaftl. Zeitschrift der Friedrich-Schiller-Universität Jena 3, (1953/54), Math.-naturw. Reihe, Heft 2 (Sonderdruck).

Ähnlich wie bei der Temperatur ist nicht so sehr die absolute Niederschlagsmenge des Jahres wichtig, sondern vielmehr ihre Verteilung auf die Jahreszeiten, Monate und Wachstumsperioden.
Der Wasserhaushalt der Arznei- und Gewürzpflanzen ist noch nicht im einzelnen erforscht. Die experimentelle Ermittlung der Transpirationsintensität gewährt wertvolle Einblicke in den Wasserhaushalt der Individuen, wie wir dies auf Grund der mit der Anwelkmethode von ARLAND[15] durchgeführten Versuche bereits feststellten. Eine Vertiefung unserer Kenntnisse in dieser Hinsicht erscheint für einen rationellen Arznei- und Gewürzpflanzenbau sehr wünschenswert. Den Wasseransprüchen der Pflanzen ist bei ihrem Anbau weitgehend Rechnung zu tragen.
Für das Leben der Pflanzen ist entscheidend, in welchem Maße sie sich auf Grund ihres anatomisch-morphologischen Baues und ihrer physiologischen Eigenschaften der trockensten Zeit des Jahres oder ihres Lebenslaufes anzupassen vermögen. Was als Winterruhe bezeichnet wird, bedeutet für viele unserer heimischen Pflanzen eine Trockenperiode, in der durch den Winterfrost der Lebensstrom des Wassers erstarrt. Die sommergrünen Gewächse überbrücken diese winterliche Trockenheit durch Abwerfen des Laubes oder durch Absterben der oberirdischen Teile, während die immergrünen ihre Transpiration auf das Mindestmaß einschränken, aber durch zu lange und tiefe Fröste auch bedroht sind. Die einjährigen Pflanzen, darunter viele Arznei- und Gewürzpflanzen, überdauern die ungünstige Jahreszeit durch ihre Früchte bzw. Samen. Von entscheidendem Einfluß ist der Klimafaktor Wasser auch auf die Trocknung der Arznei- und Gewürzpflanzen. Nicht immer erlaubt das örtliche Klima die billigste und verhältnismäßig einfachste Art der Haltbarmachung, nämlich die natürliche Trocknung. Künstliche Trocknung erfordert besondere Einrichtungen und Erfahrungen und kann die Erzeugungskosten beträchtlich erhöhen (siehe Kapitel XVI, S. 154).

4. Kohlensäurefaktor

Dem Kohlensäuregehalt der Luft kommt für die Pflanzen hohe physiologische Bedeutung zu. So ist die Assimilationsintensität von der Kohlensäurekonzentration abhängig. Die CO_2-Versorgung der angebauten Arznei- und Gewürzpflanzen stößt nicht auf Schwierigkeiten, da die Kohlensäure als Ausgangsstoff für die Bildung organischer Substanz bei der Photosynthese in hinreichender Menge in der Atmosphäre enthalten ist. Wichtig ist vor allem der Gehalt an CO_2 in Bodennähe und Pflanzenhöhe. Die Kohlensäure wird hauptsächlich durch die Atmungsintensität der Mikroorganismen des Bodens gebildet. Sie kann durch Zersetzung von Stalldung oder durch Begasung (Kohlensäurepatronen) vermehrt werden. In besonders reichem Maße ist die Kohlensäure in Frühbeeten enthalten, die mit Pferdedung gepackt wurden. Da die Wirkung des Wachstumsfaktors Licht in kohlensäurereicher Luft erhöht ist, sollten auch bei der Anzucht der Arznei- und Gewürzpflanzen die Frühbeetkästen nur bei windstillem und sonnigem Wetter gelüftet und die Beete mit abgestandenem Wasser gegossen werden. Damit wird auch zugleich dem Wachstumsfaktor Wärme entsprochen.

[15] ARLAND, A.: Das Problem des Wasserhaushaltes bei landwirtschaftlichen Kulturpflanzen in kritisch-experimenteller Betrachtung. Wiss. Arch. f. Landw., A. Pflanzenbau **1**, S. 1 bis 160 (1929). — Das Wasserhaushaltproblem bei landwirtschaftlichen Kulturpflanzen in kritisch-experimenteller Betrachtung. Wiss. Arch. f. Landw., A. Pflanzenbau **2**, S. 423 bis 433 (1929). — Zur Methodik der Transpirationsbestimmung am Standort. Ber. d. Deutsch. Bot. Ges. **47**, S. 474 bis 479 (1929). — Acker- und pflanzenbauliche Kulturmaßnahmen im neuen Blickfelde. „Die Deutsche Landwirtschaft" **1**, S. 145 bis 152 (1947). „Pharmazie" **4**, S 190 bis 192 (1949); bzw. „Arzneipflanzen-Umschau" **2**, S. 527 bis 530 (1949) (Autorreferat). — Kurzfristige Vorprüfung von Kulturmaßnahmen nach neuem Verfahren. „Die Deutsche Landwirtschaft" **3**, S. 81 bis 85 (1949). — Saat- und Pflanzgutbeurteilung, Saat- und Pflegemaßnahmen im Blickfelde der Anwelkmethode. (Ein Weg zur Steigerung der Erträge unserer Kulturpflanzen.) „Die Deutsche Landwirtschaft" **1**, S. 66 bis 69 (1950).

Das „Wirkungsgesetz der Wachstumsfaktoren", wie es MITSCHERLICH[16] entwickelt hat, muß auch im Arznei- und Gewürzpflanzenbau richtunggebend sein.

Im Rahmen der Standortsbetrachtungen ist es notwendig, nicht nur auf die Wichtigkeit der Kohlensäure im Pflanzenleben hinzuweisen, sondern allgemein auf die Luft als Klimafaktor. Neben der Kohlensäure kommen auch dem Sauerstoff und dem Stickstoff der Luft Bedeutung zu, wobei Differenzen hinsichtlich des Gehaltes an diesen Elementen von untergeordneter Bedeutung sind. Der Sauerstoff ist lebenswichtig für die Atmung, der Stickstoff für gewisse Bodenbakterien. Luftverunreinigungen durch Rauch und Abgase der Industrie können von schädigendem Einfluß auf das Pflanzenwachstum sein. Während mehrerer Jahre beobachteten wir im mitteldeutschen Braunkohlenbezirk von Leipzig-Borna an Pflanzenbeständen, auch an solchen von Arznei- und Gewürzpflanzen, Schädigungen, hervorgerufen durch Abgase und besonders durch Flugasche-Ablagerung. Ebenso stellten wir in unmittelbarer Nähe anderer Industriegebiete Schäden an Arznei- und Gewürzpflanzen fest, die durch Einwirkung von schwefeliger Säure auf die Pflanzen bedingt waren. Wertvolle Sonderkulturen sollten daher nicht in der Nachbarschaft großer Industrieanlagen, wo Rauchschäden zu befürchten sind, angelegt werden.

Auch ist es ratsam, Arznei- und Gewürzpflanzen nicht an staubigen Verkehrswegen anzubauen. Durch den Staubgehalt der Luft können die Pflanzen mehr oder weniger stark verschmutzen. Das vermag besonders nachteilig zu sein für Pflanzen, die Kraut-, Blatt- und Blütendrogen liefern. So hält der sehr stark behaarte Majoran den mit der Luft herangetragenen Staub fest. Er darf auf Grund von Vorschriften nur in geringsten Mengen enthalten sein. Hoher Sand-, wie überhaupt Schmutzgehalt, erschwert die Aufbereitung der Drogen.

In diesem Zusammenhang bedarf noch die bewegte Luft in Form des Windes der besonderen Erwähnung. Im allgemeinen sind die Pflanzen durch sinnvolle Widerstandseinrichtungen gegen Windwirkung geschützt. Im Frühjahr allerdings, wenn die Transpiration zarter Blätter groß ist, können warme, föhnartige Winde durch starkes Austrocknen erheblichen Schaden anrichten.

Schäden durch Windbruch kommen für die Arznei- und Gewürzpflanzen unserer Breiten wenig in Betracht, wohl aber durch Wind verursachtes Lagern. Einige hochwachsende Arzneipflanzen, wie *Angelica archangelica*, *Althaea officinalis* und *Verbascum-species*, bedürfen eines windgeschützten Standortes. Dauernd einseitige Winde bedingen oft Schief- oder Niederwuchs.

So erwünscht der Wind bei windblütigen Pflanzen für die Bestäubung ist, so wenig gereicht er den insektenblütigen Pflanzen zum Vorteil, da er die Blütenbesucher verscheucht.

Zur Vermeidung von Windschäden ist gegebenenfalls die Anlage von Windschutzstreifen zu erwägen. Durch Windschutz bleiben Bodenwärme, Bodenfeuchtigkeit und Kohlensäure besser erhalten. Der Tau wird von den Pflanzen genutzt. Mit der Anlage von Windschutzstreifen wird auch den bodenabtragenden Kräften des Wassers und des Windes (Bodenerosion) entgegengewirkt. Windschutzstreifen dürfen jedoch keine Windstauer, sondern nur Windbremser oder Windkämme sein. Die durchlässigen Laubhölzer sind dazu besser geeignet als die dichten Thuja- und Fichtenhecken. Laubgehölzhecken setzen die Windgeschwindigkeit um etwa ein Viertel bis ein Drittel herab. Ähn-

[16] MITSCHERLICH, E.: Pflanzenphysiologische Bodenkunde. Vorträge und Schriften der Deutschen Akademie der Wissenschaften zu Berlin, Berlin 1948. — Bodenkunde für Landwirte, Forstwirte und Gärtner in pflanzenphysiologischer Ausrichtung und Auswertung. Halle (Saale) 1949.

lich wirkt die Umrahmung von Feldern mit Sonnenblumen (*Helianthus annuus* L.), Topinambur (*Helianthus tuberosus* L.) und weiteren *Helianthus-species*, *Cannabis sativa*, Mais (*Zea mays* L.) und *Silybum marianum*. Mit diesen Arten wurde auf unseren Versuchsfeldern in Leipzig-Probstheida ein guter Windschutz erreicht. Besonders bewährte sich die bis 200 cm hohe, mit großen, dekorativen Blättern versehene und sehr stark bestachelte Mariendistel. Sie bietet bei rechtzeitiger Aussaat nicht nur Windschutz, sondern darüber hinaus noch einen gewissen Schutz vor Wildverbiß. Eine Einfassung mit *Silybum marianum* in genügender Breite und Dichte kann unter Umständen kurzfristig eine Stacheldrahteinzäunung ersetzen. Die reifen Früchte müssen vor der Vollreife geerntet werden, da andernfalls die Gefahr der Verunkrautung mit dieser Pflanze besteht. Die Frucht von *Silybum marianum* ist mit einem Pappus versehen und wird leicht vom Wind fortgetragen. Die Früchte (*Fructus Cardui Mariae*) finden in der Heilkunde Verwendung. Mehrfach nützlich sind Gehölze als Anpflanzungen, die neben dem Windschutz den wichtigen Rohstoff Holz und die Früchte für die menschliche Nahrung liefern sowie zur Gewinnung von Arzneirohstoffen herangezogen werden können. So kommen u. a. hierfür in Frage die Süße Eberesche (*Sorbus aucuparia* L. *var. edulis* Dieck syn. *var. dulcis*), die Winterlinde (*Tilia cordata* Mill.) und die Sommerlinde (*Tilia platyphyllos* Scop.). Auch Eichen (*Quercus-species*) liefern wertvolle pharmazeutische Rohstoffe, desgl. die Nußbäume (*Juglans-species*) und andere Bäume. Von vielen Straucharten werden ebenfalls pflanzliche Rohstoffe geerntet, die von therapeutischem Interesse sind, z. B. interessieren die Hagebutten liefernden Rosenarten (*Rosa-species*), Weißdornarten (*Crataegus-species*), der Haselnußstrauch (*Corylus avellana* L.), der Wacholder (*Juniperus communis* L.), der Sanddorn (*Hippophaë rhamnoides* L.) und Himbeer- und Brombeersträucher (*Rubus-species*). (Siehe auch Kapitel XXI, S. 197.) Dabei ist jedoch zu beachten, daß Sträucher und Bäume auch von nachteiligem Einfluß auf die sich in ihrer unmittelbaren Nähe befindlichen Arznei- und Gewürzpflanzenbestände auswirken können (Schattenwirkung, Nährstoff- und Wasserentzug, allelopathischer Einfluß). So z. B. sollen Linden und Eichen nicht zu dicht in die Nähe des Feldes zu stehen kommen. SCHWENKEL[17] stellt die Forderung: Alle Grundstücke, auf denen Arzneipflanzen angebaut werden, sollten mit Windschutzhecken eingefaßt sein. In den Hecken, die nicht dem Schnitt unterliegen, können auch Bäume stehen. Diese Forderung läßt sich jedoch fachlich nicht so ohne weiteres vertreten. Das zeigt ein Beispiel von dem Versuchsfeld in Leipzig-Probstheida. Dort wurde im Jahre 1945 zur Eingrenzung eines gartenbaulichen Betriebes eine 150 m lange Feldahornhecke (*Acer campestre* L.) angelegt. Im folgenden Jahr war ein an die Hecke grenzendes Feld mit Winterweizen bestellt. Der Weizen winterte infolge der außergewöhnlich starken Kälte 1946/17 stark aus und mußte zum Teil umgebrochen werden. Der entlang der Hecke führende Streifen in einer Breite von etwa 6 bis 8 m zeigte dagegen keinen wesentlichen Auswinterungsschaden. Dort entwickelte sich der Weizenbestand im Verlauf des trockenen Frühjahrs gut. Ein sehr günstiger kleinklimatischer Einfluß war also deutlich wahrnehmbar. Mit beginnender Reife setzte dann aber entlang der Hecke in immer zunehmender Breite starker Vogelfraß ein, der den völligen Ernteausfall dieses Streifens zur Folge hatte. Auf Grund dieser Beobachtungen kann zu Heckenanpflanzungen nur dann geraten werden, wenn damit nicht die Gefahr des Vogelfraßes (Sperlinge in der Nähe menschlicher Siedlungen) verbunden ist. Vor- und Nachteile einer Heckenpflanzung sind genau zu erwägen, ehe sie als Windschutz angelegt wird. So bleibt auch zu bedenken, daß durch Heckenpflanzung verursachte stagnierende Luft dem Überhandnehmen pilzlicher Erkrankungen (Mehltau, Rost) för-

[17] SCHWENKEL, H.: Über die Beeinflussung des Kleinklimas durch Heckenpflanzung. „Pharm. Ind." **11**, S. 232 bis 235 (1944); bzw. „Arzneipflanzen-Umschau" **1**, S. 363 bis 366 (1944).

derlich sein kann. In den Lößgebieten Chinas wird der Boden häufig mit Matten abgedeckt, die als horizontaler Windschutz gegen Bodenerosion, Austrocknung und Unkrautwuchs wirken*. Auch im kleinflächigen Arznei- und Gewürzpflanzenbau kann eine zweckvolle Bodenbedeckung von großem Vorteil sein. (Siehe auch S. 145.)

C. Edaphische Faktoren

Das Wachstum der Landpflanzen hängt weitgehend von den Bodenverhältnissen eines Standortes ab, die durch verschiedene edaphische Faktoren bestimmt werden. Die Ansprüche, die die jeweils anzubauenden Nutzpflanzen an den Boden stellen, müssen stets Berücksichtigung finden. Bei der Auswahl des für den Anbau von Pflanzen geeigneten Standortes sind geologische Kenntnisse von Nutzen. Über diese unterrichten die geologisch-agronomischen Ausgaben der Meßtischblätter. Sie liegen im Maßstab 1:25000 zusammen mit Erläuterungsheften vor. Auch die Bodenkarten bringen wertvolle Hinweise, z. B. die des Deutschen Reiches von KRISCHE[18] und die von STREMME[19] der Deutschen Demokratischen Republik. Einen guten Anhalt für die ackerbauliche Eignung des Bodens gibt die in Deutschland gesetzlich geregelte Bodenschätzung.
Auch die Relieffaktoren, wie Höhenlage, Hangrichtung und Bodenneigung, sind wichtige Standortsfaktoren, auf die hier jedoch nicht weiter eingegangen werden kann.

5. Physikalische Bodenstruktur

Die von einer Pflanze jeweils bevorzugte Bodenart soll über eine ihr zusagende physikalische Struktur verfügen. So stellen z. B. Tiefwurzler in dieser Hinsicht andere Ansprüche als Flachwurzler. Die meisten Arznei- und Gewürzpflanzen benötigen zu einem guten Gedeihen eine gartenmäßige Herrichtung des Saatbeetes, womit beste Voraussetzungen für Bearbeitung, Wasserführung, Durchlüftung, Durchwurzelung und Nährstoffhaushalt geschaffen werden.
Die physikalische Bodenstruktur ist durch die Bodenbearbeitung gestaltbar, wobei unter „Boden" im ackerbaulichen Sinne der Teil der Erdrinde zu verstehen ist, der im Wachstumsbereich der Pflanzen liegt. Von großer Bedeutung ist hierbei die Rhizosphäre. Spezielle Fragen der Bodenbearbeitung im Arznei- und Gewürzpflanzenbau werden im Kapitel XI (S. 128) behandelt.

6. Durchlüftung

Eine gute Durchlüftung des Bodens ist für alle angebauten Nutzpflanzen wichtig und durch geeignete Bearbeitungsmaßnahmen zu erreichen. Für das Mikroorganismenleben im Boden ist der Sauerstoff unentbehrlich. Die Krümelstruktur des Bodens trägt viel zur Durchlüftung bei. Aber auch kulturtechnische Maßnahmen (Be- und Entwässerung) sind von Nutzen.

7. Nährsalzgehalt, Spurenelemente

Der Nährstoffgehalt der Böden weist große Verschiedenheit auf. Der Nährstoffbedarf der angebauten Arznei- und Gewürzpflanzen ist ebenfalls ungleich. Man unterscheidet zwar nitrophile und halophile Pflanzen, aber nur bei einigen Arten sind wir auf Grund experimenteller Arbeiten näher über ihr Nährstoffbedürfnis unterrichtet. Dasselbe gilt für die Spurenelemente. Fragen der Pflanzenernährung können wegen ihrer Bedeutung auch für den Arznei- und Gewürzpflanzenbau nicht in wenigen Zeilen abgetan werden. Im Kapitel X (S. 119) werden Düngungsfragen behandelt.

[18] KRISCHE, P.: Bodenkarte des Deutschen Reiches in: Landwirtschaftliche Karten als Unterlagen wirtschaftlicher, wirtschaftsgeographischer und kulturgeschichtlicher Untersuchungen. Berlin 1933.
[19] STREMME, H.: Die Böden der Deutschen Demokratischen Republik. Berlin 1950.
* Nach einer Mitteilung von Herrn Prof. Dr. ARLAND, Leipzig, der 1954 u. a. die Lößgebiete Chinas besuchte.

8. Wasserstoffionenkonzentration

Die Wasserstoffionenkonzentration ist als Bodenfaktor von großer Bedeutung für die Bodenfruchtbarkeit und das Gedeihen der Pflanzen. Die pH-Grenzen liegen nur für wenige angebaute Arznei- und Gewürzpflanzen fest. Bei manchen Arten treten in der Literatur Widersprüche auf. Es besteht z. B. noch keine völlige Klarheit über den pH-Reaktionsbereich von *Mentha piperita*. Die landläufige Meinung ist, daß sich eine saure Bodenreaktion nachteilig auf das Wachstum der Pfefferminze auswirkt. Das Ehepaar DEEL[20] fand aber, daß sich für „englische Minze" pH 5 als optimale Bodenreaktion erwies. Es dürfte sich hierbei um die 'Mitcham-Pfefferminze' handeln, die heute verbreitetste Pfefferminzsorte. Für „französische Minze", die dem Sortentyp der 'Pfälzer Pfefferminze' entspricht, erwies sich pH 7 als optimale Bodenreaktion. Es ist dies der einzige uns bisher bei Arznei- und Gewürzpflanzen bekanntgewordene Fall, in dem Sortenunterschiede hinsichtlich des pH-Optimums festgestellt wurden. Es ist aber pflanzenbaulich sehr wichtig, daß die Pflanzen innerhalb ihres art- bzw. sortengebundenen pH-Reaktionsbereiches angebaut werden. Der pH-Einfluß macht sich bereits bei der Keimung bemerkbar. Nach LUNDEGÅRDH nahm beim Weizen die Zahl der gekeimten Körner zu von pH 3,5 = 10% bis pH 7 = 75%.

Den Bodenzustand kennzeichnende Unkrautpflanzen, deren pH-Reaktionsbereich bekannt ist, sogenannte „Zeigerpflanzen", lassen gegebenenfalls Schlüsse auf den Reaktionszustand des Standortes zu.

9. Mikroorganismenleben

Neben verschiedenen Algen sowie Protozoen sind es in der Hauptsache Bakterien und Pilze, die den Boden beleben. Sie besitzen alle praktische Bedeutung für das Pflanzenleben; am wichtigsten aber sind die Bakterien.

Die angebauten Arznei- und Gewürzpflanzen verlangen wie alle anderen Nutzpflanzen zu ihrem guten Gedeihen einen fruchtbaren Boden. Ein solcher erfordert eine reiche Tätigkeit der Bodenmikroorganismen. Alle acker- und pflanzenbaulichen Maßnahmen müssen die Erhaltung und Förderung der Bodenfruchtbarkeit zum Ziel haben.

Außer den genannten Faktoren sind noch weitere von mehr oder weniger großem Einfluß auf das Pflanzenwachstum. So seien noch die biotischen Faktoren, d. h. der Einfluß von Mensch und Tier, also die lebende Umwelt, genannt.

Es darf nicht vergessen werden, „daß stets ein ganzer Fragenkomplex in Erscheinung tritt, die einzelnen Faktoren zueinander in vielfacher Wechselwirkung (Interferenz) stehen und die Wirkung jedes Einzelfaktors dann von der gesamten Faktorenkonstellation abhängt" (BRAUN-BLANQUET)[21].

Nachdem versucht wurde, die einzelnen Standortsfaktoren hinsichtlich ihrer Bedeutung und Verbesserung für den Arznei- und Gewürzpflanzenbau zu kennzeichnen, kann festgestellt werden, daß Deutschland mit seinem gemäßigten Klima über Möglichkeiten verfügt, die dem Arznei- und Gewürzpflanzenbau genügend Spielraum bieten.

Die Klima- und Bodenabhängigkeit der deutschen Anbaugebiete für Arznei- und Gewürzpflanzen sei im Nachfolgenden aus der Kenntnis der Standortsfaktoren erklärt. Zunächst folgt ein Überblick über die Klimaprovinzen nach WEGNER[22].

[20] Zit. nach WASICKY, R.: Physiopharmakognosie. Wien 1932, S. 143.
[21] BRAUN-BLANQUET: Pflanzensoziologie, Berlin 1928, S. 73.
[22] WEGNER, R.: Die Klimaprovinzen und Klimabezirke Deutschlands. Dissertation, Berlin 1923.

V. Die Klimaprovinzen Deutschlands

Aus dem unendlich verwickelten Zusammenspiel der hier in großen Zügen behandelten Einzelelemente des Klimas entsteht die Gesamtwirkung des sogenannten Großklimas. Vermehrt wird dieses Zusammenspiel noch durch Mitwirkung des Bodens und der Pflanzen selbst. Das Großklima setzt den Pflanzen und dem pflanzenbauenden Menschen einen zwar umfangreichen, aber wenig ausweitbaren Rahmen. Innerhalb solcher Klimabereiche liegen günstigere und ungünstigere Landschaften verteilt, begünstigt oder benachteiligt durch das Hervortreten einzelner Klimafaktoren oder deren Zusammenspiel. Die eigentliche Lebenszone der Pflanzen ist das Mikroklima, das vom Großklima weitgehend beeinflußt wird. Es ist außerordentlich wichtig, daß der Anbau der einzelnen Arznei- und Gewürzpflanzen in Klimabezirken erfolgt, die für ihr Gedeihen geeignet sind. Unter Umständen müssen Verbesserungen des Kleinklimas natürlicher oder künstlicher Art durch den Menschen vorgenommen werden, z. B. die erwähnten Windschutzpflanzungen.

Wegner teilt Deutschland in 8 Klimaprovinzen ein, die im folgenden charakterisiert werden:

1. Kontinentale Klimaprovinz: Ostgebiet; im allgemeinen kalte Winter, warme Sommer, Sommerregen.
   a) Januarmittel: – 2 bis – 4° C,
   b) Julimittel: + 17 bis + 18° C,
   c) Niederschläge: 450 bis 600 mm.

2. Baltische Klimaprovinz: Ostseeküste; im Osten mehr kontinental, ozeanisch, im Westen mit kühlem, trockenem Frühling, kühlem Sommer, warmem Herbst; später Sommerregen.
   a) – 1 bis – 2,5° C,
   b) unter + 17° C,
   c) 500 bis 800 mm.

3. Zentrale Klimaprovinz: Mittelgebiete mit Übergangsklima.
   a) um — 1° C,
   b) meist nicht über 18° C,
   c) 450 bis 600 mm.

4. Ozeanische Klimaprovinz: Nordseeküste; milde Winter, trockenes Frühjahr, kühle Sommer, warmer Herbst, zum Teil Herbstregen.
   a) meist über 0° C,
   b) + 16 bis + 17° C,
   c) über 700 mm.

5. Herzynische Klimaprovinz: Westliches Mitteldeutschland; niederschlagsreich, verschiedenartig.
   a) unter 0° C,
   b) nicht über + 18° C,
   c) 600 bis 1700 mm.

6. Rheinische Klimaprovinz: Milde Winter, im Norden meist kühle, im Süden warme Sommer; auf den Höhen Winterregen.
   a) + 1 bis + 2° C,
   b) besonders im Süden über + 18° C,
   c) Vogesen 2300 mm, Eifel bis 1100 mm, Bingen 470 mm.

7. Schwäbisch-bayrische Klimaprovinz: Gemäßigt kontinental, niederschlagsreich.
   a) unter 0° C,
   b) + 17 bis + 18° C,
   c) Schwarzwald 2200 mm, Böhmerwald 1800 mm, mittleres Donaugebiet kaum über 600 mm.

8. Alpine Klimaprovinz: Gemäßigtes Höhenklima, sehr niederschlagsreich.
   a) bis — 11,5° C,
   b) in 800 m Höhe bis + 15° C,
   c) bis 2600 mm.

(Vergleichstemperaturen für ganz Deutschland: Januarmittel — 2 bis — 4° C, Julimittel + 16 bis + 24° C.)

VI. Die deutschen Zentren des Arznei- und Gewürzpflanzenbaues

Für viele Nutzpflanzen sind im Laufe der Zeit klima- und bodenbedingte Anbaugebiete entstanden. In Deutschland haben sich Zentren des Arznei- und Gewürzpflanzenbaues unter bestimmten Klima- und Bodenverhältnissen gebildet. Unter Zugrundelegung der im vorhergehenden Kapitel charakterisierten Klimaprovinzen wird der Arznei- und Gewürzpflanzenbau am ausgedehntesten in Mitteldeutschland betrieben, und zwar im Gebiet der zentralen und zum Teil im nord- und südöstlichen Grenzgebiet der herzynischen Klimaprovinz. Letzteres ist besonders wichtig für das Sammeln wildwachsender Arzneikräuter. In diesen in Mitteldeutschland gelegenen Zonen befindet sich das alte Anbaugebiet für Angelika um Bockau im sächsischen Erzgebirge, für Baldrian um Pansfelde (Südharz) und das für vielerlei Gewürzpflanzen um Aschersleben, der „Gewürzkammer" Deutschlands. Dort gelangen besonders Majoran, Thymian, Basilikum und Estragon zum Anbau und zur Verarbeitung. Ein weiteres sehr bedeutendes Gebiet stellt die Gegend von Kölleda dar, wo vor allem der Pfefferminzanbau anzutreffen ist. Kölleda ist die „Pfefferminzstadt" Deutschlands. Das einzige deutsche Fenchelanbauzentrum liegt im Schwarzerdegebiet um Lützen. Santoninhaltige Formen der Kollektivart *Artemisia maritima* werden insbesondere in den Salzgebieten von Artern* (Halophytenflora) angebaut. Diese Gebiete gehören zu Sachsen (Bockau) und zum Lande Sachsen-Anhalt (Pansfelde, Aschersleben, Kölleda, Lützen, Artern). Thüringen, im Süden begrenzt von dem Frankenwald, dem Thüringer Wald und der Rhön, im Norden vom Kyffhäuser und dem Harz, weist dank seiner Klima- und Bodenverschiedenheiten (Höhenlagen von 150 bis 900 m) eine sehr reichhaltige Flora mit zahlreichen Arzneikräutern auf. Für den Anbau vieler Arznei- und Gewürzpflanzen finden sich in Teilen Thüringens die besten Standortsvoraussetzungen. So werden u. a. *Valeriana officinalis* und *Mentha-species* bei Weißensee, Ringleben und Großneuhausen angebaut. In der Gegend von Weimar, bei Klein- und Großrudestedt ist der Anbau von Koriander zu Hause. Bei Jena, und zwar in der Feldmark von Jenalöbnitz, liegt ein altes, kleines Anbaugebiet für einige seltener im erwerbsmäßigen Anbau anzutreffende Arzneipflanzen. Dort gelangen u. a. Pfingstrose, Pastinake, Weinraute und Mariendistel zum Anbau. Das Zentrum des thüringischen Samenbaues ist Erfurt, die berühmte Blumenstadt Deutschlands, wo einige Saatzuchtbetriebe auch Arznei- und Gewürzpflanzen bearbeiten.

In Bayern sind drei räumlich getrennte Gebiete zu unterscheiden:

a) Das mainfränkische (unterfränkische) Anbaugebiet in der Umgebung von Schweinfurt (Schwebheim, Röthlein, Grettstadt), Kitzingen und Würzburg.

   Es liegt in der rheinischen Klimaprovinz und stellt ein Übergangsgebiet zur schwäbisch-bayrischen Klimaprovinz dar.

* Hegi (VI. Bd., 2. Hälfte, S. 665) teilt mit, daß von der Kollektivart *Artemisia maritima* die Unterarten *maritima* und *salina* seit dem Jahre 1923 bei Gachstedt und Artern angebaut werden. Nach einer brieflichen Mitteilung von Herrn Dr. Zahn, Artern, bezieht sich diese Angabe auf den Ortsteil Cachstedt (heute Kachstedt geschrieben) westlich von Artern am Ende des sogenannten „Sumpfes", der das Ursprungsgebiet für den dortigen Seestrandbeifuß-Anbau ist.

b) Das mittel- und oberfränkische Anbaugebiet um Höchstadt (Aisch), Neustadt(Aisch) und Nürnberg.

In diesen Gegenden kommen von den Arzneipflanzen vor allem *Althaea officinalis*, *Valeriana officinalis* und *Mentha piperita* zum Anbau. Der Eibisch wird fast ausnahmslos in der Schweinfurter und Nürnberger Gegend kultiviert. Diese beiden fränkischen Anbaugebiete nehmen eine Schlüsselstellung in der Eibischversorgung Deutschlands ein. Ihr Boden ist für den Eibischanbau geradezu prädestiniert. *Althaea officinalis* gedeiht am besten auf warmen, tätigen humosen Sandböden.
Die Gegend von Bamberg bedarf in diesem Zusammenhange noch der Erwähnung. Sie ist ein altes Arznei- und Gewürzpflanzen-Anbaugebiet, wo von alters her *Glycyrrhiza glabra* und auch andere Kräuterarten, wie *Majorana hortensis*, anzutreffen waren. Heute ist in der Bamberger Gegend der erwerbsmäßige Anbau praktisch erloschen.
Das mainfränkische Gebiet hat von jeher besondere Bedeutung für den gesamten deutschen Arzneipflanzenbau. Das geht schon daraus hervor, daß die Gegend um Schweinfurt im Volksmund ,,Des Herrgotts Apothekergarten" oder ,,Kräutergärtlein" heißt.

c) Das oberbayrische Anbaugebiet zwischen Freising und Erding, im sogenannten Erdinger Moos, und die Landkreise Fürstenfeldbruck (Eichenau) sowie Ingolstadt (Dünzig).

In diesen Gebieten ist in der Hauptsache der Pfefferminzanbau, und zwar vor allem der der 'Mitcham-Pfefferminze', seit 20 bis 30 Jahren anzutreffen.
Das mittel- und oberfränkische sowie das oberbayrische Anbaugebiet gehören zur schwäbisch-bayrischen Klimaprovinz.
Erwähnung bedürfen ferner noch zwei kleine Anbaugebiete, wo hauptsächlich *Mentha piperita* angetroffen wird; die Gegend um Speyer in der Pfalz mit der 'Pfälzer Pfefferminze' als bodenständiger Landsorte und die Landschaft zwischen Waiblingen und Ludwigsburg, besonders um Hegnach in Württemberg, wo ebenfalls in kleinstem Ausmaß der Pfefferminzanbau betrieben wird.
Außerdem bleibt noch Zell (Mosel) zu erwähnen, wo ausschließlich der Anbau von Giftlattich (*Lactuca virosa* L.) zu Hause ist. Diese drei Gebiete gehören zur rheinischen Klimaprovinz.
Der Anbau von Kümmel und Senf findet sich besonders in Ostfriesland, in der ozeanischen Klimaprovinz.
Ganz allgemein kann gesagt werden, daß die meisten Arznei- und Gewürzpflanzen auf fruchtbaren Böden ihre besten Leistungen sowohl in quantitativer als auch in qualitativer Hinsicht aufzuweisen haben.
Zentren des Arznei- und Gewürzpflanzenbaues haben sich im Laufe der Jahre auf den Schwarzerdeböden herausgebildet, und zwar ganz besonders in Mitteldeutschland. Dieser Bodentyp tritt von Wolfenbüttel bei Braunschweig über die Magdeburger Börde bis nach Halle (Saale) und darüber hinaus fast bis nach Leipzig in Erscheinung. Im Thüringer Becken, im Rheintal und in Teilen Süddeutschlands finden sich ebenfalls Schwarzerdegebiete. Die zumeist auf Lößunterlage anstehende Schwarzerde ist in acker- und pflanzenbaulicher Hinsicht ein sehr zuverlässiger und ertragsfähiger Bodentyp.
Außer in den Gegenden um Quedlinburg, Aschersleben, Eisleben, Erfurt und Offstein bei Worms (Rhein) findet sich kaum ein nennenswerter erwerbsmäßiger Samenbau, mit Ausnahme von Ostfriesland. Hier werden besonders Kümmel- und Senfsaaten für Konsum- wie auch Saatgutzwecke gewonnen. Für den Samenbau sind vor allem die Gebiete mit Festlandsklima geeignet.

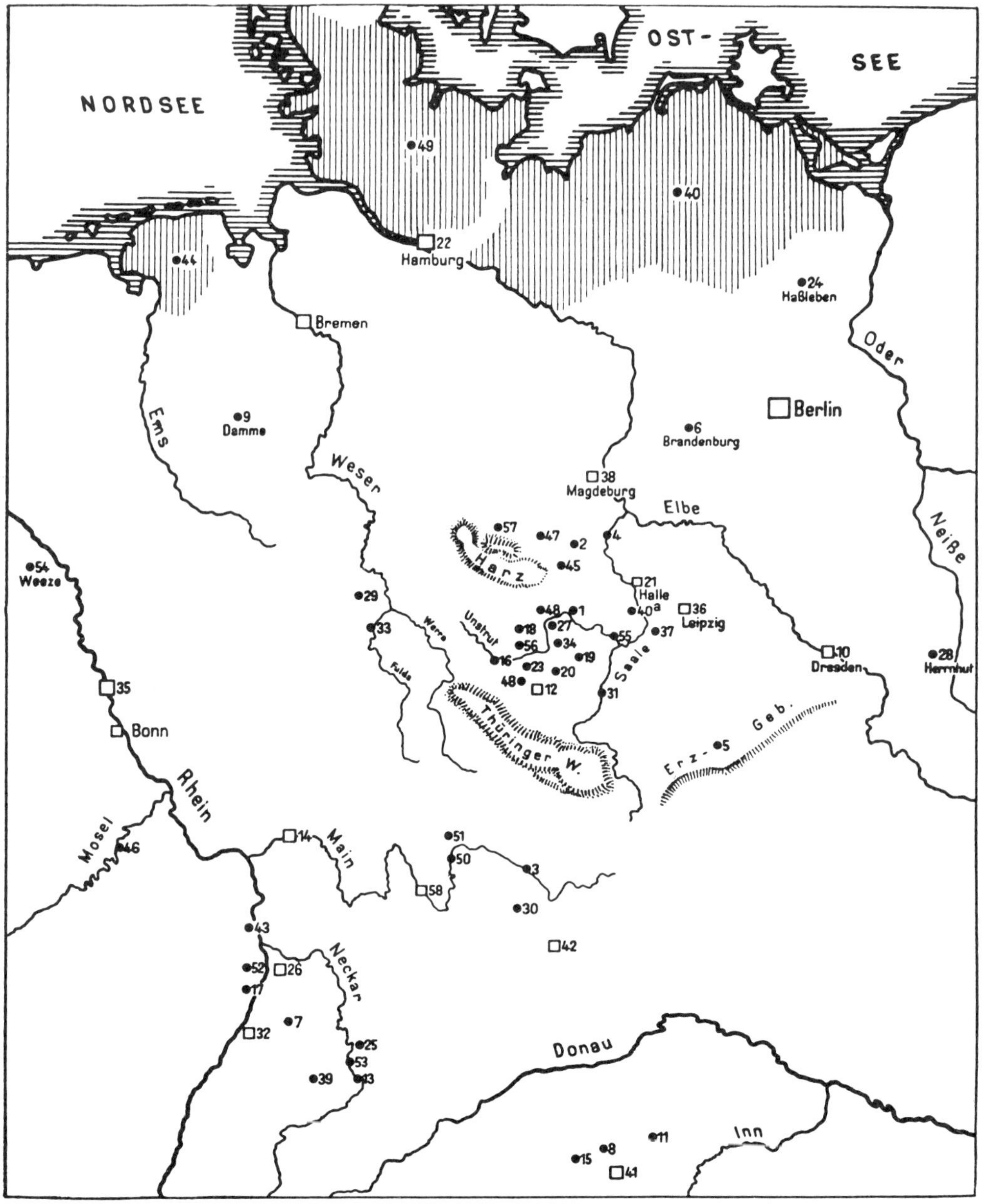

Abb. 16 Arznei- und Gewürzpflanzen-Anbauorte Deutschlands; Schwerpunkte nach dem Stand im Jahre 1953 Schraffiert: Vorwiegend Kümmel- und Senfanbau

Erklärungen zu nebenstehender Karte

1 Artern
Seestrandbeifuß
2 Aschersleben
Majoran und andere Gewürzpflanzen
3 Bamberg
Verschiedene Arznei- und Gewürzpflanzen
4 Bernburg
Züchtung von Arznei- und Gewürzpflanzen
5 Bockau (Erzgeb.)
Angelika
6 Brandenburg (Havel)
Verschiedene Arznei- und Gewürzpflanzen
7 Bretten (Baden)
Verschiedene Arznei- und Gewürzpflanzen
8 Dachau
Pfefferminze
9 Damme (Oldenburg)
Verschiedene Arznei- und Gewürzpflanzen
10 Dresden
Verschiedene Arzneipflanzen
11 Erding
Pfefferminze
12 Erfurt
Züchtung von Arznei- und Gewürzpflanzen
13 Eßlingen (Neckar)
Medizinalrhabarber
14 Frankfurt (Main)
Verschiedene Arznei- und Gewürzpflanzen
15 Fürstenfeldbruck
Pfefferminze
16 Gebesee bei Erfurt
Pfefferminze
17 Germersheim
Pfefferminze
18 Greußen (Thür.)
Verschiedene Arznei- und Gewürzpflanzen
19 Großneuhausen (Thür.)
Verschiedene Arznei- und Gewürzpflanzen
20 Großrudestedt
Koriander
21 Halle (Saale)
Verschiedene Arznei- und Gewürzpflanzen
22 Hamburg-Glinde
Verschiedene Arzneipflanzen
23 Haßleben bei Erfurt
Pfefferminze und Dill
24 Haßleben bei Templin
Kümmel und Schwarzer Senf
25 Hegnach bei Waiblingen
Pfefferminze und andere Arzneipflanzen
26 Heidelberg
Verschiedene Arznei- und Gewürzpflanzen
27 Heldrungen (Unstrut)
Verschiedene Arznei- und Gewürzpflanzen
28 Herrnhut (Oberlausitz)
Pfefferminze und andere Arzneipflanzen
29 Hofgeismar
Fenchel
30 Höchstadt (Aisch)
Verschiedene Arznei- und Gewürzpflanzen
31 Jenalöbnitz
Verschiedene Arznei- und Gewürzpflanzen
32 Karlsruhe (Baden)
Verschiedene Arzneipflanzen
33 Kassel
Fenchel
34 Kölleda
Pfefferminze und andere Arzneipflanzen
35 Köln-Merheim
Verschiedene Arzneipflanzen
36 Leipzig
Verschiedene Arznei- und Gewürzpflanzen
37 Lützen
Fenchel
38 Magdeburg
Zichorie und Pfefferminze
39 Magstadt (Württemberg)
Verschiedene Arznei- und Gewürzpflanzen
40 Mecklenburg
Verschiedene Arznei- und Gewürzpflanzen
40a Merseburg
Verschiedene Arznei- und Gewürzpflanzen
41 München
Verschiedene Arznei- und Gewürzpflanzen
42 Nürnberg
Eibisch, Baldrian und Knoblauch
43 Offstein bei Worms
Verschiedene Arznei- und Gewürzpflanzen
44 Ostfriesland
Kümmel und Senf
45 Pansfelde bei Wippra (Südharz)
Baldrian
46 Pünderich (Mosel)
Giftlattich
47 Quedlinburg
Züchtung von Arznei- und Gewürzpflanzen
48 Ringleben bei Erfurt
Pfefferminze und andere Arznei- und Gewürzpflanzen
49 Schleswig-Holstein
Kümmel
50 Schwebheim bei Schweinfurt
Baldrian, Eibisch, Pfefferminze und andere Arzneipflanzen
51 Schweinfurt
Verschiedene Arznei- und Gewürzpflanzen
52 Speyer
Pfefferminze
53 Waiblingen
Pfefferminze
54 Weeze
Verschiedene Arznei- und Gewürzpflanzen
55 Weißenfels
Fenchel
56 Weißensee (Thür.)
Koriander
57 Wernigerode
Verschiedene Arzneipflanzen
58 Würzburg
Verschiedene Arznei- und Gewürzpflanzen

Anbauzentren lassen sich nicht nachweisen in der baltischen und alpinen Klimaprovinz. Der Anbau einiger Arznei- und zum Teil auch Gewürzpflanzen ist in diesen Klimaprovinzen nur sporadisch feststellbar. Anbauversuche von BAUER, RUDORF und HEEGER[1] ergaben, daß auch im Übergangsgebiet der ozeanischen zur baltischen Klimaprovinz (im Seeklima) *Carum carvi, Sinapis alba* und *Coriandrum sativum* auf geeigneten Böden noch mit gutem Erfolg angebaut werden können. Auf Grund von Anbauversuchen, die von uns seit dem Jahre 1948 im Übergangsgebiet der herzynischen und zentralen Klimaprovinz zur kontinentalen durchgeführt wurden, entwickelte sich das neue Anbauzentrum Herrnhut (Oberlausitz).

Der Anbau von Arznei- und Gewürzpflanzen erfolgt in Deutschland unter sehr verschiedenen Klima-, aber auch Bodenverhältnissen. Z. B. wird die Pfefferminze, und zwar die als Universalsorte bezeichnete 'Mitcham-Pfefferminze', in allen Klimaprovinzen im Tiefland und auch in höheren Lagen auf Mineral- wie auch auf Moorböden mit Erfolg kultiviert. Die in Deutschland angebauten Arznei- und Gewürzpflanzen sind zum Teil sehr anpassungsfähig hinsichtlich des Klimas. Ihr Anbau ist mit Ausnahme höherer Lagen auf geeigneten Böden fast überall möglich. *Valeriana officinalis, Angelica archangelica* und *Gentiana lutea* können allerdings nach unseren Beobachtungen in Höhenlagen bis etwa 800 m noch mit Erfolg angebaut werden. Gute Ergebnisse erzielten wir auch bei einem kleineren Anbauversuch mit 'Mitcham-Pfefferminze' in etwa 700 m Höhenlage in Carlsfeld (oberes Erzgebirge).

Bei dieser Gelegenheit sei darauf hingewiesen, daß in weiten Volkskreisen die nicht immer zutreffende Meinung herrscht, daß viele Arzneipflanzen des Gebirges heilkräftiger seien als die der Ebene. Diese weitverbreitete Ansicht ist nach Versuchen von HECHT, HIMMELBAUR, KOCH, MÜNICH[2], FLÜCK[3] u. a. zumindest kritisch aufzunehmen. Ebenso läßt sich nicht mit Sicherheit sagen, ob eine Arzneipflanze, die im Tiefland angebaut wird, die therapeutisch wertvollere ist als die im Gebirge gewachsene. Das Wachstum der Pflanzen ist stark von der Höhenlage abhängig. Beim Überschreiten einer artspezifischen optimalen Höhenlage leidet das Gedeihen. Zur Klärung der Zusammenhänge zwischen Wachstum und physiologischem Verhalten der Arzneipflanzen verschiedener Höhenlagen bedarf es noch weiterer Forschungsarbeit.

Hinsichtlich der Bodenansprüche verhalten sich die einzelnen Arten sehr unterschiedlich. Sichere Ernten lassen sich nur auf Kulturland erzielen. Oft wird der Fehler begangen, daß den Arzneipflanzen das minderwertigste Land zugewiesen wird. Nur wenige Arten liefern einigermaßen befriedigende Ernten auf Unland, was nicht ausschließt, daß solches gegebenenfalls für die Drogengewinnung erschlossen werden kann. In großem Umfang führten wir Kulturversuche auch mit einigen Arzneipflanzen auf Grubenhalden, den sogenannten „Kippen", durch. Soweit sich diese nicht im unmittelbaren Rauchschadenbereich von Industrieanlagen befanden und genügend Mutterboden aufgetragen worden war, wurden günstige Ergebnisse erzielt mit dem Anbau von *Saponaria officinalis*[4], *Melilotus officinalis, Salvia officinalis, Hyssopus officinalis, Thymus vulgaris, Hyoscyamus niger, Datura stramonium, Tana-*

[1] BAUER, K. H., RUDORF, W. und HEEGER, E. F.: Die Anbauverhältnisse einiger Heil- und Gewürzpflanzen unter besonderer Berücksichtigung der Wertstoffgehalte. „Landw. Jhrb." 92, S. 1 bis 52 (1942).

[2] HECHT, W., HIMMELBAUR, W. und KOCH, W.: Versuche über den Einfluß der Höhenlage auf Ertrag und Gehalt einiger Arzneipflanzen. „Heil- u. Gewürzpflanzen" 14, S. 4 (1932). HECHT, W.: Bioklimatische Versuche zur Erforschung der Ursachen der Gehaltsschwankungen der Arzneipflanzen. „Heil- und Gewürzpflanzen" 16, S. 1 bis 87 (1934); HECHT, W., HIMMELBAUR, W. und MÜNICH, H.: Bioklimatische Versuche zur Erforschung der Gehaltsschwankungen bei Arzneipflanzen. „Heil- und Gewürzpflanzen" 17, S. 2 bis 3 (1937).

[3] Zit. nach FLÜCK, H.: Der Einfluß der natürlichen Verhältnisse auf die Arzneipflanzen. Ber. 12. Internationaler Gartenbaukongreß. Bd. I. Berlin 1938. S. 584.

[4] Nach SCHANDERL, H. ist *Saponaria officinalis* eine der ersten Pionierpflanzen auf Kaolinsandhalden. Botanische Bakteriologie und Stickstoffhaushalt der Pflanzen auf neuer Grundlage. Stuttgart 1947.

cetum vulgare, *Artemisia vulgaris* und *Artemisia absinthium*. Sicher lassen noch weitere, weniger anspruchsvolle Arznei- und Gewürzpflanzen einen Anbau auf Kippen zu. Es ist nur dafür Sorge zu tragen, daß eine für den Pflanzenbau genügend mächtige, kulturfähige Abraumschicht aufgeschüttet und gleichmäßig planiert wird. Besonders günstige Ergebnisse erzielten wir mit *Lupinus polyphyllus* Lindl. als Vorfrucht. Die Aussaat dieser perennierenden Lupine geschah nach vorhergehender Samenimpfung (siehe auch Kapitel X, „Düngung", S. 119). Nach zwei- bis dreimaliger Samenernte erfolgte Umbruch. Darauf wurden die bereits erwähnten Arzneipflanzen angebaut. Sie erforderten häufig in hohem Maße Pflegearbeiten, da das Unkraut überhandnahm. Es möchten daher auf Grubenhalden möglichst nur mehrjährige, dichte Bestände bildende Arten zum Anbau kommen, in erster Linie anspruchslose, aber doch frohwüchsige Arten.

Auch im Rahmen des Waldfeldbaues können einige Arzneipflanzen Berücksichtigung finden. Besonders günstige Anbaubedingungen für Arzneipflanzen im Forstwirtschaftsbetrieb finden sich aber nur selten. In ihrer Zusammensetzung und in ihrem Gefüge lassen die Nadelwaldböden häufig zu wünschen übrig. Ungünstige Bodenreaktion und Wasserverhältnisse sind ihnen vielfach eigen. Auch sind sie oftmals sehr nährstoffarm. Unter solchen Bodenverhältnissen befriedigt das Wachstum der landwirtschaftlichen und gärtnerischen Nutzpflanzen meist nicht. Im Gegensatz dazu finden im Laubwaldboden verschiedene Arzneipflanzen gute Entwicklungsbedingungen. Auch ist zu bedenken, daß die Forstwirtschaftsbetriebe in pflanzenbaulicher Hinsicht meist extensiv wirtschaften müssen. Bodenbearbeitung und Bestandspflege, die zu einem guten Gedeihen der Arzneipflanzen notwendig sind, beschränken sich oftmals nur auf ein Mindestmaß. Demzufolge muß entsprechend den Standortsansprüchen der Arzneipflanzen eine sorgfältige Auswahl für ihren Anbau zur Saatgut- und Drogengewinnung auf Waldböden erfolgen.

Auf Waldkahlschlägen eignen sich nach BEHRNDT[5] im besonderen die Arzneipflanzen *Digitalis purpurea*, *D. lanata*, *Verbascum thapsiforme*, *Artemisia absinthium*, *Valeriana officinalis* und *Matricaria chamomilla*. LUSTIG[6] empfiehlt als Zwischenkultur mit entsprechenden Anleitungen im Waldbau u. a. den Anbau folgender Arzneipflanzen: *Atropa bella-donna*, *Althaea rosea*, *Malva silvestris*, *Angelica archangelica*, *Calendula officinalis*, *Conium maculatum* (Gefleckter Schierling), *Cicuta virosa* (Wasserschierling), *Datura stramonium*, *Verbascum-species*, *Aconitum napellus*, *Althaea officinalis*, *Anemone pulsatilla* (Kuhschelle), *Arnica montana*, *Artemisia absinthium*, *Artemisia dracunculus*, *Digitalis purpurea*, *Acorus calamus* (Kalmus), *Menyanthes trifoliata* (Fieberklee), *Gentiana lutea* (Gelber Enzian) und andere *Gentiana-species* sowie *Centaurium umbellatum*. Auch der Mutterkornanbau (*Claviceps purpurea* Thuill.) kann beim Anbau von Waldstaudenroggen, Johannisroggen und anderen Roggensorten im Waldfeldbau erfolgen.

BUSCH[7] hat die Bodennutzungsformen Deutschlands nach ihren natürlichen, geschichtlichen und wirtschaftlichen Standortsbedingungen in Zonen abgegrenzt und beschrieben. Er ging hierbei von dem Gedanken aus, daß solche Landbauzonen Ausdruck bestimmter Kulturpflanzengemeinschaften sind, die durch Natur und Geschichte der Landwirtschaft und ihrer Menschen viel fester gegeben sind, als gemeinhin angenommen wird. Er unterscheidet folgende Landbauzonen:

Zone der Futterbauwirtschaften,
„ „ Futter-Getreidebauwirtschaften,

[5] BEHRNDT, G.: Über den Anbau von Arzneipflanzen auf Kahlschlägen. „Pharmazie" 5, S. 507 bis 509 (1950); bzw. „Arzneipflanzen-Umschau" 2, S. 824 bis 827 (1950).
[6] LUSTIG: Zwischenkultur im Forst. Brünn, Wien, Leipzig (etwa 1941).
[7] BUSCH, W.: Die Landbauzonen im deutschen Lebensraum. Stuttgart 1936.

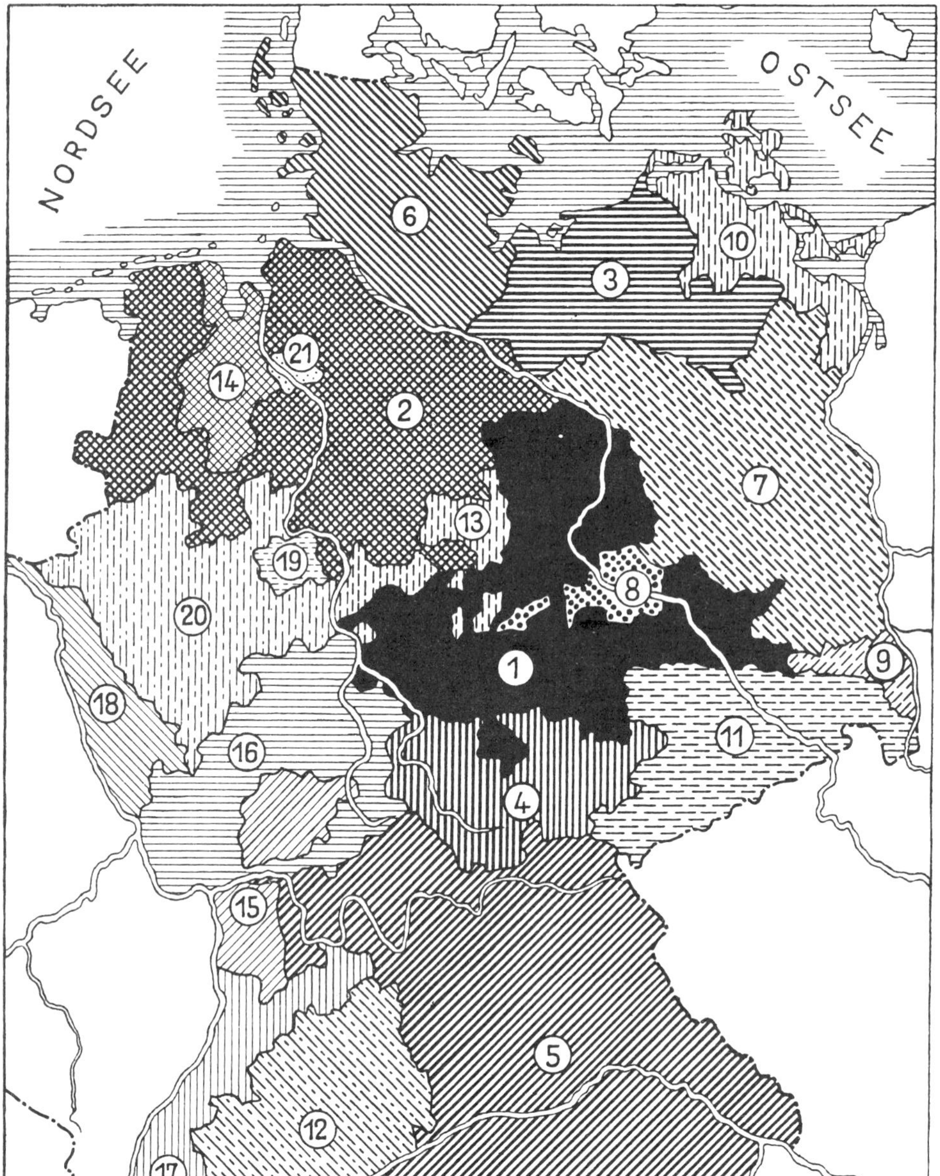

Abb. 17a Karten der Anbaudichte des Arznei- und Gewürzpflanzenbaues zwischen Oder und Rhein nach der Anbauflächenstatistik des Jahres 1937

Zone der Getreide-Futterbauwirtschaften,
,, ,, Getreide-Hackfruchtbauwirtschaften,
,, ,, Hackfrucht-Getreidebauwirtschaften,
,, ,, Hackfrucht-Futterbauwirtschaften,
,, ,, Futterbau-Hackfruchtbauwirtschaften.

Der Arznei- und Gewürzpflanzenbau blieb dabei unberücksichtigt. Für Zwecke der Drogen- und Samengewinnung läßt er sich in erster Linie in die Zone der Hackfrucht-Getreidebauwirtschaften und Getreide-Hackfruchtbauwirtschaften eingliedern. In zweiter Linie erstreckt er sich auf die Zone der Getreide-Futterbauwirtschaften und in dritter Linie auf die der Futter-Getreidebauwirtschaften. In der zuletzt genannten Zone ist der Anbau von Arznei- und Gewürzpflanzen sehr selten anzutreffen. Sie umfaßt aber im wesentlichen für wildwachsende Arzneikräuter bedeutende Sammelgebiete, wie Fichtel- und Erzgebirge, Harz, Rhön, Spessart, Schwarzwald, Schwäbische Alb und Böhmerwald. Der Anbau von Kümmel und Senf in Ostfriesland fällt zum Teil in die Zone der Futterbauwirtschaften. Zu ihr gehören auch die deutschen Alpengebiete, in denen Arzneipflanzenbau nur ganz vereinzelt auf kleinsten Flächen anzutreffen ist, aber Alpenkräuter für Drogenzwecke wildwachsend gesammelt werden.

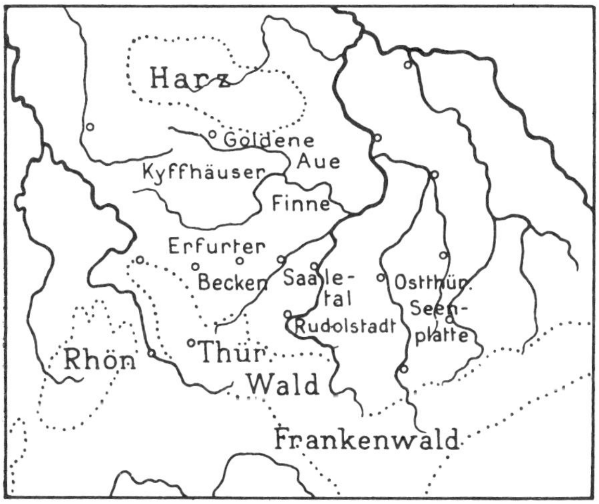

Abb. 17 b Karte des mitteldeutschen Hauptanbau- und Sammelgebietes von Arznei- und Gewürzpflanzen

---

Erklärungen zu nebenstehender Karte:

Reihenfolge der Länder nach dem Umfang des Anbaues:
1 = Provinz Sachsen, stärkster Anbau; 21 = Bremen, geringster Anbau

1 Provinz Sachsen	8 Anhalt	15 Hessen
2 Hannover	9 Niederschlesien	16 Hessen-Nassau
3 Mecklenburg	10 Pommern	17 Baden
4 Thüringen	11 Land Sachsen	18 Rheinland
5 Bayern	12 Württemberg	19 Lippe
6 Schleswig-Holstein	13 Braunschweig	20 Westfalen
7 Brandenburg	14 Oldenburg	21 Bremen

Die Abbildung 17a veranschaulicht die Dichte des Arznei- und Gewürzpflanzenbaues in Deutschland zwischen Oder und Rhein unter Zugrundelegung der Anbauflächenstatistik des Jahres 1937 (siehe auch Tabelle). Danach konzentriert sich der Anbau, wie bereits ausgeführt, in Mitteldeutschland, und zwar besonders zwischen Elbe, Weser und Werra. Seit Kriegsende wurden keine statistischen Unterlagen veröffentlicht, die einen Einblick in den gesamten Umfang des Arznei- und Gewürzpflanzenbaues ermöglichen.

Der auf Seite 86 wiedergegebenen Karte legten wir daher die Anbauflächenstatistik Vorkriegsdeutschlands zugrunde. Im Jahre 1937 waren in den einzelnen Ländern Deutschlands zwischen Oder und Rhein folgende Flächen mit Arznei- und Gewürzpflanzen bebaut:

Übersicht über den Umfang des erwerbsmäßigen Arznei- und Gewürzpflanzenbaues in Deutschland im Jahre 1937*

Anbaugebiet	Anbaufläche ha 1937
1. Provinz Sachsen	1192,34
2. Hannover	790,93
3. Mecklenburg	389,92
4. Thüringen	240,20
5. Bayern	234,58
6. Schleswig-Holstein	211,09
7. Brandenburg (mit Berlin)	179,56
8. Anhalt	155,96
9. Niederschlesien	147,86
10. Pommern	80,36
11. Land Sachsen	62,84
12. Württemberg	46,38
13. Braunschweig	28,57
14. Oldenburg	20,00
15. Hessen	16,98
16. Hessen-Nassau	8,98
17. Baden	4,18
18. Rheinland	3,06
19. Lippe	0,25
20. Westfalen	0,24
21. Bremen	0,20
insgesamt	3814,48 ha

Mitteldeutschland mit dem umfangreichsten Arznei- und Gewürzpflanzenbau ist auch nach 1937 der Schwerpunkt der Drogengewinnung geblieben. Von dort erstreckt sich der Anbau in einem etwa 250 km breiten Streifen nach Süden und Norden. Westlich davon liegen nur kleinere Anbaugebiete, und östlich entstehen neue Zentren.

* Aus SCHENCK-LUCASS-WEGENER: Allgemeine Heilpflanzenkunde. Dresden 1938, S. 175. Die Tabelle ist nicht ganz fehlerfrei. Die statistischen Unterlagen konnten im Original nicht eingesehen werden.

VII. Arten- und Sortenwahl mit Hinblick auf die betriebswirtschaftlichen Verhältnisse[1]

Die Wahl der anzubauenden Arten richtet sich vor allem nach

a) den natürlichen Standortsbedingungen und
b) den wirtschaftlichen Standortsbedingungen

Zu den ersteren wurde bereits Stellung genommen, letztere wurden gelegentlich gestreift.

Betriebswirtschaftlich gesehen ist die Artenwahl von der Größe und Form eines Betriebes abhängig. Daher seien hier einige diesbetreffende Betrachtungen eingeflochten.

Der Arznei- und Gewürzpflanzenbau verteilt sich unter Zugrundelegung der betriebswirtschaftlichen Untersuchungen von WEHLMANN[2] (1940), wie folgt:

Bäuerliche Betriebe	= 80%
Kleinsiedler (im Nebenerwerb)	= 10%
Gartenbauliche Betriebe	= 5%
Spezialbetriebe	= 5%

Die Hauptlast des Anbaues in Deutschland ruht von jeher auf den bäuerlichen Betrieben, wobei die kleinbäuerliche Wirtschaft das Fundament darstellt. Erfahrungsgemäß ist der Familienbetrieb die geeignetste Form für den Arznei- und Gewürzpflanzenbau. Die Angehörigen solcher Familien wachsen als Mitarbeiter von Jugend auf in dieses Spezialgebiet hinein und stehen ständig zur Verfügung.

In den alten Anbaugebieten hat sich im Arznei- und Gewürzpflanzenbau eine Familientradition herausgebildet. Es gibt Familien, die diese Sonderkulturen ohne Rücksicht auf jeweils herrschende Marktverhältnisse seit Generationen pflegen. Die Größe der bäuerlichen Wirtschaften liegt meist zwischen 4 und 10 ha. Betriebe unter 4 ha gehen schon durch intensivste Ausnutzung ihrer kleinen Flächen in die Form des Gartenbaues über. Je kleiner die Wirtschaft ist, desto mehr steigt der Anteil der Arznei- und Gewürzpflanzen an der Gesamtanbaufläche (sogar bis zu 50%), während der Rest meist dem Gemüsebau gewidmet bleibt. Für Betriebe mit Größen von über 10 ha sind die Körnerdrogen, allenfalls einige Krautdrogen, die gegebenen Sonderkulturen auf Flächen nicht unter 0,25 ha.

Bei den Arznei- und Gewürzpflanzen anbauenden Kleinsiedlern ist zu unterscheiden zwischen solchen, die Kulturen innerhalb des Stadtgebietes anlegen, und denen, die sie auf dem Lande betreiben. Die städtischen Siedler bevorzugen den Gemüse- und Obstbau für die ihnen zur Verfügung stehenden kleinen Flächen. Ländliche Siedler, zumal solche mit einem Handwerk im Hauptberuf wie in der Gegend von Schweinfurt, bringen im Arznei- und Gewürzpflanzenbau recht beachtliche Leistungen hervor.

[1] Siehe auch HEEGER, E. F.: Die Arten- und Sortenwahl im Arznei- und Gewürzpflanzenbau mit Hinblick auf die betriebswirtschaftlichen Verhältnisse. Wissenschaftliche Zeitschrift der Karl-Marx-Universität in Leipzig, Jg. 1952/53, Heft 7/8.

[2] WEHLMANN, Kf.: Aufwand und Ertrag beim Anbau von Heil- und Gewürzpflanzen unter besonderer Berücksichtigung der Anbauverhältnisse in bäuerlichen Betrieben. Inauguraldissertation, Berlin 1942.

Die ursprünglich auf die Belebung des Arznei- und Gewürzpflanzenbaues durch Kleinsiedler in den vorstädtischen Siedlungen gesetzten Hoffnungen haben sich nicht erfüllt.

Gartenbaubetriebe befaßten sich bisher nur selten mit dem erwerbsmäßigen Anbau von Arznei- und Gewürzpflanzen. Gelegentlich werden Gewürzpflanzen für den Verkauf als „Suppengrün" angebaut und sonstige Frischgewürze wie Schnittlauch und Petersilie. In warmen Kästen bzw. Gewächshäusern kommen z. B. *Allium schoenoprasum, Petroselinum crispum* und *Lepidium sativum,* die eine sehr kurze Vegetationszeit benötigen, zum Anbau. Im Gartenbau ist man gewöhnt, bei intensivstem Arbeits- und Kapitaleinsatz das Betriebskapital mehrmals im Jahre umzusetzen. Die meisten Arzneipflanzen gestatten aber nur einen einmaligen Umschlag im Jahre, manchmal erst in zwei Jahren und noch später. Lohnend für Gartenbaubetriebe ist jedoch oftmals die Pflanzenanzucht, besonders die der mehrjährigen Arten. Nicht zu unterschätzende Bedeutung hat die für den unmittelbaren Verbrauch bestimmte Erzeugung von Jungpflanzen für Haus-, Bauern-, Schul- und Betriebsgärten.

Den Spezialbetrieben wird eine Zukunft zugesprochen. Das kann im Hinblick auf die wachsenden Normierungsbestrebungen richtig sein. Die Normierung fordert, um die Zuverlässigkeit der pharmazeutischen Verarbeitung und der ärztlichen Rezeptur zu sichern, ausreichende Mengen gleichartiger Drogen von gewissem Wirkstoffgehalt (siehe auch Kapitel XVIII, S. 177). Spezialbetriebe können bestimmte Drogen unter gleichartigen Bedingungen in großen Mengen gewinnen, um einen durch Erfahrung und Statistik sich fest ergebenden Bedarf an Spezialdrogen für Apotheken und pharmazeutische Industriewerke zu decken. Das ist in der Tat bereits weitgehend der Fall. Viele Vegetabilienhandlungen und pharmazeutische Werke unterhalten Arzneipflanzenkulturen, und zwar als Spezialbetriebe oder auch als Nebenbetrieb in Gartenbau und Landwirtschaft. Höhere Produktionskosten können solche Unternehmen durch richtige Kalkulation der Verkaufspreise ihrer Erzeugnisse ausgleichen. Ihnen stehen meist wissenschaftlich geschulte Fachkräfte und die modernsten Maschinen und Methoden im Laboratorium, im Anbau und im Betrieb zur Verfügung, die dem Kleinanbauer fehlen. Sie genießen dabei den Vorteil einer sicheren Belieferung mit hochwertigen Arzneipflanzen. Will ein Landwirt oder ein Gärtner einen Arznei- und Gewürzpflanzen-Spezialbetrieb führen, so muß er außer über das hierzu erforderliche Kapital auch über ausgezeichnete Fachkenntnisse verfügen, da er sonst nicht bestehen kann.

Auf Grund unserer langjährigen Erfahrungen auf dem Gebiet der Drogengewinnung stellen wir fest, daß der Anbau von Arznei- und Gewürzpflanzen zum Teil schon seit vielen Jahrzehnten in solchen Betrieben erfolgreich durchgeführt wird, in die er organisch eingefügt ist. Nicht die Betriebsgröße und -form sind für den Erfolg ausschlaggebend, sondern neben den bereits geschilderten Standortsverhältnissen sind es hier noch aufzuzeigende weitere betriebswirtschaftliche Faktoren, die entscheiden, ob eine rentable Drogengewinnung möglich ist oder nicht. Es liegt nahe, einen Vergleich mit dem bäuerlichen Obstbau vorzunehmen. Auch er soll sich organisch als Teilbetriebszweig in die bäuerliche Wirtschaft einfügen und nach HILKENBÄUMER[3] 10% der Anbaufläche nicht überschreiten.

Für die gesamte Betriebsplanung in Landwirtschaft und Gartenbau ist es wichtig, über das Ausmaß des Arbeitsaufwandes für die zu gewinnenden Drogen unterrichtet zu sein. Von manchen Arten wird die ganze Pflanze, von anderen werden nur Teile als Droge gewonnen. Je nach zu gewinnendem Pflanzenteil werden unterschieden: Knollen-, Wurzel-, Zwiebel-, Kraut-, Blatt-, Blüten- und Körner- bzw. Fruchtdrogen. Innerhalb dieser Drogengruppen können die Arbeitsansprüche große Verschiedenheit auf-

[3] HILKENBÄUMER, F.: Obstbau. Grundlagen, Anbau und Betrieb. Berlin/Hamburg 1948.

weisen. Wenn der Arznei- und Gewürzpflanzenbau hinsichtlich der Arbeitsintensität im allgemeinen mit dem Feldgemüsebau zu vergleichen ist, so kann er sich doch nach der Seite des Anbaues landwirtschaftlicher Nutzpflanzen verschieben. Und zwar ähnelt der Anbau der Körnerdrogen dem Getreidebau, der der Wurzeldrogen dem Hackfruchtbau, besonders dem Zuckerrübenbau, und der Anbau der Blatt- und Blütendrogen neigt mehr zu den intensiven Gemüsekulturen.

Bevor eine Entscheidung in der Wahl der anzubauenden Arten getroffen wird, muß man wissen, welcher Pflanzenteil der betreffenden Art als Droge gewonnen werden soll und welcher Arbeitsaufwand hierzu erforderlich ist. Es sollen daher die wichtigsten Drogengruppen in arbeitswirtschaftlicher Hinsicht einmal kurz charakterisiert werden.

Pflanzen, von denen die Knollen Drogen liefern, interessieren hier weniger, da sie in Deutschland in größerem Umfang nur von einigen Spezialbetrieben angebaut werden. Dies trifft z. B. zu für die Gewinnung von Eisenhutknollen (*Tubera Aconiti*).

Einen sehr großen Arbeitsaufwand verursacht die Gewinnung der Wurzel- und Wurzelstockdrogen. Ohne das Vorhandensein ausreichender Arbeitskräfte für die rechtzeitige Durchführung aller Arbeitsgänge ist ihre sachgemäße Gewinnung nicht möglich. Durch die Rodung und auch die bei geeigneten Witterungsverhältnissen anzustrebende Pflanzung im Herbst fällt die gesamte Arbeitsspitze mit der Hackfruchternte zusammen und bereitet in Gebieten mit hohem Hackfruchtanteil gewisse Schwierigkeiten. Dagegen läßt sich die oft notwendige Aufbereitung der Wurzeln und Wurzelstöcke vor der Trocknung, wie Waschen, Kämmen, Schlitzen und Schälen, in die ruhigeren Wintermonate verlagern, wodurch auch für größere Betriebe die Möglichkeit besteht, Saisonarbeitskräfte in der Winterzeit zu beschäftigen.

Über den Handarbeitsaufwand, z. B. bei Angelika, liegen zwei Untersuchungen unseres Institutes vor:

1. aus dem Bockauer Anbaugebiet, wo die Erfahrungen der dortigen Angelika-Anbauer gesammelt und
2. aus einem Spezialbetrieb mit Großanbau, wo genaue schriftliche Aufzeichnungen ausgewertet werden konnten.

Folgende Werte wurden für den Handarbeitsaufwand je vha ermittelt:

	Anbau in Bockau (Erzgebirge)	Anbau im Spezialbetrieb
Anzucht	15 Stunden	35 Stunden
Bestellung	18 ,,	31 ,,
Pflege	18 ,,	37 ,,
Ernte	88 ,,	97 ,,
Waschen	38 ,,	(nicht ermittelt)

In Anbetracht der örtlich bedingten unterschiedlichen Anbautechnik treten gewisse Abweichungen auf. Die Anzucht wird in Bockau halbjährig betrieben, während in dem Spezialbetrieb unter völlig anders gearteten Standortsverhältnissen die Kölledaer Methode (siehe Spezieller Teil, S. 243) mit einjähriger Anzucht zur Anwendung kommt. Die Differenz im Aufwand hierfür dürfte auf diesen unterschiedlichen Methoden beruhen, da erklärlicherweise schon die Pflegeaufwendungen für die ganzjährige Anzucht höher sein müssen. Die in Bockau in Erfahrung gebrachten Werte für die Bestellung und die Pflege erscheinen, selbst unter Berücksichtigung, daß sie nur reine Arbeitszeiten darstellen, allerdings etwas niedrig, besonders wenn man bedenkt, daß in Bockau die Bestellung durch Pflanzung geschieht, während im anderen Betriebe dies durch einfaches Auslegen und Zuhäufeln vorgenommen wird.

Im Gegensatz hierzu liegen aber die Werte für die Rode- und Vorreinigungsarbeiten, die unter „Ernte“ zusammengefaßt wurden, etwa in gleicher Höhe. Ungünstige Boden- und Witterungsverhältnisse können diesen Aufwand aber ohne weiteres ansteigen lassen. Für das Waschen der Wurzeln liegen uns nur Angaben aus Bockau vor. Dabei muß aber betont werden, daß die dortigen Verhältnisse für diese Arbeit sehr günstig liegen. Das Erntegut wird hier in einem nahe gelegenen Bach auf einfachste Weise gewaschen. Überall wird sich diese Arbeit aber nicht in 38 Stunden bewältigen lassen.
Beim Anbau von Baldrian entspricht beispielsweise der Aufwand an Arbeit ohne Waschen, also nur mit grober Reinigung durch Ausschütteln auf dem Feld, nach neueren Untersuchungen etwa dem des Zuckerrübenbaus mit Handrodung, während Eibisch, Alant und ähnliche Wurzeldrogen liefernde Arten infolge des gröberen Wurzelsystems sich leichter vorreinigen lassen und daher mit geringeren Aufwendungen auskommen. Sie entsprechen etwa im Aufwand der Kartoffelernte, wenn sie als Handrodung durchgeführt wird. Es sei aber darauf hingewiesen, daß dieser Aufwand bei großer Nässe oder ähnlichen ungünstigen Bedingungen noch erheblich ansteigen kann.
Großen Zeitaufwand erfordert die Reinigung der Wurzeln und Wurzelstöcke, da sie möglichst in fließendem Wasser gewaschen werden sollten. Vergleichszahlen für den Aufwand zu nennen ist sehr schwer, da er zu stark von den örtlich unterschiedlichen Möglichkeiten und Verhältnissen abhängt. Die Stundenleistungen sind verschieden, je nachdem, ob z. B. die Baldrianwurzeln in einem fließenden Gewässer, in einem Teich, in einer Rübenwäsche gewaschen oder mit dem Schlauch abgespritzt werden.
Weiterhin ist bei den unterirdischen Pflanzenteilen, die als Droge aufbereitet werden, zu beachten, daß sie nach der Reinigung und einer etwaigen Bearbeitung, z. B. Kämmen von Baldrian, Schlitzen von Alantwurzelstöcken und Schälen von Eibisch, sachgemäß getrocknet werden müssen. Oft wird dies behelfsmäßig an Hausgiebeln (Baldrian) und auf Böden erfolgen können, jedoch sind Eibischwurzeln unbedingt künstlich zu trocknen, wenn eine wirklich einwandfreie Arzneibuchdroge erzielt werden soll. Nur in der Nähe größerer Verarbeitungsbetriebe besteht hin und wieder die Möglichkeit des Absatzes der frischen Ernte. In solchen Fällen ist dann auch ein Anbau von Wurzeldrogen auf größeren Flächen durchführbar, während sonst die Anbauflächen sich in der Regel unter der 0,25-ha-Grenze halten. Was nun den Handarbeitsaufwand beim Anbau von Baldrian im speziellen anbelangt, so geben hierüber nachfolgende Werte Aufschluß:

	Arbeitsaufwand in Stunden je vha nach Untersuchungen von WEHLMANN[4]		des Instituts für Sonderkulturen	
Bestellung	38—45—50—120	Stunden	45—55—100—210	Stunden
Pflege	100—112—162—180	,,	50—74—150—200	,,
Ernte	130—140	,,	170—190—302	,,
Waschen	40—240	,,	(20—30) maschinell laut mündlicher Angabe	,,

Bei Betrachtung dieser Zahlen sind bei beiden Untersuchungen über den Handarbeitsaufwand die ungeheueren Schwankungen ins Auge springend. Zunächst beruhen sie einmal bei der Bestellung auf unterschiedlichen Pflanzweiten, die bei beiden Untersuchungen zwischen 40 × 40 und 20 × 30 cm schwanken, und dem sich daraus ergebenden unterschiedlichen Pflanzenbedarf je Flächeneinheit von 15625—41260 Stück. Daß unsere Untersuchungen durchweg etwas höher liegen, ergibt sich wohl mehr oder

[4] loc. cit. S. 89.

weniger aus der Einbeziehung der Wege- und Rüstzeiten in die Ergebnisse, während WEHLMANN sich nur auf die effektive Arbeitszeit beschränkt hat. Wesentlich erscheint ferner der unterschiedliche Zustand des Pflanzmaterials, d. h. ob die Sämlinge pflanzfertig bezogen oder noch entsprechend hergerichtet werden mußten. Für Herausnahme und Herrichtung der Pflanzen ist in der Regel der gleiche Aufwand wie für die Pflanzung nötig. Das ergaben vierjährige Werte aus einem Betrieb mit eigener Anzucht und einem Gesamtanbau von 5,75 ha in der Berichtszeit, deren Gesamtaufwand mit 210 Stunden angegeben war. Auf die reine Pflanzung entfallen davon aber bei enger Standweite lediglich etwa 100 Stunden, so daß im wesentlichen beide Untersuchungen übereinstimmen. Auch bei der Pflege gleichen die beiden Ergebnisse einander. Die Verwendung von Hackmaschinen bei größerem Anbau läßt wiederum den Handarbeitsbedarf stark sinken, wenn auch die niedrigen Werte unter 100 Stunden etwas zweifelhaft erscheinen und die Frage gestellt werden muß, ob die Pflege auch ordnungsgemäß und ausreichend erfolgte. Die Schwankungen zwischen 100 und 200 Stunden sind auf jeden Fall als normal zu betrachten, wobei auch hier die Standweite eine gewisse Rolle spielt. Stark weichen jedoch die reinen Ernteaufwendungen voneinander ab. Die Zahlen von WEHLMANN stellen einen Mittelwert aus der Summe der für die einzelnen Arbeitsgänge ermittelten Werte dar, wobei er Arbeiten wie Feldabfuhr willkürlich annahm, da ihm darüber keine Werte vorlagen. Unsere Werte zeigen aber, daß in der Praxis mit etwas höherem Aufwand gerechnet werden muß. Von größter Bedeutung bei der Ernte ist jedoch die jeweilige Witterung. Vierjährige Werte aus dem schon erwähnten Betrieb weisen beispielsweise Unterschiede von etwa 100 Stunden bei günstigem Rodewetter, aber bis über 300 Stunden bei nasser Herbstwitterung (1952) auf. Bodenverhältnisse und Witterung können schon den reinen Rode- und Vorreinigungsaufwand erheblich ansteigen lassen. Ähnlich liegen die Verhältnisse beim Waschen, wobei auch die örtlichen Möglichkeiten noch eine erhebliche Rolle spielen. Bei unseren neueren Untersuchungen konnte dieser Arbeitsgang noch nicht miterfaßt werden, so daß hier zahlenmäßige Belege fehlen, doch zeigen schon die ungeheueren Schwankungen in der Untersuchung von WEHLMANN, wie schwer es ist, hierfür einen einigermaßen einheitlichen Nenner zu finden, um allen Möglichkeiten gerecht zu werden. Die auf einer mündlichen Angabe beruhenden Werte für das Waschen der Wurzeln mit einer Trommelwaschanlage dürfen auch nur sehr vorsichtig angewendet werden, da letzten Endes für die Beseitigung des verschieden hohen Schlammanfalles noch bedeutende Zuschläge zu machen sind.

Als drittes Beispiel für Wurzeldrogen liefernde Arten soll noch der Eibisch erwähnt werden. WEHLMANN rechnete auch hier nur mit reinen Arbeitszeiten, während bei unseren Untersuchungen Wege- und Rüstzeiten Berücksichtigung fanden.

	Arbeitsaufwand in Stunden je vha nach Untersuchungen	
	von WEHLMANN	des Instituts für Sonderkulturen
Bestellung	50 Stunden	30— 90 Stunden
Pflege	90—150 ,,	37—165 ,,
Ernte	50 ,,	150—200 ,,
Aufbereitung	525—675 ,,	—

Die Unterschiede beim Pflanzen beruhen wiederum auf verschiedenen Standweiten von 50 × 50 bis 40 × 30 cm und den sich daraus ergebenden unterschiedlichen Pflanzenzahlen von 10000—20850 Stück je 0,25 ha. Die extremen Standweiten von etwa 100 × 40 cm blieben hier unberücksichtigt, da sie in der Regel nur bei einer Zwischennutzung mit Gemüse gewählt werden und so der Aufwand je Flächeneinheit ein etwas falsches Bild ergeben würde. Zu beachten ist ferner, daß die benötigte Arbeitszeit für die Herrichtung der Stecklinge unerwähnt blieb, da normalerweise bei der Vermehrung durch Fechser diese bei den Aufbereitungsarbeiten mit gewonnen werden. Will man hierfür aber einen besonderen Arbeitsgang einschalten, oder vermehrt man mit Sämlingen, so müßten für diese Arbeit, je nach Standweite, noch etwa 60—100 Stunden in Ansatz gebracht werden, die sonst bei der Fechservermehrung mit in den Aufbereitungsarbeiten enthalten sind. Die Angaben über den Pflegeaufwand bewegen sich etwa in gleicher Ebene innerhalb der natürlichen, örtlich bedingten Schwankungsbreite. Die niedrigen Werte unserer Untersuchungen deuten auch hier wieder auf die Möglichkeit der Einsparung durch Maschineneinsatz hin beim Anbau auf größeren Flächen, wobei aber ebenfalls bei den niedrigen Extremwerten die Güte der Pflege angezweifelt werden kann. Besonders sind die Ernteangaben zu betrachten. Während bei WEHLMANN klar zwischen dem reinen Rodungs- und anschließendem Bearbeitungs- und Schälaufwand unterschieden ist, liegen die Verhältnisse bei unseren Untersuchungen etwas anders. Es handelt sich hier lediglich um die Gewinnung ungeschälter Rohdroge. In den 150—200 Stunden sind also alle Arbeiten wie Roden, Ausschütteln und Vorreinigen sowie das Abschneiden der Wurzelköpfe mit den Stoppelrückständen enthalten. Eigentlich decken sich also die reinen Aufwendungen für das Roden, die von WEHLMANN mit 50 Stunden angegeben wurden. In den neueren Untersuchungen schwanken sie etwa von 40—70 Stunden je nach den örtlichen Verhältnissen. Die restlichen 110—130 Stunden entfallen also mehr oder weniger auf Herrichtung der ungeschälten und ungeschnittenen, nur vom Wurzelkopf und den Augen befreiten, gut ausgeschüttelten und abgeklopften Frischwurzel.

WEHLMANN[5] hält besonders den bäuerlichen Kleinbetrieb für die Gewinnung von Wurzeldrogen für geeignet, namentlich im Hinblick auf *Radix Althaeae*. Nach seiner Ansicht wird die Kultur von Eibisch erst durch den Mischanbau mit Gemüse, wie ein solcher in dem mainfränkischen Anbaugebiet üblich ist, lohnend. Die Frage der Rentabilität ist zu stark vom jeweiligen Lohn- und Preisgefüge abhängig, als daß die Auffassung von WEHLMANN aus den Jahren 1938 bis 1940 Allgemeingültigkeit haben könnte. Damals lag allerdings der Preis im Verhältnis zum Aufwand recht ungünstig, so daß WEHLMANNS Auffassung berechtigt war. Bei Schweinfurt wird der Eibisch im ersten Jahre gern zusammen mit Gurken angebaut. Gute Ergebnisse erzielten wir mit Drillsaat im Zusammenbau mit Kohlrabi. Erschwerend wirkt sich auf die Ausdehnung der Anbaufläche Wurzeldrogen liefernder Pflanzen aus, daß viele vorkultiviert werden müssen. Wenn keine eigenen Anzuchtmöglichkeiten z. B. für Eibisch vorhanden sind, hat ein Ankauf von Pflanzgut zu erfolgen, was den Anbau verteuert. Das ist auch bei vielen anderen Arzneipflanzen der Fall. *Mentha piperita* kann z. B. nur vegetativ durch Verwendung von Stolonen bzw. Stecklingen vermehrt werden. Sie ist ein Tripelbastard und spaltet bei generativer Vermehrung in wertlose Formengemische auf. Im Harzer und im fränkischen Baldrian-Anbaugebiet sammelt man zum Teil sogar noch Baldrianjungpflanzen für den Anbau wildwachsend. Man sollte versuchen, bei einigen generativ vermehrbaren Arten, wie Eibisch, zur Drill- bzw. Dibbelsaat überzugehen. Der Anbau würde dann in ähnlicher Weise wie bei Rüben durchzuführen sein. Jedoch ist hierbei eine der wichtigsten Voraussetzungen, daß genügend hochwertiges, aber auch preiswertes Saatgut zur Verfügung steht.

Von den Zwiebeldrogen interessiert besonders die des Knoblauchs (*Bulbus Allii sativi*). Er verlangt einen etwas schweren, tiefgründigen, gut bearbeiteten und alt-

[5] loc. cit. S. 89.

gedüngten Boden in sonniger Lage, im übrigen entspricht der Anbau dem der Küchenzwiebel (*Allium cepa* L.). Der Zwiebelanbau erfordert viel Handarbeit, jedoch nicht soviel wie der der Wurzeldrogen. Den meisten Landwirten und Gärtnern ist er geläufig, so daß es sich erübrigt, hier auf ihn einzugehen.
Hinsichtlich der Krautdrogen liefernden Arten ist zu sagen, daß man sie nach ihrem Arbeitsaufwand in zwei Gruppen teilen kann; 1. einjährige und mehrjährige Kulturen, die von der Saat bis zur Ernte mehr oder weniger maschinell bearbeitet werden und nur geringen Handpflegeaufwand erfordern, wie Benediktenkraut, Bilsenkraut, Schabziegerklee, Geißraute oder Spitzwegerich, und 2. ein- und mehrjährige Kulturen, deren Anbau bzw. Ernte noch fast als reine Handarbeit durchgeführt werden, wie Majoran, Salbei, Thymian oder Wermut. Die rasch- und massenwüchsigen Arten der ersten Gruppe mit einem oder mehreren Schnitten im Jahr beanspruchen den geringsten Arbeitsaufwand überhaupt und erfordern im allgemeinen nur wenig mehr Aufwand als der Getreidebau. Ihre Anlage erfolgt als Drillsaat, und der hierfür benötigte Aufwand liegt etwa in ähnlicher Höhe wie für landwirtschaftliche Feinsämereien, da ihre Ansprüche an die Saatbettherrichtung denen von Mohn oder Möhren gleichen. Auch die Pflege läßt sich zum großen Teil maschinell durchführen, wobei allerdings auf ein Handhacken oder Jäten nicht verzichtet werden kann. Nach unseren Untersuchungen belaufen sich die hierfür benötigten Aufwendungen in der Regel auf etwa 50—100 Handarbeitsstunden je vha. Gering sind dann wieder die Ernteaufwendungen. Mit dem Grasmäher oder der Sense durchgeführt, gleichen sie den Werbeaufwendungen für Grünfutter. Einige meist vierjährige Untersuchungsergebnisse von verschiedenen, vorwiegend maschinell bearbeiteten Krautdrogen mögen den niedrigen Handarbeitsaufwand je vha demonstrieren:

	Bilsenkraut	Dunkelviolette Malve zur Krautgewinnung	Schabziegerklee	Geißraute
Bestellung	2 Stunden	4 Stunden	2 Stunden	2 Stunden
Pflege	92 ,,	47 ,,	82 ,,	96 ,,
Ernte	28 ,,	16 ,,	17 ,,	31 ,,

Die Handarbeit bei der Bestellung setzt sich im wesentlichen aus Düngerstreuen und Überwachung der Drillmaschine zusammen. Die auffallend geringen Handpflegemaßnahmen bei der Dunkelvioletten Malve sind in deren Raschwüchsigkeit begründet, wobei nochmals darauf hingewiesen sei, daß es sich hier ausschließlich um einen Anbau zur Gewinnung des Krautes handelt. Der hohe Ernteaufwand bei Geißraute erklärt sich aus dem jeweiligen Anfall von drei Schnitten in der zweijährigen Kulturdauer, d. h., jeder Schnitt ist etwa mit 20 Handarbeitsstunden belastet.
Der Anbau Krautdrogen liefernder Arten läßt sich also arbeitswirtschaftlich gesehen gut in landwirtschaftliche Betriebe einfügen, da keine besonderen Arbeitsspitzen entstehen. Die zweite Gruppe beansprucht etwa das 2- bis 2,5fache an Aufwand der ersten, da hier die Ernte mit ein oder mehreren Schnitten im Jahr fast ausschließlich Handarbeit ist und auch die Anlage oft als Pflanzung durchgeführt wird. Drillsaat für Majoran, Thymian oder Salbei ist zwar üblich, doch meist infolge des langsamen Anfangswachstums mit hohen Pflegekosten verbunden und ist bei Trockenheit oder bei zu Verkrustung neigenden Böden auch unsicher. Dem Anbau von einjährigem Sommerthymian wird daher der Deutsche Winterthymian als ausdauernder Halbstrauch mit im allgemeinen dreijährigem Bestand vorgezogen. Er bringt aber bei Drillsaat im ersten Jahr oft noch keine oder nur unwesentliche Erträge. Der Wermut beansprucht in

dieser Gruppe den geringsten Aufwand. Er wird zwar nur als Pflanzung angelegt, doch kann die Ernte, vor allem der erste Schnitt, leicht maschinell mit Binder, Ableger oder Grasmäher durchgeführt werden. Ein Verpassen des richtigen Erntemoments kann diese Vorteile allerdings in einen erheblich kostspieligeren Handschnitt mit zeitraubendem Herauslesen der vergilbten unteren Blätter verwandeln. Die Gewinnung dieser Drogen setzt ausreichende Trocknungsmöglichkeiten voraus, von denen die Ausdehnung des Anbaues überhaupt abhängt. Die Anbauflächen betragen bei diesen Kulturen gewöhnlich mehr als 0,25 ha. Einjähriges Bohnenkraut, Majoran und Thymian werden vielfach auf größeren Flächen angebaut.

Zur Gewinnung von Blattdrogen ist zu sagen, daß das Zupfen der Blätter in Handarbeit bei der Ernte einen sehr hohen Arbeitsaufwand erfordert. Der stoßweise Anfall dieser Arbeitsspitzen, zu deren Überwindung meist die Arbeitskräfte fehlen, schließt in der Regel den Anbau von Blattdrogen auf größeren Flächen aus. So z. B. werden für das Zupfen von 100 kg frischen Pfefferminzblättern (= 20 kg *Folia Menthae piperitae*) etwa 40 Arbeitsstunden von geübten Arbeitskräften benötigt. Selbst der weniger Mühe verursachende „Krüllschnitt" bei *Mentha piperita* beansprucht noch viel Arbeitsaufwand, wenn eine wertvolle „Fastblattware" gewonnen werden soll. Bei der Herstellung des „Krüllschnittes" wird das Pfefferminzkraut in frischem Zustand geschnitten, und die Stengelteile werden mit einer Windfege nach Möglichkeit weitgehend entfernt. Um den Anbau zu erweitern, ist man auch dazu übergegangen, *Mentha piperita* als Krautware zu ernten, wobei die Trennung der Blätter und Stiele dann vom Verarbeitungsbetrieb durch Windfegen in getrocknetem, geschnittenem Zustand r aschinell durchgeführt wird. Der Ernteaufwand für den Anbauer wird auf diese Weise auf ein Mindestmaß beschränkt und läßt sich selbst auf größeren Flächen von über 0,25 ha ohne allzu große Störung der landwirtschaftlichen Ernte durchführen. Bei unkrautfreien Beständen ist dabei der Einsatz des Grasmähers ohne weiteres möglich und senkt die Kosten erheblich. Voraussetzung ist dafür aber das Vorhandensein einer künstlichen Trocknungsanlage in der Nähe des Anbaues. Dem so verringerten Aufwand steht dann natürlich auch ein entsprechend niedrigerer Erzeugerpreis für diese Krautware gegenüber.

Zu bedenken ist, daß zu spätes Ernten, z. B. bei *Mentha-species*, wegen Rostbefall zu erheblichen Verlusten führen kann. Wird der erste Schnitt zu lange hinausgezögert, findet eine Beeinträchtigung der Menge und Güte des zweiten statt.

Die Blattdrogen liefernden Arten lassen sich schwer in den landwirtschaftlichen Betrieb einreihen, besonders deshalb, weil bei einigen Arten die Arbeitsspitzen mit der Erntezeit der üblichen Halmfrüchte zusammenfallen.

Anschließend sollen noch einige spezielle Betrachtungen zu dem beim Anbau von *Mentha piperita*, *Salvia officinalis*, *Artemisia absinthium* und *Thymus vulgaris* erforderlichen Arbeitsaufwand folgen. Von den ersten drei Arten werden entweder das Kraut oder die Blätter gewonnen und von der letzteren nur das Kraut. WEHLMANN[6] gibt bei Pfefferminze in seinen Untersuchungen an Handarbeitsaufwendungen durchschnittlich je vha an für:

Werbung der Läufer	100	Stunden	mit	extremem	Wert	von	50—245	Stunden
Auslegen	50	,,	,,	,,	,,	,,	20—112	,,
Pflege	300	,,	,,	,,	,,	,,	150—480	,,
Ernte	50	,,						
Blattstreifeln	900	,,						

[6] loc. cit. S. 89.

Unsere Untersuchungen weisen für die Läufer- (Stolonen-)Gewinnung und deren Auslegen den Aufwand nicht getrennt nach. Wir stellten demnach je vha fest:

Gesamter Anlageaufwand	56– **70**– **90**–133	Stunden,
Pflege	94–**164**–240	„ ,
Ernte	59–173	„ .

Die Durchschnittswerte sind stärker gedruckt. Für das Streifeln konnten keine Unterlagen erstellt werden, da in den von uns laufend kontrollierten Betrieben aus Arbeitskräftemangel zur Zeit nur Krautware geerntet und zur Ablieferung gebracht wird. Beim Vergleich der Zahlen muß man die Läuferrodungs- und Anlagewerte von Wehlmann mit durchschnittlich 150 Stunden rechnen, denen in den neueren Untersuchungen doch wesentlich niedrigere Werte gegenüberstehen. In erster Linie dürfte sich dieser Unterschied durch den Gebrauch von Maschinen (zum Läuferroden die Kartoffelschleuder und zum Legen und Zudecken das Vielfachgerät) erklären, wie sie im größeren Betrieb heute meist verwendet werden, während die Untersuchungen von Wehlmann sich mehr auf kleinflächigen Anbau beschränken, wie er seinerzeit auch vorwiegend üblich war. Der extrem hohe Wert von 245 Stunden für die Rodung und Herrichtung des Pflanzmaterials basiert wohl auf der Aufbereitung der Läufer durch Schneiden, das beim Mangel an Pflanzmaterial oder beim Verkauf desselben üblich ist, während sonst in der Regel nur einfach grob gerissenes Material zum Auslegen verwendet wird. Andererseits muß die mit 56 Stunden angegebene, doch sehr niedrige Zahl für die Anlage in den neueren Untersuchungen ebenfalls richtig beurteilt werden. Hier erfolgte die Anlage durch Pflanzung von Kopfstecklingsmaterial, so daß also nur die reinen Pflanzaufwendungen erfaßt sind. Dafür dürften aber die Kosten für die Erzeugung der Stecklinge diese scheinbare Einsparung an Arbeit wieder aufheben bzw. die Gesamtanlagekosten doch wesentlich höher liegen. Vergleicht man die 133 Anlagestunden, die aus einem Anbau mit vorwiegender Handarbeit stammen, mit den 150 Stunden Wehlmanns, so ist hier durchaus eine innerhalb der natürlichen Schwankungsbreite liegende Übereinstimmung zu erkennen. Der Vorteil maschineller Arbeit wird dabei aber doch recht deutlich. Ähnlich liegen die Verhältnisse auch bei der Pflege, die in den mit dem Vielfachgerät angelegten Kulturen wiederum zum großen Teil maschinell erfolgt. Die Unterschiede im hierfür benötigten Aufwand sind bei beiden Untersuchungen nur so zu erklären. Erstaunlich ist bei der Ernte der bei Wehlmann mit nur 50 Stunden angegebene Wert, zumal gerade bei ihm die gesamte Arbeit als Handarbeit durchgeführt wurde und auch die Abfuhr vom Feld mit einbegriffen sein soll. Er läßt sich eigentlich nur so erklären, daß hier lediglich die Aufwendungen für e i n e n Schnitt Berücksichtigung fanden, wie er dann auch den sonst üblichen praktischen Erfahrungen durchaus entsprechen würde. Für die Gesamtwerte mit zwei Schnitten würden also etwa 100 Stunden einzusetzen sein, wobei noch nicht berücksichtigt wurde, daß der zweite Schnitt oft mühsamer und zeitraubender ist als der erste und daher zu diesen 100 Stunden noch ein gewisser Zuschlag gegeben werden müßte. Unter solchem Gesichtspunkt weichen dann die beiden Untersuchungen gar nicht so sehr voneinander ab. Der von Wehlmann ermittelte Wert mit 900 Stunden je vha für das Streifeln der Blätter dürfte etwa den gegebenen Verhältnissen entsprechen, wobei aber unbedingt hinzugefügt werden muß, daß auch diese Zahl entsprechend den jeweiligen Erntemengen großen Schwankungen nach oben und unten unterworfen ist.

Zum Schluß sei noch eine Handarbeitsaufwandtabelle aus einem Großbetrieb gebracht. Die Werte resultieren aus einem vierjährigen Durchschnitt bei einer untersuchten Gesamtfläche von 22,75 ha innerhalb dieser vier Jahre.

Je vha wurden benötigt für

Anlage	76	Stunden im Anlagejahr
Pflege	202	,, ,, Durchschnitt
Ernte	28	,, ,, ,,

Infolge des Umfanges der Fläche wurde der Anbau hier nicht ein-, sondern etwa dreijährig durchgeführt. Je Jahr ist die Flächeneinheit also nur mit einem Drittel der Anlageaufwendungen belastet, d. h. also mit rund 25 Handarbeitsstunden. Die Pflegeaufwendungen sind im Durchschnitt von vier Jahren relativ hoch, da im zweiten und dritten Anbaujahr neben dem Jäten jegliches Hacken nur als Handarbeit durchgeführt werden konnte, während im ersten Jahr vorzugsweise maschinelle Pflege erfolgte. Auch der Ernteaufwand ist dank rein maschineller Arbeit relativ niedrig und beschränkt sich praktisch nur auf das Zusammenraffen und Verladen des mit dem Grasmäher geschnittenen Erntegutes. Auch hier wurde die Pfefferminze lediglich als Krautware geerntet. Unsere zum Teil vierjährigen Untersuchungen über den Handarbeitsaufwand ergeben bei Salbei je vha folgendes Bild:

Bestellung	2— 40	Stunden im Anlagejahr
Pflege	64—90—104	,, ,, ,,
Ernte	60—66—104	,, ,, ,,

Die großen Schwankungen bei der Bestellung beruhen auf der verschiedenartigen Anlage der Kultur als Drillsaat oder als Pflanzung. Berücksichtigt man noch die Kosten für die Anzucht der Jungpflanzen, so erscheint doch die Anlage durch Pflanzung erheblich teurer, wenn sich auch dieser Aufwand bei einer durchschnittlich dreijährigen Kulturdauer auf etwa ein Drittel je Jahr reduziert. Die Unterschiede bei der Pflege für Hacken und Jäten dürften innerhalb der normalen Schwankungsgrenzen liegen. Es sei aber darauf hingewiesen, daß bei Drillsaat der Pflegeaufwand in der Regel im Anlagejahr etwas höher liegt als bei einer Anlage der Kultur durch Pflanzung. Der Unterschied im Ernteaufwand beruht mit auf der verschiedenen Zahl der Schnitte. Die niedrigen Werte stammen durchweg aus Betrieben mit einem Schnitt, während der Wert mit 104 Stunden das Mittel aus vierjährigen Untersuchungen in einem Betrieb mit normalerweise zwei Schnitten angibt. Gleichzeitig ist in dieser Zahl auch der Aufwand für die Räumung der Rückstände nach Beendigung der Kultur enthalten. Der durchschnittliche Ernteaufwand würde sich also um 100 Stunden im Jahr bewegen. Zum Arbeitsaufwand bei der Kulturart Thymian, und zwar speziell der Gruppensorte 'Deutscher Winterthymian', ist folgendes zu sagen.

	Der Handarbeitsaufwand je vha beträgt nach Untersuchungen von WEHLMANN			des Instituts für Sonderkulturen
Bestellung		—		1—60 Stunden im Anlagejahr
Pflege		97 Stunden		52—104—115—132 Stunden
	1. Jahr	2. Jahr	3. Jahr	
(Schnittzeit	40 Stunden	90 Stunden	60 Stunden)	—
Gesamternte	60 ,,	120 ,,	90 ,,	57—63—72 ,,

Bei Betrachtung der Untersuchungen von WEHLMANN und denen von uns fallen zunächst die unterschiedlichen Bestellungsaufwände in die Augen. WEHLMANN setzt Drillsaat voraus, was auch durchaus den normalen Verhältnissen entspricht. Allerdings muß bezweifelt werden, daß er hierfür keine Handarbeitsstunde benötigt. Gerade beim Drillen auf größeren Flächen, also mit der Gespanndrillmaschine, muß für diese Arbeit doch etwa 1 Stunde für die Aufsichtsarbeit hinter der Maschine gerechnet werden.

Es ist anzunehmen, daß er diese Arbeit bereits mit in seinen in RM (1937) angegebenen Werten berücksichtigt hat und sie geringfügigkeitshalber nicht gesondert aufführt, während er sonst alle Arbeiten stundenmäßig sehr genau differenziert hat. Der Wert würde dann mit der vom Institut ermittelten 1 Stunde übereinstimmen. Die so stark abweichende Zahl von 60 Stunden ergibt sich aus einer durch Pflanzung angelegten Kultur, wie sie bei ungünstigen Bodenverhältnissen hin und wieder vorgenommen wird, aber unwirtschaftlich ist. Der Standweite entsprechend, erscheint dieser Arbeitsaufwand durchaus gerechtfertigt. Bei der Pflege ergaben sich in beiden Untersuchungen nur verhältnismäßig geringe Abweichungen, die wiederum auf die verschiedene Berücksichtigung der Wege- und Rüstzeiten zurückzuführen sind. Der äußerst niedrige Wert von 52 Stunden muß als nicht ausreichend bezeichnet werden, zumal er nach den Aufzeichnungen dieses Betriebes im Jahr der Bestellung angefallen sein soll, das erfahrungsgemäß infolge des langsamen Wachstums gerade bei Thymian meist über dem Durchschnitt liegende Aufwendungen bei der Pflege erfordert, wie dies auch von WEHLMANN bestätigt wird. Die bei ihm für die einzelnen Nutzungsjahre detailliert angegebenen reinen Schnittzeiten mit einem Gesamtdurchschnitt von 63 Stunden je Jahr finden in unseren den Schnitt und die Ernteeinbringung umfassenden Werten ihre Bestätigung, wenn man berücksichtigt, daß in den Betrieben in der Berichtszeit auch von den alten Kulturen nur ein Schnitt genommen werden konnte. Bei zwei Schnitten würde sich der Aufwand ziemlich verdoppeln und sich damit etwa in gleicher Ebene wie die von WEHLMANN ermittelten Werte bewegen.

Die Untersuchungen über den Aufwand beim Anbau von Wermut, die von uns bisher nur in zwei Betrieben durchgeführt wurden, sind trotzdem so interessant, daß hierüber berichtet werden soll. Die eine Untersuchungsreihe (A) lief dabei über vier Jahre in einem Betrieb auf einer Gesamtfläche von 3,50 ha bei einem jährlichen Durchschnittsanbau von etwa 0,80 ha und ist hier einer einjährigen Untersuchung aus einem anderen Betrieb (B) gegenübergestellt.

Handarbeitsaufwand je vha beim Anbau von Wermut

	A		B	
Bestellung	114	(39) Stunden	45	(15) Stunden
Pflege	93	,,	49	,,
Ernte	82	,,	37	,,

Die scheinbar so völlig abweichenden Ergebnisse werden bei näherer Betrachtung aber doch verständlich. Zunächst besteht ein wesentlicher Unterschied bereits darin, daß es sich einmal um den Durchschnitt der gesamten Anbauperiode von drei Jahren handelt, während andererseits nur die Neuanlage im ersten Jahr erfaßt wurde. Der Unterschied bei der Bestellung ist bereits wieder durch die einmal mit einbezogene Arbeit der Herrichtung des Pflanzmaterials begründet, die im anderen Betrieb nicht mit erfaßt werden konnte. Auch hier beansprucht diese Arbeit etwa den gleichen Zeitaufwand wie die reine Pflanzung, so daß im Mittel beide Betriebe etwa die gleiche Zeit für die Anlage der Kultur benötigt haben, eben etwa 45 bzw. 57 Stunden, wobei unterschiedliche Wege und Entfernungsverhältnisse die geringe Abweichung erklären. Die nicht eingeklammerten Zahlen geben den tatsächlichen Anlageaufwand im ersten Jahr an, während die eingeklammerten Zahlen den jährlichen umgelegten Anteil darstellen. Der 100%ige Unterschied in der Pflege ist, von den natürlichen Schwankungen abgesehen, auf den höheren Aufwand für diese Arbeiten im zweiten bzw. dritten Jahre mit zunehmender Verunkrautung zurückzuführen, die bei den vierjährigen Untersuchungen bereits Berücksichtigung fanden. Auch die großen Unterschiede bei der Ernte erscheinen zunächst verwunderlich, doch ist in der hohen Aufwandszahl beim Betrieb A bereits die Abräumung des Feldes von den Wurzelrückständen jeweils nach Beendigung der Kultur mit berücksichtigt. Ebenso ist die Anzahl der Schnitte von Bedeutung. Während bei der einjährigen Untersuchung beim Betrieb B lediglich ein Handschnitt durchgeführt wurde, da es sich um eine Frühjahrsanlage handelte, fielen im Betrieb A bei Herbstanlage in der Regel jährlich zwei Schnitte an, wovon hier allerdings der erste Schnitt immer maschinell durchgeführt und nur der zweite zeitraubendere Laubschnitt als Handarbeit vorgenommen wurde. Der Handarbeitsanteil beim ersten Schnitt ist also relativ gering und beschränkt sich auf das Aufladen und evtl. Einbinden des Erntegutes.

Außerordentlich hoch ist der Arbeitsaufwand bei den Arten, die zur Gewinnung von Blütendrogen angebaut werden. Sie erfordern sehr viel Handarbeit. Ihre Gewinnung erfolgt meist nur auf kleinen Flächen von etwa 0,10 ha bis höchstens 0,25 ha Größe. Wie hoch sich der Arbeitsaufwand bei der Ernte von Blütendrogen beläuft, soll an zwei Beispielen gezeigt werden: Das Pflücken von 10 kg Königskerzenblüten (= 1 kg *Flores Verbasci*) erfordert je nach Handfertigkeit etwa 7 bis 9 Arbeitsstunden, was aber nur in der Höhe der Saison bei gutem Blütenbesatz erreicht wird. Der gesamte Handarbeitsaufwand für einen Anbau von 0,25 ha mit einer Ernte von 180 kg trockener Blütendroge beläuft sich auf mindestens 2000 Arbeitsstunden, d. h. je kg Droge etwa 11 Stunden. Die Hauptlast mit etwa 1800 Stunden liegt dabei in den Blühmonaten Juni—September, also in einer Zeit, die auch den landwirtschaftlichen Betrieb stark durch die Getreideernte belastet. Der Anbau, auch kleinerer Flächen, ist daher nur unter der Voraussetzung des Vorhandenseins genügender Arbeitskräfte möglich, über die sich der Anbauer von vornherein im klaren sein muß. Die Gewinnung von *Flores Verbasci* erfordert den höchsten Arbeitsaufwand von allen in Deutschland angebauten Blütendrogen liefernden Arten. Folgende Werte wurden für den Handarbeitsaufwand je vha beim Anbau der Großblumigen Königskerze ermittelt:

	Nach Untersuchungen	
	von Wehlmann	des Instituts für Sonderkulturen
Bestellung	30 Stunden	90 Stunden
Pflege	75 ,,	47 ,,
Ernte	2100 ,,	2050 ,,

Während Wehlmann die aus zwei Betrieben erhaltenen Angaben für die Pflanzung in Höhe von 62 bzw. 52 Stunden für zu hoch hält und dafür 30 Stunden annimmt, zeigen unsere Untersuchungen, daß seine Annahme für die Praxis doch etwas niedrig gegriffen ist. Zu den von uns ermittelten 90 Stunden sei allerdings bemerkt, daß in ihnen auch die Arbeit für die Herrichtung des Pflanzmaterials einbegriffen ist. Erfahrungsgemäß beträgt dieser Anteil immer etwa 50% der gesamten Anlageaufwendungen. Für die reine Pflanzarbeit würden also 45—50 Stunden anzunehmen sein, was sich doch ziemlich mit den Angaben der von Wehlmann untersuchten Betriebe decken würde. Die Unterschiede im Pflegeaufwand rühren daher, daß in der Aufstellung von Wehlmann drei Handhacken eingesetzt wurden, während bei der unserigen nur zwei anfielen und die weitere Pflege maschinell durchgeführt wurde. Die Angaben über die Ernteaufwendungen weichen wiederum kaum voneinander ab. Allerdings ist Wehlmanns Stundenzahl auf einer Erntemenge von 250 kg Droge aufgebaut, während die letztere nur auf einer Erntemenge von 180 kg basiert. Dafür sind aber auch hier die notwendigen Abräumungsarbeiten des Feldes nach der Ernte mit berücksichtigt, die bei Wehlmann keine Beachtung fanden.

Für die Ernte von 6 kg Kamillenblüten (= 1 kg *Flores Chamomillae*) ist nach unseren Feststellungen bei natürlicher Trocknung ein Gesamtaufwand an menschlicher Arbeitskraft von durchschnittlich 7,4 Stunden erforderlich. Bei Verwendung eines von uns entwickelten Kamillen-Pflückgerätes können bis zu 65% der Pflückkosten eingespart werden[7]. Der Arbeitsaufwand für 1 kg Trockengut beläuft sich dann aber immer noch auf 5 Stunden. Bei *Matricaria chamomilla* läßt sich durch Herbstaussaat die Blütezeit auf Ende Mai — Juni vorverlegen, so daß die Pflückzeit etwas besser verteilt werden kann.

Außer bei Echter Kamille lassen sich die Blüten weiterer Arten aber kaum mit Pflückgeräten völlig einwandfrei ernten. Wichtig ist auch zu wissen, daß bei *Calendula officinalis* und *Anthemis nobilis* (*var. pleno*) mit dem Ernten tageweise ausgesetzt werden kann. Die Gewinnung von *Flores Verbasci*, *Flores Malvae* und *Flores Althaeae* erfordert tägliches Abpflücken der Blüten. Die Dunkelviolette Malve kann bis zu 80 Blüten je Tag und Pflanze hervorbringen. Die Königskerzen blühen bis Mitte September rasch ab, etwas länger blüht die Schwarze Stockrose. Ringelblume und Dunkelviolette Malve tragen Blüten bis zum ersten Frost. Alle Blütendrogen verlangen eine ganz besonders sorgfältige Trocknung. Manche sind auch noch hinsichtlich der Lagerung sehr empfindlich, z. B. die stark hygroskopischen Königskerzenblüten.

Landwirtschaftlich gesehen, liegen die arbeitswirtschaftlichen Verhältnisse bei den Blütendrogen liefernden Arten ähnlich wie bei den Pflückerbsen. Im Rahmen des Feldgemüsebaues liegt beim Anbau dieser der Arbeitsaufwand mit am höchsten, und ihr Anbau ist letzten Endes ein Arbeitskräfteproblem.

Den geringsten Arbeitsaufwand beanspruchen mit die Körnerdrogen. Sie sind besonders für den großflächigen Anbau geeignet, der vorwiegend auf Schlägen von mindestens 0,25 ha Größe erfolgt. Alle Arbeitsgänge, wie Aussaat, Hacken, Mähen, Drusch, gliedern sich fast reibungslos dem üblichen Getreidebau an und gestatten die Verwendung der hierfür gebräuchlichen Maschinen, Geräte und Lagerräume. Außer bei Fenchel liegt hier der Arbeitsaufwand nur etwas über dem beim Getreidebau üblichen, da die meisten Arten infolge ihres langsamen Anfangswachstums gegenüber dem Getreide erhöhte Pflegemaßnahmen erfordern, die meist als Handarbeit durchgeführt werden. Insgesamt ist gegenüber dem Getreide etwa mit dem doppelten Handarbeitsaufwand zu rechnen, der aber in seiner Spitze sich mehr auf die Hackzeit verlagert.

Etwas aus diesem Rahmen fällt der Fenchel mit seiner einjährigen Vorkultur und der nächstjährigen Anlage als Pflanzung. Man muß hier etwa mit dem fünf- bis sechsfachen Handarbeitsaufwand rechnen mit zwei Arbeitsspitzen, einmal im Frühjahr zur Pflanzung und einmal zur Ernte im Herbst, gleichzeitig verbunden mit dem Roden und Einmieten der Stecklinge. Die übrigen Aufwendungen an Gespann- und Motorenkraft sind mit dem Getreidebau gut zu vergleichen und liegen meist sogar etwas niedriger.

Vierjährige Untersuchungen über den Handarbeitsaufwand bei Fenchel aus einem Großbetrieb über 25,50 vha Hauptanbau und einer Anzuchtfläche von 6 vha ergaben innerhalb der Berichtszeit je vha

a) Anzucht der Stecklinge:

Bestellung	3 Stunden	
Pflege	94 ,,	
Ernte	220 ,,	(jeweils 50% der Anzuchtfläche wurden über Winter ein- [gemietet)
insgesamt	317 Stunden	

[7] BEHRNDT, G.: Anbau und Ernte der Echten Kamille, *Matricaria chamomilla* L. „Pharmazie" 6, S. 164 bis 167 (1951); bzw. „Arzneipflanzen-Umschau" 3, S. 49 bis 52 (1951).

Bei einem durchschnittlichen Vermehrungsverhältnis von 1 : 10 würde also der Hauptanbau mit 10% von 317 Stunden gleich 32 Stunden belastet sein.

b) Anbau zur Drogengewinnung:

Bestellung	96	Stunden (einschließlich Zurechtmachen der Stecklinge)
Pflege	41	,,
Ernte	221	,,
insgesamt	358	Stunden

Bei der Anzucht ist zu berücksichtigen, daß aus Arbeitsersparnis und zur Risikoverteilung im Herbst nur etwa 50% der Fläche gerodet und eingemietet wurden, während die restlichen 50% im Freiland unter Abdeckung überwinterten und erst im Frühjahr vor der Pflanzung gerodet wurden.

Zur Bestellung wurden 96 Stunden benötigt. In dieser Zahl ist aber das Ausmieten von 50% der angezogenen Stecklinge und das Herrichten des gesamten Pflanzmaterials mit enthalten. Als reine Pflanzzeit rechnet man in diesem Betrieb mit etwa 40—50 Stunden, während die restlichen 46—56 Stunden für die eben angegebenen Arbeiten benötigt werden. An Handpflegearbeiten war in der Regel nur eine ein- bis zweimalige Handhacke vonnöten, mit etwa 41 Stunden im Durchschnitt, während die übrigen 2—3 Hakken maschinell durchgeführt wurden. Einen falschen Eindruck gibt der sehr hohe Ernteaufwand, der nur aus den betrieblichen Verhältnissen heraus zu verstehen ist, zumal die Ernte maschinell mit dem Ableger durchgeführt wurde. Da ein sofortiges Dreschen bei dem umfangreichen Anbau von 5—6 ha jährlich nach der Ernte nicht möglich war, wurde das Erntegut zunächst in eine etwa 3 km entfernt gelegene Feldscheune eingelagert und später im Winter wieder zum Drusch auf den Hof transportiert. Zum anderen ist in dieser Zahl auch der gesamte Handarbeitsaufwand für die Aufräumungsarbeiten sowie teilweises Häckseln und das Verladen des Strohes und der Spreu mit enthalten. Ohne diese Nebenarbeiten dürfte sich nach Erfahrung dieses Betriebes der Ernteaufwand mit Einbinden, Aufstellen, Einfahren und Dreschen auf 70—100 Handarbeitsstunden belaufen, ein Aufwand, der auch annähernd den Angaben von WEHLMANN, die mit etwa 60 reinen Arbeitsstunden allerdings nur geschätzt sind, entsprechen würde.

Anders liegen die Verhältnisse bei der vorwiegend zweijährig angebauten Kulturart Kümmel. Folgende Werte wurden je vha ermittelt:

	Handarbeitsaufwand nach Untersuchungen	
	von WEHLMANN	des Instituts für Sonderkulturen
Bestellung	2 Stunden	2 Stunden
Pflege	40 ,,	42 ,,
Ernte	45 ,,	15 ,,

Die Angaben von WEHLMANN weichen im wesentlichen kaum von unseren neueren Untersuchungen ab. Lediglich bei der Ernte treten Unterschiede auf, die jedoch verständlich werden, wenn man berücksichtigt, daß WEHLMANNS Ergebnisse aus reiner Handarbeit bei der Mahd, Einbinden usw. resultieren, während der niedrigere Aufwand unserer Untersuchungen aus dem Großanbau mit maschineller Mahd mit dem Binder stammen. Immer wird man allerdings nicht mit so günstigen Zahlen bei der Ernte rechnen können, so daß man für den Ernteaufwand jeweils nach Möglichkeit der Mechanisierung mit Werten von 15—50 Handarbeitsstunden rechnen muß.

Schließlich sei noch der Handarbeitsaufwand einer einjährigen Kulturart, nämlich des Korianders, dargestellt.

	Handarbeitsaufwand je vha nach Untersuchungen von WEHLMANN	des Instituts für Sonderkulturen
Bestellung	1 Stunde	1 Stunde
Pflege	90—140—230 Stunden	14—25—26—34 Stunden
Ernte (gesamt)	73 ,,	25—26—33—55 ,,
davon für Schnitt	30 ,,	
Einfahren	6 ,,	
Drusch	37 ,,	

Während bei der Bestellung der Handarbeitsaufwand in beiden Untersuchungen gleichwertig ist, gehen die Angaben über den Pflegeaufwand sehr stark auseinander. Wenn auch der in den neueren Ergebnissen angegebene Aufwand von 14—34 Stunden als reichlich niedrig angesehen werden muß und die Frage auftaucht, ob die Pflege auch ordnungsgemäß durchgeführt wurde und die niedrigen Werte nicht auf den Mangel an Arbeitskräften und entsprechend beschränkter Pflege beruhen, so erscheinen die Zahlen WEHLMANNS doch reichlich hoch. Zweifellos spielt der Unkrautbesatz eine große Rolle und kann Jäten erforderlich machen, so daß bei zusätzlichen zwei Handhacken der Aufwand auf 100, ja selbst 140 Stunden ansteigen kann. Dies dürften dann schon besonders ungünstige Ausnahmefälle sein, von dem hohen Wert mit 230 Stunden ganz abgesehen. Normalerweise dürfte man mit 50—100 Stunden für eine sachgemäße Pflege auskommen. Auch bei der Ernte erscheinen die Gesamtangaben WEHLMANNS entschieden zu hoch, selbst wenn man wie er bei der Mahd Handarbeit zugrunde legt, während bei unseren Untersuchungen die Ernte nur maschinell durchgeführt wurde. Besonders erstaunlich erscheint der hohe Aufwand bei Maschinendrusch mit 37 Stunden je vha, wenn man bedenkt, daß bei den höchsten Gesamtaufwendungen der neueren Werte von 55 Stunden diese Arbeit noch mit dem Flegel durchgeführt worden ist. Da die Verhältnisse beim Koriander doch denen beim Kümmel sehr ähnlich sind, erscheinen die neueren Untersuchungsergebnisse, die sich mit den auch dort ermittelten Werten etwa decken, entschieden zutreffender.

Der leichte Samenausfall mancher Arten und die damit bedingte größere Sorgfalt beim Ernten und Dreschen können den Arbeitsaufwand etwas erhöhen. Innerhalb der Gruppe der Körnerdrogen beanspruchen die zwei- und mehrjährigen Arten, z. B. der Kümmel, besondere Düngemaßnahmen. Beim Anbau von Fenchel kann sich unter Umständen auch ein Nachtrocknen der im Herbst geernteten Früchte erforderlich machen. Am verhältnismäßig einfachsten ist die Gewinnung der Körnerdrogen einjähriger Arten, z. B. die von *Sinapis alba*, *Brassica nigra*, *Coriandrum sativum*, *Anethum graveolens* und *Trigonella foenum-graecum*. Aber auch der Anbau der Körnerdrogen liefernden Arten setzt Erfahrungen im Arznei- und Gewürzpflanzenbau voraus.

Damit dürfte demonstriert sein, daß die Frage der Artenwahl im Arznei- und Gewürzpflanzenbau vor allem eine solche des möglichen Arbeitsaufwandes ist. Der Anbau von Arten zur Gewinnung der unterirdischen Pflanzenteile (Wurzeln, Wurzelstöcke, Knollen) sowie der Blätter und Blüten erfordert höchste Arbeitsintensität. Nach Untersuchungen von HECHT[8] (1928) verhält sich der Arbeitsaufwand bei Körner-, Kraut-, Wurzel- und Blütendrogen wie 1 : 5 : 7 : 7,4. Nach unseren neueren, etwas detaillier-

[8] HECHT, W.: Probleme des feldmäßigen Heilpflanzenanbaues. Beilage der Pharm. Monatsh. 1928 (Sonderdruck).

teren Untersuchungen ergaben sich für den Gesamtarbeitsaufwand je Flächeneinheit folgende Verhältniszahlen:

Krautdrogen liefernde Arten mit reiner Maschinen-arbeit		Körnerdrogen liefernde Arten als Drillsaat		Krautdrogen liefernde Arten mit vorwiegender Handarbeit		Körnerdrogen liefernde Arten als Pflanzung (Fenchel)		Wurzeldrogen liefernde Arten ohne Waschen, vorgereinigt		Blütendrogen liefernde Arten (Echte Kamille) (Ringel-blume)		Blütendrogen liefernde Arten (Königskerze) (Schwarze Malve)
1	:	1	:	2,5	:	3	:	3	:	6,5	bis	30

Blattdrogen wie Melisse und Pfefferminze und aufbereitete Wurzeldrogen, über die in letzter Zeit noch kein genügendes Zahlenmaterial gesammelt werden konnte, dürften sich etwa mit dem Wert 5 zwischen vorgereinigten Wurzeldrogen und Blütendrogen einreihen.

Die Unterschiede zwischen den beiden Untersuchungen dürften in den veränderten Lohnverhältnissen und den dadurch teilweise mehr technisierten Anbaumethoden zu suchen sein.

Wissenschaftlich fundierte betriebs- und arbeitswirtschaftliche Analysen auf dem Gebiet des Arznei- und Gewürzpflanzenbaues wurden bisher nur in sehr geringem Umfang durchgeführt. Besonders beachtenswert erscheinen uns die von HECHT (1928) gemachten Angaben auf Grund seiner in Österreich durchgeführten Untersuchungen. Weiterhin veröffentlichte WEHLMANN (1942)[9] Zahlenmaterial hierüber, das er in betriebs- und arbeitswirtschaftlichen Untersuchungen in zahlreichen Betrieben der deutschen Hauptanbaugebiete etwa in den Jahren 1936 bis 1939 sammelte und im Rahmen einer Dissertation (1940) auswertete. Die teilweise nach 1945 völlig veränderte Situation in der deutschen Landwirtschaft führte dazu, daß wir uns im Rahmen von Forschungsarbeiten des 1952 gegründeten Instituts für Sonderkulturen der Universität Leipzig auch dem Problem „Aufwand und Ertrag" beim Anbau von Arznei- und Gewürzpflanzen zuwendeten. Seit 1953 werden in etwa 30 landwirtschaftlichen und gärtnerischen Betrieben aller Größenklassen betriebs- und arbeitswirtschaftliche Erhebungen durchgeführt, deren erste Teilergebnisse in vorstehenden Ausführungen berücksichtigt wurden. Insgesamt standen Ende 1954 Ergebnisse von Untersuchungen zur Verfügung, die eine Arznei- und Gewürzpflanzenanbaufläche von rund 120 ha umfassen. Diese Untersuchungen werden in den nächsten Jahren fortgesetzt, wobei gleichzeitig versucht wird, sie auf einen noch größeren Kreis von Betrieben in ganz Deutschland auszudehnen. Hingewiesen sei auch noch auf die von FREUDENBERG und CAESAR[10] (Ende 1954) veröffentlichten langjährigen Erfahrungswerte eines Arzneipflanzen-Spezialbetriebes. Alle Ergebnisse der uns bekannt gewordenen betriebs- und arbeitswirtschaftlichen Untersuchungen einschließlich unserer eigenen Feststellungen lassen hinsichtlich der Rentabilität dieser Sonderkulturen erkennen, daß sie weitgehend abhängig ist vom Anteil des Handarbeitsaufwandes, der bei den einzelnen Arten verschieden ist. Bei einer gerechten Preisbildung für Qualitätsdrogen ergibt sich im allgemeinen beim Anbau von Arznei- und Gewürzpflanzen eine gute, oftmals aber kaum wesentlich größere Wirtschaftlichkeit als beim Anbau der üblichen landwirtschaftlichen Intensivkulturen. Sehr hohen Einnahmen aus dem Arzneipflanzenbau, wie dies z. B. im Falle der Gewinnung von Blatt- und Blütendrogen der Fall ist, stehen recht beträchtliche Betriebsausgaben für Saat- oder Pflanzgut, Düngung, Pflege, Ernte und Trocknung gegenüber. Vor allem sind es die Pflückkosten, die hierbei außer-

[9] loc. cit. S. 89.

[10] FREUDENBERG, G. und CAESAR, R.: Arzneipflanzen, Berlin und Hamburg 1954.

ordentlich ins Gewicht fallen. Dabei ist auch noch zu bedenken, daß der Anbau einiger Arznei- und Gewürzpflanzen sehr risikobehaftet ist. Zur Verbesserung der Wirtschaftlichkeit der Drogengewinnung ist hauptsächlich eine Weiterentwicklung der Mechanisierung und Technisierung der wichtigsten Arbeiten nötig. Allein schon die fast in der ganzen Welt zu beobachtende Verknappung der menschlichen Arbeitskraft in der Urproduktion, der Landwirtschaft, macht derartige Bemühungen erforderlich. Die größte Schwierigkeit liegt hierbei allerdings im Falle der Drogengewinnung in den meist kleinen und zerstreuten Anbauflächen, die in der Regel die Anschaffung besonderer, für die jeweiligen Zwecke konstruierter und damit meist sehr teurer Maschinen nicht lohnen. In dieser Hinsicht dürfte der Spezialbetrieb mit größeren geschlossenen Flächen einzelner Kulturen die besseren Zukunftschancen haben. Dies schließt jedoch nicht aus, daß auch kleinere Betriebe, sofern nur eine genügende Zahl in einer Ortslage oder in mehreren Nachbargemeinden zusammenliegen, bei einer gemeinschaftlichen bzw. genossenschaftlichen Anschaffung und Haltung von Spezialmaschinen und der Errichtung von Trocknungsanlagen sich günstig stehen können.

Zur Marktlage soll noch eine kurze Betrachtung folgen. Während bei den meisten Agrarprodukten, z. B. bei Getreide und Kartoffeln, die Nachfrage auf Grund der Bevölkerungszahl relativ stetig ist, wird der Bedarf an Arznei- und Gewürzpflanzen durch mehrere veränderliche Faktoren beeinflußt. So ist z. B. der Verbrauch von Arzneipflanzen und daraus hergestellten Arzneimitteln vom allgemeinen Gesundheitszustand der Bevölkerung abhängig. Auch die Häufigkeit des Auftretens bestimmter Krankheiten, wie solcher, die witterungsbedingt sind, hat starken Einfluß auf den Arzneipflanzenbedarf. Außerdem ist der Verbrauch sehr abhängig von der Entwicklung neuer Arzneimittel durch die pharmazeutische Industrie. Diese und noch andere Möglichkeiten bedingen eine ständige Veränderlichkeit in der Drogenbedarfslage.

Um dem Anbauer von Arznei- und Gewürzpflanzen eine Sicherung bezüglich des Absatzes seines Erntegutes zu geben, ist es angebracht, einen Anbauvertrag mit dem Abnahme-Interessenten (Drogenhandel, Drogenbearbeitungsbetriebe, Gewürzmühlen, Betriebe der pharmazeutischen Industrie und Riechstoffwerke) abzuschließen. Diese Verträge sollten so einfach und klar wie möglich abgefaßt sein. Im wesentlichen müssen sie sicherstellen: einerseits Größe der Anbaufläche und die anzubauende Kulturart sowie die restlose Ablieferung der Ernte durch den Erzeuger, andererseits bindende Abnahmeverpflichtung des kaufenden Vertragspartners und Preisvereinbarungen, soweit nicht der Preis durch allgemein gültige Preisfestsetzungen geregelt ist. Wichtig ist auch, daß Qualitätsanforderungen im Hinblick auf den Preis eindeutig definiert werden.

Was nun die Sortenwahl anbelangt, so wird der Anbauer fragen: Welche Sorte eignet sich am besten für meine Verhältnisse? Dazu ist ganz allgemein zu sagen, daß die Sortenwahl im Arznei- und Gewürzpflanzenbau bei weitem leichter ist als die Artenwahl, denn die Zahl der zugelassenen Sorten der einzelnen Arten ist außerordentlich gering. Hinweise zur Sortenwahl finden sich im „Ratgeber zur Sortenwahl landwirtschaftlicher und gartenbaulicher Pflanzenarten“[11]. Wichtig und entscheidend ist für einen erfolgreichen Anbau von Arznei- und Gewürzpflanzen, daß eine richtige Sortenwahl getroffen wird. So z. B. muß der Anbauer von *Valeriana officinalis* von den zugelassenen Baldriansorten wissen, daß die Sorte ‘Erfurter Breitblättriger’ feuchte Böden bevorzugt, während der ‘Oberlausitzer Schmalblättrige’ mehr leichtere Böden liebt. Will er Estragon als Gewürzpflanze anbauen, so hat er die Wahl zwischen zwei Sorten, und zwar ‘Deutschem Aromatischem’ und ‘Russischem’. Ersterer läßt sich nur vegetativ, letzterer vegetativ und generativ vermehren. Die Sorte

[11] Ratgeber zur Sortenwahl landwirtschaftlicher und gartenbaulicher Pflanzenarten. Berlin 1951.

'Deutscher Aromatischer Estragon' ist sehr aromatisch, der Geschmack anisartig würzig. Sie eignet sich besonders zum Anbau auf nährstoffreichen Böden in warmen Lagen, während die Sorte 'Russischer' im Geschmack kerbelartig, bitterlich und hinsichtlich des Standortes anspruchslos und winterhart ist. Qualitätsmäßig gesehen, sollte nach Möglichkeit der 'Deutsche Aromatische Estragon' bevorzugt angebaut werden. Als letztes Beispiel sollen noch zwei Sorten der Kulturart Majoran kurz charakterisiert werden. Sortenkundlich werden unterschieden: 'Blattmajoran' ('Französischer Staudenmajoran') und 'Knospenmajoran' ('Deutscher Majoran'). Die Sorte 'Blattmajoran' ist sehr anspruchsvoll an den Standort. Sie bevorzugt einen milden, humusreichen Boden in warmer Lage. Sie ist blattreich, spät und im Samenertrag unsicher. Die Sorte 'Knospenmajoran' ist weniger anspruchsvoll an den Standort, blattärmer, mittelfrüh, im Samenertrag sicherer. Es gibt also auch bei diesen Sonderkulturen Sorten mit verschiedenen Ansprüchen an den Standort. Universal- und Spezialsorten können unterschieden werden. Eine absolute Universalität gibt es jedoch nicht, denn alle Sorten haben nun einmal nur eine bestimmte ökologische Streubreite. Zum Zweck einer kritischen Beurteilung der optimalen Wachstumsbedingungen der zugelassenen Sorten und ihrer Ertragsleistungen wurden in Deutschland in jüngster Zeit die Arznei- und Gewürzpflanzen auch mit in das Sortenversuchswesen einbezogen.

VIII. Fruchtfolge

a) Möglichkeiten der Eingliederung (Fruchtfolgepläne)

Mit den Fragen der Arten- und Sortenwahl hängen eng solche der Fruchtfolge zusammen. Der Arznei- und Gewürzpflanzenbau sollte sich in die gesamte Wirtschaft einfügen. Den anzubauenden Arten ist die ihnen zusagende Stellung in der Fruchtfolge zuzuweisen. Bei der Eingliederung der Arten in eine geregelte Fruchtfolge ist zwischen bodenverbessernden und bodenverschlechternden Arten zu unterscheiden und auf die Verträglichkeit und Unverträglichkeit der Arten mit sich und anderen Rücksicht zu nehmen. Im regelmäßigen Wechsel müssen folgen z. B. Tiefwurzler, Flachwurzler, Stickstoffsammler und Stickstoffzehrer. Der Stellung der Arznei- und Gewürzpflanzen nach ihren Düngungsansprüchen (frische Stalldüngung, zweite, dritte Tracht usw.) ist weitgehende Beachtung zu schenken, nicht minder auch vielen vom allgemeinen landwirtschaftlichen Pflanzenbau her bekannten Fruchtfolgeerscheinungen. So z. B. gehört mit zu den ältesten pflanzenbaulichen Erfahrungen die Feststellung, daß ein mehrfacher Nacheinanderbau der gleichen Kulturart meist nicht zweckmäßig ist und zu schweren Rückschlägen führen kann. Auch im Arznei- und Gewürzpflanzenbau ist diese Tatsache bekannt. So soll beispielsweise Pfefferminze, die zwar auch mehrjährig angebaut wird, erfahrungsgemäß sich selbst erst wieder nach einer längeren Anbaupause von 5—7 Jahren folgen. Es sollte daher grundsätzlich mit den Kulturarten gewechselt werden, besonders unter Einschaltung landwirtschaftlicher, aber auch gartenbaulicher Pflanzenarten. Besondere Aufmerksamkeit ist bei der Eingliederung mehrjähriger Arzneipflanzen in eine geregelte Fruchtfolge am Platze, um Möglichkeiten der Unkrautbildung zu vermeiden.

Im Arznei- und Gewürzpflanzen-Spezialbetrieb sind die in der Landwirtschaft geltenden Grundsätze sinngemäß anzuwenden. Auf dem Versuchsfeld in Leipzig-Probstheida und anderenorts wurde beobachtet, daß Arznei- und Gewürzpflanzen mehrere Jahre hintereinander auf dem gleichen Schlag folgen können, wenn der Anbau vielseitig ist und eine richtige Auswahl der anzubauenden Arten vorgenommen wird. Allerdings sollten möglichst nicht artverwandte Kulturpflanzen aufeinanderfolgen, da dann Fruchtfolgeschäden oft unvermeidlich sind, die vielerlei Ursachen haben können. Ungünstige Einflüsse einseitigen Anbaues vermögen sich u. a. auf Struktur und Nährstoffgehalt des Bodens auszuwirken. Experimentell bleibt noch festzustellen, inwieweit der Garezustand des Bodens von den verschiedenen Arznei- und Gewürzpflanzenarten gefördert oder gefährdet wird. Ein großer Teil von ihnen wirkt sich zweifellos fördernd auf die Bodengare aus, wie auch die meisten Arznei- und Gewürzpflanzen als Hackfrucht angesprochen werden müssen. Erfahrungsgemäß ist aber z. B. die Ringelblume eine ausgesprochen ungünstige Vorfrucht, die sich bei jeder ihr folgenden Kulturart deutlich von anderen Vorfruchtarten abzeichnet. Unseres Wissens wurden noch keine exakten Fruchtfolgeversuche mit Arznei- und Gewürzpflanzen angestellt, so daß die Ergebnisse der an vielen landwirtschaftlichen und gärtnerischen Kulturarten durchgeführten Versuche zu nutzen sind. Als die günstigste Folge wird in der Landwirtschaft ganz allgemein der regelmäßige Wechsel von Halmfrüchten (4 Hauptgetreidearten) mit Blattfrüchten (Hackfrüchte einschließlich Mais, Hülsenfrüchte, Futterpflanzen, Raps usw.) angesehen. Wenn in diesen Fruchtwechsel durch wohlüberlegte Planung die Arznei- und Gewürzpflanzen eingeschaltet werden, lassen sich bei genügender Vielseitigkeit Gefahrenmomente umgehen. Auch in der von KOENNECKE[1] empfohlenen Fruchtfolge 2× Blattfrucht, 2× Halmfrucht lassen sie sich recht gut eingliedern. Oftmals stellt der Anbau von Arznei- und Gewürzpflanzen eine sehr willkommene Erweiterung der Fruchtfolge dar, wie dies z. B. beim Anbau von *Mentha piperita* auf Niederungsmoor bzw. auf anmoorigen Böden der Fall ist, auf denen sie sehr gut gedeiht.

Wie aus der Literatur bekannt ist und in Leipzig-Probstheida häufig beobachtet wurde, üben im allgemeinen die Arznei- und Gewürzpflanzen einen günstigen Einfluß auf die landwirtschaftliche Fruchtfolge aus. Jedoch kann über den Vorfruchtwert der einzelnen Arten noch nichts Bestimmtes gesagt werden, da keine Versuchsergebnisse vorliegen. Die einjährigen Arten lassen sich meist ohne Schwierigkeiten in eine geregelte Fruchtfolge eingliedern. Kurzlebige Pflanzen können oftmals gut nach ausgewinterten Früchten, wie Winterraps und -rübsen, Winterweizen und Wintergerste, angebaut werden. Wurzeldrogen sollten möglichst nach einer Hackfrucht (Kartoffeln, Rüben) zu stehen kommen. Gut gedüngte und bearbeitete Hackfrüchte sind oftmals die geeigneten Vorfrüchte für die mehrjährigen Arten. Besondere Bedeutung ist den Arzneipflanzen-Leguminosen *Ononis spinosa*, *Trigonella coerulea*, *T. foenum-graecum*, *Melilotus altissimus* Thuill. (Hoher Steinklee), *M. officinalis* und *Galega officinalis* in ihrer bekannten Eigenschaft als wertvolle Stickstoffsammler beizumessen, da sie im allgemeinen in der dritten Tracht stehen können. Langlebige Arten, z. B. *Rheum palmatum* oder *Gentiana lutea*, sollen nach Möglichkeit so angebaut werden, daß sie außerhalb des Fruchtwechsels bleiben (Springschlag) und bei den üblichen Feldarbeiten nicht hinderlich sind. Zu bedenken ist auch, daß auf Giftpflanzen keine Blatt- oder Krautdrogen und auch kein Blattgemüse folgen dürfen, da z. B. Spinat mit jungen Stechapfelblättern verwechselt werden kann. Samenausfall ist oftmals nicht ganz zu vermeiden. Somit besteht vielfach die Gefahr, daß in der Nachfrucht Giftpflanzen aufwachsen. Vergiftungserscheinungen mit zum Teil tödlichem Ausgang bei Wiederkäuern und Pferden wurden beim Nachbau von Futtergemenge bekannt. Am besten gelangen nach Giftpflanzen Wurzel- bzw. Knollen- und Zwiebelgewächse zum Anbau, auch Blütendrogen können bedenkenlos gewonnen werden.

Wie wir selbst beobachteten, vermag eine sachgemäße Einschaltung von Arznei- und Gewürzpflanzen in die Fruchtfolge das durch *Leptosphaeria herpotrichoides* De Not., *Ophiobolus graminis* Sacc. und andere Erreger hervorgerufene Auftreten von Fußkrankheiten des Getreides einzuschränken. Dem Nematodenbefall, der häufig bei Wurzelgewächsen, z. B. bei Rüben und Kartoffeln, aber auch noch anderen Kulturarten auftritt, wird durch Zwischenschaltung von Arznei- und Gewürzpflanzen in die Fruchtfolge vorgebeugt.

Nachstehend folgen einige Beispiele von Fruchtfolgen.

Fruchtfolgepläne für das Versuchsfeld Leipzig-Probstheida

Fruchtfolgeplan A

1. Jahr:	(Starke Stalldunggabe) Kartoffeln,
2. bzw. 3. Jahr:	Wurzeldrogen liefernde Arzneipflanzen, z. B. Alant, Angelika, Baldrian, Eibisch und Liebstock. Die Pflanzung erfolgt im Herbst des 1. Jahres.
3. bzw. 4. Jahr:	Einjährige Arznei- und Gewürzpflanzen, z. B. Bohnenkraut, Dill, Koriander und Majoran.

[1] KOENNECKE, G.: Ertragssteigerung und Erhaltung der Bodenfruchtbarkeit durch Umstellung von Fruchtfolgen. Kühn-Archiv 64. Band, S. 215 bis 217 (1951).

Fruchtfolgeplan B

1. Jahr: (Mittlere Stalldunggabe) Kartoffeln,
2. Jahr: Wintergetreide,
3. bzw. 4. Jahr: Arzneipflanzenleguminosen, z. B. Blauer Steinklee, Bockshornklee, Gelber oder Hoher Steinklee, Geißraute. Drillsaat erfolgt im Herbst des 2. bzw. im Frühjahr des 3. Jahres.

Fruchtfolgeplan C

1. Jahr: (Mittlere Stalldunggabe) Kartoffeln (frühe oder mittelfrühe Sorten),
2. Jahr: Winterölfrüchte (Aussaat von Winterraps und Winterrübsen im Vorjahr Mitte August bis Ende September),
3. Jahr: Blütendrogen liefernde Arzneipflanzen, z. B. Königskerze und Schwarze Stockrose. Die Pflänzung erfolgt im Spätsommer des 2. Jahres.

Fruchtfolgeplan D

1. Jahr: (Starke Stalldunggabe) Rüben (Zucker- oder Futterrüben),
2. Jahr: Alkaloiddrogen liefernde Arten aus der Familie der Nachtschattengewächse: Bilsenkraut, Stechapfel und Paprika, letztere Art zur Gewürzdrogengewinnung. Aussaat bzw. Pflanzung erfolgt im Frühjahr des 2. Jahres.
3. Jahr: Blütendrogen liefernde Arzneipflanzen: Königskerze und Schwarze Stockrose. Pflanzung erfolgt im Herbst des 2. Jahres.

Den Arznei- und Gewürzpflanzen folgen dann im landwirtschaftlichen Anbau am besten Nutzpflanzen, deren Fruchtfolgeansprüche der Landwirt kennt. Auch der Feldgemüsebau kann Berücksichtigung finden. Er läßt sich, genügend Erfahrung vorausgesetzt, mit Vorteil bei den in starkem Maße Arznei- und Gewürzpflanzen anbauenden Betrieben in den Fruchtfolgeplan eingliedern. Die Kartoffel aus der Familie der Nachtschattengewächse (*Solanaceae*) sollte weder vor noch nach einer zu dieser Familie gehörenden Arzneipflanzenart angebaut werden, um Fruchtfolgeschäden sowie Übertragungen von Krankheiten und Schädlingen zu vermeiden. Der Kartoffelkäfer (*Leptinotarsa decemlineata* Say.) findet sich auch auf Arznei- und Gewürzpflanzen der Familie der Nachtschattengewächse. Im besonderen sind die *Hyoscyamus-species* zu nennen, die sowohl in Amerika als auch im Westen Deutschlands schon starken Kartoffelkäferbefall erlitten. In ähnlicher Weise wie Bilsenkraut wurde verschiedentlich auch *Solanum dulcamara* L. (Bittersüß) vom Kartoffelkäfer heimgesucht. Auch *Atropa bella-donna* ist eine beliebte Wirtspflanze des Kartoffelkäfers. *Datura stramonium* und *Capsicum annuum* wurden bisher aber kaum befallen. Das Vorkommen des Schädlings beschränkt sich nicht allein auf Nachtschattengewächse. Nach MÜHLE[2] wurden z. B. schon an *Verbascum-species* (*Scrophulariaceae*) Larven fressend angetroffen.

Nachfolgend noch einige weitere Beispiele von Arzneipflanzen-Fruchtfolgen bei landwirtschaftlicher Nutzung unter Berücksichtigung des Zwischenfruchtbaues, wie sie LIPPERT[3] in der Praxis erprobte, denen wir aber nicht immer vorbehaltlos zustimmen können (siehe Fußnoten).

Bei der großen Zahl von Arznei- und Gewürzpflanzen sind viele Möglichkeiten gegeben, den Fruchtfolgeplan je nach anbau- und betriebswirtschaftlichen Verhältnissen zu ge-

[2] MÜHLE, E.: Über die Wirtspflanze des Kartoffelkäfers *Leptinotarsa decemlineata* Say. unter besonderer Berücksichtigung der Heil- und Gewürzpflanzen. „Pharmazie" 2, S. 179 bis 180 (1947); bzw. „Arzneipflanzen-Umschau" 2, S. 172 bis 173 (1947).

[3] LIPPERT, F.: Heilpflanzen und landwirtschaftliche Fruchtfolge. „Heilpflanzen-Rundschau" Nr. 15 (1949).

Fruchtfolgen
nach LIPPERT

Vorfrucht	1. Jahr	2. Jahr	3. Jahr	4. Jahr
Wiesenumbruch Gemenge	Eibisch als Herbstpflanzung, Untersaat: Spinat und Wintersalat	Eibisch mit Untersaat	Dill oder Bohnenkraut, Herbstsaat: Kamille	Kamille
,,	Baldrian als Herbstpflanzung, Untersaat: Löffelkraut	Baldrian, Löffelkraut	Kerbel oder Boretsch, Futtergemenge	Futtergemenge, Spätgemüse
,,	Melisse oder Salbei oder Thymian oder Ysop als Herbstpflanzung	desgl.	desgl. Herbstpflanzung: Königskerze*[1]	Königskerze
Kartoffeln oder Rüben in Stalldung	Majoran oder Basilikum oder Knoblauch	Koriander	Ringelblume und Blaue Malve	Blaue Malve
,,	Pfefferminze oder in warmen Lagen Fenchel mit Untersaaten	Pfefferminze oder nach Fenchel Blaue Malve	Bohnen – Hafer oder Gerste mit Erbsen, Herbstsaat: Kamille	Kamille
,,	Bohnenkraut, Herbstpflanzung: Fingerhut	Fingerhut	Bockshornklee, Wintergetreide	Getreide
,,	Baldrian als Frühjahrspflanzung*[2]	Koriander, Herbstpflanzung: Fingerhut oder Königskerze	Fingerhut oder Königskerze, danach Wickroggen	Wickroggen
Weizen oder Winterraps als Überfrucht	Untersaat im Herbst: Kümmel	Kümmel, anschl. Landsberger Gemenge	Landsberger Gemenge, danach Majoran oder Basilikum oder Bohnenkraut	Feldgemüse in Stalldung
Senf und Erbsen als Überfrucht	Untersaat im Frühjahr: Kümmel	Kümmel, danach Roggen mit Wintererbsen	Roggen mit Wintererbsen, Spinat	Spinat
Mohn oder Lein oder Gerste als Überfrucht	Untersaat: Kümmel	Kümmel, danach Königskerze oder Fingerhut	Königskerze oder Fingerhut	
Winterraps	Liebstock als Herbstpflanzung*[3], Untersaat: Spinat, Wintersalat	Liebstock mit Untersaat	Liebstock	

*[1] Zu überlegen ist, ob es nicht richtiger wäre, nach den mehrjährigen Kulturen im 3. Jahr statt der Herbstpflanzung Königskerze eine Frühjahrskultur, etwa Arzneipflanzenleguminosen, zu bringen, um das Feld wieder einmal zur Förderung des Garezustandes in rauher Furche überwintern und durchfrieren zu lassen.

*[2] Baldrian als Frühjahrspflanzung scheint nur nach Rüben, nicht aber nach Kartoffeln angebracht. Die Herbstpflanzung des Baldrians ist im allgemeinen der Frühjahrspflanzung überlegen und dürfte nach Kartoffeln in der Regel immer möglich und daher anzustreben sein.

*[3] Darauf hingewiesen sei, daß es sich in diesem Falle nur um Liebstock zur Laub- und Früchtegewinnung handeln kann. Zur Wurzelgewinnung ist die Mehrjährigkeit auf alle Fälle zu verwerfen.

Vorfrucht	1. Jahr	2. Jahr	3. Jahr	4. Jahr
Winterraps	Engelwurz als Herbstpflanzung mit Untersaat* [4]	Engelwurz	Pfefferminze mit Stalldung oder Lein oder Sommergetreide	
Frühkartoffeln mit Stalldung	Baldrian oder Eibisch als Herbstpflanzung mit Untersaat von Spinat oder Wintersalat	Baldrian oder Eibisch	Kerbel, anschl. Dill	
,,	Melisse oder Salbei oder Thymian oder Ysop	desgl.	desgl. anschl. Königskerze* [5]	
,,	Bohnenkraut	Koriander, anschl. Landsberger Gemenge	Landsberger Gemenge, anschl. Dill	
,,	Stockrose (Schwarze Malve) als Herbstpflanzung	Stockrose	Kamille	
Dill als Zweitfrucht	Blaue Malve	Bockshornklee		

stalten. Betriebswirtschaftlich ist der Zeitpunkt der Bestellung, Pflege und Ernte der im Anbau überwiegenden Kulturpflanzen bei der Einordnung in die Fruchtfolgen besonders zu beachten, um Arbeitsspitzen zu vermeiden. Die Beanspruchung des Bodens durch die angebauten Arten soll auf ein Mindestmaß beschränkt, der Boden vor allem gesund erhalten und somit jeglicher Fruchtfolgeschaden vermieden werden. Bodenmüdigkeitserscheinungen, wie sie in zunehmendem Maße beim Anbau von landwirtschaftlichen Kulturarten (Klee- und Rübenmüdigkeit) zu beobachten sind, traten auf dem Arznei- und Gewürzpflanzen-Versuchsfeld in Leipzig-Probstheida während eines 20jährigen Anbaues nicht auf, obwohl sie anderenorts festgestellt wurden. Nach Beobachtungen von MADAUS[4] sollen sie besonders beim Anbau von *Althaea officinalis*, *Mentha piperita* und *Rubia tinctorum* auftreten. Die wohlüberlegte Fruchtfolge stellt eines der wichtigsten Mittel zur Vermeidung solcher Erscheinungen dar, wobei die jeweiligen Standortsverhältnisse die Möglichkeiten der Fruchtfolge in erster Linie bestimmen. Jede Kulturpflanze muß standortsgerecht in die Fruchtfolge eingegliedert werden, wenn ihr Anbau erfolgreich sein soll.

b) Anbau als Untersaat

Bei der Aufstellung des Fruchtfolgeplanes ist zu überlegen, wieweit es möglich ist, Arznei- und Gewürzpflanzen als Untersaat anzubauen. Besonders geeignet hierfür ist *Carum carvi*. Als Überfrucht zu Kümmel haben sich u. a. Mohn und Sommergerste bewährt, ebenso dürfte auch *Trigonella foenum-graecum* in Frage kommen. Frühreifende niedrige Erbsensorten sollen als Deckfrucht auch geeignet sein. Zu bedenken ist jedoch,

[4] MADAUS, G.: Lehrbuch der Biologischen Heilmittel, Abt. I, Heilpflanzen, Bd. 1, Leipzig 1938, S. 136.

*[4] Inwieweit eine Untersaat zu Engelwurzpflanzung möglich ist, möge dahingestellt bleiben, da nach anderen Erfahrungen diese Art im kommenden Jahre sehr zeitig schließt, das Feld deckt und damit jegliche Untersaat erstickt.

*[5] Hier gilt das gleiche wie schon unter *[1] bemerkt.

daß die Untersaat bei zu dichtem Stand der Deckfrucht und bei Lager erstickt, ebenso stirbt sie unter Garben ab, die längere Zeit auf dem Felde stehen. Außerdem können die Untersaaten die Ursache starker Verunkrautung sein. Durch die Wahl ungeeigneter Überfrüchte kann die Ernte der Untersaat erschwert werden, wie dies z. B. beim Anbau von Feldstiefmütterchen als Untersaat zu Roggen der Fall ist. Bei der Ernte von *Viola tricolor* stören die Roggenstoppeln. Ungeeignete Überfrüchte zu *Carum carvi* scheinen *Coriandrum sativum* und *Sinapis alba* zu sein.

Der Anbau von Futter- und Gründüngungspflanzen als Untersaaten zu Arznei- und Gewürzpflanzen bedarf der Erwähnung. Es sei hier nur auf die Untersaatenversuche von OBERDORF[5] mit Gelbklee, der auch Hopfenklee (*Medicago lupulina* L.) genannt wird, hingewiesen. So hat sich dieser als Untersaat z. B. zu Mohn bewährt. Er ist nicht nur eine brauchbare „Weideleguminose", sondern auch eine Gründüngungspflanze. Ganz besonders ist von Betrieben, denen es an Stalldung, wie überhaupt organischem Dünger, mangelt, zu prüfen, welche Möglichkeiten bestehen, Gründüngungspflanzen als Untersaat oder als Stoppelsaat anzubauen.

c) Anbau als Zweitfrucht

Der Zweitfruchtanbau bzw. Zwischenfruchtbau, breitet sich immer mehr aus; er ist im Fruchtfolgeplan ebenfalls zu berücksichtigen. Mehrere Arzneipflanzen können in West- und Südeuropa mit sicherem Erfolg als Zweitfrüchte angebaut werden. Unter mitteleuropäischen Klimaverhältnissen kommen allenfalls als Zweitfrüchte nach Hauptfrüchten, die Ende Juni und im Juli das Feld räumen, in Frage: die stark erdflohgefährdeten Kruziferen *Sinapis alba*, *Brassica nigra* und *Lepidium sativum* sowie die Umbelliferen *Coriandrum sativum* und *Anthriscus cerefolium*. Sehr raschwüchsig ist die einjährige Leguminose *Trigonella coerulea*. Sie kann ebenso wie die Komposite *Cnicus benedictus* noch im Juli und August mit Aussicht auf Erfolg angebaut werden. Auch die Malvacee *Malva silvestris subspec. mauritanica*, die in der Hauptsache zur Blütengewinnung kultiviert wird, kann im Juli noch zur Blattgewinnung ausgesät werden. Die Komposite *Calendula officinalis* läßt sich unter günstigen Bedingungen ebenfalls noch bis Ende Juli als Zweitfrucht anbauen. Selbst ein erfolgreicher Nachbau der Solanacee *Datura stramonium* ist bekannt, sofern die Aussaat noch in der ersten Hälfte des Juni erfolgen kann. Selbstverständlich reichen die Erträge hierbei nicht an die der als Hauptfrucht gebauten Kultur heran. Dafür bietet aber meist ein geringerer Pflegeaufwand bei der als Nachbau gebrachten Kultur einen gewissen Ausgleich.

d) Brache

Zu der immer häufiger diskutierten Frage der Wiedereinführung der Brache im Arznei- und Gewürzpflanzenbau soll hier kurz Stellung genommen werden. Bei einer guten Wirtschaftsführung ist die Brache entbehrlich. Im Arzneipflanzenspezialbetrieb kann allenfalls in längeren Zwischenräumen eine gesteuerte Brache erwogen werden, wenn mehrjährige, den Boden außergewöhnlich stark beanspruchende Arzneipflanzenarten, z. B. *Gentiana lutea*, *Rheum palmatum* oder *Lavandula angustifolia* zum Anbau gelangten.

Der turnusmäßige Anbau ein- und mehrjähriger Futterpflanzen (Gemische von Futterleguminosen und Gräsern) im Rahmen einer Fruchtfolge kann für den wirtschaftlichen Erfolg von Nutzen sein. Besonders trifft dies zu für Betriebe, denen es an organischem Dünger mangelt, wie es häufig in viehlosen Arznei- und Gewürzpflanzen anbauenden Spezialbetrieben der Fall ist. Wir selbst führen auf dem Versuchsfeld in Leipzig-Probst-

[5] OBERDORF, F.: Wirtschaftliche Pflanzengemeinschaften im Ackerbau. Berlin 1953

heida seit 20 Jahren außer den bereits erwähnten Fruchtfolgen noch folgende durch: Mehrjährige Futterpflanzen (3jähriger Anbau), Kartoffeln, mehrjährige Arznei- und Gewürzpflanzen (2jähriger Anbau).

Besonders die Gräser bilden erhebliche Wurzelmassen, und nach ihrem Absterben wird von den Kleinlebewesen des Bodens aus den Wurzelrückständen Dauerhumus erzeugt, der die Stabilität der einzelnen Bodenkrümel schafft und von großem Wert für das Pflanzenwachstum ist. Im Rahmen des von W. R. WILJAMS[6] begründeten Trawopolnaja-Systems kommt den Feld- und Futtersaatfolgen eine große Bedeutung zu. In einigen Gebieten der Sowjetunion wurden mit diesem System auch schon sehr gute Anbauerfolge erzielt.

Nach SARAEVA[7] wird der Arzneipflanzenbau fruchtfolgemäßig im Rahmen des Trawopolnaja-Systems in der Weise eingegliedert, daß er unmittelbar dem mehrjährigen Kleegrasgemisch in Form eines Buntschlages folgt. Der nicht mit Arzneipflanzen genutzte Teil dieser Fläche läuft im Rahmen der landwirtschaftlichen Futter- oder Feldsaatfolge weiter, während der Anteil der Sonderkulturen je nach deren Nutzungsdauer sich allmählich wieder in diese eingliedert.

Neunfeldrige Feldsaatfolge (Kartoffelfruchtfolge)

1. Jahr	Kleegrasgemisch	
2. ,,	,,	
3. ,,	Wintergetreide und	Arzneipflanzen im 1. Jahr
4. ,,	Frühkartoffeln ,,	,, ,, 2. ,,
5. ,,	Sommergetreide ,,	,, ,, 3. ,,
6. ,,	Kartoffeln ,,	,, ,, 4. ,,
7. ,,	Futter-Sommergetreide	,, ,, 5. ,,
8. ,,	Schwarzbrache	
9. ,,	Wintergetreide mit Untersaat von Kleegrasgemisch	

Achtfeldrige Futtersaatfolge

1. Jahr	Kleegrasgemisch	
2. ,,	,,	
3. ,,	,,	
4. ,,	Winterroggen als Grünfutter	
5. ,,	Silofutter (Mais) und	Arzneipflanzen im 1. Jahr
6. ,,	einjährige Futterpflanzen	,, ,, 2. ,,
7. ,,	Futterrüben	,, ,, 3. ,,
8. ,,	Winter- oder Sommergetreide mit Untersaat von Kleegrasgemisch.	

Zweifellos wird diese Fruchtfolge den meist sehr hohen Gare- und Humusansprüchen der Arznei- und Gewürzpflanzen gerecht, die sich unter mitteldeutschen Verhältnissen durch die Forderung der meisten Arten nach einem Anbau in 2. Tracht nach stallmistgedüngten Hackfrüchten ausdrückt und stellt unter sowjetischen Anbauverhältnissen eine recht günstige Lösung des Fruchtfolgeproblems bei diesen Kulturarten dar. Zu erwägen wäre allerdings bei der neunfeldrigen Feldsaatfolge eine Änderung insofern, als die Eingliederung und der Beginn des Arzneipflanzenbaues im Herbst des 4. oder Frühjahr des 5. Jahres nach Frühkartoffeln zweckmäßiger sein könnte. Bei dem Winterroggenanbau als Grünfutter im 4. Jahr der achtfeldrigen Futtersaat-

[6] KATSCHINSKIJ, N. A.: Die Lehre W. R. WILJAMS' vom Trawopolnaja-System der Landwirtschaft. „Sowjetwissenschaft", Heft 2, S. 104 bis 121 (1949).

[7] SARAEVA, P. J.: Kultura lekarstvennij rastenij. (Russisch.) Die Kultur der Arzneipflanzen. Moskau 1952.

folge dürfte es sich wahrscheinlich um Winterzwischenfruchtbau handeln, dem noch im selben Jahr Silomais und Arzneipflanzen folgen, so daß die achtfeldrige Folge nur 7 Jahre umfaßt. Der Irrtum ist vielleicht auf einen Übersetzungsfehler aus der sowjetischen Quelle zurückzuführen.

Es bleibt zu prüfen, welche Nutzanwendungen aus den Erfahrungen der sowjetischen Landwirtschaft mit dem Trawopolnaja-System für den Arznei- und Gewürzpflanzenbau in Deutschland gezogen werden können.

Zusammenfassend sei festgestellt, daß die Fruchtfolge sorgfältiger und wohldurchdachter Handhabung bedarf. In landwirtschaftlichen Betrieben sollten die Arznei- und Gewürzpflanzen in die langjährige Fruchtfolge eingebaut werden. Hierdurch ließe sich ein Fortschritt bei den landwirtschaftlichen Fruchtfolgen erzielen, denn diese sind ein sehr wichtiges Glied in der langen Kette der acker- und pflanzenbaulichen Maßnahmen zur Ertragssteigerung und -sicherung.

IX. Einzel- und Mischkultur

Die Frage, ob der Anbau von Arznei- und Gewürzpflanzen als Einzel-(Rein-) oder Mischkultur vorgenommen werden soll, läßt sich nicht generell beantworten. Hierüber liegen bereits Ergebnisse experimenteller Arbeiten und Übersichten vor, die sich zum Teil auch mit Arzneipflanzen befassen, so z. B. von MADAUS[1], BODE[2], HÖSSLIN[3] und KROEBER[4]. Unter anderem wurde der Einfluß von *Achillea millefolium*, *Artemisia absinthium*, *Digitalis purpurea*, *Urtica-species* und *Sinapis alba* auf verschiedene, in ihrer unmittelbaren Nähe angebaute andere Pflanzenarten festgestellt.

Den Untersuchungen von MADAUS auf dem Gebiet der gegenseitigen stofflichen Beeinflussung der Pflanzen, die besonders häufig zitiert werden, steht MOTHES[5] mit gutem Recht sehr skeptisch gegenüber. Letzterer hat z. B. mehrere Jahre hindurch die von MADAUS in einigen Veröffentlichungen wiederholte Angabe, wonach *Viola tricolor* allein schlecht keimt, mit Weizen vergesellschaftet überhaupt nicht und mit Roggen zu 100%, niemals, auch nicht andeutungsweise, sicherstellen können.

In diesem Zusammenhang interessieren besonders die Untersuchungen von MOLISCH[6] über Allelopathie. Unter diesem Begriff werden alle diejenigen Erscheinungen zusammengefaßt, die bei einer gegenseitigen Beeinflussung von verschiedenen pflanzlichen Organismen zu beobachten sind. Im Pflanzenbau macht man sich die Erkenntnisse der Allelopathie zum Teil zunutze. OBERDORF[7] empfiehlt auf Grund von Versuchen, den Sojaanbau in Pflanzengemeinschaften vorzunehmen. Der Anbau der Soja (*Glycine soja* [L.] Sieb. et Zucc.) in Pflanzengemeinschaften nach dem Lichtschachtverfahren ist nach Genanntem auch unter mitteldeutschen Verhältnissen wirtschaftlich, vor allem dann, wenn der Ertrag der Beifrucht wertmäßig hoch oder höher liegt als der der Soja. In solchen Fällen ist die Soja eine wertvolle Pflanze für Mischkulturen, und zwar auch im Arzneipflanzenbau, wie wir dies wiederholt feststellten. Nach Untersuchungen unseres Mitarbeiters HEERKLOTZ[8] hatte z. B. die Mischkultur *Valeriana officinalis* und *Glycine soja* einen um fast 40% höheren Ertrag an Baldriandroge (*Radix Valerianae*) je Pflanze aufzuweisen als die Einzelkultur.

Besonders im gärtnerischen Pflanzenbau findet der Gemeinschaftsanbau immer mehr Beachtung. Im Arznei- und Gewürzpflanzenbau sollte von Fall zu Fall entschieden

[1] MADAUS, G.: Lehrbuch der Biologischen Heilmittel. Abt. I, Heilpflanzen, Bd. I, Leipzig 1938. (Siehe auch Jahrbücher MADAUS 1934 bis 1938.)

[2] BODE, H. R.: Über die Blattausscheidungen des Wermuts und ihre Wirkung auf andere Pflanzen. „Planta", Bd. 30, S. 567 bis 589 (1939/40).

[3] HÖSSLIN, R. v.: Versuchsergebnisse über die Wirkung der Beisaat verschiedener Gemüsearten zu Spätmöhren. „Süddeutscher Erwerbsgärtner" 7, S. 268 bis 270 (1953).

[4] KROEBER, L.: Pflanzenfreundschaften — Pflanzenfeindschaften. „Pharmazie" 1, S. 225 bis 228 (1946); bzw. „Arzneipflanzen-Umschau" 2, S. 77 bis 80 (1946).

[5] MOTHES, K.: Die Bedeutung der Spurenstoffe für die Entwicklung und Vergesellschaftung der Pflanzen. Organismen und Umwelt. Dresden und Leipzig 1939. S. 150 bis 158.

[6] MOLISCH, H.: Der Einfluß einer Pflanze auf die andere — Allelopathie. Jena 1937. Siehe auch GRÜMMER, G.: Die gegenseitige Beeinflussung höhererPflanzen — Allelopathie. „Biol. Zbl." 72, Heft 9/10 (1953) (Sonderdruck).

[7] OBERDORF, F.: Lohnender Sojaanbau durch Pflanzengemeinschaften. Zella/Rhön 1950. Derselbe: Wirtschaftliche Pflanzengemeinschaften im Ackerbau. Berlin 1953.

[8] HEERKLOTZ, H.: Die gegenseitige Beeinflussung höherer Pflanzen durch stoffliche Ausscheidungen. Diplomarbeit. Leipzig 1953.

werden, ob Einzel- oder Mischkultur in Frage kommt. SCHILLING[9] nimmt zu den Lebensgemeinschaften der Gartenpflanzen zum Teil auf Grund eigener Beobachtungen Stellung. Nach ihm stellt der Gemeinschaftsanbau eine Ergänzung der bisherigen Technik im Gartenbau dar. Er ist der Meinung, daß sich die Zusammenfassung einander „zugeneigter“ Pflanzenarten zu Lebensgemeinschaften auf Zustand, Gare und Nährstoffgehalt des Bodens günstig auswirkt, die Entwicklung der Pflanzen fördert und den Ertrag steigert. So z. B. sammelte er gute Erfahrungen beim Gemeinschaftsanbau von Möhren (Sorte 'Nantaiser') und Majoran. Gute Ergebnisse in der Praxis wurden mit der Mischkultur besonders bei zwei- und mehrjährigen Arzneipflanzen erzielt, und zwar beim Anbau solcher Arten, die im ersten Jahr nur eine schwache Entwicklung aufzuweisen haben. Durch Gemeinschaftsanbau kann dann in vielen Fällen rascher als in der Alleinkultur eine geschlossene Pflanzendecke erreicht werden, was vor allem für trockene, humusarme Böden von großem Vorteil ist. LIPPERT[10] erzielte durch Mischanbau mit den Arten *Artemisia abrotanum*, *Hypericum perforatum*, *Ruta graveolens*, *Lavandula angustifolia*, *Salvia officinalis*, *Thymus vulgaris* und *Hyssopus officinalis* auf kargem, steinigem Boden kräftig entwickelte Bestände, die gehaltreiche Drogen lieferten. Besonders Leguminosen haben sich für den Mischanbau als sehr brauchbar erwiesen. Auf den Versuchsfeldern in Leipzig werden hauptsächlich Buschbohnen, niedrige Erbsensorten, Sojabohnen, Bockshornklee und Blauer Steinklee verwendet. Auch beim Mischanbau von Speisezwiebeln mit *Althaea officinalis* und Buschtomaten mit *Valeriana officinalis* wurden gute Ergebnisse erzielt. So erzielte HEERKLOTZ z. B. beim Mischanbau von Baldrian außer mit Sojabohnen auch mit Buschbohnen günstige Erträge. Im letzteren Falle betrug die Erhöhung der Baldrianernte 20 % (Droge je Pflanze).

Vielleicht sind im Arznei- und Gewürzpflanzenbau Ertragssteigerungen durch Gemeinschaftsanbau verträglicher Arten möglich, aber es bedarf hierzu noch vieler kritischer Versuchsarbeit, um wirklich brauchbare Ratschläge erteilen zu können. In der landwirtschaftlichen Praxis ist man auf diesem Gebiet schon etwas weiter. So wird im Feldfutterbau ein Gemeinschaftsanbau durchgeführt, wie er sich z. B. im Landsberger Gemenge (Winterwicke, Inkarnatklee, Welsches Weidelgras) bewährt. Bei dem im Getreidebau immer häufiger zur Anwendung gelangenden Einspritzverfahren handelt es sich in gleicher Weise um einen Gemeinschaftsanbau mit der Zielsetzung, durch Einsaat von Leguminosen (Wicken, Felderbsen, Pferdebohnen) Stickstoffgewinne zu erlangen sowie Futter und vor allem Saatgut in der eigenen Wirtschaft zu erhalten. Erfolgt der Anbau von Arznei- und Gewürzpflanzen als Untersaat oder als Deckfrucht zu anderen Fruchtarten, so liegt ebenfalls ein Mischanbau vor.

Nach RÜTHER[11] muß eine Deck- bzw. Überfrucht folgende Eigenschaften besitzen:

a) Sie muß raschwüchsig sein;
b) muß durch baldige Beschattung unkrauthemmend wirken;
c) soll frühreif und leicht beerntbar sein;
d) der Unterfrucht dürfen nicht zu lange Licht, Nährstoffe und Wasser entzogen werden;
e) Über- und Unterfrucht dürfen in Standweite und Entwicklungsrhythmus nicht so verschieden sein, daß die Pflanzmaßnahmen über das wirtschaftlich tragbare Maß hinaus gesteigert werden müssen.

[9] SCHILLING, K.: Lebensgemeinschaften der Gartenpflanzen. Berlin 1951.
[10] LIPPERT, F.: Zur Praxis des Heilpflanzenbaues. Dresden 1939.
[11] RÜTHER, H.: Der Anbau von Untersaaten. „Die Deutsche Landwirtschaft“ 2, S. 189. (1951).

Die Unterfrucht dagegen darf in der Jugend nicht zu hohe Anforderungen stellen und bei der Ernte der Überfrucht keine Schwierigkeiten bereiten.
Auch bei einem Zusammenanbau mit Obstgehölzen handelt es sich um einen Mischanbau. Gelegentlich findet man Arznei- und Gewürzpflanzen als Unterkulturen im Obstbau, z. B. *Artemisia absinthium* und *Salvia officinalis*. Beide Arten sind hinsichtlich des Standorts verhältnismäßig anspruchslos. Nach FRIEDRICH[12] eignen sich auch gut als Unterkulturen *Majorana hortensis*, *Ocimum basilicum*, *Satureja hortensis*

Abb. 18 Mentha piperita L. als Zwischenkultur im Obstbau

und *Thymus vulgaris*. Auch *Plantago lanceolata* kann als Unterkultur angebaut werden. Auf feuchten Böden oder in Obstplantagen, wo eine künstliche Zusatzbewässerung möglich ist, sind *Mentha piperita* und *Melissa officinalis* sehr geeignete Unterkulturen. Körnerdrogen liefernde Arten sind weniger zum Anbau unter Obstbäumen geeignet, lediglich *Trigonella foenum-graecum* scheint sich als Unterkultur bewährt zu haben. Der Bockshornklee ist Stickstoffsammler und dürfte hinsichtlich der Wasserversorgung anspruchslos sein. Nach Beobachtungen von FRIEDRICH hat sich *Coriandrum sativum* als Unterkultur nicht bewährt. Im Zusammenanbau mit Koriander wurden schwere Schäden an Jungbäumen beobachtet. Viele Bäume gingen sogar ein. Im Sinne der Allelopathie von MOLISCH scheint vom Koriander im Gemeinschaftsanbau mit anderen Pflanzen eine stark nachteilige Beeinflussung auszugehen. Wurzeldrogen liefernde Arten sind ebenfalls ungeeignet, da bei ihrer Ernte die Wurzeln der Obstbäume unter Umständen Schaden nehmen können. Wichtig ist, daß nur solche Arznei- und Gewürzpflanzen als Unterkulturen im Obstbau angebaut werden, die hinsichtlich des Standortes anspruchslos sind und die vor allem einen geringen Wasserbedarf haben. Erfolgt der Anbau von Arznei- und Gewürzpflanzen als Unterkultur zu Obstgehölzen, so ist zu

[12] FRIEDRICH, G.: Arzneipflanzen als Unterkulturen im Obstbau. Querschnitt durch den neuen Gartenbau, 2. Bd., Berlin 1953, S. 259 bis 265.

bedenken, daß durch die jährlich mehrmals notwendige Obstbaumspritzung gegen Krankheiten und Schädlinge keine Schädigungen an den Unterkulturen eintreten. So ist z. B. zu beachten, daß das Erntegut der Unterkulturen mit keinen für den Warmblüter gesundheitsschädigenden artfremden Stoffen, z. B. Arsen, in Berührung kommen darf.

Zu ergänzen ist noch, daß terminologisch unter Fruchtfolge bzw. Fruchtwechsel das zeitliche Nacheinander verschiedener Einzel- bzw. Reinkulturen (Vorfrucht, Nachfrucht [Folgekultur, Zweitfrucht, Zwischenfrucht]) und unter Mischkultur das räumliche Nebeneinander (Mischanbau, Beisaat) verschiedener Arten verstanden wird. Die Einordnung des Unterfruchtbaues (Untersaaten) bleibt dabei problematisch, denn hierbei handelt es sich bis zur Ernte der Überfrucht um eine Mischkultur, dann aber um eine Reinkultur. Auch die Mischkulturen müssen sorgfältig in den Fruchtfolgeplan eingegliedert werden.

X. Düngung

Die Nährstoffansprüche der einzelnen Kulturarten sind je nach Art bzw. Sorte verschieden. Die Feststellung der zweckmäßigsten Düngung der Arznei- und Gewürzpflanzen war erst in neuerer Zeit und nur bei einigen Arten Gegenstand wissenschaftlicher Untersuchungen. So analysierte OPITZ die Pflanzen in dem für die Ernte vom HAB. 2 vorgeschriebenen Stadium. Er errechnete deren Nährstoffentzug wie folgt:

Nährstoffentzug einiger Arzneipflanzen (auszugsweise)
nach OPITZ[1]

	Ernte (Frischgewicht) kg/a	N kg/a	P_2O_5 kg/a	K_2O kg/a	CaO kg/a	MgO kg/a
Artemisia absinthium	250	0,63	0,30	1,08	0,43	0,17
Lobelia inflata	75	0,49	0,11	0,57	0,17	0,05
Melissa officinalis	150	1,00	0,18	1,13	0,36	0,23
Mentha piperita	75	0,46	0,10	0,29	0,41	0,19
Majorana hortensis	120	0,50	0,12	1,03	0,23	0,06
Rosmarinus officinalis	16	0,10	0,02	0,15	0,07	0,02
Teucrium marum	30	0,23	0,05	0,18	0,18	0,03
Teucrium scorodonia	100	0,68	0,14	0,92	0,31	0,06

Zu diesem Nährstoffentzug steht das tatsächliche Düngebedürfnis der Pflanzen nur in loser Beziehung. Die Nährstoffversorgung der Arznei- und Gewürzpflanzen bedarf sehr individueller Handhabung. Wie wir aus eigener Erfahrung wissen, ist es nicht immer leicht, aus einer geringen Anzahl von Düngungsversuchen zu Arznei- und Gewürzpflanzen allgemeingültige Folgerungen für die Düngung dieser Sonderkulturen zu ziehen, zumal wenn in der Fragestellung der Einfluß der Düngung auf den Wertstoffgehalt und womöglich noch auf die pharmakologische Wirkung enthalten ist. Ergebnisse zahlreicher Arbeiten des internationalen Fachschrifttums über die Düngewirkung lassen im Hinblick auf die speziellen Düngebedürfnisse der einzelnen Arten ein und derselben Familie nur bei den Umbelliferen die Gesetzmäßigkeit erkennen, daß die Körnerdrogen liefernden Arten hinsichtlich des Ertrages besonders phosphorsäurebedürftig sind. BOSHART[2], der sich u. a. auch speziell Düngungsfragen bei Arznei- und Gewürzpflanzen gewidmet hat, kam zu dem Ergebnis, daß eine Düngung, die für das Wachstum vorteilhaft ist, zumeist auch den Wirkstoffgehalt dieser Pflanzen günstig beeinflußt. Ferner erkannte er, daß ganz allgemein durch Düngungsmaßnahmen die Schwankungen im Wirkstoffgehalt sehr gering sind und meist weniger als 5—10% des Gesamtwirkstoffgehaltes betragen. Wenn damit auch nur schwache Hoffnung besteht, durch Düngung die Qualität der Droge ganz beträchtlich verbessern zu können,

[1] OPITZ, H.: Das Nährstoffbedürfnis einiger Heilpflanzen. „Die Deutsche Heilpflanze" 3, S. 133 bis 135 (1937).
[2] BOSHART, K.: Zur Frage der Düngung im Arzneipflanzenbau. „Pharm. Ind." 8, S. 405 (1941); bzw. „Arzneipflanzen-Umschau" 1, S. 43 bis 45 (1941)

so ist es doch wichtig zu wissen, daß eine harmonische Düngung die Erträge im Arznei- und Gewürzpflanzenbau wesentlich zu steigern vermag, ohne daß diese Ertragssteigerung eine Minderung der Gehaltswerte zur Folge hat. Inwieweit die Düngung von Einfluß auf die verschiedenen Inhaltsstoffe und ihre Komponenten ist, bedarf bei den meisten Arznei- und Gewürzpflanzen noch der Klärung. Nur in wenigen Fällen ist man über die mit der Düngung zusammenhängenden Stoffwechselvorgänge einigermaßen unterrichtet, so z. B. über die Beziehungen zwischen Ernährungsbedingungen der Fettpflanzen und der Beschaffenheit ihrer Fette. Nach SCHMALFUSS[3] wird die chemische Zusammensetzung von Leinöl (*Oleum Lini*) durch die Ernährung der Pflanze mittelbar über ihren Wasser- und damit Wärmehaushalt beeinflußt. Kühle Umgebungstemperatur, reichliche Wasserversorgung, starke Düngung mit Kalisalzen und Chloriden ergeben Öle mit vielen ungesättigten Fettsäuren (hohe Jodzahlen). Warmes und trockenes Klima während der Reifezeit, hoher Kalkgehalt des Bodens und reichliche Sulfatgaben haben Öle mit weniger ungesättigten, aber mehr gesättigten Fettsäuren (niedrige Jodzahlen) im Gefolge. Daß sich die Düngung auf Wachstum und Inhaltsstoffe der Arzneipflanzen auch ungünstig auswirken kann, hat MAYER[4] beobachtet. *Achillea millefolium* enthielt auf ungedüngtem Boden mehr ätherisches Öl als auf gedüngtem. Selbst Stickstoff- oder Volldüngung brachte nicht den gleichen Massenertrag. Diese letzteren Ergebnisse bedürfen allerdings noch der Erhärtung.

Nachfolgend soll einiges Grundsätzliche zur Düngung der Arznei- und Gewürzpflanzen ausgeführt werden. Man unterscheidet die zur Verbesserung der Bodeneigenschaften zu verabreichenden Bodendünger (Kalk-, Humus- und Phosphorsäuredüngemittel) und die der Ernährung der Pflanzen dienenden Pflanzendünger (N-, P_2O_5- und K_2O-Düngemittel).

Eine Kalkung wie auch eine Mineraldüngung soll sich gegenseitig unter Berücksichtigung des pH-Reaktionsbereiches der anzubauenden Pflanzen ergänzen. Kalkliebende Arten sollten möglichst mit physiologisch alkalisch wirkenden Mineraldüngern versorgt werden.

Größte Beachtung kommt den organischen Düngemitteln zu. Die Erhaltung der Bodenfruchtbarkeit auf die Dauer ist ohne jegliche Zufuhr organischen Düngers nicht möglich. Der wichtigste organische Dünger bleibt der Stalldung. Er wird besonders gut von langlebigen Pflanzen ausgenutzt, da sich seine Nährstoffwirkung über Jahre erstreckt. Kurzlebige und nur wenig standfeste Arten können in Ertragshöhe und Erntegüte Schaden erleiden. Fäkalien sollen nicht unmittelbar zur Düngung von Arznei- und Gewürzpflanzen Verwendung finden. Am besten wird ein Torffäkalkompost bereitet, in dem die Fäkalien zusammen mit Torfmull verrotten. Der Ausschlagdünger aus Mistbeeten ist oft sehr pilzreich und ohne vorherige Kompostierung für die direkte Düngung ungeeignet. Verrotteter Kompost, Torfkompost, gut abgelagerter Klärschlammkompost und Flußschlamm sind wertvolle Düngemittel. Auch Jauche, Sickersaft und Gülle besitzen einen hohen Düngewert. Diese flüssigen Dünger sind möglichst nur im Herbst und nicht bei Pflanzen, die Kraut- und Blattdrogen liefern, zu verwenden. Die flüssigen organischen Düngemittel sollen, ebenso wie der Stalldung, sorgfältig in den Boden eingearbeitet werden. Mittels Jauchedrill lassen sie sich auch direkt den Pflanzen verabreichen. Bei regnerischem Wetter ist das Jauchen am wirksamsten. Jedes Übergießen von Arznei- und Gewürzpflanzen mit flüssigen natürlichen Düngemitteln ist zu vermeiden. Dies gilt besonders bei der Verwendung solcher Düngemittel aus hygienischen Gründen. In Zeiten, in denen infek-

[3] SCHMALFUSS, K.: Pflanzenernährung und Bodenkunde. Leipzig 1949.

[4] MAYER, C.: Zur Frage der Düngung der Arzneipflanzen. „Pharm. Ind." 9, S. 168 bis 171 (1942); bzw. „Arzneipflanzen-Umschau" 1, S. 125 (1942).

tiöse Darmkrankheiten, wie Typhus, Ruhr und Cholera, auftreten, dürfen Fäkalien überhaupt nicht zur Düngung Verwendung finden. Die direkte Fäkaliendüngung stellt auch eine Quelle der Wurminfektion dar. Die Ascarideninfektion tritt vor allem dort auf, wo Gemüse von einem mit menschlichen Fäkalien gedüngten Boden Verwendung findet. Die Bekämpfung der Ascarideneier in Fäkalien, und somit auch in den städtischen Abwässern, begegnet großen Schwierigkeiten, da eine Abtötung nur durch Erwärmung auf 60—80° C zu erreichen ist. Es wird in Vorschlag gebracht, heiße Sodalösung bei der Düngerpackung zu verwenden. Auch höhere Dosen von Radium- und Röntgenstrahlen sowie ultravioletten Strahlen wirken schädigend auf die Eier. Phenolpräparate sollen die Eischale durchdringen und ebenfalls abtötend wirken. Mit den genannten Mitteln läßt sich aber in der landwirtschaftlichen Praxis die Bekämpfung nicht durchführen. LENTZE[5] stellte die Forderung: „Kein Gemüsebau auf Rieselfeldern!" Es empfiehlt sich, weder Gemüse- noch Arznei- und Gewürzpflanzen unmittelbar mit menschlichen Fäkalien in Berührung zu bringen, wie dies leider sehr häufig geschieht. Dennoch stellen die anfallenden Fäkalien ein nicht zu unterschätzendes Nährstoffkapital dar. An besonders wichtigen Pflanzennährstoffen sind in ihnen etwa 0,5% N, 0,1% P_2O_5 und 0,4% K_2O enthalten. Am zweckmäßigsten werden die anfallenden Fäkalien kompostiert oder mit Stalldünger gut vermischt. Die Fäkalien sollen mit verrotten können und der erhöhten Erwärmung ausgesetzt werden, wie sie z. B. bei einer guten Stapeldung- oder noch besser bei der Heißgärdungbereitung gegeben ist. Je nach Lagerungsart schwanken die Rottungstemperaturen und auch der Gewichtsschwund und Stickstoffverlust, wie dies aus den nachstehenden Werten ersichtlich ist.

Ergebnisse Hohenheimer Stallmistlagerungsversuche
von MAIWALD (zit. nach KLAPP[6])

Lagerungsart	Rottungs-temperatur °C	Gewichts-schwund %	Stickstoff-verlust %
Kaltmist	25—30	14	11
Heißgärmist	61	27	16
Einfacher Stapelmist	25—50	28,5	15
Flachgelagerter, festgetretener Mist	25—30	31	23

Beim Heißgärdungverfahren nach KRANTZ werden bereits nach 1—3 Tagen Temperaturen von 60° C erreicht, während bei der gewöhnlichen festfeuchten Stapelung des Mistes die Temperaturen je nach Strohanteil zwischen 25 und 50° C liegen. Die Heißgärdungbereitung kann demnach als prophylaktisches Verfahren zur Begegnung der Ascarideninfektion angesehen werden, solange der Landwirtschaft keine wirksameren und vor allem billigeren und einfacher anwendbaren Mittel zur Verfügung stehen. Zu bedenken ist auch, daß sich die Ascarideneier bis zu 5 Jahren lebensfähig im Boden halten. Die Eier der Ascariden sind dickschalig und zusätzlich noch von einer Eiweißhülle umgeben. Beides trägt zu ihrer großen Resistenz bei. Es sollte daher zur Düngung von Arznei- und Gewürzpflanzen möglichst Heißgärdung oder nur entsprechend alter Fäkalienkompost Verwendung finden; dasselbe gilt auch für die Verwendung von Klär-

[5] Zit. nach HEEGER, E. F.: Die Düngung der Heil- und Gewürzpflanzen und der Gemüse mit menschlichen Fäkalien, eine Quelle der Wurminfektion. „Pharmazie" 4, S. 192 bis 193 (1949); bzw. „Arzneipflanzen-Umschau" 2, S. 529 (1949).
Siehe auch MOCHMANN, H.: Verwurmung und landwirtschaftliche Abwasserverwertung. „Gesundheitswesen" 9, Heft 12, S. 381 (1954) sowie „Die Tagungsberichte über Abwässerfragen" in Wissenschaftl. Zeitschrift der Karl-Marx-Universität Leipzig Math.-Naturwissenschaftliche Reihe, 3, Heft 4 (1953/54).

[6] KLAPP, E.: Acker- und Pflanzenbau. Berlin 1941, S. 119.

schlamm. Im Arznei- und Gewürzpflanzenbau ist zu fordern, daß jede direkte Fäkaliendüngung zu Wurzel-, Blatt- und Krautdrogen liefernden Arznei- und Gewürzpflanzen zu unterbleiben hat. Die „Einheitsbestimmungen"[7] für die Erzeugung von Qualitätsdrogen verbieten für die Gewinnung von Marken-Pfefferminze und Marken-Eibisch jegliche Düngung mit Jauche, Fäkalien (Abortdünger) und Stadtabwässern. Die Vorschriften über die Drogennormierung sollten Hinweise über die Drogengewinnung, einschließlich Düngung, enthalten. Für den Anbau auf Rieselfeldern eignen sich allenfalls Blütendrogen liefernde Pflanzen mit hohem Wuchs, z. B. *Verbascum-species*, *Althaea rosea var. nigra* Hort., *Malva silvestris subspec. mauritanica*, nicht aber verhältnismäßig niedrigwachsende Pflanzen, wie *Lavandula-species*. Von den Körnerdrogen liefernden Arten eignet sich besonders *Carum carvi* für den Anbau auf Rieselfeldern.

Der Kompost erfordert eine sorgfältige Pflege und muß vor seiner Verwendung genügend abgelagert sein. Anderenfalls kann man beträchtliche Mengen von Unkrautsamen mit in die Bestände hineinbringen, was später zu unerwünschter Vermehrung der Pflegearbeiten führt. Besonders die Samen vieler Arzneipflanzen, z. B. von *Datura-* und *Hyoscyamus-species*, bleiben oft mehrere Jahre keimfähig. Arzneipflanzensamen und -früchte, wie solche häufig noch in Abfällen enthalten sind, dürfen daher niemals auf den Kompost gelangen. Guter Kompost soll eine gleichmäßige, humusreiche Erde darstellen und vor allem die richtige Reife haben, bevor er verwendet wird. Drogenabfälle und Extraktionsrückstände verrotten schwer. Sollen sie Verwertung finden, so ist für eine ausreichende und rasche Zersetzung zu sorgen. Der Kompost muß daher mit zersetzungsfördernden Stoffen angereichert und genügend bearbeitet werden. Eine gute Verrottungsmethode ist wichtig, obgleich die Verrottung im wesentlichen abhängig ist von den zur Kompostierung zu bringenden Abfällen und Pflanzenteilen. In diesem Zusammenhang sei auch das von Howard[8] entwickelte Indore-Verfahren erwähnt. Es ähnelt sehr dem Heißgärdungverfahren, jedoch erfolgt bei dem Indore-Verfahren eine Erdbeimischung. Außerdem wird der Komposthaufen gut belüftet und zweimal umgesetzt. Nach etwa 90 Tagen ist er dann streufertig. Howard erzielte mit dem im Indore-Verfahren gewonnenen Kompost bei einer großen Zahl Kulturen, vor allem tropischen, gute Ergebnisse. Boden und Pflanze blieben gesund und leistungsfähig. Auch eine Vererdung des Stalldunges kann in Erwägung gezogen werden. Die Stallmistvererdung nach Kertscher[9] kann allerdings bei größerem Düngeranfall auf arbeitswirtschaftliche Schwierigkeiten stoßen. Im Arznei- und Gewürzpflanzenbau kann sie aber das beste Verfahren sein, um den meist knappen Stalldung richtig zu verwerten. Die Mischung von Mist und Erde erfolgt im Verhältnis von 4:1 = 4 dz Stalldung : 1 dz Erde. Durch den Zusatz von feinerdereichem, kalkhaltigem Boden mit starkem Bindungsvermögen zum Stallmist werden die entstehenden Humusstoffe an die Erde gebunden. Die Gefahr der Auswaschungsverluste wird praktisch beseitigt. Die an den tonigen Bodenanteilen festgelegte Phosphorsäure wird weitgehend mobilisiert und pflanzenaufnehmbar gemacht. Sehr oft wird die Humusanreicherung unserer Böden durch Mangel an Wirtschaftsdünger, besonders an Stalldung, erschwert. Hier ist der Torfmull ein guter Ersatz, und zwar in Form des Torfkompostes.

Aus Stroh- oder Kartoffelkraut gewonnener Kunstdung läßt sich bei sachgemäßer Zubereitung gleichfalls im Arznei- und Gewürzpflanzenbau verwenden. Seine Herstellung kann bei geringer Viehhaltung in Frage kommen. Auf die Möglichkeit,

[7] Einheitsbestimmungen für Marken-Pfefferminze und Marken-Eibisch bzw. DIN Vornorm Land 1040 (Pfefferminze) und 1041 (Eibisch). Berlin.

[8] Howard, A.: Mein landwirtschaftliches Testament. Berlin 1948.

[9] Kertscher: Praktische Anleitung für die Vererdung von Stallmist und Mehrungsmist. DLG-Schrift der Landesgruppe Thüringen. (Ohne Datum des Erscheinens)

Müll als Dünger zu Arznei- und Gewürzpflanzen zu nutzen, soll hingewiesen werden, obgleich hierzu Versuchsergebnisse noch nicht vorliegen. Feinmüll enthält nach SPRINGER[10] 25–30% Wasser und 50–60% Mineralbestandteile: Phosphorsäure, Kali, Kalk, Tonerde und Eisenoxyd sowie Kieselsäure und die Spurenelemente Bor, Mangan und Kupfer. Sommermüll weist mehr organische Stoffe und weniger Asche auf als Wintermüll. Bei Mangel an Spurenelementen auf bestimmten Böden kann Müll besser als Stalldung wirken und beugt Mangelkrankheiten vor; auch Bodenmüdigkeitserscheinungen kann entgegengearbeitet werden. Die Mülldüngung ist möglichst im Herbst vorzunehmen, damit der Müll sich mit Wasser sättigen und genügend umsetzen kann.

Eine Gründüngung zu Arznei- und Gewürzpflanzen kommt ebenfalls in Frage. Man unterscheidet hierbei Stoppel- und Untersaat. Tiefwurzelnde, massenwüchsige Leguminosen, z. B. Lupinen, sind sehr geeignete Gründüngungspflanzen. Unter Verzicht auf die Stickstoffsammlung können auch raschwüchsige Nichtleguminosen, z. B. Senf, Buchweizen, Spörgel, Westerwoldisches Weidelgras, Sudangras, Stoppelrübe, Sonnenblume, Raps und Rübsen, angebaut werden. Mit diesen Gründüngungspflanzen wird vor allem Schattengare, Stickstofferhaltung und Humuszufuhr erreicht.

Auf die Wichtigkeit der Kohlensäureversorgung wurde bereits hingewiesen. Was nun eine zusätzliche Kohlensäuredüngung anbelangt, so hält MITSCHERLICH[11] eine solche nur dann für erfolgversprechend, wenn die Belichtung der Pflanzen nicht ausreichend ist. Eine Kohlensäuredüngung dürfte gelegentlich zu Arznei- und Gewürzpflanzen in Frage kommen, die unter Glas angebaut werden.

Zur Verwendung der mineralischen Handelsdünger ist grundsätzlich zu sagen, daß die mit den anorganischen Düngemitteln zuzuführenden Haupt- oder Kernnährstoffe (Stickstoff, Phosphorsäure und Kali) den Pflanzen in gut aufnehmbarer Form zur Verfügung gestellt werden. Sie enthalten entweder nur einen Nährstoff (N, P_2O_5, K_2O oder CaO) oder gelangen als Mischdünger verschiedener Zusammensetzung in den Handel. Häufig erleichtert sich der Landwirt bzw. Gärtner die Arbeit des Düngerausbringens dadurch, daß er die einem Pflanzenbestand zu verabreichenden Handelsdüngemittel selbst mischt und in einem Arbeitsgang streut. Insbesondere können solche Düngemittel, die sich zeitlich in ihrer Wirkung ähnlich verhalten (z. B. Ammoniak und Kalisalz), mit Erfolg im Gemisch angewendet werden. Allerdings müssen beim Zusammenstellen der Mischungen die wissenschaftlich begründeten und in der Praxis hinlänglich bekannten „Mischregeln" (siehe Mischungstafeln*) beachtet werden.

Im einzelnen kann hier nicht auf die Mineralstoffernährung der Pflanzen eingegangen werden. Hierüber liegt ein sehr umfangreiches Schrifttum vor. Grundsätzliches findet der Anbauer von Sonderkulturen u. a. bei SCHEFFER[12] und SCHMALFUSS[13]. Nur ganz allgemein sei vermerkt, daß sich die Pflanze aus verschiedenen chemischen Grundstoffen aufbaut. Außer den Hauptbestandteilen C, O, H, N, S und P enthält die Pflanzensubstanz stets K, Na, Ca, Mg, Fe, Cl, Si. Daneben treten noch viele andere Elemente auf, wie B, Cu, Mn, Zn, Mo, Al u. a.

Der Stickstoff (N) ist ein unerläßlicher Grundstoff für den Aufbau der pflanzlichen Eiweißkörper. Er fördert vor allem das vegetative Wachstum. Zur Erzielung mengenmäßig befriedigender Erträge sind ausreichende N-Gaben notwendig. Arznei- und

[10] SPRINGER, U.: Die Verwendung des Mülls in Gartenbau und Landwirtschaft. „Zeitschrift für Pflanzenbau und Pflanzenschutz" **1**, S. 133 bis 140 (1950); ref. in „Pharmaz. Zhalle" **90**, S. 313 bis 314 (1951).
[11] MITSCHERLICH, E. A.: Ergebnisse der Agrikulturchemie. Bd. IV, Berlin 1935.
[12] SCHEFFER, F.: Ernährung und Düngung der Pflanzen. Kapitel VIII in Bd. I. Ackerbaulehre im Handbuch der Landwirtschaft von ROEMER-SCHEIBE-SCHMIDT-WOERMANN, Berlin und Hamburg 1952.
[13] loc. cit. S. 120.
* Mischungstafeln für Handelsdüngemittel stellt u. a. die Düngemittelindustrie zur Verfügung.

Gewürzpflanzen, die Kraut- und Blattdrogen liefern, müssen besonders gut mit Stickstoff versorgt werden. Je nach Einfluß auf die Bodenreaktion werden unterschieden physiologisch-saure (z. B. Ammoniak, Leunasalpeter), physiologisch-alkalische (z. B. Kalkstickstoff, Kalksalpeter) und reaktionsindifferente Stickstoffdüngemittel. Die Auswahl muß je nach Pflanzenansprüchen und Bodenart — und besonders Bodenreaktion — erfolgen. Die Phosphorsäure (P_2O_5) ist nicht nur für einen gesunden Pflanzenwuchs erforderlich, sondern sie beschleunigt auch den Reifeprozeß und ist somit besonders wichtig beim Anbau von Arznei- und Gewürzpflanzen, die Blüten-, Samen- bzw. Fruchtdrogen liefern. Rhenania- und Thomasphosphate sind schwer löslich und wirken physiologisch alkalisch. Sie eignen sich besonders für saure Böden. Superphosphat ist leicht löslich und sollte auf neutral und alkalisch reagierenden Böden zur Anwendung gelangen. Kali (K_2O) ist ebenfalls ein für die Pflanze unentbehrlicher Grundnährstoff. Durch reichliche Kaligaben wird die Wurzel- und Krautentwicklung gefördert. Besonders Wurzeldrogen liefernde Arzneipflanzen sind analog den landwirtschaftlichen Hackfrüchten für reichliche Kaligaben dankbar. Die Kalidünger sind leicht löslich. Nebenbestandteile der Kalisalze (Chlor) können z. B. bei den zu der Familie der Solanaceen gehörenden Arten von nachteiliger Wirkung sein. Kali wird daher gern als Sulfat (Kalimagnesia, schwefelsaures Kali) verabreicht. Ausreichende Kaliversorgung ist auch von günstiger Wirkung auf Frosthärte, Dürrebeständigkeit und Lagerfestigkeit der Pflanzen. Kali steht mit Natrium, Magnesium und Calcium in Wechselbeziehungen. Diese Elemente sind u. a. an der Steuerung des Wasserhaushaltes der Pflanze beteiligt.

Auf Grund bisheriger Erfahrungen sei ganz allgemein gesagt, daß sich in genügender Menge zur Vorfrucht verabreichter Stalldung und spätere Handelsdüngergaben für die Nährstoffversorgung der Arznei- und Gewürzpflanzen als zweckmäßig erweisen. Außerdem sind die ausdauernden Arten im 2. oder 3. Jahr für einen nährstoffreichen Kompost sehr dankbar. Bei mehrschnittigen Krautdrogen empfiehlt es sich, nach jedem Schnitt geeignete stickstoffhaltige Düngemittel als Kopfdünger zu verabreichen. Für die Kopfdüngung, die sich nach Versuchen von SCHRATZ und WIEMANN[14] z. B. bei *Mentha* günstiger auswirkt als eine einmalige Grunddüngung, sind schnellwirkende Düngemittel zu verwenden.

Bei einigen landwirtschaftlichen und gartenbaulichen Kulturarten bewährt sich die Naßkopfdüngung (Blattsprühung). Über ihre Anwendungsmöglichkeit im Arznei- und Gewürzpflanzenbau liegen die Ergebnisse experimenteller Arbeiten noch nicht vor.

Nachdem nun das Grundsätzliche zur Düngung von Arznei- und Gewürzpflanzen gesagt ist, soll noch zu einigen wichtigen Einzelfragen Stellung genommen werden, so zur Frage der Verabreichung von Spurenelementen. Es handelt sich hierbei um katalytisch wirkende Stoffe mit sehr hohem Wirkungsfaktor. Sie sind in geringen Mengen im Boden wie in der Pflanze vorzufinden. Verschiedene von ihnen haben einen nachweisbaren, zum Teil sogar erheblichen Einfluß auf das Gedeihen der Pflanzen. So z. B. wirkt Bor gegen die Herz- und Trockenfäule der Rüben. Mangan bei Dörrfleckenkrankheit des Hafers und Kupfer bei der Heidemoorkrankheit (Weißseuche, Urbarmachungskrankheit). MAKU[15] führte Versuche mit *Mentha piperita*, *Melissa officinalis* und *Salvia officinalis* durch. Er prüfte u. a. den Einfluß von Zn, Cr, Co, Mn, Al, Cu. Die einzelnen Elemente wirkten verschieden auf die Bildung des ätheri-

[14] SCHRATZ, E. und WIEMANN, P.: Über den Einfluß mineralischer Düngung auf Entwicklung und Ölgehalt von Labiaten, I. *Mentha piperita*. „Pharmazie“ 4, S. 31 bis 35 (1949); bzw. „Arzneipflanzen-Umschau“ 2, S. 467 bis 471 (1949).

[15] MAKU, J.: I. Publ. biol. école. vétér. 5, III (1926). Zit. nach OPITZ, H.: Über die Wirkung einiger Spurenelemente auf Heilpflanzen. Dr. Willmar Schwabe „Aus unserer Arbeit“, Leipzig 1937, S. 67 bis 70.

schen Öles der Versuchspflanzen. OPITZ[16] untersuchte den Einfluß von Spurenelementen auf *Mentha piperita* in Wasserkultur. Er benutzte eine Nährlösung, der die Spurenelemente in Form der A—Z-Lösung von HOAGLAND zugefügt wurden. Diese Lösung enthält die Elemente Li, Cu, Zn, B, Al, Sn, Mn, Ni, Co, Ti, J, Br. Die Analysen ergaben, daß die Spurenelemente der A—Z-Reihe den Ölgehalt steigern. Bei den Versuchen ohne A—Z-Lösung schwankte der Gehalt an ätherischem Öl zwischen 0,17 und 0,18%, bezogen auf Trockensubstanz, und bei denen mit A—Z-Lösung zwischen 0,22 und 0,24%. Auch eine veränderte Zusammensetzung des ätherischen Öles wurde festgestellt, denn es fand sich, daß das der A—Z-Versuchsreihe mit dem spezifischen Gewicht 0,901 leichter war als das der Kontrollreihe mit 0,918. Auch BODE[17] prüfte den Einfluß einzelner Spurenelemente auf das Wachstum in Nährlösungen. Nach seinen Versuchen scheinen zu einem ungestörten Wachstum von *Mentha piperita* die Spurenelemente B, Cr, Co, Al, Sn und Cu notwendig zu sein. Die Qualität der besonders für das Brauereigewerbe wichtigen Hopfendroge (*Strobili Lupuli*) soll im hohen Maße vom Borgehalt des Bodens abhängig sein. Nach BOSHART[18] führte in Topfversuchen Mangan zu einer geringen Erhöhung des Wirkstoffgehaltes der *Digitalis*.

Eingehende Untersuchungen sind noch erforderlich, um den Einfluß der Spurenelemente auf das Wachstum und die Inhaltsstoffe der Arznei- und Gewürzpflanzen zu klären. Thomasphosphat und auch Feinmüll sind infolge ihres hohen Gehaltes an Spurenelementen besonders geeignet, eine gewisse Anreicherung der Böden an wertvollen Spurenelementen zu ermöglichen.

In diesem Zusammenhang sei auch erwähnt, daß im Gartenbau bei einigen Kulturarten, z. B. bei Gurken und verschiedenen Zierpflanzen, günstige Ergebnisse mit der Wasserkultur unter Zusatz von Nährlösungen (Hydroponik) erzielt wurden. Dieses Verfahren dürfte sich vielleicht auch für besonders wertvolle, nur in kleinem Ausmaß heranzuziehende Arzneipflanzen eignen.

Der Einfluß radioaktiver Elemente auf die Menge und Güte der Ernteerträge ist noch näher zu untersuchen. DROBKOW[19] erzielte u. a. beim Lein unter Verwendung radioaktiver Elemente zu Nährsalzlösungen Ertragssteigerungen. Im allgemeinen sind Radium, Uran und Thorium in für das Wachstum der Pflanzen hinreichenden Mengen im Boden vorhanden.

Untersuchungen zur Frage des Einflusses der Düngung mit Gesteinsmehlen auf einige Arzneipflanzen (*Teucrium marum*, *Chelidonium majus*, *Arnica montana* und *Phytolacca decandra* L.) führte OPITZ[20] durch. In der landwirtschaftlichen und gärtnerischen Praxis wird die Gesteinsmehldüngung abgelehnt, da das Wachstum der Pflanzen durch bewährte Handelsdünger besser und billiger gefördert wird.

Zur Frage des Einflusses der „biologisch-dynamischen Wirtschaftsweise" auf Ertrag und Wirkstoffe seien noch einige Betrachtungen angeschlossen. Die in „homöopathischer Verdünnung" angewendeten Düngungspräparate der biologisch-dynamisch wirtschaftenden Landwirte sind meist Extrakte von Pflanzen, die zum Teil auch in der Heilkunde Verwendung finden, z. B. solche von *Valeriana officinalis*, *Taraxacum*

[16] OPITZ, H.: Über den Einfluß von Spurenelementen auf *Mentha piperita* in Wasserkultur. Zweiter Bericht der Fa. Dr. Willmar Schwabe „Aus unserer Arbeit", Leipzig 1939, S. 84 bis 85.

[17] BODE, H. R.: Einfluß von Spurenelementen auf das Wachstum der Pfefferminze (*Mentha piperita* L.). „Gartenbauwissenschaft" **14**, S. 654 bis 664 (1940).

[18] BOSHART, K.: Düngungsversuche mit Fingerhut (*Digitalis purpurea* und *Digitalis lanata*). „Heil- und Gewürzpflanzen", **17**, S. 97 bis 119 (1937).

[19] DROBKOW, A. A.: Der Einfluß radioaktiver Elemente auf die Pflanzenerträge. Bull. Acad. Sci. URSS., Sér. biol. 1940, S. 783. Prjanischnikow-Labor dch. „Chem. Zbl." 1940, I, S. 1819; ref. in „Pharm. Ind." **9**, S. 154 (1942); bzw. „Arzneipflanzen-Umschau" **1**, S. 120 (1942).

[20] OPITZ, H.: Untersuchungen zur Frage der Düngung mit Gesteinsmehlen. Zweiter Bericht der Fa. Dr. Willmar Schwabe „Aus unserer Arbeit", Leipzig 1939, S. 78 bis 83.

officinalis, *Equisetum arvense* (Ackerschachtelhalm), von *Urtica-species*, *Matricaria chamomilla* und *Achillea millefolium*. Die biologisch-dynamische Wirtschaftsweise legt also verschiedenen Arzneipflanzen, die für den Menschen und das Tier in therapeutischer Hinsicht eine Rolle spielen, auch eine gewisse Bedeutung für die Erhaltung eines gesunden Pflanzenwachstums bei. Nach Untersuchungen von SCHMITT und HASPER[21] wird bei der Verwendung von Pflanzenextrakten zu Düngezwecken das Pflanzenwachstum nur durch deren Nährstoffgehalt gefördert und nicht durch irgendwelche Wirkstoffe, wie die Vergleichsdüngung mit Handelsdüngemitteln ergab.

LIPPERT[22] konnte jedoch bei langjähriger Anwendung der biologisch-dynamischen Wirtschaftsweise im Arzneipflanzenbau zum Teil gute Ergebnisse hinsichtlich des Ertrages und des Wertstoffgehaltes feststellen. Seine Beobachtungen und Ergebnisse bedürfen aber noch der exakten Nachprüfung und damit der wissenschaftlichen Beweisführung.

Beim Anbau von Sonderkulturen sowie gartenbaulichen und landwirtschaftlichen Kulturarten auf dem Versuchsfeld in Leipzig-Probstheida gelangt in größeren Mengen meist dreijähriger Kompost zur Verwendung, der hauptsächlich aus Arznei- und Gewürzpflanzenabfällen besteht. Nach den bisherigen Beobachtungen übt er eine recht günstige Wirkung auf Boden und Pflanze aus, die sicher in erster Linie auf seinen Humus- wie überhaupt Nährstoffgehalt zurückzuführen ist. Nicht ausgeschlossen ist aber auch, daß den zu kompostierenden Pflanzenabfällen noch eigene Wirkstoffe innewohnen, die den biologischen Prozeß der Verrottung beeinflussen, und der auf diese Weise gewonnene organische Dünger auf das Pflanzenwachstum in irgendeiner besonderen Weise von Einfluß ist.

In diesem Zusammenhang interessieren auch Untersuchungen über das Vorkommen von antibiotischen Substanzen in den Pflanzen, wie sie u. a. WINTER[23] durchführte. Er wies z. B. nach, daß die Blattstreu einer bestimmten Pflanzenart auf ganz bestimmte Mikroben abtötend, entwicklungsverzögernd oder auch -fördernd wirkt.

In der Heilkunde haben einige Antibiotica, z. B. Penicillin, eine sehr große therapeutische Bedeutung erlangt. Hierbei handelt es sich um ein Stoffwechselprodukt bestimmter *Penicillium*-Stämme, also niederer Pilze. Neuerdings wird auch der Einfluß solcher antibiotischer Wirkstoffe in der Tier- und Pflanzenernährung untersucht. STEINEGGER (1954)[24] berichtet u. a., daß Penicillin das Frisch- und Trockengewicht von *Datura*-Topfpflanzen um das 5- bis 7fache erhöhte, ohne den Prozentgehalt an Alkaloiden zu senken. Es wurde in diesem Falle mit Penicillin eine deutliche Wachstumssteigerung erreicht. Wenn diese Ergebnisse pflanzenphysiologischer Forschung auch noch nicht praxisreif sind, so können sie eines Tages jedoch von wirtschaftlicher Bedeutung für die Pflanzenproduktion sein.

Durch Düngungsversuche unter Verwendung der in der Praxis bisher gebräuchlichen Düngemittel zahlreicher Versuchsansteller und durch eigene experimentelle Arbeiten ist erwiesen, daß sich auch bei den Arznei- und Gewürzpflanzen eine richtige Düngung günstig auf das Pflanzenwachstum und somit den Ertrag auswirkt. Wenn die erbgebundenen Inhaltsstoffe als physiologische Eigenschaft der Pflanze durch die Düngung kaum wesentlich beeinflußbar sind, so ist mit einem hohen Pflanzenertrag aber auch

[21] SCHMITT, L. und HASPER, E.: Wirkstoffe und biologisch-dynamische Wirtschaftsweise. „Ztschr. f. Pflanzenernährung und Bodenkunde", **30**, S. 65 bis 95 (1942); ref. in „Pharm. Ind." **11**, S. 428 (1944); bzw. „Arzneipflanzen-Umschau" 1, S. 400 (1944).

[22] LIPPERT, F.: Zur Praxis des Heilpflanzenbaues. Demeter-Schriftenreihe, Bd. 2/3, Dresden und Planegg 1939.

[23] WINTER, G.: Die Bedeutung der Antibiotika in der Natur. „Die Umschau", Heft 20 (1952) (Sonderdruck).

[24] STEINEGGER, E.: Einige neuere Probleme der biologischen Pharmazie. Tagungsbericht der 2. Arbeitstagung der Deutschen Gesellschaft für Arzneipflanzenforschung und -therapie e. V. „Planta Medica" **2**, S. 191 (1954).

eine entsprechend reiche Ausbeute an spezifischen Inhaltsstoffen je Flächeneinheit verbunden.

Der Einfluß der Düngung auf die pharmakologische Wirksamkeit ist bisher nur bei wenigen Arten eingehend untersucht worden. GSTIRNER[25] prüfte in neueren Versuchen z. B. den Einfluß der Düngung auf die sedative Wirkung der Baldrianwurzel. Die physiologische Wirkung von *Radix Valerianae* beruht nicht allein auf dem Gehalt an ätherischem Öl, es ist auch eine wasserlösliche Phase erheblich beteiligt. Er prüfte die sedative Wirkung im Tierversuch mit weißen Mäusen nach dem Verfahren von KOCHMANN und KUNZ und kam zu folgendem Ergebnis:

Düngung und sedative Wirkung der Baldrianwurzel

Düngung	Mindestdosis Infusum in ccm	Mindestdosis Droge in mg	Ölgehalt der Droge in %
Ohne Düngung	0,13	11,7	0,48
Volldüngung	0,10	9,0	0,68
Stickstoffdüngung	0,11	9,9	0,48

Hieraus ist ersichtlich, daß die Droge mit Volldüngung nicht nur den höchsten Gehalt an ätherischem Öl, sondern auch die beste sedative Wirkung hatte; ihr folgt die Droge mit Stickstoffdüngung, und bedeutend schwächer zeigt sich die Wurzel ohne Düngung. Die gelegentlich geäußerte Annahme, daß gedüngte Arzneipflanzen hinsichtlich ihres therapeutischen Wertes durch die Düngung eingebüßt haben, entbehrt des Beweises. Unseres Erachtens kommt es beim Anbau von Arzneipflanzen darauf an, daß eine sachgemäße, harmonische Düngung vorgenommen wird. Wie eine solche zu den einzelnen Kulturarten zu erfolgen hat, wird im Speziellen Teil berichtet.

Auf die Saatgut- und Bodenimpfung sei noch hingewiesen, obgleich es sich hierbei nicht um eine direkte Düngungsmaßnahme handelt. Das gute Gedeihen der Schmetterlingsblütler ist an das Vorhandensein von artspezifischen Bakterien gebunden, so daß beim erstmaligen Anbau eines solchen eine künstliche Impfung des Saatgutes oder des Bodens Vorteile bringt. Uns wurden noch keine Ergebnisse mit der bakteriellen Düngung von Arznei- und Gewürzpflanzen bekannt.

[25] GSTIRNER, F.: Düngungsversuche mit *Atropa Belladonna* und *Valeriana officinalis*. „Pharmazie" 5, S. 498 bis 501 (1950); bzw. „Arzneipflanzen-Umschau" 2, S. 816 bis 818 (1950).

XI. Bodenbearbeitung

Die Bodenbearbeitung im Arznei- und Gewürzpflanzenbau richtet sich nach den Bodenverhältnissen und den anzubauenden Arten. Sie erfolgt im allgemeinen nach landwirtschaftlichen bzw. gärtnerischen Grundsätzen; im einzelnen sollte sie je nach der anzubauenden Art vorgenommen werden. Eine sorgfältige Bodenbearbeitung wirkt sich günstig auf das Pflanzenwachstum aus und ist eine der wichtigsten Voraussetzungen für einen erfolgreichen Anbau.

Die Bodenbearbeitungsgeräte im Arznei- und Gewürzpflanzenbau sind die gleichen, wie sie in der Landwirtschaft und im Gartenbau Verwendung finden.

Abgesehen von einigen Arznei- und Gewürzpflanzen, z. B. den vegetativ vermehrten, empfiehlt es sich, das Saatbett in der Weise herzurichten, wie es auch für Zuckerrüben üblich ist. Entsprechend den anzubauenden Arten soll genügend tiefe Bodenlockerung mit gutem Bodenschluß und richtiger Krümelung erreicht sowie gleichzeitig vorbeugende Unkrautbekämpfung ermöglicht werden. Je feiner das Saatgut, um so feiner ist die Bodenoberfläche herzurichten. Sie darf aber auch wiederum nicht zu fein sein, da dann leicht zu Verwehungen und bei verschlämmenden Böden zu Bodenverkrustungen Anlaß gegeben ist, die beispielsweise bei Echter Kamille oder Majoran das Gelingen der Aussaat völlig in Frage stellen können. Beim Anbau von Arznei- und Gewürzpflanzen ist es besonders wichtig, daß das Saatbett eine solche Beschaffenheit aufweist, damit dem Keimwasserbedarf der Arten entsprochen wird. Um keimen zu können, benötigen die Samen der meisten Arznei- und Gewürzpflanzen sehr viel Wasser. Im trockenen Keimbett laufen sie nur sehr langsam, ungleichmäßig und oftmals gar nicht auf. Die Gefahr einer überhandnehmenden Verunkrautung liegt dann immer nahe. In der Praxis ist sehr oft festzustellen, daß ein mangelhaftes Auflaufen der Saat durch unsachgemäße Saatbettvorbereitung verursacht wird. In den meisten beobachteten Fällen hat — trotz gegenteiliger Meinung des Anbauers — das Saatgut eine befriedigende Keimfähigkeit und Triebkraft aufzuweisen, jedoch wird das Saatbett nicht sorgfältig genug hergerichtet. Um diesen Ansprüchen gerecht zu werden, sei auf die Bedeutung der Winterfurche hingewiesen, die in der landwirtschaftlichen Praxis allgemein üblich ist, der aber beim Arznei- und Gewürzpflanzenbau eine ganz besondere Wichtigkeit zukommt. Auch die rasche Folge von Räumung, Umbruch, Saatbettherrichtung und Aussaat beim Sommernachbau sei erwähnt.

Felder, die für die Bestellung mit Pflanzgut vorgesehen sind, werden etwa in gleicher Weise hergerichtet, wie es auch im Gemüsebau für Pflanzungen üblich ist.

Die Bodenlockerung für die Wurzeldrogen liefernden Arten hat tiefer zu erfolgen als für alle übrigen Arznei- und Gewürzpflanzen, da viele, z. B. Alant, Angelika, Eibisch und Liebstock, Tiefwurzler sind. So ist die Pflugtiefe je nach Kulturart und unter Berücksichtigung der Bodenverhältnisse unterschiedlich. Durch eine unsachgemäße Tiefkultur kann leicht eine physikalische und biologische Verschlechterung der Krumenbeschaffenheit hervorgerufen werden. Tieflockerung ist unerläßlich, wenn Untergrundverdichtung vorliegt. Zu bedenken ist, daß die Wurzeltiefe der meisten Arznei- und Gewürzpflanzenarten weit über die Ackerkrume hinausgeht, wenn auch die Hauptentwicklung des Wurzelsystems gewöhnlich in den oberen Schichten erfolgt. In mehreren Fällen war die mangelhafte Entwicklung von Arznei- und Gewürzpflanzenbeständen, z. B. von *Foeniculum vulgare*, auf Pflugsohlenverdichtung zurückzuführen. Die tief in den Boden eindringende Pfahlwurzel des Fenchels war nicht in der Lage, die Pflugsohle zu durchwachsen. Sie mußte seitlich ausweichen, was Wachstumsstörungen zur Folge hatte. Wurzelzichorie neigt bei Bodenverdichtung zur Beinigkeit und wird dann hinsichtlich ihres Industriewertes ungünstig beurteilt. Durch unsachgemäßes Pflügen wird eine Verdichtung an der Grenze zwischen gepflügter Krume und nicht bearbeitetem Untergrund geschaffen. Pflugsohlenverdichtung muß aber unter allen Umständen vermieden und, wo bereits vorhanden, behoben werden.

Die Unkrautbekämpfung setzt bereits mit der Bodenbearbeitung ein. Samen- und Rhizomunkräuter dürfen bei sorgfältiger Durchführung der Maßnahmen nicht aufkommen. Unkräuter in Arznei- und Gewürzpflanzenbeständen schaden nicht nur den Kulturpflanzen in mancherlei Hinsicht, sondern können im Erntegut auch zu sehr unangenehmen Beanstandungen führen. Die vorbeugende Unkrautbekämpfung durch rechtzeitiges Schleppen und bald anschließenden Grubber- und Schleppenstrich ist besonders bei den Sämereien wichtig, die infolge ihres hohen Wärmebedürfnisses erst spät im Frühjahr, also erst in der zweiten Hälfte des April, Anfang Mai zur Aussaat gelangen, wie beispielsweise Majoran, Stechapfel und Anis. Die endgültige Saatbettherrichtung mit Egge und Walze erfolgt dann erst unmittelbar vor der Aussaat. Gerade die häufig recht lange Auflaufzeit von 2 bis 4 Wochen und die öfters auftretende Unmöglichkeit eines Striegelstrichs der Saat macht diese Maßnahme unbedingt erforderlich, wenn die Anlage der Kultur bei den sich oft zunächst nur langsam entwickelnden Pflänzchen nicht durch übermäßige Unkrautentwicklung in ihrer Pflege unnötig verteuert bzw. überhaupt in Frage gestellt werden soll. Ganz besonderes Augenmerk ist bei der Bodenbearbeitung den Rhizomunkräutern wie Distel, Huflattich, Brennessel und Quecke zu widmen. Diese Unkräuter bedeuten eine große Gefahr für alle Kulturen. *Tussilago farfara*, *Urtica-species* und *Agropyron repens* sind zwar Heilpflanzen, aber beim Auftreten als Unkräuter in Nutzpflanzenbeständen müssen sie energisch bekämpft werden. Bei starker Verqueckung muß an Stelle einer sofortigen Saatfurche eine tiefe Schälfurche treten, aus der die Quecken mit dem Federzahngrubber ausgekämmt werden. Scheibenegge und Bodenfräse dürfen auf verquecktem Boden nicht Verwendung finden, da sie queckenvermehrend wirken. Erst wenn die herausgearbeiteten Quecken vom Felde entfernt worden sind, darf die Saatfurche folgen. Queckenwurzeln liefern die in der Heilkunde gebräuchliche Droge *Rhizoma* (*Radix*) *Graminis*[1]. Gut gewaschene und getrocknete Queckenwurzeln sind ein wertvolles Futtermittel[2]. Die Brennesselwurzeln stellen eine gefragte Droge (*Radix Urticae*) dar. Überhaupt sind viele in landwirtschaftlich-gärtnerischem Sinne als „Unkraut" bezeichnete Pflanzen Heilkräuter.

[1] Heeger, E. F. und Poethke, W.: Gemeine Quecke, Ruchgras und Heublumen. „Pharmazie" 9, S. 131 bis 138 (1954); bzw. „Arzneipflanzen-Umschau" 4, S. 19 bis 26 (1954).

[2] Ullrich, H.: Quecken und junges Buchenlaub als wertvolle Futtermittel. „Deutsche Landwirtschaftliche Presse" 61, S. 388 (1934).

XII. Saat- und Pflanzgut

Für einen erfolgreichen Pflanzenbau ist die Verwendung hochwertigen Saatgutes Voraussetzung. Es werden hierunter nicht nur die oberirdischen, der generativen Vermehrung dienenden Fortpflanzungsorgane (Sporen, Früchte, Samen), sondern auch alle anderen Pflanzenteile, wie Wurzelstöcke, Knollen, Zwiebeln, Stecklinge, verstanden, mit denen die Pflanzen vegetativ vermehrt werden. Einige Arznei- und Gewürzpflanzen können sich entweder nur generativ oder vegetativ fortpflanzen, wiederum andere auf beide Weisen vermehren. Besonders für die Züchtung kann es bedeutungsvoll sein, wenn beide Fortpflanzungsmöglichkeiten vorhanden sind.

Grundsätzlich sollte im Arznei- und Gewürzpflanzenbau nur anerkanntes Saatgut Verwendung finden.

Während das Beizen des Saatgutes bei den meisten landwirtschaftlichen und gartenbaulichen Kulturarten, und somit auch bei Lein und Mohn, mit zum Teil großem Erfolg vorgenommen wird, liegen bei den Arznei- und Gewürzpflanzensämereien keine Erfahrungen vor. Es empfiehlt sich aber trotzdem, das Saatgut dieser Sonderkulturen zu beizen. Vor allem das Trockenbeizverfahren läßt sich zumindest prophylaktisch mit einfachen Mitteln durchführen. Inwieweit die sonstigen Beizverfahren (Tauch-, Benetzungs- und Kurzbeizverfahren) Anwendung finden können, kann erst nach Vorliegen genügend gesicherter Versuchsergebnisse beurteilt werden. Versuche mit verschiedenen Beizmitteln im Tauchverfahren bei Pfefferminzpflanzgut liegen von HANDTE[1] vor. Diese Versuche lassen bereits erkennen, daß es durchaus im Bereich des Möglichen liegen dürfte, pilzlichen Erkrankungen wie dem Pfefferminzrost (*Puccinia menthae* Pers.) auch durch Naßbeizverfahren vorzubeugen. Ganz allgemein sei darauf hingewiesen, daß die chemischen Beizmittel nur gegen die dem Saatgut äußerlich anhaftenden Pilze wirken. Da alle Trockenbeizmittel wegen ihres Gehaltes an Quecksilber giftig sind und stark stäuben, muß das Beizen des Saatgutes in luftdicht schließenden Behältern erfolgen. Auch dürfen gebeizte Sämereien, z. B. Anis, Fenchel, Kümmel und Petersilie, als Drogen weder für arzneiliche Zwecke noch als Gewürz Verwendung finden, da anderenfalls mit gesundheitlichen Schädigungen zu rechnen ist.

Für die Aussaat ist es sehr wichtig, über die physikalischen Eigenschaften, besonders über das 1000-Korngewicht, unterrichtet zu sein. Auch für die Bewertung von Körnerdrogen kann das 1000-Korn- und Volumengewicht Bedeutung haben. In manchen Fällen bestehen Beziehungen zwischen den physikalischen Merkmalen und dem Wirkstoffgehalt der Früchte und Samen, z. B. ist das der Fall bei *Fructus Carvi*, *Fructus Foeniculi* und *Semen Colchici*.

Nach Möglichkeit sollte auch der Anbauer die Keimungsbiologie jeder einzelnen Art kennen. So keimen manche Arten z. B. nur bei Lichtzutritt, andere wieder nur bei Lichtabschluß, und wieder andere verhalten sich hinsichtlich der Belichtung indifferent. Wie das Saatgut, so hat auch das zum Anbau gelangende Pflanzgut arten- und sorten-

[1] HANDTE, O.: Beiträge zur Bekämpfung des Pfefferminzrostes *Puccinia menthae* Pers. I. Mitteilung. Einfluß verschiedener Beizmittel auf die Keimfähigkeit der Teleutosporen. „Pharmazie" 8, S. 268 bis 275 (1953); bzw. „Arzneipflanzen-Umschau" 3, S. 477 bis 484 (1953).

echt, gesund und kräftig zu sein. Die Teilung von Pflanzen bzw. Pflanzenorganen zu Vermehrungszwecken muß so erfolgen, daß der Verwendung findende Teil mindestens einen, möglichst aber mehrere Vegetationspunkte (Knospen) aufweist. Jungpflanzen sollen vor allem auch gut bewurzelt sein, denn der Anbauer von Arznei- und Gewürzpflanzen will gut entwickelte, wuchsfreudige Pflanzen verwenden. Eine Anzahl von Arznei- und Gewürzpflanzen kann überhaupt nur vegetativ vermehrt werden, z.B. die Sorte 'Deutscher Aromatischer Estragon' (*Artemisia dracunculus*) und Eberraute (*Artemisia abrotanum*). Die Pfefferminze (*Mentha piperita*), die als Tripelbastard bei generativer Fortpflanzung stark aufspaltet, darf ebenfalls nur vegetativ vermehrt werden, wenn man eine hochwertige Droge gewinnen will. Wir konnten den Nachweis führen, daß „Pfefferminzsamen" des Handels im Anbau stets mehr oder weniger wertlose Formengemische ergeben[2].

Die ehemalige Hauptvereinigung der deutschen Gartenbauwirtschaft hat für gärtnerische Marktpflanzen Gütebestimmungen erlassen, die u. a. folgende allgemeine Anforderungen, die an Gemüsepflanzen zu stellen sind, enthalten und die auch für Arznei- und Gewürzpflanzen Anwendung finden können:

„Der Wuchs muß kurz und gedrungen sein. Pflanzen, denen man ansehen kann, daß sie infolge zu engen Standes oder infolge falscher Behandlung (zu wenig Luft und Licht) geil geworden sind, gelten als verkaufsunwürdig. Verkaufsunwürdig sind auch solche Pflanzen, die im Gartenbau als überständig bezeichnet werden. Als Merkmale gelten die Folgeerscheinungen ungenügender Ernährung, wie sie durch zu langes Verbleiben der Pflanzen im Saat- und Pikierbeet oder -topf entstehen. Als Beispiel seien genannt: Gelbwerden der Blätter und Verhärtung der Triebe. Die Bewurzelung muß der Entwicklung der Pflanzen entsprechend reichlich, frisch und gesund sein. Pflanzen, die im Gewächshaus oder Frühbeet angezogen wurden und zum Auspflanzen im Freiland bestimmt sind, müssen durch reichliches Lüften so abgehärtet sein, daß sie — normale Witterung vorausgesetzt — ohne Schaden den Standort wechseln können."

Oberster Grundsatz beim Bezug von Saat- und Pflanzgut muß sein, daß das Beste für den Arznei- und Gewürzpflanzenbau auch das Richtigste ist. Durch die Verwendung von einwandfreiem Saat- und Pflanzgut wird das bei manchen Arznei- und Gewürzpflanzenarten bestehende große Anbaurisiko verringert.

Auch empfiehlt es sich, von Zeit zu Zeit einen Saat- bzw. Pflanzgutwechsel vorzunehmen. Abbauerscheinungen, wie sie bei einigen landwirtschaftlichen Kulturarten, z. B. bei der Kartoffel, bekannt sind, treten bei den Arznei- und Gewürzpflanzen noch nicht klar hervor. Um jedoch diesen Gefahren von vornherein vorzubeugen, empfiehlt sich ein Saat- bzw. Pflanzgutwechsel. Er soll aber nicht in der Weise erfolgen, daß der Anbauer das Saatgut vom Nachbarn bezieht, sondern indem er anerkanntes Saatgut verwendet.

[2] HEEGER, E. F.: Die Pfefferminze, eine monographische Darstellung unter besonderer Berücksichtigung neuer Erkenntnisse auf dem Gebiete des Anbaues, der Drogengewinnung und der Sortenfrage. Inauguraldissertation, Leipzig 1950; ref. in „Pharmazie" 5, S. 559 bis 560 (1950); bzw. „Arzneipflanzen-Umschau" 2, S. 853 bis 854 (1950).

XIII. Aussaat und Pflanzung

a) Aussaat

Sehr wichtig für den Anbauerfolg ist die richtige Saatzeit. Die meisten Arten gelangen im Frühjahr zur Aussaat. Der Zeitpunkt richtet sich nach den Wärmeansprüchen der anzubauenden Arten. Frostkeimer und einige andere Arten werden im Herbst ausgesät. Herbstaussaat hat häufig den Nachteil, daß im zeitigen Frühjahr viel Unkraut mitkeimt und dadurch die Pflegearbeiten erschwert werden. Andererseits wird bei Herbstsaat die Winterfeuchtigkeit besser ausgenutzt als bei Frühjahrssaat. Auf die arteigenen Ansprüche der Pflanzen ist weitgehend Rücksicht zu nehmen. Z. B. dürfen frostempfindliche Arten erst auflaufen, wenn keine Fröste mehr zu befürchten sind. Manche zweijährigen Arten — z. B. *Verbascum-species* — werden bei vorzeitiger Aussaat leichter zum Schossen veranlaßt. Langlebige und wasseranspruchsvolle Arten bedürfen besonders zeitiger Aussaat. Kurzlebige Pflanzen geben größere Freiheit in der Wahl der Saatzeit. Kalte, bindige, wasserreiche Böden verlangen im Herbst frühere, im Frühjahr spätere Saat als lockere, warme und trockene Böden. Krankheiten und Schädlinge erfordern besondere Beachtung. Spätsaaten werden vielfach stärker durch Rost, Mehltau, Blattläuse und Erdflöhe gefährdet. Die Saatzeit ist so zu wählen, daß der Aufgang nicht gerade mit der Hauptbefallszeit eines spezifischen Schädlings zusammentrifft. Ein von Bauer, Rudorf und Heeger[1] in verschiedenen Gegenden Deutschlands durchgeführter dreijähriger Aussaatzeitenversuch mit den Arten *Valeriana officinalis, Majorana hortensis, Coriandrum sativum, Sinapis alba, Carum carvi* und *Mentha piperita* zeigte, daß es beim Anbau von Arznei- und Gewürzpflanzen sehr auf den richtigen Aussaat- bzw. Pflanztermin für die anzubauende Art bzw. Sorte ankommt, wenn in quantitativer und qualitativer Hinsicht befriedigende Ernten erzielt werden sollen.

Der Anbauer von Arznei- und Gewürzpflanzen steht häufig vor der Entscheidung: drillen oder pflanzen? Bei der Beantwortung dieser Frage spielen Saatgutbeschaffung und Saatgutpreis, Wuchsfreudigkeit und Kulturdauer eine große Rolle. Oftmals ist Pflanzung sicherer als Drillsaat. Größere Bestandslücken und dadurch vermehrte Pflegearbeiten werden vermieden. Der Pflanzgutpreis macht aber bei vielen Kulturen einen sehr hohen Prozentsatz der Erzeugungskosten aus. Ob bei generativ vermehrbaren Arten die Kultur durch Drillsaat oder Pflanzung erfolgen soll, ist eine Frage der Wirtschaftlichkeit und muß von Fall zu Fall entschieden werden.

Die Freilandaussaat erfolgt fast ausschließlich unter Verwendung von Drillmaschinen. Dibbelsaat, d. h. nestweises Auslegen mehrerer Samen auf vorbestimmte Abstände, gelangt nur in Sonderfällen bei weiträumig zu stellenden Pflanzen, z. B. *Cannabis sativa var. indica, Silybum marianum* und *Ricinus communis,* zur Anwendung. Breitsaat kommt fast nur noch bei Halbkultur in Betracht, z. B. beim Anbau von *Arnica montana* und *Centaurium umbellatum,* wobei das Saatgut breitwürfig in Wiesen eingesät werden kann. Die Vorteile der Drillsaat sind in der Regel so überragend, daß ihre Anwendung auch im kleinsten Betrieb erfolgen sollte. Grobsamiges Saatgut kann mit jeder in

[1] Bauer, K. H., Rudorf, W. und Heeger, E. F.: Die Anbauverhältnisse einiger Heil- und Gewürzpflanzen unter besonderer Berücksichtigung der Wertstoffgehalte. „Landw. Jhrb." 92, S. 1 bis 52 (1942).

der Landwirtschaft gebräuchlichen Drillmaschine ausgesät werden. Modernere Maschinen ermöglichen aber ohne weiteres auch die Drillsaat von feineren Sämereien, evtl. allerdings nur unter Verwendung entsprechender Zusatzaggregate. Mit der Schubrad-Drillmaschine unter Verwendung von Druckrollen wurden von uns gute Erfahrungen gemacht. Häufig finden Handsämaschinen Verwendung, wie sie vielfach für die Gemüseaussaat benutzt werden. Feinsämereien werden am besten zusammen mit trockener und feingesiebter Humuserde ausgesät, die mit etwas Sand vermischt ist. Auf 100 g Saatgut empfehlen wir 500 g Beimengung. Mit dieser Mischung ist eine gleichmäßige Aussaat zu erzielen. In der Literatur wird zu einem Vermengen des Saatgutes mit trockenen Sägespänen angeraten. Bewährt hat sich bei manchen sehr feinsamigen Arten die Vermischung des Saatgutes mit kohlensaurem Kalk (Kreidemehl), wie beim Tausendgüldenkraut (1000-Korngewicht 0,003–0,014 g). Sehr gut ließen sich auch gemahlene oder geschrotete Wurzeldrogenabfälle und ähnliche Rückstände aus der verarbeitenden Drogenindustrie verwenden, wobei Saatgutgewicht und -größe durch entsprechende Vermahlung bzw. Siebung berücksichtigt werden konnten, so daß eine Entmischung in der Drillmaschine auch bei der Bestellung größerer Flächen nicht befürchtet zu werden

Abb. 19
Einsatzkästen für Drillmaschinen

braucht. Vorsicht ist geboten hinsichtlich des Vermischens von Arznei- und Gewürzsämereien mit Handelsdüngemitteln. Im Grassamenbau benutzt man zur Streckung des Saatgutes von Wiesenrispe, Straußgras, Rotschwingel u. a. Handelsdünger, wie Kalkammonsalpeter, Kalksalpeter oder andere leicht gekörnte Düngerarten, die vorher durchgesiebt wurden. Klagen über Schädigung des Grassamens wurden nicht bekannt. Auch ROEMER und SCHEFFER[2] weisen bereits auf diese Möglichkeiten der Saatguteinsparung hin. Für Mohn erwies sich nach Genannten das Thomasmehl als geeignet. In der Sowjetunion werden mit Erfolg einige landwirtschaftliche Saaten zusammen mit granulierten Handelsdüngemitteln ausgesät. Es liegen noch keine Erfahrungen vor, wie sich die verschiedenen Arznei- und Gewürzpflanzensämereien — mit Ausnahme des Mohns — bei der Mischaussaat mit Handelsdüngemitteln verhalten. Erfolgt die Aussaat der Samen und das Einbringen der Düngemittel wie in der Sowjetunion gleichzeitig durch eine kom-

[2] ROEMER, Th. und SCHEFFER, F.: Lehrbuch des Ackerbaues. Berlin und Hamburg 1949, S. 390.

binierte Drillmaschine mit zwei Saatkästen, und zwar einem für das Saatgut und einem anderen für die Düngemittel, so ist mit irgendwelchen Schädigungen kaum zu rechnen. Die Düngemittel werden in den Drillreihen etwas tiefer als die Samen eingearbeitet. Bei einem solchen Verfahren der Einbringung der Handelsdüngemittel werden schon für das Anfangsstadium des Wachstums und der Entwicklung der Pflanzen günstige Ernährungsverhältnisse geschaffen. Erfahrungen mit der Verwendung von pilliertem Saatgut von Arznei- und Gewürzpflanzen wurden noch nicht bekannt. Sehr vorteilhaft wäre es, wenn besonders feinsamiges Saatgut pilliert zur Aussaat gelangen könnte, womit u. a. eine Saatguteinsparung möglich wäre.

Da viele Arznei- und Gewürzpflanzensämereien sehr langsam keimen und sich somit das Auflaufen der Saat lange hinauszögern kann, ist die Gefahr der Verunkrautung groß. Besonders in trockenen Jahren liegt der Samen lange in der obersten Krumenschicht, bis er keimt, während die Unkrautsämereien in der tieferen, feuchteren Erdschicht früher zur Keimung kommen und die gefürchteten Verunkrautungen hervorrufen. Es empfiehlt sich daher, schnell auflaufende Sämereien als sogenannte Markiersaaten dem Saatgut beizumischen. Der Beginn der notwendigen Hackpflege kann dadurch vorverlegt werden (Blindhacke). Als Markiersaaten eignen sich Senf, Gartenkresse, Radieschen, Kohlrabi, Salat usw. Bei Herbstaussaaten werden am besten Winterraps oder Winterrübsen als Markier(Bei-)saat verwendet. Die Markierpflanzen müssen nach dem Aufgang der Saaten entfernt werden. Durch diese rasch keimenden Beisaaten wird auch häufig auf stark zur Verkrustung neigenden Böden das Auflaufen der Arznei- und Gewürzpflanzensämereien beschleunigt. Schwer keimendes Saatgut kann vor der Aussaat vorgequollen werden. Kleinere Mengen von hartschaligem Saatgut kann man mit Sand- oder Schmirgelpapier abreiben, damit es normal zu keimen vermag. Bei landwirtschaftlichen Sämereien, z. B. Kleesaaten, die häufig hartschalig sind, finden Ritzmaschinen Verwendung. Erwähnt sei auch noch die Behandlung hartschaliger Sämereien mit konzentrierter Schwefelsäure oder durch kurzes Eintauchen der Samen in kochendes Wasser. Letztere Verfahren sind nur bei einigen Arten und mit größter Vorsicht anzuwenden. LYBING[3] beobachtete, daß die oftmals schwer keimenden Stechapfelsamen bis zu 100% keimten, wenn sie vor der Aussaat zwei Stunden in einprozentige Salpetersäure gelegt, dann mit Wasser abgewaschen und gelinde getrocknet wurden. Der Arzneipflanzenbau- und Zuchtbetrieb von vormals CAESAR & Co, in Schkopau bei Merseburg, behandelt Samen von *Datura stramonium* vor der Aussaat mit einer zehnprozentigen Chlorkalklösung. Dabei ist hinterher auf gutes Abwaschen des Samens zu achten, da sonst leicht Keimschäden eintreten können. Auch wir erzielten bei *Datura-species* mit dieser Vorbehandlung guten und schnellen Aufgang. Unbehandelte Vergleichssaaten liefen langsamer und vor allem sehr ungleichmäßig auf.

In diesem Zusammenhang ist noch das Verfahren der Stratifikation zu erwähnen. Mit Erfolg werden besonders Gehölzsämereien stratifiziert. Dieses Verfahren kommt vor allem für eine Anzahl wildwachsender Pflanzen der nördlichen Breitengrade in Frage, deren Samen erst im Herbst reifen. Sie werden nach ihrem Abfallen mit Schnee bedeckt und verbleiben darunter monatelang bei Temperaturen um den Gefrierpunkt. Sie unterliegen noch einem Nachreifeprozeß, der sich dem Klimarhythmus angepaßt hat. Sollen solche Samen im Anbau zur Keimung kommen, werden sie am besten stratifiziert, d. h. einer ganz ähnlichen feuchten Lagerung bei niedrigen Temperaturen unterzogen, wie dies in der Natur der Fall ist. Verschiedene Samen einheimischer Arten, z. B. solche von *Asperula*, *Agrimonia*, *Aconitum* und *Gentiana*, keimen oftmals

[3] LYBING, J.: Beitrag zur Kenntnis des Keimens der Stechapfelsamen. „Farmacevitisk Revy" 24, S. 313, 321, 329 (1925); ref. in „Heil- und Gewürzpflanzen" 8, S. 122 (1925).

erst, wenn sie einen Winter lang dem Frost ausgesetzt wurden. Es ist aber möglich, daß manche dieser Frostkeimer auch ohne einen Winterfrost zu keimen vermögen, wenn sie bei Temperaturen von 0 bis + 5° C stratifiziert oder einem Wechsel von niedrigen Temperaturen um 0° C und höheren Temperaturen ausgesetzt werden. Versuche von DÖRFEL[4] mit Samen von *Gentiana, Primula, Lysimachia* usw. bestätigen dies.

Durch das Einwirken chemischer Stoffe, wie Mangansulfat und Manganchlorid, Magnesiumchlorid, Zinksulfat, Aethylalkohol usw. können Lebensvorgänge der Pflanze beschleunigt werden. Auch auf die Keimung sollen derartige Stoffe fördernd einwirken, was als Stimulation bezeichnet wird.

Viele Arznei- und Gewürzpflanzen werden unter Glas oder auch auf Freilandsaatbeeten vorkultiviert. Besonders wärmeliebende Arten erfordern eine Anzucht im Gewächshaus oder im Kasten. Aber auch noch andere Gründe rechtfertigen oftmals eine Vorkultur. Eine solche gewährleistet auch sparsamste Verwendung des Saatgutes und eine gewisse Unabhängigkeit von den Witterungsverhältnissen im zeitigen Frühjahr. Witterungsunbilden verursachen oftmals für die Aussaat ins Freiland ungünstige Bodenverhältnisse, die sich dann auf die Keimung des Samens* nachteilig auswirken. Bei Vorkultur dagegen kann man sich ohne Schwierigkeiten kräftige Jungpflanzen heranziehen, die zu gegebenem Zeitpunkt bei günstigem Pflanzwetter ins Freiland gesetzt werden können. Allerdings werden eine ganze Reihe von Arznei- und Gewürzpflanzen aus praktischen Gründen besonders beim Anbau größerer Flächen auch gleich ins Freiland ausgesät und gegebenenfalls später vereinzelt.

Beide Arbeitsweisen, die Vor- sowie die Freilandkultur, haben gemeinsam mit dem Umstand zu rechnen, daß viele Arznei- und Gewürzpflanzensamen bis zu ihrem Aufgang lange im Boden liegen und daß die mit in der Erde befindlichen Unkrautsamen meist schneller keimen. Das unerwünschte Unkraut muß dauernd bekämpft werden. Für eine gewissenhafte Durchführung dieser Arbeit ist die Kenntnis der Keimpflanzen aber unbedingte Voraussetzung, denn beim Jäten bzw. Hacken darf das Unkraut nicht mit den aufkommenden Kulturpflanzen verwechselt werden. Daneben hat eine genaue Kenntnis der Keimpflanzen für den Anbauer größten Wert, um Verwechslungen von Arten bzw. Sorten untereinander oder Verunreinigungen mit fremden Arten bzw. Sorten rechtzeitig zu erkennen.

Außer einer umfangreich bebilderten Arbeit von AUGUSTIN[5] gibt es noch keine eingehenden Darstellungen, die sich mit Keimpflanzenstudien der Arznei- und Gewürzpflanzen beschäftigen. In dieser Arbeit sind im ganzen 90 Arten kurz beschrieben und auf Tafeln in natürlicher Größe als Lichtdruck mit der Altersangabe nach Tagen wiedergegeben. Im beschreibenden Text sind Zahlen über die Größenverhältnisse der Keimblätter und der Keimblattstiele genannt. Besonders die Tafeln sind für vergleichende Beobachtungen im allgemeinen gut zu gebrauchen, nur die Tafel Nr. 15 vom Band XL (1937) trägt eine falsche Unterschrift. Die dort abgebildeten Keim- und Jungpflanzen können keinesfalls von *Angelica archangelica* L. stammen, wie die Unterschrift besagt. Auch die im Text für die Keimblätter gegebenen Zahlen treffen für die Abbildungen der Tafel Nr. 15 nicht zu. Von anderen Autoren wäre noch HEGI zu nennen, in dessen „Flora von Mitteleuropa" bei einigen Arznei- und Gewürzpflanzen auch die Keimpflanzen abgebildet sind.

[4] Zit. nach GENTNER, G.: Das gärtnerische Saatgut. Stuttgart 1938.

[5] AUGUSTIN, B.: Keimpflanzen und Jugendformen der Heil- und Gewürzpflanzen. Különlenyomat a Kisérletügyi Közlemények Bd. XXXII (1929) und Bd. XL (1937), Budapest (Ungarisch mit deutscher Zusammenfassung).

* Über Keimungsvorgang, morphologischen Aufbau des Embryos sowie der Keimpflanze, die Bedeutung der Keimpflanzenkenntnis für die Anbaupraxis und Sortenkunde siehe: HEEGER, E. F. und BRÜCKNER, K.: Ein Beitrag zur Keimpflanzenkenntnis der Heil- und Gewürzpflanzenarten. „Pharmazie" 5, S. 533 bis 538 (1950); bzw. „Arzneipflanzen-Umschau" 2, S. 829 bis 834 (1950).

Auf nachstehenden zwei Bildtafeln (Abb. 21 und 22) sind die Keimpflanzen von 35 verschiedenen Arznei- und Gewürzpflanzenarten abgebildet. Sie wurden von uns in Saatkästen unter gleichartigen Bedingungen herangezogen und von dem wissenschaftlichen Zeichner K. HERSCHEL nach der Natur gezeichnet. Die Zeichnung wurde der von AUGUSTIN gewählten Methode des gepreßten Lichtdruckes vorgezogen, weil die Pflanze plastisch erscheint und auch Oberflächenstrukturen angedeutet werden können. Die Keimpflanzen sind nach ihrer Familienzugehörigkeit in der Reihenfolge des Systems geordnet. Von den größeren Familien wurden mehrere Vertreter abgebildet.

Die Aussaatmenge richtet sich nach der Qualität des Saatgutes und den Standortsverhältnissen. Von schlecht keimendem Saatgut muß mehr ausgesät werden als von gut keimendem; in Trockengebieten empfiehlt es sich, die Aussaatmenge reichlicher zu bemessen als in feuchten Lagen. Ergebnisse von exakten Aussaatstärkeversuchen mit Arznei- und Gewürzpflanzen sind uns nicht bekannt. Bei den in der Literatur angegebenen Zahlen handelt es sich meist um empirische Werte. In vielen Fällen wurden von uns zur Feststellung einer zur Aussaat notwendigen Saatgutmenge die einzelnen Arten in drei Gruppen (hohes, mittleres, niedriges 1000-Korngewicht) eingeteilt und ebenso die gefundenen Keimprozentzahlen. Die Aussaatmengen wurden je nach der Gruppenzugehörigkeit festgesetzt, wobei für die niedrigen Gruppen ein Zuschlag von 30 bis 60 und mehr % je Flächeneinheit erfolgte[6]. Saatgut von Arznei- und Gewürzpflanzen ist sehr knapp. Durch richtig bemessene Aussaatmengen ließen sich noch wesentliche Saatguteinsparungen ermöglichen. Saatstärkeversuche sind daher erforderlich.

Die Aussaattiefe richtet sich nach der anzubauenden Kulturart. Die Bedeckung der Dunkelkeimer und der gegenüber Licht indifferenten Samen mit Erde erfolgt im allgemeinen in Samenstärke. Die Lichtkeimer dürfen nur ganz leicht angedrückt und nicht oder nur sehr wenig mit Erde bedeckt werden. Die Feinsämereien sind bei ganz flach laufenden Drillscharen möglichst auf den Walzenstrich zu säen und sollten dann mit der Saategge leicht eingezogen werden. Spezifische Lichtkeimer, z. B. die Früchte von *Matricaria chamomilla*, drillen wir mit leicht hochgezogenen Drillscharen bei windstillem Wetter über den Walzenstrich. Unter den Scharen angebrachte Kufen bzw. Schleifbügel, welche die Landmaschinenindustrie herstellt, die aber auch jederzeit behelfsmäßig aus Blechstreifen oder Flacheisen leicht selbst angefertigt werden können, haben sich sehr gut bewährt. Die Notwendigkeit, auf windstilles Wetter bei der Aussaat zu warten, entfällt bei dieser Methode.

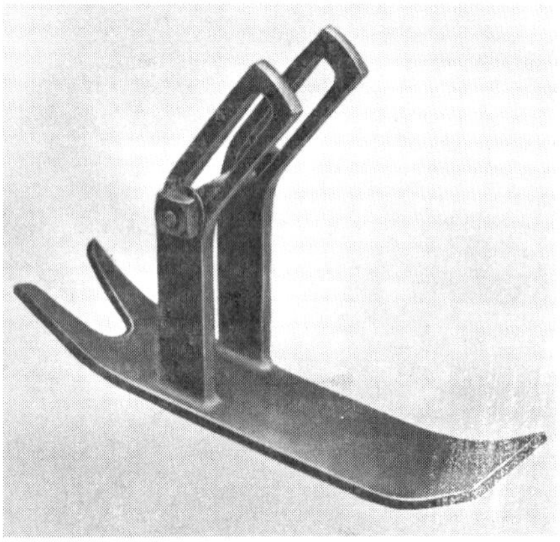

Abb. 20 Tiefenbegrenzer an Drillmaschinen für die Aussaat von Feinsämereien

Bei der Einstellung der Saattiefe ist auch auf die physikalische Beschaffenheit des Bodens Rücksicht zu nehmen. So darf z. B. auf Böden, die zur Verkrustung neigen, grundsätzlich nur ganz flach gedrillt werden. Bei der Einbringung des Saatgutes ist auf gute Wasserführung des Bodens und richtigen Bodenschluß zu achten.

[6] HEEGER, E. F. und WEHLMANN, Kf.: Untersuchungen über 1000-Korngewichte, Keimfähigkeit und Aussaatmengen der vorwiegend in Deutschland angebauten Heil- und Gewürzpflanzen. „Die Deutsche Heilpflanze“ 3, S. 75 bis 82 (1937).

Die zu wählende Standweite richtet sich nach dem Habitus der anzubauenden Pflanzenart, der Fruchtbarkeit des Bodens, der Bearbeitungsmöglichkeit und dem Nutzungszweck. Bei Maschineneinsatz sind weitere Standräume erforderlich als bei Handarbeit. Zu enge Standräume begünstigen das Abfallen und Vergilben der untersten Blätter, auch können Krankheiten und Schädlinge in solchen Beständen schneller überhandnehmen. Die Abstände zwischen den einzelnen Pflanzen beeinflussen das Mikroklima. Versuche von DAFERT-MAUERER[7], DAFERT-WALLENTIN[8], DAFERT-ENGLISCH[9], DAFERT-KWIZDA[10] u. a. lassen gewisse Zusammenhänge zwischen Standweite, Ertrag an Droge und Wertstoffgehalt erkennen.

Die Reihenrichtung ist nicht minder wichtig. Sie richtet sich in der Hauptsache nach dem zu bestellenden Gelände (Lage und Form). Da sie in starkem Maße das Mikroklima beeinflußt, ist sie so zweckmäßig wie möglich zu wählen. Der Einfluß der Reihenrichtung auf Ertrag und Qualität wurde bei einigen landwirtschaftlichen Kulturpflanzen bereits untersucht, z. B. von P. WAWILOW[11]. Nach ihm ergab für den Breitengrad Moskau die N—S-Richtung beim Anbau von Hafer, Gerste und Kartoffeln eine höhere Ernte als die W—O-Reihenrichtung.

TUNMANN[12] untersuchte u. a. den Einfluß der Himmelsrichtung, dem die Pflanzen ausgesetzt sind, auf den Alkaloidgehalt der Blätter von *Atropa bella-donna*. Pflanzen, die in der Südostrichtung standen, hatten einen etwas höheren Alkaloidgehalt aufzuweisen als solche, die der nordwestlichen Richtung ausgesetzt waren. Die Feststellung dürfte im wesentlichen auf unterschiedliche Lichtverhältnisse zurückzuführen sein. Hinsichtlich des Lichteinflusses auf die Alkaloidbildung besteht noch keine einheitliche Meinung. Überhaupt ist noch keine völlige Klarheit festzustellen, was die Biogenesis und physiologische Bedeutung wichtiger Inhaltsstoffe anbelangt. Es empfiehlt sich, auch im Arznei- und Gewürzpflanzenbau Versuche mit verschiedenen Reihenrichtungen durchzuführen.

b) Pflanzung

Die Pflanzenanzucht läßt sich auf mehrfache Weise durchführen, und zwar im Gewächshaus, Kasten und auf dem Freilandsaatbeet. Behelfsmäßige Anzuchtbeete genügen oft schon im Arznei- und Gewürzpflanzenbau. Im einzelnen kann auf die Handhabung der Pflanzenanzucht nicht eingegangen werden; sie hat nach gärtnerischen Gesichtspunkten zu erfolgen.

Nachstehend sollen nur einige allgemeine Hinweise gegeben werden, die beim Anbau von Arznei- und Gewürzpflanzen zu beachten sind.

Die Pflanzenanzucht erfolgt entweder durch den Anbauer selbst oder für ihn in Gartenbaubetrieben. Jeder Anbauer sollte nach Möglichkeit über eine der Größe seines Anbaues entsprechende Anzahl Frühbeete zur Heranzucht von Setzlingen verfügen. Sie lassen sich vielseitig nutzen, so zur Anzucht der Arznei- und Gewürzpflanzen, der Gemüsesetzpflanzen und von Gemüse selbst. Die Kastenaussaaten werden je nach anzubauender Art von Februar bis März, April vorgenommen. Das Auspflanzen der

[7] DAFERT, O. und MAUERER, J.: *Salvia*. „Ztschr. f. d. landw. Versuchsw. Deutsch-Oesterr." 26, S. 101 bis 104 (1923).

[8] DAFERT, O. und WALLENTIN, J.: *Digitalis lanata*. „Ztschr. f. d. landw. Versuchsw. Deutsch-Oesterr." 27, S. 42 bis 49 (1924).

[9] DAFERT, O. und ENGLISCH: *Coriandrum sativum* L., *Pimpinella Anisum* L. „Heil- und Gewürzpflanzen" 7, S. 49 bis 55 (1924).

[10] DAFERT, O. und KWIZDA: *Thymus. Melissa*. „Heil- und Gewürzpflanzen" 10 (1927/28).

[11] WAWILOW, P.: Über den Einfluß der Reihenrichtung auf die Entwicklung und den Ertrag landwirtschaftlicher Kulturpflanzen. „Die Deutsche Landwirtschaft" 2, S. 416 bis 419 (1951) (Übersetzung aus „Sowjetische Agronomie", Nr. 7/48).

[12] TUNMANN, O.: Über den praktischen Wert der Düngung auf den Alkaloidgehalt der Solanaceen. „Pharm. Post" Nr. 5, S. 395 (1939); zit. nach KLAN, Z.: Kurze Zusammenfassung der pharmakoergastischen Erkenntnisse über *Hyoscyamus niger* L. „Heil- und Gewürzpflanzen" 14, S. 76 bis 97 (1931/32).

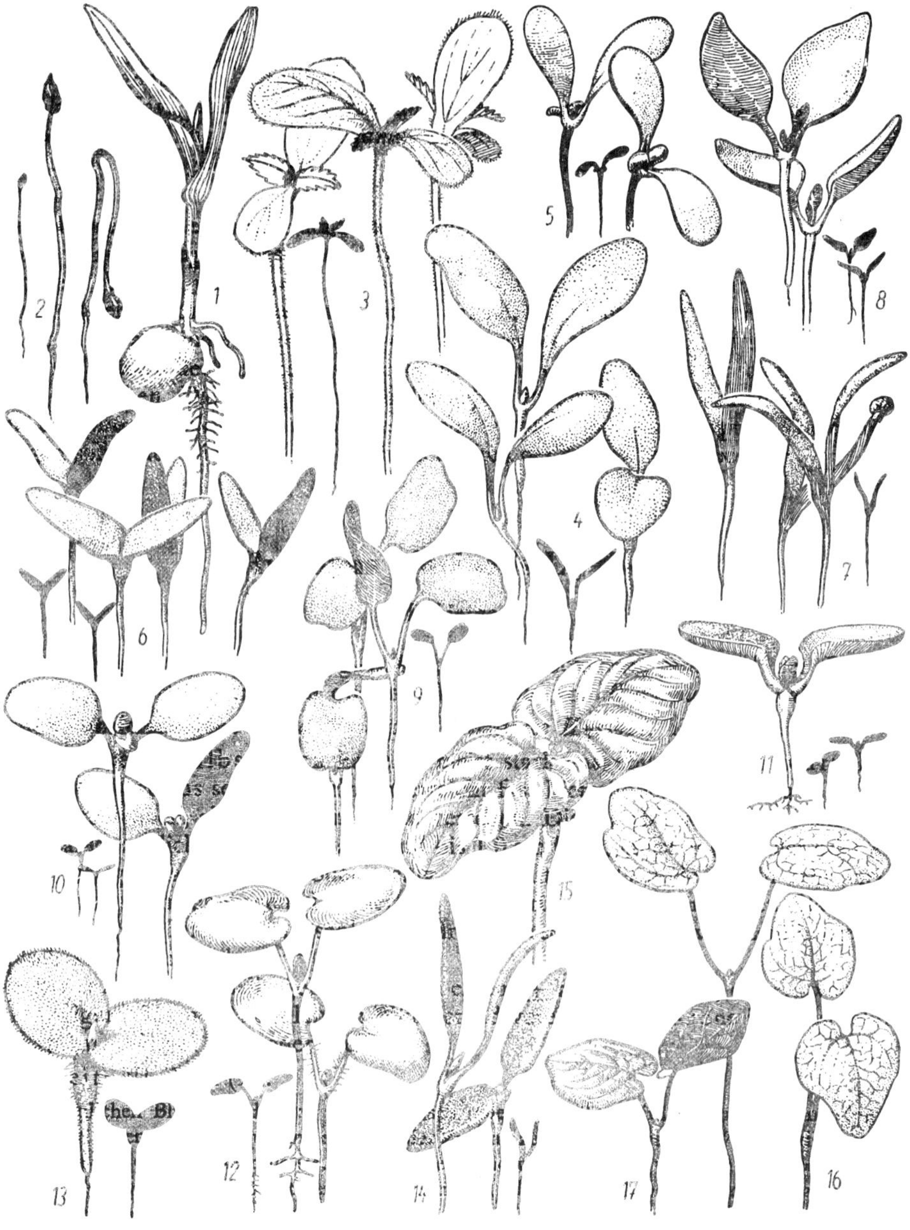

Abb. 21 Keimpflanzen

1. *Zea mays* L.
2. *Allium schoenoprasum* L.
3. *Cannabis sativa* L. *var. indica* (Lam.) Hegi
4. *Rheum palmatum* L. *var. tanguticum* Maxim.
5. *Chenopodium ambrosioides* L.
6. *Portulaca oleracea* L., *subspec. sativa* (Haw.) Thell.
7. *Saponaria officinalis* L.
8. *Chelidonium majus* L.
9. *Cochlearia officinalis* L.
10. *Reseda luteola* L.
11. *Sedum rupestre* L. *subspec. reflexum* (L.) Hegi et Schmid
12. *Sanguisorba minor* Scop.
13. *Ononis spinosa* L.
14. *Ruta graveolens* L.
15. *Ricinus communis* L.
16. *Malva silvestris* L. *subspec. mauritanica* Thell.
17. *Althaea rosea* (L.) Cav. *var. nigra* Hort.

Die Keimpflanzenarten Nr. 15, 16, 17 und 24 a sind in $^4/_5$ natürlicher Größe gezeichnet.

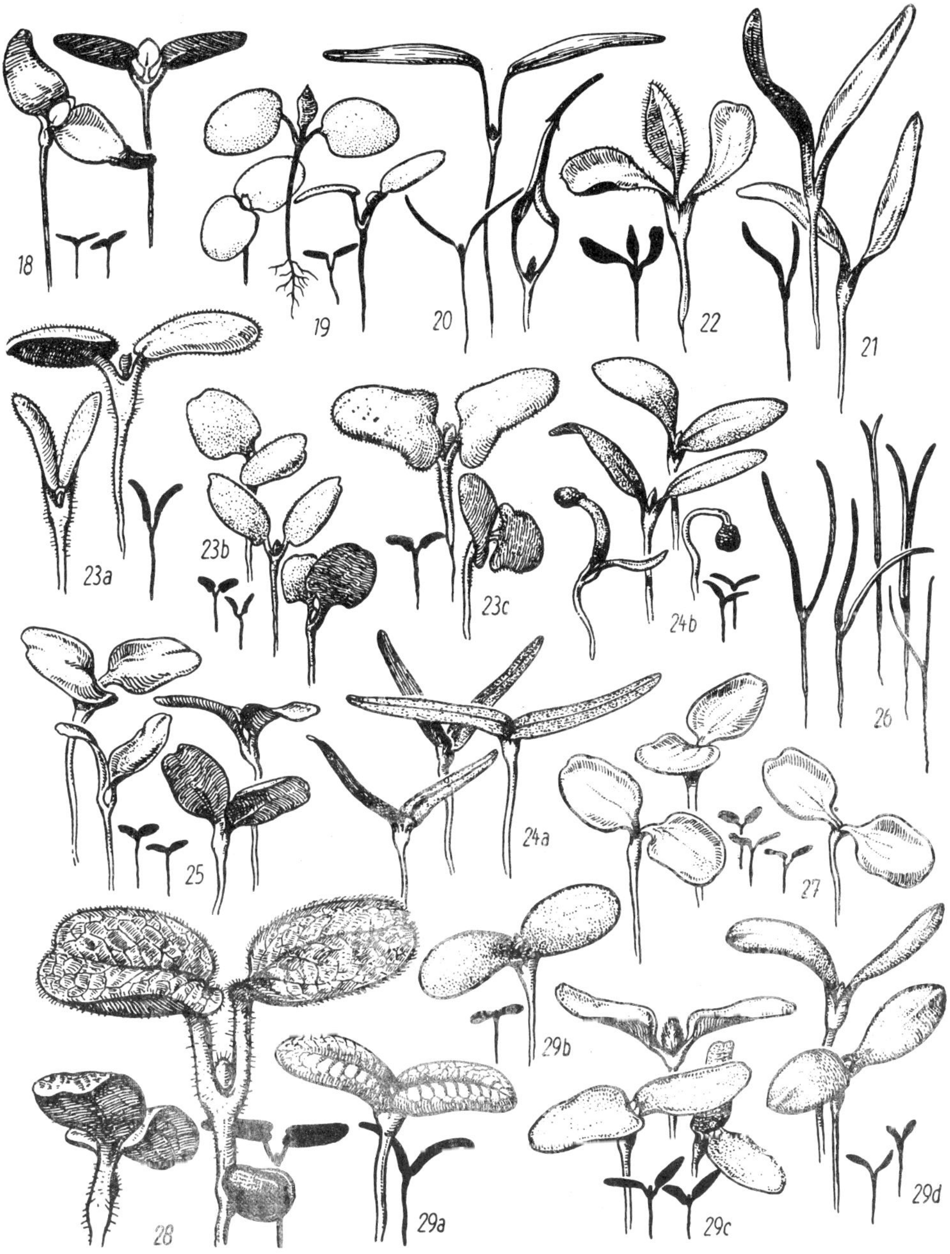

Abb. 22 Keimpflanzen

18. *Hypericum perforatum* L.
19. *Viola tricolor* L. *subspec. eutricolor* Syme
20. *Anthriscus cerefolium* (L.) Hoffm.
21. *Angelica archangelica* L. *subspec. eu-archangelica* Thell.
22. *Cynoglossum officinale* L.

23 a. *Salvia officinalis* L.
23 b. *Majorana hortensis* Moench
23 c. *Lavandula angustifolia* Mill.
24 a. *Datura stramonium* L.
24 b. *Hyoscyamus niger* L.
25. *Digitalis lanata* Ehrh.
26. *Plantago lanceolata* L.
27. *Valeriana officinalis* L.

28. *Bryonia dioica* Jacq.
29 a. *Cnicus benedictus* L.
29 b. *Chrysanthemum vulgare* (L.) Bernh. *syn. Tanacetum vulgare* L.
29 c. *Inula helenium* L.
29 d. *Chrysanthemum cinerariifolium* (Trev.) Vis.

Bei den anderen Arten stellt die schwarz ausgefüllte Zeichnung $^4/_5$ natürlicher Größe dar.

Jungpflanzen erfolgt dann im allgemeinen von Mai bis Juni (Anfang Juli) ins Freiland. In den leeren Frühbeeten werden Kastengurken angebaut und im Herbst noch Winterspinat, so daß eine intensive Nutzung der Kästen gewährleistet ist. Sehr wichtig ist, daß der Anbauer, wenn er die Pflanzenanzucht selbst vornimmt, pflanzen kann, wann es ihm am besten paßt. Der Gärtner muß im Interesse der Wirtschaftlichkeit seines Betriebes auf die intensivste Nutzung seiner gärtnerischen Anlagen bedacht sein. So ist häufig festzustellen, daß die Setzlinge von den Anbauern abgenommen werden müssen, wenn entweder die Pflanzen noch nicht „fertig" sind oder die Abnahme dem Anbauer ungelegen kommt, sei es, daß er das mit den Setzpflanzen zu bestellende Land noch nicht pflanzfertig hat oder daß die Witterung ein Auspflanzen nicht gestattet. Die Pflanzen sind dann meist noch einige Zeit im Einschlag zu halten, was sich häufig mehr oder minder nachteilig auf ihre spätere Entwicklung auswirkt. Deshalb ist der Selbstanzucht der Vorzug zu geben, auch wenn der Anbauer sich die gärtnerischen Fachkenntnisse, die zur Pflanzenanzucht gehören, erst erarbeiten muß.

Bei der Pflanzenanzucht muß die Erdmischung den natürlichen Bodenansprüchen der Pflanzen angepaßt werden. Eine Bodendesinfektion (Abtötung von Krankheitskeimen, Schädlingen und Unkrautsamen) ist zweckmäßig. Bei unseren Kastenaussaaten verwenden wir möglichst gedämpfte Komposterde und haben damit gute Ergebnisse erzielt. Die Erde wird im Kartoffeldämpfer erhitzt; aber auch spezielle Erddämpfgeräte stehen für die Erddämpfung zur Verfügung. Sehr bewährt haben sich transportable Anlagen.

Die Aussaat in Kästen kann breitwürfig oder in Reihen erfolgen. Nach Möglichkeit sollte diese nur in Reihen vorgenommen werden. Sie geschieht mit der Hand oder unter Verwendung besonderer Geräte. Bei Mistbeeten, wo sich die Kastenstege entfernen lassen, kann zur Drillsaat die Sembdnersche oder auch eine andere Handsämaschine benutzt werden. Die Aussaat erfolgt unter Berücksichtigung der vorher ermittelten Saatgutwerte. Die in Kästen vorgenommenen Aussaaten erfordern eine sachgemäße Pflege. So ist z. B. auf richtige Wärme- und Feuchthaltung, Lüftung und Beschattung zu achten. Unkraut und Schädlinge müssen rechtzeitig bekämpft werden. Falls erforderlich, muß das Verstopfen (Pikieren) zum richtigen Zeitpunkt stattfinden. Es kann in Mistbeete oder Pikierkästen erfolgen. Man verwendet hierzu auch Töpfe aus Pappe, Ton oder Erdmischungen. Mit Hilfe einer Pflanztopfpresse können aus Erdmischungen Töpfe in verschiedener Größe hergestellt werden. In Erdtöpfen herangezogene Arznei- und Gewürzpflanzen entwickeln sich meist sehr gut im Freiland. Jedoch muß beim Pressen der Töpfe darauf geachtet werden, daß nicht zu fest gepreßt wird, weil sonst die Wurzeln nur schwer die Wandungen durchbrechen. Auch kleine Tontöpfe finden für die Heranzucht von Setzpflanzen Verwendung. Nach erfolgtem Auspflanzen auf dem Felde werden die Tontöpfe eingesammelt. Sie sind mehrere Jahre verwendbar, zumal kleine Töpfe wenig Bruch geben. Wichtig ist, daß Pflanzen, die aus dem Kasten ins Freiland verpflanzt werden sollen, genügend abgehärtet sind. Sie sollen sich langsam an die Freilandtemperatur gewöhnen. Vor dem Auspflanzen kann es erforderlich sein, daß die Wurzeln etwas gestutzt werden. Die Pflanzen sollen gut entwickelt, gesund und nicht überständig sein. Schwache, kränkliche Pflanzen sind wertlos und gehen meist ein.

Zu erwähnen bleibt noch die Vermehrung durch Stecklinge, wie sie im Garten- und Obstbau allgemein üblich ist. Unter Steckling wird ein beliebiger Teil des Stengels, der Wurzel oder auch das Blatt einer Pflanze bezeichnet, wenn ein solcher abgetrennter Pflanzenteil in der Lage ist, Wurzeln zu bilden. Auch bei einigen Arznei- und Gewürzpflanzenarten ist die Stecklingsvermehrung üblich. Z. B. wird außer durch Wurzelstockteilung 'Deutscher Aromatischer Estragon' durch Stecklinge vermehrt. *Mentha piperita* wird nicht nur durch Stolonen, sondern ebenfalls durch sogenannte „Kopfstecklinge“ und Eberraute fast ausschließlich durch solche vermehrt. Aber auch noch viele andere Arten lassen eine Vermehrung durch Stecklinge zu. Es handelt sich bei diesen Arten um Stengelteile, die, von der Pflanze abgetrennt und in günstige Entwicklungsbedingungen versetzt, fähig sind, sich zu bewurzeln. Die Stecklinge werden am besten in leicht geneigter Lage in eine Mischung von Sand mit Torf gepflanzt. Sie dürfen nicht tief gesetzt werden, damit der Atmungsprozeß, welcher durch den Wundreiz des Schnittes und die Bildung der Wurzel sehr erhöht ist, nicht behindert wird. Außerdem ist für eine erfolgreiche Stecklingsbewurzelung auch eine hohe Luftfeuchtigkeit notwendig, damit die Stecklinge nicht austrocknen, bevor sie sich genügend bewurzelt haben. Besonders wichtig ist dies bei beblätterten Stecklingen, wie denen der Pfefferminze. Die Stecklingsanzucht erfolgt daher meist auf besonderen Vermehrungsbeeten unter Glas im Gewächshaus, unter Glasglocken oder auch im Frühbeetkasten. Um eine gute Bewurzelung zu erzielen, haben früher erfahrene Gärtner den Steckling unten etwas gespalten und in diesen Spalt ein Haferkorn eingeklemmt. Heute wissen wir, daß die von den Pflanzen gebildeten Phytohormone von großer Bedeutung für ihr Wachstum sind. Bei der Haferkoleoptile wird das Hormon Auxin-a in der Spitze erzeugt und zu den Streckungszonen transportiert. Wird die Spitze entfernt, hört das Wachstum auf; setzt man den Stumpf wieder auf, so geht das Wachstum weiter. Eine Stimulierung der Wurzelbildung ist häufig möglich durch Behandlung der Stecklinge mit Auxin und synthetischen Wuchsstoffen, wie Indolylbuttersäure, α-Naphthylessigsäure, Anthracenessigsäure u. a. Die Möglichkeit, mit Hilfe ganz geringer Konzentrationen solcher synthetischer Wuchsstoffe die Bewurzelung von Stecklingen herbeizuführen oder wenigstens zu beschleunigen, hat bereits zur weiten Verbreitung dieser Stoffe bei der vegetativen Vermehrung sich besonders schwer bewurzelnder Pflanzen geführt.

Für die Feldmarkierung verwendet man die in der Praxis gebräuchlichen Reihenzieher, Drillmaschinen oder auch die Kartoffelpflanzlochmaschine.

Das Auspflanzen erfolgt dann am besten nach einem Regen bei bedecktem Himmel. Ist kein Regen in Aussicht, so wird möglichst am Spätnachmittag gepflanzt, damit den Jungpflanzen die Frische und Feuchtigkeit der folgenden Nacht zugute kommen. Oft kann es zweckmäßig sein, Jungpflanzen oder Stecklinge des besseren Anwachsens wegen mit den Wurzeln vor dem Pflanzen in einen dünnen Lehmbrei zu tauchen. Im allgemeinen sollten sie nicht tiefer gepflanzt werden, als sie im Saatbeet standen, d. h., die Keimblätter bleiben über der Erde. Ein Tieferpflanzen kommt nur dann in Frage, wenn dies für die Pflanzen von Vorteil ist und sich der in die Erde gepflanzte Stengelteil bewurzeln kann, wie z. B. bei der Tomate. Bei später Herbstpflanzung empfiehlt es sich jedoch, etwas tiefer als im Frühjahr zu pflanzen, um Schäden, die durch Hochfrieren der Pflanzen während des Winters entstehen können, entgegenzuwirken. Auf die verschieden gehandhabten Pflanzmethoden kann nicht näher eingegangen werden. Erwähnt sei lediglich, daß manche Anbauer einige Arzneipflanzen gern auf niedrige Kämme pflanzen. Die Kammpflanzung halten wir besonders bei starkwüchsigen zwei- und mehrjährigen Arten auf bindigen Böden für angebracht. Der Reihenabstand beträgt dann meist 60 cm. Zwischen den Reihen kann das Land mit dem Igel gelockert werden. Die Pflegearbeit wird damit erleichtert und der Boden lange Zeit zum Vorteil der angebauten Pflanzen locker gehalten.

Neben der beschriebenen Anlage einer Kultur durch Pflanzung lassen sich, besonders beim Anbau auf größeren Flächen, verschiedene Arten, wie Engelwurz, Liebstock, Alant und auch Pfefferminze, mit bestem Erfolg durch Auslegen der auf Saatbeeten gezogenen Jungpflanzen oder Läufer in Furchen und anschließendes Zuhäufeln anbauen. Das übliche Kartoffelvielfachgerät leistet dabei gute Dienste und kann mit den entsprechenden Hackaggregaten auch zur Pflege des Bestandes verwendet werden. Handelt es sich dabei um ein verstellbares Gerät, kann auch der Reihenabstand entsprechend variieren. Besonders wertvoll ist diese Methode bei den Arten, die zur Wurzelgewinnung dienen. Die wie bei Kartoffeln gelegten und in den Dämmen wachsenden Pflanzen dringen in der Regel nicht so tief in den Boden, so daß die Rodung erleichtert wird. Beachtet man dabei noch ein sogenanntes beetweises und gleichmäßiges Auslegen der Pflanzen jeweils von einer gleichen Anzahl Reihen in einer Richtung und rodet dann jeweils mit dem Pfluge gegen die Austriebe, so wird dadurch auch noch das Abreißen und Abbrechen der Wurzelteile auf ein Mindestmaß beschränkt.

Im Zusammenhang mit dem Pflanzen sei noch auf die künstliche Bewässerung hingewiesen. Auf trockenen Böden ist das Angießen der Jungpflanzen immer von Vorteil. Es läßt sich aber nur im Kleinanbau durchführen, wenn keine Einrichtungen zur künstlichen Beregnung vorhanden sind. Wenn auf frisch bearbeitetes Land gepflanzt wurde, empfiehlt es sich, nach dem Angießen oder Beregnen die Pflanzen leicht zu behäufeln, da sie sich etwas setzen und Wurzelteile leicht freigelegt werden können. Das Hacken nach dem Angießen trägt zur längeren Erhaltung der Feuchtigkeit bei. Im feldmäßigen Arznei- und Gewürzpflanzenbau ist die künstliche Beregnung noch wenig eingeführt. FREUDENBERG und CAESAR[13] sammelten sehr gute Erfahrungen in ihrem Arzneipflanzenbetrieb in Schkopau bei Merseburg, wo sie mit dem Wasser der Saale beregneten. Nach ihren Feststellungen bewirkt diese Maßnahme in trockenen Jahren und bei normalen Witterungsverhältnissen in niederschlagsarmen Gebieten eine erhebliche Ertragssteigerung bei Kraut-, Blatt- und Wurzeldrogen. Sie empfehlen zur Verhütung von Verschlämmung des Bodens Schwachregner mit einem Stundenniederschlag bis 5 mm. Diese Feststellungen können wir auf Grund experimenteller Arbeiten bestätigen. Von seltenen Ausnahmen abgesehen, brachten bei unseren Versuchen die Gießstücke eine höhere Erntemenge als die ungegossenen Parzellen, und zwar auch bei den norddeutschen Beständen im regenreichen Jahre 1937. Vor allem in trockenen Zeiten des Sommers, wenn das Wasser im Minimum war, wirkten zusätzliche Wassermengen günstig[14].

Darauf hingewiesen sei noch, daß sich durch geeignete Beregnungsmaßnahmen Frostschäden bei spätfrostempfindlichen Arznei- und Gewürzpflanzen umgehen lassen.

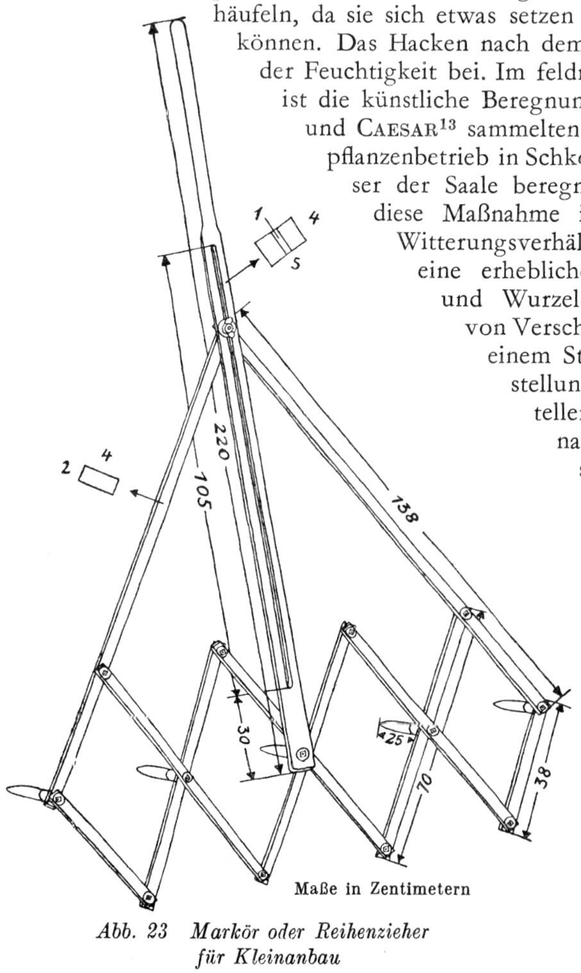

Maße in Zentimetern

Abb. 23 Markör oder Reihenzieher für Kleinanbau

[13] FREUDENBERG, G. und CAESAR, R.: Arzneipflanzen, Anbau und Verwertung. Berlin und Hamburg 1954, S. 28 bis 29.
[14] loc. cit. S. 132.

XIV. Bestandspflege und Pflanzenschutz

Für die Pflege der Arznei- und Gewürzpflanzen gelten die gleichen Grundsätze wie für die landwirtschaftlichen und gartenbaulichen Kulturarten. Vor allem ist zur Erzielung hoher Erträge die Lockerhaltung des Bodens unerläßlich. Dies ist eine wichtige Maßnahme nicht nur zur Erhaltung der Bodenfeuchtigkeit, sondern der Bodengare überhaupt. Unmittelbar nach dem Aufgang der Saat bzw. Markiersaat oder nach erfolgter Pflanzung hat eine sorgfältige Hackarbeit einzusetzen, wobei die Verwendung von Hohlschutzscheiben an der Hackmaschine angebracht ist. Die jungen Pflanzen dürfen nicht mit Erde bedeckt werden. Die Hackarbeit ist von größter Wichtigkeit und richtet sich in ihrer Intensität hauptsächlich nach der angebauten Pflanzenart, der Beschaffenheit des Bodens und dem Vorhandensein von Unkraut. Bei den einjährigen, raschwüchsigen Arten, z.B. Dunkelviolette Malve und Blatt-Dill, ist zu bedenken, daß die kurze Vegetationsdauer und das intensive Wachstum während dieser Zeit einen hohen Wasserbedarf und -verbrauch bedingen. Es ist daher sehr wichtig, daß durch Lockerhaltung der obersten Krumenschicht von der Zeit der Bestellung bis zum Zeitpunkt der völligen Beschattung des Bodens durch die Pflanzen die Wasserverdunstung soweit wie irgend möglich eingeschränkt wird. Starke Niederschläge und künstliche Beregnung erfordern vermehrte Hackarbeit. Im Frühjahr müssen die Hacken (Handhacken, Einradhacken, Hackmaschinen) und, wo angebracht, auch der Striegel und die Eggen ständig einsatzbereit sein. Eine Bearbeitung mit letzteren, besonders mit der leichten Saategge, kommt aber nur für Arten in Frage, die bei den Eggarbeiten nicht herausgerissen oder verletzt werden. Der Unkrautstriegel kann im Arznei- und Gewürzpflanzenbau bei der Bestandspflege sehr nützlich sein.

Rechtzeitige und sorgfältige Hackarbeit schützt die Sonderkulturen auch gegen Dürreschäden, wie solche in den außergewöhnlichen Trockenjahren 1947 und 1949 zum Teil in recht beträchtlichem Ausmaß in Mitteldeutschland beobachtet wurden. Größere Schäden konnten nur durch intensive Hackarbeit vermieden werden. Ob Hand- oder Maschinenhacken Anwendung finden, richtet sich nach den gegebenen Verhältnissen. Viele Zwiebeln, Knollen, Wurzelstöcke und Wurzeln der Arznei- und Gewürzpflanzen haben eine spezifische Tiefenlage, die je nach Beschaffenheit des Bodens variieren kann. Es empfiehlt sich daher, möglichst flach zu hacken. Der Bodenmeißel soll durch Tieflockerung der Reihenzwischenräume namentlich die Durchlüftung schwerer Böden fördern. Seine Wirkung wird jedoch meist infolge der damit verbundenen erhöhten Wasserverdunstung und durch mehr oder weniger erhebliche Wurzelverletzungen in Frage gestellt. Wesentlich ist, daß jede Krustenbildung und jedes Aufkommen von Unkraut verhindert werden.

Erwähnt sei noch, daß unter Umständen auch Jätearbeit erforderlich werden kann, wenn die Bestände innerhalb der Reihen stark verunkrautet sind. Dies ist vor allem bei den Arten notwendig, die zur Krautgewinnung dienen, da Unkrautbesatz die Qualität des Erntegutes herabmindert oder die Erntekosten erheblich verteuern kann. Bei Verunkrautung ist dann meist statt des maschinellen Schnittes Handarbeit erforderlich. Mehrjährige, besonders die rasenbildenden Arten, z. B. *Mentha-species* und *Anthe-*

mis nobilis, neigen leicht zur Verunkrautung. Das Unkrautjäten mit der Hand erfordert hohen Lohnaufwand und kann die Wirtschaftlichkeit einer Sonderkultur in Frage stellen. Durch zweckmäßige acker- und pflanzenbauliche Maßnahmen ist der Verunkrautung vorzubeugen und jedes aufkommende Unkraut energisch zu bekämpfen. Ausschlaggebend im Kampf gegen das Unkraut ist vor allem die sorgfältige Bodenbearbeitung, die Verwendung unkrautfreien Saatgutes und die richtige Auswahl der anzubauenden Kulturarten. Die wohldurchdachte Fruchtfolge trägt wesentlich dazu bei, dem Aufkommen von Unkräutern vorzubeugen. So kann dem Auftreten von *Solanum nigrum* L. in Pfefferminzbeständen durch Einschalten von Getreide in die Fruchtfolge begegnet werden. Auch ist darauf zu achten, daß vermieden wird, mit den Wirtschaftsdüngern (Stalldung und Kompost) Unkraut aufs Feld zu bringen. Bei schwer auflaufenden Saaten sollte, wie bereits erwähnt, eine schnell aufgehende Markiersaat (Beisaat) verwendet werden, um gegebenenfalls blindhacken zu können. Dem Landwirt ist bei manchen Arznei- und Gewürzpflanzen die lange Zeitspanne zwischen Aussaat und Aufgang etwas Ungewohntes, ebenso die bei einigen Arten zu beobachtende langsame Anfangsentwicklung. Er hat daher der Unkrautbekämpfung größte Beachtung zu schenken. Die Unkräuter beeinträchtigen das Wachstum der Kulturpflanzen durch Nahrungs- und Wasserentzug und können sie schließlich verdrängen. Darum sollte der Anbauer von Arznei- und Gewürzpflanzen immer bemüht sein, die Unkräuter richtig zu erkennen und sachgemäß zu bekämpfen.

Nach Rademacher[1] liegt sehr richtig das „Geheimnis" der Unkrautbekämpfung in der Erzielung geschlossener, also gut gedüngter, gepflegter und krankheitsfreier Pflanzenbestände. Die chemische Unkrautbekämpfung stellt letzten Endes nur einen Notbehelf dar. Sie beruht meist auf Ätz-, seltener auf Giftwirkungen pulverförmiger oder gelöster Stoffe und darf daher im Arznei- und Gewürzpflanzenbau nur mit größter Vorsicht zur Anwendung gelangen. Auch ist zu beachten, daß Bekämpfungsmittel, wie Kalkstickstoff und Hederich-Kainit, Ätz- und Düngewirkung verbinden, was bei der Düngerbemessung zu berücksichtigen ist. Erfahrungen mit der chemischen Bekämpfung von Unkräutern speziell im Arznei- und Gewürzpflanzenbau liegen nicht vor. Versuchsweise verwendeten wir zur Unkrautbekämpfung auf Wegen mit gutem Erfolg das chlorathaltige Mittel „Unkraut-Ex". An den angrenzenden Beständen beobachteten wir jahrelang nachteilige Randwirkungen. Nach Umbruch der Wege hatte das Pflanzenwachstum auf den behandelten Wegen noch lange unter Schädigungen zu leiden.

In letzter Zeit finden auch Hormonpräparate in der Unkrautbekämpfung Verwendung. In den Vereinigten Staaten von Nordamerika und in England sind schon vor einigen Jahren synthetische Wuchsstoffe von der Industrie als selektive Unkrautbekämpfungsmittel entwickelt worden, die auch bereits in Deutschland in immer stärkerem Maße Anwendung finden. Nach Rademacher[2] handelt es sich bei den verschiedenen Stoffen im wesentlichen um solche aus der Gruppe der Phenoxyfettsäuren. Die Empfindlichkeit der Arten gegen diese Stoffe ist verschieden. Solange im speziellen mit Arznei- und Gewürzpflanzen noch keine Erfahrungen vorliegen, kann zu einer Anwendung dieser Bekämpfungsmittel nicht geraten werden. Sie können bereits in starker Verdünnung höchst wirksam sein. Die bisher erprobten Unkrautbekämpfungsmittel auf Wuchsstoffgrundlage sollen für Mensch und Tier, per os genommen, unschädlich sein. Es handelt sich um Mittel mit spezifischen Wirkungen auf die Pflanzenzelle. Es treten Zellkernvergrößerungen sowie transversale Teilungen ein, die Mißwuchs und

[1] Rademacher, B.: Moderne Fragen der Unkrautkunde und Unkrautbekämpfung. Vortrag Halle 1952. Kurzbericht siehe Wissenschaftl. Zeitschrift der Martin-Luther-Universität Halle-Wittenberg 3, Heft 1 (1953/54) (Sonderdruck).

[2] Rademacher, B.: Neuartige Unkrautbekämpfungsmittel auf Wuchsstoffgrundlage. „Zeitschrift f. Pflanzenkrankheiten (Pflanzenpathologie) und Pflanzenschutz" 55, S. 201 bis 213 (1948).

sonstige Anomalien zur Folge haben. Pflanzen, deren wachstumsfähige Gewebeteile mit diesen Stoffen in Berührung gekommen sind, gehen häufig nur langsam ein. Ihr Wachstum stockt zunächst, so daß sie entweder von den weniger empfindlichen Nachbarpflanzen überwachsen werden, oder sie erschöpfen im Verlaufe einiger Wochen ihre Reservestoffe restlos, so daß sie unter nekrotischen Absterbeerscheinungen eingehen.

Unkräuter im Erntegut mindern dessen Wert. Wenn sie in der aufbereiteten Droge nachweisbar sind, können sie als Verfälschungen aufgefaßt werden, z. B. Blüten von *Anthemis arvensis* L., der häufig vorkommenden Hundskamille, in *Flores Chamomillae vulgaris*. Giftige Unkräuter können gesundheitliche Schädigungen zur Folge haben. Z. B. werden die Früchte des Schierlings leicht mit denen von Anis, Petersilie und anderen offizinellen Körnerdrogen aus der Familie der Umbelliferen verwechselt. Bei *Conium maculatum* handelt es sich um eine stark wirksame Giftpflanze. Sämtliche Drogen müssen frei von Unkräutern und sonstigen Fremdbestandteilen sein.

Im Zusammenhang mit der Unkrautbekämpfung ist noch die Häufelkultur zu erwähnen. In der Landwirtschaft spielt sie besonders bei der Pflege der Kartoffelbestände eine große Rolle, dagegen ist sie im Arznei- und Gewürzpflanzenbau noch wenig gebräuchlich. Lediglich bei einigen Wurzeldrogen liefernden Arten findet sie verschiedentlich Anwendung (siehe S. 244). Aber auch ein Anhäufeln ausdauernder Halbsträucher, wie *Lavandula-species*, *Salvia officinalis* u. a. im Spätherbst (Ende Oktober/Anfang November) kann in Gegenden in Frage kommen, wo die Bestände stark frostgefährdet sind. Die Kämme müssen dann im zeitigen Frühjahr wieder abgeeggt werden.

Abschließend ist noch auf die Möglichkeit einer zweckmäßigen Bodenbedeckung hinzuweisen, die die Pflegearbeiten wesentlich unterstützen kann. Sie ist besonders für Spezialbetriebe mit kleinerem Arznei- und Gewürzpflanzenbau zu erwägen, bei denen die Erntearbeiten mit der Hand vorgenommen werden. Hinderlich dürfte sie sich allerdings bei allen den Kulturen auswirken, die maschinell geerntet werden. Der Bodenbelag zwischen den Pflanzen unterdrückt das Unkraut, schützt den Boden vor Verdunstungsverlusten und kann zur Erhaltung eines guten Garezustandes beitragen. Je nach Bodenart wählt man eine mehr oder weniger abschließende dünne Decke (Bodenbelagpapier) oder durchlässige Stoffe, z. B. Torf, kurzen Stalldung, verrottetes Laub, Maisstroh und Schilf. Teer enthaltende Bedeckungsmittel, wie Dachpappe, sind abzulehnen. Auch die Abfälle der Rebelwerke*, z. B. solche von Majoran und Thymian, lassen sich als Bodenbelag verwenden. Es ist jedoch darauf zu achten, daß diese Abfallstoffe nicht verunkrautet sind. Ist dies der Fall, werden sie besser kompostiert. Sie verrotten ziemlich schwer. In Weinbergen wurde dunkler Schiefer mit gutem Erfolg als Bodenbelag benutzt. Diese Maßnahme soll u. a. die Weinqualität günstig beeinflussen[3]. Wenn Erdmist zur Verfügung steht, kann man ihn sehr gut zur Bodenbedeckung verwenden. Oberflächig eingebracht, hält er auch schweren Boden offen, nimmt die Niederschläge gut auf, verhindert das Verschlämmen des Bodens und sichert schnelles und gleichmäßiges Auflaufen der Saaten, was besonders bei der Aussaat von Feinsämereien von großer Bedeutung ist. Durch eine gute Bodenbedeckung wird auch das Bakterienleben im Boden stark gefördert. Es entsteht außerdem eine erhöhte Kohlensäureentwicklung des Bodens, wodurch das Pflanzenwachstum begünstigt wird.

Eine sorgfältige Bestandspflege ist zugleich eine gute prophylaktische Maßnahme in phytopathologischer Hinsicht. Im gesamten Pflanzenbau, und somit auch im Arznei- und Gewürzpflanzenbau, ist es erforderlich, daß alle auftretenden Krankheiten und Schädlinge (Virus-, Bakterien-, Pilz- und Tierbefall) sorgfältig beobachtet und sach-

[3] WEGER, N.: Ertragssteigerung durch Bodenbedeckung. Archiv der Wissenschaftl. Ges. f. Land- und Forstwirtschaft. Nr. 2, S. 50 bis 52 (1950).

* Rebelwerke sind Aufbereitungswerke für Gewürzkräuter. (Siehe auch Fußnote S. 475.)

gemäß bekämpft werden. Es ist ein wahres Sprichwort, „daß man nur so viel erntet, wie die Schädlinge übriglassen". Besonders die vorbeugenden (acker- und pflanzenbaulichen) und biologischen Maßnahmen sind von großem Wert. So ist der Vogelhege und der Erhaltung der Marienkäfer sowie der Schwebfliegen als Feinde der Blattläuse Beachtung zu schenken. Viele Arznei- und Gewürzpflanzen leiden besonders in trockenen Jahren stark unter Blattlausbefall, der im übrigen auch noch Viruserkrankungen zur Folge haben kann. Während bei den meisten Nutzpflanzen oft eine direkte Bekämpfung auftretender Krankheiten und Schädlinge möglich ist, kann eine solche bei den Arznei- und Gewürzpflanzen nicht ohne weiteres zur Anwendung gelangen. Bei der Verwendung chemischer Bekämpfungsmittel ist darauf zu achten, daß keine Wertminderung der zu gewinnenden Drogen erfolgt. Für Warmblüter, die mit solchen behandelten Arznei- und Gewürzpflanzen in Berührung kommen, dürfen keine gesundheitlichen Schädigungen zu befürchten sein. Selbst die Anwendung der im Pflanzenbau häufig verwendeten Kontaktinsektizide (DDT-, Hexa-Mittel) muß im Arznei- und Gewürzpflanzenbau mit großer Achtsamkeit erfolgen. Giftpräparate sollten nur mit allergrößter Vorsicht längere Zeit vor der Ernte zur Anwendung gelangen. Inwieweit solche chemische Mittel von Einfluß auf die therapeutisch wirksamen Inhaltsstoffe der Arzneipflanzen sind, bedarf noch der Untersuchung.

Als Insektenbekämpfungsmittel verwenden wir mit gutem Erfolg in bestimmten Fällen, z. B. bei der Bekämpfung der Kümmelmotte, *Depressaria nervosa* Hw., das vielseitig verwendbare Gesarol.

Es muß dem Phytopathologen überlassen bleiben, den Anbauer von Arznei- und Gewürzpflanzen sachgemäß auf dem Gebiet des Pflanzenschutzes zu beraten*.

* Siehe auch MÜHLE, E.: Die Krankheiten und Schädlinge der Arznei-, Gewürz- und Duftpflanzen, Akademie-Verlag, Berlin. (In Vorbereitung.)

XV. Ernte und Erträge

Von entscheidender Bedeutung für den wirtschaftlichen Erfolg des Arznei- und Gewürzpflanzenbaues ist der richtige Zeitpunkt der Ernte. Anzustreben sind hohe Erträge mit bester Qualität. Hierzu ist notwendig, daß die einzelnen Arten zur Zeit ihres höchsten Wertstoffgehaltes geerntet werden. Jedoch ist der absolut richtige Zeitpunkt der Ernte wohl theoretisch, jedoch praktisch nicht immer genau zu erfassen. Er ist von vielen Faktoren abhängig, so z. B. von der Witterung. Allein schon die während des Tages wechselnden Licht- und Wärmeverhältnisse beeinflussen die Stoffwechselvorgänge in den Pflanzen, so daß der Wertstoffgehalt im Laufe des Tages mitunter erheblich schwanken kann. Es läßt sich z. B. nicht die günstigste Tageszeit für die Ernte der Pflanzen mit ätherischem Öl angeben, da die täglichen Schwankungen sehr große Unterschiede zeigen. Grundsätzlich ist aber darauf zu achten, daß die Ernte der Arznei- und Gewürzpflanzen immer nach einer Periode von wenigstens einigen trockenen Tagen vorgenommen wird. Besonders bei der Gewinnung von Alkaloiddrogen ist es wichtig zu wissen, daß der Alkaloidgehalt unmittelbar nach regnerischem Wetter geringer ist als bei trockenem, sonnigem Wetter. Auch ist zu bedenken, daß, je nach der geographischen Lage des Anbauortes, die Aussaat und demzufolge auch die Ernte zu verschiedenen Zeitpunkten erfolgt, und zwar im Süden und Westen früher als im Norden und Osten Deutschlands. Z. B. ist in der Rheinpfalz *Mentha piperita* bereits einen Monat früher schnittreif als in Thüringen.

Manche älteren Anbauer und Kräutersammler bringen noch heute die Pflanzen zu der Stellung der Planeten in Beziehung. Sie sind der Meinung, daß besonders „heilkräftige" Drogen z. B. bei bestimmten Mondphasen geerntet werden sollten. Dies ist auch ein Grundsatz der biologisch-dynamischen Wirtschaftsweise. Wissenschaftlich gesicherte Begründungen für diese Annahme gibt es nicht.

Über die günstigste Erntezeit einiger Arzneipflanzen enthalten die amtlichen Arzneibücher der Länder nur in wenigen Fällen präzise Hinweise. Die *Pharmacopoea Helvetica, Editio Quinta*, Bern 1941 (S. 767), schreibt hinsichtlich der Belladonnawurzel (*Radix Belladonnae*) vor, daß diese von der blühenden oder fruchttragenden *Atropa bella-donna* geerntet werden und über einen Alkaloidgehalt von mindestens 0,45% verfügen muß. Belladonnablätter (*Folia Belladonnae*) müssen zur Blütezeit geerntet werden und mindestens 0,3% Alkaloidgehalt besitzen (S. 408). Laut Vorschrift des Schweizer Arzneibuches (S. 781) müssen Löwenzahnwurzeln (*Radix Taraxaci*) im Spätherbst geerntet werden. Wermutkraut (*Herba Absinthii*) (S. 470) besteht aus den getrockneten Laubblättern und blühenden Stengelspitzen. Demnach hat die Ernte zur Zeit der Blüte von *Artemisia absinthium* zu erfolgen. Die Ernte von *Lobelia inflata* ist gegen Ende der Blütezeit vorzunehmen und *Herba Lobeliae* muß einen Alkaloidgehalt von mindestens 0,3% aufweisen (S. 479). Das sind einige Beispiele von Pharmacopoevorschriften hinsichtlich der Erntezeit. Entsprechend den neuesten wissenschaftlichen Erkenntnissen sollten in die Arzneibücher genau definierte Erntevorschriften für die wichtigsten Drogen aufgenommen werden. Baut man Arznei- und Gewürzpflanzen zur industriellen Gewinnung ihrer Inhaltsstoffe an, so sind sie entsprechend den speziellen Anweisungen der pharmazeutisch-chemischen oder Riechstoff-Industrie zu ernten. Es werden z. B. zwei Dillöle (*Oleum Anethi*) unterschieden, und zwar ein solches, das aus den reifen Früchten (*Fructus Anethi*) und ein anderes, das aus dem Kraut gewonnen wird. Soll letzteres destilliert werden, so wird es am besten mit den unreifen Früchten geerntet, wie dies z. B. in Spanien geschieht[1]. Dasselbe trifft auch für die Trocknung zu, wobei ebenfalls gewisse Gepflogenheiten zu beachten sind. Entweder werden die Pflanzen bzw. die Pflanzenteile, die zur Gewinnung ätherischer Öle dienen, frisch, angewelkt oder getrocknet destilliert.

Ganz allgemein kann auf Grund unseres derzeitigen Wissens gesagt werden, daß die vegetativen Organe (Wurzelstöcke, Wurzeln, Zwiebeln und Knollen) geerntet werden sollten, wenn sich die Pflanzen in der Ruheperiode befinden. Viele werden folglich im Herbst und allenfalls noch im Vorfrühling (Februar/März) eingebracht. Die Ernte der unterirdischen Pflanzenteile darf im Herbst nicht zu früh erfolgen. Baldrian verhält sich nach unseren Versuchen ähnlich wie die Zuckerrübe, die noch im Spätherbst einen beträchtlichen Zuwachs erfährt. Jedoch ist zu bedenken, daß das Wetter Anfang November oftmals regnerisch ist und dann dem Erntegut erhebliche Schmutzteile anhaften. Die Ernte der Wurzeldrogen sollte nur bei trockenem, frostfreiem Wetter erfolgen. Eine Ernte der unterirdischen Pflanzenteile während der Hauptwachstumszeit der Pflanzen empfiehlt sich keinesfalls. Während der Vegetation sind häufig die Inhaltsstoffe, auf die es in therapeutischer Hinsicht ankommt, in wechselnder, vorwiegend in geringerer Menge als in der Ruheperiode nachweisbar, oder es gehen Umsetzungen vor sich, die andere Stoffe liefern als die gewünschten. Wurzeln und Wurzelstöcke, die stärke- und schleimhaltige Drogen liefern, sind möglichst morgens zu ernten, da diese Stoffe während der Nacht aus den grünen Pflanzenteilen in die Wurzeln wandern.

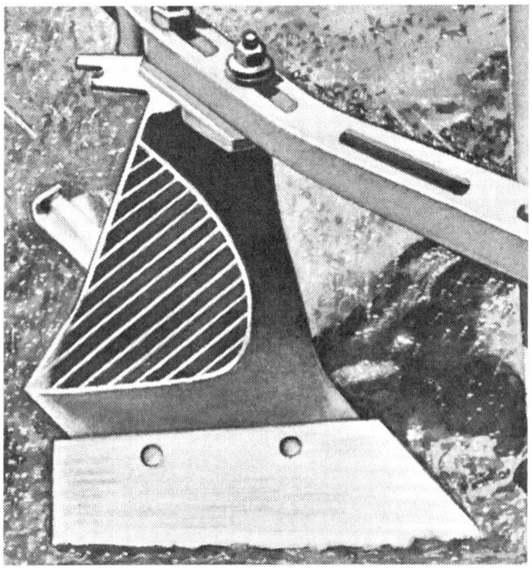

Abb. 24 Rodepflug; zum Wurzelheben ist der schraffierte Teil herauszuschweißen

Die Ernte der unterirdischen Pflanzenteile ist mit hohem Arbeitsaufwand verbunden. Selbst bei den flachwurzelnden, aber mit sehr verzweigtem und feinem Wurzelsystem versehenen Arten, wie Baldrian, entspricht sie in der Rodung und groben Vorreinigung etwa der Zuckerrübenernte, während bei den Tiefwurzlern wie Eibisch oder Alant der Aufwand mehr dem der Kartoffelernte ähnelt, da die Reinigung infolge des gröberen Wurzelsystems hier leichter ist. Dazu kommt dann aber noch in jedem Fall der Aufwand für das Waschen und die Aufbereitung zur Trocknung, der in seiner Höhe sehr stark von den örtlichen Möglichkeiten und den jeweiligen Wetterbedingungen abhängig ist.

Die als Droge zu verwertenden unterirdischen Pflanzenteile werden entweder mit landwirtschaftlichen Maschinen, wie sie bei der Hackfruchternte Verwendung finden, ausgepflügt, oder sie werden ausgegraben, zum Teil unter Benutzung besonderer Geräte, wie dem Wurzelspieß. Im Großanbau haben sich bei der Ernte von Flach-

[1] Zit. nach GILDEMEISTER, E. und HOFFMANN, Fr.: Die ätherischen Öle, 3. Bd., Miltitz bei Leipzig 1931, S. 530.

wurzlern, wie Baldrian, Kartoffelrodepflüge bewährt. Auch Kartoffelerntemaschinen können benutzt werden, jedoch ist es unter Umständen erforderlich, daß die Schleuderradvorrichtung abmontiert werden muß. Zur Ernte der Tiefwurzler, wie *Angelica archangelica*, werden Rübenheber bzw. lange, schmale Rübenspaten benutzt. Die Pfahlwurzler müssen etwa 50 cm tief aus dem Boden herausgehoben werden. Der Wurzeltiefgang ist naturgemäß von der Bodenbeschaffenheit abhängig.

Die unterirdischen Pflanzenteile sind häufig gleich nach der Ernte besonders aufzubereiten. So befreit man die Baldrianwurzeln von der anhaftenden Erde durch Abklopfen. Mit Metallkämmen, wie solche in der Pferdepflege Verwendung finden, werden dann die feinen Wurzelfasern ausgekämmt. Um starke Rhizome besser bearbeiten und reinigen zu können, sind sie am besten ein- oder mehrfach zu spalten. Vor dem Trocknen werden die Wurzelstöcke in möglichst fließendem Wasser gereinigt. Kartoffel- und Rübenwäschen können gegebenenfalls Verwendung finden. Bewährt hat sich auch das Aufschütten von Wurzeln und Wurzelstöcken auf Drahtgeflechte und Abspritzen mit einem scharfen Wasserstrahl. *Orchis*-Knollen werden mit kaltem Wasser gewaschen und dann gebrüht. Starke Eibischwurzeln sollen gleich in frischem Zustand vor der Trocknung geschält, d. h. von der Rinde befreit und der Länge nach in zwei bis vier Streifen geschlitzt werden. Die hier erwähnten Arbeitsgänge lassen sich aber meist nur im Kleinanbau verrichten, während beim Großanbau die Ernte frisch, und zwar entweder mit mehr oder weniger Schmutzanteil, oder auch schon gewaschen an den Verarbeitungsbetrieb abgeliefert wird, der dann die weitere Aufbereitung besorgt.

Die Ernte der oberirdischen Pflanzenteile, und zwar des ganzen Krautes, also der Sprosse (Stengel, Blätter und Blütenstände), erfolgt erfahrungsgemäß im allgemeinen kurz vor oder zu Blühbeginn. Zu diesem Zeitpunkt ist der Gehalt z. B. an ätherischem Öl bei den meisten Drogen liefernden Pflanzen aus der Familie der Labiaten am höchsten. Nach ESDORN-BRUNS-RUNGE[2] und ZAREW[3] macht *Ocimum canum* Sims (Kampfer-Basilikum) hiervon eine Ausnahme. Es ist nicht bei beginnender Blüte, sondern während der Samenreife des Haupttriebes am reichsten an ätherischem Öl. Um Verdunstungsverluste zu vermeiden, erfolgt der Schnitt von Pflanzen, die ätherisches Öl enthalten, am besten bei bedecktem Himmel.

Alkaloidhaltige Drogen, z. B. *Datura*- und *Hyoscyamus-species* sowie *Atropa bella-donna*, werden am vorteilhaftesten nach einer Schönwetterperiode bei sonniger Witterung geerntet. Der Alkaloidgehalt ist meist vormittags am höchsten. Glykosidhaltige Pflanzen, wie *Digitalis**, liefern nach FREUDENBERG und CAESAR[4] im ersten Jahr ihrer Entwicklung als Rosettenpflanzen und im zweiten Jahr nach Austreiben der Blütentriebe vor Öffnung der Blütenknospen die gehaltlich beste Qualität (*Folia Digitalis*). Im Tagesablauf ist hier eine Gehaltszunahme vom Morgen bis zum Nachmittag festzustellen. Jedoch besteht hierüber noch keine volle Klarheit.

Die Krauternte erfolgt mit Sichel oder Sense. Bei feldmäßigem Anbau ist oft auch Maschinenmahd möglich. Im Großanbau ist fast immer die Benutzung der Mähmaschine zu empfehlen, vorausgesetzt, daß die Bestände unkrautfrei und keine vergilbten Pflanzenteile vorhanden sind. Auch starkwüchsige Kräuter, wie *Artemisia dracunculus*, werden mit bestem Erfolg mit der Mähmaschine geerntet. Zu beachten ist

[2] ESDORN, I. und BRUNS-RUNGE, G.: Untersuchungen über den Gehalt an ätherischem Öl und Kampfer in *Ocimum canum* Sims. „Pharmazie" 4, S. 70 bis 77 (1949); bzw. „Arzneipflanzen-Umschau" 2, S. 477 bis 483 (1949).

[3] Zit. nach ESDORN, I.: Untersuchungen über den ätherischen Ölgehalt welkender Pflanzen. „Pharmazie" 5, S. 481 bis 488 (1950); bzw. „Arzneipflanzen-Umschau" 2, S. 799 bis 806 (1950).

[4] FREUDENBERG, G. und CAESAR, R.: Arzneipflanzen, Anbau und Verwertung. Berlin und Hamburg 1954.

* Die Autoren FREUDENBERG und CAESAR nennen nur den Gattungsnamen; wahrscheinlich meinen sie *Digitalis purpurea* L., den Roten Fingerhut.

hierbei, daß der Messerbalken richtig eingestellt wird, damit nicht die bei vielen Arten harten unteren Stengelteile mitgeerntet werden. Beim Schnitt niedriger Pflanzen ist die Anbringung eines Kurzfuttersammlers an der Mähmaschine oftmals sehr vorteilhaft. Bei hochwachsenden Kräutern mit verhältnismäßig wenig Blattmasse kann der Mähbinder Verwendung finden. Beim Schnitt von Pflanzen mit starken Stengeln ist zu empfehlen, jeden zweiten Finger aus dem Messerbalken herauszunehmen. Stärker gebündeltes Frischkraut trocknet im allgemeinen nicht gut. Die Bündel (Garben) sollten daher vor dem Trocknen wieder zerlegt werden.

Bereits beim Transport des frischen Erntegutes zur weiteren Aufbereitung kann die Verwendung von Planen (Rapsplanen) erforderlich sein, wenn Blatt- und besonders Samen- bzw. Fruchtverluste vermieden werden sollen.

Besonders viel Mühe verursacht die Blatternte. Die Blätter müssen einzeln gepflückt oder „gestreifelt“ werden, nachdem das Kraut geerntet wurde. Bei einigen Pflanzenarten, z. B. bei *Mentha-species*, wird außer der Blattware noch ein sogenannter „Blatt-Krüllschnitt“ hergestellt. Zu diesem Zweck wird das mit der Sichel sorgfältig geerntete frische Kraut auf einer Häckselmaschine grob zerkleinert und anschließend mittels einer Windfege weitgehend von Stengelteilen getrennt. Man erhält auf diese Weise vom Pfefferminzkraut eine „Fastblattware“. Sonst ist es ratsam, alle Drogen erst kurz vor dem Verbrauch zu zerkleinern, um Wertstoffverluste zu vermeiden.

Erfolgt die Ernte der Blatt- und Krautdrogen liefernden Pflanzen mit der Hand, so sind bei einigen Arzneipflanzen Schutzmaßnahmen notwendig, und zwar besonders an heißen Tagen. Hautempfindliche Personen reagieren auf die Berührung mit Pflanzensäften durch Blasenbildung auf der Haut. So z. B. können durch die Berührung mit *Ruta graveolens* und *Rhus toxicodendron* (Giftsumach) sehr unangenehme Ekzeme hervorgerufen werden. Bei der ersteren Art wird der Hautausschlag durch das ätherische Öl bedingt, das örtlich stark reizend wirkt, und bei der zweiten Art durch das *Rhus*-Gift Urushiol[5]. Diese und andere pflanzliche Wirkstoffe haben nach Berührung der Pflanzen unter Umständen eine Berufsdermatitis bei hierfür empfindlichen Gärtnern und Landwirten zur Folge. Erinnert sei nur an die gefürchtete Primeldermatitis, die durch den Hauptwirkstoff der *Primula obconica* Hance und einigen anderen ausländischen *Primula-species* hervorgerufen wird. Auch im Kraut der Tomate (*Solanum lycopersicum* L.) befindet sich ein örtlich stark reizend wirkendes ätherisches Öl, das unter Umständen beim Umgang mit dieser häufig angebauten Gemüsepflanze Ekzeme zur Folge haben kann.

Beim Umgang mit Alkaloidpflanzen können Übelkeitserscheinungen und Sehstörungen auftreten. Gelangt beim Ernten von *Atropa bella-donna* atropinhaltiger Pflanzensaft in die Augen, so ist eine vorübergehende Pupillenerweiterung möglich. Der Gebrauch von Handschuhen und Schutzbrillen kann bei der Ernte notwendig sein. Sehr ist darauf zu achten, daß sich die Arbeiter nach Umgang mit solchen Pflanzen gut die Hände waschen. Kinder dürfen mit Giftpflanzen überhaupt nicht in Berührung kommen. Übelkeitserscheinungen ist durch Bereitstellung von erfrischenden und anregenden Getränken vorzubeugen.

Die Blüten werden an sonnigen Tagen gewöhnlich um die Vormittagsstunden, zur Zeit ihrer Entfaltung gepflückt. Bei verschiedenen Arten, z. B. *Chrysanthemum cinerariifolium*, werden die aufbrechenden Knospen geerntet, die aber bereits die Färbung der zu erwartenden Blumenkrone deutlich zeigen müssen.

Die Blütenernte erfolgt vorwiegend mit der Hand; bei manchen Arten kann sie auch mit Preisel- oder Heidelbeerkämmen, bei sehr reichlicher Blüte mit sogenannten Schau-

[5] HILL, G. A. u. Mitarb., I. Amer. Chem. Soc. 56, S. 2 736 (1934); zit. nach GESSNER.

feln, wie sie in Ungarn gebräuchlich sind, vorgenommen werden. Auch besondere Blütenpflückapparate wurden schon konstruiert. Sie haben im Gegensatz zu den einfach zu handhabenden *Pflückgeräten* (Kamillenkämme), wie sie in Mitteldeutschland für die Kamillenernte gebräuchlich sind, nur wenig Eingang in die Praxis gefunden. Wenn irgendwelche Geräte zum Pflücken der Blüten Verwendung finden, dann ist darauf zu achten, daß nicht zu lange Stengelteile mitgerissen werden. Bei *Flores Chamomillae* dürfen die Blütenstengel höchstens 1 cm lang sein.

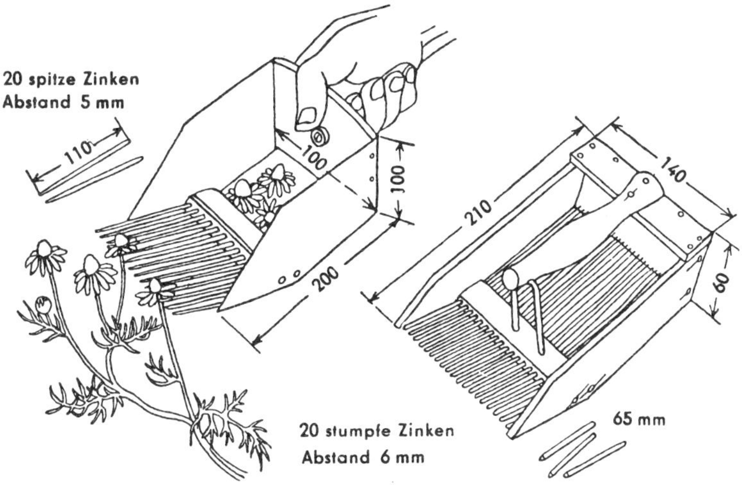

Abb. 25 Kamillenkämme; links: System Heeger, rechts: Mitteldeutsche Form

Früchte bzw. Samen werden in fast vollreifem Zustand geerntet. Soweit sie als Saatgut Verwendung finden, sollten sie möglichst an der Pflanze ausreifen. Aber auch hier gibt es Ausnahmen; so fallen z. B. die Früchte vieler Doldenblütler in der Vollreife leicht aus. Wo es möglich ist, werden wie bei *Foeniculum vulgare* die mittelsten, zuerst reifenden Dolden beim Reifwerden herausgeschnitten („getraumelt"), in Säcken gesammelt, evtl. nachgetrocknet und trocken aufbewahrt. Genauso ist bei den übrigen, später reifenden Dolden zu verfahren. Diese Art des Einsammelns der Ernte hat den Vorteil, daß dadurch eine höhere Keimkraft des Fenchel-Saatgutes erzielt wird im Gegensatz zur sogenannten Schnitternte. Im größeren Anbau kommt jedoch aus arbeitstechnischen Gründen nur die letztere in Frage. Der von Hand gewonnene Fenchel wird vom Drogenhandel als Kammfenchel oder Traumelfenchel bezeichnet und stellt die erste Qualität dar. Der gemähte und gedroschene Fenchel wird hingegen als Strohfenchel geführt, und er wird geringer als der Kammfenchel bewertet.

Bei der Ernte von Frucht- und Samen-(Körner-)drogen kann in den meisten Fällen der Mähbinder verwendet werden. Die Ernte von Körnerdrogen, die leicht ausfallen, sollte möglichst erfolgen, wenn die Luftfeuchtigkeit am höchsten ist, und zwar am besten in den Morgen-, Abend- oder Nachtstunden. Z. B. wird großflächig angebauter Kümmel gern nachts gemäht. Trotzdem sollte die Mähmaschine noch mit einem Sammelkasten versehen sein, um Ausfallverluste zu vermeiden.

Zu bedenken ist auch, daß Ernteverluste bei der Gewinnung von Körnerdrogen und Saatgut durch Vogelfraß verursacht werden können. Mohn und Boretsch haben besonders stark darunter zu leiden. Die meisten Vogelscheuchen sind nur kurze Zeit wirksam, und lediglich „künstliche Habichte" haben sich als solche bewährt. Der beste Schutz gegen Ernteverluste ist jedoch die möglichst frühe und rasche Ernteeinbringung.

Das Dreschen sollte im Winter bei Frost geschehen. Bei den Körnerdrogen liefernden Arten, besonders bei *Pimpinella anisum*, *Carum carvi* und *Coriandrum sativum*, ist jedoch durch Hockendrusch eine Arbeitsvereinfachung und Verlustminderung gegeben. Es kann je nach Pflanzenart und der zu dreschenden Menge mit dem Dreschflegel, der Handdreschmaschine, Parzellen-(Versuchs-)Dreschmaschine und den in der Landwirtschaft Verwendung findenden Stift- oder Schlagleisten-Dreschmaschinen gedroschen werden. Unter gewissen Umständen kann bei Körnerdrogen auch Mähdrusch erfolgen. Für deutsche Anbauverhältnisse halten wir Mähdrescher mit einer Schnittbreite von 2 — 3 m besonders bei der Ernte von großflächigen Kümmel- und Korianderbeständen für geeignet. Ein Nachtrocknen der so geernteten Früchte dürfte aber in diesem Falle erforderlich sein. Sehr kleine Mengen können am besten in einem Sack mit Handknüppeln ausgeklopft oder ausgerieben werden. Das Sackgewebe verhindert die unmittelbare Berührung zwischen Samen und Knüppel, so daß Verletzungen, die häufig mit verminderter Keimfähigkeit verbunden sind, vermieden werden; außerdem entstehen keine Verluste. Die große Verschiedenartigkeit der zu dreschenden Pflanzenarten macht es erforderlich, daß im Arznei- und Gewürzpflanzensamenbau Dreschmaschinen Verwendung finden, die eine Verstellung des Dreschkorbes leicht ermöglichen. Bei Maschinen mit Samenreinigung ist darauf zu achten, daß eine genügend große Zahl verschiedenmaschiger Siebe zur Verfügung steht. Die Umdrehungszahl der Dreschtrommel muß sich gut einstellen lassen. Es empfiehlt sich, zuerst einmal einen Probedrusch vorzunehmen. Erst wenn ein sauberes Ausdreschen gewährleistet ist, kann die große Menge des Erntegutes durch die Dreschmaschine geschickt werden. Sehr zu beachten ist bei dem Dreschvorgang, daß jede Beschädigung der Samen, soweit sie als Saatgut dienen sollen, vermieden wird, da andernfalls Reinheit und Keimfähigkeit leiden. Wo es sich um besonders wertvolles Saatgut handelt, sollten zweckmäßigerweise unter die Dreschmaschine Planen gelegt werden, so daß die verspritzten und verstreut liegenden feinen Früchte bzw. Samen wieder verlustlos gesammelt werden können. Die Druschabfälle sind dann am besten mit einer Strohpresse zu Ballen zu pressen. Gegebenenfalls können solche Abfälle aromatischer Pflanzen, z. B. von *Foeniculum vulgare* und *Pimpinella anisum*, im Drogenhandel Verwertung finden.

Nach grober Vorreinigung schließt sich dann je nach Pflanzenart die qualitative Herrichtung des Saatgutes oftmals in mehreren aufeinanderfolgenden Arbeitsgängen an. Es kann eine Trennung nach Gewicht, Größe, Form und spezifischem Gewicht erforderlich sein. Mit Spezialmaschinen, z. B. dem Kleinsaatbereiter „Thüringen", lassen sich bei vielen Arznei- und Gewürzpflanzen in einem Arbeitsgang sehr gute Reinigungserfolge erzielen. Kleine Saatgutmengen reinigen sich auch gut mit der Modell-Windfege „Triumph". Auf das elektromagnetische Saatgutreinigungsverfahren sei noch hingewiesen. Mit Magnetreinigungsmaschinen lassen sich Sämereien mit unterschiedlicher Oberflächenbeschaffenheit leicht und sicher trennen. *Cuscuta*- (Seide-) Samen enthaltende Sämereien sollten in Aufbereitungsbetrieben gereinigt werden, die über eine solche Spezialreinigungsanlage verfügen. Mit dieser Maschine lassen sich die Samen der verschiedenen Seidearten entfernen.

Beeren bzw. fleischige Früchte werden gepflückt; zum Teil können hierzu Kämme wie bei den Blütendrogen benutzt werden. Die Gewinnung der Samen aus den Beeren ist je nach Pflanzenart verschieden. Sie erfolgt zur Saatgutgewinnung am besten im Zustand der Vollreife. Zu frühes Abnehmen der Beeren kann die Keimfähigkeit der

Samen mindern. Früchte von *Capsicum annuum* werden zur Saatgutgewinnung gepflückt, wenn sie je nach Sorte einen völlig roten oder gelbroten Farbton zeigen. Die geernteten Früchte werden dann vorsichtig aufgeschnitten, Fruchtbasis und Samenträgerleisten herausgenommen und die Samen abgestreift. Nach einem am besten in bewegter Luft mehrere Tage hindurch währenden Trocknungsprozeß können die Samen gereinigt und an einem trockenen Ort gelagert werden. Zu berücksichtigen ist, daß bei der Gewinnung und Aufbereitung von Paprikasaatgut die menschlichen Schleimhäute stark gereizt werden. Fleischige Beeren, z. B. solche von *Atropa bella-donna*, sind in Bottichen zu zerdrücken und mit Wasser aufzurühren. Nachdem sie dann einige Tage gestanden haben und leicht in Gärung gekommen sind, müssen sie unter einem kräftigen Wasserstrahl auf Sieben ausgewaschen und anschließend in dünner Schicht getrocknet werden. Das dabei verwendete Wasser mit den Beerenresten ist stark giftig und sorgfältig zu beseitigen. Bei der Gewinnung aus sehr wasserhaltigen Früchten kann auch die Vergärungsmethode Anwendung finden, wie sie im Gemüsesamenbau u. a. bei Gurken und Tomaten üblich ist. Die Beeren können aber auch ganz getrocknet und dann die Samen ausgerieben werden.

Der Ertrag ist von sehr vielen Faktoren abhängig. Er ist für den wirtschaftlichen Erfolg letzten Endes entscheidend, solange die Drogen nicht bevorzugt nach ihrem inneren Wert (Wertstoffgehalt) bezahlt werden, wie die Zuckerrüben nach ihrem Zucker- und die Industriekartoffeln nach ihrem Stärkegehalt. Die Erträge im Arznei- und Gewürzpflanzenbau, und zwar die Drogen- wie auch die Saatguterträge, sind sehr großen Schwankungen unterworfen. Solange eine zuverlässige Erntestatistik bei den Arznei- und Gewürzpflanzen nicht vorhanden ist, fehlen sichere Anhaltspunkte für die Beurteilung der Ertragsleistung einer großen Zahl Arznei- und Gewürzpflanzen.

Ertragsangaben finden sich im Speziellen Teil bei den einzelnen Arten. Es wurde davon abgesehen, Durchschnittserträge aus den uns bekannten Werten zu errechnen, da bei den meisten Arten die Ertragsschwankungen außerordentlich groß sein können. Sie belaufen sich bei einigen Arten auf mehrere hundert Prozent. Die angegebenen Werte beziehen sich stets auf handelsübliches Saatgut und Rohdroge. Unter Hinzuzählung der bei der Trocknung entstehenden Wasserverluste (Verhältnis frisch : trocken) können die Erträge an Frischgut berechnet werden. Entsprechende Verhältniszahlen finden sich ebenfalls bei den einzelnen Arten angegeben.

XVI. Trocknung

Nach der Ernte eines Pflanzenteiles beginnt dieser abzusterben. Eine Ausnahme machen nur Samen, manche Früchte und gewisse andere Pflanzenteile, z. B. Zwiebeln, die eine längere Lebensfähigkeit besitzen. Mit dem Absterben der Pflanzen bzw. Pflanzenteile treten aber häufig Veränderungen ein, die für ihre Verwendung zu Arznei- und Gewürzzwecken unerwünscht sind. Die Fermente, welche in der lebenden Pflanze die für den Lebensprozeß notwendigen Reaktionen vermitteln, können in der absterbenden Pflanze ungehemmt ihre Wirkung entfalten, wobei wertvolle Inhaltsstoffe Veränderungen oder sogar völliger Zerstörung ausgesetzt sind. Zu diesen Einflüssen innerer Art treten solche äußerer hinzu. Die absterbenden Pflanzenteile bilden in vielen Fällen einen geeigneten Nährboden für Bakterien und Pilze. Insbesondere kommen in Betracht Mikrokokken und milchsäurebildende Streptokokken sowie von den sporenlosen Stäbchen Vertreter der Coli- und Aerogenesgruppen, schließlich aber auch Sporenbildner, Hefen und Schimmelpilze, insbesondere *Penicillium*, *Mucor*, *Botrytis* und *Sclerotinia*. Als weitere Einflüsse von außen kommen solche rein chemischer und physikalischer Art hinzu, wie die Wirkung des Luftsauerstoffes und des Lichtes. Durch Metallspuren aus den bei der Ernte verwendeten Geräten können Oxydationsvorgänge katalytisch beschleunigt werden. Im allgemeinen wirken die genannten Einflüsse zusammen und führen dazu, daß abgeerntete Pflanzenteile, die ohne besondere Maßnahmen auf einem Haufen liegen gelassen werden, nach kurzer Zeit völlig verderben. Um dies zu verhindern, sollte man die Pflanzenteile entweder unmittelbar nach der Ernte im frischen Zustand weiter verarbeiten oder durch besondere Maßnahmen haltbar machen, d. h. vor den genannten Einflüssen schützen*.

Abb. 26 Unsachgemäße Lagerung von Frischgut (Haufen in der Sonne)

* Siehe hierzu Heeger, E. F. und Poethke, W.: Die Haltbarmachung der Arznei- und Gewürzpflanzen unter besonderer Berücksichtigung der Trocknung. „Die Pharmazie“ 6, S. 16 bis 20 und 51 bis 54 (1951); bzw. „Arzneipflanzen-Umschau“ 3, S. 1 bis 5 und 17 bis 20 (1951) und Troitzsch, R.: Zur Trocknung der Arznei- und Gewürzpflanzen. „Der Deutsche Gartenbau“ 1, S. 259 bis 261 (1954).

In der landwirtschaftlichen und gärtnerischen Praxis wird das Erntegut entweder frisch der weiteren Verarbeitung zugeführt oder so schnell wie möglich getrocknet. Die Verarbeitung frischer Pflanzen zu Arzneimitteln erfolgt durch Spezialbetriebe.
Die Trocknung bezweckt, durch Entzug des Wassers diejenigen Vorgänge zu unterbinden, die zum Verderben der Pflanzen führen. So finden in genügend trockenem Material keine fermentativen Vorgänge statt. Für das Gedeihen von Schimmelpilzen ist ein Wassergehalt des Nährbodens von etwa 15—20% erforderlich, während sich die Bakterienvegetation erst bei einem Wassergehalt von 40—45% einstellt. Hieraus ergibt sich, daß Drogen im allgemeinen nicht mehr als 10—12% Feuchtigkeit enthalten sollen; in besonderen Fällen muß der Feuchtigkeitsgehalt aber noch niedriger sein.
Das DAB. 6 enthält keine Vorschriften über den höchstzulässigen Feuchtigkeitsgehalt der Drogen. Der Kommentar läßt einen Wassergehalt von 12,5—15,3% zu. Es ist dringend erforderlich, daß bei der Revision des DAB. 6 einschl. Erg.-B. exakte Normen hierfür eingeführt werden. In den Richtlinien des Staatssekretariats für Aufkauf und Erfassung der Deutschen Demokratischen Republik vom 13. Juli 1951 sind im Rahmen der Bestimmungen für die Feststellung der Beschaffenheit (Qualität) folgende Vorschriften enthalten:

Behördliche Normen für die Qualitätsbeurteilung von Drogen

	Qualität 1	Qualität 2
1. Blatt-, Kraut- und Blütendrogen		
Feuchtigkeit	rascheltrocken	Nachtrocknung erforderlich
2. Wurzel- und Knollendrogen		
Feuchtigkeit	bis 4%	4—8%
3. Fruchtdrogen		
Feuchtigkeit	darrtrocken	Nachtrocknung erforderlich
4. Mohnkapseln*		
Feuchtigkeit	brechtrocken	brechtrocken

Unabhängig von den Qualitäten 1 und 2 gelten für die Abnahme von Körnerdrogen folgende zulässige Höchstgrenzen an Feuchtigkeit:

	Basisnorm	zulässige Höchstgrenze
5. Körnerdrogen		
Dill, Kümmel und Bockshornklee	8%	12%
Fenchel, Anis	10%	15%
Koriander	10%	12%

Die in den Richtlinien enthaltenen Begriffe „rascheltrocken", „darrtrocken" und „brechtrocken" sind völlig unzureichend und müssen unbedingt durch meßbare Werte ersetzt werden. Die Normen für Wurzel- und Knollendrogen sind zu hoch bemessen und werden von den Anbauern nicht erreicht, es sei denn, daß mit Trocknungsanlagen künstlich getrocknet werden kann. Die Pharmakopoea der UdSSR, VIII. Auflage, Moskau 1946, enthält eindeutige Angaben über den maximal zulässigen Feuchtigkeitsgehalt der Drogen.
Nachstehend bringen wir eine Übersicht über die darin enthaltenen Werte für die einzelnen Drogengruppen.

* *Papaver somniferum* ist nicht nur eine Ölpflanze, sondern liefert auch für die Heilkunde unersetzliche Alkaloide. (Siehe hierüber HEEGER, E. F. und POETHKE, W.: *Papaver somniferum* L. Der Mohn. Anbau/Chemie/Verwendung. 2. Auflage, Berlin 1948.)

Höchstzulässige Feuchtigkeitsgehalte für Drogen der Pharmakopoea der UdSSR

Wurzelstockdrogen	12—16%
Wurzeldrogen	8—14%
Krautdrogen	12—15%
Blattdrogen	8—14%
Blütendrogen	8—15%
Fruchtdrogen	13—21%
Körnerdrogen	12—13%

Die beim Trocknen zu entfernende Wassermenge ist je nach Pflanzenteilen sehr verschieden. Kraut und Wurzeln enthalten ungefähr 70—85% Wasser, holzige Teile etwa 50%, Samen und trockene Früchte 10—15%, Sukkulenten, fleischige Früchte (Weinbeeren, Gurken) 85—95%. Ökologisch zeigt der Wassergehalt der Blätter bestimmte Beziehungen zum Standort: bei Hydrophyten liegt er um etwa 95—98%, bei Hygrophyten um 80—90%, bei Mesophyten beträgt er etwa 80%, und bei Xerophyten kann er bis auf 60 und weniger Prozente herabgehen. Auch vom Entwicklungszustand hängt der Wassergehalt ab. Junge Organe sind in der Regel wasserreicher als ältere. Während der Frucht- bzw. Samenreife sinkt der Wassergehalt meist beträchtlich ab, was als einer der charakteristischen Vorgänge des Reifens anzusehen ist. Es ist noch hervorzuheben, daß Pflanzenteile im Zustande völliger Lufttrockenheit immer noch etwa 8—15% H_2O enthalten. Selbst über Schwefelsäure im Exsikkator behalten Samen noch wochenlang 6 und mehr Prozent Wasser.

Für die Durchführung der Trocknung kommen die folgenden Möglichkeiten in Betracht:

1. die natürliche Trocknung,
   a) in der Sonne,
   b) im Schatten und
2. die künstliche Trocknung.

Die älteste, einfachste und billigste Art des Trocknens ist die auf natürlichem Wege. Aus hieroglyphischen Inschriften geht hervor, daß bereits die Ägypter 2000 Jahre v. Chr. unterschieden zwischen a) frischen, b) an der Sonne und c) im Schatten getrockneten Arzneipflanzen.

Die natürliche Trocknung ist an bestimmte Voraussetzungen gebunden, z. B. an eine für die Trocknung günstige Jahreszeit, da natürliche Luftwärme und Luftbewegung benötigt werden. Die Trocknung im Freien, besonders die Feldtrocknung, kommt nur bei wenigen Arten, hauptsächlich den Körnerdrogen, wie *Pimpinella anisum, Foeniculum vulgare, Coriandrum sativum* und *Carum carvi* in Frage. Diese Arten werden im großen und ganzen nach dem Schnitt wie das Getreide behandelt. Von den Krautdrogen werden eigentlich nur *Salvia officinalis, Satureja hortensis, Majorana hortensis, Thymus vulgaris* und *Hyssopus officinalis* teilweise feldmäßig getrocknet. Majoran wird in der Praxis ganz allgemein nach dem Ernten auf dem Feld gereutert. Auch die Trocknung der anderen genannten Kräuter sollte, wie die der Futterpflanzen, auf Kleereutern und Hütten erfolgen, um Verluste zu vermeiden. Nach unseren Erfahrungen bei der Feldtrocknung eignen sich besonders gut hierfür Dreibockreuter. Auch die Dahlheimer Hütte, die als Allestrockner Verwendung findet, kann zum Trocknen der Kräuter benutzt werden, wie überhaupt das Trockengerüst ein wichtiges Hilfsmittel bei der Ernte ist. Außer den genannten Pflanzenarten werden auch noch andere, die zur Gewinnung von Kraut- und Blattdrogen dienen, im Freien getrocknet, aber

Abb. 27
Blütentrocknung im Freien

Abb. 28
Reuter mit Schattierung für Feldtrocknung; nicht für alle Arten empfehlenswert

Abb. 29
Trocknung der Blätter von Tussilago farfara L. auf Trockengestell, das mit Papier-Gewebe bespannt ist

es kann sich hierbei nur um eine behelfsmäßige Maßnahme handeln. Vielfach lassen diese Drogen an Qualität zu wünschen übrig. Nur während trockener und warmer Witterungsperioden können befriedigende Ergebnisse mit der Feldtrocknung erzielt werden. Die natürliche Trocknung kann aber auch im Freien auf irgendwelchen Unterlagen, z. B. auf Planen, Papier und an der äußeren Hauswand, erfolgen. Wurzeln und Wurzelstöcke, wie *Radix Valerianae,* werden gern auf letztere Weise behandelt. Aber auch diese Art ist mangelhaft. Unter dem Einfluß zu hellen Lichtes bleichen die Pflanzenteile leicht aus, was unerwünscht ist. Am besten erfolgt die Trocknung vor Witterungseinflüssen geschützt im Schatten. In jedem Betrieb sind verschiedene Gelegenheiten vorhanden, z. B. auf Dachböden, Speicher- und Heuböden, sofern die Möglichkeit guter Durchlüftung gegeben ist. Langstenglige Kräuter können gebündelt und aufgehängt werden, kürzere sind auf dem sauberen Holzboden in dünner Schicht auszubreiten. Je dünner die Pflanzen bzw. Pflanzenteile liegen, um so schneller trocknen sie. Hinsichtlich der Belegdichte und Trocknungsdauer hat HECHT[1] Versuche durchgeführt. Die Ergebnisse dieser Untersuchungen werden nachstehend wiedergegeben:

Belegdichte je m^2 natürliche Trockenfläche

Blüten	250— 500 g
Blätter und Kraut	500—1000 g
Rinden und Wurzeln	1000—2000 g

Trocknungsdauer bei natürlicher Trocknung

	Sommer	Frühjahr/ Herbst
Blüten	3— 8 Tage	8—14 Tage
Blätter und Kraut von		
a) normaler Beschaffenheit	3— 6 „	10—14 „
b) mit langsamer H_2O-Abgabe	10—14 „	14—21 „
Wurzeln	14 „ *	21 „ *

Nach Möglichkeit sollen die zu trocknenden Pflanzenteile nicht bewegt werden, obwohl manche Anbauer gleichsam in Bewegung trocknen, indem sie langsam mit fortschreitendem Wasserverlust immer dichter schichten. Bruch muß unter allen Umständen vermieden werden. Wichtig ist in jedem Fall, daß für gute und vor allen Dingen richtige Durchlüftung der Räume, die möglichst nach Süden liegen sollen, gesorgt wird. Bei Blatt- und Blütendrogen sollte die Fläche für die natürliche Trocknung etwa 1/10 der Anbaufläche betragen, bei Krautdrogen etwa 1/6 bis 1/5.

PFAFFINGER[2] hat Untersuchungen und Berechnungen angestellt hinsichtlich der Beziehungen zwischen Anbau- und Trockenfläche. Nach Genanntem ist die benötigte Trockenfläche abhängig von der Anbaufläche in qm, von der Zeit der Trocknungsdauer, weiterhin von der zur Ernteeinbringung benötigten Zeit und der „Belegungsziffer". Letztere gibt an, wieviel Quadratmeter Trockenfläche für das Erntegut je Flächeneinheit benötigt werden.

[1] HECHT, W. und DIETZ, R.: Anbau von Arznei- und Gewürzpflanzen. Graz 1948.

[2] PFAFFINGER, A.: Die Trocknung von Heil- und Gewürzpflanzen; „Flugblätter" Nr. 14, Berlin; Praktische Winke für die Einrichtung einer Trockenanlage. Vorträge für Heil- und Gewürzpflanzenanbauer, Berlin 1937, S. 132 bis 135; Sachgemäße Trocknung der Heil- und Gewürzpflanzen, ebenda, Berlin 1938, S. 64 bis 73; Grundsätze zur Trocknung von Heil- und Gewürzpflanzen, „Pharm. Ind." 9, S. 204 (1942); bzw. „Arzneipflanzen-Umschau" 1, S. 139 (1942).

* Nach unseren Beobachtungen hängt die Trocknungszeit der Wurzeln und Wurzelstöcke in starkem Maße von deren Beschaffenheit ab. Oftmals reichen 14 bzw. 21 Tage zum Trocknen nicht aus.

Bei größerem Ernteanfall kommt vor allem die Trocknung auf Horden in Frage, die übereinandergestellt werden, um der Luft von allen Seiten Zutritt zu gewähren. Die oben angegebene erwünschte Trockenfläche kann damit stark zusammengeschoben werden. Die Trockenhorden und sonstigen -gestelle bestehen aus einfachen Holzrahmen, die mit Sackrupfen, weitmaschigem Papier- bzw. Drahtgewebe oder Pappe bespannt sind. Bei der Wahl des Bespannmaterials ist luftdurchlässiges Gewebe einer Bespannung mit luftundurchlässigem Material vorzuziehen. Grober Bespannstoff wirkt sich auf Grund seiner Beschaffenheit beim Entleeren der Rahmen arbeitshemmend aus, da die Drogenteile auf ihm hängenbleiben. Gut bewährt hat sich das zur Schattierung der Frühbeete benutzte Papiergewebe. Ferner soll noch auf die synthetischen Gewebe hingewiesen werden, die aber erhebliche Anschaffungskosten verursachen.

Die Größe der Trockenhorden von 80 × 150 cm hat sich als brauchbar erwiesen. Die Rahmen werden aus gehobelten Dachlatten hergestellt. Sie müssen haltbar gebaut werden, damit man 10—15 Horden übereinanderstapeln kann. Bei der Verwendung solcher Horden in Trockenschuppen hat sich besonders die Kipphorde bewährt. Das ist eine Horde, die an den beiden Längsseiten aufgehängt wird. Die Kipphorden, an denen ein Stift befestigt ist, werden zum Ableeren von oben nach unten schräg gestellt mit Hilfe einer Kette oder eines Gurtes, der an der Decke befestigt ist; dann werden sie von unten nach oben neu beschickt. Der Abstand der einzelnen Horden beträgt für Blatt- und Blütendrogen etwa 10 cm, für Kraut- und Wurzeldrogen muß er aber auf Grund der raumbenötigenden Beschaffenheit dieser Pflanzenteile auf 20 bis 25 cm erweitert werden, um der trocknenden Außenluft genügend Möglichkeit zum Durchstreichen der Zwischenräume zu geben. Auf diese Weise kann viel Masse in einem kleinen Raum untergebracht werden. Krautartige Teile kann man über zwei Leisten trocknen, z. B. *Artemisia absinthium*. Auch ein über Rollen laufendes Gewebeband hat sich sehr bewährt. Ein solcher „Bandtrockner" kann in Selbsthilfe gebaut und auf größeren Böden

Abb. 30 Ausnützung eines Dachbodens für Kräutertrocknung

Abb. 31 Speicherboden zur Trocknung hergerichtet

Abb. 32 Schubhorden mit Blüten belegt

ohne besondere Schwierigkeiten aufgestellt werden.
Bei ausgedehntem Anbau ist die Errichtung von Trockenschuppen mit Belüftungsmöglichkeiten (Jalousien, Fenstern an den Seitenwänden und Dachklappen) angebracht. Der Bau sollte nicht ohne fachmännische Beratung durchgeführt werden, denn der geringste technische Fehler kann sich sehr nachteilig auswirken. So ist z. B. darauf zu achten, daß der zu errichtende Schuppen im Windanfall steht und keinesfalls im Windschatten hoher Gebäude, Bäume usw. Der Schuppen selbst darf nicht direkt auf der Erde stehen; die Feuchtigkeit des Erdbodens würde sich ungünstig auf die Trocknung auswirken. Ein solches Gebäude sollte auf Sockeln von mindestens 30 cm Höhe errichtet werden, damit die Luft auch unterhalb desselben ungehindert durchstreichen kann. Als Fußboden wählt man am besten Holz, das aber fugenlos sein muß, um das Durchfallen von Trockengut zu verhindern und dem Eindringen der Erdfeuchtigkeit vorzubeugen. Zementfußboden ist zu vermeiden. Muß ein solcher aber trotzdem in Kauf genommen werden, dann soll der Zwischenraum vom Fußboden bis zur untersten Horde mindestens 50 cm betragen. Ein Anstrich des Schuppens mit weißer oder heller Farbe ist zu verwerfen, da helle Farben die Wärme ableiten, wogegen ein dunkler Anstrich die Wärme speichert und an den Trocknungsraum abgibt. Es ist angebracht, den Schuppen mit Dachpappe abzudecken, die bekanntlich Wärme aufspeichert; unter

Abb. 33 Hängehorden für Trocknung

Abb. 34 Gestellhorden für Trocknung

Abb. 35 Gestellhorden Kipphorden für Trocknung

solcher Bedachung wird die natürliche Erwärmung des Raumes weitgehend unterstützt. Ein Trockenschuppen soll vor allem eine einwandfreie und ständige Durchlüftung ermöglichen. Durch gegenüberliegende Fenster oder Luken muß ein Luftstrom gewährleistet sein, der aber nicht über 2—3 m/sec betragen soll. Bei stärkerem Luftzug besteht die Gefahr, daß das Trockengut fort- bzw. durcheinandergeweht wird, so daß sich Klumpen oder Nester bilden. Die Regulierung des Luftzuges ist für die Trocknung von großer Bedeutung. Es ist aber auch darauf zu achten, daß die Sonnenstrahlen das Trockengut durch die Öffnungen nicht direkt erreichen können, wodurch eine Verfärbung der Drogen eintreten könnte. Es muß verhindert werden, daß Regen — und sei es der feinste Sprühregen — oder auch Schneeverwehungen das zu trocknende Erntegut treffen können. Das kann zweckmäßig geschehen durch jalousieartige Verschlüsse, die sich je nach der Witterungslage und Windrichtung verstellen lassen und mit

Abb. 36 Bodenausnutzung zum Trocknen (Kanthölzer mit Gewebebespannung)

denen man auch die Stärke des Luftzuges am besten regulieren kann. Sehr bewährt hat sich der Eichenauer Trockenschuppen. Auch sollte ein zugfreier und heller Arbeitsraum vorhanden sein, in dem das Auslesen des zu trocknenden Gutes vor der Auflage auf die Horden vorgenommen werden kann und das Beschicken der Horden selbst sowie sonst vorkommende Arbeiten möglich sind. Auszulesen sind alle mißfarbenen Teile sowie alle Verunreinigungen des Trockengutes, hervorgerufen durch Beimischung von Unkräutern, Strohhalmen usw. Auch beschädigte, angefressene oder von Krankheiten befallene Pflanzenteile sind auszusondern. Der Arbeitsraum ist im Erdgeschoß unterzubringen, da er der erste Raum ist, den das Trockengut zu passieren hat. Ein Lagerraum, in dem die Drogen bis zum Versand aufbewahrt werden, sollte vorhanden sein. Wird ein Trockenhaus gebaut, so ist es ratsam, dieses gleichzeitig für die künstliche Trocknung mit einzurichten.

Abb. 37 Reuter-Trocknung von Krautdrogen auf Böden

Daß die Durchlüftung eines Trockenschuppens, sei es mit natürlicher oder künstlicher Trocknung, für den Trocknungsverlauf bedeutsamer ist als die künstlich erzeuget Wärme, welche die im Erntegut in Form von Haft- und Zellwasser enthaltene Feuchtigkeit verdampfen soll, beweist MANNEWITZ[3] an einem sehr einfachen Beispiel. Er zeigt, daß in 1 Stunde rund 52 kg Wasser zu verdunsten und abzuleiten sind, wenn 750 kg *Herba Menthae piperitae* mit 80% Wassergehalt in 12 Stunden künstlich getrocknet werden sollen. Dazu sind für 1 Stunde, dem Sättigungsgrad von auf 45° C erhitzter Luft entsprechend, 1200 m³ Luft erforderlich. Aus diesen Zahlen lassen sich die zur Verdunstung nötigen Wärmeeinheiten und damit die Kapazität des benötigten Heizkessels sowie die Größe des Trockenraumes für das anfallende Erntegut errechnen.

Abb. 38 Eichenauer Trockenschuppen mit Lüftungstüren, rechts: Kipphorde sichtbar

[3] MANNEWITZ: Trocknungsanlagen für Heilpflanzen. Nachrichten des Reichsverbandes der Heil-, Duft- und Gewürzpflanzenanbauer e.V. Nr. 33, Berlin (1938).

Obgleich die künstliche Trocknung eigentlich nicht mehr zu den acker- und pflanzenbaulichen Maßnahmen gehört, sondern mehr eine drogentechnologische ist, soll sie hier kurz behandelt werden, da sie bei der Entwicklung eines wirtschaftlichen Arznei- und Gewürzpflanzenbaues von entscheidender Bedeutung ist.* Sie besitzt im Vergleich zur natürlichen Trocknung viele Vorteile. So ist sie u. a. nicht an Jahreszeit und Witterung gebunden,

Abb. 39
Bandtrockner für manuelle Bedienung

Abb. 40
Behelfsmäßige Schuppentrocknung von Mentha piperita L., rechts: mit Rohrgeflecht vor Witterungsunbilden geschützt

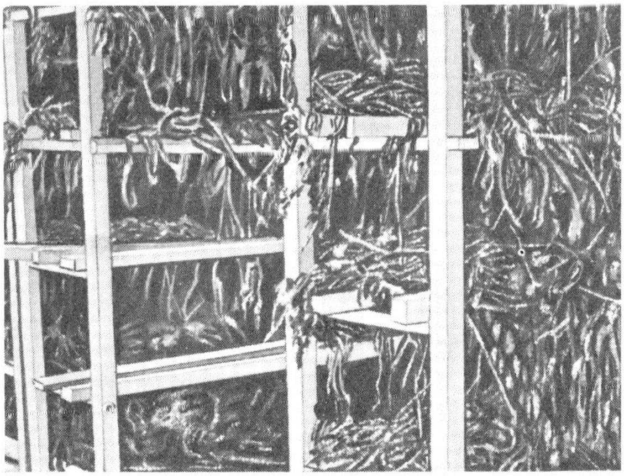

Abb. 41
Trocknung von Krautdrogen auf Behelfsgestellen

* Speziellere Ausführungen über die künstliche Trocknung mit Trocknungsapparaten siehe u. a. bei SCHÜTZE, C. R.: Die Trocknung und Verarbeitung von Heil- und Gewürzpflanzen. „Pharmazie" **3**, S. 413 bis 418 (1948); bzw. „Arzneipflanzen-Umschau" **2**, S. 408 bis 412 (1948).

Abb. 42
Trockengestell
mit PCU-Draht-Auflage

Abb. 43
Behelfsmäßige Trocknung
in Schuppenraum.
Trockengestelle
links: mit Latten-Auflage,
rechts: mit PCU-Draht-
Auflage

da die erforderliche Luftwärme und -bewegung künstlich erzeugt werden. Das einfachste Verfahren der künstlichen Trocknung ist das auf Horden, Blechen, Drähten, die über oder in der Nähe von Herden und Öfen oder sonstigen Wärmequellen angebracht werden.

Die künstliche Trocknung muß ebenfalls sehr sorgfältig erfolgen. Die Anwendung hoher Temperaturen kann nachteilige Folgen haben, wie dies zahlreiche Trocknungsversuche erkennen lassen. Im *Supplementum primum* (1948) zur *Pharmacopoea Helvetica, Editio Quinta,* befinden sich unter den „Allgemeinen Bestimmungen" auch solche für die Trocknung. So heißt es: „Das Trocknen der Drogen muß, wenn nichts anderes vorgeschrieben ist, bei einer 55° nicht übersteigenden Temperatur erfolgen." Einzelvorschriften sind zu beachten. Z. B. müssen die Blätter von *Digitalis purpurea* L.

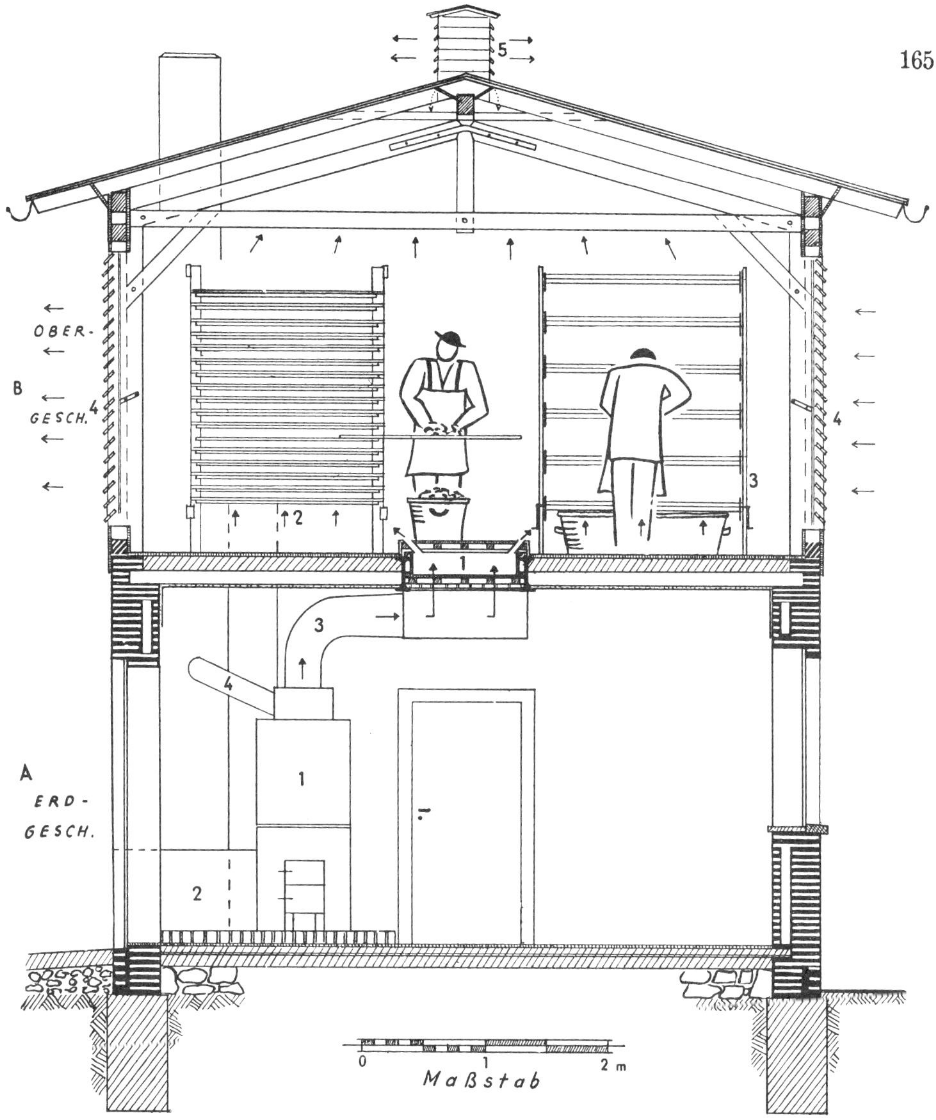

Abb. 44 **Erklärung zur Zeichnung einer Versuchsanlage zum Trocknen von Arznei- und Gewürzpflanzen in der landwirtschaftlichen Praxis.**

A. Erdgeschoß: 1 Luftheizungsanlage — HEIDENIA — 30000 kcal/h. Der durch einen Elektromotor angetriebene Ventilator kann je nach Einstellung sowohl Außen- als auch Innenluft ansaugen. Diese angesaugte Luft wird durch den HEIDENIA-Kessel gedrückt, der mit allen im Handel befindlichen Heizmaterialien geheizt werden kann. Dabei ist eine Lufterwärmung von + 120° C zu erreichen. Die Warmluft wird durch ein Rohr zur Heizung der Arbeitsräume (A) und in den im Obergeschoß (B) (Trockenboden) liegenden Warmluftkanal geleitet, den sie durch Ausströmlöcher, auf denen richtungsweisende, konische Düsen angebracht sind, verläßt. — 2 Ansaugkanal für Außenluft. — 3 Rohr zur Weiterleitung der Warmluft. — 4 Rohr zur Abführung der Rauchgase.

B. Obergeschoß (Trockenboden): 1 Warmluftkanal mit Ausströmöffnungen. — 2 Gestellhorde mit Schieberahmen. — 3 Gestellhorde mit Rollenbandeinrichtung zur manuellen Bedienung. — 4 Verstellbare Holzjalousien. — 5 Abluftschacht, durch den die beim Trockenprozeß mit Feuchtigkeit angereicherte Warmluft entweicht.

Die Pfeile innerhalb der Trocknungsanlage geben den Weg der Warmluft vom Verlassen des Heizkessels bis zum Entweichen durch den Abluftschacht an, während die Pfeile links und rechts der Zeichnung die Durchströmungsrichtung der Außenluft bei Anwendung der natürlichen Trocknung angeben. Im Obergeschoß ist außer den angeführten Trockenhorden (2 und 3) noch eine Eichenauer Kipphorde aufgestellt. Die auf den genannten Gestellhorden zur Verfügung stehende Trockenfläche zu Versuchszwecken beträgt 280 m².

Abb. 45 Trockenschuppen des Sortenamtes für Nutzpflanzen, Zweigstelle Leipzig, für natürliche und künstliche Trocknung. Oben: verschiedene Lüftungssysteme (Siehe hierzu auch Abb. 44)

nach dem Einsammeln sofort bei 50—60° C getrocknet werden, desgl. die Wurzeln von *Gentiana lutea* L. Die Knollen von *Aconitum napellus* L. sind rasch bei etwa 40° C zu trocknen und während einer Stunde auf 50° C zu erhitzen. Weiter heißt es: „Das Trocknen von Drogen, die ätherisches Öl enthalten, muß, wenn nichts anderes vorgeschrieben ist, bei einer 40° nicht übersteigenden Temperatur erfolgen. Während der Sommermonate sind diese Drogen im Schatten zu trocknen." Die Trocknung von Blatt- und Krautdrogen, die ätherisches Öl führen, erfolgt am besten bei Temperaturen von 25—35° C im Schatten. Hierbei sind die Gehaltsverluste unbearbeiteter oberirdischer Pflanzenteile sehr gering, und es wird eine gut aussehende Droge erzielt. Die gewünschte Erhaltung der natürlichen Blattfarbe wird nicht nur vom Trocknungsprozeß bedingt, sondern in erster Linie von den Eigentümlichkeiten der Zellbestandteile. Wie Tschirch nachwies, ist die Erhaltung der grünen Blattfarbe weitgehend von der Acidität des Zellsaftes abhängig.

Viel Sachkenntnis und reiche Erfahrungen auf dem Gebiet der Trocknungstechnik sind erforderlich, wenn Arznei- und Gewürzpflanzen in größerem Maße als Drogen aufbereitet werden sollen.

Die Entwicklung der Trocknungstechnik hat sich erst in jüngster Zeit vollzogen, und es sind noch viele Probleme auf diesem Gebiet zu lösen. Die Trocknung der Arznei- und Gewürzpflanzen fußt auf den Erfahrungen, die vorwiegend beim Trocknen von Obst,

Abb. 46 Einfache Belüftung durch Klappen

Gemüse und Hopfen gesammelt wurden. Es ist besonders das Verdienst von PFAFFINGER[4], der Praxis wichtige Hinweise und Anregungen für die Trocknung von Arznei- und Gewürzpflanzen gegeben zu haben. Im einzelnen kann auf die verschiedenen Trocknungssysteme, die im Vegetabiliengewerbe und der pharmazeutischen Industrie Eingang gefunden haben, z. B. auf die Verwendung einer Darre, ähnlich den Hopfen-, Malz- und Zichoriendarren, nicht eingegangen werden. Zur Obst- und Gemüsetrocknung haben sich Trocknungsanlagen bewährt, die sich je nach ihrer Arbeitsweise unterscheiden. Sie werden zum Teil auch für Arznei- und Gewürzpflanzen verwendet, obwohl sie nicht alle gleich gut geeignet sind. Man teilt sie ein in Schachttrockner (Jalousien-, Riesel-, Siebtrockner), in periodisch arbeitende Kammertrockner, in Kanal- und Bandtrockner, Trommeltrockner und Vakuumtrockner[5]. Die Vakuumtrocknung ist noch nicht für alle Arzneidrogen genügend erprobt. Sie hat den Nachteil, daß es sehr lange dauert, bis bei ganzen Früchten, wie bei Hagebutten, das zu entfernende Wasser durch die Fruchtschale diffundiert ist. Auch eine Trocknung mit Hilfe der infraroten Strahlung kann in Frage kommen. Hierüber liegen bereits wertvolle Untersuchungsergebnisse vor, z. B. von GIRARDET und Mitarbeitern[6] u. a. bei *Digitalis lanata* und *Mentha piperita*. Auch BLAŽEK und KUČERA[7] wendeten diese Art der Trocknung versuchsweise bei den Blüten von *Matricaria chamomilla* mit Erfolg an. Entscheidend für die Einführung der „Infrarotstrahlentrocknung" bei der Drogengewinnung dürfte die Frage der Wirtschaftlichkeit sein.

Abb. 47 Lüftungsjalousien

Von der Wahl der Trocknungsanlage sind Beschaffenheit und Güte der Droge abhängig. Welche Trocknungsart für den einzelnen Betrieb in Frage kommt, ist von Fall zu Fall zu entscheiden. Leider haben viele Trocknungsanlagen den Nachteil, daß ihr Leistungsvermögen zu gering und die Anschaffungskosten für den einzelnen Anbauer zu hoch sind. Im allgemeinen kann gesagt werden, daß die leistungsfähigsten Anlagen für kleine und mittlere Betriebe aus finanziellen Gründen kaum beschaffbar sind. Sie rentieren sich für Großbetriebe oder für Genossenschaften in größeren Anbaugebieten,

[4] loc. cit. S. 158.

[5] TILGNER, D. J.: Die Praxis des Trocknens. Braunschweig 1933; KÖNIGER, W.: Technische Trocknungsmethoden. Neudamm 1936; weitere Hinweise siehe DIEMAIR: Die Haltbarmachung von Lebensmitteln. Stuttgart 1941.

[6] GIRARDET, A.; BISAZ, S.; DECKER, L.; FAUCONNET, W.; GIANELLA, W. und POUTERMAN, E.: Die Trocknung pflanzlicher Drogen mittels infraroter Strahlen. (Le séchaze de droguos végétales par les rayans infrarouges.) Festschrift Paul Casparis, Zürich 1949, S. 90.

[7] BLAŽEK, Z. und KUČERA, M.: Der Einfluß verschiedener Trocknungsarten auf den Gehalt an azulenogenen Stoffen bei *Flores Chamomillae*. „Pharmazie" 7, S. 107 bis 109 (1952); bzw. „Arzneipflanzen-Umschau" 3, S. 237 bis 239 (1952); BLAŽEK, Z. und HUBIK, J.: Über die Schwankung der azulenogenen Stoffe in den Blütenkörben von *Matricaria chamomilla* L. im Laufe des Tages. „Pharmazie" 7, S. 180 bis 182 (1952); bzw. „Arzneipflanzen-Umschau" 3, S. 244 bis 246 (1952).

Abb. 48 Trockenschuppen des Drogistenlehrgartens Oberholz bei Leipzig, senkrechte Anordnung der Lüftungsjalousien

Abb. 49 Trockenschuppen des Drogistenlehrgartens Oberholz bei Leipzig. Vorn: senkrechte, links: waagerechte Anordnung der Lüftungsjalousien

wo neben den Heil- und Gewürzpflanzen noch Obst, Pilze, Gemüse, Kartoffeln, Futterpflanzen und sonstige landwirtschaftliche Erzeugnisse getrocknet werden können und wo durch die höchste Ausnutzung dieser Einrichtungen die Trocknungskosten so niedrig wie möglich gehalten werden.

Die auf Seite 165 (Abb. 44) skizzierte und beschriebene Versuchsanlage zum Trocknen von Arznei- und Gewürzpflanzen hat insofern noch Mängel aufzuweisen, als die Warmluftführung im Trockenraum noch nicht voll befriedigt. Durch Verlegung des Warmluftkanals in halbe Höhe des Trockenraumes, und zwar so, daß die Ausströmöffnungen nach allen Seiten die warme Luft ausströmen, ließe sich wahrscheinlich eine noch bessere Wärmeausnutzung erzielen. Auch wäre noch in der Praxis die Einrichtung des Schuppens so zu treffen, daß er möglichst universell genutzt werden kann. Der Schuppen soll nicht nur zum Trocknen von Arznei- und Gewürzkräutern Verwendung finden, sondern auch noch zum Trocknen anderer landwirtschaftlicher Pflanzen benutzt werden können, wobei wir hauptsächlich an die Trocknung von Mais denken. Auch bleibt noch zu prüfen, inwieweit sich dieser Schuppen mit seiner guten Beheizung und Belüftung zum Vorkeimen von Frühkartoffeln eignet.

Durch den Bau zweckmäßiger Mehrzweck-Trockenschuppen für die landwirtschaftliche Praxis würde der Anbau von Sonderkulturen eine Förderung erfahren. Die Aufnahme des Arznei- und Gewürzpflanzenbaues scheitert häufig an fehlender Möglichkeiten, das Erntegut sachgemäß trocknen zu können.

Weiter wäre noch das Kaltlufttrockenverfahren zu erwähnen, das sich besonders zur Trocknung kleiner Mengen, z. B. auch für den Haushalt, eignet. Es wird im Kalt-

Abb. 50 Trockenschuppen für natürliche und künstliche Trocknung in einem Pfefferminzanbau-Spezialbetrieb

lufttrockenschrank unter Verwendung des stark hygroskopischen Blaugels (Kieselgel) durchgeführt. Bei diesem Verfahren werden die natürlichen Wirkstoffe, nach Untersuchungen von LÖHNER[8] insbesondere auch das Vitamin C, mehr geschont als beim Trocknen in der Wärme.

Schließlich sei noch auf ein besonderes Verfahren, die Gefriertrocknung[9], hingewiesen. Es ist nicht ausgeschlossen, daß diese in Zukunft auch bei der Haltbarmachung von Arznei- und Gewürzpflanzen für industrielle Zwecke in Betracht kommt.

Die billigste und empfehlenswerteste Trocknung für kleine und mittlere Betriebe ist nach unserem Dafürhalten die natürliche im gut durchkonstruierten Trockenschuppen, wie dem Eichenauer oder Probstheidaer, unter möglichster Angliederung einer künstlichen Trocknungsanlage, die für den Betrieb tragbar ist, z. B. in Form einer einfachen Trockendarre. Bei hinreichender Erfahrung und sachgemäßer Arbeit lassen sich auch mit solchen einfachen Anlagen gute Ergebnisse erzielen. Besonders günstige Voraussetzungen für die Errichtung künstlicher Trocknungsanlagen sind dort gegeben, wo die Abwärme schon vorhandener Anlagen wie im landwirtschaftlichen Nebengewerbe (Zucker-, Spiritusindustrie, Brauerei) benutzt werden kann.

Erwähnt sei noch, daß auch die Trocknung des Arznei- und Gewürzpflanzen-

Abb. 51 Innenausschnitt des Trockenschuppens von Abb. 50. Ineinanderschiebbare Horden; unten: Ausströmöffnungen für Warmluft

[8] LÖHNER, M.: Ein neues Trocknungsverfahren für den Haushalt. München 1941.
[9] PLANK, R.: „Angew. Chem." 19, S. 36 (1947).

Abb. 52
Alte Trockendarre in Jenalöbnitz (Thür.)

Abb. 53
Innenansicht der alten Trockendarre in Jenalöbnitz (Thür.)

Abb. 54
Künstliche Trocknungsanlage (Heißlufttrockenkammern)

saatgutes sorgfältig zu erfolgen hat. Sie sollte möglichst auf natürlichem Wege vorgenommen werden, denn der richtige Wassergehalt ist für das Saatgut in keimungsphysiologischer Hinsicht von großer Bedeutung. Bei unsachgemäßer künstlicher Trocknung kann die Keimfähigkeit schnell beeinträchtigt werden. Da aber andererseits die Lagerfähigkeit durch zu hohen Wassergehalt gefährdet werden kann, wird in manchen Fällen auf eine künstliche Nachtrocknung doch nicht verzichtet. Für die Saatguttrocknung kommen Getreidetrocknungsanlagen und besondere Spezialapparate für Sämereien in Frage. Zu beachten ist aber, daß das Saatgut höchstens bei Temperaturen bis zu 30° C künstlich getrocknet werden darf. Die Samen der Paprikafrüchte können z. B. nach der scharfen Trocknung, wie sie in der Praxis häufig erfolgt, nicht mehr für Aussaatzwecke verwendet werden, da sie an Keimkraft eingebüßt haben. Bei frisch geernteten Paprikafrüchten beträgt der Wassergehalt 80—85%. Vermahlungsfähige Früchte dürfen aber nicht mehr als 10—12% Feuchtigkeit haben, um das zu erreichen, trocknet man bei höheren Temperaturen.

Die Haltbarmachung bzw. Trocknung der Arznei- und Gewürzpflanzen ist entsprechend den zu verarbeitenden Pflanzen bzw. Pflanzenteilen individuell durchzuführen. Das Ziel der Drogengewinnung ist die Erzeugung von Qualitätsdrogen. Die sachgemäße Trocknung ist hierfür die wichtigste Voraussetzung.

XVII. Lagerung und Versand

Das getrocknete Pflanzenmaterial, vor allem das mit künstlicher Wärme getrocknete Drogengut, darf nicht gleich verpackt werden. Es muß sich erst „beruhigen" und der Außentemperatur wieder anpassen. Dazu sollte die gerade getrocknete Ware auf sauberen Böden in etwa 30—40 cm Höhe ausgebreitet und, falls erforderlich, vorsichtig gewendet werden. Es ist darauf zu achten, daß beim Wenden des Trockengutes nicht zuviel Bruch und unerwünschter Drogengrus entstehen. Die saftreichen Blattrippen und die Stengel müssen gut trocken sein, da anderenfalls die Lagerbestände sehr schnell verderben können. Auch ist zu bedenken, daß nicht genügend trockenes Erntegut sich erhitzt und es daher zur Selbstentzündung kommen kann. Es empfiehlt sich also, bei der Lagerung größerer Erntemengen die im Stapel auftretenden Temperaturen mit einem Steckthermometer zu kontrollieren. Dies ist z. B. notwendig bei der Lagerung von Arznei- und Gewürzpflanzen, die vorwiegend auf dem Felde getrocknet werden, wie Bohnenkraut, Thymian, Majoran, und bei Körnerdrogen liefernden Arten. Wird deren Erntegut feucht gestapelt, so besteht Brandgefahr.

Abb. 55 Lagerung von Blütendrogen in Papiersäcken

Die Lagerräume müssen trocken, gut belüftbar und temperiert sein. Sie sollten im Winter möglichst auch frostfrei gehalten werden. Feuchte Räume sind völlig ungeeignet. Nähere Untersuchungen von ROMANOWSKI[1] haben gezeigt, daß Temperaturen unter 0° C bei bestimmten Drogen von Einfluß auf den Alkaloidgehalt sind. In modernen Vegetabilienverarbeitungsbetrieben erfolgt die Drogenlagerung in mit Klimaanlagen ausgestatteten Lagerräumen.

Bei der Drogenaufbewahrung kommt es in erster Linie darauf an, daß das gelagerte Gut dauernd trocken gehalten wird. Eine gut getrocknete Droge nimmt bei feuchter Luft nicht unbeträchtlich Wasser auf. Die Wasseraufnahme kann 4—8 und mehr Prozent betragen, wobei die Witterung großen Einfluß auf den Feuchtigkeitsgehalt der Droge hat. Drogen mit zu hohem Gehalt an Feuchtigkeit sollen schnell künstlich nachgetrocknet werden, da anderenfalls ihre Haltbarkeit gefährdet ist. WEBER[2] lagerte

[1] ROMANOWSKI, H.: Einfluß von niederen Temperaturen auf den Alkaloidgehalt in Drogen. „Farmacja Polska" 1953, 77; ref. in „Pharmaz. Zhalle" 93, S. 474 (1954).

[2] WEBER, D.: Veränderungen im Feuchtigkeitsgehalt der Heilpflanzen und -früchte. „Ber. d. ungar. pharm. Ges." 7, S. 285 (1930); ref. in „Heil- und Gewürzpflanzen" 15, S. 40 (1932).

Abb. 56 Lagerung von Krautdrogen; Größe der Gewebesäcke ca. 1,30 × 1,30 m

Samen und Früchte einer größeren Anzahl von Arzneipflanzen bei verschiedener Luftfeuchtigkeit und stellte fest, daß diese im Mittel 14—15% Wasser aufgenommen hatten. Am größten war die Wasseraufnahme bei Früchten von *Angelica archangelica,* und zwar betrug sie 30%; die Mindestaufnahme (9%) hatten Samen von *Ricinus communis, Trigonella foenum-graecum* und *Silybum marianum* aufzuweisen. Körnerdrogen mitteleuropäischer Herkunft haben meist einen Wassergehalt von 10—12%. Bei einem solchen Feuchtigkeitsgehalt haben sie im allgemeinen eine gute Haltbarkeit. Jedoch sind Samen und Früchte mit fettem Öl, z. B. solche von *Brassica nigra, Sinapis alba, Papaver somniferum* und *Ricinus communis,* nur bei einem Feuchtigkeitsgehalt von höchstens 11% sicher lagerfähig. Bei einem höheren Wassergehalt sollten sie unbedingt nachgetrocknet werden. Unterbleibt die Nachtrocknung, so treten nicht nur Verluste, sondern auch Veränderungen des Öles ein; es wird „ranzig". Obwohl bei der Samenernte die Reife meist erreicht ist, sind doch die Stoffwechselvorgänge noch nicht abgeschlossen. Sie äußern sich dadurch, daß der Samen bzw. die Früchte Wasser abgeben und zu „schwitzen" beginnen. In diesem Zustand fühlen sich Körnerdrogen, auch wenn sie völlig trocken eingelagert wurden, klamm an. So nötig das Schwitzen der Körnerdrogen an sich ist, wenn sie als Saatgut Verwendung finden sollen, so muß der Lagerhalter doch schädliche Auswirkungen verhindern. Das Saatgut sollte bewegt und rasch wieder zum Abtrocknen gebracht werden. Ist es aber überfeucht, weil die Atmung des einzelnen Kornes zu stark ist, so genügt auch das Umschaufeln nicht immer. Dann wird das Saatgut am besten durch die Windfege geschickt, da anderenfalls das gesamte Lagergut gefährdet ist.

Auf Holzböden trocknen sich Körnerdrogen leichter als auf Stein-, Zement- oder Gipsböden. Gegebenenfalls kann auch eine künstliche Trocknung in Frage kommen, wie dies in Mitteldeutschland bei spätreifendem Fenchel zum Teil der Fall ist.

Jede eingelagerte Drogenmenge sollte genau nach Drogenart, Herkunft, Erntejahr und Menge gekennzeichnet sein. Giftdrogen sind besonders auffällig kenntlich zu machen und von anderen getrennt zu lagern. Jede Möglichkeit der Drogenvermischung ist auszuschließen. Die Vorschriften des Giftgesetzes sind genau zu beachten.

Wurzel-, Blatt-, Frucht- und Samendrogen werden am besten in Säcken verschickt. Poröse Beschaffenheit des Verpackungsmaterials gewährt eine Durchlüftung der Ware. Krautdrogen sollten möglichst nicht darrtrocken in Säcke gefüllt werden, da sonst die Blätter von den Stengeln abfallen, wie überhaupt jeglicher Druck soweit wie möglich zu vermeiden ist. Empfindliche Blatt- und Blütendrogen werden in Kartons oder Kisten versandt, die mit Papier ausgelegt oder mit Blecheinsätzen versehen sind. Bei manchen Drogen, z. B. bei *Flores Chamomillae,* hat sich die gepreßte Verpackung, die in Amerika üblich ist (*pressed herbs*), eingeführt; jedoch sollen die Drogen in dem Falle vollkommen trocken sein und dauernd so bleiben, da sie sonst durch Erhitzung Schaden leiden können.

Der Erzeuger sollte seine Ware entsprechend den Verpackungsanweisungen des Handels und der verarbeitenden Industrie zum Versand bringen. Häufig wird auch geeignetes Verpackungsmaterial von den Firmen gestellt.

Bei längerer Lagerung sind besonders stark hygroskopische Drogen, wie *Radix Althaeae* und *Radix Angelicae*, in gut schließenden Blechgefäßen aufzubewahren, ebenso vieles andere, dem Insektenfraß ausgesetzte Drogengut. Von *Althaea officinalis* soll die Wurzel vor dem Lagern scharf getrocknet werden, da die nur lufttrockene bald Schimmelbildung zeigt. Am empfindlichsten sind Blütendrogen, ganz besonders *Flores Verbasci*. Sie müssen über gebranntem Kalk aufbewahrt werden. Stark hygroskopische Drogen halten sich gut in der dicht verschließbaren „Kalkkiste", die unter einem doppelten, durchlöcherten Boden gebrannten Kalk enthält, der von Zeit zu Zeit zu erneuern ist.

Drogenschädlinge treten beim Erzeuger wie auch in den Sammellagern und Drogenhandlungen auf und sind sachgemäß zu bekämpfen. Die *Pharmakopoea Helvetica, Editio Quinta*, Bern 1941, sieht bei einer Anzahl Drogen eine Drogendesinfektion vor. Danach soll die Droge, ehe sie in das sorgfältig gereinigte Vorratsgefäß eingefüllt wird, in einen gut verschließbaren Kasten gebracht werden, in dem sich gebrannter Kalk und ein offenes Gefäß mit Chloroform oder Schwefelkohlenstoff befinden. In diesem Kasten muß die Droge mindestens 45 Stunden verbleiben, ehe sie gut gelüftet und ausgesiebt wird.

Viele Drogen verändern sich mehr oder weniger bei der Lagerung, wobei durch enzymatische Einflüsse, durch Oxydation und sonstige Einwirkungen eine Wertminderung eintreten kann. STAMM und WILLNER[3] haben bei einer Anzahl von Drogen Untersuchungen über die eintretenden Verluste an ätherischem Öl bei einer Lagerung bis zu 7 Jahren durchgeführt. Es ergaben sich die nachfolgenden Verluste in Prozenten des ursprünglichen Gehaltes:

Verlust an ätherischem Öl bei der Lagerung einiger Drogen

nach STAMM und WILLNER

Pflanzenname	in % nach 1 Jahr	5 Jahren	6 Jahren	7 Jahren
Salvia officinalis L.	17,6			20,6
Majorana hortensis Moench	9,6			54,8
Melissa officinalis L.	55,5			94,4
Pimpinella anisum L.	0		46,9	
Foeniculum vulgare Mill.	0	38,9		
Carum carvi L.	0	19,2		
Thymus vulgaris L.	0		71,4	
Mentha piperita L.	36,1	50,0		62,5

Bei Pfefferminze, Sorte 'Mitcham', wurde von uns ebenfalls der Einfluß der Lagerung auf den Gehalt an ätherischem Öl überprüft, und zwar bei unzerkleinerter Blattware der Ernte 1948. Die Droge wurde bis zu 16 Monaten locker in Papiertüten gelagert. Es wurden dabei wesentlich geringere Verluste an ätherischem Öl als von STAMM und

[3] STAMM, J. und WILLNER, E.: Gehaltsminderung an ätherischem Öl durch längere Aufbewahrung von Drogen. „Farmazia" 14, S. 296 (1934).

WILLNER festgestellt. Nachfolgend werden die ermittelten Durchschnittswerte aus zwei bis drei Bestimmungen mitgeteilt[4].

Einfluß der Lagerung auf den Gehalt an ätherischem Öl bei Folia Menthae piperitae, Sorte 'Mitcham', der Ernte Leipzig-Probstheida 1948

Herkunft	Gehalt an ätherischem Öl % nach 7 Monaten	nach 16 Monaten	Lagerungsverlust %
1	2,16	2,13	1,4
2	1,90	1,80	5,3
3	2,05	2,00	2,4
4	1,55	1,45	6,4
5*	1,14	1,04	8,8

Aus den Analysenbefunden geht hervor, daß kleinere Proben *Folia Menthae piperitae* (DAB. 6), in Tüten abgepackt, bei sorgfältiger Lagerung (trocken, kühl, dunkel, locker) etwa $1^1/_4$ Jahr lagern können, ohne größere Gehaltseinbußen zu erleiden. Dies zu wissen, ist besonders wichtig für den Einzelhandel (z. B. Apotheken, Drogerien), wo die Droge oft einige Zeit in Tüten abgepackt lagert, bevor sie an den Verbraucher gelangt. Bei unsachgemäß aufbereiteter und gelagerter Droge ist allerdings mit größeren Verlusten zu rechnen, wie dies auch aus den von STAMM und WILLNER ermittelten Werten hervorgeht. Besonders die Krüllschnitt-(Fastblatt-)ware, bei der die Öldrüsen infolge des Schneidens mehr oder weniger zerstört sind und die somit schon einen geringeren Gehalt an ätherischem Öl aufzuweisen hat, sind die Verluste der Verdunstung des leichtflüchtigen Öles größer als bei einer sorgfältig aufbereiteten Blattware. SPRINGER[5] wies nach, daß bei *Folia Menthae piperitae* die Beschaffenheit der Öldrüsen ein Kriterium für die Aufbereitungsart und damit auch für den Ölgehalt ist. Zerstörte Öldrüsen lassen auf eine unsachgemäße Aufbereitung schließen.

Lagerverluste sind nicht ganz zu vermeiden. Schwundwerte bedürfen bei den meisten Drogen noch der Ermittlung unter verschiedenen Lagerungsbedingungen und -zeiten. Untersuchungen über das Altern der Droge liegen u. a. vor von JARETZKY[6]. Näher hierauf einzugehen erübrigt sich, da der Anbauer von Arznei- und Gewürzpflanzen die Ernte meist nur kurzfristig lagert. Alle Maßnahmen der Lagerhaltung und des Versandes sollen zum Ziel haben, Verlustminderungen an Menge wie Güte auf ein Mindestmaß zu beschränken.

Obgleich die eigentliche Produktion mit der Ernte und natürlichen Trocknung beendet ist, schien es uns notwendig, ihre Haltbarmachung etwas ausführlicher und die Lagerung des Erntegutes kurz zu behandeln. Auch der Versand wurde erwähnt. Es handelt sich hierbei um Maßnahmen, die von Einfluß auf die Wirtschaftlichkeit des Arznei- und Gewürzpflanzenbaues sind. Die Be- und Verarbeitung (Drogenappretur) der im Anbau gewonnenen Rohdrogen gehört in das Gebiet der Drogentechnologie und ist

[4] HEEGER, E. F.: Die Pfefferminze, eine monographische Darstellung unter besonderer Berücksichtigung neuer Erkenntnisse auf dem Gebiete des Anbaues, der Drogengewinnung und der Sortenfrage. Inauguraldissertation, Leipzig 1950; ref. in „Pharmazie" 5, S. 559 bis 560 (1950); bzw. „Arzneipflanzen-Umschau" 5, S. 853 bis 854 (1950).

[5] SPRINGER, R.: Pfefferminze und Pfefferminzöl und die Abhängigkeit der darin erzeugten Inhaltsstoffe von Wachstum und Erntebedingungen. „Bot. Archiv" 39, S. 102 bis 146 (1937).

[6] JARETZKY, R.: Das Altern der Drogen. „Archiv der Pharmazie" 280, S. 293 (1942); ref. in „Pharm. Ind." 10, S. 295 bis 296 (1943); bzw. „Arzneipflanzen-Umschau" 1, S. 349 bis 350 (1943).

* 2. Schnitt, Krüllschnitt.

in erster Linie Sache des hierfür zuständigen Gewerbes*. Sie kann nicht vom Anbauer durchgeführt werden. Im landwirtschaftlichen und gartenbaulichen Betrieb fehlen hierfür die fachlichen und einrichtungsmäßigen Voraussetzungen. Die Verarbeitung der Arzneipflanzen zu galenischen Präparaten, wie überhaupt die Arzneimittelherstellung, kommt für den Anbauer erst recht nicht in Frage. Sie muß in gut eingerichteten Laboratorien der Apotheken und der pharmazeutisch-chemischen Industrie erfolgen. Lediglich die Gewinnung ätherischer Öle ist möglich. In Deutschland sind aber unseres Wissens seit etwa 1930 keine Destillationsanlagen bei den Anbauern aromatischer Pflanzen mehr in Betrieb, wohl aber noch in einigen Hauptanbauländern, z. B. in Frankreich, Spanien und den Balkanstaaten, wo zum Teil noch die Destillation durch die Anbauer unter Verwendung der alten, unmittelbar mit Feuer geheizten Destillationsblase erfolgt. Die industrielle Gewinnung der ätherischen Öle unter Verwendung moderner Destillationseinrichtungen verdrängt jedoch immer mehr die alte, meist nicht mehr wirtschaftliche Gewinnungsweise.

* Näheres siehe u. a. bei SCHÜTZE, C. R. (Fußnote S. 163) sowie bei FREUDENBERG, G. und CAESAR, R.: Arzneipflanzen. Anbau und Verwertung. Berlin und Hamburg 1954.

XVIII. Normierung und Standardisierung

Jedem Human- und Veterinärmediziner ist bekannt, daß vielen Arzneipflanzen und daraus hergestellten Arzneimitteln bei bestimmten Erkrankungen des animalischen Organismus eine mehr oder minder große therapeutische Bedeutung zukommt. Trotzdem gehen die Meinungen hinsichtlich ihres therapeutischen Wertes und damit über die medizinische Anwendung der Arzneipflanzen sehr auseinander. Die Ursachen hierfür liegen zum größten Teil darin begründet, daß die Pflanze in biochemischer Hinsicht ein sehr labiler, von den Umwelteinflüssen stark abhängiger Organismus ist. BAUER und HEEGER[1] stellten fest, daß der Morphingehalt des aus deutschen Mohnsorten gewonnenen Opiums zwar erblich bedingt, aber durch Boden-, Klima- und Ernährungsfaktoren sowie durch die Art der Gewinnungsmethoden veränderlich ist. Viele andere Arzneipflanzen zeigen ebenfalls einen wechselnden Gehalt an therapeutisch wirksamen Bestandteilen. Darin liegt im wesentlichen die Ursache, daß es in der ärztlichen Praxis vorkommt, daß festgestellte günstige Wirkungen manchmal von anderer Seite nicht bestätigt werden. Oft war dann sicher das Pflanzenmaterial von anderer Beschaffenheit, und vielleicht wurde auch eine andere Zubereitung verwendet. Da der Arzt die Gewißheit haben muß, über ein Arzneimittel zu verfügen, das immer von der gleichen Wirkung ist und das eine sichere Dosierung gestattet, sind bereits bei einigen Arzneipflanzen Maßnahmen ergriffen worden, die eine möglichst sichere Anwendung zulassen und damit einen günstigen Heilungsverlauf in Aussicht stellen. Die Arzneibücher enthalten zum Teil diesbezügliche Vorschriften, auf die hier nicht näher eingegangen werden kann. Nur ein Beispiel soll angeführt werden. Die Blätter von *Digitalis purpurea* sind wegen ihres Glykosidgehaltes von großer Bedeutung in der Heilkunde. Entsprechend der Vorschrift des DAB. 6 müssen *Folia Digitalis* biologisch auf eine nach unten und oben begrenzte Wirksamkeit (2000 F D ± 25% je g) eingestellt sein. Daneben wird die Droge noch pharmakognostisch beschrieben, um Verwechslungen zu vermeiden, und es finden sich auch Angaben über den zulässigen Gehalt an Feuchtigkeit sowie Asche und über die Art der Verpackung. In diesem Falle handelt es sich um eine standardisierte Droge. Die biologische Wertbestimmung am Frosch, wie überhaupt am Tier, ist, wie wir dies im Falle von *Folia Digitalis* auch aus eigener Erfahrung wissen, keinesfalls vollkommen.

WASICKY[2] kommt zu dem Ergebnis, daß auch die offiziellen Prüfungsmethoden und der Vergleich mit den üblichen Standarddrogen erhebliche Irrtümer nicht ausschließen, die den Wert der gegenwärtig angewendeten Eichungsverfahren illusorisch erscheinen lassen. Auch hier liegt, wie WASICKY sehr richtig ausführt, die Ursache im Gehalt der *Digitalis* an mehreren Herzwirkstoffen, die verschiedene chemische und pharmakodynamische Eigenschaften besitzen, wobei ihr gegenseitiges Mengenverhältnis in Abhängigkeit von verschiedenen Faktoren steht. Obgleich es nun nicht Sache des Arzneipflanzen-

[1] HEEGER, E. F. und BAUER, K. H.: Untersuchungen über den Morphingehalt der zum Handel zugelassenen und einiger anderer Mohnsorten und die Möglichkeit der Opiumgewinnung im Deutschen Reich. „Landwirtschaftliche Jahrbücher" 90, S. 397 bis 429 (1940).

[2] WASICKY, R.: Die Wertbestimmung der *Digitalis purpurea* und ihrer galenischen Präparate. „Arzneimittel-Forschung" 4, S. 562 bis 564 (1954).

anbauers ist, Arzneimittel zu standardisieren, denn das erfordert eine pharmakognostische, chemische sowie pharmakologische Analyse und sogar möglichst noch eine klinische Prüfung, so sollte er alle Maßnahmen unterstützen, die der ärztlicherseits völlig zu Recht geforderten Standardisierung zweckdienlich sind. Das Vegetabiliengewerbe ist bemüht, Drogen zu normieren, d. h. einheitliche Qualitäten herzustellen.
Der Gedanke, Drogen mit dem Ziel der Förderung der Arznei- und Gewürzpflanzenproduktion zu normieren, ist zuerst 1927 auf der Tagung mitteleuropäischer Arzneipflanzeninteressenten in Wien von De Graaff, Utrecht, ausgesprochen worden. Dieser ersten Anregung folgten zahlreiche weitere Vorträge, Berichte und Diskussionen auf den Tagungen des „Internationalen Verbandes zur Förderung der Kultur und Verwertung von Arznei-, Gewürz- und verwandten Pflanzen" in Budapest, Venedig, Padua, Paris, Brüssel und München[3] sowie auf dem 12. Internationalen Gartenbaukongreß in Berlin 1938[4]. Nach den Forderungen von De Graaff bezweckt die Normierung: 1. dem Kranken erstklassige Heilmittel zur Verfügung zu stellen und immer zu verabreichen; 2. dem Arzt das Vertrauen zum natürlichen Heilmittel zu stärken bzw. ihm dieses Vertrauen wiederzugeben; 3. dem Landwirt und dem Händler die ihnen füglich zukommende Gewinnspanne zu sichern und sie in ihrem Kampf gegen minderwertige Erzeugnisse zu unterstützen.

Die Bestrebungen De Graaffs sind in Belgien vor allem von Denolin[5] gefördert worden, und 1937 haben sich die Niederlande und Belgien zu einer engen Arbeitsgemeinschaft zusammengeschlossen.

Am schnellsten hat sich jedoch der Gedanke der Normierung in Ungarn durchgesetzt und zu Erfolgen geführt, insbesondere durch die Arbeiten Augustins, den De Graaff als den Begründer der praktischen Normierung bezeichnet. Die Bewertung der Drogen erfolgt in Ungarn nach zwei Prinzipien[6]. Nach dem Verfahren der Normierung wird jedes Muster mit normalen Typenmustern des gleichen Jahrganges verglichen und nach seiner Güte eingestuft. Gewöhnlich werden drei Typen unterschieden, bei Kamillen jedoch fünf und eine als „extra" bezeichnete Qualität. Die besten Drogen werden standardisiert, d. h. unter Berücksichtigung der folgenden Merkmale genau untersucht und bewertet: Varietät der Pflanze, Geruch und Geschmack, Farbe nach dem Ostwaldschen System, Größenverhältnisse der einzelnen Stücke in Prozenten, bei Samen und Früchten absolutes Gewicht und Volumengewicht, eventuell auch Keimfähigkeit, Menge der Anhangsorgane (bei Blättern und Früchten Stengel, bei Kraut Wurzeln), fremde Bestandteile oder Verunreinigungen, Feuchtigkeit, Asche, Extraktgehalt, Inhaltsstoffe bzw. wirksame Bestandteile. Die standardisierten Drogen werden durch einen Anhangzettel mit Angabe des Analysenbefundes besonders gekennzeichnet. Zu den Ländern, die zuerst mit normierten Drogen vor die internationale Öffentlichkeit traten, gehört Österreich. Auf der Weltausstellung in Brüssel 1935 konnten zunächst drei Drogen, im folgenden Jahre anläßlich der Ausstellung der ehemaligen Reichsarbeitsgemeinschaft für Heilpflanzenkunde und Heilpflanzenbeschaffung in München bereits weitere sieben normierte Drogen gezeigt werden[7]. Die Bestrebungen zur

[3] De Graaff, W. C.: Gedanken über die Methodik der Normalisation pflanzlicher Drogen. „Die Deutsche Heilpflanze" 2, S. 149 (1936).

[4] De Graaff, W. C.: Einfluß der Aufarbeitung auf die Arzneipflanzen einschließlich der Normierung von Heilpflanzen. 12. Internationaler Gartenbaukongreß Berlin 1938. Bd. I, Berlin 1939, S. 594.

[5] Denolin, J.: Mesures éprouvées en vue d'augmenter le rapport et d'améliorer la qualité des plantes condimentaires, aromatiques et médicinales. 12. Internationaler Gartenbaukongreß Berlin 1938. Bd. I, Berlin 1939, S. 610. — Couvreur, A.: Die Arzneipflanzen Belgiens. „Pharm. Ind." 9, S. 403 (1942).

[6] Augustin, B.: Prinzipien der Normierung und Standardisierung im ungarischen Drogenhandel. „Die Deutsche Heilpflanze" 2, S. 148 (1936).

[7] Hecht, W.: Ausstellung standardisierter österreichischer Drogen in München. „Die Deutsche Heilpflanze" 3, S. 68 (1937).

Schaffung normierter Drogen sind in Österreich besonders durch die Arbeiten von HECHT[8] gefördert worden. Für die Wahl der zu normierenden Eigenschaften hat er die folgenden Leitsätze aufgestellt:

1. Für die Therapie und Ausbeute wichtige Eigenschaften (Feststellung unter Anwendung der Untersuchungsmethoden des Österreichischen Arzneibuches).
2. Äußere Eigenschaften, die in direktem Zusammenhang mit den inneren Werten stehen oder bei denen ein solcher Zusammenhang angenommen werden muß.
3. Äußere Eigenschaften, die für die weitere Verarbeitung wichtig sind. Andere Eigenschaften nur, soweit sie den Handelswert wesentlich beeinflussen, z. B. Mißfarbigkeit.

Der Erfolg der Arbeiten in Österreich hat seinen Ausdruck gefunden in einer kleinen Schrift „Normalisierung österreichischer Drogen", die 1937 von der Arbeitsgemeinschaft österreichischer Arznei- und Gewürzpflanzenproduzenten e. V. herausgegeben wurde. Hierin sind die Normen für folgende Drogen niedergelegt: *Flos Malvae silvestris, Flos Verbasci Austriaci, Folium Absinthii, Folium Digitalis lanatae Austriacae, Folium Menthae piperitae Austro-Mitcham, Fructus Foeniculi, Herba Absinthii, Herba Menthae piperitae Austro-Mitcham.* Außerdem werden die Verfahren angegeben, die zur Untersuchung der genannten Drogen erforderlich sind: Bestimmung des ätherischen Öls nach WASICKY und GRAF[9], Bestimmung des Bitterwertes, Bestimmung der Farbe nach OSTWALD, Bestimmung der Feuchtigkeit, Bestimmung der Viskosität bei Schleimdrogen nach WALDSTÄTTEN und FEUER[10] und Bestimmung des Volumengewichts[11] unter Verwendung der von der Deutschen Normal-Eichungskommission eingeführten Getreidewaage. Als Beispiel seien die für Malvenblüten aufgestellten Normen angeführt:

Flos Malvae silvestris	*Malva silvestris* L. *sine calyce*	*subsp. mauritanica* Thellung *cum calyce*	
Malvenblüten	Ia	Ia	I
Corollblätter: Länge	mindestens 1,5 cm	mindestens 1,5 cm	mindestens 1,5 cm
Gewichtsverhältnis Corolle zu Kelch samt Fruchtknoten	—	mindestens 2 : 1	mindestens 2 : 1
Farbe der Corolle (Ostwald-Skala)	11—12 ne-rn	11—12 ne-rn	11—12 ne-rn
Anteil an mißfarbigen Blüten*	höchstens 3%	höchstens 3%	höchstens 5%
Blütenstiellänge	—	höchstens 2 cm	höchstens 2 cm
Gewichtsanteil an Blütenstielen	—	höchstens 3%	höchstens 3%
Arteigene Bestandteile	Anteile an Blüten mit Kelch höchstens 5%	—	—
Fremde Bestandteile	—	—	höchstens 2%
Viskosität der 1,25%igen Mazeration**	mindestens 2	mindestens 1,25	mindestens 1,25

[8] HECHT, W.: „Pharm. Monatsh." **15**, S. 9 (1934); **16**, S. 236 (1935); **17**, S. 106 (1936).
[9] WASICKY, R. und GRAF, F.: „Scientia pharmac." **6**, S. 101 (1935).
[10] WALDSTÄTTEN, E. und FEUER, H.: „Scientia pharmac." **7**, S. 1 u. 41 (1936).
[11] PASSON, M.: Kleines Handwörterbuch der Agrikulturchemie. I. Teil, Leipzig 1910, S. 348.
* Mißfarbig sind alle Farben zwischen 5 und 8 der Ostwald-Skala.
** Etwa 5 g Droge werden 48 Stunden im Exsikkator getrocknet und dann gepulvert (Sieb IV). 2,5 g Pulver werden in einem mit Glasstopfen verschlossenen Standzylinder mit 200 ccm Wasser übergossen und eine Stunde ausgezogen, wobei man alle sechs Minuten umschwenkt. Die Flüssigkeit wird durch einen Wattebausch und hierauf durch ein rasch filtrierendes Filter filtriert.

Wie aus diesem angeführten Beispiel ersichtlich, erstreckt sich die Normierung von Drogen im wesentlichen auf äußere, leicht feststellbare Kennzeichen und die Ermittlung des wichtigsten Inhaltsstoffes, im Falle von *Flos Malvae silvestris* auf die Viskosität des Schleimgehaltes. Durch ihren Schleimreichtum finden sie in erster Linie als Mucilaginosum Verwendung.

Die österreichischen Normen bilden eine gute Grundlage für weitere Arbeiten.

Allein eine Normierung der Drogen genügt aber noch nicht, um aus ihnen hergestellte galenische Arzneimittel zuverlässig standardisieren zu können. Der Standardisierung liegen besondere Bewertungsmaßstäbe zugrunde, und sie beruht auf sicheren Untersuchungsmethoden. Entscheidend ist dabei, daß die Normierung und Standardisierung auf einer einheitlichen Gestaltung der Drogengewinnung basiert. Sie hat bereits bei der Züchtung zu beginnen. Nur Sorten, die hochwertige Drogen liefern, dürfen zum Anbau zugelassen werden. Auf diesem Gebiet ist, wie bereits erwähnt, in Deutschland vorbildliche Arbeit durch das frühere Sortenregister, jetzt Sortenamt, geleistet worden. Die Aufnahme der Arznei- und Gewürzpflanzen in das deutsche Sortenregister erfolgte auf unsere Veranlassung im Jahre 1934. Für die Weiterführung von Arzneipflanzensorten und -herkünften im Handel und die Neuzulassung von Sorten mußte deren Identität mit den entsprechenden Stammpflanzen der Drogen des DAB. 6 und Erg.-B. nachgewiesen werden. Hiermit verbunden war eine seit langem notwendige Sortenbereinigung auf dem Saatgutmarkt. Konnten doch bis dahin oftmals die vielfältigsten Formengemische im Handel festgestellt werden, wobei es sich zum Teil um völlig wertlose Formen, z. B. solche der Gattung *Mentha*, handelte. Erst der Abschluß dieser Arbeiten, die durch den Krieg eine Unterbrechung erfuhren, ermöglichte es, anbauwürdige Sorten herauszustellen und näher zu charakterisieren[12]. Mit der Aufnahme der geprüften Sorten in die amtliche „Sortenliste“ sind sie erst zum Anbau und zur Saatenanerkennung zugelassen. Sie unterliegen laufend einer vergleichenden Prüfung von der Saat bis zum Erntegut. Damit wurden wichtige Maßnahmen zur Förderung der Gewinnung von Qualitätsdrogen ergriffen. Außerdem wurde eine über die Angaben des DAB. 6 und Erg.-B. noch hinausgehende Normierung der Drogen angestrebt, wobei die Normvorschriften den gesamten Anbau einschließlich Trocknung, Lagerung und Gütebestimmung umfassen. Ein solcher Versuch wurde unternommen mit der Einführung der „Einheitsbestimmungen für Markenpfefferminze und Markeneibisch“ im Mai 1935. Diesen folgten im Juli 1936 die Deutschen Normen für Pfefferminze (*Folia Menthae piperitae*) und Eibisch (*Radix Althaeae*)[13]. Letztere enthalten außer den Bewertungsbestimmungen und Angaben über Packmengen sowie Verpackungen noch Richtlinien für Anbau, Ernte und Trocknung. Sie wurden bei der Abhandlung des Anbaues der genannten Arten in diesem Buch berücksichtigt. Die Gütebestimmungen sind in diesen Normblättern recht knapp gehalten und ohne quantitative Angaben. In dieser Hinsicht müssen die Drogen den Anforderungen des DAB. 6 genügen. Die genannten Einheitsbestimmungen und Normblätter für Pfefferminze und Eibisch entsprechen nicht mehr dem heutigen Stand der Drogengewinnung. Sie sollten unter Einschluß weiterer, in therapeutischer Hinsicht wichtiger Arten neu bearbeitet und amtlicherseits in Kraft gesetzt werden. Damit wäre nicht nur dem Anbauer gedient, der durch die Ablieferung von Qualitätsdrogen wirtschaftlich arbeitet, sondern es würde das seitens des Arztes und des Patienten der Arzneipflanze und ihrer therapeutischen Wirkung entgegengebrachte Vertrauen gestärkt und gefördert werden.

[12] HEEGER, E. F. und BRÜCKNER, K.: Heil- und Gewürzpflanzen/Arten- und Sortenkunde. 2. Auflage, Berlin 1952. (Dort befinden sich u. a. auch weitere Literaturhinweise, betreffend die Sortenregisterprüfung bei Arznei- und Gewürzpflanzen.)

[13] DIN VORNORM LAND 1040 (Pfefferminze) und 1041 (Eibisch), Berlin 1936.

Ist über diese Maßnahmen hinaus noch eine spezielle Standardisierung mit möglichst biologischer Einstellung des Wirkungswertes einer Droge oder des aus ihr hergestellten Arzneimittels gegeben, so dürfte den Anforderungen, die an eine Droge bzw. galenische Arzneizubereitung ärztlicherseits gestellt werden, entsprochen sein.

Seel[14] (1950), der das Gebiet der klinischen Pharmakologie vertritt, stellt fest, daß sich die Arzneipflanzenverwendung in der wissenschaftlichen Heilkunde trotz äußerst skeptischer Stellungnahme mancher Ärzte immer mehr durchzusetzen vermag, weil ihr große Heilwerte innewohnen. Als Voraussetzung für die Verwendung zuverlässig wirkender Arzneipflanzen bzw. Arzneizubereitungen fordert er in völliger Übereinstimmung mit uns die Durchführung folgender Maßnahmen:

„1. Eine systematische Grundlagenforschung aller praktisch wichtigen Arzneipflanzen.

2. Eine möglichst weitgehende pharmakognostische Durchprüfung der Arzneipflanzen, ihrer Gattungs- und Artunterschiede mit dem Ziel, therapeutisch wertvolle Arten von minderen Arten zu trennen, Drogenverfälschungen auszuschließen und die wichtigsten Kennzeichen für die therapeutisch wertvollen Arten festzulegen.

3. Zur Gewährleistung möglichst gleichmäßig wirksamer Drogen eine systematische Züchtung und Registrierung der Sorten, um die für den Anbau geeigneten Arzneipflanzen mit gleichmäßigem und möglichst hohem Gehalt an therapeutisch wertvollen Hauptwirkstoffen in genügender Menge bereitzuhalten.

4. Ausarbeitung von Richtlinien für Art und Zeit der Ernte und anderer Sammelbedingungen, sowohl für die wildwachsenden als auch für die in der Kultur gewonnenen Arzneipflanzen, um Wirkungsunterschiede, die durch exogene Faktoren entstehen können, soweit als möglich zu vermeiden. Da diese Bedingungen für die einzelnen Pflanzen naturgemäß meist verschieden sind, so müssen derartige Richtlinien für jede in der Therapie zur Verwendung gelangende Arzneipflanze einzeln geschaffen werden.

5. Dasselbe gilt für die Aufbereitung der Arzneipflanzen und vor allem für die Herstellung galenischer Zubereitungen. Dabei sind nicht nur bestimmte Vorschriften für die Arzneipflanzenzubereitung festzulegen, um einen möglichst hohen und gleichmäßigen Wirkungsgrad zu verbürgen, sondern es sind auch bestimmte chemische Kennzahlen und Kennzeichen, z. B. Reaktion, Farbe, Aussehen, Trockenextraktgehalt, Aschegehalt, Wirkstoffgehalt (soweit möglich) usw. als Standardwerte anzugeben.

6. Erforderlich ist weiterhin eine eingehende chemische Bestimmung der wichtigsten Inhaltsstoffe in der Pflanze wie in den entsprechenden galenischen Zubereitungen, um dem Apotheker eine Gewähr dafür zu geben, daß bei Einhaltung des vorgeschriebenen Arbeitsganges die Wirkstoffe auch in der entsprechenden Zubereitung enthalten sind. Eine quantitative chemische Bestimmung der wichtigsten Wirkstoffe sowohl in der Pflanze bzw. der Droge und in ihrer galenischen Form wird in vielen Fällen möglich sein, zumal dann, wenn es sich um chemisch genügend definierte Inhaltsstoffe, wie ätherische Öle, Alkaloide u. a., handelt. Auch hier sind daher in jedem einzelnen Fall für jede Arzneipflanze bestimmte chemische Standardmethoden anzugeben, um eine gleichartige Bestimmung der wichtigsten Wirkstoffe zu erreichen.

7. Zur Ergänzung der chemischen Wertbestimmung der Arzneipflanzen bzw. ihrer Zubereitungsformen wie in allen Fällen, in denen diese praktisch nicht durchführbar ist, sind Methoden zur pharmakologischen Auswertung der Arzneipflanzen bzw. Drogen

[14] Seel, H.: Die Notwendigkeit chemischer und pharmakologischer Wertbestimmung der Arzneipflanzen (Standardisierung). „Pharmazie" 7, S. 502 bis 504 (1952); bzw. „Arzneipflanzen-Umschau" 3, S. 325 bis 327 (1952).

festzulegen oder auszuarbeiten, wie dies ja bereits bei verschiedenen Arzneipflanzen, z. B. bei der Digitalisgruppe, durchgeführt wird. Auch hier ist es notwendig, für jede einzelne Arzneipflanze oder Arzneipflanzengruppe genau bestimmte pharmakologische Wertbestimmungsmethoden zugrunde zu legen, um vermeintliche Unterschiede, die durch Änderung der Methode bedingt sind, zu vermeiden.

8. In Ergänzung zu der chemischen und der pharmakologischen Standardisierung ist schließlich noch eine eingehende klinisch-pharmakologische Prüfung des Wirkungswertes der verschiedenen Arzneipflanzen notwendig, sowohl um die Ergebnisse der genannten Standardisierung zu ergänzen als auch um das Heilanzeigengebiet für jede Pflanze genau zu umgrenzen.“

Was die Ausweitung der Normbestimmungen auf den Anbau anbelangt, so stimmen wir auch mit den Vorschlägen WASICKYS[15] (1954) überein. Im Falle von *Folia Digitalis* schlägt er vor, daß in jedem Land für den unmittelbaren therapeutischen Gebrauch und zur Herstellung galenischer Präparate nur Blätter zugelassen werden, die von im eigenen Gebiet und unter bestimmten Bedingungen kultivierter *Digitalis purpurea* stammen und mit einer im gleichen Gebiet gewonnenen Standarddroge eingestellt werden. Die Pflanzung wäre auf eine oder wenige Gegenden zu beschränken. Zur Kultur wären, wenn schon nicht reine Linien, so doch Samen von möglichst homogenem, weitgehend selektioniertem Pflanzenmaterial zu verwenden. Die Vorschrift regelt auch sämtliche Anbaumaßnahmen einschließlich Ernte und Trocknung sowie Verarbeitung der Blätter zur Droge. Auf diese Weise gewonnene Droge liefert ein sicheres Material für die *Digitalis*-Therapie, wobei sich die Differenzen zwischen den biologischen und chemischen Eichungsmethoden in erträglichen Grenzen halten werden, und zwar bei *Folia Digitalis* nach WASICKYS Urteil unter 10%. In diesem Zusammenhang interessiert auch die Mitteilung des Genannten, daß voraussichtlich im neuen, in Vorbereitung befindlichen Brasilianischen Arzneibuch die Vorschrift aufgenommen wird, daß die in Brasilien zur direkten therapeutischen Anwendung und zur Herstellung von galenischen Präparaten bestimmte *Digitalis*-Droge aus Kulturen des eigenen Landes stammen muß, wobei nach bestimmten Anbaurichtlinien bei der Gewinnung von *Folia Digitalis* zu verfahren ist. Hierbei handelt es sich um eine vorbildliche Maßnahme. Auch bei anderen therapeutisch wichtigen Arzneipflanzen sollten ähnliche Vorschriften bezüglich der Drogengewinnung in die Arzneibücher aufgenommen werden. Im *Supplementum primum* der *Pharmacopoea Helvetica, Editio Quinta,* sind lediglich allgemeine Bestimmungen für das Trocknen von Drogen enthalten. (Siehe Kapitel XVI „Trocknung“, S. 154.) Das DAB. 6 enthält nur bei einigen wenigen Arzneipflanzen sehr allgemeine Vorschriften hinsichtlich der Erntezeit. Wir erachten es für sehr wichtig, daß in einem neuen Deutschen Arzneibuch auch Vorschriften zur Gewinnung von Drogen aufgenommen werden, wie sie z. B. für *Folia Digitalis* für das neue Brasilianische Arzneibuch vorgesehen sind. Das ist notwendig, wenn der Arzt die Gewißheit haben soll, daß er eine Droge bzw. ein galenisches Arzneimittel verordnet, die stets von gleicher Güte und damit auch gleicher therapeutischer Wirskamkeit sind.

Bei den Gewürzdrogen sind hinsichtlich ihrer Bewertung keine so strengen Maßstäbe wie bei den Arzneidrogen anzulegen, obgleich ihre Normierung ebenfalls im Interesse des Anbauers und Verbrauchers befürwortet werden muß. Auch auf dem Gewürzsektor des Nahrungsmittelgewerbes sollte normierten Drogen der Vorzug vor allen anderen Qualitäten gegeben werden. In einigen Fällen bestehen lebensmittelchemische Vorschriften, so wird handelsüblicher gerebelter Majoran, welcher aus *Herba Majoranae*

[15] loc. cit. S. 177.

(Stammpflanze: *Majorana hortensis* Moench) gewonnen wird, nach dem Aussehen, dem Gehalt an ätherischem Öl und der Höhe des Asche- bzw. Sandgehaltes beurteilt. Der zulässige Aschegehalt (Rohasche) darf 17 % nicht überschreiten, und der zugelassene Höchstgehalt an Sand (Salzsäureunlösliches) beträgt 5 %. Nach der Anordnung Nr. 124 der Hauptvereinigung der Deutschen Gartenbauwirtschaft vom 10. 8. 1937 wird *Herba Majoranae* nach Güteklassen bewertet. Auch bei den Gewürzdrogen sollte eine Normierung erfolgen, die den Anforderungen gerecht wird, die heute an ein hochwertiges Gewürzmittel in ernährungsphysiologischer Hinsicht gestellt werden müssen.

Bei vielen Arznei- und Gewürzpflanzen wird die Erarbeitung der Normierungs- und ganz besonders bei den Arzneipflanzen die der Standardisierungsvorschriften noch eine lange Zeit in Anspruch nehmen, da hierzu eine umfangreiche experimentelle Arbeit notwendig ist. Eine verhältnismäßig einfache Bewertung, wie sie seitens des früheren Reichsverbandes der Heil-, Duft- und Gewürzpflanzen-Anbauer e. V. bei Preiswettbewerben unter den Erzeugern mit staatlicher Unterstützung erfolgte, kann unseres Erachtens bereits wesentlich zur Förderung der Produktion von Qualitätsdrogen beitragen. Der Bewertung wurde dabei folgendes Schema zugrunde gelegt:

I. Äußere Eigenschaften, höchste Punktzahl 100	
1. Farbe der Blätter, Blüten, Wurzeln, Samen bzw. Früchte	1—40 Punkte
2. Größe der Blätter, Blüten, Wurzeln, Samen bzw. Früchte	1—20 Punkte
3. Reinheit der Blätter, Blüten, Wurzeln, Samen bzw. Früchte	1—20 Punkte
4. Trockengrad der Blätter, Blüten, Wurzeln, Samen bzw. Früchte	1—20 Punkte
II. Innere Eigenschaften, höchste Punktzahl 100	
1. Geruch der Blätter, Blüten, Wurzeln, Samen bzw. Früchte	1—50 Punkte
2. Geschmack der Blätter, Blüten, Wurzeln, Samen bzw. Früchte	1—50 Punkte
III. Chemische Untersuchung:	
Prüfung der Inhaltsstoffe	1—100 Punkte
IV. Abzüge	insgesamt 150 Punkte
1. Stärkere Verunreinigung	1—50 Punkte
2. Rostbefall	1 20 Punkte
3. Insektenfraß	1—20 Punkte
4. Schimmel oder Fäulnis	1—30 Punkte
5. Andere von der durchschnittlichen Handelsware abweichende Fehler	1—30 Punkte

Neuerdings hat die Bayrische Landesanstalt für Pflanzenbau und Pflanzenschutz in München in Zusammenarbeit mit Anbauern und dem Drogengroßhandel ein Bewertungsschema für *Mentha piperita* ausgearbeitet, das im großen ganzen dem vorstehenden Beurteilungsschema entspricht, jedoch speziell für Pfefferminze gilt. Es ist sehr zu begrüßen, daß sich nach STEIGERWALD[16] die Bayrische Absatz-Genossenschaft für Heilpflanzen eGmbH in Schwaigermoos (Obb.) dieser Bewertungsmöglichkeit bedient und ihren Lieferungen einen Abdruck des Untersuchungsbefundes beifügt.

Bei dieser Qualitätsfeststellung werden folgende Merkmale ermittelt und bewertet:

1. Farbe mit 0—5 Punkten. Hier wird sowohl die Gleichmäßigkeit der Farbe als auch die kräftiggrüne Tönung der 'Mitcham-Minze' als Wertmaßstab herangezogen.

[16] STEIGERWALD, E.: Zur Geschichte des Anbaus von Heil- und Gewürzpflanzen in Bayern. „Planta Medica" 2, S. 139 bis 144 (1954).

2. Geruch mit 0—5 Punkten. Von einer guten Pfefferminzdroge wird der reine Mentholgeruch ohne störenden Carvongeruch verlangt. Nicht die Stärke des Duftes, sondern seine Reinheit ist hier maßgebend.
3. Blattanteil mit 0—5 Punkten. Die handgezupfte Blattware muß mindestens 95%, der Blattkrüll mindestens 90% reine Blätter enthalten. Eine Droge, die weniger als 95% bzw. 90% reine Blätter aufweist, wird mit Abzügen (siehe Punkt 6) bedacht.
4. Ölgehalt. Eine Droge mit 0,7% ätherischem Öl und weniger erhält keine Punkte. Für je 0,1% über dem im DAB. 6 vorgeschriebenen Mindestölgehalt von 0,7% wird ein Punkt gegeben.
   Es hat sich bei den Untersuchungen gezeigt, daß nicht jede Ware mit einem kräftigen Pfefferminzgeruch auch einen hohen Ölgehalt besitzt. In vielen Fällen war das Gegenteil zu beobachten. Das ätherische Öl sitzt bekanntlich in sogenannten Öldrüsen. Sind diese geöffnet, durch Schnitt, Druck usw., so kann das Öl verdunsten, die Droge besitzt einen starken Mentholgeruch, hat jedoch einen Teil des Öles verloren.
5. Verunreinigungen mit 0—5 Punkten Abzug. Strohteile, Federn, Erde, Staub usw., kurz alle Beimischungen, die den Wert der Droge mindern, werden mit Abzügen geahndet.
6. Stengelteile. Blattware mit mehr als 5% und Blattkrüll mit mehr als 10% Stengel erhalten Abzüge, und zwar ist für je 1% Stengel über 5% bzw. über 10% ein Abzug von einem Punkt vorgesehen.

Die Differenz zwischen der Summe der Wertpunkte und der Summe der Abzüge ergibt die endgültige Punktzahl, die sich in den nachstehenden Werturteilen ausdrückt: über 25 Punkte = Vorzüglich, 20—25 Punkte = Sehr gut, 15—19 Punkte = Gut, 10—14 Punkte = Weniger gut, unter 10 Punkte = Geringwertig.[17]

Diese Qualitätsbewertung der Pfefferminze stellt einen gelungenen Versuch dar, denn sie hat sich in der Praxis bewährt. Es wäre nur zu begrüßen, wenn sich auch noch für andere Anbaudrogen ähnliche Bewertungsschemata einführen würden.

Wie die bisherigen Ausführungen zeigen, befindet sich die Normierung und Standardisierung der Drogen erst in den Anfängen, aber Grundlagen für eine erfolgversprechende Weiterarbeit sind reichlich vorhanden. Diese Arbeit muß einsetzen bei der Züchtung bzw. Wahl der für den Anbau am besten geeigneten Sorten. Diese müssen, soweit es noch nicht geschehen ist, botanisch, chemisch und auf ihre therapeutische Wirkung eingehend untersucht werden. Vorschriften über den Anbau einschließlich Düngung und Erntezeit sind festzulegen. Für die Bewertung der fertigen Droge können die von HECHT aufgestellten Leitsätze (siehe S. 179) zugrunde gelegt werden. Hiernach sind die Drogen in erster Linie nach ihren Inhaltsstoffen bzw. ihrer Wirkung zu bewerten. Daneben kommen aber auch äußere Eigenschaften in Betracht, denn auch sie können den Handelswert der Droge beeinflussen.

Genormte Drogen besitzen eher das Vertrauen des Arztes als irgendwelches „Heilkraut". Sie sind letzten Endes für die Gesamttherapie von außerordentlicher Bedeutung. Mit der Gewinnung von Qualitätsdrogen lassen sich auch befriedigende Erzeugerpreise erzielen. Damit läßt sich eine bessere Stabilität der Produktion erreichen und den für den Anbauer von Arzneipflanzen unliebsamen größeren Marktpreisschwankungen der freien Wirtschaft wirksam begegnen. Dies dürfte auch mit günstigen Auswirkungen auf die Arzneipflanzenzüchtung verbunden sein, die bisher bei diesen Sonderkulturen aus wirtschaftlichen Gründen nur in sehr geringem Umfang den ärztlichen Wünschen hinsichtlich der Zuchtziele entgegenkommen konnte.

[17] SCHMIEDEL, R.: Über den Heilpflanzenanbau im Bundesgebiet. „Dtsch. Apotheker-Ztg." 93, S. 255 bis 257 (1953).

XIX. Die Inkulturnahme wildwachsender Arzneipflanzen

Die ursprünglichen Formen der Versorgung des Menschen mit Nahrungsmitteln waren die Jagd wildlebender Tiere, der Fischfang und das Sammeln wildwachsender Pflanzen. Der gesteigerte Bedarf an Lebensgütern machte aber schon frühzeitig die Tierhaltung und den Pflanzenbau erforderlich. Demzufolge mußten Tiere der freien Wildbahn domestiziert und wildwachsende Pflanzen in Kultur genommen werden. Es war leichter, die zur Nahrung von Mensch und Tier in größeren Mengen benötigten Pflanzen in der Nähe des ständigen Wohnsitzes zu ernten, als sie an ihren natürlichen Standorten, wo sie wildwachsend häufig nur in geringer Menge vorkamen, zu suchen. Die Anzahl der Kulturarten hat seitdem ständig zugenommen. DE CANDOLLE[1] schätzte sie zu Beginn des vorigen Jahrhunderts auf 250—300 von 120000 bis 140000 Pflanzenarten. Inzwischen sind diese Zahlen aber ganz bedeutend größer geworden. Die Zahl der angebauten Kulturpflanzen beläuft sich jetzt auf etwa 12000 Arten. Etwa 3000 Arten sind Nahrungspflanzen, andere finden für industrielle Zwecke Verwendung und weitere werden als Zierpflanzen genutzt. Allein die Sortenliste der Deutschen Demokratischen Republik enthält fast 200 Kulturarten.

Im Interesse der menschlichen Versorgung liegt es, ständig nach neuen Rohstoffquellen, und zwar auch pflanzlichen zu suchen. So kommt z. B. dem Anbau heimischer Futterpflanzen eine große Bedeutung zu, seitdem unserer Landwirtschaft der Bezug ausländischer Kraftfuttermittel für die Tierernährung nicht mehr unbeschränkt möglich ist. Die Futtergräser und auch einige Futterleguminosen gehören mit zu den jüngsten Kulturpflanzen. Ihre Inkulturnahme und Züchtung erfolgte zum Teil erst in letzter Zeit. Auch viele Arznei- und Gewürzpflanzen werden seit Menschengedenken wildwachsend gesammelt, und eine große Zahl wird schon sehr lange angebaut. Hinsichtlich der züchterischen Bearbeitung dieser Nutzpflanzen ist allerdings zu sagen, daß sie ebenfalls erst in letzter Zeit erfolgte. (Siehe nächstes Kapitel.) Ein erhöhter Bedarf an Drogen einiger bestimmter Wildpflanzen, in der Hauptsache bedingt durch das wiedereinsetzende Interesse an der Phytotherapie nach 1933, hat zur Folge, daß Arzneipflanzen in immer stärkerem Maße gesammelt werden. Überaus schwerwiegend wird die Bedrohung unserer wildwachsenden Arzneipflanzen durch das gewerbliche Sammeln, wenn es unsachgemäß ausgeführt wird. Das natürliche Vorkommen der Wildpflanzen kann dadurch seltener werden, so daß schon in einigen Fällen durch Naturschutzgesetze und -verordnungen die Erhaltung der betreffenden Arten gesichert werden mußte. So wurden schon verschiedene wertvolle Arzneipflanzen, z. B. *Arnica montana* L., *Centaurium umbellatum* Gilib., *Convallaria majalis* L., sowie die therapeutisch wichtigen *Aconitum-*, *Drosera-*, *Gentiana-*, *Helleborus-* und *Primula-species* vollkommen oder teilweise geschützt. Zu bedenken ist, daß viele Arzneikräuter infolge der heutigen intensiven Wirtschaftsweise der Land- und Forstwirtschaft der immer mehr zunehmenden Gefahr der Ausrottung ausgesetzt sind. So werden manche in der Heilkunde geschätzten Wiesenkräuter allmählich verdrängt, weil sie im Rahmen einer neuzeitlichen Grünlandwirtschaft als Unkräuter betrachtet und bekämpft

[1] DE CANDOLLE: Zit. nach REGEL, C. von: Pflanzen in Europa liefern Rohstoffe Stuttgart 1945, S. 62.

werden, manchmal aber zum Nachteil der landwirtschaftlichen Nutztiere. Soweit es sich nicht um Giftpflanzen handelt, können sich manche Grünlandkräuter fördernd auf den Gesundheitszustand und die Leistung der Tiere auswirken. STEBLER[2] sieht sogar für eine Saatmischung für Dauerwiesen auf gutem Gebirgsboden eine Einsaat von 5% Wiesenkümmel (*Carum carvi*) und 5% Schafgarbe (*Achillea millefolium*) vor. Auch die verstärkte Beweidung des Grünlandes und der Ödländereien sowie Düngung und Beschattung können dazu beitragen, die Bestände wildwachsender Arzneipflanzen zu verringern.

Das Sammeln verschiedener in der Heilkunde geschätzter Pflanzen, von denen viele im landwirtschaftlichen Sinne als „Unkräuter" bezeichnet werden, kommt in Kulturpflanzenbeständen infolge der intensiven Hackpflege, wie überhaupt Unkrautbekämpfung, nur noch gelegentlich in Frage. Felder, auf denen Heilkräutersammler Ackerschachtelhalm, Ackerstiefmütterchen, Hirtentäschel, Huflattich, Feldkamille, Feldrittersporn, Klatschmohn, Kornblume und andere Heilpflanzen in großer Zahl finden, gehören oft Landwirten, deren Wirtschaftsweise zu wünschen übrigläßt. Unkrautfreie Felder sind zu Recht der Stolz tüchtiger Landwirte.

Auch die Bestände der im Wald wachsenden Arzneikräuter sind um so mehr gefährdet, je intensiver die Forstwirtschaft betrieben wird und je rascher dabei die Licht-, Feuchtigkeits- und Bodenverhältnisse geändert werden.

Im Interesse einer gesicherten pflanzlichen Arzneirohstoffversorgung ist es daher unerläßlich, solche Pflanzen, die in größeren Mengen benötigt werden und deren Sammeln infolge zu hohen Arbeitsaufwandes unwirtschaftlich ist, sowie solche, deren Wildvorkommen gefährdet sind, in Kultur zu nehmen. Dies ist der Fall bei der Echten Kamille (*Matricaria chamomilla*), die auf dem besten Wege ist, eine Kulturpflanze zu werden. Kamillenblüten werden noch in beachtlichen Mengen wildwachsend gesammelt, aber auch schon im Anbau auf größeren Flächen gewonnen. Auch wird *Matricaria chamomilla* züchterisch bearbeitet. Im Jahre 1937 wurden in Deutschland rund 941,48 dz *Flores Chamomillae* an den Drogenhandel abgeliefert[3]. Dabei dürften aber bei weitem nicht alle Sammelergebnisse statistisch erfaßt worden sein, so daß wohl weit über 1000 dz *Flores Chamomillae* damals in Deutschland eingebracht wurden. Bei einem Trocknungsverhältnis von 4—6 : 1 dürften etwa 4000—6000 dz frische Kamillenblüten gepflückt worden sein. Heute werden die Kamillenblüten im Anbau, besonders als Zwischenfrucht, wirtschaftlicher gewonnen, obgleich die Echte Kamille in vielen Gegenden Deutschlands, z. B. in der Umgebung von Leipzig und Oschatz, als Ackerunkraut noch sehr häufig vorkommt. Der Bedarf an dieser wertvollen Droge ist sehr groß, denn selbst auf dem Auslandsmarkt sind Kamillenblüten, besonders sächsischer und fränkischer Provenienz, stark gefragt.

Ähnlich liegen die Verhältnisse beim Feldstiefmütterchen (*Viola tricolor*). Obgleich diese gefragte Arzneipflanze noch häufig wildwachsend vorkommt und besonders die Roggenstoppel oft mit einem bunten Teppich überzieht, lohnt sich das Sammeln des wildwachsenden Krautes (*Herba Violae tricoloris*) kaum noch. Als Reinanbau liefert das blaublühende Stiefmütterchen (*Viola tricolor* L. *subspec. eutricolor* Syme) besonders auf Roggenböden größere Erträge und läßt sich vorteilhaft maschinell ernten. In Holland wird diese Arzneipflanze neuerdings in größerem Ausmaß angebaut.*

[2] STEBLER, F. G.: Zit. nach BECKER-Dillingen, J.: Handbuch des Hülsenfruchterbaues und Futterbaues. Berlin 1929, S. 585.
Siehe auch HEEGER, E. F.: Wertvolle Heilkräuterbeisaaten zu Wiesen- und Weidenmischungen. „Die Deutsche Landwirtschaft" 3, S. 116 bis 117 (1949).

[3] LIMBACH, R.: Ergebnisse der Sammlung wildwachsender Heilpflanzen in Deutschland; zit. nach SCHENCK, E. G., LUCASS, R. und WEGENER, G. G.: Allgemeine Heilpflanzenkunde. Dresden (etwa 1937), S. 435 bis 441.

* Nach einer Mitteilung von Herrn Dümling, Geschäftsführer der Drogengroßhandlung I. Bernhardi, Leipzig.

Eine sehr junge Kulturpflanze ist auch der Baldrian (*Valeriana officinalis*). Im Drogenhandel wird besonders der Harzer Baldrian (*Valeriana officinalis hercynica*) geschätzt. Das Zentrum des kleinen Harzer Anbaugebietes ist Pansfelde (Südharz). Bevor sich dort der Baldriananbau einführte, wurden die Baldrianwurzeln (*Radix Valerianae*) hauptsächlich wildwachsend in den Wäldern um Stolberg und Friedrichsbrunn gesammelt. Um höhere und sicherere Ernten zu erzielen, als durch das Sammeln möglich war, wurde in diesem Gebiet der Baldrian erst vor reichlich 100 Jahren in Kultur genommen[4]. Hierfür werden von einigen Anbauern heute noch wildwachsende Baldrianjungpflanzen in den Tälern und auf den Höhen des Harzes gesammelt und dann feldmäßig, und zwar kleinflächig, angebaut. Erst in den letzten Jahren sind die Pansfelder Baldriananbauer mehr und mehr dazu übergegangen, ihre Jungpflanzen aus Saatgut selbst heranzuziehen. Die Pansfelder Baldrianbestände sind heute noch außerordentlich formenbunt, und die angebauten Pflanzen gleichen hier noch ganz und gar den Wildformen.

Es wäre schlecht um die Versorgung mit *Radix Valerianae*, Baldriantinktur und vielen Baldrianpräparaten bestellt, wenn der Drogenhandel und die pharmazeutische Industrie auf das wenige Sammelgut aus dem Wildwuchs angewiesen wären. Der Baldrian wird heute als Hackfrucht, ähnlich der Kartoffel, vielenorts zum Teil bereits großflächig angebaut. Wir verfügen auch schon über einige Baldriansorten. An Neuzüchtungen mit dem Zuchtziel einer möglichst hohen und gleichmäßigen sedativen Wirkung der Droge wird gearbeitet.

Außer dem Thymian (*Thymus vulgaris*), der besonders in der Ascherslebener Gegend — der Gewürzkammer Deutschlands — großflächig im Anbau zu finden ist, wird heute von einigen pharmazeutischen Spezialbetrieben *Thymus serpyllum* L. em. Fries, der Feldthymian, auch Quendel genannt, kultiviert. Auch diese Arzneipflanze wird aus wirtschaftlichen Gründen nicht mehr in genügender Menge gesammelt, obwohl die formenreiche Art *Thymus serpyllum* noch sehr häufig wildwachsend anzutreffen ist.

Besonders in Notzeiten wurden schon öfter Versuche unternommen, faserreiche Wildpflanzen, wie *Urtica dioica*, die Große Brennessel, als Gespinstpflanzen zu kultivieren und züchterisch zu bearbeiten. Eine typische Ruderalpflanze war damit im Begriff, eine Kulturpflanze zu werden. Als Gespinstpflanze konnte sie aber nicht den importierten und billigeren Faserrohstoffen standhalten. In der Heilkunde hat sich die Brennessel aber behauptet, denn es findet das Kraut von *Urtica dioica* und *Urtica urens* häufig Verwendung. *Herba Urticae* wird im Erg.-B. 6 geführt. Die sehr chlorophyllhaltige Droge wird in Deutschland nicht in genügender Menge wildwachsend gesammelt. Besonders zur industriellen Chlorophyllgewinnung sind wir auf Importe angewiesen. Lediglich einige pharmazeutische Spezialbetriebe, die sich mit der Herstellung von Frischsäften befassen, unterhalten Brennesselkulturen. Vor allem auf Niederungsmoorböden, wo die Große Brennessel sehr wüchsig ist, dürfte sich der Anbau für industrielle Zwecke lohnen. Im April und Mai geerntete Stengelspitzen und junge Blätter eignen sich auch sehr gut zur Bereitung von schmackhaften Suppen und spinatartigen Gemüsegerichten, wie auch die jungen Brennesselblätter ein beliebtes Geflügel- und Schweine-Aufzuchtbeifutter sind. Es sollte einmal der Frage nachgegangen werden, ob sich nicht die eine oder andere Wildgemüseart für die Schaffung neuer Kulturgemüse eignet. Unsere Flora enthält eine reiche Zahl besonders in diätetischer Hinsicht wertvoller Wildgemüse. In diesem Zusammenhang sei der Löwenzahn (*Taraxacum*

[4] FRIEDRICH, H.: Geschichte des Anbaues von *Valeriana officinalis* L. bei Pansfelde im Harz. „Arzneipflanzen-Umschau" 2, S. 404 (1948).

officinale) erwähnt, dessen leuchtende, goldgelbe Blüten im Mai oftmals das zarte Grün unserer Wiesen überdecken. Er ist ein schwer ausrottbares, allgemein verbreitetes Unkraut. In manchen Ländern jedoch wird der Löwenzahn wie die Endivie als Salatgemüse sehr geschätzt, z. B. in Frankreich. Da die grünen Löwenzahnblätter sehr bitter schmecken, werden sie wie bei der Winterendivie gebleicht. Deutsche Zuchtsorten dürften demnächst in den Verkehr gelangen (Siehe hierzu S. 668).

Sogar der scharf pfefferartig schmeckende Wasserpfeffer-Knöterich (*Polygonum hydropiper*) ist während des Krieges als Schärfestoff für Pfeffersurrogate in Kultur genommen worden[5]. Die Pflanze enthält u. a. angeblich ein die Blutgerinnung beschleunigendes Glykosid. Der Wasserpfeffer-Fluid-Extrakt soll somit ein Hämostyptikum sein. Der Bedarf an *Polygonum hydropiper* war kurz nach dem Kriege so groß, daß wir die in den Gräben auf dem Versuchsfeld in Leipzig-Probstheida vorkommenden Pflanzen in großer Menge sammelten und zur Inkulturnahme nach außerhalb verschickten. Noch heute wird der Wasserpfeffer-Knöterich besonders zur Herstellung von Frischpflanzenpräparaten, die in der Gynäkologie gebraucht werden, in geringem Umfang angebaut. Wildwachsend ist *Polygonum hydropiper* ziemlich häufig an feuchten Stellen, besonders an Teichen und in Sümpfen, und zwar von der Ebene bis in die Voralpen, anzutreffen.

Auch das Schöllkraut (*Chelidonium majus*), das nach GESSNER in der Heilkunde vor allem als Spasmolyticum bei mit Spasmen einhergehenden Erkrankungen des Magendarmkanals einschließlich Cholecystopathie und Cholelithiasis, bei Angina pectoris sowie als Analgeticum Verwendung findet, ist von BOSHART[6] agrotechnisch bearbeitet worden, wobei er u. a. besonders den Einfluß der Kulturmaßnahmen auf den Alkaloidgehalt untersuchte.

In allerletzter Zeit ist sogar zum feldmäßigen Anbau von Spitzwegerich (*Plantago lanceolata*) übergegangen worden, der in der Landwirtschaft ein typisches und noch häufig anzutreffendes Unkraut, und zwar ganz besonders in Kleebeständen, ist. *Folia Plantaginis lanceolatae* interessiert vorwiegend als schleimlösendes Mittel, und das frische Kraut wird, wie das der Brennessel, u. a. zu Frischsäften verarbeitet. Nach neueren Untersuchungen enthält der Spitzwegerich bactericide bzw. bacteriostatische Wirkstoffe. (Zit. nach GESSNER.)

Ferner bemüht man sich um den Anbau der noch sehr häufig wildwachsend vorkommenden Kleinen und Großen Bibernelle (*Pimpinella saxifraga* und *P. major*). *Radix Pimpinellae* wird nicht mehr wie früher in genügender Menge gesammelt. Durch Anbau gehalt- und ertragreicher Auslesen soll dieser Mangel behoben werden. Außer den erwähnten Wildpflanzen sind in letzter Zeit aber auch noch andere in Kultur genommen worden, denen weitere folgen werden. So wird u. a. noch an der Inkulturnahme der Herbstzeitlose gearbeitet[7]. Zierformen werden gelegentlich in Gärten angebaut. *Colchicum autumnale* wird von den Landwirten als Wiesenverderber und Futterstehler geächtet. Es kommt noch häufig wildwachsend vor. In Deutschland findet sich diese Liliacee besonders in Mittel- und Süddeutschland, und zwar hauptsächlich gesellig auf nährstoffreichen, feuchten Wiesen. Sie ist von der Ebene bis in die Voralpen, vereinzelt sogar noch in der alpinen Stufe, anzutreffen. Trotz der noch vorhandenen größeren Wildbestände besteht ein Mangel an den Drogen *Semen*, *Bulbus*

[5] HEEGER, E. F.: *Polygonum hydropiper* L. Wasserpfeffer-Knöterich. Pharmakoergastische Betrachtungen. „Pharmazie" 3, S. 42 bis 43 (1948); bzw. „Arzneipflanzen-Umschau" 2, S. 298 bis 299 (1948).

[6] BOSHART, K.: Anbauversuche mit dem Schöllkraut, *Chelidonium majus*. Materiae Vegetabiles 1, S. 238 bis 259 (1953).

[7] HEEGER, E. F. und POETHKE, W.: *Colchicum autumnale* L., Herbstzeitlose; Botanik, Drogengewinnung, Chemie und Verwendung. „Pharmazie" 5, S. 437 bis 445 (1950); bzw. „Arzneipflanzen-Umschau" 2, S. 829 bis 834 (1950).

Abb. 57 Colchicum autumnale L., Bestand im Frühjahr

und *Flores Colchici.* Die Nachfrage wird besonders dadurch bedingt, daß aus ihnen, vor allem aus den Samen, Colchicin, ein N-Phenanthrenderivat, dargestellt wird. In zweierlei Hinsicht ist es bedeutungsvoll, und zwar für die Heilkunde und infolge seiner polyploidisierenden Wirkung bei Pflanzen für den Vererbungsforscher und Züchter. Colchicin bewirkt als Mitosegift Störung des Spindelmechanismus bei der Kernteilung und führt durch Unterdrückung der Chromosomenwanderung bei der Anaphase zur Polyploidie.

Es besteht also ein Bedürfnis, die Herbstzeitlose in Kultur zu nehmen und möglichst auch züchterisch zu bearbeiten. Dabei kommt es besonders darauf an, eine Zuchtsorte zu entwickeln, die im Anbau gut gedeiht und die möglichst gleichmäßig hohe Colchicinausbeuten gewährleistet. Es ist im besonderen ein schnellwüchsiger Typ anzustreben, der reiche und sichere Samenerträge liefert. Dabei ist auch auf einen festen Sitz der Fruchtkapseln zu achten, die bei der Wildform im reifen Zustand leicht vom Wind abgerissen und fortgeweht werden. Das ist eine der wichtigsten Ursachen dafür, daß so wenig *Semen Colchici* wildwachsend gesammelt wird, ganz abgesehen davon, daß *Colchicum autumnale* zu Recht sehr energisch in der Grünlandwirtschaft als lästige Giftpflanze bekämpft wird.

Als besonders wichtiger pharmazeutischer Rohstoff soll das Mutterkorn (*Secale cornutum*) nicht unerwähnt bleiben. *Secale cornutum*-Präparate sind in der Heilkunde unentbehrlich. Biologisch ist das Mutterkorn das Dauermycelium (Sklerotium) und als solches die Überwinterungsform des Fadenpilzes *Claviceps purpurea* Tul., das auf den Roggenähren und anderen Gramineen wuchert. Der gefährliche pilzliche Parasit wird in der Landwirtschaft gefürchtet und bekämpft, was eine Verknappung der Versorgung mit der Mutterkorndroge bei gleichzeitig steigendem Bedarf zur Folge hat. Nicht zuletzt trägt aber auch wesentlich die Verbesserung der Saatgutreinigungstechnik dazu bei, daß das Aufkommen an dieser Droge nicht ausreichend ist. Heute ist man um die Mutterkornkultur bemüht. In diesem Falle handelt es sich um die Inkulturnahme eines in therapeutischer Hinsicht wertvollen Pilzes, also einer niederen Pflanze. In kohlenhydratreichem Milieu bildet dieser Pilz in großer Menge Konidien. Mit einer Suspension hiervon werden die Roggenähren vor der Blüte mit besonderen Impfgeräten bzw. -maschinen infiziert. Qualitativ hochwertige Zuchtstämme liefern den virulenten Impfstoff. *Secale cornutum* wird bereits in Mitteleuropa in größeren Mengen anbaumäßig gewonnen, so in Ungarn, wo M. Békésy, in der Schweiz, wo A. Stoll, in Österreich, wo W. Hecht, und in Deutschland, wo K. Mothes sowie H. Rochelmeyer auf dem Gebiet der Mutterkornforschung sehr erfolgreich tätig sind. Über die Gewinnung des Mutterkorns, seine spezifischen Wirkstoffe und ihre therapeutische Anwendung wurden bereits zahlreiche Arbeiten von den Genannten und anderen auf diesem Spezialgebiet Tätigen veröffentlicht. (Siehe auch Kapitel XXI, S. 197.)

Aber auch noch andere Pilze als *Claviceps purpurea* sind für die gesamte Heilkunde von großem Wert. MOTHES (1954)[8] spricht bereits von niederen Pflanzen (Bakterien, Pilzen, Algen) als einem neuen Typ von Kulturpflanzen. Außerordentlich große Bedeutung in der Therapie haben in letzter Zeit solche erlangt, die antibiotische Substanzen bilden, z. B. Penicillin, Streptomycin und Aureomycin. Durch Züchtung besonders geeigneter Bakterien- und Pilzstämme konnten die Produktionskosten für mehrere Antibiotica soweit herabgesetzt werden, daß sie bereits nicht nur in der Human- und Veterinärmedizin Anwendung finden, sondern auch zur Bekämpfung von Pflanzenkrankheiten herangezogen werden und außerdem noch als Wachstumsstimulatoren in der Pflanzen- und Tierernährung Eingang gefunden haben.

Bei Durchsicht der „Sortenliste der in der Deutschen Demokratischen Republik zugelassenen Sorten von Kulturpflanzen" fällt auf, daß besonders bei den darin enthaltenen 67 Arten Arznei- und Gewürzpflanzen viele enthalten sind, die bisher noch vorwiegend wildwachsend gesammelt wurden und jetzt im Anbau stehen. Das trifft zu für Arnika, Dost, Feldstiefmütterchen, Roten Fingerhut, Gewürzbeifuß, Echte Kamille, Odermennig, Rainfarn, Tausendgüldenkraut und Waldmeister. Die zum Anbau zugelassenen Sorten bzw. Formen dieser und noch anderer Arznei- und Gewürzpflanzen weisen mehr oder weniger Wildformcharakter auf, wie dies eigene sortenkundliche Untersuchungen ergaben. Überhaupt laufen bei manchen angebauten Arzneipflanzen die Begriffe Wildform und Kulturform auf ein und dasselbe hinaus, so daß es sich keinesfalls immer um Sorten im Sinne des Wortes handelt.

Zur Durchführung der Inkulturnahme von Wildpflanzen selbst ist zu sagen, daß zunächst zu untersuchen ist, welchen Lebensbedingungen die in Frage kommenden Pflanzen an ihrem natürlichen Standort unterliegen. Pflanzengeographie, -ökologie, -soziologie und -physiologie sind vor allem die Zweige der Botanik, die uns Hinweise für die Inkulturnahme von Wildpflanzen zu geben vermögen. Alles Weitere bleibt dann zunächst dem Können des Gärtners bzw. Landwirts überlassen. Sehr wichtig ist es, daß Pflanzen aus dem Wildstand sorgfältig in ihre neue Umgebung eingewöhnt werden. Dazu sind vor allem Akklimatisationsgärten mit zweckentsprechenden Einrichtungen nötig, in denen die Wildpflanzen zum Anbau gelangen. Es ist zu untersuchen, ob gleich von vornherein ein Reinanbau möglich ist oder ob erst auf dem Umweg über die Mischkultur mit den natürlichen Begleitpflanzen die Inkulturnahme erfolgen kann, bis sie so weit eingewöhnt — man könnte auch sagen angepaßt — sind, daß sie die Pflanzen ihrer natürlichen Lebensgemeinschaft entbehren und allein gedeihen können. In welcher Zeit diese Anpassung möglich ist, kann kaum vorausgesagt werden. Nicht allein die Umweltfaktoren sind ausschlaggebend und zeitbestimmend, sondern auch das phylogenetische Alter, also die im Laufe der Zeit erworbene Artfestigkeit der in Kultur zu nehmenden Wildpflanzen. Gelegentlich wird es sich auch erforderlich machen, künstlich eine größere Variabilität zu erzeugen, um damit eine bessere Anpassungsfähigkeit an klimatische und edaphische Bedingungen zu erreichen. Neben der natürlichen Auslese muß dann auch noch die Hand des Züchters selektionieren. Damit setzt die eigentliche Züchtung ein, während die Inkulturnahme selbst erst eine züchterische Vorstufe darstellt. Manche Arten werden vielleicht überhaupt erst durch Zuchtarbeit anbaufähig.

Selbstverständlich muß auch das Verhalten der in Kultur genommenen Wildpflanzen in qualitativer Hinsicht geprüft werden. Bei Pflanzen, die therapeutisch wertvoll sind, muß bei der Überführung aus dem Wildstand in die Kultur die ständige chemisch-pharmazeutische und pharmakologisch-klinische Untersuchung parallel laufen. Ganz

[8] MOTHES, K.: Bakterien, Pilze und Algen: ein neuer Typ von Kulturpflanzen. Die Kulturpflanze. Bd. II, 1954, (Sonderdruck).

besonders wichtig ist es, daß bei der Inkulturnahme von Pflanzen mit spezifischen Wirkstoffen deren therapeutischer Wert unter dem Einfluß von Kulturmaßnahmen erhalten bleibt. Bedenken, daß kultivierte Arzneipflanzen wertloser als wildwachsende seien, daß sie in der Kultur „entarten", was gleichbedeutend ist mit „degenerieren", wurden schon häufig geäußert. HIMMELBAUR[9] hat bereits 1922 darauf hingewiesen, daß diese Einwände unhaltbar sind. Er meint, daß — mit ganz vereinzelten Ausnahmen — nachweisbar stets die Art und Weise der Kultur im betreffenden Fall eine unrichtige war. Nicht die Kultur, sondern die falsche Kultur hatte wertvermindernd gewirkt. So konnte auf Grund zahlreicher pharmakologischer Untersuchungen bei *Folia Digitalis* nachgewiesen werden, daß kein Grund vorliegt, die wildwachsenden Pflanzen den kultivierten vorzuziehen. Wir bauten in Leipzig-Probstheida mit bestem Erfolg Roten Fingerhut an und ernteten bei einem größeren Felddüngungsversuch bis zu 26,44 dz/ha *Folia Digitalis.* Obgleich es sich bei *Digitalis purpurea* um eine typische Waldkahlschlagpflanze handelt, gedieh sie in Leipzig-Probstheida unter ihr zusagenden Verhältnissen recht gut, und die Droge war biologisch voll wirksam. JERMSTAD[10] stellte fest, daß für den Grad der Wirkung der *Digitalis* auf das Herz nicht allein der Umstand, ob wildwachsend oder angebaut, sondern die Umweltbedingungen der Pflanze sowie der Zeitpunkt der Ernte der *Digitalis*-Blätter und die Art des Trocknens ausschlaggebend sind. Bei richtiger Kultur und Aufbereitung kann sogar bei vielen Arzneipflanzen eine Wertsteigerung erzielt werden. Wie TSCHIRCH[11] in seinem Vortrag über das Thema: „Wie können die Mendelschen Ideen für die Arzneipflanzenkultur nutzbar gemacht werden", ausführte, wurde an Hand der Cinchonenkulturen auf Java auf Grund systematisch durchgeführter wissenschaftlicher Versuche nachgewiesen, daß nicht nur die morphologischen, sondern auch die chemischen Eigenschaften (auch die sekundären) einer Pflanze erblich sind und daß man durch Kreuzung eine Verbesserung und Vermehrung gewisser für den Menschen nützlicher Bestandteile der Pflanze erzielen kann. Eine Düngung mit den verschiedensten Düngemitteln hatte bei den Cinchonen, wie auch bei den anderen Alkaloid- und auch Glykosidpflanzen, keinen entscheidenden Einfluß auf die Alkaloid- und die Glykosidbildung.

Nicht verschwiegen werden kann, daß gelegentlich auch Schwierigkeiten vorhanden sind, Wildpflanzen in Kultur zu nehmen. So gestaltet sich der Anbau der in therapeutischer Hinsicht wertvollen *Drosera*-(Sonnentau-)Arten nicht ganz einfach. Die in Deutschland vorkommenden und geschützten Arten *Drosera rotundifolia* L., *D. anglica* Huds. und *D. intermedia* Hayne finden sich in Moospolstern der Moore und Torfwiesen und auf sumpfiger Heide. KRKOŠKA[12] führte mit diesen in pflanzenphysiologischer Hinsicht besonders interessanten Pflanzen — es handelt sich um karnivore Arten — Kulturversuche an ihren natürlichen Standorten durch. Er kam zu dem Ergebnis, daß die Kultur dieser Wildpflanzen wohl praktisch möglich, aber sehr schwierig ist und ihr Anbau kaum wirtschaftlich gestaltet werden kann. In Deutschland ist man auch sehr um die Inkulturnahme von Erdorchideen zum Zweck der Gewinnung der Salepdroge (*Tubera Salep*) bemüht. Der deutsche Salep, der als Mucilaginosum innerlich in Form von *Mucilago Salep*, vor allem in der Kinderpraxis geschätzt wird, ist sehr knapp. BURGEFF[13] hat über die Kultur europäischer Erdorchideen sehr gründliche

[9] HIMMELBAUR, W.: Über die Kultur der Arzneipflanzen. Wiss. Teil d. Pharmazeutischen Presse 1922, Heft 22.

[10] JERMSTAD, A.: Aus den Ergebnissen über die physiologische Wertbestimmung der *Digitalis.* Pharmazie og Chemie (1913).

[11] TSCHIRCH, A.: Sitzungsbericht der Bernischen Botanischen Gesellschaft. Sitzung vom 23. Oktober 1922; zit. nach Schimmel & Co. Bericht, 1924.

[12] KRKOŠKA, S.: Biologisch-ergastische Studie über einheimische Droseraarten und Versuchsresultate mit ihrer Kultur. Sonderdruck aus der Sudetendeutschen Apotheker-Zeitung. Marienbad (ohne Jahresangabe).

[13] BURGEFF, H.: Samenkeimung und Kultur europäischer Erdorchideen nebst Versuchen zu ihrer Verbreitung. Stuttgart 1954.

Untersuchungen angestellt. Leider konnte er einem erwerbsmäßigen Anbau von Orchideen zur Salepgewinnung auch keine günstige Prognose stellen, obgleich ihre Kultur auf hierfür geeigneten Standorten möglich ist. Letzten Endes kommt es aber auch beim Anbau von Arznei- und Gewürzpflanzen darauf an, daß deren Kultur für den Landwirt und Gärtner rentabel ist. Soweit wir in dieser Hinsicht über eigene Erfahrungen verfügen, wird im Speziellen Teil der Anbau einiger Arten behandelt, deren Überführung aus dem Wildstand in die Kultur vor noch nicht allzulanger Zeit erfolgte.

Zusammengefaßt ergibt sich aus dem Dargelegten, daß es im menschlichen Interesse liegt, den Kulturpflanzenbestand laufend zu erweitern. Speziell auf dem Gebiet der Drogengewinnung stellt die Inkulturnahme von Arzneipflanzen, deren Wildvorkommen gefährdet oder deren Sammeln infolge zu hohen Arbeitsaufwandes unwirtschaftlich ist, eine wichtige Maßnahme zur Sicherung der pflanzlichen Arzneirohstoffversorgung dar. Auch bietet der sachgemäße Arzneipflanzenbau die Möglichkeit einer in qualitativer Hinsicht ausgeglicheneren Rohdrogenanlieferung im Gegensatz zu dem Drogenanfall aus der Wildsammlung. Dies ist besonders wichtig im Hinblick auf die Drogennormierungsbestrebungen. Darüber hinaus kommt der züchterischen Bearbeitung der Arzneipflanzen in volksgesundheitlichem, aber auch volkswirtschaftlichem Interesse eine erhöhte Bedeutung zu.

XX. Aufgaben und Ziele der Arznei- und Gewürzpflanzenzüchtung

Nachdem im vorigen Kapitel zum Ausdruck kam, daß die Inkulturnahme von Wildpflanzen eine züchterische Vorstufe darstellt, soll nachfolgend kurz auf die eigentliche Züchtung eingegangen werden. Es würde zu weit führen, wollte man im Rahmen eines „Handbuchs des Arznei- und Gewürzpflanzenbaues" nun die Züchtung dieser Sonderkulturen eingehend behandeln. Auch erübrigt es sich hier, einen Überblick über die bisherigen Züchtungserfolge zu vermitteln, da bereits an anderer Stelle von uns darüber berichtet wurde[1]. Bei der Behandlung der einzelnen Arten im Speziellen Teil wird gelegentlich auf Züchtungsfragen zurückgekommen.

Im Nachfolgenden soll der Anbauer von Arznei- und Gewürzpflanzen mit einigen Züchtungsfragen bekannt gemacht werden, die für ihn von besonderem Interesse sind. Vorausgeschickt sei, daß die Arznei- und Gewürzpflanzen bisher im Rahmen der Pflanzenzüchtung nur von untergeordneter Bedeutung waren und stark vernachlässigt wurden. Die Gründe hierfür wurden bereits im geschichtlichen Abriß des Arznei- und Gewürzpflanzenbaues (Kapitel I) dargelegt.

Das Wesen der Züchtung besteht hauptsächlich in der Auslese und Kreuzung von untereinander verschiedenen Formen. Wichtiges Auslesematerial enthalten die natürlichen und künstlich geschaffenen Populationen. Unter den natürlichen Populationen ist den heimischen Landsorten große Bedeutung beizumessen. Aber auch die Primitivformen aus den Genzentren liefern wertvolles Zuchtmaterial, wobei auch Formen der sekundären Genzentren (isolierte Landsortengebiete) von großem züchterischem Wert sein können.

Die Hauptzuchtziele der Züchtung sind sehr verschiedene. Die allgemein wichtigsten sind: Ertragssicherheit und Ertragsleistung. Aber neben diesen gilt es noch andere anzustreben oder zu erreichen. So sind z. B. Zuchtziele je nach den Umständen: Winterhärte, Abkürzung der Entwicklungszeit, Widerstandsfähigkeit gegen Frost, gegen Dürre und gegen tierische sowie pflanzliche Schädlinge. Auch Qualitätsfragen wollen weitgehendst berücksichtigt sein. Bei den Arznei- und Gewürzpflanzen kommt es besonders auf die wertbestimmenden Inhaltsstoffe an. Sie sollen in ausreichender Menge und gleichmäßiger, hochwertiger Beschaffenheit in den Pflanzen enthalten sein. In der Forderung nach hinreichenden Mengen gleichmäßig wirkender Drogen mit einem hohen Gehalt an therapeutisch wirksamen Stoffen, die eine individuelle Rezeptur ermöglichen, stimmen Ärzte und Apotheker wie auch die pharmazeutische Industrie überein. Besonders bei den Arzneipflanzen kommt es weniger auf die Menge als auf die Güte der Ernte an.

RUDORF[2] stellte 1935 in Zusammenarbeit mit uns folgende allgemeine Zuchtziele für Arznei-, Gewürz- und Duftpflanzen auf:

a) Gleichmäßige Reifung, damit die Ernte erleichtert wird und weniger Arbeitskräfte gebraucht werden, z. B. bei Fenchel.

[1] HEEGER, E. F.: Heil- und Gewürzpflanzenzüchtung. Ein Überblick über die Züchtungsmethodik und die bisherigen Züchtungserfolge. „Pharmazie" 2, S. 368 bis 376 (1947); bzw. „Arzneipflanzen-Umschau" 2, S. 217 bis 224 (1947).

[2] RUDORF, W.: Züchtung von Arzneipflanzen. „Die Deutsche Heilpflanze" 1, S. 61 bis 62 (1935).

b) Beseitigung des Körner-(Früchte-)abwurfes nach der Reife, z.B. bei Anis, Kümmel.

c) Verbesserung der Pflanzenteile, die Wirkstoffe enthalten (Wurzeln, Blätter, Blüten, Samen bzw. Früchte).

d) Steigerung oder Verbesserung des Wirkstoffgehaltes.

e) Anpassung ausländischer Pflanzen (Akklimatisation), von denen eine Anzahl in Deutschland wohl wächst, aber schlecht blüht oder fruchtet.

Die Methoden, nach denen in der Pflanzenzüchtung gearbeitet wird, sind wissenschaftlich begründet und unterliegen einer dauernden Fortentwicklung, die aufgebaut ist auf Erweiterung der wissenschaftlichen Erkenntnisse, besonders auf den Gebieten der Zytologie, Genetik, Variabilität, biologischen Statistik, Blütenbiologie, Pflanzenphysiologie und Pflanzenpathologie, der chemischen und physikalischen Bestimmungs- sowie Auslesemethoden. Es wird systematisch und rationell nach verschiedenen Methoden gearbeitet. Welche Methode für die Züchtung einer bestimmten Pflanzenart und zur Erreichung eines bestimmten Zuchtzieles benutzt wird, ist nach ROEMERS Formulierung abhängig:

1. von der Art der Fortpflanzung (vegetative oder generative) bzw. von den Blühverhältnissen (Selbst- oder Fremdbefruchtung),
2. von der Art der Nutzung, d. h., ob vegetative Organe oder Samen bzw. Früchte genutzt werden,
3. von dem Ziel, welches der Züchter anstrebt,
4. davon, ob die Züchtung erst begonnen wird oder bereits jahrzehntelange Zuchtarbeit vorliegt,
5. von dem Stand der Wissenschaft über Variabilität, Vererbung und Mutationshäufigkeit der einzelnen Art.

Nachfolgend soll noch ein Überblick über die verschiedenen Zuchtmethoden nach KUCKUCK[3] gegeben werden.

Systematische Ordnung der Züchtungsmethoden nach KUCKUCK

I. Auslesezüchtung
  a) Massenauslese
  b) Individualauslese mit Prüfung der Nachkommenschaft
    1. Selbstbefruchter
    2. Fremdbefruchter unter Einschränkung der freien Bestäubung.

II. Kombinationszüchtung
  a) Einfache Kombinationszüchtung (einschließlich Transgressionen)
  b) Rückkreuzungs- und Konvergenzzüchtung
  c) Ramschzüchtung.

III. Inzucht-Heterosiszüchtung

IV. Mutationszüchtung
  a) Erzeugung von Genmutationen
  b) Erzeugung von Genommutationen
    1. Autopolyploidie
    2. Allopolyploidie
    3. Haploidie.

[3] KUCKUCK, H.: Vortrag, gehalten im Institut für Pflanzenzüchtung der Deutschen Saatzucht-Gesellschaft in Groß-Lüsewitz bei Rostock am 12. Dezember 1949.

Wie jedem Einteilungsprinzip, so haftet auch diesem etwas Starres, Erzwungenes an. Es kommen Übergänge zwischen den einzelnen hier aufgeführten Gruppen dadurch vor, daß bestimmte Manipulationen und Vorgänge sich in mehreren Gruppen gleichzeitig abspielen. So findet eine Auslese nicht nur bei der eigentlichen Auslesezüchtung statt, sondern auch bei der Kombinationszüchtung. Die Methode, die für die züchterische Bearbeitung in Frage kommt, richtet sich nach der betreffenden Pflanzenart und dem angestrebten Zuchtziel. Sie muß exakt und wirtschaftlich sein. In neuerer Zeit bedient sich der Züchter bei den Arznei- und Gewürzpflanzen mit Erfolg gern der Polyploidiezüchtung als einer Maßnahme zur Entwicklung neuer Sorten. RUDORF[4] erzielte z. B. interessante Polyploidieeffekte bei der Alkaloidpflanze *Datura stramonium* L. *var tatula* (L.) Torr. Eine ausführliche Behandlung von Züchtungsfragen und Darstellung der Methoden findet sich im Handbuch der Pflanzenzüchtung von Th. ROEMER und W. RUDORF, Berlin 1942.

Es würde zu weit führen, die Möglichkeiten der Anwendung der Zuchtmethoden in der Arzneipflanzenzüchtung hier im einzelnen zu schildern. Bemerkt sei nur noch, daß hier bisher das Fehlen möglichst einfacher, aber noch genügend zuverlässiger Methoden zur Beurteilung des Wertstoffgehaltes die Zuchtarbeit außerordentlich erschwerte. Jetzt kennen wir bei einigen wichtigen Arzneipflanzenarten korrelative Beziehungen zwischen ihrem morphologisch-anatomischen Bau und ihrem Wirkstoffgehalt, so daß in manchen Fällen bei der Selektion schon mit einfachen Auslesemethoden auszukommen ist. So ist es z. B. mit Hilfe der Lupenvergrößerungen möglich, für züchterische Arbeiten beim Lavendel einen Anhaltspunkt für die Auslese zu erhalten, indem man als morphologisches Merkmal die Anzahl der Drüsenhaare der Lavendelblüten als Maßstab für den Ölgehalt zugrunde legt, wie dies Untersuchungen von SCHRATZ und SPANING[5] ergaben. Die Berücksichtigung anatomischer Merkmale für die Auslese ergab auch nach Untersuchungen von DETERMANN[6] praktische Ergebnisse bei der Kulturart Mohn, indem er die Leitbündel- und Milchröhrenfläche im Querschnitt der Kapsel zur Beurteilung des Alkaloidgehaltes heranzog. Beim Medizinalrhabarber erwiesen sich nach Untersuchungen von WALLACH[7] die Formen mit rötlichem Stiel und wenig, aber tief geteilter Blattfläche im physiologischen Versuch als die wirksamsten. Außerdem verfügen wir heute für einige wichtige Wertstoffgruppen über zuverlässige Schnell- bzw. Mikrobestimmungsmethoden, die für die Züchtung unentbehrliche Reihen- und Massenbestimmungen ermöglichen.

Mit den methodischen Züchtungsarbeiten muß daher die ständige chemisch-pharmazeutische und bei den Arzneipflanzen oft auch die pharmakologisch-klinische Kontrolle parallel laufen. Bei der großen Zahl der in der Heilkunde, Ernährung und Kosmetik verwendeten Pflanzenarten mit ihren verschiedenen Inhaltsstoffen ist dies mit besonderen Erschwernissen verbunden, zumal noch nicht für alle Wertstoffgruppen Schnell- bzw. Mikrobestimmungsmethoden erarbeitet wurden, die für Reihen- und Massenbestimmungen geeignet sind. Die Variationsbreite des Gehaltes an wirksamen Inhaltsstoffen ist nun aber unter allen Umständen experimentell zu erfassen, wenn exakt züchterisch gearbeitet werden soll. Es ist von großer Bedeutung, daß die physiologischen Varietäten oder Rassen für die Züchtung genauestens fixiert werden. Dabei ist

[4] RUDORF, W.: Polyploidieeffekte bei der Alkaloidpflanze *Datura tatula.* „Jenaische Zeitschrift für Medizin und Naturwissenschaften" 77, S. 290 bis 306 (1944).

[5] SCHRATZ, E. und SPANING, M.: Die Anzahl der Drüsenhaare als Maßstab für den Ölgehalt der Lavendelblüten. „Die Deutsche Heilpflanze" 10, (1) (1944) (Sonderdruck).

[6] DETERMANN, W.: Über Zusammenhänge zwischen Alkaloidgehalt und Zahl und Größe der Milchröhren in den Kapseln von *Papaver somniferum* L. Diss. Hamburg 1940 und „Zeitschr. für Pflanzenzüchtung" 23, S. 371 bis 410 (1941).

[7] WALLACH, A.: Züchtungs- und Anbauversuche an Medizinal-Rhabarber. „Arch. Pharmaz." 279, S. 393 bis 403 (1941).

es unerläßlich, daß mit chemischen und physikalischen Methoden gearbeitet wird. In der Arzneipflanzenzüchtung wurden auch schon mit Erfolg mikrochemische Bestimmungsmethoden angewendet, so z. B. von BAUER[8] bei der Bestimmung des ätherischen Öles der Pfefferminze und dessen Zusammensetzung. HEEGER und BAUER[9] bestimmten auch den Morphingehalt im Opium deutscher Mohnsorten nach einer von BAUER und HILDEBRANDT entwickelten Halbmikromethode, die es ebenfalls ermöglichte, bei der Untersuchung mit kleinsten Mengen auszukommen. Diese Beispiele lassen erkennen, daß es durchaus möglich ist, die physiologischen Eigenschaften der Pflanzen mit kleinsten Probemengen, möglichst an Hand von Einzelpflanzen, chemisch zu erfassen oder doch mit anderen Mitteln so festzustellen, daß sich einigermaßen sichere Schlüsse hinsichtlich des Zuchtwertes der zu bearbeitenden Pflanzen ermitteln lassen. Nur in wenigen Fällen wird mit der makroskopischen Bestimmung auszukommen sein, wobei nicht gesagt sein soll, daß die Sinnesprüfungen mit Auge, Nase und Zunge minder bedeutungsvoll sind als die übrigen Hilfsmittel und Methoden zur Bestimmung der für die Pflanzenzüchtung wichtigen physiologischen Werteigenschaften. Es stößt auf große Schwierigkeiten bei den Arznei- und Gewürzpflanzen, die belangreichen Leistungseigenschaften biometrisch zu erfassen.

Wie diese Darlegungen erkennen lassen, ist den pflanzenphysiologischen Fragen im Rahmen des Arznei- und Gewürzpflanzenbaues — und ganz besonders auch bei der Züchtung dieser Pflanzen — eine große Bedeutung beizumessen.

Bei vielen Arzneipflanzen handelt es sich um noch nicht allzulange in Kultur genommene Arten. Sie sind züchterisch noch wenig oder gar nicht beeinflußt und stellen mehr oder weniger Formengemische dar, wie die Sächsische Angelika. Die offizinellen aromatischen Angelikawurzeln (*Radix Angelicae*) werden in dem geschlossenen Anbaugebiet, das sich in der Gegend von Bockau im Sächsischen Erzgebirge befindet, gewonnen. Man bezeichnet solche lokale Herkünfte auch als Landsorten. Bei dem vom Drogenhandel sehr geschätzten 'Deutschen Großfrüchtigen Fenchel' (*Fructus Foeniculi*) handelt es sich ebenfalls um eine solche Landsorte. Das einzige geschlossene deutsche Fenchelanbauzentrum liegt im Schwarzerdegebiet um Lützen. Die Mehrzahl der angebauten Arznei- und Gewürzpflanzen, wie bereits auf S. 35 erwähnt, ist durch Gruppensorten oder Freie Sorten vertreten.

Zur Entwicklung eines wirtschaftlichen Arznei- und Gewürzpflanzenbaues bedarf es dringend der Ablösung der vorhandenen, zum Teil noch mehr oder weniger Wildformcharakter tragenden Land- und oft auch wenig durchgezüchteten Gruppensorten durch Hochzuchten von höherem Anbauwert. Diese müssen den Anforderungen genügen, die heute medizinischerseits an eine Zuchtsorte gestellt werden müssen, um in der Heilkunde zuverlässige therapeutische Erfolge zu erzielen. Keinesfalls dürfen aber Ertragssicherheit sowie andere wichtige Sorteneigenschaften bei der züchterischen Bearbeitung der Arznei- und Gewürzpflanzen vernachlässigt werden, denn der Anbau einer Hochzuchtsorte muß unter allen Umständen für den Anbauer wirtschaftlich sein.

Die Situation der Arznei- und Gewürzpflanzenzüchtung wäre damit kurz gekennzeichnet. Dabei zeigte sich, daß wir erst am Anfang einer wissenschaftlichen Züchtung dieser Pflanzen stehen. Wir dürfen aber hoffen, daß auch auf diesem wichtigen Spezialgebiet der Pflanzenzüchtung Fortschritte erzielt werden; denn es ist ein dringendes Erfordernis, daß in quantitativer und qualitativer Hinsicht leistungsfähige und ertragsichere Zuchtsorten von den Arten entwickelt werden, die von Bedeutung sind.

[8] BAUER, K. H.: Über die Abhängigkeit der Zusammensetzung des Pfefferminzöles von der vegetativen Entwicklung und von der Sorte. „Pharm. Zhalle" 80, S. 353 bis 356 (1939).

[9] HEEGER, E. F. und BAUER, K. H.: Untersuchungen über den Morphingehalt der zum Handel zugelassenen und einiger anderer Mohnsorten und die Möglichkeit der Opiumgewinnung im Deutschen Reich. „Landwirtschaftliche Jahrb." 90, S. 397 bis 429 (1940).

XXI. Die Nebennutzung von Arznei- und Gewürzpflanzen sowie die Verwendung anderer landwirtschaftlicher und gartenbaulicher Kulturarten für pharmazeutische Zwecke [1]

Sehr viele Arzneipflanzen kommen für eine Nebennutzung in Frage, d. h., sie werden außer für ihren eigentlichen Hauptzweck, die Drogengewinnung, auch noch für andere Zwecke verwendet. Z. B. finden sehr viele zweijährige und ausdauernde Arzneipflanzen Verwendung für dekorative Zwecke, wie *Inula helenium*, *Angelica archangelica*, *Gentiana-species*, besonders *Gentiana lutea*, *Digitalis-species*, *Aconitum-species*, *Lavandula-species*, *Verbascum-species*, *Malva-* bzw. *Althaea-species*, *Rheum palmatum var. tanguticum* und viele andere. Auch einige einjährige Arten werden gern als Zierpflanzen angebaut, z. B. das kugelbuschförmige 'Kleinblättrige Basilikum' (*Ocimum basilicum*) und *Ricinus communis*, auch Wunderbaum genannt. Manche Arten werden als Schnittblumen geschätzt, z. B. die schon erwähnten Malvengewächse, und zwar ganz besonders die *Althaea rosea var. nigra* sowie die *Calendula officinalis*. In der Garten- und Parkgestaltung sollten die Arzneipflanzen in noch größerem Maße als bisher berücksichtigt werden.

Die Möglichkeiten, Arzneipflanzen in der Gartengestaltung, wie überhaupt in der Grünanlage, unterzubringen, sind sehr groß und vielfältig [2]. Hier bieten sich viele Möglichkeiten, die Arzneipflanzen dekorativ und zugleich nutzvoll einzuplanen. Drogen liefernde Bäume, Sträucher, Stauden und auch einjährige Pflanzen stehen zu diesem Zweck in großer Auswahl zur Verfügung. Viele Arten sind sehr anspruchslos, gedeihen selbst auf leichten, mageren Böden und entfalten noch im Schlagschatten alter Baumbestände ihren Blütenschmuck. So wächst *Digitalis purpurea* noch gut im Halbschatten auf Kahlschlägen oder im Schattenwurf der Bäume auf Lichtungen, ebenso *Salvia officinalis* und *Rheum palmatum*. In etwas schattiger Lage gedeiht auch *Veratrum album* hier und da noch gut, welches als Einzel- oder Gruppenpflanze geeignet ist und dessen Rhizom eine Alkaloiddroge (*Radix Veratri*) liefert. Die *Helleborus-species* liefern während der kalten Jahreszeit geschätzte Schnittblumen, die Wurzelstöcke die Droge *Radix Hellebori*. Auch mit vielen einjährigen Arzneipflanzen lassen sich farbenprächtigste Wirkungen erzielen, z. B. mit tieforangefarbig gefülltblühenden Ringelblumen. Die Bluten spenden die Droge *Flores Calendulae*. Das sind nur einige Beispiele aus der Vielzahl der Möglichkeiten (siehe Tabelle S. 204). In Betrieben mit Arznei- und Gewürzpflanzenanbau muß daran gedacht werden, die Abfälle zu verwerten, um nach Möglichkeit die Rente aus dem zum Teil recht mühevollen Spezialanbau zu erhöhen. So können z. B. die grünen Stengel (Röhren) und Blattstiele der Angelika für Konditoreizwecke Verwendung finden. Sie werden kandiert und ergeben dann ein feines Backgewürz. Die leeren Mohnkapseln des Schüttmohnes werden in der Kranzbinderei gebraucht, wenn sie nicht pharmazeutischen Zwecken dienen (siehe S. 557).

Das frische Kraut von Alant, Engelwurz und anderen nicht giftigen Wurzeldrogen kann in Mischung mit anderem Futter an Wiederkäuer (Rinder) verfüttert

[1] HEEGER, E. F.: Die Nebenbenutzung von Heil- und Gewürzpflanzen sowie die Nutzung anderer gartenbaulicher und landwirtschaftlicher Pflanzenarten für pharmazeutische und sonstige Zwecke. „Natur und Nahrung", Heft 23/24 (1950).

[2] LINDNER, E.: Arzneimittelgewinnung in Grünanlagen. „Natur und Nahrung", Ausgabe B, Mai 1948.

werden. Druschabfälle, z. B. solche von den aromatischen Doldenblütlern Anis, Fenchel und Kümmel, werden fein gepulvert und als Geschmackskorrigentien Futtermitteln zugesetzt. Druschabfälle und Destillationsrückstände können auch kompostiert werden oder teilweise als Bodenbedeckungsmittel dienen. Die Ernteabfälle müssen aber für letzteren Zweck unkrautfrei sein. Die nach dem Rebeln von Gewürzpflanzen übrigbleibenden Stengelteile finden bei der Baustoffherstellung Verwendung. Zur Fasergewinnung können die Malven- und Rizinusstengel sowie das Hanf- und Leinstroh herangezogen werden.

Viele Arznei- und Gewürzpflanzen lassen sich in der Küche als Gemüse verarbeiten, wie junger Löwenzahn, Brennesseln und Schafgarbe. Zum Teil sind diese Arten als Wildgemüse bekannt. Von sehr großer Bedeutung sind viele Arznei- und Gewürzpflanzenarten als Bienenfutterpflanzen[3]. Nachfolgende in diesem Buch behandelte Arznei- und Gewürzpflanzenarten gelten als gute Bienenweide, wenn sie im Anbau regelmäßig zur Blüte gelangen:

Aconitum napellus L.	Eisenhut
Althaea officinalis L.	Eibisch
Anethum graveolens L.	Dill
Angelica archangelica L.	Angelika
Borago officinalis L.	Boretsch
Brassica nigra (L.) Koch	Senf, Schwarzer
Calendula officinalis L.	Ringelblume
Capsicum annuum L.	Paprika
Coriandrum sativum L.	Koriander
Digitalis purpurea L.	Fingerhut, Roter
Foeniculum vulgare Mill.	Fenchel
Hyssopus officinalis L.	Ysop
Lavandula angustifolia Mill.	Lavendel, Echter
Levisticum officinale Koch	Liebstock
Malva silvestris L. *subspec. mauritanica* (L.) Thell.	Malve, Dunkelviolette
Majorana hortensis Moench	Majoran
Melissa officinalis L.	Melisse, Zitronen-
Mentha piperita L.	Pfefferminze
Mentha pulegium L.	Poleiminze
Mentha spicata L. em. Nathh. *var. crispata* (Schrad.) Beck	Krauseminze
Papaver somniferum L.	Mohn, Schlaf-
Pimpinella anisum L.	Anis
Ruta graveolens L.	Weinraute
Salvia officinalis L.	Salbei, Echter
Salvia sclarea L.	Salbei, Muskateller-
Satureja hortensis L.	Bohnenkraut, Einjähriges
Satureja montana L.	Bohnenkraut, Winter-
Sinapis alba L.	Senf, Weißer
Thymus vulgaris L.	Thymian
Trigonella coerulea (L.) Ser.	Schabziegerklee; Steinklee, Blauer
Valeriana officinalis L.	Baldrian
Verbascum-species	Königskerze-Arten

[3] EGGERS, A.: Die Bedeutung der Heil- und Gewürzpflanzen als Bienenweide. „Pharm. Ind." **10**, S. 186 bis 187 (1943); bzw. „Arzneipflanzen-Umschau" **1**, S. 305 bis 307 (1943).

Damit führten wir nur einige von den vielen Arznei- und Gewürzpflanzenarten an, die den Bienen wertvolle Nahrung liefern. Nach SCHRÖDER[4] wären außerdem noch als Bienennährpflanzen zu nennen:

Cichorium intybus L.	Zichorie
Malva silvestris L.	Malve, Blaue
Origanum vulgare L.	Dost
Trigonella foenum-graecum L.	Bockshornklee

Man könnte fast sagen: Bienenzucht und Arznei- und Gewürzpflanzenbau gehören zusammen. Zum Kräutertee ist auch der Honig der beste Süßstoff! Außer dem Honigertrag bringen die Bienen den Arznei- und Gewürzpflanzenzüchtern und -anbauern noch einen zweiten Nutzen, und zwar sind sie von Natur aus als Blütenbefruchter ausersehen. Durch Bienenhaltung kann der Arznei- und Gewürzpflanzenzüchter und -anbauer seine Samenernten ganz wesentlich verbessern, indem er für Pflanzenarten, die auf Insektenbefruchtung angewiesen sind, bessere Befruchtungsverhältnisse schafft. Man soll sich bei der Befruchtung nicht allein auf Wildbienen und andere Blütenbesucher verlassen. Wildbienen sind verhältnismäßig selten, weil ihnen meist im Rahmen intensiv betriebener Landwirtschaft Niststätten fehlen. Sie und auch die anderen Blütenbesucher sind blütenunstet. Sie wechseln dauernd die Blütenart, während die Honigbienen ausgesprochen blütenstet sind. Sie sind damit die besten Überträger des befruchtungsfähigen Pollens.

Wie nun für viele Arzneipflanzenarten Nebennutzungsmöglichkeiten bestehen, so trifft dies auch für einige andere Kulturarten zu, die in erster Linie Nahrungs- und Zierzwecken dienen und die außerdem Drogenrohstoffe liefern. Möhrenfrüchte (Stammpflanze: *Daucus carota* L.) können als *Fructus Dauci* und Petersilienfrüchte (Stammpflanze: *Petroselinum crispum* [Mill.] Nym. ex Hort. Kew.) als *Fructus Petroselini* Verwendung finden, was besonders für überaltertes, schlecht oder nicht mehr keimfähiges Saatgut in Frage kommt. Auch die Früchte weiterer gartenbaulicher Nutzpflanzen aus der Familie der Umbelliferen lassen sich als Droge verwenden. Die Bohnenschalen (Stammpflanzen: *Phaseolus-species*) sind eine gefragte Droge (*Fructus Phaseoli sine semine*); seltener wird auch das Kraut der Buschbohnen (*Herba Phaseoli*) als Droge genannt. Die Samen der Gurkengewächse, besonders die Kürbiskerne (Stammpflanzen: *Cucurbita-species*), sind als Droge (*Semen Cucurbitae*) sehr geschätzt. Die Erdbeerblätter (Stammpflanzen: *Fragaria-species*) sollten vor jedem Umbruch sauber geerntet und sorgfältig getrocknet werden, um sie als Droge (*Folia Fragariae*) verwerten zu können. Gelegentlich werden auch die Erdbeerwurzeln (*Radix Fragariae*) benötigt. Selbst die Spargelwurzeln (Stammpflanze: *Asparagus officinalis* L.) ergeben eine seltener gefragte Droge (*Radix Asparagi*). Von den gartenbaulichen Arten sei noch die Zwiebel (*Allium cepa* L.) erwähnt, die nicht nur in der Homöopathie Verwendung findet, sondern die sich auch in der Volksheilkunde großer Beliebtheit erfreut.

Aus dem Gebiet des Zierpflanzenbaues sollen noch einige Beispiele für die Nebennutzung von Zierpflanzen angeführt werden. So finden die Blüten des Goldlacks (*Cheiranthus cheiri* L.) als Droge (*Flores Cheiranthi cheiri*) Verwendung, und die Blüten der Weißen Lilie (*Lilium candidum* L.), der Feuerlilie (*Lilium bulbiferum* L.) und der Tigerlilie (*Lilium tigrinum* Ker-Gawler) werden in der Homöopathie benutzt. Das HAB. 2 enthält eine Zahl Ziergewächse und andere gartenbaulich und landwirtschaftlich genutzte Arten, die gelegentlich zur Bereitung homöopathischer Arzneimittel Verwendung finden. Von diesen Arten werden aber meist nur sehr kleine Frischpflanzenmengen benötigt. So kommt z. B. noch seltener für homöopathische Zwecke

[4] SCHRÖDER, K.: Verbesserte Bienenweide, 2. Auflage, Berlin 1948.

Akelei (*Aquilegia vulgaris* L.) in Frage, aus deren frischer blühender Pflanze eine Essenz bereitet wird. Gelegentlich wird der Akeleisamen als Droge (*Semen Aquilegiae*) vom Vegetabilienhandel gefragt. Von der Judenkirsche (*Physalis alkekengi* L.) werden in der Homöopathie die frischen, reifen Beeren benutzt. Die Droge *Fructus Alkekengi* wird gelegentlich verwendet. Vom Alpenveilchen (*Cyclamen europaeum* L.) benutzt man in der Homöopathie den frischen, im Herbst gesammelten knolligen Wurzelstock mit den daranhängenden Wurzeln im Gewicht bis zu 60 g. Die Gladiolenblätter (Stammpflanzen: *Gladiolus-species*) enthalten in reichem Maße l-Askorbinsäure und dienen als Vitamin-C-Spender. Die Blütenstände finden als sehr gefragte Schnittblumen Absatz. In diesem Zusammenhang soll die gelegentlich als Zierpflanze angebaute *Yucca filamentosa* L. erwähnt werden. Es handelt sich um eine Liliacee, die hauptsächlich in Mittelamerika, neuerdings aber auch in Europa als Faserpflanze angebaut wird. Die frische *Yucca* zählt zu den selten in der Homöopathie gebrauchten Pflanzen. Wir möchten aber noch erwähnen, daß viele Arzneipflanzenarten von der Riechstoffindustrie genutzt werden, wie etwa das Wohlriechende Veilchen (*Viola odorata* L.), das Maiglöckchen (*Convallaria majalis* L.) und die Gartenreseda (*Reseda odorata* L.). Die Riechstoffpflanzen* müssen allerdings in großer Menge geerntet werden, wenn sie industriell genutzt werden sollen, da für eine wirtschaftliche Destillation der ätherischen Öle erhebliche Rohstoffmengen erforderlich sind.

Es erübrigt sich, näher auf die landwirtschaftlichen (großflächig angebauten) Kulturarten, die auch Drogenrohstoffe liefern, einzugehen, da diese schon allgemein bekannt sind, z. B. die stärkeliefernden Getreidearten Gerste (*Hordeum vulgaris* L.), Roggen (*Secale cereale* L.), Weizen (*Triticum sativum* L.) und Hirse (*Panicum miliaceum* L.). Der Hafer (*Avena sativa* L.), der von besonders hohem ernährungsphysiologischem Wert ist, liefert nicht nur die wertvolle Haferstärke (*Amylum Avenae*), sondern auch die frischen blühenden Pflanzen finden in der Homöopathie Verwendung. In der Volksheilkunde wird das Haferstroh gern zu Bädern und Umschlägen benutzt. Auch der Mais (*Zea mays* L.) bedarf noch der Erwähnung. Diese wichtige Graminee ist nicht nur eine Mehlfrucht schlechthin, sie dient auch therapeutischen Zwecken. Die Maisstärke (*Amylum Maydis*) ist unentbehrlich für Diätetik und Therapie. Außerdem werden die Maisnarben bzw. Maisgriffel (*Stigmata Maydis*) in der Heilkunde verwendet. Sie sind im Ergänzungsband zum DAB. 6 enthalten, ebenso der Maisbeulenbrand (*Ustilago maydis* Tul.), der in der Homöopathie Verwendung findet (HAB. 2, S. 369). Bei letzterem handelt es sich um die mikroskopisch kleinen schwarzen oder schwarzbraunen Pilzsporen, die bis zu kindskopfgroße Auftreibungen (Beulen) an den Maiskolben bilden. Oftmals degenerieren die Maiskolben vollständig, so daß sie mit

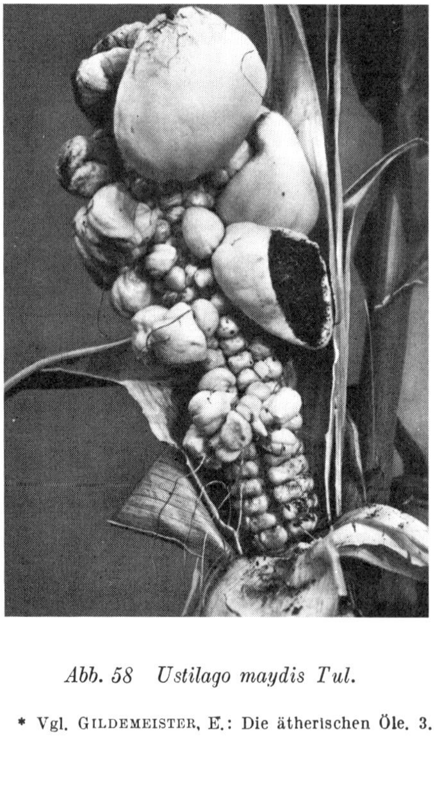

Abb. 58 Ustilago maydis Tul.

* Vgl. GILDEMEISTER, E.: Die ätherischen Öle. 3. Bd., Miltitz bei Leipzig 1931.

Sporen gefüllt sind. In diesem Zusammenhang soll nochmals das Mutterkorn (*Secale cornutum*) als eine sehr wertvolle offizinelle Giftdroge erwähnt werden. Es sollte bei der Saatgutreinigung restlos erfaßt werden, da es für die Heilkunde unentbehrlich ist. Außer *Ustilago maydis* und *Claviceps purpurea* sind noch weitere Pilzarten für die Heilkunde von Bedeutung*.

Die bei der Saatgutreinigung anfallenden Unkrautsamen sollten ebenfalls soweit wie möglich verwertet werden, besonders fettes Öl enthaltende Unkrautsamen, z. B. Hederich (*Raphanus raphanistrum* L. *subspec. segetum* [Baumg.] Chavaud, Bonnier) und Ackersenf (*Sinapis arvensis* L.), woraus Öle für pharmazeutische Zwecke hergestellt werden.

Abb. 59 Claviceps purpurea Tul., Sklerotium (Secale cornutum) an Secale cereale L.

Die vielseitige industrielle Verwendung der Kartoffel (*Solanum tuberosum* L.) in der Heilkunde und als Rohstoff für die Stärke- und Spiritusgewinnung dürfte ebenfalls bekannt sein, desgleichen die Verwendung des Hopfens (*Humulus lupulus* L.) zur Herstellung von Bierwürze und als wertvolle Droge (*Strobili lupuli*). Auch auf die arzneiliche Nutzung der Ölfrüchte Mohn (*Papaver somniferum*), Raps (*Brassica napus oleifera* DC.)** und Rübsen (*Brassica rapa oleifera* DC.)**, Senf (*Sinapis alba* L.), Sonnenblume (*Helianthus annuus* L.) und der Öl- und Faserpflanzen Lein (*Linum usitatissimum*) und Hanf (*Cannabis sativa*) und anderer braucht nicht besonders hingewiesen zu werden. Daß der Tabak (*Nicotiana tabacum* L.) nicht nur als Genußmittel und in der Schädlingsbekämpfung, sondern gelegentlich auch in der Heilkunde Verwendung findet, ist kaum bekannt. Offizinell im HAB. 2 sind die nichtfermentierten Blätter des echten Havanna-Tabaks. Ebenfalls weniger bekannt ist die Verwendung von Futterpflanzen in der Heilkunde. So wird z. B. das Luzernekraut (Stammpflanze: *Medicago sativa* L.) als Droge (*Herba Medicago sativae*) gebraucht. Auch die Blüten des Rotklees (*Trifolium pratense* L.) finden als Droge (*Flores Trifolii rubri*) und gleichfalls die des Weißklees (*Trifolium repens* L.), letztere unter der Drogenbezeichnung *Flores Trifolii albi*, Verwendung. Die Infloreszenzen verschiedener Gramineen werden unter der Bezeichnung Heublumen (*Flores Graminis*) besonders gern zu Kräuterbädern benutzt[5].

Der Anbauer von Arznei- und Gewürzpflanzen sollte die in größerer Zahl in seinen Beständen auftretenden Unkräuter, die als Droge Verwendung finden, nach Möglichkeit sammeln, z. B. das Zinnkraut, auch Ackerschachtelhalm (*Equisetum arvense* L.) genannt, Winterschachtelhalm (*Equisetum hiemale* L.), das Hirtentäschelkraut (*Capsella bursa-pastoris* [L.] Medik.), die Blüten der Echten Kamille sowie das blühende Kamillenkraut, die Queckenwurzeln, den Löwenzahn, das Feldstiefmütterchen, die Herbstzeitlose und viele andere mehr.

[5] HEEGER, E. F.: loc. cit. S. 197.

* Populärwissenschaftliche Darstellungen über die therapeutische Bedeutung mehrerer Pilzarten liegen vor von BIRKFELD, A.: Pilze in der Heilkunde, Lutherstadt Wittenberg 1954, und speziell über *Claviceps purpurea* von MÜHLE, E.: Vom Mutterkorn, Leipzig 1953.

** Die jetzt gültigen Namen sind: Raps = *Brassica napus* L. em. Metzg. *var. arvensis* (Lam.) Thell. und Rübsen = *Br. rapa* L. *var. oleifera* Metzg.

Aus diesen wenigen Aufzählungen geht der Umfang des sehr großen heimischen pflanzlichen Drogenreiches noch nicht hervor. Drogen liefernde Bäume und Sträucher blieben ganz unberücksichtigt. Auch viele andere Baum- und Straucharten gestatten häufig noch eine Nebennutzung. Besonders bei der Pflanzung von Hecken kann die Drogengewinnung mit ins Auge gefaßt werden. Nachfolgend werden einige Bäume und Sträucher angeführt, die in Deutschland heimisch oder anbaufähig sind und Drogen liefern:

Wissenschaftlicher Name	Deutscher Name	Familie	Droge
	1. Heimische		
	a) Bäume		
Tilia cordata Mill.	Winterlinde	*Tiliaceae*	*Flores Tiliae*
Tilia platyphyllos Scop.	Sommerlinde	*Tiliaceae*	*Flores Tiliae*
Betula pendula Roth	Weißbirke	*Betulaceae*	*Folia Betulae*
Betula pubescens Ehrh.	Moorbirke	*Betulaceae*	*Folia Betulae*
Quercus robur L.	Stieleiche	*Fagaceae*	*Cortex Quercus* *Semen Quercus* *Quercus tostum*
Quercus petraea (Mattuschka) Lieblein	Traubeneiche	*Fagaceae*	*Cortex Quercus* *Semen Quercus* *Quercus tostum*
Fraxinus excelsior L.	Esche	*Oleaceae*	*Folia Fraxini*
	b) Sträucher		
Juniperus communis L.	Gemeiner Wacholder	*Cupressaceae*	*Lignum Juniperi* *Fructus Juniperi*
Berberis vulgaris L.	Sauerdorn	*Berberidaceae*	*Fructus Berberidis*
Ribes nigrum L.	Schwarze Johannisbeere	*Saxifragaceae*	*Folia Ribes nigri*
Rubus fruticosus L.	Brombeere	*Rosaceae*	*Folia Rubi fruticosi*
Rubus idaeus L.	Himbeere	*Rosaceae*	*Folia Rubi idaei*
Crataegus oxyacantha L.	Weißdorn	*Rosaceae*	*Flores Crataegi* *Fructus Crataegi oxyacanthae*
Prunus spinosa L.	Schlehdorn	*Rosaceae*	*Flores Pruni spinosae*
Rosa canina L.	Hundsrose	*Rosaceae*	*Fructus Cynosbati cum semine* *Fructus Cynosbati sine semine* *Semen Cynosbati*
Rosa gallica L.	Essigrose	*Rosaceae*	*Flores Rosae*
Rosa centifolia L.	Gartenrose	*Rosaceae*	*Flores Rosae*
Daphne mezereum L.	Seidelbast	*Thymelaeaceae*	*Cortex Mezerei*
Rhamnus frangula L.	Faulbaum	*Rhamnaceae*	*Cortex Frangulae*
Rhamnus catharticus L.	Kreuzdorn	*Rhamnaceae*	*Fructus Rhamni catharticae* *Fructus Rhamni catharticae recentes*

Wissenschaftlicher Name	Deutscher Name	Familie	Droge
Salix alba L.	Silberweide	*Salicaceae*	*Cortex Salicis*
Salix fragilis L.	Bruchweide	*Salicaceae*	*Cortex Salicis*
Salix purpurea L. u. a. *Salix*-Arten	Purpurweide	*Salicaceae*	*Cortex Salicis*
Sambucus nigra L.	Schwarzer Holunder	*Caprifoliaceae*	*Flores Sambuci*
	2. Anbaufähige		
	a) Bäume		
Prunus amygdalus Batsch *var. amara* (DC.) Koch	Bittere Mandel	*Rosaceae*	*Semen Amygdalae amarae*
Cydonia oblonga Mill.	Quitte	*Rosaceae*	*Semen Cydoniae*
Castanea sativa Mill.	Kastanie	*Fagaceae*	*Folia Castaneae*
Juglans regia L.	Walnuß	*Juglandaceae*	*Folia Juglandis*
	b) Sträucher		
Laurus nobilis L.	Lorbeer	*Lauraceae*	*Folia Lauri* *Fructus Lauri*
Hamamelis virginiana L.	Nordamerikanische Zaubernuß	*Hamamelidaceae*	*Cortex Hamamelidis* *Folia Hamamelidis*
Rhus aromatica Ait.	Gewürzsumach	*Anacardiaceae*	*Cortex Rhois aromaticae radicis*
Rhus toxicodendron L.	Giftsumach	*Anacardiaceae*	*Folia Toxicodendri*
Rhamnus purshiana DC.	Amerikanischer Faulbaum	*Rhamnaceae*	*Cortex Rhamni purshianae*
Gelsemium sempervirens (L.) Ait.	Gelber Jasmin	*Loganiaceae*	*Rhizoma Gelsemii*
Viburnum prunifolium L.	Amerikanischer Schneeball	*Caprifoliaceae*	*Cortex Viburni prunifolii*

Hunderte von Pflanzenarten finden Verwendung in der Heilkunde. Jedoch nur ein kleiner Teil ist in amtlichen Arzneibüchern enthalten, der größte Teil liefert obsolete Drogen, die mehr oder weniger in der Volksheilkunde Verwendung finden und die zum großen Teil chemisch und auch pharmakologisch noch gar nicht bzw. unzureichend untersucht sind. Der Anbauer von Arznei- und Gewürzpflanzen, wie jeder Land- und Forstwirt sowie Gärtner, sollte jede Möglichkeit einer Nebennutzung und Abfallverwertung seiner Kulturen in Erwägung ziehen, denn dadurch kann unter Umständen die Wirtschaftlichkeit des Anbaues von landwirtschaftlichen, gärtnerischen und forstlichen Sonderkulturen erhöht werden.

Mit diesen allgemeinen Ausführungen hoffen wir, das Grundsätzliche eines rationellen Arznei- und Gewürzpflanzenbaues behandelt zu haben. Wichtig erschien es uns, auch noch einige etwas abseitsliegende Themen der eigentlichen Drogengewinnung zu behandeln. Der am Anbau dieser Sonderkulturen Interessierte sollte damit einen umfassenden Überblick auf dem Gebiet der Drogenproduktion und einen Einblick in die Arznei- und Gewürzpflanzenkunde erhalten, bevor anschließend die Gewinnung der einzelnen Drogen in der alphabetischen Reihenfolge der wissenschaftlichen Namen ihrer Stammpflanze behandelt wird.

Einige Beispiele für die Verwendung von Arzneipflanzen zu Zierzwecken

Name	Rabatten-pflanze	Schnitt-blume	Besondere Verwendung	Arten- bzw. Sortenhinweise
Aconitum napellus L. (Eisenhut) †	+	+	für kleine Trupps	
Althaea rosea (L.) Cav. *var. nigra* Hort. (Malve, Schwarze; Stockrose)	+	+	für größere Rabatten	
Anthemis nobilis L. *var. flore pleno* (Kamille, Römische, Gefüllte)	+		für Einfassungen	'Gefülltblühende'
Calendula officinalis L. (Ringelblume)	+	+		'Erfurter Orangefarbige Gefüllte'
Digitalis lanata Ehrh. (Fingerhut, Wolliger) †	+	+	für Naturgärten	
Digitalis purpurea L. (Fingerhut, Roter) †	+	+	für Naturgärten in Verbindung mit Gehölzen	'Oberlausitzer Roter'
Echinacea-species (Sonnenhut-Arten)	+	+		*Echinacea angustifolia* DC. und *E. purpurea* Moench
Iris-species (Schwertlilie-Arten)	+	+		lt. DAB. 6: *I. germanica* L., *I. pallida* Lam. *I. florentina* L.
Paeonia officinalis L. (Pfingstrose) (†)	+	+	für Gruppen im Rasen	lt. Erg.-B. zum DAB. 6 auch *P. peregrina* Mill.

Spezieller Teil

Aconitum napellus L., Echter Eisenhut, Blauer Eisenhut, Sturmhut †

Ranunculaceae

Gebräuchliche Pflanzenteile: Erg.-B. 6: „Die zu Ende der Blütezeit (Juli bis September) gesammelten, von den Wurzeln befreiten, rasch getrockneten Tochterknollen von *Aconitum napellus* Linné." HAB. 2: „Ganze, wildwachsende, frische, zur Zeit der beginnenden Blüte gesammelte Pflanze" und „frische Wurzelknollen mit den daranhängenden Wurzeln".

Handelsbezeichnungen: *Tubera* bzw. *Radix Aconiti*, Eisenhutknollen; *Herba Aconiti*, Eisenhut- bzw. Sturmhutkraut; *Folia Aconiti*, Eisenhut- bzw. Sturmhutblätter.

Botanik: *Aconitum napellus* ist ausdauernd und verfügt über zwei, seltener drei, rübenförmig verdickte Wurzelknollen. Die Mutterknollen enden in einer etwa 25 cm langen Pfahlwurzel, die mit vielen dünnen und verzweigten Nebenwurzeln versehen ist. Die Verdickung ist etwa 10 cm lang und hat eine Stärke bis zu 3 cm. Als Droge finden die Tochterknollen Verwendung. Zur Blütezeit (s. w. u.) sind letztere etwa 4—8 cm lang und heller in der Farbe als die Mutterknollen, mit denen sie durch einen Gewebestrang verbunden sind. Die aufrechten Stengel werden bis 150 cm hoch. Nicht jede Knolle treibt Blütensprosse, sondern oft werden auch nur krautige, beblätterte Sprosse gebildet. Die handförmigen Blätter sind fünf- bis siebenteilig, meist fünfteilig. Am Grunde sind die Abschnitte stark verschmälert. Die Blattoberseite ist meist dunkelgrün, die Unterseite hellgrün. Die Blütentraube ist gedrungen und ziemlich reichblütig, entweder einfach oder verzweigt.

Die zygomorphen Blüten bestehen aus fünf vorwiegend tiefblauen Blütenblättern, deren oberstes helmförmig (sturmhutartig) zwei nektarbildende Staminodien, die „Honigblätter", umschließt.

Blütezeit: (VI) VII—IX.

Aconitum napellus ist eine ausgesprochene Hummelblume. Ihr Verbreitungsareal deckt sich nach KRONFELD (zit. nach HEGI) mit dem der Hummeln. Kurzrüsselige Hummeln gelangen zum Pollen, indem sie das helmförmige Perianthblatt durchbeißen. Die entstandenen Löcher werden auch von den Bienen benutzt. Selbstbestäubung ist bei den *Aconitum-species* so gut wie ausgeschlossen.

Abb. 60 Aconitum napellus L., blühende Einzelpflanze

Die Samen befinden sich in 16—20 mm langen und etwa 5 mm dicken Balgfrüchten. Sie sind scharf dreikantig, 2 mm lang, bis 4 mm hoch, an den Kanten schmal geflügelt, auf dem Rücken stumpf, faltig-runzelig, hell- oder dunkelbraun. Ihre Farbe kann auch ganz dunkel, fast schwarz sein.

Die Art *Aconitum napellus* ist außerordentlich vielgestaltig. Nach HEGI kommen allein in Mitteleuropa 11 Unterarten mit zahlreichen Formen vor.

Boden und Klima: Echter Eisenhut bevorzugt feuchte, humose Standorte; aber auch auf steinigem Boden ist er anzutreffen. Wildwachsend siedelt er sich gern auf überdüngten, besonders stickstoffreichen Böden, z. B. um Sennhütten an. Humoser Boden eignet sich besonders gut für den Anbau von *Aconitum napellus*. Mit Erfolg

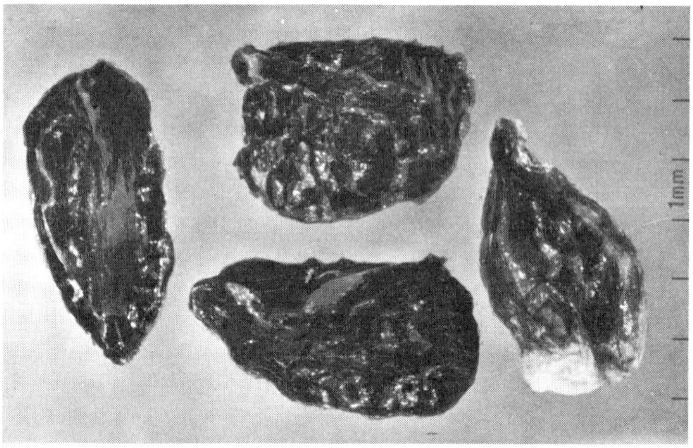

Abb. 61
Aconitum napellus L., Samen

wird er auch auf Muschelkalkboden, wie am Gleißberg bei Jenalöbnitz (Thüringen), kultiviert. Halbschatten wird von den Pflanzen vertragen.

Herkunft und Verbreitung: In Europa ist Echter Eisenhut vor allem in Gebirgsgegenden von 1000 bis 2000 m Höhe und in den Alpen bis 3000 m wildwachsend zu finden, und zwar kommt er nördlich bis Schweden vor. Nach DORDI[1] scheint ein Zusammenhang zwischen der Höhenlage des Standortes und dem Wirkstoffgehalt der Knollen zu bestehen. Er empfiehlt das Sammeln der Knollen in mittleren Höhenlagen (unter 1000 m). Hinsichtlich des Wirkstoffgehaltes interessiert in therapeutischer wie auch toxischer Hinsicht das Hauptalkaloid Aconitin.

Herkünfte des Drogenhandels: Herkunftsgebiete für *Tubera Aconiti* sind die Balkanländer, die Sowjetunion, Norditalien, die Tschechoslowakei und Österreich. In Deutschland wird *Aconitum napellus* für arzneiliche Zwecke gelegentlich angebaut.

Sorten und Herkünfte für den Anbau: Zuchtsorten für therapeutische Zwecke gibt es in Deutschland nicht. Erwünscht wäre eine frohwüchsige und besonders alkaloidreiche Sorte. Zierformen sind vorhanden. Eine sehr üppige, bis 250 cm hohe Form mit mehr rispigen Blütenständen ist *var. emineus*. Unter anderen wären auch noch zu nennen *var. album* mit weißen, *var. carneum* mit zart fleischfarbigen Blüten und *var. superbum*, seidig glänzend und intensiv dunkelblau blühend. Auch Bastarde werden für Zierzwecke angebaut. Drogen dürfen von ihnen nicht gewonnen werden.

[1] DORDI, G.: „Quart. Journ. f. Pharmacy and Pharmacology" **21**, S. 154 bis 158 (1948); ref. in „Pharmazie" **6**, S. 183 (1951).

Saatgut: Nach AUGUSTIN[2] schwankt das 1000-Korngewicht des Samens von *Aconitum napellus* zwischen 2,510 und 3,852 g (Mittel 3,181 g). Die Samen sind Dunkelkeimer. Die Keimprüfung erfolgt nach vorübergehender Frosteinwirkung bei + 20° C.

Anbau: Alle einheimischen *Aconitum-species* stehen in Deutschland unter Naturschutz. Nur für Gebiete mit größerer Verbreitung kann von der Oberen Naturschutzbehörde zeitweilig das Sammeln für gewerbliche Zwecke freigegeben werden.

Abb. 62 Aconitum napellus L., Wurzel, dreijährig

Alpwirtschaftlich gesehen gehört *Aconitum napellus* zu den gefährlichen Unkräutern, da er die Futterpflanzen in ihrer Entwicklung beeinträchtigt und außerdem für das Vieh giftig ist. Vom Weidevieh wird er gemieden. Während nach der Vorschrift des HAB. 2 in der Homöopathie nur wildwachsendes Material für arzneiliche Zwecke Verwendung finden sollte, ist diese Vorschrift im Erg.-B. 6 fallengelassen worden.

Die Kultur von *Aconitum napellus* bietet keine besonderen Schwierigkeiten. TSCHIRCH fand die Knollen kultivierter Pflanzen stets größer als die der wildwachsenden. Nach GORIS und MÉTIN[3] scheinen Kulturmaßnahmen keinen wesentlichen Einfluß auf den Alkaloidgehalt der Akonitknollen auszuüben. Das Schweizer Arzneibuch verlangt für *Tubera Aconiti* einen Mindestalkaloidgehalt von 8%.

Die Aussaat erfolgt am besten im Herbst gleich nach der Ernte der Früchte, da die Samen Frostkeimer sind. Zur Pflanzenanzucht für eine Anbaufläche von 1 a werden 15—20 g Saatgut benötigt. Zur Anzucht in Saatkasten wird am besten sandig-humose Erde verwendet. Während der Wintermonate läßt man die Aussaaten möglichst gut durchfrieren.

Die jungen, in Töpfe pikierten Pflänzchen werden dann im Herbst in einem Verband von 40—50 cm ins Freiland gepflanzt. Sie müssen gut feucht gehalten werden. *Aconitum napellus* wird gelegentlich in Mischkultur mit anderen Pflanzen angebaut. Nach MADAUS eignet sich z. B. *Iris versicolor* L. als Begleitpflanze. Der Wurzelstock dieser Schwertlilie (*Rhizoma Iridis versicoloris*) findet ebenfalls arzneiliche Verwendung. Der Echte Eisenhut darf seiner großen Giftigkeit wegen nur mit solchen Pflanzen zusammen angebaut werden, bei denen Verwechslungsmöglichkeiten völlig ausgeschlossen sind. Selbst schon geringe Verunreinigungen von Nahrungs- und Futtermitteln mit *Aconitum napellus* können toxische Wirkungen haben. Bereits PLINIUS bezeichnet ihn als „vegetabilisches Arsen".

Vegetative Vermehrung kann auch durch Teilung älterer Stauden erfolgen. Zur Heranzucht von Pflanzen, die der Drogengewinnung dienen sollen, ist diese Art der Vermehrung geeigneter als die auf generative Weise. GORIS und METIN führten

[2] AUGUSTIN, B.: Das absolute Gewicht der Heilpflanzensamen. „Heil- und Gewürzpflanzen" 12, S. 86 (1929).
[3] GORIS, A. et MÉTIN, M.: Variations de la teneur en alkaloides dans les racines de l'Aconit. „Bull. Scienc Pharmac." 31, S. 330 (1924); ref. in „Chem. Zbl." II, S. 1233 (1924)

Düngungsversuche zu *Aconitum napellus* mit dem Ergebnis durch, daß die Düngung eine Ertragssteigerung zur Folge hatte; sie blieb jedoch ohne wesentlichen Einfluß auf den Alkaloidgehalt. Exakte Düngungsversuche sind noch durchzuführen, damit Klarheit gewonnen wird, welche Düngungsmaßnahmen geeignet sind, um quantitativ wie auch qualitativ befriedigende Ernten erzielen zu können. Im zeitigen Frühjahr verabreichter nährstoffreicher Kompost, oder noch besser vererdeter Stallmist, und eine mittlere Handelsdüngergabe (besonders Stickstoff und Phosphorsäure) dürften sich günstig, zumindest auf die vegetative Entwicklung der Pflanzen, auswirken.

Ernte: Nach dem Erg.-B. 6 müssen die Tochterknollen ohne Wurzeln am Ende der Blütezeit, vorwiegend im September geerntet werden. Die Ernte erfolgt am besten durch Ausgraben der Knollen in den Morgenstunden. Sie müssen gründlich gesäubert, gegebenenfalls gewaschen werden. Größere Knollen sind zu halbieren. Gelegentlich wird auch das blühende Kraut geerntet und als Droge aufbereitet.
Die Ernte der Früchte erfolgt im Spätherbst.

Trocknung: Häufig erfolgt die Trocknung in der Sonne, z. B. in Italien. Die Knollen werden auf Drähte gezogen und luftig aufgehängt. Nach dem Schweizer Arzneibuch müssen die Tochterknollen mit Nebenwurzeln rasch bei etwa 40° C getrocknet und nachher noch 1 Stunde lang bei 50° C nachgetrocknet werden. Die Droge ist feuchtigkeitsempfindlich. Der Wasserverlust bei der Trocknung des Krautes schwankte um 80% und bei der der Knollen zwischen 75 und 81%. Beim Trocknen geht der rettichartige Geruch verloren, aber der süßliche, dann würgend scharfe Geschmack bleibt erhalten. Bei der Ernte, Aufbereitung und Lagerung ist Vorsicht geboten wegen der starken Giftigkeit der Pflanzen. Hautausschläge, aber auch Vergiftungen mit tödlichem Ausgang sind bekanntgeworden.

Erträge: Der Ertrag an *Tubera Aconiti* kann sich bis auf 6,0 kg/a und gelegentlich noch darüber belaufen und der an Blättern bis zu 15 kg/a. Ältere Pflanzen liefern bis 1,5 kg/a Saatgut.

Krankheiten und Schädlinge: Der Echte Eisenhut wird von verschiedenen Pilzkrankheiten und tierischen Schädlingen befallen. So können Schäden verursachen *Puccinia aconiti-rubrae* W. Lüdi und *Erysiphe polygoni* DC.; Blattkäfer und Raupen verschiedener Schmetterlinge fressen an den Blättern. Auch Blattlausbefall kann häufig beobachtet werden. *Tubera Aconiti* muß beim Lagern vor Insektenfraß geschützt werden.

Besonderes: Außer *Aconitum napellus* finden noch weitere *Aconitum-species* in der Heilkunde Verwendung. Ihr Anbau erfolgt fast ausschließlich in Werkkulturen der pharmazeutischen Industrie.

Agrimonia eupatoria L., Odermennig

Rosaceae

Gebräuchliche Pflanzenteile: Erg.-B. 6: „Die getrockneten, kurz vor oder während der Blütezeit (Juni bis August) gesammelten oberirdischen Teile von *Agrimonia Eupatoria* Linné."

Handelsbezeichnungen: *Radix Agrimoniae*, Odermennigwurzel; *Herba Agrimoniae*, Odermennigkraut.

Botanik: In der Heilkunde finden Anwendung die Drogen von *Agrimonia eupatoria* L. und *A. odorata* (Gouan) Mill. (nach Hegi eine Unterart ersterer). Ihre medizinische

Bedeutung ist gering. Der Odermennig besitzt ein kurzes, kriechendes Rhizom. Die aufrechten, etwa (40—) 80—120 cm hohen Stengel sind rauhhaarig, ± verzweigt und nur unten beblättert.

Die Blätter sind unpaarig-gefiedert. Meist sind vier Paar, oberseits spärlich, unterseits ± weißlich behaarte, grobgesägte Fiederblättchen vorhanden. Die Blattoberfläche ist vorwiegend dunkelgrün, die Unterseite erscheint hellgrün.

Die Blüten befinden sich in reichblütigen, ± lockeren, ährenartigen Trauben. Die Blumenkrone ist fünfteilig, gelb.

Blütezeit: VI—VIII (—X).

Abb. 63 Agrimonia eupatoria L., blühende Einzelpflanze

Eigentliche Nektarien fehlen (nur Pseudonektarien sind vorhanden), und die Blüten, die somit Pollenblumen sind, erhalten so wenig Insektenbesuch (Syrphiden, Musciden, Apiden), daß wohl ziemlich regelmäßig Autogamie eintritt, die durch Einwärtskrümmen der Staubblätter und Auswärtskrümmen der Griffel ermöglicht wird. Den Befruchtungsvorgang und die Bildung des Embryos, die in normaler Weise erfolgen, hat L. Letzterich („Botanische Zeitung" 20., Heft 2, 1862) beschrieben (Hegi).

Der Insektenanflug war auf dem Prüfungsfeld des Sortenamtes in Leipzig-Probstheida bei sonnigem Wetter und mehrfacher längerer Beobachtungszeit im allgemeinen nur spärlich. Schmetterlinge, die die Blüten des vermuteten Nektars wegen anflogen, verließen diese wieder nach kürzestem Aufenthalt. Auch Honigbienen und von weiteren Hymenopteren die Hilfsweibchen der Erdhummel, *Bombus terrestris* L., sowie die Schmalbienenart *Halictus calceatus* Scop. wurden nur pollensammelnd an den Blüten beobachtet. Ab und zu waren einzelne der Blüten mit *Meligethes-species* besetzt. Von den als Pollenfresser bekannten Schwebfliegen hatten sich die Arten *Eristalis tenax* L., *Syrphus ribesii* L., *S. balteatus* Dg. und *S. corollae* F. eingefunden. Die letztere Art war bei weitem die häufigste. Außerdem wurde beim Abstreifen des Bestandes mit dem Netz die zarte *Micropeza corrigiolata* L. zahlreich erbeutet.

Der Odermennig bildet eine sehr harte, „klettenartige" Scheinfrucht*. Im Inneren befinden sich ein, seltener zwei einsamige häutige Nüßchen. Sie sind kurzzylindrisch, unten abgeflacht, oben sind sie mit einer Spitze und häufig mit einem sehr leicht abbrechenden Griffelrest versehen. Wo sich zwei Nüßchen vorfinden, ist die anliegende Seite flach, die Raphe ist deutlich sichtbar. Die Oberfläche ist leicht runzelig, die Farbe der Nüßchen ist gelblichbraun bis braun.

Agrimonia eupatoria und *A. odorata* sind besonders an den folgenden Merkmalen des Fruchtkelches zu unterscheiden:

Agrimonia eupatoria L.: Fruchtkelch kegelförmig, nur bis etwa zur Mitte gefurcht, Borsten alle nach oben gerichtet.	*Agrimonia odorata* (Gouan) Mill.: Fruchtkelch glockig, fast bis zum Grunde gefurcht, äußere Borsten nach unten gerichtet.

* Im Volksmund heißt der Odermennig auch „Leberklette", da er u. a. bei Lebererkrankungen Anwendung findet. Die Wirkung ist jedoch zweifelhaft.

Boden und Klima: Der Odermennig wird im allgemeinen als eine bodenvage Pflanze bezeichnet. Er bevorzugt jedoch anscheinend Lößböden[1], gedeiht aber auch noch auf mageren Böden. Wildwachsend ist er auf Kalk- wie auch auf Urgesteinsböden anzutreffen. Warme Lagen werden bevorzugt, Schatten verträgt Odermennig. Gegen Trockenheit ist er weniger empfindlich. Nur selten steigt er bis in die subalpine Stufe auf. Nach AUSTER und SCHÄFER[2] sollen durch Anbau auf „gutem Boden" nicht nur das Wachstum der Pflanzen, sondern auch ihr Bitterstoffgehalt gefördert werden. Ebenso soll das Klima von Einfluß auf die Bitterstoffmenge sein.

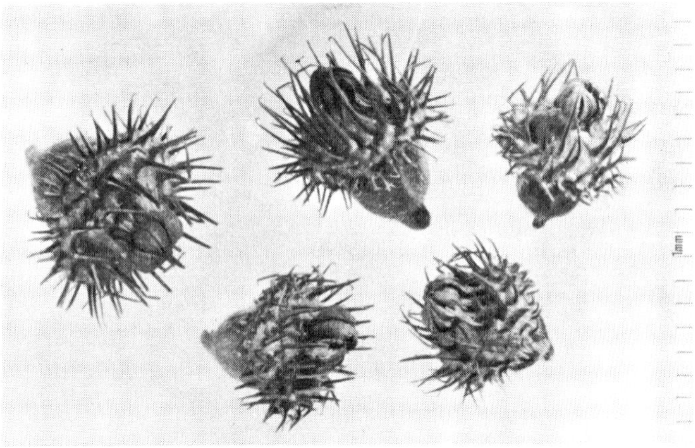

Abb. 64
Agrimonia odorata (Gouan) Mill., Scheinfrüchte

Herkunft und Verbreitung: *Agrimonia eupatoria* ist fast über die ganze Nordhemisphäre verbreitet. Das Vorkommen ist somit gleich anderen epizoochoren Pflanzen als fast kosmopolitisch zu bezeichnen.

Herkünfte des Drogenhandels: Die Droge wird in Deutschland in der Hauptsache wildwachsend gesammelt. Bekannte Herkunftsgebiete sind Italien, die Tschechoslowakei (Mähren) und Ungarn.

Sorten und Herkünfte für den Anbau: *Agrimonia eupatoria* ist züchterisch so gut wie noch nicht bearbeitet. Im Anbau ist die Gruppensorte 'Erfurter Spätblühender Odermennig' vom Typ *Agrimonia odorata* anzutreffen.

Saatgut: Die Scheinfrüchte sind sehr stark verhärtet, folglich lassen sich die Samen schwer herauslösen. Die Verhältnisse liegen ähnlich wie beim Rübensaatgut, bei dem die zusammengewachsenen Fruchtschalen der einzelnen Samen ein einheitliches verhärtetes Gewebe (Knäuel) bilden. Während beim Rübensaatgut bereits auf maschinellem Wege die Rübenknäuel zertrümmert werden und auf diese Weise einkeimiges Rübensaatgut gewonnen wird, finden vom Odermennig ausschließlich die Scheinfrüchte als Saatgut Verwendung. Das 1000-Korngewicht der Früchte von *A. odorata* betrug 40,135 g, das von *A. eupatoria* 29,095 g. Nach unseren Erfahrungen keimen sie am besten bei Wechseltemperatur im Dunkeln. Die Keimfähigkeit sollte mindestens 60% betragen und frühestens nach vier Wochen bestimmt werden. Als Mindestreinheit sind 98% vorgesehen.

Anbau: Kastenaussaat erfolgt am besten mit 50—80 g Saatmenge für 1 a Anbau im Februar/März. Auch Freilandaussaat im Frühjahr oder Herbst kann empfohlen

[1] GIZYCKI, Fr. von: *Agrimonia Eupatoria* L. — der Odermennig. „Pharmazie" 4, S. 276 bis 282; 463 bis 471 (1949); 181 bis 187 (1950); bzw. „Arzneipflanzen-Umschau" 2, S. 547 bis 553; 597 bis 605 (1949); 701 bis 707 (1950).
[2] AUSTER, F. und SCHÄFER, J.: Arzneipflanzen. 4. bis 6. Lieferung, Leipzig 1953.

werden. Das Saatgut läuft sehr schwer auf und benötigt zur Keimung viel Feuchtigkeit. Herbstaussaat ist daher der Frühjahrsaussaat vorzuziehen. Frost und Nässe erweichen die sehr harten Früchte. Auch ein Anritzen derselben ist zu empfehlen. Bei Freilandaussaat rechnet man 500—800 g Aussaatmenge je Ar bei einer Reihenentfernung von 40 cm. Die Früchte mit ihren hakenförmigen Stacheln lassen sich sehr schwer aussäen. Im Mai werden die Jungpflanzen der Kastenaussaat in einem Abstand von 40×40 cm ausgepflanzt. Sie entwickeln sich zunächst langsam. Ihre volle Ausbildung erlangen die Pflanzen erst im zweiten Jahre. Auf Grund unserer Beobachtungen dürfte besonders der Anbau als Untersaat zu früh aberntbaren Kulturarten in Frage kommen. Beschattung wird verhältnismäßig gut vertragen. Wenn der Odermennig im Frühjahr ohne Deckfrucht ins Freiland gesät wird, sollte die Aussaat mit einer schnell auflaufenden Markiersaat erfolgen, um von vornherein einer Verunkrautung des Bestandes vorzubeugen.

Erfahrungen hinsichtlich der Düngung liegen nicht vor. Wir verabreichen mittlere Handelsdüngergaben.

Die Pflegearbeiten bestehen in wiederholtem Hacken.

Ernte: Das Kraut wird kurz vor oder während der Blütezeit geerntet und am besten mit der Sichel geschnitten. Die Pflanzen dürfen nicht abgerissen werden, weil dadurch leicht der Wurzelhals beschädigt wird und sie dann eingehen.

Die Ernte der Scheinfrüchte erfolgt, sobald sie sich braun zu färben beginnen.

Trocknung: Die Trocknung kann auf natürliche oder künstliche Weise vorgenommen werden. Bei künstlicher Trocknung soll die Temperatur 40° C nicht überschreiten. Der Wasserverlust bei der Trocknung des Krautes schwankte zwischen 65 und 85%.

Erträge: An *Herba Agrimoniae* werden 10—16 kg/a, an Saatgut 2—4 kg/a geerntet.

Krankheiten und Schädlinge: Auf *Agrimonia* lebt nach HEGI der Rostpilz *Melampsora agrimoniae* (DC.). Auch die Mehltauarten *Peronospora potentillae* De By. und *Sphaerotheca fuliginea* (Schlecht.) Salm. wurden auf Odermennig beobachtet. Von tierischen Schädlingen befällt eine Gallwespe (*Fenusella pygmaea* Kl.) gelegentlich die Pflanzen. Teils in den Blättern, teils in den Samen minieren die Räupchen einiger Kleinschmetterlinge der Familie *Nepticulidae* Spul. Auch Schneckenfraß wurde beobachtet.

Besonderes: Bei *Agrimonia eupatoria* handelt es sich um eine nur gelegentlich zur Drogengewinnung angebaute Staude. Kraut und Wurzeln werden vorwiegend noch wildwachsend gesammelt. Auf Parkwiesen und in lichtem Gebüsch wird der Odermennig manchmal als Zierstaude angebaut. Als solche ist er jedoch ohne besonderen Wert.

Allium sativum L., Knoblauch

Liliaceae

Gebräuchliche Pflanzenteile: Erg.-B. 6: „Die Zwiebel von *Allium sativum* Linné." HAB. 2: „Im Juni, Juli und August gesammelte frische Zwiebeln."

Handelsbezeichnung: *Bulbus Allii sativi*, Knoblauchzwiebeln.

Botanik: *Allium sativum* ist ausdauernd und ein naher Verwandter der Küchenzwiebel. Die Hauptzwiebel ist von einer Anzahl fast gleich großer Nebenzwiebeln, die auch „Zehen" oder „Klauen" genannt werden, umgeben. Sie werden umschlossen von einer weiß-, grünlich- oder rosafarbigen Haut und bilden zusammen eine rundliche, etwa 4 bis 5 cm dicke, von unten etwas flach gedrückte Gesamtzwiebel (zusammengesetzte

Zwiebel), die mit kurzen Saugwurzeln versehen ist. Geruch und Geschmack der Zwiebeln sind eigentümlich, scharf durchdringend. Der federkieldicke, stielrunde Stengel wächst aufrecht und ist bis zur Mitte beblättert. Er erreicht eine Höhe von 25—70 (—100) cm. Die herabhängenden Laubblätter sind breit-lineal, flach, unterwärts gekielt, spitz. Die kugelige Scheindolde trägt neben wenigen Blüten 20—30 eirunde, bis 1 cm große Brutzwiebeln, die bei feuchter Witterung oft an der Mutterpflanze austreiben. Bei den Brutzwiebeln handelt es sich um Luftzwiebeln (Bulbillentypus). Die Blütenhüllblätter der langgestielten Blüten sind spitz, rötlichweiß oder grün. Die Blüten sind fast immer steril. Der gesamte Blütenstand wird von einem im unteren Teil rundlichen, oben langgeschnäbelten, später abfallenden Hochblatt eingehüllt.

Abb. 65 Allium sativum L., Einzelpflanze im Knospenstadium

Blütezeit: (VI) VII—VIII.

Zur Vermehrung dienen die Nebenzwiebeln. Nach Becker-Dillingen[1] sind sie 26—35 mm lang, 8—20 mm breit und 6—14 mm dick. Nach unseren Untersuchungen beträgt das durchschnittliche Gewicht der Zwiebeln einer Thüringer Herkunft 15 g und die Zahl der Nebenzwiebeln 17. Ihre Länge belief sich auf 20—30 mm und ihre Dicke auf 8—15 mm. Eine in Lützen (Kreis Weißenfels) angebaute Landsorte erreicht ein Zwiebelgewicht von 30—40 g.

Boden und Klima: Für den Knoblauchanbau eignet sich besonders ein etwas schwerer, lehmig-humoser, tiefgründiger, gut bearbeiteter Boden, der sich in alter Kraft befindet. Aber auch auf leichten Böden gedeiht er noch, jedoch sind die Zwiebeln meist kleiner als solche von schwereren Böden. Stagnierende Nässe wird nicht vertragen, da die Zwiebeln zur Fäulnis neigen. Sonnige, windgeschützte Lagen werden bevorzugt. Kälte bis zu — 25° C schadet den Zwiebeln kaum. Während des Winters 1953/54 entstanden jedoch in unseren Knoblauch-Versuchsbeständen in Leipzig und Liebertwolkwitz erhebliche Auswinterungsschäden.

Herkunft und Verbreitung: Der Knoblauch ist wahrscheinlich in der Dsungarei* beheimatet, von wo aus er über den Orient und Südeuropa nach Deutschland gekommen ist. Auf Sizilien und im Mittelmeergebiet ist *Allium sativum* wildwachsend anzutreffen. Er wird jetzt in allen Weltteilen angebaut. Der Knoblauch ist als eine uralte Kulturpflanze anzusehen, und bereits in der altindischen Medizin gehörte er zu den geschätzten Arzneipflanzen. Später bauten ihn die Römer und Griechen in besonderen „Knoblauchgärten" an.

Herkünfte des Drogenhandels: Der in Mitteleuropa verwendete Knoblauch stammt in der Hauptsache von den Balkanländern, aber auch schon in Ungarn, in der Tschecho-

[1] Becker-Dillingen, J.: Handbuch des gesamten Gemüsebaues, 5. Aufl., Berlin u. Hamburg 1950, S. 808 bis 810.

* Die Dsungarei ist ein asiatisches Bergland, südlich begrenzt vom Tienschan und der Bogdo-ola-Gruppe, zwischen denen sich das Dsungarische Südtor nach Turkestan öffnet. Im Norden ist sie durch die Dsungarische Lücke, die der Irtysch durchströmt, mit Sibirien verbunden.

slowakei (Slowakei) und in Italien wird er in größerem Ausmaß angebaut. In kleinerem Umfang wird er auch noch in anderen mitteleuropäischen Ländern gewonnen und gartenmäßig fast überall kultiviert. In Deutschland findet sich ein beschränkter Anbau, besonders in der Gegend um Nürnberg und Schweinfurt. Das Hauptanbaugebiet befindet sich bei Fürth in Bayern. Es wird als das sogenannte „Knoblauchland" bezeichnet, und die dortigen Bauern werden „Knoblauchbauern" genannt. In gleicher Gegend ist der Anbau von Eibisch, Meerrettich und anderen Arznei- und Gewürzpflanzen anzutreffen.

Sorten und Herkünfte für den Anbau: Von *Allium sativum* sind uns in Deutschland nur Herkünfte bekannt, die man als Landsorten bezeichnen könnte wie den 'Thüringer Knoblauch'. Sie sind klimatisch gefestigt, und die Zwiebeln weisen eine mehr oder weniger rötliche Hauttönung auf. Sie werden kaum schwerer als 40 g. Ihre Gestalt ist schaukelförmig, die der Zehen keilförmig. Handelsübliche Importzwiebeln liefern oftmals minderwertiges Pflanzgut. Südliche Provenienzen sind meist nicht genügend klimafest und bringen unter deutschen Anbauverhältnissen nur kleine Zwiebeln. Erwünscht ist ein großer und gut ausgereifter Knoblauch. In Anbetracht der großen

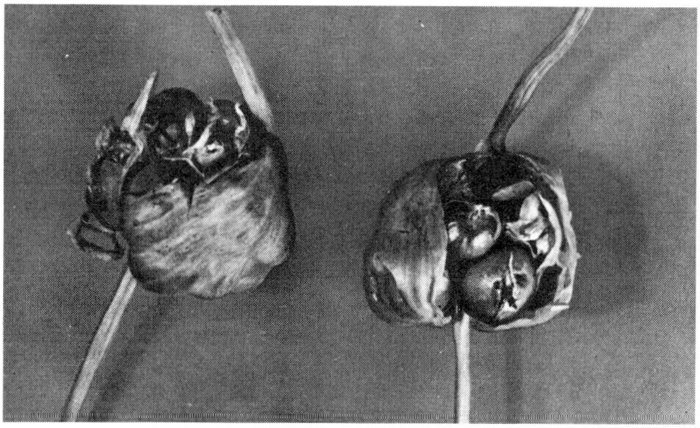

Abb. 66
Allium sativum L., Fruchtstände mit Brutzwiebeln

Abb. 67
Allium sativum L., Zwiebeln

Bedeutung von *Allium sativum* als Arznei- und Gewürzpflanze[2] ist man neuerdings in Deutschland bemüht, ihn züchterisch zu bearbeiten. Erstrebenswert ist eine schoß- bzw. blühfeste Sorte mit großen und haltbaren Zwiebeln sowie einem hohen Gehalt an glukosidisch gebundenem ätherischem Öl. Das Knoblauchöl wird als der spezifische Hauptwirkstoff des Knoblauchs angesehen.

Saatgut: Die Vermehrung erfolgt vegetativ, und zwar auf zwei verschiedene Weisen:

a) Einjährige Vermehrung mittels Knoblauchzehen
Hierbei werden nur große, trockene und gesunde Zwiebeln verwendet. Sie sind von der schützenden Hülle zu befreien; der Fachmann sagt: Die Zwiebeln werden gebrochen, d. h. in die einzelnen Zehen zerlegt. Nur die größten Zehen von etwa 3–6 g Gewicht dienen als Pflanzgut.

Abb. 68
Allium sativum L., Pflanzzehen, I. Qualität

Abb. 69
Allium sativum L., Steckzwiebeln

[2] HEEGER, E. F.: Der Knoblauch/*Allium sativum* L., eine pharmazeutisch wichtige gartenbauliche Kulturart. „Neue Berliner Gärtner-Börse", Nr. 9/10, S. 18 (1951).

b) Zweijährige Aufzucht durch Brutzwiebeln

Verwendung finden die sich in den Dolden gebildeten eirunden, bis 1 cm großen, etwa 3 g schweren Brutzwiebeln. Sie werden nach der Ernte trocken und kühl gelagert. Im Frühjahr ausgesät, liefern sie dann im Herbst zehenlose Steckzwiebeln, auch Rundlinge genannt. Diese liefern dann das Pflanzgut für die nächstjährige Zwiebelernte.

Um Degenerationserscheinungen vorzubeugen, empfehlen erfahrene Knoblauchanbauer beide Vermehrungsweisen abwechselnd vorzunehmen.

Abb. 70 Allium sativum L., Brutzwiebeln

Anbau: Der Knoblauch soll in zweiter Tracht möglichst nach einer reichlich mit Stallmist gedüngten Hackfrucht angebaut werden. Beim Herbstanbau ist die Kartoffel die am besten geeignete Vorfrucht. Ein Wechsel mit anderen Zwiebelarten ist zu vermeiden, da sonst die Gefahr der Schädlingsübertragung vorhanden ist (siehe S. 219). In der Sowjetunion wird der Knoblauch häufig im Rahmen von Gemüse-Trawopolnaja-Fruchtfolgen angebaut. Zur Anbautechnik ist folgendes zu sagen*: Die erbsengroßen Brutzwiebeln werden nach der Ernte im September auf Böden überwintert, später leicht vorgekeimt und zeitig im Frühjahr, etwa im März, in 20 cm Reihenabstand wie Erbsen in ein gut lockeres Saatbett 5 cm tief gedrillt. Je Hektar werden etwa 400 kg Brutzwiebeln benötigt. Durch mehrmaliges Hacken wird der Bestand über Sommer saubergehalten und im September die Ernte vorgenommen. Mit dem Spaten werden die im Laufe des ersten Jahres gebildeten Steckzwiebeln (Rundlinge) geerntet. Vom Kraut befreit, wird das Erntegut möglichst unmittelbar nach der Rodung („bodenwarm") wieder auf den neuen Acker ausgepflanzt. Auch hierfür soll das Feld tief gepflügt und sorgfaltig und locker hergerichtet sein. In 20 cm Reihenabstand und in der Reihe in 10—12 cm Entfernung werden die Steckzwiebeln etwa 5—8 cm tief gesteckt. 1200 kg liefern dabei das Pflanzmaterial für 1 ha. Zur Überwinterung ist in rauhen Lagen bei strengem Frost eine Abdeckung mit Kartoffelkraut oder ähnlichem angebracht.

Zur Pflege kann ein mehrmaliges Hacken erforderlich sein. Vor dem Austreiben im Frühjahr kann auch gestriegelt werden. Die Ernte der Zwiebeln erfolgt in der weiter unten beschriebenen Weise. Ein Teil dieser aus Brutzwiebeln gezogenen Zwiebeln wird zur Zehengewinnung verwendet, und zwar werden hierzu die größten Zwiebeln ausgesucht. Die der weiteren Vermehrung dienenden Zehen werden nach Größe sortiert, wobei das Gewicht der A-Ware = 6 g und das der B-Ware = 3 g betragen soll.

* Herrn WAGNER, G., Knoblauch-Großanbau „La Vida" Lützen, danken wir für die uns entgegenkommenderweise erteilten Auskünfte.

Der Anbau durch Zehen geschieht in derselben Weise wie mit Steckzwiebeln. Bei einer Pflanzweite von 20 × 12 cm werden je Hektar je nach Zehengröße 500—1000 kg benötigt. Das größere Pflanzgut liefert die besseren Ernten. Die Pflanzung erfolgt entweder im sehr zeitigen Frühjahr in etwa 5 cm tiefe Rillen oder im Herbst in etwa 8 cm Tiefe. In Mitteldeutschland werden die Zehen häufig bereits ab Ende September bis November gesteckt. Der Zeitpunkt des Pflanzens sollte jedoch so bemessen sein, daß die Zehen im Herbst noch anwachsen, ohne Blätter zu bilden. Die Pflegearbeiten erstrecken sich auf Hackarbeiten. Der Boden zwischen den Knoblauchreihen muß locker gehalten werden. Unkraut darf nicht aufkommen, anderenfalls kann Jätearbeit erforderlich werden. Das Hacken ist sehr sorgfältig vorzunehmen, da die Zwiebeln ziemlich flach wurzeln.

In der Sowjetunion, wo man über große Erfahrungen im Knoblauchanbau verfügt, wird für die überwinternden Zwiebeln ein Frostschutz empfohlen. Vor Eintritt des Winters wird zunächst die ganze Anbaufläche mit Torf oder Humus mulchiert und dann mit einer gleichmäßigen strohigen Stalldungschicht in Höhe von 5—7 cm bedeckt. Wenn kein Torf oder Humus vorhanden ist, genügt auch Stalldung allein. Im Frühjahr wird der strohige Dung beseitigt, während die lockere Schicht aus Torf oder Humus liegenbleibt. Sie schützt die Oberfläche des Bodens vor dem Austrocknen, vermischt sich beim Hacken mit dem Boden und düngt ihn[3].

Hinsichtlich des Nährstoffbedürfnisses scheint sich der Knoblauch ähnlich wie die Küchenzwiebel zu verhalten. Zu bedenken ist, daß sich Kali und Phosphorsäure günstig auf die Haltbarkeit der Zwiebeln auswirken. Stickstoff darf nicht zuviel verabreicht werden, da die Lagerfestigkeit darunter leidet. Nach sowjetischen Erfahrungen ist der Knoblauch im berieselten Gemüsebau sehr empfindlich gegen organische wie auch mineralische Düngung. Es empfiehlt sich, Kali und Phosphorsäure jeweils im Herbst vor der Pflanzung in normaler Gabe mit 100—120 kg Reinkali = 250—300 kg/ha 40%igem Kali und 40—60 kg Reinphosphorsäure = 220—330 kg Superphosphat je Hektar zu verabreichen. Der Stickstoff wird am besten in drei Gaben im Frühjahr gegeben, und zwar erstmals kurz nach dem Aufgang und dann im Abstand von etwa 4—6 Wochen. Insgesamt 30—50 kg Reinstickstoff = 150—250 kg/ha in leichtlöslicher Form werden als ausreichend angesehen.

Ernte: Die Ernte erfolgt im August/September, wenn die Zwiebeln reif, d. h. Blätter und Zwiebelhals vertrocknet sind. Die gut ausgebildete Zwiebel verfügt über eine trockene, häutige Hülle, unter der die einzelnen Zehen sichtbar sind. Bei zu spätem Ernten löst sie sich, und die Zwiebel zerfällt leicht in die einzelnen Zehen. Ein solcher Knoblauch ist für den Verkauf ungeeignet und nicht gut lagerfähig. Auch besteht bei verspäteter Ernte die Gefahr, daß die Zwiebeln wieder zu treiben beginnen, was ihrer Güte abträglich ist. Zur Erntetechnik ist zu sagen, daß die Zwiebeln nur mit dem Spaten angehoben werden dürfen, um ein Abreißen beim Ziehen am trockenen Laub zu vermeiden. Die Dolden mit den Brutzwiebeln müssen vorher abgeschnitten werden.

Trocknung: Die Dolden mit den Brutzwiebeln werden am besten in kleine Garben gebunden und in einem gut durchlüfteten Raum an den Blütenstengeln zum Trocknen aufgehängt. Die Zwiebeln werden entweder 5—6 Tage in der Sonne getrocknet und danach unter einem Dach oder in einem anderen gut durchlüfteten Raum weitergetrocknet. Den Knoblauch soll man in geflochtenen Bündeln (Zöpfen) oder 15—20 cm hoch aufgeschüttet auf Stellagen (Horden) lagern. Bei der Aufbewahrung in „Zöpfen" schneidet man die Wurzeln, ohne den Zwiebelboden zu beschädigen, vorsichtig

[3] POLESCHTUK, P. W.: Die Agrotechnik des Knoblauchs. „Blumen-, Obst- und Gemüsegarten", Nr 9, S. 60 bis 61 (1951); PLINKA, A. D.: Die Aufzucht spätgepflanzten Knoblauchs. Ebenda S. 58 bis 60.

ab. Beim Lagern auf Horden werden auch die Blätter abgeschnitten, und man beläßt nur einen 5—6 cm langen Hals (Stengel).

Am besten wird der Knoblauch bei 0—2° C und bei einer relativen Luftfeuchtigkeit von 70—75% gelagert. Nach Untersuchungen von PALILOW[4] sind die Lagerungsbedingungen für das Pflanzgut u. a. von Einfluß auf Ausbildung und Reife der Zwiebeln. Durch geeignete Lagerungsmaßnahmen wird die normale Vegetationszeit abgekürzt, wobei allerdings die Ertragfähigkeit herabgemindert wird. In der UdSSR ist ein besonders frühreifer Knoblauch sehr gefragt, da es üblich ist, beim Einsalzen von Gurken Knoblauch zu verwenden.

In Spezialbetrieben werden die geschnittenen Zwiebeln mit künstlicher Wärme bei Temperaturen von nicht über 60° C getrocknet. Ein großer Teil im Handel befindlicher Knoblauchpräparate wird aus so getrockneten Zwiebeln hergestellt.

Erträge: Die Erträge belaufen sich auf 40—70 dz/ha lufttrockene Zwiebeln, aber auch geringere Ernten kommen vor. Der durchschnittliche Ernteertrag im mitteldeutschen Anbaugebiet Lützen wird mit 60—70 dz/ha angegeben.

Krankheiten und Schädlinge: Der Knoblauch dürfte im allgemeinen von denselben Krankheiten und Schädlingen heimgesucht werden wie die Speisezwiebel (*Allium cepa* L.)*. 1953 wurde erstmalig auf dem Versuchsfeld in Leipzig-Probstheida *Allium sativum* von der Zwiebelfliege, *Phorbia antiqua* Mg., befallen. Diese Pflanzen welkten und fielen um, da sich die Larven ins Innere der Pflanzen bohren und den Herztrieb zerstören. Sie tritt vorwiegend dann auf, wenn unmittelbar oder in der Nähe von Küchenzwiebeln Knoblauch angebaut wird. Auch Nematodenschaden wurde beobachtet. Bei der Lagerung treten Schädigungen durch die Zwiebelhalsfäule auf, die durch Pilzbefall (*Botrytis allii* Munn) hervorgerufen wird. Die befallenen Zwiebeln sind mit einem grauen Schimmel überzogen. Sie müssen laufend entfernt und verbrannt werden. Die Speichertemperatur ist nach Möglichkeit auf —2 bis —3° C zu senken. Desinfektionsmaßnahmen sind erforderlich.

Allium schoenoprasum L., Schnittlauch

Liliaceae

Gebräuchliche Pflanzenteile: Wie schon der deutsche Name besagt, handelt es sich beim Schnittlauch um einen Lauch zum Schneiden. Die Röhrenblätter (Schlotten) liefern ein geschätztes Suppen- und Küchengewürz. In der Heilkunde kommt *Allium schoenoprasum* ein diätetischer Wert zu.

Handelsbezeichnung: *Herba Allii schoenoprasi* findet sich nur sehr selten im Handel. Die Würzkraft der Droge ist, auch nach eigenen Feststellungen zu urteilen, sehr gering. Der Schnittlauch wird daher vorwiegend frisch verwendet.

Botanik: Beim Schnittlauch handelt es sich um ein ausdauerndes, verhältnismäßig flachwurzelndes Zwiebelgewächs. Die wenig verdickten unvollkommenen Scheiden der Grundachse bilden kleine, längliche Zwiebeln, die im März austreiben. Die röhrigen Laubblätter (Schlotten) sind ± stielrund, mittel- bis dunkelgrün, zum Teil bereift. Der bis 60 cm hohe Stengel ist glatt oder wenig rauh und nur am Grunde oder am untersten Drittel beblättert. Der Fruchtstand ist eine vielblütige, dichte

[4] Zit. nach SABUROW, N. und ANTONOW, M.: Die Lagerung und Verarbeitung von Obst und Gemüse. Berlin 1953, S. 221 bis 222.

* *Allium cepa* L. (Küchenzwiebel) wird nicht nur als Gemüse und Gewürz verwendet, sondern auch in der Heilkunde. Der Preßsaft frischer Zwiebeln ist ein beliebtes Volksheilmittel. In der Homöopathie (HAB. 2) wird aus den frischen Zwiebeln eine Essenz bereitet.

Scheindolde von kugeliger bis halbkugeliger, selten etwas verlängerter Form, ohne Brutzwiebeln. Die Blütenfarbe ist je nach Varietät verschieden und zwar bläulich, rosarot bis purpurn.

Blütezeit: V—VIII.

Allium schoenoprasum ist ein Fremdbefruchter. Er kann mit vollem Recht als eine sehr gute Bienenweide angesprochen werden. Die meisten Blütenbesucher in den Beständen des Sortenamtes in Leipzig-Probstheida waren Honigbienen. Außerdem wurden weitere Hymenopteren festgestellt. Die Erdhummel, *Bombus terrestris* L., und die Schmarotzerhummel, *Psithyrus vestalis* Goeffr., waren nur im weiblichen Geschlecht an den Blüten zu finden, während von der Steinhummel, *Bombus lapidarius* L., die Arbeiterinnen (Hilfsweibchen) in starker Überzahl beobachtet wurden. Auch die Goldfliege, *Lucilia silvarum* Mg., wurde als eifriger Blütenbesucher festgestellt. Von Tagschmetterlingen wurden die beiden Weißlingsarten *Pieris brassicae* L. und *P. napi* L. an den Blüten saugend angetroffen. Von den bei Tage fliegenden Eulenarten war die Gammaeule, *Phytometra (Plusia) gamma* L., eine der häufigsten Blütenbesucher.

Abb. 71
Allium schoenoprasum L., Parzellenbestand einer grobröhrigen Sorte zur Zeit der Blüte

Abb. 72
Allium schoenoprasum L., Samen

Die Samen besitzen ein hartes, knorpeliges Nährgewebe. Die Samenschale ist meist ± eingeschrumpft und fein genetzt. Die frischen, keimfähigen Samen haben einen typischen Lauchgeschmack. Sie sind scharf dreikantig, 2—2,5 mm lang, 1—1,5 mm breit, 0,75—1,00 mm dick und von schwarzer Farbe.
Allium schoenoprasum ändert nur wenig ab. MANSFELD nennt die Varietäten *sibiricum* (L.) Garcke und *riparium* (Opiz) ČLAK. Gelegentlich wird eine weißblühende Gartenform (*var. album* Hort.) kultiviert.

Boden und Klima: Der wildwachsende Schnittlauch gedeiht vorwiegend an Flußufern, nassen Grabenrändern, auf feuchten Wiesen, Riedwiesen und an grasigen Abhängen. Im Anbau wächst er auf jedem nicht zu mageren Boden. Besonders sagt ihm ein etwas feuchter, sandig-lehmiger, humus- und kalkreicher Boden zu.
Die Schnittlauchpflanzen sind sehr winterhart. Selbst nach strengsten Wintern konnten wir keinerlei Frostschäden feststellen.
Schnittlauch ist feuchtigkeitsliebend. Eine ausreichende Wasserversorgung ist daher zu beachten.

Herkunft und Verbreitung: *Allium schoenoprasum* ist vorwiegend eine Montanpflanze und in Europa häufig verbreitet. Von der Ebene bis ins Hochgebirge (etwa 2000 m) ist er anzutreffen. Im Kaukasus, in Sibirien, im Orient, in Ostasien und Nordamerika ist er ebenfalls verbreitet. Er wird schon in den letzten vorchristlichen Jahrhunderten als Kulturpflanze genannt.

Herkünfte des Drogenhandels: Wie schon eingangs erwähnt, wird der Schnittlauch als Droge nur selten im Handel geführt. Bestimmte Herkünfte werden nicht gehandelt.

Sorten und Herkünfte für den Anbau*: Als Stammform des angebauten Schnittlauchs, der oft auch als Gartenschnittlauch bezeichnet wird, ist der Alpenschnittlauch (*Allium schoenoprasum* L. *var. sibiricum* [L.] Garcke) anzusehen. Die Blüten sind bei dieser Varietät fast purpurn gefärbt, die Kronkelchblätter sind breiter und vorn schmäler zulaufend als bei der gewöhnlichen Form. Diese Varietät kann im Anbau eine Pflanzenhöhe bis zu 60 cm erreichen. Die grobröhrige Sorte scheint sich von ihr abzuleiten.

Im Fachsamenhandel befinden sich Sorten, die auf Grund der Beschaffenheit der Röhrenblätter bezeichnet werden als: 1. 'Feinröhriger Schnittlauch', 2. 'Mittelgrobröhriger Schnittlauch', 3. 'Grobröhriger Schnittlauch' ('Erfurter Riesen').

Die unter 2 und 3 genannten Sorten werden am meisten angebaut und eignen sich gut zum Treiben. Die feinröhrige Sorte ist besonders zart im Blatt und von milderem Geschmack als die mittelgrobe und grobröhrige Sorte. Die scharfschmeckende grobröhrige Sorte wird besonders in Bayern bevorzugt.

Saatgut: Die Vermehrung des Schnittlauchs erfolgt entweder generativ oder vegetativ. Als durchschnittliches 1000-Korngewicht wurde 1,187 g ermittelt. Die Mindestreinheit des Saatgutes sollte 97% betragen. Die Keimfähigkeit von frischem Saatgut betrug im mehrjährigen Durchschnitt 82%. Die Samen sind Dunkelkeimer. Zur Aussaat sollte nur Saatgut der letzten Ernte gelangen, denn bereits nach einjähriger Lagerung läßt die Keimfähigkeit stark nach.
Die Vermehrung kann auch durch Teilung zweijähriger und älterer Pflanzen erfolgen. Im Gartenbau werden gern sogenannte „Schnittlauchklumpen" für den Anbau im Hausgarten oder für die Winterkultur im Kasten oder Topf verwendet.

Anbau: Gute Vorfrüchte zum Schnittlauch sind stark gedüngte Hackfrüchte bzw. Gemüsearten. Zu vermeiden ist, den Schnittlauch vor oder nach einem anderen Zwiebel-

* Siehe auch HEEGER, E. F.: Die Schnittlauchsorten der Sortenliste. „Neue Berliner Gärtner-Börse", Nr. 41/42 (1950).

gewächs anzubauen. Da der langlebige Schnittlauch die Nährstoffe des Bodens stark beansprucht, ist der Boden nach dem Umbruch wieder reichlich mit Nährstoffen zu versorgen.

Während der Wintermonate erfolgt die Aussaat im Gewächshaus in Kästen, bei etwa + 25° C. Die jungen Pflänzchen werden in Büscheln verstopft, und zwar in Kästen oder Töpfe. Der Schnittlauch ist dann nach einigen Wochen schnittreif. Für die Treibkultur ist wichtig, daß die Pflanzen genügend warm stehen und ausreichend mit Nährstoffen versorgt werden.

Für die Freilandkultur erfolgt die Aussaat Anfang April in warme Kästen, Anfang Mai wird dann der Schnittlauch in Büscheln ins Freiland verpflanzt. Für die Bepflanzung einer Anbaufläche von 1 a werden etwa 20 g gut keimfähiges Saatgut benötigt.

Abb. 73 Allium schoenoprasum L., Typenvergleich; links: grobröhrig ('Erfurter Riesen'), Mitte: mittelgrobröhrig, rechts: feinröhrig

Hin und wieder wird der Schnittlauch ins Freiland gedrillt. Bei der Keimung biegt sich das Keimblatt um und durchbricht mit einem Knie den Boden. In stark verkrusteten Böden reicht die Triebkraft nicht aus, und der Schnittlauch läuft sehr ungleichmäßig auf. Eine rasch aufgehende Markiersaat erleichtert das Durchbrechen der Keimblätter und gestattet frühzeitig die Anwendung einer Blindhacke.

Die feinröhrige Sorte kann enger gesät bzw. gepflanzt werden als die mittelgrob- und grobröhrige. Die Standweite für den feinröhrigen Schnittlauch sollte bei Drillsaat mindestens 20—25 cm und bei Pflanzung 25 × 25 cm betragen, während die Drillweite für die mittelgrobe und grobröhrige Sorte mindestens 30 cm und in der Pflanzung 30 × 25 cm betragen sollte. Die Aussaatmenge ist bei gut keimfähigem Saatgut mit 100—200 g/a zu veranschlagen.

Auf die vegetative Vermehrung wurde im Abschnitt „Saatgut" bereits hingewiesen.

Nach Becker-Dillingen[1] enthält der Schnittlauch in seinen Aschebestandteilen doppelt soviel Natron (0,64 %) wie Kali (0,33 %). Der Stickstoffgehalt ist mit 0,62 % der frischen Masse der höchste unter den sonstigen Zwiebel- und Laucharten. *Allium schoenoprasum* ist ein Natron- und Stickstoffzehrer. Auch die Ansprüche an Kalk sind höher als bei den sonstigen Zwiebelarten. Starke Gaben von Handelsdüngemitteln wer-

[1] Becker-Dillingen, J.: Handbuch des gesamten Gemüsebaues, 5. Aufl., Berlin und Hamburg 1950, S. 805 bis 808.

den folglich von den Pflanzen gut verwertet. Nährstoffmangel führt häufig zu einem frühzeitigen Gelbwerden der Blattspitzen. Es ist also erforderlich, daß der Schnittlauch mit Kalk, Kali, Stickstoff und Phosphorsäure ausreichend versorgt wird. Auch ist es angebracht, nach jedem Schnitt noch eine zusätzliche Gabe eines schnell wirkenden Stickstoffdüngers zu geben.

Die Pflegearbeiten bestehen in wiederholtem Hacken. Besonders ist darauf zu achten, daß gedrillte Bestände, die mehrere Jahre genutzt werden sollen, nicht verunkrauten, denn Unkraut zwischen den Schnittlauchpflanzen läßt sich mit der Hacke nur schwer entfernen. Solche Bestände müssen meist gejätet werden.

Ernte: Sobald die Röhrenblätter ausgewachsen sind, wird mit dem ersten Schnitt begonnen, denn dadurch wird die Zwiebelbildung (Zwiebelbrut), die auch als „Bestockung" bezeichnet wird, begünstigt. Von gut gepflegten Schnittlauchpflanzen sind jährlich mehrere Schnitte möglich.
Die Samenernte erfolgt erst vom zweiten Jahre an. Der Samen reift von Juli bis August. Die Dolden werden gezupft, getrocknet und gedroschen.

Trocknung: Der sehr wasserhaltige Schnittlauch wird nur selten für Drogenzwecke (Gewürz) getrocknet. Der Wasserverlust bei der Trocknung schwankte zwischen 83 und 86%.

Erträge: Die Erträge sind je nach Sorte sehr verschieden. Die massenwüchsigere grobröhrige Sorte ergibt größere Ernten als die der mittelgrob- und feinröhrigen Sorte.
Die Saatguterträge schwankten sehr, und zwar zwischen 0,500 und 4,000 kg/a.

Krankheiten und Schädlinge: Von den pilzlichen Erkrankungen des Schnittlauches muß vor allem der Zwiebelbrand, *Urocystis cepulae* (Frost) Liro, erwähnt werden, der seine schwarzbraunen Sporenlager in Pusteln und Schwielen auf den unterirdischen, aber auch auf den grünen Organen der Pflanze ausbildet. Die Bekämpfung erfolgt durch das Vernichten der befallenen Pflanzen und vorbeugend durch Beizung des Saatgutes. Auch vom Rost kann der Schnittlauch befallen werden, insbesondere wurden die beiden Arten *Puccinia porri* (Sow.) Wtr. und *P. allii* Rud. in größerem Ausmaß festgestellt. Als weiterer Pilzparasit sei der Falsche Mehltau *Peronospora schleideni* Ung. erwähnt. Als tierische Schädlinge am Schnittlauch kommen in Frage die Zwiebelfliege, *Phorbia antiqua* Mg., die Lauchminiermotte, *Acrolepia assectella* Zell., das Stockälchen *Ditylenchus dipsaci* Kühn und das Lilienhähnchen, *Crioceris merdigera* L.
Vergilbungserscheinungen sind oftmals auf Nährstoffmangel und Trockenheit zurückzuführen.

Althaea officinalis L., Eibisch

Malvaceae

Gebräuchliche Pflanzenteile: DAB. 6: „Die durch Schälen von der Korkschicht und einem Teile der Rinde befreiten, getrockneten, im frischen Zustand fleischigen Hauptwurzelzweige und Nebenwurzeln von *Althaea officinalis* Linné." „Die getrockneten Laubblätter von *Althaea officinalis* Linné." HAB. 2: „Frische Wurzel."

Handelsbezeichnungen: *Radix Althaeae,* Eibischwurzel; *Folia Althaeae,* Eibischblätter; *Flores Althaeae,* Eibischblüten.

Botanik: Der Eibisch ist mehrjährig. Die Pflanze ist in allen Teilen $\pm$ stark (filzig) behaart. Ihre Blüte ist wesentlich kleiner als die von *Althaea rosea* L. (Stockmalve, Stockrose) und anderen zu Zierzwecken angebauten Malven; trotzdem kann *Althaea* *officinalis* als Schmuckstaude Verwendung finden. Der Eibisch hat einen kurzen, dicken, mehrköpfigen, mit starken, einfachen oder ästigverzweigten Wurzeln versehenen Wurzelstock. Die Wurzeln dringen etwa bis 50 cm tief in den Boden ein. Sie besitzen einen eigentümlichen, fade-süßlichen Geruch und Geschmack und entwickeln beim Kauen viel Schleim (Schleimdroge). Die einfach oder wenig verzweigten Stengel sind unten holzig, oben krautartig, sie werden 100—150 (—200) cm hoch. Sie sind innen markig, kaum hohl, unten rauh, oben ± weißfilzig. Die gestielten, eiförmigen Blätter sind ± samtartig filzig behaart. Die untersten Stengelblätter mit herzförmigem Grunde sind meist fünflappig, die oberen mehr zugespitzt, meist dreilappig. Infolge der samtartig-filzigen Behaarung erscheinen die Blätter graugrün. Ihr Geschmack ist fade, schleimig. Die blattachselständigen, büschelartig gehäuften Blüten sind fünfblättrig, 3—5 cm im Durchmesser, zart- bis weißrosa.

Blütezeit: VII—VIII.

Die proterandrischen Blüten werden gern von Honigbienen und Hummeln besucht. Bei nicht rechtzeitiger Fremdbestäubung tritt zuletzt spontane Selbstbestäubung ein, indem sich die Narben zwischen die noch nicht ganz entleerten Staubbeutel zurückkrümmen.

In Leipzig-Probstheida wurde der Bestand gern von Florfliegen beflogen. Die Fliegenarten *Onesia sepulchralis* Mg. und *Melanostoma mellinum* L. besuchten die Eibischblüten des Pollens wegen. Als nützlich erwiesen sich die Marienkäferarten *Coccinella septempunctata* L. und *Adalia bipunctata* L., die eifrig den Blattläusen nachstellten.

Die Frucht ist aus zahlreichen, kreisrund angeordneten Teilfrüchten zusammengesetzt. Diese sind rundlich-nierenförmig, flach, besonders am Rand behaart, bis 4,5 mm breit, gelblich bis graubraun. Der Samen ist typisch nierenförmig, etwa 2 mm breit, graublau bis dunkelbraun, sehr fein vertieft punktiert.

Beim Kauen der Samen ist eine schwache Schleimbildung wahrnehmbar.

Boden und Klima: Für den Eibischanbau eignen sich besonders tiefgründiger, humoser Sandboden und humusreicher, lehmiger Sandboden von mäßiger Feuchtigkeit. Im fränkischen Hauptanbaugebiet wird der Eibisch vorwiegend auf sandig-humosem Boden, der schwach lehmig ist, mit bestem Erfolg angebaut. Schwere Böden sind ungeeignet. Auf letzteren lassen nicht nur der Ertrag, sondern auch der Schleimgehalt der Wurzeldroge zu wünschen übrig. Auch auf Salzböden gedeiht der Eibisch. Er ist sehr witterungsbeständig; nur gelegentlich beobachteten wir Auswinterungsschäden.

Herkunft und Verbreitung: *Althaea officinalis* kommt wildwachsend besonders häufig auf salzigem Boden (salzhaltigem Steppenboden) in ganz Europa mit Ausnahme des hohen Nordens vor, außerdem ist er über das gemäßigte West- und Nordasien verbreitet.

Herkünfte des Drogenhandels: In Deutschland wird der Eibisch vielenorts angebaut.

Abb. 74 Althaea officinalis L., Bestand zu Beginn der Blüte

Abb. 75
Althaea officinalis L.,
Früchte;
oben Mitte: Samen

Alte Anbaugebiete finden sich in der Gegend von Schweinfurt, Nürnberg-Fürth und Bamberg. Fremdländische Herkunftsgebiete sind Belgien, Frankreich (Nordfrankreich), Italien (Norditalien), Österreich, Ungarn, die Balkanländer und die UdSSR, besonders die Gebiete am Kaspischen und Schwarzen Meer.

Sorten und Herkünfte für den Anbau: Angebaut werden in Deutschland vielfach die Gruppensorten 'Erfurter' und 'Oberlausitzer Eibisch'. Hochzuchtsorten sind nicht vorhanden. Erwünscht sind rostresistente Sorten mit wenig verzweigten und schleimreichen Wurzeln.

Saatgut: Das in den Handel gelangende Saatgut besteht meist aus Teilfrüchten. Gelegentlich werden aber auch nur die Samen gehandelt. 1000 Teilfrüchte wiegen 1,610 bis 3,548 g. Das 1000-Korngewicht der Samen liegt niedriger. Es beträgt für Teilfrüchte von 3,2 g etwa 2,2 g. Die Mindestreinheit sollte 96% betragen. Es ist darauf zu achten, daß das Saatgut nicht von der Malvenmotte, *Platyedra (Gelechia) malvella* Hb., befallen ist. Als Mindestkeimfähigkeit werden nur 60% gefordert. Die Samen sind häufig hartschalig. Die Keimfähigkeit wird im Dunkeln bei Zimmertemperatur ermittelt. Nach 21 Tagen wird der Keimversuch abgeschlossen. Die Keimfähigkeit des Saatgutes hatte nach fünfjähriger Lagerung zwischen 20 und 43%, nach sechsjähriger zwischen 88 und 100% abgenommen.

Anbau: Der Eibisch wird am besten nach stark gedüngten Hackfrüchten angebaut. In der Fruchtfolge sollte er erst nach 4—5 Jahren wieder auf dem gleichen Felde stehen. Als Folgefrüchte kommen besonders Sommergetreidearten in Frage.

Die Vermehrung erfolgt generativ oder vegetativ. — Zur Anzucht aus Samen wird etwa $^1/_5$—$^1/_{10}$ der künftigen Anbaufläche als Freilandanzuchtbeet benötigt. Die Aussaat kann bis Mitte Juni erfolgen. Es ist also durchaus möglich, die Anzucht als Nachbau zu früh das Feld räumenden Kulturen vorzunehmen. Die Saatbettansprüche ähneln denen des Sommerroggens, d. h., der Boden darf nicht so fest wie für Feinsämereien sein, aber auch nicht ganz so locker wie für das übrige Sommergetreide. Ausgedrillt wird im Reihenabstand von 25 cm in einen leichten Eggenstrich mit einer Saatstärke von 20 kg/ha; d. h. also, für 1 ha Hauptanbaufläche werden etwa auf 1000—2000 qm 3—5 kg Saatgut ausgedrillt. Bei der Anzucht auf Freilandsaatbeet empfiehlt es sich, die Aussaat zusammen mit einer Markiersaat vorzunehmen, da die Eibischfrüchte häufig ungleichmäßig keimen und bei Trockenheit längere Zeit (bis

7 Wochen) zum Auflaufen brauchen. Unter normalen Bedingungen geht die Saat etwa nach 2—3 Wochen auf.

Der Bestand wird dann bald mit der Hand und noch ein- bis zweimal mit der Maschine gehackt. Ab Ende September bis zum ersten Frost werden die Sämlinge mit einem Rodepflug wie die Fenchelstecklinge (siehe S. 399) gehoben, auf 7—8 cm Länge gestutzt und gleich wieder verpflanzt. Das Kraut wird vorher mit dem Grasmäher oder Ableger gemäht und kann bei guter Qualität gegebenenfalls noch als Industrieware Verwendung finden. Die Blätter von *Althaea officinalis* dürfen aber weder vergilbt noch vom Malvenrost (*Puccinia malvacearum* Mont.) befallen sein.

Abb. 76 Althaea officinalis L., Jungpflanze

Das Feld für den Hauptanbau soll tief gepflügt sein und sich abgesetzt haben. Mit Egge oder Scheibenegge und Schleppe, oder im kleineren Betrieb mit einer Fräse, wird das Pflanzbett hergerichtet und mit Drillmaschine oder Reihenzieher markiert. In 40 × 30 cm Abstand wird dann ausgepflanzt. Die Sämlinge sollen tief genug zu stehen kommen, da sie sonst im Winter durch den Frost leicht gehoben werden und dann im Frühjahr noch einmal anzuwalzen sind. Nach der Pflanzung sollen die Augen der Sämlinge mit Boden bedeckt und nicht zu sehen sein. Gelegentlich erfolgt auch Drill- oder Dibbelsaat zusammen mit einer schnell auflaufenden Gemüsesaat, z. B. Kohlrabi. Bei den hohen Saatgutpreisen (1953/54: 100 g kosteten 6,40 DM) halten wir diese Aussaatmethode bei großflächigem Anbau nur für wirtschaftlich, wenn das Saatgut im eigenen Betrieb gewonnen werden kann. Zu bedenken ist auch, daß der Eibisch nach Aberntung des Gemüses vereinzelt werden muß, da die Pflanzen anderenfalls nur sehr dünne Wurzeln liefern, die als Droge nicht geschätzt und obendrein erst im zweiten Anbaujahr erntereif sind.

Die vegetative Vermehrung von *Althaea officinalis* geschieht am besten durch junge Triebe (Wurzelschößlinge, die sogenannten Fechser oder Keime) und durch geteilte Wurzelstockköpfe, die ganz, halbiert oder geviertelt verwendet werden. Die Fechser sind kräftige, etwa 4—7 cm lange Triebe, die sich bis zum Herbst um den Wurzelhals der älteren Pflanzen gebildet haben. Sie werden nach der im Herbst erfolgten Wurzelernte bei deren Aufbereitung vom Wurzelstock abgeschnitten und eingemietet. Am besten schlägt man die „Keime" aufrechtstehend an einem frostfreien Ort in Sand ein, wobei die Knospen freiliegen sollen. Gelegentlich werden sie auch erst im Frühjahr von älteren Pflanzen entnommen. Die Wurzelstockköpfe fallen bei der Herbsternte an und werden sofort wieder gepflanzt (Oktober bis Mitte Dezember). Die Vermehrung durch Wurzelschößlinge und geteilte Wurzelköpfe hat den Vorteil, daß der Anbau einjährig durchgeführt werden kann. Im zeitigen Frühjahr (März/April) werden die „Keime" ausgepflanzt, und zwar in einem Abstand von 40 × 30 cm und weiter. Je Pflanzstelle steckt man einen gesunden Wurzelschößling. In Süddeutschland wird der Eibisch oft mit Vorteil auf die Kämme der sogenannten „Bifänge“, das sind 4—6 Furchen breite Beete, gepflanzt. In den Furchen werden dann gern Gemüsearten angebaut. Überhaupt wird die Eibischkultur häufig im Gemeinschaftsanbau mit Gemüse durchgeführt. Beliebte Gemüsekulturen sind Knoblauch, Speisezwiebeln, Wurzelpetersilie, Rote Rüben, Kohlrabi, Wirsing, Radies und Rettich, frühe Buschbohnensorten, Salat sowie einjährige Küchenkräuter, wie Dill und Gartenkerbel. In Gochsheim bei Schweinfurt erfolgt in der Hauptsache Gemeinschaftsanbau mit Gurken und Zwiebeln, wobei allerdings der Eibisch in einer Standweite bis zu 75 × 75 cm, gelegentlich sogar in einem Reihenabstand von 100 cm gepflanzt wird. Das Gemüse muß spätestens im August geerntet sein, damit noch eine gute Entwicklung der Eibischpflanzen möglich ist. Nach unseren Erfahrungen empfiehlt sich ein Zusammenbau mit Gemüse nur auf unkrautfreiem Boden bei Drill- oder Dibbelsaat des Eibisches. Wir befürworten den einjährigen Reinanbau unter Verwendung von „Fechsern“ oder Wurzelköpfen bei einer Pflanzweite von 40 × 30 cm. Sie bietet den Vorteil einer sorgfältigen Bestandspflege und ermöglicht die Wurzelernte im ersten Jahr.

Hinsichtlich des Nährstoffbedürfnisses ist zu sagen, daß der Eibisch vor allem kaliliebend ist. Es empfiehlt sich, bei Reinanbau vor der Pflanzung eine mittelstarke kalibetonte Volldüngung zu verabreichen. Bei Stickstoffmangel bilden sich nur dünne und holzige Wurzeln. Wird der Eibisch zur Kraut- oder Blattgewinnung angebaut, so sind reichliche Stickstoffgaben am Platze. Nach jedem Krautschnitt sollte Stickstoff als Kopfdünger gegeben werden.

Zur Pflege eines Eibischbestandes ist mehrmaliges Hacken erforderlich. Im zeitigen Frühjahr kann bei genügend tiefer Herbstpflanzung nach dem Abtrocknen des Feldes unbedenklich ein- bis zweimal gestriegelt werden. Die Pflanzen entwickeln sich zunächst langsam und werden sonst leicht vom Unkraut unterdrückt. Bei den Pflegearbeiten ist zu beachten, daß die Keimpflanzen von *Althaea officinalis* sehr ähnlich denen der Kleinen Taubnessel (*Lamium amplexicaule* L.) sind, einem häufig massenhaft auftretenden Unkraut. Bei maschineller Bestandspflege ist dafür zu sorgen, daß die zum Teil fast horizontal liegenden oberen Wurzelverzweigungen nicht durch zu tiefes Hacken beschädigt werden.

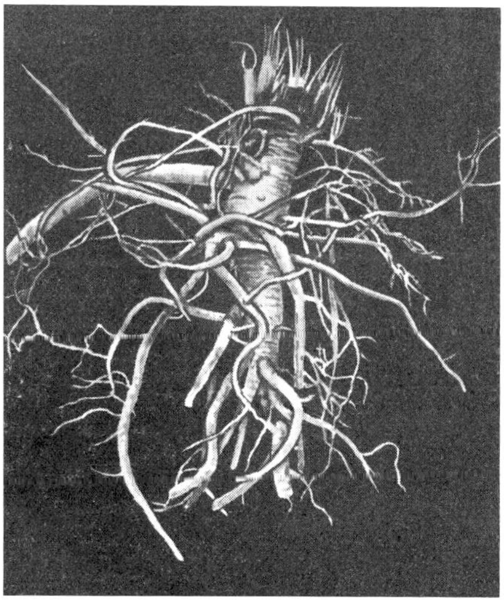

Abb. 77 Althaea officinalis L., Wurzel, zweijährig

Ernte: Die Wurzelernte erfolgt im Herbst, solange der Boden nicht gefroren und die Witterung trocken ist. Sie sollte so spät wie möglich vorgenommen werden, da der Schleimgehalt der Wurzeln von der Blütezeit bis zum Winter langsam ansteigt und dann allmählich im Frühjahr wieder fällt[1]. Zum Ausgraben kann eine vierzinkige Grabegabel benutzt werden. Im feldmäßigen Anbau werden die Rhizome auch mit dem Pflug gerodet. Vierspännige Rodung kann unter Umständen erforderlich sein. Häufig lassen sich jedoch bei dieser Art der Ernte die Wurzeln nicht restlos auspflügen, sondern werden abgeschnitten, so daß die Rodeverluste unter Umständen erheblich

[1] BOSHART, K.: Der Anbau von Eibisch. Flugblätter Nr. 9, Berlin 1936.

sein können. Die Wurzeln müssen gut gesäubert werden. Faserige Wurzeln und der holzige Wurzelkopf sind zu entfernen. Hierbei fallen die Wurzelschößlinge für die nächstjährige Pflanzung an. Im frischen Zustand werden die Wurzeln dann geschält, wobei die äußere Rindenschicht und schadhafte Stellen zu entfernen sind. Die geschälten längeren Wurzeln werden in etwa 10—20 cm lange Stücke geschnitten. Besonders starke Wurzeln müssen der Länge nach gespalten werden. Bis zur Aufbereitung in den Wintermonaten ist es möglich, die Wurzeln einzumieten, indem man sie in flache Gräben schichtet und mit Stroh zudeckt. Die Wurzelstöcke mehrjähriger Pflanzen, z. B. die von Samenträgern, verholzen stark und liefern dann eine schlechte Wurzeldroge. Bereits im dritten Vegetationsjahr haben sie schon sehr an Drogenwert verloren.
Die Eibischblätter werden vor der Blüte (Juni/Juli) gesammelt. Die Pflanzen dürfen nicht völlig entblättert werden, da sonst die Wurzelentwicklung leidet. Gelegentlich wird auch das ganze Kraut geerntet, was sich in jedem Falle nachteilig auf die Wurzelernte auswirkt. Der Schnitt wird entweder mit der Sichel oder mit dem Ableger in ungefähr 40 cm Höhe durchgeführt, wobei darauf zu achten ist, daß bei der kurzen Blütezeit des Eibisches die Ernte zum richtigen Zeitpunkt erfolgt. Bei Drill- oder Dibbelsaat kann ein Krautschnitt im Herbst des ersten Jahres bedenkenlos erfolgen. Die Früchte erntet man im Herbst, sobald sie sich braun zu färben beginnen. Die Reife erfolgt beim Eibisch gleichmäßiger als bei den übrigen zur Drogengewinnung dienenden Malvengewächsen.

Trocknung: Die stark schleimhaltigen Wurzeln werden am besten künstlich bei langsam steigender Temperatur (bis 35° C) getrocknet. Die künstliche Trocknung ist der natürlichen vorzuziehen, da sich die Wurzeln beim langsamen Trocknen schnell verfärben und dann leicht einen unerwünschten gelblichen oder grauen Farbton annehmen. Die Droge muß von weißer Farbe und frei von holzigen und korkigen Bestandteilen sein. Sie darf nicht geschönt werden. Die getrockneten Eibischwurzeln müssen den charakteristischen Eibischgeruch und -geschmack aufweisen. Sie dürfen nicht dumpfig riechen. Blätter, Kraut und Blüten werden entweder natürlich oder künstlich getrocknet. Das Kraut wird meist vor der Trocknung zerkleinert. Zur Samengewinnung kann Feldtrocknung erfolgen. Das Eintrocknungsverhältnis beträgt beim Kraut wie bei den Wurzeln etwa 4—5:1.

Abb. 78 Althaea officinalis L., Befall mit Doralina malvae Koch

Erträge: In Jahren mit günstiger Witterung schwanken die Erträge an gut getrockneter Wurzeldroge einjähriger Kulturen zwischen 10 und 20 dz/ha. Ältere Kulturen liefern höhere Erträge, jedoch häufig mindere Qualitäten. Ertragswerte für Blätter und Blüten liegen nicht vor. Der Krautertrag beläuft sich auf 12—15 dz/ha. Die Saatguterträge liegen zwischen 2 und 5 dz/ha.

Krankheiten und Schädlinge: Nach MÜHLE[2] kann der Eibisch von den verschiedensten

[2] MÜHLE, E.: Krankheitserscheinungen und Schadbilder an Malvaceen. „Pharmazie" 1, S. 123 bis 124 (1946); bzw. „Arzneipflanzen-Umschau" 2, S. 29 bis 30 (1946).

Krankheiten und Schädlingen befallen werden, von denen die wichtigsten nachstehend genannt seien. Der Rostpilz *Puccinia malvacearum* Mont. verursacht häufig Pustelbildungen an Stengeln und Blättern, die dadurch zur Drogengewinnung wertlos werden. Großen Schaden richten oft die Malvenblattflöhe *Podagrica fuscicornis* L. und *P. malvae* Illig. durch Fraß an Blättern und Stengeln an. Saugschäden werden hervorgerufen von der Roten Spinne, *Tetranychus urticae* Koch (= *T. althaeae* v. Hanst.), der Schwarzpunktzikade, *Eupterix atropunctata* Goeze, einer Springwanze (*Halticus saltator* Geoffr.) und verschiedenen Blattläusen, insbesondere *Doralina malvae* Koch. Die Blütenstände des Eibisches schädigt der Rüsselkäfer *Apion aeneum* F. durch Lochfraß, und die Raupe der Malvenmotte, *Platyedra* (*Gelechia*) *malvella* Hb., frißt die Samen aus. UDE fand in Leipzig-Probstheida bisweilen häufig die grauen Raupen des Malvenfalters, *Carcharodus alceae* Esp., an *Althaea*. Sie fressen zwischen zusammengesponnenen Blättern und verpuppen sich auch dort in leichten Geweben. Der rötlichgraue Falter hat auf den Vorderflügeln dunkle Flecken und einzelne kleine Fensterchen. Er bildet zwei Generationen und ist über ganz Europa verbreitet.

Abb. 79 Althaea officinalis L., Schadbild von Carcharodus alceae Esp. (Malvenfalter) am Blatt, links: Raupe und Fraßbild

An den Wurzeln fressen gern die Larven des schon genannten Rüsselkäfers *Apion aeneum* F. und Wühlmäuse.

Althaea rosea (L.) Cav. var. nigra Hort., Schwarze Malve, Schwarze Stockrose, Stockmalve, Pappelrose

Malvaceae

Gebräuchliche Pflanzenteile: Erg.-B. 6: „Die mit den Kelchen gesammelten, getrockneten Blüten von *Althaea rosea* Cavanilles“ *var. nigra* Hort.

Handelsbezeichnungen: *Flores Malvae arboreae*, Stockrosenblüten; *Folia Malvae arboreae*, Stockrosenblätter.

Botanik: Die Schwarze Malve wird in verschiedenen Blütenfarben und -füllungen (*fl. pl.*) als Schmuckstaude angebaut. Zur Gewinnung von *Flores Malvae arboreae* dienen einfach- und gefüllt-, karminrot- bis purpurschwarz-blühende Formen. Sie werden zwei- bis dreijährig angebaut, dauern aber manchmal auch länger aus.
Die fleischige, spindelförmige, ästige Wurzel dringt tief in den Boden ein. Der aufrechte, bis 250(—300) cm lange Stengel ist zerstreut rauhhaarig. Die graugrünen Laub-

blätter sind langgestielt, meist fünf- bis siebenlappig, mit herzförmigem Grunde. Sie sind gekerbt, runzelig, ± steifhaarig-filzig. Die großen Blüten, die geöffnet einen Durchmesser von etwa 9 cm erreichen können, befinden sich einzeln oder zu zweit bis viert in den Blattwinkeln und bilden eine lange Ähre. Die Farbe der am Rande leicht ausgebuchteten Kronblätter ist karminrot bis purpurschwarz, ± metallisch glänzend. Die Blüten sind oft ± gefüllt. Von ihrer rosenähnlichen Füllung rührt auch der Name Stockrose her. Der Geruch der Blüten ist eigenartig, der Geschmack schleimig, etwas herb.

Blütezeit: VII–IX.

Die Blüten sind ausgeprägt proterandrisch. Bei ausbleibendem Insektenbesuch tritt zuletzt spontane Selbstbestäubung ein, indem sich die Narben zwischen die noch nicht völlig entleerten Antheren zurückkrümmen.

Nach UDE besuchen besonders Honigbienen und Erdhummeln eifrig die Blüten.

Abb. 80 Althaea rosea (L.) Cav. var. nigra Hort., Blütenstände

Die Teilfrüchte der scheibenartigen Früchte messen im Durchmesser bis 6 mm und sind flach, am Rücken etwa 1 mm hoch. Sie sind von einem häutigen, tief gefurchten Rand umzogen und bis auf die Mitte der Flanken quergefurcht. In der Gestalt gleichen sie einem Römerhelm. Sie sind stark, fast filzig behaart. Am Rand ist die Behaarung besonders dicht und lang. Sie sind gelblich-graubraun gefärbt. Die braunen, sehr flachen Samen haben eine fast nierenförmige Gestalt und laufen nach einer Seite zu länglich, beinahe spitz, aus. Sie sind ± helldrüsig punktiert und am Rande ± kurz behaart. Beim Kauen verschleimen sie ganz schwach.

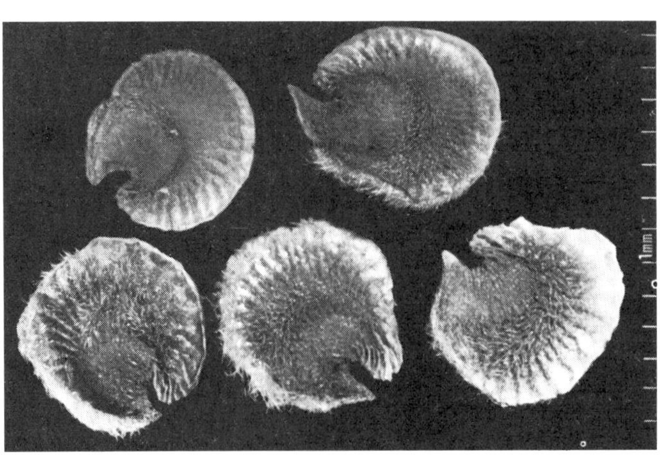

Abb. 81 Althaea rosea (L.) Cav. var. nigra Hort., Früchte

Boden und Klima: Tiefgründige, humusreiche Böden in warmer, sonniger Lage werden von der Schwarzen Stockrose bevorzugt. Sandiger Lehmboden ist auch gut zum Anbau geeignet. Damit die hohen Pflanzen nicht unter Windbruch leiden, soll der Standort möglichst windgeschützt gewählt werden.

Herkunft und Verbreitung: *Althaea rosea* stammt ursprünglich aus China. Wildwachsend ist sie im Orient, auf der Balkanhalbinsel und auf Kreta anzutreffen. Nach HEGI ist sie jedoch dort sowie in Italien und Frankreich nur eingebürgert. In Deutschland wird sie schon lange zur Drogengewinnung für Färbe- und Arzneizwecke angebaut[1].

Herkünfte des Drogenhandels: Die Schwarze Stockrose wird nicht nur als Gartenzierpflanze, sondern auch zur Drogengewinnung vielenorts auf kleinen Flächen kultiviert, so z. B. in Franken in der Umgebung von Schweinfurt. Lieferländer sind Belgien, Ungarn, die Balkanländer und die UdSSR.

Sorten und Herkünfte für den Anbau: Die für den Handel zugelassene Gruppensorte 'Erfurter Schwarze Malve' ist noch etwas formenbunt. Sie variiert besonders in der Farbe und Füllung der Blüten. Eine tiefdunkelfarbige, einheitlich gefülltblühende Sorte ist für die Drogengewinnung erwünscht.

Saatgut: Das Saatgut besteht vorwiegend aus Teilfrüchten, deren 1000-Korngewicht nach unseren Untersuchungen zwischen 8,995 und 12,194 g schwankte. Die Mindestreinheit sollte 96%, die Keimfähigkeit 60% betragen. Die Abnahme der Keimfähigkeit nach sechsjähriger Lagerung schwankte zwischen 48 und 88%. Der Keimversuch dauert 20 Tage und wird im Dunkeln bei Zimmer- oder Wechseltemperatur durchgeführt. Die Samen der Schwarzen Stockrose neigen weniger zur Hartschaligkeit als die der Dunkelvioletten Malve und des Eibisches.

Anbau: Als Vorfrucht eignen sich besonders gut gedüngte Hackfrüchte, auch ihr Anbau in Stallmist ist vorteilhaft. Zur Anzucht der Pflanzen erfolgt die Aussaat im März ins kalte Mistbeet oder auf Freilandsaatbeete von April bis Juni. 30—40 g Saatgut (Teilfrüchte) sind erforderlich, um Pflanzgut für 1 a heranzuziehen. Von Mai bis September werden die im Kasten vorgezogenen Pflanzen in einem Abstand von 50 × 40 cm mit 70 cm Laufreihe ins Freiland gepflanzt. Die Reihen werden möglichst von Süden nach Norden angelegt. Im ersten Vegetationsjahr besteht die Möglichkeit, zwischen den Reihen noch Gemüse oder andere Arznei- und Gewürzpflanzenarten anzubauen. Die auf Saatbeeten stehenden Pflanzen werden im August/September oder erst im Frühjahr verpflanzt. Sie sind über Winter gut mit Laub, Kartoffelkraut oder Reisig vor Frostschäden zu schützen. Die Schwarze Stockrose ist etwas frost- und nässeempfindlich.

Abb. 82 Flores Malvae arboreae

Die Vermehrung kann auch durch Teilung älterer Stöcke vorgenommen werden, wobei zu beachten ist, daß jeder Teil eine Laubknospe aufzuweisen hat. Diese Art der Vermehrung ist jedoch nicht zu empfehlen.

[1] HEEGER, E. F.: Ein Beitrag zur Geschichte des Heilpflanzenbaues. Der Anbau der Schwarzen Stockrose mit Sortenbeschreibung. „Nachr. des Reichsverbandes der Heil-, Gewürz- und Duftpflanzenanbauer e. V." Nr. 66 (1941).

Abb. 83 Althaea rosea (L.) Cav. var. nigra Hort., Schadbild an Blättern, verursacht von Podagrica fuscicornis L. (Malvenfloh)

Im ersten Jahr entwickeln die Sämlinge nur große Blattrosetten, wobei blühende Pflanzen, sogenannte Schosser, meist nur in geringer Zahl auftreten. Vom zweiten Jahre an blüht die Schwarze Stockrose und gibt dann in diesem und dem dritten Jahr nach der Aussaat die besten Erträge. Später gehen die Pflanzen im Wuchs sehr zurück.

Die Schwarze Stockrose hat ein hohes Nährstoffbedürfnis. Daher sollte entweder zur Vorfrucht eine reichliche Stalldüngergabe verabreicht oder im Herbst ein gut verrotteter Stalldünger eingebracht werden. Vor dem Pflanzen wird dann eine mittlere Gabe eines Volldüngers gegeben und außerdem in jedem Frühjahr eine schwache Kopfdüngung. Im dritten Vegetationsjahr sollte letztere etwas reichlicher bemessen werden. Kompostgaben im Herbst und Dunggüsse sind zu empfehlen.

Die Pflegearbeiten bestehen lediglich im Hacken. Nach Möglichkeit sind die Pflanzen gut feucht zu halten. Je gartenmäßiger die Pflege erfolgt, um so länger läßt sich die Kultur nutzen.

Ernte: Die Ernte der Blüten beginnt im zweiten Vegetationsjahr im Juni/Juli und währt bis in den Herbst hinein. Die Haupternte erfolgt jedoch im Juli. Zur Zeit der Hauptblüte muß ein Durchpflücken des Bestandes wenigstens aller zwei Tage, unter Umständen täglich, erfolgen, während späterhin die Blühintensität nachläßt und ein drei- bis viertägiges Abernten genügt. Die Blüten dürfen nicht taufeucht geerntet werden. Sie öffnen sich innerhalb von 24 Stunden vollständig. Für die Drogengewinnung dürfen sie aber nicht völlig aufgeblüht sein, sondern sollen noch „glockenartig" am Stiele stehen. Sie werden nicht gern gepflückt, weil sich in ihnen häufig Bienen ver-

Abb. 84 Althaea rosea (L.) Cav. var. nigra Hort., Schadbild, verursacht durch Puccinia malvacearum Mont. (Malvenrost)

steckt finden, welche die Pflücker gelegentlich stechen. Die Droge wird mit und ohne Kelch gehandelt. Die kelchfreie Ware erzielt den höchsten Preis.
Für die Saatgutgewinnung werden gesunde Pflanzen mit großen, gefüllten, dunkelfarbigen Blüten ausgesucht. Von diesen Pflanzen läßt man 8—10 Blüten für die Saatgutgewinnung unberührt. Sobald sich die Früchte braun gefärbt haben, sind sie zu ernten.

Trocknung: Die Blüten werden im Schatten möglichst auf Horden getrocknet. Aber auch künstliche Trocknung kann erfolgen. Der Trocknungsprozeß beginnt bei 70° C; die Temperatur geht dann langsam auf 40° C zurück. Das Trocknungsverhältnis der Blüten frisch : trocken beträgt 5 : 1. Sobald sie völlig trocken sind, werden die Blüten zuerst in 15, später in etwa 30 cm Höhe aufgeschüttet und mehrmals am Tage vorsichtig gewendet. Dann schaufelt man die Blüten in Haufen zusammen, bedeckt sie mit Brettern und beschwert mit Steinen. Nach weiterer, etwa achttägiger Lagerung wird die Blütendroge mäßig kräftig möglichst in Fässer gedrückt. Bei längerer Aufbewahrung empfiehlt es sich, die Droge in Gefäßen über Kalk zu lagern.

Erträge: Die Erträge belaufen sich auf 6—12 kg/a kelchfreie Droge. Mit Kelch werden etwa $^1/_3$ höhere Ernten erzielt. Der Saatgutertrag ergibt 4,0—7,5 kg/a.

Krankheiten und Schädlinge: Die Krankheiten und Schädlinge sind die gleichen, die auch die Malvengewächse Eibisch (siehe S. 228) und Dunkelviolette Malve (siehe S. 485) befallen. In den Beständen der Schwarzen Stockrose in Leipzig-Probstheida trat 1939 der Malvenblattfloh, *Podagrica fuscicornis* L., so stark auf, daß die von dem Käfer befallenen großen, graugrünen Blätter einen fast siebartigen Eindruck machten.

Besonderes: Die Malvenblätter können als Beifutter für das Milchvieh verwendet werden.

Anethum graveolens L., Dill

Umbelliferae

Gebräuchliche Pflanzenteile: Erg.-B. 6: „Die gewöhnlich in ihre Teilfrüchte zerfallenen, reifen Spaltfrüchte von *Anethum graveolens* Linné.“

Handelsbezeichnungen: *Herba Anethi*, Dillkraut; *Fructus Anethi*, Dillfrüchte, Dillsamen oder Körnerdill.

Botanik: *Anethum graveolens* ist einjährig. Die Wurzel ist dünn, spindelförmig, weißlich. Der aufrechte, bis 120 cm hohe Stengel ist röhrig, fein-gerillt, von schmalen, abwechselnd weißen und grünen Längsstreifen bis zu den Dolden durchzogen. Die Laubblätter sind meist drei- bis vierfach fiederschnittig. Die unteren Blätter sind gestielt, die oberen auf den Scheiden sitzend. Die Blattscheiden sind weiß berandet, kurz und bilden an der Spitze beiderseits Öhrchen. Die Dolden der angebauten Sorten sind verhältnismäßig groß. Ihr Durchmesser beträgt bis 20 cm. Sie sind reichstrahlig. Die Blüten sind klein, zwittrig; die Kronblätter haben eine dottergelbe Farbe. Blütezeit: VI—VIII.

In Leipzig-Probstheida wurden an den blühenden Beständen meist Marienkäfer (Coccineliden) und deren Larven sowie Weichkäfer (Cantharíden) als Nützlinge festgestellt. 1941 war von den Weichkäfern die Art *Rhagonicha fulva* Scop. die häufigste. Von Fliegen waren u. a. die Schlammfliege *Eristalis arbustorum* L. und die langbeinige, bunte Schnake *Pales lineata* Scop. die an allen Sammeltagen anzutreffenden Arten. Honigbienen wurden nicht beobachtet. An Faltern wurde nur die Gammaeule, *Phytometra* (*Plusia*) *gamma* L., am Tage fliegend und an den Blüten saugend mehrfach festgestellt.

Die Früchte sind eiförmig bis breit-elliptisch, vereinzelt fast kreisrund, am Grunde stumpf, oft etwas ausgebuchtet. Die Frucht ist von Randrippen umzogen, die in einen

dünnen, schmalen, gelblichen Flügelrand verlaufen, und ist von gelb- bis rötlichbrauner Farbe. Sie zerfällt leicht in zwei Teilfrüchte. Das handelsübliche Saatgut und auch die Droge ***Fructus Anethi*** besteht vorwiegend aus Teilfrüchten, auf deren Rückenseite drei heller gefärbte Rippen kantig hervortreten. Die Ölstriemen sind ± dunkel durchscheinend zu erkennen. Die Fugenfläche weist eine hellgefärbte, vorspringende Raphe auf, zu deren beiden Seiten ebenfalls zwei dunkelgefärbte Ölstriemen sichtbar sind. Die Fruchtgröße ist sehr verschieden. Man unterscheidet klein- und großfrüchtige Herkünfte. Erstere hatten bei unseren Untersuchungen eine Länge von 2,90—3,28 mm und eine Breite von 1,68—1,96 mm und letztere eine Länge von 3,64—4,08 mm und eine Breite von 2,52—2,56 mm aufzuweisen.
Botanisch werden nach HEGI drei Formen unterschieden, und zwar: *f. minus* (Gouan) Moris = Wilder oder Acker-Dill; *f. submarginatum* Lej. et Court. = Sowa-Dill und *f. hortorum* Alefeld = Garten-Dill. Letztere Form stellt die Kulturform dar.

Boden und Klima: *Anethum graveolens* ist anspruchslos. Er gedeiht auf fast jedem Boden; zu leichte Sandböden sagen ihm jedoch nicht zu. Gelegentlich wird er verwildert angetroffen auf Schutt, an sandigen Flußufern usw. Feuchte Lagen sind für

Abb. 85
Anethum graveolens L., blühender Feldbestand

Abb. 86
Anethum graveolens L., Teilfrüchte, links und Mitte: Bauchansicht, rechts: Rückenansicht

den Anbau von Krautdill geeignet. Gegen stagnierende Feuchtigkeit ist der Dill allerdings empfindlich.

Herkunft und Verbreitung: *Anethum graveolens* stammt aus dem Orient. Angebaut und verwildert ist er fast in ganz Europa anzutreffen.

Herkünfte des Drogenhandels: Der Dill wird vielenorts feld- und gartenmäßig angebaut. Frischdill wird besonders häufig als Nebenkultur in Gurkenanbaugebieten gewonnen, z. B. im Magdeburger Gebiet. Herkunftsgebiete für *Fructus Anethi* sind im weiteren Sinne Mittel- und Osteuropa sowie die Balkanländer.

Sorten und Herkünfte für den Anbau: Bei dem angebauten Körnerdill handelt es sich um eine Gruppensorte, hingegen wird als Blattdill gern die Hochzuchtsorte 'Chrestensens Herkules' angebaut. Während der Körnerdill trockene Lagen gut verträgt, eignet sich Blattdill auch für feuchte.

Saatgut: Das 1000-Korngewicht der Dillfrüchte (Teilfrüchte) schwankt je nach Herkunft. Wir ermittelten Werte von 0,988–2,070 g. Die Mindestreinheit sollte 95 % und die Mindestkeimfähigkeit 75 % betragen. Das Saatgut bleibt verhältnismäßig lange

Abb. 87
Anethum graveolens L., Gefäßversuch; links: Blattdill ('Chrestensens Herkules' Hz), rechts: Körnerdill

keimfähig; nach fünfjähriger Lagerung keimte es noch immer. Nur gut gereifte Früchte weisen hohe Keimwerte auf. Hinsichtlich der Belichtung im Keimbett verhalten sich die Früchte indifferent. Der Keimversuch wird durchgeführt bei niedriger Temperatur (8–12° C), 15° C, Zimmer- oder Wechseltemperatur. Nach 21 Tagen wird der Versuch abgeschlossen.

Anbau: Der Dill stellt keine besonderen Ansprüche an die Vorfrucht. Zur Krautgewinnung sollte er aber möglichst nach einer mit Stallmist gedüngten Hackfrucht angebaut werden. Da er früh das Feld räumt, folgt ihm am besten Wintergetreide. Spätdill läßt sich noch für die Gewinnung von *Herba Anethi* mit gutem Erfolg nach Frühkartoffeln und Erbsen anbauen.

Drei Anbauweisen müssen je nach dem Verwendungszweck unterschieden werden:

1. Der Anbau zur Körnergewinnung (*Fructus Anethi*):
   Hier ist die Aussaatzeit relativ eingeengt, da die Früchte ausreifen müssen. Die Aussaat soll während des Monats April erfolgen.

2. Der Anbau zur Krautdrogengewinnung (*Herba Anethi*):
Bei dieser Art des Anbaues ist größerer Spielraum in der Aussaatzeit gegeben, da der Dill auch noch mit Erfolg im Sommer als Nachbau nach Frühkartoffeln, Erbsen, Spinat, Salat oder ähnlichen, zeitig das Feld räumenden Kulturen angebaut werden kann (Ende März bis Ende Juni).
3. Der Anbau zur Krautgewinnung für Einlegezwecke (Frischdill):
Der Dill muß dann zur Gurkenzeit eine Höhe von 25—30 cm erreicht haben, woraus sich eine Aussaatzeit von Ende April bis Anfang Mai ergibt. Für den Küchenbedarf als Gewürz können im Laufe des Jahres mehrere Folgesaaten vorgenommen werden.

Sehr gern wird Dill als Beisaat zu Möhren verwendet. Nach dreijährigen Untersuchungen von Hösslin[1] bewirkt aber bereits die geringe Beimischung von 50 g Dillsaat auf 1000 g Möhrensaat eine erhebliche Ertragsdepression bei Möhren. Je mehr Dill als Beisaat Verwendung findet, um so stärker fällt der Möhrenertrag. Unseres Erachtens kommt es bei diesem Mischanbau darauf an, *Anethum graveolens* als Blattdill so früh wie möglich zu ernten, und zwar sollte er am besten schon im Juni/Juli mit der Wurzel gezogen werden. Den Dill länger in den Möhrenbeständen stehenzulassen, empfiehlt sich nach unseren Erfahrungen nicht.
Der Dill stellt hohe Ansprüche an das bearbeitete Land. Er verlangt ein feinkrümeliges, gartenmäßig hergerichtetes Saatbett. Gedrillt wird beim Anbau von Körnerdill im Abstand von 30 cm mit einer Saatmenge von 8—10 kg/ha, bei Krautdill bei 25 cm Reihenabstand mit 12 kg/ha. Die Aussaat erfolgt in den Walzenstrich, um die möglichst flache Lage der Teilfrüchte zu gewährleisten. Anschließend wird mit leichter Walze angedrückt. Ein Striegeln zur vorbeugenden Unkrautbekämpfung empfiehlt sich innerhalb der darauffolgenden acht Tage. Das Auflaufen selbst erfolgt nach etwa 2—3 Wochen. Da Dill sehr raschwüchsig ist, kommt man in der Regel mit einer Hand- und evtl. noch mit einer Maschinenhacke als Pflegemaßnahme bis zum Schließen des Bestandes aus.
Handelsdünger wird vor der Aussaat gegeben und bei Herrichtung des Bodens eingearbeitet. Bei zeitiger Aussaat erfolgt eine normale Düngung, etwa wie bei Getreide. Bei Spätsaat empfiehlt es sich, eine etwas erhöhte Stickstoffgabe in leichtlöslicher Form zu geben.

Ernte und Trocknung: Erfolgt der Anbau zu Einlegezwecken, wird der Dill bei trockenem Wetter samt der Wurzel mit der Hand gezogen, sobald er eine Höhe von 25—30 cm erreicht hat. Sauber abgeklopft, wird er dann abgeliefert.

Die Krauternte erfolgt je nach Aussaatzeit ab Mitte Juli bis September kurz nach der Blüte und kann maschinell mit dem Grasmäher, der mit einem Anhaublech versehen ist, dem Ableger oder dem Binder vorgenommen werden. Kurz nach dem Abblühen ist das Kraut reich an ätherischem Öl, im Stadium der Knospenbildung liegt jedoch das Maximum. Ein lockeres Einbinden ist an sich nicht nötig, erleichtert jedoch die spätere Transportarbeit zur Trocknung. Das frische Kraut wird dann sofort dem Verarbeitungsbetrieb angeliefert oder getrocknet.

Die Ernte der Früchte erfolgt vor der Vollreife, da sie sehr leicht ausfallen. Ab Ende Juli bis August, wenn sie sich leicht zu bräunen anfangen, ist der Zeitpunkt für den Schnitt gekommen, der mit denselben Maschinen durchgeführt wird wie bei der Krauternte. Der Schnitt wird aber zweckmäßigerweise morgens oder abends bzw. bei trübem Wetter mit genügender Luftfeuchtigkeit vorgenommen, da sonst große Ausfallverluste entstehen können. Der Dill wird eingebunden und in Hocken zur Nach-

[1] Hösslin, R. von: Versuchsergebnisse über die Wirkung der Beisaat verschiedener Gemüsearten zu Spätmöhren. „Süddeutscher Erwerbsgärtner“ 7, S. 268 bis 270 (1953).

reife und zum Trocknen zusammengestellt. Danach wird er möglichst in den Morgen- oder Abendstunden unter Verwendung von Planen eingefahren und anschließend gedroschen. Der Hockendrusch mit Mähdrescher beugt auch hier Ernteverlusten vor. Die Druschabfälle lassen sich als Viehfutter verwenden.

Erträge: Die Erträge an *Herba Anethi* schwanken stark, da sie vom Saatzeitpunkt und der Witterung abhängig sind. Sie betragen frisch etwa 100—200 dz/ha, das entspricht bei einem Trocknungsverhältnis von 4—5 : 1 etwa 20—40 dz/ha Droge. Das Kraut wird in der Regel künstlich getrocknet. Es kommt dabei in ganzer oder gehäckselter Form zur Trocknung. Die günstigste Temperatur liegt um 40° C. Nur im gärtnerischen Kleinanbau wird noch hier und da Lufttrocknung vorgenommen.

Der Ertrag des gezogenen, frischen Blattdills liegt bei etwa 50 dz/ha.

Der Saatgutertrag (zugleich *Fructus Anethi*) beläuft sich auf 6—12 dz/ha, doch werden auch gelegentlich höhere Erträge erzielt. Die geernteten Dillfrüchte sollen nach dem Drusch nicht eingesackt stehenbleiben, sondern möglichst flach ausgebreitet nachtrocknen. Künstliche Nachtrocknung ist möglichst zu vermeiden und soll, wenn die Verhältnisse es überhaupt erfordern, nur bei ganz mäßiger Wärme vorgenommen werden.

Abb. 88 Dillfrüchte; links: großfrüchtige Herkunft, rechts: kleinfrüchtige, bearbeitete Dillsaat, fälschlich Bergkümmel genannt

Krankheiten und Schädlinge: Nach MÜHLE[2] befällt der Rostpilz *Puccinia petroselini* Lindr. außer der Petersilie auch den Dill. Großen Schaden verursachten in Leipzig-Probstheida fast in jedem Jahr Blattläuse, besonders *Cavariella aegopodii* Scop. Marienkäfer (Coccineliden), die in reicher Zahl beobachtet wurden, fanden an den mit Blattläusen besetzten Pflanzen die besten Lebensbedingungen. Die Wiesenwanze, *Lygus pratensis* L., die Erdwanze, *Sehirus bicolor* L., und die Raupe des Schwalbenschwanzes, *Papilio machaon* L., verursachten Schäden, die nicht bedeutend waren.

Besonderes: Häufig werden *Fructus Anethi* für Gewürzzwecke als Kümmelersatz verwendet. Dabei kann es sich um besonders bearbeitete Dillsaat handeln, die fälschlicherweise auch unter dem Namen „Berg- oder Roßkümmel" angeboten wird. Unter diesem Namen ist jedoch *Laserpitium silea* L. (*Siler montanum* Crantz), Echter Bergkümmel, zu verstehen. Die Früchte dieser Umbellifere wurden früher in der Heilkunde ebenso wie die Kümmelfrüchte verwendet. Als Roßkümmel wird auch noch *Laser trilobum* (L.) Borkh. bezeichnet. Auch diese Art wurde früher in Gärten als Gewürzpflanze angebaut. Oft wird mit einem Kappenreiber, wie er z. B. bei der Aufbereitung von Gelbklee Verwendung findet, der Flügelrand der Dillfrüchte abgerieben und so eine gewisse Ähnlichkeit mit Kümmelfrüchten (*Fructus Carvi*) erzielt, was schon öfter zu unliebsamen Verwechslungen geführt hat.

[2] MÜHLE, E.: Krankheitserscheinungen und Schadbilder an *Anethum graveolens* L., Dill und *Foeniculum vulgare* Mill., Fenchel und ihre Erreger. „Pharmazie" 1, S. 223 bis 224 (1946); bzw. „Arzneipflanzen-Umschau" 2, S. 75 bis 77 (1946).

Angelica archangelica L., Angelika, Garten-Engelwurz, Erzengelwurz

Umbelliferae

Gebräuchliche Pflanzenteile: DAB. 6: „Die getrockneten Wurzelstöcke und Wurzeln von *Archangelica officinalis* Hoffmann."* HAB. 2: „Getrocknete Wurzel der wildwachsenden Pflanze."

Handelsbezeichnungen: *Radix* (*Rhizoma*) *Angelicae* (*sativae*), Angelikawurzel; *Herba Angelicae*, Angelikakraut; *Fructus* (*Semen*) *Angelicae*, Angelikafrüchte. Als Gewürz finden seltener Verwendung *Fistulae Angelicae*, Angelikastengel.

Botanik: Die Kulturform der Engelwurz ist vorwiegend zweijährig. Die Wildform kann bis vier Jahre alt werden. Nach einmaligem Blühen und Fruchten im zweiten Vegetationsjahr sterben die Pflanzen meist ab. Die Wurzel ist im ersten Jahr spindelförmig, später wie abgebissen und mit zahlreichen Faserwurzeln (Adventivwurzeln) versehen, mehrköpfig. Die Wurzeln sind außen hellbraun, innen gelblichweiß und führen einen gelblichen Milchsaft. Der aufrechte bis 250 (300) cm Höhe erreichende unbehaarte Stengel ist röhrig, stielrund und fein gerillt, am Grund ist er besonders stark und kann Armstärke erreichen. Er ist meist rotbraun angelaufen und ± stark

Abb. 89 Angelica archangelica L., Blütenstand (Doppeldolde), gegen Ende der Blüte

mit einem bläulichen Reif bedeckt. Oberwärts ist der Stengel ästig. Die Grundblätter sind doppelt bis dreifach gefiedert, die wechselständigen Stengelblätter sind unten doppelt, oben nur einfach gefiedert. Die Grundblätter sind mit einem langen, rundröhrigen, zuweilen auf der Oberseite etwas gekielten, sehr selten schwachrinnigen Stiel versehen. Die oberen Laubblätter sitzen auf den sehr großen, sackartig aufgeblasenen, ± häutigen, anliegenden Scheiden. Die Blattfarbe ist grasgrün, auf der Blattunterseite mehr bläulichgrün. Am Stengel und an seinen Ästen sitzen endständig die großen, fast kugeligen Doppeldolden. Ihr Durchmesser beträgt

* Gültiger Name: *Angelica archangelica* L

8—15 cm. Sie sind zwanzig- bis vierzigstrahlig. Die kleine Blumenkrone ist regelmäßig, grünlichgelb bis gelblich, auch grün, nie reinweiß. Die Blüten verbreiten Honigduft. Die zwittrigen Blüten verhalten sich proterandrisch. Fremdbestäubung dürfte die Regel sein.

Blütezeit: (VI) VII, VIII.

UDE beobachtete an den blühenden Engelwurzbeständen in Leipzig-Probstheida reichen Insektenbeflug, vor allem von Honigbienen, *Apis mellifica* L. Auch die Schwarze Erdbiene, *Andrena carbonaria* L., wurde oft beobachtet. Von weiteren Hymenopteren war nur noch die kleine Schlupfwespe *Collyria puncticeps* Thoms. sehr häufig. Als Schmarotzer der schädlichen Halmblattwespen ist ihr besondere Beachtung zu schenken. In großer Zahl waren Weichkäfer in mehreren Arten auf den Blüten zu beobachten. Die bei weitem häufigste Art war *Cantharis fusca* L. Die Weich- oder auch Soldatenkäfer sind als Räuber in ihrer Lebensweise bekannt, nähren sich aber gelegentlich auch gern von Pollen und anderen Blütenteilen. Die Larven sind ausschließlich carnivor und werden bei ihrer großen Zahl und ihrer unterirdischen Entwicklung zweifellos mehr nützen, als die Käfer oberirdisch schaden können. Auf den Blüten und jungen Früchten wurde der große, graue Schnellkäfer *Prosternon tesselatus* L. öfters angetroffen. Soweit beobachtet werden konnte, wurden von ihm die Pollen gefressen. Fliegen besuchten die Blüten in mehreren Arten. Besonders häufig waren die mittelgroße, grüne Goldfliege *Lucilia silvarum* Mg. und die äußerst zarte Art *Micropeza corrigiolata* L. In mehreren Arten belebten auch Schlupfwespen die Blüten. Die Rosenblattwespe, *Arge rosae* L., deren Larve an Wild- und Edelrosen zu finden ist, wurde auch erbeutet.

Die breitgeflügelten Spaltfrüchte sind bis 9 mm lang und bis 6 mm breit. Ölstriemen sind zahlreich vorhanden, aber auf der Fugenseite undeutlich. Die Farbe der Teilfrüchte ist weißlich; der graubräunliche Samen ist — eine Seltenheit bei den Doldenblütern — mit der Fruchtwand nicht verwachsen und läßt sich bei der Reife leicht herausreiben. Eine sichere Unterscheidung der *subspec. eu-archangelica* Thell. von *subspec. litoralis* (Fries) Thell. ermöglichen die Früchte, und zwar besonders durch die Ausbildung der Rippen. In nachfolgender Übersicht (nach HEGI) sind diese wichtigsten Unterscheidungsmerkmale zusammengefaßt:

Merkmal	*subspec. eu-archangelica* Thell.	*subspec. litoralis* (Fries) Thell.
Form	breit-elliptisch, oft fast rechteckig	mehr rundlich-elliptisch
Länge	6,5 8 (9) mm	(4,5) 5—6 mm
Breite	4,5—5 (6) mm	(3) 3,5—4,5 mm
Rückenrippen	3 stark vorspringend, deutlich geschärft, im Querschnitt dreieckig, mit geschweiften, unter der Schneide etwas eingebuchteten Seitenrändern, dadurch an den Seiten längsfurchig und im Querschnitt oft leicht dreilappig	3 wenig vorspringend, stumpf, an den Seiten nicht gefurcht, im Querschnitt niedrig — fünfeckig

Von *Angelica archangelica* L. beschreibt HEGI folgende zwei Unterarten: *subspec. eu-archangelica* Thell. und *subspec. litoralis* (Fries) Thell., die erstere mit den Varietäten *norwegica* (Rupr.) Rikli = Berg-Engelwurz und *sativa* (Mill.) Rikli = Garten-

Engelwurz. Die ganze Pflanze, besonders aber die scharf und bitter schmeckende Wurzel und die Früchte besitzen einen durchdringenden Geruch, der an Benediktinerlikör erinnert und bei der *subspec. eu-archangelica* angenehm würzig ist, bei der *subspec. litoralis* aber bedeutend schärfer sein soll. Weitere Unterscheidungsmerkmale sind folgende:

	subspec. eu-archangelica Thell.	*subspec. litoralis* (Fries) Thell.
Stengel:	weich	hart
Blattscheiden:	sehr weit, sackartig aufgeblasen, fast ganz krautig (mit Ausnahme der auf die Scheiden reduzierten Hochblätter)	mehr häutig
Hüllchenblätter:	linealisch, etwas verbreitert, so lang wie die Döldchen	pfriemlich, etwa halb so lang wie die Döldchen
Blüten:	grüngelblich bis gelblich (auch grün)	grünlichweiß

Bei den von uns beobachteten Kulturpflanzen waren die Hüllchenblätter sehr verschieden geformt und lang, zum Teil waren sie fast blattartig ausgebildet.

Abb. 90
Angelica archangelica L., Teilfrüchte, links: Bauchansicht, rechts: Rückenansicht

Von *Angelica silvestris* L. (Wald-oder Wilde Brustwurz), die in mehreren Varietäten und zahlreichen Formen anzutreffen ist, werden im Drogenhandel gelegentlich die Wurzeln unter der Bezeichnung *Radix Angelicae silvestris* geführt. Die Droge soll hin und wieder noch in der Tierheilkunde Verwendung finden. In ihren Eigenschaften gleicht sie nahezu *Angelica archangelica*; sie hat aber einen weniger angenehmen Geruch und Geschmack aufzuweisen. Angebaut wird diese viel schwachwüchsigere Art jedoch nicht.

Boden und Klima: Im Anbau bevorzugt die Angelika einen tiefgründigen, humusreichen Boden in feuchter Lage. Glimmerschieferverwitterungsboden scheint ihr besonders zuzusagen. Im Sächsischen Erzgebirge wird in Bockau in der Nähe der Bergstadt Schneeberg in 550—600 m Höhenlage auf einem solchen Boden eine hervorragende Drogenqualität gewonnen. Auch auf anmoorigem Boden gedeiht die Engelwurz noch. Stauende Nässe verträgt sie nicht, desgleichen keine anhaltende Trockenheit. Dagegen ist sie völlig frostunempfindlich und gedeiht noch in rauhen Lagen. Auch Halbschatten verträgt sie.

Abb. 91 Bockau im Erzgebirge, Zentrum des sächsischen Angelika-Anbaues. Gesamtansicht

Nach KRÓWCZÝNSKI[1] unterschieden sich die Angelikaöle in Ausbeute und Qualität je nach dem Ort, auf dem die Pflanzen gewachsen waren. Pflanzen in höherer Lage lieferten bessere Ausbeuten und Aromen, besonders wenn sie auf feuchtem Boden gestanden hatten.

Herkunft und Verbreitung: *Angelica archangelica* ist eine vorwiegend nordische Pflanze. In Europa findet sie sich vielenorts an Bächen und auf feuchten Wiesen, z. B. in Deutschland an den Flußufern des Mains, Mittelrheins und der Werra sowie in Küstengebieten[2]. Aber auch in Teilen Asiens ist sie verbreitet.

Herkünfte des Drogenhandels: Die aus dem deutschen Anbau stammende Droge wird im Handel sehr begehrt und war schon zeitweise eine Exportdroge. Herkunftsgebiete sind Sachsen, wo bei Bockau im Erzgebirge die besonders geschätzte Zopfware gewonnen wird, Thüringen (vor allem Kölleda/Unstrut) und Franken (Schweinfurt), die Tschechoslowakei sowie Belgien, Frankreich, Italien, die Schweiz und die Sowjetunion (Ukraine). Nach WEISS[3] ist anzunehmen, daß der Anbau der Engelwurz bereits im Jahre 1583 im Sächsischen Erzgebirge zu Hause war. Danach dürfte das Erzgebirge eines der ältesten Heilpflanzenanbaugebiete Deutschlands sein.

Sorten und Herkünfte für den Anbau: Eine ertrag- und gehaltreiche Landsorte ist die 'Sächsische Angelika'. Außerdem wird noch eine Thüringer Landsorte angebaut. Sie entsprechen der *subspec. eu-archangelica* Thell. *var. sativa* (Mill.) Rikli. Die in den

[1] Polska Akad. Umiejetnosci, Prace Komiji Nauk Farm., Dissertationes Pharm. 2 (1950) 1; zit. nach Bericht VEB SCHIMMEL, Miltitz b. Leipzig, 1954, S. 13.

[2] LUDWIG, W.: *Angelica archangelica* L., Erzengelwurz und *Angelica silvestris* L., Brustwurz. „Pharmazie" **1**, S. 182 bis 184 (1946); bzw. „Arzneipflanzen-Umschau" **2**, S. 56 bis 58 (1946).

[3] WEISS, W.: Das Erzgebirge in der Heilpflanzenversorgung einst und jetzt. „Pharmaz. Ztg." S. 417 (1937).

deutschen Anbaugebieten von uns beobachteten Angelika-Landsorten stellen noch vorwiegend Formengemische dar. Die Unterarten *eu-archangelica* und *litoralis* bilden Bastarde. Auch die Unterart *litoralis* (Küsten-Engelwurz) ist früher in Gärten angebaut worden. Erwünscht ist eine in allen Merkmalen ausgeglichene artreine Sorte vom Typ *subspec. eu-archangelica var. sativa* mit hohem Gehalt an ätherischem Öl.

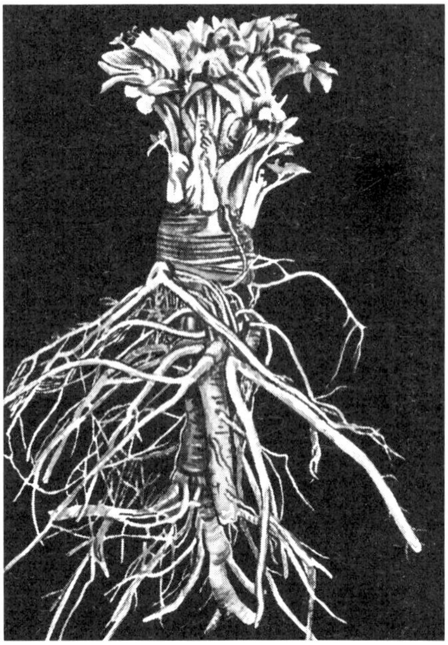

Abb. 92 Angelica archangelica L., Wurzel, zweijährig

Saatgut: Das 1000-Korngewicht der Teilfrüchte schwankt sehr. Wir ermittelten Werte von 2,082—8,497 g. Auch das Hektolitergewicht ist mithin sehr verschieden. Bei Berücksichtigung mehrerer Herkünfte stellten wir Gewichte zwischen 11,825 und 20,800 kg/hl fest. Die Mindestreinheit sollte 95% und die Mindestkeimfähigkeit 60% betragen. Nur frisches Saatgut keimt gut. Die Keimfähigkeit läßt während der Lagerung sehr schnell nach und erlischt bald. Es empfiehlt sich daher, das Saatgut sofort nach der Ernte zu untersuchen und noch im Herbst des Erntejahres auszusäen. Wir stellten bereits im ersten Jahre der Lagerung eine Abnahme der Keimfähigkeit zwischen 37 und 100% fest. Handelssaatgut keimt meist sehr schlecht. Der Keimversuch wird bei niederen Temperaturen (8—12°C) oder Wechseltemperatur bei Lichtzutritt durchgeführt und dauert 28 Tage. Auch eine Kältebehandlung des Saatgutes vor der Aussaat hat sich bewährt. Das Arzneipflanzengut Schkopau bei Merseburg führte eine solche etwa acht Wochen lang bei einer Temperatur von + 2° C durch. Trotzdem läuft die Saat aber auch erst nach reichlich drei Wochen auf. Die normale Keimzeit beträgt etwa vier Wochen.

Anbau: In der Fruchtfolge ist Angelika nicht allzu wählerisch, doch ist im allgemeinen die Stellung in zweiter Tracht nach gut gedüngter Hackfrucht schon wegen des hohen Nährstoff- und Humusanspruches zu empfehlen. Engelwurz wird als Hackfrucht in die Fruchtfolge eingeschoben. Mit sich selbst ist sie unverträglich und benötigt eine fünf- bis sechsjährige Anbaupause. Sie hinterläßt den Boden meist in guter Schattengare und bildet für Getreide eine geeignete Vorfrucht. Infolge der späten Rodung kommen als Wintergetreide aber nur noch in geeigneten Lagen Winterweizen und Winterroggen in Frage.

Der Anbau wird verschieden gehandhabt. Entweder kultiviert man eineinhalb- oder zweijährig. Entscheidend für die kürzere oder längere Vegetationszeit dürfte wohl die jeweils örtlich verschieden fallende Niederschlagsmenge sein.

Nachstehend folgt eine Gegenüberstellung der in den mitteldeutschen Hauptanbaugebieten Bockau und Kölleda üblichen Anbauweisen, auf die anschließend noch etwas näher eingegangen werden soll.

Die Angelikapflanzen in Kölleda stehen also fast ein Jahr länger auf dem Feld, d. h., sie überdauern zweimal den Winter. Wenn jedoch der Herbst so naß ist, daß keine Pflug- und Erntearbeiten vorgenommen werden können, überwintern die Pflanzen

Anbauvergleich Bockau (Erzgeb.) — Kölleda (Thür.)[4]

	Bockau (Erzgeb.)	Kölleda (Thür.)
Höhenlage	550—600 m	180 m
Jahresdurchschnittstemp.	+ 6,2° C	+ 9° C
Durchschn.Niederschläge	750—800 mm	450—500 mm
Boden	Glimmerschieferverwitterungsboden (steinig) (zum Teil anlehmiger Sand)	anmooriger Boden und schwarzer Humusboden
Vorfrucht	Brache od. Hackfrucht mit Stalldung	Kartoffel mit Stalldung
Nachfrucht	vorwiegend Winterroggen	vorwiegend Hafer
Ernte der Früchte	Juli	Juli
Aussaatzeit	Ende Juli/August	September—November
Anzuchtort	Hausgarten	Feld
Pflanzzeit	April des 2. Jahres	Oktober des 2. Jahres
Pflanzenentfernung	60×35 cm auf Dämmen	60×50 cm auf Dämmen
Pflegearbeiten	1—2 Handhacken 1 × häufeln	2 Handhacken 2 × igeln 1 × häufeln
Düngung	6—8 dz/ha K_2O-Düngung* 1,5 dz/ha N-Düngung 1,5 dz/ha P_2O_5-Düngung	2 dz/ha K_2O-Düngung 2 dz/ha N-Düngung 2 dz/ha P_2O_5-Düngung
Erntezeit	Oktober des 2. Jahres	Oktober des 3. Jahres oder Frühjahr des 4. Jahres
Erntemethoden	Kraut schneiden, Wurzeln auspflügen, abschütteln, Stengel auf 5 cm verkürzen	mit Kraut 50 cm tief umpflügen (vierspännig), ausheben, Kraut abhacken, abschütteln
Waschen	im Gebirgsbach	erfolgt nur gelegentlich, wird frisch verkauft, Boden haftet nicht an
Vegetationsdauer (Saat/Ernte)	440 Tage	700—760 Tage
Drogenertrag	18—20 dz/ha	20—25 dz/ha
Trocknungsverhältnis	5 : 1	4 : 1
Trocknungsart	natürlich (Dachboden) oder künstlich (Ofen)	vorwiegend Abgabe als Frischware oder Trocknung an der Hauswand
Besonderes	Wurzeln werden zu Zöpfen geflochten	Starke Wurzeln werden gespaltet

auch noch ein drittes Mal. Ein Waschen geschieht in Kölleda nur in den seltensten Fällen, da die Wurzeln meist sehr sauber sind, denn der humose Boden haftet nicht fest an den Fasern und fällt beim Schütteln leicht ab. Die Trocknung an der Hauswand, wie sie früher üblich bei Angelika war, wird jetzt fast nur noch bei Liebstockwurzeln (*Radix Levistici*) vorgenommen; heute werden die Angelikawurzeln frisch verladen und von den Aufkaufbetrieben selbst getrocknet. Die Vorkultur zur Anzucht von Jungpflanzen ist bei beiden Methoden notwendig. Es ist mit einem Vermehrungsverhältnis von 1 : 7—1 : 10 zu rechnen. In den Aussaatterminen sind Unterschiede zu beachten. Voraussetzung für die eineinhalbjährige Kultur ist die Aussaat im Anzuchtbeet unmittelbar nach der Ernte im August. Im Kleinbetrieb geschieht

[4] GERLACH, J.: Der Anbau und die Verwertung von *Angelica archangelica* L. (Engelwurz) im Hauptanbaugebiet Bockau (Erzgeb.), Diplomarbeit, Leipzig 1954.
* Diese K_2O-Gabe erscheint uns zu reichlich.

Abb. 93
Angelica archangelica L., Rabattenbepflanzung; links: Jungpflanzen von Rheum palmatum L. var. tanguticum Maxim.

das auf einfache Weise durch Ausfallenlassen der Früchte auf dem Samenträgerstück und späteres Verpflanzen des Ausfallaufwuchses. Die durch ihre Randflügel der Windverbreitung angepaßten reifen Früchte fallen leicht aus. Sie keimen dann meist in einem Umkreis von 1—3 m um die abgestorbene Mutterpflanze. Im größeren Anbau wird die Saat (20 kg/ha) in ein nach dem Pflügen gut abgesetztes, gartenmäßig und sehr fest hergerichtetes Feld in 25 cm Reihenabstand in einen leichten Eggenstrich flach ausgedrillt. Da die Keimfähigkeit sehr unterschiedlich ist, können auch niedrigere bzw. höhere Saatgutmengen notwendig sein. Anschließend wird die Saat zugewalzt. Ein Feuchthalten des Saatbettes ist für einen guten Aufgang unbedingt notwendig.
In trockeneren Lagen empfiehlt es sich, die Aussaat später, und zwar von Oktober bis Dezember, vorzunehmen. Das Auflaufen erfolgt dann erst im Frühjahr nach genügender Erwärmung etwa Ende April/Anfang Mii. Eine zeitige Frühjahrsaussaat ist wegen der ständig abnehmenden Keimfähigkeit des Saatgutes nicht zu empfehlen.
Während bei der eineinhalbjährigen Kulturweise die Jungpflanzen bereits im April/Mai des nächsten Frühjahres verpflanzt werden, bleiben die um diese Zeit erst auflaufenden Pflanzen der Spätherbstsaat bis zum nächsten Herbst im Anzuchtbeet. Einer Verkrustung des Anzuchtbeetes im Frühjahr vor dem Auflaufen ist durch einen Walzenstrich rechtzeitig vorzubeugen. Während der zunächst etwas langsamen Entwicklung ist ein- bis zweimaliges Hacken mit der Hand und später noch einmal vor dem Schließen des Bestandes ein Durchfahren mit der Hackmaschine notwendig. Die Anbauweise des Hauptanbaues ist etwas unterschiedlich und soll nacheinander behandelt werden. Der im Herbst tief gepflügte Acker wird zur Frühjahrspflanzung krumig und locker hergerichtet. Mit dem Vielfachgerät werden dann in 62,5 cm Reihenabstand Dämme gezogen. Die ausgegrabenen oder mit einem Hebepflug gerodeten Pflänzchen werden ab Mitte April mit einem Spaten oder einem 1 m langen Eisenstößel in 35 cm Entfernung auf die Dämme gepflanzt. Etwa nach 14 Tagen wird erstmalig mit der Hand gehackt. Bis zum Schließen des Bestandes im Mai erfolgt eine weitere Hacke und ein nochmaliges Anhäufeln. Bei der Anlage der Kultur im Herbst werden

Abb. 94 Angelica archangelica L., Feldbestand während des Entblätterns zur Erntezeit

auf dem in gleicher Weise hergerichteten Acker mit dem Vielfachgerät ebenfalls in 62,5 cm Reihenabstand flache Furchen von 5—8 cm Tiefe gezogen. Die Jungpflanzen werden während der Vegetationsruhe, also in der Zeit von Oktober bis Dezember, in gleicher Weise gerodet, in die Furchen im selben Abstand, wie in der oben beschriebenen Anordnung ausgelegt, zugehäufelt und angewalzt.

Beim eineinhalbjährigen Anbau wird zur Saatgutgewinnung ein entsprechendes Stück für ein weiteres Jahr stehengelassen, oder gerodete Wurzeln werden neu verpflanzt. Sie fruchten dann im folgenden Jahre. Beim zweijährigen Anbau fruchtet schon ein großer Teil im Hauptanbaujahre, so daß man ein entsprechendes Stück schossen und im Juli/August blühen läßt. Sobald sich die zunächst grünlichgelben Früchte an den Dolden heller färben, werden sie im mehrfachen Durchgehen herausgeschnitten und in umgebundene Beutel gesammelt. Nach sorgfältiger Nachtrocknung werden die Früchte aus den Dolden herausgerieben oder gedroschen. Wird Angelika vorzugsweise zur Saatgutgewinnung angebaut, empfiehlt es sich, die Standweite von vornherein etwas weiter zu wählen, etwa 100 × 60 cm. Der Blütenansatz ist in diesem Fall besser und bringt höhere Erträge.

Der Austrieb im zweiten Jahr erfolgt sehr zeitig im März/April. Das Feld ist möglichst frühzeitig zu striegeln und wird dann bald nach Erscheinen der Pflanzen geigelt und hinterher tief gehäufelt, sobald die Pflanzen eine genügende Höhe erreicht haben. Das Wachstum ist im zweiten Jahre sehr rasch, so daß man mit den Pflegemaßnahmen nicht zu lange warten darf. Ende Mai ist normalerweise der Bestand geschlossen.

Die Handelsdüngergaben werden für Anzucht und Hauptanbau etwa gleich gewählt. 40 kg N = 200 kg Stickstoffdüngemittel, evtl. in zwei Gaben, 50 kg P_2O_5 = 280 bis 315 kg Superphosphat und 100—120 kg K_2O = 250—300 kg Kali entsprechen ungefähr dem Nährstoffbedürfnis. Stickstoffüberdüngung wirkt sich nachteilig auf den Ertrag an *Radix Angelicae* aus. Die angegebenen Düngermengen werden im Herbst vor der Anlage der Kultur oder im zeitigen Frühjahr verabreicht.

Ernte: Steht die Anlage zur Wurzelgewinnung, sind laufend ab Mitte Mai alle sich bildenden Schosser (Blütenstandsknospen) tief auszuschneiden, damit sich die Wurzelkörper kräftiger ausbilden können. Nach Eintritt der Vegetationsruhe im Herbst wird im Oktober die Wurzelernte vorgenommen. Erfolgt die Ernte zeitiger, so muß vorher das Kraut mit einem Ableger oder der Sichel geschnitten werden. Geringe

Abb. 95
Angelica archangelica L., Handrodung der Wurzeln in Bockau (Erzgeb.)

Abb. 96
Angelica archangelica L., Waschen von Wurzeln im Bach

Abb. 97
Angelica archangelica L., Auspflügen der Wurzeln in Bockau (Erzgeb.)

Mengen frischen, noch grünen Laubes ohne abgewelkte oder vergilbte Teile nimmt unter Umständen die verarbeitende Industrie ab. Auch von den Rindern wird es in mäßigen Mengen gefressen. Bei späterer Rodung ist das Laub meist schon vergilbt oder abgestorben, so daß diese Arbeit nicht mehr notwendig ist. Anschließend werden die Wurzeln mit einem Pflug ohne Streichblech oder ähnlichem Rodepflug tief gehoben und mit Grabegabel oder Karst herausgezogen. Gut ausgeschüttelt, abgeklopft und von den Krautresten befreit, werden sie dann zum Waschen gebracht. Es ist darauf zu achten, daß die feineren Faserwurzeln nicht abgeschlagen werden. Zu beachten ist, daß die Hauptwurzel bis über 50 cm tief reicht und die Nebenwurzeln bis 30 cm lang werden und bis 1 cm stark sind. Bei ungünstiger Herbstwitterung ist auch eine Rodung im Frühjahr möglich, doch sollte sie wegen des frühen Austreibens der Angelika dann auch entsprechend rechtzeitig vorgenommen werden.

Das Waschen selbst erfolgt je nach den örtlichen Gegebenheiten in der verschiedensten Weise in Bächen, mit dem Schlauch oder in Waschtrommeln. Es sei noch bemerkt, daß beim Menschen durch Berührung mit dem Saft der Pflanze die Haut für Sonnenlicht sensibilisiert werden kann, was dann zu Hautentzündungen führt. *Oleum Angelicae* findet u. a. auch in therapeutischen Gaben als Hautreizmittel Verwendung. Hautempfindliche Menschen müssen bei den Erntearbeiten Schutzkleidung tragen.

Trocknung: Die natürliche Trocknung geschieht in den Anbaugebieten oft noch ähnlich wie die des Baldrians (siehe S. 703) an Schnüren aufgereiht an den Hauswänden oder auf Böden. Künstliche Trocknung mit höheren Temperaturen (über 40° C) soll möglichst vermieden werden, damit die Droge nichts von ihrem spezifischen Aroma einbüßt. Ein künstliches, rasches Nachtrocknen ist aber häufig unerläßlich, da die Droge hygroskopisch ist. In „Wurzelbucke" (Bockau im Sächsischen Erzgebirge) werden die Wurzeln in der Bauernstube in der Nähe des Ofens auf Holzhorden und Hordenständern nachgedörrt. REINHOLD[5] schreibt: „Dann ist es Zeit, den Stieglitz und Zeisig aus der Stube zu bringen, denn es ist eine bekannte Tatsache, daß die Stubenvögel an dem starken Geruch der Wurzel eingehen." Mit den Nebenwurzeln

Abb. 98 Angelica archangelica L., Aufbereitung der getrockneten Wurzeln (Flechten von Zöpfen) in Bockau (Erzgeb.)

[5] REINHOLD, D.: Der Bockauer Angelika-Anbau. „Die Deutsche Heilpflanze" 8, S. 26 bis 27 (1942).

werden die starken Wurzeln zu einem Zopf (sächsische Zopfware) geflochten. Die hygroskopische Droge muß schnell an den Drogenhandel bzw. an die verarbeitende Industrie abgeliefert werden. Zur längeren Aufbewahrung ist *Radix Angelicae* in gut schließende Gefäße zu bringen. Auf dem Boden der Lagergefäße sollte sich möglichst gebrannter Kalk befinden. Der Trockenheitsgrad der Droge muß während der Lagerung kontrolliert werden. Das Eintrocknungsverhältnis schwankt zwischen 4—5 : 1.

Erträge: 80—100 dz frische Wurzeln werden je Hektar geerntet. Der Drogenertrag beläuft sich somit auf etwa 16—25 dz/ha. Angelikafrüchte werden etwa 8—15 dz/ha geerntet. Höhere Erträge können unter günstigen Umständen vorkommen.

Krankheiten und Schädlinge: Hierüber berichtet MÜHLE[6] u. a. folgendes: Von den Wurzelschädlingen ist zunächst die mehlig gepuderte Engelwurzlaus, *Yezabura angelicae* Koch, erwähnenswert. Auch wird der Wurzeltöterpilz, *Rhizoctonia crocorum* (Pers.) DC. (= *R. violacea*), genannt, der die Wurzel unter Bildung eines violetten Pilzgeflechtes zum Absterben bringt. In Ungarn haben ferner Wühlmäuse und Engerlinge, die wahrscheinlich auch bei uns gelegentlich auftreten dürften, für die Engelwurz eine gewisse Bedeutung erlangt.

An den Blättern kommen der Echte und Falsche Mehltau *Erysiphe umbelliferarum* De By. und *Plasmopara nivea* (Ung.) Schroet. vor. Während der Echte Mehltau die Blätter beiderseits mit einem weißen Belag überzieht, verursacht der Falsche Mehltau in erster Linie helle Flecke und bringt sekundär, besonders blattunterseits an der Grenze zwischen gesundem und krankem Gewebe, ein weißliches Pilzgeflecht hervor. Eine bloße Gelbfleckigkeit kann auch auf Milbenbefall (*Tetranychus urticae* Koch) beruhen. Weitere Blätterparasiten der Engelwurz sind der Rostpilz *Puccinia angelicae* Fuck. und der Blattschorf *Phyllachora angelicae* Fuck. Ersterer erzeugt bräunliche, stäubende Pusteln. Von tierischen Schädigungen sind auf den Blättern außer allgemeinen Saugschäden durch die Blindwanze *Lygus campestris* L. besonders Weißsprenkelungen durch die Zikaden *Chlorita flavescens* F. und *Eupteryx atropunctata* Goeze und Minierschäden durch die Larve der Selleriefliege, *Philophylla heraclei* L., hervorgerufen worden. REICHERT hat außerdem gelegentlich die Raupen des Schwalbenschwanzes an den Blättern fressend angetroffen, ferner wiederholt Fraßschäden in zusammengerollten Blättern bzw. Triebenden durch die Raupe des Wicklers *Cnephasia wahlbomiana* L. festgestellt. Als weitere Blattschädlinge erwähnt er den gelblich-grünen Kugelspringschwanz *Bourletiella sulphurea* Koch.

Die Stengel der Engelwurz sind besonders Blattlausbefall ausgesetzt. Während im Bereich der unteren Stengelteile, vorwiegend hinter den Blattscheiden, die bereits erwähnte Blattlaus *Yezabura angelicae* beobachtet werden kann, tritt in den oberen Partien oft die Schwarze Bohnenlaus, *Aphis fabae* Scop., sehr stark in Erscheinung. Für die Blütenstände spielen wiederum Blattläuse eine große Rolle. An erster Stelle ist auch hier *Aphis fabae* Scop. zu nennen. An den Früchten ist die Schildlaus *Leucanium pulchrum* March. festgestellt worden. In den Beständen des Sortenamtes in Leipzig-Probstheida wurden in großer Zahl auch Florfliegen (*Hemerobidera*) beobachtet. Ihre Larven werden als Blattlausvertilger für große Nützlinge gehalten und führen mit Recht die Bezeichnung „Blattlauslöwen". An den halbreifen Früchten der Engelwurz wurden auch erwachsene Raupen der Sommergeneration des Schwalbenschwanzes, *Papilio machaon* L., angetroffen.

Die Droge *Radix Angelicae* wird von folgenden Schädlingen befallen: von der Kupferroten Dörrobstmotte, *Plodia interpunctella* Hb., der Grauen Dörrobstmotte, Heu- oder Kakaomotte, *Ephestia elutella* Hb., und von dem Brotbohrer, *Stegobium paniceum* L.

[6] MÜHLE, E.: Krankheitserscheinungen und Schadbilder an weiteren Doldenblütlern. „Pharmazie" 2, S. 471 bis 472 (1947); bzw. „Arzneipflanzen-Umschau" 2, S. 256 bis 257 (1947).

Anthemis nobilis L., Römische Kamille (Edel-Kamille)

Compositae

Gebräuchliche Pflanzenteile: Erg.-B. 6: „Die getrockneten Blütenköpfchen der angepflanzten, gefüllten Varietät von *Anthemis nobilis* Linné." HAB. 2: „Frische, zur Zeit der beginnenden Blüte gesammelte Pflanze."

Handelsbezeichnung: *Flores Chamomillae romanae*, Römische Kamille.

Botanik: *Anthemis nobilis* ähnelt im Gesamtbild allen ihr verwandten *Anthemis*- und *Matricaria-species*. Sie ist ausdauernd und besitzt einen vielköpfigen Wurzelstock. Die Wuchsform ist niederliegend bis kriechend. Sie wird etwa 30—50 cm hoch. Die zahlreichen Stengel sind mehrfach verzweigt, mittelstark beblättert. Die Blätter sind zweifach-fiederteilig, die Fiederchen länglich-schmal, ziemlich grob, hell- bis mattgrün. Die endständigen Blütenköpfchen stehen einzeln, ihr Durchmesser beträgt 2—3 cm. Sie sind entweder mit weißen, weiblichen Strahlenblüten gefüllt (*var.*

Abb. 99
Anthemis nobilis L. var. flore pleno, blühende Einzelpflanze

Abb. 100
Anthemis nobilis L., ungefüllte Blüten

flore pleno), oder es stehen weiße Randblüten mehrzeilig um die gelben Röhrenblüten. Die Spreublättchen zwischen den Blüten sind länglich, stumpf, an der Spitze trockenhäutig, am Rande zerschlitzt, an der Spitze außen behaart. Der Blütenboden ist kegel- oder walzenförmig, markig.

Blütezeit: VI—VIII.

Fruchtansatz erfolgt nur nach Bestäubung mit Pollen der Röhrenblüten von ungefüllten bzw. teilweise gefüllten Formen. Bei den ganz gefülltblühenden Formen trägt der Blütenboden nur noch weiße, rein weibliche Strahlenblüten. Erfolgt jedoch eine Befruchtung, so spaltet die Nachkommenschaft in ungefüllte und gefüllte Blütenköpfe mit allen möglichen Zwischenformen auf. Die kahlen Früchte sind fast keilförmig und dreikantig, etwa 1,5 mm lang, graubraun bis silbergrau, glänzend. Die ganze Pflanze riecht angenehm aromatisch. Sie enthält ätherisches Öl und Bitterstoff.

Abb. 101 Anthemis nobilis L. var. flore pleno, Blütenköpfe

Boden und Klima: Die Römische Kamille gedeiht besonders gut auf leichten, humosen, nicht zu trockenen Böden in warmer, sonniger Lage. Schwere Böden sind weniger geeignet. Stauende Nässe wird nicht vertragen.

Herkunft und Verbreitung: *Anthemis nobilis* findet sich vor allem in Westeuropa (GESSNER), nach anderen Literaturangaben ist sie im südlichen Europa heimisch. In Deutschland ist sie eingebürgert anzutreffen auf kiesigen Triften, an Rändern stehender Gewässer, aber auch an trockenen Standorten.

Herkünfte des Drogenhandels: Das Hauptherkunftsgebiet für *Flores Chamomillae romanae* (gefüllte Blütenköpfchen) ist Belgien. Darüber hinaus wird die Römische Kamille vielenorts, so u. a. auch in Italien, Frankreich, England, Österreich und Deutschland angebaut.

Sorten und Herkünfte für den Anbau: Eine sehr gern angebaute Gruppensorte ist die 'Gefülltblühende Römische Kamille'. Sie blüht sehr reich und lange, so daß sie auch als Zierpflanze gut geeignet ist. Diese Sorte wird nur vegetativ vermehrt.

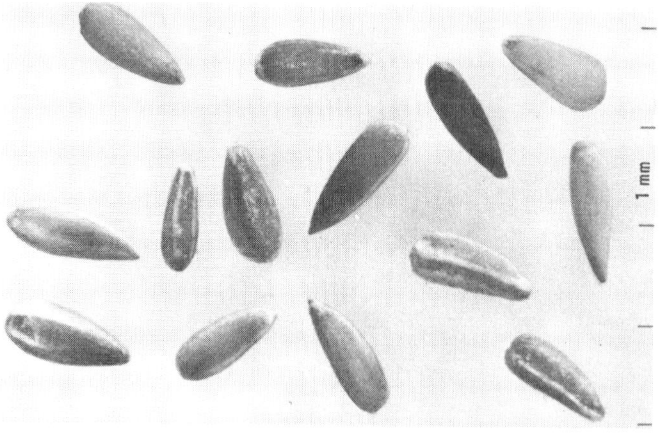

Abb. 102 Anthemis nobilis L., Früchte

Saatgut: Einfache und halbgefüllte Formen bringen Früchte mit einem 1000-Korngewicht von 0,122—0,200 g. Die Mindestreinheit des Saatgutes sollte 90% und die Mindestkeimfähigkeit 75% betragen. Sie wird bei Zimmer- oder Wechseltemperatur bestimmt. Der Keimversuch dauert 15 Tage. Hinsichtlich der Belichtung scheinen die Früchte indifferent zu sein.

Anbau: Als Vorfrucht empfiehlt es sich, einmal schon im Hinblick auf die Mehrjährigkeit eine gut mit Stallmist gedüngte Hackfrucht zu wählen und zum anderen wegen der ohnehin kriechenden (rasenbildenden) Wuchsform sich schwierig gestaltenden Unkrautbekämpfung, die immer einen relativ hohen Arbeitsaufwand erfordert. Die Vermehrung sollte ausschließlich durch Stockteilung vorgenommen werden, da die Anzucht aus Früchten, wie schon erwähnt, ein buntes Formengemisch mit meist ungefüllten Blüten hervorbringt. Ungefüllte Römische Kamille wird am besten im Kasten angezogen. Etwa 5 g Saatgut genügen für die Anzucht der für 1 a benötigten Pflanzen. Herbstgepflügter Acker wird zeitig geschleppt und mit Grubber, Egge und Schleppe als gartenmäßiges Pflanzbett vorbereitet. Im April wird dann das Auspflanzen der durch Teilung gewonnenen Setzlinge vorgenommen. Die Auspflanzung erfolgt am besten mit dem Spaten oder Pflanzspaten in 50 × 50 cm Abstand. Häufig werden engere Standweiten angegeben, meist mit 20 × 25 cm, doch haben neuere Untersuchungen von SCHRATZ[1] bewiesen, daß der weite Stand die höheren Erträge bringt, ganz abgesehen von der wesentlichen Erleichterung der Pflegemaßnahmen. Auch unkostenmäßig wirkt sich die weitere Stellung durch Senkung der für das Pflanzen aufgewendeten Zeit sowie durch Minderung der reinen Setzlingskosten günstig aus. Einem Erntegewicht von 275 g frischen Blütenköpfen je Pflanze bei einer Standweite von 50 × 50 cm entspricht ein solches von nur 33 g bei 20 × 20 cm. Inwieweit noch durch weitere Standräume als 50 × 50 cm Ertragssteigerungen möglich sind, wurde nicht untersucht.

Die Nutzungsdauer beträgt 2—3 Jahre. Danach werden im folgenden Frühjahr mit einem Pflug oder Spaten die alten Stöcke gehoben, geteilt und wieder neu gepflanzt. Handelsdünger (N, P_2O_5, K_2O) wird in mäßigen Gaben vor der Anlage der Kultur verabreicht; Superphosphatdüngung hat sich besonders bewährt.

Die Pflege kann zunächst mit dem Igel durchgeführt werden. Später, bei entsprechender Entwicklung, muß allerdings vorsichtig mit der Hand gehackt werden, da die Römische Kamille nicht in die Höhe, sondern niedrig am Boden in die Breite wächst. Die sich flach ausbreitenden Blütentriebe dürfen nicht verletzt werden. Vor der Überwinterung wird der Bestand zweckmäßig noch einmal geigelt. Die oberirdischen Krautteile können zurückgeschnitten werden, da sie sowieso absterben. Die Winterhärte ist im allgemeinen ausreichend, doch kommen in strengen Wintern mit Kahlfrösten Auswinterungsschäden vor. Eine Abdeckung kann daher unter Umständen angebracht sein.

Ernte: Im Juni beginnt die Blüte und damit die Ernte. Sie wird als reine Handarbeit vorgenommen und mehrmals nach jedem Wiedererblühen des Bestandes wiederholt. Die Blüten werden ohne Stiel gepflückt. Nach Untersuchungen von SCHRATZ[2] ist der Gehalt an ätherischem Öl während des Aufblühens verschieden hoch und außerdem vom Wetter abhängig, wie dies aus nachstehender Übersicht hervorgeht.

[1] SCHRATZ, E.: Untersuchungen zur Rentabilität des Arzneipflanzenanbaues. Römische Kamille, *Anthemis nobilis* L. Forschungsberichte des Wirtschafts- und Verkehrsministeriums Nordrhein-Westfalen, Köln und Opladen 1953.

[2] SCHRATZ, E.: Das Versuchsfeld der Deutschen Apothekerschaft für Arzneipflanzenanbau und Arzneipflanzenzüchtung. „Die Deutsche Heilpflanze" **11**, S. 121 (1942); zit. nach BERGER, F.: Handbuch der Drogenkunde. Bd. 1, Wien 1949, S. 241.

Abb. 103
Anthemis nobilis L. var. flore pleno, Blütenernte im Herbst

Gehalt an ätherischem Öl von Anthemis nobilis im Verlauf des Aufblühens
nach SCHRATZ

Ernte	Zustand	vorhergehendes Wetter	Ölgehalt %
1	noch nicht aufgeblüht	Gutwetter	2,37
2	noch nicht voll aufgeblüht	,,	2,02
3	teils voll erblüht	,,	1,71
4	voll erblüht	,,	1,54
5	voll erblüht	,,	1,13
6	voll erblüht	Schlechtwetter	0,66

Zur Gewinnung von *Oleum Chamomillae romanae* sollte daher die Blütenernte kurz vor der Vollblüte erfolgen, während zur Gewinnung von *Flores Chamomillae romanae* die vollerblühten Köpfchen zu ernten sind, obgleich sie nicht die gehaltreichsten darstellen. Die Droge wird fälschlicherweise, wie so oft, in erster Linie nach dem Aussehen und nicht nach dem Wirkstoffgehalt beurteilt. Grundsätzlich sollte immer nur nach einer Schönwetterperiode gepflückt werden. In England gewinnt man im Destillationsverfahren aus den ganzen Pflanzen 0,2—0,35% ätherisches Öl, während die Blüten eine weit bessere Ausbeute ergeben[3].

Trocknung: Die Blüten sind bei der Ernte in Körbe zu sammeln, nur locker zu schütten und schnell zur Trocknung zu bringen, die im allgemeinen künstlich bei etwa 35° C erfolgt. Auf natürliche Weise geschieht sie im Schatten und soll rasch vorgenommen werden. Das Erntegut darf bei der Trocknung nur sehr flach ausgebreitet werden. Unsachgemäß getrocknete Blüten werden leicht mißfarbig (braun), sie sind hygrosko-

Abb. 104 *Droge (Flores Chamomillae romanae) von Anthemis nobilis L. var. flore pleno*

[3] PAPAICET, C.: Spanische ätherische Öle. „Monitur de la Farmacia" 48, Nr. 1299, S. 227, u. Nr. 1302, S. 288 (1942).

pisch und verderben schnell. Die Aufbewahrung erfolgt deshalb am besten wie bei *Flores Verbasci* (siehe S. 714). Das Eintrocknungsverhältnis liegt etwa bei 4—5 : 1.

Erträge: Geerntet werden etwa 80—100 dz/ha frische Blüten, die 15—20 dz/ha Blütendroge liefern. Im ersten Jahr der Anlage werden diese Erträge meist nicht erreicht. Der Saatgutertrag der einfachen (ungefüllten) Römischen Kamille beläuft sich auf etwa 1,5—2,0 dz/ha.

Krankheiten und Schädlinge: Krankheiten und Schädlinge treten selten auf. Gelegentlich wird Falscher Mehltau (*Peronospora leptospermae* De By.) beobachtet. Befallene Blüten werden unansehnlich.

Anthriscus cerefolium (L.) Hoffm.*, Gartenkerbel

Umbelliferae

Gebräuchliche Pflanzenteile: Die Kerbelblätter finden in der Hauptsache als Suppengewürz Verwendung. Früher waren in der Heilkunde das zur Blütezeit gesammelte und getrocknete Kraut und die Früchte gebräuchlich. Heute wird nur das Kraut noch gelegentlich in der Volksheilkunde verwendet.

Handelsbezeichnungen: *Herba Cerefolii,* Kerbelkraut; *Semen Cerefolii,* Kerbelsamen (-früchte).

Botanik: Der einjährige Gartenkerbel besitzt eine dünne, spindelförmige, weißliche Wurzel. Der stielrunde, sehr zart gerillte, ästige Stengel wird 30—60 cm hoch. Die hellgrünen Laubblätter sind sehr weich und zart. Die unteren Blätter sind gestielt, die oberen sitzen auf den weißen, hautrandigen Scheiden. Sie sind zwei- bis vierfach fiederschnittig. Die verschiedenen Pflanzenteile sind ± zottig-wollig behaart. Die Dolden sind zwei- bis fünfstrahlig. Die kleinen Blüten sind weiß.

Blütezeit: (IV) V—VIII.

In den Kerbelbeständen in Leipzig-Probstheida beobachtete Ude vor allem, wie immer an Umbelliferen, Schwebfliegen in großer Zahl saugend und pollenfressend an den Blüten. Sehr häufig war auch die gelbe, mittelgroße Blattwespe *Athalia lineolata* L. auf Blättern und Blüten anzutreffen. Der Besuch der Honigbienen war nur schwach. Tagschmetterlinge konnten nicht beobachtet werden.

Abb. 105
Anthriscus cerefolium (L.) Hoffm., Parzellenbestand, Sortenvergleich

* Die Gattung *Anthriscus* umfaßt etwa 12 europäische Arten, wovon einige als Wiesenunkräuter weiterverbreitet sind, so z. B. der Wiesenkerbel (*Anthriscus silvestris* [L.] Hoffm.).

Die Spaltfrüchte sind länglich-linealisch, fast rund, etwa 6—11 mm lang und messen 1,5 mm im Durchmesser. Der Schnabel ist nicht besonders abgesetzt und halb so lang wie die Frucht. Die Fugenfläche ist eingerollt und wird von einer tiefen Längsfurche durchzogen. Die Früchte sind kahl und schwarz, der Schnabel öfter etwas heller. Die Oberfläche ist mit spitzen Papillen besetzt und erscheint daher bei der Betrachtung mit der Lupe als sehr fein punktiert. Ölstriemen sind zahlreich vorhanden, jedoch nur mikroskopisch sichtbar.

Nach ALEFELD (zit. nach HEGI) können im Anbau zwei Formen unterschieden werden, und zwar *Anthriscus cerefolium* (L.) Hoffm. *var. sativum* (Lam.) Thell. *f. vulgare* (Alef.) Thell. mit glatten Blättern und *f. crispum* (Alef.) Thell. mit krausen Blättern. Infolge der Fremdbestäubung treten häufig Bastardierungen auf.

Boden und Klima: Der Gartenkerbel stellt keine großen Ansprüche an den Standort. Er gedeiht auf jedem Gartenboden. Lockere, leichte und genügend feuchte Böden sagen ihm besonders zu. Halbschattige Lagen werden gut vertragen.

Herkunft und Verbreitung: *Anthriscus cerefolium* ist fast in ganz Europa angebaut oder verwildert anzutreffen; aber auch in anderen Erdteilen ist er bekannt.

Herkünfte des Drogenhandels: Da das Kraut bzw. die Blätter hauptsächlich in frischem Zustand verwendet werden, wird *Herba Cerefolii* so gut wie nicht gehandelt.

Sorten und Herkünfte für den Anbau*: Angebaut werden vor allem die Einzelsorte 'Krauskopf' ('Benarys Krauskopf') und die Gruppensorte 'Glattblättriger'. Erstere zeichnet sich durch sehr stark gekrauste, etwas gelblichgrüne Blätter aus. Sie ist sehr frohwüchsig. Die Laubblätter der glattblättrigen (einfachen) Sorte ähneln in gewisser Hinsicht etwas denen des sehr giftigen Schierlings (*Conium maculatum*) und der ebenfalls giftigen Hundspetersilie (*Aethusa cynapium* L.). Um Verwechslungen vorzubeugen, werden beim Anbau von Gartenkerbel und Blattpetersilie (*Petroselinum crispum*) gern die krausblättrigen Sorten bevorzugt.

Saatgut: Das 1000-Korngewicht beläuft sich durchschnittlich auf 1,9 g. Die Mindestreinheit sollte 90%, die Mindestkeimfähigkeit 85% betragen. Der Keimversuch dauert 21 Tage und wird bei Zimmer- oder Wechseltemperatur und Lichtzutritt durchgeführt. Die Keimkraft bleibt 3—4 Jahre erhalten.

Anbau: Der Gartenkerbel wird gern als Zwischenfrucht angebaut. Oft werden auch Folgesaaten in Abständen von etwa 14 Tagen vorgenommen, um immer frische

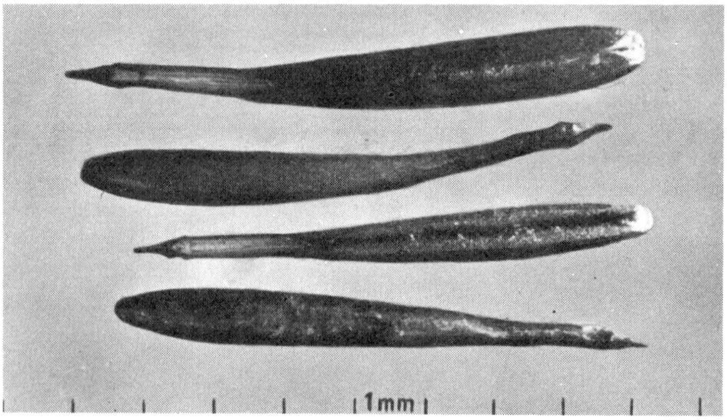

Abb. 106 Anthriscus cerefolium (L.) Hoffm., Teilfrüchte

* Siehe auch HEEGER, E. F.: Die Kerbelsorten der Sortenliste. „Neue Berliner Gärtner-Börse" Nr. 51/52, S. 141 bis 143 (1950).

Abb. 107 Anthriscus cerefolium (L.) Hoffm., Blätter von verschiedener Beschaffenheit

Blätter ernten zu können. Die Aussaat kann vom zeitigen Frühjahr bis August erfolgen. Bei einem Reihenabstand von 20—25 cm beträgt die Aussaatmenge 100—150 g/a. Zur Saatgutgewinnung empfiehlt es sich, eine weitere Standweite (30—35 cm) zu wählen. Gelegentlich erfolgt auch Aussaat im Herbst in Frühbeetkästen oder im Winter in Töpfe und Kisten, die warm und hell aufgestellt werden. Der Gartenkerbel kommt bereits mit geringen Handelsdüngergaben aus. Infolge seiner sehr kurzen Entwicklungszeit ist er auch gar nicht in der Lage, größere Nährstoffmengen auszunutzen.

Die Pflegearbeiten bestehen lediglich in der Unkrautbekämpfung und im Feuchthalten des Bestandes. Bei Trockenheit schoßt der Gartenkerbel sehr schnell.

Ernte: Bereits 6—8 Wochen nach der Aussaat kann mit der Kraut- bzw. Blatternte begonnen werden. Zur Drogengewinnung erfolgt der Schnitt zur Zeit der Knospenbildung. Die Ernte der Früchte setzt ein, sobald sie sich zu bräunen beginnen. Um Ausfallverluste zu vermeiden, schneidet man das Kraut mit den reifen Früchten am besten bei Tau. Die Samenträger werden zum Nachtrocknen auf dem Felde aufgestellt.

Trocknung: Zur Drogengewinnung muß das Kraut sorgfältig bei mäßiger Temperatur getrocknet werden. Das Trocknungsverhältnis frisch : trocken beträgt etwa 4—5 : 1. *Herba Cerefolii* muß in gut schließenden Gefäßen aufbewahrt werden.

Erträge: Die Erträge an frischem Kraut schwanken etwa zwischen 20 und 40 kg/a. Der Saatgutertrag beläuft sich auf etwa 8—14 kg/a.

Krankheiten und Schädlinge: In Leipzig-Probstheida wurden schon öfter in den Kerbelbeständen Blattläuse festgestellt, die aber durch die Anwesenheit von Florfliegenlarven und Marienkäfern keine stärkere Ausbreitung erlangten.

Arctium lappa L.*, Große Klette

Compositae

Gebräuchliche Pflanzenteile: Erg.-B. 6: „Die getrockneten, im Herbst des ersten oder im Frühjahr des zweiten Jahres gesammelten Wurzeln von *Arctium Lappa* Linné, *A. minus* Bernhard** und *A. tomentosum* Miller." HAB. 2: „Frische, von einjährigen Pflanzen gesammelte Wurzel." Verwendung finden in der Homöopathie ebenfalls die Wurzeln der obengenannten Arten.

* In der botanischen Systematik finden sich die Gattungsnamen *Arctium*, *Lappa* und *Bardana*. Nach den Internationalen Botanischen Nomenklaturregeln ist *Arctium* L. der gültige Gattungsname.

** Nach Mansfeld: *Arctium minus* (Hill) Bernh.

Handelsbezeichnungen: *Radix Bardanae*, Klettenwurzel. In der älteren Literatur finden noch das Kraut (*Herba Lappae majoris*) und die Früchte (*Fructus [Semen] Lappae majoris*) Erwähnung.

Botanik: Die im Erg.-B. 6 erwähnten Arten verfügen über einen kräftigen Wuchs und eine lange, dickspindelige, ästige, fleischige Wurzel. Nach LINDNER[1] sind die Hauptmerkmale (auszugsweise) folgende:

Unterscheidung der blühenden Klettepflanzen nach Hauptmerkmalen

Art	*A. lappa**	*A. minus**	*A. tomentosum**
Höhe in cm	100—200	60—120	60—125
Durchmesser der Blütenkörbchen in cm	3—3,5	1,5—2,5	2,5
Infloreszenz	trugdoldig	traubig	trugdoldig
Blütenkrone	purpurn	purpurn bis weiß	trüb dunkelpurpurn
Hüllblättchen	sämtliche grün	kürzer als Blüte	innere gefärbt
Sonstiges			spinnwebig behaarter Hüllkelch

Angebaut wird fast ausschließlich die vorwiegend zweijährige Große Klette (*Arctium lappa* L.). Diese Art soll daher noch etwas näher beschrieben werden. Der aufrechte Stengel von *Arctium lappa* wird etwa bis daumenstark. Er ist längsgefurcht, mit Mark gefüllt und oftmals rötlich angelaufen. Die zahlreichen Äste stehen aufrecht ab und sind wollig behaart. Die Laubblätter sind gestielt, herz-eiförmig, entfernt knorpelig-gezähnt oder ganzrandig, oberseits grün, flaumhaarig und unterseits graufilzig behaart. Die grundständigen Blätter sind sehr groß, mit etwa bis 50 cm langer Spreite und einem bis über 30 cm langen, eckigen, rinnigen, markgefüllten Stiel. Nach oben zu verringert sich die Blattgröße rasch. Die obersten Blätter haben einen nur flach herzförmigen Blattgrund aufzuweisen. Der Blütenstand ist locker trugdoldig, und die Köpfe selber sind kugelig, 3,0—3,5 cm im Durchmesser, gelegentlich aber größer.

Blütezeit: VII, VIII (IX).

Nach LINDNER[2] sind die Klettenblüten proterandrisch-dichogam, und sie öffnen sich in zentripetaler Reihenfolge. Sie werden von Apiden, Dipteren und Lepidopteren bestäubt.

Die Früchte der im Erg.-B. 6 enthaltenen *Arctium-species* charakterisiert LINDNER wie folgt:

Art	*A. lappa*	*A. minus*	*A. tomentosum*
Größe	6,8—7,3 mm lang, 2,6—3,0 mm breit	4,6—5,5 mm lang, 2 mm breit	6,2 (5)—6,8 mm lang, 3,0—3,2 mm breit
Form	fast zweiseitig symmetrisch, Grund der Frucht gerade	gerade, selten gebogen, oft kantig, Grund geneigt	meist zahn- bis sichelförmig gebogen, rasch nach oben verjüngt, deshalb gedrungen, meist kantig, Grund schief

[1] LINDNER, M. W.: *Lappa-spec.*, die Klettearten. „Pharmazie" 4, S. 231 bis 242 (1949); bzw. „Arzneipflanzen-Umschau" 2, S. 533 bis 544 (1949).

[2] Siehe auch LINDNER, M. W.: Die Früchte der Kletten. „Pharmaz. Zhalle" 87, S. 65 bis 73 (1948).

* LINDNER gebraucht die Synonyme *Lappa major* für *Arctium lappa*; *Lappa minor* für *Arctium minus* und *Lappa tomentosa* für *Arctium tomentosum*.

Art	*A. lappa*	*A. minus*	*A. tomentosum*
Farbe	unterschiedlich, kaffee- bis hellgraubraun, doch die einzelne Frucht von einheitlicher Grundfarbe	einheitlich und gleichmäßig braun	Frucht unterschiedlich pfeffer- bis hellgrau, oft untere Hälfte hell, obere dunkel
Maserung	bandartig, sehr deutlich	schwach gepunktet	gepunktet, sehr deutlich
Grüne Früchte	häufig und dann die ganze Frucht einheitlich grasgrün	nicht vorhanden	häufig und dann die Frucht in der unteren Hälfte bläulichgrün, in der oberen dunkelbraun
Geschmack	bitter, deutlich anästhesierend	bitter, deutlich anästhesierend	bitter, deutlich anästhesierend
Rippen	Mittelrippe einer Seite kielartig verstärkt	Mittelrippe einer Seite kielartig verstärkt	gleichmäßig gerippt
1000-Korngewicht (12 Monate alter Samen)	13,0 g	3,83 g	13,7 g
Dicke des Perikarps	0,23 mm	0,25 mm	0,30 mm

Bastarde zwischen den Klettearten sind bekannt.

Boden und Klima: *Arctium lappa* ist als Pflanze mit Ruderalcharakter hinsichtlich des Standortes nicht so anspruchslos, wie allgemein angenommen wird. Als Archäophyt stark ammoniakalischer Böden hat sie ein hohes Nährstoffbedürfnis. Die Klettearten besiedeln häufig Öd- und Brachland. Kontinentalklima begünstigt ihren Wuchs. Für den Anbau der Großen Klette eignet sich besonders ein tiefgründiger, humoser, lehmiger Sandboden in nicht zu trockener Lage. Auf einen guten Kalkzustand des Bodens ist zu achten, da sie säureempfindlich ist. Basenreiche, mehr oder weniger neutral reagierende Böden werden bevorzugt.

Herkunft und Verbreitung: Die Große Klette ist über weite Teile der Erde verbreitet. In Europa findet sie sich vielenorts. In Nord- und Südamerika ist sie eingeschleppt.

Herkünfte des Drogenhandels: *Arctium lappa* wird hauptsächlich in Belgien angebaut. KROEBER[3] berichtet 1950, daß von diesem Lande jährlich etwa 80000 kg *Radix Bardanae* vor allem nach Amerika exportiert werden. Zufolge LINDNER[4] haben die Klettearten in Amerika eine größere therapeutische Bedeutung erlangt als in Europa. Auch

Abb. 108 Arctium lappa L., Blütentrieb

[3] KROEBER, L.: Zur Pharmakologie der Inulindrogen und ihrer therapeutischen Verwendung. 3. Mitteilung. „Pharmazie" 5, S. 283 bis 287 (1950); bzw. „Arzneipflanzen-Umschau" 2, S. 729 bis 733 (1950).
[4] loc. cit. S. 256.

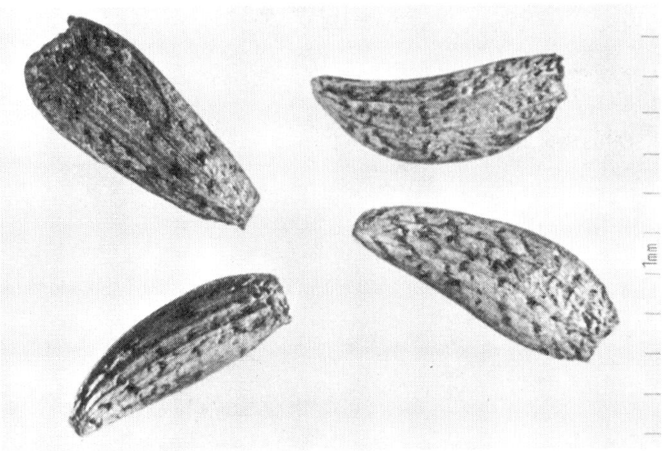

Abb. 109
Arctium-Bastard,
Früchte

in Frankreich, Italien und in der Tschechoslowakei wird *Radix Bardanae* im Anbau gewonnen. Als weitere Herkünfte sind solche aus den Balkanländern und der Sowjetunion (Ukraine, Daghestan) dem Drogenhandel bekannt. In Deutschland wurde die Große Klette früher vor allem in Thüringen, und zwar in Jenalöbnitz angebaut.

Sorten und Herkünfte für den Anbau: Bei der Zweigstelle des Sortenamtes für Nutzpflanzen in Leipzig-Probstheida angebaute deutsche Herkünfte entsprechen der Wildform. Zuchtsorten wurden uns noch nicht bekannt[5]. Nach COUVREUR[6] wird in Belgien eine besondere „Abart" von *Arctium lappa* für Drogenzwecke angebaut, die sich stark vom Typ unterscheidet.

Saatgut: Nach LINDNER[7] beträgt das 1000-Korngewicht 13,0 g. Nach WILPERT (zit. nach LINDNER) schwankt es zwischen 9 und 20 g. Die Mindestreinheit sollte 95% und die Mindestkeimfähigkeit 70% betragen. Das Saatgut enthält manchmal noch Pappusreste. GENTNER (zit. nach HEGI) bezeichnet die Früchte von *Arctium lappa* als ausgesprochene Wärmedunkelkeimer. Die „Technischen Vorschriften für die Prüfung von Saatgut" (Saatenverzeichnis) enthalten nur diesbezügliche Hinweise für die Eßbare oder Japanische Klette (*Arctium edulis*). Auch bei dieser Art wird der Keimversuch unter Lichtabschluß bei 20—30° C durchgeführt. Diese Feststellungen stimmen jedoch hinsichtlich des Lichtfaktors nicht mit denen von MÜLLER-STOLL[5] überein. Nach Genanntem keimten Klettenfrüchte vorjähriger Ernte bei 20—22° C ohne Vorbehandlung zu 56—66%, wobei die Keimwurzeln zwischen dem 10. und 20. Tag nach Ansetzen des Keimversuches erschienen. Wurde die Fruchtschale mit dem Messer angeschnitten, so betrugen die Keimprozente 87—90%, und der größte Teil der Früchte keimte bereits zwischen dem 3. und 5. Tag aus. Die Früchte erwiesen sich dabei entgegen der Mitteilung von GENTNER als ausgesprochene Lichtkeimer. Bei Verdunklung erzielte MÜLLER-STOLL bei unbehandelten Früchten nur eine Keimfähigkeit von 12%.

Anbau: Hinsichtlich der Vorfrucht stellt die Große Klette keine besonderen Ansprüche. Sie wird meist in zweite Tracht gestellt. Sehr gut gedeiht sie nach mit Stall-

[5] Siehe auch MÜLLER-STOLL, R.: Standortsansprüche und Ertragsleistung der Klette, *Arctium Lappa* L., im Hinblick auf einen Großanbau der Pflanze. „Pharmazie" **4**, S. 566 bis 573 (1949); bzw. „Arzneipflanzen-Umschau" **2**, S. 625 bis 632 (1949).

[6] COUVREUR, A.: Die Arzneipflanzen Belgiens. „Pharm. Ind." **9**, S. 403 bis 407 (1942); bzw. „Arzneipflanzen-Umschau" **1**, S. 221 bis 225 (1942).

[7] loc. cit. S. 256.

mist gedüngten Kartoffeln. Die Vermehrung kann geschlechtlich und ungeschlechtlich erfolgen. Im Falle der vegetativen Vermehrung dienen hierzu Nebenwurzeln und Wurzelstücke. Für den feldmäßigen Anbau kommt aber fast nur Aussaat in Betracht, die am besten auf Freilandsaatbeeten möglichst in etwas schattiger Lage von März bis April in einem Reihenabstand von 25 cm erfolgt. Für 1 a Anzuchtfläche benötigt man etwa 100 g Saatgut. Um genügend Jungpflanzen für 1 ha Anbaufläche heranzuziehen, werden etwa 10—12 a Anzuchtfläche benötigt. Die Keimung erfolgt sehr unterschiedlich in 5—30 Tagen. Bereits nach 5—6 Wochen Wachstum können die jungen Sämlinge verpflanzt werden, und zwar auf 60 × 30 cm Abstand.
Zur Erzielung befriedigender Wurzelernten empfiehlt es sich, ausreichend zu kalken und eine Phosphorsäure betonte Volldüngung zu verabreichen. Über Düngungsversuche auf forstlichen Böden berichten KIENITZ und POLSTER[8]. Sie stellten fest, daß Kalkgaben zusammen mit Ammoniumdüngung am nachhaltigsten auf die Wuchsfreudigkeit von *Arctium lappa* wirkten. Da die massenwüchsigen Kletten mit ihren kräftigen Wurzeln den Boden stark beanspruchen und bei mangelnder Düngung den Nährstoffvorrat sehr angreifen, sind meist reichliche Düngergaben zur Nachfrucht erforderlich.
Die Pflegearbeiten erstrecken sich im Frühjahr auf Bodenlockerung und Unkrautbekämpfung. Nach Ausbildung der grundständigen großen Blätter wird jeglicher Unkrautwuchs unterdrückt und Hackarbeit unmöglich. Blütentriebe werden ausgegeizt, da sich solche nachteilig auf die Wurzelentwicklung auswirken.

Ernte: Was die Kulturdauer von *Arctium lappa* anbelangt, so ist zunächst festzustellen, daß die Ansichten hierüber verschieden sind. Der Anbau erfolgt einjährig und zweijährig. Ältere Wurzeln sind meist stark verholzt und als Droge unbrauchbar. Nach der Vorschrift des Erg.-B. 6 hat die Wurzelernte im Herbst des ersten oder im Frühjahr des zweiten Vegetationsjahres zu erfolgen. Das HAB. 2 läßt lediglich die Verwendung frischer einjähriger Wurzeln zu. Aus diesem Grund empfehlen wir Märzaussaat, Junipflanzung und die Novemberernte. Kann die Ernte der Wurzeln im Spätherbst des ersten Anbaujahres nicht mehr erfolgen, so sollte sie im zeitigen Frühjahr vorgenommen werden, wobei zu bedenken ist, daß sie nach LINDNER[9] Inulin als Speicherstoff im Spätherbst und Spätfrühjahr in polar entgegengesetzten Mengen enthält. Nach WILPERT[10] ist Inulin maximal im Herbst des ersten Jahres in der Wurzel enthalten und fehlt im Sommer des zweiten Jahres völlig. Bei einem Anbauversuch der Württ. Forstl. Versuchsanstalt im Jahre 1947/48 verfügten die zweijährigen Wurzeln über keinen nennenswerten Inulingehalt[11]. Da nach KROEBER[12] das Inulin für die therapeutische Wirkung der Droge bedeutsam ist, so muß auf den Inulingehalt bei der Ernte der Wurzeln Rücksicht genommen werden. KROEBER (1950) bezeichnet *Radix Bardanae* als eine Inulindroge, während GESSNER (1953) sie in die Gruppe der Drogen mit ätherischen Ölen als Hauptwirkstoffe einreiht. Nach Letztgenanntem enthält die bitter schmeckende Wurzel 0,06—0,18% ätherisches Öl.
Die Wurzelrodung gestaltet sich bei dem Tiefgang der Wurzeln bis zu 60 cm besonders auf schweren Böden nicht ganz einfach. Oftmals bleiben beim Herauspflügen Wurzelreste im Boden, die dann wieder ausschlagen und sich unter Umständen in der Folgefrucht nachteilig bemerkbar machen. Sie sind daher sehr sorgfältig zu roden.

[8] KIENITZ, E. und POLSTER, H.: Untersuchungsergebnisse über Nährstoffansprüche der großen Klette (*Arctium Lappa* L.) „Pharmazie" 7, S. 599 bis 604 (1952); bzw. „Arzneipflanzen-Umschau" 3, S. 351 bis 356 (1952).
[9] loc. cit. S. 256.
[10] WILPERT, H.: Vorarbeiten zu einer Monographie der Gattung *Arctium*. Dissertation Breslau 1928; zit. nach LINDNER: loc. cit. S. 256.
[11] Zit. nach MÜLLER-STOLL: loc. cit. S. 258.
[12] loc. cit. S. 257.

Blätter und Früchte werden meist nur in kleinen Mengen vom Drogenhandel benötigt. Zwischen Blütezeit und Fruchtreife liegt nach LINDNER ein Zeitraum von $2^1/_2$ bis 3 Monaten. Bei einer Blütezeit von Juli bis August des zweiten Vegetationsjahres ist die Fruchtreife, örtlich und jahresklimatisch gesehen, meist Ende Oktober beendet. Ausfall der Früchte muß unbedingt vermieden werden, da sie zur Verunkrautung beitragen. Die Ernte der reifen Klettenköpfe muß mit der Hand erfolgen. Sie ist wegen der Hakenstacheln recht unangenehm und erfordert hohen Arbeits- und Kostenaufwand.

Trocknung: Um eine wirksame Droge zu erhalten, ist es notwendig, daß die Wurzeln entweder sofort frisch verarbeitet oder besonders aufbereitet werden, um Wertminderungen zu vermeiden. FLÜCK[13] empfiehlt, die gereinigten Wurzeln drei Minuten in stark kochendes Wasser zu tauchen. Nach Längsspaltung werden sie bei Temperaturen, die 70° C nicht übersteigen dürfen, getrocknet. Dabei werden die Oxydasen zerstört, ohne daß eine Karamelisierung eintritt. Nach JOANNIN (zit. nach KROEBER) verliert die Droge bei gewöhnlicher Trocknung fast ihren therapeutischen Wert. Er fordert daher, daß die Klettenwurzel vor der Trocknung in gespanntem Alkoholdampf stabilisiert werde, um die abbauenden Fermente abzutöten.

Das Eintrocknungsverhältnis beträgt bei den Wurzeln etwa 5 : 1. Es empfiehlt sich, *Arctium lappa* nur im Vertragsanbau zu kultivieren und die Ernte frisch an die Verarbeitungsbetriebe abzusetzen. Blätter und Kraut hingegen können wie üblich getrocknet werden.

Erträge: Die Drogenerträge belaufen sich bei *Radix Bardanae* auf 12—20 dz/ha. MÜLLER-STOLL[14] erzielte beim versuchsweisen Anbau mit der Großen Klette als Öl- und Faserpflanze auf gutem Lößlehmboden Erträge bis etwa 45 dz/ha Klettenfrüchte (entsprechend 730 kg/ha fettes Öl) und 70—75 dz/ha trockene Stengelmasse (entsprechend 28—30 dz/ha Zellstoff) nach zweijährigem Wachstum. Die Erträge unterliegen großen Schwankungen. Nach den Feststellungen von KIENITZ und POLSTER[15] nimmt *Arctium lappa* gegenüber den wichtigsten in Europa angebauten Faser- und Ölpflanzen keine Sonderstellung ein, sondern wird ertragsmäßig von ihnen beträchtlich überboten.

Krankheiten und Schädlinge: Nach HEGI ist die Zahl der auf den *Arctium-species* auftretenden Krankheiten und Schädlinge ziemlich bedeutend. Er führt u. a. an: *Erysiphe cichoriacearum* DC., *Puccinia bardanae* Corda, *Synchytrium aureum* Schroet., *Diaporthe arctii* Lasch, *Ophiobolus acuminatus* Pers. und *Beloniella arctii* Lib. Zoocecidien (Gallen) werden durch *Trypeta arctii* Ratz. hervorgerufen. Schaden verursachen können die Raupen von *Agrotis stigmatica* Hübn., *Phytometra* (*Plusia*) *gamma* L. und *P. chrysitis* L. und noch viele andere mehr. An den Beständen in Leipzig-Probstheida wurde des öfteren in starkem Ausmaß Mehltaubefall beobachtet und vor allem Blattlausbefall festgestellt.

Über Winter können die Wurzeln durch Mäusefraß Schaden nehmen. Auch Auswinterungsschäden, bedingt durch starke Frosteinwirkung, wurden beobachtet.

Als Drogenschädlinge nennt HEGI *Stegobium paniceum* L. und *Anobium punctatum* Deg. (= *A. striatum* Ol. = *A. domesticum* Geoffr.) sowie *Ptinus-species*.

Besonderes: HEGI führt für den europäischen Florenbereich folgende vier Arten an:

Arctium lappa L., Große Klette
Arctium nemorosum Lej. et Court., Hainklette
Arctium minus (Hill) Bernh., Kleinköpfige Klette
Arctium tomentosum Mill., Filzige Klette

[13] FLÜCK, H.: Unsere Heilpflanzen. Bern 1941, S. 142.
[14] loc. cit. S. 258.
[15] loc. cit. S. 259.

Früher galten alle vier Arten als Stammpflanze für *Radix Bardanae.* In manchen Gegenden werden die jungen Wurzeln, Blätter und Sprosse als Wildgemüse gegessen. Eine Kulturform von *Arctium lappa* nennt HEGI, und zwar *Arctium* (*Lappa*) *edulis* Hort. In der älteren Literatur wird diese Klette als selbständige Art unter der Bezeichnung *Lappa edulis* Sieb. syn. *Arctium edule* (Sieb.) Wilp. (Eßbare oder Japanische Klettenwurzel) geführt. Sie wird gern in Japan und auf Java wegen ihrer dickfleischigen Wurzel, ähnlich der Schwarzwurzel, als Wurzelgemüse angebaut, und sie ist dem Gemüsebauer unter der Bezeichnung „Japanische Scorzonera" bekannt. In Deutschland hat sich ihr Anbau nicht eingeführt.

Des öfteren ist schon zum Großanbau von *Arctium lappa* aufgefordert worden, da sie nicht nur als Arzneipflanze von Wert ist, sondern auch Fasermaterial (Zellstoff) und fettes Öl (Früchte) liefert. Nach Untersuchungen von MÜLLER-STOLL[16] kann aber zu einem Großanbau als Faser- und Ölpflanze noch nicht geraten werden, bevor keine ertragsicheren Zuchtsorten vorhanden sind. Nach Genanntem wären neben der Verbesserung von Wuchsleistung und Ölgehalt gleichmäßig reifende, nicht ausfallende Fruchtköpfe das wichtigste Zuchtziel.

Arnica montana L., Arnika, Berg-Wohlverleih

Compositae

Gebräuchliche Pflanzenteile: DAB. 6: „Die getrockneten Zungen- und Röhrenblüten von *Arnica montana* Linné." HAB. 2: „Vorsichtig getrockneter und gepulverter Wurzelstock nebst den Wurzeln."

Handelsbezeichnungen: Verwendung finden das Rhizom, das fälschlich als *Radix Arnicae montanae* bezeichnet wird, und *Herba Arnicae montanae*, Arnikakraut sowie *Flores Arnicae montanae*, Arnikablüten. DAB.-Droge besteht aus den getrockneten, zungenförmigen Randblüten ohne Hüllkelch (*Flores Arnicae sine calycibus*).

Botanik: Das etwa bis bleistiftstarke, ausdauernde, kurze, aber deutlich gegliederte Rhizom kriecht waagerecht im Boden. Die Farbe desselben ist außen braun, ins Gelbliche übergehend, innen weiß. Es bildet wenige, dickliche, tief hinabsteigende, ziemlich einfache, mehr gelbliche Wurzelfasern. Die aufrechtstehenden Stengel sind einfach oder wenig ästig, drüsenflaumig-kurz-behaart, oberwärts weichzottig. Sie erreichen eine Höhe von 20—30 cm und darüber. Die grundständigen, derben, länglichen Laubblätter bilden eine Rosette. An den krautigen Stengeln befinden sich nur wenige, kleine Blätter, die kreuzgegenständig, sitzend, eiförmig bis lanzettlich, ganzrandig oder etwas gezähnelt, fünfnervig und von lederartig derber Beschaffenheit, flaumig-behaart, vielfach aber auch kahl sind. Vor allem durch die Blätter unterscheidet sich Arnika vom Wiesenbocksbart (*Tragopogon pratensis* L.), mit dem sie allenfalls verwechselt werden könnte. Die Laubblätter des letzteren sind kahl, aus bauchig verbreitertem, halbstengelumfassendem Grunde verlängert, lineal-lanzettlich, spitz. Jeder Arnikastengel trägt endständig 1—3 und mehr Blütenköpfe, die einen Durchmesser von 60—80 mm haben. Die Blüten sind dunkeldottergelb. Die Hüllkelchblätter sind länglich-lanzettlich, grün, zuweilen graugrün, oftmals etwas rötlich angelaufen. Sie sind kurz behaart und drüsig. Die zungenförmigen Randblüten stehen locker und sind bis 3 cm lang, Staubbeutel fehlen ihnen meist. Außerdem sind noch über 50 röhrenförmige Scheibenblüten vorhanden. Die Staubbeutel der letzteren werden zuerst reif.

[16] loc. cit. S. 258.

Der Pollen wird von den Fegehaaren des Griffels aus der Staubblattröhre herausgebürstet, von den zahlreich erscheinenden Insekten weggetragen und dabei auf ältere Blüten gebracht, bei denen die Narbe empfängnisfähig geworden ist. Die Blütenköpfe machen oft einen zerzausten Eindruck; sie riechen aromatisch.

Blütezeit: VI—VIII.

Die Arnikablüten werden nicht nur mit denen des Wiesenbocksbarts, sondern auch noch mit anderen ähnlichen Kompositenblüten verwechselt oder verfälscht, so u. a. mit *Inula britannica* L. (Wiesen-Alant)[1].

Die stäbchenförmigen, unten zugespitzten und oben mit einem Kranz (Kelchsaum) ausgestatteten Früchte sind bis 8 mm lang, ± vierkantig, schwach gefurcht, ungeschnäbelt. Sie sind ± mit kurzen, weißlichen Haaren versehen. Pappusreste sind im Handelssaatgut oftmals noch nachweisbar. Die steifen, blaßgelben Pappushaare sind bis 8 mm lang. Die Farbe der Früchte ist gelblichgrün bis schwärzlich, der Kelchsaum ist bräunlich gefärbt.

Abb. 110 Arnica montana L., wildwachsend

Boden und Klima: Nach HEGI ist Arnika ein anspruchsloser und gesellschaftsvager Humusbewohner und gedeiht unter den verschiedensten Bedingungen, so auf feuchten und trockenen Bergwiesen, auf trockenen, grasigen Hügeln sowie sandigen, humosen Wiesen und austrocknenden Hochmooren. Mineralkräftige und flachgründige Kalkböden werden anscheinend gemieden, jedoch wurde sie schon auf kalkhaltigem Boden

Abb. 111 Arnica montana L., Früchte, Pappus fehlend, bzw. beschädigt

[1] HEEGER, E. F.: Ein Fall der Verwechslung von *Arnica montana* L. mit *Inula britannica* L. „Pharmazie" **9**, S. 251 bis 254 (1954); bzw. „Arzneipflanzen-Umschau" **4**, S. 90 bis 94 (1954).

beobachtet. Nach ESDORN[2] ergaben Untersuchungen von Bodenproben dreier verschiedener Standorte mit dem Merckschen Indikator einen pH-Wert von 4, 4,5 und 5. Gegen Kälte ist *Arnica montana* sehr widerstandsfähig. Reichliche Niederschlagsmengen während der Vegetationszeit sind ihrem Wachstum förderlich. Gegen hohe Lichtintensitäten soll sie nach LUNDEGÅRDH unempfindlich sein.

Herkunft und Verbreitung: Berg-Wohlverleih findet sich vorwiegend auf den Wiesen süd- und mitteleuropäischer Gebirge bis zu 2800 m Höhe. Die Matten der Alpen sind der häufigste Standort, doch trifft man die Arnika auch in den Ebenen Nordwestdeutschlands auf moorigen Wiesen an. In Norddeutschland und den Ostseegebieten ist *Arnica montana* seltener, stellenweise fehlt sie ganz. Trockengebiete meidet sie, und man vermißt sie daher auch in der pannonischen und der Mittelmeer-Flora. Gelegentlich wird sie aber auf trockenen Böden angetroffen.

Herkünfte des Drogenhandels: In Deutschland ist *Arnica montana* im allgemeinen recht selten geworden und steht daher unter Naturschutz. Stellenweise ist sie jedoch noch in größerer Zahl anzutreffen, wo hin und wieder auch mit Genehmigung der Naturschutzbehörde die Sammlung erfolgen kann. Die Droge wird vor allem in Mitteleuropa gesammelt. Hauptherkunftsgebiete sind u. a. Oberbayern, die Oberpfalz und Oberfranken, das Fichtelgebirge sowie Böhmen, Mähren, Norditalien und Kroatien. Der Vegetabilienhandel schätzt besonders Schweizer Provenienzen.

Sorten und Herkünfte für den Anbau: Zuchtsorten sind nicht im Handel. Arnikasaatgut befindet sich gelegentlich im Fachsamenhandel.

Saatgut: Das durchschnittliche 1000-Korngewicht betrug bei Untersuchungen des Sortenamtes 1,425 g. Die Mindestreinheit sollte 92% betragen, die Mindestkeimfähigkeit 70%. Es wurden jedoch von uns schon Proben untersucht, die bis zu 92% Keimfähigkeit aufwiesen. Nach dem Methodenbuch, Band V, „Untersuchung von Saatgut", soll die Keimfähigkeit nach 14 Tagen bei Zimmertemperatur und Lichtzutritt bestimmt werden. Bei schlechtkeimendem Saatgut ist diese Spanne jedoch zu kurz und muß auf mindestens drei Wochen ausgedehnt werden (ESDORN). Wie die Untersuchungen von ESDORN ergaben, keimt das Saatgut unmittelbar nach der Ernte vollkommen aus, es bedarf keiner Nachreife. Die Arnika gehört jedoch zu den Pflanzen, deren Früchte bei ungeeigneter Lagerung die Keimfähigkeit schnell verlieren. Die relative Luftfeuchtigkeit des Lagerraums darf nicht zu hoch sein. Die Keimfähigkeit bleibt bei trockener Lagerung im ersten Jahr nach der Ernte fast völlig erhalten. Sechs Jahre gelagertes Saatgut keimte nicht mehr.

Anbau: Da Arnika bisher noch nicht in größerem Ausmaß in Reinkultur angebaut wird, liegen hinsichtlich der geeignetsten Vorfrucht noch keine Erfahrungen vor. Grünland (Wiesen und Weiden) dürfte eine gute Vorfrucht sein. Auch nach Grassamenbau kann Arnika kultiviert werden. Die Aussaat erfolgt am besten sofort nach der Saatguternte in Saatkästen oder direkt ins Freiland. Hinsichtlich der Anbaumethode ist man in der Praxis sehr geteilter Meinung. Z. B. hat DÖRING[3] besonders gute Anbauerfolge erzielt mit der Aussaat im kalten Kasten. Er empfiehlt eine Mischung von Laub- und Rasenerde mit etwas Sand. Die Aussaat nimmt er Ende Juli vor. Nach zwei bis drei Wochen erfolgt die Keimung. Er berichtet: „Die Keimlinge entwickelten sich sehr gut, blieben aber für den Rest des Jahres sehr klein und überwinterten ohne jede Deckung fast verlustfrei. Im nächsten Frühjahr wuchsen sie bei guter Feuchthaltung und Pflege, ohne sie zu verstopfen, kräftig heran. Verpflanzen ins Freiland erfolgte im

[2] ESDORN, I.: Untersuchungen an *Arnica montana* L., die Lebensdauer ihres Saatgutes und ihre Anbaubedingungen. „Die Deutsche Heilpflanze" **6**, Heft 1 (1940).

[3] DÖRING, P.: Wertvolle Heilpflanzen unter Naturschutz. Anbau und Vermehrung. „Pharm. Ind." **10**, S. 226 (1943); bzw. „Arzneipflanzen-Umschau" **1**, S. 320 bis 321 (1943).

Herbst, nachdem die Sämlinge ein Jahr alt waren, in gewöhnliche Gartenerde. Die Bestände wurden unkrautfrei gehalten. Im dritten Jahre wuchsen die Arnikapflanzen zu stattlichen Exemplaren heran und blühten bei dauernder Feuchthaltung reich." DÖRING berichtet auch über erfolgte vegetative Vermehrung älterer Pflanzen. Die Teilung der Rhizome muß bis Anfang Mai beendet sein. Durch öfteres Hacken des Bodens und gute Bewässerung der geteilten Pflanzen wurden beste Erfolge erzielt.

Abb. 112 Arnica montana L., Jungpflanzen im Rosettenstadium; Typenvergleich

STIRNADEL[4] baute erfolgreich viele Jahre hindurch *Arnica montana* an. Die Aussaat fand unmittelbar nach der Reife der Früchte im Juli/August statt in sonnigen, unkrautfreien, lockeren, ungedüngten, kalkarmen Boden. Eine Pflanzenanzucht im Kasten oder auf Saatbeeten wird für nachteilig gehalten, da die Sämlinge hinsichtlich des Verpflanzens sehr empfindlich sein sollen. Unsere während mehrerer Jahre auf dem Versuchsfeld in Leipzig-Probstheida durchgeführten Freiland-Anbauversuche befriedigten nicht. Nur ausnahmsweise gelangten die Arnikapflanzen zur Blüte; meist gingen sie schon im Jugendstadium ein. Die Hauptursache hierfür dürfte der ungeeignete Standort sein. Das Versuchsfeld hat eine neutrale bis schwach alkalische Bodenreaktion aufzuweisen, und der Boden neigt stark zur Verkrustung. In Leipzig-Paunsdorf wurde von uns eine Arnikakultur des VEB Dr. Willmar SCHWABE auf schwach saurem Boden besichtigt, die einen guten Stand aufwies. Die dortige Aussaat erfolgt nach AUSTER—SCHÄFER[5] im Frühjahr. Bei Verwendung von gut keimfähigem Saatgut, genügender Belichtung und ohne Zugabe von Handelsdünger wird ein erfolgreicher Anbau erzielt. Die Ernte ober- und unterirdischer Teile ist schon vom zweiten Jahre an möglich. Nach zweijähriger Kulturzeit kann nach Genannten mit einer Ernte von 1 kg frischen Rhizomen je Quadratmeter gerechnet werden. Vegetative Vermehrung durch Rhizomteilung hat sich als nicht vorteilhaft erwiesen. Bei der in genanntem Betrieb angebauten Arnika soll es sich um eine Zuchtform handeln. Auf dem Versuchsfeld in Leipzig-Probstheida scheiterte bisher während zweier Jahre auch ein Freiland-Anbau mit dieser bereits seit einiger Zeit in Leipzig-Paunsdorf erfolgreich angebauten Arnika.

Zahlreiche Versuchsergebnisse besagen, daß Arnika gegen jegliche Düngung, vor allem gegen Handelsdüngemittel, äußerst empfindlich ist. Ob in diesem Fall jedoch die Hauptursache der auftretenden Chloroseerscheinungen bei der Düngung zu suchen ist, sei noch dahingestellt. Nach zahlreichen von uns durchgeführten Versuchen ist es viel wahrscheinlicher, daß diese Erscheinungen in erster Linie durch eine ungünstige Beeinflussung des pH-Wertes des Standortes hervorgerufen werden. Die Chlorose der Arnika kann bereits 14 Tage nach dem Auflaufen der Saat beobachtet werden. Der Assimilationsprozeß geht in den Sämlingen sehr schwach oder überhaupt nicht mehr vor sich, und schließlich gehen sie ein.

Das häufige Auftreten dieser chlorotischen Erscheinungen ist auch bei der Arnikakultur in Leipzig-Probstheida bis heute noch das schwierigste Problem. Es sei deshalb hier-

[4] STIRNADEL, M.: Zum Anbau der *Arnica montana* L. „Die Deutsche Heilpflanze" 6, Nr. 5 (1940).
[5] AUSTER, F. und SCHÄFER, J.: Arzneipflanzen, 1. Lieferung, Leipzig 1953.

über in Anlehnung an die von SCHANDER[6] bezüglich der Kalkchlorose bei Lupinen (*Lupinus luteus* L.) gemachten Untersuchungen noch einiges berichtet. Es ist bekannt, daß sich die Ansprüche eines jeden Individuums an die Umwelt im Laufe seiner Entwicklung ändern. So sind z. B. Lupinen im Jugendstadium äußerst kalkempfindlich, besitzen also einen engbegrenzten Reaktionsbereich, während ältere Pflanzen eine deutliche Säureempfindlichkeit zeigen. Ob sich Arnika ebenso verhält, wissen wir noch nicht. Es besteht aber die Möglichkeit, daß sich eine ungünstige Bodenreaktion stärker auf junge Arnikapflanzen auswirkt als auf ältere Pflanzen, was durch weitere Untersuchungen noch zu klären ist.

Um die Ursachen des Chloroseproblems ergründen zu können, ist es unerläßlich, die natürlichen, den Pflanzen im kalkarmen Boden zur Eisenversorgung der Chloroplasten zur Verfügung stehenden Quellen zu erforschen. Diese sind einerseits der Boden selbst und andererseits die Reservestoffe des Samens bzw. der Keimblättchen, die über einen Eisengehalt verfügen, der zur Versorgung des Lupinensämlings bis zur Entwicklung seines zehnten Blattes ausreicht. Das Keimblatt-Eisen ist somit für die Jungpflanze weit wichtiger als das Eisen im Boden. Da nun trotz des in jedem Falle vorhandenen Eisenvorrates in der Pflanze selbst die Chlorose gerade bei Jungpflanzen in sehr starkem Maße auftritt, oft schon kurz nach dem Auflaufen des Saatgutes, kann die Ursache der Krankheit also nicht wie ILJIN[7] behauptet, in der Pflanze selbst zu suchen sein, sondern liegt schon deshalb ausschließlich in den die Pflanze umgebenden Außenfaktoren begründet. Nach SCHANDER wird durch eine ungünstige Reaktion des äußeren Mediums der Transport des Eisens aus den Keimblättern in die Laubblätter unterbrochen. Das bedeutet, daß das Verhältnis von aktivem zu inaktivem Eisen in den Chloroplasten bzw. in den Zellen höchstwahrscheinlich von der örtlichen Wasserstoffionenkonzentration bestimmt wird, die ihrerseits von der des strömenden Zellsaftes abhängig ist, der bei gesunden Lupinenpflanzen eine Reaktion von pH 4,8 und bei kranken eine Reaktion von pH 7,5 bis 8 aufweist, welche wiederum vom Bodenfaktor her beeinflußt werden dürfte.

Die biochemischen und physiologischen Prozesse innerhalb der Pflanze stellen lediglich Glieder in der langen Wirkungskette dar, die vom Kalk im Boden zu chlorotischen Erscheinungen führt. Dabei dürften aber auch noch viele andere Faktoren, wie die Bildung von organischen Säuren, der Eiweiß- und Kohlenhydratstoffwechsel und das Ionengleichgewicht eine wesentliche Rolle spielen.

Es gelang uns in Gefäßversuchen, den Chloroseerscheinungen bei *Arnica montana* wirksam zu begegnen, wenn wir die Kultur in sogenannter Einheitserde vornahmen. Diese stellt ein Gemisch aus zwei Teilen grobfaserigem Weißtorf und einem Teil Ton dar; sie verfügt über eine saure Reaktion (pH 5). Torfmull und Ton wurden zunächst durch einen grobmaschigen Durchwurf gerieben, gemischt und danach mittels eines Siebes mit einer Maschenweite von 1 cm nochmals zerkleinert. Diesem Substrat wurden Schwefelsaures Ammoniak, Thomasphosphat und 40%iges Kalisalz in der Menge zugesetzt, daß jedes Mitscherlichgefäß mit 1,3 g Reinnährstoff obengenannter Düngemittel versorgt war. Schon nach 5 Tagen konnte die überraschende Beobachtung gemacht werden, daß in Einheitserde versetzte chlorotische Pflanzen wieder zu ergrünen begannen und nach etwa 12 Tagen eine gesunde Farbe zeigten. Die totale Chlorose war binnen kürzester Zeit vollkommen behoben. Als weitere Überraschung konnte festgestellt werden, daß sämtliche Pflanzen bereits wenige Tage nach dem Ergrünen

[6] SCHANDER, H.: Ein Beitrag zur Lösung des Problems der Kalkchlorose bei den Pflanzen. Jahrbücher für wissenschaftliche Botanik, **91**, S. 169 bis 185 (1943).

[7] ILJIN, W. S.: Die Kalkchlorose der Pflanzen und ihre Biochemie. Jahrbücher für wissenschaftliche Botanik, **90**, S. 464 bis 529 (1942).

ein auffallend üppiges Wachstum zeigten und sich im Laufe des Sommers zu Exemplaren mit sehr kräftigen Rosetten und einer durchschnittlichen Einzelblattgröße von 4,5 cm Breite und 12—15 cm Länge entwickelten. Die Gefäße befanden sich während des ganzen Sommers in einem Frühbeet und wurden nur nachts oder bei starkem, anhaltendem Regen mit Fenstern abgedeckt. Die Einheitserde wurde in den Gefäßen bei einer ständigen Feuchtigkeit von etwa 70% der Wasserkapazität gehalten.
Wie viele der obengenannten Faktoren bei den von uns erstmalig durchgeführten Arnikakulturversuchen in Einheitserde zusammentreffen, kann heute auf Grund des in dieser Hinsicht noch ungenügenden experimentellen Beweismaterials nicht mit Bestimmtheit gesagt werden.
Die einzelnen Ursachen des Kulturerfolges müssen noch geklärt werden. Auch ob sich dieses Verfahren in der gärtnerischen Praxis einmal im größeren Maßstab erfolgreich durchführen läßt, muß noch weiteren Versuchen vorbehalten bleiben. Anzuchtversuche mit *Arnica montana* in einer Mischung von Moor-, Heide- und Lauberde brachten auch schon einigermaßen gute Erfolge. Die Einheitserde scheint jedoch auf Grund unserer bisherigen Erfahrungen ein sehr geeignetes Kultursubstrat zu sein.
Bei Aussaat ins Freiland wird in eine vorher aufgerissene Grasnarbe gesät. Die Früchte sind leicht anzuwalzen. Besonders etwas feuchte Lagen eignen sich für diese Art Halbkultur. Die Aussaat kann aber auch in Mischung mit Gras- und Kleesaatgut erfolgen ($^1/_3$ Arnika und $^2/_3$ Kleegrasgemisch). Die Reihenentfernung sollte mindestens 30 cm betragen, bei Pflanzung 30×25 cm im Geviert. Die Futterpflanzen dürfen nicht zu lang werden, damit die jungen Arnikapflänzchen nicht leiden.
Nach HEGI soll *Arnica montana* einen Wurzelpilz besitzen. Inwieweit ein Gedeihen vom Vorhandensein eines solchen abhängig ist, bedarf noch der Klärung. Wir halten dies jedoch für sehr fraglich.

Ernte: Die Blüten erntet man im zweiten Jahr, die Wurzeln vom dritten Jahre an. Die Blätter und Blüten sind während der Blütezeit, die Wurzelstöcke im Spätherbst zu ernten. Die Blütenköpfe werden vom Stengel abgezupft, die Blätter seitlich abgebrochen. Die Droge ohne Kelch ist die wertvollere. Die Zungenblüten werden erst nach dem Trocknen aus den Blütenkörbchen herausgezupft. Der Handel führt aber auch ganze Blütenköpfe (*Flores Arnicae cum calycibus*). Gelegentlich wird auch das ganze blühende Kraut geschnitten. Die horizontal kriechenden Wurzelstöcke zieht man nach Lockerung aus der Erde und säubert sie gründlich von anhaftendem Schmutz. Die Hauptwirkstoffe sind nach GESSNER ätherische Öle. Sie sind in der Blüte bis zu etwa 0,1%, im Rhizom bis zu 1,5% und auch im Blatt in geringer Menge enthalten.

Trocknung: Blätter und Blüten werden im Schatten, die Wurzeln in der Sonne oder künstlich bei Temperaturen bis zu 70° C getrocknet. Die Blüten sind aber am besten nur schnell bei künstlicher Wärme (40—50° C) zu trocknen, damit die evtl. noch vorhandenen Insekten, besonders *Trypeta*-Larven, und zwar hauptsächlich die der Bohrfliege *Trypeta arnicivora* Löw., absterben und die Droge nicht verunreinigen bzw. zerstören. Das Trocknungsverhältnis frisch : trocken betrug bei Blüten 4—5 : 1, bei Wurzeln 3 : 1. Das Trockengut muß während der Lagerung öfters überprüft werden, da es leicht Feuchtigkeit anzieht.

Erträge: Die Drogenerträge liegen für *Radix Arnicae* etwa bei 30—40 kg/a und für *Flores Arnicae cum calycibus* etwa bei 5—10 kg/a und darunter.

Krankheiten und Schädlinge: An parasitären Pilzen wurden festgestellt: *Entyloma candulae* Oudem., *Sphaerotheca humuli* DC. *var. fuliginea* Schlecht. und *Phyllosticta arnicae* (Fuck.) Allesch. HEGI berichtet über eine große Anzahl von Schädlingen, die *Arnica montana* heimsuchen. Eine nicht unbedeutende Zahl schwierig zu bestimmender

Trypeta-Arten lebt teils in dem weichen Blütenboden, teils in den Früchten. Besonders häufig finden sich in den Blüten die Larven der Fliege *Trypeta arnicivora* Löw.; Käfer und Falterraupen zerfressen vielfach die Laubblätter. Die Fliege *Tephritis arnicae* L. verursacht ein Anschwellen der Blütenköpfe und deren dauernden Schluß. Bei unseren Gefäßversuchen machte sich während des Sommers ein wiederholtes Spritzen mit einer 0,3%igen Wofatox-Lösung gegen Blattläuse und Nacktschnecken erforderlich.

Artemisia abrotanum L., Eberraute, Eberreis*

Compositae

Gebräuchliche Pflanzenteile: HAB. 2: „Frische im Juli und August gesammelte Blätter.“ Außerdem findet *Artemisia abrotanum* in der Volksheilkunde Verwendung.

Handelsbezeichnung: *Herba Abrotáni*, Eberrautenkraut.

Botanik: Der dichtästige Halbstrauch *Artemisia abrotanum* unterscheidet sich von ähnlichen *Artemisia-species* durch einen oft kugelbuschartigen Wuchs. Er ist oberwärts rispig verzweigt und wird bis 100 cm hoch. Der Wurzelstock ist stark ästig. Die Laubblätter sind fiederschnittig, die obersten dreispaltig oder ungeteilt, mit fädlichen, drüsigpunktierten Zipfeln. Oberseits sind sie wie die Stengel ganz kahl, unterseits ± rauhhaarig. Die Farbe der Pflanze ist stumpf-graugrün, die Stengel sind ± rot angelaufen, am Grunde verholzt. Die Blütenköpfchen sind sehr klein, fast kugelig, nickend.

Abb. 113
Artemisia abrotanum L., Sortenvergleich, links: 'Oberlausitzer Feinblättrige', rechts: 'Erfurter Grobblättrige Eberraute'

Blütezeit: VIII–XI.

Ein Fruchtansatz konnte bisher von uns in Mitteldeutschland nicht festgestellt werden. Es ist aber anzunehmen, daß die Eberraute in wärmeren Lagen, z. B. in der rheinischen Klimaprovinz, fertil ist.

Boden und Klima: Kalkhaltige, humose, sandige Lehmböden und geschützte Lagen sagen der Eberraute besonders zu. Trockene Standorte sind sehr gut geeignet.

* *Artemisia abrotanum* L. wird wegen des zitronenähnlichen, aber nicht besonders angenehmen Geruches gelegentlich „Zitronenkraut“ genannt. Hierunter wird aber auch das Kraut der Zitronenmelisse (*Melissa officinalis* L.) verstanden (siehe S. 505).

Herkunft und Verbreitung: Die Heimat der Eberraute ist noch unbekannt. Sie findet sich in Vorderasien, in Südeuropa bis Spanien und neuerdings auch in Nordamerika. Nach HEGI handelt es sich bei *Artemisia abrotanum* wahrscheinlich nur um eine alte Kulturrasse der in den Balkanländern, im Süden der UdSSR und in Vorderasien bis Sibirien verbreiteten *Artemisia paniculata* Lam. (*A. procera* Willd.).

Herkünfte des Drogenhandels: Die Eberraute wird vorwiegend gartenmäßig angebaut und daher auch als „Gartheil" bezeichnet. Hauptherkunftsgebiete im weiteren Sinne sind Mittel- und Südeuropa. Die Droge wird wenig gehandelt. Sie enthält u. a. das fäulniswidrige Alkaloid Abrotanin. In letzter Zeit hat die Pflanze in therapeutischer Hinsicht wieder etwas an Bedeutung gewonnen.

Sorten und Herkünfte für den Anbau: Bekannte Einzelsorten sind die 'Oberlausitzer Feinblättrige Eberraute' und die 'Erfurter Grobblättrige Eberraute'. Nur die erstere kommt nach unseren Beobachtungen unter mitteldeutschen Anbauverhältnissen zur Knospenbildung. Ihre Vermehrung erfolgt ausschließlich vegetativ.

Anbau: Die Eberraute sollte möglichst nach stark mit Stallmist gedüngten Gemüsearten oder Hackfrüchten angebaut werden. Die Vermehrung geschieht durch Stecklinge oder Teilung älterer Pflanzen. Am besten verwendet man hierzu junge, 5 cm lange Kopfstecklinge, die im August/September oder zeitigen Frühjahr verpflanzt werden. Die Standweite sollte etwa 30—40 × 25—30 cm betragen. Da der Bestand 3—4 Jahre und oft noch länger genutzt werden kann, muß er gut unkrautfrei gehalten werden. Zwei- bis dreimaliges Hacken im Jahr ist erforderlich. Frostschäden wurden in Leipzig-Probstheida nie beobachtet.
Als Düngung kann eine reichliche Kompostmenge und mittlere Handelsdüngergabe (N, P_2O_5, K_2O) empfohlen werden.

Ernte: Das Kraut wird im Juni/Juli und August/September geerntet. Man schneidet es mit der Sichel oder der Heckenschere.

Trocknung: Das Erntegut wird lose oder gebündelt natürlich oder künstlich getrocknet. Es ist sehr druckempfindlich und muß vorsichtig zur Trocknung transportiert werden. Das Trocknungsverhältnis frisch : trocken beträgt 4—5 : 1.

Erträge: Der Ertrag an *Herba Abrotani* beläuft sich im ersten Anbaujahr auf etwa 7—10 kg/a und in den folgenden auf 15—25 kg/a. Höhere Erträge kommen vor, doch läßt die Wüchsigkeit der Pflanzen mit zunehmendem Lebensalter nach.

Krankheiten und Schädlinge: Die Pflanzen wurden alljährlich von Blattläusen befallen, die vor allem die Triebspitzen besiedelten. Als Ursache der Blattkräuselungen, die sich an den Spitzen einer grobblättrigen Sorte der Eberraute besonders stark zeigten, konnte die Blindwanzenart *Plagiognathus albipennis* Fall. ermittelt werden. In einem anderen Beobachtungsjahr war es die kleine, helle Grünzirpe *Eupteryx artemisiae* Kb. nec Rb., die in großer Zahl die Pflanzen bevölkerte und durch ihre Saugstiche Schäden verursachte.

Artemisia absinthium L., Wermut, Absinth

Compositae

Gebräuchliche Pflanzenteile: DAB. 6: „Die getrockneten Blätter und krautigen Zweigspitzen mit den Blüten von *Artemisia absinthium* Linné." HAB. 2: „Frische, junge Blätter und Blüten."
Die Droge für industrielle Zwecke besteht aus dem ganzen, blühenden Kraut.

Handelsbezeichnung: *Herba Absinthii,* Wermutkraut, Absinth.

Botanik: Der Wermut ist ein Halbstrauch, der etwa bis zehn Jahre alt werden kann. Die kurze, sehr ästige Wurzel treibt aufrechte, bis 150 cm hohe und noch höhere, locker beblätterte Stengel. Die Laubblätter sind gestielt, von breit-eiförmigem Umfang, einfach bis dreifach tief fiederteilig, die Zipfel sind länglich-lanzettlich, ± spitz. Stengel und Blätter sind mit einem feinen, dicht anliegenden silbergrauen Filz bedeckt, der auf der unteren Blattfläche dichter, fast seidigglänzend ist. Die zahlreichen Blütenköpfe sind kurzgestielt, nickend und bilden eine reichköpfige, aufrechte, reichästige Rispe. Sie sind breit-kugelig, bis 4 mm lang und fast ebenso

Abb. 114
Artemisia absinthium L., mit Artemisia vulgaris L. verunreinigt (Bildmitte)

breit, mit silbergrauem, etwas wolligem Hüllkelch und hellgelben Röhrenblüten. Die Blüten des äußersten Kranzes eines Blütenkopfes sind in der Größe und äußeren Form kaum von den anderen Einzelblüten zu unterscheiden, sie sind aber nur weiblich, jedoch als solche befruchtungsfähig.

Blütezeit: VII, VIII (IX).

Die Bestäubung erfolgt durch Insekten oder Wind.

Die verkehrt-eiförmigen, bis etwa 1,5 mm langen Früchte sind vorwiegend graubraun. Die Oberfläche ist infolge von Schrumpfung oft ± wellig. Die Fruchte schmecken, wie alle oberirdischen Pflanzenteile, stark nachhaltig bitter.

Wildwachsend kommt *Artemisia absinthium* in mehreren Varietäten und Formen vor. Infolge der Bastardierungsmöglichkeiten konnten schon häufig Formengemische beobachtet werden.

Boden und Klima: Hinsichtlich des Standortes gehört der Wermut zu den anspruchslosesten Arzneipflanzen, obgleich er wildwachsend als Ruderalpflanze u. a. auf stark gedüngtem Boden wächst. Er gedeiht selbst noch auf steinigen Böden, die sich für eine landwirtschaftliche Nutzung nicht mehr eignen. In der Oberlausitz konnten wir einen auf Kiesboden angebauten, kleineren Bestand beobachten, der ein gutes Wachstum aufwies. Kalkboden und leicht sandige Lehmböden scheinen ihm besonders zuzusagen. Etwas geschützte, warme und trockene Lagen werden bevorzugt, z. B. eignen sich gut für den Wermutanbau ungenutzte Weinberge. Auf nährstoffreichen Böden ist er sehr massenwüchsig. Der Wermut gedeiht von der Ebene bis ins Gebirge.

Herkunft und Verbreitung: *Artemisia absinthium* ist in den meisten Teilen Europas verbreitet, mit Ausnahme des hohen Nordens und einiger südlicher Gebiete. Er findet sich besonders häufig in Gegenden, wo die jährliche Niederschlagsmenge weniger als 1000 mm beträgt. In Nordamerika, Südamerika und Neuseeland wurde er eingeschleppt. *Artemisia absinthium* kommt oft vergesellschaftet mit anderen *Artemisia-species* vor.

Herkünfte des Drogenhandels: Der Wermut wird zur Drogengewinnung vielenorts angebaut. Anpflanzungen bei norddeutschen Förstereien werden auf die alte Verwendung zur Abwehr von Bienenstichen bei der Imkerei zurückgeführt. Herkunftsgebiete sind u. a. Osteuropa, besonders die UdSSR, wo er vor allem im Schwarzmeer-Gebiet wildwachsend gesammelt wird, die Balkanländer und Italien.

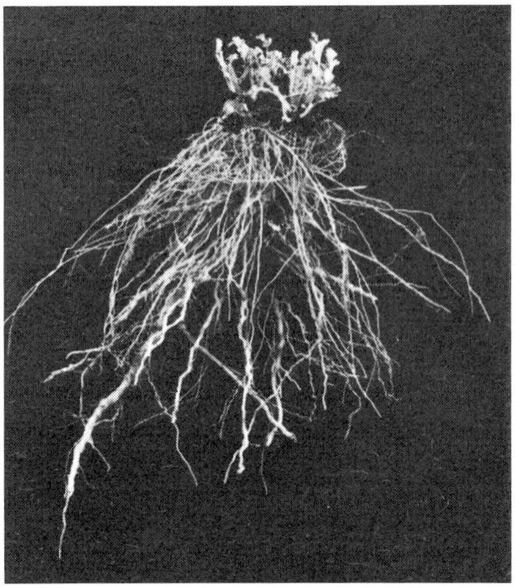

Abb. 115 Artemisia absinthium L., Wurzel, zweijährig

Sorten und Herkünfte für den Anbau: Angebaut wird häufig die Gruppensorte 'Großblättriger Wermut', die auf nährstoffreichen Böden sehr massenwüchsig ist.

Saatgut: Das durchschnittliche 1000-Korngewicht betrug nach unseren Untersuchungen 0,086 g. Die Reinheit des Saatgutes läßt häufig sehr zu wünschen übrig, da es mehr oder weniger taube Früchte und Spreu enthält. Die Mindestreinheit sollte 92%, die Mindestkeimfähigkeit 75% betragen. Sie wird bei Lichtzutritt und bei 20° C oder Wechseltemperatur ermittelt. Bereits nach zehn Tagen wird der Keimversuch abgeschlossen. Literaturangaben zufolge bleibt das Saatgut 3—4 Jahre keimfähig. Eigene Untersuchungen ergaben nach fünfjähriger Lagerung eine Abnahme der Keimfähigkeit von 69—100%.

Anbau: Hinsichtlich der Vorfrucht stellt der Wermut keine besonderen Forderungen. Wegen seiner Mehrjährigkeit empfiehlt es sich jedoch, ihn nach gedüngten Hackfrüchten zu bringen. Ihm selbst läßt man dann nach der Nutzung wiederum Hackfrucht in Stallmist folgen, um das in alten Wermutbeständen vorkommende Unkraut, besonders die Quecken, gut bekämpfen zu können. Die Anbauweise kann verschieden gehandhabt werden. Auf wirklich unkrautfreiem Feldstück mit guter Gare ist ab April eine Freilandaussaat an Ort und Stelle in 50 cm Abstand möglich, die jedoch in der Pflege wegen des langsamen Anfangswachstums Schwierigkeiten bereitet. Die Pflanzung nach einer Vorkultur im Frühbeet oder Freiland ist daher vorzuziehen. Bei Drillsaat müssen die Reihen sobald wie möglich auf 30 cm verhackt werden. Im ersten Jahre bringt die ausgedrillte Anlage kaum Erträge.

Für Drillsaat muß das Feld herbstgepflügt sein und sehr feinkrümelig, gartenmäßig, mit festem Bodenschluß hergerichtet werden. Das Saatgut wird mit feinem Sand oder ähnlicher Beimischung reichlich gestreckt. Bei 75% Mindestkeimfähigkeit und 92% Reinheit ist eine Saatgutmenge von etwa 4—5 kg/ha notwendig. Es wird am besten flach in den Walzenstrich unter Verwendung von Druckrollen gedrillt oder anschließend zugewalzt. Das Auflaufen erfolgt nach etwa 14 Tagen. Ferner ist eine zeitige Kastenaussaat im März möglich, bei der 200—500 g Saatgut die Pflanzen für etwa 1 ha liefern. In einem feinkrümeligen Pflanzacker wird dann im Mai/Juni nach genügender

Abb. 116 Artemisia absinthium L., Früchte

Entwicklung in 50 × 30 cm ausgepflanzt. Da hierbei die Pflanzung aber oft in eine Trockenperiode fällt und die Sämlinge meist noch recht empfindlich sind, ist im Großanbau die Freilandanzucht auf einem gut hergerichteten Saatbeet mit Aussaat im April/Mai in 20 cm Reihenabstand und Pflanzung im August/September am vorteilhaftesten. Die Pflanzen sind dann wesentlich widerstandsfähiger. Im nächsten Jahre kann man auch schon mit einem vollen Ertrag rechnen. Benötigt werden hierbei etwa 1—1,5 kg zur Anzucht der Sämlinge für 1 ha. Bei zu trockenem Herbst ist auch die Überwinterung im Anzuchtbeet und Auspflanzung zeitig im März/April des nächsten Jahres möglich. Die Erträge sind hierbei im ersten Jahre geringer. Das Feld soll sich nach dem Pflügen abgesetzt haben. Das Eintauchen der Sämlinge in Lehmbrei ist besonders bei ungünstigem Pflanzwetter zum Schutz gegen Austrocknung sehr angebracht. Auch die Teilung älterer Stöcke ist möglich. Jedoch kommt die vegetative Vermehrung beim feldmäßigen Anbau nicht in Frage. Nach der Pflanzung wird baldmöglichst mit der Hand oder der Maschine gehackt. Zwei bis drei Maschinenhacken und eine Handhacke reichen im allgemeinen zur Pflege aus. Vor dem Winter ist jeweils tief zu hacken oder zu igeln. Um Auswinterungsschäden in ungeschützten Lagen vorzubeugen, empfiehlt es sich, im ersten Jahr eine leichte Frostschutzdecke zu geben.

Auf Grund von Versuchen von BODE[1] kann sich der Anbau von Wermut in Mischkultur mit anderen Kulturarten nachteilig auswirken. Er säte *Foeniculum vulgare* neben zweijährigem *Artemisia absinthium* aus und maß nach acht Wochen folgende Höhen im Durchschnitt von je 60 Einzelwerten:

1. Reihe	(0,70 m Abstand)	5,70 cm
2. Reihe	(1,00 m Abstand)	16,97 cm
3. Reihe	(1,30 m Abstand)	39,00 cm

Ähnlichen Kümmerwuchs zeigten auch *Levisticum officinale, Carum carvi, Ocimum basilicum, Melissa officinalis, Nepeta cataria* und *Salvia sclarea.* Da die Wurzeln nicht so weit reichten, schieden Nahrungs- oder Wasserentzug als mögliche Ursachen aus, und der Verdacht fiel auf Blattausscheidungen. Beim Auffangen der Blatttraufe einer vor der Blüte stehenden Pflanze erhielt BODE eine klare Flüssigkeit von gelbbraunem Farbton und bitterem Geschmack. Sie enthielt auf 100 ccm Wasser, was der Traufe von etwa 200 g frischen Pflanzen entsprach, etwa 18—75 mg Trockenrückstand. Davon

[1] BODE, H. R.: Blattausscheidungen des Wermuts. „Planta" 30, S. 567 bis 589 (1940).

waren 12—18% Asche, besonders Kalium, während in dem organischen Rest Absinthiin vorherrschte. In einer Regennacht wurden 10—15, in Einzelfällen bis zu 27% des vorhandenen Absinthiins abgegeben. Das Absinthiin tritt durch die dünne Kutikula der T-förmigen Haare aus. Die Abgabe ist nach Schönwetterperioden am stärksten und verschwindet bei lang andauerndem Regen fast völlig. Versuche mit Blattpulver und Auszügen der Droge unterstrichen die Ergebnisse und bewiesen, daß die allelopathische Wirkung vom Absinthiin ausging. Auch wir konnten gelegentlich eine vom Wermut ausgehende Wachstumshemmung bei benachbarten Pflanzen beobachten, z. B. bei *Ruta graveolens*. Pflanzen der Weinraute, die sich in Traufweite vom Wermut befanden, kümmerten.

Neben einer mittleren Handelsdüngergabe mit allen drei Nährstoffen vor der Aussaat bzw. Pflanzung empfiehlt es sich, den Wermut reichlich mit Stickstoff und Kali zu versorgen, wodurch einer schnellen Verholzung der Stengel vorgebeugt werden kann. Die Wermutdroge darf keine verholzten Stengelteile enthalten.

Ernte: Von Juli bis August werden die Blätter sowie die blühenden Zweigspitzen geerntet. In manchen Jahren ist im Herbst noch ein Blattschnitt mit der Sichel möglich, der aus den 20—25 cm langen Trieben besteht, die nicht mehr zur Blüte gelangen. Außer ätherischem Öl enthält der Wermut das Bitterstoffglykosid Absinthiin und Absinthin. Es ist in größter Menge zu Beginn der Blütezeit vorhanden[2]. Nach SEEL[3] steigt z. B. beim Wermut die Bitterstoffzahl von 35,1 vor der Blüte auf 225,1 zur Zeit der Blütenknospen, um dann bis zum Oktober mit 221,2 nahezu konstant zu bleiben. Bei der Ernte von blühendem Wermut und anderen *Artemisia-species* ist es möglich, daß der Pollen bei empfindlichen Menschen die Schleimhäute reizt. Wir beobachteten Erscheinungen, wie sie beim Heuschnupfen (*Rhinitis anaphylactica*) auftreten. Bei der Ernte werden auch die Geschmacksnerven gereizt. Man hat im Munde einen andauernden, bitteren Geschmack, der durch Verwendung von Bonbons gemildert wird.

Der Schnitt des Wermuts, dessen Stengelteile mehr oder weniger verholzen, geschieht am besten mit der Sichel oder Heckenschere. Auf größeren Flächen hat sich der Einsatz des Grasmähers, Ablegers oder Binders bewährt. Bei maschineller Ernte sind zweckmäßigerweise Ersatzmesser mitzuführen, da durch die holzigen Stengel leicht technische Störungen auftreten können. Die Schnitthöhe richtet sich nach der Höhe des kahlen Stengelteiles. Die Industrie verlangt die belaubten Teile und nicht die blattlosen, verholzten unteren Stengel. Unter Umständen muß man dann den Bestand noch einmal tiefer, in Handhöhe nachmähen, damit die stehengebliebenen Stiele späterhin nicht stören. Das Einbinden des Erntegutes ist sehr locker durchzuführen. Auf keinen Fall dürfen die Bunde zusammengepreßt werden. Besonders beim Einsatz des Binders ist hierauf zu achten und die Ausklinkvorrichtung so leicht wie möglich einzustellen. Die Bunde selbst sollen möglichst klein gehalten werden. Zur Saatguternte läßt man ein Feldstück reifen und kann im August/September am besten mit der Sichel ernten, wenn sich die Früchte härten und verfärben. Wegen des Ausfalles soll man nicht zu lange warten und lieber zeitiger schneiden und länger nachtrocknen und -reifen lassen. Dies geschieht auf dem Feld wie bei Getreide in Stiegen. Eingefahren wird am besten unter Verwendung von Rapsplanen. Auf einer geeigneten Dreschmaschine können dann die Früchte sofort ausgedroschen werden.

Trocknung: Bei günstiger Witterung ist eine Feldtrocknung auf Reutern, Hütten und sonstigen Trockengestellen möglich. Bei Anwendung künstlicher Wärme sollte nur

[2] MADAUS, G. u. SCHINDLER, H.: „Arch. Pharmaz." **276**, 280 (1938); zit. nach GESSNER.

[3] SEEL, H.: Grundlagen und Probleme der Arzneipflanzentherapie. „Pharmazie" **3**, S. 356 bis 363 (1948); bzw. „Arzneipflanzen-Umschau" **2**, S. 389 bis 396 (1948).

bei mäßiger Temperatur getrocknet werden, um Verluste an ätherischem Öl zu vermeiden. Das Trocknungsverhältnis des Krautes frisch : trocken beträgt 3—5 : 1.

Erträge: Die Erträge an trockenem Kraut, sogenannter technischer Ware, schwanken zwischen 20 und 50 dz/ha. Die Ausbeute an Arzneibuchware beträgt dann etwa nur 10—15% der technischen Ware. Die Saatguterträge schwanken zwischen 1 und 2 (6) kg/a.

Krankheiten und Schädlinge: Nach MÜHLE[4] werden Wermutpflanzen von den verschiedensten Krankheiten und Schädlingen befallen. Die Blattfleckenpilze *Cercospora absinthii* Sacc. und *C. olivacea* Otth. sowie der Rostpilz *Puccinia tanaceti* DC. bzw.

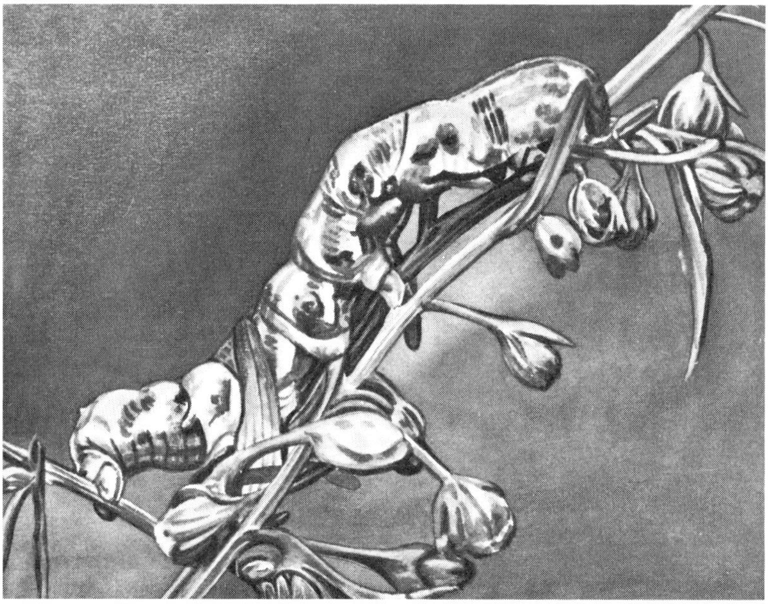

Abb. 117 Raupe von Cucullia absinthii L. (Wermutmönchseule) am Blütentrieb von Artemisia absinthium L.

P. absinthii DC. verursachen häufig Schäden an Stengeln und vor allem an Blättern. Die Wermutwurzeln können durch die Raupe des Zünslers *Euzophera cinerosella* Z. geschädigt werden. Als Schädling der unteren Stengelteile wird außerdem noch die Raupe des Wicklers *Semasia pupillana* Cl. genannt. An den Blättern sind gelegentlich Fraßschäden zu beobachten, die auf verschiedene Insektenarten zurückzuführen sind. So hat UDE in den Beständen des Sortenamtes in Leipzig-Probstheida fressende Raupen des Rainfarnmönches, *Cucullia tanaceti* Schiff., beobachtet. Weiter stellte er Mitte August 1954 den vorgenannten Wickler *Semasia pupillana* Cl. täglich in Anzahl fest. Der kleine weißlichgraue Falter hat auf den Vorderflügeln drei dunkle Striche. Er sitzt meist auf der Oberseite der Blätter und ist sehr flüchtig. Aber auch Larven und Vollkerfe des Schildkäfers *Cassida canaliculata* Laich., der Erdfloh *Longitarsus succineus* Foudr., die Raupen der Gammaeule, *Phytometra* (*Plusia*) *gamma* L., der Mönchseulen

[4] MÜHLE, E.: Krankheitserscheinungen und Schadbilder an *Artemisia Absynthium* L., Wermut und anderen *Artemisia*-Arten und deren Erreger. „Pharmazie" **1**, S. 274 bis 275 (1946); bzw. „Arzneipflanzen-Umschau" **2**, S. 97 bis 99 (1946).

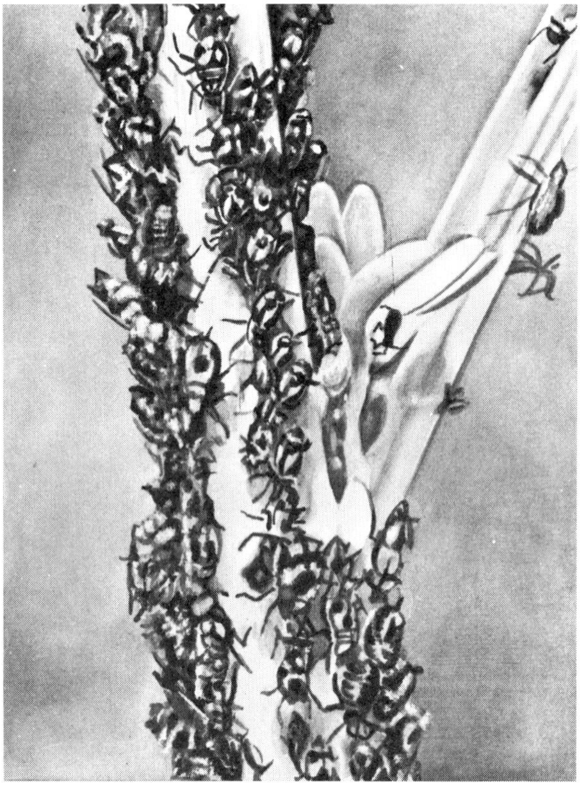

Abb. 118
Artemisia absinthium L., Befall mit Macrosiphoniella absinthii L.

Cucullia absinthii L. und *C. artemisiae* Hufn. können Fraßschäden verursachen. Auch der Bindenbär, *Arctia hebe* L., kann schädlich werden. An den unteren Blättern wurde häufig der Springschwanz *Bourletiella sulphurea* Koch und in zusammengesponnenen Blatttrieben die Raupe des Wicklers *Cnephasia wahlbomiana* L. beobachtet. Zahlreiche andere Insekten rufen an den Blättern und Blatttrieben Saugschäden hervor. Die Ursachen der an den Wermutpflanzen in Leipzig-Probstheida beobachteten „Kräuselkrankheit" war vor allem auf die Saugstiche der Grünen Hainblindwanze, *Lygus lucorum* Mey. D., und der kleinen Grünzirpe *Chlorita viridula* Fall. bzw. *Empoasca artemisiae* Hpt. zurückzuführen. Ferner sind die Springwanzen *Halticus saltator* Geoffr., die Zikaden *Eupteryx artemisiae* Kb. nec Rb. und *Acocephalus bicinctus* Curt. und Blattläuse, insbesondere *Coloradoa artemisiae* d. Gn. C. B. und *Macrosiphoniella absinthii* L. als Erreger von Saugschäden am Wermut bekannt geworden. Auch in Leipzig-Probstheida war mehr oder weniger starker Blattlausschaden zu beobachten, der im Juli am stärksten hervortrat. Zur natürlichen Abwehr hatten sich mehrere Marienkäferarten eingefunden. Nach MÜHLE verursacht die Wermutbohrfliege, *Trypeta artemisiae* F., in den Wermutblättern Minierschäden. Durch Aushöhlen der Blütenköpfchen schadet die Raupe des Spanners *Tephroclystia innotota* Hufn. REICHERT (zit. nach MÜHLE) hat ferner die Raupen der Eule *Scotogramma trifolii* Rott. in den Blütenständen festgestellt. MÜHLE erwähnt außerdem noch die Wermutmotte, *Depressaria absinthiella* H. S., die die Blütenstände zusammenspinnt und in den Gespinsten mehr oder weniger große Fraßschäden verursacht.

Artemisia dracunculus L., Estragon

Compositae

Gebräuchliche Pflanzenteile: Für Gewürzzwecke findet das zu Beginn der Blüte geerntete frische oder getrocknete Kraut Verwendung. Die jungen, zarten Triebe dienen frisch besonders in der Kräuteressig- und Konservenherstellung als Gewürz.

Handelsbezeichnung: *Herba Dracunculi*, Estragonkraut.

Botanik: Die kräftige, ästige Wurzel treibt kurze Ausläufer und bis 150 cm hohe, krautige, aufrechte, locker beblätterte Stengel. Die Laubblätter sind ungeteilt, nur die untersten sind an der Spitze dreispaltig, lanzettlich bis linealisch, fiedernervig, stachelspitzig, ganzrandig oder schwach gesägt, hell- bis dunkelgrün, matt oder etwas glänzend. Die Pflanzen sind ± behaart. Die unscheinbaren, nickenden Blütenköpfchen mit zahlreichen kleinen, weißlichgrünen Blüten zwischen kleinen Blättchen sind zu rispenartigen Blütenständen vereinigt. Die äußeren Hüllblätter sind länglich-elliptisch, größtenteils grün, die inneren eiförmig, breit-hautrandig. Die Randblüten sind weiblich; die Scheibenblüten zwittrig, unfruchtbar.

Blütezeit: VII–X.

Fremdbestäubung ist anscheinend die Regel. Während der 'Russische' (*f. redowskyi* Hort.) gut fruchtet, scheint der 'Deutsche Aromatische Estragon' steril zu sein.

Von UDE wurden alljährlich in geringer Häufigkeit an den Pflanzen die beiden polyphagen Graurüßlerarten *Sitona humeralis* Steph. und *S. hispidulus* F. beobachtet. An den Blüten des 'Russischen

Abb. 119
Artemisia dracunculus L., Einzelpflanze

Estragons' wurden von Hymenopteren nur vereinzelt Honigbienen gefunden, während Dipteren in den nachgenannten fünf Arten als Besucher festgestellt werden konnten: die beiden Aasfliegen *Scopeuma merdaria* F. und *S. stercoraria* L., die Goldfliege *Lucilia caesar* L. und die beiden Musciden *Onesia cognata* Mg. und *O. sepulchralis* Mg. Schmetterlinge wurden niemals als Blütenbesucher an den Beständen in Leipzig-Probstheida gesehen.

Die Früchte des 'Russischen Estragons' sind länglich-eiförmig, etwa 1—2 mm lang. Die Oberfläche ist ± geschrumpft. Ihre Farbe ist dunkelbraun, glänzend. Die Fluoreszenz im ultravioletten Licht zeigt sich als auffallend leuchtend blau.

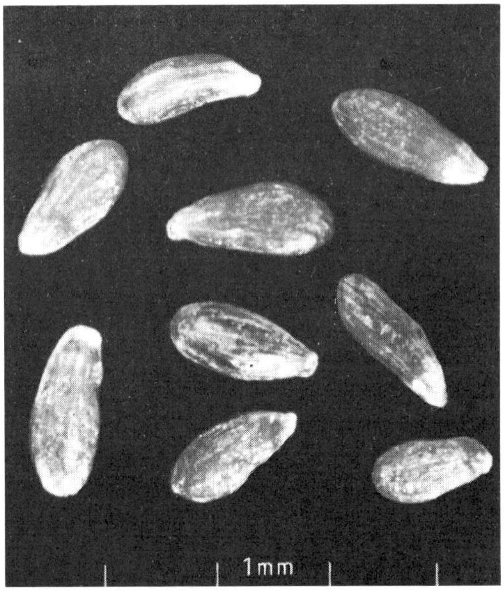

Abb. 120 Artemisia dracunculus L. f. redowskyi Hort., Früchte

Boden und Klima: Nicht zu schwere, lockere, nahrhafte Böden in einem guten Kalkzustand sind für den Anbau besonders geeignet. Aber auch auf leichteren und mageren Böden gedeiht der Estragon noch. Die Wasserstoffionenkonzentration (pH) des Bodens ist von Einfluß auf die Bildung und Zusammensetzung des Estragonöls. Nach Untersuchungen des Ehepaares DEEL[1] waren bei pH 6,2 nicht nur die Ausbeuten an Kraut und ätherischem Öl, bezogen auf die bebaute Fläche, sondern auch der Gehalt desselben an Estragol (Methylchavicol) am höchsten (66,3%). Estragon hat einen hohen Wasserbedarf, und zwar besonders die Sorte 'Russischer'. Stauende Nässe wird jedoch nicht vertragen.

Herkunft und Verbreitung: Der Estragon findet sich im mittleren und nördlichen Asien. An den Ufern der mittel- und südrussischen Ströme ist er einheimisch, und in ganz Sibirien kommt er vor. Im westlichen Nordamerika ist er bis Colorado und Texas zu finden. In Europa wird er häufig angebaut, so u. a. die aromatische Form häufig in Frankreich.

Herkünfte des Drogenhandels: Das deutsche Hauptanbaugebiet befand sich in der Umgebung von Aschersleben, aber auch in Thüringen wird an verschiedenen Orten Estragonkraut gewonnen. Weitere Herkunftsgebiete für die seltener gehandelte Droge sind südeuropäische Staaten und die UdSSR.

Sorten und Herkünfte für den Anbau: Zwei Sorten werden angebaut, und zwar die Gruppensorte 'Deutscher Aromatischer Estragon', die auch als 'Französischer Estragon' gehandelt wird, und 'Russischer Estragon'. Erstere wird nur vegetativ vermehrt und eignet sich besonders für nährstoffreiche Böden und warme Lagen. Sie ist etwas frostempfindlich. Ihr frisches Kraut ist sehr aromatisch, der Geschmack anisartig, würzig. Die Gruppensorte 'Russischer Estragon' läßt sich vegetativ und generativ vermehren. Sie ist hinsichtlich des Standortes anspruchsloser, winterhart, im Geschmack kerbelartig, bitterlich. Über die Zusammensetzung des ätherischen Öles vom 'Russischen Estragon' besteht noch keine Klarheit. Das Kraut hat nicht

[1] Bull. Soc chim. IV. 45 (1929), 175; zit. nach Bericht von SCHIMMEL & Co., Miltitz b. Leipzig 1930, S. 40.

den charakteristischen Estragongeruch aufzuweisen, der hauptsächlich durch das im ätherischen Öl enthaltene Methylchavicol bedingt ist. SCHMIDT[2], der eine Probe der Sorte 'Russischer Estragon' vom Versuchsfeld Leipzig-Probstheida hinsichtlich des Gehaltes an ätherischem Öl untersuchte, stellte einen angenehmen rosenartigen Geruch des gelben Öles fest. Die Ausbeute betrug auf getrocknetes Kraut berechnet 0,255%.

Die wichtigsten Unterscheidungsmerkmale beider als Sorten herausgestellten Typen sind folgende[3]:

Merkmal	'Deutscher Aromatischer Estragon'	'Russischer Estragon' (Typ *f. redowskyi* Hort. syn. *Artemisia dracunculus* L. *var. redowskyi* Turcs.)
1. Wuchs	aufrecht, im allgemeinen schwachwüchsiger und gedrungener, bis etwa 110 cm hoch	aufrecht, im allgemeinen wüchsiger und kräftiger, bis etwa 150 cm hoch
2. Verjüngungsknospen (an oder in der Erde)*	wenig	sehr zahlreich
Bestockung und Ausläuferbildung	mittelstark	stark
3. Jungtriebe im Frühjahr	Triebspitzen geöffnet, mit leicht spatelförmigen Blättchen, länger und dichter behaart (Gabelhaare, 0,50—0,75 mm lang), bereits den typischen Geschmack zeigend	Triebspitzen zunächst geschlossen, mit linealischen Blättchen, kürzer und schwächer behaart (Sternhaare, 0,15—0,50 mm lang), noch ohne den typischen Geschmack
4. Ältere Triebe	Stengel ± bereift	Stengel nicht bereift
5. Blatt	mittel- bis dunkelgrün, ± glänzend, fast kahl	hell- bis mittelgrün, matt, ± stark behaart
6. Blüte	Blütenköpfchen vorwiegend kurz gestielt (etwa 1—2 mm), wenig nickend;	Blütenköpfchen vorwiegend länger gestielt (etwa 2—3 mm), stärker nickend;
	Einzelblüten bleiben zum Teil im Hüllkelch verborgen, Kronzipfel neigen meist etwas zusammen*;	herausragende Narben, besonders der Randblüten*;
	Fortsätze der Antheren und Narben ragen nicht über die Blumenkronröhre hinaus, sondern bleiben von dieser eingeschlossen*;	Blütenkrone der Mittelblüten nach oben erweitert, Kronzipfel ± zurückgeschlagen; durch weit geöffnete Mittelblüten in der Aufsicht sternförmig, Blütenkörbchen erhält somit ein gefülltes Aussehen*
	Zahl der Blüten gering*	
7. Fruchtansatz	steril	fertil, Früchte zahlreich, gut reifend
8. Geschmack des Krautes	anisartig (äth. Öl enthält Estragol**)	etwas bitter, kerbelartig (äth. Öl enthält wahrscheinlich kein Estragol)

[2] Bericht von Variochem VVB SCHIMMEL, Miltitz b. Leipzig 1948, S. 34.

[3] HEEGER, E. F.: Estragon-Sorten. „Neuer Junggärtner" 1, S. 104 bis 105 (1950).
HEEGER, E. F. und BRÜCKNER, K.: Heil- und Gewürzpflanzen/Arten- und Sortenkunde. 2. Aufl., Berlin 1952, S. 57 bis 60.

* Nach ROSENTHAL, Chr.: Untersuchungen zur Sortendiagnostik von Estragon. „Der Züchter" 24, Heft 2/3 (1954) (Sonderdruck).

** Estragol wird auch Methylchavicol oder Isoanethol genannt.

Abb. 121
Artemisia dracunculus L., Sortenvergleich; links: 'Russischer Estragon', rechts: 'Deutscher Aromatischer Estragon'

Saatgut: Das durchschnittliche 1000-Korngewicht der Gruppensorte 'Russischer Estragon' betrug 0,215 g und ist großen Schwankungen unterworfen. Die Mindestreinheit sollte 92 %, die Mindestkeimfähigkeit 75 % betragen. Letztere wird nach zehn Tagen bestimmt. Die Früchte keimen bei Lichtzutritt und im Dunkeln. Als Keimtemperatur sind 20° C vorgeschrieben. Nach Literaturangaben bleibt das Saatgut 2—3 Jahre keimfähig. Von uns untersuchtes Saatgut keimte nach sechsjähriger Lagerung nicht mehr.

Anbau: Der Estragon steht in der Fruchtfolge am besten nach gutgedüngten Hackfrüchten. Besonders geeignete Vorfrüchte sind Kartoffeln und Gemüse in zweiter Tracht. Ihm selbst folgen nach drei- bis vierjähriger Nutzung wiederum wegen der besseren Unkrautbekämpfung Hackfrüchte in Stalldung. Zu einem guten Gedeihen braucht der Estragon einen tiefgepflügten, lockeren Boden. Die Vermehrung des 'Deutschen Aromatischen Estragons' erfolgt ausschließlich auf vegetative Weise, und zwar durch Wurzelstockteilung, Ausläufer oder Stecklinge der schwachen Seitentriebe. Estragonstecklinge halten sehr schlecht den Erdballen; es ist daher mit dem Pflanzgut vorsichtig umzugehen. Die gut bewurzelten Ausläufer oder Stecklinge werden im Frühjahr bei einer Mindestentfernung von 50 × 40 cm ins Freiland gepflanzt. In günstigen Jahren kann auch eine frühe Herbstpflanzung erfolgen, sie ist jedoch immer mit der Gefahr der Auswinterung verbunden.

Soll der 'Russische Estragon' generativ vermehrt werden, so erfolgt am besten Kastenaussaat. 200 g Saatgut liefern genügend Pflanzen, um 1 ha Anbaufläche zu bepflanzen. Nach einmaligem Pikieren setzt man die Sämlinge ins Freiland. Die Standweite ist etwas weiter zu wählen (60 × 50 cm) als beim 'Deutschen Aromatischen Estragon', da der 'Russische' massenwüchsiger ist. Der Estragon eignet sich auch zum Treiben.

Die Estragonbestände müssen wiederholt flach gehackt und gut feucht gehalten werden. Mit zunehmendem Alter verunkrauten die Bestände leicht. Nach vierjähriger Nutzung sollte der Bestand umgebrochen werden. Da der 'Deutsche Aromatische Estra-

Abb. 122
Artemisia dracunculus L.,
Stecklingsanzucht
der Sorte 'Deutscher
Aromatischer Estragon'

gon' etwas frostempfindlich ist, empfiehlt es sich, die Pflanzen über Winter leicht mit Laub, Kartoffelkraut, Reisig oder strohigem Dünger abzudecken. Der Auswinterung wurde mit Erfolg auch durch leichtes Anhäufeln im Spätherbst vorgebeugt.
Der Estragon benötigt zu einem guten Gedeihen reichlich Nährstoffe. Es ist daher eine Volldüngung in genügender Menge zu verabreichen. Nach jedem Schnitt sollte eine mittlere Gabe Kalkammonsalpeter gegeben werden.

Ernte: Etwa Ende Juni/Anfang Juli wird das Kraut geschnitten. Nach Untersuchungen von ROSENTHAL[4] erreicht beim 'Russischen Estragon' der Gehalt an ätherischem Öl seinen Höhepunkt im vorgeschrittenen Knospenstadium. Beim 'Deutschen Aromatischen Estragon' ließ sich hingegen keine Abhängigkeit des Wertstoffgehaltes vom Entwicklungsstadium erkennen. Vom zweiten Jahre an sind oftmals mehrere Schnitte möglich. Bei gutem Wachstum, welches vor allem von ausreichender Wasserversorgung abhängt, können drei Schnitte erzielt werden. Zum Schneiden wird am besten die Heckenschere verwendet. Im Großanbau kann unter Umständen der Ableger Anwendung finden.
Die Zeit der Saatguternte ist beim 'Russischen Estragon' gekommen, wenn sich die Früchte braun zu färben beginnen.

Trocknung: Das Estragonkraut wird entweder im frischen Zustand verkauft oder getrocknet. Die Trocknung des Krautes kann auf natürliche oder künstliche Weise erfolgen. In jedem Falle muß sie aber sehr sorgfältig bei niedrigen Temperaturen vorgenommen werden. Getrockneter Estragon verliert leicht an Wohlgeschmack. Das Eintrocknungsverhältnis beträgt etwa 3—4 : 1.

Erträge: Die Erträge an trockenem Kraut bewegen sich im ersten Anbaujahr zwischen 10 und 30 dz/ha und im zweiten Anbaujahr zwischen 20 und 60 dz/ha. Der 'Deutsche Aromatische Estragon' ist bei weitem nicht so ertragreich wie der 'Russische', aber dafür bedeutend aromatischer. Seine Erträge nähern sich mehr der unteren Grenze der hier angegebenen Werte.
Die Saatguterträge belaufen sich beim 'Russischen Estragon' auf 60–80 kg/ha.

Krankheiten und Schädlinge: HEGI berichtet, daß die Rostpilze *Aecidium dracunculi* Thüm. und *Puccinia tanaceti* DC. die Pflanzen befallen. Stark rostanfällig ist der

[4] loc. cit. S. 277.

'Deutsche Aromatische Estragon'. Die Raupen von *Phlyctaenodes sticticalis* L. und der Käfer *Cantharis lateralis* L. können den Pflanzen Schaden zufügen. Nach MÜHLE[5] verursachen Drahtwürmer stärkere Fraßschäden an den Wurzeln. An zahlreichen Pflanzen der Sorte 'Deutscher Aromatischer Estragon' wurden von UDE in Leipzig-Probstheida die Triebspitzen häufig zusammengesponnen vorgefunden. Die Untersuchung ergab halberwachsene, graue, mit schwarzen Wärzchen besetzte Räupchen des Wicklers *Cnephasia wahlbomiana* L. Dieser Schädling wurde auch an anderen *Artemisia*-Arten beobachtet. Als allgemeine Schädlinge wurden die Raupen der Gammaeule, *Phytometra (Plusia) gamma* L., und der Kohleule, *Barathra (Mamestra) brassicae* L., alljährlich auf dem Estragon fressend angetroffen. Beide Arten leben polyphag. Schließlich schädigten noch drei Capsiden, die Blindwanzen *Adelphocoris lineolatus* Goeze, *Lygus lucorum* Mey. D. und *L. pratensis* L. die Estragonpflanzen, wenn auch nicht in beträchtlicher Menge. Die Saugstichschäden waren demzufolge auch nicht wesentlich. MÜHLE nennt noch als erwähnenswerte Schädlinge die Zikaden *Eupteryx atropunctata* Goeze, *Chlorita viridula* Fall., *Acocephalus bicinctus* Curt. und die Schaumzikade, *Philaenus graminis* Deg., und als Gelegenheitsschädling die Blattlaus *Myzodes persicae* Sulz.

Artemisia maritima L., Seestrandbeifuß, Meerwermut, Salzwermut*

Compositae

Gebräuchliche Pflanzenteile: Für technische Zwecke findet das kurz vor dem Aufbrechen der Blüten geerntete Kraut von Pflanzen der Kollektivart *Artemisia maritima* Linné Verwendung. Es enthält u. a. das bittere Naphthalinderivat Santonin, einen Wirkstoff, der in vielen handelsüblichen Wurmmitteln enthalten ist.

Handelsbezeichnung: *Herba Absinthii maritimi*, Seestrandbeifuß.

Botanik: Die in Mitteleuropa vertretenen Formen der Kollektivart *Artemisia maritima* sind die vier Unterarten *vallesiaca*, *maritima*, *salina* und *monogyna*. Infolge der vielen Bastardierungsmöglichkeiten (Windbestäubung) kann eine sehr große Formenmannigfaltigkeit beobachtet werden.

Nachfolgende kurze botanische Charakteristik ist HEGI entnommen:

subspec. vallesiaca All.: Erdstock sehr kräftig, mit vielen bleibenden Rosetten. Sprosse dauernd dicht weißfilzig. Höchstens die allerobersten Laubblätter ungeteilt. Blütenstand stets schmal, aufrecht. Köpfe fast sitzend, aufrecht.
Blütezeit: IX, X.

subspec. maritima (L.): Stengel bleibend weißfilzig, am Grunde kaum verholzend. Köpfe an aufrecht abstehenden oder übergebogenen Ästen, deutlich gestielt.
Blütezeit: VIII–X.

subspec. salina (Willd.): Sprosse dauernd grauhaarig. Blütenstand sparrig verzweigt, mit stets deutlich gestielten, oft abstehenden oder nickenden Köpfen.
Blütezeit: VIII–X.

subspec. monogyna (Waldst. et Kit.): Sprosse verkahlend. Blütenstand ± besenförmig, mit beinahe sitzenden, fast stets aufrechten Köpfen.
Blütezeit: IX, X.

[5] MÜHLE, E.: Krankheitserscheinungen und Schadbilder an *Artemisia Absynthium* L., Wermut und anderen *Artemisia*-Arten und deren Erreger. „Pharmazie" **1**, S. 274 bis 276 (1946); bzw. „Arzneipflanzen-Umschau" **2**, S. 97 bis 99 (1946).

* Gelegentlich wird *Artemisia maritima* L. nur als „Beifuß" bezeichnet, was schon zu Verwechslungen mit dem echten Beifuß (*Artemisia vulgaris* L.) (siehe S. 284) geführt hat.

Abb. 123 Artemisia maritima L., Blütentrieb

Boden und Klima: Wildwachsend findet sich der Seestrandbeifuß hauptsächlich auf Salzböden vom Halbwüstentypus. Die Anbauerfahrungen gehen dahin, daß er salzhaltige Böden bevorzugt, auf leichten Bodenarten noch gedeiht und daß sehr gute Ernten auf humosen, tiefgründigen Lehmböden erzielt werden. Seestrandbeifuß gedeiht im maritimen und kontinentalen Klima.

Herkunft und Verbreitung: Das Gesamtverbreitungsgebiet der Kollektivart *Artemisia maritima* erstreckt sich auf weite Teile Europas und Asiens. Die Unterart *vallesiaca* wird in der Schweiz, die Unterarten *maritima* und *salina* werden in Mitteldeutschland zur Drogengewinnung angebaut. Letzteres Gebiet umfaßt die Gegend zwischen Erfurt und Magdeburg, vor allem die Kreise Sangerhausen, Querfurt und Kölleda mit Artern als Schwerpunkt. An den Salinengräben von Artern findet sich *subspec. salina* wildwachsend.

Nach einer brieflichen Auskunft von Herrn Dr. ZAHN, VEB Schering, Adlershof, Abt. Arzneipflanzenanbau Artern, befindet sich das Ursprungsgebiet für den Anbau von *Artemisia maritima* L. bei Artern im Ortsteil Kachstedt. Dabei handelt es sich um einen humosen, stellenweise leicht sandigen Lehmboden mit einem etwas überhöhten Kochsalzgehalt, der sich in trockenen Jahren auf die Erträge von Getreide und Hackfrüchten sehr ungünstig auswirkt, während Seestrandbeifuß dabei noch recht gut gedeiht. Aus diesem Verhalten der Pflanze glaubte man eine Zeitlang ein gewisses Salzbedürfnis annehmen zu müssen. Die Anbauerfahrungen unter verschiedenen Bodenverhältnissen

Abb. 124 Artemisia maritima L., einjähriger Feldbestand in der Oberlausitz

lassen aber darauf schließen, daß der erhöhte Kochsalzgehalt zwar vertragen wird, aber für die Entwicklung nicht unbedingt notwendig ist. Restlos geklärt ist diese Frage jedoch noch nicht.

Herkünfte des Drogenhandels: *Herba Absinthii maritimi* ist verhältnismäßig selten im Drogenhandel anzutreffen. Die Santoningewinnung findet fast ausschließlich in den Erzeugungsländern statt. Der Anbau in Mitteldeutschland wird als Vertragsanbau der chemisch-pharmazeutischen Industrie (VEB Schering, Adlershof) durchgeführt. In Japan gelang es, mit aus Deutschland (Artern) bezogenem Saatgut von *Artemisia maritima* seit 1927 die Ausgangspflanzen für die heutige japanische Santoningewin-

Abb. 125
Blattvergleich; links: feingefiederte Blätter von Artemisia maritima L.; rechts: grobgefiederte Blätter von Artemisia absinthium L.

nung zu akklimatisieren. Die Pflanze wird in Japan nach dem Ort der ersten Anbauversuche „Mibuyomogi“ genannt[1,2]. In der UdSSR wird Santonin in größerem Ausmaß aus *Artemisia cina* (Berg) Willkomm gewonnen.

Sorten und Herkünfte für den Anbau: Zuchtsorten befinden sich nicht im Handel. SCHERING-Adlershof verfügt über einen größeren Anbau mit eigenen Zuchtstämmen, die eine befriedigende Santoninausbeute gewährleisten*.

Vom Institut für Kulturpflanzenforschung der Deutschen Akademie der Wissenschaften zu Berlin in Gatersleben (Krs. Quedlinburg) wird in Zusammenarbeit mit dem Pharmazeutischen Institut der Universität Halle die Santoninpflanze *Artemisia maritima* physiologisch und züchterisch bearbeitet[3].

[1] KAWATANI, T.: On the Cultivation of *Artemisia maritima* L. („Mibuyomogi“). „Agriculture and Horticulture“ („Nogyo oyobi Engei“) **25**, Nr. 11 (1950) und **26**, Nr. 2 (1951) (jap.).

[2] SHIBATA, S., MITSUHASHI, H., HARAOKA, M., und KAWATANI, T.: Phytochemical Investigation on the Cultivation of Medicinal Plants I. Seasonal Variation Content of *Artemisia maritima* L., „Mibuyomogi“, and its Histochemical Studies. Part 1. „Journ. Pharm. Soc. Japan“ **71**, S. 161 bis 165 (1951) (jap.).
Deutschsprachiges Referat oben angeführter Veröffentlichungen von ZAHN: Der Anbau von *Artemisia maritima* L. („Mibuyomogi“). Phytochemische Untersuchungen des Anbaus von Arzneipflanzen. Die jahreszeitlichen Schwankungen des Santoningehaltes der *Artemisia maritima* L. („Mibuyomogi“) und ihre histochemische Untersuchung. Teil 1. „Pharmazie“ 8, S. 762 bis 763 (1953); bzw. „Arzneipflanzen-Umschau“ **3**, S. 681 bis 682 (1953).

[3] Lt. Jahresbericht 1953 des Instituts für Kulturpflanzenforschung in „Die Kulturpflanze“, Bd. II, S. 11 (1954).

* Den Ausführungen über die Gewinnung von *Herba Absinthii maritimi* liegen im wesentlichen die von C. VAGELER verfaßte Anbauanleitung „Der Anbau des Meeresstrandbeifuß (*Artemisia maritima*)“, SCHERING-Adlershof, Abt. Arzneipflanzenbau, Artern (Firmendruck), zugrunde.

Saatgut: Das 1000-Korngewicht einer Probe mitteldeutscher Herkunft betrug 0,422 g, die Reinheit 95% und die Keimfähigkeit 75%. Die Früchte, die Lichtkeimer sind, keimen bereits nach 4—10 Tagen.

Anbau: Diese *Artemisia*-Kultur ist drei- bis vierjährig. Als Vorfrucht eignen sich Halm- oder Ölfrüchte. Die Vermehrung erfolgt auf vegetative und generative Weise. Erstere kommt praktisch nur noch für züchterische Zwecke in Frage. Im Großanbau ist man auch fast gänzlich von der Aussaat in Kästen oder auf Saatbeeten abgekommen. Die bisher übliche Anbauart war die Herbst- oder Frühjahrspflanzung. Sie wurde zugunsten der Drillsaat im August/September oder als Untersaat im April in Sommergerste aufgegeben. Die Aussaatmenge beträgt 4 kg/ha bei einer Reihenentfernung von 50—60 cm. Als Markiersaat eignen sich Radies, Senf, Raps oder Gartenkresse, die dem *Artemisia maritima*-Saatgut beizumengen sind. Die Drillsaat hat ganz flach auf den Boden zu erfolgen und wird durch die anschließende Walze angedrückt. Die schnell auflaufende Saat ermöglicht schon bald eine Hacke und die Zwischenkultur von Wintergemüse, wie Rapunzel, Salat oder Spinat. Im zweiten Anbaujahr wachsen die Pflanzen schnell heran und ergeben im September den ersten Schnitt. Eine Gemüsezwischenkultur im zweiten Jahr empfiehlt sich nicht.
Die Pflegearbeiten erstrecken sich auf Hacken und das Freihalten des Bodens von Unkraut. Eine Volldüngung mittlerer Stärke ist angebracht.

Ernte: Ehe sich im September die Blütenköpfe öffnen, ist mit dem Schnitt zu beginnen, da der Santoningehalt bis zu diesem Zeitpunkt zunimmt und nach dem Aufbrechen der Knospen sehr stark absinkt. Unter mitteldeutschen Verhältnissen enthalten die Pflanzen meist Ende August den höchsten Santoningehalt. Etwa 6 cm über dem Boden ist der Schnitt des Krautes mit der Sichel oder dem Grasmäher zu nehmen. Zur Saatgutgewinnung wird das Kraut im September/Oktober geerntet und entweder wie Getreide zur Nachreife und Trocknung auf dem Feld aufgestellt oder besser noch auf Böden nachgetrocknet, da sich die Reife unter Umständen bis in den November hinzieht.

Trocknung: Das Erntegut wird auf dem Feld ausgebreitet und öfter gewendet; Reutertrocknung ist jedoch zu empfehlen. Die Farbe der Droge soll graugrün sein. Die Blütenköpfe dürfen sich während der Trocknung nicht geöffnet haben, da sonst ein erheblicher Verlust an Santonin eintritt.
Das Trocknungsverhältnis des Krautes frisch : trocken beträgt 3—5 : 1.

Erträge: Die Drogenerträge sind im zweiten Anbaujahr am höchsten und belaufen sich auf etwa 50—60 dz/ha. Im dritten und vierten Jahr gehen die Erträge zurück auf etwa 40—50 dz/ha bzw. 30—40 dz/ha. Saatguterträge wurden uns nicht bekannt.

Krankheiten und Schädlinge: Den Beständen von *Artemisia maritima* kann die Kleeseide, *Cuscuta epithymum* (L.) Murr. *subspec. trifolii* (Babingt.) Hegi, gelegentlich großen Schaden zufügen. Sie durchwuchert die Pflanzenbestände und unterdrückt deren Wachstum. In älteren Kulturen ist oft das Absterben von Pflanzen zu beobachten, das durch den pilzlichen Parasiten *Fusarium lateritium* Nees, der die unterirdischen Teile befällt, hervorgerufen wird. Nach MÜHLE[1] richtet die Blattlaus *Macrosiphoniella pulvera* Walk. oft Schaden am Seestrandbeifuß an. Im übrigen dürften für ihn die gleichen Krankheiten und Schädlinge Bedeutung haben, die auch Beifuß und Wermut befallen.

[1] MÜHLE, E.: Krankheitserscheinungen und Schadbilder an *Artemisia Absynthium* L., Wermut und anderen *Artemisia*-Arten und deren Erreger. „Pharmazie" **1**, S. 274 bis 275 (1946); bzw. „Arzneipflanzen-Umschau" **2**, S. 97 bis 99 (1946).

Artemisia vulgaris L., Beifuß, Gewürz-Beifuß*

Compositae

Gebräuchliche Pflanzenteile: Erg.-B. 6: „Die vorsichtig getrockneten, während der Blütezeit (Juli bis September) gesammelten Zweigspitzen von *Artemisia vulgaris* Linné."** HAB. 2: „Frischer, am besten im November gegrabener Wurzelstock."

Handelsbezeichnungen: *Radix Artemisiae*, Beifußwurzel; *Herba Artemisiae* (*vulgaris*), Beifußkraut.

Botanik: Bei *Artemisia vulgaris* handelt es sich um eine sehr häufig wildwachsend vorkommende Staude. Die bis fingerdicke, ästige, hellbraune Wurzel treibt aufrechte, stark rispig verzweigte kantige Stengel, die bis 200 cm hoch werden und flaumig behaart sind. Die Laubblätter sind 5—10 cm lang, am Rande oft etwas umgerollt, oberseits meist dunkelgrün und kahl, unterseits ± weißfilzig. Die Rosettenblätter sind kurzgestielt, fiederlappig, mit 1—2 Paaren kleineren Seitenläppchen versehen. Die untersten Blätter sind doppelt-, die mittleren und oberen einfach-fiederteilig. Sie sind kleiner als die Rosettenblätter. Die Blütenköpfchen sind eiförmig bis länglich, grauhaarig-filzig. Die Blütenfarbe ist gelb bis gelblichbraun, ± rötlich oder dunkelbraun. Die Randblüten sind rein weiblich.

Abb. 126 Artemisia vulgaris L., Parzellenbestand

Blütezeit: (VII) VIII—IX.

Die langgestreckte Frucht ist unten zugespitzt, etwa 1,5—2 mm lang, zum Teil leicht gekrümmt und von bräunlichgrauer Farbe.

Artemisia vulgaris ist eine außerordentlich formenreiche Art der Gattung *Artemisia*. Nach HEGI lassen sich in Mitteleuropa mindestens drei Formenkreise unterscheiden, bei denen es sich vielleicht um Unterarten handeln könnte. Die Bastardierungsmöglichkeiten sind folglich groß.

Alle Pflanzenteile, besonders der Sproß, enthalten ätherisches Öl mit dem Hauptbestandteil Cineol (= Eucalyptol).

Boden und Klima: Der Beifuß wächst auf jedem Kulturboden, besonders aber auf nahrhaftem Ödland. Eine besonders wertvolle Droge soll auf trockenem, kalkreichem Boden gewonnen werden. Hinsichtlich des Klimas ist der Beifuß sehr anspruchslos.

Herkunft und Verbreitung: *Artemisia vulgaris* ist weit verbreitet. So findet er sich z. B. in Europa vom Mittelmeergebiet bis ins nördliche Skandinavien. Auch kommt

* Um Verwechslungen mit anderen *Artemisia-species* zu vermeiden, empfiehlt es sich, *Artemisia vulgaris* L. als Gewürz-Beifuß zu bezeichnen, da diese Art vorwiegend zu Gewürzzwecken verwendet wird.

** Zufolge GESSNER wird *Artemisia vulgaris* in der allopathischen Medizin nicht mehr verwendet.

Abb. 127 Artemisia vulgaris L., Früchte

er vor von Kamtschatka bis Vorderindien, in Sibirien sowie in Mittel- und Nordamerika von Mexiko bis Alaska.

Herkünfte des Drogenhandels: Der Beifuß wird hauptsächlich wildwachsend gesammelt und nur auf kleinsten Flächen angebaut. Herkunftsgebiete sind neben den Balkanländern Italien, Frankreich und die UdSSR.

Sorten und Herkünfte für den Anbau: Zuchtsorten befinden sich nicht im Handel. Alle bisher beim Sortenamt geprüften Herkünfte ergaben mehr oder weniger Formengemische. Neben frühreifen Formen kamen mittel- und spätreife vor. Für erstrebenswert halten wir eine aromatische, ausgeglichene, mittelfrühreife Sorte mit einem hohen Knospenanteil.

Saatgut: Das durchschnittliche 1000-Korngewicht betrug 0,138 g. Die Mindestreinheit sollte 92% und die Mindestkeimfähigkeit 75% betragen. Die Keimfähigkeit wird bereits nach zehn Tagen bestimmt. Die Keimprüfung erfolgt bei 20° C oder Wechseltemperatur und bei Lichtzutritt. Untersuchungen ergaben eine Abnahme der Keimfähigkeit nach fünfjähriger Lagerung von 67–78%, nach sechsjähriger Lagerung war die Keimfähigkeit praktisch erloschen.

Anbau: Hinsichtlich der Vorfrucht stellt der Beifuß keine besonderen Ansprüche. Die Vermehrung kann auf generative oder vegetative Weise erfolgen. Bei Aussaat ins Mistbeet im Frühjahr werden 2–5 g Saatgut benötigt, um Pflanzen für eine Fläche von 1 a heranzuziehen. Bei Freilandaussaat (Drillsaat) braucht man 80 bis 100 g/a Saatgut bei einem Reihenabstand von 50 cm; es sollte mit Sand oder einem anderen Streckmittel vermischt werden. Die Aussaat erfolgt im zeitigen Frühjahr. Bei Stockteilung werden die Pflanzen entweder im Frühjahr oder im Herbst in einem Abstand von mindestens 50 × 35 cm ausgepflanzt. Bei guter Pflege ist Beifuß sehr raschwüchsig, so daß sich als Zwischenkulturen im ersten Anbaujahr nur kurzlebige Arten eignen, wie Dill, Kerbel und Boretsch. Zur Düngung eignet sich eine mittlere Gabe eines Volldüngers; Stickstoff wird von *Artemisia vulgaris* besonders bevorzugt. Bei Stickstoffmangel verholzen die Pflanzen leicht. Der Bestand sollte ein- bis zweimal gehackt werden.

Ernte: Zur Drogengewinnung wird das Kraut während der Blütezeit geerntet. Im allgemeinen läßt es sich nur von der Mitte der Stengel ab verwenden, da die unteren Blätter meist unansehnlich sind, was besonders bei zu dichtem Stande der Fall ist. Grobe Stengelteile müssen entfernt werden. Für Gewürzzwecke sollten nur die Rispen mit den noch geschlossenen Knospen Verwendung finden. Die Gewürzdroge soll blattfrei sein, deshalb werden die Blätter in frischem oder getrocknetem Zustand von den Rispen abgezupft. Mit fortschreitender Blüte wird der bittere Geschmack deutlicher empfunden. Er ist am ausgeprägtesten, wenn sich die Blütenköpfchen vollständig geöffnet und eine rötliche Färbung angenommen haben.

Abb. 128 Artemisia vulgaris L., Einzeltrieb im Knospenstadium

Der richtige Zeitpunkt der Fruchtreife muß genau beobachtet werden, da die Früchte sehr leicht ausfallen und der Beifuß dann als lästiges Unkraut auftreten kann. Die Wurzelernte erfolgt im Herbst (November). Der Bedarf an Wurzeln von *Artemisia vulgaris* ist sehr gering.

Trocknung: Die Trocknung kann natürlich oder künstlich erfolgen. Das Trocknungsverhältnis frisch : trocken des Krautes beträgt 3—4 : 1, das der Wurzel 3 : 1.

Erträge: Im ersten Jahr sind die Erträge an Krautdroge meist sehr gering. Vom zweiten Vegetationsjahr an bringen die Pflanzen jedoch einen vollen Ertrag, der zwischen 30 und 50 dz/ha trockenem Kraut schwankt. Der Bestand kann 4—5 Jahre genutzt werden, vorausgesetzt, daß er nicht verunkrautet. Die Saatguterträge sind sehr verschieden. Sie schwanken zwischen 1 und 7,2 kg/a. Über Wurzelerträge ist uns nichts bekannt geworden.

Krankheiten und Schädlinge: Große Schäden richtete in den Beständen in Leipzig-Probstheida oft die Blindwanze *Lygus lucorum* Mey. D. an. Ihre Saugstiche riefen Blattkrümmungen hervor und führten zum Absterben befallener Pflanzen. Auf dem blühenden Beifuß wurden häufig polyphag lebende Glanzkäfer *Meligethes-spec.* aus der Familie der Nituliden angetroffen. Bei Massenauftreten können Larven und Imagines die Befruchtungsorgane zerstören. Auch die Raupen verschiedener Großschmetterlinge, z. B. der Eulenarten *Caradrina morpheus* Hufn. und *Taeniocampa gracilis* F., befressen die Blätter des Beifußes, während die Raupen der *Cucullia*-Arten, *C. tanaceti* Schiff., *C. artemisiae* Hufn. und *C. absinthii* L., ebenso wie diejenigen der Spannerarten *Tephroclystia succenturiata* L., *T. innotata* Hufn. und *T. absinthiata* Cl. Blüten und Früchte bevorzugen.

Besonderes: Das aromatische Beifußkraut kann zusammen mit anderem Futter verfüttert werden.

Asperula odorata L., Echter Waldmeister

Rubiaceae

Gebräuchliche Pflanzenteile: Erg.-B. 6: „Die getrockneten (oder frischen), während oder kurz vor der Blütezeit (April bis Mai) gesammelten oberirdischen Teile.“ HAB. 2: „Frisches, kurz vor der Blüte gesammeltes Kraut.“ — Das Waldmeisterkraut findet auch als Getränkegewürz Verwendung.

Handelsbezeichnungen: *Herba Asperulae odoratae* (*Herba Matrisilvae*), Waldmeisterkraut, Maikraut.

Botanik: *Asperula odorata* ist eine typische ausdauernde Waldpflanze. Sie enthält einen angenehm duftenden Stoff (Cumarin), der besonders an dem welkenden Kraut wahrnehmbar ist und durch den der wohlriechende Waldmeister von allen ähnlich aussehenden *Asperula*- und *Galium*-(Labkraut-) Arten unterschieden werden kann.
Der Wurzelstock ist dünn, walzenförmig, kriechend. Die ebenfalls dünnen, aufrechten, vierkantigen Stengel werden 20—30 (—60) cm hoch. Die Blätter sind quirlig angeordnet, die unteren verkehrt-eilänglich, die mittleren und oberen lanzettlich bis länglich-lanzettlich, 6—14 mm breit, ganzrandig, am Rande etwas rauh, kurz stachelspitzig, an den Hauptnerven weichborstig oder fein behaart. Die Blattfarbe ist je nach dem Standort hell- oder dunkelgrün. Die Blüten bilden eine endständige, reichverzweigte, lockere Trugdolde. Sie sind klein, trichterförmig, vierspaltig, weiß, wohlriechend.

Blütezeit: V, VI.

Die Blüten sind homogam. Nach KNUTH werden die Waldmeisterblüten von einer großen Zahl Insekten aufgesucht. Sie bergen reichlich Nektar am Grunde der Kronröhre. Nach UDE wurden die Blüten von den hiesigen Weißlingsarten (*Pieridae*) besucht. Außer den beiden großen Schlammfliegenarten *Eristalis tenax* L. und *E. arbustorum* L., die pollenfressend die kleinen Blüten beflogen, bot der Bestand entomologisch nichts Bemerkenswertes.

Die fast kugeligen Früchte sind 1,75—3,00 mm dick, unten und oben etwas abgeflacht und sehr dicht mit hakigen Borsten besetzt. An der Ansatzstelle sind die Früchte etwas eingezogen. Sie gleichen in der Form fast einem zusammengerollten Igel. Die Farbe der Frucht schwankt zwischen graugrün, braungrün bis dunkelbraun (schwarz). Cumaringeruch ist bei frischem Saatgut wahrnehmbar. Der Samen ist mit der Fruchtschale verwachsen.

Boden und Klima: In schattigen, kalkarmen Wäldern ist Waldmeister wildwachsend häufig zu finden als einer der charakteristischsten Buchenbegleiter. Aber auch in schattigen, etwas feuchten Nadelwäldern, besonders Fichtenwäldern, ist er häufig anzutreffen. Er gedeiht von der Ebene bis ins Gebirge und ist sehr witterungsbeständig. Angebaut bevorzugt *Asperula odorata* Lauberdeboden in schattiger Lage.

Abb. 129
Asperula odorata (L.), blühender Bestand, Ausschnitt

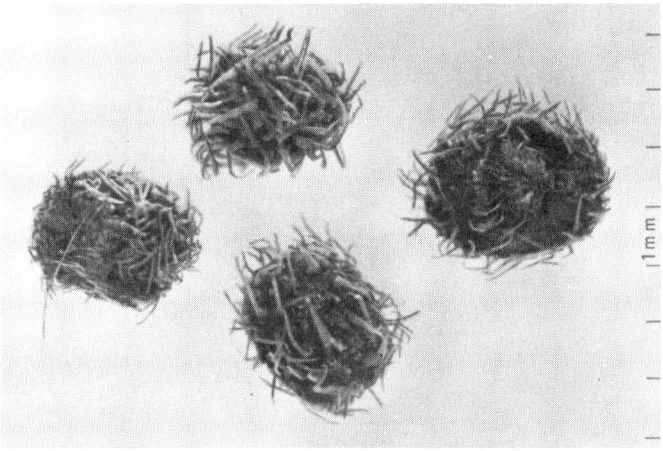

Abb. 130
Asperula odorata L.
Früchte

Herkunft und Verbreitung: Der Waldmeister ist fast in ganz Europa, hauptsächlich Mitteleuropa, verbreitet, außerdem in Sibirien und Nordafrika.

Herkünfte des Drogenhandels: In Deutschland wird Waldmeister nur gartenmäßig angebaut. Häufig sammelt man ihn noch wildwachsend. Herkunftsgebiete sind Osteuropa, Italien, Westasien und Nordafrika.

Sorten und Herkünfte für den Anbau: Sorten sind nicht vorhanden.

Saatgut: Das 1000-Korngewicht schwankte zwischen 4,592 und 7,777 g. Die Mindestreinheit sollte 98% betragen. Die Mindestkeimfähigkeit wurde nicht ermittelt. Die Früchte keimen sehr schwer. Sie sind Frostkeimer. Nach den „Technischen Vorschriften" werden sie als Dunkelkeimer behandelt. Als Keimtemperatur können Kältetemperaturen und + 20° C in Frage kommen. Der Keimversuch soll nach 21 Tagen abgeschlossen werden. Das beim Sortenamt untersuchte Saatgut keimte ohne Kälteeinwirkung nicht. Nach Angaben im Schrifttum kann das Saatgut bis zu 200 Tage benötigen, um zu keimen. Es soll seine Keimfähigkeit 1—2 Jahre behalten.

Anbau: Der Anbau erfolgt am besten in Waldungen in Form von Halbkultur. Der Waldboden braucht dann nur flach geschält, aufgerissen bzw. gefräst zu werden. Die Aussaat wird im Herbst unter Verwendung von frischem Saatgut vorgenommen. In Waldbeständen wird am besten breitwürfig gesät, bei Reihensaat gedibbelt. Es sollen dabei aller 5 cm einige Früchte in 1 cm tiefe Löcher gelegt werden. Die hakenborstigen Früchte lassen sich schlecht aussäen, da sie häufig ein wirres Knäuel bilden. Die Reihen werden dann leicht mit Moos oder verrottetem Laub zugedeckt. Von April an muß nachgesehen werden, ob die Früchte keimen. Ist dies der Fall, so wird die Decke gelockert, später abgenommen und durch Fichtenreisig ersetzt. Nach einiger Zeit wird das Reisig entfernt, und die Pflänzchen werden, falls erforderlich, vereinzelt. Die heranwachsenden Pflanzen dürfen nicht gehackt werden, da eine Verfilzung der Wurzeln für das Gedeihen der Pflanzen sehr erwünscht ist. Aufkommendes Unkraut muß bei Reinkultur gejätet werden. Gegen Trockenheit ist der Waldmeister als Mesophyt sehr empfindlich; die Bestände sollten daher gut feucht gehalten werden. Im Herbst sind die Pflanzen mit Laub und Moos abzudecken. Bei sorgfältiger Pflege bildet der Waldmeister in einigen Jahren einen dichten Rasen. Die Vermehrung kann auch durch Stockteilung erfolgen.

Über eine Düngung des Waldmeisters sind im Schrifttum keine Angaben zu finden. Nach unseren Erfahrungen ist sie entbehrlich und wohl auch nicht üblich.

Ernte: Das Cumaringlykosid enthaltende Kraut wird kurz vor oder zu Beginn der Blüte, frühestens vom zweiten Jahr an, mit der Sichel geschnitten. Der feine Waldmeisterduft wird durch Abspalten von Cumarin bedingt. Der besonders beim Welken des Krautes stark auftretende Duft geht nach SCHILLING[1] vom Frühjahr bis zum Herbst ständig zurück. Schon zur Vollblüte weist das Kraut einen auffallend stark bitteren Beigeschmack auf. Die Früchte werden geerntet, sobald sie sich dunkel zu färben beginnen. Sie müssen gut nachreifen.

Trocknung: Das Kraut wird am besten im Schatten in luftigen Räumen getrocknet, wobei der Cumaringeruch besonders stark hervortritt. Es ist häufig zu wenden und vor Licht zu schützen, da es sich sonst rasch braun verfärbt. — Das Eintrocknungsverhältnis beträgt etwa 5—6 : 1.

Erträge: Die Erträge liegen bei 10—20 kg/a trockenes Kraut und 0,5—1,0 kg/a Saatgut.

Krankheiten und Schädlinge: Außer Blattlausbefall wurden an den Beständen des Waldmeisters in Leipzig-Probstheida keine weiteren Schädlinge oder Krankheiten beobachtet.

Atropa bella-donna L., Tollkirsche †

Solanaceae

Gebräuchliche Pflanzenteile: DAB. 6: „Die zur Blütezeit gesammelten und getrockneten Laubblätter von *Atropa belladonna* Linné." Erg.-B. 6: „Die frühestens vor dem Abblühen (Ende Juli) von der drei- bis vierjährigen Pflanze gesammelten und ungeschält getrockneten Wurzeln und Wurzeläste von *Atropa Belladonna* Linné." HAB. 2: „Frische Pflanze, zur Zeit der beginnenden Blüte." Außerdem finden in der Homöopathie (HAB. 2) die unreifen und reifen Beeren sowie die frische, im Herbst gesammelte Wurzel und die getrockneten Samen Verwendung.

Handelsbezeichnungen: *Radix Belladonnae*, Tollkirschenwurzel; *Folia Belladonnae*, Tollkirschenblätter; *Fructus Belladonnae*, Tollkirschenfrüchte; *Semen Belladonnae*, Tollkirschensamen.

Botanik: Der Wurzelstock dieser mehrjährigen Solanacee ist dick, walzlich, verästelt, außen braungelb und mit einer bis zu 100 cm langen, starken Pfahlwurzel versehen. Der aufrechte, ästig verzweigte Stengel wird bis 150 (200) cm hoch. Er ist stumpfkantig und oben fein behaart. Die Laubblätter sind eiförmig oder elliptisch, zugespitzt, ganzrandig, kurzgestielt. Auf der Oberseite sind sie dunkelgrün, auf der Unterseite etwas heller und flaumig-behaart, zum Teil mit $\pm$ violett überlaufenen Hauptnerven. Die gestielten Blüten befinden sich einzeln in den Blattachseln und hängen etwas über. Die glockig-röhrige Blumenkrone wird 2,5—3,5 cm lang, ist außen braunviolett oder purpurrot-grünlich, innen schmutziggelb und purpurrot geadert und mit abgerundeten, etwas zurückgerollten Lappen versehen. Der Kelch ist fünfspaltig, die Zipfel sind eiförmig und zugespitzt.

Blütezeit: VI, VII (VIII).

Nach HEGI ist die Blüte proterogyn; eine Fremdbestäubung wird außerdem dadurch begünstigt, daß die Narbe die Antheren überragt. Das von oben in die Blüte eindringende Insekt muß also zuerst die Narbe berühren. Letztere und ein Teil der Antheren liegen der unteren Wand der Kronröhre auf, so daß sie von

[1] SCHILLING, K.: Lebensgemeinschaften der Gartenpflanzen. Berlin 1951, S. 32.

Abb. 131
Atropa bella-donna L., Parzellenbestand, einjährig

den besuchenden Insekten mit der Bauchseite berührt werden müssen. Der Inhalt der oberen Antheren, die demnach für die Kreuzbestäubung kaum in Betracht kommen, soll beim Ausbleiben der letzteren der spontanen Selbstbestäubung dienen. KERNER (zit. nach HEGI) gibt an, daß bei jungen Blüten, die sich eben geöffnet haben, die Narbe in der Mitte der Blütenkrone steht, die Antheren dagegen deren Wänden angelehnt sind. Sehr bald nach erfolgter Bestäubung welkt die Blüte, und der Griffel fällt vom Fruchtknoten ab. Eine genaue Beschreibung der Bestäubungsverhältnisse der Tollkirsche hat HEINECK[1] gegeben. UDE bezeichnet den Blütenbesuch an den Beständen in Leipzig-Probstheida nur als spärlich. Er konnte aber dennoch im Verlaufe einer längeren Beobachtungszeit 27 Insektenarten feststellen. Ob nun in allen Fällen ein unmittelbarer Zusammenhang der Tiere mit der Pflanze bestanden hat, kann trotz alledem nicht mit Sicherheit angenommen werden. Marienkäfer hatten sich an den zeitlich getrennt liegenden Beobachtungstagen in wechselnder Häufigkeit zur Abwehr der Blattläuse eingefunden. Festgestellt wurden vier Arten: *Coccinella septempunctata* L., *Propylaea 14-punctata* L., *Coccinella 11-punctata* L. und *Adalia bipunctata* L. Honigbienen wurden in Leipzig-Probstheida trotz längerer

Abb. 132
Atropa bella-donna L.,
links:
'Schwarzfrüchtige Tollkirsche', blühender Trieb;
rechts:
'Schwarzfrüchtige Tollkirsche', Einzeltrieb mit Früchten

[1] HEINECK: Der Verlauf des Blütenlebens bei *Atropa Belladonna* L. Naturwissensch. Wochenschr. N. F. VII, S. 377f. (1908); zit. nach HEGI.

Beobachtungszeit entgegen anderen Behauptungen nur ganz selten an den Blüten gesehen. Im übrigen waren die Hautflügler eigenartigerweise nur noch durch die Blattwespe *Pachyprotasis rapae* L. vertreten. Von Fliegen konnten fünf Arten gezählt werden, und zwar die beiden Schlammfliegen *Eristalis arbustorum* L. und *Eristalis tenax* L., die Aasfliege *Scatophaga stercoraria* L. und die beiden Musciden *Pollenia rudis* F. und *Scopeuma stercoraria* L.

Die von August bis Oktober reifende Frucht ist eine kugelige, saftige Beere, die fast einer kleinen Kirsche gleicht. Sie sitzt auf einem sternförmigen Kelch, und ist zunächst grün, später glänzend schwarzviolett. Der stark giftige Fruchtsaft ist violettfarbig. Der Geschmack der sehr giftigen Früchte ist süßlich. Die Samen sind nieren- bis eiförmig, zum Teil aber auch fast kreisrund. Gegen die Ansatzstelle zu sind sie stark

Abb. 133 Atropa bella-donna L. (schwarzfrüchtig), Samen

Abb. 134 Atropa bella-donna L. var. lutea Döll (gelbfrüchtig), Samen

zusammengezogen. Der Keimling ist gekrümmt, die Testa ist netzig-grubig. Die Länge der Samen beträgt etwa 2 mm, die Breite bis 1,7 mm. Die Samenfarbe ist meist dunkelgraubraun bis braun, die der gelbfrüchtigen Varietät ist etwas heller.

Atropa bella-donna ändert nur wenig ab. HEGI nennt *var. lutea* Döll (= *var. flava* Pater?). Die Blüten, Beeren und Samen dieser Varietät sind grünlichgelb. PATER[2] unterscheidet noch eine weitere, als *var. intermedia* bezeichnete Form, die bezüglich der Farbe in der Mitte zwischen den schwarz- und gelbfrüchtigen Pflanzen steht. Die Pflanzen dieser Form sind in allen Teilen in der Farbe heller als die des schwarzfrüchtigen Typus.

[2] PATER, B.: „Pharmaz. Zhalle" 6 (1922); zit. nach HEGI.

Alle Organe von *Atropa bella-donna* enthalten Alkaloide, und zwar als wichtigstes l-Hyoscyamin, daneben Atropin u. a. Die Pflanze und ihre Drogen sind stark giftig.

Boden und Klima: Die Tollkirsche bevorzugt Urgesteins- und Kalkboden. Ihr häufig vergesellschaftetes Vorkommen mit der Rotbuche (*Fagus silvatica* L.) wird in Zusammenhang mit der Vorliebe der Buche und der Tollkirsche für Kalk gebracht. In der Kultur gedeiht *Atropa bella-donna* sehr gut auf tiefgründigem, lockerem, humosem und kalkhaltigem Lehmboden. Etwas feuchte Lagen werden bevorzugt. Wildwachsend findet sie sich von der Ebene bis in die montane Stufe. Der Alkaloidgehalt ist u. a. abhängig vom Standort. Pflanzen auf schwerem Boden und in höheren Lagen sollen besonders alkaloidreich sein.

Als eine Halbschattenpflanze besiedelt sie besonders gern Waldlichtungen und Kahlschläge. Den Belichtungsverhältnissen des Standortes paßt sie sich gut an. So gedeiht sie auch in sonnigen Lagen. Auf dem offenen Versuchsfeld in Leipzig-Probstheida wächst *Atropa bella-donna* sehr gut, und es wird eine alkaloidreiche Droge gewonnen. AUSTER-SCHÄFER[3] zufolge entwickelten die Pflanzen in sonniger Lage zwar kleinere Blätter, dafür aber soll der Alkaloidgehalt der Sonnenblätter weit höher als der der größeren Schattenblätter sein. Nach anderen Autoren wiederum soll eine Beschattung der Pflanzen eine Steigerung des Wirkstoffgehaltes zur Folge haben. So berichtet ZHUKOVSKY[4] über Versuche, bei denen er unter den klimatischen Bedingungen des Kamenez-Podolsk-Distriktes durch Verminderung der Belichtung eine Steigerung der Atropin-Ausbeute um 29—49% erzielte. Nach einer neueren Arbeit von GASSTEW und PELECHOWA[5] wurden obige Angaben bestätigt. Ganz allgemein ist man der Meinung, daß der Alkaloidgehalt in Jahren mit warmem und sonnigem Wetter höher ist als in Jahren mit kühlerer und feuchterer Witterung.

Herkunft und Verbreitung: Die Tollkirsche ist wildwachsend verbreitet in den waldigen Gegenden von ganz Europa, und zwar häufig im südlichen und westlichen Gebiet, außerdem in Teilen Asiens, besonders Nordasiens, und in Nordafrika; in Nordamerika kommt sie adventiv vor.

Herkünfte des Drogenhandels: Herkunftsgebiete der Drogen von *Atropa bella-donna* sind u. a. die UdSSR, ČSR, die Balkanländer, Österreich und Ungarn. Auch in Frankreich, England und den USA (besonders Kalifornien) wird *Atropa bella-donna* angebaut. In Deutschland erfolgt der Anbau verschiedenenorts großflächig.

Sorten und Herkünfte für den Anbau: Die 'Schwarz- und die Gelbfrüchtige Tollkirsche' werden im Handel als zwei Landsorten geführt. Letztere soll alkaloidreicher sein als die erstere, doch gehen die Meinungen hierüber auseinander. Einzelbefunde der Blatternte Leipzig-Probstheida ergaben nur geringe Unterschiede hinsichtlich des Gesamtalkaloidgehaltes. Die Blätter der schwarzfrüchtigen Landsorte hatten einen solchen von 0,655%, die der gelbfrüchtigen von 0,716% aufzuweisen. Letztere ist etwas weniger frostempfindlich als die schwarzfrüchtige.

Züchterisch sind frohwüchsige, blattreiche Sorten mit einem hohen Wertstoffgehalt anzustreben.

Saatgut: Das 1000-Korngewicht der 'Schwarzfrüchtigen Tollkirsche' betrug nach unseren Untersuchungen 0,966 bis 1,330 g, das der 'Gelbfrüchtigen' 0,671—1,150 g. Die Mindestreinheit von Handelssaatgut sollte 95% betragen, die Mindestkeimfähigkeit 75%. Die Samen keimen sehr verschieden.

[3] AUSTER, F. u. SCHÄFER, J.: Arzneipflanzen. 3. Lieferung, Heft 8/9, Leipzig 1953.

[4] ZHUKOVSKY, M. Z.: Inst. bot. ukrain. Akad. Nauk. URSR. Nr. 11, 153 bis 159 u. engl. Zusammenfassung 160 (1937); ref. in MADAUS, „Mitteilungen für biologische Therapie" 10/11, S. 219 (1938).

[5] GASSTEW, N. Ss. und PELECHOWA, Je. N.: Der Einfluß von Licht und N-haltigen Verbindungen auf den Alkaloidgehalt von *Belladonna*. Agrobiologie 1953, Nr. 1, S. 94 bis 95, Jan./Febr. Pjatigorsk, Pharmazeut. Inst.; ref. in „Chem. Zbl." 124, S. 7572 (1953).

Die „Technischen Vorschriften für die Prüfung von Saatgut" schreiben Wechseltemperatur vor, wobei die Samen entweder als Dunkel- oder Lichtkeimer zu behandeln sind. Der Keimversuch wird nach 28 Tagen abgeschlossen, und die Keimschnelligkeit soll bereits nach zehn Tagen festgestellt werden. Diese Termine halten wir für zu kurz bemessen, da die Samen sehr langsam, oft erst nach Monaten, keimen. Nach Untersuchungen von KINZEL[6] ist die Keimung stark vom Licht abhängig. Innerhalb von 30 Monaten keimte im Dunkeln nur 1%, im Licht dagegen keimten in vier Monaten bereits 38%. Die weitere Keimung begann auffallenderweise erst nach zwei Jahren. Starke Abkühlung konnte nach KINZEL keine Beschleunigung des Keimungsverlaufes herbeiführen, während SIEVERS[7] jedoch das Gegenteil behauptet. Durch eigene Untersuchungen konnten die von KINZEL getroffenen Feststellungen hinsichtlich des Lichteinflusses bestätigt werden, wie nachfolgende Werte veranschaulichen:

Keimfähigkeit verschiedener Herkünfte von Atropa bella-donna nach 28 Tagen

Herkunft	Petrischale, Zimmertemperatur, Licht %	Petrischale, Zimmertemperatur, dunkel %	Keimapparat*, Wechseltemperatur, Licht %	Keimapparat*, Wechseltemperatur, dunkel %
	Typus *Atropa bella-donna* L.			
Korneuburg	9	0	34	15
Geisenheim	5	7	0	2
	Typus *Atropa bella-donna* L. *var. lutea* Döll			
Korneuburg	77	5	42	35
Geisenheim	67	32	5	5

* Keimapparat System RODEWALD

Nur die Samen vom Typ *Atropa bella-donna* L. der Herkunft Geisenheim machten eine Ausnahme, indem die im Dunkeln keimenden Samen eine etwas höhere (+2%) Keimfähigkeit aufzuweisen hatten als die unter Lichtzutritt keimenden Samen. LWOW und JAKOWLEWA[8] stellten eine Erhöhung der Keimfähigkeit fest, wenn die Samen von *Atropa bella-donna* während der Wintermonate stratifiziert wurden. Auch nach den Ausführungen von SIEVERS wird durch Frosteinwirkung die Keimung gefördert. Letzterer empfiehlt die Behandlung der Samen mit Wasserstoffsuperoxyd. Nach AUSTER-SCHÄFER[9] führte eine Behandlung der Samen weder mit Wasserstoffsuperoxyd noch mit Schwefelsäure zu einer Beschleunigung der Keimung.

Anbau: Fruchtfolgemäßig dürfte es ratsam sein, *Atropa bella-donna* nach mit Stallmist gedüngten Hackfrüchten oder direkt in Stalldung anzubauen. Nach unseren Erfahrungen eignen sich für die Aussaat vor allem Samen vollreifer, natürlich getrockneter Früchte.

Die Pflanzenanzucht erfolgt auf Freilandsaatbeeten oder in Kästen, wobei die Aussaat im Herbst oder Frühjahr vorgenommen wird. Mit gutem Erfolg können im Herbst bis Frosteintritt entweder die getrockneten Beeren oder die Samen ausgesät werden. Wir

[6] KINZEL, W.: Frost und Licht als beeinflussende Kräfte bei der Samenkeimung. Stuttgart 1913, S. 89; zit. nach HEGI.

[7] SIEVERS, A. F.: Weitere Beobachtungen über die Keimung von Tollkirschensamen. „American. Journ. Pharm." 89, S. 203 bis 213 (1917); zit. nach HEGI.

[8] LWOW, N. A. and JAKOWLEWA, S. W.: Investigation into the seeds of officinal and aromatic plants. Bull. of App. Botany, Genetics and Plantbreeding 23, Heft 1, 1930.

[9] loc. cit. S. 292.

verwenden zur Aussaat die Samen, die als Lichtkeimer nur wenig mit Erde bedeckt werden. Das Anzuchtbeet wird gartenmäßig hergerichtet, der Samen in 25 cm Reihenabstand sehr flach ausgedrillt und anschließend leicht zugeharkt. Die Verwendung einer Markiersaat, z. B. Winterraps, kann angebracht sein, um im Frühjahr ein rechtzeitiges Hacken zu ermöglichen. 2—3 kg gut keimfähiges Tollkirschensaatgut genügen für eine Anzuchtfläche von 1000 qm. Bei einem Vermehrungsverhältnis von etwa 1 : 10 erhält man somit die Pflanzen für 1 ha. Bei Herbstaussaat scheint auch nach unseren Beobachtungen Frosteinwirkung auf die Samen von günstigem Einfluß auf die Keimfähigkeit zu sein. Trotzdem läuft die Saat im Frühjahr oft noch ungleichmäßig auf. Zu beachten ist auch, daß die Samen viel Feuchtigkeit zum Keimen benötigen. Bei starkem Aufgang sind die Pflanzen auf dem Saatbeet zu vereinzeln. Im Mai/Juni werden dann die jungen, aber kräftig entwickelten Pflänzchen in einem Abstand von 50 × 40 cm auf ihren eigentlichen Standort verpflanzt. Wirtschaftlicher ist das Verbleiben der jungen Sämlinge im Saatbeet bis zum Herbst oder Frühjahr und die Verpflanzung im März/April des kommenden Jahres nach Überwinterung im Saatbeet oder im Einschlag. Das mit Tollkirsche zu bestellende Feld muß sorgfältig vorbereitet sein. Zu bedenken ist, daß die Pflanzen Tiefwurzler sind. Auch eine Anzucht im Frühbeet ist möglich. Die jungen Pflanzen werden dann pikiert und, wenn sie gekräftigt sind, im Mai/Juni ins Freiland verpflanzt.

Nur gelegentlich erfolgt die Vermehrung durch Wurzelstockteilung.

Die Pflegearbeiten bestehen in guter Bodenlockerung und Unkrautbekämpfung. Ein Winterschutz ist angebracht. Die Überwinterung der jungen Pflanzen birgt ein gewisses Risiko in sich. Aus diesem Grund läßt man gelegentlich die Sämlinge der Herbstaussaat im zweiten Winter noch im gut abgedeckten Freilandsaatbeet stehen und pflanzt sie dann im zeitigen Frühjahr (März/April) aus, nachdem sie vorher auf etwa 7 cm Länge zurückgeschnitten wurden. Von den Pflanzen der Anzuchtfläche ist etwa im Juli ein Laubschnitt möglich, der am besten mit der Sichel in etwa 20 cm Höhe erfolgt. Ein zweiter Schnitt wäre bei normaler Entwicklung etwa im September möglich, ist aber nicht immer ratsam, da sich ein solcher unter mitteldeutschen Anbauverhältnissen für die Überwinterung der Jungpflanzen als nachteilig erwiesen hat. Letztere Anbaumethode eignet sich besonders gut für den feldmäßigen Anbau.

Über den Einfluß der Düngung auf den Alkaloidgehalt ist man verschiedener Meinung. CROMWELL[10] stellte an Wasserkulturen fest, daß Stickstoff als Asparagin, Hexamethylentetramin oder Ammoniumsulfat verabreicht, eine Alkaloidzunahme bedingte, während als Kalziumnitrat oder Kaliumnitrat gegeben, eine Alkaloidabnahme festzustellen war. Sind Reservekohlenhydrate verfügbar, dann soll auch Kaliumnitrat von günstiger Wirkung sein. Im Zusammenhang hiermit steht die Annahme, daß aus den Eiweißabbauprodukten die Alkaloide entstehen. Bekanntgewordene Ergebnisse von Düngungsversuchen aus früheren Jahren, die unter natürlichen Anbauverhältnissen durchgeführt wurden, zeigten wohl eine Förderung des Pflanzenwachstums, aber dafür einen nachteiligen Einfluß hinsichtlich der Alkaloidausbeute. Nach neueren Untersuchungsbefunden von GSTIRNER[10] erzielte dieser mit Volldüngung den höchsten Massen- und Alkaloidertrag, bezogen auf die Anbaufläche. Bei *Folia Belladonnae* wirkte sich die Kalidüngung besonders günstig aus. Auch wir erzielten auf dem Versuchsfeld in Leipzig-Probstheida bei Volldüngung gehaltreiche Drogen. Zur Blattgewinnung empfiehlt es sich, die K_2O-Gabe etwas reichlich zu bemessen. Nach dem ersten Schnitt soll noch eine Kopfdüngung mit leichtlöslichem Stickstoff ge-

[10] CROMWELL, B. T.: „Biochem. Journ." **31**, S. 551 (1937); zit. nach GSTIRNER, F.: Düngungsversuche mit *Atropa Belladonna* und *Valeriana*. „Pharmazie" **5**, S. 498 bis 501 (1950); bzw. „Arzneipflanzen-Umschau" **2**, S. 816 bis 818 (1950).

geben werden. Kompost, der nach dem Absterben der oberirdischen Pflanzenteile vor Eintritt des Winters verabreicht wird, ist von günstiger Wirkung auf das Pflanzenwachstum im Frühjahr.

Ernte: Nach der Vorschrift des DAB. 6 hat die Blatternte zur Blütezeit zu erfolgen. Nach Untersuchungen von Torres[11] stieg der Alkaloidgehalt maximal bis zum September an und sank dann im Oktober nur wenig ab. Regenwetter zur Erntezeit wirkt sich nachteilig aus. Die Blatternte sollte daher nur während einer Schönwetterperiode möglichst in den Vormittagsstunden nach dem Abtrocknen erfolgen. Die Meinungen über die günstigste Tageszeit der Ernte sind verschieden. Sie gehen dahin, daß die beste Erntezeit die Morgenstunden sind, da um diese Zeit der Alkaloidgehalt am größten sein soll. Hegnauer[12] hält aber dieses Abhängigkeitsverhältnis für noch nicht geklärt.

Die Tollkirsche liefert 2—3 Schnitte im Jahr. Ältere Pflanzen treiben Ende April aus, und der Bestand schließt sich bei warmer Witterung schon im Mai. Der erste Schnitt wird bei Beginn der Blüte genommen. Bei der Neuanlage ist er meist im Juni/Juli und ein zweiter Schnitt im September möglich. Ein älterer Bestand kann schon ab Ende Mai das erste Mal, im Juli zum zweiten und im September/Oktober das dritte Mal geschnitten werden. Mit der Sichel wird zunächst die Blattware geerntet. Danach werden, ebenfalls in Handarbeit, die Stengel als sogenannte „Industrieware" in 30 cm Höhe geschnitten. Auf Grund von Untersuchungen über den Alkaloidgehalt von *Herba Belladonnae* schlägt Akačič[13] vor, sofern die Krautdroge nicht mehr als 25% obere Stengelteile von einem maximalen Durchmesser von 8 mm enthält, sie in die Jugoslawische Pharmacopoe II aufzunehmen. Nach Genanntem ist eine solche Krautdroge *Folia Belladonnae* gleichwertig. Vor Winter können die abgestorbenen Stengelreste mit einem Grasmäher zurückgeschnitten werden. *Atropa bella-donna* ist sehr frostempfindlich. Späte Fröste im Frühjahr oder zeitige im Herbst können unter Umständen erheblichen Schaden anrichten. Frostgeschädigtes Erntegut hat einen auffälligen Alkaloidverlust aufzuweisen (Auster-Schäfer[14]).

Abb. 135 Atropa bella-donna L., Wurzel, einjährig

Unter günstigen Anbaubedingungen können die oberirdischen Teile der Pflanzen 4—5 Jahre genutzt werden, dann aber lassen sie im Ertrag sehr nach. Bei Beendigung der Kultur erntet man bis zum Spätherbst neben dem Kraut auch die Wurzeln. Die Wurzelernte ist noch im zeitigen Frühjahr möglich. Nach der Vorschrift des Erg.-B. 6 sollen die Wurzeln frühestens vor dem Abblühen (Ende Juli) von drei- bis vierjährigen Pflanzen gesammelt werden. Ältere Wurzeln verholzen sehr stark und eignen sich nicht als Droge. Die Früchte für die Saatgutgewinnung werden von (August) September

[11] Torres, J. C.: Der Alkaloidgehalt der Tollkirsche. „Medicamenta" 5, 83; 50 (1953); ref. in „Pharmazeutische Zeitung" 89, S. 887 (1953).

[12] Hegnauer, R.: Über die täglichen Schwankungen des Alkaloidgehaltes bei *Atropa*, *Datura* und *Hyoscyamus*. „Pharm. Weekbl." 88, 7/8, 106/112 (1953); ref. in „Pharmazeutische Zeitung" 89, S. 887 (1953).

[13] Akačič, B.: *Summitates seu Herba Bella-donnae*. „Acta Pharm. Jug." 3, S. 80 bis 87 (1953).

[14] loc. cit. S. 292.

bis Oktober geerntet. Die saftigen Beeren werden in einen Bottich geschüttet, worin man sie leicht in Gärung kommen läßt, zerstampft und dann mit Wasser mehrmals aufrührt. Unter einem Wasserstrahl werden die Samen sauber auf Sieben ausgewaschen und sorgfältig in dünner Schicht getrocknet. Das Abfallwasser muß beseitigt werden. Am besten gießt man es auf den Kompost oder auf die Düngerstätte, denn es ist stark giftig. Man kann auch die Früchte an den Pflanzen ausreifen und soweit wie möglich eintrocknen lassen. Die Samen werden dann ausgerieben. Zu diesem Zweck können die Beeren künstlich bei mäßiger Wärme (bis 30° C) nachgetrocknet werden.
Alle Ernte- und Aufbereitungsarbeiten sollten wegen der starken Giftigkeit der ganzen Pflanze ausnahmslos nur von zuverlässigen Erwachsenen ausgeführt werden.

Trocknung: Die Blätter sind am besten künstlich bei Temperaturen von 50—60° C zu trocknen. Die Trocknung sollte möglichst schnell beendet werden, um den enzymatischen Abbau zu unterbinden. Die Wurzeln werden nach der Ernte gewaschen, in 10 cm lange Stücke geschnitten, größere gespalten und bei künstlicher Wärme (50—60° C) getrocknet. Im Gegensatz zu den frischen, fast unangenehm riechenden Pflanzenteilen, sind die getrockneten beinahe geruchlos.
Das Trocknungsverhältnis der Blätter frisch : trocken beträgt 5—6 : 1, das der Wurzeln 3—4 : 1.

Erträge: Der Ertrag an Blattdroge beläuft sich im zweiten Vegetationsjahr bis auf 7 kg/a und im dritten Jahre auf 12—20 kg/a. Die Erträge an Krautdroge liegen weit höher, die an Wurzeldroge belaufen sich bis auf 15 kg/a. Der Saatgutertrag kann bis 4 kg/a betragen.

Krankheiten und Schädlinge[15]**:** Eine Wurzelfäule und damit im Zusammenhang eine Welkekrankheit an *Atropa bella-donna* wird durch die Peronosporacee *Phytophthora erythroseptica* Peth. verursacht. Ein verwandter Pilz, den Wilson (zit. nach Hegi) als *Phytophthora cryptogaea var. atropae* bezeichnet, bewirkt das Absterben der Pflanze und Wurzelschwund. Welkeerscheinungen können aber noch andere Ursachen haben. So werden besonders gern junge Sämlingspflanzen von Drahtwürmern, Engerlingen und Erdraupen befallen und zum Welken und Absterben gebracht. Von tierischen Schädlingen können ferner die drei Erdfloharten *Epithrix atropae* Foudr., *E. pubescens* Koch und der Kartoffelerdfloh, *Psylliodes affinis* Payk., größere Schäden in *Atropa*-Kulturen anrichten. Letzterer tritt im allgemeinen an Solanaceen häufig auf und zeigte sich auch in Leipzig-Probstheida überall auf den Blüten und an den Blättern der Tollkirsche, ohne jedoch wesentlichen Schaden zu verursachen. Oft befällt auch der Blattrandkäfer *Sitona sulcifrons* Thb. die Pflanzen. Gelbe Flecke werden durch die Blasenfüße *Thrips tabaci* Lind. und *Th. communis* Uzel verursacht. Auch die Grünzirpe, *Chlorita flavescens* F., und die Schwarzpunktzikade, *Eupteryx atropunctata* Goeze, können schädlich werden.

Durch Minierfraß hat sich in den Blättern der Tollkirsche die Larve der Rübenfliege, *Pegomyia hyoscyami* Tz., bemerkbar gemacht. Saugstichschäden durch die öfters zu beobachtende Blindwanze *Lygus pratensis* L. waren in Leipzig-Probstheida nur unauffällig wahrzunehmen. An den kräftigen Pflanzen sind Anfang bis Mitte August vor allem die jungen Seitentriebe sehr stark mit Blattläusen besetzt gewesen. Es wird sich um eine der beiden an Tollkirsche vorkommenden Arten: *Macrosiphon solanifolii* Ashm. oder *Mycodes persicae* Sulz. gehandelt haben. Aber auch noch weitere Blattlausarten können die Tollkirsche befallen[16]. Hegi erwähnt noch die Raupen von

[15] Siehe auch Mühle, E.: Krankheitserscheinungen und Schadbilder an Solanaceen, Nachtschattengewächsen, und ihre Erreger. „Pharmazie" 2, S. 136 bis 137 (1947); bzw. „Arzneipflanzen-Umschau" 2, S. 158 bis 159 (1947).

[16] Mühle, E.: Die Blattläuse der Heil- und Gewürzpflanzen. „Pharm. Ind." 11, S. 352 bis 360 (1944); bzw. „Arzneipflanzen-Umschau" 1, S. 369 bis 377 (1944).

Agrotis baja F., *A. pronuba* L. und *A. candelisequa* Hb. Nach MÜHLE[17] stellt die Tollkirsche auch eine beliebte Wirtspflanze des Kartoffelkäfers, *Leptinotarsa decemlineata* Say., dar. Schneckenfraß ist an den Pflanzen schon hin und wieder beobachtet worden. Die Beeren werden von Amseln und Drosseln gefressen, ohne daß diese gesundheitlichen Schaden nehmen. Dabei passieren die kleinen Samen unzersetzt den Vogeldarm und werden auf diese Weise verschleppt und gleich mit einer gewissen Düngemenge versehen abgesetzt.
Die Droge wird vom Kleinen Tabakkäfer, *Lasioderma serricorne* F., und vom Messingkäfer, *Niptus hololeucus* Falderm., befallen. In *Radix Belladonnae* wurden die Bücherlaus, *Liposcelis divinatorius* Müll., und der Brotbohrer, *Stegobium paniceum* L., gefunden.

Besonderes: Bereits der wissenschaftliche Name der Tollkirsche weist auf ihre starke Giftigkeit hin. *Atropa* leitet sich vom griechischen *Atropos*, dem Namen der Todesgöttin her, der ältesten der drei Parzen der Unterwelt. Der Genuß der Früchte hat seltener bei Erwachsenen, dafür um so häufiger bei Kindern, die die Früchte mit Kirschen und eßbaren Wildfrüchten verwechselten, Vergiftungen mit zum Teil tödlichem Ausgang hervorgerufen. Die vergifteten Personen klagen über Schwindel und Übelsein, Trockenheit in Mund, Rachen und Kehle sowie Durst; Atmung und Herzschlag sind beschleunigt (Puls bis 160 in der Minute), die Pupillen sind starr und stark erweitert. Gleichzeitig machen sich motorische und psychische Unruhe bis zu den schwersten Erregungszuständen bemerkbar, die in Delirien und Raserei („Toll"-Kirsche) mit Sinnestäuschungen verschiedenster Art übergehen können. Allmählich tritt — oft unter zeitweiser Wiederkehr der Erregungssymptome — Bewußtlosigkeit, Erschöpfung und Schlaf ein, der zur Heilung oder nach größeren Dosen zum Tode durch Atemlähmung führt. Bei Tollkirschenvergiftungen ist sofort der Arzt zu rufen. Bis zu seinem Eintreffen versuche man, eine Entleerung des Magens herbeizuführen, dann lasse man Tierkohle einnehmen, welche die im Magen-Darmkanal noch vorhandenen Alkaloide adsorbiert und damit unschädlich macht, oder Schwarzen Tee oder einen anderen gerbstoffreichen Tee trinken (JARETZKY-GEITH)[18].

Borago officinalis L., Boretsch, Gurkenkraut

Boraginaceae

Gebräuchliche Pflanzenteile: HAB. 2: „Frische Blätter." Diese werden sehr häufig als Gewürz, besonders als Gurkengewürz, gelegentlich auch als Gemüse, ähnlich Spinat, verwendet. Kraut und Blüten sind hin und wieder in der Volksheilkunde gebräuchlich. In verschiedenen Ländern ist *Herba Boraginis* offizinell.

Handelsbezeichnungen: *Herba Boraginis*, Boretsch, Gurkenkraut; *Flores Boraginis*, Boretschblüten.

Botanik: Die einjährige Pflanze besitzt eine schwache, ± stark verzweigte, bräunliche Wurzel. Der aufrechte, einfache oder ästige, fleischige Stengel wird bis 80 cm lang und ist oft sehr sperrig. Die unteren Blätter sind rosettig gehäuft, am langen Stiel herablaufend, eiförmig, die oberen sind mit einem oft undeutlichen Stiel versehen bzw. auch ungestielt. Die Blattspreite ist elliptisch bis eiförmig, 3—12 cm lang

[17] MÜHLE, E.: Über die Wirtspflanze des Kartoffelkäfers (*Leptinotarsa decemlineata* Say.) unter besonderer Berücksichtigung der Heil- und Gewürzpflanzen. „Pharmazie" **2**, S. 179 bis 180 (1947); bzw. „Arzneipflanzen-Umschau" **2**, S. 172 bis 173 (1947).

[18] JARETZKY-GEITH: Die deutschen Heilpflanzen in Bild und Wort. 2. Teil. Stollberg i. Erzgeb. Berlin 1944, S. 255.

und 2—7 cm breit, ganzrandig oder etwas ausgebuchtet, oft wellig und etwas runzelig. Die ganze Pflanze ist locker mit starren, auf Knötchen sitzenden, abstehenden Borstenhaaren besetzt. Die gestielten, nickenden Blüten stehen in zusammengesetzten Wikkeln. Die Farbe der radförmigen Krone ist blau bis rötlich, selten weiß.

Blütezeit: VI, VII.

Die schwach proterandrischen Blüten sind sehr nektarreich, so daß der Boretsch als eine der besten Bienenfutterpflanzen gilt. Bei ausbleibendem Immenbesuch ist Selbstbestäubung möglich. Auf dem Prüfungsfeld des Sortenamtes in Leipzig-Probstheida waren die Hymenopteren durch die Honigbiene, *Apis mellifica* L., und die Erdhummel, *Bombus terrestris* L., vertreten. Die erstere flog in so reicher Zahl, daß wohl keine der Blüten unbestäubt geblieben sein dürfte.

Die Nüßchen sind länglich-eiförmig, ohne Ansatzzapfen 4—6 mm lang und bis 3,5 mm breit. Sie sind an der Spitze leicht übergebogen, daher schief und am Grunde zu einer Ringwulst (kragenförmig) erweitert und ausgehöhlt. Vom Blütengrund bleibt ein sehr fettreicher Teil als Pseudostrophiole an der Ansatzstelle der Nüßchen sitzen, die gekielt, schwach gerippt und warzig rauh sind. Die Farbe schwankt zwischen hellbraun bis schwarzgrau.
Das frische Kraut riecht und schmeckt gurkenartig. Es enthält Schleimstoffe, Saponin, Gerbstoff und viele Mineralstoffe.

Boden und Klima: *Borago officinalis* wird als bodenvag bezeichnet. Auf lehmreichen, etwas feuchten Böden bringt er sehr gute Erträge. Auf anmoorigem Boden sind die Ernten nicht ganz so hoch. Der Anbau ist aber auch auf leichten Böden, wenn sie nur genügend feucht sind, möglich. Zur Blattgewinnung kann Boretsch auch in einem rauheren Klima kultiviert werden.

Herkunft und Verbreitung: Als Heimat wird Kleinasien und Syrien genannt. Der Boretsch ist im ganzen Mittelmeergebiet verbreitet, und außerdem findet er sich angebaut und mehr oder weniger verwildert in ganz Europa nördlich bis zum südlichen Skandinavien und auch in Nordamerika. Als Gewürzpflanze wird der Boretsch häufig in Gärten kultiviert.

Abb. 136 Borago officinalis L., Blütentrieb

Herkünfte des Drogenhandels: Die Droge wird hauptsächlich aus den Balkanländern und Kleinasien eingeführt. Sie ist seltener im Vegetabilienhandel anzutreffen.

Sorten und Herkünfte für den Anbau: Im Handel befindet sich eine Gruppensorte. Erwünscht sind blattreiche Pflanzen mit aufrechtem Wuchs.

Saatgut: Das 1000-Korngewicht schwankte während mehrerer Jahre zwischen 16,095 und 20,221 g. Die Reinheit sollte mindestens 98% betragen, die Keimfähigkeit 80%. Es wurden von uns Proben untersucht, die mit 99% keimten. Ermittelt wird die Keimfähigkeit bei 20° C oder Wechseltemperatur im Dunkeln nach 21 Tagen. Nach Literaturangaben bleibt die Keimfähigkeit 2—3 Jahre erhalten. Eigene Untersuchungen ergaben nach fünfjähriger Lagerung eine Abnahme von 42—67 % und nach sechsjähriger Lagerung in einem Falle eine solche von 85 %.

Anbau: Der Boretsch ist hinsichtlich der Vorfrucht nicht wählerisch. Auf Grund eigener Erfahrungen kann er noch nach Gewürzpflanzen, die zeitig das Feld räumen, wie Kerbel und Dill, angebaut werden. Der Wasserbedarf scheint hoch zu sein. Mischanbau zusammen mit Gemüse empfiehlt sich daher nicht. Es bedarf noch eingehender Untersuchungen, inwieweit das beobachtete Vertrocknen von Kohlarten, die zusammen mit Boretsch angebaut wurden, auf Wurzelausscheidungen zurückzuführen ist[1]. Wir vermuten, daß sich besonders der Wasserentzug der Boretschpflanzen nachteilig auf das Kohlgemüse auswirkte.

Abb. 137 Borago officinalis L., Früchte

Die Aussaat erfolgt von April bis Juli in einem Reihenabstand von etwa 25—50 cm. Die Aussaatmenge beläuft sich bei Dibbelsaat auf etwa 20 g/a, bei Drillsaat auf 200—250 g/a. Boretsch ist ein ausgesprochener Dunkelkeimer und muß bei der Aussaat gut mit Erde bedeckt werden. Im Schrifttum wird auch Herbstaussaat empfohlen, jedoch dürfte eine solche nur in sehr warmen Lagen in Frage kommen. Auf dem Versuchsfeld in Leipzig-Probstheida winterten die Sämlinge stets aus; zur Herbstaussaat kann daher nicht geraten werden. — Folgesaaten sind zu empfehlen. Nach 10—14 Tagen läuft die Saat bereits auf. Mit ein- bis zweimaligem Hacken ist im allgemeinen auszukommen. Auf unkrautfreiem Feld ist oftmals eine Maschinenhacke schon ausreichend. Die raschwüchsigen Pflanzen beschatten den Boden stark und lassen kaum Unkraut aufkommen.

Beim Anbau zur Krautgewinnung ist eine starke Volldüngung angebracht. Nach eigenen Beobachtungen ist der Boretsch dünger-, und zwar besonders stickstoffliebend.

Ernte: Das Kraut wird zur Blütezeit geerntet, und zwar am besten mit der Sichel. Es ist darauf zu achten, daß die am Boden liegenden, oftmals schon vergilbten und schmutzigen Blätter nicht mit geerntet werden.

Für Gewürzzwecke sind nur die frischen, zarten Blätter zu verwenden.

Bei empfindlichen Personen können die Haare des Boretsches Hautreizungen hervorrufen.

Der Boretsch reift sehr ungleichmäßig (Juli bis August), und die Nüßchen fallen leicht aus. Sobald sie sich braun zu färben beginnen, müssen die noch grünen Pflanzen geschnitten und getrocknet werden, um sie später ausdreschen zu können. Die Nüßchen sind bei den Vögeln als Futter sehr beliebt.

[1] Zit. nach HANNIG, E.: *Borago officinalis* als Heil- und Gewürzpflanze in kritisch-experimenteller Betrachtung. „Pharmazie" 5, S. 35 bis 40 (1950); bzw. „Arzneipflanzen-Umschau" 2, S. 650 bis 655 (1950).

Trocknung: *Borago officinalis* ist stark wasserhaltig und sollte möglichst bei mäßiger Temperatur künstlich getrocknet werden. Getrocknetes Kraut verliert an Aroma und ist nur kurze Zeit haltbar. Das Trocknungsverhältnis frisch : trocken beträgt 6—8 (—10) : 1.

Erträge: Der Ertrag an *Herba Boraginis* beläuft sich auf 25—35 kg/a und mehr, an *Flores Boraginis* auf etwa 3 kg/a. Die Blüten werden mit und ohne Kelch gehandelt. Höhere Erträge sind unter besonders günstigen Verhältnissen möglich. Die Saatguterträge belaufen sich auf 8—10 kg/a.

Krankheiten und Schädlinge: In Leipzig-Probstheida war der Befall durch eine schwarze Blattlausart teilweise recht beträchtlich. Im Jahre 1939 wurde die Raupe des Distelfalters, *Pyrameis cardui* L., in großer Anzahl beobachtet. Die Blütenstände des Boretsches waren von ihr vollständig zusammengezogen und von innen ausgefressen. Die meist Ende Juli erwachsenen Raupen verpuppen sich sehr bald und ergeben Mitte August die Falter. Es kommen zwei Generationen vor. Der in unseren Gebieten nur periodisch häufige Schmetterling darf aber nicht als spezifischer Schädling des Boretsches angesehen werden. Auch in den folgenden Jahren wurde die Raupe am Boretsch wohl zwar angetroffen, doch immer nur vereinzelt. Der Distelfalter ist fast über die ganze Welt verbreitet. Einigen Blattschaden richtet auch eine Minierfliege an. Die Blätter werden durch die Larve meist bis zur Hälfte ihres Chlorophylls beraubt, bräunen und vertrocknen schließlich. Die polyphage Raupe der Ampfereule, *Acronicta rumicis* L., wurde alljährlich auch am Boretsch fressend gefunden. Außer Vögeln fressen auch gern Mäuse die Samen.

Brassica nigra (L.) Koch*, Schwarzer Senf

Cruciferae

Gebräuchliche Pflanzenteile: DAB. 6 und HAB. 2: „Die reifen Samen von *Brassica nigra* (Linné) Koch.“

Handelsbezeichnung: *Semen Sinapis* (*nigrae*), Schwarzer Senf.

Botanik: Der Schwarze Senf ist einjährig. In seinem Habitus ähnelt er sehr dem Weißen Senf (*Sinapis alba* L.), er gehört aber zu einem ganz anderen Formenkreis. Obwohl eine gewisse morphologische Ähnlichkeit, so besonders im Fruchtbau, besteht, unterscheidet sich der Schwarze vom Weißen Senf schon durch die Chromosomenzahl. Sie beträgt für *Brassica nigra* (L.)Koch $2n = 16$, für *Sinapis alba* L. $2n = 24$.[1]

Die dünne, spindelförmige Wurzel treibt einen aufrechten, bis etwa 120 cm, selten bis 200 cm hohen Stengel, der im Querschnitt fast stielrund, unten verästelt, aber nach oben zu verzweigt ist, so daß die Pflanze rutenartig erscheint. Die Stengel sind meist borstig behaart, oberwärts kahl und $\pm$ bläulich bereift. Die Laubblätter sind gestielt. Die unteren und mittleren Stengelblätter sind zerstreut mit weißen, pfriemlichen, bis über 1 mm langen Borsten besetzt. Sie sind bis 12 cm lang und 5 cm breit, leierförmig-fiederspaltig, mit jederseits meist zwei bis vier stumpfen Lappen und großem, buchtig-gelapptem Endabschnitt. Abschnitte und Lappen sind dicht mit knorpelig gespitzten Zähnen besetzt, deren Größe ziemlich regelmäßig wechselt. Die oberen Stengel- und Astblätter sind kleiner, meist kahl und blaugrün, eiförmig oder läng-

[1] Hackbarth, J.: Die Ölpflanzen Mitteleuropas. Stuttgart 1944, S. 140 u. 148.
* Synonym *Sinapis nigra* L., Schwarzer, Brauner oder Roter Senf.

Abb. 138
Artenvergleich;
links: Sinapis alba L.,
rechts: Brassica nigra (L.) Koch

lich-lanzettlich, beiderends spitz zulaufend, entfernt gezähnelt und in einen deutlich abgesetzten Stiel verschmälert. Die obersten, hochblattartigen Blätter können auch völlig ganzrandig sein. Die Form der Blätter und die Stärke der Behaarung variieren ±. Die Blütenstände am Stengel und an den Verzweigungen stehen end- und wechselständig, unterwärts stark verlängert, man spricht von einer doldigen Form (Doldentraube). Die Blüten stehen am Ende dicht halbkugelig-kopfig gedrängt. Später verlängern sich aber die Blütenstiele und formen eine verlängerte Traube.

Die Farbe der vier Kronblätter ist goldgelb, beim Abblühen verbleichend. Die Kelchblätter stehen weit ab. Dieses Merkmal unterscheidet *Brassica nigra* deutlich vom Hederich (*Raphanus raphanistrum* L.). Die Blüten sind etwas kleiner als die des Weißen Senfs.

Blütezeit: VI, VII.

Die stark duftenden Blüten locken zahlreiche Insekten zum Besuch an, die die Fremdbestäubung durchführen, aber auch Selbstbestäubung ist möglich. Der verschiedenartige Insektenbeflug war im wesentlichen der gleiche wie beim Weißen Senf (siehe S. 658).

Die Schoten stehen aufrecht, dem Stengel fast angedrückt. Sie sind 10—25 mm lang und 1,5—2 mm breit, linealisch, beiderends ziemlich plötzlich verschmälert, durch den dünnen Griffel bespitzt, zusammengedrückt-vierkantig. Die Fruchtklappen sind kahnförmig mit fast ebenen (kaum gewölbten) Flächen, durch den vorspringenden Mittelnerv scharf

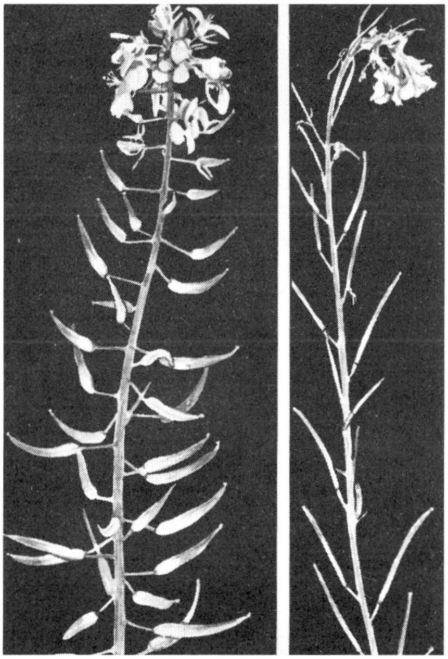

Abb. 139
Links: Blütentrieb von Sinapis alba L.,
rechts: Blütentrieb von Brassica nigra (L.) Koch

Abb. 140 Brassica nigra (L.) Koch, Samen

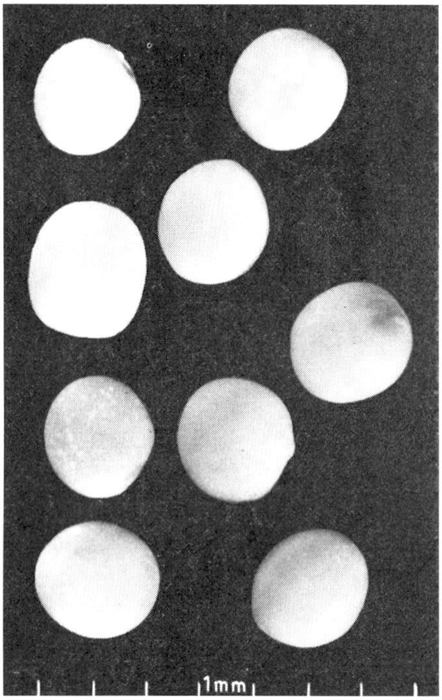

Abb. 141 Sinapis alba L., Samen

gekielt, mit schwachen und undeutlich netzförmig anastomosierenden Seitennerven. Die Schote enthält in jedem Fach 4—10 Samen, die von kugeliger Gestalt sind. Sie messen im Durchmesser bis 1,6 mm. Die Oberfläche ist netziggrubig, etwas rauh und hin und wieder weißschuppig, insbesondere, wenn sich die Epidermis der Samenschale losgelöst hat. Die Farbe der Samen ist dunkelrotbraun bis schwarz. Der Nabel ist hellfarbig abgesetzt. Der Geschmack ist anfangs ölig, dann senfartig, brennend scharf. Die Samen des Schwarzen Senfs werden außer in der Heilkunde zur Herstellung von Speisesenf (Mostrich) verwendet. Die Samen anderer *Brassica*-Arten, z. B. Raps, Rübsen und Indischer Senf (Brassica *juncea* [L.] Czern.), sind größer als die des Schwarzen Senfs.

Boden und Klima: *Brassica nigra* gedeiht gut auf mergeligen, kalkreichen Lehmböden und humosen Sandböden. Extreme Bodenarten eignen sich weniger; stauende Nässe wird nicht vertragen. Er bevorzugt trockenes Klima, gedeiht aber auch gut im maritimen Klima Hollands. Der Anbau kann selbst noch in rauhen Lagen erfolgen.

Herkunft und Verbreitung: Die Urheimat von *Brassica nigra* ist nicht mehr mit Sicherheit festzustellen. Er stammt vermutlich aus dem südöstlichen Mittelmeergebiet. Er wird vielfach in ganz Europa, Asien, Amerika und Afrika angebaut.

Herkünfte des Drogenhandels: Obgleich der Schwarze Senf im Drogenhandel sehr gefragt ist, wird er in Deutschland weniger angebaut als der Weiße Senf, was darauf zurückzuführen sein dürfte, daß er nicht so ertragreich ist wie jener. Der Anbau ist überhaupt sehr risikobehaftet, zumal dieser Kreuzblütler gegen Erdflohfraß noch empfindlicher ist als *Sinapis alba*. In Süddeutschland wird aber *Brassica nigra* hin und wieder angebaut. Herkunftsgebiete sind vor allem Holland, die ČSR, Österreich, Polen, die UdSSR, Italien, England, Südfrankreich, Kleinasien, die Balkanländer, Nordafrika, Indien, Chile und Nordamerika.

Sorten und Herkünfte für den Anbau: Obwohl der Schwarze Senf ebenso wie der Weiße Senf eine sehr alte Kulturpflanze ist und der Anbau bereits durch die Römer, nördlich der Alpen jedoch erst im 9. Jahrhundert, eingeführt wurde, sind in Deutschland bisher noch keine Sorten geschaffen worden. Nach HACKBARTH[2] scheinen die holländischen und italienischen Herkünfte ein günstiges Ausgangsmaterial für die Züchtung darzustellen. Auch Landsorten aus der UdSSR zeichnen sich durch eine große Mannigfaltigkeit der Formen aus. Es ist anzunehmen, daß sich schon durch einfache Auslese aus den verschiedenen Herkünften schnell beachtliche Erfolge erzielen lassen würden. ZADE[3] ist der Ansicht, daß *Brassica nigra* für deutsche Verhältnisse nicht anbauwürdig ist. Aufgabe der Züchtung wäre es daher, hier Wandel zu schaffen.

Saatgut: Das 1000-Korngewicht schwankte bei unseren Untersuchungen zwischen 1,110 und 2,269 g. Die Samen sind wesentlich kleinkörniger als die von *Sinapis alba*. Die europäischen, insbesondere die süddeutschen Herkünfte von *Brassica nigra* gehören nach HACKBARTH zu den großkörnigsten, die türkischen zu den kleinkörnigsten. Die Mindestreinheit soll 98% betragen, die Keimfähigkeit 95%. Der Keimversuch wird bei 20° C oder Wechseltemperatur durchgeführt. Die Samen keimen im Dunkeln und im Licht. Bereits nach drei Tagen wird die Keimschnelligkeit, nach zehn Tagen die Keimfähigkeit festgestellt. Sie bleibt lange Zeit erhalten, nach EBERT[4] bis zu elf Jahren. *Semen Sinapis* enthält gelegentlich als Verunreinigung Samen von *Brassica rapa*, *B. napus* und anderen dunkelsamigen Arten aus der Familie der Kreuzblütler.

Anbau: Der Schwarze Senf ist bezüglich der Vorfrucht nicht als anspruchsvoll zu bezeichnen. In der Fruchtfolge soll er nicht nach anderen Kreuzblütlern, wie Kohl, Raps, Rübsen oder nach sich selbst angebaut werden. Auch Mohngewächse sind als Vorfrüchte zu meiden, weil dadurch der Befall durch Glanzkäfer und Erdflöhe begünstigt wird.

Die Aussaat kann bei guter Witterung schon von Mitte März ab erfolgen. Da aber Spätfröste die Entwicklung stark hemmen können, ist es angebracht, in kühleren Lagen mit der Aussaat bis April zu warten. Auch noch bis Ende Mai kann die Aussaat vorgenommen werden, da der Schwarze Senf nach HACKBARTH nur eine kurze Vegetationsdauer von 67—110 Tagen hat, wobei aber zu bedenken ist, daß sich späte Aussaat ungünstig auf den Ertrag auswirkt. Es kann etwas enger gedrillt werden als beim Weißen Senf, und zwar in einer Reihenweite von 20—25 cm, wobei die Aussaatmenge 7—10 kg/ha beträgt. Für rechtzeitiges Hacken ist Sorge zu tragen. Der Schwarze Senf entwickelt sich zuerst etwas langsam, später wächst er schnell und beschattet den Boden gut. Unkraut läßt er kaum aufkommen.

Mittlere Gaben Handelsdünger sind zu empfehlen. Stickstoffdüngung wirkt sich günstig auf den Ölgehalt aus, jedoch darf sie wegen der Lagergefahr keinesfalls zu reichlich bemessen werden.

Ernte: Da der Samenausfall bei der Ernte beträchtlich sein kann, empfiehlt es sich, mit dem Schnitt bereits zu beginnen, sobald die Schoten anfangen, sich gelb zu färben. Sie reifen ziemlich schnell. Der Schnitt fällt bei rechtzeitiger Aussaat meist in den Monat Juli. Er erfolgt am besten morgens im Tau. Der Schwarze Senf wird wie

[2] loc. cit. S. 300.
[3] ZADE, A.: Pflanzenbaulehre für Landwirte. Berlin 1933, S. 231.
[4] EBERT, L.: Der feldmäßige Anbau einheimischer Arznei-, Heil- und Gewürzpflanzen. Stuttgart 1949, S. 174 bis 176.

Raps und Rübsen sehr stark zur Reifezeit von Vögeln heimgesucht. Auf dem Versuchsfeld in Leipzig-Probstheida (Stadtnähe) war der Ernteausfall infolge von Vogelfraß immer sehr beträchtlich. Die Ernte erfolgt im übrigen genauso wie beim Weißen Senf. Zur Vermeidung von Samenverlusten beim Einfahren und Dreschen ist der Schwarze Senf im Erntewagen unter Verwendung von Ernteplanen einzubringen.

Trocknung: Die Trocknung auf dem Feld und die Behandlung nach dem Drusch erfolgen nach denselben Grundsätzen wie beim Weißen Senf (siehe S. 662).

Erträge: Der Samenertrag schwankt zwischen 6 und 12 dz/ha, der Strohertrag zwischen 8 und 15 dz/ha, aber auch Samenerträge unter 6 dz/ha werden in der Literatur angegeben.

Krankheiten und Schädlinge: *Brassica nigra* wird im wesentlichen von denselben Krankheiten und tierischen Schädlingen befallen wie der Weiße Senf (siehe S. 663).

Besonderes: Der schnellwüchsige Schwarze Senf kann ebenso wie der Weiße Senf als Futter- oder Gründüngungspflanze Verwendung finden. Er ist aber nicht so massenwüchsig wie dieser.

Calendula officinalis L., Ringelblume

Compositae

Gebräuchliche Pflanzenteile: Erg.-B. 6: „Die Randblüten der völlig entfalteten, gesammelten und getrockneten Blütenköpfchen von *Calendula officinalis* Linné.“ HAB. 2: „Zur Zeit der Blüte gesammeltes Kraut.“

Handelsbezeichnungen: *Herba* (*Folia*) *Calendulae*, Ringelblumenkraut (-blätter); *Flores Calendulae*, Ringelblumenblüten.

Botanik: Die Ringelblume wird nicht nur zum Zwecke der Drogengewinnung, sondern hauptsächlich als Sommerblume angebaut. Sie ist vorwiegend einjährig, seltener überwintert sie. Die Wurzel ist spindelförmig, reichfaserig. Der bis 70 cm hohe, auf-

Abb. 142
Calendula officinalis L., Parzellenbestand von ‘Gefülltblühender Orangefarbiger Ringelblume’

rechte oder kurz aufsteigende Stengel ist wenig oder erst im oberen Teil verästelt, kantig, beblättert und kurz-flaumig behaart. Die Laubblätter sind ganzrandig oder entfernt knorpelig-gezähnt, ± zerstreut weichhaarig, am Rande kurz bewimpert. Die unteren Blätter sind spatelig, stielartig verschmälert, vorn kurz bespitzt, die oberen länglich-lanzettlich bis verkehrt-eiförmig, mit abgestutztem oder herzförmigem Grunde sitzend.

Die Blütenköpfchen haben einen Durchmesser von 6—9 cm. Angebaut werden zur Drogengewinnung vorwiegend gefüllt blühende Formen (*f. ligulata* Hort.). Die Zahl der Kreise der ausschließlich weiblichen Rand-Zungenblüten beträgt 8—15, bei den ungefüllten Formen nur 2—7. Die Farbe der Blüten ist sehr verschieden. Es gibt viele Übergänge, und zwar von hellgelb bis dunkelorange. So z. B. sind die Blüten von *f. ranunculoides* = blaß-orangegelb; von *f. superba* = goldgelb; von *f. sulfurea* = schwefelgelb; von *f. isabellina* = aprikosenfarbig-nankinggelb (die Spitzen der Zungenblüten sind rötlichbraun bis gelbbraun); von *f. regalis* = hell- bis ockergelb. Die Form *pallida* ähnelt kleinen, dicht gefüllten *Chrysanthemum*-Sorten. Die Blüten letzterer Form sind weißfarbig, gelblich überlaufen, die Strahlenblüten sind unterseits schwefelgelb. Als Abnormität ist noch *f. prolifera* DC. zu erwähnen, bei der sich aus dem Hauptkopf bis zu 15 neue Köpfchen an Stielen bilden, die bis zu 6 cm lang sind.

Abb. 143 Calendula officinalis L., rechts: durchwachsener Blütenstand

Blütezeit: VI bis zum ersten Frost. Hauptblütezeit: VIII—IX.

Spontane Selbstbestäubung soll nach KERNER (zit. nach HEGI) die Regel sein. Wir beobachteten meist nur solche Insekten an den Ringelblumen, die für die Blütenbestäubung nur bedingt wichtig sind. Wir neigen daher zu der Annahme, daß die Blüten teils Selbstbefruchter sind, teils durch Fremdbestäubung befruchtet werden.

Nach BALLERSTEDT (ebenfalls zit. nach HEGI) zeichnen sich die Blüten durch einen phosphoreszierenden Lichtschimmer aus. Ihrer leuchtenden Blütenfarbe wegen heißen die Ringelblumen auch „Goldblumen" (Common marygold).

Auf dem Prüfungsfeld des Sortenamtes in Leipzig-Probstheida war der Anflug durch Hymenopteren bei reichster Blüte auf Honigbienen beschränkt. Keinesfalls aber konnte ein stärkerer Besuch von diesen nachgewiesen werden. MÜLLER[1] kam nach zahlreichen Versuchen zu dem Ergebnis, daß die Farben der Blumen von starkem Einfluß auf den Besuch von Honigbienen sind. Leuchtende Blumenfarben sind den Honigbienen unsympathisch. Von allen Bienenblumenfarben ist grelles Gelb den Honigbienen am wenigsten angenehm. Deshalb wird auch das brennende Orange der *Calendula*-Blüte sinngemäß die Veranlassung zu dem schwachen Bienenbesuch gewesen sein. Dipteren fanden sich zahlreicher an den Blüten ein, obgleich nur die beiden Schlammfliegenarten *Eristalis arbustorum* L. und *E. tenax* L. häufig waren. Von Lepidopteren wurden der Große Kohlweißling, *Pieris brassicae* L., der Kleine Kohl- oder Rübenweißling, *Pieris rapae* L., und die bei Tage fliegende Gammaeule, *Phytometra* (*Plusia*) *gamma* L., an den Blüten saugend beobachtet.

In blütenbiologischer Hinsicht interessiert den Anbauer die während der Blütezeit zu beobachtende ständige Abnahme der Blütengröße und -füllung. In der Praxis bezeichnet man diesen Vorgang

[1] MÜLLER, H.: „Kosmos" **11**, S. 414 bis 425 (1882)

Abb. 144
Calendula officinalis L.,
Früchte;
links und rechts oben:
Larvenfrüchte,
Mitte: Flugfrucht,
rechts unten:
Hakenfrucht

als „Degenerieren". SCHRATZ[2] nimmt an, daß derselbe von bestimmten inneren Faktoren (Blühhormonen oder ähnlichen Stoffen) bedingt ist.

Die heterokarpen Früchte sind alle ± stark sichelförmig gekrümmt bis geringelt, worauf auch der Name Ringelblume zurückgeführt wird. Unterschieden werden drei Fruchtformen mit vielen Übergängen. Es handelt sich also um eine trimorphe Fruchtbildung. Am Rücken sind die Früchte ± kurzstachelig und mit Haken versehen, sie sind grob-quergerieft, vereinzelt kurzborstig. Stärker behaart sind die Flügel. Die Farbe der Früchte schwankt zwischen gelblichweiß und braun. Gelegentlich hat die Grundfarbe einen Stich ins Grünliche aufzuweisen. Die Farbe der Flügel ist gelblichweiß. Die randständigen Früchte bilden die verschieden gestalteten Flug- und Hakenfrüchte. Die inneren Scheibenfrüchte werden wegen ihrer larvenähnlichen Gestalt als Larvenfrüchte bezeichnet. Die einzelnen Fruchtformen werden wie folgt charakterisiert:

Die Hakenfrüchte sind weniger gekrümmt und haben auf dem Rücken ± deutlich nach einwärts gekrümmte Haken aufzuweisen. Sie sind sehr lang und schmal, etwa bis 18 mm lang und 2 mm breit und dick, schnabelförmig verlängert. Auf der Innenseite (konkaven Seite) sind sie ± gekielt. Der Kiel ist zum Teil flügelförmig erhöht, besonders unten. Hin und wieder fehlen die Hakenfrüchte ganz. Es handelt sich bei dieser Art von Früchten also um sogenannte Häkelfrüchte, deren Verbreitung gewöhnlich epizoisch erfolgt.

Die Flugfrüchte sind dreiflügelig und werden auch als Kahnfrüchte bezeichnet, da sie in ihrer Form einem Kahn ähneln. Gelegentlich findet man auch die Bezeichnung Windfrüchte. Sie fallen sehr leicht aus den reifenden Köpfchen aus und können dann durch den Wind verbreitet werden (Bodenläufer). Die Flügel sind sehr breit. Die Länge dieser Früchte beträgt etwa bis 12 mm und die Breite bis 9 mm.

Die Larvenfrüchte sind fast kreisförmig, eingerollt und von larvenähnlicher Gestalt. Sie sind ein Beispiel für Mimikry. Es sind die kleinsten Früchte der Ringelblume, die etwa bis 8 mm lang und bis 2 mm breit werden. Sie sind den Hakenfrüchten etwas ähnlich und auch wie diese innen gekielt. Der Kiel ist oben und unten ebenfalls ± geflügelt. Die Larvenfrüchte werden gern durch Ameisen verschleppt.

Boden und Klima: *Calendula officinalis* ist eine verhältnismäßig anspruchslose Pflanze. Auf gut gedüngtem Boden in alter Kultur, ganz besonders auf Lehmböden, werden

[2] SCHRATZ, E.: *Calendula officinalis* L. Studien zur Ernährung, Blütenfüllung und Rentabilität der Drogengewinnung. Forschungsberichte des Wirtschafts- und Verkehrsministeriums Nordrhein-Westfalen, Nr. 20, 1953.

hohe Erträge erzielt. Aber auch auf Moorböden gedeiht sie noch, wie sie überhaupt etwas feuchtigkeitsliebend zu sein scheint. Hinsichtlich des Klimas kann sie als wärmeliebend bezeichnet werden.

Herkunft und Verbreitung: *Calendula officinalis* findet sich verwildert im Mittelmeergebiet. Herkunft und Abstammung sind unsicher. In Mitteleuropa ist sie angebaut oder verwildert vom Tiefland bis in die hohen Alpentäler zu finden.

Herkünfte des Drogenhandels: Gelegentlich wird die in Nordafrika und in den portugiesischen Gebieten heimische Art *Calendula suffruticosa* Vahl. angebaut. Die Laubblätter dieser Art sind lineal-lanzettlich, schwach ausgebuchtet-gezähnt. Die zahlreichen Blütenköpfe zeigen 2—3 cm im Durchmesser. Sie zeichnet sich besonders durch langandauernde Blühfähigkeit aus. Die Blüten der Acker-Ringelblume (*Calendula arvensis* L.) finden gelegentlich unter der Bezeichnung *Flores Calendulae silvestris* (Kleine Ringelblume) Verwendung. Diese Art ist ein wärmeliebender Thermophyt mediterraner Herkunft, dessen mitteleuropäisches Verbreitungsgebiet hauptsächlich im Weinbaugebiet liegt. Die Acker-Ringelblume ist kalkliebend.

Calendula officinalis wird in Deutschland auf kleinsten Flächen angebaut. Hauptherkunftsgebiete für orangegelbe Ware sind die Balkanländer, für orangerote Ware Syrien und Ägypten. Handelsware (*Flores Calendulae*) wird häufig mit künstlichen Mitteln rot nachgefärbt und findet zur Verfälschung von Safran (*Stigmata Croci*) Verwendung. Auch kommen Verwechslungen zwischen *Flores Calendulae* und *Flores Arnicae* vor, wenn es sich bei beiden Drogen um *Flores „sine calycibus“* handelt.

Sorten und Herkünfte für den Anbau: Für die Drogengewinnung sind besonders gefülltblühende orangefarbige Sorten geeignet, z. B. die Sorten 'Orangekönig', 'Orangekugel' und 'Meisterstück', die hauptsächlich auch für Zierzwecke kultiviert werden.

Zur Drogengewinnung wird besonders häufig die Gruppensorte 'Erfurter Orangefarbige Gefüllte Ringelblume' angebaut.

Saatgut: Infolge der Heterokarpie ist das 1000-Korngewicht sehr großen Schwankungen unterworfen. Bei von uns vorgenommenen Saatgutuntersuchungen schwankte es zwischen 3,890 und 15,243 g. Nachstehende Übersicht vermittelt ein Bild dieser Schwankungen.

1000-Korngewicht der verschiedenen Fruchtformen von Calendula officinalis L.

Fruchtform	Ernte 1938 1000-Korngewicht in g	Ernte 1938 Mittelwert	Ernte 1942 1000-Korngewicht in g	Ernte 1942 Mittelwert
Hakenfrüchte	8,792—14,308	10,711	8,702—12,436	11,379
Flugfrüchte	8,314—15,243	10,538	9,454—12,072	11,030
Larvenfrüchte	3,890— 7,096	5,113	4,136— 5,435	4,878

Im Handel befindet sich meist Saatgut in natürlicher Zusammensetzung aller Fruchtformen.

Die Mindestreinheit sollte 98%, die Mindestkeimfähigkeit 85% betragen.

Nach Angaben in der Literatur sollen Flugfrüchte schneller und meist auch besser keimen als die Haken- und Larvenfrüchte. Nach HEGI aber keimen bei *Calendula microphylla* Lange die Hakenfrüchte am schnellsten, dann folgen die Flug- und zuletzt die Larvenfrüchte. Das verschiedene Verhalten der Keimung kann mit dem unterschiedlichen Reifen der drei Fruchtformen zusammenhängen. Nach BECKER[3] tritt die

[3] BECKER, H.: Beihefte zum „Bot. Zbl.“ Bd. 29 (1913); zit. nach HEGI.

Reife nicht gleichzeitig ein. Es reifen zunächst die Larven-, dann die Flug- und zuletzt die Hakenfrüchte. Die Keimlinge der Larvenfrüchte sind am kleinsten, die der anderen Fruchtformen etwa gleich groß, und zwar viel dicker als die der Larvenfrüchte.

Von uns durchgeführte Saatgutuntersuchungen ergaben keinen gesicherten Anhalt hinsichtlich einer unterschiedlichen Keimfähigkeit der einzelnen Fruchtformen. Es empfiehlt sich nicht, das Saatgut nach den verschiedenen Fruchtformen zu sortieren, sondern deren natürliche Verteilung zu erhalten. Die Keimfähigkeit kann bereits nach zehn Tagen festgestellt werden. Die Keimung erfolgt bei 20° C oder Wechseltemperatur, bei Lichtzutritt oder im Dunkeln. Nach sechsjähriger Lagerung nahm die Keimfähigkeit bis zu 82% ab.

Abb. 145
Calendula officinalis L., Blütenernte

Anbau: Besondere Ansprüche an die Vorfrucht stellt *Calendula officinalis* nicht. Sie ist eine spezifische Gartenkultur. Ihr Anbau ist auch nach frühräumenden Arten als Zwischenfrucht möglich. Sie selbst ist eine schlechte Vorfrucht, da sie hohe Wasseransprüche stellt.

Die Freilandaussaat erfolgt von März bis Juli. Die Aussaatmenge beträgt bei einer Reihenentfernung von 30—35 cm 120—150 g/a. Nach SCHRATZ[4] hat eine größere Standweite der Pflanzen eine bessere Entwicklungsmöglichkeit der Einzelpflanze zur Folge, dabei wird aber das Ernteergebnis an Blüten vermindert. Versuche mit Standweiten von 30 × 5 cm, 30 × 10 cm und 30 × 15 cm ergaben bei ersterer den höchsten Ertrag. Nach unseren Erfahrungen empfiehlt es sich, Dibbelsaat im Abstand von 30—35 × 5 cm vorzunehmen. Die Früchte sollen nur sehr schwach mit Erde bedeckt sein. Bei letztgenannter Reihenentfernung kann mit der Einradhacke sauber gehackt und das wiederholte Pflücken der Blüten ohne Beschädigung der Pflanzen vorgenommen werden. Die Drillsaat bereitet gewisse Schwierigkeiten, da die verschiedenen Fruchtformen leicht zu Verstopfungen in der Maschine Anlaß geben.

Auf dem Versuchsfeld in Leipzig-Probstheida nahmen wir auch schon Herbstaussaat (August/September) vor. In Jahren mit besonders milder Witterung überwintern die

[4] loc. cit. S. 306.

Herbstbestände leidlich gut. Sie liefern eine sehr frühe Blütenernte. Die Herbstaussaat ist aber stets mit einem großen Risiko verbunden.
Eine Anzucht im Gewächshaus oder Kasten erfolgt nur zur Schnittblumengewinnung. Bei genügend Feuchtigkeit und Bodenwärme läuft die Saat nach 10—14 Tagen auf. Eine mittlere Handelsdüngergabe (N, P_2O_5, K_2O) ist für die Nährstoffversorgung im allgemeinen als ausreichend anzusehen.

Ernte: Für arzneiliche Zwecke sind möglichst nur die orangefarbigen Blütenköpfe zu pflücken. Die Zungenblüten werden durch Abzupfen vom Blütenboden gewonnen. Aber auch Blüten mit Kelch (*Flores Calendulae cum calycibus*) sind im Handel. Die kelchfreie Ware jedoch ist mehr gefragt und wird besser bewertet. Man gewinnt sie meist aus den getrockneten Blütenköpfchen, aus denen die Zungenblüten herausgerebelt werden. Die Blätter und das ganze Kraut sind während der Blütezeit bei möglichst sonnigem Wetter zu ernten. Der Bedarf an *Herba Calendulae cum floribus* ist im Vergleich zu *Flores Calendulae* sehr gering.
Zur Saatgutgewinnung bleiben die Blüten unversehrt. Sobald sich die inneren Früchte hellbraun verfärbt haben (August), wird mit dem Pflücken begonnen. Öfterer Saatgutwechsel ist anzuraten.

Trocknung: Die Trocknung erfolgt auf natürliche Weise im Schatten oder künstlich bei Temperaturen von nicht über 35° C.
Das Trocknungsverhältnis der Blütenkörbchen frisch: trocken beträgt 6—8: 1, beim Kraut 4—5 : 1.

Erträge: Die Ertragswerte an *Flores Calendulae cum calycibus* liegen bei 10—20 kg/a. Die Ernte an getrockneten Zungenblüten beträgt etwa 4—7 kg/a. Der Ertrag richtet sich nach der Zahl der Pflücken. Die Erträge an getrocknetem Kraut schwanken zwischen 20 und 30 kg/a.
Die Saatguterträge liegen zwischen 3 und 6 kg/a. Die obengenannten Ringelblumen-Sorten liefern sehr gute Drogen- und Saatguternten.

Krankheiten und Schädlinge: Auf den Laubblättern der Ringelblume wurden in Leipzig-Probstheida Blattflecken beobachtet, die auf Befall mit *Cercospora calendulae* Sacc. und *Entyloma calendulae* (Oud.) De By. zurückzuführen waren. Auch der Mehltaupilz *Sphaerotheca fuliginea* (Schlecht.) Salm. war oft in den Ringelblumenbeständen zu finden. UDE beobachtete in den Beständen unseres Prüfungsfeldes weder an den Blättern noch an den Blüten der Ringelblume irgendwelchen durch Insektenlarven verursachten Fraßschaden.

Cannabis sativa L., Gemeiner Hanf (†)

Moraceae

Cannabis sativa wird hauptsächlich als Faser- oder Ölpflanze angebaut, und erst in zweiter Linie finden die Früchte und das aus ihnen gewonnene fette Hanföl (*Oleum Cannabis*) in der Heilkunde Verwendung, letzteres besonders für Speise- und technische Zwecke. Gelegentlich werden in der Homöopathie frische Pflanzenteile benutzt. Für arzneiliche Zwecke wird speziell der Indische Hanf*, der auch Haschisch-Hanf bzw. Rausch-Hanf genannt wird, angebaut. Es handelt sich hierbei um eine sogenannte

* *Hibiscus cannabinus* L., eine einjährige Faserpflanze aus der Familie der Malvengewächse, wird auch als Indischer Hanf bezeichnet. GESSNER weist auf die Verwechslung mit *Apocynum cannabinum* L., — Indianischer oder Kanadischer Hanf, einer therapeutisch wertvollen Apocynacee, hin.

physiologische Varietät (*var. indica* [Lam.] Hegi) von *Cannabis sativa*, die sich morphologisch nur wenig von der Art unterscheidet. (Näheres siehe unter Abschnitt „Sorten und Herkünfte für den Anbau“, S. 313.) Der Indische Hanf, der in besonders hohem Maße narkotisch wirkende Stoffe enthält, liefert die Droge *Herba Cannabis indicae*, die im Orient als Genuß- und Rauschmittel geraucht und gegessen wird. Sie findet aber auch als Arzneidroge Verwendung. Zur Bekämpfung des Rauschgiftmißbrauchs unterliegt der Indische Hanf den „Bestimmungen über den Verkehr mit Betäubungsmitteln (Opiumgesetz)“. Die Gewinnung von Haschisch-Hanf darf nur mit behördlicher Genehmigung erfolgen. Sie geschieht nach den gleichen Grundsätzen, wie diese für *Cannabis sativa* Geltung haben. Da nun Anbauversuche mit deutschen Hanf-Sorten bzw. -Rassen, die zur Gewinnung von Textilfasern angebaut werden, ergeben haben, daß sie ebenfalls einen hohen Haschischgehalt aufweisen, und zwar vor allem frühreifende Formen mit dichtem, kolbigem Fruchtstand, so können diese auch zur Drogengewinnung Verwendung finden[1]. Das Schweizer Arzneibuch (***Pharm. Helv.*** V.) nennt als Stammpflanze für die offizinelle Droge nur *Cannabis sativa* (ohne Angabe der Varietät).

Über den Gespinstpflanzenanbau, in dessen Rahmen dem Hanf eine größere Bedeutung zukommt, liegt ein umfangreiches Spezialschrifttum[2] vor. Wenn nachstehend der Anbau von Hanf nicht nur zur Drogengewinnung, sondern auch zur Faser- und Samengewinnung kurz behandelt wird, so geschieht dies mit Hinblick darauf, daß er unter ihm zusagenden Standortsbedingungen eine ausgezeichnete Vorfrucht für Arznei- und Gewürzpflanzen ist.

Cannabis sativa L.

Gebräuchliche Pflanzenteile: Erg.-B. 6: „Die Nüßchen von *Cannabis sativa* Linné.“ HAB. 2: „Frische Stengelspitzen mit den Blüten und Blättern, sowohl von den männlichen als auch den weiblichen Pflanzen.“

Handelsbezeichnungen: *Fructus* (*Semen*) *Cannabis*, Hanfsamen, Hanfkörner.

Cannabis sativa L. *var. indica* (Lam.) Hegi

Gebräuchliche Pflanzenteile: Erg.-B. 6: „Die getrockneten, blühenden oder mit jungen Früchten versehenen Zweigspitzen der weiblichen Pflanze von *Cannabis sativa* L. *var. indica* Lamarck, einer bis 5 m hohen, besonders in Südafrika und Nordamerika kultivierten Pflanze.“ HAB. 2: „Getrocknete Krautspitzen (Haschisch).“

Handelsbezeichnungen: *Herba Cannabis indicae*, Indischer Hanf, Haschischkraut; *Summitates Cannabis*, Hanfzweigspitzen.

Botanik: Der Hochwüchsigkeit des Hanfes, der einjährig ist, entspricht eine kräftige, spindelförmige Pfahlwurzel, deren Tiefgang nach HEUSER[3] im Mineralboden mehrere Meter, im Moorboden dagegen nur etwa 30—40 cm beträgt. Auf feuchtem Moorboden werden sehr kräftige Seitenwurzeln ausgebildet, die auf Mineralboden schwächer entwickelt sind, da hier die Verankerung hauptsächlich durch die Hauptwurzel erfolgt. Die aufrechten, rauhhaarigen Stengel erreichen unter deutschen Anbauverhältnissen eine Höhe von etwa 200 cm und einen mittleren Durchmesser an der Basis von etwa 2 cm. In den Tropen wird der Hanf 300—500 cm hoch. Der Stengel-

[1] HITZEMANN, W.: Untersuchungen auf „Haschisch“ bei verschiedenen Hanfsorten eigenen Anbaues in Deutschland. „Arch. Pharmaz.“ 279, S. 353 (1941).

[2] FLADER und NEUER, H.: Der deutsche Hanfbau, Berlin 1939; KOCH, H.: Der Anbau von Öl- und Spinnpflanzen, Berlin 1934. Derselbe: Gespinstpflanzenanbau, Berlin 1943. Eine große italienische Hanf-Monographie liegt vor von BRIOSI und TOGHINI, Mailand 1894/96.

[3] HEUSER: Die Hanfpflanze. In: Technologie der Textilfasern, Bd. V, 2 (S. 13); zit. nach ZADE, A.: Pflanzenbaulehre für Landwirte Berlin 1933, S. 258 bis 265.

querschnitt ist rund; er besteht aus einem zentralen Holzteil und dem die Hanffaser liefernden Bastteil. Die Blätter sind langgestielt, handförmig. Sie setzen sich zusammen aus (3—) 5—7 (—9) höchstens 11 schmal zugespitzten, meist gezähnten Blättchen. An der Stengelbasis sind sie gegenständig angeordnet, oben zuweilen wechselständig. Die größeren weiblichen Pflanzen sind dichter belaubt als die männlichen. Die Blätter sind oberseits zerstreut angedrückt, drüsig- und borstig-behaart, unterseits weichhaarig. Blätter und Stengel sind mit Drüsenhaaren besetzt, in denen eine klebrige, durch narkotischen Geruch ausgezeichnete Harzsubstanz enthalten ist, die das berauschende Haschisch liefert. Die Blüten werden in den oberen Blattachseln gebildet. Da der Hanf eine vorwiegend dioezische Pflanze ist, sind männliche und weibliche Blüten auf verschiedene Pflanzen verteilt, doch finden sich gelegentlich beide Geschlechter auf einer Pflanze (monoezische Formen). Die männlichen Pflanzen sterben nach dem Ausstäuben des Pollens ab, vertrocknen und knicken meist um, während die weiblichen Pflanzen noch 2—3 Wochen bis zur Samenreife benötigen. Auf züchterischem Wege ist es bereits gelungen, einen vorwiegend zwittrigen Hanf zu erzielen, wodurch es eine durch das Geschlecht bestimmte verschiedene Reifezeit der Pflanzen naturgemäß nicht mehr gibt. Die männlichen Blüten sind zu großen, aufrechten Rispen vereint und haben ein fünfzähliges Perigon, die weiblichen sind achselständig, ungestielt, an der Spitze der Pflanze in großer Zahl gehäuft und unscheinbar. Sie enthalten je einen Fruchtknoten mit einer Samenanlage und zwei Narben. Die Tragblätter sind ebenfalls mit Drüsen besetzt.

Abb. 146 Cannabis sativa L. var. indica (Lam.) Hegi, abgeschnittene Triebe; links: ♀, rechts: ♂

Blütezeit: VII, VIII.

Beide Geschlechter blühen annähernd zu gleicher Zeit. Es besteht ein schwach proterandrischer Zustand. Im Bestand heben sich die weiblichen Pflanzen von den männlichen bereits durch ihren bedeutend höheren Wuchs ab. Die natürliche Folge der Zweihäusigkeit ist Fremdbestäubung. Die Pollenübertragung erfolgt durch den Wind.

Landläufig wird der männliche Hanf als Femel (auch Femmel- oder Fimmelhanf) und der weibliche Hanf als Mastelhanf bezeichnet. Diese dem Lateinischen entlehnten Bezeichnungen (*feminus* = weiblich, *masculus* = männlich) sind eine Verwechslung, die darauf beruhen kann, daß die männliche Pflanze die niedrigere und schwächere und die weibliche (fruchtende) die höhere und stärkere ist.

Die Schließfrüchte sind eiförmig bis rundlich, und zwar etwa 4—6 mm lang, 3 mm breit und 3—4 mm dick. Sie sind ein wenig abgeplattet und schwach kielartig umrandet. Die ziemlich dicke, glasig-spröde Fruchtschale verfügt über einen grauen, schwarzgrauen oder nahezu schwarzen, hin und wieder bräunlichen, etwas gesprenkelten, mattglänzenden Farbton. Grünliche Farbe zeigt einen schlechten Reifezustand an. Sie sind geruchlos, im Geschmack ölig, etwas süßlich, schleimig.

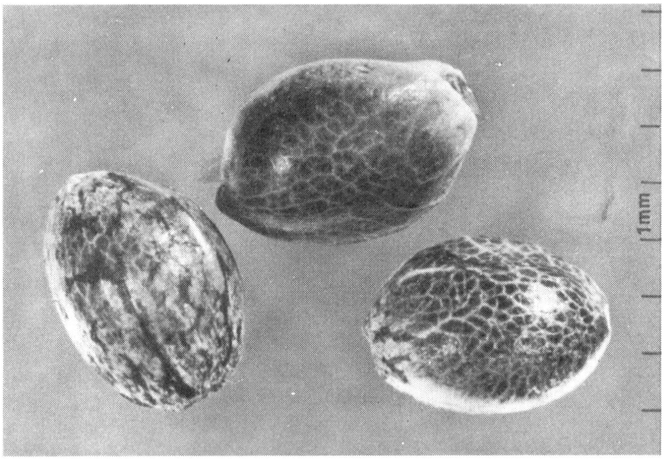

Abb. 147
Cannabis sativa L. var. indica (Lam.) Hegi, Nüßchen

Boden und Klima: Für den Hanfbau kommen noch Standorte in Frage, die nicht für jede Ölfrucht geeignet sind, so kann *Cannabis sativa* z. B. auf gut dränierten Moorflächen (Niederungsmoorböden und anmoorigen Böden), in abgelassenen Teichen, auf Schwemm- und Umbruchland angebaut werden. Am besten sagt ihm ein gut entwässerter Niederungsmoorboden zu. Er benötigt sehr viel Wasser, aber er verträgt keinesfalls stauende Nässe. Der Wasserspiegel soll nicht über 50 cm an die Erdoberfläche reichen. Während der Wachstumszeit fallende Niederschläge von 150—200 mm sollen nach KUHNERT[4] die günstigsten Fasererträge ergeben. Gute Nährstoffversorgung, Tiefgründigkeit, gute Gare und annähernd neutrale Bodenreaktion sind für ein sicheres Gedeihen des Hanfes erforderlich. Alle sogenannten kalten Böden sind ungeeignet. Am besten gedeiht er in wärmerem, ausreichend feuchtem Klima, da er nach KOCH[4] als Wärmesumme bis zur Faserreife 1800—2000° C, bis zur Reife der Früchte sogar 2200—2900° C erfordert. Für die Drogengewinnung müssen besonders warme Lagen gewählt werden, was nicht ausschließt, daß er dank seiner kurzen Entwicklungszeit von nur 90—150 Tagen noch im hohen Norden angebaut werden kann. In der UdSSR, dem wichtigsten Hanfland, gedeiht er noch bis in die Nähe des Polarkreises (Archangelsk). In den Alpen wird der Hanf bis zur Getreidebauzone angetroffen, und im Himalaja wird der Indische Hanf noch in 2300 m Höhe angebaut, wo er immer noch 300—400 cm hoch wird. Im Gebirge ist das Wachstum sonst aber nicht so üppig wie in der Ebene. Die Wachstumszeit bis zur Faserernte beträgt bei deutschen Sorten etwa 120—140 Tage, bis zur Fruchtreife noch etwa 40 Tage mehr. Dürreperioden während der Blütezeit setzen den Ertrag an Früchten herab. Windgeschützte Lagen sind zu bevorzugen. In der Literatur heißt es häufig, daß der Hanf, besonders der Indische, kälteempfindlich ist und daß seine Freilandaussaat wegen der Frühjahrsfröste nicht zu zeitig erfolgen darf. Auf dem Versuchsfeld des Sortenamtes in Leipzig-Probstheida konnten wir bei wiederholtem Anbau mit früher Aussaat, die Anfang bis Mitte April erfolgte, keinerlei Kälteschäden beobachten, selbst nicht im Frühjahr 1949, wo stärkere Frühjahrsfröste (— 3° C) auf die Hanfkeimpflanzen einwirkten und andere Heilpflanzenarten, z. B. *Melissa officinalis*, stärkeren Schaden erlitten. Nach HACKBARTH[5] werden —5 bis —7° C Kälte von jungen Hanfpflanzen noch gut überstanden,

[4] Zit. nach KOCH, H.: Der Anbau von Öl- und Spinnpflanzen. Berlin 1934, S. 44 bis 48.
[5] HACKBARTH, J.: Die Ölpflanzen Mitteleuropas. Stuttgart 1944, S. 240 bis 257.

wenn auch gelegentlich eine Wachstumsstockung eintritt. Als Wirkstoffe des Haschisch-Hanfes kommen Tetrahydrocannabinole in Betracht. Sie entstehen besonders unter Einfluß von Wärme, Trockenheit und starker Sonnenbestrahlung.

Herkunft und Verbreitung: Über das Heimatgebiet des Hanfes gehen die Meinungen auseinander. In der älteren Literatur wird gewöhnlich Persien angegeben[6]. Nach ENGLER[7] findet sich der Hanf wildwachsend in den vom Kaspischen Meere südlich gelegenen sumpfigen Gebieten. HACKBARTH nennt als Heimatgebiet Südrußland und Westsibirien, wo auch heute noch Wildformen vorkommen. WIESNER[8] neigt zu der Auffassung, daß die Urheimat des Hanfes Indien ist und daß der zur Fasergewinnung angebaute *Cannabis sativa* vom Indischen Hanf abstammt, den man früher fälschlich für eine eigene Art (*Cannabis indica* Lam.) hielt, jedoch handelt es sich bei dieser nur um eine tropische Kulturform der erstgenannten. Letztere Form wird in Indien wenig zu textilen Zwecken verwendet, da die Fasern geringwertiger sein sollen als die der Kulturform, die als *Cannabis sativa* bezeichnet wird. KARSTEN und WEBER[9] bezeichnen Zentralasien als das Heimatgebiet.

Cannabis sativa ist die einzige Art der schon von TOURNEFORT aufgestellten Gattung *Cannabis*, die heute fast über die ganze Erde verbreitet ist.

Herkünfte des Drogenhandels: *Cannabis sativa* wurde schon 800—900 Jahre v. Chr. in Indien angebaut, und noch heute ist Indien das Haupterzeugungsgebiet für Haschisch-Hanf. Nach HEGI wird er besonders in Ostindien, u. a. in Nepal, Kaschgar, Herat, Bengalen und Bombay, kultiviert. Darüber hinaus wird der Hanf aber auch noch in vielen anderen Ländern gewonnen. So hatte Deutschland im Jahre 1939 eine Anbaufläche von 15848 ha aufzuweisen[10]. Ganz besonders sind in Deutschland für den Hanfbau die ausgedehnten Moore Nordwest-, Nord- und Nordostdeutschlands geeignet, jedoch ist das Klima dieser Gebiete für den Hanfbau nicht so günstig wie das der südlichen Anbauländer. Trotzdem ist der Hanfanbau in Deutschland im Vergleich zu dem der anderen europäischen Länder als gering zu bezeichnen. Das Hauptanbaugebiet liegt im europäischen Teil der UdSSR, und zwar an der Wasserscheide der Flüsse Wolga, Dnepr und Düna. Nach NEUER[11] ist die UdSSR mit etwa der Hälfte der Weltproduktion der größte Hanferzeuger. Als weitere wichtige europäische Anbauländer sind zu nennen: Italien, Ungarn, Rumänien, Jugoslawien und Polen. Außerhalb von Europa spielt der Hanfanbau außer in Indien noch eine Rolle besonders in der Mandschurei, in Kleinasien, Afrika, Nordamerika, Chile, Argentinien und Kolumbien, aber auch in Australien wird Hanf kultiviert.

Sorten und Herkünfte für den Anbau: Die Art *Cannabis sativa* ist verhältnismäßig formenreich und bietet noch wertvolles Material für die Züchtung. In Mitteleuropa werden außer Land- auch Zuchtsorten angebaut.

NEUER unterscheidet folgende zwei Typen:

a) Nördlicher Typ (russischer, finnischer, lettischer Hanf). Frühreif, samenreich, geringer Höhenwuchs.
b) Südlicher Typ (italienischer, türkischer Hanf). Spätreif, geringer Samenertrag, sehr hochwachsend.

[6] HUMBOLDT: Ansichten der Natur, 3. Aufl. 2, S. 4; zit. nach WIESNER, J. v.: Die Rohstoffe des Pflanzenreiches, 3. Bd. Leipzig 1921, S. 185.
[7] ENGLER: Notizblatt des Berliner Botan. Gartens, 1904; zit. nach WIESNER (s. o.).
[8] WIESNER, J. v.: Die Rohstoffe des Pflanzenreiches, 3. Bd. Leipzig 1921, S. 184 bis 195.
[9] KARSTEN, G. und WEBER, U.: Lehrbuch der Pharmakognosie. 7. Aufl., Jena 1949, S. 198/99.
[10] Siehe HACKBARTH, loc. cit. S. 312.
[11] NEUER, H.: Hanf (*Cannabis sativa* L.) Handbuch der Landwirtschaft von ROEMER-SCHEIBE-SCHMIDT-WOERMANN, 2. Bd., Berlin und Hamburg 1953, S. 551 bis 561.

In Deutschland verfügt man über Zuchtsorten, die sowohl samenreif werden als auch eine gute Faserleistung haben. Bekannte Sorten sind u. a. 'Dr. Schurigs' und 'Kuhnowscher Hanf'. Nach HACKBARTH[12] ist 'Dr. Schurigs Hanf' aus russischen Herkünften hervorgegangen. Er ist eine ausgesprochene Sorte für kombinierte Faser- und Samenleistung (Kombinationshanf) und in Deutschland überall genügend frühreif (Reifezeit Mitte September) sowie ertragsicher in Stengel und Samen. Die Stengel sind im allgemeinen ziemlich fein und liefern eine gute Faserqualität. 'Schurigs Hanf' erreicht eine Pflanzenhöhe von 250—300 cm und eignet sich besonders zum Anbau auf Niederungsmoorböden. Der 'Kuhnowsche Hanf' stammt aus italienischen Herkünften. Er reift etwa eine Woche später als der Schurigsche. Die Stengel sind etwas kräftiger und länger. Entsprechend seiner Entstehung auf mineralischem Boden zeigt er auch eine bessere Eignung für diesen als der 'Schurigsche Hanf'; er kann aber auch bedenkenlos auf anmoorigen und Niederungsmoorböden angebaut werden. In der „Sortenliste der in der Deutschen Demokratischen Republik zugelassenen Sorten von Kulturpflanzen", 1954, sind die Sorten 'Havelländer' (zweihäusig) (= 'Dr. Schurigs'), 'Hohenthurmer Gleichzeitigreifender' und 'Bernburger Einhäusiger' enthalten. Speziell für arzneiliche Zwecke ist die Sorte 'Indischer Haschisch-Hanf' zugelassen worden. Nach unseren Feststellungen unterscheidet sie sich morphologisch kaum von den übrigen zugelassenen Sorten. Das Züchtersaatgut des deutschen 'Indischen Haschisch-Hanfs' hatte ein verhältnismäßig niedriges 1000-Korngewicht, nämlich 9,870 g, im Vergleich zu einem deutschen Faserhanf (18,350 g) aufzuweisen. Letzteres ist nun aber kein sicheres Kriterium für Haschisch-Hanf. Nach HITZEMANN[13] unterschieden sich original-indische Bhang- bzw. Ganja-seed-Herkünfte nicht von den europäischen Faserhänfen und den europäischen Nachbauten indischer Herkünfte. Als besonders hoch wurde das 1000-Korngewicht einer indischen Herkunft (Bhang seed Almora) mit 22,8 g festgestellt.

Nach HARTWICH[14] unterscheidet sich der Indische Hanf von dem gewöhnlichen Hanf durch niedrigeren Wuchs, einen besonders reich verästelten Stengel und durch Blätter, die am Grunde des Stengels nicht einander gegenüberstehen. HITZEMANN führt noch Blattmerkmale an. Original-indische Hänfe haben stärker geteilte Blätter aufzuweisen, meist siebenfingerige, die deutschen dagegen vorwiegend fünffingerige. Die deutschen Hänfe entwickeln sich auch schneller als die indischen Haschischrassen, die vorwiegend spätreif sind. *Cannabis sativa* reagiert sehr auf die Tageslänge. Die südlichen Herkünfte sind Kurztagtypen, die nordosteuropäischen Herkünfte Langtagtypen.

SABALITSCHKA[15] berichtet noch über Züchtungsversuche, die mit dem echten Indischen Hanf 'Gunjahe' in Deutschland, und zwar in Happing (Oberbayern) vorgenommen wurden. Dieser Hanf unterschied sich von der gewöhnlichen Form noch charakteristisch durch die tiefdunkle Färbung der Stengel und Stiele. Der Indische Hanf hat einen sehr hohen Gehalt an gelblichgrünem Harz aufzuweisen. Es gelang auf züchterischem Wege, eine besonders harzreiche Sorte zu züchten. Das im Laufe der Jahre geerntete *Herba Cannabis indicae* zeigte einen immer höheren Extraktgehalt, und zwar:

im	Jahre	1917	8,7%	Extrakt*	im	Jahre	1921	20,0%	Extrakt
,,	,,	1918	12,4%	,,	,,	,,	1922	18,7%	,,
,,	,,	1919	17,3%	,,	,,	,,	1923	18,8%	,,
,,	,,	1920	19,8%	,,	,,	,,	1924	18,9%	,,

[12] loc. cit. S. 313.
[13] loc. cit. S. 310.
[14] HARTWICH, C.: Die menschlichen Genußmittel. Leipzig 1911, S. 221.
[15] SABALITSCHKA, Th.: Über *Cannabis Indica*, insbesondere über eine Gewinnung hochwertiger *Herba Cannabis Indicae* durch Kultur in Deutschland. „Heil- und Gewürzpflanzen" 8, S. 73 bis 81 (1926).
* Erster Nachbau aus indischen Originalsamen.

Entweder ermittelte man den Extraktgehalt durch erschöpfende Extraktion der Droge im Soxhlet oder nach der bequemen Methode von FROMME, die in den Berichten von CAESAR & LORETZ[16] angegeben ist. Als Extraktionsmittel diente 90%iger Alkohol, da das Erg.-B. 6 diesen zur Bereitung des Hanfextraktes vorschreibt. Die nach beiden Methoden erhaltenen Werte waren nicht wesentlich voneinander verschieden. Wie zu erwarten war, lag der durch erschöpfende Extraktion im Soxhlet erhaltene Wert etwas höher als der nach FROMME gefundene. Die in der Tabelle angeführten Zahlen beziehen sich auf eine besonders gute, hochwertige Qualität; für die durchschnittlich geerntete Droge lagen die Werte um 1—2% niedriger. Auf jeden Fall zeigt die Tabelle, daß die Hochzucht einer in Deutschland kultivierbaren Form mit hohem, konstantem Extraktgehalt gelungen sein dürfte. Zufolge den Ausführungen von SABALITSCHKA wurde die von der ehemaligen Versuchsstation für technischen und offizinellen Pflanzenbau GmbH in Happing bei Rosenheim (Oberbayern) gewonnene Droge aus eigener Züchtung noch für besser als die afrikanische Sansibar-Ware gehalten, so daß man sich mit ihr als Ersatz für die echte indische Herkunft damals voll begnügen konnte. Nach den neueren Untersuchungen von HITZEMANN[17] können nun aber auch die deutschen Hanfsorten zur Drogengewinnung herangezogen werden, denn als Ergebnis seiner Untersuchungen stellte sich heraus, daß unter deutschen Klimaverhältnissen von den gewöhnlichen europäischen, also auch deutschen Hänfen, wie sie zur Faser- und Samengewinnung angebaut werden, eine Droge gewonnen werden kann, die einen hohen Haschischgehalt aufweist. Dieser ist den als Rauschgift im Handel befindlichen Drogen zum mindesten gleich oder sogar überlegen, allerdings nicht den hochwertigsten, sehr harzreichen Produkten wie Charos, Ganja, die aber kaum auf den europäischen Markt gelangen. Voraussetzung für die Gewinnung einer brauchbaren Droge in Deutschland ist, daß man die für das betreffende Klima geeignete Hanfrasse bzw. -sorte wählt, die frühreif genug ist, um bei normaler Aussaatzeit — Anfang Mai — rechtzeitig, d. h. bis etwa zur zweiten Augusthälfte, die erforderliche Entwicklungsstufe zu erreichen, deren weibliche Blüten- bzw. Fruchtstände sich also so zeitig entwickeln, daß bis etwa Mitte August die ältesten Früchte unreif-grün, die jüngsten aber noch im ersten Entwicklungsstadium sind. Nach HITZEMANN erfüllen diese Forderung alle in Deutschland zur Fasergewinnung angebauten frühreifen Rassen und Sorten. Vorzuziehen sind die sogenannten nördlichen Formen mit dichtem, kolbigem Fruchtstand, die auch die frühreifenden sind. Durch Auslese besonders harzreicher Formen aus dem in Deutschland vorhandenen *Cannabis sativa*-Material ließe sich auch noch eine besonders an narkotischen Stoffen reiche Sorte züchten. Näher auf die Probleme der Hanfzüchtung[18] für Faser- und Ölgewinnung hier einzugehen, würde zu weit führen.

Saatgut: Das 1000-Korngewicht ist sehr großen Schwankungen (etwa 5,5—23 g) unterlegen. HEUSER[19] gibt ein Durchschnittsgewicht von 16,5 g an. ZADE[20] nennt Litergewichtswerte in Höhe von 440—470 g. Anerkanntes Saatgut muß eine Reinheit von 96% und eine Keimfähigkeit von 85% aufzuweisen haben. Die Anerkennung setzt eine Triebkraft von 75% voraus. Der Keimversuch wird bei 20° C durchgeführt. Das Keimtemperaturminimum beträgt nach TAMM[21] nur 1° C. Die Früchte können unter Lichtabschluß eingekeimt werden. Nach 6 Tagen wird die Keimschnelligkeit und nach 14 Tagen die Keimfähigkeit ermittelt. Gelegentlich sind im Saatgut taube und unreife

[16] CAESAR & LORETZ, Halle (Saale), Jahresbericht 1924, S. 257.
[17] loc. cit. S. 310.
[18] Siehe HACKBARTH, loc. cit. S. 312.
[19] loc. cit. S. 310.
[20] loc. cit. S. 310.
[21] TAMM: Archiv für Pflanzenbau 8, S. 356 (1932); zit. nach ZADE, A.: Pflanzenbaulehre für Landwirte. Berlin 1933, S. 258 bis 265.

Früchte enthalten. Letztere sind leicht an einem grünlichen Farbton zu erkennen. Überlagertes, altes Saatgut hat den für Hanffrüchte eigentümlichen matten Glanz mehr oder weniger verloren. Die Keimfähigkeit geht bei der Lagerung erheblich zurück, weshalb nur frisches Saatgut zur Aussaat gelangen sollte.

Bei fortwährendem Hanfanbau ist öfterer Saatgutwechsel sehr wichtig, da anderenfalls beträchtliche Ertragsrückgänge in Kauf genommen werden müssen. Inzuchtschäden sollen vor allem auf einer Degeneration des Pollens beruhen.

Anbau: Der Hanf ist hinsichtlich der Vorfrucht nicht wählerisch, aber für gut gedüngte Hackfrüchte oder Stickstoffsammler (Leguminosen) ist er besonders dankbar. Gern baut man ihn nach Grünlandumbruch an. Da die Aussaat frühreifer Sorten bis Anfang Juni erfolgt, ist es möglich, den Hanf noch auf zeitig abzuerntende Vorfrüchte, z. B. Wickroggen und Inkarnatklee, folgen zu lassen. Als schnellwüchsiger Tiefwurzler ist er in der Lage, das Unkraut stark zu unterdrücken. Er hinterläßt eine gute Schattengare. Auf Moorboden stellt er eine zweckmäßige Ergänzung zum Kartoffelbau dar. Mit gutem Erfolg kann auf dräniertem Moorboden nach Hanf z. B. Pfefferminze angebaut werden. Der garefördernde Hanf ist überhaupt für viele Kulturpflanzen eine ausgezeichnete Vorfrucht. Auch in der Fruchtfolge ist er weitgehend mit sich selbst verträglich, jedoch ist ein Nacheinanderanbau möglichst zu vermeiden, da der Hanf mit seinem großen Nährstoffbedarf den Boden stark beansprucht und Krankheiten und Schädlinge dann leicht überhandnehmen.

Die günstigste Aussaatzeit ist April/Mai, aber selbst noch Anfang Juni kann Faserhanf gesät werden. Meist erfolgt die Aussaat Mitte Mai. Über die vorteilhafteste Standweite gehen die Meinungen auseinander. Hanf zur Fasergewinnung soll möglichst eng (10—20 cm), zur Gewinnung der Früchte weiter (50—60 cm) gedrillt werden. Längen- und Dickenwachstum des Stengels ist von Standort, Sorte und Bestandsdichte abhängig. Auch die Stärke der Verästelung wird von der Standweite beeinflußt. Wir drillen den Hanf zur Drogengewinnung in einer Reihenentfernung von 60 cm, bei einer Aussaattiefe von etwa 3,5—4,0 cm bei Verwendung von Druckrollen, um eine ausreichende Keimwasserversorgung zu gewährleisten. Die Aussaat erfolgt auf ein gut vorbereitetes und leicht angewalztes Saatbett. Es empfiehlt sich, den Bestand in der Reihe auf 40 cm zu verziehen. Mit dieser Anbauweise wurde in Deutschland eine hoch-

Abb. 148
Cannabis sativa L. var. indica (Lam.) Hegi, Parzellenausschnitt zur Zeit der Blüte

wertige Droge gewonnen. Wenn der Boden nicht zur Verkrustung neigt und der Hanf geeggt werden soll, erfolgt die Aussaat am besten 4—6 cm tief. Bei dieser Saattiefe wird auch die Gefahr, daß die Aussaat durch Vogelfraß Schaden nehmen kann, geringer. Auf Mineralboden sollte jedoch nur 3—4 cm tief gedrillt werden. Zur Fasergewinnung beträgt der Saatgutbedarf bei einem Reihenabstand von 10—20 cm normalerweise 80—100 kg/ha, während zur Drogengewinnung bei einer Reihenentfernung von 60 cm 10—15 kg/ha Aussaatmenge genügen. Auch Dibbelsaat kann erfolgen. Gelegentlich legt man 3—4 Körner in kleine Horste, und zwar mittels der Hacke im Abstand von 50—60 × 60 cm. Der Saatgutbedarf ist hierbei erheblich geringer. Es genügen dann bereits 2—3 kg/ha. Nach der Aussaat wird die Saat leicht übereggt und auf Moorböden außerdem noch angewalzt. Bereits nach 5—6 Tagen läuft der Hanf auf und entwickelt sich bei einigermaßen warmer Witterung schnell.

Was die Saatpflege anbelangt, so ist vor allen Dingen für gute Bodenlockerung Sorge zu tragen. Bis etwa zur Bildung des vierten Blattes kann die Saat geeggt bzw. gestriegelt werden, wenn nicht zu flach gedrillt wurde. Vorteilhafter ist aber ein- bis zweimaliges Hacken. Nachdem sich der Bestand geschlossen hat, lassen die Hanfpflanzen kein Unkraut mehr aufkommen.

Der Hanf hat ein großes Nährstoffbedürfnis. Stalldünger wird zur Vorfrucht gegeben oder im Herbst eingebracht. Auf gut zersetzten Niederungsmoorböden ist im allgemeinen eine Stalldüngung nicht notwendig. Jauche und Abwässer können Verwendung finden. Entsprechend dem schnellen Wachstum des Hanfes müssen alle Nährstoffe in ausreichender Menge und in leicht aufnehmbarer Form zur Verfügung stehen. Kali und Phosphorsäure sind von spezifischer Wirkung auf Menge und Güte der Faser. Kalimagnesia hat einen besonders guten Einfluß auf die Faserqualität. Kalimangel erkennt man beim Hanf an niedrigem Wuchs, kurzem Blütenstand und in späteren Entwicklungsstadien am Vertrocknen der Spitzen vor der Reife und dem Auftreten von braunroten Flecken an den Blatträndern. Durch eine reichliche Phosphorsäuredüngung wird der Samenertrag bedeutend gesteigert. NEUER[22] empfiehlt für ein in guter Kultur befindliches Niederungsmoor, das meist reich an Stickstoff und Kalk, aber arm an Phosphorsäure und Kali ist, eine gute Kaliphosphatgabe (3—4 dz/ha Super-, Rhenania- oder Thomasphosphat und die gleiche Menge 40er Kali). Auf Mineralböden muß eine Volldüngung (N, P_2O_5, K_2O) erfolgen. Zur Vermeidung von Säurezufuhr wird der Stickstoff am besten in Form physiologisch-alkalischer Düngemittel verabreicht. Bei der Drogengewinnung ist zu bedenken, daß sich eine reichliche Stickstoffdüngung nachteilig auf den Harzgehalt auswirken kann. Nach SABALITSCHKA[23] wurde in Happing eine hochwertige Haschischdroge auf Boden in alter Kraft und bei Düngung nur mit Kali und Phosphat gewonnen. Auf Kupfermangelerscheinungen, die am ehesten auf stark entwässerten Niederungsmooren, welche stark zersetzt sind und in trockeneren Jahren zur Vermullung und zum Puffigwerden neigen, weist KANNENBERG[24] hin. Kupferzusatzdüngung (Kupfersulfat) und Kupferschlackenmehl wirken hier günstig. Alle Düngemittel müssen frühzeitig vor der Saat eingearbeitet werden. Spezielle Düngungsversuche zu Haschisch-Hanf wurden uns nicht bekannt.

Ernte: Die Ernte des Hanfes richtet sich nach dem Verwendungszweck. Zur Saatgutgewinnung (*Fructus Cannabis*) erfolgt sie, wenn die Hälfte aller Früchte graubraun ist und diese sich aus den Hüllblättern herausdrängen. Die Bestimmung des Zeitpunktes der Samenreife ist nicht immer ganz einfach, weil sie sehr ungleichmäßig vor sich geht.

[22] loc. cit. S. 313.
[23] loc. cit. S. 314.
[24] KANNENBERG, H.: Versuchsergebnisse beim Anbau von Hanf in ostdeutschen Niederungsmooren; in KOCH, H.: Gespinstpflanzenanbau. Berlin 1943, S. 135 bis 154.

Sie kann sich je nach Sorte, Aussaatzeit und Anbaulage auf die Zeit von Mitte September bis Anfang Oktober erstrecken und fällt mit der Hackfruchternte zusammen. Der Faserhanf ist reif, wenn die Stengel der weiblichen Pflanzen und ihre Blätter anfangen zu vergilben. Die männlichen Pflanzen werden im allgemeinen bereits früher reif. Im Kleinbetrieb ist es üblich, sie dann bereits zu ziehen (raufen), wodurch vermieden wird, daß ihre Faser infolge von Überständigkeit in der Güte leidet; im Großanbau ist dies jedoch kaum durchführbar. Die Mahd kann sowohl mit der Sichel und Sense als auch mit dem Grasmäher mit Selbstablage oder mit dem Selbstbinder erfolgen. Schnelles Fahren ist notwendig, um genügenden Schnitt zu erhalten. Gelegentlich wird der Hanf auch gezogen, jedoch erfordert dies im Großanbau eine große Zahl Arbeitskräfte. Zur Gewinnung von *Herba Cannabis* werden die blühenden Zweigspitzen der weiblichen Pflanzen geschnitten, nachdem die männlichen Pflanzen 3—4 Wochen vorher entfernt wurden. Nach OELKERS[25], der die hypnotische Wirkung des Haschisch untersuchte, erwiesen sich die zur Vollblüte hergestellten Extrakte als am wirksamsten. Die Ernte muß jedenfalls vorgenommen werden, wenn der Harzgehalt der Triebspitzen am höchsten ist, denn das Harz ist der Träger der Haschischwirkung. Es läßt sich an den Triebspitzen manuell wahrnehmen. Im allgemeinen erfolgt die Ernte der Triebspitzen (*Summitates Cannabis indicae*) im Juli/August. Zur Gewinnung von *Herba Cannabis indicae* werden die Pflanzen ebenfalls abgesichelt oder mit dem Ableger gemäht und anschließend von jeder Pflanze die Blütenstände und das übrige Laub getrennt abgestreifelt. Es soll nicht mehr gemäht werden, als am selben Tage gestreifelt werden kann. In den eigentlichen Haschischproduktionsgebieten wird außerdem noch das Harz (*Churrus*) allein gewonnen. Die Harzgewinnung erfolgt durch Abkratzen oder in primitiver Weise, indem Arbeiter mit Lederbekleidung in schnellem Schritt durch die dicht gesäten Bestände geschickt werden und dann das an den Ledersachen haftengebliebene Harz abgeschabt wird[26]. Es wird dann in erbsen- bis walnußgroßen Stücken in den Handel gebracht, jedoch im deutschen Drogenhandel kommt es nur sehr selten vor.

Trocknung: Je nach Verwendungszweck ist auch die Aufbereitung des Hanfes eine verschiedene. Faserhanf bleibt zunächst bündelweise zusammengelegt so lange auf dem Felde liegen, bis er so weit abgetrocknet ist, daß die Blätter abbrechen. Dann wird er mit Hanf zu etwa 20 cm starken Bündeln je nach Länge mehrmals zusammengebunden und in Puppen von 10—16 Garben aufgestellt, bis er gänzlich getrocknet ist. Vor dem Zusammenbinden empfiehlt es sich, ihn kräftig auf den Boden aufzuschlagen, damit die Blätter abfallen. Nach dem Trocknen wird er zweckmäßig sofort an eine Hanffabrik abgeliefert, da eine Verarbeitung im eigenen Betrieb kaum in Frage kommt. Erfolgt die Wasserröste jedoch in der eigenen Wirtschaft, so ist zu bedenken, daß das Rottewasser gesundheitsschädigende Stoffe für Tiere enthalten kann und keinesfalls zum Tränken Verwendung finden darf. Auf das Rösten und die mechanische Fasergewinnung selbst kann hier nicht eingegangen werden. Ist eine sofortige Ablieferung des gut getrockneten Hanfes nicht möglich, so ist er in Scheunen, notfalls Feimen, zu lagern.

Der Hanf zur Saatgutgewinnung wird sofort gebündelt und in Stiegen oder Hocken auf dem Feld bis zum völligen Trocknen zusammengestellt. Durch Riffeln mit der Hand oder der Maschine werden die Früchte gewonnen. Da gewöhnliche Dreschmaschinen nicht benutzt werden können, sind besondere Hanfdreschmaschinen konstruiert worden. Der sonst bei der Samengewinnung übliche Drusch kommt wegen der Faserbeschädigung nicht in Frage.

[25] OELKERS, H. A.: „Zeitschrift f. exp. Medizin" **109**, S. 457 (1941); zit. nach GESSNER.
[26] LEUNIS, J.: Synopsis der Pflanzenkunde. 2. Teil. Hannover 1885, S. 545.

Für die Drogengewinnung werden die Zweigspitzen in Bündeln bei gewöhnlicher Temperatur getrocknet. Der Geruch der Droge muß kräftig, würzig, narkotisch und der Geschmack etwas scharf, schwach bitter sein. Die Droge ist feuchtigkeitsempfindlich. Das Eintrocknungsverhältnis beträgt etwa 3—6 : 1.

Erträge: Die Erträge an Früchten sind je nach der verwendeten Sorte und der Nutzungsrichtung sehr schwankend. Bei kombinierter Nutzung zur Faser- und Früchtegewinnung variieren sie zwischen 4 und 10 dz/ha, bei ausgesprochener Saatgutgewinnung können sie sich auf über 12 dz/ha erhöhen. Nach sowjetischen Angaben kann durch die künstliche Zusatzbestäubung beim Hanf ein Mehrertrag an Früchten von 1—1,5 dz/ha erzielt werden[27]. Nach NEUER[28] belaufen sich die Erträge von deutschen Zuchtsorten bis zu 100 dz/ha Stroh, in Ausnahmefällen liegen sie sogar noch höher. Die Drogenerträge unterliegen großen Schwankungen. Nach Angaben von CAESAR* fallen je Hektar bis 150 dz frische gestreifelte Ware an, was etwa 30 dz Krautdroge entspricht.

Krankheiten und Schädlinge: Der Hanfwürger, *Orobanche ramosa* L., schmarotzt auf den Hanfwurzeln und beeinträchtigt deren Entwicklung. Ausstechen und Verbrennen vor seiner Blüte sowie Vermeidung erneuten Hanfbaues auf demselben Schlage innerhalb der nächsten zwei Jahre schränken seine Ausdehnung weitgehend ein. Auch die Kleeseide, *Cuscuta europaea* L., befällt den Hanf. Der Hanfkrebs, *Sclerotinia sclerotorum* (Lib.) Sacc. et Trott., schädigt die Pflanzen, indem das Geflecht des Pilzes Stengel und Mark durchdringt und somit die Güte der Hanffaser ungünstig beeinflußt. Die Pflanzen können sogar zum Absterben kommen. Graubrauner Schimmel oder schwarze, innen weiße Pilzkörper kennzeichnen den Befall. Sorgfältiges Einsammeln und Verbrennen kranker Pflanzen sowie Vermeidung von Anbau auf ehemals befallenen Feldern ist empfehlenswert. Der Keimlingspilz *Pythium de baryanum* Hesse tritt gern bei dichtem Pflanzenstand und hohem Feuchtigkeitsgehalt des Bodens und der Luft auf. Nicht zu dichter Stand und gute Bestandspflege mindern die Gefahr. Befallene Keimpflanzen fallen um und verfaulen. Es finden sich braune, weich werdende Stellen an jungen Keimpflänzchen. Durch verschiedene andere Pilze werden noch Fuß- und Blattfleckenkrankheiten hervorgerufen, die jedoch keinen größeren Schaden verursachen. Erwähnt werden soll auch noch das Schwammigwerden des Hanfes. Die Stengel eines schwammigen Hanfes fühlen sich selbst nach der Reife auffallend weich an. Sie lassen sich leicht biegen. Zwischen dieser Erscheinung des schwammigen Hanfes und der sogenannten Urbarmachungskrankheit (Heidemoorkrankheit) scheinen engste Zusammenhänge zu bestehen, die auf einen Mangel an löslichem Kupfer beruhen.
Von tierischen Schädlingen werden die jungen Pflanzen vom Hanferdfloh, *Psylliodes attenuata* Koch, befallen. Er ist im Gegensatz zu den bekannteren Erdflöhen erzgrün gefärbt. Mit Stäubemitteln, z. B. Gesarol, läßt er sich bekämpfen. Die graubraunen Räupchen des Kleinschmetterlings *Pyrausta nubilalis* Hb., der auch unter den Namen Mais- oder Hirsezünsler andere Pflanzen befällt, fressen in den Stengeln des Hanfes. Gelbweiße, krümlige Kothäufchen an den Stellen, die die Räupchen zum Eingang in die Pflanzenstengel benutzt haben, sind das sicherste Kennzeichen für Befall. Die Stengel müssen vernichtet und die Stoppeln nach der Ernte sofort ausgegrubbert und verbrannt werden. Auch Blattläuse und die Larven einiger Eulenarten können noch Schäden verursachen. Mit Stäubemitteln lassen sie sich ebenfalls wirksam bekämpfen. Auch durch Drahtwurmbefall, der häufig nach Wiesenumbruch zu beobachten ist,

[27] MUSSIJKO, A. S.: Die Zusatzbestäubung der landwirtschaftlichen Nutzpflanzen. „Die Presse der Sowjetunion." Sonderdruck in Zusammenarbeit mit dem Ministerium für Land- und Forstwirtschaft, Nr. 4 (ohne Jahreszahl).
[28] loc. cit. S. 313.
* Nach einer persönlichen Mitteilung der Firma CAESAR & Co., Schkopau bei Merseburg.

kann größerer Schaden verursacht werden. Als Bekämpfungsmittel werden gemahlener Staub-Kainit oder Kalkstickstoff empfohlen, ersterer in Stärke von 4—5 dz/ha, letzterer von 2—3 dz/ha. Auch die Larven der Wiesenschnake, *Tipula paludosa* Mg., können die oberirdischen Pflanzenteile abfressen. Durch Giftköder, bestehend aus 1 kg Schweinfurter Grün und 30 kg Weizenkleie, lassen sie sich vernichten.

Große Verluste können Vögel verursachen, da die Hanffrüchte ein von ihnen sehr begehrtes Futter sind und sogar als Vogelfutter gehandelt werden.

Erwähnt sei noch, daß durch Hagelschlag Schaden verursacht wird. Durch die Anschlagstellen an den Stengeln leidet die Faserqualität, und auch der Samenertrag wird vermindert. Bei schwerem Hagelschlag werden die sonst lagerfesten Stengel geknickt.

Besonderes: Der Hanf wird in Zuchtgärten gern zu Isolierungen verwendet. In der Rübenzüchtung soll er dazu beitragen, den Blattlausbefall einzudämmen.

Hinsichtlich der Verwendung des bei der Gewinnung des fetten Öles anfallenden Hanfextraktionsschrotes und Hanfkuchens dürfte den Landwirt eine Mitteilung von WALLIS[29] interessieren, wonach Hanfkuchen, der noch etwa 6—10% Fett enthält, auch narkotisch wirkende Stoffe führt, die nicht selten einen ungünstigen Einfluß auf den Gesundheitszustand der Rinder ausüben. Beim Hanfextraktionsschrot ist mit einer solchen Sonderwirkung nicht zu rechnen.

Capsicum annuum L., Paprika (Gewürzpaprika)

Solanaceae

Gebräuchliche Pflanzenteile: DAB. 6: „Die getrockneten, reifen Früchte von *Capsicum annuum* Linné.“ HAB. 2: „Reife, getrocknete Früchte.“

Handelsbezeichnung: *Fructus Capsici*, Paprikafrüchte.

Botanik: *Capsicum annuum* ist in Deutschland einjährig, im Gewächshaus könnte er allerdings auch mehrjährig (halbstrauchartig) gezogen werden[1]. Die weißlich-graubraune Wurzel geht senkrecht in den Boden (Pfahlwurzel) und ist sehr reich befasert. Durch Vorkultur in Pikierkästen oder Töpfen ist die Pfahlwurzel stets ± stark verkümmert, dafür sind die zahlreichen Seitenwurzeln um so kräftiger ausgebildet, so daß sich ein ganz anderes, dem natürlichen Wachstum nicht entsprechendes Wurzelbild ergibt. Der Stengel ist aufrecht, 30—60 cm lang, krautig-grün, besonders im oberen Drittel ± kantig, innen markig, stets ± stark verzweigt, teils schon von der Basis her, vorwiegend aber erst in einer gewissen Höhe. An den Verzweigungen und oft auch an den übrigen Stengelteilen zeigt *Capsicum* ± ausgeprägte Anthozyanfärbung. Die Stengel sind an der Basis vorwiegend ± rundlich, bräunlich bis graubraun, meist etwas verholzt. Die Blätter stehen vorwiegend einzeln, seltener zu zweien, sie sind verhältnismäßig langgestielt, größtenteils breit-lanzettlich, teils elliptisch bis eiförmig, jedoch stets mit einer ± lang ausgezogenen Spitze, meist ganzrandig, mitunter leicht ausgeschweift, von mittel- bis dunkelgrüner Farbe, unterseits stets etwas heller, beiderseits vorwiegend kahl. Die Größe kann sehr unterschiedlich sein. Auf Grund von Beobachtungen im Sortenamt konnte im Jahre 1954 von verschiedenen Gewürzpaprika-Herkünften eine durchschnittliche Blattgröße von 4,0 × 1,9 cm ermittelt werden. Die Blüten erscheinen fast ausschließlich einzeln in den Blattachseln, seltener in den Gabeln, an verhältnismäßig langen, stets ± gekrümmten, nach dem Kelch zu etwas

[29] WALLIS, E.: Hanfextraktionsschrot. „Der Freie Bauer“ 8, Nr. 48 (1953).

[1] BECKER-Dillingen, J.: Handbuch des gesamten Gemüsebaues einschließlich des Samenbaues, der Gewürz-, Arznei- und Küchenkräuter. 5. Aufl., Berlin 1950.

verdickten Stielen. Die Blütenfarbe ist gelblichweiß, der Blütendurchmesser beträgt nach unseren Messungen bis zu 2,5 cm. Nach eigenen Beobachtungen sind die Blüten des Gemüsepaprikas gegenüber denen des Gewürzpaprikas mehr reinweiß. Die Blütenkrone ist fast radförmig, sehr kurzröhrig und tief fünf- bis neunspaltig. Der Kelch ist kurz, fünf- bis sechszähnig und zur Zeit der Fruchtreife nicht vergrößert. Die 5—6 Staubblätter haben ± dunkelgraue bis schwarze Antheren. Der Griffel ist fadenförmig, nach oben etwas verdickt mit einer mehrlappigen, gelblichen (vereinzelt bräunlichen) Narbe. Je nach Witterung und Temperatur beginnt die Blütezeit etwa Mitte Juni. Die Blütenknospe ist einen Tag hindurch nur halb geöffnet, dann ist die Blüte 1—2 Tage lang ganz offen.

Abb. 149 Capsicum annuum L., Gewürzpaprika, Einzelpflanze mit Früchten

Der Paprika blüht ununterbrochen bis zum Eintreten der ersten Nachtfröste. Man kann also gleichzeitig Blüten und reife Früchte an der gleichen Pflanze vorfinden[2]. Über die Befruchtungsverhältnisse des Paprikas ist zu sagen, daß nach KOPETZ und WEHLMANN[3] vorwiegend Selbstbestäubung erfolgt.

Bei der Frucht handelt es sich um eine aufgeblasene, lederige, saftlose, vielsamige Beere mit grünlich-bräunlichem Kelch, deren Gestalt und Größe sehr verschieden sein kann. Vom Handel werden die Früchte meist als „Paprika-Schoten" bezeichnet. Laut DAB. 6 sollen reife Früchte kegelförmig, 5—12 cm lang, am Grunde bis 4 cm dick sein. Der Geschmack soll brennend scharf sein, der Geruch nur schwach würzig. Der typische, scharfe Geschmack der Früchte beruht auf dem in den Oberhautzellen der Fruchtknotenscheidewände enthaltenen Capsaicin. Fruchtwand und Samen sind capsaicinfrei. Die Farbe der Früchte ist nach BECKER-Dillingen rot, gelb, weiß, karminrot, violett und schwarz. Sie hängen entweder herab oder stehen aufrecht. Gewürzpaprika verfügt gegenüber Gemüsepaprika über vorwiegend kleinere, nach dem Ende ± zugespitzte Früchte. Auch bei Gemüsepaprika lassen die mehr spitzen Abweichungen auf eine gewisse Schärfe schließen. Ferner unterscheidet sich der Gewürzpaprika vom Gemüsepaprika durch eine besonders zähe Fruchthaut und ein sehr dichtes Fruchtwandgewebe. Am Basalteil der Frucht sind die Scheidewände mit der Zentralplazenta verwachsen. Beide sind mit Samen besetzt; eine normale Frucht enthält davon im Durchschnitt 207.[4] Der Samen ist gelblichweiß, ± platt, vorwiegend nierenförmig, teils auch mehr rundlich oder etwas unregelmäßig in der Form, fein punktiert, von 3—5 mm Länge.

Von *Capsicum annuum* gibt es eine Anzahl Varietäten und Formen.

[2] RAUNERT, M.: Der Paprika, verpflegungstechnisch und diätetisch gesehen. Leipzig 1939, S. 14.
[3] KOPETZ, L. M. und WEHLMANN, Kf.: Der Gemüsepaprika, seine Kultur und seine Verwertung. Wiesbaden 1941.
[4] RAUNERT, siehe oben.

Abb. 150
Capsicum annuum L.,
Früchtevergleich;
links: Gewürzpaprika,
rechts: Gemüsepaprika

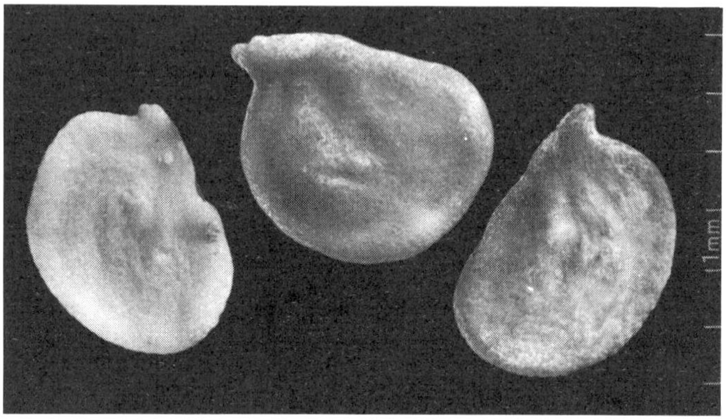

Abb. 151
Capsicum annuum L.,
Samen

Boden und Klima: Die Kulturansprüche des wärmeliebenden Paprikas sind ähnlich denen der verwandten Tomate (*Solanum lycopersicum* L.). Er liebt vor allem reichlich Sonne und Wärme bei einer entsprechenden Feuchtigkeit. Für eine erfolgreiche Kultur sind deshalb Wein- und Maisanbaugebiete am besten geeignet. Damit soll nicht gesagt werden, daß Paprika nicht auch in klimatisch weniger bevorzugten Lagen gedeiht, doch ist naturgemäß in solchen Gebieten niemals mit einer Vollernte, sondern nur mit einem Bruchteil jenes Ertrages zu rechnen, der in Wein- und Maisgebieten zu erwarten ist. Für einen gärtnerischen oder gar landwirtschaftlichen Anbau in größerem Maßstab kommen für die Kultur ungeeignete Lagen allerdings kaum in Frage.

Am besten geeignet für den Anbau sind mittelschwere, humose Böden. Ausgesprochen feuchte Lagen mit einem hohen Grundwasserstand sind denkbar ungünstig, ganz besonders dann, wenn es sich um den Anbau von Gewürzpaprika handelt. Durch eine entsprechende Bodenwahl kann der Wirkstoffgehalt der Früchte weitgehend gefördert werden. Gewürzpaprika sollte mehr in trockenen Lagen kultiviert werden, während beim Anbau von Gemüsesorten feuchteren, aber dennoch warmen Böden der Vorzug zu geben ist.

Hinsichtlich der Lage ist ein leicht nach Süden oder Südwesten geneigtes, möglichst windgeschütztes Gelände zu bevorzugen.

Herkunft und Verbreitung: Der Paprika stammt aus Brasilien, den nördlich angrenzenden südamerikanischen Staaten und der Inselgruppe der Antillen. Von hier aus kam er nach der Entdeckung Amerikas nach Europa, Afrika und Asien. Die Kultur des Paprikas in seiner ursprünglichen Heimat, dem tropischen Amerika, muß um die Zeit der Einführung nach Europa, Afrika und Asien schon uralt gewesen sein, was aus alten Überlieferungen hervorgeht. Nach Südungarn kam der Paprika erst um 1748. CSAPO schreibt 1775 in seinem Gartenbuch: „Der Paprika wird im Garten gezogen, und seine roten, langen Früchte werden von den Bauern zu Pulver zerstoßen, welche sie zum Pfeffern ihrer Speisen benutzen.“[5] Die Verbreitung des Paprikas in Nordungarn erfolgte erst viel später.

Herkünfte des Drogenhandels: Die Verbreitungsgebiete des Gewürzpaprikas zur Drogengewinnung sind vor allem Ungarn, Bulgarien, Rumänien, Jugoslawien, Griechenland, Südfrankreich, Spanien und noch verschiedene andere südeuropäische Länder. In Deutschland hat sich der Anbau von Gewürzpaprika bisher nur auf kleinste Flächen, z. B. an der Bergstraße, beschränkt. Die Verwendung des Paprikas in Ungarn erfolgte zuerst als Volksheilmittel, als sogenannter Paprikaschnaps[6]. Der Paprika wurde im Volke als Heilmittel gegen Schüttelfrost, Schnupfen, Atembeklemmung und schwachen Magen und selbst gegen Trunksucht angewandt. (Dem Paprikastaub schrieb die Volksmeinung eine lungenkräftigende Wirkung zu.) Sämtliche exotische Paprikaarten sind in ihrem Geschmack noch viel schärfer als der ungarische Gewürzpaprika. Der schärfste Paprika wird in den Tropen auch deshalb verwendet, weil durch seinen Genuß das Klima besser zu ertragen sein soll.
In England und Amerika sind vor allem offizinell: Der ausdauernde, strauchige *Capsicum frutescens* L., ferner *C. minimum* Roxb. und *C. fastigiatum* Bl., welche den Cayenne- oder Guinea-Pfeffer oder Chilles liefern. Ihre Früchte sind fast geruchlos, jedoch durch den hohen Capsaicingehalt von sehr scharfem, brennendem Geschmack.

Sorten und Herkünfte für den Anbau: In den Paprika anbauenden Ländern wird *Capsicum annuum* züchterisch bearbeitet, z. B. in Ungarn. Sehr bekannt sind ungarische Paprikasorten. Man unterscheidet scharfe (Rosenpaprika) und edelsüße Sorten. Manche Sorten sind praktisch capsaicinfrei, und ihre Früchte können auch bei der Diätkost Verwendung finden. Zur Gewinnung von Arzneidroge dienen nur scharfe Sorten wie ‘Cayennepfeffer’ und ‘Kleiner Roter Chilipfeffer’. Die Weltruf genießenden ungarischen Sorten werden in Ungarns heißester Gegend, der Ungarischen Tiefebene zwischen Donau und Theiß, und in der Umgebung von Szegedin und Kalocsa feldmäßig kultiviert.
Aufgabe einer systematischen Zuchtarbeit ist es, solche Gewürzsorten zu züchten, die weniger anspruchsvoll sind und vor allem geringere Wärmeansprüche stellen. Inwieweit dadurch allerdings der Wirkstoffgehalt der Früchte beeinflußt wird, ist zur Zeit noch nicht vorauszusehen. Größter Wert müßte vor allem auf die Frühzeitigkeit der Sorten gelegt werden, damit der Gewürzpaprika auch in klimatisch weniger geeigneten Gegenden und in Jahren mit ungünstiger Witterung noch zu voller Ausreife gelangt.
Ab 1955 werden voraussichtlich zwei deutsche Gewürzpaprika-Neuzüchtungen unter den Namen ‘Kleinfrüchtiger Scharfer’ und ‘Elytza’ als Hochzuchtsorten in der Deutschen Demokratischen Republik zugelassen werden.

Saatgut: Das 1000-Korngewicht beträgt etwa 6 g. Die Mindestreinheit sollte 97%, die Mindestkeimfähigkeit 70% betragen. Der Keimversuch wird bei Wechsel- oder

[5] loc. cit. S. 321 (RAUNERT).
[6] loc. cit. S. 321 (RAUNERT).

Abb. 152
Capsicum annuum L., Sortiment in Pillnitz (Elbe)

Zimmertemperatur unter Lichtabschluß durchgeführt. Nach 10—14 Tagen erfolgt die Keimung. Nach 28 Tagen wird der Keimversuch abgeschlossen. Die Keimfähigkeit bleibt 3—4 Jahre erhalten.

Anbau: Im wesentlichen gelten für den Anbau des Paprikas die gleichen Grundsätze wie für den Anbau der Tomate. Geeignete Vorfrüchte sind in erster Linie gut gedüngte Hackfrüchte, wie Kohlarten und Sellerie, die den Boden in einem guten Zustand zurücklassen. Auch andere Gemüse eignen sich, wenn im Herbst oder Frühjahr vor der Pflanzung des Paprikas noch Stallmist in den Boden gebracht werden kann. So sind z. B. auch Hülsenfrüchte als Vorfrucht sehr zu empfehlen. Sämtliche Gemüsearten und Feldfrüchte, die zur Familie der Nachtschattengewächse gehören, sollten nach Möglichkeit als Vorfrüchte zu Paprika ausscheiden; auch nach sich selbst sollte er nicht angebaut werden. Wenn irgend möglich, wird man den Boden bis zum Auspflanzen des Paprikas im Frühjahr, was verhältnismäßig spät (Mai) erfolgt, durch den Anbau einer über eine kurze Vegetationsdauer verfügenden Kulturart nützen. Spinat ist hierzu am besten geeignet. Er bekommt im Herbst kurz vor der Saat eine reichliche Stalldunggabe und kann dann als eine der besten Vorfrüchte betrachtet werden. In diesem Falle gibt man im Frühjahr vor der Pflanzung des Paprikas nur Handelsdünger. Ein Mischanbau ist bei Paprika aus arbeitstechnischen Gründen nicht zu empfehlen, da er die Pflegearbeiten erschwert. Ebenso ist Paprika wegen seines außergewöhnlich hohen Licht- und Wärmebedürfnisses als Unterkultur nicht geeignet. Diese Gesichtspunkte in bezug auf die Wahl der Vorfrucht gelten in der Landwirtschaft ebenso wie im Gartenbau. Soweit Erfahrungen mit Sorten von Gewürzpaprika vorliegen, wird nach RAUNERT[7] vielfach Getreide, und zwar Winterweizen, als Vorfrucht angebaut. Die Bodenbearbeitung muß im Herbst durch Pflügen — am besten mit Untergrundlockerung — tief und gründlich vorgenommen werden. Im Frühjahr ist das Saatbett gartenmäßig herzurichten.

Der Anbau selbst ist unter deutschen Anbauverhältnissen nur mit einer Vorkultur unter Glas erfolgreich durchzuführen, da Paprika wegen seiner Frostempfindlichkeit selbst in etwas wärmeren Gegenden nicht vor Mitte bis Ende Mai gepflanzt werden

[7] loc. cit. S. 321.

kann. Zur Beschleunigung der Keimung ist es ratsam, die Samen etwa 24 Stunden in lauwarmem Wasser vorzuquellen und vor der Aussaat 5—7 Tage lang an einem warmen Ort auf einem feuchten Tuch auszubreiten[8]. Mitte März wird der Samen in Kästen ausgesät, die mit sandiger Komposterde gefüllt sind und die im Haus, in halbwarmen oder möglichst in warmen Frühbeetkästen untergebracht werden. Die Aussaat wird 1—1,5 cm hoch mit Komposterde bedeckt. Die Keimung erfolgt bei nicht vorgequollenen Samen je nach Temperatur nach 10—14 Tagen, oft auch noch später. Der Bedarf an Samen und Pflanzen stellt sich nach BECKER-Dillingen[9], eine sehr gute Keimfähigkeit vorausgesetzt, wie folgt:

Reihen-entfernung cm	Entfernung in der Reihe cm	Pflanzen für 100 qm	Samenbedarf g	Saatbeet-fläche qm
30	25	1333	10	1,5
35	25	1142	8	1,0
40	25	1000	6	0,75

Nach Beginn der Entwicklung der ersten Laubblätter pikiert man am besten in Erdtöpfe, bei sehr früher Saat in Pikierkisten oder ins Mistbeet. Oftmals muß dann zweimal pikiert werden. Daher ist es ratsam, nicht allzufrüh auszusäen und nur einmal in Erdtöpfe zu pikieren, die im Kasten aufgestellt werden. Auf diese Weise entwickeln sich die Pflanzen sehr gut, und auch betriebswirtschaftlich ist diese Methode allen anderen vorzuziehen. Es ist zu empfehlen, stets zwei Stück zusammenzupflanzen, was bereits beim ersten Pikieren beachtet werden muß. Diese Doppelpflanzung ist wichtig, weil bei Einzelpflanzung nicht die nötige Bestandsdichte erreicht wird. Schlechte Beschattung des Bodens und Ertragsminderung sind dann die Folgen. Ehe die Pflanzen ins Freie kommen, muß durch nicht zu engen Stand, mäßige Feuchtigkeit und vor allem reichlich Licht und Luft für genügende Abhärtung gesorgt werden. Die Jungpflanzen sollen einen gedrungenen Wuchs, ein kräftiges Wurzelsystem und eine dunkelgrüne Blattfarbe aufweisen. Mitte bis Ende Mai, wenn keine Nachtfrostgefahr mehr besteht, wird mit dem Handspaten ins Freie ausgepflanzt. Nicht pikierte Pflanzen setzt man am besten mit dem Pflanzholz in Büscheln bis zu fünf Stück zusammen[10]. Um das Angießen als eine sehr zeitraubende Arbeit zu ersparen, wird am besten bei trübem, regnerischem Wetter gepflanzt. Die günstigste Pflanzweite im großflächigen Anbau beträgt 30—40 × 25 cm. Eine engere Standweite sollte nicht gewählt werden, um alle maschinellen Pflegearbeiten während des Sommers ungehindert durchführen zu können. Es empfiehlt sich, die Jungpflanzen etwas tiefer zu pflanzen, als sie im Anzuchtbeet standen. Aus dem untersten Stengelteil treiben dann neue Wurzeln aus, so daß sich besonders kräftige Pflanzen entwickeln können.

Hinsichtlich der Nährstoffansprüche des Paprikas machen KOPETZ und WEHLMANN[10] folgende Angaben: Eine Paprikaernte (ungarische Gewürzsorten) von 100 dz frischen Früchten entzieht dem Boden 137 kg N, 26 kg P_2O_5, 142 kg K_2O je Hektar, wovon aber ein Teil mit den abgeernteten, untergepflügten Pflanzen wieder zurückgegeben wird. Beachtenswert ist beim Paprika, ähnlich wie bei Tomaten, vor allem das außerordentlich hohe Kalibedürfnis. Dagegen ist, verglichen mit anderen Gemüsearten, der Phosphorsäurebedarf sehr gering. Sämtliche Nährstoffe müssen in leicht aufnehmbarer Form zur Verfügung stehen, um den Pflanzen während der verhältnismäßig kurzen Vege-

[8] LIMBACH, R. und BOSHART, K.: Der Anbau von Heil-, Duft- und Gewürzpflanzen. 3. Aufl., Berlin 1944, S. 137.
[9] loc. cit. S. 320.
[10] loc. cit. S. 321 (KOPETZ u. WEHLMANN).

tationszeit ein rasches Wachstum und eine kräftige Entwicklung zu ermöglichen. Die Mengen an Handelsdünger, die im Frühjahr und während der Vegetationszeit gegeben werden sollten, hängen zum großen Teil von der Stalldungversorgung und deren Qualität ab.
So ergaben nach KOPETZ und WEHLMANN diesbezügliche Düngungsversuche bei Gewürzpaprika folgendes Bild:
Ertrag an frisch geernteten Paprikafrüchten je Hektar:

1. schlecht behandelter Stallmist	76,98 dz
2. schlecht behandelter Stallmist + N, P_2O_5, K_2O	93,59 dz

Ein weiterer Versuch erbrachte auf humusreichen, seit vier Jahren ungedüngten Böden:

ungedüngt	59,22 dz
N, P_2O_5, K_2O	79,22 dz

Gleichfalls sehr aufschlußreich ist ein Versuch von OBERMAYER[11] über die Wirkung der einzelnen Handelsdünger. Verabreicht wurden: 150 kg/ha K_2O (= 3,7 dz/ha 40% Kali), 200 kg/ha P_2O_5 (= 13,4 dz/ha Superphosphat) und 80 kg/ha N (= 5,8 dz/ha Chilesalpeter). Die Erträge waren:

ohne Handelsdünger	115,2 dz
N, P_2O_5, K_2O	144,7 dz
N, P_2O_5	123,0 dz
N, K_2O	136,4 dz
P_2O_5, K_2O	138,4 dz

Aber nicht nur auf die Quantität wirken Standortsverhältnisse und Düngung, sondern auch auf die Qualität. Der Capsaicingehalt, der den Gewürzpaprika überhaupt erst als Arzneidroge und Gewürz wertvoll macht, wird von den auf die Pflanze wirkenden Faktoren mitbestimmt. Es ist erwiesen, daß bei trockenem, heißem Wetter bedeutend mehr von diesem Würzstoff gebildet wird. Deshalb ist es verständlich, daß gleiche Sorten unter verschiedenen Standorts- und Witterungsverhältnissen kultiviert, eine unterschiedliche Fruchtschärfe besitzen.
Die Pflege erstreckt sich vor allem auf das Freihalten der Bestände von Unkraut und auf eine gute Bodenlockerung. So werden im Laufe des Sommers mehrere Hand- oder Maschinenhacken nötig. Ein ganz schwaches Anhäufeln kann nützlich sein. Nicht unerwähnt sei in diesem Zusammenhang die Frage einer zusätzlichen Bewässerung. Im Großanbau wird das nur in den seltensten Fällen möglich sein, zumal eine Zusatzbewässerung beim Gewürzpaprika von weitaus geringerer Bedeutung ist als beim Gemüsepaprika.

Ernte: Die Ernte des Gewürzpaprikas erfolgt in der Regel nicht vor Mitte August, da er im Gegensatz zum Gemüsepaprika erst zur Zeit seiner Vollreife geerntet wird. Die Reife ist an der Braun- und später Rotfärbung der Früchte zu erkennen. Das Pflücken, das in mehrmaligem Durchgang etwa aller 8—14 Tage vorgenommen wird, muß ebenso wie der Transport zum Trocknen sehr vorsichtig geschehen, damit die Früchte nicht beschädigt werden, denn selbst bei kleinsten Schäden faulen und schimmeln sie leicht. Die Früchte werden durch vorsichtiges Abdrehen der Fruchtstiele von der Pflanze gelöst, wobei jegliches Zerren und Reißen vermieden werden muß. Die Stiele bleiben an der Frucht. Bei Frostgefahr kann man unreife Früchte an Fäden aufziehen und in einem frostfreien Raum zum Nachreifen aufhängen.

[11] OBERMAYER, E.: Der ungarische Gewürzpaprika, sein Anbau und seine Züchtung „Die Ernährung der Pflanze" 34, S. 247 bis 252 (1938); zit. in KOPETZ u. WEHLMANN, loc. cit. S. 321.

Zur Saatgutgewinnung sollten auch beim Paprika nur die besten Pflanzen ausgewählt werden. Die hierfür bestimmten Bestände müssen vor allem sortenrein sein. Obgleich Paprika vorwiegend Selbstbestäuber ist, muß auf eine genügende Entfernung zwischen den einzelnen Sorten und Herkünften geachtet werden, um die Möglichkeit gelegentlicher Fremdbefruchtung auszuschalten. Nach BECKER-Dillingen[12] sollte der Abstand zwischen den einzelnen Sorten mindestens 50 m betragen. Um eine gleichmäßige, gute Ausbildung der für die Samengewinnung bestimmten Früchte zu erzielen, ist es ratsam, den Pflanzen nicht mehr als 3—5 Früchte zu belassen. Alle späteren Blüten geizt man am besten aus. Zur Saatgutgewinnung kann man aus den getrockneten Früchten nach dem Aufschneiden die Samen herauskratzen. Diese Art der Gewinnung ist jedoch nicht ratsam, da der sich dabei entwickelnde Staub stark reizend wirkt und schon nach wenigen Minuten den Aufenthalt in einem Raum, in dem diese Arbeit vorgenommen wird, unmöglich machen würde. Es ist deshalb vorzuziehen, den Samen aus den frisch geernteten Früchten herauszunehmen und anschließend zu trocknen oder sofort durch Vergären und Auswaschen, ähnlich dem Tomatensamen, zu gewinnen.

Trocknung: Das Erntegut wird zunächst ganz flach auf einem warmen, sonnigen Platz im Freien oder auf Böden vorgetrocknet, bis die Fruchtstiele runzelig werden. Dann fädelt man die Früchte an den Stielen auf Schnüre und hängt sie an vor Nässe geschützten Stellen zum Trocknen auf. Oft geschieht das an einer Hauswand, ähnlich wie bei Baldrianwurzeln oder Tabakblättern. Die Ware wird erst an die verarbeitende Industrie geliefert, wenn sie trocken ist. Bei künstlicher Trocknung soll die Temperatur 35°C nicht übersteigen. Das Eintrocknungsverhältnis beträgt 2—3 : 1.

Erträge: Die Erträge liegen beim Gewürzpaprika etwa bei 60—100 dz/ha frische Früchte, während die Erträge beim Gemüsepaprika weitaus höher sind. Die Saatguterträge belaufen sich auf etwa 150—200 kg/ha.

Krankheiten und Schädlinge: Soweit Krankheiten in Frage kommen, sind zu nennen: die häufig schon während der Anzucht auftretende Stengelwelke, die durch den Pilz *Phytium de baryanum* Hesse hervorgerufen wird; die Trockenfäule der Paprikafrüchte, eine Dörrfleckenkrankheit, die durch Sonnenbrand und nachfolgenden *Alternaria*-Befall erscheint; die sogenannte Abtrünnigkeit, welche an Gewürzsorten in feuchten Sommern beobachtet werden konnte und Mißbildungen und Sterilität verursachen soll[13].
An tierischen Schädlingen sind vor allem Drahtwürmer und Engerlinge zu nennen, die den Kulturen Abbruch tun können; jedoch liegen in Deutschland auf dem gesamten Gebiet der Krankheiten und Schädlinge bei Paprika nur geringe Erfahrungen vor.
Die Droge muß vor Insektenfraß geschützt werden.

Besonderes: Die Kultur des Gemüsepaprikas gleicht fast der des Gewürzpaprikas. Die Früchte sind im Gegensatz zum letzteren dickwandig, saftreich und besitzen ein mehr oder weniger loses Fruchtwandgewebe. Sie sind praktisch capsaicinfrei. Seit 1954 sind in der Deutschen Demokratischen Republik folgende Hochzuchtsorten zugelassen: 'Csardas', 'Chrestensens Janos', 'Chrestensens Juliska', 'Maritza', 'Chanca', 'Sonnenkind' und 'Hochgenuß'. Ihre Früchte besitzen einen hohen gesundheitlichen Wert. Die Verwendung von Paprika als Gemüse und Gewürz kann daher nicht genügend empfohlen werden. Er kann als Salat oder Gemüse in vielfältiger Form wohlschmeckend zubereitet werden und als Küchengewürz den Echten Pfeffer (*Piper nigrum* L.) ersetzen. Als Würzmittel läßt er sich vielseitig verwenden. Auch ist er das einzige Gewürz, das sich in Fett fast restlos auflöst.

[12] loc. cit. S. 320.
[13] loc. cit. S. 321 (KOPETZ u. WEHLMANN).

Carum carvi L., Kümmel*

Umbelliferae

Gebräuchliche Pflanzenteile: DAB. 6: „Die gewöhnlich in ihre Teilfrüchte zerfallenen, reifen Spaltfrüchte von *Carum carvi* Linné."

Handelsbezeichnung: *Fructus Carvi*, Kümmel.

Botanik: *Carum carvi* ist zwei—mehrjährig. Die dickspindelige, nur zuweilen schwachästige Pfahlwurzel dringt ziemlich tief in den Boden ein. Im ersten Vegetationsjahr entwickelt sich eine Blattrosette und vorwiegend erst im zweiten Jahr der aufrechte, 70—100 cm hohe Stengel. Er ist kantig gerieft und wie die ganze Pflanze kahl. Sehr oft werden zwei Stengel, seltener drei und mehr, gebildet. Die Blätter sind doppelt bis fast dreifach fiederteilig und mit linealen Zipfeln versehen. Das unterste Paar der Abschnitte II. Ordnung ist an die Hauptspindel gerückt und dort mit dem gegenüber-

Abb. 153
Carum carvi L.,
blühender Feldbestand

liegenden Abschnitt II. Ordnung kreuzweise gestellt. Die Blattscheiden der Stengelblätter tragen am Grunde jederseits einen nebenblattartigen, vielteiligen Fiederabschnitt. Der Blütenstand ist eine mittelgroße zusammengesetzte Dolde mit zahlreichen kleinen, weißen, oft etwas rötlichen Kronblättern. Die fünfzähligen Blüten sind größtenteils zwittrig.

Blütezeit: V—VI.

Infolge der Proterandrie ist Selbstbestäubung im allgemeinen nicht möglich. Beketow[1] hebt hervor, daß die Proterandrie so ausgeprägt ist, daß die Dolde der Hauptachse rein weiblich ist, wenn in den Dolden der Seitenachsen die Blüten sich im männlichen Stadium befinden. Der Kümmel dürfte demnach vorwiegend zu den Fremdbestäubern zu rechnen sein. 1939 konnten an den Beständen des Sortenamtes in Leipzig-Probstheida Insekten erst gegen Ende der Kümmelblüte in größerer Zahl beobachtet werden. Häufig vertreten war der Weichkäfer *Cantharis fusca* L. Die Honigbiene, *Apis mellifica* L., in der Varietät *syriaca* wurde hier und auch an anderen Beständen unter der Stammart öfters angetroffen.

[1] Beketow: „Bot. Jb." **1**, S. 464 (1890).

* *Carum carvi* L. darf nicht mit dem Schwarzkümmel (*Nigella sativa* L.) (siehe S. 541) aus der Familie der Hahnenfußgewächse verwechselt werden.

Die auf Cruciferen, z. B. auf *Sinapis*- und *Brassica*-Arten, bisweilen schädlich auftretende Kohlrübenblattwespe, ***Athalia rosae*** L., fand sich häufig vor. Im Jahre 1940 wurden außerordentlich viel Blattwespen beobachtet. In der Überzahl war eine mittelgroße, gelbgrüne Art der Gattung *Tenthredo*, die für die Pollen eine besondere Vorliebe zu haben schien. Auch die Gartenhaarmücke, ***Bibio hortulanus*** L., hatte sich eingefunden, ebenso der große, graue Schnellkäfer ***Brachylacon murinus*** L., ebenfalls ein Pollenfresser. Das ungemein häufige Auftreten der erwähnten gelbgrünen Blattwespenart, die als ***Tenthredo arcuata*** Forst, mit der ***var. melanoxyston*** Ensl. bestimmt wurde, konnte nur dadurch erklärt werden, daß die Böschungen der den gesamten Versuchsfeldbestand im Norden einsäumenden tiefen Wassergräben reichlich mit Hornklee (*Lotus corniculatus* L.), der Futterpflanze ihrer Larve, bewachsen waren. Bisweilen zeigten sich manche der letzten Blütenstände des Kümmels von der äußerst zarten Fliege ***Micropeza corrigiolata*** L. dicht besetzt. Als letzter Blütenbesucher wurde der kleine Hautflügler ***Tiphia minuta*** Lind., ein bekannter Käferparasit, mehrfach festgestellt.

Die 3—7 mm lange und 1—1,25 mm breite Spaltfrucht ist von länglich-elliptischer Gestalt. Bei der Reife, häufig erst bei der Bearbeitung, zerfällt sie in zwei ± bogen- oder sichelförmige Teilfrüchte, die einsamig und vorwiegend von brauner Farbe sind. Fünf gelblich-hellbraune Längsrippen können deutlich erkannt werden. Die der gerippten Seite gegenüberliegende abgeflachte Seite der Teilfrüchte (Fugenfläche) ist mit einer Anheftungsstelle versehen, die einen schmalen Längsstreifen bildet. Zwischen den Längsrippen befinden sich Ölstriemen. Die Früchte haben den bekannten würzigen Kümmelgeruch und -geschmack aufzuweisen, der bedingt wird durch den Gehalt an ätherischem Öl, dessen Hauptbestandteil und Geruchsträger d-Carvon ist.

Boden und Klima: *Carum carvi* gedeiht auf den verschiedensten Bodenarten. Besonders gut eignen sich für den Kümmelanbau frische, tiefgründige, mittlere, humose Lehmböden mit ausreichendem Kalkgehalt, bei denen nicht zu befürchten ist, daß sie unter längerer Trockenheit zu leiden haben, und zwar in ruhiger, möglichst vor Wind geschützter Lage. Ungeeignet sind saure Böden und solche, die sehr sandig oder besonders zäh (tonig) sind. Gegen Winterfröste ist der Kümmel unempfindlich. Er kann von der Ebene bis in höhere Lagen angebaut werden. Aussaatzeitenversuche, die wir mit Kümmel in den verschiedenen Klimaprovinzen Deutschlands durchführten, ließen u.a. erkennen, daß er vorzugsweise auf geeigneten Böden in feuchten Klimalagen angebaut werden sollte. Gute Ernten mit hohem Gehalt an ätherischem Öl werden im Seeklima

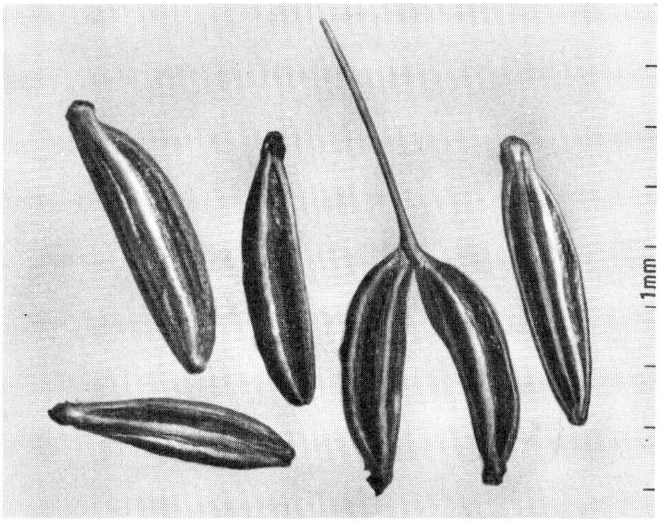

Abb. 154
Carum carvi L., Früchte

Hollands und Skandinaviens erzielt. Gegen stagnierende Feuchtigkeit ist er allerdings empfindlich. Die Dränagen müssen in Ordnung sein. Im Halbschatten, z. B. zwischen Obstbäumen, gedeiht er noch.

Herkunft und Verbreitung: Der Kümmel ist weit verbreitet. Hauptsächlich in Nord- und Mitteleuropa, aber auch in Asien und Afrika ist er anzutreffen. Er findet sich wildwachsend von der Ebene bis ins hohe Gebirge.

Carum carvi kommt als Wildform in Deutschland häufig in Gestalt des „Wiesenkümmels" vor. Dieser unterscheidet sich von der Kulturform vor allem durch einen schwächeren Gesamtwuchs und eine geringere Fruchtgröße sowie einen sehr lockeren Fruchtsitz. Die Art ändert verhältnismäßig wenig ab.

Herkünfte des Drogenhandels: *Fructus Carvi* wird vorwiegend im Anbau gewonnen, und zwar hauptsächlich in Holland, Deutschland, Schweden und Norwegen, aber auch in Ungarn, Rumänien, Italien, Spanien, in der Sowjetunion (besonders in der Ukraine und im Dongebiet) sowie in Kleinasien. Auch in Österreich, in der Tschechoslowakei (Mähren) und in Polen wird Kümmel großflächig angebaut. Das Hauptanbauland ist jedoch Holland. In Deutschland wird Kümmel vorwiegend in Ostfriesland, Niedersachsen, Mitteldeutschland (Sachsen-Anhalt) und darüber hinaus vielenorts klein- und großflächig angebaut.
Der holländische Kümmel soll besonders hellfarbig sein. Nach eigenen Untersuchungen unterschieden sich die holländischen Herkünfte in der Größe der Früchte. Der holländische Kümmel ist im Gegensatz zu den deutschen Herkünften vor allem großfrüchtiger. Es ist eine Erfahrungstatsache, daß trockene Klimate die Kleinkörnigkeit, feuchte hingegen die Großkörnigkeit begünstigen. Aber auch die nährstoffreichen Böden, auf denen in Holland der Kümmel vorwiegend angebaut wird, sind von gestaltendem Einfluß auf alle Merkmale. Die osteuropäischen Herkünfte sind besonders kleinkörnig und werden häufig als „Strohkümmel" im Handel geführt.

Sorten und Herkünfte für den Anbau: Nach unseren Untersuchungen[2] lassen sich folgende Sorten unterscheiden:

'Königsberger Kümmel'[3] (nicht mehr im Handel)
'Frankfurter Oderland-Kümmel' (nicht mehr im Handel)
'Niederdeutscher Kümmel'
'Zernickower Märkischer Kümmel'.

Am häufigsten werden die beiden zuletztgenannten Sorten angebaut.

Der Kümmel ist als vorwiegender Fremdbefruchter stark mit fluktuierenden Merkmalen behaftet. Trotz der mangelhaften Konstanz der Sorten konnten aber kontrollierbare Unterschiede festgestellt werden. Die Gruppensorte 'Niederdeutscher' ist in der Fruchtreife mittelfrüh bis spät, die Früchte sind mittelgroß; die der Sorte 'Zernickower Märkischer' ist mittelfrüh, sie ist kleinfrüchtig. Im Gehalt an ätherischem Öl stellten wir sehr große Schwankungen fest, jedoch konnte dieses physiologische Merkmal nicht als Kriterium für die Identifizierung und Qualifizierung der Sorten dienen. Der vom DAB. 6 geforderte Mindestgehalt an ätherischem Öl in Höhe von 4% wird nicht immer erreicht. Nach unserem Dafürhalten dürfte sich der Gehalt an ätherischem Öl auch noch auf pflanzenzüchterischem Wege steigern lassen. Wichtige Zuchtziele sind u.a. gleichmäßige Frühreife, fester Fruchtsitz, genügende Fruchtgröße und ein

[2] HEEGER, E. F.: Sortenkundliche Untersuchungen zur Kenntnis der im Deutschen Reiche angebauten Kümmelsorten. „Heil- und Gewürzpflanzen" 19, 1. Teil, S. 40 bis 55; 2. Teil, S. 76 bis 91; 3. Teil, S. 108 bis 120 (1940/41).

[3] MITSCHERLICH, E. A.: Der Königsberger Kümmel. „Pharm. Ind." 10, S. 114 bis 115 (1943); bzw. „Arzneipflanzen-Umschau" 1, S. 279 bis 280 (1943).

Mindestgehalt von 4% ätherischem Öl in *Fructus Carvi*. Eine grobkörnige Saat wird bevorzugt. Auch die Ertragssicherheit ist noch zu festigen.

Saatgut: Die Mindestreinheit des Saatgutes sollte 95% betragen, häufig wurde eine solche von 97–100% festgestellt. Hinsichtlich der physikalischen Merkmale ergaben sich bei unseren Messungen und Wägungen große Unterschiede. So z. B. schwankte je nach Sorte bzw. Herkunft und Erntejahr die Kornlänge zwischen 3,90 und 5,12 mm, das 1000-Korngewicht zwischen 1,90 und 3,53 g und das hl-Gewicht zwischen 41,75 und 54,26 kg. Dem Charakter der Wildform entsprechend, ist der Kümmel vorwiegend ein Lichtkeimer. Die Früchte fallen aus und beginnen sehr bald zu keimen. Eine längere

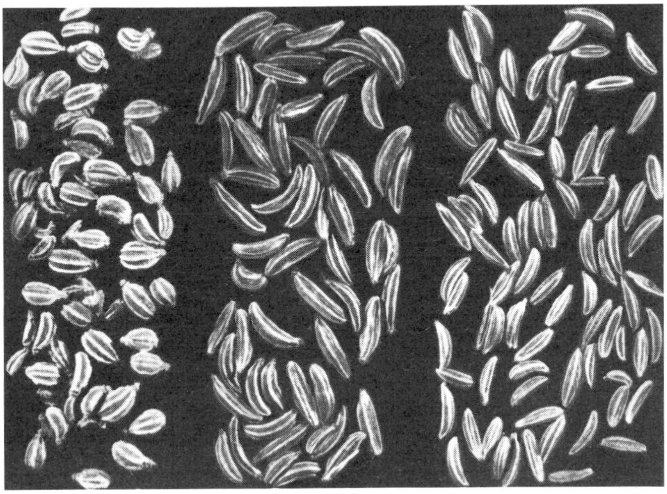

Abb. 155 Früchtevergleich; links: Conium maculatum L. † (Gefleckter Schierling), Mitte: 'Großfrüchtiger', rechts: 'Kleinfrüchtiger Kümmel'

Zeit zur Nachreife benötigen die reifen Früchte nicht. Die Keimfähigkeit betrug im mehrjährigen Durchschnitt 82%, sie sollte für anerkanntes Saatgut mindestens 75% betragen. Nach kurzer Lagerzeit nimmt sie ab, um nach zweijähriger Lagerung fast völlig zu erlöschen. Unsere Saatgutuntersuchungen ergaben, daß der 'Königsberger Kümmel' beim Keimversuch besonders stark auf Lichteinfluß reagierte. Die Mehrzahl der untersuchten Sorten zeigten ein fast indifferentes Verhalten hinsichtlich der Belichtung. Der Keimversuch wird jedoch entsprechend den Vorschriften bei Lichtzutritt und 20° C oder Wechseltemperatur durchgeführt. Das Keimtemperaturminimum beträgt 8–9° C. Nach 7 Tagen wird die Keimschnelligkeit und nach 21 Tagen die Keimfähigkeit bestimmt.

Anbau: Der Kümmel wird am besten in Deckfrüchten zur Aussaat gebracht, die nach reichlich mit Stallmist gedüngten, unkrautfrei gehaltenen Hackfrüchten oder auch nach Raps und Rübsen stehen. Auch Leguminosen sind geeignete Vorfrüchte. Erbsen- oder Bohnendeckfrucht lassen ihn auch in dritter Tracht gut gedeihen. Der Kümmel räumt sehr früh das Feld und ist eine ganz vorzügliche Vorfrucht für darauffolgendes Wintergetreide, besonders für Weizen. Da der Kümmel bereits Anfang Juli reift, kann man das Feld noch genügend vorbereiten und evtl. auch noch Stalldung für die darauffolgende Kulturart einbringen. Auch Winterraps und -rübsen können mit gutem Erfolg nach Kümmel angebaut werden.

In der Praxis kennt man zwei Anbaumethoden, und zwar die Drillsaat und die Pflanzung. Für die zuletztgenannte Anbauweise erfolgt die Anzucht auf einem Saatbeet im März/April. Für den feldmäßigen Anbau kommt nur Drillsaat zur selben Zeit in Frage. Als Aussaatmenge werden 8—10 kg/ha bei einer Standweite von 30—40 cm benötigt; bei Untersaat ist schon mit 6—8 kg/ha auszukommen. Die Saattiefe beträgt etwa 1—1,5 cm. Die Reihenweite beläuft sich auf 30—35 cm, unter besonders günstigen Bedingungen bis auf 45 cm. Die Saat braucht im Frühjahr zum Auflaufen 8—9°C Bodenwärme und 10—14°C Luftwärme. Bis sie aufläuft, vergehen 14—24 Tage. Gelegentlich erfolgt die Aussaat auch im Spätsommer und Herbst. Herbstsaat benötigt zum Keimen 15—18°C Luftwärme. Sät man auf einem Anzuchtbeet aus, so kann etwa nach drei Monaten mit der Pflanzung begonnen werden, meist erfolgt sie wie beim Fenchel erst im nächsten Jahr. Es empfiehlt sich, das Auspflanzen möglichst nach einem Regen vorzunehmen. Die Pflanzweite sollte mindestens 35 × 10 cm betragen. Dieses zuletztgenannte Verfahren kommt aber nur für den Kleinanbau in Frage. Im feldmäßigen Anbau erfolgt die Aussaat entweder als Reinsaat oder als Unterfrucht. Zum Reinanbau ist aber nur in solchen Fällen zu raten, wo die Aussaat sehr zeitig nach einer früh das Feld räumenden Frucht, wie Frühkartoffeln oder Pflückerbsen, erfolgen kann. Ratsamer ist ein Anbau als Unterfrucht, wo zweckmäßigerweise das Saatgut mit der Deckfrucht zusammen oder auch gesondert gedrillt wird, obgleich der Kümmel in Reinsaat, wie auch die Kleearten, sicherer und kräftiger gedeiht. Der Kümmel kommt dann in dieselben Reihen zu stehen wie die Deckfrucht, wodurch das Auflaufen der Kümmelsaat begünstigt wird und wo später ohne Schaden mit der Hackmaschine oder der Handhacke gehackt werden kann. Als Deckfrüchte eignen sich besonders früh das Feld räumende Kulturarten, wie z. B. frühreifende Sorten der Kulturarten Sommergerste, Hafer, Raps, Rübsen, Mohn, Senf, Erbsen (frühe Pflückerbsensorten) und Pferdebohnen. Die Überfrüchte können aber auch zwischen die Kümmelreihen gesät werden oder senkrecht zu diesen. So wird z. B. mit bestem Erfolg zwischen den Kümmelreihen als Überfrucht eine frühe Buschbohnensorte angebaut. Auf geeigneten und wenig unkrautwüchsigen Böden kann diese Anbaumethode in Frage kommen, jedoch ist zu bedenken, daß die Pflegearbeiten erschwert werden. Wird der Kümmel als Unterfrucht angebaut, z. B. mit Sommergerste, so muß er sich im ersten Jahr noch gut entwickeln können, denn nur kräftig entwickelte Pflanzen tragen im zweiten Jahr Früchte, während schwächere Pflanzen häufig trotzen und eine Ernte erst im dritten Vegetationsjahr möglich ist. Bewährt hat sich auch Untersaat von Kümmel in Lein. Auch Koriander wird gern als Überfrucht zu Kümmel angebaut, wobei letzterer oft versagt. Fünf unter gleichen Verhältnissen auf dem Prüfungsfeld in Leipzig-Probstheida geprüfte Kümmelsorten ergaben, als Untersaat zu Koriander angebaut, im Sortendurchschnitt 5,63 dz/ha, die Reinsaat hingegen 23,75 dz/ha. Koriander als Überfrucht zu Kümmel angebaut, beeinflußt jedenfalls das Wachstum des letzteren ungünstig.

Wintergetreide und -ölfrüchte sind als Deckfrucht möglich, doch wirkt sich beim Mischanbau mit diesen der mit Hackarbeit schwer zu beseitigende Aufwuchs des ausgefallenen Deckfruchtsamens aus. In Holland wird der Kümmel gelegentlich in Mischkultur mit Spinat angebaut. Frühen Sorten ist bei sämtlichen Deckfrüchten unbedingt der Vorrang einzuräumen.

Anbautechnisch bestehen bei der Aussaat des Kümmels mit der Deckfrucht gewisse Schwierigkeiten, um die verschiedenen Ansprüche der einzelnen Arten an das Saatbett miteinander in Einklang zu bringen. Zunächst richtet sich die Bodenbearbeitung erst einmal nach den Anforderungen der Deckfrucht, deren Aussaatstärke dabei etwas niedriger bemessen wird. Relativ einfach ist dann die Einsaat des Kümmels bei Getreidedeckfrucht. Sommergetreide wird nach möglichst früher Aussaat zugewalzt und beim Spitzen im April in der üblichen Weise gestriegelt. In dieses Saatbett erfolgt die Einsaat des Kümmels in 30 cm Reihenabstand mit einer Saatmenge von 8—10 kg/ha. Eine Nachbearbeitung ist normalerweise nicht mehr erforderlich. Bei Einsaat in Wintergetreide erfolgt die Bearbeitung nach genügender Abtrocknung im Frühjahr in gleicher Weise, nur sind hier meist zwei Striegelstriche notwendig, und an die Drillsaat schließt sich dann oft noch ein Walzenstrich an. Die Einsaat in Raps oder Rübsen erfolgt in ähnlicher Weise. Bei Leindeckfrucht erfolgt die Kümmeleinsaat unmittelbar nach Drillen der Deckfrucht in den Walzenstrich, danach wird zugeeggt. Hackarbeit ist hierbei nur vorsichtig mit der Hand möglich, deshalb wird am besten das später noch erwähnte Lichtschachtverfahren angewendet. Mohn und Kümmel mit gleichen Saatbettansprüchen können als Mischsaat von 8 kg Kümmel und 1 kg Mohn je Hektar ausgedrillt werden. Der Mohnertrag ist dabei aber geringer, wenn auch ein Vereinzeln des Mohns kaum erforderlich ist. Da Mohn und Kümmel dabei in derselben Reihe zu stehen kommen, bereitet die spätere Pflegearbeit keine Schwierigkeiten. Auch der Anbau in getrennten Reihen ist möglich, der eine volle Mohnernte zuläßt. Der Reihenabstand beträgt dann von Mohn zu Kümmel etwa 20 cm bzw. von Kümmel zu Kümmel oder Mohn zu Mohn je 40 cm. Die Verwendung von Einsatzkästen in der Drillmaschine, die getrennte Saat in einem Arbeitsgang zulassen, ermöglicht gleichmäßige Abstände, die dann auch Maschinenhackarbeit der Mischkultur erlauben. Sind Einsatzkästen nicht vorhanden, muß getrennt nacheinander gedrillt werden. Hierdurch werden aber in der Regel die Hackarbeiten erschwert und beschränken sich dann auf Handarbeit. 1—2 kg Mohn und 6—8 kg Kümmel je Hektar werden dabei als Aussaat gebraucht. Die Einsaat des Kümmels in Mohn zu einem späteren Zeitpunkt nach dem Vereinzeln des Mohns bedeutet eine zu große Verkürzung der Vegetationszeit für den Kümmel und ist daher nicht ratsam. Verhältnismäßig schwierig ist die Einsaat in Erbsen mit den so völlig voneinander abweichenden Saatbettansprüchen. Es wird hier empfohlen, die Erbsen unter Verwendung von Druckrollen in ein normales Saatbett im Reihenabstand von 30 cm zu drillen. Unmittelbar danach soll der Kümmel im gleichen Abstand in die Druckrollenspur gedrillt werden. Daß dieses Verfahren sehr hohe Anforderungen an die Steuerkunst des Maschinenführers stellt, ist wohl verständlich. Danach kann zwischen Saat und Aufgang vorsichtig zur Unkrautbekämpfung gestriegelt werden. Spätere Hackarbeiten müssen sorgfältig ausgeführt werden, um die Kümmelpflänzchen nicht mit Erde zu verschütten.

Erwähnt sei noch das Lichtschachtverfahren, das bei allen Überfruchtarten in Anwendung kommen kann. Die Überfrucht wird dabei abwechselnd in engen und weiten Abständen gedrillt. In die weiten Abstände wird der Kümmel später eingesät. Unter Umständen kann er gleich unter Verwendung der schon erwähnten Einsatzkästen mit ausgesät werden (siehe S. 133).

Gelegentlich wird der Kümmel, der zu dicht gedrillt wurde und im zweiten Anbaujahre viele Trotzer aufzuweisen hat, mehrere Jahre genutzt. In Leipzig-Probstheida konnte ein Bestand der Sorte 'Königsberger Kümmel' einige Jahre erhalten bleiben. Es wurde jedoch festgestellt, daß die Erträge von Jahr zu Jahr abnahmen. Vom dritten Ertragsjahr an sind die Bestände dann auch meist sehr lückig und verunkrautet. Es kommt vor, daß sich der Bestand durch Ausfall der Früchte verjüngt, ein mehr als zweijähriger Anbau hat sich im allgemeinen jedoch nicht bewährt.

Nach der Aberntung der Überfrucht wird der Kümmel recht bald am besten mit der Hackmaschine gehackt oder mit einer leichten Saategge bearbeitet. Auf unkrautwüchsigen Böden kann sogar mehrmaliges Hacken erforderlich sein. Im Erntejahr muß der Bestand bis Ende April/Anfang Mai gehackt sein, da die Pflanzen im Mai mit dem Austreiben der Blütensprosse beginnen.

Der Kümmel ist vor allem kalk- und sehr stickstoffliebend. Die Düngung richtet sich zunächst nach der Vor- und Deckfrucht. Sie muß so bemessen sein, daß ein Lagern der Deckfrucht unter allen Umständen vermieden wird. Unter lagernden Deckfrüchten, z. B. Getreide, erstickt der Kümmel leicht. Es empfiehlt sich unbedingt, reichliche Mineraldüngergaben zu verabreichen. Der hohe Stickstoffbedarf wird am besten durch 2—3 Gaben befriedigt. BOSHART[4] hält Mengen von 40 kg/ha Reinstickstoff im ersten und 70—80 kg/ha im zweiten Jahr für ausreichend. Auf Grund von Düngungsversuchen in Leipzig-Probstheida können wir unter gleichgelagerten Anbauverhältnissen eine Grunddüngung je Hektar in Höhe von 40 kg N, 30 kg P_2O_5 und 60 kg K_2O und bei Anbau einer Überfrucht eine Herbstdüngung im Ausmaß von 30—40 kg N, 30—35 kg P_2O_5 und 60—80 kg K_2O empfehlen. Außerdem ist es ratsam, im zeitigen Frühjahr 30—40 kg N in Form von 150—200 kg Kalkammonsalpeter als Kopfdünger zu verabreichen. Bei einer wohlüberlegten Eingliederung in die Fruchtfolge, Mischanbau mit Leguminosen und Verabreichung von Jauche in der Zeit von Februar bis April im zweiten Vegetationsjahr, läßt sich Mineraldünger einsparen. Unsere Versuche zeigten, daß sich sehr hohe Stickstoffgaben wohl günstig auf den Kornertrag auswirken, daß sie aber auch die Gefahr in sich schließen, von nachteiligem Einfluß auf die Qualität der Droge (*Fructus Carvi*) zu sein. Der Gehalt an ätherischem Öl betrug im Durchschnitt von fünf ohne Überfrucht angebauten Sorten bei normaler NPK-Düngung 3,87%, bei einer N4PK-Düngung 3,04% und bei einer 6NPK-Düngung nur 2,55%. Die Bestimmung des ätherischen Öles erfolgte sechs Monate nach der Ernte. Der vom DAB. 6 geforderte Mindestgehalt an ätherischem Öl in Höhe von 4% wurde demnach selbst bei der normalen Volldüngung nicht erreicht. Die ermittelten Unterschiede im Gehalt an ätherischem Öl blieben auch nach einer einjährigen Lagerzeit bestehen. Eine einheitliche Tendenz zur Zunahme an ätherischem Öl nach längerer Lagerung, wie sie erstmalig von KOFLER (1936)[5] während der Lagerung von Wildkümmelfrüchten festgestellt und von HEEGER[6] in Zusammenarbeit mit BAUER 1938 bis 1939 ebenfalls beobachtet und diskutiert wurde, konnte durch unsere neuen, mit einem größeren Probenmaterial 1953 bis 1954 durchgeführten Untersuchungen nicht erhärtet werden*. Die Ursachen der unterschiedlichen Befunde ließen sich noch nicht klären. Vermutet wird, daß sie durch verschiedene Faktoren bedingt werden, z. B. durch den Standort, die Düngung, den Reifegrad bei der Ernte und die Lagerungsbedingungen. Nach Untersuchungen von POTLOG[7] hat die Düngung wohl Einfluß auf die Höhe des Ertrages, aber nicht auf die Qualität der Früchte, was wir nicht bestätigen konnten.

Stark abhängig von der richtigen Düngergabe ist die „Trotzerbildung", das ist die Neigung des Kümmels, im zweiten Anbaujahr nicht zu schossen und erst im dritten, ja selbst erst im vierten Jahr Frucht zu tragen. Die Saatenanerkennung verlangt im Vermehrungsanbau ein Schossen von 90% des Bestandes im zweiten Jahr.

Ernte: Die Kümmelfrüchte fallen außerordentlich leicht aus. Es empfiehlt sich daher, mit der Ernte möglichst frühzeitig zu beginnen, und zwar wenn die Früchte anfangen sich zu bräunen. In günstigen Jahren kann mit der Ernte bereits Mitte Juni

[4] BOSHART, K.: Über Anbau und Düngung aromatischer Pflanzen. „Heil- und Gewürzpflanzen" **21**, S. 73 bis 91 (1942).
[5] KOFLER, L.: Über die Zunahme des ätherischen Öles beim Kümmel und Fenchel während des Lagerns. „Pharmazeutische Monatshefte, Beiblatt zur Pharmazeutischen Post." Heft 9, Wien 1936.
[6] loc. cit. S. 330.
[7] POTLOG, A. S.: Versuche mit Arzneipflanzen. „Heil- und Gewürzpflanzen" **19**, S. 55 bis 60 (1940).
* Siehe auch HEEGER, E. F.: Die Gewinnung einiger wertvoller Körnerdrogen auf Grund neuer Erfahrungen. Referat anläßlich der 2. Vortragstagung der Landw.-Gärtn. Fakultät der Karl-Marx-Universität vom 25. bis 27. Februar 1954. „Wissenschaftl. Zeitschrift der Karl-Marx-Universität Leipzig" **4**, 1954/55, Math.-Naturw. Reihe, Heft 3/4.

begonnen werden, im allgemeinen erntet man aber den Kümmel von Ende Juni bis Anfang Juli. Die Kümmelernte liegt vor der Getreideernte und bedeutet im allgemeinen keine außerordentliche arbeitswirtschaftliche Belastung des Betriebes.
Bei von uns durchgeführten Aussaatzeitenversuchen betrug die Vegetationszeit 349 bis 468 Tage. Geschnitten wird er mit der Sichel, der Sense oder der Grasmähmaschine mit Anhaublech. Auch mit dem Ableger oder Bindemäher kann er geerntet werden. Es empfiehlt sich, den Kümmel am besten morgens im Tau oder abends zu schneiden, um Ausfallverluste zu vermeiden. Nachdem die Früchte auf dem Felde nachgereift sind, wozu man die Garben in Puppen oder Kreuzstiegen aufstellt, erfolgt der Drusch am besten gleich mit der Maschine auf dem Felde. Hockendrusch mit dem Mähdrescher ist sehr zu empfehlen. Das Einfahren erfolgt wie bei Raps auf Planwagen.

Trocknung: Die Kümmelfrüchte müssen auf trockenen und luftigen Böden in flacher Schicht gelagert und öfter gelüftet werden. Da sie sehr leicht schimmeln, ist mehrmaliges Umschaufeln notwendig. Das Saatgut muß gut gereinigt werden. Der Wassergehalt der Kümmelfrüchte darf nicht mehr als 12% betragen.

Erträge: Die Erträge sind sehr unterschiedlich. Leistungsprüfungen, die in den Jahren 1935 und 1936 in Hohenheim (Württemberg) und im ehemaligen Königsberg (Ostpreußen) mit nachstehenden Herkünften durchgeführt wurden, ergaben folgende Werte:

Handelssaat aus	Erträge an *Fructus Carvi* Hohenheim dz/ha	Königsberg dz/ha
Süddeutschland	25,05	23,9
Thüringen	25,03	24,3
Sachsen	20,10	22,5
Provinz Sachsen	21,76	24,2
Brandenburg	21,42	24,6

Beim Sortenamt in Leipzig-Probstheida beliefen sich die Erträge ohne Deckfrucht

1937	auf	5,50— 8,77 dz/ha	*Fructus Carvi*
1938	,,	11,21—18,17 dz/ha	,, ,,
1939	,,	3,87—10,12 dz/ha	,, ,,

Nach ZADE[8] können sich die Erträge bis auf 30 dz Früchte und 50 dz Stroh je Hektar belaufen. 10 dz/ha gelten unter deutschen Verhältnissen als eine mittlere und 20 dz/ha als eine sehr gute Ernte. Nach einer Statistik aus Holland[9], dem Haupterzeugungsgebiet für europäischen Kümmel, wurden in den Jahren 1924 bis 1935 dort im Durchschnitt etwa 13 dz/ha erzeugt. Die Ursachen geringer Ernten sind häufig unregelmäßiger und lückiger Aufgang, Schädigungen durch Krankheiten und Schädlinge, insbesondere Kümmelmotten- und Mäusefraß, Verlaubung der Blüten sowie Fäulnis der Wurzeln.

Krankheiten und Schädlinge: Über die Krankheitserscheinungen und Schadbilder am Kümmel und ihre Erreger berichtet MÜHLE[10]: Im Bereich der Wurzel sind am Kümmel außer Fraßbeschädigungen durch Feldmäuse, wie sie während des Winters beim Abweiden der Blattrosetten auch am Wurzelkopf entstehen, vor allem Fraßschäden durch Allgemeinschädlinge wie Wühlmäuse, Engerlinge und die etwa 15 mm langen,

[8] ZADE, A.: Pflanzenbaulehre für Landwirte. Berlin 1933, S. 239 bis 242.
[9] Zit. nach KOFAHL, H.: Erfahrungen im Kümmelanbau. Vorträge für Heil- und Gewürzpflanzenanbauer. Berlin 1937.
[10] MÜHLE, E.: Die Krankheitserscheinungen und Schadbilder am Kümmel *Carum carvi* L. und ihre Erreger. „Pharmazie" 1, S. 22 (1946); bzw. „Arzneipflanzen-Umschau" 2, S. 18 (1946).

grauen, fußlosen Larven der Gartenhaarmücke, *Bibio hortulanus* L., festgestellt worden. Als gelegentliche Wurzelschädlinge sind auch die Maden der Möhrenfliege, *Psila rosae* F., aufgetreten, die im Innern der Wurzel dicht unter der Oberfläche verlaufende Fraßgänge anlegen. In ähnlicher Weise sollen sich die Larven der Fliege *Chlorops glabra* Mg. bemerkbar gemacht haben, deren Befall schließlich zu einem Ausfaulen ganzer Blattrosetten geführt hat. Auch die bis erbsengroßen Gallen des Wurzelälchens, Meloïdogyne (*Heterodera*) *marioni* C. (= *H. radicicola* Müll.), sind an den Wurzeln des Kümmels beobachtet worden. An oberirdischen Teilen des Kümmels sind zunächst die durch Mäuse zu Anfang des Spätherbstes bis zu Ausgang des Winters häufig verursachten Fraßschäden an den Blattrosetten erwähnenswert. Während der Vegetationszeit werden Fraßschäden an den Blättern gelegentlich durch Raupen verschiedener Schmetterlinge, wie die des Schwalbenschwanzes, *Papilio machaon* L., und die der Gammaeule, *Phytometra* (*Plusia*) *gamma* L., hervorgerufen. Die jungen Räupchen der Kümmelmotte, *Depressaria nervosa* Hw. (s. u.), dagegen begnügen sich im Bereich der Blätter meist mit Schabefraß an den Blattstielen. Eine zweite Gruppe von Insekten verursacht an den Blättern Saugschäden. In Bodennähe ist in dieser Beziehung die Erdwanze, *Sehirus bicolor* L., festgestellt worden. An höheren Blättern und Triebenden schaden in gleicher Weise die Blindwanze *Lygus campestris* L. und Blattläuse. Von letzteren kommen für den Kümmel folgende Arten in Betracht: *Cavariella capreae* F., *C. aegopodii* Scop., *C. pastinacae* L., *C. umbellatarum* Koch, *Aphis fabae* Scop., *A. evonymi* F., *Hyadaphis foeniculi* Pass. und *H. lonicerae* CB. In Zusammenhang mit derartigen Saugschäden treten oft Verkrüppelungen der Blätter auf, wie sie auch durch die Milbe *Eriophyes peucedani* Can. *var. carvi* Nal. verursacht worden sein sollen. Von pilzlichen Blattparasiten ist für den Kümmel der Falsche Mehltau *Plasmopora nivea* (Ung.) Schroet. erwähnenswert. Er verursacht bleiche Flecken, die Absterbeerscheinungen zur Folge haben und in deren Bereich sich ein weißer Pilzrasen bildet. Als wichtigster Stengelparasit des Kümmels gilt heute der Brennfleckenpilz *Cercospora carvi* West. et v. Luijk, der an Stengeln und Blattstielen eingesunkene, braune Flecke erzeugt. Auch *Protomyces macrosporus* Ung. soll als Stengelparasit des Küm-

Abb. 156
Depressaria nervosa Hw. (*Kümmelmotte*),
links:
Ausflugloch des Falters,
Mitte:
Puppe im Stengelinnern,
rechts:
Falter am Stengel von Carum carvi L.

mels in Betracht kommen und kleine, bleiche Schwielen hervorrufen. Ferner ist dem Schrifttum nach an und im Stengel des Kümmels der Sklerotienpilz *Sclerotinia sclerotiorum* (Lib.) Sacc. et Trott. festgestellt worden. Er macht sich zunächst durch das Auftreten bleicher, abgestorbener Stengelpartien bemerkbar und bildet dann — besonders im Stengelinnern — harte, anfangs weißliche, später schwarze Pilzkörper. Zur Zeit der Samenreife finden sich am Stengel die auffälligen Bohrlöcher der Raupe der Kümmelmotte, die im Stengelinnern zur Verpuppung schreitet. Oft bohren sich mehrere Raupen übereinander ein, so daß der Stengel durch die eingefressenen Bohrlöcher, die später als Ausfluglöcher für den Falter dienen, den Eindruck einer Pfeife macht. Der Kleinschmetterling führt deshalb auch noch den Namen Kümmelpfeifer.

Die aufgeführten Stengelparasiten dürften, bis auf die Raupe der Kümmelmotte, bei starkem Befall Welke- und Absterbeerscheinungen im Bereich der Triebenden und der sich bildenden Blütenstände bewirken. Für derartige Erscheinungen können gegebenenfalls auch die aufgeführten Wurzelparasiten in Frage kommen.

Als wichtigstes und auffälligstes Schadbild an den Blütenständen ist das Auftreten von Gespinsten anzusehen, die von den Raupen der Kümmelmotte angelegt werden. An den eingesponnenen Dolden und Döldchen treten zugleich ± starke Fraßschäden auf.

Abb. 157 Depressaria nervosa Hw. (Kümmelmotte), links: Raupe an blühender und abgeblühter Dolde von Carum carvi L., rechts: vergrößert

Auf dem Prüfungsfeld des Sortenamtes in Leipzig-Probstheida wurde Ende Juli 1941, zum ersten Male seit *Carum carvi* angebaut wurde (1935), ein plötzliches starkes Auftreten von Larven der Kümmelmotte festgestellt. Überall an den Dolden wurden Fraßspuren und die dichten Gespinste des Schädlings wahrgenommen. Die junge Raupe zieht die Dolde zu einem festen Gespinst zusammen und frißt die dabei erfaßten Blüten und jungen Fruchtansätze aus. Später setzt sie ihr Zerstörungswerk meist in der Nähe des Gespinstes fort, um sich bei der geringsten Störung wieder in ihre Behausung zurückziehen zu können. Die graugrünen, seitlich und auf dem Rücken mit schwarzen Punktreihen versehenen, ziemlich erwachsenen Raupen wurden in großer Zahl zur Beobachtung weitergezüchtet. Die Verpuppung setzte schon nach sechs Tagen ein und erfolgte in der Gefangenschaft in einem lockeren Gespinst. Die Falter schlüpften bereits nach vierzehntägiger Puppenruhe. Sie überwintern und legen im Frühjahr (meist Anfang April) ihre Eier in die Blattrosetten der überwinterten Kümmelpflanzen. Nach 3—4 Wochen erscheinen an den Pflanzen die Raupen. Zur Verpuppung wandern sie von den Dolden wieder abwärts, fressen ein Loch in den Stengel und verpuppen sich darin. Im Juli fliegen die

Falter aus. Die Vorderflügel dieses Kleinschmetterlings sind von rehbrauner Grundfarbe mit helleren, in der Längsrichtung der Flügel verlaufenden, einreihigen Zeichnungselementen. Die Hinterflügel sind von grauer Grundfarbe, die nach den Rändern zu verdunkelt erscheint.
Beim Auftreten der Kümmelmotte sind unverzüglich Bekämpfungsmaßnahmen einzuleiten, da ein starker Befall schon verschiedentlich den Kümmelanbau zum Erliegen gebracht hat. Die Kümmelmotte läßt sich wirksam bekämpfen mit Gesarol oder Kümex, aber auch mit anderen Stäube- und Spritzmitteln. Der örtliche Pflanzenschutzdienst ist in der Lage, geeignete Mittel nachzuweisen. Für den Erfolg der Bekämpfung ist ausschlaggebend, daß sie frühzeitg einsetzt, damit die Raupen vernichtet werden, ehe sie auf ihrer Wanderung nach oben die Blütendolden erreicht und sich versponnen haben. Nach Beobachtungen von LANGE[11] erscheint der beste Zeitpunkt zur wirksamen Bekämpfung dann zu sein, wenn die Mehrzahl der Räupchen das dritte Stadium (schwarze Farbe ohne Buntfärbung) erreicht hat. Ob zu diesem Zeitpunkt eine Bekämpfung möglich ist, hängt natürlich stark von den Witterungsverhältnissen ab. Es gelingt deshalb nur selten, mit einer Bestäubung auszukommen, eine zweite — etwa 8—10 Tage später — wird meistens nötig sein, oftmals wird sich sogar noch eine dritte Bestäubung erforderlich machen. Das befallene Kümmelstroh sollte möglichst verbrannt werden. Die Blüten- bzw. Fruchtstände können auch durch einige der bereits erwähnten Blattläuse, insbesondere *Hyadaphis-spec.* und *Cavariella-spec.*, und von Gallmücken befallen werden. Gallenbildungen an den Doldenstrahlen sollen durch *Lasioptera carophila* F. Lw., Vergallungen der Früchte durch *Kiefferia pimpinellae* F. Lw. hervorgerufen werden. Neuere Untersuchungen hierüber liegen nicht vor. Schließlich sind in letzter Zeit in den Blütenständen auch erhebliche Vergrünungserscheinungen beobachtet worden. Nach MÜHLE und KÖNIGSMANN[12] handelt es sich hierbei um Verlaubungserscheinungen, die zu großem, bei starker Verlaubung sogar zu völligem Ernteausfall führen. Nach Genannten äußern sie sich in einer vom Blütenzentrum nach der Peripherie fortschreitenden Umbildung der reproduktiven Organe in mehr oder weniger laubblattähnliche Organe, so daß die Blüten unfruchtbar sind. Als Erreger konnten Genannte die Gallmilbe *Aceria carvi* (Nal.) = *Eriophyes peucedani* (Can.) Nal. *var. carvi* Nal. feststellen. Außerdem kann noch eine nichtparasitäre Verlaubung beobachtet werden, deren Ursache noch nicht eindeutig aufgeklärt werden konnte. Seidebefall (*Cuscuta suaveolens* Ser.) wurde auf Kümmel schon festgestellt.

Besonderes: Der Kümmel wird wildwachsend als eine gute Futterpflanze betrachtet und auf Wiesen und Weiden gern gesehen. Das frische, aromatische Kraut wird vom Milchvieh gefressen. Das abgemähte Kümmelfeld wird zur Weidenutzung herangezogen. Auch gesundes Kümmelstroh kann gehäckselt an Schafe verfüttert werden, wird aber im allgemeinen nicht gern aufgenommen, da es zu hart ist. Das Kaff hingegen läßt sich verfüttern. Auch als Einstreu ist das Stroh zu hart. Die bei der Ölgewinnung anfallenden Extraktionsrückstände können als Beifutter für das Mastvieh dienen. An Milchvieh sollte es nicht verfüttert werden, da die Milch bei Verfütterung größerer Mengen den typischen Kümmelgeschmack annimmt.

[11] LANGE, B.: Lebensweise und Bekämpfung der Kümmelmotte (*Depressaria nervosa* Hw.). „Pharm. Ind." **9**, S. 329 bis 335 (1942); bzw. „Arzneipflanzen-Umschau" **1**, S. 189 bis 196 (1942).

[12] MÜHLE, E. und KÖNIGSMANN, E.: Zur Frage der Kümmel„vergrünung", „Zeitschrift für Pflanzenkrankheiten (Pflanzenpathologie) und Pflanzenschutz" **61**, Heft 8, S. 396 bis 402 (1954) (Sonderdruck).

Centaurium umbellatum Gilib. (Erythraea centaurium Pers.), Echtes Tausendgüldenkraut

Gentianaceae

Gebräuchliche Pflanzenteile: DAB. 6: „Die während der Blütezeit gesammelten, getrockneten oberirdischen Teile von *Erythraea centaurium* (Linné) Persoon."

Handelsbezeichnungen: *Herba Centaurii* (*minoris*), *Herba Erythraeae centaurii*, Tausendgüldenkraut.

Botanik: Nach den Angaben der Florenwerke kommt *Centaurium umbellatum* einjährig, winterannuell und zweijährig vor. Die kleine, zarte, hellgelbe Wurzel verästelt sich in mehreren Richtungen. Die Pflanze bildet einen oder mehrere bis etwa 50 cm hohe Stengel, die vierkantig sind, aufrecht stehen und erst oberwärts ästig werden. Die untersten, eine grundständige Rosette bildenden Laubblätter sind verkehrt-eiförmig, stumpf, in einen Stiel verschmälert, meist fünfnervig. Die kreuzgegenständigen Blätter sind länglich-eiförmig bis lineal-lanzettlich, spitz, sitzend, am Rande glatt. Der Blütenstand ist eine endständige Trugdolde. Die in einer Astgabel stehende Blüte ist fast ungestielt. Die fünfzählige Blumenkrone ist verwachsenblättrig, rosa. Die Blüten öffnen sich nur vormittags im Sonnenschein.

Abb. 158 Centaurium umbellatum Gilib., Typenvergleich

Blütezeit: VII—X.

Spontane Selbstbestäubung wird nach Hegi zum Teil dadurch verhindert, daß die Narbe in gewissen Stadien seitwärts gebogen ist und die Staubblätter sich in gleichem Maße, in welchem sich die Antheren öffnen, nach der entgegengesetzten Seite biegen. Besondere Nektardrüsen fehlen; doch scheint im Grunde der Blüte saftreiches Gewebe vorhanden zu sein, das von dem Insektenrüssel durchbohrt und abgesaugt wird. Nach Knuth werden als Besucher der Blüten vor allem Schmetterlinge aufgeführt. Von Tagfaltern sind es: der Dickkopffalter *Adopaea lineola* O., der Grünblaue Bläuling, *Lycaena damon* Schiff., der Scheckenfalter *Melitaea athalia* Rott. und der Rübenweißling, *Pieris rapae* L.; mehrere Eulen und der Tagschwärmer, *Macroglossa stellatarum* L. Sämtliche Falter sind saugend beobachtet worden. Auch einige weniger bekannte Hymenopteren und die beiden pollenaufnehmenden Schwebfliegen *Syrphus balteatus* Deg. und *Eristalis arbustorum* L. werden noch genannt.

In bis 10 mm langen, lineal-zylindrischen Kapseln befinden sich die fast staubfeinen, nur wenig über $^1/_4$ mm langen und breiten Samen. Sie sind rundlich bis eiförmig, zum Teil etwas kantig. Die Oberfläche ist grob-netzgrubig, die Samenfarbe dunkel- bis rotbraun. Die Farbe der Netzleisten ist etwas dunkler. Geruch und Geschmack sind aromatisch, bitter, aber nicht so stark wie das Kraut. Alle Organe enthalten u. a. das Bitterstoffglykosid Erytaurin und den Bitterstoff Erythramin.

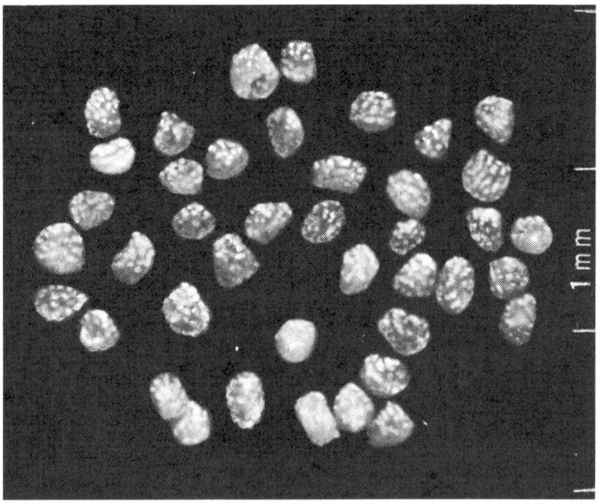

Abb. 159 Centaurium umbellatum Gilib., Samen

Die Art ändert nur wenig ab. HEGI beschreibt *f. capitatum* (Cham.). Die Trugdolde dieser Form ist auch nach dem Verblühen dicht gedrungen (nicht verlängert).

Boden und Klima: Günstige Wachstumsbedingungen findet das Echte Tausendgüldenkraut auf kalkreichen, lehmigen, doch auch auf sandigen und moorigen Böden. Nach Kulturversuchen von LOOS[1] eignen sich für den Anbau von *Centaurium umbellatum* erstgenannte besser als letztere. Besonders Wiesenböden lassen sich gut für den Anbau verwenden. Feuchte Lagen werden bevorzugt. Gegen stagnierende Nässe jedoch sind die Pflanzen empfindlich. Tausendgüldenkraut gedeiht in der Ebene wie im Gebirge. Wildwachsend steigt es bis zu 1400 m Höhenlage an.

Herkunft und Verbreitung: *Centaurium umbellatum* ist über ganz Europa verbreitet mit Ausnahme des Nordens, außerdem im Kaukasus, in Persien und Nordafrika. In Nordamerika ist es nur eingeschleppt worden.

Herkünfte des Drogenhandels: Herkunftsgebiete sind Osteuropa und die Balkanländer sowie Marokko und Algier. Nach HOPPE[2] soll die beste Ware aus dem Atlasgebirge stammen. In Deutschland wird das Tausendgüldenkraut noch vorwiegend wildwachsend gesammelt. Der Anbau beschränkt sich auf nur kleine Flächen.

Sorten und Herkünfte für den Anbau: Sorten wurden bisher noch nicht herausgestellt. Die angebauten Herkünfte sind noch mehr oder weniger unausgeglichen. Wünschenswert wäre eine einjährige, frohwüchsige, reichblütige Sorte mit hohem Bitterstoffgehalt.

Saatgut: Das 1000-Korngewicht schwankte zwischen 0,003 und 0,014 g. Die Mindestreinheit sollte 92%, die Mindestkeimfähigkeit von frischem Handelssaatgut 65% betragen. Die Keimfähigkeit wird bei Zimmertemperatur und, da die Samen ausgesprochene Lichtkeimer sind, unter Lichtzutritt nach 14 Tagen bestimmt. Nach Untersuchungen von KINZEL (zit. nach HEGI) keimten die von ihm untersuchten Samen im Licht nach 13–14 Tagen mit 98–100%, während im Dunkeln bei der gleichen Temperatur nach drei Jahren noch keine Keimung erfolgte. Die im Dunkeln eingekeimten Samen hatten aber nach dieser Zeit die Keimkraft noch nicht eingebüßt.

Anbau: Nach unseren Erfahrungen erfolgt der Anbau des Tausendgüldenkrautes am besten nach Wiesenumbruch. Eine feldmäßige Kultur dürfte wohl aber nur in seltenen Fällen in Frage kommen. Wir können zur Mischsaat mit *Arnica montana* (siehe S. 263) und Futtergräsern raten. Auch mit der Einsaat in Wiesen wurde schon ein guter Anbauerfolg erzielt. Beim Anbau des Tausendgüldenkrautes handelt es sich also mehr um eine Art Halbkultur. Bei Einsaat in Wiesen empfiehlt es sich, die Aussaat im Herbst vorzunehmen. Die sehr feinen Samen werden gut mit lockerer

[1] LOOS, W.: Die Kultur von *Erythraea centaurium* (L.) Pers. „Arzneimittel-Forschung" 2, S. 90 bis 91 (1952).
[2] HOPPE, H. A.: Drogenkunde. Hamburg 1944, S. 130.

Komposterde vermischt, die dann dünn auf die Wiesennarbe gestreut und leicht angewalzt wird. Da die Keimung stark vom Licht abhängig ist, dürfen die Samen nicht eingeeggt werden. Loos erzielte gute Ernteergebnisse mit der Anzucht im Handkasten. Nach einmaligem Pikieren (4 × 4 cm) wurden die Pflanzen in Abständen von 15 × 15 cm ins Freiland gepflanzt, und zwar erfolgte der Anbau als Reinkultur und außerdem mit Gräsern als Zwischenkultur. Bei letzterem Verfahren wurde im zweiten Vegetationsjahr eine außerordentlich gute Ernte erzielt, während bei der ersteren Anbauweise etwa die Hälfte der Pflanzen auswinterte. Da die Gräser u. a. zu den Begleitpflanzen in den natürlichen Assoziationen gehören, wird vermutet, daß ihnen eine fördernde Wirkung zukommt. Wir neigen zu der Annahme, daß sie vor allem in mikroklimatischer Hinsicht von günstigem Einfluß sind. Nach unseren Anbauerfahrungen in Leipzig-Probstheida läßt die Überwinterung des in Reinkultur angebauten Tausendgüldenkrautes sehr zu wünschen übrig. Wir säen daher zunächst im Laufe des Sommers in Kästen aus, pikieren die Sämlinge im Juli/August in Handkästen und lassen sie unter Glas überwintern. Im zeitigen Frühjahr werden dann die Pflanzen in 20 cm Reihenentfernung und mit etwa 10 cm Abstand innerhalb der Reihe in Büscheln ins Freiland verpflanzt. Die Standweite muß so gewählt werden, daß ein möglichst dichter Pflanzenbestand erzielt wird. Mit dieser Anbaumethode erhielten wir gute Kraut- und Samenerträge. Letztere Anbauweise wird daher besonders zur Samengewinnung empfohlen. Der Arbeitsaufwand ist hierbei allerdings groß.

Zur Drogengewinnung ist es ratsam, den Anbau entweder in der oben beschriebenen Weise als Halbkultur durchzuführen oder unter geeigneten Standortsverhältnissen Reinsaat ins Freiland bei einem Reihenabstand von 20 cm vorzunehmen. Die Aussaatmenge hierfür beträgt etwa 10 g/a. Das Saatgut wird zusammen mit einem Streckmittel ausgesät. Das Tausendgüldenkraut wächst verhältnismäßig langsam.

Es bedarf einer sorgfältigen Pflege in der Reinkultur, besonders muß für eine gute Feuchthaltung der Pflanzen Sorge getragen werden. Der Boden ist durch öfteres Hacken locker und unkrautfrei zu halten.

Auf dem Versuchsfeld in Leipzig-Probstheida wurde eine mittlere Handelsdüngergabe (N, P_2O_5, K_2O) gut aufgenommen. Ergebnisse von Düngungsversuchen wurden uns nicht bekannt.

Abb. 160
Centaurium umbellatum Gilib., Jungpflanzenanzucht

Ernte: Das Kraut wird zur Zeit der Blüte geerntet. Bei Reinkultur kann der Schnitt mit der Sichel erfolgen. Bei Mischanbau schneidet man die Pflanzen mit einem scharfen Messer oder mit einer Schere etwa fingerbreit über dem Boden ab. Einzelne Triebe bleiben unberührt, wie es überhaupt angebracht ist, einige Pflanzen zum Aussamen stehenzulassen, damit der Bestand erhalten bleibt. Bei der Grasnutzung ist zu beachten, daß der Grasschnitt frühzeitig erfolgt, damit sich das Tausendgüldenkraut gut entwickeln kann. Nach Angaben mancher Autoren, z. B. von EBERT[3], sollen nur die blühenden Triebspitzen als Droge Verwendung finden. HOPPE[4] lehnt jedoch eine stengelige Ware nicht ab.
Tausendgüldenkraut kann im Heu bedenkenlos mit an das Vieh verfüttert werden.

Trocknung: Die Trocknung kann im Schatten, schnell in der Sonne oder auch künstlich erfolgen. Das Trocknungsverhältnis des Krautes frisch : trocken beträgt 3—4 : 1.

Erträge: Der Ertrag an Droge beläuft sich bei Reinkultur auf 8—15 kg/a, an Saatgut auf 2–3 kg/a.

Krankheiten und Schädlinge: Das sehr bittere Tausendgüldenkraut scheint verhältnismäßig wenig von Krankheiten und tierischen Schädlingen befallen zu werden. Von Schmarotzerpilzen wird *Peronospora erythraeae* (Kühn) Gäum. genannt.

Besonderes: Ähnliche Anwendung wie *Centaurium umbellatum* Gilib. finden auch die einheimischen Arten *Centaurium vulgare* Rafn. (Strand-Tausendgüldenkraut) und *Centaurium pulchellum* (Sw.) Druce (Ästiges Tausendgüldenkraut) mit ihren verschiedenen Formen. In der Homöopathie findet außerdem das auf dem Hochgebirge von Chile bis Mexiko einheimische *Centaurium chilense* Pers. Verwendung.

Chenopodium ambrosioides L., Wohlriechender Gänsefuß, Traubenkraut †

Chenopodiaceae

Gebräuchliche Pflanzenteile: Erg.-B. 6: „Die getrockneten, während der Blütezeit (Juni bis September) gesammelten oberirdischen Teile von *Chenopodium ambrosioides* Linné*." HAB. 2: „Frisches, blühendes Kraut."

Handelsbezeichnungen: *Herba Chenopodii ambrosioides* (*Herba Botryos*), Traubenkraut, Jesuitentee**.

Botanik: Der Wohlriechende Gänsefuß ist einjährig. Die Stengel wachsen aufrecht und erreichen eine Höhe bis zu 60 (80) cm. Sie sind von unten bis oben beblättert, reichlich ästig. Die Laubblätter sind kurzgestielt, länglich oder lanzettlich, an beiden Enden verschmälert, entfernt buchtig-gezähnt bis ganzrandig. Unterseits sind sie zerstreut mit Drüsen besetzt.

[3] EBERT, K.: Der feldmäßige Anbau einheimischer Arznei-, Heil- und Gewürzpflanzen. Stuttgart 1949, S. 190 bis 192.

[4] HOPPE, H. A.: Europäische Drogen. Bd. 1, Hamburg 1948, S. 82 bis 84.

* *Herba Chenopodii ambrosioides* wird nur noch selten in der Heilkunde verwendet, dagegen finden *Oleum Chenopodii* bzw. Ascaridol als wertvolle Anthelminthica häufiger Verwendung. Diese Arzneistoffe werden aus *Chenopodium anthelminthicum* L. gewonnen. Vermutlich handelt es sich hierbei um eine Varietät von *Chenopodium ambrosioides* L. (*Ch. ambrosioides* L. *var. anthelminthicum* A. Gr.). Sie findet sich im südlichen Nordamerika, in Mittel- und Südamerika. In Nordamerika und in tropischen Ländern wird sie angebaut. Nach GESSNER soll diese Varietät nicht in Europa, also auch nicht in Deutschland, kultiviert werden. Nach HOPPE (1948) jedoch wird in Österreich und in der Tschechoslowakei *Chenopodium ambrosioides* L. *var. anthelminthicum* A. Gr. angebaut und ein der amerikanischen Herkunft gleichwertiges Wurmsamenöl gewonnen.

** *Chenopodium ambrosioides* L. soll zu Anfang des 17. Jahrhunderts durch Jesuiten in Deutschland eingeführt worden sein.

Die scheinährenartigen Blütenstände sind oftmals verzweigt. Die Einzelblüten in den Blattachseln der Seitentriebe sind knäuelartig angeordnet, stiellos. Die Blüten sind zwittrig oder auch eingeschlechtlich, regelmäßig rund. Die fünf Antheren sind gelblichweiß. Der Griffel ist nicht sichtbar. Die Narbe liegt tief und glänzt goldgelb. Die Kronblätter fehlen stets. Die fünf Hüllblätter sind eirund und an der Basis, oftmals auch bis zur Spitze, verwachsen. Der Durchmesser der Blüte beträgt bei voller Entwicklung 2,5 mm.

Blütezeit: VI—IX und länger.

Der Blütenbesuch war an den Beständen in Leipzig-Probstheida auf einige Käferarten und pollenfressende Insekten beschränkt. Hymenopteren fehlten ganz. Ursache hierfür dürfte die windblütige, unscheinbare, dabei duft- und nektarlose Blüte sein. Von Dipteren konnten sieben Arten beobachtet werden. Die Schwebfliegen *Syrphus balteatus* Deg., *Sphaerophoria scripta* L., *Emerus strigatus* Fall. und *Melanostoma mellinum* L. hielten sich pollenfressend an den Blüten auf. Häufig war auch die Dungfliege *Scopeuma stercoraria* L. an den Blüten zu finden.

Abb. 161 Chenopodium ambrosioides L., Einzelpflanze

Der Samen wird von der fünfteiligen, stumpf-mattgrün gefärbten, oberwärts zuweilen rotbraun angelaufenen Fruchthülle vollständig eingeschlossen. Die Hüllblätter sind im oberen Teil etwas aufgeblasen, unregelmäßig weißlich-drüsig punktiert, sie enthalten einen hohen Prozentsatz ätherisches Öl. Der Samen ist nur schwer von der Fruchthülle zu trennen. Bei der Destillation können die Samen mit den Fruchthüllen Verwendung finden. Der Samen selbst ist schwarzbraun, glänzend, linsen-, zuweilen fast nierenförmig und mißt im Durchmesser 0,6—0,7 mm, im Mittel 0,63 mm, er ist 0,4—0,5 mm, im Mittel 0,41 mm dick, fast glatt.

Abb. 162 Chenopodium ambrosioides L., Früchte bzw. Samen

Boden und Klima: Für den Anbau eignen sich nährstoffreiche, möglichst humose Böden in sonnigen, warmen Lagen. Salpeterhaltige Böden sollen *Chenopodium ambrosioides* besonders zusagen.

Herkunft und Verbreitung: *Chenopodium ambrosioides* ist im tropischen Amerika (Mexiko und Brasilien) beheimatet. In Europa, Afrika und Asien ist er teils verwildert, teils angebaut anzutreffen.

Herkünfte des Drogenhandels: Kulturen dieser Arzneipflanze befinden sich außer in Übersee in Europa, und zwar in Deutschland, Österreich, der Tschechoslowakei und in Jugoslawien.

Sorten und Herkünfte für den Anbau: Zuchtsorten sind nicht bekannt. Da besonders die Fruchthüllen viel ätherisches Öl enthalten, empfiehlt sich die Züchtung einer reichblühenden Sorte.

Saatgut: Das 1000-Korngewicht schwankte nach unseren Untersuchungen zwischen 0,152 und 0,245 g. Die Reinheit des Saatgutes sollte mindestens 97% betragen, die Mindestkeimfähigkeit für Handelssaatgut 90%.

Vergleichende Saatgutuntersuchungen
mit einer aus der Tschechoslowakei stammenden Herkunft ergaben folgende Werte:

Anbaujahr	Wechseltemperatur bei Licht %	Wechseltemperatur im Dunkeln %	Zimmertemperatur bei Licht %	Zimmertemperatur im Dunkeln %
1940	99	92	97	95
1941	1	0	0	0
1942	100	100	99	97

Das Methodenbuch Band V (Untersuchung von Saatgut) sieht für den Keimversuch Wechseltemperatur vor. Der Versuch soll nach den dort angeführten Vorschriften bei Lichtzutritt durchgeführt werden. Nach 21 Tagen wird die Keimfähigkeit bestimmt, die Keimschnelligkeit bereits nach 7 Tagen.

Anbau: *Chenopodium ambrosioides* wird am besten in zweiter Tracht nach Kartoffeln angebaut; Leguminosen sind besonders geeignete Vorfrüchte.
Unter deutschen Anbauverhältnissen erfolgt Freilandaussaat gegen Ende April/Anfang Mai. Zu frühe Aussaat empfiehlt sich nicht, da die Samen zum Keimen reichlich Wärme benötigen. Das in den Tropen beheimatete *Chenopodium ambrosioides* ist besonders in der Jugendentwicklung gegen Frühjahrsfröste empfindlich. Da es gerade im Keim- und Jugendstadium sehr wasserbedürftig ist, sollte der Acker unbedingt im Herbst gepflügt sein. Im Frühjahr wird dann zeitig geschleppt und zur vorbeugenden Unkrautbekämpfung baldigst gegrubbert und geschleppt. Erst unmittelbar vor der Saat erfolgt die Herrichtung des Saatbettes mit Egge und Walze. Der Boden muß feinkrumig sein und festen Bodenschluß haben, damit der feine Samen nicht zu tief zu liegen kommt. Am besten wird in den Walzenstrich gedrillt und anschließend leicht zugewalzt. Der Reihenabstand beträgt 40 cm. Je Hektar genügen etwa 6—10 kg Saatgut. Das Auflaufen erfolgt bei genügender Erwärmung nach 2—4 Wochen.

Neben dieser Anbaumethode ist zur Samengewinnung eine Vorkultur im Frühbeet mit Aussaat im Februar/März im warmen Kasten mit anschließendem Verpflanzen ins Freiland notwendig. Freilandsaaten kommen unter mitteldeutschen Verhältnissen kaum zur Samenreife. Im Kasten erfolgt die Keimung schon nach etwa sechs

Tagen. 200—500 g Saatgut liefern das Pflanzmaterial für 1 ha. Die Auspflanzung wird dann nach den Eisheiligen ab Mitte Mai im Abstand von 50 × 50 cm vorgenommen. Die zur Drogengewinnung gedrillten Bestände müssen bald nach dem Auflaufen durch Verhacken in der Reihe auf eine Entfernung von 20 cm gelichtet werden.
Die Pflegearbeiten der *Chenopodium*-Bestände beschränken sich auf das Freihalten des Bodens von Unkraut. Die Pflanzen brauchen in der Anfangsentwicklung viel Wasser, später können sie lange Zeit der Trockenheit widerstehen.

Abb. 163 Chenopodium ambrosioides L., Ausschnitt aus einem Parzellenbestand

Reichliche Handelsdüngergaben sind zur Erzielung hoher Erträge erforderlich. Nach unseren Beobachtungen scheint *Chenopodium ambrosioides* ein hohes Phosphorsäurebedürfnis zu haben. Das amerikanische Wurmsamenöl wird bekanntlich in Carroll County, Madison, gewonnen. Der Boden besteht dort nach Untersuchungen von WEILAND, BROUGHTON und METZGER[1] aus „Manor"lehm oder aus einem sandigen, kalireichen Lehm. Man erhielt Öle mit dem höchsten Ascaridolgehalt, wenn man zusätzlich Kalium verabreichte. Auch durch Phosphorsäuredüngung wurde der Gehalt an Ascaridol noch ein wenig erhöht, was besonders wichtig ist im Hinblick darauf, daß das Ascaridol ($C_{10}H_{16}O_2$) als wirksamer Bestandteil von *Oleum Chenopodii* angesehen wird. Für ein gutes Wachstum und Reifen der Pflanzen soll das Innehalten des Verhältnisses Stickstoff : Phosphor wie 1 : 4 wichtig sein. Bei zu hohen Stickstoffgaben sank der Ascaridolgehalt.

Ernte: Das Kraut wird nach den Arzneibuchvorschriften während der Blütezeit geschnitten. Man benutzt hierzu am besten Sicheln; bei nicht zu stark verholzten Sprossen kann auch Maschinenmahd erfolgen. Nach amerikanischen Befunden (siehe oben) erhält man die größte Menge Ascaridol aus Pflanzen, deren Samen bereits eine dunkle Farbe angenommen haben. Zu Beginn der Blütezeit geerntet, ergaben die Pflanzen nur eine sehr geringe Ascaridolausbeute. Ein großer Teil des Ascaridols bildet sich in der Zeit, in der die Pflanzen zu blühen aufhören.
Zur Gewinnung von *Oleum Chenopodii anthelminthici* empfiehlt es sich, das fruchttragende Kraut zu ernten.

[1] Md. Agr. Expt. Sta. Bull. **384** (1935), 315. Nach Chem. Abstracts **30** (1936), 6509; zit. nach Bericht SCHIMMEL & Co., Miltitz b. Leipzig 1937, S 91.

Das im Jahre 1948 in Leipzig geerntete Drogengut ergab folgende Werte:

	ätherisches Öl %
1. gepulverte Krautdroge (Das frische Kraut wurde bei 60° C getrocknet.)	0,01
2. reine Blattdroge natürlich getrocknet	0,39
3. Samen mit Fruchthüllen	0,78
4. Samen ohne Fruchthüllen	0,00
5. Fruchthüllen	1,18

Nach diesen Untersuchungsbefunden ist der höchste Gehalt an ätherischem Öl in den Fruchthüllen vorhanden.

Trocknung: Der Transport zur Trocknung darf nur in lockerer Schichtung vorgenommen werden. Das Kraut wird am besten künstlich bei 30—40° C getrocknet. Das Eintrocknungsverhältnis beläuft sich dabei etwa auf 4—5 : 1. Zur Gewinnung von *Oleum Chenopodii* dient das frische, leicht angewelkte Kraut.

Erträge: Unter mitteldeutschen Anbauverhältnissen beläuft sich der Ertrag an *Herba Chenopodii ambrosioides* auf 30—50 dz/ha. Die Saatguterträge schwanken zwischen 5 und 10 dz/ha, oftmals liegen sie auch darunter. So betrug der Durchschnitt von zwei Samenernten eines Versuchsanbaues der Landwirtschaftlichen Forschungsanstalt in Prag nur 0,250 dz/ha.

Krankheiten und Schädlinge: Pilzliche Schädigungen dürften nur selten sein; uns ist lediglich bekannt geworden, daß eine Art Wurzelrost die Pflanzen befallen kann. Sie welken dann und gehen langsam ein. An tierischen Schädlingen beobachteten wir in einem kleineren Bestand in Leipzig-Probstheida Mitte Oktober in zahlreichen Stücken die Wiesenblindwanze, *Lygus pratensis* L., die durch ihre Saugstiche den Pflanzen schadet. Außerdem wurden Marienkäfer beobachtet, die die Pflanzen von Blattlausbefall gereinigt hatten. Es wurden drei Arten festgestellt: *Coccinella quinquepunctata* L., *C. septempunctata* L. und *C. 11-punctata* L. Die Erdflohart *Haltica oleracea* L. und die beiden Graurüßlerarten *Sitona puncticollis* Steph. und *S. sulcifrons* Thonbg. wurden nach dem Abklopfen der Pflanzen in je einigen Stücken im Netz vorgefunden; Schadfraß war nicht nachzuweisen. Etwas häufiger war der kleine, schwarzglänzende Phalacride *Olibrus aeneus* F. Seine Larve entwickelt sich in Kompositen (*Taraxacum*, *Tussilago* u. a.) und nährt sich von den unteren Blütenteilen und den Samen. Beachtenswert war das Abstreifen des Nebligen Schildkäfers, *Cassida nebulosa* L., in mehreren Exemplaren. Dieser Käfer kommt nicht nur auf *Chenopodium* und *Atriplex* vor, sondern auch an Zuckerrüben, an denen er in Deutschland bei starkem Auftreten gelegentlich schädlich geworden ist. Weiter wurden mehrere erwachsene Raupen der Klee-Eule, *Scotogramma* (*Mamestra*) *trifolii* Rott., gefunden, die die Blütenstände vollständig ausgefressen hatten. In den äußersten Spitzen der Pflanzen hielt sich gegen Abend gern die Grüne Laubheuschrecke, *Locusta viridissima* L., auf, ohne irgendwelchen Schaden zu verursachen.

Besonderes: Gelegentlich wird in der Homöopathie lt. HAB. 2 noch *Chenopodium vulvaria* L. (Stinkender Gänsefuß) verwendet.

Chrysanthemum cinerariifolium (Trev.) Vis. syn. Pyrethrum cinerariaefolium Trev., Dalmatinische Insektenpulverpflanze, Pyrethrum

Compositae

Gebräuchliche Pflanzenteile: Erg.-B. 6: „Die getrockneten, geschlossenen oder halbgeöffneten Blüten von *Chrysanthemum cinerariifolium* Visiani."
Das Insektenpulver aus den Blütenköpfchen von *Chrysanthemum cinerariifolium* gehörte bis zur Einführung der synthetischen Insektizide mit zu den im Pflanzenschutz gebräuchlichen pflanzlichen Insektengiften. Es enthält Pyrethrine (I und II). Für kaltblütige Tiere, insbesondere Insekten, sind die Pyrethrine sehr toxisch. Bei Warmblütlern sind sie bei oraler Zufuhr nur von geringer Giftigkeit, was darauf zurückgeführt wird, daß sie nicht resorbierbar sind. Arzneilich findet die Droge nur noch gelegentlich Anwendung, z. B. gegen Darmparasiten.

Handelsbezeichnungen: *Flores Chrysanthemi insecticidi, Flores Insectorum, Flores Pyrethri, Flores Pyrethri dalmatini,* Insektenblüten.

Botanik: *Chrysanthemum cinerariifolium* ist eine dekorative Staude, die gelegentlich auch unter dem Namen „Aschblättrige Wucherblume" für Zierzwecke angebaut wird. Die Pflanzen dauern verhältnismäßig lange aus. Es wurden schon Bestände beobachtet, die zwölf Jahre alt waren. Der starke Wurzelstock älterer Pflanzen ist verzweigt. Die fiederteiligen Laubblätter, es handelt sich hauptsächlich um grundständige, sind grauseidig behaart und erscheinen daher aschfarbig, was zu dem bereits erwähnten Namen „Aschblättrige Wucherblume" führte. Die hohlen, bis 60 cm langen Blütenstengel sind nur wenig beblättert. Die Blütenköpfe der Dalmatinischen Insektenpulverpflanze messen im Durchmesser 4—5 cm. Die Hüllblätter sind 4—10 mm lang, außen gelb oder gelbbräunlich, innen glänzend strohgelb, am Rande trockenhäutig. Die Scheibenblüten sind gelb, die Zungenblüten weiß und mit vier Hauptnerven und drei Endzähnen versehen. Die Blüten riechen eigenartig würzig und schmecken leicht bitter, etwas kratzend. Als Pulver reizen sie zum Niesen.

Abb. 164 Chrysanthemum cinerariifolium (Trev.) Vis., blühende Einzelpflanze

Blütezeit: (V) VI—VII.

Der Insektenbesuch an den Beständen in Leipzig-Probstheida war während der langen Blütezeit immer nur spärlich. Obwohl Hymenopteren in acht Arten festgestellt werden konnten, waren es doch nur die beiden Arten *Lindenia alebilabris* F. und *Halictus flavipes* F., die die Blüten zahlreich beflogen und mit ihren Köpfen tief in die Blütenkörbe eindrangen. Auch Honigbienen ließen sich nur ganz vereinzelt auf den Blüten nieder. Selbst die an fast allen Heil-, Gewürz- und Duftpflanzen häufig anzutreffenden Dipteren waren hier nur spärlich und auch nur in den häufigsten Arten vertreten.

Abb. 165 Chrysanthemum cinerariifolium (Trev.) Vis., Früchte

Die Früchte sind stäbchenförmig, nach unten etwas verschmälert, stark gerippt, fast kantig, zum Teil schwach gekrümmt. Oben sind sie mit einem weiten, häutig-gelappten Kelchsaum versehen. Die Länge der Früchte beträgt bis zu 5 mm, die Breite bis zu 1 mm. Sie sind schwach drüsig-behaart. Ihre Farbe schwankt zwischen gelblichbraun und braun.

Die Früchte von *Chrysanthemum cinerariifolium* (Trev.) Vis. können leicht mit denen von *Chrysanthemum roseum* Weber et Mohr (Rosenroter Bertram, Rosafarbige Insektenpulverpflanze) verwechselt werden. In der Homöopathie (HAB. 2) finden die getrockneten Blüten von *Chrysanthemum roseum* zur Tinkturenbereitung Verwendung. Sie enthalten ebenfalls Pyrethrine, aber nicht in dem Maße, wie *Chrysanthemum cinerariifolium*. Die Früchte sind zum Teil etwas kürzer und voller, mehr keilförmig und sehr stark drüsig-punktiert. Die Länge beträgt bis zu 4 mm, die Breite bis zu 1,5 mm. Der Griffelrest ist meist noch sichtbar. Die Fruchtfarbe ist vorwiegend braun.

Boden und Klima: Die Dalmatinische Insektenpulverpflanze gedeiht noch gut auf mageren Böden in gebirgigen Lagen. Tiefgründige, kalkhaltige, lehmige Sandböden und warme, trockene Lagen, besonders sonnige Südhänge, werden bevorzugt. Weinberge eignen sich gut für den Anbau dieser Pflanze.

Herkunft und Verbreitung: *Chrysanthemum cinerariifolium* ist heimisch längs der Adriaküste vom Velebitgebirge bis zum Bojanafluß, ostwärts bis in die Herzegowina und nach Kroatien. In Istrien ist sie eingebürgert und vielfach kultiviert anzutreffen.

Herkünfte des Drogenhandels: Die Dalmatinische Insektenpulverpflanze wird zur Drogengewinnung nur in geringem Ausmaß in Deutschland angebaut. Hauptherkunftsgebiete für die Droge sind besonders Jugoslawien, Italien, einige der kleinen Adriainseln, die Kaukasus-Gebiete, Armenien, Iran, Nordafrika, Ostafrika (Kenya) sowie Japan.

Sorten und Herkünfte für den Anbau: Zum Anbau für Zier- und Drogenzwecke eignet sich die Einzelsorte 'Erfurter Echte (Dalmatinische) Insektenpulverpflanze'. Das Ausgangsgut dieser Zuchtsorte stammt aus Dalmatien[1]. Die Winterhärte ist befriedigend, der Blütenanteil gut, ebenso der Gesamtpyrethringehalt.

[1] WALTHER, E.: Züchtung und Anbau des Erfurter Dalmatinischen Pyrethrums. „Pharm. Ind." 10, S. 162 bis 163 (1943); bzw. „Arzneipflanzen-Umschau" 1, S. 298 bis 299 (1943).

Saatgut: Das durchschnittliche 1000-Korngewicht betrug 1,023 g. Die Mindestreinheit sollte sich auf 95% belaufen. Bei Untersuchungen im Sortenregister ließ die Reinheit häufig zu wünschen übrig. Sie betrug in einem Falle sogar nur 83%. Das Saatgut enthält oft taube Früchte und vor allem Spreu. Die Keimfähigkeit sollte mindestens 60% betragen. Der Keimversuch erfolgt bei 20°C und bei Lichtzutritt sowie im Dunkeln. Nach 14 Tagen soll der Keimversuch abgeschlossen werden. Nach sechsjähriger Lagerung wurde bei einer Herkunft vom Typ der Dalmatinischen Insektenpulverpflanze eine Abnahme der Keimfähigkeit von 97% festgestellt. Bei der Rosafarbigen Insektenpulverpflanze war nach sechs Jahren die Keimkraft völlig erloschen.

Anbau: Hinsichtlich der Vorfrucht ist *Chrysanthemum cinerariifolium* anspruchslos. Sie sollte jedoch wegen ihrer etwa vierjährigen Nutzungsdauer möglichst nach gutgedüngten Hackfrüchten auf unkrautfreien Feldern angebaut werden. Ihr selbst folgen am besten wieder in Stallmist gestellte Hackfrüchte.

Die Anlage der Kultur kann auf verschiedene Weise erfolgen. Die an sich durchaus mögliche Drillsaat an Ort und Stelle nach genügend Bodenerwärmung im April/Mai ist im allgemeinen unwirtschaftlich, da erst im zweiten Jahre mit einem Ertrag gerechnet werden kann. Nur in seltenen Fällen wird diese Anbauweise zur Anwendung kommen. Der Boden muß dazu sehr sorgfältig hergerichtet werden. Feinkrümligkeit und guter Bodenschluß sind Voraussetzungen. Die Aussaat erfolgt in den letzten Walzenstrich in 40 cm Reihenabstand mit einer Saatmenge von 12 kg/ha. Die Beimischung einer Markiersaat ist zu empfehlen. Das Auflaufen erfolgt nach etwa drei Wochen. Das Wachstum ist zunächst sehr langsam, und die Pflanzen bedürfen einer sorgfältigen Hackpflege. Der Bestand ist baldmöglichst nach dem Auflaufen auf 30 cm in der Reihe zu verhacken. Wirtschaftlicher ist die Vorkultur im ersten Jahr im Freiland oder im Kasten mit anschließendem Auspflanzen im Herbst oder Frühjahr. Herbstpflanzung kommt vor allem in wärmeren Lagen in Frage. Die Freilandanzucht erfolgt auf einem gut vorbereiteten Saatbeet (lehmige Komposterde) in der oben beschriebenen Weise mit allerdings nur 25 cm Reihenabstand ebenfalls Ende April/Mai. Man kann dabei mit einer Vermehrung von 1 : 10 rechnen, so daß 1000 qm Anzuchtfläche etwa das Pflanzmaterial für 1 ha liefern. Der Saatgutbedarf beläuft sich hierbei etwa auf 2 kg, d. h., das Saatgut muß mit einer Drillstärke von 20 kg/ha laufen. Mehrmaliges Hacken kann erforderlich sein. Im August/Anfang September oder im April des nächsten Jahres erfolgt dann das Verpflanzen in 40 × 30 cm Abstand auf das hierfür vorgesehene Feld, das sich nach rechtzeitiger Pflugarbeit gut abgesetzt haben soll. Die sonstigen Anforderungen an das Pflanzbett sind die auch bei anderen Pflanzungen üblichen.

Auch Kastenanzucht wird vorgenommen und ist wohl hinsichtlich der Sicherheit des Gelingens dieser Sonderkultur die geeignetste. Hier rechnet man etwa 1 kg Saatgut für die Anlage von 1 ha. Der Aussaatzeit ist dabei keine so enge Grenze gezogen. Sie kann schon im Februar/März im warmen Kasten erfolgen. Pikierte Jungpflanzen sind von Juli bis September nach Regentagen bei einer Entfernung von 40 × 30 cm auszupflanzen. Bei anhaltender Trockenheit müssen die jungen Pflanzen gegossen werden. Bei später Kastenaussaat im Juni/Juli läßt man das Pflanzmaterial am besten im Kasten überwintern und pflanzt erst im Frühjahr.

Hinsichtlich der Überwinterung ist zu sagen, daß junge Bestände, wenn sie nicht sehr geschützt liegen, am zweckmäßigsten über Winter etwas abgedeckt werden, um Auswinterungsschäden vorzubeugen. Ältere Bestände sind gegen Frost unempfindlicher. Starke Fröste können aber auch ihnen schaden.

Teilung älterer Pflanzen ist möglich. Die vegetative Vermehrung wird aber nur selten bei der Pyrethrumkultur zur Drogengewinnung angewendet.

Während der Vegetationszeit wird der Bestand zwei- bis dreimal sorgfältig durchgehackt. Da es sich um eine Dauerkultur handelt, ist sehr darauf zu achten, daß der Bestand unkrautfrei gehalten wird.
Nach unseren Beobachtungen in Mitteldeutschland beläuft sich die Nutzungsdauer auf 3—5 Jahre, dann nimmt der Ertrag schnell ab. Gelegentlich werden aber die Bestände 7—12 Jahre genutzt. Die insektizide Wirkung der Blüten soll mit zunehmendem Alter der Pflanze nicht nachlassen. Ein guter Kalkzustand des Bodens ist unerläßlich. Handelsdüngemittel werden von den Pflanzen nutzbringend verwertet; besonders vorteilhaft sind höhere Phosphorsäure- und Kaligaben. Normale Stickstoffgaben genügen.

Ernte: Im zweiten Vegetationsjahr wird mit der Blütenernte begonnen. Die Bestände werden dann öfter bei trockenem Wetter durchgepflückt. Zu ernten sind die eben aufgeblühten Köpfchen. Bei geschlossenen Blüten ist der Pyrethringehalt noch nicht voll ausgebildet[2]. Die Blüten lassen sich entweder mit einem Pflückgerät ernten, oder sie werden mit den Stengeln bündelweise abgeschnitten und dann an einem fest stehenden Stahlkamm ausgekämmt. Stengelteile darf die Droge höchstens bis zu 5 cm Länge enthalten. Mehrmaliges Durchpflücken ist nötig. Zum anderen wird aber auch das ganze blühende Kraut, das dann mit der Sichel in Handhöhe zur Zeit der vollen Blüte geschnitten wird, industriell verwertet. Der Aufwand für die letztere Erntemethode ist erheblich geringer, doch wird die Krautqualität auch niedriger bezahlt. Am besten setzt man sich vor der Ernte mit dem Verarbeitungsbetrieb in Verbindung. Auch eine Kombination beider Erntemethoden wie bei *Matricaria chamomilla* (siehe S. 498) ist möglich, d. h., man pflückt zunächst den Bestand durch und erntet später das gesamte, noch blühende Kraut.
Die Saatguternte erfolgt etwa im September, wenn sich die Früchte gelblichbraun färben. Das Erntegut wird mit der Sichel geschnitten, auf Planen oder in dichten Stiegen gesammelt, auf Böden nachgetrocknet und anschließend ausgedroschen.

Trocknung: In Dalmatien, dem europäischen Hauptherkunftsgebiet von Insektenblüten, erfolgt die Trocknung auf großen, leinenen Planen in der Sonne oder auch im Schatten. Die Blüten werden in einer 3—4 cm hohen Schicht aufgeschüttet und täglich mehrmals gewendet. Bei langsamem Trocknen verderben die Blüten schnell und werden wertlos. Die Trocknung sollte daher möglichst bei warmer Witterung mit geringer Luftfeuchtigkeit erfolgen. Eine schnelle Trocknung mit künstlicher, aber mäßiger Wärme ist zu empfehlen. Nach KONOWALLOFF und JOSIROWA[3] ergaben Versuche, daß bei den verschiedensten Trocknungsarten keine Pyrethrinverluste eintraten. Frisch gesammelte Blüten enthielten 0,84% Pyrethrin I, nach dem Trocknen im Thermostaten bei 50—60°C 0,87%. Bei Temperaturen zwischen 40 und 100°C, beim Trocknen in der Sonne oder im Schatten mit oder ohne Besprengen mit Wasser und sonstigem Variieren der Bedingungen war weder ein Rückgang an Pyrethrin I noch an Pyrethrin II festzustellen. Die Notwendigkeit der Trocknung in dünner Schicht wurde bestätigt. Bei Reinpräparaten (Versuch mit Pyrethrin, das aus 66,8% Pyrethrin I und 33,2% Pyrethrin II bestand) ist der Einfluß von Sonnenlicht und Luft viel stärker. Das Trocknungsverhältnis frisch : trocken beträgt 5 : 1.
Die Droge muß sorgfältig, besonders vor Licht geschützt, gelagert werden.

Erträge: Der Ertrag an getrockneten Blüten schwankt zwischen 5 und 15 kg/a, die Saatguterträge belaufen sich bis auf 5 kg/a, im allgemeinen liegen sie darunter.

[2] GNADINGER und CORL: „J. amer. chem. Soc." 52, S. 680 (1930); „Jahresber. d. Pharmazie" 65, S. 19 (1930); zit. nach KARSTEN, G. und WEBER, U.: Lehrbuch der Pharmakognosie. 7. Aufl., Jena 1949, S. 230.

[3] KONOWALLOFF, W. C. und JOSIROWA, M. G.: Der Einfluß des Trocknungsprozesses auf den Pyrethringehalt des dalmatinischen Pyrethrum. „Farmazija" Heft 5, S. 31 (1941); ref. in „Pharm. Ind." 8, S. 332 (1941); bzw. „Arzneipflanzen-Umschau" 1, S. 31 (1941).

Krankheiten und Schädlinge: Die Bestände auf dem Versuchsfeld in Leipzig-Probstheida zeigten weder an den Blättern noch Blüten irgendwelche Spuren von Schädlingsbefall. Nach LIMBACH-BOSHART[4] wurde als Schädling die Larve des Bockkäfers *Phytoecia virgula* Charp. beobachtet, die in die unteren Stengelteile der Pflanzen Löcher und Gänge frißt. Als Lagerschädling ist der kleine Tabakkäfer, *Lasioderma serricorne* F., zu nennen.

Besonderes: Außer *Chrysanthemum cinerariifolium* (Trev.) Vis. finden gelegentlich noch die Blüten anderer *Chrysanthemum-(Pyrethrum-)*Arten als Drogen Verwendung, z. B. *Chrysanthemum roseum* Weber et Mohr.

Cichorium intybus L., Zichorie

Compositae

Die Zichorie wird entweder als gartenbauliche Kulturart in Form der Salatzichorie (Chicorée) (*Cichorium intybus* L. *var. foliosum*) oder als landwirtschaftliche Sonderkultur in Form der Wurzelzichorie (*Cichorium intybus* L. *var. sativum* Bischoff) angebaut[1].

Gebräuchliche Pflanzenteile: In der Volksheilkunde finden gelegentlich die Wurzeln, das blühende Kraut und die Blüten Verwendung. Ein erheblicher Bedarf liegt vor an Wurzeln, die zur Herstellung von „Kaffee"-Ersatz (Zichorien-„Kaffee") oder Kaffee-Zusatzstoff (Kaffee-Gewürz) Verwendung finden.

Handelsbezeichnungen: *Radix Cichorii*, Zichorienwurzel; *Herba Cichorii*, Zichorienkraut; *Flores Cichorii*, Zichorienblüten.

Botanik: *Cichorium intybus* L. *var. sativum* Bischoff ist zweijährig. Die ± fleischige Pfahlwurzel dringt verhältnismäßig tief in den Boden ein. Im ersten Anbaujahr bildet die Pflanze grundständige, kurzgestielte, mattgrüne Blätter, die lanzettlich bis verkehrt-eiförmig, gezähnelt und ± behaart sind. Der im zweiten Vegetationsjahr gebildete, steil aufrechte Stengel wird 100—150 cm hoch. Er ist derb, kantig, nach oben zu verästelt und ± borstig behaart. Die oberen Stengelblätter sind schrotsägeförmig eingeschnitten. Die zahlreichen Blütenköpfe sind end- oder winkelständig, sitzend oder gestielt, ihr Durchmesser beträgt etwa 3—4 cm. Die Blütenfarbe ist hellblau, seltener weiß oder rosa.

Blütezeit: VII—IX (X).

UDE beobachtete an den Beständen des Sortenamtes in Leipzig-Probstheida als Bestäuber nur Honigbienen.

Die Früchte sind verkehrt-eiförmig, kantig, schwach gebogen, 2—3 mm lang und etwa 1,3 mm dick. Ihre Farbe ist gelbgrau bis schwärzlich. Der Pappus ist sehr kurz und kronenartig.

Wurzeln und Kraut enthalten den Bitterstoff Intybin und schmecken daher angenehm bitter.

Boden und Klima: Die Wurzelzichorie stellt hohe Ansprüche an den Standort. Nach ZADE[2] bevorzugt diese Sonderkultur einen „geborenen" Rübenboden. So wird

[4] LIMBACH, R. und BOSHART, K.: Heil-, Duft- und Gewürzpflanzenanbau. Berlin 1944, S. 115 bis 117.

[1] ZILLIG, H.: Die Zichorie als Salat-, Gemüse- und Kaffee-Ersatz-Pflanze. „Pharmazie" 3, S. 562 bis 565 (1948); bzw. „Arzneipflanzen-Umschau" 2, S. 449 bis 452 (1948).

[2] ZADE, A.: Pflanzenbaulehre für Landwirte. Berlin 1933, S. 523 bis 527.

sie in Mitteldeutschland besonders erfolgreich im Gebiet der Magdeburger Börde (Steppenschwarzerde) als Hackfrucht neben Beta-Rüben angebaut. Ein milder, humoser, tiefgründiger, sandiger Lehmboden in altem Kulturzustand sagt ihr besonders zu, aber auch noch auf lehmigem Sandboden gedeiht die Zichorie gut. Saure Bodenreaktion und zuviel Feuchtigkeit behagen ihr nicht. Entgegen Angaben in der Literatur, daß bereits Oktoberfröste den Wurzeln schaden können, beobachteten wir auf dem Versuchsfeld in Leipzig-Probstheida, daß die Wurzeln der Gruppensorte 'Magdeburger' den strengen Winter 1953/54 im Freiland gut überdauerten. Der Wärmebedarf ist hauptsächlich in der Jugendentwicklung groß. In rauheren Lagen wird sie nicht angebaut.

Herkunft und Verbreitung: Die wildwachsende, ausdauernde Zichorie oder Wegwarte, *Cichorium intybus* L. *var. silvestre* Bischoff, ist über alle Erdteile verbreitet. Als ihre Heimat kommt vielleicht Südeuropa in Frage.

Herkünfte des Drogenhandels: Kraut und Blüten werden in Mittel- und Südeuropa noch von der wildwachsenden Zi-

Abb. 166
Cichorium intybus L., Bestand

Abb. 167
Cichorium intybus L., Früchte

chorie (Wegwarte) zur Drogengewinnung gesammelt. Außer in Deutschland wird die Wurzelzichorie noch feldmäßig in größerem Umfange besonders in Österreich, Ungarn, der Tschechoslowakei, in Polen, Belgien und Frankreich angebaut. In Deutschland wird sie vor allem in den Zuckerrübengebieten (Magdeburg, Braunschweig), der badischen Rheinebene und in einigen klimatisch begünstigten Lagen Württembergs kultiviert.

Sorten und Herkünfte für den Anbau: Eine sehr geschätzte Sorte ist die bereits erwähnte 'Magdeburger', die zum Anbau auf dem mitteldeutschen Bördeboden besonders gut geeignet ist.

Saatgut: Das 1000-Korngewicht wird mit 1,3—1,5 g, das Litergewicht mit 440—460 g angegeben. Als Mindestreinheit sollten 90%, als Mindestkeimfähigkeit 75% gefordert werden. Wechseltemperatur und Dunkelheit sind von günstigem Einfluß auf die Keimung, die bereits nach drei Tagen beginnt. Nach zehn Tagen wird der Keimversuch abgeschlossen.

Anbau: Hinsichtlich der Fruchtfolge wird die Wurzelzichorie zweckmäßig nach einer mit Stallmist gedüngten Hackfrucht angebaut. Auch kann sie zweimal hintereinander zu stehen kommen. Als Nachfrucht folgen Futterpflanzen, Sommergetreide oder Zuckerrüben bzw. andere Hackfrüchte. Da *Cichorium intybus* als „Nematoden-Feindpflanze" gilt, wird sie gern auf nematodenverseuchten Böden angebaut. ZADE empfiehlt bei Nematodengefahr, den Zuckerrüben zwei „Feindpflanzen" vorausgehen zu lassen, und zwar Zichorie und Luzerne.
Das mit Wurzelzichorie zu bestellende Feld bedarf einer sehr sorgfältigen Saatbettvorbereitung. Bodenverdichtungen müssen vermieden bzw. beseitigt werden. Da die Wurzelzichorie im Jugendstadium frostempfindlich ist und tiefe Temperaturen die unerwünschte Schosserbildung begünstigen, darf die Aussaat nicht zu früh erfolgen. In Mitteldeutschland sät man im allgemeinen von Ende April bis Anfang Mai aus. Auf Rübenböden drillt man in einer Reihenentfernung von 30—35 cm, wobei die Aussaatmenge 4—5 kg/ha (nach ZADE 3—4 kg/ha) beträgt. In der Reihe empfiehlt es sich, die Pflanzen im Vierblattstadium auf 15—20 cm zu vereinzeln. Gelegentlich wird auch Dibbelsaat vorgenommen. Es genügt dann eine Aussaatmenge von 2—3 kg/ha (nach ZADE 1,5—2,5 kg/ha). Bei der Aussaat kann die Verwendung von Druckrollen zur Beschleunigung des Aufganges zweckmäßig sein. Die Saattiefe soll etwa 1 cm betragen.
Zur Düngung ist zu sagen, daß die Wurzelzichorie häufig in zweiter Tracht zu stehen kommt. Auf leichten Böden wird sie auch schon in der ersten Tracht mit Erfolg angebaut. Am besten erfolgt die Düngung wie zu Zuckerrüben, wobei der N- und K_2O-Bedarf jedoch nicht so hoch zu sein scheint. Kalkstickstoff wird einige Wochen vor der Aussaat gestreut, während Kalkammonsalpeter am besten in zwei Gaben, und zwar zur Saat und zur zweiten Hacke, gegeben wird. Wiederholtes Hacken des Bestandes empfiehlt sich. Schosser mindern den Wert des Erntegutes und müssen folglich rechtzeitig entfernt werden. Sie lassen sich verfüttern. In feuchteren Lagen kann ein leichtes Anhäufeln von Vorteil sein. Zur Saatgutgewinnung erfolgt der Anbau wie bei der Wurzelpetersilie zweijährig mit Überwinterung der im ersten Jahr angezogenen Stecklinge in nicht zu warmen Mieten.

Ernte: Nach HEINISCH[3] erreicht der Trockensubstanzgehalt der Wurzeln bei normalen Wachstumsverhältnissen im Oktober das Optimum (20—30%). Am Vergilben der Blätter ist die Reife erkennbar. Die Ernte erfolgt am besten zu diesem Zeitpunkt mit

[3] HEINISCH, O.: Rübenbau; Handbuch der Landwirtschaft von ROEMER-SCHEIBE-SCHMIDT-WOERMANN, 2. Bd., Berlin und Hamburg 1953, S. 243 bis 247.

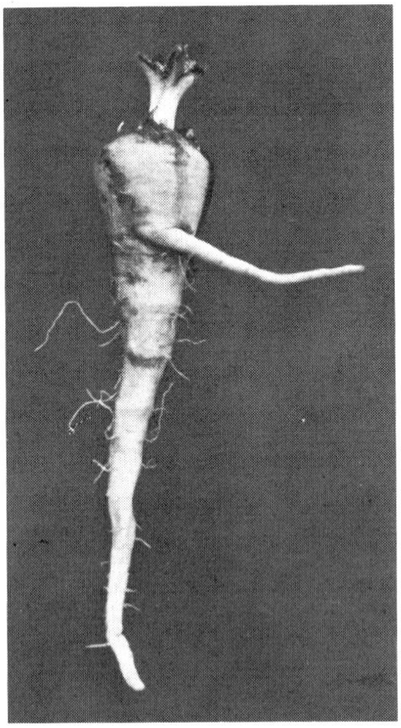

Abb. 168 Cichorium intybus L., Wurzel, zweijährig, unerwünscht beinig

dem Rodepflug. Die Blätter sind bereits vor dem Roden abzusicheln und zu verfüttern. Die Zichorienblätter werden als ein gutes Viehfutter bezeichnet, das auch besonders zur Schweinefütterung geeignet sein soll. In Frankreich und England baut man z. B. die Zichorie an, um in erster Linie die Blätter für Fütterungszwecke zu nutzen. Nur sehr selten erntet man Kraut und Blüten zur Drogengewinnung.

Trocknung: Kraut und Blüten werden natürlich oder künstlich bei mäßigen Temperaturen getrocknet. Die Wurzeln sind durch Waschen gründlich zu säubern und anschließend quer zu schnitzeln. In übereinanderliegenden Horden (Zichoriendarren) werden sie vorsichtig und langsam getrocknet (gedarrt). Für die Vor- und Haupttrocknung sind nach TÄUFEL[4] etwa 20—24 Stunden erforderlich. Während dieser Zeit sinkt der Wassergehalt von etwa 80% auf 8%. Die gedarrten Zichorienschnitzel sind hygroskopisch und müssen unter Beachtung von Vorsichtsmaßregeln gelagert werden.

Erträge: Die Erträge unterliegen erheblichen Schwankungen und sind stark von der Jahreswitterung abhängig. Besonders beeinträchtigt Trockenheit den Ertrag. Die Erträge belaufen sich im Durchschnitt auf 150—300, selten auf mehr als 400 dz/ha frische Wurzeln und etwa 125—175, höchstens 200—250 dz/ha Blätter. Die Saatguterträge schwanken zwischen 2 und 5 dz/ha.

Krankheiten und Schädlinge: Die Zichorie hat verhältnismäßig wenig unter Krankheiten und Schädlingen zu leiden. Gelegentlich treten im Herbst Echter und Falscher Mehltau und Rost auf. Schäden verursacht auch der Spitzsteißige Rüsselkäfer, *Tanymecus palliatus* F., der vor allem die jungen Pflanzen befällt. Auf den Blütenböden waren in Leipzig-Probstheida *Meligethes-spec.* immer in Anzahl zu beobachten.

Besonderes: Im Zusammenhang mit *Cichorium intybus* L. soll noch *Taraxacum officinale*, ebenfalls eine verbreitete Composite, Erwähnung finden. Er war schon im Altertum als Arzneipflanze bekannt. Im Erg.-B. 6 ist *Radix Taraxaci cum Herba* enthalten. Angeblich wird diese Droge der Zichorienwurzel beigemengt und mit ihr verarbeitet (TÄUFEL). Obgleich der Löwenzahn für arzneiliche Zwecke noch vorwiegend wildwachsend gesammelt wird, interessiert seine Kultur, da er auch für die Gemüse-(Salat-)bereitung und zur Futtergewinnung in Frage kommt. (Näheres über den Anbau von Löwenzahn, siehe S. 669).

[4] TÄUFEL, K.: Zichorie; Handbuch der Lebensmittelchemie von BÖRNER-JUCKENACK-TILMANNS, 6. Bd. Alkaloidhaltige Genußmittel, Gewürze, Kochsalz. Berlin 1934, S. 69 bis 73.

Cnicus benedictus L., Benedikten-, Kardobenediktenkraut *

Compositae

Gebräuchliche Pflanzenteile: DAB. 6: „Die getrockneten Blätter und krautigen Zweigspitzen mit den Blüten von *Cnicus benedictus* Linné." HAB. 2: „Frisches, blühendes Kraut." *Semen Cardui benedicti* finden gelegentlich in der Volksheilkunde Verwendung.

Handelsbezeichnungen: *Herba* und *Fructus* (*Semen*) *Cardui benedicti*, Kardobenediktenkraut und -früchte (-samen).

Botanik: Das einjährige Benediktenkraut hat ein distelartiges Aussehen; daher kommt auch die gelegentliche Bezeichnung „Benedikten- oder Bitterdistel". Es wird bis 80 cm hoch und ist meist stark verästelt. Der aufrecht wachsende Stengel ist fünfkantig, hohl, gestreift und unten borstig-, oben drüsig-behaart. Die Laubblätter sind länglich-lanzettlich, die unteren gestielt, bis 30 cm lang, stachelspitzig, schrotsägezähnig bzw. stachelspitzig-fiederspaltig. Die mittleren und besonders die oberen Laubblätter sind stengelumfassend sitzend, letztere schrotsägezähnig; alle sind zottigbehaart und klebrig. Die Blütenköpfe befinden sich einzeln an den Enden der Äste. Sie sind bis 4 cm lang und 2 cm breit, am Grunde von großen Außenhüllblättern umgeben. Die Blüten sind blaßgelb. Die randständigen Blüten sind unfruchtbar und dreimal länger als der Pappus. Die stachelige Hülle ist mehrreihig. Die inneren Hüllblätter sind mit einem fiederförmig zusammengesetzten, gekielten Stachel versehen, die äußeren sind spinnwebartig miteinander verbunden, mit einfachem Stachel.

Blütezeit: VII, VIII.

Im Verhältnis zu den wenigen, während der Tagesstunden zu gleicher Zeit offenen Blüten kann die Zahl der sie besuchenden Insekten als reich angesehen werden. Auf dem Prüfungsfeld in Leipzig-Probstheida war überwiegend die Honigbiene, *Apis mellifica* L., stetig saugend zu beobachten. Von weiteren Hymenopteren wurde nur noch die Kohlrübenblattwespe, *Athalia rosae* L., pollenfressend

Abb. 169
Cnicus benedictus L.,
Einzelpflanze

* Gelegentlich wird als „Echtes Benediktenkraut" *Geum urbanum* L. (Echte Nelkenwurz), eine Rosacee, bezeichnet. Es liefert die Droge *Radix* bzw. *Rhizoma Caryophyllatae*.

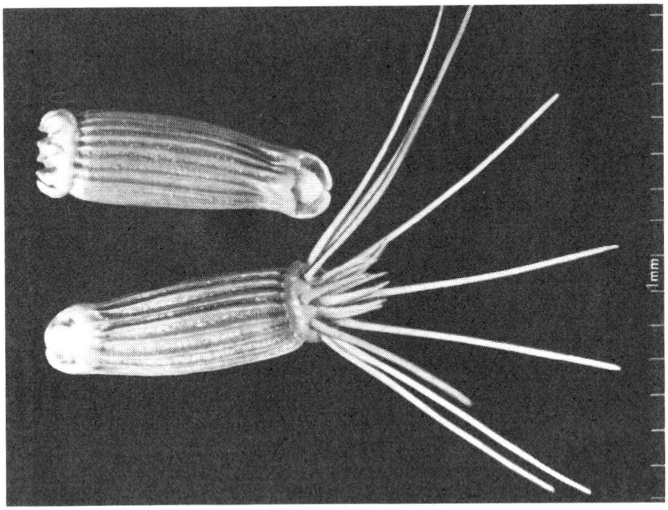

Abb. 170
Cnicus benedictus L.,
Früchte

angetroffen. Als sonstige Blütengäste waren Dipteren reich vertreten. Unter diesen herrschten vor die Schlammfliege *Eristalis arbustorum* L. und die durch ihre schöne Zeichnung auffällige Schwebfliege *Lasiophticus pyrastri* L. Als weitere Art wurde noch öfters die Graue Fleischfliege, *Sarcophaga carnaria* L., festgestellt. Während des Abstreifens mit dem Netz ließ sich die große Marienkäferart *Coccinella septempunctata* L. von den Pflanzen abfallen. Da ihre Anzahl nicht gering war, ist vorangegangener Blattlausbefall wahrscheinlich.

Die Früchte sind von zylindrischer Form, nach der Ansatzstelle zu etwas verjüngt und oben mit einem gezähnten Rand versehen (10 Zähne), ± gekrümmt. 20—24 stark hervortretende Rippen sind erkennbar. Der Pappus besteht aus ± feinflaumig behaarten, außen langen, innen kurzen Strahlen. Die Länge beträgt im allgemeinen ohne Pappus bis zu 1 cm, mit Pappus bis 2,3 cm. Die Farbe schwankt zwischen hell- und dunkelbraun zum Teil graugrün schimmernd, manchmal auch glänzend. Ihr Geschmack ist aromatisch und ebenfalls schwach bitter.

Boden und Klima: Das Benediktenkraut ist eine verhältnismäßig anspruchslose Pflanze. Sie gedeiht auf nährstoffarmen Böden, bevorzugt aber sonnige, warme Lagen. Für den erwerbsmäßigen Anbau eignet sich besonders ein tiefgründiger, feuchter, etwas bindiger, nicht zu leichter Boden mit gutem Kalkgehalt. Auf einem solchen Boden werden Massenerträge erzielt. Anhaltende Trockenheit wirkt sich ungünstig auf den Ertrag aus.

Herkunft und Verbreitung: Die Heimat des Benediktenkrautes ist das europäische Mittelmeergebiet, aber auch außerhalb Mitteleuropas, so in Gegenden Vorderasiens, ist die Art noch gelegentlich verbreitet.

Herkünfte des Drogenhandels: Wichtige Herkunftsgebiete für *Herba* und *Semen Cardui benedicti* sind Deutschland (Thüringen), ČSR (Böhmen), Ungarn, die Sowjetunion, die Balkanländer und das europäische Mittelmeergebiet.

Sorten und Herkünfte für den Anbau: Angebaut wird häufig die Gruppensorte 'Quedlinburger Mittelfrühes Benediktenkraut', eine verhältnismäßig blattreiche Sorte.

Saatgut: Nach unseren Untersuchungen betrug das 1000-Korngewicht im Mittel 33,345 g. Die Mindestreinheit soll 98%, die Keimfähigkeit mindestens 70% betragen. Die Früchte kommen teils mit, teils ohne Pappus in den Handel. Die zuerst genannten lassen sich sehr schwer aussäen. Die Früchte sind Dunkelkeimer. Der Keimversuch wird bei Zimmer- und Wechseltemperatur durchgeführt. Nach 21 Tagen ist der Keimversuch abgeschlossen. Die Keimfähigkeit des Saatgutes bleibt lange erhalten. Nach fünfjähriger Lagerung betrug die Abnahme 1—44%, nach sechsjähriger Lagerung 4—92%.

Anbau: Das Benediktenkraut sollte in der Fruchtfolge möglichst nach einer reichlich gedüngten Hackfrucht zu stehen kommen, da es einen hohen Nährstoffgehalt des Bodens mit besten Erträgen dankt. Es hinterläßt eine sehr gute Schattengare und ist selbst eine geeignete Vorfrucht zu Winterraps, -rübsen und -getreide.

An keinen besonderen Saattermin gebunden, wird *Cnicus benedictus* bei seiner Schnellwüchsigkeit noch mit bestem Erfolg als Nachbau im Juni/Juli nach Kulturen gebracht, die um diese Zeit das Feld räumen. Höchste Erträge liefert es allerdings bei zeitiger Aussaat im März/April. Das im Herbst tief gepflügte Feld wird zeitig im Frühjahr geschleppt und recht bald mit Grubber, Egge und Walze saatfertig hergerichtet. Das Saatbett soll wie zu Sommergetreide sein. Bei 30 cm Reihenabstand werden 20 kg/ha Saatgut in den Eggenstrich gedrillt und zugewalzt. Das Auflaufen erfolgt je nach Witterung nach 8—14 Tagen. Sehr gute Erfolge wurden auf dem Prüfungsfeld in Leipzig-Probstheida mit Dibbelsaat bei 5 cm Abstand in der Reihe erzielt, wobei die Aussaatmenge 15 kg/ha bei 30 cm Reihenabstand betrug.

Dem Nährstoffbedürfnis wird eine Handelsdüngergabe mit reichlich Stickstoff, d. h. von 300 kg Kalkstickstoff als Herbst- oder Wintergabe oder 300 kg Kalkammonsalpeter (60 kg N) vor der Saat, sowie etwa 250 kg Phosphorsäuredüngemittel (40 —50 kg P_2O_5) und 200 kg 40%igem Kali (80 kg K_2O) je Hektar gerecht.

Zur Pflege genügen meist eine Hand- und eine Maschinenhacke bis zum Schließen des Bestandes im Mai.

Ernte: Kurz vor der Blüte, etwa Anfang Juli, werden die Blätter und krautigen Zweigspitzen geerntet. Ein Stehenlassen des Bestandes für einen zweiten Schnitt ist im allgemeinen nicht lohnend. Vorteilhafter ist es, einen Nachbau mit Futtergemenge, Dunkelvioletter Malve, Spitzwegerich oder ähnlichem vorzunehmen und Benediktenkraut im Juni/Juli noch einmal als Nachkultur nach Frühkartoffeln, Erbsen oder auch nach Frühgemüse zu bringen. Bei Gerstevorfrucht wirkt sich der Samenausfall leicht in der Pflege etwas hinderlich aus. Die spät gedrillte Kultur ist hinsichtlich des Ertrages sehr von der Witterung abhängig. Da die Pflanzen recht stachelig sind, müssen zu den Erntearbeiten Handschuhe angezogen werden. Zur Krautgewinnung empfiehlt es sich, die Pflanzen eine Handbreit über dem Boden abzusicheln. Im Großanbau wird der Schnitt der 50--80 cm hohen Pflanzen mit dem Grasmäher vorgenommen, wobei nicht zu tief geschnitten werden darf.

Die Saatguternte erfolgt im September/Oktober, sobald sich die Früchte zu färben beginnen. Zur Saatgutgewinnung ist es ratsam, die Aussaat im März/April in etwas weiterer Standweite vorzunehmen. Auch hier wird mit dem Grasmäher gemäht und nach 2—3 Tagen das stark angewelkte und einmal gewendete Erntegut zum Trocknen auf Reuter gepackt. Nach der Trocknung wird eingefahren und gedroschen.

Der Drusch selbst soll unter allen Umständen im Freien, möglichst bei leichtem Wind vorgenommen werden, damit in der Scheune lagerndes Futter nicht mit den überall umherfliegenden Pappushaaren und feinen Druschteilchen in Berührung kommt. Diese feinen Teile dringen durch alle Ritzen, setzen sich fest und beeinträchtigen durch ihren bitteren Geschmack die Futtermittel. Auch für die am Drusch beteiligten Personen ist die Arbeit im Freien erträglicher. Die Verwendung von Staubmasken vor Nase und Mund sowie das Lutschen von irgendwelchen Bonbons ist angebracht, um dem widerlich bitteren Geschmack, der der ganzen Pflanze eigen ist, entgegenzuwirken. Wässerige Auszüge von Benediktenkraut schmecken noch in der Verdünnung 1 : 1800 bitter (KARSTEN-WEBER). Hierbei handelt es sich um den glykosidischen Bitterstoff Cnicin.

Die Druschrückstände finden gelegentlich noch im Drogenhandel oder in der Likörfabrikation Verwendung.

Trocknung: Die Blätter und Zweigspitzen, aber auch das ganze, saftige Kraut können natürlich oder künstlich (bei etwa 50° C) getrocknet werden. Zu bedenken ist nur, daß man nicht zu scharf trocknet, weil sonst die Droge sehr leicht brüchig wird und an Qualität verliert. Das Eintrocknungsverhältnis beträgt etwa 6—8 : 1.

Erträge: Die Erträge an trockenem Kraut schwanken zwischen 30 und 60 dz/ha. Der Ertrag an Früchten beläuft sich auf etwa 3—6 dz/ha.

Krankheiten und Schädlinge: PATER[1] beschreibt eine wahrscheinlich durch Bodenbakterien hervorgerufene Wurzelfäule. Wie beim Boretsch (siehe Seite 300) wurden von UDE im Jahre 1939 (Ende Juni) auf dem Prüfungsfeld des Sortenamtes in Leipzig-Probstheida auch am Benediktenkraut in großer Menge die Raupen des Distelfalters, *Pyrameis cardui* L., angetroffen. Sie hatten die Blütenstände fest zusammengesponnen und von innen vollständig ausgefressen. Der Schmetterling kommt in 2—3 Generationen vor und ist fast über die ganze Erde verbreitet.

Cochlearia officinalis L., Löffelkraut

Cruciferae

Gebräuchliche Pflanzenteile: *Herba Cochleariae* und *Semen Cochleariae* werden in der Volksheilkunde angewandt. Die frischen Löffelkrautblätter dienen als Gewürz und zur Salatzubereitung ähnlich der Brunnenkresse (*Rorippa nasturtium-aquaticum* [L.] Hay.). In der Homöopathie findet das frische, blühende Kraut zur Bereitung der Essenz Verwendung (HAB. 2).

Handelsbezeichnungen: *Herba Cochleariae*, Löffelkraut; *Semen Cochleariae*, Löffelkrautsamen.

Botanik: *Cochlearia officinalis* ist zwei- bis mehrjährig. Die senkrecht in den Boden wachsende, spindelige Wurzel ist mit vielen Fasern versehen. Die Pflanze bringt einen bis mehrere Stengel hervor, die bis 40 cm hoch werden, im Wuchs aufsteigend bis fast aufrecht, kantig-gefurcht, einfach oder verzweigt und beblättert sind. Die grundständigen Blätter bilden eine lockere Rosette. Sie sind löffelförmig, d. h. rundlich-herzförmig oder nierenförmig, ganzrandig oder geschweift und langgestielt. Die Farbe der Pflanze ist hell- bis mittelgrün, etwas glänzend, der Stengel ist oft ± rötlichbraun. Die ganze Pflanze ist kahl. Die weißen Blüten bilden anfangs eine gedrängte Doldentraube, die sich allmählich zu einer langen Traube entwickelt und einen kräftigen Honigduft verbreitet.

Blütezeit: III—V (— Anfang VI).

In Leipzig-Probstheida wurde stets reicher Blütenbesuch durch Honigbienen festgestellt. Aber auch verschiedene Hummel- und Fliegenarten waren regelmäßig vertreten. Es findet Fremd- und auch Selbstbestäubung statt.

Das Schötchen ist kürzer als sein Stiel und rundlich bis breit-eiförmig. Der Samen ist rundlich-eiförmig und nur wenig zusammengedrückt; das Ansatzstielchen ist meist noch vorhanden. Er ist 1—2 mm, seltener bis 3 mm lang. Das Würzelchen ist deutlich abgesetzt. Die Oberfläche ist rauh, fast stumpfhöckerig. Im gequollenen Zustand

[1] PATER, B.: Über das plötzliche Absterben einiger Arzneipflanzen. „Heil- und Gewürzpflanzen" 8, S. 96 bis 101 (1925).

Abb. 171 Cochlearia officinalis L., blühende Triebe

sind die rotbraunen, stumpfen Höcker auf hellerem Grunde besonders deutlich zu erkennen. Der Geschmack der Samen ist, wie der der ganzen Pflanze, scharf-würzig, kresseartig (etwas bitter). Das Kraut enthält das Senfölglykosid Glykocochlearin.

Von *Cochlearia officinalis* kommen in Deutschland vor: *subspec. officinalis* (L.) J. D. Hook. und *subspec. alpina* (Bab.) J. D. Hook.

Boden und Klima: Das Löffelkraut ist in Sümpfen, an Quellen und Bächen anzutreffen; trockene Böden sagen ihm weniger zu. Es sollte daher feldmäßig möglichst in niederschlagsreichen Gegenden angebaut werden. *Cochlearia officinalis* ist eine halophile, also besonders auf salzhaltigen Böden gut gedeihende Pflanze. In ihrer Asche finden sich reichlich Sulfate. Das Löffelkraut ist völlig frostresistent. Auf dem Versuchsfeld in Leipzig-Probstheida konnten wir bisher noch niemals Auswinterungsschäden feststellen, obgleich die Pflanze sehr wasserhaltig ist. Die Unempfindlichkeit gegenüber hohen Kältegraden wird auf eine spezifische Konstitution des Protoplasmas zurückgeführt.

Herkunft und Verbreitung: Die allgemeine Verbreitung des Löffelkrautes erstreckt sich auf die Strandgegenden von West- und Nordeuropa, auf felsige und quellige Stellen in Mitteleuropa und das arktische Nordamerika. Im mediterranen Südeuropa fehlt es.

Herkünfte des Drogenhandels: Die Droge stammt vorwiegend aus dem Anbau, häufig aus Thüringen, wo das Löffelkraut z. B. kleinflächig in Jenalöbnitz angebaut wird. Importe sind selten.

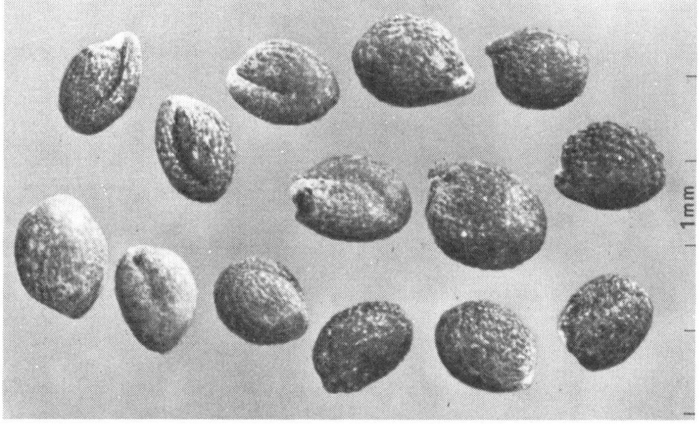

Abb. 172 Cochlearia officinalis L., Samen

Sorten und Herkünfte für den Anbau: Angebaut wird hauptsächlich die Gruppensorte 'Erfurter Echtes Löffelkraut'. Die Stammform dieser Sorte ist *subspec. officinalis* (L.) J. D. Hook.

Saatgut: Das 1000-Korngewicht schwankte zwischen 0,427 und 0,690 g. Die Mindestreinheit sollte 96% und die Mindestkeimfähigkeit 80% betragen. Die Keimfähigkeit wird schon nach 14 Tagen bestimmt. Die Samen keimen im Dunkeln und im Licht bei Zimmer- und Wechseltemperatur. Frisches Saatgut keimt bis zu 100%. Nach einer Lagerung von 4–5 Jahren ist die Keimfähigkeit erloschen.

Anbau[1]**:** Im allgemeinen stellt das Löffelkraut keine besonderen Ansprüche. Roggen in zweiter Tracht hat sich als Vorfrucht bewährt. Es wird zweijährig angebaut und räumt sehr früh (Mai/Juni) das Feld. Am besten wird es ins Freiland gedrillt. Die Aussaatmengen betragen je nach Keimfähigkeit 60–80 g/a bei einer Reihenentfernung von 25 cm. Die Aussaat kann im März bis April und auch später, im August/September erfolgen. Das Auflaufen erfolgt nach etwa 14–21 Tagen.

Das Löffelkraut eignet sich sehr gut im Winter zum Treiben im Kasten.

Eine reichliche Handelsdüngergabe (N, P_2O_5, K_2O) ist angebracht. *Cochlearia officinalis* scheint besonders kaliliebend zu sein. Es empfiehlt sich, nach jedem Schnitt eine Stickstoffgabe zu verabreichen.

Der Bestand muß unkrautfrei und möglichst feucht gehalten werden. In Trockenzeiten ist künstliche Beregnung sehr zu empfehlen.

Ernte: Bereits im ersten Anbaujahre können bei frühzeitiger Aussaat die grundständigen Blätter geerntet werden. Die Ernte der zweijährigen Pflanzen erfolgt kurz vor oder während der Blüte, im allgemeinen von April bis Mai, aber auch noch später. Die Pflanzen sind das ganze Jahr über grün, selbst noch im Winter unter dem Schnee. Die Ernte kann mit einem tief schneidenden Grasmäher erfolgen. Soll Samen gewonnen werden, so ist mit der Ernte zu beginnen, wenn sich die Schötchen gelb verfärbt haben (Juni). Der Bestand darf keinesfalls überständig werden, da sonst Samenausfall zu befürchten ist. Die reifen Samen werden von Vögeln gern gefressen.

Trocknung: Die Trocknung sollte schnell und möglichst mit künstlicher Wärme bei Temperaturen nicht über 35°C erfolgen. Der scharfe, salzige Geruch und Geschmack gehen beim Trocknen fast verloren. Das Trocknungsverhältnis des Krautes frisch : trocken beträgt 6–8 : 1.

Erträge: Der Drogenertrag wird mit 10–15 kg/a angegeben. Nach eigenen Beobachtungen im Kleinstanbau zu urteilen, liefert das Löffelkraut keine Massenerträge. Die Saatguterträge schwanken zwischen 2 und 6 kg/a.

Krankheiten und Schädlinge: Verschiedentlich wurde Erdflohfraß beobachtet.

Besonderes: Das Löffelkraut ist wegen seines hohen Vitamin-C-Gehaltes[2] ein altes Heilmittel gegen Skorbut. Im Volksmund wird es daher auch Skorbut- oder Scharbockskraut genannt. Der letztere Name darf aber nicht zu Verwechslungen mit dem eigentlichen Scharbockskraut (*Ranunculus ficaria* L.) führen. Auch wird das Löffelkraut als Zier- und Bienenpflanze angebaut.

[1] HEEGER, E. F.: Der Anbau und die Verwendung des Löffelkrautes. Nachrichten des Reichsverbandes d. Heil- und Gewürzpflanzenanbauer e. V. Berlin, Nr. 51 (1940).

[2] GÜNTHER, E., HEEGER, E. F. und ROSENTHAL, Chr.: Der Vitamin-C-Gehalt der in Deutschland hauptsächlich angebauten Heil- und Gewürzpflanzen in kritisch-experimenteller Betrachtung. „Pharmazie" 7, S. 24 bis 50 (1952); bzw. „Arzneipflanzen-Umschau" 3, S. 201 bis 227 (1952).

Coriandrum sativum L., Koriander

Umbelliferae

Gebräuchliche Pflanzenteile: Erg.-B. 6: „Die getrockneten, reifen Spaltfrüchte von *Coriandrum sativum* Linné."

Handelsbezeichnung: *Fructus* (*Semen*) *Coriandri*, Koriander.

Botanik: Der Koriander ist einjährig. Die dünne Wurzel ist spindelförmig. Der aufrechte, stielrunde, fein gerillte, oberwärts ästige Stengel ist bis 80 cm hoch. Die Farbe der Laubblätter ist hellgrün. Die ganze Pflanze ist kahl. Die grundständigen Laubblätter, die nicht lange erhalten bleiben, sind langgestielt, ungeteilt und nur eingeschnitten-gekerbt oder dreilappig bis dreischnittig oder einfach fiederschnittig mit

Abb. 173
Coriandrum sativum L., Trieb mit Blüten und Früchten

rundlich-keilförmigen, eingeschnitten-kerbzähnigen Abschnitten. In diesem Entwicklungsstadium ist der Koriander dem Anis (siehe S. 578) sehr ähnlich. Er unterscheidet sich aber von ihm durch den stark abweichenden Geruch. Auch ist die Anispflanze in allen Teilen feinflaumig behaart. Die mittleren und oberen Stengelblätter des Korianders sind ein- bis zweifach fiederschnittig, mit wenigen, breiten, eiförmigen, am Grunde meist keilförmigen, fiederspaltigen Abschnitten versehen. Sie sitzen auf den länglichen, breit hautrandigen Scheiden. Die Dolden sind langgestielt, mittelgroß, flach, drei- bis fünfstrahlig. Die Hülle fehlt oder wird aus einem unscheinbaren Blatt gebildet. Die Kronblätter sind weiß oder rötlich.

Blütezeit: VI, VII.

Die zuerst aufblühenden Dolden bestehen vorwiegend aus echten Zwitterblüten, unter denen sich vereinzelt Pollenblüten finden, während die später aufblühenden ausschließlich Pollenblüten enthalten. An Hymenopteren hatten sich außer den zahlreich die Blüten besuchenden Honigbienen noch die beiden Erdbienenarten *Andrena nigro aena* K. und *A. parvula* K. eingefunden. Auch die Grabwespe *Cerceris rybiensis* L. wurde im blühenden Bestand gesehen. Ein kleiner, brauner Bockkäfer *Leptura livida* F., der auf Umbelliferen immer beobachtet wurde, war ebenso wie der Glanzkäfer *Alibrus aeneus* F. zu finden. Fliegen konnten in sechs Arten an den Blüten festgestellt und beim Pollenfressen beobachtet werden. Wie überall, so war auch hier die Schlammfliege *Eristalis arbustorum* L. die häufigste Art und in beiden Geschlechtern gleichmäßig stark vertreten. Außer ihr wurden die drei Musciden *Onesia sepulchralis* Mg., *Pollenia rudis* F. und *P. vespillo* F. ebenfalls oft auf den Blüten gesehen. Gelegentlich einer abendlichen Exkursion wurde von UDE an den Beständen in Leipzig-Probstheida der Labkrautspanner *Larentia ferrugata* L. in mehreren Stücken an den Blüten saugend beobachtet.

Die je nach Formenzugehörigkeit und Provenienz verschieden großen Früchte sind kugelförmig. Ihr Durchmesser beträgt etwa 1,5—5 (7) mm, der der deutschen Herkunft etwa 3—4 mm. Die nur verhältnismäßig schwer in ihre Teilfrüchte zerfallenden Spalt-

Abb. 174
Coriandrum sativum L.,
Früchte;
links: kleinfrüchtiger,
rechts: großfrüchtiger
Koriander;
rechts oben: Teilfrüchte

früchte lassen hervortretende schwachwellige, teils geradlinige Rippen erkennen. Bei ersteren handelt es sich um Haupt-, bei letzteren um Nebenrippen. Die Fugenfläche ist fast kreisrund, und jede Teilfrucht ist mit zwei Ölstriemen versehen. Der Fruchthalter ist zweispaltig und in der unteren Hälfte mit der Fugenfläche verwachsen. Am oberen Teil der Frucht ist der kleine Kelch und das kegelförmige Griffelpolster sichtbar. Nach der Größe der Frucht werden zwei Formen unterschieden:

1. *Coriandrum sativum* L. *var. vulgare* Alef. mit einem Durchmesser der Früchte von etwa 3—5 mm und
2. *Coriandrum sativum* L. *var. microcarpum* DC. mit einem solchen von 1,5—3,0 mm.

Alle oberirdischen Pflanzenteile riechen unangenehm (wanzenartig*). Das angenehme Korianderaroma der ätherisches Öl enthaltenden Früchte bildet sich erst bei der Reife.

Boden und Klima: *Coriandrum sativum* sagt vor allem ein leichter, sandiger, kalkhaltiger Boden zu. Er bevorzugt eine neutrale bis schwach alkalische Reaktion (pH 6,8 bis 7,5). Entsprechend seiner natürlichen Verbreitung werden in der Literatur warme und trockene Lagen für seinen Anbau empfohlen. Auf Grund unserer mehrjährigen Aussaatzeitenversuche[1], die sich über verschiedene Klimaprovinzen Deutschlands erstreckten, stellten wir fest, daß er auch noch in feuchten und kühleren Lagen, so z. B. im maritimen Klima Norddeutschlands, befriedigende Erträge liefert. Auch in Holland wird der Koriander erfolgreich angebaut.

Herkunft und Verbreitung: Der Koriander ist vor allem im Mittelmeergebiet und im Orient, seiner wahrscheinlichen Heimat, verbreitet. Darüber hinaus wird er vielenorts angebaut.

[1] BAUER, K. H., RUDORF, W. und HEEGER, E. F.: Die Anbauverhältnisse einiger Heil- und Gewürzpflanzenarten unter besonderer Berücksichtigung der Wertstoffgehalte. Landw. Jahrbücher Bd. 92, S. 1 bis 52 (1942)

* Wanzen (*Heteroptera*) verbreiten häufig mit Hilfe ihrer Stinkdrüsen einen schlechten Geruch. Im Volksmund wird *Coriandrum sativum* wegen seines wanzenähnlichen Geruches auch „Wanzenkraut" genannt.

Herkünfte des Drogenhandels: Wichtige Herkunftsgebiete sind die Mittelmeer- und Balkanländer sowie die Sowjetunion. In letzterer ist der großflächige Anbau weit verbreitet, so in der Ukraine, im Woronesher und Kursker Gebiet, im Saratower und Kujbyschew-Gebiet. Nach HOPPE[2] soll er eine der wichtigsten Kulturpflanzen im Nordkaukasus sein. In Deutschland wird der Koriander häufig angebaut. Eine vom Handel sehr geschätzte Herkunft ist der Thüringer Koriander, der im wesentlichen aus der Gegend zwischen Erfurt und Weimar kommt.
Im Drogenhandel werden der großfrüchtige, oftmals aus Marokko stammende Koriander (*Fructus Coriandri majoris*) und der kleinfrüchtige (*Fructus Coriandri minoris*) unterschieden.

Sorten und Herkünfte für den Anbau: Im Samenfachhandel werden kleinfrüchtige Herkünfte vom Typ der Thüringer Landsorte und großfrüchtige südländische Herkünfte geführt. Ersterer Typ ist für mitteleuropäische Verhältnisse der geeignetste, solange noch keine Zuchtsorten zugelassen sind. Diese müßten lagerfest, genügend fest im Fruchtsitz und reich an ätherischem Öl sein. Wir machten die Feststellung, daß der kleinfrüchtige Koriander gehaltreicher als der großfrüchtige ist und konnten somit den Befund HECHTS[3] bestätigen, daß sich die Größe der Früchte entgegengesetzt zum Gehalt an ätherischem Öl verhält. So ergab eine Untersuchung des Erntegutes 1953 von den Prüfungsfeldern des Sortenamtes in Nossen (Sachsen) und Leipzig-Probstheida einen Gehalt an ätherischem Öl für kleinfrüchtigen Koriander der Thüringer Landsorte 0,6—0,8%, hingegen für großfrüchtigen nur 0,3—0,4%. WASICKY[4] gibt eine absteigende Reihe von Werten für *Fructus Coriandri* verschiedener Herkunftsgebiete an, beginnend mit russischem Koriander mit einem Gehalt an ätherischem Öl von 0,8—1% über Mährischen, Thüringer, Holländischen usw. bis zu ostindischem Koriander mit 0,2%. Es zeigte sich, daß die Herkünfte des südlichen Klimas großkörniger und ölärmer sind als die des nördlichen oder gemäßigten.

Abb. 175 Coriandrum sativum L., Sortenvergleich; links: 'Thüringer Koriander' (kleinfrüchtig, spät), rechts: Koriander südländischer Herkunft (niedrig im Wuchs, früh, großfrüchtig)

Saatgut: Das 1000-Korngewicht ganzer Früchte der von uns untersuchten Herkünfte schwankte zwischen 5 und 18 g, das Hektolitergewicht zwischen 23 und 38 kg. Die Mindestreinheit soll 98% und die Mindestkeimfähigkeit 75% betragen. Der Keim-

[2] HOPPE, H. A.: Europäische Drogen, Bd. 1, Hamburg 1948, S. 118.
[3] Zit. nach HOPPE (siehe oben).
[4] WASICKY, R.: Lehrbuch der Physiopharmakognosie für Pharmazeuten. Wien 1929.

versuch erfolgt unter Lichtabschluß bei 15° C oder bei Wechseltemperatur. Nach sieben Tagen wird die Keimschnelligkeit und nach zehn Tagen die Keimfähigkeit bestimmt. Die Keimkraft bleibt längere Zeit erhalten. Nach vierjähriger Lagerung hatten die Saatgutproben an Keimfähigkeit zwischen 11 und 31% abgenommen. Sie ist in starkem Maße vom Reifegrad der Früchte abhängig. Da diese entsprechend dem komplizierten Bau des Blütenstandes (zusammengesetzte Dolden) unterschiedlich reifen und die Maschinenmahd meist vorgenommen wird, wenn die Mitteldolde reift, sind der Grad der physiologischen Reife und damit die keimungsbiologischen Eigenschaften der Früchte verschieden. Die Früchte bedürfen nach der Ernte der Nachreife. In der Sowjetunion erzielt man nach TSCHIKALOW[5] eine Verbesserung der Saatgutqualität, indem man das Saatgut einen Monat nach der Ernte auf einer Ernteplane in einer Schicht von 2—3 cm aufschüttet und unter stündlichem Wenden der intensiven Sonnenbestrahlung aussetzt. Die zweitägige Behandlung erwies sich als die beste. Nachts werden die natürlich erwärmten Früchte in einem warmen Raum gelagert. Nach einer trockenen Lagerung der Früchte wird dieses einfache Verfahren das zweitemal im Frühjahr vor der Aussaat angewandt. Die Bedeutung dieser Methode besteht im wesentlichen darin, daß die Saat früher und einheitlicher aufläuft und daß sich der Ertrag um 16—24%, die Ausbeute an ätherischem Öl um 11—28%, bezogen auf die Flächeneinheit, erhöhen.

Abb. 176 Coriandrum sativum L., blühender Feldbestand von 'Thüringer Koriander'

Anbau: Getreidevorfrucht hat sich für Koriander am besten bewährt. Auch Majoran scheint eine passende Vorfrucht zu sein. Will man trotz der langsamen Entwicklung des Korianders keine allzu großen Schwierigkeiten bei der Pflege haben, ist ein möglichst unkrautfreies Feldstück Voraussetzung.

Als Unterkultur im Obstbau scheint sich Koriander nicht zu eignen. FRIEDRICH[6] berichtet, daß ein versuchsweiser Korianderanbau zwischen Jungbäumen zu schweren

[5] TSCHIKALOW, P. M.: Verbesserung der Saatgutqualität von Koriandersamen. „Agrobiologija" Nr. 4, S. 119 bis 126 (1950) (von der Deutschen Akademie der Landwirtschaftswissenschaften zu Berlin freundlicherweise überlassene Übersetzung).

[6] FRIEDRICH, G.: Arzneipflanzen als Unterkulturen im Obstbau. Querschnitt durch den neuen Gartenbau, 2. Bd., Berlin 1953, S. 259 bis 265.

Schädigungen an den Obstgehölzen führte. Die Rinde der Bäume wurde runzelig, die Lentizellen verdickten sich unnatürlich, viele Bäume begannen abzusterben und mußten entfernt werden. Die überlebenden Bäume erholten sich nur äußerst langsam. Dieses Beispiel zeigt erneut die Dringlichkeit der Durchführung von Pflanzengemeinschaftsversuchen, um entweder eine ungünstige gegenseitige Beeinflussung auszuschließen oder eine günstige auszunutzen.

Da der Koriander ein hohes Wasserbedürfnis vor allem in der Jugendentwicklung hat, ist das Feld unbedingt im Herbst zu pflügen. Die Aussaat erfolgt im März/April. Frühe Aussaat ist der späten vorzuziehen. Die Vegetationszeit von 20—28 Wochen ist verhältnismäßig kurz. 20—25 kg/ha Saatgut werden in 25—30 cm Reihenabstand etwa 1 cm tief ausgedrillt, danach wird zugewalzt. Innerhalb der ersten 8—10 Tage wird gestriegelt. Nach 2—3 Wochen läuft die Saat auf und entwickelt sich zunächst sehr langsam. Mehrmaliges Hacken mit der Hand oder der Maschine zur Offen- und Sauberhaltung des Ackers sind bis zum Schließen des Bestandes im Juni erforderlich. Die Handelsdüngergabe, die bei der Bodenbearbeitung mit eingebracht wird, liegt bei Kali und Phosphorsäure in derselben Höhe wie die für Getreide üblichen Gaben. Mit Stickstoff ist Vorsicht geboten. Zu hohe Gaben fördern die Lagerbildung sowie den Befall mit Schwärzepilzen und mindern damit den Ertrag. 20—40 kg Reinstickstoff = 100—200 kg Stickstoffdüngemittel je Hektar sollten nicht überschritten werden. Phosphorsäuredüngung wirkt sich günstig auf den Gehalt an ätherischem Öl aus.

Ernte: Im Juni/Juli blühen die Pflanzen ab, und die Früchte reifen im August/September. Da sich die Reifezeit über einen längeren Zeitraum erstreckt, darf man den richtigen Erntezeitpunkt nicht übersehen. Er ist gekommen, wenn das Feld eine gelblichbraune Farbe annimmt. Die Ernte erfolgt maschinell mit Grasmäher mit Anhaublech, Ableger oder Binder und wird wegen des leichten Früchteausfalles am besten in den Morgen- oder Abendstunden oder bei trüber Witterung vorgenommen. Die eingebundenen Garben werden in Stiegen zur Nachreife und Trocknung zusammengestellt und später vorsichtig unter Verwendung von Planen wiederum in den Morgen- oder Abendstunden eingefahren und sofort gedroschen. Der Hockendrusch mit Mähdrescher kann bei größeren Flächen sehr angebracht sein. Beim Drusch soll die Maschine nicht zu eng gestellt sein, damit die kugeligen Früchte nicht in ihre Spaltfrüchte zerschlagen werden. Dies hat zwar keinen Einfluß auf die Güte der Droge, macht jedoch die Ware unansehnlich.

Erträge: Der Ertrag an Früchten schwankt zwischen 10 und 20 dz/ha; darüberliegende Werte sind selten. Die Stroherträge belaufen sich auf etwa 18—30 dz/ha. Nachstehende Tabelle enthält die bei verschiedener Aussaatzeit erzielten Werte.

Saatzeit, Erntemengen und Gehalt an ätherischem Öl beim Anbau von Coriandrum sativum

(nach K. H. Bauer, W. Rudorf und E. F. Heeger[7])

Saatzeit	Zahl der Ernten	Erntemenge dz/ha	Gehalt an ätherischem Öl %
Frühe Saat (3. April bis 3. Mai)	21	14,30	0,80
Mittelfrühe Saat (4. bis 21. Mai)	20	11,03	0,91
Späte Saat (22. Mai bis 8. Juli)	18	9,08	0,90

[7] loc. cit. S. 362.

Krankheiten und Schädlinge: Nach MÜHLE[8] liegen über Krankheiten und Schädlinge nur spärliche Mitteilungen vor. Gelegentlich wurde eine Vergrünung der Blüten festgestellt. Als Parasit des Korianders wird der Rostpilz *Puccinia petroselini* (DC.) Liro genannt, der an Stengeln, Blattstielen und Blättern die bekannten braunen oder schwärzlichen Pusteln hervorruft.

Besonderes: Die Druschabfälle des Korianders können mit anderem Rauhfutter zusammen verfüttert werden.

Datura stramonium L., Gemeiner Stechapfel* †

Solanaceae

Gebräuchliche Pflanzenteile: DAB. 6: „Die zur Blütezeit gesammelten und getrockneten Laubblätter." Erg.-B. 6: „Die reifen Samen von *Datura stramonium* Linné." HAB. 2: „Frisches, zur Zeit der beginnenden Blüte gesammeltes Kraut." „Reife Samen."

Handelsbezeichnungen: *Folia Stramonii*, Stechapfelblätter; *Semen Stramonii*, Stechapfelsamen.

Botanik: *Datura stramonium* ist einjährig. Die Pflanze verfügt über eine spindelförmige Wurzel. Die aufrechten Stengel sind einfach oder meist gabelästig, ziemlich rund und kahl; sie werden bis 120 (180) cm hoch, auf besonders nährstoffreichen Böden noch höher. Die gestielten Laubblätter sind ± eiförmig, in den Blattstiel verschmälert, oben spitz auslaufend. Sie sind am Rande grobbuchtig gezähnt, können aber auch sehr verschieden gestaltet sein; außer ganzrandigen kommen auch solche vor, die fast fiederig-gelappt, bald einfach und bald doppelt-buchtig gezähnt oder gelappt sind. Die Blattfarbe ist oberseits dunkelgrün, unterseits etwas heller. Die Blätter sind wie die ganze Pflanze fast kahl. Die kurzgestielten Blüten stehen aufrecht in den Astgabeln. Der Kelch ist fünfkantig, röhrig, etwas aufgeblasen, bis 4,5 cm lang und fällt nach dem Verblühen bis auf den ringförmigen Kelchgrund ab. Die schnell welkenden Blüten haben einen unangenehmen, moschusartigen Geruch, der am Abend bei frisch geöffneten Blüten stärker ist als am Tage. Die Farbe der Blumenkrone ist bei *Datura stramonium* weiß.

Blütezeit: (VI) VII—IX.

Während feuchtwarmer Sommer blühen die *Datura-species* bis November. Leichte Fröste schädigen bereits die Pflanzen.

Die Blütenböden waren in Leipzig-Probstheida Ende Juli reichlich mit kleinen Glanzkäfern (*Meligethes-species*) besetzt, die aber durch langes Verweilen und Umherkriechen auf den Befruchtungsorganen nur Selbstbestäubung bewirken können. Von Fliegen wurde im Bestand als einzige Art die große bunte Schnake *Pachyrrhina lineata* Scop. gefangen. Honigbienen wurden auch nach wiederholter längerer Beobachtung nicht gesehen, nur die Hummel *Hortobombus ruderatus* F. beflog in einzelnen Stücken die Blüten. Tagschmetterlinge wurden nicht beobachtet.
Datura stramonium ist eine homogame Nachtfalterblume. Der Nektar wird am Grunde des Fruchtknotens ausgeschieden. Da Narbe und Staubbeutel annähernd in gleicher Höhe stehen, dürfte besonders beim Schließen der Blüten oft spontane Selbstbestäubung eintreten (HEGI).

[8] MÜHLE, E.: Krankheitserscheinungen und Schadbilder an weiteren Doldenblütlern. „Pharmazie" 2, S. 471 bis 472 (1947); bzw. „Arzneipflanzen-Umschau" 2, S. 256 bis 257 (1947).

* Siehe auch HEEGER, E. F. und POETHKE, W.: *Datura Stramonium* L., Gemeiner Stechapfel. Botanik, Anbau, Inhaltsstoffe. „Pharmazie" 3, S. 226 bis 235 (1948); bzw. „Arzneipflanzen-Umschau" 2, S. 345 bis 354 (1948).

Abb. 177 Datura stramonium L., Einzelpflanzen; unten: Bernburger NZ

Aus dem weichstacheligen Fruchtknoten bildet sich die grüne, etwa walnußgroße (bis 5 cm lange) Kapsel, die mit pfriemlich-stacheligen Fortsätzen bedeckt ist. Sie kann aber auch unbewehrt sein.

Der bis 1,5 mm dicke Samen ist flach, etwas plattgedrückt, fast nierenförmig, bis 3,8 mm lang und 3 mm breit. Die Oberfläche ist grubig, die Farbe vorwiegend dunkelbraun bis tiefschwarz. Der Geruch ist beim Zerreiben etwas widerlich. Die Samen von *Datura stramonium* sind wie die ganze Pflanze giftig. Sie werden zur Bereitung einer Tinktur und zur Alkaloidgewinnung verwendet.

Von *Datura stramonium* L. unterscheidet DANERT[1] nach dem Vorhandensein oder Fehlen der Anthozyanfärbung und der Stacheln folgende Varietäten:

[1] DANERT, S.: Die medizinisch genutzten *Datura*-Arten und deren Benennung. „Pharmazie" 9, S. 349 bis 363 (1954); bzw. „Arzneipflanzen-Umschau" 4, S. 99 bis 112 (1954).

1. *D. stramonium* L. *var. stramonium*
   Synonyme: *Datura wallichii* Dun.
   Sprosse grün, Blüten weiß, Früchte bestachelt.
2. *D. stramonium* L. *var. tatula* (L.) Torr.
   Synonyme: *D. tatula* L.,
   D. stramonium L. *var. chalybaea* Koch,
   D. praecox Godr.
   Sprosse, Blattstiele und Blattnerven violett angelaufen, Blüten hellviolett, Früchte bestachelt.
3. *D. stramonium* L. *var. inermis* (Jacq.) Timm.
   Synonyme: *D. inermis* Jacq.,
   D. laevis L. f.,
   D. bertolonii Parlat.
   Sprosse grün, Blüten weiß, Früchte glatt.
4. *D. stramonium* L. *var. godronii* Danert
   Synonyme: *D. tatula* L. *var. inermis* Timm.,
   D. tatula inermis Godr.
   Sprosse, Blattstiele und Blattnerven violett angelaufen, Blüten hellviolett, Früchte stachellos.

Die giftigen *Datura*-Pflanzen riechen widerlich und schwach narkotisch. Sie enthalten als Hauptwirkstoffe l-Hyoscyamin, Atropin und l-Scopolamin.

Boden und Klima: Die höchsten Erträge und Alkaloidausbeuten werden vom Stechapfel auf nährstoffreichen, kalkhaltigen, nicht zu trockenen Böden erzielt. Auf stickstoffreichen Böden wächst er besonders gut, auch Niederungsmoorboden ist für den Anbau geeignet. Außer dem Stechapfel werden oft noch weitere Solanaceen z. B. das Bilsenkraut (*Hyoscyamus niger* L.) gern als „Schuttpflanzen" bezeichnet. Sie können selbst noch auf kalkhaltigem Trümmerschutt angesiedelt werden, wo sie gedeihen, wenn der Schutt schon genügend verwittert und vor allem stickstoffreich ist. Warme, sonnige Lagen werden bevorzugt.

Herkunft und Verbreitung: Hinsichtlich der geographischen Herkunft von *Datura stramonium* finden sich in der Literatur verschiedene Angaben. WEIN[2] hat nach-

Abb. 178
Datura stramonium L., Samen

[2] WEIN, K.: Fedde, Rep. Bh. 66, S. 119 (1932); zit. nach DANERT loc. cit. S. 367; siehe auch WEIN, K.: Die Geschichte von *Datura stramonium*. „Die Kulturpflanze", 2. Bd., S. 18 bis 71 (1954).

gewiesen, daß nur Amerika, und zwar das mexikanische Hochland, als Ursprungsgebiet in Frage kommt. Die Art ist heute weit über diesen Erdteil hinaus verbreitet und wird als Kosmopolit der gemäßigten und der warmen Zone bezeichnet. Nach Genanntem wird *Datura stramonium* in Deutschland als Gartenpflanze erstmalig 1584 nachgewiesen.

Herkünfte des Drogenhandels: In Deutschland wird der Stechapfel vielenorts feldmäßig angebaut, wobei es sich häufig um einen werkseigenen Anbau der *Datura*-Drogen verarbeitenden Industrie handelt. Weitere Herkunftsländer sind u. a. Österreich, die Tschechoslowakei, Ungarn, Rumänien und die Sowjetunion (Ukraine, Asow-Schwarzmeergebiete, Nordkaukasus, Georgien, Aserbaidshan, Kursker und Woronesher Gebiet).

Sorten und Herkünfte für den Anbau: Im Handel befinden sich die nachfolgend aufgeführten vier Gruppensorten, die den auf S. 368 charakterisierten Varietäten entsprechen:

'Bewehrter Weißer Stechapfel'
'Stachelloser Weißer Stechapfel'
'Bewehrter Violetter Stechapfel'
'Stachelloser Violetter Stechapfel'

1953 wurde erstmalig eine Neuzüchtung des Instituts für Pflanzenzüchtung der Deutschen Akademie der Landwirtschaftswissenschaften zu Berlin in Bernburg (Saale) vom Typ *Datura stramonium* L. *var. stramonium* beim Sortenamt geprüft, die sich durch Riesenwuchs (Gigasformen) von der obengenannten Gruppensorte des gleichen Typus unterscheidet. EISENHUTH[3], der diese Neuzüchtung beschreibt, teilt mit, daß sie auf Grund bisheriger zytologischer Befunde nicht zu den polyploiden Formen gehört.

Abb. 179 Datura stramonium L., reifende Kapsel

Abb. 180 Datura stramonium L. var. tatula (L.) Torr., stachellose Kapsel

[3] EISENHUTH, F.: Eine *Datura stramonium*-Neuzucht mit hoher Ertragsleistung. „Pharmazie" 8, S. 682 bis 687 (1953); bzw. „Arzneipflanzen-Umschau" 3, S. 623 bis 628 (1953).

Nach Genanntem wurde von dieser Neuzüchtung ein wesentlich höherer Blattertrag und eine bessere Alkaloidausbeute erzielt als von den allgemein angebauten Stechapfelsorten. RUDORF[4] berichtet 1944 über Polyploidieeffekte bei *Datura stramonium* L. *var. tatula* (L.) Torr. Die von ihm gezüchteten polyploiden Stämme erbrachten als Blattdrogenpflanzen höhere Alkaloiderträge je Pflanze und auch je Flächeneinheit als diploide Formen. Nachdem erwiesen ist, daß die Alkaloidbildung in den Pflanzen hauptsächlich in ihren Wurzeln stattfindet, folgert ROWSON (1954)[5], daß die tetraploiden *Datura-species* auf Grund der tetraploiden Natur ihrer Wurzeln alkaloidreicher sind. Im Institut für Kulturpflanzenforschung der Deutschen Akademie der Wissenschaften zu Berlin in Gatersleben (Kreis Aschersleben) ist man neuerdings um die Züchtung scopolaminreicher *Datura*-Sorten bemüht[6].

Nach SANDFORT[7] sollen die grünen im Vergleich zu den violetten Rassen die anbauwürdigeren sein, weil der höhere mittlere Alkaloidgehalt die geringeren Trockengewichtsernten mehr als ausgleicht, so daß die Alkaloidgesamternte je Fläche berechnet eine ergiebigere ist.

Saatgut: Die Mindestreinheit sollte 98% betragen. Das durchschnittliche 1000-Korngewicht betrug nach unseren Untersuchungen 7,769 g, die Keimfähigkeit nur 53%. Die Samen keimen meist sehr ungleichmäßig. Unreif geerntetes Saatgut neigt oft zu starker Schimmelbildung. Sorgfältig geerntetes und aufbereitetes Saatgut keimte aber bis zu 99%. Handelssaatgut sollte mindestens mit 70% keimen. Der Keimversuch wird nach den „Technischen Vorschriften für die Prüfung von Saatgut“ bei 20°C oder Wechseltemperatur und bei Lichtzutritt oder -abschluß durchgeführt. Nach 21 Tagen wird der Keimversuch abgeschlossen. Nach neueren Untersuchungen von LAUER[8] benötigt *Datura stramonium* zur Keimung höhere Temperaturen, und zwar 35°C, oder aber Temperaturen von 25 und 10°C in zwölfstündigem Wechsel. Genannte erzielte im einzelnen folgende Ergebnisse:

Temperatur °C	Keimfähigkeit %	Temperatur °C	Keimfähigkeit %
40	0	7	0
35	78	2—5	0
30	3	25/10	61
25	1	18/10	1
20	0	15/5	0
13	0		

Die Gefahr der Verunkrautung der Felder infolge Samenausfalls bei vorhergehendem Anbau von Stechapfel ist groß. Daß selbst nach Jahren der Stechapfel noch auf Feldern auftaucht, wo früher einmal diese Kulturart angebaut wurde, ist auch keimungsphysiologisch zu begründen. Die Samen bleiben sehr lange keimfähig, und vor allem nimmt bei den frisch geernteten die Keimfähigkeit noch im Laufe der Jahre zu. Nach sechsjähriger sorgfältiger Lagerung des Saatgutes konnten wir noch keine Abnahme der Keimfähigkeit feststellen.

Hektolitergewichtsbestimmungen ergaben Werte von 55,000—61,532 kg.

[4] RUDORF, W.: Polyploidieeffekte bei der Alkaloidpflanze *Datura tatula*. „Jenaische Zeitschrift für Medizin und Naturwissenschaften“ **77**, S. 290 bis 306 (1944).

[5] ROWSON, J. M.: Alkaloid biogenesis in plants with special reference to *Datura* and allied genera in the solanaceae. „J. Pharmac. Belgique“ **36**, S. 195 bis 221 (1954).

[6] Jahresbericht des genannten Instituts: „Die Kulturpflanze“, 2. Bd., S. 11 (1954).

[7] SANDFORT, E.: Über die Ursachen der Schwankungen im Alkaloidgehalt bei *Datura stramonium*. „Angew. Botanik“ **22**, S. 1 bis 53 (1940).

[8] LAUER, E.: Über die Keimtemperatur von Ackerunkräutern und deren Einfluß auf die Zusammensetzung von Unkrautgesellschaften. „Flora“ **140**, S. 551 bis 595 (1953).

Anbau: In der Fruchtfolge wird der Stechapfel am besten nach reichlich gedüngten Hackfrüchten oder auch nach Leguminosen angebaut. Aber auch für Stellung in Stallmist zeigt er sich dankbar.

Als Nachfrucht werden Hackfrüchte, am besten Kartoffeln oder Rüben angebaut. Auftretende Stechapfelpflanzen müssen in der Nachfrucht sehr sorgfältig beseitigt werden. Blattgemüse, besonders Spinat, darf nicht nach Stechapfel angebaut werden, da Vergiftungserscheinungen auftreten, wenn Stechapfel menschlichen Genußzwecken zugeführt wird. Futterpflanzen sind ebenfalls nicht als Nachfrucht anzubauen, denn auch Tieren kann er sehr schädlich werden. Nach einer mündlichen Mitteilung von R. CAESAR beobachtete dieser z. B. Vergiftungserscheinungen bei Rindern, die Haferstroh gefressen hatten, das mit Stechapfel verunreinigt war, eine Erscheinung, die schon wiederholt bei Haustieren beobachtet wurde. Kaninchen sollen aber unempfindlich sein. REKO[9] sieht die Erklärung für dieses Phänomen darin, daß Blut und Leber der Kaninchen imstande sind, Atropin zu zerstören, eine Fähigkeit, die dem Menschen völlig fehlt.

Abb. 181 Datura stramonium L., Keimpflanzen

Der Stechapfel ist sehr frostempfindlich und wärmebedürftig. Die Aussaat soll daher nicht vor Mitte April vorgenommen werden, so daß das Auflaufen erst nach der letzten Nachtfrostgefahr im Mai erfolgt. Mit Egge und Walze wird der Boden wie zu Zuckerrüben hergerichtet. Der Samen keimt zwar gut, doch ist er in der Keimdauer sehr unterschiedlich. Um ein gleichmäßiges Auflaufen zu erzielen, wird er am besten vorgequollen oder zwölf Stunden in 10%iger Chlorkalklösung vorbehandelt, gut abgewaschen und so weit zurückgetrocknet, daß er sich bequem drillen läßt. Das Abwaschen ist notwendig, da sonst Keimschäden verursacht werden können. Am zweckmäßigsten setzt man den Samen abends an, nimmt ihn am nächsten Morgen aus dem Chlorkalkbad und breitet ihn nach dem Abwaschen auf einer Plane zum Zurücktrocknen aus. Mittags kann dann gedrillt werden. Vor dem Drillen ist die gequollene Saatgutmenge zu wiegen und dann entsprechend erst die Drillmaschine einzustellen. Das heißt, wenn 12 kg je Hektar fallen sollen, wiegen diese nach der Behandlung etwa 16 kg. Die Maschine muß also so eingestellt werden, daß diese letztere Menge auch wirklich fällt. An warmen Tagen läßt sich auf größeren Schlägen ein weiteres Eintrocknen des Samens bei längerer Drilldauer meist nicht verhindern. Eine Beobachtung des Saatgutfalles ist also während des Drillens erforderlich, um einem stärkeren Laufen des Saatgutes durch entsprechende Korrektur an der Einstellung der Drillmaschine vorzubeugen.

Die Aussaat selbst erfolgt mit mindestens 50 cm Reihenabstand mit einer Saatgutmenge von 12 kg bei 98% Reinheit und 70% Keimfähigkeit. Die Samen sollen wie

[9] REKO, V. A.: Toluachi, das ehrwürdige Gift der Mayos. „Heil- und Gewürzpflanzen" 15, S. 64 bis 73 (1933).

die Rübenknäuel im Boden liegen. Zu tiefes Drillen erschwert das gleichmäßige Auflaufen. Die Saat wird zunächst zugeeggt und später angewalzt. Innerhalb der ersten acht Tage kann zur vorbeugenden Unkrautbekämpfung noch einmal leicht gestriegelt und gewalzt werden. Das zu bestellende Feld läßt sich auch über Kreuz (50 × 50 bis 75 × 50 cm) markieren. Man legt dann je Markierungspunkt 3—5 Samen aus. Später werden die Pflanzen auf eine Pflanze vereinzelt. Durch weite Standräume werden gut entwickelte, große Blätter erzielt, die als Droge besonders geschätzt sind. Bei der Bemessung der Standräume ist auch zu bedenken, daß die Pflücker bequem zwischen den Reihen arbeiten können. Im Schrifttum wird auch Herbstaussaat empfohlen. KINZEL (zit. nach HEGI) konnte jedoch experimentell eine Beschleunigung der Keimung durch Frost nicht beobachten, im Gegenteil wird sie anscheinend durch höhere Temperaturen gefördert. Bei Herbstaussaat ist es durchaus möglich, daß im Frühjahr die jungen Pflanzen unter Frösten leiden oder sogar erfrieren. Aussaat im warmen Kasten kann erfolgen, jedoch ist diese Art der Anzucht für den feldmäßigen Anbau wirtschaftlich kaum tragbar. Die jungen Sämlinge sind auch gegen das Verpflanzen ins Freiland empfindlich. Die Pfahlwurzeln dürfen keinesfalls verletzt werden. Die ins Freiland verpflanzten Jungpflanzen müssen die erste Zeit gut feucht gehalten werden, um Ausfälle zu vermeiden.

Die Pflanzen entwickeln sich in den ersten zwei Monaten nach der Freilandaussaat verhältnismäßig langsam, und erst mit Beginn der heißen Jahreszeit ist, wie beim Tabak, ein üppiges Wachstum zu beobachten. Das Auflaufen selbst erfolgt etwa nach 3—5 Wochen, bei späterer Saatzeit und größerer Erwärmung sowie genügend Feuchtigkeit oft schon nach 14 Tagen. Während des trockenen Frühjahrs 1947 lief auf dem Versuchsfeld in Leipzig-Probstheida die unbehandelte Stechapfelsaat erst nach einem stärkeren Regen nach acht Wochen auf. Um in solchen Fällen rechtzeitig mit den Pflegearbeiten beginnen und unter Umständen eine Blindhacke vornehmen zu können, sollte der Stechapfel möglichst zusammen mit einer schnell auflaufenden Markiersaat ausgesät werden. Letztere darf nicht zu Verwechslungen mit Stechapfel Anlaß geben. Sobald die Pflänzchen sichtbar sind, wird unter Verwendung von Hohlschutzscheiben mit der Maschine gehackt. Wenn sich das dritte und vierte Blatt zeigen, wird bei Drillsaat der Bestand durch Verkrehlen oder Verhacken und Verziehen auf 40 bis 50 cm in der Reihe vereinzelt. 1—2 weitere Hacken mit der Hand oder Maschine sind dann bis zum Schließen des Bestandes erforderlich.

Über Düngungsversuche berichten u. a. BOSHART[10] sowie DAFERT und SIEGMUND[11]. *Datura stramonium* hat vor allem ein hohes Stickstoffbedürfnis. Er ist bei reichlicher Stickstoffdüngung sehr massenwüchsig. Der Alkaloidgehalt wird durch Stickstoffgaben günstig beeinflußt; zu hoch bemessene Gaben können sich aber auch nachteilig auf ihn auswirken.

An organischem Dünger kommen vor allem Stallmist, Jauche und Kompost in Frage. Auch der Kalkgehalt des Bodens muß ausreichend sein. Für Preßschlammgaben aus der Zuckerrübenindustrie ist der Stechapfel sehr dankbar. An Handelsdüngemitteln empfiehlt es sich, etwa folgende Gaben zu verabreichen:

$$60 \text{ kg N} = 300 \text{ kg/ha Kalkstickstoff,}$$
$$30\text{–}50 \text{ kg } P_2O_5 = 170\text{–}280 \text{ kg/ha Superphosphat und}$$
$$80\text{–}120 \text{ kg } K_2O = 200\text{–}300 \text{ kg/ha } 40\%\text{iges Kali.}$$

Das Streuen des Düngers hat zeitig vor der Aussaat zu erfolgen, und die Düngemittel müssen gut eingearbeitet werden. Etwa drei Wochen nach dem Auflaufen der Saat

[10] BOSHART, K.: „Heil- und Gewürzpflanzen" 13, S. 97 (1930/1931); ref. in „Pharmaz. Zhalle" 72, S. 762 (1931).
[11] DAFERT, O. und SIEGMUND, O.: „Heil- und Gewürzpflanzen" 14, S. 98 (1932); „Chem. Zbl." I, S. 2865 (1932).

wird noch eine Kopfdüngergabe in Höhe von 200 kg/ha Kalkammonsalpeter = 40 kg/ha N gegeben. Trockenes Wetter ist beim Ausstreuen dieses Kopfdüngers Voraussetzung, da sonst leicht Brandflecken an den Pflanzen entstehen.

Ernte: Die Blätter werden während der Blütezeit, etwa ab Ende Juni bis September, dreimal im Jahre geerntet. Es werden immer die älteren größeren Blätter zuerst gepflückt, die kleineren Blätter läßt man der Pflanze, obgleich sie sehr alkaloidreich sind. Die Pflanze darf durch das Entblättern nicht allzusehr in ihrer Entwicklung gehemmt werden. Diese Art der Ernte erfordert den höchsten Arbeitsaufwand, bringt aber auch hohe Erträge von guter Qualität. Die Blatternte selbst wird mit dem Messer oder der Sichel vorgenommen. Die großen Blätter werden einzeln, die kleinen an der Verästelung geschnitten. Fruchtkapseln und Stengel sollen nicht in die Ware kommen. Das Erntegut wird in Körbe oder Holzstiegen gesammelt, in denen dann gleich der Abtransport erfolgen kann. Bei losem Aufladen darf die Ware nicht festgedrückt werden. Erntegut, das sich drückt und erhitzt, wird schwarz und wertlos. Welke und fleckige Blätter sind nicht zu ernten, denn sie setzen die Ware im Wert stark herab. Da die Witterungsfaktoren von Bedeutung für die Höhe des Alkaloidgehaltes sind, ist zu beachten, daß die Ernte nicht direkt nach einer Regenperiode erfolgt. Der Alkaloidgehalt der Blätter von Nachtschattengewächsen mit intensiver kutikulärer Alkaloidexkretion kann durch Niederschläge verringert werden. Nach Feststellungen von SCHRATZ und SPANING[12] nimmt der Alkaloidgehalt der Stechapfelblätter bereits nach kurzer Regendauer merklich ab. Man wartet daher am besten mit der Ernte der Blätter, bis schönes Wetter einige Tage angehalten hat. Nach DAFERT[13] soll allerdings heißes, sonniges Wetter im Zusammenhang mit hohen Bodentemperaturen ebenfalls den Alkaloidgehalt der *Datura* herabsetzen. Nach BOSHART[14] besitzen am Morgen gepflückte Blätter einen höheren Alkaloidgehalt als die am Abend gepflückten. Die Erntearbeiten sollten daher in den Morgenstunden vorgenommen werden, wenn die Blätter völlig vom Tau abgetrocknet sind. Auch nach neueren Untersuchungen von HEMBERG und FLÜCK[15] ist der absolute Alkaloidgehalt in den Blättern von *Datura stramonium* bei regelmäßiger Probeentnahme (innerhalb 24 Stunden 6 Entnahmen) in den frühen Morgenstunden am höchsten (etwa 22% mehr als um 23 Uhr). Er sinkt bis einige Stunden nach Einbruch der Dunkelheit langsam ab, um dann in der Nacht wieder anzusteigen. In den Wurzeln dagegen ist der Alkaloidgehalt am Nachmittag beträchtlich größer als in der Nacht und beträgt etwa die Hälfte desjenigen der Blätter.

Erfrorene Blätter haben nach Untersuchungen von BOSHART und BERGOLD[16] noch einen hohen Alkaloidgehalt, der allerdings niedriger als der normaler Blätter ist. Zur Alkaloidgewinnung lassen sich aber erfrorene Blätter noch verwerten.

Im feldmäßigen Großanbau empfiehlt es sich, im August die Blatternte auf einmal vorzunehmen. Diese Methode ist wirtschaftlicher, als wenn der Bestand mehrmals durchgepflückt wird, und bringt ebenfalls hohe Erträge. Beide Erntemethoden haben aber den Nachteil, daß sich der Samenausfall nicht ganz vermeiden läßt. Stechapfel blüht ab Juni bis in den September, und entsprechend erstreckt sich auch die Reife der Fruchtkapseln von Juli bis in den Oktober hinein. Eine gleichzeitige Ernte aller reifenden Kapseln ist daher nicht möglich. So ist Samenausfall also immer gegeben.

[12] SCHRATZ, E. und SPANING, M.: Über den Einfluß des Regens auf den Alkaloidgehalt des Stechapfels, *Datura stramonium*. „Die Deutsche Heilpflanze" 8, S. 69 (1942).

[13] Zit. nach FLÜCK, H.: Der Einfluß der natürlichen Verhältnisse auf die Arzneipflanzen. 12. Internationaler Gartenbaukongreß Berlin 1938. Bd. I, Berlin 1939. S. 577.

[14] loc. cit. S. 372.

[15] HEMBERG, T. und FLÜCK, H.: Die Tagesperiodizität des Alkaloidgehaltes und des Gehaltes an übrigen stickstoffhaltigen Stoffen bei *Datura Stramonium*. „Pharmac. Acta Helvetiae" 28, S. 74 bis 85 (1953).

[16] BOSHART, K. und BERGOLD, M.: Der Alkaloidgehalt erfrorener Stechapfelblätter. „Heil- und Gewürzpflanzen" 8, S. 177 bis 180 (1926).

Infolge der langen Keimfähigkeit des Samens erfolgt meist auf Jahre hinaus eine starke Verunkrautung des Feldstückes. Wegen der Giftigkeit der Pflanze ist größte Vorsicht geboten, und zwar, wie schon erwähnt, bei den nachfolgenden Kulturen, besonders bei Futterpflanzen, aber auch bei Getreidefolge und Verwendung der Strohernte zu Futterzwecken, besonders in gehäckselter Form. Stechapfel als Unkraut ist also unter allen Umständen zu vernichten. Sobald die Laubernte beendet ist, werden mit dem Grasmäher, oder noch besser dem Ableger, die restlichen Stengel gemäht und abgefahren. Eine Verzögerung hierbei kann ebenfalls noch zu Samenausfall führen. Diese Rückstände werden am besten auf einen Schuttplatz gebracht und baldigst verbrannt, damit auch durch Vögel keine Samenverschleppung erfolgt. Aus allen diesen Erwägungen heraus findet noch eine dritte Erntemethode Anwendung. Dabei wird eine Dünn- oder Dibbelsaat mit etwa 10 kg/ha Saatgut bei einer Reihenweite von 40—50 cm vorgenommen. Durch Verengung des Standraumes und reichliche Stickstoffdüngung muß der Verholzung der Stengel entgegengewirkt werden. Der Bestand wird nicht vereinzelt. Unter Verzicht auf hohe Erträge wird der Erntezeitpunkt vorverlegt. Der Schnitt mit dem Grasmäher erfolgt dann bereits kurz nach Beginn der Blüte, Ende Juni/Anfang Juli. Ein Ertragsausgleich erfolgt durch Anbau einer Zweitfrucht. Der Stechapfel kann aber auch selbst als zweite Frucht nach zeitig das Feld räumenden Kulturen, wie Pflückerbsen, Frühkartoffeln, frühen Futterpflanzen und dergleichen, angebaut werden. Die Räumung der Vorkultur und Bestellung des Stechapfels müssen rasch erfolgen. Eine Aussaat bis Ende Juni ist unter der Voraussetzung geeigneter Witterungsverhältnisse gut möglich. Der Schnitt erfolgt dann etwa im September/Oktober. Früh einsetzende Fröste können die Kultur allerdings gefährden. Die Ernte ist dann sofort vorzunehmen. Das frische Kraut soll schnellstens dem Verarbeitungsbetrieb zugeführt werden. Es wird, wie bei der Pfefferminze ein mittelgrober Krüllschnitt hergestellt. Im raschen Arbeitsgang werden dann die Blätter von den groben Stengelteilen maschinell getrennt und schnell getrocknet. Die auf diese Weise gewonnene Droge hat ein tadelloses Aussehen und wird von der verarbeitenden pharmazeutischen Industrie günstig beurteilt. Diese Methode der Drogengewinnung ist aber nur im werkseigenen Anbau wirtschaftlich durchführbar.

Im Hinblick auf die Verarbeitung der ganzen Pflanzen für industrielle Zwecke interessieren die von FELDHAUS[17] erzielten Ergebnisse über die Alkaloidverteilung in den Organen von *Datura stramonium*:

im Ausgangssamen	0,33 %	Alkaloide
in den Hauptwurzeln	0,10 %	,,
in den Wurzelzweigen	0,25 %	,,
in der Hauptachse	0,09 %	,,
in den Achsenzweigen höchster Ordnung	0,36 %	,,
in den Blättern	0,39 %	,,
im Stempel	0,54 %	,,
in der Blumenkrone	0,43 %	,,
in den Kelchröhren	0,30 %	,,
in den reifen Perikarpien	0,08 %	,,
in den Plazenten der reifen Früchte	0,28 %	,,
im reifen Samen	0,48 %	,,
in den aus diesen Samen erwachsenden Keimlingen	0,67 %	,,

[17] FELDHAUS, J.: Quantitative Untersuchungen über die Verteilung der Alkaloide in den Organen von *Datura Stramonium* L. Diss. Marburg 1903, „Arch. Pharmaz." **243**, S. 328 (1905).

Die Alkaloidverteilung im Laubblatt einer späteren Ernte war folgende:

im Assimilationsgewebe	0,48% Alkaloide
in dem Mittel- und den Sekundärnerven	1,39% ,,
in den Blattstielen	0,69% ,,

In diesem Zusammenhang interessieren auch neuere Untersuchungen von JENTZSCH[18] über die Alkaloidbildung in Solanaceen. Die Blätter von *Datura stramonium var. inermis* und von *Datura stramonium var. tatula* enthielten im ersten Entwicklungsstadium überwiegend Scopolamin und nur wenig Hyoscyamin. Es wurde jedoch durch einen stetigen Anstieg des Gehaltes an Hyoscyamin dieses Alkaloid mit Beginn der Blüte zum Hauptalkaloid, während im weiteren Verlaufe der Entwicklung der Scopolamingehalt immer weiter absinkt, so daß schließlich in der voll entwickelten Pflanze nur noch Spuren hiervon vorkommen.

Die Samenernte erfolgt mit der Hand. Der zu diesem Zweck bestimmte Feldbestand wird zunächst einmal auf große Blätter durchgepflückt. Danach erfolgt bei mehrfachem Durchgehen das Herausschneiden der reifen Fruchtkapseln mit einer Gartenschere. Es werden jeweils nur die gerade platzenden oder schon geplatzten Früchte herausgeschnitten und in dichte Sackbeutel gesammelt. Beim Ernten von Sorten mit stacheligen Fruchtkapseln empfiehlt sich die Benutzung von Lederhandschuhen.

Die geernteten Fruchtkapseln werden zur Trocknung und Nachreife auf Böden flach ausgebreitet. Nach der Trocknung genügt meist schon ein einfaches Ausklopfen und Bewegen der aufgesprungenen trockenen Kapseln mit einer Harke, um den Samen zum Ausfall zu bringen. Wird der Samen als Saatgut verwendet, soll er dann auf natürlichem Wege noch gut nachtrocknen, da feuchtes Saatgut leicht schimmelt. Bei Verwendung der Samen als Droge kann eine künstliche Nachtrocknung erfolgen.

Trocknung: Die Trocknung der Blatternte wird künstlich am besten bei Temperaturen von 50—60°C vorgenommen. Bei zu langsamer Trocknung leidet die Qualität. Nach Untersuchungen von BOSHART[19] haben Stechapfelblätter in frischem Zustande den höchsten Alkaloidgehalt. Er betrug bei den frischen Blättern 0,26%, nach schnellem Trocknen bei 60°C 0,24% und nach langsamem Trocknen bei Zimmertemperatur nur 0,196%. Trocknen an der Sonne ist dagegen nachteiliger als Trocknen im Schatten. So enthielten nach Untersuchungen von KOPP[20] die im Schatten getrockneten Blätter durchschnittlich 10% mehr Alkaloide als die in der Sonne getrockneten.

Das Eintrocknungsverhältnis beträgt etwa 5—7 : 1. Die im Sommer geernteten Blätter sind gewöhnlich etwas wasserreicher als die der Herbsternte.

Die Droge ist sehr hygroskopisch und verdirbt leicht. Eine längere Lagerung der Droge beim Anbauer empfiehlt sich nicht, da der Alkaloidgehalt abnimmt. Der widerliche, betäubende Geruch der frischen Pflanze kann Schwindel hervorrufen. Beim Trocknen geht der Geruch fast ganz verloren.

Erträge: An frischen Blättern werden bei den beiden erstgenannten Methoden 75—180 dz/ha geerntet, bei der letzteren etwa 60—120 dz Kraut, wobei sich das Mittel mehr an der unteren Grenze bewegt. Diese Mengen ergeben etwa 15—30 dz Blattdroge bzw. 10—20 dz/ha einer stengelreichen Blattware.

Der Samenanfall ist an sich hoch, doch wird der leicht ausfallende Samen meist nicht restlos geerntet. 6—14 dz/ha Samenertrag sind ohne weiteres möglich. Bei spät gedrillten Beständen liegt der Ertrag meist unter 8 dz.

[18] JENTZSCH, K.: Beitrag zur Kenntnis der Alkaloidbildung in Solanaceen. „Scientia pharmac." **21**, S. 285 bis 291 (1953); ref. von MEYER, F. O. W. in „Pharmaz. Zhalle" **93**, S. 387 bis 388 (1954).

[19] loc. cit. S. 372.

[20] KOPP, E.: „Pharmaz. Zhalle" **72**, S. 113 (1931); zit. nach HEEGER und POETHKE: loc. cit. S. 366.

Krankheiten und Schädlinge: Hegi nennt an Schmarotzerpilzen: *Pleosphaerulina argentinensis* Speg., *Alternaria crassa* (Sacc.) Rands, *Macrosporium cookei* Sacc., *M. daturae* Fautr., *Cercospora crassa* Sacc., *C. daturae* Peck., *Septoria daturae* Speg., *Cercosporina daturicola* Speg.; *Phoma daturae* Speg. erzeugt Stengelflecken, *Sclerotinia libertiana* Fuck. ein Absterben der Keimpflanzen.

Hegi ist der Ansicht, daß die Blätter durch ihren unangenehmen, betäubenden Geruch und durch ihren Alkaloidgehalt vor Tierfraß geschützt sind. Auch die Stacheln der Frucht der bewehrten Formen stellen eine Art Schutz dar. Diese Ansicht Hegis konnte Frömming[21] widerlegen, indem er in zahlreichen Versuchsreihen nachwies, daß z. B. die verschiedensten Schneckenarten alkaloidhaltige, behaarte oder bestachelte Pflanzen als Futter nicht verschmähen.

Nach Hegi miniert in den Blättern des Stechapfels die Larve der Blumenfliege *Pegomyia hyoscyami* Mg. Gelegentlich saugen auch Blattläuse und Spinnmilben an der Pflanze; außerdem leben an den Blättern mehrere Arten von Erdflöhen der Gattungen *Phylliodes* Berthold und *Epithrix* Foudras, gelegentlich auch die Raupen von *Acherontia atropos* L. Der Kartoffelkäfer, *Leptinotarsa decemlineata* Say., sucht außer *Solanum*-Arten auch noch andere Solanaceen heim, aber der Stechapfel wurde bisher kaum von ihm befallen[22]. Auf dem Versuchsfeld des Sortenamtes in Leipzig-Probstheida wurde der Stechapfel von vier Marienkäferarten aufgesucht. Die beiden überwiegenden Arten waren nach Beobachtungen von Ude *Coccinella septempunctata* L. samt ihrer Larven und *Propylaea 14-punctata* L. Die an der Unterseite der Blätter anhaftenden Blattlauskolonien gelangten infolgedessen nicht zur Ausbreitung.

Je nach Stärke des Krankheits- und Schädlingsbefalls der Pflanze kann der Alkaloidgehalt vermindert werden. So sinkt er sehr stark in Blättern, die von dem Pilz *Alternaria crassa* befallen sind[23].

Die Stechapfelsamen werden von der Dörrobstmotte *Plodia interpunctella* Hb. geschädigt.

Besonderes: Die Stechapfelbestände müssen, wie überhaupt alle mit Giftpflanzen bestellten Felder, als Giftpflanzenkulturen deutlich sichtbar gekennzeichnet sein. Bei der Ernte ist darauf zu achten, daß die damit beschäftigten Personen (keine Kinder) sich nicht mit den Händen ins Gesicht oder in die Augen fassen. Vor der Frühstückspause oder dem Essen bzw. nach dem Umgang mit diesen Pflanzen, sind die Hände zu waschen. Übelkeitserscheinungen, die besonders bei warmer Witterung durch den beim Schnitt ausströmenden Geruch hervorgerufen werden, kann man durch Bereitstellung von erfrischenden Getränken vorbeugen. Bei Vergiftungserscheinungen werden Öl, Milch, Essig und besonders Brechmittel angewendet. Ärztliche Hilfe ist unerläßlich, da Vergiftungen mit tödlichem Ausgang vorgekommen sind.

Weitere Datura-species

Hin und wieder werden außer *Datura stramonium* auch noch andere Stechapfelarten medizinisch genutzt, so *D. metel* L., *D. innoxia* Mill. und *D. meteloides* Dun. Ihr Anbau erfolgt gelegentlich in Verbindung mit der pharmazeutischen Industrie. Als Zierpflanzen wirken besonders dekorativ *Datura arborea* L., *D. cornigera* Hook. und *D. sanguinea* Ruiz et Pav. Ihre Kultur erfordert unter deutschen Klimaverhältnissen jedoch Gewächshausanlagen.

[21] Frömming, E.: Unsere gehäusetragenden Landschnecken als Feinde der Heil- und Gewürzpflanzen. „Pharmazie“ **2**, S. 524 bis 526 (1947); bzw. „Arzneipflanzen-Umschau“ **2**, S. 269 bis 271 (1947).

[22] Mühle, E.: Über die Wirtspflanzen des Kartoffelkäfers (*Leptinotarsa decemlineata* Say.) unter besonderer Berücksichtigung der Heil- und Gewürzpflanzen. „Pharmazie“ **2**, S. 179 und 180 (1947); bzw. „Arzneipflanzen-Umschau“ **2**, S. 172 und 173 (1947).

[23] Augustin, B.: „Pharm. Monatshefte“ **11**, S. 27 (1930); „Chem. Zbl.“ **I**, 1930, S. 3080.

Digitalis lanata Ehrh., Wolliger Fingerhut †

Scrophulariaceae

Gebräuchliche Pflanzenteile: Von *Digitalis lanata* finden wie von *Digitalis purpurea* die Blätter und Samen Verwendung. Erst in neuerer Zeit wird der Wollige Fingerhut, dessen Samen nach DEZANI und BORSALINO[1] vier- bis fünfmal wirksamer als seine Blätter und diese wiederum viermal so wirksam wie die Blätter von *Digitalis purpurea* sind, zur Herstellung sehr wertvoller Industriepräparate verwendet. Die Bedeutung von *Digitalis lanata* beruht in pharmakologischer Beziehung auf ihrer Mittelstellung, die sie zwischen *Digitalis purpurea* und *Strophantus gratus* Franch. (*Apocynaceae*), einer mächtigen Liane der Wälder Westafrikas, einnimmt. Die *Digitalis-species* enthalten als Hauptwirkstoffe Digitalisglykoside und *Strophanthus gratus* das Glykosid Strophanthin. Bei beiden Stoffen handelt es sich um sehr wichtige, in der Therapie unentbehrliche Herzmittel.
Im DAB. 6 und Erg.-B. 6 sowie HAB. 2 sind die Drogen von *Digitalis lanata* Ehrh. noch nicht enthalten.

Handelsbezeichnungen: *Folia Digitalis lanatae,* Blätter des Wolligen Fingerhutes; *Semen Digitalis lanatae,* Samen des Wolligen Fingerhutes.

Botanik: *Digitalis lanata* ist zweijährig. Die Haupt- und Seitenwurzeln sind gelblich-hellbraun und reich verzweigt. Im zweiten Jahr entwickelt sich der aufrechte, bis 120 cm hohe Stengel, der besonders oberwärts drüsig-flaumig behaart ist. Die

Abb. 182 Digitalis lanata Ehrh., blühender Bestand

Laubblätter sind lineal-lanzettlich, zugespitzt, an beiden Enden verschmälert, ganzrandig, kahl und sitzend. Jungpflanzen sind denen des Spitzwegerichs (*Plantago lanceolata* L.) (*Plantaginaceae*) sehr ähnlich. Der Blütenstand ist eine lockere, allseitswendige Traube. Die röhrig-glockige Blumenkrone ist von hellbräunlicher bis lila Farbe, innen dunkelbraun genetzt. Die Unterlippe ist weißlich, sie kann aber ebenso

[1] DEZANI, S. und BORSALINO, A. M.: „Semeria Ind. chim." 8, S. 1127 (1933); zit. nach GESSNER (S. 209 bis 212).

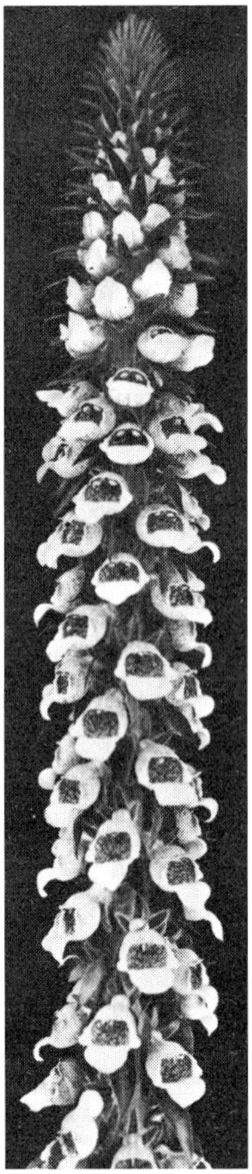

Abb. 183 Digitalis lanata Ehrh., Blütenstand

wie die übrigen Teile der Krone nachdunkeln; außen ist sie kurz drüsenhaarig, innen drüsenzottig behaart.

Blütezeit: VI, VII.

An den Blüten wurden mehrere Hummelarten und Honigbienen angetroffen. Wie beim Roten Fingerhut (siehe S. 381) war von den Hummeln am häufigsten die Art *Hortobombus ruderatus* F. vertreten. Von Dipteren wurde in Leipzig-Probstheida nur die große Schmeißfliege *Sarcophaga carnaria* L. öfter an den Blüten wahrgenommen. Schmetterlinge ließen sich, wie auch beim Roten Fingerhut, nie sehen.

Die Samen befinden sich in zweifächrigen Kapseln, die vom Kelch umschlossen werden. Sie sind ähnlich denen des Roten Fingerhutes, und zwar von unregelmäßiger Gestalt, vorwiegend länglich, vertieft punktiert (grubig), hellrostbraun, aber wesentlich größer als die des Roten Fingerhutes. Unsere Messungen am Saatgut mehrerer Herkünfte ergaben folgende Durchschnittswerte:

Digitalis purpurea L.		*Digitalis lanata* Ehrh.	
Länge mm	Breite mm	Länge mm	Breite mm
0,742	0,439	1,593	0,848

Boden und Klima: Während der Rote Fingerhut feuchtes Klima bevorzugt, gedeiht der Wollige Fingerhut in warmen, trockenen Gegenden. In Ländern mit kontinentalem Klima läßt er sich leichter anbauen als der Rote Fingerhut. Versuche haben ergeben, daß er sich auch dort mit gutem Erfolg kultivieren läßt, wo der Rote Fingerhut gedeiht. So wird er z. B. im regenreichen Klima des Harzvorlandes bei Wernigerode angebaut, und die geernteten Pflanzen weisen eine hohe Wirksamkeit auf[2]. Nach Anbauerfahrungen von MADAUS, Dresden-Radebeul, erwies sich auch das Klima des mittleren Elbtales in Sachsen für den Anbau von *Digitalis lanata* als durchaus geeignet[3]. Er benötigt vor allem viel Licht und Wärme; Frostschäden werden fast regelmäßig beobachtet.

Ein leichter bis mittelschwerer Boden sagt *Digitalis lanata* am meisten zu. Auf kalkhaltigen Böden gedeiht er gut.

Herkunft und Verbreitung: Während *Digitalis purpurea* als ein vorwiegend subatlantischer Pflanzentypus bezeichnet wird, handelt es sich bei *Digitalis lanata* um eine Pflanze mehr kontinentalen Charakters. Ihre Heimat ist der Südosten Europas. Sie ist eine typische Pflanze des Balkans (pontisches Florenelement). Nordwärts dringt *Digitalis lanata* bis nach Ungarn und Österreich vor, wo sie im Leithagebirge bei Wien ihre nördliche Verbreitungsgrenze erreicht. In Österreich ist *Digitalis lanata* aber gelegentlich auch noch verwildert anzutreffen. In Deutschland wurde sie bisher wohl kaum wildwachsend beobachtet.

Herkünfte des Drogenhandels: *Folia Digitalis lanatae* werden vom Drogenhandel vorwiegend aus Südosteuropa bezogen. Ungarn und Bulgarien gewinnen diese Droge in größeren Mengen. Mit gutem Erfolge wurden in der UdSSR, besonders in der

[2] *Digitalis lanata* Ehrh. in, Pharma-Medico, 6 (1937) (ohne Verfasser).
[3] SCHINDLER, H.: Die geogr. Verbreitung der wichtigsten herz- und kreislaufwirksamen Arzneipflanzen. MADAUS Jahresbericht 1, S. 14 bis 18 (1937).

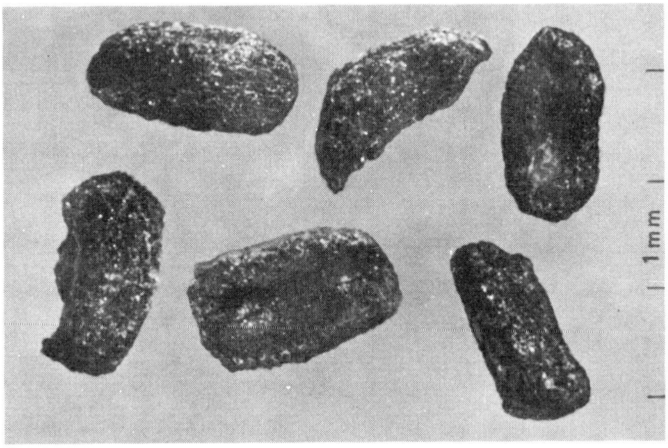

Abb. 184
Digitalis lanata Ehrh.,
Samen

Ukraine, Anbauversuche durchgeführt. In Österreich besichtigten wir vor Jahren einen großen Feldbestand in der Nähe von Fischamend (Wiener Becken). Auch in Italien wird der Wollige Fingerhut seit langem kultiviert. In Deutschland wird er im Harzer Vorland, wie überhaupt sporadisch, auf kleinen Flächen angebaut.

Sorten und Herkünfte für den Anbau: Sorten von *Digitalis lanata* wurden noch nicht herausgestellt. Alle bisher beim Sortenamt geprüften Herkünfte waren mehr oder weniger Formengemische. Erwünscht wäre eine gesunde, raschwüchsige, blattreiche Zuchtsorte mit einer hohen pharmakologischen Wirksamkeit der Blätter.

Saatgut: Das 1000-Korngewicht des Handelssaatgutes belief sich im mehrjährigen Durchschnitt auf 0,463 g. Die Mindestreinheit sollte 95% und die Mindestkeimfähigkeit 80% betragen. Der Keimversuch wird wie bei *Digitalis purpurea* durchgeführt. Das Saatgut bleibt, wie eigene Untersuchungen ergaben, zum Teil bis zu vier Jahren keimfähig. Die Abnahme der Keimfähigkeit im dritten Jahre der Lagerung betrug 45—54%, im vierten Jahre 77—100%.

Anbau: Was Fragen der Fruchtfolge anbelangt, so gilt dasselbe wie bei *Digitalis purpurea*. Nur scheint der Vorfruchtwert vom Wolligen Fingerhut etwas geringer zu sein als der vom Roten. Der Anbau von *Digitalis lanata* erfolgt auf gleiche Weise wie der von *Digitalis purpurea*. Auch hier ist Freilandaussaat im April ohne weiteres möglich. Die Aussaatmenge beträgt bei Drillsaat etwa 30—50 g/a bei einem Reihenabstand von 25—30 cm. Die Pflanzen müssen innerhalb der Reihe auf 20—25 cm vereinzelt werden. Bei Saatbeetanzucht genügen 5 g Saatgut für die Pflanzenanzucht zur Bepflanzung von 1 a. Die Standweite sollte 30 × 25—30 cm betragen.

Die Düngung und die Pflegearbeiten sind dieselben wie beim Roten Fingerhut (siehe S. 385).

Es empfiehlt sich, vor Eintritt des Frostes die Pflanzen mit einem Winterschutz (strohigem Dünger usw.) zu versehen.

Ernte: Bei Frühjahrsaussaat bzw. -pflanzung ist im Herbst der erste Schnitt möglich. Die grundständigen Blätter werden am Nachmittag oder gegen Abend mit der Sichel geschnitten, ohne die Herzblätter zu verletzen. Blütenbildung ist zu vermeiden, wenn Blätter geerntet werden sollen. Der Glykosidgehalt des Wolligen Fingerhutes nimmt nach mehreren heißen und trockenen Tagen mit hoher Luft- und

Abb. 185
Digitalis lanata Ehrh., Parzellenbestand im Rosettenstadium

Bodentemperatur und langer Sonnenscheindauer zu, was für den Erntezeitpunkt entscheidend ist[4].

Die übrigen Erntemaßnahmen sind die gleichen wie beim Roten Fingerhut (siehe S. 386).

Trocknung: Die Blätter von *Digitalis lanata* können ohne jede Vorbereitung auf gleiche Weise wie bei *Digitalis purpurea* getrocknet werden. Das Trocknungsverhältnis der Blätter frisch : trocken beträgt 5—6 : 1.

Erträge: Der Ertrag an lufttrockener Droge (*Folia*) beläuft sich nach unseren Feststellungen auf etwa die Hälfte des Ertrages vom Roten Fingerhut (8—15 kg/a). Auch der Wollige Fingerhut sollte möglichst nur einjährig angebaut werden.

Der Saatgutertrag beträgt etwa 4—5 kg/a.

Krankheiten und Schädlinge: Nach MÜHLE[5] ist über Krankheiten und Schädlinge an *Digitalis lanata* noch nicht viel bekannt. Für häufig auftretende Bräunungen und Absterbeerscheinungen im Bereich der Blütenstände scheint ein noch nicht näher bestimmter Pilz der Gattung *Alternaria* die Ursache zu sein.

Digitalis purpurea L., Roter Fingerhut[1] †

Scrophulariaceae

Gebräuchliche Pflanzenteile: DAB. 6: „Die getrockneten und grobgepulverten Laubblätter von *Digitalis purpurea* Linné." HAB. 2: „Vor der Blüte gesammelte, frische Blätter." Außerdem finden gelegentlich noch die Samen Verwendung.

Handelsbezeichnungen: *Folia Digitalis purpureae*, Fingerhutblätter; *Semen Digitalis purpureae*, Fingerhutsamen.

Botanik: Die Fingerhutpflanzen sind zwei- bis dreijährig. Sie haben eine verästelte Pfahlwurzel. Im ersten Jahre bildet *Digitalis purpurea* eine Rosette großer,

[4] DAFERT, HIMMELBAUR, LOIDOLT: „Scientia pharmac." 6, S. 45 bis 53 (1935).
[5] MÜHLE, E.: Krankheitserscheinungen und Schadbilder an Rachenblütlern und ihre Erreger. „Pharmazie" 1, S. 184 bis 186 (1946); bzw. „Arzneipflanzen-Umschau" 2, S. 58 bis 60 (1946).
[1] HEEGER, E. F. und POETHKE, W.: Die in der Heilkunde gebräuchlichen Digitalisarten (Botanik, Anbau, Inhaltsstoffe). „Pharmazie" 1, S. 166 bis 177 (1946); bzw. „Arzneipflanzen-Umschau" 2, S. 40 bis 51 (1946).

Abb. 186 Digitalis purpurea L., Sortenvergleich; links: 'Oberlausitzer Roter', rechts: 'Erfurter Roter'

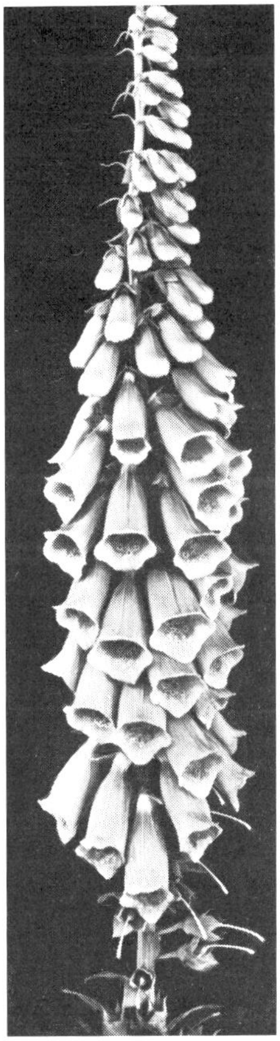

Abb. 187 Digitalis purpurea L., Blütenstand

ei-lanzettlicher Blätter. Im zweiten Jahre streckt sich der aufrechte, unverzweigte, graufilzig behaarte Stengel bis zu einer Höhe von 150 cm. Die Laubblätter sind oberseits fein-flaumig, unterseits angedrückt graufilzig behaart. Die grundständigen und die unteren Stengelblätter sind ziemlich lang gestielt, eiförmig bis ei-lanzettförmig, spitz, am Grunde zusammengezogen, während die oberen Blätter mit verschmälerter Blattbasis am Stengel sitzen. Die Blätter sind gekerbt, die obersten ganzrandig. Die röhrig-glockige Blumenkrone ist hellpurpurn und weist innen schwarzrote, weiß umrandete Flecke auf. Außen ist sie kahl, innen trägt sie lange, weiße Haare. Die Blüten sind in einer langen, einseitswendigen Traube vereinigt; ab und zu tritt eine vollkommen radiär gebaute, glockige, zehnzipfelige Endblüte auf. Solche Rückschläge in die ursprüngliche aktinomorphe Form werden als Pelorie bezeichnet. Pflanzen mit Pelorienbildung sind aber für die Gewinnung hochwertiger Droge unerwünscht, da diese nach PATER[2] in ihrer Wirkung wesentlich schwächer sein sollen als solche mit normalen Blüten. Bei der züchterischen Arbeit ist dies zu beachten. SIRKS[3] berichtet über die Natur der pelorischen Blüte: „Die Pelorie ist eine Erscheinung, die ganz und gar unabhängig von äußeren Umständen auftreten kann und die in einer inhärenten, genotypischen Konstitution ihre Ursache findet."

Blütezeit: VI–VIII (IX).

Die Blüten bleiben sechs Tage in der Vollblüte, sie sind vorstäubend. Hummeln und Honigbienen fanden sich in den Beständen des Sortenamtes Leipzig-Probstheida regelmäßig zu längerem Besuch der Blüten ein. Die Weibchen der schwarzgelben Hummel *Hortobombus ruderatus* F. erschienen beim Verlassen der Blüten völlig überpudert, so stark haftete der Blütenstaub an ihren behaarten Körpern. Schmetterlinge mieden die Blüten.

[2] PATER, B.: Über Digitaliskultur. „Pharm. Monatshefte" (1922).
[3] SIRKS, M. I.: Die Natur der pelorischen Blüte. „Z. f. ind. Abst. u. Vererbungsl." 14, S. 71 bis 79 (1915).

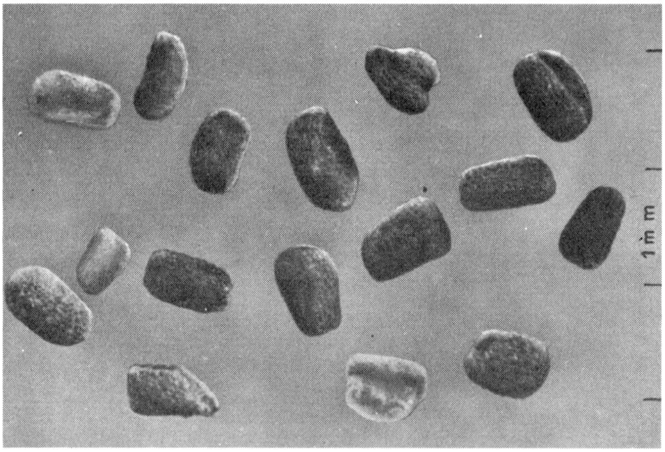

Abb. 188
Digitalis purpurea L.,
Samen

Die Samen befinden sich in zweifächerigen Kapseln, die vom Kelch umschlossen werden. Sie sind klein und von fast kubischer, stäbchenförmiger Gestalt, kurz, fast vierkantig und mitunter etwas schief. Sie sind etwa 0,75 mm lang und 0,50 mm breit, vertieft punktiert (grubig), braun.

Boden und Klima: Der Rote Fingerhut beansprucht ein luftfeuchtes, atlantisches bis subatlantisches Klima. Ihrer Ökologie nach ist die Pflanze kalkfliehend. Sie fehlt fast ganz in den süddeutschen Juragebieten. *Digitalis purpurea* bevorzugt Sand- und Urgesteinsböden (kieselsäurehaltige) und gedeiht besonders gut auf solchen mit guter Humusdecke von neutraler bis schwach saurer Reaktion. Der Boden, auf dem der Rote Fingerhut angebaut werden soll, möchte möglichst unter 1% Kalkgehalt aufweisen, dafür aber kali- und humusreich sowie manganhaltig sein. Wildwachsend ist *Digitalis purpurea* besonders häufig auf manganhaltigen Böden anzutreffen. Über eine ausgesprochene Kalkfeindlichkeit kann jedoch noch kein abschließendes Urteil gefällt werden, da manche Beobachtungen dafür sprechen, daß die Pflanzen auch auf kalkhaltigen Böden gut gedeihen.
Digitalis-Versuche auf dem Prüfungsfeld des Sortenamtes in Leipzig-Probstheida ergaben durchaus befriedigende Erträge hochwertiger Droge. Der Boden ist ein kalkhaltiger, diluvialer, mittelschwerer, humusarmer, sandiger Lehm mit Sandunterlage. Der Rote Fingerhut bildet im Sommer einen Schmuck in lichten Nadelholzwäldern, Holzschlägen und an buschigen Abhängen. Er gehört zu den typischen Vertretern der Schlagflora. In Obstplantagen, Baumschulen und Waldbeständen kann er angebaut werden. Zu starker Beschattung sollten die Pflanzen allerdings nicht ausgesetzt werden, da die Sonnenbestrahlung die Glykosidbildung begünstigt. Auch Standorte mit direkter Sonnenbestrahlung werden gut vertragen und windgeschützte Lagen mit größerer Luftfeuchtigkeit bevorzugt. Besonders das Klima übt einen starken Einfluß auf die Bildung der Glykoside aus. Trockene Jahre scheinen im allgemeinen eine stärkere Glykosidbildung zur Folge zu haben.

Nach JOACHIMOGLU[4] haben die in Deutschland wildwachsenden Rassen einen sehr verschieden hohen, aber anscheinend in gewissen Grenzen konstanten Glykosidgehalt aufzuweisen. Sie unterscheiden sich weiter in Blattform, Art der Behaarung, Blüten-

[4] JOACHIMOGLU, G.: „Arch. Pharmaz." 258, S. 33 (1920); zit. nach HEEGER, E. F. und POETHKE, W.: loc. cit. S. 380.

form, Blütenfarbe usw. und sind auch verschieden in der Üppigkeit des Wachstums, in der Widerstandsfähigkeit gegen Winterkälte und in einigen anderen wichtigen Eigenschaften.

Herkunft und Verbreitung: *Digitalis purpurea* ist in den westeuropäischen Ländern zu finden, soweit sie im Bereich des atlantischen und subatlantischen Klimas liegen. In Deutschland ist der Rote Fingerhut nur in wenigen Gebieten wildwachsend anzutreffen, so kommt er vor allem in Westdeutschland, z. B. im Schwarzwald und im Rheinisch-Westfälischen Schiefergebirge vor. Über die Gebirgszüge Nord- und Mitteldeutschlands zieht er sich nach Osten hin. Ein reiches Vorkommen befindet sich im Harz. In den Beskiden (nordwestlich der Karpaten) liegt seine Ostgrenze.

Herkünfte des Drogenhandels: Fingerhutblätter werden vorwiegend in den mittel- und westdeutschen Waldgebieten wildwachsend gesammelt, wo *Digitalis purpurea* an sonnigen Gebirgshängen noch häufig vorkommt. Bekannte Herkünfte sind solche aus den Vogesen, dem Taunus, Schwarzwald, Thüringer Wald und Harz. Je nach Herkunft sollen sich die Drogen in der pharmakologischen Wirksamkeit unterscheiden. Der deutsche Anbau ist flächenmäßig unbedeutend. In Ländern aber, in denen der Rote Fingerhut wildwachsend nicht anzutreffen ist, wird der Anbau schon längere Zeit betrieben, so in den USA, der UdSSR, in Österreich und der Schweiz. Weitere Herkunftsgebiete sind die Balkanländer, Italien und Frankreich.

Sorten und Herkünfte für den Anbau: Der Rote Fingerhut ist eine schöne Zierpflanze unserer Gärten. Für diese Zwecke finden sich im Handel verschiedene Spielarten, die sich hauptsächlich in der Blütenfarbe unterscheiden. Neben purpurrotblühenden finden sich noch blaßrote und weißblühende Formen.
Für arzneiliche Zwecke sind zwei Gruppensorten zugelassen, und zwar 'Erfurter Roter Fingerhut' und 'Oberlausitzer Roter Fingerhut'. Letzterer eignet sich sehr gut zum Anbau in höheren Lagen, da er ziemlich winterhart ist.

Saatgut: Das 1000-Korngewicht schwankte bei unseren Untersuchungen zwischen 0,055 und 0,120 g. Die Mindestreinheit soll 95% und die Mindestkeimfähigkeit 80% betragen. Bei den von uns geprüften Herkünften von *Digitalis purpurea* L. trat auch bei keimungsbiologischen Untersuchungen noch häufig der Wildpflanzencharakter dieser Art deutlich hervor. Lagerungsversuche ergaben, daß die Keimfähigkeit vom ersten bis zum dritten Jahre zunahm. Im vierten Jahre der Lagerung sind keine Kontrolluntersuchungen vorgenommen worden. Nach fünfjähriger Lagerung keimte keine der Saatgutproben mehr. Die Samen benötigen zur Keimung viel Feuchtigkeit. Bei der Aussaat dürfen sie nur ganz flach angedrückt werden, da sie ausgesprochene Lichtkeimer sind. Nach den „Technischen Vorschriften für die Prüfung von Saatgut" ist die Keimfähigkeit bei Wechseltemperatur unter Lichtzutritt zu ermitteln. Der Keimversuch dauert 25 Tage.

Anbau: Hackfrüchte, z. B. Frühkartoffeln, sind gute Vorfrüchte. In Leipzig-Probstheida wurde der Rote Fingerhut mit bestem Erfolg nach Leguminosen (Süßlupinen) angebaut.
Der Vorfruchtwert dieser in therapeutischer Hinsicht sehr wertvollen Arzneipflanze scheint auf Grund unserer langjährigen Erfahrungen im feldmäßigen Anbau kein schlechter zu sein, obgleich *Digitalis purpurea* verhältnismäßig stark den Nährstoffvorrat des Bodens beansprucht, was bei der Wahl der Nachfrucht zu berücksichtigen ist. Da es sich beim Anbau dieser Pflanzenart im landwirtschaftlichen Sinne um eine dikotyle Blattfrucht handelt, so dürfte ihr Vorfruchtwert bereits im Fruchtwechsel mit seinen biologischen Folgen begründet liegen. Keinesfalls aber darf im Sinne FAHREN-

Abb. 189
Digitalis purpurea L., Parzellenbestand im Rosettenstadium

KAMPS[5] ein günstiger Einfluß auf die herzwirksamen Glykoside dieser Pflanze zurückgeführt werden. Nach Genanntem sollen *Digitalis*- und andere herzwirksame Pflanzenpräparate bereits in geringen Konzentrationen fördernd auf die Pflanzenentwicklung und damit auch ertragsteigernd wirken, was bereits VOLLMER[6] und später auch noch andere widerlegen konnten.

Über die günstigsten Anbauweisen gehen die Ansichten sehr auseinander. Beide Methoden, die Halbkultur wie auch die Vollkultur, können in Frage kommen. Erstere ist in Form von Ansiedlung an geeigneten Standorten vorzunehmen, wo sich dann die Pflanzen durch Selbstaussaat allein weiterverbreiten.

Soll *Digitalis purpurea* angebaut werden, so muß der Boden vor der Aussaat bzw. Pflanzung sehr sorgfältig vorbereitet werden. Er muß gut durchlüftet und möglichst etwas feucht sein, darf jedoch auch nicht zuviel Feuchtigkeit aufweisen.

Von Februar bis Mai kann die Aussaat in einen halbwarmen Kasten erfolgen. 2 g Saatgut genügen für die Anzucht von Pflanzen für 1 a. Gut bewurzelte Pflanzen werden dann pikiert und Ende Mai bis Juni ins Freiland bei einer Standweite von 40 × 30 cm verpflanzt. Humose Böden und feuchtere Lagen gestatten größere Standweiten. Die jungen Pflanzen können aber auch im Kasten vereinzelt werden, so daß es nicht unbedingt notwendig ist, sie zu pikieren. Nach DAFERT und WALLENTIN[7] sinkt mit zunehmender Standweite die Ausbeute an wirksamen Inhaltsstoffen je Flächeneinheit. Dies ist darauf zurückzuführen, daß der prozentuale Gehalt an diesen Stoffen durch den Abstand der Pflanzen nicht wesentlich beeinflußt wird. Die hohe Ausbeute bei engerer Standweite ist durch die größere Ernte an Droge begründet.

Die Aussaat kann auch auf ein windgeschütztes, am besten mit gesiebter Walderde beschicktes Freilandsaatbeet erfolgen. Ungefähr 2—3 g Saatgut reichen für die Anzucht von Setzpflanzen für eine Fläche von 1 a aus. Nach der Aussaat werden die Samen mit einem Brett leicht angedrückt und dann ganz flach mit gutem, möglichst nicht gekalktem Torfkompost überstreut. Sie dürfen dabei aber kaum bedeckt werden, da sie Lichtkeimer sind. Das Saatbeet muß gut feucht gehalten werden.

Für den feldmäßigen Anbau kann auch eine Drillsaat im April in Frage kommen.

[5] FAHRENKAMP, K.: Vom Aufbau und Abbau des Lebendigen. I. u. II., Stuttgart 1937 und 1938.
[6] VOLLMER, H.: „Klin. Wschr." 16, S. 1601 (1937).
[7] DAFERT, O. und WALLENTIN, I.: Anbauversuche mit *Digitalis lanata* Ehrh., „Z. landw. Versuchswesen i. Deutschösterreich" 27, S. 42 bis 49 (1924).

Die Aussaatmenge beträgt etwa 10—20 g/a bei einer Reihenentfernung von 40 cm. Später werden die Pflanzen innerhalb der Reihe auf 30 cm vereinzelt.
Obgleich die Herbstaussaat eher den natürlichen Fortpflanzungsverhältnissen entsprechen würde, so muß doch von einer späten Aussaat abgeraten werden, da nach unseren Erfahrungen in Mitteldeutschland die jungen Pflanzen in ungeschützten Lagen empfindlich gegen starke Winterkälte und anhaltende Nässe sind. Im Frühjahr angezogene Pflanzen überdauern hingegen auch strenge Winter ohne größeren Schaden. Nach erfolgter Bildung des zweiten Blattes werden die Drillsaaten innerhalb der Reihe auf 30 cm vereinzelt. Es ist zu empfehlen, bei Drillsaat eine schnell auflaufende Markiersaat, wie etwa Radies, Senf usw., mit auszusäen, da die *Digitalis*-Saat sehr langsam aufläuft und die Jugendentwicklung zu wünschen übrigläßt. Die Markiersaat ermöglicht eine Blindhacke, die oftmals unerläßlich ist, da die Kultur durch das Überhandnehmen von Unkraut gefährdet werden kann.
Bei Drillsaat wird das Saatgut zwecks Ersparnis am besten mit feinem Sand vermischt; auf diese Weise können lückenlose Bestände erzielt werden. Für den feldmäßigen Anbau dürfte die Drillsaat auf geeigneten, nicht zu schweren Böden, wirtschaftlich gesehen, die billigste sein. Auch ist zu bedenken, daß der Rote Fingerhut ein Verpflanzen nicht immer gut verträgt.
Digitalis purpurea kann u. a. auch mit gutem Erfolg an Waldrändern, im lichten Hochwald, zwischen den Saatbänken und auf Holzschlägen zur Aussaat gelangen. Der Boden ist dann vor der Aussaat nur leicht zu lockern. Die Aussaat kann u. a. mit Kleekarren vorgenommen werden.
Was die Düngung anbelangt, so stehen der Anwendung von Handelsdüngemitteln keine Bedenken entgegen. Nach Feststellungen von BOSHART[8] verfügt *Digitalis purpurea* in feuchten Jahren über eine große Aufnahmefähigkeit für Mineralsalze, während sie sich in trockenen Jahren dagegen empfindlich zeigt. Aus den bisher durchgeführten Versuchen von BOSHART[9], BELENKY[10] und anderen läßt sich folgern, daß Phosphorsäuredüngung die Glykosidbildung günstig beeinflußt. Ebenso sind auch die Nährstoffe Kali und Stickstoff für die Erzielung guter Ernteerträge wichtig. In Sandkulturen wurden mit steigenden Mangangaben höhere Erträge und eine Zunahme der pharmakologischen Wirksamkeit erzielt. Bei natürlichem Boden ließen sich nach DAFERT und LÖWY[11] Einflüsse zwischen Mangangehalt und Ernteertrag nicht feststellen. BOSHART beobachtete eine unbedeutende Steigerung der pharmakologischen Wirkung durch Mangandüngung auf natürlichem Boden. Reichliche Kompostdüngung ist angebracht, auch Walderde kann eingepflügt werden. Frische Stallmistdüngung ist zu vermeiden. Gute Erträge im feldmäßigen Anbau wurden in Leipzig-Probstheida mit folgender Düngung erzielt:

Stalldünger zur Vorfrucht	150 dz/ha
300 kg Kalkammonsalpeter	60 kg/ha (20% N)
330 kg Superphosphat	60 kg/ha (18% P_2O_5)
170 kg Kaliumsulfat (schwefelsaures Kali)	80 kg/ha (48% K_2O).

Nach Angaben in der Literatur werden gelegentlich auch höhere Gaben erwähnt. Die Handelsdüngemittel werden vor dem Pflanzen verabreicht.
Die Pflegearbeiten bestehen in mehrmaligem Hacken. Nachdem die Pflanzen Blütentriebe gebildet haben, müssen alle Arbeiten in den Beständen unterbleiben.

[8] BOSHART, K.: Düngungsversuche mit Fingerhut (*Digitalis purpurea* und *Digitalis lanata*). „Heil- und Gewürzpflanzen" **17**, Heft 2/3 (1937) (Sonderdruck).
[9] BOSHART, K.: Botanisch-Medizinisches über *Digitalis*, „Pharma-Medico" **4**, S. 148 bis 162 (1936).
[10] BELENKY, N. G.: The physiological action of the one year culture of *Digitalis purpurea*. Mémoires de l'Institut agronomique de Léningrad. Tome V, 1929.
[11] DAFERT und LÖWY: „Heil- und Gewürzpflanzen" **13**, S. 23 bis 26 (1930/1931); zit. nach MADAUS.

Ernte: Im ersten Anbaujahr kann bei zeitiger Frühjahrspflanzung im Herbst, etwa von Anfang Oktober ab, die Blatternte erfolgen. Bei besonders günstigem Wachstum ist sie auch schon früher (August/September) möglich. Im ersten Vegetationsjahr soll nach WEESE[12] erst im August der volle Wirkungswert der Blätter erreicht sein. Die Blattrosetten werden mit der Sichel etwa eine halbe Handbreit über dem Erdboden abgeschnitten, und zwar so, daß die Herzblätter unverletzt bleiben. Auch maschinelle Mahd ist möglich. Einjährige Blätter sollen gehaltvoller sein als zweijährige[13]. Im zweiten Anbaujahr werden die Blätter in zwei, wenn möglich in drei Abschnitten während der Blüte (Mitte Juni bis August) geerntet. Das mehrfache Entblättern der Pflanzen, besonders der blühenden, ist sehr zeitraubend. Nach der Blüte sterben die Pflanzen häufig ab.

Die Blatternte erfolgt meist in den Mittags- und frühen Nachmittagsstunden, obgleich hinsichtlich der täglichen Schwankungen des Glykosidgehaltes der Blätter noch keine einheitlichen Ergebnisse vorliegen*. FUCHS, SOOS und KABERT[14] bezeichnen die Anschauung als irrig, wonach während der Nacht durch Abbau der herzwirksamen Glykoside in den Blättern der *Digitalis*-Pflanzen eine beträchtliche Wirkungsabnahme erfolgt, während des Tages aber unter dem Einfluß des Sonnenlichtes die Wirksamkeit wieder ansteigt. Nach Genannten findet im Dunkeln kein Abbau der Glykoside bis zu den Aglykonen und auch keine teilweise Abspaltung von Digitoxose aus den Glykosiden statt.

HECHT[15] zufolge konnte nach Kohlensäurebegasung eine Erhöhung des pharmakologischen Wertes festgestellt werden. Dieser Befund läßt HECHT im Hinblick auf die bekannte Tatsache des höheren Gehaltes in den Abendstunden vermuten, daß die Glykosidbildung in unmittelbarem Zusammenhang mit der Kohlensäureassimilation steht. Nasse, selbst nur taunasse Blätter dürfen keinesfalls geerntet werden. Auch ist darauf zu achten, daß nur gesunde, frischgrüne Blätter gepflückt werden. Die gesammelten Blätter werden locker in Körbe oder Horden geschüttet, sie dürfen keinesfalls in Säcke gepreßt werden. Die Beförderung der mit den Blättern gefüllten Behältnisse muß sehr schonend erfolgen. Die Blätter dürfen sich nicht erhitzen, da sie dann an Wert verlieren. Die leichte Zersetzbarkeit der *Digitalis*-Glykoside hat zur Folge, daß nach der Blatternte während des Welkens die Glykoside sehr schnell durch Enzyme gespaltet werden.

Früher bestand ein besonders hemmender Umstand, der von vornherein die Wirtschaftlichkeit des Anbaues des Roten Fingerhutes ausschloß, darin, daß nach den alten Arzneibuchvorschriften nur die Droge der blühenden Wildpflanze für arzneiliche Zwecke zugelassen war. Um diesen Vorschriften zu genügen, durfte erst im zweiten Jahre geerntet werden, ganz abgesehen davon, daß die Verwendung der Droge, die aus dem Anbau stammte, unzulässig war. Das Homöopathische Arzneibuch (HAB. 2) schreibt für die Verarbeitung frische Blätter vor, die vor der Blüte gesammelt werden müssen. Vorschriften, nur von blühenden Pflanzen die Blätter zu sammeln, bezweckten u. a. auch die Vermeidung von Verwechslungen durch die Sammler, eine Vorsichtsmaßnahme, die bei Kulturpflanzen wegfällt. Die Blätter des Roten Fingerhutes können

[12] WEESE, H.: *Digitalis.* Monogr. z. Pharmakol. u. exp. Ther. Herausgegeben von HAFFNER, F. und SCHULEMANN, W., Leipzig **1936**; zit. nach GESSNER.
[13] MADAUS, G. und SCHINDLER, H.: „Arch. Pharmaz.“ **276**, S. 280 (1938); zit. nach GESSNER.
[14] FUCHS, L.; SOOS, E. und KABERT, I.: Der Einfluß des Sonnenlichtes auf den Glykosidgehalt von Digitalisblättern. „Experientia“ **7**, S. 337 bis 338 (1951).
[15] HECHT, W.: Bioklimatische Versuche zur Erforschung der Ursachen der Gehaltsschwankungen bei Arzneipflanzen. „Heil- und Gewürzpflanzen“ **14**, S. 45 (1931/32).
* Siehe hierzu auch HEGNAUER, R.: Über die täglichen Schwankungen des Gehaltes an Blattglykosiden bei *Digitalis.* „Pharm. Weekbl.“ 88, S. 5 bis 6, 69 bis 79 (1953); ref. in „Pharmazeutische Zeitung“ **90**, S. 184 (1954).

z. B. mit denen der Königskerze (*Verbascum-species*) und des Beinwells (*Symphytum-species*) verwechselt werden. Behauptungen, daß nur in blühendem Zustande die *Digitalis*-Pflanzen vollwertig seien, sind oft widerlegt worden. STRAUB[16] berichtet über Arbeiten von MEYER, wo Wertbestimmungen bei angebauten, einjährigen Pflanzen vorgenommen wurden. Das Ausgangsgut waren Pflanzen der ersten Anbaugeneration, die aus dem Schwarzwald stammten, und solche von Abkömmlingen von Zuchtpflanzen in reiner Linie. Die Untersuchungen ergaben, daß vom Standpunkt der qualitativen Zusammensetzung an therapeutisch wichtigen Glykosiden nichts dagegen einzuwenden ist, wenn schon die Rosettenblätter der erstjährigen Pflanze als Droge verwendet werden. Wir neigen auf Grund unserer Anbauerfahrungen dazu, daß die einjährige Kultur die wirtschaftlichste ist. Der geringe Mehrertrag des zweijährigen Anbaues erhöht die Gestehungskosten der Droge wesentlich.
Die zweifächerige Kapselfrucht enthält zahlreiche Samen, die im allgemeinen von Ende August bis Anfang September reifen. Sie finden außer als Saatgut gelegentlich auch noch in der pharmazeutischen Industrie Verwendung. Zur Saatgutgewinnung ist es ratsam, je nach Bedarf einige Pflanzen unberührt stehenzulassen, um gut entwickelte und ausgereifte Samen zu erzielen.

Trocknung: Es empfiehlt sich, die Blätter des Roten Fingerhutes von den Blattstielen und der Mittelrippe durch Abreißen der seitlichen Spreitenhälften zu befreien. Die Blattnerven und Blattstiele sollen weniger wirksam sein als das übrige Blattgewebe, sie trocknen auch langsamer. Die Trocknung hat möglichst schnell und am besten auf einer Trockendarre oder mit Hilfe sonstiger Trockenapparate zu erfolgen.
Nach der Vorschrift des Schweizer Arzneibuches, 5. Ausgabe, Bern 1941, dürfen nur Blätter von *Digitalis purpurea* arzneilich verwendet werden, die bei trockenem Wetter gesammelt und sofort bei 40°C getrocknet werden. Außerdem sind die Blätter dann während einer halben Stunde auf 55—60°C zu erhitzen. Nach TATTJE[17] sollen Fingerhutblätter in kurzer Zeit sogar bei 60—70°C getrocknet werden, wenn man ohne Stabilisierung eine Droge erhalten will, die einen möglichst hohen Gehalt an primären Glykosiden aufweist. Stabilisierungsverfahren, wie die Behandlung mit Alkohol- und Wasserdampf unter Druck, finden im landwirtschaftlichen Arzneipflanzenbau keine Anwendung, sie werden nur von Spezialbetrieben der pharmazeutischen Industrie durchgeführt. Der Feuchtigkeitsgehalt der Droge darf 3% nicht überschreiten.
Der widerliche Geruch der frischen Blätter verschwindet beim Trocknen fast völlig. Bei einem Wassergehalt der Droge unter 3% ist nach dem Kommentar zum DAB., Ausgabe 1926, eine merkliche Wirksamkeit der Enzyme nicht zu befürchten. Das Trocknungsverhältnis der Blätter frisch : trocken beträgt 5—6 : 1.
Folia Digitalis müssen in gut schließenden Gefäßen vor Luft und Feuchtigkeit geschützt aufbewahrt werden. Der Anbauer sollte die Droge so rasch wie möglich absetzen. Sie kann in Kisten für die weitere Lagerung und Aufbereitung versandt werden. Fingerhutdrogen müssen wegen ihrer Giftigkeit von anderen Drogen gesondert und in auffällig gekennzeichneten Gefäßen aufbewahrt werden.
Nach jeder Arbeit sind die Hände gründlich mit Seife zu waschen. Während der Erntearbeiten sollte nicht gegessen werden.

Erträge: Die Erträge an lufttrockener Droge belaufen sich auf 15—30 kg/a. Die Höhe des Ertrages ist hauptsächlich abhängig von der Witterung, von der Güte des Bodens, von der Standweite, der Düngung und der Pflege.
Die Saatguterträge belaufen sich auf 4,5—6,0 (8,0) kg/a.

[16] STRAUB, W.: Über Digitaliskultur. „Arch. Pharmaz." 255, S. 198 (1917); 256, S. 196 (1918).
[17] TATTJE, D. H. E.: „Pharmaceutisch Tijdschrift voor Belgie" 30, S. 21 bis 32 (1953).

Krankheiten und Schädlinge: Krankheiten und Schädlinge wurden bisher nur in ganz geringem Ausmaß festgestellt. Fast in jedem Jahr ist leichter Mehltaubefall zu beobachten. Auch Erreger verschiedener Blattkrankheiten werden als Parasiten des Fingerhutes erwähnt. LEONE[18] hat nachgewiesen, daß der Befall der Blätter durch *Ramularia variabilis* Fuck. den Glykosidgehalt stark herabsetzt. Neben Blattläusen, die an Blättern und Wurzeln auftreten, wurden Spinnmilben, Blasenfüße und die Raupen verschiedener Schmetterlinge beobachtet. Insbesondere eine an den Wurzeln auftretende flügellose Blattlaus der Gattung *Tetraneura* kann die Pflanzen zum Absterben bringen.

Besonderes: Die Gattung *Digitalis* Linné umfaßt 26 Arten, die von den Kanarischen Inseln bis nach West- und Mittelasien verbreitet sind. Außer mit *Digitalis purpurea* und *Digitalis lanata* wurden noch Anbauversuche mit einer Anzahl weiterer *Digitalis*-Arten durchgeführt, z. B. mit *Digitalis ferruginea* L. und *Digitalis levigata* W. et K. In der Sowjetunion findet noch die Droge von *Digitalis grandiflora* Mill. (= *D. ambigua* Murr.) Verwendung, die auch in Italien arzneiliche Bedeutung erlangt hat. Sie ist im Wirkungswert etwas geringer als *Digitalis lanata* Ehrh.* Auch *Digitalis orientalis* L. ist schon versuchsweise kultiviert worden und soll stark wirksam sein. *Digitalis canariensis* L. wird u. a. in Polen angebaut. Die deutsche Arzneimittelindustrie verarbeitet außer *Digitalis purpurea* und *Digitalis lanata* noch *Digitalis lutea* L. (Gelber Fingerhut), und zwar werden von dieser Art in der Homöopathie (HAB. 2) die frischen Blätter verwendet. Für den Drogenhandel ist diese Art jedoch praktisch ohne Bedeutung.

Echinacea-species, Sonnenhut-Arten

Compositae

Gebräuchliche Pflanzenteile: HAB. 2: „Ganze frische, blühende Pflanze" von *Echinacea angustifolia* DC. Außerdem finden noch Verwendung *Echinacea pallida* Nutt. und *E. purpurea* Moench. Auch der Wurzelstock mit den Wurzeln wird arzneilich genutzt.

Handelsbezeichnungen: *Herba Echinaceae*, Sonnenhutkraut; *Rhizoma et Radices Echinaceae*, Sonnenhutwurzeln.

Botanik: In der Tabelle auf S. 390/391 wird ein Überblick über die Verbreitung und über einige botanische Merkmale gegeben.

Boden und Klima: Die *Echinacea-species* bevorzugen einen tiefgründigen, gut bearbeiteten, nicht zu feuchten Boden und einen sonnigen Standort. Aber auch im Halbschatten gedeihen sie noch.

Herkunft und Verbreitung: (Siehe tabellarische Übersicht auf den Seiten 390 und 391.)

Herkünfte des Drogenhandels: Im Drogenhandel werden unseres Wissens *Echinacea*-Drogen nicht geführt. Die von den Arzneimittelwerken benötigten Frischpflanzen bzw. deren Teile werden vorwiegend im eigenen Anbau gewonnen.

Sorten und Herkünfte für den Anbau: Zuchtsorten für arzneiliche Zwecke sind nicht vorhanden. Zum Anbau gelangen in der Hauptsache Stammsaaten aus den Werkkulturen der pharmazeutischen Industrie.

[18] LEONE, G.: Azione e valore biologico di alcune digitali coltivate nel R. Orto Botanico di Napoli. Bull. R. Orto Botanico Univ. Napoli, 1924; zit. nach BOSHART: loc. cit. S. 385, Fußnote 9.

* Einer persönlichen Mitteilung der Fa. CAESAR & LORETZ, Halle/Saale, verdanken wir die Hinweise über die im Drogenhandel bekannten *Digitalis*-Arten.

Die Sonnenhutarten finden gern Verwendung als Rabatten-, Park- und Schnittstauden[1]. Bekannte Ziersorten vom Typ *Echinacea purpurea* sind 'Leuchtstern' und 'Morgenröte'.

Saatgut: Saatgutuntersuchungen nahmen wir mit einigen Proben der Arten *Echinacea purpurea* Moench und *E. angustifolia* DC. vor. Von der ersteren Art standen zwei Proben zur Verfügung, deren Früchte meist deutlich vierkantig, im Querschnitt ± deltoidförmig und im Mittel etwa 4 bis reichlich 5mm lang und oben etwa 2—2,5mm breit waren. An der Ansatzstelle abgerundet, verbreitern sie sich allmählich und laufen in einen Kranz ungleich großer Zacken aus, von denen einer oft besonders gefördert ist. Letztere umgeben eine deutliche Vertiefung, in deren Mitte die dunkle, erhabene Ansatzstelle der Blütenkrone zu erkennen ist. Teilweise ist auch die vertrocknete Kronröhre noch im Saatgut enthalten. Die Oberfläche ist feingrubig, oft mit Längsrissen versehen und von gelblicher bis schmutzig-bräunlichgrauer Farbe. Das 1000-Korngewicht der beiden Proben betrug 3,47 und 4,48 g. Die Mindestreinheit sollte 95% und die Mindestkeimfähigkeit 70% betragen. Im Methodenbuch, Band V

Abb. 190 Echinacea purpurea Moench, Einzelpflanze

Abb. 191 Echinacea purpurea Moench, Früchte

[1] Siehe SCHRÖDER, W.: *Rudbeckia* (*Echinacea* DC.) eine Arzneipflanze und Schmuckstaude. „Regelia" **1**, S. 24 bis 26 (1950), (Beilage zur „Neuen Berliner Gärtner-Börse" **4**, Nr. 5/6 [1950]).

Gegenüberstellung verschiedener Echinacea-Arten*

Wissenschaftlicher Name	*Echinacea angustifolia* DC.	*Echinacea pallida* Nutt.	*Echinacea purpurea* Moench
Synonyma	*Echinacea sanguinea* Nutt. *Brauneria angustifolia* (DC.) Heller	*Rudbeckia pallida* Nutt. *Echinacea angustifolia* Hook. *Brauneria pallida* Britt.	*Chrysanthemum americanum* Pluk. *Dranunculus virginianus latifolius* Morison *Rudbeckia purpurea* L. *Rudbeckia serotina* Sweet *Echinacea intermedia* Lindb. *Brauneria purpurea* (L.) Britt.
Deutscher Name	Schmalblättrige Kegelblume Schmalblättriger Igelkopf Schmalblättriger Sonnenhut**	Blaßfarbene Kegelblume Blaßfarbener Igelkopf Blaßfarbener Sonnenhut**	Purpurfarbene Kegelblume Purpurfarbener Igelkopf Purpurfarbener Sonnenhut**
Verbreitung	gedeiht auf Prärien und trockenen Sandbänken in den mittleren Vereinigten Staaten	ist ein Bewohner der trockenen Prärien und der Sandbänke in den mittleren Vereinigten Staaten und gedeiht in Illinois, Kentucky, Jowa, Missouri, Arkansas, Louisiana, Nebraska, Kansas, Oklahoma und Texas	wächst in den mittleren und östlichen Teilen der Vereinigten Staaten von Nordamerika, im Hügelland an den ± trockenen Abhängen der sommergrünen Mississippi-Ohio-Tennessee-Zone
Botanik			
Allgemeines	ausdauernd, 40—60 cm hoch	ausdauernd, 60—90 cm hoch	ausdauernd, 60—100 cm hoch
Wurzel	Wurzelsystem kräftig entwickelt und bestehend aus einer oder mehreren starken, senkrecht tief in den Boden hinabreichenden, pfahlartigen Wurzeln	Wurzelsystem wie bei voriger Art kräftig entwickelt; das Rhizom mehrjähriger Pflanzen ist am oberen Ende bis zu 1 cm dick	Wurzelsystem aus zahlreichen, verhältnismäßig tief gehenden, faserähnlichen, weißlich-hellbraunen Wurzeln; durch Verzweigung eines senkrechten Rhizoms Bildung eines mehrköpfigen Wurzelstockes; das ganze Wurzelsystem ist also völlig anders gestaltet als das der vorher genannten Arten
Stengel	einfach, höckerartig, rauh, einköpfig, im oberen Teil hohl, unter dem Blütenkopf verdickt	meist einfach, grün, kräftig, zerstreut behaart, im oberen Teil blattlos, unter dem Blütenkopf auffallend verbreitert und hohl, sonst mit Mark gefüllt	aufrecht, kräftig, ästig, bis zum oberen Drittel ± rund, junge Teile leicht kantig und mehr rauh befilzt, nach unten kahl, hellgrün, stellenweise ± ausgeprägte Anthozyanfärbung, ältere Teile der Haupttriebe oftmals mit eingetrockneten Rissen in Längsrichtung, nach oben dicker werdend, unter dem Blütenkopf hohl***

Blätter	länglich-lanzettlich oder länglich-elliptisch, ganzrandig, auf beiden Seiten höckerig-rauhhaarig, dreinervig dunkelgrün, Grundblätter langgestielt, 15—30 cm lang (einschl. Stiel), 1,0—2,5 cm breit, die oberen Blätter kurz gestielt oder fast sitzend, 4—14 cm lang, 0,5—1,5 cm breit, spitz	länglich-lanzettlich oder länglich-elliptisch, ganzrandig, beiderseits rauhhaarig, dreinervig, dunkelgrün, spitz, Grundblätter 15—30 cm lang, 1—3,5 cm breit, Stengelblätter kürzer, 1—1,5 cm breit, kurzgestielt, die oberen fast sitzend	breit-lanzettlich, oft fast herzförmig, in größeren Abständen spitz gezähnt, beiderseits filzig, mittel- bis dunkelgrün, unterseits heller mit ± lang ausgezogener Spitze, Grundblätter erscheinen in Büscheln und bilden oft lockere, etwa 35 cm hohe Büsche mit auffallend langen Stielen (ca 20 cm) und besitzen allmählich in den Stiel verlaufende Spreiten, ∅ Länge 15 cm, ∅ Breite 8 cm; Stengelblätter lanzettlich bis schmal-lanzettlich, stark rauhfilzig, kurz, aber kräftig gestielt, vorwiegend wechselständig, teils gegenständig, 13 cm lang und 7,5 cm breit; die obersten Blätter und die der Seitentriebe vorwiegend noch kleiner, fast ganzrandig, schwach filzig, mit nur ganz kurzem Stielansatz und besonders lang ausgezogener Spreite***
Blüte	Blütenköpfe 2—3 cm hoch, 1,5—2,5 cm breit (ohne Strahlenblüten); Blütenboden kegelförmig emporgewölbt; Hüllblättchen lanzettlich, ganzrandig, 0,6—1,0 cm lang, dicht-rauhhaarig; Strahlenblüten steril, 2,0—3,5 cm lang und 0,3—0,8 cm breit, abstehend, zweizähnig, purpurfarben; Scheibenblüten zwittrig, grünlich, fünfzähnig, 0,5—0,6 cm lang; Spreublätter dunkelrot, besonders an der Spitze, etwa doppelt so lang wie die Blütenröhre und kielartig zusammengebogen, zur Zeit der Samenreife tiefdunkelbraun	Blütenboden wie bei voriger Art kegelförmig; Hüllblättchen lanzettlich 0,8—3,0 cm lang und 0,2—0,4 cm breit, behaart; Strahlenblüten zu 15—20 Stück, 4—9 cm lang und 0,5—0,8 cm breit, stets zurückgebogen, zweizähnig, blaßpurpurn bis rosa; Scheibenblüten siehe *Echinacea angustifolia*; Spreublätter dunkelrot, steif, zur Zeit der Samenreife tiefdunkelbraun	Blütenköpfe anfangs fast flach, bei fortschreitender Blütenentwicklung leicht gewölbt, im Verblühen durch starke Wölbung und Vergrößerung des Blütenbodens kegelförmig; Hüllblättchen drei- bis vierzähnig, lineallanzettlich, behaart; Strahlenblüten im ∅ 4—6 cm lang, etwa 0,6 cm breit, zungenförmig, schmal-linealisch, in Längsrichtung etwas gerieft, zwei- bis dreizipfelig, meist ± herabhängend, besonders beim Verblühen, hell- bis dunkelpurpurn; Scheibenblüten zwittrig, dunkelpurpurfarben, fünfzähnig, etwa 0,5—0,6 cm lang; Spreublätter orangerot, am Ende dunkelrot ***
Blütezeit	VII—X	VII—X	VII—IX (X) blüht unter mitteldeutschen Standortsverhältnissen bis Anfang Oktober***
Frucht	einsamige Schließfrucht	desgl.	desgl.
	hellbraun, vierkantig, etwa 4 mm lang (Nähere Beschreibung siehe unter „Saatgut")	desgl.	hellbraun, teils etwas kantig, etwa 4—5 mm lang*** (Nähere Beschreibung siehe unter „Saatgut")

* Unter Benutzung von SCHINDLER, H.: Geschichte, Systematik und Verbreitung der therapeutisch wichtigen *Echinacea*-Arten: *E. angustifolia* DC., *E. pallida* Nutt. und *E. purpurea* Moench. Zur Kenntnis der Heilpflanzen des HAB. „Pharmaz. Zhalle" 81, Nr. 49 und 50 (1940) (Sonderdruck).
** Eigene Einfügungen. *** Nach eigenen Beobachtungen und Messungen.

(Die Untersuchung von Saatgut), sind die *Echinacea-species* nicht enthalten. Für die nachfolgende Beschreibung von *Echinacea angustifolia* stand nur eine Probe zur Verfügung. Die Früchte ähnelten sehr denen der *Echinacea purpurea*, liefen aber an der Ansatzstelle etwas spitzer zu und waren mit weitaus kleineren und weniger spitzen Zacken versehen. Sie waren schmutziggelb bis bräunlichgrau bis rötlichbraun, doch ein etwa 1 mm breiter Streifen unterhalb der Zackenkante wies eine andere, meist deutlich dunklere Färbung auf (gelbbraun bis dunkelbraun). In der Größe waren die Früchte auffallend uneinheitlich und nicht deutlich von denen der *E. purpurea* verschieden. 1000-Korngewichtswägungen ergaben Werte von 4,3 und 5,1 g. Was die Mindestreinheit und Mindestkeimfähigkeit anbelangen, so können die gleichen Anforderungen gestellt werden wie bei *Echinacea purpurea*.

Abb. 192 Echinacea angustifolia DC., Blütentriebe

Anbau: Der Anbau der *Echinacea-species* erfolgt am besten nach einer reichlich mit Stallmist gedüngten Hackfrucht. Entweder werden im Februar unter Glas durch Aussaat Jungpflanzen herangezogen oder zur Vermehrung ältere Wurzelstöcke im zeitigen Frühjahr oder Herbst geteilt. Bei der erstgenannten Anzuchtmethode werden die pikierten Pflanzen im März/April in kleine Töpfe gesetzt und im Mai mit gut durchwurzelten Ballen ins Freiland gebracht. Die Pflanzweite sollte mindestens 35 × 25 cm betragen.

Abb. 193 Echinacea angustifolia DC., blühender Bestand

Volldüngung (N, P_2O_5, K_2O) wird vertragen. Nach Möglichkeit sollte alljährlich Kompost zwischen den Pflanzreihen eingearbeitet werden.

Die Pflegearbeiten erstrecken sich auf das Sauberhalten des Bestandes und eine gute Bodenlockerung. In Trockenzeiten empfiehlt es sich, den Bestand zu bewässern. In rauhen Lagen ist ein Abdecken der Pflanzen über Winter anzuraten. Die Nutzungsdauer erstreckt sich etwa über 3—4 Jahre.

Ernte: Geerntet wird das blühende Kraut mit der Sichel oder der Grasmähmaschine. Im Herbst oder im zeitigen Frühjahr wird der Wurzelstock gerodet.

Trocknung: Die Verarbeitung des Erntegutes erfolgt hauptsächlich in frischem Zustand.

Erträge: Unter günstigen Standortsbedingungen und bei sorgfältiger Pflege sind nach unseren Beobachtungen *Echinacea angustifolia* und *E. purpurea* sehr wüchsig und dürften gute Erträge liefern. Ertragswerte stellten wir nicht fest.

Krankheiten und Schädlinge: Die wenigen in Deutschland vorhandenen *Echinacea*-Kulturen scheinen bisher von Krankheits- und Schädlingsbefall verschont geblieben zu sein.

Abb. 194 Echinacea purpurea Moench. Wurzel, zweijährig

Foeniculum vulgare Mill., Fenchel

Umbelliferae

Gebräuchliche Pflanzenteile: DAB. 6: Die mehr oder weniger in ihre Teilfrüchte zerfallenen, reifen Spaltfrüchte von *Foeniculum vulgare* Miller. HAB. 2: „Reife Früchte."

Handelsbezeichnungen: *Radix Foeniculi*, Fenchelwurzel; *Herba Foeniculi*, Fenchelkraut (Fenchelstroh); *Fructus Foeniculi*, Fenchelfrüchte.

Botanik: *Foeniculum vulgare* ist ausdauernd; der in Deutschland angebaute Fenchel wird jedoch vorwiegend zweijährig angebaut. Die Wurzel ist rübenförmig (langspindelförmig), fleischig, weißlich bis weißlichgelb, im zweiten Jahr oben mit abstehenden, stärkeren Nebenwurzeln, mehrköpfig. Im oberen Teil ist sie mit Kontraktionsringen versehen. Im lockeren Lößboden kann die tiefgehende Pfahlwurzel fingerstark sein. Der bis 150 cm hohe Stengel ist ± ästig, stielrund, fein-gerillt, markig, oben oft zweiteilig, kahl. Die Laubblätter sind drei- bis vierfach fiederschnittig, die unteren gestielt, die oberen sitzen auf den breiten zusammengedrückten Scheiden mit einem häutigen Rand. Die Farbe ist dunkel- bis blaugrün, die Stengel sind ± bereift. Die flachen Dolden sind im Durchmesser bis 15 cm groß, vielstrahlig und mit meist sehr ungleich langen Strahlen versehen. Die Blüten sind ziemlich klein. Die Farbe der Kronblätter ist gelb.

Abb. 195 Foeniculum vulgare Mill., blühender Feldbestand

Blütezeit: VI–IX (X).

Zur Blütenbiologie des Fenchels teilt KNUTH mit, daß die kleinen Blüten nach SCHULZ andromonoezisch und mit ausgeprägten proterandrischen Zwitterblüten versehen sind. Nach KERNER werden die Narben der zuerst aufblühenden, ausgeprägt proterandrischen Zwitterblüten nach dem Abfallen ihrer Staubblätter durch den in winzigen krümeligen Klümpchen zusammengeballt herabfallenden Pollen aus den später aufblühenden männlichen Blüten der benachbarten Seitendolden befruchtet. Es handelt sich um einen typischen Fall der Geitonogamie (Nachbarbestäubung). UDE beobachtete eingehend die auf dem Prüfungsfeld des Sortenamtes in Leipzig-Probstheida angebauten Fenchelsorten hinsichtlich des Insektenbefluges. Von Hautflüglern (*Hymenoptera*) wurde im Jahre 1939 die Honigbiene, *Apis mellifica* L., überhaupt nicht und in den weiteren drei Jahren nur ganz vereinzelt in den meist großen Fenchelbeständen wahrgenommen. Das befremdet zunächst insofern, als in ausgesprochenen Fenchelanbaugebieten, wie bei Lützen (Bez. Halle/Saale), die Imker den Fenchel als Bienenweide schätzen und ihre Bienenstöcke während der Blütezeit in den Fenchelfeldern bzw. in deren Nähe aufstellen. Der Fenchel gehört aber der niedrigsten Stufe der Nektarblumen an, also derjenigen mit freiliegendem Nektar. KNUTH sagt: „Je flacher und oberflächlicher die Lage des Nektars ist, desto wechselnder ist der Blütenbesuch in den verschiedenen Gegenden, desto mehr ist er auch von der für das betreffende Gebiet charakteristischen Insektenwelt abhängig.“ Da nun in den Beständen verschiedener Arznei- und Gewürzpflanzen sowie noch anderer Kulturpflanzenarten in Leipzig-Probstheida den Honigbienen in überreichem Maße Gelegenheit geboten ist, sich denjenigen Blütenformen anzupassen, die ihren Gewohnheiten und Körpereinrichtungen entsprechen, so erklärt sich schon hieraus ihr schwacher Beflug des Fenchels. Schließlich ist auch zu vermuten, daß verschiedene Fenchelsorten auf schwächeren bzw. stärkeren Bienenanflug Einfluß haben. Einmal wurde bei schwachem Westwind und sonnigem, warmem Wetter keine Biene an einem großen Fenchelbestande beobachtet, während andere Insekten reichlich flogen und vor allem Wespen überall an den Blüten und den jungen Fruchtansätzen tätig waren. Es handelte sich um die nicht häufige Art *Vespa silvestris* Scop. Auch die rötliche Art *Vespa rufa* L. wurde beobachtet. Weiter zeigten Schlupfwespen (*Ichneumonida*) große Vorliebe für den Pollen und konnten in mehreren größeren Arten erbeutet werden. Hier handelte es sich um die Arten *Ichneumon culpator* Schrk. in der Stammform und der Varietät *adsentator* Tischb., *Ichneumon sarcitorius* L. und *Anomalon carinops* Grav. Außerdem wurden noch zwei weitere Arten aus den Gattungen *Pimpla* und *Camploplex* gefangen. Schlupfwespen können im allgemeinen als Nützlinge angesehen werden. Schließlich wurde auch die Erdhummel, *Bombus terrestris* L., im männlichen Geschlecht an den süßen Ausscheidungen der jungen Frucht saugend beobachtet. Die mittelgroße Kohlrübenblattwespe, *Athalia rosae* L., war in allen Beobachtungsjahren in gleicher Häufigkeit pollenfressend zu sehen. Den Hauptanteil der durch den aromatischen Duft des Fenchels angezogenen Blütenbesucher stellten bis zum Herbst zweifellos die Schwebfliegen (Syrphiden); unter diesen in erster Linie wieder die bekannten schönen Schlammfliegen (Eristalinen), denen zahlenmäßig die Goldfliegen (*Lucilia-spec.*) folgten. Eine der größten und schönsten Sumpffliegen *Myatropa florea* L. war schon in den ersten Sammeljahren ziemlich häufig, später sogar einer der häufigsten Blütenbesucher. Von mehreren Schwebfliegenarten wurden auch die Larven überall auf den Pflanzen gesehen. Als Blattlausvertilger sind sie außerordentlich nützlich. In den letzten Herbstmonaten waren am Fenchel saugend die beiden Dungfliegen *Scatophaga stercoraria* L. und *S. merdaria* F. unter den übrigen Fliegenarten vorherrschend. Unter anderen wurde auch die morphologisch interessante Dickkopffliege *Conops scutellata* Mg. — ein Wespenschmarotzer — saugend beobachtet. Von unseren bekannten Tagschmetterlingen beflog der Schwalbenschwanz, *Papilio machaon* L., den Fenchel häufig. Die Weibchen wurden öfters bei der Eiablage beobachtet und Raupen der zweiten Generation bis zur Fenchelernte im Spätherbst gefunden. Die bei Tage fliegende Gammaeule, *Phytometra* (*Plusia*) *gamma* L., wurde an jedem Sammeltage, auch bei ungünstiger Witterung, immer eifrig an den Blüten saugend gesehen.

Die Frucht erscheint im Querschnitt fast rundlich-achteckig. Das Saatgut besteht vorwiegend aus Teilfrüchten. Der Fruchthalter ist frei und fast bis zum Grunde zweiteilig. Oft hängen die Teilfrüchte noch zusammen, weil die Randrippen, die besonders stark sind und auch etwas mehr hervortreten als die übrigen, fest aneinanderhaften. Die Teilfrüchte haben eine $\pm$ sichelförmige Gestalt. Die Größe der Früchte schwankt zwischen 4 und 10,5 mm Länge und 2 und 4 mm Breite. Laut

Abb. 196
Foeniculum vulgare Mill.,
Früchte

DAB. 6 sollen die reifen Spaltfrüchte, die als *Fructus Foeniculi* Verwendung finden, 6—10 mm lang und bis 4 mm breit sein. Den Anforderungen des DAB. 6 in bezug auf die Größe der Früchte entsprechen der deutsche Fenchel und die besten französischen Herkünfte. Die übrigen Provenienzen sind meist kleinfrüchtiger. Die Frucht ist beiderends, besonders aber an der Spitze, etwas verjüngt. Das Griffelpolster ist stumpfkegelförmig. Die Zahl der Hauptrippen je Teilfrucht beträgt fünf. Sie treten dreikantig hervor und sind durch etwa ebenso breite Tälchen getrennt. In jedem Tälchen ist ein breiter, dunkler Sekretgang, und auch auf der ebenen Fugenfläche zu beiden Seiten einer Vertiefung ist je ein solcher erkennbar. Die Früchte sind kahl. Die Farbe ist bräunlich bis bräunlichgrün oder grünlichgelb, wobei die Tälchen dunkler sind. Die Farbe der Arzneibuchware soll bräunlichgrün oder grünlichgelb sein. Die Früchte riechen würzig, der Geschmack ist etwas brennend scharf, nur wenig süß, fast etwas bitter. Die kleineren Früchte von *var. dulce* sind schlanker als von *var. vulgare* und süßschmeckender. Die Früchte von *var. azoricum* haben einen fast unangenehm süßen Geschmack aufzuweisen.

An Mißbildungen wurden an den Früchten beobachtet: Verwachsungen, ferner sekundäre Ölstriemen in oder neben den Leitbündeln; überzählige Leitbündel oder Fruchtrippen; überzählige Ölstriemen in den Tälchen und an der Fugenfläche. Außerdem kommen Pflanzen vor, bei denen sämtliche Früchte fast oder ganz ungestielt, also sitzend sind.

An botanischen Unterarten, Varietäten und Formen interessieren:

subspec. I. *piperitum* (Ucria) Coutinho 1913, Holmboe 1914, Früchte von beißendem, pfefferartigem Geschmack. Pfeffer- oder Eselsfenchel, ändert ab: *var. pluriradiatum* Boiss.

subspec. II. *capillaceum* (Gilib.) Holmboe 1914. Gartenfenchel, ändert ebenfalls ab: Wilder, Dunkler Fenchel, *var. vulgare* (Mill.) Thell., mit *f. pauciradiatum* Nábělek 1923 und *f. claryi* Battandier et Trabut.;
Süßer, Heller oder Gewürz-Fenchel, *var. dulce* (Mill.) Thell.;
Italienischer, Bologneser, Gemüse- oder Zwiebelfenchel, *var. azoricum* (Mill.) Thell.;
Indischer Fenchel, *var. panmorium* DC.*

Diese letztere Fenchelvarietät wird auch als Gemüse- oder Zwiebelfenchel angebaut.

Boden und Klima: Als Standort bevorzugt *Foeniculum vulgare* einen tiefgründigen, fruchtbaren, mergel- oder kalkreichen Boden mit frischem Untergrund, aber nicht zuviel Feuchtigkeit. Humusreiche und sandige Lehmböden sagen ihm ebenfalls zu. Da die Früchte sehr spät reifen — in manchen Jahren bis Mitte, sogar bis Ende Oktober —, eignen sich für den Fenchelanbau nur Lagen mit langem, warmem und trockenem Spätsommer. Das größte Fenchelanbaugebiet Deutschlands ist das fruchtbare Schwarzerdegebiet von Lützen (Bezirk Halle/Saale). Schweren Kalkboden verträgt er nicht. Die bodenphysikalische Beschaffenheit der Felder muß in Ordnung sein, insbesondere darf keine Bodenverdichtung (Pflugsohlenbildung) vorliegen, da sonst Störungen des Wurzelwachstums die unausbleiblichen Folgen sind.

Herkunft und Verbreitung: Der Fenchel ist im Mittelmeergebiet und im westlichen Asien heimisch. Angebaut und verwildert wächst er u. a. in West- und Mitteleuropa, Abessinien, Südafrika, China, Japan, Neuseeland, Nord- und Südamerika und Ostindien.

Herkünfte des Drogenhandels: *Foeniculum vulgare* wird vielenorts zur Drogengewinnung angebaut. Das deutsche Hauptanbaugebiet befindet sich in Sachsen-Anhalt (Lützen — Weißenfels — Merseburg). In der Tschechoslowakei wird *Foeniculum vulgare* vor allem in Südmähren kultiviert. Mährischer oder Rosenfenchel ist eine ebenfalls geschätzte Herkunft. Exportländer sind außer Deutschland und der Sowjetunion ganz besonders die süd- und südosteuropäischen Länder, z. B. Rumänien. Die einzelnen Provenienzen sind nicht nur äußerlich, sondern auch hinsichtlich ihrer Qualität sehr verschieden. Die Lützener Herkunft und die sogenannte „Thüringer Qualität" werden vom Vegetabilienhandel des In- und Auslandes sehr geschätzt. Der 'Deutsche Großfrüchtige Fenchel' wird gelegentlich auch unter der Bezeichnung *Fructus Foeniculi germanici* (*majoris*) gehandelt.

Sorten und Herkünfte für den Anbau: Der im Handel befindliche Fenchel leitet sich von folgenden Stammformen ab: *var. vulgare* — Dunkler Fenchel, hauptsächliches Verbreitungsgebiet: nördliche Länder; *var. dulce* — Heller oder Süßer Fenchel, Verbreitungsgebiet: südliche Länder; *var. panmorium* — Indischer Fenchel. Diese Varietäten gehören zur Unterart *capillaceum*. Allerdings läßt sich keine genaue Grenze gegen-

* Diese Varietät wird vom Handel als Stammpflanze für *Fructus Foeniculi indici* angesehen; hinsichtlich ihrer systematischen Stellung bestehen noch Unklarheiten.

über der Unterart *piperitum* ziehen. Nach HEGI ist die Unterart *capillaceum* im wesentlichen nur ein optimal entwickeltes Stadium der *subspec. piperitum* und teils direkt durch den Übergang auf nährstoffreicheren Boden, teils aber auch durch Auslese entstanden. Aus beiden Varietäten *vulgare* und *dulce* ist vermutlich die Varietät *azoricum* hervorgegangen. Sie ist niedriger im Wuchs (30—50 cm). Ihre Früchte sind dunkler als die von *var. vulgare* und *dulce*. Die Früchte der letzteren Varietät sind besonders hellfarbig. Die Pflanzen von *var. azoricum* sind sehr zart und frostempfindlich. Die jungen saftreichen Laubblattsprosse sind in ihren unterirdischen Teilen zwiebelartig ausgebildet, etwa 10—15 cm lang; sie finden häufig als Gemüse (italienisch: Finocchio) Verwendung. Es gibt verschiedene Gemüsefenchelsorten. Die Früchte der *var. dulce* werden auch als Römischer, Kretischer oder Süßer Fenchel bezeichnet und vorwiegend als Gewürz verwendet. Sie sind im Gegensatz zu denen des *vulgare*-Types nicht offizinell. Der Gehalt an ätherischem Öl ist gering und erreicht nicht den im DAB. 6 vorgeschriebenen Mindestgehalt von 4,5%. Gelegentlich kommt im Handel noch der Indische Fenchel vor, dessen Stammform die *var. panmorium* ist. Diese Herkunft enthält nur wenig ätherisches Öl (etwa 0,7%) und ist daher geringwertig. Die Varietät *vulgare* ist in den nördlichen Ländern verbreitet und liefert den auch in Deutschland vorwiegend gehandelten, etwas dunklen, bitterlich-süßen Fenchel. Die Geschmacksunterschiede der Früchte des letzteren und des etwas hellfarbigen, „süßen" Fenchels sind auffallend; sie sind auf die verschiedene chemische Zusammensetzung des ätherischen Öles der Früchte zurückzuführen. Eine sehr geschätzte Landsorte vom Typ der Varietät *vulgare* ist der 'Deutsche Großfrüchtige (Lützener) Fenchel'. Diese Landsorte ist im mitteldeutschen Anbaugebiet die am meisten verbreitete. Gelegentlich gelangen besonders italienische Herkünfte vom Typ des hellfrüchtigen, süßen Fenchels in den Handel. Sie kommen für die Gewinnung von Arzneibuchdroge in Deutschland nicht in Frage. Auch sind sie unsicherer im Anbau, liefern geringere Erträge und sind sehr frostempfindlich.

Saatgut: Das 1000-Korngewicht des großfrüchtigen Fenchels belief sich im Durchschnitt auf 6,641 g. Es ist außerordentlich großen Schwankungen unterworfen; nach Feststellungen beim Sortenamt schwankte es zwischen 3,850 und 8,700 g beim Züchtersaatgut. Das Hektolitergewicht ist je nach Herkunft und Erntejahr ebenfalls großen Schwankungen unterworfen. So wurden von uns im Laufe mehrerer Jahre beim deutschen Züchtersaatgut Schwankungen von 20,00—30,65 kg/hl festgestellt. Eine mährische Herkunft wies ein Hektolitergewicht von 31,63 kg auf. Besonders hohe Hektolitergewichte hatten die italienischen Sorten 'Neapolitanischer Riesen' mit 36—37, 'Bologneser' mit 37,67—40,00 und 'Florentiner' mit 38,93—41,00 kg/hl aufzuweisen. Die Reinheit des Saatgutes schwankt zwischen 90—100%. Es ist häufig durch Stengel- und Doldenteile verunreinigt. Die Mindestreinheit sollte 95%, die Keimfähigkeit mindestens 70% betragen. Die Keimung wird durch niedrige Temperaturen stark verzögert. Beim Keimversuch empfiehlt es sich, Wechseltemperatur anzuwenden. Die Früchte keimen bei Licht und im Dunkeln. Die Keimung von frischem Saatgut ist oft schon nach 14 Tagen abgeschlossen. Unreif und naß geerntetes Saatgut schimmelt sehr leicht. Die Keimfähigkeit unterliegt während der Lagerung großen Schwankungen. Im ersten Jahre der Lagerung war eine Zunahme zwischen 3 und 86% festzustellen und nur in einem Falle eine Abnahme von 12%. Nach zweijähriger Lagerung schwankte die Abnahme zwischen 7 und 70%, nach dreijähriger Lagerung betrug sie bis zu 75% und nach vierjähriger bis zu 100%.

Anbau: Die Stellung des Fenchels in der Fruchtfolge nach Hackfrucht in zweiter Tracht oder nach Leguminosen wirkt sich sehr günstig aus, doch werden auch gute Erträge nach Getreidevorfrucht erzielt, sofern die sonstigen hohen Bodenansprüche berücksichtigt werden. Die Handelsdüngergabe ist dann etwas reichlicher zu bemessen. Die Stellung des Fenchels in Stalldung führt zwar zu einem üppigen Wuchs, ist aber hinsichtlich des Ertrages Verschwendung und birgt die Gefahr erheblicher Reifeverzögerung in sich; schlechte Qualität des Erntegutes ist dann die Folge. Er ist nicht selbstverträglich und darf nur im sechs- bis siebenjährigen Turnus nach sich selbst folgen. Zum Vorfruchtwert des Fenchels sei gesagt, daß er zweifellos als ungedüngte Hackfrucht zu werten ist. Infolge der schlecht verrottenden Wurzel- und Stoppelrückstände, die bei späterem Hacken sehr hinderlich sind, empfiehlt es sich aus arbeitssparenden Gründen, ihm keine Hackfrucht folgen zu lassen. Sommergetreide als Folgefrucht bringt bei guter Stickstoffgabe normale Erträge. Fenchel ist eine gute Vorfrucht für spät zu bestellenden Winterweizen.

Die Vorfruchtfrage bei der notwendigen Anzuchtfläche ist ohne Bedeutung, da es hier lediglich auf eine genügende Ausbildung der Stecklingswurzeln ankommt, die bei Beachtung der sonstigen ackerbaulichen Maßnahmen meist gewährleistet ist.

In dem Weißenfels-Lützener Anbaugebiet wird der Fenchel vorwiegend nach den hier aufgeführten zwei Fruchtfolgeplänen angebaut, die uns Anbauer der Gemarkung Schkölen bei Markranstädt mitteilten:

1. Fruchtfolge	2. Fruchtfolge*
1. Jahr Zuckerrüben	1. Jahr Kartoffeln
2. Jahr Gerste	2. Jahr Weizen
3. Jahr Fenchel	3. Jahr Hafer
	4. Jahr Fenchel

Der Fenchelanbau beginnt mit der Stecklingsanzucht, wobei man sich über die Größe der der Drogengewinnung dienenden Fläche im klaren sein muß, sofern man nicht die Gelegenheit hat, Stecklinge käuflich zu erwerben. Für 1 vha Hauptanbau werden etwa 12500 oder je Hektar 50000 Pflanzen benötigt. Der käufliche Erwerb ist in gewisser Hinsicht nicht zu empfehlen, da hierbei leicht Terminschwierigkeiten eintreten, sei es, daß der Stecklingsanbauer seine Pflanzen schon bereit hat und der Käufer wiederum mit der Herrichtung des Feldes noch nicht soweit ist oder umgekehrt. Meist leidet das Pflanzgut unter diesen Verhältnissen, es wird überständig oder trocknet zu sehr aus. Wenn also Wert auf gutes Pflanzmaterial gelegt wird, zieht man die Pflanzen zweckmäßigerweise selbst an. Das Vermehrungsverhältnis ist je nach Überwinterung großen Schwankungen unterworfen. Wird ein solches von 1 : 7 zugrundegelegt, so werden für den Anbau von 1 vha zur Drogengewinnung etwa 350 qm Anzuchtfläche mit einer Saatgutmenge von 1,5 kg benötigt. Die Saat erfolgt im Reihenabstand von 25 cm ab Anfang April. Aussaat bis Anfang Mai ist möglich, soll jedoch vermieden werden, da diese Stecklinge oft nicht die von dem Pflanzgut verlangte fingerstarke Qualität erreichen. Die wie Roggen in den Eggenstrich gedrillte Saat wird zugewalzt und innerhalb der ersten acht Tage zur vorbeugenden Unkrautbekämpfung gestriegelt. Nach dem Auflaufen der Saat innerhalb von 2—3 Wochen wird bald mit der Hand gehackt. Bis zum Schließen des Bestandes, etwa Mitte Juni, wird noch ein- bis zweimal mit der Maschine oder Hand je nach Unkrautwüchsigkeit gehackt. Gegen Mitte bis Ende Oktober wird dann das Kraut mit dem Grasmäher oder Ableger in etwa 5 cm Höhe gemäht. Mit dem Schnitt soll nicht zu früh begonnen werden, da sonst die Stecklinge bei günstiger Witterung wieder zu stark austreiben, was nicht erwünscht ist. Bleibt der Stecklingsbestand zur Freilandüberwinterung stehen, kann das Kraut gleich zur Abdeckung benutzt werden.

* Nach unseren Erfahrungen ist die Folge Kartoffeln, Fenchel, Weizen, Hafer günstiger zu bewerten.

Einen gewissen Teil nimmt unter Umständen die verarbeitende Industrie in frischem Zustand als Krautware ab. Trocknung und Ausdrusch der Fenchelfrüchte sind bei früher Aussaat und sehr günstiger Witterung evtl. einmal möglich, doch ist die Ausbeute an geringwertigem Fenchel nur unbedeutend und übersteigt kaum 3 dz/ha. Eine einjährige Fenchelsorte wäre sehr erwünscht.

Werden die Stecklinge über Winter eingemietet, so erfolgt bald nach der Mahd die Rodung. Einbeinige Rübenheber, ähnlich dem Fleuster, Kartoffelrodepflüge oder Pflüge ohne Streichblech finden dabei Verwendung. Sehr gut hat sich in einem Betrieb mit vielseitiger Wurzeldrogengewinnung ein normaler Pflug bewährt, dem nach Abnahme des Streichblechs noch zusätzlich ein Teil des Pflugkörpers oberhalb der Scharanlage herausgeschweißt wurde (siehe Abb. 24). Für die Zugtiere tritt dabei eine Senkung des Kraftaufwandes ein. Das Auflesen der Wurzeln wird ebenfalls sehr erleichtert, da die Stecklinge beim Roden nur gelockert und angehoben werden, ohne sie mit Boden zu verschütten. Die üblichen Rübenrodepflüge mit Gabelspitzen haben sich nicht bewährt, da die Wurzeln sich darin festsetzen und nicht wie die Zuckerrübe nach oben abweichen. Die gerodeten Stecklinge werden dann auf dem Mietenplatz in Bänke geschichtet, jeweils zwei Reihen gegenüber mit den Wurzelspitzen nach innen den Trieben nach außen. Zwischen den beiden Reihen bleibt etwa 10 cm Zwischenraum, der beim Abdecken locker mit Erde ausgefüllt wird. Die Bänke selbst werden etwa 50 cm hoch gepackt. Danach wird rundum angepflügt und die Miete zunächst nur schwarz gemacht, um später schwach handhoch mit Erde bedeckt zu werden. Fenchelstecklinge vertragen eher tiefe Temperaturen als Wärme, ähnlich den Möhren. Ein Abdecken mit Stallmist, Kartoffelkraut usw. ist unter Umständen nur bei starken Kahlfrösten oder zugiger Mietenlage angebracht.

Die Stecklinge können aber auch gebündelt und aufrecht in einfacher Lage in etwa 1,20 m breite Mieten gestellt werden. Darauf kommt zunächst eine leichte Strohlage, auf die dann die Erdabdeckung erfolgt. Der Platzbedarf ist hierbei erheblich größer, wenn auch die stehende Einmietung der Stecklinge gewisse Vorzüge hat.

Die sicherste Methode ist also die des Rodens der Stecklinge im Herbst mit anschließendem Einmieten. Mäusefraß, zu warme Lagerung usw. bringen aber immer wieder

Abb. 197
Foeniculum vulgare Mill., überwinternder Stecklingsbestand, abgedeckt

Verluste mit sich, die unter Umständen das Vermehrungsverhältnis bis auf 1 : 4 herabmindern. Mit 1 : 5—1 : 7 dürfte wohl im Durchschnitt zu rechnen sein, wenn auch günstigere Ergebnisse schon erzielt wurden. In milden Wintern ist die Freilandüberwinterung in abgedecktem Zustand möglich und bietet in der Regel mehr und besseres Pflanzmaterial. Man kann dabei mit einem Vermehrungsverhältnis von 1:10 bis 1:25 rechnen. Außerdem ist der Arbeitsaufwand bei dieser Methode erheblich geringer. In kalten Wintern, besonders solchen mit Kahlfrost, ist aber der Totalverlust der Anzucht zu erwarten, solange noch keine winterharte Zuchtsorte zur Verfügung steht. Die strengen Winter 1946/47 und 1953/54 haben dies im mitteldeutschen Hauptanbaugebiet hinlänglich bewiesen. Bei kleineren Flächen empfiehlt sich also die Einmietung immer. Im Großanbau mit großer Anzuchtfläche, deren Stecklinge aus arbeitswirtschaftlichen Gründen unter Umständen nicht restlos eingemietet werden können, ist die Verteilung des Risikos durch Einmietung von wenigstens 50% der Stecklinge dringend anzuraten.

Im Februar/März werden die Mieten geöffnet und die Stecklinge verlesen. Dabei sind die fingerstarken Wurzeln auf etwa 7 cm mit einem schrägen Schnitt zurückzuschneiden und die vorhandenen Austriebe und alten Stengelrückstände auf etwa 3 cm Länge zu stutzen. Zu dünne und „beinige“ Pflanzen, d. h. solche mit starken seitlichen Nebenwurzeln, werden nicht verwendet. Kann die Auspflanzung nicht gleich erfolgen, müssen die Stecklinge noch einmal in Keller oder Scheune, möglichst kühl, leicht in Torfmull oder Erde eingeschlagen werden, um sie vor zu starkem Austrocknen zu schützen. Ein leichtes Anfeuchten kurz vor der Pflanzung ist zu empfehlen.

Die im Freiland überwinterten Stecklinge rodet man zweckmäßigerweise erst unmittelbar vor der Pflanzung. Bei größerem Anbau geschieht dies ratenweise, d. h., es wird nur soviel gerodet, wie bis zum Abend des nächsten Tages gepflanzt werden kann. Die Behandlung ist sonst die gleiche wie bei den eingemieteten Stecklingen. Das Stutzen der Wurzelenden kann bei geschickter Einstellung des oben näher beschriebenen Rodepfluges unter Verwendung wirklich scharfer Schare entfallen. Die Pflanzung selbst erfolgt so früh wie möglich ab Ende März bis April, um die Frühjahrsfeuchtigkeit noch gut zu nutzen, da der Fenchelsteckling gegen Trockenheit sehr empfindlich ist. Feuchtigkeitsmangel kann eine Bewässerung erforderlich machen. Leichte Bodenfröste während der Pflanzung schaden keineswegs.

Um für den Fenchelsteckling die günstigsten Bedingungen zu schaffen, ist das für den Anbau vorgesehene Feld unbedingt im Herbst tief zu pflügen. Der Fenchel ist sehr empfindlich gegen Pflugsohlenverdichtung. Der zeitig abgeschleppte Acker wird möglichst bald gegrubbert, geeggt und geschleppt, wobei die Handelsdüngergabe eingearbeitet wird. Mit der Drillmaschine oder einem Reihenzieher werden Reihen in 50—70 cm Abstand gezogen. Der Abstand in der Reihe soll dabei 40—50 cm betragen. Weitere Standweiten zu wählen, empfiehlt sich nicht, da die Stengel dann zu stark verholzen und die maschinelle Ernte erschwert wird. Das Auspflanzen der Stecklinge erfolgt mit dem holländischen Pflanzspaten evtl. auch mit dem Pflanzholz. Um den Steckling vor Hasenfraß zu schützen, ist tief zu pflanzen. Auf gutes Andrücken der Pflanzstelle ist unbedingt zu achten. Der Steckling darf sich nicht mit mäßiger Kraft herausziehen lassen. Auf weniger guten Böden empfiehlt es sich, je Pflanzstelle zwei Stecklinge zu pflanzen.

In der Praxis wird oft behauptet, daß der Fenchel in der Nähe des Kümmels nicht fruchtet. Dies kann nur damit erklärt werden, daß der zu Beginn der Fenchelblüte noch vereinzelt blühende Kümmel die Insekten anlockt und so von dem blühenden Fenchel abzieht. Die Blütezeiten bei den beiden Kulturarten liegen in Leipzig-Probstheida wie folgt:

Blüte	Fenchel	Kümmel
vereinzelt	Juni bis Oktober	April bis Juni
vorwiegend	Juli bis Oktober	Mai bis Juni

Die Blütezeiten beider Arten überschneiden sich also nur wenig. Artbastarde zwischen Kümmel und Fenchel sind uns noch nicht bekannt geworden. Auf dem Prüfungsfeld des Sortenamtes in Leipzig-Probstheida werden seit 1934 stets Fenchel und Kümmel unmittelbar nebeneinander mit Erfolg angebaut. Einen nachteiligen Einfluß auf die Erträge beim Nebeneinanderbau halten wir für fraglich[1]. Für die Anbauverhältnisse in Leipzig-Probstheida hat sich als günstige Pflanzzeit Ende März/Anfang April erwiesen. Eine spätere Bestellung des Fenchels ist nicht möglich, da der Fenchel dann zu spät reift und eine ungünstige Herbstwitterung, besonders Niederschläge und Nebel, einwirken und die Trocknung auf dem Felde stark beeinträchtigt, ja in Frage gestellt wird.

Der Fenchel muß im allgemeinen zwei- bis dreimal gehackt bzw. geigelt werden. Sobald die Stecklinge austreiben, ist mit den Pflegearbeiten zu beginnen. Die Anfangsentwicklung des gepflanzten Fenchels ist eine langsame, und erst im Juni setzt ein schnelleres Wachstum ein, so daß sich die Pflanzen um diese Zeit bereits sehr stark seitlich ausbreiten. Bis dahin müssen die Hackarbeiten beendet sein.

Stalldünger soll nicht direkt zum Fenchel gegeben werden, sondern zur Vorfrucht. Nach KERTSCHER* sind pH-Werte des Bodens von 5,9—6,3 für den Fenchel zu niedrig. Eine Kalkung mit 8—12 dz/ha Branntkalk ist bei dem erwähnten pH-Wert angebracht, da der Fenchel einen kalkhaltigen Boden für ein gutes Gedeihen benötigt. Der Phosphorsäuregehalt des Bodens von 5,8—7,7 mg wird ebenfalls als unzureichend bezeichnet. Ein Kaligehalt von 41,8—42,5 mg wird als ausreichend angesehen und sollte beibehalten werden. Am besten erfolgt der Anbau nach einer gut gedüngten Hackfrucht. Auf

Abb. 198
Foeniculum vulgare Mill., Feldbestand, zweijährig, im Mai

[1] HEEGER, E. F.: Beobachtungen zur Frage der Anbauwürdigkeit von Fenchel in nächster Nähe von Kümmel. „Nachrichten des Reichsverbandes der Heil-, Duft- und Gewürzpflanzenanbauer e. V." Heft 37, Berlin 1938.
* Nach einer brieflichen Mitteilung.

Grund unserer Erfahrungen in Leipzig-Probstheida wird zur Stecklingsanzucht eine mittlere Volldüngergabe verabreicht. Zu Beginn des zweiten Vegetationsjahres wird ebenfalls eine solche, und zwar etwa wie zu Wintergetreide, gegeben, jedoch die Stickstoffmenge etwas verringert, um einer übermäßigen Krautbildung und somit Reifeverzögerung vorzubeugen. Stickstoff im zweiten Anbaujahr gegeben, führte nur in geringer Gabe eine Ertragssteigerung herbei, während größere Mengen (verabreicht wurden 40 bzw. 80 kg/ha N) ein erhebliches Abfallen im Ertrag zur Folge hatte. Die Stickstoffgabe muß also sorgfältig bemessen sein; sie sollte aber im zweiten Anbaujahr keinesfalls eingespart werden, wie dies manchmal der Fall ist, und zwar besonders dann nicht, wenn nach einer Stallmistdüngung bereits zweimal Getreide oder eine andere Kulturart ohne Stalldung dem Fenchel in der Fruchtfolge vorausging.

Ernte: Da die Blütezeit des Fenchels sich im wesentlichen von Juli bis September, bisweilen sogar bis Oktober, hinzieht, ist auch die Reifezeit sehr ausgedehnt. Zu langes Abwarten der Ernte aber bringt leicht Ausfallverluste und Qualitätsminderung mit sich. Die Schnittzeit ist gekommen, wenn das Feld einen graubraunen Schimmer bekommt; sie liegt in der Regel um Mitte September. Gemäht wird mit dem Grasmäher mit Anhaublech, Ableger und bei günstigen Verhältnissen evtl. mit dem Binder. Beim Ernten mit dem Mähbinder geht es jedoch sehr über die Bindertücher und Haspelleisten. Es empfiehlt sich, nicht zu tief zu mähen, um bei stark holzigen Stengeln die Maschinenmesser zu schonen. Ersatzmesser, beim Ableger auch Ersatzflügel, griffbereit zur Hand zu haben, ist entschieden ratsam. Zeitgerecht gemähter Fenchel fällt nicht aus. Treten aber frühe Fröste auf, ist der Schnitt ohne Rücksicht auf Reife vorzunehmen, da sonst mit großen Ausfallverlusten zu rechnen ist. Mit Garbenbändern wird der Fenchel dann eingebunden und in Kreuzmandeln aufgestellt. Richtiger ist eigentlich der Ausdruck „zusammengelegt“, da die Garben in Kreuzform mit den Dolden nach innen aufeinandergelegt werden. Die letzte Garbe wird als Verblender in der Mitte obendrauf gelegt. Der Sinn dieser Maßnahme ist, die Früchte bei der Trocknung möglichst wenig dem Lichteinfluß auszusetzen, um die vom Drogenhandel erwünschte graugrüne Farbe der Früchte zu erhalten. Das Nachreifen und Trocknen auf dem Felde ist im günstigsten Falle in 2—3 Wochen beendet, so daß dann eingefahren werden kann. In ungünstigen Fällen, bei regnerischem Herbst, dauert es Wochen, und es muß evtl. bei Frost eingefahren werden. In diesem Fall ist sofort zu dreschen und das Erntegut sorgfältig, evtl. künstlich, nachzutrocknen. Erfolgt der Drusch direkt vom Wagen, empfiehlt es sich, das Stroh zweimal durch die Maschine zu nehmen, um einen sauberen Ausdrusch zu erzielen. Wird das Erntegut eingelagert, so wartet man am besten mit dem Drusch auf Frost, da der Fenchel sich dann wesentlich leichter ausdreschen läßt.

Der so gewonnene Fenchel wird als „Strohfenchel“ bezeichnet im Gegensatz zum sogenannten „Traumel- oder Kammfenchel“. Letzterer wird wie folgt gewonnen: Sobald die grüne Farbe der Früchte ins Graue übergeht, werden die Fenchelreihen durchgegangen. Die reifen Fruchtstände sind herauszuschneiden, „zu traumeln“, und dann mit einer Art Flachsriffelkamm oder einem besonderen Gestell mit eisernen Zinken (Kamm) ähnlich wie der Lein zu riffeln. Diese Fenchelqualität wird vom Handel besonders geschätzt, da sie schön grünfarbig ist (Traumelfenchel). Der Kleinanbauer kann den ganzen Herbst hindurch traumeln und auf diese Weise die geschätzte Qualität gewinnen. Im bäuerlichen Betrieb fehlt es aber häufig an Arbeitskräften, so daß von dieser Erntemethode immer mehr abgekommen wird. Es ist auch zu bedenken, daß bei dem Traumeln des Fenchels des öfteren durch die Bestände gegangen werden muß, wobei unvermeidlich ist, daß die Pflanzen mehr oder weniger stark beschädigt werden.

Trocknung: Ein Nachtrocknen der Früchte bei mäßiger Wärme (bis 40° C) ist oftmals unerläßlich. Niemals sollten sie aber in der Sonne getrocknet werden, da hierbei die Qualität leidet. Sie sind in dünner Schicht zu lagern und oft zu bewegen, damit sie beim „Schwitzen" nicht schwarz werden. Sie neigen zur Schimmelbildung und werden schnell muffig.

Erträge: Die Erträge schwanken sehr. Der Fenchel versagt, wenn während der mehrere Wochen anhaltenden Blüte kaltes und regnerisches Wetter herrscht oder wenn die Blüte nach Regen oder Tau stark dem Sonnenbrand ausgesetzt ist. Durch nasse Spätsommerwitterung und Herbstnebel wird die Reife sehr verzögert, zum Teil reifen die Früchte auch gar nicht mehr aus. Die Erträge bewegen sich folglich etwa zwischen 8 und 20 dz/ha. Das Jahr 1953 war ein ausgesprochenes Fencheljahr. Im Lützen-Weißenfelser Hauptanbaugebiet wurden Rekordernten von 20 dz/ha erzielt. Den Strohertrag schätzt man mindestens auf die doppelte Menge. Die Druschabfälle eignen sich nicht zu Destillationszwecken, denn sie enthalten nur in Spuren ätherisches Öl, sie ergeben außerdem auch eine minderwertige Ölqualität. Sie können aber dem Drogenhandel zur Verwertung, z. B. zur Aromatisierung von Futterkalk, angeboten werden; auch lassen sie sich gut verfüttern. Das Fenchelstroh wird für Futterzwecke am besten fein gehäckselt und in kleinen Mengen mit anderen Futtermitteln vermischt.

Krankheiten und Schädlinge: Massenhaftes Auftreten des Liebstockrüßlers, *Othiorrhynchus ligustici* L., kann den Stecklingen und selbst noch den jungen Fenchelpflanzen im zweiten Jahr beträchtlichen Schaden zufügen, wie dies W. CAESAR* im feldmäßigen Anbau in Schkopau bei Merseburg beobachtete. Eine Bekämpfung mit Gesarol bewährte sich. MÜHLE[2] berichtet über die Krankheitserscheinungen und Schadbilder am Fenchel und ihre Erreger u. a. folgendes: Die Wurzel des Fenchels hat in erster Linie unter Schädlingen zu leiden, die es wie beim Kümmel auf die fleischige Pfahlwurzel abgesehen haben. Festgestellt worden sind bisher in dieser Beziehung Feldmäuse, Engerlinge, Schnakenlarven (*Tipula oleracea* L.) und die Larven der Gartenhaarmücke, *Bibio hortulanus* L. Starke Fraßschäden während des Winters führen zu einer sog. Auswinterung des Fenchels, die aber auch durch anhaltende Kahlfröste verur-

Abb. 199 Raupe von Papilio machaon L. an Foeniculum vulgare Mill.

[2] MÜHLE, E.: Krankheitserscheinungen und Schadbilder an *Anethum graveolens* L., Dill und *Foeniculum vulgare* Mill., Fenchel und ihre Erreger. „Pharmazie" 1, S. 223 bis 227 (1946); bzw. „Arzneipflanzen-Umschau" 2, S. 75 bis 77 (1946).

* Nach einer persönlichen Mitteilung von Herrn Wolfdietrich CAESAR.

sacht werden kann. In diesem Fall fehlen irgendwelche Fraßspuren im Bereich der Pfahlwurzel. Sie zeigt dann dafür eine fortschreitende Vermorschung des inneren Gewebes, wie sie beim Auftreten des Wurzeltöters, *Rhizoctonia crocorum* (Pers.) DC. (= *Rh. violacea* Tul.), anzutreffen ist, der ebenfalls den Fenchel befällt und außerdem die Wurzel mit einem dunkelvioletten Pilzgeflecht überzieht. Die sogenannte Eisenmadigkeit der Fenchelwurzeln wird durch Älchen verursacht. Feldmäuse sind beim Fenchel wie beim Kümmel während des Winters auch durch Befressen der grundständigen Blätter schädlich geworden. Ähnliches gilt von Hasen und wilden Kaninchen. Im Laufe der Vegetationszeit zeigt für die Blätter des Fenchels besonders die bunte Raupe des Schwalbenschwanzes, *Papilio machaon* L., eine große Vorliebe. In gleicher Weise sind gelegentlich die Raupen der Flohkrauteule, *Polia* (*Mamestra*) *persicariae* L., und des Rhombenspanners, *Boarmia selenaria* Hb., beobachtet worden.

Neben Fraßschäden treten im Bereich der Blätter auch Saugschäden auf, wie sie vor allem von Blattläusen und Wanzen hervorgerufen werden (siehe unten). Die in Betracht kommenden Blattläuse sind im wesentlichen die gleichen wie beim Kümmel. Mühle ist in größerem Umfange nur die blaugrüne *Cavariella aegopodii* Scop. begegnet, die besonders an den Gipfelblättern zu beobachten war. Auch Wanzenschäden zeigten sich in erster Linie in diesem Bereich. Kirchner (zit. nach Mühle) führt auch den Blasenfuß *Thrips physapus* L. als Erreger von Saugschäden an.

Als pilzliche Blätterschädlinge des Fenchels sind der Falsche Mehltau *Plasmopara nivea* (Ung.) Schroet., *Fusicladium depressum* (Berk. et Br.) Sacc. (= *Cercospora foeniculi* Magn.) und „*Aecidium foeniculi* Kast.“ bekannt. Ersterer verursacht bleiche Flecke, die sich allmählich bräunen und besonders blattunterseits von einem weißen Pilzgeflecht überzogen werden. *Fusicladium* erzeugt kleine braune, pustelartige Flecke, die auch auf die Stengel und Blütenstände übergehen. Bei *Aecidium foeniculi* handelt es sich um das *Aecidium* des wirtswechselnden Rostpilzes *Uromyces graminis* (Nießl.) Diet., das auffallende, gelbe Pusteln hervorbringt, in Deutschland bisher aber kaum größere Bedeutung erlangt hat. Als Schädlinge des Stengels kommen zunächst *Sclerotinia sclerotiorum* (Lib.) Sacc. et Trott. (= *Scl. libertiana* Fuck.) und zwei *Phoma*-Arten in Betracht. Während *Sclerotinia* am und im Stengel harte, schwarze Pilzkörper bildet, sollen die *Phoma*-Pilze kleine schwärzliche Flecke (*Ph. foeniculina* Sacc.) oder linienförmige Striche (*Ph. longissima* Westd.) her-

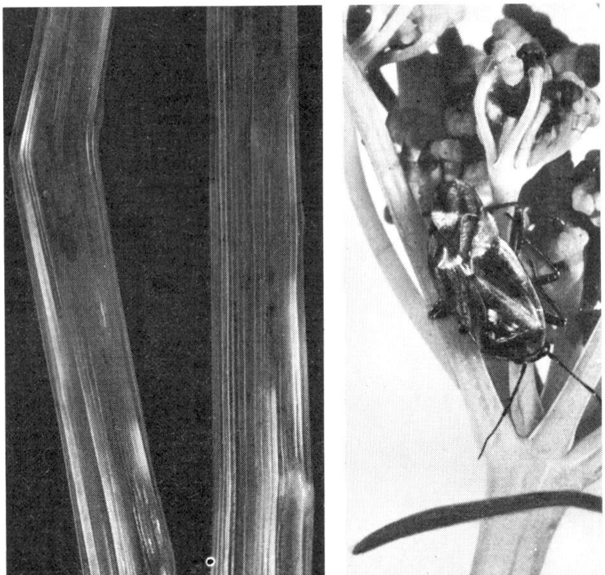

Abb. 200 Lygus campestris L., links: durch Saugstiche hervorgerufene Vernarbungen an Foeniculum vulgare Mill.

Abb. 201 Foeniculum vulgare Mill., Schadbild von Lygus campestris L.

vorrufen. Neuere Angaben hierüber liegen nicht vor. Von MÜHLE konnten am Stengel häufig auch Anschwellungen festgestellt werden, die im Zusammenhang mit Wanzenstichen aufgetreten sind. In den letzten Jahren sind im Bereich der Triebspitzen vor allem die Blindwanzen *Lygus campestris* L. und *L. kalmi* L. aufgetreten. Die Stengel der frischen, aus dem Hüllblatt kommenden Triebe der kaum erst 40 cm hohen Pflanzen waren von den Larven und Vollkerfen stark besetzt. Die durch die Saugstiche verursachten Assimilationsstörungen wurden bald sichtbar. Die Triebe verloren ihren aufrechten Wuchs und hingen schlaff am Stengel herab. Nach kurzer Zeit verfärbten sie sich braunschwarz und vertrockneten. Die Auswirkung auf die weiterwachsenden Pflanzen war dementsprechend ungünstig. Eine Fruchtbildung war bei den befallenen Pflanzen kaum eingetreten. Ende September fanden sich noch beide Arten samt ihren Larven an den Pflanzen vor, und an den Stengeln zeigten sich überall die Folgen der früheren Stiche in relativ stark hervortretenden Vernarbungen.

Außer den erwähnten, durch Wanzen verursachten Absterbeerscheinungen sind MÜHLE im Bereich der Blütenstände nur Saugschäden durch Blattläuse begegnet, an denen insbesondere *Cavariella aegopodii* Scop. und *Hyadaphis foeniculi* Pass. beteiligt waren. Im älteren Schrifttum wird für den Fenchel auch die Raupe der Kümmelmotte, *Depressaria nervosa* Hw., als Schädling der Blütenstände angegeben. Von MÜHLE ist dieser Schädling selbst bei starkem Befall benachbarter Kümmelparzellen am Fenchel noch nicht gefunden worden. Weitere Schädlinge der Blütenstände stellen nach KIRCHNER zwei Gallmückenarten dar. Von ihnen soll *Lasioptera carophila* Löw. Gallenbildungen am Grunde der Doldenstiele und *Kiefferia pimpinellae* Löw. eine Umwandlung der Früchtchen in herz- oder walzenförmige Gallen bewirken.

Schließlich sei darauf hingewiesen, daß auch die Fleckenbildungen durch *Fusicladium depressum* und die gelben Pusteln des bereits erwähnten „*Aecidium foeniculi*" (s. S. 404) auf den Früchten vorkommen sollen. Von den Fenchelanbauern wird ganz besonders auch eine achtfüßige sogenannte „Fenchelspinne" gefürchtet, die den oberirdischen Pflanzenteilen beträchtlichen Schaden zufügen kann. Gelegentlich wird nach HEGI der Fenchel von *Cuscuta epithymum* (L.) Murr. befallen.

Im Lager kann der Brotbohrer, *Stegobium paniceum* L., die Droge völlig vernichten.

Galega officinalis L., Geißraute, Geißklee

Leguminosae

Gebräuchliche Pflanzenteile: Erg.-B. 6: „Die getrockneten, während der Blütezeit (Juli bis August) gesammelten oberirdischen Teile von *Galega officinalis* Linné."

Handelsbezeichnung: *Herba Galegae*, Geißrautenkraut.

Botanik: Das kräftige, sehr ästige Rhizom treibt hohle, etwas kantige, aufrechte, locker beblätterte Sprosse, die bis über 125 cm hoch werden können. Die Laubblätter sind gestielt, unpaarig gefiedert, am Grunde mit breitlanzettlichen, halbpfeilförmigen Nebenblättern besetzt. Sie sind kahl oder nur wenig behaart. Die Fiederblättchen stehen gegenständig, sind stumpf, fein stachelspitzig, kahl, breitlanzettlich oder länglich, ganzrandig, sitzend. Die Blattfarbe ist oberseits sattgrün, unterseits etwas heller. Die Blüten sitzen in einer gestielten lockeren Traube am Ende der Stengel und Zweige. Die Geißraute blüht hellviolett-blau, seltener weiß.

Blütezeit: VII, VIII (IX).

Nektar hat die auf Fremdbestäubung eingestellte Blüte nicht aufzuweisen. Ude berichtet über den Insektenbeflug an den Beständen des Sortenamtes in Leipzig-Probstheida, daß ein Sammeltag Mitte Juli 1940 trotz längerer Beobachtungszeit fast ergebnislos war. Erst Anfang August setzte ein reger Insektenbesuch an den Blüten der Geißraute ein, der bis Ende August nicht abnahm. Die Florfliege *Chrysopa perla* L. hielt sich gern im Bestand auf. Während der Anflug durch Honigbienen immer nur als mäßig angesehen werden konnte, wurden die Blüten von pollensammelnden Hummeln sehr gern aufgesucht. Die Steinhummel, *Bombus lapidarius* L., trat unter den weiteren drei festgestellten Arten

Abb. 202 Galega officinalis L., Blütentriebe

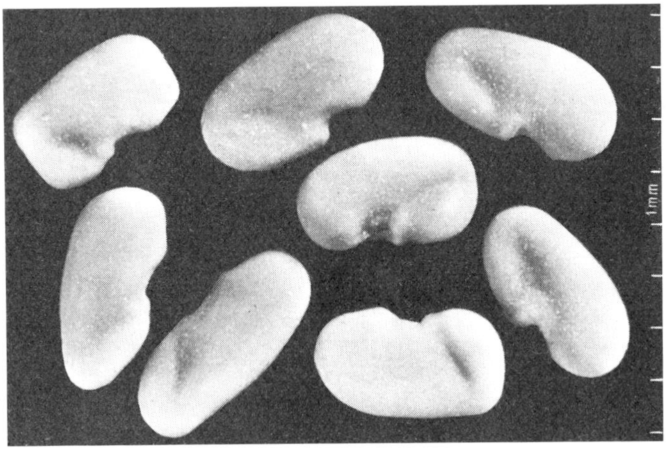

Abb. 203 Galega officinalis L., Samen

Bombus terrestris L., *B. silvarum* L. und *Pomobombus pomorum* Pz. besonders stark hervor. Beachtenswert war der erstmalige Fund der interessanten Blattwespe *Macrophya rufipes* L. in Leipzig-Probstheida. Mit den nachgenannten drei der häufigsten Arten waren die Schwebfliegen vertreten: *Syrphus corollae* F., *Lasiophthicus pyrastri* L. und *Sphaerophoria scripta* L.

Die schräg abstehende Hülse wird 3—4 cm lang. Sie ist zugespitzt und etwas aufgetrieben, rotbraun gefärbt, kahl, vielsamig. Die länglichen Samen sind zum Teil fast bohnenförmig, etwas abgeflacht, 4,5 (— 7) mm lang, 2 mm breit und 1,5 mm dick. Der Nabel befindet sich in der Mitte, oberhalb desselben liegt die Samenschwiele. Die Samenfarbe ist grünlich-gelblichbraun bis braun. Mit zunehmendem Alter dunkelt die Farbe nach und geht häufig ins Rotbraune über. Die Samen von *Galega officinalis* ähneln in ihrer Gestalt denen von *Astragalus glycyphyllus* L., der Süßen Bärenschote, auch Wildes Süßholz genannt. Die Samen dieser Art sind jedoch mehr länglich-nierenförmig, glatt und vorwiegend rotbraun.

Boden und Klima: Für den Anbau von *Galega officinalis* sind vor allem tiefgründige, mittelschwere, humose Böden mit gutem Kalkgehalt in etwas geschützter Lage geeignet. Bodenfeuchtigkeit wird bevorzugt, stagnierende Nässe dagegen nicht vertragen.

Herkunft und Verbreitung: Die Geißraute ist in Süd- und Südosteuropa verbreitet. Das ursprüngliche Verbreitungsgebiet ist nicht genau feststellbar.

Herkünfte des Drogenhandels: Hauptherkunftsgebiete für die Droge sind Süd- und Südosteuropa. In der Tschechoslowakei wird *Galega officinalis* besonders in den warmen Lagen Mährens angebaut, wo sie sehr massenwüchsig ist. In Deutschland wird die Droge nur in geringem Umfange gewonnen.

Sorten und Herkünfte für den Anbau: Eine bekannte Gruppensorte für die Drogengewinnung ist die 'Erfurter Großblättrige Geißraute'.

Saatgut: Das 1000-Korngewicht betrug im Mittel 8,044 g. Die Mindestreinheit inländischer Saat sollte mindestens 98% und die Mindestkeimfähigkeit 70% betragen. Die Samen sind häufig hartschalig und keimen schlecht. Im Durchschnitt unserer Untersuchungen während mehrerer Jahre betrug die Keimfähigkeit nur 44%, jedoch wurden gelegentlich auch Werte bis zu 95% festgestellt. Die besten Keimfähigkeitsergebnisse erzielten wir bei Zimmer- und Wechseltemperatur im Dunkeln; aber auch bei Licht keimt das Saatgut. Der Keimversuch wird nach 21 Tagen abgeschlossen.

Anbau: Im feldmäßigen Anbau folgt die Geißraute am besten einer Halmfrucht. Sie selbst ist eine ausgezeichnete Vorfrucht, namentlich für Hackfrüchte. Ihre günstige Nachwirkung zeigt sich meist noch bis zur dritten Nachfrucht. Im Fruchtfolgeplan des Heilpflanzenbaues kommt ihr daher Bedeutung als Stickstoffsammler zu. Sie wird am besten wie die Luzerne eingegliedert.

Die Aussaat erfolgt im März/April in einer Reihenentfernung von 25—30 cm. Die Aussaatmenge bei Drillsaat beläuft sich auf 300—350 g/a. Bei gut keimfähigem Saatgut dürfte mit einer geringeren Saatgutmenge auszukommen sein. Auch eine Untersaat in Sommergerste ist nach deren Auflaufen möglich. Die Geißraute wird dann zwischen die Gerstenreihen gesät, wobei die Aussaatmenge etwa 400 g/a beträgt. Die Reinsaat ist jedoch sicherer.

Als Düngung ist eine mittlere Handelsdüngergabe unter besonderer Berücksichtigung von Phosphorsäure und Kali sehr angebracht. Obwohl die Geißraute ein Stickstoffsammler ist, fördern kleine Stickstoffgaben in leicht aufnehmbarer Form die Anfangsentwicklung ganz merklich. Mit bestem Erfolg düngen wir Geißrautebestände mit Kompost, der vor dem Winter in stärkeren Gaben aufgebracht wird und zugleich als Winterschutz dient. Auch an die Möglichkeit einer Saatgut- und Bodenimpfung bei einem erstmaligen Anbau sei erinnert. (Siehe Kapitel X, Düngung, S. 119.)

Abb. 204 Galega officinalis L., Bestand mit Auswinterungsschäden

Die Pflegearbeiten bestehen in wiederholtem Hakken. Im zweiten und folgenden Vegetationsjahr der 2—3 Jahre genutzten Kultur kann der Bestand im zeitigen Frühjahr abgeeggt werden. Der Verunkrautung, insbesondere auch der Vergrasung, ist unter allen Umständen entgegenzuwirken. Auch ist es angebracht, dem Bestand vor Eintritt stärkerer Fröste einen Frostschutz zu geben in Form von strohigem Stalldünger, Kartoffelkraut, Maisstroh und ähnlichem. Sollte trotz eines Winterschutzes der Auswinterungsschaden im Frühjahr beträchtlich sein, so ist rechtzeitiger Umbruch angezeigt, denn stark geschwächte Bestände erholen sich nur schwer.

Ernte: Die Ernte erfolgt zur Blütezeit (Juli bis August). Zu diesem Zeitpunkt ist der Gehalt an Galegin* am höchsten[1]. Bei einem größeren Anbau kann der Schnitt mit dem Grasmäher vorgenommen werden. Unter normalen Anbaubedingungen läßt sich im ersten Jahr einmal und im zweiten Jahr zwei- bis dreimal ernten.
Zur Samenernte läßt man das Kraut des älteren Bestandes bis Ende August/Anfang September stehen. Da die Hülsen leicht aufplatzen, muß man auf eine rechtzeitige Ernte bedacht sein.

Trocknung: Bei günstigen Witterungsverhältnissen ist zur Drogen- wie zur Samenernte Feldtrocknung unter Verwendung von Trockengerüsten möglich; jedoch dürfen die Reuter nicht zu fest gepackt werden. Zur Samenernte ist auch die Trocknung in Hocken und Puppen möglich. Künstliche Trocknung kommt ebenfalls in Frage. Das Trocknungsverhältnis des Krautes frisch : trocken beträgt 5—6 : 1. Der Trocknung schließt sich der Maschinendrusch an.

Erträge: Der Ertrag an Droge schwankt zwischen 20 und 60 kg/a. Während der Haupterntejahre beträgt er 40—80 kg/a. Der Saatgutertrag beläuft sich auf 4—8 (12) kg/a.

Krankheiten und Schädlinge: Die Blätter der jungen Pflanzen zeigen zuweilen die charakteristischen Fraßschäden der Blattrandkäfer *(Sitona-spec.)*. Darüber hinaus traten

[1] Zit. nach AUSTER, F. und SCHÄFER, J.: Arzneipflanzen. Leipzig 1954, 5. Lieferung.
* Galegin ($C_6H_{13}N_3$) ist ein Guanidin-Derivat.

pilzliche und tierische Schädlinge in unseren Geißrautebeständen in Leipzig-Probstheida nicht auf. Aus der Literatur ist uns bekannt, daß auf den Blättern gelegentlich Rostbefall, verursacht durch *Uromyces galegicola* Woron., beobachtet wurde. Die auf den Futterleguminosen häufig vorkommenden Krankheiten und Schädlinge dürften aber gelegentlich auch die Geißraute nicht verschonen.

Besonderes: Nach Angaben im älteren Schrifttum wurde die Geißraute früher häufiger als Futterpflanze angebaut. Neuerdings ist man bemüht, sie als solche möglichst alkaloidarm zu züchten[2]. Das Kraut soll milchtreibend wirken. Nach AUSTER und SCHÄFER[3] wird besonders in Holland dem Viehfutter zur Steigerung des Milchertrages *Galega* beigegeben, und zwar im Sommer und Herbst das Kraut und im Winter die Wurzel. In der Westschweiz wird ein *Extractum Galegae* zur Erhöhung der Milchabsonderung gern verwendet. Die milchtreibende Wirkung ist jedoch wenig konstant. Beim Landvolk ist die Geißraute auch unter der volkstümlichen Bezeichnung „Geißklee" oder „Milchkraut" bekannt. Diese und die wissenschaftliche Bezeichnung *Galega* deuten auf die milchfördernde Wirkung hin. Wegen ihrer Frostempfindlichkeit jedoch ist der Anbau der Geißraute, bis auf kleinere Flächen für pharmazeutische Zwecke, zurückgegangen. Auch wir konnten auf dem Versuchsfeld in Leipzig-Probstheida wiederholt Auswinterungsschäden beobachten. Besonders die südeuropäischen Herkünfte sind sehr frostempfindlich.

Geißrautenheu enthält nach STEBLER (zit. nach HEGI) 78,8 % organische Substanz, davon 17,1 % Stickstoffsubstanz, 1,4 % Fett, 34,1 % Rohfaser und 26,1 % stickstofffreie Extraktstoffe. Es soll jung dem Heu der Luzerne fast gleichwertig sein. Nach neueren Untersuchungen von KOLUŠEK[4] enthält *Galega officinalis*, verglichen mit Klee und Luzerne bedeutend mehr basische Aminosäuren, vor allem Lysin, welches die Laktation in besonderem Maße beeinflußt. Für die Futterpflanzenzüchtung dürfte *Galega officinalis* interessant sein. Wie wir uns selbst überzeugen konnten, wird sie jedoch vom Pferd gar nicht und von den Wiederkäuern nur ungern gefressen. Vergiftungserscheinungen durch Geißraute sind bei Weidetieren schon beobachtet worden. KREITMAIR[5] berichtet über Fütterungsversuche mit Schafen, wobei toxische Wirkungen mit tödlichem Ausgang auftraten.

Galega officinalis wird nicht nur als Arznei- und Futterpflanze angebaut, sondern gelegentlich auch als Zierpflanze.

Glycyrrhiza glabra L., Gemeines Süßholz

Leguminosae

Gebräuchliche Pflanzenteile: DAB. 6: „Die geschälten, getrockneten Wurzeln und Ausläufer von *Glycyrrhiza glabra* Linné." HAB. 2: „Getrocknete Wurzel."

Handelsbezeichnung: *Radix Liquiritiae*, Süßholzwurzel.

Botanik: Das sehr kräftige Rhizom dieser Staude treibt über fingerdicke Wurzeln, lange Ausläufer und einige bis über meterhohe, aufrechte, einfache oder verzweigte, locker beblätterte, im Herbst absterbende Stengel. Der Geschmack der Wurzel ist

[2] SCHRÖCK, O.: Die Züchtung alkaloidarmen Geißklees, *Galega officinalis*. „Der Züchter" 13, S. 115 bis 117 (1941).

[3] loc. cit. S. 408.

[4] KOLUŠEK, J.: Die Aminosäuren in *Galega officinalis* L. Sbornik českoslov. Akad. zemědělskych Věd, Rada A 26. 221, 28. Juni 1953, Praha.

[5] KREITMAIR, H.: *Galega officinalis* — die Geißraute. „Pharmazie" 2, S. 376 bis 378 (1947); bzw. „Arzneipflanzen-Umschau" 2, S. 224 bis 226 (1947).

süß, etwas kratzend. Sie enthält das sehr süß schmeckende Glycyrrhizin. Die 10—20 cm langen Laubblätter sind unpaarig-gefiedert und haben 3—7 (8) Paar kurzstielige, eiförmig bis breit-elliptische, oben kurzstachelspitzige Fiederblättchen und ein etwas länger gestieltes Endblättchen aufzuweisen. Sie sind kahl, lebhaft grün gefärbt, deutlich fiedernervig und auf der Unterseite von hellen Drüsen punktiert. Sie fassen sich harzig-klebrig an. Die aufrechten Blütentrauben stehen blattachselständig, sie sind reichblütig und können bis 15 cm lang werden. Die Farbe der Fahne ist blaßlila, manchmal auch gelblichweiß. Der Flügel und das Schiffchen sind lilafarbig, nach unten zu verläuft die Farbe in weiß.

Blütezeit: VI—VIII.

Die kahlen, bis über 2 cm langen drei- bis fünfsamigen Hülsen stehen aufrecht. Der braune Samen ist rundlich, fast nierenförmig, etwas abgeflacht. Er ist bis 4 mm lang und 2 mm breit. Das Würzelchen ist so lang wie die Keimblätter. Sie sind ähnlich den

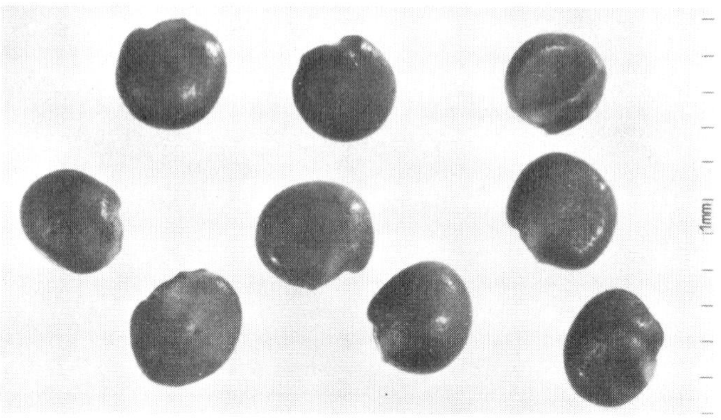

*Abb. 205 Glycyrrhiza glabra L., Samen (Importsaatgut)***

Samen des Wilden Süßholzes, auch Süße Bärenschote (*Astragalus glycyphyllus* L.)* genannt. Die Samen dieser Art sind aber mehr länglich-nierenförmig, glatt, rotbraun. Das Kraut dieser letzteren Art war früher als *Herba Glycyrrhizae silvestris* offizinell. Als Stammpflanzen für *Radix Liquiritiae* kommen folgende Varietäten in Betracht:
var. typica Reg. et Herd.: Stengel fast kahl, Blättchen unterseits drüsig behaart, Kelchblätter lineal-lanzettlich. Kronblätter blau, Hülsen kahl. Es ist die in Europa am meisten angebaute Varietät. Sie kommt vor in Südeuropa, in den Kaukasusländern und im Nordiran. Im Drogenhandel wird sie häufig als „Spanisches Süßholz" bezeichnet. Kultiviert wird sie vorwiegend in Spanien, Italien, Südfrankreich, wenig auch in England (Yorkshire) und früher in Deutschland, wo sich bei Bamberg noch Reste der Kulturen erhalten haben. Aus Spanien kommen große Mengen ungeschälter Droge in den Handel, die mit runzeligem, graubraunem Kork bedeckt ist. Die Stücke sind sehr dicht und schwer, so daß sie meist im Wasser untersinken. In Italien wird fast die gesamte Ernte zu *Succus Liquiritiae* verarbeitet;
var. violacea Boiss.: Blättchen kleiner, mehr elliptisch. Kelchblätter fast dreieckig. Kronblätter violett. Diese Varietät findet sich in den Euphratländern;

* *Astragalus glycyphyllus* L. wird gelegentlich wegen seines süßen Geschmackes als Süßholzersatz für Teemischungen empfohlen und enthält ebenfalls Glyzyrrhizin. Diese Art ist in der Kultur sehr anspruchslos und eignet sich zum Anbau auf Ödländereien. In England wird diese Leguminose auf mageren Böden als Weidepflanze angebaut.

** Eine Überprüfung der Artechtheit war uns nicht möglich, weil Vergleichsmaterial fehlte.

Abb. 206 Glycyrrhiza glabra L. var. glandulifera (W. et K.) Reg. et Herd., blühender Trieb

var. glandulifera (W. et K.) Reg. et Herd.: Stengel weich behaart oder drüsig rauh. Blättchen unterseits oft drüsig behaart. Hülsen oft stachelig, vielsamig. Das Verbreitungsgebiet dieser Varietät erstreckt sich auf Südosteuropa bis Turkestan, Afghanistan, Südsibirien, besonders Galizien. In Zentral- und Südrußland ist diese Varietät häufig wildwachsend zu finden. Die Droge gelangt unter der Bezeichnung „Russisches Süßholz" in den Handel. Besonders am Ural werden die Wurzeln der wilden Pflanze gegraben. Im Wolga-Delta bei Sarepta, bei Batum usw. kultiviert man sie. Man verwendet die — im Vergleich zum „Spanischen Süßholz" — ziemlich dicken Nebenwurzeln, welche schon an Ort und Stelle oder erst in den Handelszentren geschält oder nachgeschält werden. Russische Süßholzdroge ist leichter, lockerer und im Bruch fasriger und auch leichter schneidbar als die spanische Droge. Sie schwimmt auf dem Wasser;

var. pallida Boiss.: Stengel mit angedrückten Haaren, nicht drüsig. Blütentrauben länger als die Blätter. Kelch drüsig behaart mit schmalen Zähnen. Kronblätter rötlichweiß. Diese Varietät kommt in Kleinasien (Assyrien) vor.

Sehr selten wird außer den genannten Varietäten der Art *Glycyrrhiza glabra* L. noch *G. echinata* L. kultiviert. Die Wurzeln dieser Art sind weniger süß als die der ersteren. Sie hat ästigere Stengel aufzuweisen, und die Blättchen sind kleiner und spitzer. Diese Art liefert ein fast wertloses Süßholz. Aber auch noch weitere *Glycyrrhiza*-Arten dienen der Drogengewinnung.

Boden und Klima: Für den Anbau eignen sich besonders sehr tiefgründige Sand- und sandige Lehmböden in wärmeren Gegenden. Je lockerer der Boden ist, um so besser können sich die Wurzeln entwickeln. Der Boden muß die Feuchtigkeit gut halten. Für den Anbau eignen sich auch Flächen, die gelegentlich unter Hochwasser stehen. Auch durchlässige, schotterige Böden kommen für die Gewinnung des Süßholzes noch in Frage. Stauende Nässe im Untergrund wird aber nicht vertragen. In rauhen Lagen oder solchen mit einem ausgesprochen langen Winter ist die Kultur sehr unsicher. In Bamberg in Oberfranken erfolgte früher der Süßholzanbau in der warmen Tallage der Regnitz auf sandigem Lehm und lehmigem Sand.

Herkunft und Verbreitung: Das Gemeine Süßholz dürfte wohl im östlichen Mittelmeergebiet, nördlich bis Mittelitalien, Dalmatien, Ungarn, bis zur Ukraine, Mittelrußland und zum Kaukasus, in Kleinasien, Persien, Babylonien, Turkestan, Afghanistan und der Dsungarei einheimisch sein (Hegi). Aus der Kultur verwildert, findet es sich vielenorts. Stellenweise ist es völlig eingebürgert.

Herkünfte des Drogenhandels: Der Süßholzanbau ist in Deutschland so gut wie erloschen. Früher wurde das Süßholz z. B. in Thüringen und besonders in Bayern angebaut. In Bamberg wurde die Süßholzkultur bereits im 15. Jahrhundert durch

Benediktinermönche eingeführt. Aber auch in Österreich und in der Tschechoslowakei (Mähren) dürften noch Reste eines größeren Anbaues zu finden sein. *Radix Liquiritiae* wird besonders in Zentral- und Südrußland, vor allem im Wolga-Delta, um Batum, im Gebiet des Uralflusses, in Sibirien bis zur Mongolei, in Kleinasien, Syrien, den Euphratländern, Irak und Turkestan wildwachsend oder im Anbau gewonnen. Außerdem wird Süßholz noch in Spanien, Italien (Calabrien und Sizilien) und in Südfrankreich angebaut. Auch in den USA und in Südafrika wird Süßholz gewonnen. Neuerdings soll sich auch wieder in Ungarn ein kleiner Anbau befinden.

Sorten und Herkünfte für den Anbau: Deutsche Herkünfte wurden bisher beim Sortenamt noch nicht geprüft.

Saatgut: Das 1000-Korngewicht der Samen von *Glycyrrhiza glabra* beträgt nach STEIGERWALD und BORNTRÄGER[1] 10 g. Hinsichtlich der Reinheit und Keimfähigkeit liegen Mindestwerte nicht vor. Die Samen keimen meist schlecht, da sie $\pm$ hartschalig sind. Nach den „Technischen Vorschriften" müssen sie als Dunkelkeimer behandelt werden. Der Keimversuch wird bei Wechseltemperatur oder 30°C durchgeführt und nach 28 Tagen abgeschlossen.

Anbau: Der Süßholzanbau fällt mit seiner bis 15jährigen Lebensdauer aus dem Rahmen aller landwirtschaftlichen Kulturen heraus und läßt sich fruchtfolgemäßig nicht nach den allgemein üblichen Regeln eingliedern. Als Vorfrucht dürften besonders Hackfrüchte geeignet sein. Es empfiehlt sich, vor Eintritt des Winters das mit Süßholz zu bestellende Feld mit dem Pflug und Untergrundlockerer zu bearbeiten. Nach Möglichkeit soll der Boden sogar bis 1 m tief rigolt werden. Als Nachfrucht wird ebenfalls eine Hackfrucht (Kartoffeln, Rüben) angebaut. Der Süßholzanbau wird in den verschiedenen Produktionsgebieten sehr unterschiedlich gehandhabt. Eine ausführliche Darstellung der Süßholzkultur, wie sie in Deutschland betrieben wurde, findet sich bei LÖBE[2]. Eine Vermehrung durch Samen ist nicht anzuraten. Bei generativer Vermehrung entwickeln sich die Pflanzen außerordentlich langsam. Zur Vermehrung bedient man sich der Hauptfechser, die noch keine Stengel getrieben haben. Unter Fechser werden in diesem Falle die unterirdischen Ausläufer verstanden, die horizontal im Boden wachsen und die eine Länge bis zu 8 m erreichen können. Man erhält diese beim Graben der Süßholzwurzeln im Frühjahr oder Herbst. Sie werden mit einem scharfen Messer von den anderen Wurzelteilen getrennt und dann wieder in Teile von 25—30 cm Länge für leichte, für bindige Böden noch etwas länger (50 cm) geschnitten, und zwar immer etwa 1 cm vor einem Auge. Nicht aus allen Augen entwickeln sich wieder neue Pflanzen, sondern nur die kräftigsten sind lebensfähig. Die Fechser müssen frostfrei in trockener Erde oder am besten in Sand aufbewahrt werden, wenn man sie nicht gleich wieder auslegt.

Die Kulturen werden sehr verschieden angelegt. Ab März/April beginnt die Pflanzung. Am besten wird so vorgegangen, daß die Fechser in einer Reihenweite von 100 cm und innerhalb der Reihe bei einem Abstand von 30—40 cm in etwa 25—30 cm tiefe Furchen gelegt werden. Häufig setzt man die Fechser auch nur schief aufwärts stehend in die Erde ein, in gegenseitiger Entfernung von 50—80 cm. Die ersten Blattaustriebe zeigen sich nach 4—5 Wochen. In den ersten beiden Jahren ist das Wachstum nur als mäßig zu bezeichnen. Eine völlige Bedeckung des Bodens durch die Pflanze wird oftmals im ersten Anbaujahr noch nicht erreicht. Zwischenkulturen, wie Buschbohnen und niedrige Erbsen oder flachwurzelnde Gemüsearten, können gegebenenfalls zwischen den Reihen angebaut werden.

[1] STEIGERWALD, E. und BORNTRÄGER, H.: Heil-, Duft- und Gewürzpflanzenanbau. Darmstadt 1949.
[2] LÖBE, W.: Anleitung zum rationellen Anbau der Handelsgewächse. 6. Abt. Arznei- und Spezereipflanzen. Stuttgart 1868, S. 61 bis 80.

Die Pflegearbeiten bestehen in wiederholtem tiefem Hacken außerhalb der Blütezeit. Vor Eintritt des Winters werden die Stengel etwa 30 cm über dem Boden zurückgeschnitten. Das Kraut kann verfüttert werden. Ein Abdecken mit strohigem Dünger schützt die jungen Pflanzen vor Frosteinwirkung.

Glycyrrhiza glabra kann reichlich mit Stallmist gedüngt werden, Pferdedünger ist jedoch möglichst zu vermeiden. Bei der Anlage der Kultur empfiehlt es sich, eine reichliche Vorratsdüngung zu geben. Die alten, erfahrenen Anbauer bringen aller zwei Jahre zwischen die Reihen Rindermist, der dann sorgfältig eingearbeitet wird. Eine Düngung mit Handelsdüngemitteln, insbesondere mit Phosphorsäure und Kali, ist angebracht. Fehlt der Stallmist, so sind auch noch mäßige Stickstoffgaben als Kopfdünger nützlich.

Ernte: Die Ernte der Wurzeln erfolgt, wenn sich ihre Rinde nicht mehr leicht abschälen läßt, und zwar im dritten oder vierten Jahre vom Spätherbst (September/Oktober) an. Vom neunten Jahr an sind die Wurzeln am gehaltreichsten. Soweit möglich, kann die Ernte auch noch den Winter hindurch bis zum Frühjahr (März/April), bevor der neue Austrieb erfolgt, vorgenommen werden. Die Herbsternte soll mehr Glycyrrhizin enthalten als die Sommerernte. Die Hauptpfahlwurzel bleibt in der Regel stehen, und es kommen nur Nebenwurzeln zur Ernte. Sie werden am Ansatz mit einem scharfen Messer abgeschnitten und mit der Hand aus der Erde herausgezogen. Dabei sind besonders bei der ersten Ernte nur einige dieser Wurzeln zu entnehmen, um den weiteren Wuchs nicht zu schädigen. Die Ernte erfolgt dann regelmäßig im dreijährigen Turnus. Es müssen also immer genügend Wurzeln zur Fortpflanzung belassen werden. Bei den alten Beständen wird bei dieser Arbeit auch gleich die Regenerierung durch Teilung von Wurzelstöcken vorgenommen. Hierbei sind besondere Regeln zu beachten. Oberirdische Austriebe, die eine eigene Pfahlwurzel gebildet haben, werden durch Schnitt vom alten Stock getrennt und etwas abgebogen, worauf dann das vorher gegrabene Loch wieder zugefüllt wird. Auch Austriebe mit eigenen, flach und waagerecht verlaufenden Seitenwurzeln können auf gleiche Weise vom Mutterstock getrennt werden und bilden dann eigene neue Pfahlwurzeln. Kräftige, wenigstens dreijährige Fechser, werden von der Hauptwurzel getrennt und ebenfalls etwas abgebogen und können so selbst neue Austriebe und damit einen eigenen Wurzelstock bilden. Auch ihre Herausnahme und Verwendung zur Neuanlage ist möglich.

Es ist aber ratsam wenn man Fechser gewinnen will, diese Arbeit bzw. die Wurzelernte überhaupt dann erst im zeitigen Frühjahr (März) vorzunehmen, damit man die Fechser gleich wieder frisch auslegen kann, da ihre Überwinterung im Einschlag nicht immer vorteilhaft ist. Man kann aber auch bei der Ernte mit einem Tiefpflug alle Wurzeln ernten.

Als Droge finden die getrockneten Haupt- und Nebenwurzeln sowie die Ausläufer Verwendung.

Trocknung: Die Trocknung der Wurzeln erfolgt im ganzen auf natürliche oder künstliche Weise und dauert verhältnismäßig lange. Das Gewichtsverhältnis frisch : trocken beträgt 4 : 1. Die Wurzeln werden nach ihrer Stärke sortiert und gebündelt.

Erträge: Die Erträge sind je nach Boden und Klima sehr verschieden. Im Schrifttum werden Drogenerträge von 8—12 dz/ha nach 3 Jahren, 15—24 dz/ha nach 6 Jahren und 26—34 dz/ha nach 9—15 Jahren angegeben. Später sinken die Erträge, so daß am besten bei der letzten Ernte die restlose Rodung und eine Neuanlage vorgenommen wird. In den Produktionsländern gibt es allerdings Daueranlagen mit teilweise 40jähriger Nutzung. Bei den frischen Wurzeln betragen die Verluste durch Abfall und Trocknung etwa 80—85%. Saatguterträge sind nicht bekannt.

Krankheiten und Schädlinge: Im Jahre 1911 wurde ein großer Teil der mährischen Süßholzkulturen durch Pilzbefall mit *Rhizoctonia violacea* Tul. vernichtet[3]. Nach starker Infektion kann ein ganzer Bestand eingehen. Weniger schädlich sind die Blattflecken erzeugenden Pilze *Phyllosticta glycyrrhizae* Brun. und *Uromyces glycyrrhiza* Magnus. Von tierischen Schädlingen frißt der Graurüßler *Sitona lineatus* L. an den Süßholzblättern. Er frißt vom Rande her und verursacht dadurch eine eigentümliche Zackung. *Radix Liquiritiae* wird vom Kräuterdieb, *Ptinus fur* L., befallen.

Grindelia-species, Grindelia-Arten

Compositae

Gebräuchliche Pflanzenteile: Erg.-B. 6: „Die getrockneten, während der Blütezeit (Mai bis Juni) gesammelten blühenden Stengelspitzen und Blätter von *Grindelia robusta* Nutall und *Grindelia squarrosa* Dumal."* HAB. 2: *Grindelia robusta* Nutt.: „Getrocknetes, zur Zeit der Blüte gesammeltes Kraut." *Grindelia squarrosa* Dun.: „Getrocknetes Kraut."

Handelsbezeichnungen: *Herba* oder *Summitates Grindeliae*, Grindelienkraut.

Botanik: Die medizinisch genutzten Grindelien sind zweijährig bis ausdauernd und erreichen eine Höhe bis zu 100 cm. Gelegentlich findet man sie auch als anspruchslose Zierpflanzen.

Die aufrecht wachsenden, zylindrischen, längs gefurchten Stengel von *Grindelia robusta* sind meist fast kahl oder mit kleinen Harzdrüsen besetzt. Die Spitzen der Äste sind weißflaumig behaart und tragen gegenständige, schwach behaarte Blätter. Die Laubblätter sind etwa bis 5 cm lang, breit-spatelförmig, eiförmig bis lanzettlich, sitzend, teilweise stengelumfassend. Sie sind am Rande ± scharf gezähnt, von blaßgrüner Farbe und durchscheinend punktiert. Die Blütenköpfchen stehen endständig. Die Hüllkelchschuppen sind zurückgekrümmt und mit stark klebrigem, frisch milchweißem, später braunem Sekret bedeckt. Die im Durchschnitt bis 1,5 cm großen, gelben Blütenköpfchen enthalten männliche, zungenförmige Strahlenblüten und röhrenförmige, zwittrige Scheibenblüten. Das Kraut riecht aromatisch, schmeckt bitterlich-würzig und ist von klebriger Beschaffenheit. Es enthält ätherisches Öl und Harz.

Abb. 207 Grindelia squarrosa Dun., Blütentriebe

Grindelia squarrosa (Sperrige Grindelie, Gummi- oder Klebkraut), unterscheidet sich nur wenig von *Grindelia robusta*.

Die Sperrige Grindelie ist eine Charakterpflanze für nordamerikanische Luzerne- und

[3] Himmelbaur, W.: Beiträge zur Pathologie der Drogenpflanzen, III. Eine Rhizoctonia-Erkrankung des Süßholzes. „Ztschr. f. d. landw. Versuchw. in Österreich" Bd. XVII, 8/9, Wien 1914, S. 671 bis 683.

* Die richtige Schreibweise ist: *Grindelia robusta* Nuttal und *Grindelia squarrosa* (Pursh) Dun.

Klee-Herkünfte. Beide *Grindelia*-Arten werden in der Heilkunde bei den gleichen Indikationen angewandt.

Blütezeit: VI, VII (VIII).

Der blühende *Grindelia*-Bestand wurde in Leipzig-Probstheida Ende August reich von Honigbienen besucht. Auch einige Syrphiden hatten sich eingefunden. Beobachtet wurden die Schlammfliege *Eristalis arbustorum* L. und die zarte Schwebfliege *Sphaerophoria scripta* L. Der aus harten Hüllschuppen bestehende Außenkelch der *Grindelia*-Blüte ist von einer zähen, klebrigen Schicht überzogen. Offenbar handelt es sich hier um süße Ausscheidungen, die noch weitere kleine Schwebfliegen angelockt hatten und der auch Ameisen nachgingen. Von den Schwebfliegen waren sogar einige von dem harzigen Überzug nicht wieder losgekommen und daran verendet. Es dürfte sich hierbei um extraflorale Nektarien handeln, wie sie schon bei verschiedenen Korbblütlern bekannt sind.

Abb. 208
Grindelia squarrosa Dun., Früchte

Die Form der Früchte ist verschieden. Vorwiegend sind sie von prismatischer Gestalt, kurz und dick, etwas gekrümmt (klauenförmig) und ziemlich flach, etwas schief gestutzt. Die größeren inneren Früchte sind fast gerade. Zwischen den Rippen sind sie mitunter quergefurcht. Die Länge der Früchte beträgt 2,4—5 mm, die Breite 0,8—2 mm. Der Pappus besteht nur aus zwei abfallenden steifen Haaren, die im Saatgut häufig noch nachweisbar sind. Die Farbe der Früchte ist gelblichweiß bis bräunlich.

Boden und Klima: Mittelschwere, nahrhafte Böden und leichtere, lehmige Sandböden in geschützter Lage eignen sich besonders für den Anbau der *Grindelia*-Arten.

Herkunft und Verbreitung: *Grindelia robusta* kommt westlich der Rocky Mountains, *Grindelia squarrosa* in Texas und Mexiko vor. In Europa werden beide Arten gelegentlich zur Drogengewinnung angebaut.

Herkünfte des Drogenhandels: Das Hauptherkunftsgebiet ist der atlantische Teil von Nordamerika. In neuerer Zeit werden beide Arten, vorwiegend aber *Grindelia robusta*, auch in Deutschland auf kleinsten Flächen kultiviert.

Sorten und Herkünfte für den Anbau: Im Sortenamt wurden bisher zwei Herkünfte vom Typ *Grindelia robusta* geprüft, die sich lediglich im 1000-Korngewicht unterschieden.

Saatgut: Das 1000-Korngewicht schwankte zwischen 1,140 und 1,737 g. Die Reinheit sollte mindestens 95%, die Keimfähigkeit 60% betragen. Der Keimversuch wird bei Zimmertemperatur im Dunkeln durchgeführt.

Anbau: Nach unseren Beobachtungen scheint die Grindelie an die Vorfrucht keine besonderen Ansprüche zu stellen. Letztere muß lediglich das mit Grindelie zu bestellende Feld rechtzeitig räumen, damit die Pflanzung im August/September noch nach genügendem Absetzen des Ackers möglich ist. Die Grindelie selbst hinterläßt einen sehr garen Boden. Da sie das Feld zeitig räumt, ist noch ein Nachbau mit spätem Futter oder raschwüchsigen Kulturen möglich. Hinsichtlich der Fruchtfolge ist ihr deshalb ein gewisser Wert beizumessen.

Die Kultur ist zweijährig und erfordert eine Anzucht im Freiland zur Jungpflanzengewinnung im ersten Jahre. Hierzu ist ein gartenmäßig hergerichtetes Saatbeet erforderlich. Die zur Anzucht benötigte Fläche beträgt etwa $^1/_{10}$ —$^1/_5$ der geplanten Hauptanbaufläche. Für 1 ha sind also etwa 1000—2000 qm Anzuchtfläche notwendig, auf die Ende April bis Anfang Juni 2 kg Samen in 25 cm Reihenabstand flach gedrillt werden. Die Keimfähigkeit des Saatgutes ist im allgemeinen sehr schlecht. Die nach drei Wochen auflaufende Saat ist durch mehrmaliges Hacken sauberzuhalten. Etwa Anfang August sind die Sämlinge kräftig genug, und es kann mit dem Auspflanzen begonnen werden. Nach dem 15. September sollte auf keinen Fall mehr gepflanzt werden, da Auswinterungsgefahr besteht, wenn die Pflanzen nicht genügend angewurzelt sind, außerdem ist es auch möglich, daß sie im zweiten Jahr nur sogenannte „Trotzer“ ausbilden, also im Rosettenstadium verharren, und erst im dritten Jahr zur Blüte kommen.

Die Standweite zur Pflanzung beträgt 25 × 30 cm. Bei trockenem Wetter sind die Wurzeln der Sämlinge am besten in Lehmbrei zu tauchen. Auch künstliche Beregnung kann unter Umständen erforderlich sein.

An Handelsdüngemitteln genügt es für diese anspruchslose Kultur, eine mäßige, ausgeglichene Gabe aller drei Nährstoffe (N, P_2O_5, K_2O) vor der Pflanzung oder im zeitigen Frühjahr zu geben. Stalldünger wird gut aufgenommen.

Vor Winter ist der Bestand einmal mit der Hand oder der Maschine zu hacken. Eine Abdeckung mit Kraut oder strohigem Mist kann nützlich sein. Nach strengen Wintern zeigen sich meist Auswinterungsschäden. Im Frühjahr wird nochmals zeitig mit der Hand oder der Maschine gehackt. Eine weitere Hacke kann unter Umständen notwendig sein. Das Wachstum geht mit fortlaufender Erwärmung im allgemeinen rasch vorwärts.

Ernte und Trocknung: Im Juni fängt die Grindelie an zu blühen, damit ist auch der Schnittzeitpunkt gekommen. Sogenannte Industrieware kann bei beginnender Blüte mit dem Grasmäher mit Anhaublech geerntet werden. Das Erntegut wird in Bunde abgelegt. Das harzreiche, klebrige Kraut braucht nicht eingebunden zu werden, da es von sich aus gut zusammenhält, doch erleichtert das Einbinden die spätere Arbeit beim Aufladen und beim Transport zur Trocknungsanlage. Bei gutem Stand ist der Schnitt auch mit dem Ableger möglich. Zur Gewinnung von *Herba Grindeliae*, das der Vorschrift des Erg.-B. 6 entspricht, finden die Sproßenden mit den Blütenköpfchen und die Blätter Verwendung.

Eine Vortrocknung auf dem Felde kann bei gutem Wetter angebracht sein, sonst erfolgt die Trocknung auf künstlichem Wege. Das Eintrocknungsverhältnis schwankt zwischen 4—5 : 1. Zur Saatguternte läßt man den Bestand reifen und erntet Ende Juli/Anfang August, wenn die Früchte sich verfärben. Bei rechtzeitigem Schnitt, der maschinell oder mit der Sichel vorgenommen werden kann, fallen die Früchte nicht aus. Das Erntegut kann wie Getreide auf dem Felde oder bei kleineren Mengen auch auf Böden nachtrocknen. Überreife Bestände liefern keimfähigeres Saatgut, fallen aber leichter aus, weswegen die Ernte dann besser durch Auspflücken der Fruchtstände vorgenommen wird. Das genügend trockene Erntegut kann dann auf geeigneten Maschinen ausgedroschen werden.

Erträge: Geerntet werden etwa 120—160 dz/ha frisches Kraut, was etwa 25—40 dz/ha Rohdroge ergibt. Die Saatguterträge belaufen sich auf 2—4 kg/a.

Krankheiten und Schädlinge wurden bisher von uns nicht beobachtet.

Hydrastis canadensis L., Kanadische Gelbwurz* †

Ranunculaceae**

Gebräuchliche Pflanzenteile: DAB. 6 und HAB. 2: Der getrocknete Wurzelstock mit den daranhängenden Wurzeln von *Hydrastis canadensis* Linné.

Handelsbezeichnungen: *Rhizoma* (*Radix*) *Hydrastis*, Kanadische Gelbwurzel, Goldsiegelwurzel.

Botanik: Die kleine, nur etwa 30 (45) cm hoch werdende Staude verfügt über einen unregelmäßigen, knotigen, hellgelben Wurzelstock von etwa 5 cm Länge und 1 cm Dicke, der reichlich mit bis 30 cm langen Wurzeln, die leicht abbrechen, besetzt ist und Stengelnarben (Siegelnarben) aufweist. Auf das Vorhandensein dieser typischen Narben ist auch die für *Hydrastis canadensis* gelegentlich zu findende Bezeichnung Goldsiegel zurückzuführen. In frischem Zustand enthält der Wurzelstock einen gelben Saft. Der aufrechte Stengel ist zylindrisch, behaart und wird am Grunde von kleinen, braunen Schuppen umschlossen. Meist sind nur zwei Blätter vorhanden, die im Umfange rundlich, handförmig-gelappt, stark geadert, haarig, ± dunkelgrün sind.

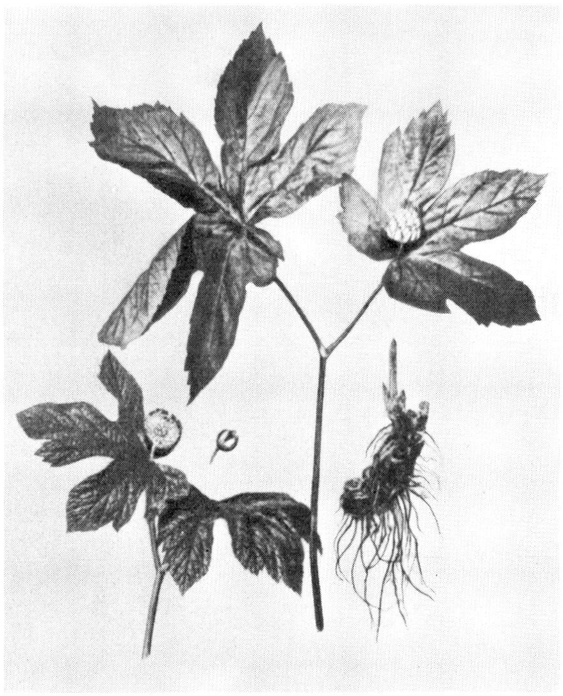

Abb. 209 Hydrastis canadensis L., Wurzelstock und oberirdische Teile

Entnommen als Reproduktion aus: Farmer's Bulletin No. 1999 U. S. Department of Agriculture

Die kleinen, endständigen Blüten stehen einzeln an etwa 2 (5) cm langen Blütenstielen. Drei blumenblattartige Kelchblätter sind vorhanden, die bald abfallen. Sie sind breit-eiförmig, grünlichweiß. Kronblätter sind

* Im Drogenhandel werden *Hydrastis canadensis* L. (Kanadische Gelbwurz) und *Curcuma longa* Koenig et auct., non L. = *C. domestica* Lour. (Indischer Safran, aber auch Gelbwurz genannt), eine Zingiberacee, unterschieden.

** Von Wettstein reiht *Hydrastis canadensis* nicht in die Familie der *Ranunculaceae* ein, sondern in die der *Berberidaceae*.

nicht vorhanden. Vom dritten Jahr an blühen die Pflanzen im Frühjahr, die Früchte reifen aber erst im Juli. Eigene blütenbiologische wie auch entomologische Beobachtungen liegen nicht vor, weil wir uns selbst bisher nicht mit der *Hydrastis*-Kultur beschäftigten. Nach Literaturangaben[1] ist Bienenbesuch zur Bestäubung erforderlich. Die beerenartige Sammelfrucht ist einer kleinen Himbeere ähnlich und zur Zeit der Fruchtreife hochrot gefärbt. Jede Einzelfrucht enthält zwei Samen, gelegentlich durch Verkümmerung auch nur einen. Die Samen sind breit-eiförmig, mit einem linealischen Nabel versehen, hart, schwarz, glänzend.

Boden und Klima: Nach Untersuchungen von Krkoška[2] gedeiht *Hydrastis canadensis* im kontinentalen Klima. Als Standort wird eine mäßig schattige, windgeschützte, warme Lage verlangt. *Hydrastis canadensis* bevorzugt den Schatten von Laubbäumen, nicht den von Nadelbäumen, oder muß künstlich beschattet werden, wo natürliche Schattenspender fehlen. Für den Anbau ist besonders ein milder, humoser Boden, der genügend Feuchtigkeit zu binden vermag, erforderlich. Sehr bevorzugt wird Lauberde. Stauende Bodennässe und ständige starke Beschattung sind dem Pflanzenwachstum jedoch nicht zuträglich. *Hydrastis canadensis* kann im Tiefland wie auch im Gebirge angebaut werden, gegebenenfalls wegen der dekorativen Blätter und Früchte auch als Parkpflanze. Sie gleicht in ihrer Lebensweise etwas der Waldanemone (*Anemone nemorosa* L.).

Herkunft und Verbreitung: Die Kanadische Gelbwurz kommt vor in den feuchten, schattigen Laubwäldern Nordamerikas von dem subarktischen Kanada (Ontario) bis nach dem Süden (West-Virginia).

Herkünfte des Drogenhandels: Da die wildwachsenden Pflanzen in ihrem Verbreitungsgebiet durch den starken Raubbau zur Drogengewinnung immer seltener werden, wird *Hydrastis canadensis* schon seit längerer Zeit kultiviert. Nach Madaus stammten im Jahre 1938 nur noch etwa 5% der im Handel befindlichen Droge von wildwachsenden Pflanzen. Europäische Droge gelangt nur sehr selten auf den Markt. In Europa, ganz besonders in Mitteleuropa, sind vorerst nur Kulturen vorhanden, die von keinem nennenswerten Umfang sind; besonders in der Sowjetunion, in Österreich (Korneuburg) und in der Tschechoslowakei bemüht man sich um den *Hydrastis*-Anbau. In Deutschland wurden uns größere Kulturen nicht bekannt.

Sorten und Herkünfte für den Anbau: Da nun *Hydrastis canadensis* in Mitteleuropa und somit auch in Deutschland mit Erfolg angebaut werden kann, wie dies Versuche ergaben, wäre es eine dankbare züchterische Aufgabe, eine für deutsche Anbauverhältnisse raschwüchsige, klimafeste Sorte mit hohem Alkaloidgehalt (Hydrastin) zu züchten. Saat- und Pflanzgut von *Hydrastis canadensis* sind nur schwer erhältlich.

Saatgut: Die *Hydrastis*-Samen sind hartschalig und keimen schwer, auch verlieren sie schnell ihre Keimfähigkeit. Zu deren Bestimmung müssen sie sofort nach der Reife vom Fruchtfleisch befreit und in feuchtem Sand eingekeimt werden. Nach Krkoška keimte importiertes Saatgut mit höchstens 10%. Saatgut tschechischen Ursprungs keimte etwas besser. Weder Saatgut europäischer noch überseeischer Herkunft konnten wir bisher für Untersuchungszwecke erhalten. Die Vermehrung geschieht in der Hauptsache durch Pflanzgut, und zwar entweder durch Teilung des Wurzelstockes oder durch Wurzelbrut. Am besten bewährt sich das Teilen der Rhizome.

Anbau: Die wichtigste Voraussetzung für das Gelingen einer *Hydrastis*-Kultur ist die richtige Wahl des Standortes (s. oben). Ist der Boden nicht geeignet, dann muß der

[1] Klan, Zd.: *Hydrastis canadensis* L. und ihre Kultur. Časapis československého lékárnictva, 1925, S. 82; ref. in „Heil- und Gewürzpflanzen“ 8, S. 186 bis 187 (1926).

[2] Krkoška, S.: Essai de culture de l'*Hydrastis canadensis* en Tchécoslovaquie. IVe Congress International des Plantes médicinales et des Plantes à Essences (1931). (Sonderdruck in französischer Sprache.)

Mutterboden in einer Tiefe von etwa 30—35 cm ausgehoben und dafür gut verrotteter, mindestens zwei Jahre alter Lauberdekompost eingebracht werden. Die Vermehrung erfolgt dann entweder generativ oder vegetativ, letzterer wird der Vorzug gegeben. Die Aussaat erfolgt am besten unmittelbar nach der Fruchtreife in ein gut vorbereitetes Saatbeet, bestehend aus einer Mischung von Erde, Laubkompost, Torfmull und Sand. Die Samen werden mit der fleischigen Hülle dann mit einer Schicht von Lauberde oder noch besser mit feuchtem Moos etwa 10—12 cm hoch bedeckt und im Winter Schnee und Frost ausgesetzt. Sie benötigen zum Keimen reichlich Feuchtigkeit und keimen trotzdem nur sehr schwer, wie überhaupt die Jugendentwicklung von *Hydrastis canadensis* eine verhältnismäßig langsame ist. Im ersten Jahre werden meist nur zwei Keimblätter entwickelt, und erst im zweiten Jahr werden die typischen, tief handförmig gelappten Laubblätter gebildet. Die kräftigen Sämlinge werden dann auf ihren eigentlichen Anbauort gepflanzt, und zwar am besten auf 1—1,5 m breite Beete. Die Pflanzweite sollte dann etwa 10 × 10 cm betragen. Die allgemein übliche vegetative Vermehrung erfolgt im Spätsommer oder Herbst, wenn die Pflanzen ihre Vegetation abgeschlossen haben und als Pflanzgut die „Knospen", die an den Wurzelausläufern sitzen, bei der Rhizomernte anfallen. Aber auch durch Rhizomteilung kann *Hydrastis canadensis* vermehrt werden, was als sicherste Methode gilt. Das so erhaltene Vermehrungsmaterial wird ebenfalls am besten in 20 × 15 cm Abstand in gut vorbereiteten Boden gepflanzt. Die Pflanztiefe sollte etwa 5 cm betragen. Die Pflanzen müssen gut feucht gehalten werden. Überhaupt bedarf die *Hydrastis*-Kultur einer sehr sorgfältigen Pflege. Bei der Hackarbeit ist darauf zu achten, daß das kriechende Rhizom nicht verletzt wird. Freiliegende Wurzelstöcke trocknen schnell aus und sterben dann ab. Auch von der richtigen Beschattung hängt in starkem Maße der Anbauerfolg ab. Die Pflanzen sollen ein Drittel bis ein Viertel der normalen Belichtung erhalten. Entfällt natürliche Beschattung (Laubbäume), so ist eine künstliche, am besten durch Lattengestelle, erforderlich. Mangelhaft beschattete Pflanzen haben Blätter von gelblichgrüner Färbung, gut beschattete hingegen solche von mehr sattgrüner Farbe. Durch die Beschattung darf aber die Luftzufuhr nicht beeinträchtigt werden. Über den Winter sind die Pflanzen, da sie frostempfindlich sind, mit einer etwa 10 cm hohen Laubschicht abzudecken. Nach der Schneeschmelze muß das Laub sofort entfernt werden.
Spezielle Düngungsbefunde wurden uns nicht bekannt. In den USA verwendet man als Düngemittel zu *Hydrastis* gern Baumwollsaatkuchenmehl und rohes Knochen-

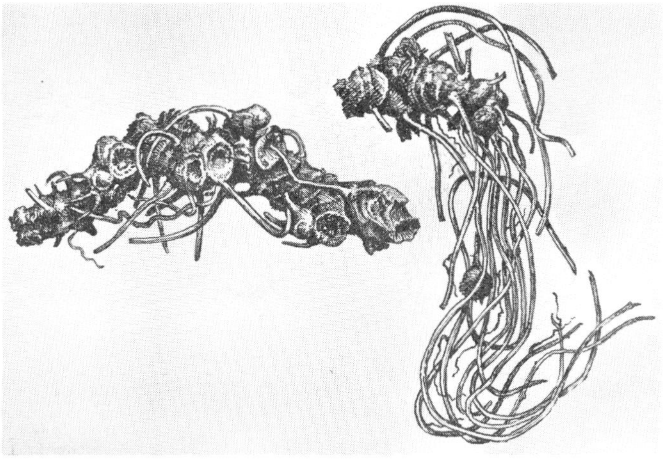

Abb. 210
Droge (Rhizoma Hydrastis) von Hydrastis canadensis L.

mehl. Von letzterem streut man etwa 20 kg/a. *Hydrastis canadensis* soll kaliempfindlich sein[3]. Schwache Gaben K_2O und auch P_2O_5 werden in der Praxis verabreicht. Solange keine speziellen Erfahrungen vorliegen, dürfen Handelsdüngemittel nur mit größter Vorsicht verabreicht werden. Es empfiehlt sich, alljährlich zwischen den Pflanzenreihen einen gut verrotteten, nährstoffreichen Lauberdekompost zu streuen.

Ernte: Unter günstigen Anbaubedingungen kann bei generativer Vermehrung nach 5—6 Jahren und bei vegetativer nach 3—4 Jahren die Ernte kräftiger Wurzelstöcke erfolgen. Geerntet wird meist nach der Fruchtreife im Herbst. Das Rhizom soll anschließend sofort von den Knospen befreit und gewaschen werden.

Trocknung: Die gesäuberten Rhizome mit Wurzeln werden am besten im Halbschatten getrocknet; aber auch sorgfältige künstliche Trocknung bei mäßiger Temperatur (bis 40° C) kann erfolgen. Die Rhizome trocknen etwa auf ein Viertel ihres Frischgewichtes ein.

Erträge: Nach amerikanischen Angaben schwanken die Erträge an *Rhizoma Hydrastis* zwischen 15 und 20 kg/a. Aus den Versuchskulturen in Korneuburg (Österreich) wurden uns Erträge in Höhe von 80—90 kg/a frischer Rhizome, das sind etwa 20—23 kg/a Droge, bekannt[4].

Krankheiten und Schädlinge: In mitteleuropäischen Versuchskulturen wurden bisher Schädigungen, die auf Krankheitsbefall schließen ließen, in nennenswerter Weise nicht beobachtet. An *Hydrastis*-Pflanzen im Botanischen Garten zu Leningrad wurden auf den Blättern zwei pilzliche Parasiten, und zwar *Stagonosporopsis hydrastidis* und *Phyllosticta hydrastidis*, beobachtet[5]. Fraßschaden wurde durch Schnecken, Regenwürmer, Maulwurfsgrillen, Maulwürfe und Mäuse verursacht. Zahlreiche Kulturen gingen infolge nicht zusagender Standortsverhältnisse ein. Besonders mangelnde Feuchtigkeit und ungenügende Beschattung waren schon häufig die Ursachen des Versagens der *Hydrastis*-Kulturen.

Hyoscyamus niger L., Schwarzes Bilsenkraut †

Solanaceae

Gebräuchliche Pflanzenteile: DAB. 6: „Die getrockneten Laubblätter von *Hyoscyamus niger* Linné.“ HAB. 2: „Ganze frische, blühende Pflanze.“

Handelsbezeichnungen: *Radix Hyoscyami*, Bilsenkrautwurzel; *Folia Hyoscyami*, Bilsenkrautblätter, Bilsenkraut; *Semen Hyoscyami*, Bilsenkrautsamen.

Botanik: Das Schwarze Bilsenkraut ist ein- bis zweijährig. Aus der spindeligen, etwas ästigen Wurzel entwickelt sich ein einfacher oder ästiger, aufrechter, stumpfkantiger, klebrig-zottig behaarter Stengel, der bis 80 cm hoch wird. Die Laubblätter sind länglich-eiförmig, ± fiederspaltig-gezähnt mit spitzen Abschnitten. Sie sind wie die Stengel klebrig-zottig behaart. Ihre Farbe ist mattgrün (schmutziggrün). Die unteren Blätter sind gestielt, meist groß, bis 30 cm lang und 10 cm breit. Die oberen sind kleiner, etwa 5—15 cm lang und ± stengelumfassend. Die kurzgestielten Blüten

[3] RÖNTSCH, B.: Über den Anbau von *Hydrastis canadensis*. „Heil- und Gewürzpflanzen“ 3, S. 105 bis 107 (1919).

[4] SENFT, E.: Die Kanadische Gelbwurzel (*Hydrastis canadensis* L.) „Pharmaz. Post“ 50, S. 2 (1917).

[5] BONDARZEWA-MONTEVERDE, W. N.: Neue Pilze auf *Hydrastis canadensis* L. „Bolestni rastlenig“ 12, S. 7 bis 8 (1923) (russisch); ref. in „Heil- und Gewürzpflanzen“ 8, S. 187 (1926).

Abb. 211 Hyoscyamus niger L., Triebe;
links: blühend, auf den Blüten Meligethes-species; rechts: reifende Kapseln

sitzen einseitswendig als Wickel am Stengel. Die glockige Blumenkrone ist fünflappig, schmutziggelb und violett geadert, die der Varietät *pallidus* W. et K. ist blaßgelb, zart grünlich genetzt.

Blütezeit: VI—VIII.

Das Schwarze Bilsenkraut ist eine homogame Hummelblume. Der Nektar wird am Grunde des Fruchtknotens abgesondert. Die violette Färbung des Kronschlundes wird als Saftmal gedeutet. Ude beobachtete an den Beständen in Leipzig-Probstheida außer einigen wenigen Honigbienen die Seidenbiene, *Colletes daviesanus* Sm., und die beiden Schmalbienenarten *Halictus rubicundus* Christ. und *H. pauxillus* Schck. Im übrigen hatten sich nur Hummeln eingefunden. Von diesen wieder waren die Hilfsweibchen der Erdhummel, *Bombus terrestris* L., am stärksten vertreten. Dann folgten die Hilfsweibchen der Steinhummel, *Bombus lapidarius* L., während sich die Gartenhummel, *Hortobombus ruderatus* F., nur in einigen Stücken bemerkbar machte. Die beiden zarten Schwebfliegenarten *Sphaerophoria menthastri* L. und *S. scripta* L. belebten außerdem die Blüten und fanden Gefallen an dem Pollen dieser Giftpflanze. Schmetterlinge mieden die Blüten des Bilsenkrautes sichtlich.

Die Frucht ist eine krugförmige, zweifächerige Deckelkapsel (*Pyxidium*), die vom Kelche ganz umhüllt wird, etwa bis 1,5 cm lang ist und rund 200 Samen enthalten kann. Der Samen ist verhältnismäßig flach, halbkreis- oder etwas nierenförmig, zum Teil auch rundlich-viereckig mit warzig-rauher Oberfläche. Er ist bis 1,4 mm lang, bis 1,2 mm breit und bis 0,8 mm dick und an der Basis oft mit einem kurzen Spitzchen versehen. Die Farbe ist gelblichbraun bis graubraun. Die Bilsenkrautsamen sind wie die ganze alkaloidhaltige Pflanze giftig. In allen Organen sind l-Hyoscyamin, d-Hyoscyamin, Atropin, l-Scopolamin und Atroscin enthalten.

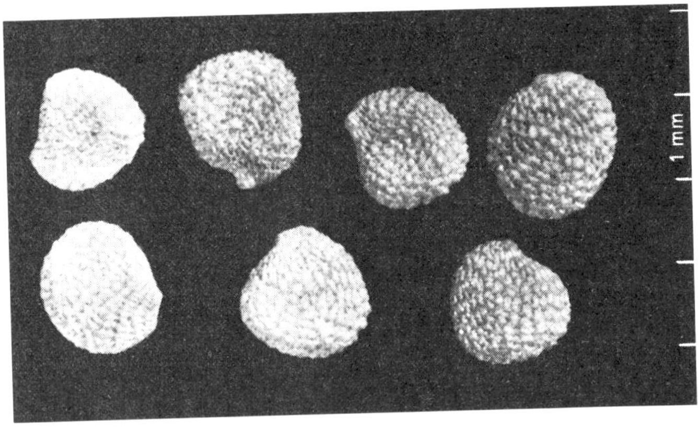

Abb. 212
Hyoscyamus niger L.,
Samen

Von *Hyoscyamus niger* L. werden folgende Varietäten unterschieden: *var. agrestis* K. (= *var. annuus* Sims. = *H. bohemicus* Schmidt). Sie ist einjährig, niedriger im Wuchs; die Blumenkrone ist weniger violett geadert. Die Laubblätter sind meist buchtig-gezähnt. *Hyoscyamus niger* L. *var. pallidus* W. et K. hat, wie schon erwähnt, die hellere Blumenkrone. Inwieweit es sich bei letzterer Varietät um eine selbständige handelt, bleibt dahingestellt.
Von *Hyoscyamus niger* sind eine ein- und eine zweijährige Rasse zu unterscheiden, die beide angebaut werden.
Die Pflanzen fühlen sich klebrig an und riechen unangenehm.

Boden und Klima: Das Schwarze Bilsenkraut gedeiht selbst noch auf magersten Böden in höheren Lagen bis in die Voralpenstufe. Für den Anbau eignen sich auch Niederungsmoore und vorzugsweise Unland, soweit es genügend feucht ist. Besonders hohe Erträge werden auf einem leichten, humushaltigen Lehmboden erzielt.

Herkunft und Verbreitung: *Hyoscyamus niger* ist in Europa bis in den hohen Norden anzutreffen, außerdem ist es noch verbreitet in Nord- und Westasien, Indien, Nordafrika. In Ostasien, Nordamerika und Australien findet es sich zum Teil eingebürgert.

Herkünfte des Drogenhandels: Der Bilsenkrautanbau in Deutschland ist nur gering. Hauptsächliche Herkunftsgebiete sind die Balkanländer, Ungarn und die UdSSR.

Sorten und Herkünfte für den Anbau: Die im Handel befindliche Gruppensorte 'Schwarzes Bilsenkraut' entspricht dem Typ *var. agrestis*. Sie ist nach unseren Beobachtungen oftmals nicht ganz sortenrein und kann Pflanzen vom Typ *var. pallidus* enthalten. Eine zweijährige Zuchtsorte befindet sich nicht im Handel. Obgleich nach Klan[1] zweijährige Pflanzen alkaloidreicher sind als einjährige, werden letztere in Deutschland bevorzugt angebaut, da ihre Kultur weniger risikobehaftet ist als die der frostempfindlichen zweijährigen Pflanzen.

Saatgut: Das durchschnittliche 1000-Korngewicht der Bilsenkrautsamen betrug 0,666 g. Die Mindestreinheit sollte 95% und die Mindestkeimfähigkeit 65% betragen. Die Keimung verläuft sehr verschieden. Wie Versuche einiger Autoren — darunter eigene — zeigten, fördert das Durchfrieren der Samen die Keimung. Koch[2] z. B. setzte

[1] Klan, Zd.: Über den Einfluß von Düngemitteln auf den Alkaloidgehalt der Blätter von *Hyoscyamus niger* L. „Heil- und Gewürzpflanzen" **13**, S. 122 (1930/1931).
[2] Koch, G. P.: *Hyoscyamus niger*. „Amer. Journ. Pharm." **91**, S. 68 (1919); zit. nach Klan, Z.: Kurze Zusammenfassung der pharmakoergastischen Erkenntnisse über *Hyoscyamus niger* L. „Heil- und Gewürzpflanzen" **14**, S. 76 bis 97 (1931/32).

die angefeuchteten Samen vier Stunden hindurch −12°C aus. Untersuchungen beim Sortenamt ergaben eine Keimfähigkeit bis zu 92%. Die Samen sind oft sehr hartschalig und keimen deshalb häufig schwer. Sie sollten daher vor der Aussaat sechs Stunden in Wasser bei 40°C vorgequollen werden. Die „Technischen Vorschriften für die Untersuchung von Saatgut" sehen Wechseltemperatur vor. Die Samen sind als Dunkelkeimer zu behandeln. Der Keimversuch läuft 28 Tage.

Anbau: Als Vorfrucht eignen sich gut gedüngte Hackfrüchte. Auch eine Stellung in Stallmist ist möglich. Bilsenkraut hinterläßt eine gute Gare und bildet eine vorzügliche Vorfrucht für Wintergetreide, besonders Wintergerste. Nachtschattengewächse dürfen nicht aufeinanderfolgen. Futterpflanzen und Blattgemüse scheiden ebenfalls als Nachfrüchte aus.

In der Anbauweise des einjährigen Bilsenkrautes gibt es zwei Möglichkeiten, entweder Herbstsaat, die dann im Frühjahr aufläuft, oder Frühjahrssaat.

Die sehr hartschaligen Samen keimen schwer, weswegen vielfach die Herbstsaat bevorzugt wird. Die Frosteinwirkung übt dabei einen günstigen Einfluß auf die Keimung aus. Auf unkrautwüchsigen Böden besteht aber die Gefahr, daß das Auflaufen nach dem des Unkrautes erfolgt und bei der Pflege große Belastungen auftreten. Frühjahrssaat ist aus diesem Grunde vorzuziehen, doch muß das Saatgut dabei der bereits erwähnten Vorbehandlung unterzogen werden, indem man es vorquillt, bis zur Drillfähigkeit zurücktrocknet und dann sofort aussät. Es ist ratsam, nur frisches Saatgut zu verwenden.

Der Acker wird bei Herbstsaat rechtzeitig gepflügt und muß sich bis zur Saat gut abgesetzt haben. Das Saatbett soll gartenmäßig, feinkrümelig, mit festem Bodenschluß hergerichtet werden. Ende August/Anfang September wird dann mit 10 kg/ha Saatgut in 25—30 cm Reihenabstand in den letzten Walzenstrich gedrillt und zugeeggt. Zur Verhinderung einer Krustenbildung des Bodens ist frühzeitig leicht zu eggen oder zu striegeln und anschließend wieder zu walzen. Das Auflaufen erfolgt nach genügender Erwärmung im April. Zur Frühjahrssaat ist das Feld unbedingt im Herbst zu pflügen, da der Feuchtigkeitsbedarf zur Keimung sehr hoch ist. Frühzeitig geschleppt, wird dann das Feld mit Grubber, Egge und Walze in die schon oben beschriebene Saatbettstruktur gebracht. Ab Anfang April erfolgt die Saat in gleicher Weise mit

Abb. 213
Hyoscyamus niger L., *Parzellenbestände im Juli*

derselben Saatmenge des vorbehandelten Saatgutes. Beim Einstellen der Drillmaschine ist darauf zu achten, daß der gequollene Samen an Gewicht zugenommen hat, so daß er zurückgetrocknet noch einmal abzuwiegen ist und die Einstellung unter Berücksichtigung der Gewichtszunahme erfolgen muß. Die Saat ist anschließend zuzuwalzen und wird nach acht Tagen noch einmal zur vorbeugenden Unkrautbekämpfung leicht gestriegelt. Das Auflaufen selbst erfolgt nach etwa drei bis vier Wochen.

Das Einspritzen einer Markiersaat zur Erleichterung der ersten Hacke ist durchaus ratsam. Radies haben sich dabei gut bewährt. Von der Verwendung von Spinat ist abzusehen, da sich später beim Herausstechen leicht die giftigen Blätter des Bilsenkrautes beimischen und Vergiftungen hervorrufen können.

Nach dem Auflaufen folgt möglichst bald eine Handhacke, an die sich ein Verhacken auf 10—15 cm anschließt. Vor dem Schließen wird noch einmal eine Maschinenhacke gegeben. Das zunächst langsame Wachstum geht später rascher vor sich, so daß das Feld ab Mitte Juni geschlossen ist. Eine Anzucht im Kasten oder auf dem Saatbeet empfiehlt sich nicht, da das Bilsenkraut Verpflanzen nur schlecht verträgt.

Hyoscyamus niger ist eine typische Ruderalpflanze mit hohem Stickstoffbedürfnis. Durch reichliche Stalldüngergaben kann der Ertrag an Pflanzenmasse wesentlich gesteigert werden. Eine Erhöhung des Alkaloidgehaltes durch N-Düngung wurde schon festgestellt. Nach KLAN[3] soll eine Kalidüngung hinsichtlich des Alkaloidgehaltes von nachteiliger Wirkung sein. Völlige Klarheit über den Einfluß der Düngung auf den Alkaloidgehalt der Droge besteht allerdings noch nicht. In der Literatur wird über sehr wechselnde Düngewirkungen berichtet. Im allgemeinen empfiehlt es sich, die Vorfrucht reichlich mit Stallmist zu versorgen und dann eine harmonische Volldüngung (N, P_2O_5, K_2O) zu verabreichen. Obgleich das Bilsenkraut nach HOLMES[4] auch auf Kreideboden üppig wächst, scheint sein Kalkbedürfnis gering zu sein. PATER[5] konnte durch Kalkdüngung allein keine Wirkung erzielen; erst in Verbindung mit Stickstoff, als Kalkstickstoff, hatte die Kalkgabe Erfolg.

Ernte: Die Blätter werden am besten zur Zeit des Erscheinens der ersten Blüten geerntet, da sie nach KLAN zu diesem Zeitpunkt am gehaltreichsten sind. Das einjährige Bilsenkraut blüht bereits im ersten Jahr im Juni, das zweijährige bildet im ersten Vegetationsjahr nur eine kräftige Blattrosette. Um die Pflanzen der zweijährigen Form nicht zu schwächen, sollte man im ersten Jahre von einer Blatternte absehen und erst im zweiten Jahre die Blätter ernten. Man schneidet am besten das ganze Kraut über dem Boden ab und zupft dann die Blätter. Die Droge darf weder Stengelteile noch Blüten und Kapseln enthalten.

Bei einer großen Anbaufläche und der Möglichkeit der künstlichen Trocknung sowie der maschinellen Aufbereitung und Trennung von Stengel und Blatt in einem Verarbeitungsbetrieb kann der Schnitt mit dem Grasmäher oder Ableger erfolgen. Er soll dann so hoch vorgenommen werden, daß keine abgestorbenen Pflanzenteile mit in das Erntegut gelangen. Wegen des am Morgen höheren Alkaloidgehaltes sollte die Ernte auch hier frühzeitig am Vormittag nach Abtrocknen des Taues vorgenommen werden. Das blühende Kraut wird dann frisch abgeliefert. Das Erntegut soll dabei nicht gedrückt oder zu fest gepackt werden, weil darunter die Qualität leidet.

Zur Samengewinnung läßt man ein Feldstück stehen und reifen. Der Erntezeitpunkt liegt etwa in der zweiten Augusthälfte, wenn die Kapseln sich verfärben. Da der Samen sehr leicht ausfällt, ist rechtzeitig, am besten mit der Sichel, zu schneiden und das Erntegut in dichten Stiegen oder auf Planen zu sammeln. Die Nachtrock-

[3] loc. cit. S. 422.
[4] und [5] zit. nach BOSHART, K.: Der Anbau einiger medizinisch wichtiger Solanaceen. „Heil- und Gewürzpflanzen" 2, S. 121 bis 129 (1918/19).

nung erfolgt auf luftigen Böden. Danach werden die Kapseln mit der Dreschmaschine ausgedroschen, und das Saatgut wird gereinigt.
Bei der Ernte sind wegen der Giftigkeit der Pflanzen ähnliche Vorsichtsmaßnahmen wie beim Stechapfel oder der Tollkirsche geboten (siehe S. 376 und S. 297).

Trocknung: Die Trocknung der Blätter soll im Schatten oder möglichst schnell künstlich bei Temperaturen bis zu 65°C erfolgen. HECHT[6] empfiehlt Trocknung bei 45°C. Die Droge ist stark hygroskopisch, so daß nötigenfalls scharf nachzutrocknen ist. Ein längeres Aufbewahren der Droge empfiehlt sich nicht, da nach BOSHART[7] der Alkaloidgehalt allmählich abnimmt. Das Trocknungsverhältnis der Blätter frisch: trocken beträgt 5—7 : 1.

Erträge: Der Ertrag an Blattdroge beläuft sich auf etwa 15—25 dz/ha und der an Samen auf 2—6 dz/ha.

Krankheiten und Schädlinge: Von Schmarotzerpilzen befällt der Mehltau *Erysiphe cichoriacearum* DC. em. Salm. die Blätter. Nach PATER enthalten solche mit Mehltau überzogene Blätter nur halb soviel Alkaloidmengen wie gesunde. Ein anderer Pilz, *Ascochyta hyoscyami* Pat., ruft eine Blattfleckenkrankheit hervor. Bei wildwachsenden Pflanzen traten übrigens diese beiden Krankheiten nur selten und in verhältnismäßig harmloser Form auf. Außerdem nennt HEGI von Pilzen noch: *Peronospora hyoscyami* De By., *Septoria hyoscyami* Hollos und *S. pinzolensis* Kabak et Bubak, *Ascochyta pinzolensis* Kabak et Bubak, *Botrytis cinerea* Pers. und *Erysiphe polygoni* DC. An den Wurzeln wurde auch schon der Erreger des Kartoffelkrebses, *Synchytrium endobioticum* (Schilb.) Pers., beobachtet.
HEGI teilt mit, daß auf dem Bilsenkraut die Erdflöhe *Epithrix atropae* Foudr., *E. pubescens* Koch und *Psylliodes hyoscyami* L. leben. Erdflohfraß kann den Pflanzen sehr nachteilig werden. In den Blättern miniert (Platzminen) die Larve der Rübenfliege, *Pegomyia hyoscyami* Tz. Die Raupe der Kohleule, *Barathra brassicae* L., scheint hin und wieder die Endknospen anzufressen und dadurch die Pflanze zum Absterben zu bringen.

Abb. 214 Leptinotarsa decemlineata Say., fressendes Männchen

An den Kapseln des Bilsenkrautes frißt außer ihr noch die Raupe der Eule *Heliothis peltigera* Schiff., die auch auf *Senecio* und *Salvia* lebt. In halbzerfressenen, verlassenen Kapseln setzt dann der Erdfloh *Psylliodes hyoscyami* L. das Zerstörungswerk fort. Auch Glanzkäfer (*Meligethes-spec.*) beleben in Anzahl die Blüten und zerfressen ihre Teile. Schneckenfraß konnte schon beobachtet werden. Nach MÜHLE[8]

[6] HECHT, W. und DIETZ, R.: Anbau von Arznei- und Gewürzpflanzen. Graz 1948, S. 32/33.
[7] loc. cit. S. 425.
[8] MÜHLE, E.: Krankheitserscheinungen und Schadbilder an Solanaceen, Nachtschattengewächsen, und ihre Erreger. „Pharmazie" 2, S. 136 bis 137 (1947); bzw. „Arzneipflanzen-Umschau" 2, S. 158 bis 159 (1947).

ist ein gelegentlicher Schädling des Bilsenkrautes der Kartoffelkäfer, *Leptinotarsa decemlineata* Say., und seine Larven. MUELLER[9] berichtet bereits 1918 aus den USA, daß dieser Schädling gern *Hyoscyamus* befällt.
Die Droge wird gelegentlich vom Australischen Diebskäfer, *Ptinus tectus* Boield, zerstört.

Besonderes: Zur Gewinnung der Solanaceen-Alkaloide finden noch andere *Hyoscyamus-species* Verwendung, so besonders *Hyoscyamus muticus*. Diese Art kommt in Indien, Ägypten, Arabien und Persien vor. Nach ROSENTHALER[10] sind Pflanzen ägyptischer Herkunft sehr reich an Alkaloiden, und zwar besonders deren Wurzeln. Der Alkaloidgehalt wildwachsender Exemplare von *Hyoscyamus muticus* wird von AHMED und FAHMY[11] je nach der Gegend des Vorkommens in Ägypten mit durchschnittlich 0,1 bis 1,8% angegeben. Die niedrigsten Gehalte haben Pflanzen vom Nordteil des Nildeltas und der Mittelmeerküste, die höchsten Gehalte solche aus Oberägypten. Die Schwankungen sollen auf klimatischen Verschiedenheiten der Landschaften beruhen.

Hyssopus officinalis L., Ysop

Labiatae

Gebräuchliche Pflanzenteile: Erg.-B. 6: „Die getrockneten, während der Blütezeit (Juli bis August) gesammelten oberirdischen Teile von *Hyssopus officinalis* Linné."

Handelsbezeichnungen: *Herba Hyssopi, Summitates Hyssopi*, Ysopkraut.

Botanik: Dieser Halbstrauch hat eine meist stark ausgebildete Pfahlwurzel und ist vom Grunde aus sehr verästelt. Er erreicht fast Meterhöhe. Die Stengel sind mit einer mattbraunen, abblätternden Borke versehen. Die Laubblätter sind lanzettlich bis lineal-lanzettlich, bis 3,5 cm lang und bis 1,0 cm breit, meist abgerundet oder kurz zugespitzt, ganzrandig, flach oder wenig eingerollt, am Grunde in ein sehr kleines Stielchen zusammengezogen. Die derben, mittelgrünen, fast glänzenden Blätter sind beiderseits dicht mit tief eingesenkten Öldrüsen besetzt. Stengel wie Laubblätter sind typisch xeromorph gebaut.
Die Blüten sind büschelig gehäuft und in einem ± aufgelockerten, einseitswendigen, ährenartigen bis etwa 25 cm langen Blütenstand vereinigt. Die Krone ist meist lebhaft violettblau, seltener rosa oder weiß.
Blütezeit: VI—VIII (X).

Die ansehnlichen Blüten sind stark proterandrisch. Die Kronröhre wird durch zwei einspringende Längsfalten verengt, so daß nur ein sehr schmaler Zugang zum Nektar besteht. Während die Antheren stäuben, ist der Griffel kürzer als sie. Erst nachdem jene verstäubt sind und sich mehr oder weniger seitwärts gekrümmt haben, wächst der Griffel heran und öffnet die Narbenäste, so daß spontane Selbstbestäubung mindestens sehr erschwert sein dürfte (HEGI).
Unter den in Leipzig-Probstheida angebauten Arznei- und Gewürzpflanzen war der Ysop von den blütenbesuchenden Insekten am stärksten bevorzugt. Er wird auch als Bienenweide von den Imkern sehr geschätzt. Zahlenmäßig waren die Hautflügler (Hymenopteren) am häufigsten vertreten. Honigbienen ließen sich bis zum Abendeinbruch in voller Tätigkeit beobachten, und viele Hummeln verbrachten sogar die Nacht schlafend an den Blüten. Die wilden Bienen waren durch die Blattschneiderin,

[9] MUELLER, N. R.: The cultivation of Henbane. „Journ. Amer. Pharm. Ass." 1918, S. 127; zit. nach KLAN (loc. cit. S. 422).
[10] ROSENTHALER, L.: Über *Hyoscyamus muticus* L. „Heil- und Gewürzpflanzen" 10, S. 84 bis 87 (1927).
[11] AHMED, Z. F. und FAHMY, I. R.: Die Ausbreitung von *Hyoscyamus muticus* L. in Ägypten und sein durchschnittlicher Alkaloidgehalt. „Acta pharmac. int." (Copenhagen) 2, S. 425 bis 429 (1953).

Abb. 215 Hyssopus officinalis L., Blütentriebe

Megachile ericetorum Lep., und die Erdbienenart *Andrena propinqua* Schenck vertreten. Von der gemeinen Erdhummel, ***Bombus terrestris*** L., konnten Hilfsweibchen und männliche Stücke an jedem Blütenstengel beobachtet werden. Auch ihre helle Form *lucorum* wurde mehrmals saugend an den Blüten gesehen. Nicht minder häufig waren die Hilfsweibchen der Steinhummel, *Bombus lapidarius* L. Der Duft des aromatisch riechenden Ysops hatte auch viele Fliegen (Dipteren) und Schmetterlinge (Lepidopteren) angelockt. Zahlreich waren vor allem wieder die Schwebfliegenarten auf den Blüten anzutreffen. Die schöne Schlammfliege *Eristalis arbustorum* L. war unter diesen wieder die häufigste, aber auch die übrigen Arten *Syrphus balteatus* Deg., *Sphaerophoria scripta* L. und *Melanostoma mellinum* L. waren regelmäßige Blütengäste. Die sehr flüchtige, gelbe *Tubifera trivittata* F. wurde in den ersten Sammeljahren immer nur in Einzelstücken beobachtet. Ihr von Jahr zu Jahr zunehmendes Auftreten konnte deutlich festgestellt werden. Von Anfang bis Mitte August wurde in den Ysopbeständen auch immer reichstes Falterleben beobachtet. Alle unsere Weißlingsarten (Pieriden), das Tagpfauenauge, *Vanessa jo* L., der Kleine Fuchs, *Vanessa urticae* L., der Distelfalter, *Pyrameis cardui* L., die Goldene Acht, *Colias hyale* L., der Hauhechelbläuling, *Lycaena icarus* Rott., u. a. m. waren täglich bei günstigem Wetter zur Stelle. Von den bei Tage fliegenden Eulen sei zuerst wieder die Gammaeule, *Phytometra* (*Plusia*) *gamma* L., genannt. Die seltene Schwingeleule, *Plusia festucae* L., konnte nur in zwei Stücken von den Blüten abgefangen werden. Gelegentlich einer abendlichen Exkursion wurde ein Massenanflug der Bleichen Schilfgraseule, *Leucania pallens* L., an den Ysopblüten festgestellt. Im Laufe des August 1942 traten plötzlich häufig Libellen (Odonaten) auf. Zwei Schlankjungfern, *Lestes sponsa* Hansen und *L. barbara* F., bewegten sich in stechendem Flug über den Ysopbeständen.

Die dunkel- bis schwarzbraunen, matten Nüßchen sind länglich-eiförmig, fast tetraedrisch, bis 2,5 mm lang und bis 1,2 mm breit. Nach der Ansatzstelle zu sind sie etwas verschmälert. Die Ansatzstelle ist ± deutlich hufeisenförmig, weiß. Die Oberfläche ist vertieft punktiert. Bei Benetzung verschleimen sie.

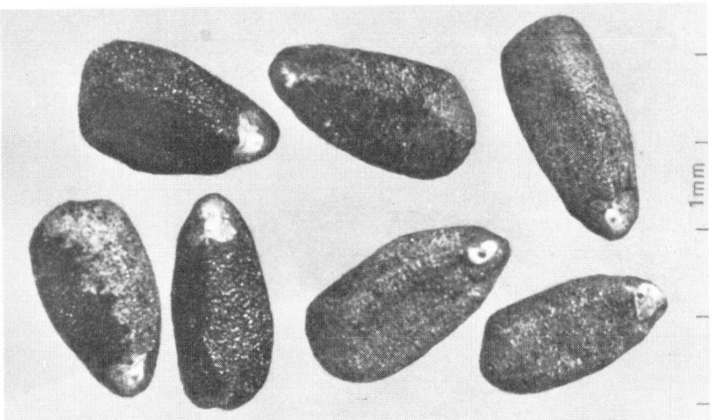

Abb. 216 Hyssopus officinalis L., Nüßchen

BRIQUET (zit. nach HEGI) verteilt die ziemlich zahlreichen Formen des Mittelmeergebietes und Orients auf vier Unterarten. Nach ihm kommen wohl nur die folgenden für Mitteleuropa in Betracht:
subspec. officinalis Briq.: Sprosse kahl oder sehr schwach behaart. Hochblätter stumpf, Kelchzähne lanzettlich, meist deutlich begrannt; *var. vulgaris* Benth.: Pflanze etwa 20—50 (60) cm hoch. Laubblätter etwa 2—3 cm lang und 0,2—0,5 cm breit. Blüten ziemlich groß. Krone meist blauviolett bis tiefblau (*f. cyaneus* Alef.), seltener karminrosa (*f. ruber* [Mill.] Alef.) oder weiß (*f. albus* Alef.). Wohl nur eine Gartenform der vorigen ist *var. decussatus* Pers.: in allen Teilen größer, meist 40—60 cm hoch. Laubblätter etwa 2—4 cm lang und bis 1 cm breit, zuweilen in vierzähligen Quirlen. Kelch mit 5 mm langer Röhre und 3 mm langen Zähnen. Krone groß, violett; *var. angustifolius* (Bieb.) Benth.: von der *var. vulgaris* hauptsächlich nur durch die ± linealen, nur 0,1 bis 0,2 cm breiten Laubblätter unterschieden. Seltener als die vorigen; sie wird wohl nur ausnahmsweise angebaut;
subspec. canescens (DC.) Briq.: Sprosse starrer, etwa 20—30 cm hoch, ± dicht filzig bis zottig behaart. Laubblätter etwa 1,5—3 cm lang und 0,3—0,7 cm breit, Hochblätter stumpf. Blüten meist etwas kleiner als bei *subspec. officinalis*. Eine sehr auffallende westmediterrane Rasse, die vom Rhônetal bis Spanien verbreitet ist.
Das frische, ätherisches Öl enthaltende Kraut riecht würzig, etwas kampferartig und schmeckt schwach bitter.

Boden und Klima: Wild wächst der Ysop besonders gern an sonnigen Felsen. Kalkhaltige, sich stark erwärmende Böden, besonders Felsen und Schutthaufen, werden bevorzugt. Für den Anbau eignet sich also fast jeder trockene, sonnige Standort. Auch auf wenig nahrhaften Böden gedeiht er noch gut. Hoher Grundwasserstand ist ihm nicht zuträglich.

Herkunft und Verbreitung: Das Ausgangsgebiet für Ysop scheint Kleinasien zu sein. Er ist vom Altai bis in die Länder um das Kaspische und Schwarze Meer verbreitet. Häufig findet er sich auch wildwachsend in den Felsenheiden des Mittelmeergebietes bis in die Südalpen. Vielenorts wird *Hyssopus officinalis* angebaut oder verwildert gefunden, z. B. in der Nähe alter Burggärten.

Herkünfte des Drogenhandels: Herkunftsgebiete im weiteren Sinne sind Mitteleuropa und besonders das Mittelmeergebiet, im engeren Sinne die Sowjetunion (Krim, Moskauer Gebiet), Tschechoslowakei, Jugoslawien, Italien, Südfrankreich und Spanien. In Deutschland wird der Ysop hauptsächlich in Sachsen-Anhalt und Mittelthüringen auf kleineren Flächen angebaut.

Sorten und Herkünfte für den Anbau: Die beim Sortenamt bisher geprüften Herkünfte stellen ± Formengemische der oben aufgeführten Varietäten und Formen der *subspec. officinalis* Briq. dar. Es wurden besonders Schwankungen in der Blütenfarbe beobachtet. Die vorherrschende Kronfarbe ist blauviolett bis tiefblau (nach ALEFELD: *f. cyaneus* = blaublütiger Ysop.) Vereinzelt werden aber auch karminrosafarbige beobachtet (nach ALEFELD: *f. ruber* [Mill.] = rotblütiger Ysop) und ganz vereinzelt weißfarbige (nach ALEFELD: *f. albus* = weißblühender Ysop). Die herausgestellte Gruppensorte 'Blaublühender Ysop' soll blauviolette bis tiefblaue Blüten aufweisen und nur im Höchstfalle bis zu 3% vom Typ in der Blütenfarbe abweichende Formen enthalten.

Saatgut: Nach unseren Untersuchungen betrug das durchschnittliche 1000-Korngewicht 1,100 g. Die Mindestreinheit sollte 95%, die Mindestkeimfähigkeit 80% betragen. Nach fünfjähriger Lagerung betrug die Abnahme der Keimfähigkeit 30—88%, nach sechsjähriger Lagerung bis 89%. Nach Literaturangaben bleibt die Keimfähigkeit 3—4 Jahre erhalten. Sie wird im Keimversuch nach 14 Tagen bestimmt. „Die Technischen Vorschriften für die Untersuchung von Saatgut“ sehen Zimmertemperatur oder 30° C vor. Die Nüßchen sollen als Dunkelkeimer behandelt werden.

Anbau: Ysop ist hinsichtlich der Vorfrucht nicht anspruchsvoll. Er kann nach Halm- aber auch nach Hackfrüchten angebaut werden.
Die Anzucht erfolgt durch Aussaat im zeitigen Frühjahr im warmen Kasten, wobei 5—8 g Saatgut genügen, um Pflanzen für 1 a Anbaufläche zu gewinnen. Soll der Ysop feldmäßig angebaut werden, so ist im April/Mai ganz flach zu drillen. Das Saatbett soll gartenmäßig sein und festen Bodenschluß haben. Der Reihenabstand beträgt 30 cm, die Aussaatmenge 6—8 kg/ha. Je nach Bodenerwärmung läuft die Saat nach 10—21 Tagen auf. Späte Nachtfröste schaden ihr nicht. Sobald sich die Pflänzchen kräftig entwickelt haben, empfiehlt es sich, den Bestand etwas zu vereinzeln. Bei Pflanzung wähle man eine Standweite von 35 × 15 cm. Sobald die Pflanzen eine Höhe von etwa 15 cm erreicht haben, ist es ratsam, sie flach anzuhäufeln.
Der Ysop ist hinsichtlich der Düngung sehr anspruchslos. Eine frische Stallmistdüngung soll ihm jedoch nicht zuträglich sein. Wegen seiner Mehrjährigkeit sollte er möglichst nach gedüngten Hackfrüchten in zweiter Tracht zu stehen kommen. Im allgemeinen wird mit einer solchen Handelsdüngergabe (N, P_2O_5, K_2O), wie sie bei Thymian üblich ist (siehe S. 676), auszukommen sein. Alkalisch wirkende Düngemittel sind dabei vorzuziehen. Die Düngergabe wird im Frühjahr jedes Nutzungsjahres wiederholt und mit der ersten Hacke eingearbeitet. Die Stickstoffgabe wird dabei etwas erhöht, indem nach dem ersten Schnitt noch einmal eine geringe Menge in leichtlöslicher Form gegeben wird.
Die Pflegemaßnahmen beschränken sich auf Offen- und Sauberhalten des Bestandes. Die ersten Hacken erfolgen dabei mit der Hand, damit die jungen Pflänzchen nicht verschüttet werden. Später wird mit der Maschine gehackt. Im zweiten Jahr sind meist nur noch eine Handhacke außer 2—3 Maschinenhacken nötig. Vor der Überwinterung soll möglichst noch einmal gehackt sein. Vom zweiten Anbaujahr an empfiehlt es sich, mit einer schweren Egge möglichst zeitig im Frühjahr den Bestand über Kreuz zu eggen. Nach dem ersten Schnitt ist diese Maßnahme ebenfalls angebracht.
Für die Überwinterung kann in ungeschützten, rauhen Lagen eine leichte Abdeckung mit strohigem Dung oder Kartoffelkraut nützlich sein. Auswinterungsschäden sind aber meist nur leichter Art.

Ernte: Geerntet wird das blühende Kraut. Dabei darf aber die Blüte nicht zu weit fortgeschritten sein, da sonst beim Schnitt und der anschließenden Trocknung zu viele Blüten abfallen und die Droge unansehnlich wird. Geschnitten wird mit dem Grasmäher. Bei zwei- und mehrjährigen Beständen liegt der Schnittzeitpunkt etwa um Mitte Juli und beim zweiten Schnitt im September. Der Ysop ist an sich wenig empfindlich gegen Trockenheit, jedoch ist der zweite Schnitt von einer ausreichenden Wasserversorgung abhängig.
Zur Saatgutgewinnung läßt man im alten Bestand ein Stück stehen und erntet Anfang August, wenn die Kelche, in denen die Nüßchen sitzen, sich zu bräunen beginnen. Diese fallen sehr leicht aus. Es wird daher am besten vorsichtig mit der Sichel geschnitten, wobei das Erntegut auf Planen oder in dichten Holzstiegen abgelegt wird. Auf dem Feld oder besser auf einem Boden kann es nachreifen und trocknen. Die Nüßchen lassen sich dann leicht ausklopfen oder bei größeren Partien auch mit einer geeigneten Dreschmaschine ausdreschen.

Trocknung: Die Trocknung des Krautes kann auf natürliche oder künstliche Weise erfolgen, auch Feldtrocknung auf Trockengerüsten ist in günstigen Jahren durchaus möglich; sie sollte aber möglichst vermieden werden. Das Eintrocknungsverhältnis beträgt 3—4 : 1.

Erträge: Der Ertrag an Kraut ist im ersten Jahre meist sehr gering. Die Pflanzen blühen selten im ersten Jahre. Vom zweiten an blühen sie dann aber stark. Im allgemeinen läßt sich ein Ysopbestand 3—4 Jahre nutzen, dann lassen die Erträge nach, da die Bestände sehr lückig werden und oftmals verunkrauten. In Leipzig-Probstheida waren die dreijährigen Bestände meist schon so gelichtet, daß Umbruch erfolgen mußte. Die Erträge belaufen sich vom zweiten Jahr an auf 25—40 dz/ha getrocknetes Kraut. Die Saatguterträge belaufen sich auf 2—5 kg/a.

Krankheiten und Schädlinge: Der Ysop wird von den Rostpilzen *Puccinia hyssopi* Schw. und *P. verrucosa* Schultz und von dem Wurzeltöterpilz *Rhizoctonia crocorum* (Pers.) DC. (= *Rh. violacea* Tul.) befallen. Nach Angaben im Schrifttum richten besonders Zikadinen (*Chlorita flavescens* F. bzw. *Chl. viridula* Fall., *Eupteryx aurata* L. u. a.) Schaden an, seltener Käfer. Genannt werden weiter zwei Fliegen, *Oscinella frit* L. und *Hylemyia coarctata* Rond. und der Blasenfuß *Aelothrips fasciata* Od. Als Erreger von Saugschäden wurden außerdem festgestellt *Acocephalus bicinctus* Curt. und die Schaumzikade, *Philaenus graminis* Deg., ferner die Blindwanzen *Campylomma verbasci* Mey. D., *Adelphocoris lineolatus* Goeze und *Megalocoleus molliculus* Fall. An den unteren Blättern ist schon der Springschwanz *Bourletiella sulphurea* Koch angetroffen worden. Auffällige Fraßschäden haben vereinzelt die Eulen *Amphipyra tragopogonis* L. und *Polia pisi* L. angerichtet. In zusammengesponnenen Blatttrieben wurde die Raupe des Wicklers *Cnephasia wahlbomiana* L. festgestellt. UDE beobachtete an den Beständen in Leipzig-Probstheida als Besonderheit ein männliches Stück der sonst nur mehr in südlicheren Gegenden vorkommenden Schildeule, *Heliothis scutosa* Schiff. Der Falter wurde in Leipzig von Jahr zu Jahr häufiger gesehen und war schließlich 1952 fast gemein. Seine graugrüne Raupe frißt im Juni/Juli an *Artemisia vulgaris* L.

Besonderes: *Hyssopus officinalis* ist nicht nur eine Arznei-, sondern auch eine Zierpflanze, die sich besonders gut für Wegeinfassungen eignet. In der Küche wird Ysop zum Würzen von Fleischspeisen, als Bestandteil von Tunken, zum Würzen von Salaten, von Fischgerichten (Aalsuppen) und in ähnlicher Weise verwendet.

Inula helenium L., Alant

Compositae

Gebräuchliche Pflanzenteile: Erg.-B. 6: „Der getrocknete, im Herbst von zwei- bis dreijährigen kultivierten Pflanzen gesammelte, zerkleinerte Wurzelstock mit den Wurzeln von *Inula helenium* Linné.“ HAB. 2: „Frische Wurzel.“

Handelsbezeichnungen: *Rhizoma Helenii*, *Radix Helenii* (*Radix Enulae*), Alantwurzel.

Botanik: Der ausdauernde, knollig-verdickte, bis fauststarke Wurzelstock ist mit fingerdicken, ± verzweigten Wurzeln versehen und sitzt senkrecht im Boden. Er treibt einen aufrechten, gefurchten, einfachen oder oberwärts ästigen Stengel, der bis 200 cm hoch wird. Er ist weichhaarig, oben zottig-filzig behaart. Die grundständigen, bis 60 cm langen Laubblätter sind eiförmig-elliptisch, zugespitzt, in den langen Stiel allmählich verschmälert. Die Stengelblätter sind herz-eiförmig bis breit eiförmig-lanzettlich, spitz, mit herzförmig abgerundetem oder kurz herablaufendem Grunde, sitzend. Die Laubblätter sind oberseits zerstreut kurzhaarig, unterseits angedrückt graufilzig. Der Blattrand ist ± ungleich gekerbt oder gesägt, aber auch ganzrandig. Die Blütenköpfe messen 6–8 cm im Durchmesser, sie stehen einzeln oder zu mehreren in einer endständigen, lokkeren Doldentraube. Der Blütenboden ist fast flach. Der Hüllkelch ist vielreihig, dachziegelartig. Die Zungen- und Röhrenblüten sind gelb.

Blütezeit: (VI) VII–VIII (X).

Abb. 217 Inula helenium L., Blütentrieb

UDE konnte an den Beständen in Leipzig-Probstheida während der Alantblüte reichen Anflug von Insekten vieler Gruppen feststellen. Glanzkäfer *(Meligethes-spec.)* bevölkerten zahlreich die Blüten. Der Weichkäfer *Rhagonicha fulva* Scop. besuchte immer in Anzahl die Blüten, nicht nur des Pollens wegen, sondern auch um seiner räuberischen Neigung für andere dort zu findende Insekten nachzugehen. Honigbienen besorgten die Bestäubung der Blüten. Von weiteren Hymenopteren hatten sich unter den zahlreichen Hummeln Vertreter der Arten *Bombus terrestris* L., der Erdhummel, *B. lapidarius* L., der Steinhummel, und *B. hortorum* L., der Gartenhummel, eingefunden. Auch die der ersten Art sehr ähnliche und bei ihr lebende Schmarotzerhummel *Psityrus vestalis* Four. war vertreten, und zwar vorwiegend im männlichen Geschlecht. Dipteren ließen sich in mehreren Arten beobachten. Besonders wurden teils an den Blüten saugend, teils auf den Blättern sitzend, die große Schlammfliege *Eristalis tenax* L. und die Graue Fleischfliege, *Sarcophaga carnaria* L., angetroffen. Im Frühjahr 1943 zeigten sich erstmalig kleine, äußerst zarte Fliegen mit winzigen, schwarzen Flügelecken häufig an den Pflanzen. In gewissen Zeitabständen flogen sie geschlossen ab, um sich nach kurzem Schwarmspiel immer wieder auf Blättern und Blüten niederzulassen. Ihre Bestimmung ergab die Muscide *Myodina vibrano* L. Schmetterlinge hatten für die aromatisch duftenden Alantblüten eine ganz besondere Vorliebe. Selbst die lebhafte Hummeltätigkeit auf den Blüten konnte sie beim Saugen nur wenig stören. Viele unserer Tagschmetterlinge wurden beobachtet; am häufigsten waren das Tagpfauenauge, *Vanessa jo* L., und der Kleine Fuchs, *V. urticae* L. Unter anderen flogen der Schwalbenschwanz, *Papilio machaon* L. und alle Weißlingsarten (Pieriden) stets zu und ab. Beim Abklopfen des Bestandes flogen der Gelbe Blattspanner, *Larentia bilineata* L., und der kleine Schmuckspanner *Acidalia ornata* Scop. auf

Abb. 218
Inula helenium L., Früchte; Pappus beschädigt

Die Alantblüte dürfte mit Recht als eine von den Insekten sehr bevorzugte Nektarquelle anzusehen sein.

Von Marienkäfern saß die Art *Adalia bipunctata* L. an den Stengeln und auf den Blättern, um die Pflanzen von Blattläusen zu säubern.

Die Früchte (Achänen) sind klein, kurz stäbchenförmig, kantig, zum Teil schwach gekrümmt. Sie sind 2,7—5 mm lang, 0,5—1 mm dick, stark gerippt, kahl und von brauner Farbe. Die Ansatzstelle ist durch einen runden, gelblichweißen Wulst gekennzeichnet. Der Pappus ist gelblichweiß, einreihig, bis 7 mm lang.

Die Gattung *Inula* umfaßt etwa 120 Arten. Außer dem offizinellen Alant, der sich auch als buschige Zierstaude zur Ausschmückung von Gehölzrändern und Teichufern in Parkanlagen eignet, werden noch andere *Inula*-Arten in den Gärten für Schmuckzwecke angebaut, z. B. *Inula candida* (L.) Cass. mit schneeweiß-filzigen, gestielten Laubblättern und die kaukasische *Inula orientalis* Lam. mit tief-orangegelben Blüten.

Boden und Klima: Für den Anbau ist besonders ein tiefgründiger, vor allem die Feuchtigkeit haltender Lehmboden geeignet. Zu bindige, schwere Böden erschweren die Rode- und Reinigungsarbeiten bei der Gewinnung der Wurzelstöcke. Stauende Nässe wird nicht vertragen. Selbst in rauhen Lagen gedeiht Alant noch.

Herkunft und Verbreitung: Der Alant ist vermutlich in Zentralasien heimisch. In Europa findet er sich verwildert und angebaut bis Norwegen und Finnland. Auch in Kleinasien, Nordamerika und Japan ist er anzutreffen.

Herkünfte des Drogenhandels: In Deutschland wird *Inula helenium* besonders in Thüringen und Franken angebaut. Hauptherkunftsgebiete für Importe sind die Balkanländer.

Sorten und Herkünfte für den Anbau: Im Handel befindet sich eine verhältnismäßig frohwüchsige Gruppensorte.

Saatgut: Das durchschnittliche 1000-Korngewicht betrug nach unseren Untersuchungen 1,611 g. Die Mindestreinheit sollte 92%, die Keimfähigkeit 70% betragen. Die Früchte sind häufig taub. Das Saatgut enthält sehr oft noch Pappusreste. Der Keimversuch wird nach 28 Tagen abgeschlossen; er wird bei Wechseltemperatur unter Lichtzutritt durchgeführt. Die gelegentlich in der Literatur zu findende Angabe, wonach die Früchte Dunkelkeimer sein sollen, wurde von uns nachgeprüft. Die Keimprüfung ergab folgende Werte:

Herkunft	Erntejahr	behandelt als	Keimschnelligkeit nach 10 Tagen %	Keimfähigkeit nach 38 Tagen %
1. Erfurt I	1953	Lichtkeimer	91	100
		Dunkelkeimer	53	98
2. Erfurt II	1953	Lichtkeimer	65	97
		Dunkelkeimer	28	85
3. Evershagen	1954	Lichtkeimer	36	78
		Dunkelkeimer	7	55

Die Untersuchung wurde bei Wechseltemperatur (20°/30° C) vorgenommen. Die Richtigkeit der Angabe des „Methodenbuches, Bd. V: Die Untersuchung von Saatgut", 1949. S. 54, die besagt, daß die Früchte beim Keimversuch als Lichtkeimer zu behandeln sind, konnten wir bestätigen. Besonders hinsichtlich der Keimschnelligkeit wirkt sich der Lichteinfluß sehr günstig aus. Nach sechsjähriger Lagerung vorgenommene Kontrollversuche ergaben eine Abnahme der Keimfähigkeit von 62—84%.

Abb. 219
Inula helenium L.,
Jungpflanzen

Anbau: Der Alant wird am besten in die zweite Stallmisttracht gestellt.
Die zweijährige Vegetationsdauer bis zur genügenden Wurzelausbildung bedingt eine Vorkultur auf Anzuchtbeeten im ersten Jahr.
Die Aussaat wird im Spätherbst oder Frühjahr auf ein gartenmäßig hergerichtetes Freilandsaatbeet vorgenommen. Der besseren Keimung wegen ist die Aussaat im Spätherbst vorzuziehen. Das Auflaufen erfolgt dann im Frühjahr gleichmäßiger. Bei Frühjahrsaussaat läuft die Saat erst nach etwa vier Wochen auf. Ungefähr 800 g Saatgut werden dabei auf 1600—2000 qm in 25—30 cm Reihenabstand flach ausgesät und leicht zugeharkt. Diese Menge reicht ungefähr für die Anlage von 1 ha Hauptanbau. Die Pflege beschränkt sich im ersten Jahr auf mehrere Hacken zum Sauber- und Offenhalten des Bestandes. Das Wachstum ist anfangs sehr langsam.
Für den Hauptanbau wird im zeitigen Herbst tief gepflügt und nach genügendem Absetzen des Bodens mit Egge oder Scheibenegge das Pflanzbett vorbereitet. Die Sämlingspflanzen werden dann Anfang Oktober bis zum Einfrieren nach Eintreten der Vegetationsruhe mit dem Spaten oder Rodepflug gehoben und in 50—60 cm Reihenabstand und 40—50 cm Entfernung innerhalb der Reihe in 10—15 cm tiefe Furchen ausgelegt, die man am besten mit dem Kartoffelvielfachgerät mit Häufelscharen gezogen hat. Zur Erleichterung des späteren Rodens legt man die Pflanzen beetweise mit den Augen in gleiche Richtung, so daß dann immer gegen die Augen herausgepflügt werden kann. Das Schar faßt dabei die Wurzel von unten, so daß nicht zuviel Wurzelteile abbrechen. Es empfiehlt sich, die Beete bei allen derartigen Kulturen grundsätzlich in gleicher Reihenzahl zu halten. Die ausgelegten Pflanzen werden dann mit dem Vielfachgerät zugehäufelt und mit einer Walze angedrückt.
Statt der Sämlingsvermehrung können auch mit genügend großem Wurzelkopf geschnittene Nebentriebe (Wurzelkeime) von einer gerodeten Kultur zur Neuanlage verwendet werden.
An Handelsdüngemitteln wird eine normale Gabe von 40 kg N je Hektar = 200 kg schwefelsaures Ammoniak, 30—40 kg P_2O_5 = 170—220 kg Superphosphat oder entsprechend Thomasmehl und 80—120 kg K_2O = 200—300 kg 40%iges Kali im Herbst oder zeitigen Frühjahr verabreicht. Der Alant ist kalkliebend.
Die Pflege ist wie zu Kartoffeln durchzuführen, d. h., es wird zeitig im Frühjahr geschleppt und ein- bis zweimal gestriegelt. Anschließend folgt ein- bis zweimaliges

Igeln und Anhäufeln mit dem Vielfachgerät. Unter Umständen ist noch eine Handhacke angebracht. Wenn der Bestand sich geschlossen hat, schieben oft einige Pflanzen Blütentriebe, was besonders häufig bei Kulturen der Fall ist, die mit Wurzelkeimen angelegt wurden. Diese Triebe sind mit dem Messer oder der Sichel tief herauszuschneiden.

Ernte und Trocknung: Gerodet wird der Bestand im Herbst des zweiten Jahres, wenn die Vegetationsruhe eingetreten ist, also frühestens etwa ab Ende September. Im Wurzelstock von *Inula helenium* sind die in therapeutischer Hinsicht wichtigen Stoffe, wie ätherisches Öl (1—3 %) und in großer Menge Inulin (bis 44 %), enthalten. Nach KROEBER[1] steigt der Inulingehalt vom Frühjahr bis zum Herbst. Die Wurzelstöcke werden mit einem Pflug ohne Streichblech oder ähnlichem Rodepflug tief gehoben und herausgepflügt. Vierspänniges Pflügen kann notwendig sein. Sie werden dann von der anhaftenden Erde durch Abklopfen befreit und auf Haufen zusammengeworfen. Krautreste sind abzuschneiden oder abzudrehen. Roden und Auflesen sollten möglichst in einem Arbeitsgang vorgenommen werden, da die Wurzeln beim Vorratsroden leicht wieder festgetreten werden. Je nach Schmutzbesatz ist dann das Waschen vorzunehmen. Diese Arbeit ist in ihrem Aufwand stark von der Witterung und von den gegebenen örtlichen Verhältnissen abhängig. Die Wurzelreinigung läßt sich entweder in fließendem Wasser (Bächen) in Körben, mit dem Schlauch nach vorherigem Einweichen oder in Waschtrommeln vornehmen. Leichteren Böden ist daher beim Anbau von Alant schon in Hinblick auf das später weniger mühsame Roden und Reinigen der Vorzug zu geben. Ein Waschen kann sich dann unter Umständen erübrigen. Die sauberen Wurzeln werden nach der Ernte geschlitzt, d. h. mit dem Messer geteilt, und starke Stücke der Länge nach aufgeschnitten, wodurch ein leichteres Trocknen erreicht wird. Ein erntereifer Wurzelstock kann bis zu 3 kg wiegen.

Abb. 220 Inula helenium L., Wurzelstock, zweijährig

Die Trocknung soll dann möglichst rasch erfolgen, am besten künstlich bei etwa 40—50° C Wärme. Das Eintrocknungsverhältnis beträgt etwa 3—4 : 1.

Zur Saatgutgewinnung bleibt ein Teil des Bestandes ein drittes Jahr zur Blüte stehen. Sobald sich die Früchte zu bräunen beginnen, ungefähr ab Juli, können die reifen Blütenköpfe herausgeschnitten werden. Auf Holzböden oder dichten Horden sind sie zur Nachreife und Trocknung flach auszubreiten. Sie lassen sich dann durch Klopfen und leichtes Reiben gut vom Blütenboden trennen und herausreinigen.

Erträge: Die Erträge belaufen sich auf 60—120 dz/ha frischer Wurzeln bzw. 20—35 dz/ha *Rhizoma Helenii*. Der Saatgutertrag beträgt etwa 100—150 kg/ha.

Den Anbau bis zur Rodung auf ein drittes Jahr auszudehnen ist nicht empfehlenswert. Der Zuwachs an Ertrag steht im allgemeinen in keinem Verhältnis zum Mehraufwand an Rodearbeit. Können die Alantwurzelstöcke aus irgendwelchen Gründen im Herbst

[1] KROEBER, L.: Das neuzeitliche Kräuterbuch. Bd. I, 2. Aufl., Stuttgart-Leipzig 1934, S. 32 bis 36.

des zweiten Anbaujahres nicht gerodet werden, so sollte die Ernte im zeitigen Frühjahr erfolgen, statt den Bestand noch ein weiteres Jahr stehenzulassen und auf höhere Erträge zu hoffen.

Krankheiten und Schädlinge: KRKOŠKA (Prag)* beobachtete in Pruhonitz bei Prag an den Alantpflanzen eine Viren-Mosaik-Erkrankung. Es zeigten sich an den Blättern scharfbegrenzte Flecken, und die befallenen Pflanzen blieben in der Entwicklung zurück. Nach BLATTNY[2] handelt es sich vermutlich um eine weniger bedeutungsvolle Viruserkrankung. UDE berichtet über tierische Schädigungen an den Alantbeständen und stellte 1941 erhebliche Fraßschäden, verursacht durch die Raupen des polyphagen Wicklers *Cnephasia wahlbomiana* L., fest. Oft tritt auch sehr starker Blattlausbefall auf. Die Droge *Rhizoma Helenii* befällt gern der Brotbohrer, *Stegobium paniceum* L.

Iris-species, Schwertlilie-Arten

Iridaceae

Gebräuchliche Pflanzenteile: DAB. 6: „Der sorgfältig geschälte, getrocknete Wurzelstock von *Iris germanica* Linné, *Iris pallida* Lamarck und *Iris florentina* Linné." HAB. 2: „Frischer Wurzelstock" von *Iris versicolor* Linné. Seltener finden in der Homöopathie (HAB. 2) die frischen Wurzelstöcke von *Iris florentina* L., *Iris foetidissima* L., *Iris germanica* L. und *Iris pseudacorus* L. Verwendung.

Handelsbezeichnungen: Unter *Rhizoma (Radix) Iridis*, Veilchenwurzel**, gelangen die getrockneten Wurzelstöcke von *Iris germanica*, *Iris pallida* und *Iris florentina* in den Handel. Die Wurzelstöcke der letzteren Art werden im Drogenhandel auch unter der Bezeichnung *Rhizoma (Radix) Iridis florentinum*, Florentiner Veilchenwurzel, geführt. Gelegentlich werden noch gehandelt: *Rhizoma (Radix) Iridis versicoloris*, Amerikanische Iriswurzel und *Rhizoma (Radix) Iridis pseudacori*, Wasserschwertlilienwurzel. Der Wurzelstock von *Iris foetidissima* findet nur seltener in frischem Zustand in der Homöopathie Verwendung und gelangt als Droge kaum auf den Vegetabilienmarkt.

I. Iris germanica L., Deutsche Schwertlilie

Botanik: *Iris germanica* ist eine flachwurzelnde Staude, die 30—100 cm hoch wird. Sie hat ein dickes, knolliges und kriechendes Rhizom. Der Stengel ist kräftig, ungefähr von der Mitte an verzweigt und überragt die Blätter. Die Laubblätter sind breit-schwertförmig, meist sichelförmig gebogen, zugespitzt oder in eine kurze Spitze verschmälert, graugrün. Die Hochblätter sind von der Mitte an trockenhäutig. Die äußeren Zipfel (Hängeblätter) der schön gefärbten Irisblüten sind zurückgebogen, während die inneren (Domblätter) meist kleiner sind und aufrecht stehen. Die Blütenfarbe von *Iris germanica* ist violett bis blau, am Grunde gelblichweiß und von breiten, braunen Adern durchzogen. Die Blüten sind fast sitzend.

Blütezeit: V, VI.

Die Schwertlilien werden als herkogame Hummel- oder Schwebfliegenblumen bezeichnet, d. h., durch den Bau der Blüte und die Stellung der Geschlechtsorgane zueinander

[2] BLATTNY, C.: Einige weniger bekannte Erkrankungen an Heilpflanzen. Ochrana rostlin, Prag 1943.

* Nach einer persönlichen Mitteilung.

** *Rhizoma Iridis* darf nicht mit *Radix Violae odoratae*, der Wurzel des Wohlriechenden Veilchens (*Viola odorata* L.), verwechselt werden. Die Drogen ähneln sich lediglich im veilchenartigen Geruch. Dieser ist bedingt durch den Gehalt an ätherischem Öl mit dem veilchenartig duftenden Keton Iron.

sind sie gegen Selbstbestäubung geschützt. Die Blüten von *I. germanica* duften wenig, aber angenehm. Die Samen befinden sich in einer großen Fruchtkapsel. Sie sind unregelmäßig geformt, ± kantig, runzelig, rotbraun, 7—10 mm lang und 4—5 mm breit.

Abb. 221 Iris germanica L., blühende Pflanzen

Boden und Klima: Die Deutsche Schwertlilie ist hinsichtlich der Standortsansprüche sehr genügsam. Sie gedeiht auf jedem Gartenboden. Wildwachsend oder verwildert sogar auf Mauern, an felsigen Abhängen; auch auf Strohdächern wurde sie schon beobachtet. Für die Drogengewinnung ist der Standort von größtem Einfluß auf die Menge und Güte der Ernte und den feinen Duft der Rhizome. Besonders nach Südosten gelegene, warme Abhänge mit mitteltiefgründigen, kalkhaltigen und lehmreichen Böden sind für die Drogengewinnung geeignet. Iris gedeiht von der Ebene bis in 2000 m Höhenlage und ist sehr witterungsbeständig. Die Irisarten haben ein großes Lichtbedürfnis. In Oberitalien, dem Hauptherkunftsgebiet, erfolgt nach GILDEMEISTER[1] der Irisanbau niemals im Tale, sondern auf den Hügeln und an den Bergabhängen, zumeist in großen sonnigen Waldblößen oder streifenweise zwischen Weingelände, selten auf größeren Feldern. Die verschiedenen *Iris-species*, besonders *Iris pallida*, werden dort vor allem auf steinigem, möglichst trockenem Boden angebaut. In Frank-

Abb. 222
Iris germanica L.,
Samen

[1] GILDEMEISTER, E. und HOFFMANN, F.: Die ätherischen Öle. 2. Bd., Miltitz bei Leipzig 1929, S. 418.

reich wird *Iris* in viel kleinerem Maßstab als in Italien, u. a. auf den Dünen von Pen-Bron bei Croisic am Nordufer der Loire-Mündung kultiviert.

Herkunft und Verbreitung: *Iris germanica* ist über ganz Südeuropa, das Mittelmeergebiet, Niederindien und Deutschland verbreitet und wird darüber hinaus noch vielenorts als sehr beliebte Zierpflanze angebaut. Im Süden Deutschlands findet sie sich stellenweise eingebürgert, in Mitteldeutschland, z. B. bei Jenalöbnitz, verwildert. Ihr wirkliches Wildvorkommen dürfte sich wohl auf das eigentliche Mittelmeergebiet beschränken.

Herkünfte des Drogenhandels: *Iris germanica* wird zur Drogengewinnung in Deutschland kaum noch angebaut, jedoch als Zierpflanze ist sie fast überall zu finden. Drogenherkunftsgebiete sind im wesentlichen Italien und Frankreich. Im Hauptproduktionsgebiet, nämlich der Provinz Florenz, wo „Veilchenwurzeln" hauptsächlich für industrielle Zwecke gewonnen werden, ist der Anbau nicht nur von *Iris florentina*, deren Rhizom nur ganz wenig ätherisches Öl liefert, zurückgegangen, sondern auch der von *Iris germanica.* Es wird vorwiegend *Iris pallida* angebaut. Allmählich sind auch in anderen, Florenz benachbarten Provinzen nicht unbedeutende Kulturen entstanden, deren Ernten der Florentiner Qualität entsprechen. Gelegentlich gelangen auch marokkanische Herkünfte (Mogador und Saffi) auf den Markt, die aber von geringerer Qualität sind.

Sorten und Herkünfte für den Anbau: Im Zierpflanzenhandel befinden sich eine große Zahl von Sorten, die Kreuzungsprodukte mit *Iris germanica* verwandten Arten, z. B. mit *Iris florentina*, *I. sambucina* L., *I. squalens* L., *I. variegata* L. usw., sind. Sie zählen mit zu den schönsten Schwertlilien und sind sehr gut geeignet für Rabatten und Schnitt.

Nach der Blütenfarbe lassen sich Sortengruppen bilden, und zwar:

1. Ziemlich einfarbige: a) weiß, b) rahmweiß und gelb, c) rosa, zartlila oder hellblau, d) dunkelblau.

2. Verschiedenfarbige: a) Domblätter meist gelb, Hängeblätter blau, rot oder braunpurpurn, b) mischfarbig (Silva Tarouca und Schneider).

Inwieweit sich die verschiedenen Sorten für industrielle und therapeutische Zwecke eignen, bedarf noch der Untersuchung.

Saatgut: Die Vermehrung der Irisarten erfolgt gewöhnlich durch Rhizomteilung, aber gelegentlich auch durch Samen, doch ist meist dann eine künstliche Bestäubung notwendig. Die Samen sollen Lichtkeimer sein und oft schwer keimen. Für den Anbau zur Drogengewinnung werden gesunde Rhizomstücke, Ableger genannt, verwendet. Sehr gern werden auch die jungen Triebe zweijähriger Rhizome benutzt, die noch keine Schwellung aufweisen, aber schon Wurzeln ausgebildet haben. Gelegentlich werden diese Sprosse auch in einer Pflanzschule aufgeschult und erst im nächsten Herbst an Ort und Stelle gepflanzt.

Anbau: Da es sich beim Irisanbau um eine mehrjährige Kultur handelt, erfolgt er meist außerhalb einer geregelten Fruchtfolge auf einem unkrautfreien Felde. Allerdings wird in Italien der Anbau oftmals in drei- bis vierjährigem Umtrieb vorgenommen, und zwar läßt man dort Iris, Hafer oder Esparsette folgen, dann Weizen und im darauffolgenden Jahre wieder Iris. Der Anbau wird am besten in der dritten Stallmisttracht vorgenommen. Leguminosen sind gute Vorfrüchte. Als Nachfrucht empfiehlt es sich, Hackfrüchte, besonders Kartoffeln, anzubauen, um das mit Iris bebaut gewesene Feld wieder für andere Kulturarten sauber zu bekommen, denn die Irisarten bilden im Laufe der Zeit dichte, rasenartige Bestände.

Was nun die Anlage einer Iriskultur anbelangt, so folgen wir hier im wesentlichen den Ausführungen BORGHESANIS[2], der ausführlich über den Irisanbau in Italien berichtet. In gut vorbereitetem Boden werden Furchen im Abstand von 20—25 cm, besser noch etwas weiter (30—40 cm), gezogen. Längs der Furche, die nicht über 10 cm und nicht unter 7—8 cm tief sein darf, werden die Ableger im Abstande von mindestens 20, besser 30 cm voneinander auf den durch die Furche gebildeten Kamm (Bifang) gepflanzt. Dabei muß die Schnittfläche des Rhizomstückes nach oben zu liegen kommen. Auf diese Weise können sich die Wurzeln von ihrem ersten Wachstum an nach dem Grunde des Bifanges wenden und vollkommene Rhizome ausbilden, die sich dann leicht ernten lassen. Die Pflanzung erfolgt im zeitigen Frühjahr oder Herbst, solange der Boden frostfrei ist.

Die Hackarbeiten sind sehr vorsichtig vorzunehmen, denn die Irisarten sind flachwurzelnde Stauden, deren Rhizome leicht verletzt werden können. Je mehr sich die Pflanzen ausbreiten, um so schwerer wird die Hackarbeit. Neben dem Hacken kommt im zweiten Jahr und den folgenden ein Durchjäten des Bestandes in Frage.

Nach BORGHESANI ist eine Düngung der Iriskulturen nicht notwendig, jedenfalls soll Stalldünger zu Iris nicht angebracht sein, da er sich angeblich nachteilig auf die Qualität der Rhizome auswirkt. Anderen Literaturangaben zufolge werden allerdings Gaben von 150—200 dz/ha Stalldünger nach zwei- bis dreimaliger Wechselwirtschaft empfohlen. PELLISSIER[3] ist der Annahme, daß stickstoffhaltige Düngemittel keinen Einfluß haben, dagegen kalihaltige auf Wachstum und Aroma günstig wirken. Es bleibt noch der Einfluß der Düngung auf das Wachstum der Irisarten und die Drogenqualität zu klären. Wir empfehlen, die Irisbestände vom zweiten Jahr an mit einer guten Komposterde zu düngen, wobei gleichzeitig freiliegende Wurzelstöcke wieder mit Erde bedeckt werden.

Ernte: Die Ernte der Rhizome erfolgt gewöhnlich im zweiten oder noch besser im dritten Jahr, und zwar etwa ab Mitte Juli bis zum Herbst, gelegentlich aber auch im Frühjahr, möglichst nach einem recht ausgiebigen Regen. Bei zu früher Ernte werden oft nur schwache Rhizome erzielt, und zu alte Bestände sind meist schon so dicht zusammengewachsen, daß eine sorgfältige Ernte Schwierigkeiten bereitet. Die Rhizome werden dann von der anhaftenden Erde und den kleinen Nebenwurzeln befreit, gründlich gereinigt (gewaschen) und anschließend geschält. Sie können in 5—10 cm lange und 3 cm dicke Stücke geschnitten werden.

Die so behandelten Rhizome werden dann nochmals in reinem Wasser gewaschen. Schwächere, aber gesunde, nicht zur Drogengewinnung verwendete Rhizomstücke können zur Neuanlage Verwendung finden, jedoch ist auch bei der Iriskultur von Zeit zu Zeit an Pflanzgutwechsel zu denken.

Trocknung: In den oberitalienischen Anbaugebieten erfolgt die Trocknung auf Rohrmattengestellen in der Sonne. 5—6 Tage intensive Sonnenwärme genügen, um die Rhizome völlig zu trocknen. Sie können aber auch bei mäßiger künstlicher Wärme (etwa 40° C) getrocknet werden. Jedoch ist die natürliche Trocknung der künstlichen in qualitativer Hinsicht vorzuziehen. Das Eintrocknungsverhältnis beträgt etwa 3—4 : 1. Im Anschluß an das Trocknen wird die Droge nochmals geputzt, d. h., die fehlerhafte wird von der einwandfreien Ware getrennt. Nach GILDEMEISTER[4] wird „Florentiner Wurzel“ sortiert in vier Qualitäten gehandelt, nämlich „ausgesucht“

[2] BORGHESANI, G.: „Heil- und Gewürzpflanzen“ **13**, S. 49 (1930); zit. nach Bericht von SCHIMMEL & Co., Miltitz b. Leipzig 1931, S. 78 bis 80.

[3] PELLISSIER: „Parfum. moderne“ **13**, S. 154 (1920); zit. nach Bericht von SCHIMMEL & Co., Miltitz b. Leipzig 1922, S. 76 bis 77.

[4] loc. cit. S. 436.

Abb. 223 Iris germanica L., Teil eines Rhizoms

(picked), worunter nur die allerbesten ausgesuchten Stücke zu verstehen sind, „gute Sorten" (good sorts), aus der schlechte Stücke entfernt wurden, „Sorten" (sorts), gute Durchschnittsware, und „gewöhnliche" (common or ordinary), der minderwertige Rest. Von dieser strengen Klassifikation kommt man aber immer mehr ab.

Die Aufbereitung der Droge sollte unter Beachtung gewisser Vorsichtsmaßregeln geschehen, da der eingeatmete Staub leicht Erbrechen und Blutspucken hervorruft.

Der scharfe Geschmack und die hautreizende Wirkung der frischen Rhizome gehen beim Trocknen fast ganz verloren. Der liebliche, veilchenartige Geruch entwickelt sich erst beim Trocknen ganz allmählich. Wird der frische Wurzelstock einige Minuten in Wasser von 90° C getaucht, so behält er seinen Krautgeruch und riecht auch nach dem Trocknen nicht nach Veilchen. Es könnte also an die Beteiligung eines Enzyms bei der Abspaltung des Riechstoffes gedacht werden (GILDEMEISTER). Für Destillationszwecke wird jahrelang abgelagerte Droge bevorzugt.

Erträge: Der Ertrag an frischen Rhizomen ist je nach den Anbaubedingungen sehr verschieden. Italienischen Literaturangaben zufolge schwankt er zwischen 40 und 120 dz/ha, und nach französischen Mitteilungen beläuft sich der Ertrag einer zweijährigen Kultur im Departement Ain im allgemeinen auf 100—120 dz/ha. Je älter die Kultur ist, um so höher ist die Ernte.

Krankheiten und Schädlinge: Nach den Berichten von SCHIMMEL & Co.[5] tritt auf den Blättern der Irisarten ein Dunkel-Hyphenpilz (*Heterosporium gracile* Sacc., eine *Dematiaceae*) auf. Die Blätter welken frühzeitig und sterben ab. Ferner schadet den Pflanzen Rostbefall, hervorgerufen durch *Puccinia iridis* DC. Der Irisknollenschorf (Iris bulb scab) wird durch *Mystrosporium adustum* Mass., ebenfalls eine *Dematiaceae*, hervorgerufen. Er zerstört zuweilen die Rhizome von *Iris reticulata* Bieb. Das Eintauchen derselben in eine Lösung von 1 Teil Formalin auf 300 Teile Wasser soll den Pilz töten, ohne den Rhizomen zu schaden.

Die am häufigsten auftretende und gefährlichste Erkrankung ist die Irisfäule, die durch Bakterien (*Bacillus omnivorus*, *Pseudomonas viridis*, *P. fluorescens* und *P. exitiosus*)* verursacht wird. Die unmittelbar unter der Erdbodenoberfläche gelegenen Rhizomteile werden weich und faulen. Die Krankheit äußert sich durch Welken der Blätter, die schnell gelb werden und absterben; sobald dies der Fall ist, müssen die Pflanzen ausgegraben und verbrannt werden. Superphosphat soll der Krankheit Einhalt gebieten, Ätzkalk sie begünstigen. Auch wird empfohlen, zu feuchten Boden für die Iriskultur zu vermeiden. Verseuchter Boden kann auch mit Schwefelkohlenstoff (200 g je qm) desinfiziert werden.

[5] Berichte von SCHIMMEL & Co., Miltitz b. Leipzig 1915, S. 69; und 1922, S. 76.

* Die richtige Bezeichnung ist: *Erwinia carotovora* (Jones) Holland = *Bacillus omnivorus* Vanhall, *Pseudomonas viridis* Migula, *P. fluorescens* Migula, *Xanthomonas vesicatoria* (Doidge) Dowson = *P. exitiosa* Gardener et Kendrick.

II. Iris pallida Lam., Blasse Schwertlilie

Zur Gewinnung der sogenannten „Veilchenwurzeln" wird besonders in Italien *Iris pallida* angebaut.

Botanik: Die Blasse Schwertlilie ist ebenfalls ausdauernd und im Wuchs meist etwas gedrungener als die Deutsche Schwertlilie. Sie erreicht eine Höhe von (25) 30–90 (120) cm. Das sehr kräftige Rhizom liegt schräg im Boden und besteht aus Jahrestrieben. Sie sind am unteren Ende stark zusammengezogen. Der Stengel ist ebenfalls kräftig, aber nur oben verzweigt und überragt die Blätter beträchtlich. Die Laubblätter sind schwertförmig, fast fleischig, ohne vorspringende Nerven, bedeutend kürzer als der Stengel, meist überwinternd. Die faustgroßen Blüten sind kurzgestielt. Die Blütenscheiden sind silberweiß, die Perigonabschnitte hellblau, zu 2—5 traubenartig angeordnet, gleich lang, sehr breit. Die äußeren sind am Grunde mit etwas lebhafter gefärbten Adern versehen, sonst wie die inneren gleichmäßig gefärbt; die letzteren sind meist etwas hellfarbiger, häufig ein wenig kraus. Die Blüten duften äußerst angenehm und intensiver als die von *Iris germanica.*

Blütezeit: V, VI.

Die Samen der Blassen Schwertlilie sind verhältnismäßig groß, kantig, rotbraun.

Boden und Klima: *Iris pallida* ist hinsichtlich des Standortes sehr anspruchslos. In warmen Lagen wächst sie auf steinigen Böden, ja sogar auf unfruchtbaren Abhängen. Für den Anbau gilt hinsichtlich des Standortes das gleiche wie für *Iris germanica.*

Herkunft und Verbreitung: Diese Art findet sich in Deutschland, Frankreich und auch in der Schweiz nur gelegentlich aus ehemaligen Kulturen verwildert. Jedoch wird sie in zahlreichen Farbenvarietäten als Zierpflanze in Gärten kultiviert. Das allgemeine Verbreitungsgebiet erstreckt sich auf Italien, den Balkan, auf Syrien, Palästina und Kreta.

Herkünfte des Drogenhandels: *Rhizoma Iridis pallidae* gelangt meist unter dem Sammelbegriff Veilchenwurzel, *Rhizoma* (*Radix*) *Iridis*, in den Handel. Hauptherkunftsgebiete sind Italien und Frankreich.

Sorten und Herkünfte für den Anbau: Als Zierpflanzen werden einige sehr schön blühende Sorten angebaut, bei denen es sich meist um Bastarde handelt, z. B. die von Sir Michael FOSTER gezüchtete Hybride zwischen *Iris pallida* und *Iris iberica* Hoffm. Was Anbautechnik und Drogengewinnung anbelangen, so erfolgen sie, wie bei *Iris germanica* (siehe S. 437) angegeben.

III. Iris florentina L., Florentiner Schwertlilie

Eine gewisse Anbaubedeutung kam früher noch *Iris florentina* zu, obgleich deren Rhizom nur ganz wenig ätherisches Öl liefert. Da sie aber zur Drogengewinnung in Mitteleuropa kaum noch angebaut wird, dürfte ein kurzer Hinweis genügen. Es sei nur erwähnt, daß auch diese in Mittel- und Südeuropa zu findende Art warme, trockene Standorte bevorzugt. Nach SCHWEINFURTH (zit. nach HEGI) dürfte die Heimat von *Iris florentina* im Hochland von Jemen (Arabien) zu suchen sein. Sie ist niedrig im Wuchs, etwa 40 cm hoch und blüht verhältnismäßig früh, nämlich im Mai. Die Blütenfarbe ist weiß oder wenig bläulich (perlmutterweiß). Es werden ebenfalls Zierformen angebaut, die sich hauptsächlich in der Blütenfarbe unterscheiden. Die Blüte ist im Stadtwappen von Florenz enthalten. In diesem Zusammenhange sei erwähnt, daß sich unter den heraldischen Pflanzen (z. B. auf Wappen) auch so manche Arznei- und

Riechstoffpflanze befindet, was auf deren Bedeutung hinweist. So ist der Rautenzweig (von *Ruta graveolens* L., siehe Seite 621) im sächsischen Landeswappen und in bäuerlichen Familienwappen enthalten*.

Abb. 224 Wappen der Familie Heeger mit Pflugschar und stilisiertem Rautenkranz

Auf die in der Homöopathie verwendeten Irisarten näher einzugehen erübrigt sich, da sie zur Drogengewinnung kaum angebaut werden und vorwiegend in frischem Zustande Verwendung finden. Außer *Iris versicolor* L., der Verschiedenfarbigen Schwertlilie, finden die noch nicht behandelten Arten *Iris foetidissima* L. (Gladwyn-Schwertlilie) und *Iris pseudacorus* L. (Gelbe Schwertlilie) nur selten in der Homöopathie Verwendung. Auch ihr Anbau entspricht im wesentlichen dem von *Iris germanica*.

Es soll aber noch darauf hingewiesen werden, daß *Iris pseudacorus*, die auch Wasser-Schwertlilie und Wasserschwertel genannt wird, da sie gern an den Ufern stehender Gewässer wächst, als „falscher Kalmus" bezeichnet wird. Die Droge, früher als diuretisches Mittel (*Radix Acori vulgaris* syn. *Rad. A. palustris* syn. *Rad. Iridis pseudacori*) benutzt, wird gelegentlich mit dem Echten Kalmus (*Acorus calamus* L.) verwechselt. Das Rhizom von *Acorus calamus* ist aber leicht von dem von *Iris pseudacorus* zu unterscheiden, und zwar durch das dichtere Gewebe, den rötlichen Querschnitt und die Geruchlosigkeit des Rhizoms.

Lavandula angustifolia Mill.** (syn. L. officinalis Chaix ex Vill.), Echter Lavendel

Labiatae

Gebräuchliche Pflanzenteile: DAB. 6: „Die vor völliger Entfaltung gesammelten, getrockneten Blüten von *Lavandula spica* Linné."*** HAB. 2: „Frische Blüten."

Handelsbezeichnungen: *Flores Lavandulae*, Lavendelblüten; *Herba Lavandulae*, Lavendelkraut.

Botanik: Der Echte Lavendel ist ein Halbstrauch von 20—60 cm Höhe. Er verfügt über eine tiefgehende Pfahlwurzel. Die aufsteigenden bis aufrechten Stengel sind meist vierkantig, ± behaart, graugrün, unten dunkelbraun, verholzt, stark verästelt

* Weitere heraldische Pflanzen sind z. B.: *Oxalis acetosella*, später *Trifolium* für Irland, *Rosa* für England, *Carduus* für Schottland, *Lilium* für Frankreich, *Punica granatum* im Stadtwappen von Granada, *Coffea arabica* für Costarica, *Opuntia* für Mexiko, *Cinchona* für Peru.

** Gültiger Name nach einer persönlichen Mitteilung von Herrn Prof. Dr. MANSFELD, Gatersleben.

*** Der wissenschaftliche Name für Echter Lavendel lautet *Lavandula angustifolia* Mill. = *L. officinalis* Chaix ex Vill., = *L. spica* L. *var.* α und *var. angustifolia* All. = *L. vulgaris* Lam. *var.* α = *L. angustifolia* Ehrh. = *L. vera* DC. Siehe auch: HEEGER, E. F.: Im Deutschen Reiche angebaute Lavendelarten. Eine sortenkundliche Klarstellung. Nachrichten des Reichsverbandes der Heil-, Duft- und Gewürzpflanzenbauer e. V. Nr. 57, S. 5 bis 7 (1940).

Abb. 225
Lavandula angustifolia Mill.,
blühender Bestand

und reich beblättert. Die ziemlich gedrängten Laubblätter sind linealisch bis schmallanzettlich, nach beiden Enden verschmälert, stumpf, sitzend, ganzrandig, am Rande $\pm$ zurückgerollt, 2—6 cm lang und 0,25—0,75 cm breit (etwa achtmal so lang wie breit). Die unteren jungen Laubblätter sind beiderseits durch kleine, sternförmige Haare weißfilzig, die oberen $\pm$ graugrün. Im Alter werden sie auf der Oberfläche fast grün und lassen auf der Unterfläche silberglänzende feine Drüsen erkennen.
Die 16—20 cm messenden und oftmals noch längeren Blütenstände (Scheinähren) sind schwach flaumig-behaart und werden aus 4—5 (3—8) meist sechs- bis zehn-

Abb. 226 a Lavandula latifolia Vill., Blütenwirtel

Abb. 226 b Lavandula angustifolia Mill., Blütenwirtel

Abb. 227 Lavandula angustifolia Mill., Triebspitze

blütigen Scheinwirteln gebildet, deren obere dicht beieinanderstehen und deren unterste immer ± abgerückt sind. Der Blütenwirtel wird von zwei einander gegenüberstehenden Hochblättern gestützt, welche eine rautenförmige bis eirunde Gestalt haben, scharf zugespitzt und trockenhäutig sind. Die etwa 1 cm lange Krone ist hellblau bis violett (lavendelfarbig), innen drüsigflaumig, außen weißfilzig. Der mit Drüsenschuppen ausgestattete Kelch ist etwa 5 mm lang, eiförmigröhrig, kurzflaumig, meist grauviolett.

Blütezeit: (VI) VII, VIII (IX).

Die Lavendelblüten riechen kräftig würzig und schmecken bitter. Sie enthalten ätherisches Öl, dessen wertvollster Bestandteil l-Linalylacetat ist.

Die Blüten sondern aus dem stark entwickelten Nektarium reichlichen und duftenden Nektar ab. Sie sind gynodiözisch. Bei Insektenbesuch erfolgt Fremdbestäubung; bleibt sie jedoch aus, so findet schließlich spontane Selbstbestäubung statt. Für die Bienen ist der Lavendel eine ausgezeichnete Nährpflanze, die zur Blütezeit ständig beflogen wird und einen köstlich würzigen Honig liefert. Im südfranzösischen Honig ist oft noch Lavendel-Pollen erkennbar, der durch sechs bandförmige Stäbchenschichten und sechs elliptische Poren gekennzeichnet ist.

In Leipzig-Probstheida konnte der Insektenbesuch als recht gut bezeichnet werden. Aus der arten- und formenreichen Gruppe der Hummeln, die bei der Blütenbestäubung eine wichtige Rolle spielt, konnten vier Vertreter der Gattung *Bombus* Latr. festgestellt werden. Es handelte sich um die Arten *Bombus terrestris* L., *B. hypnorum* L., *B. lapidarius* L. und *B. hortorum* L. Honigbienen waren jedoch unter den blütenbesuchenden Hautflüglern (Hymenopteren) überwiegend. Von den Zweiflüglern (Dipteren) hatten sich am Lavendel, wie immer an den meisten anderen Blüten auch, viele Schwebfliegen (Syrphi-

Abb. 228 Lavandula angustifolia Mill., Nüßchen

den) eingefunden. Die Gattung *Syrphus* F. war mit den Arten *ribesii* L., *corollae* F. und *balteatus* Deg., die Gattung *Lasiophticus* durch die Art *pyrastri* L. vertreten. Die zarte *Sphaerophoria scripta* L. war sogar recht häufig und schwirrte über den Blüten im Sonnenschein. Unter den Schmetterlingen zeigten in der zweiten Hälfte des Juli die beiden Weißlingsarten *Pieris napi* L. und *P. rapae* L. eine ganz besondere Vorliebe für den Lavendel. Bis zum hereinbrechenden Abend konnte man sie saugend beobachten. Außer ihnen waren Bläulinge *Lycaena icarus* Rott., Ochsenaugen, *Epiphinele jurtina* L., Perlmutterfalter, *Argynnis lathonia* L. und Kleine Füchse, *Vanessa urticae* L., auch immer anzutreffen. Anfang August hatte sich zu den genannten Tagschmetterlingen der Malvenfalter, *Carcharodus alceae* Esp., gesellt. Er beflog die Blüten emsig und war keineswegs selten. Seine Raupe war Anfang Juli in Leipzig-Probstheida erstmalig aufgetreten und hatte an den Blättern des Eibisches (*Althaea officinalis* L.) Fraßschaden verursacht. Die auch am Tage fliegende Gammaeule, *Phytometra (Plusia) gamma* L., war ebenfalls recht häufig und flog von Blüte zu Blüte. Ihre Raupe trat im Jahre 1942 überall viel stärker auf als in den vorangegangenen Jahren.

Die Nüßchen des Echten Lavendels sind vorwiegend länglich, teils länglich-eiförmig, etwa 2 mm lang und 1 mm breit, grau- bis dunkelbraun, fast schwarz, hin und wieder leicht dunkelgefleckt oder -gestreift, ± glänzend. Die Ansatzstelle des Nüßchens ist deutlich vorgezogen, fast hufeisenförmig, weiß.

Außer *Lavandula angustifolia* Mill., dem Echten Lavendel, wird gelegentlich *Lavandula latifolia* Vill.*, der Spiklavendel, angebaut. Letzterer wird auch Großer Speik oder Deutscher Spik** genannt. Er ist nicht offizinell. Die Blüten dieser Art liefern das Spiköl (*Oleum Spicae*). *Oleum Lavandulae* und *Oleum Spicae* unterscheiden sich wesentlich in ihrer Zusammensetzung. Das erstere Öl ist das qualitativ bessere. Der

Abb. 229 Links: Lavandula angustifolia Mill.; rechts: Lavandula latifolia Vill.

* *Lavandula latifolia* Vill. = *L. spica var. latifolia* L. = *L. spica* All. non *L. spica var.* α L. = *L. vulgaris var.* β Lam. = *L. argentina* E. H. L. Krause (?).

** Als Spik oder Speik werden auch *Valeriana celtica* L. und *Primula glutinosa* Wulf. bezeichnet.

Spiklavendel wird höher als der Echte Lavendel, und zwar 40—90 cm hoch. Die unteren Laubblätter am Grund der Stengel sind ± rosettig gehäuft, länglich bis lanzettlich bis spatelförmig, 3—4 cm lang und 0,5—1 cm breit, stumpf, mit ganzem ± eingerolltem Rand, beiderseits silbergrau, kurzfilzig. Die oberen Stengelblätter sind schmäler und weniger behaart, die Scheinähren sind locker oder dicht, langgestielt mit linealen, fast pfriemlichen, krautigen, grünlichen, schwach parallelnervigen Hochblättern versehen. Die Farbe der Krone ist blauviolett.

Blütezeit: VII—IX.

Die Nüßchen des Spiklavendels sind in der Form etwas breiter als die des Echten Lavendels, graubraun und schwächer glänzend. Sie unterscheiden sich auch im 1000-Korngewicht (siehe S. 447).

Früher wurde auch *Lavandula stoechas* L. (Schopflavendel, Welscher Lavendel) mehrfach in deutschen Gärten angebaut. Für deutsche Verhältnisse kommt ein Anbau kaum noch in Frage. Letzteres gilt auch für *Lavandula dentata* L.

Bei einzelnen Lavendelarten besteht die Möglichkeit der Bastardierung.

In Frankreich und England werden eine größere Anzahl von Abarten und Formen (Sorten) unterschieden. Als eine der besten gilt die „petite lavande" oder „lavande fine" (*var. delphinensis* [Juss.] Briq.), wogegen die „grande lavande", „lavande bâtarde ou spigoure" der tieferen, wärmeren Lagen ein minderwertiges Öl liefert[1]. Der Bastard *L. latifolia* × *L. angustifolia* (= *L. burnati* Briq. = *L. argentina* E. H. L. Krause [?]) ist mit Sicherheit nur aus den Seealpen bekannt. Die von Albert, Reverchon, Tschirch u. a. hierfür gehaltenen Pflanzen deutet Briquet als Formen der „grande lavande". E. H. L. Krause hält z. B. auch die in Südwestdeutschland am häufigsten kultivierte Form für diesen Bastard (Hegi).

Boden und Klima: Der Lavendel kann hinsichtlich der Bodenverhältnisse als anspruchslos bezeichnet werden. Trockene, leichte, aber kalkhaltige Böden werden bevorzugt, allerdings muß genügend Untergrundfeuchtigkeit vorhanden sein. Nasse Standorte sind ihm nicht zuträglich. Sandige Lehmböden, besonders Lößböden, sagen ihm sehr zu. Für den Anbau eignen sich Flächen, die häufig für eine landwirtschaftliche Nutzung kaum noch in Frage kommen. So kann der Lavendel z. B. auf urbar gemachten Kahlschlägen, an Berglehnen, besonders Weinbergen, und auf Unland angebaut werden. Es sollten möglichst nur geschützte, gegen Süden gelegene Flächen für den Anbau ausgewählt werden, da er wärmebedürftig ist. Besonders geschätzt ist das ätherische Öl aus höheren Anbaulagen. Auch der Einfluß des Lichtes soll sich auf die Qualität des Öles auswirken. In letzter Zeit wurden Versuche in Deutschland durchgeführt, den Lavendel in höheren Lagen, z. B. in solchen Mitteldeutschlands (oberes Erzgebirge) anzubauen, aber die Winterhärte ließ teilweise noch zu wünschen übrig. Auf dem Versuchsfeld in Leipzig-Probstheida konnten während einer Beobachtungszeit von 25 Jahren beim Echten Lavendel größere Auswinterungsschäden nicht festgestellt werden. Den Echten Lavendel findet man z. B. in Vorarlberg bis 880 m Höhe, in Nordtirol kommt er sogar noch in einer Höhenlage von 1340 m vor. In Spanien gedeiht er wildwachsend zwischen 700 und 1800 m Höhe. Der noch wärmebedürftigere Spiklavendel bevorzugt aber meist nur eine Höhenlage bis zu 700 m. Selbst im Norden gedeiht der Lavendel noch, so in Norwegen bis Drontheim. In Südengland (Suffolk, Herfordshire, Mitcham, Hitchin, Amphill, Lincolnshire, Dorsetshire, Kent usw.) wird er auf größeren Flächen angebaut.

Herkunft und Verbreitung: Der Echte Lavendel wie auch der Spiklavendel sind besonders im westlichen Mittelmeergebiet, in Süd- und Mittelitalien und Dalmatien,

[1] Wiesner, J.: Rohstoffe des Pflanzenreiches. Bd. III, 1921, S. 643.

in Griechenland, Südfrankreich, Spanien, wildwachsend verbreitet. Vielenorts befinden sich auch Lavendelpflanzungen.

Herkünfte des Drogenhandels: Die wichtigsten Herkunftsgebiete sind besonders Südfrankreich, Italien, Griechenland und Spanien. In Frankreich wird am meisten Lavendelöl bei Forcalquier und am Mont Ventoux, wo die Lavendelbestände große Flächen bedecken, gewonnen. Das feinste Lavendelöl kommt aus den Basses-Alpes. Die hauptsächlich Spiköl produzierenden Departements Gard und Hérault liefern nur wenig Lavendelöl. Der Hauptmarkt ist Buil-les-Baronnies (Drôme), am meisten ausgeführt wird aus Grasse und Cannes. Lavendelpflanzungen befinden sich in größerem Umfang außerdem noch in Ungarn, England und in Sahara-Regionen Algeriens.
In Deutschland ist der Lavendelanbau unbedeutend. Er erfolgte bisher nur auf kleinsten Flächen. Vorwiegend wird Lavendel für Zierzwecke in Gärten angebaut. Früher befanden sich größere Bestände in Miltitz bei Leipzig, und zwar handelte es sich um werkseigene Kulturen von SCHIMMEL & Co., Fabrik ätherischer Öle und Essenzen. Bei dieser Firma beschäftigte sich BRAUER[2] mit pflanzenzüchterischen Arbeiten beim Lavendel. Auch im Chiemgau und auf dem Bisamberg bei Wien sowie den umliegenden Hügeln Wiens wurde früher Lavendel angebaut; jetzt ist er dort nur noch verwildert anzutreffen.

Sorten und Herkünfte für den Anbau: In den Lavendel anbauenden Ländern, besonders in Frankreich und England, sind, wie bereits erwähnt, verschiedene Sorten vorhanden. In Gärten werden gelegentlich Lavendelformen angebaut, so z. B. die dunkelblaublühende Varietät 'Dwarf blue' und die weißblühende Zwergform *var. alba nana*, die nur 15—20 cm hoch wird. Sie alle verfügen über den angenehmen Lavendelduft. Der Lavendel eignet sich sehr gut als Einfassungspflanze. Der „Spiklavendel" hat für deutsche Anbauverhältnisse kaum eine Bedeutung, da er sehr frostempfindlich ist. Die Gruppensorte 'Frankfurter Oderland-Lavendel' vom Typ *Lavandula angustifolia* hingegen ist in geeigneten Anbaulagen witterungsbeständig. Züchterisch wurde der Lavendel in Deutschland aber noch wenig bearbeitet. Wichtige Zuchtziele sind Winterhärte, möglichste Gleichzeitigkeit in der Entwicklung der Blüten, hoher Blütenertrag mit gutem Gehalt an hochwertigem ätherischem Öl. Nach den Untersuchungen von SCHRATZ[3] ist die Blühwilligkeit des Lavendels ein sehr wertvolles Auslesemerkmal. Nach ihm ist eine Auslese nur auf Grund eines hohen Gehaltes

Abb. 230 Lavandula angustifolia Mill. als Einfassung gepflanzt

[2] BRAUER, E.: Kulturversuche zur Steigerung von Ausbeute und Estergehalt des Lavendelöls. Bericht von SCHIMMEL & Co., Miltitz b. Leipzig, Jubiläumsausgabe 1929, S. 141 bis 149.
[3] SCHRATZ, E.: Die Blühwilligkeit des Echten Lavendels (*Lavandula officinalis* Chaix ex Vill.) als Auslesemerkmal. „Pharmazie" 2, S. 177 bis 179 (1947); bzw. „Arzneipflanzen-Umschau" 2, S. 170 bis 172 (1947).

an ätherischem Öl zu einseitig. Es ist danach zu trachten, für die Lavendelzüchtung Ausgangsmaterial zu benutzen, das neben einer hochwertigen Droge gleichzeitig bessere Massenerträge bringt. Die Menge des von einer Pflanze gebildeten ätherischen Öls steht in einer bestimmten Korrelation zur Anzahl der vorhandenen Drüsenschuppen der Kelchblätter, so daß sich nach SCHRATZ der Gehalt an ätherischem Öl bereits durch Auszählen dieser schätzen läßt. (Siehe auch S. 195.)

Saatgut: Das durchschnittliche 1000-Korngewicht schwankte nach unseren Untersuchungen je nach Artzugehörigkeit im Durchschnitt zwischen 0,857 und 1,075 g. Das 1000-Korngewicht von *Lavandula angustifolia* liegt meist unter 1 g, das von *Lavandula latifolia* wenig über 1 g. Die Mindestreinheit des Saatgutes sollte 95% betragen. Besonderer Wert ist bei der Reinheitsbestimmung darauf zu legen, daß das Saatgut seidefrei ist. Beim Sortenamt konnte bisher bei den deutschen Herkünften kein Besatz mit Seide festgestellt werden, während in fremdländischem Saatgut häufig Seide (*Cuscuta-spec.*) vorkommt. Die Keimfähigkeit lag bei unseren Untersuchungen zwischen 14 und 43%, sie sollte jedoch für anerkanntes Saatgut mindestens 70% betragen. Die Nüßchen sind häufig hartschalig. Die Keimfähigkeit wird bei Zimmer- oder Wechseltemperatur im Dunkeln bestimmt. Nach 21 Tagen ist der Keimversuch abgeschlossen.

Anbau*: Gute Vorfrüchte sind mit Stallmist gedüngte Hackfrüchte oder Leguminosen. In den außerdeutschen Produktionsländern, besonders in dem Hauptproduktionsgebiet Südfrankreich, gewinnt man die Droge und das ätherische Öl von wildwachsenden, halbkultivierten oder angebauten Lavendelpflanzen. In Deutschland kommt Lavendel nur sehr selten verwildert vor. Wir bauten ihn während vieler Jahre in Leipzig-Probstheida mit gutem Erfolg an. Der Anbau kann durch Aussaat oder durch Stecklinge und Teilung älterer Stöcke erfolgen. Die generative Vermehrung halten wir für die zweckmäßigste. Die Aussaat erfolgt von Februar bis März in ein Mistbeet, wobei als Aussaatmenge auf eine Frühbeetfläche von 1,5 qm 4—5 g Saatgut bei breitwürfiger Aussaat benötigt wird und Pflanzen für 1 a gewonnen werden. Nach 4—5 Wochen läuft die Saat auf. Es ist vorteilhaft, die jungen Sämlinge zu pikieren, in kleinen Töpfen unter Glas zu halten und sie allmählich abzuhärten. Die kräftigen Jungpflanzen werden, wenn keine Nachtfröste mehr zu befürchten sind, etwa ab Mitte Mai bis Ende Juli, ins sorgfältig vorbereitete Freiland verpflanzt. Die jungen Pflänzchen sind verhältnismäßig schwachwüchsig und kommen im ersten Jahr meist nur zur Bildung kurzer Stengel, die mit schmalen, mehr oder weniger filzig behaarten Blättchen dicht besetzt sind. Sie blühen erst im zweiten Jahr von Anfang Juli bis September. Der Boden sollte so tief wie möglich bearbeitet werden, da die Pflanzen verhältnismäßig tiefgehende Pfahlwurzeln bilden. Nachdem sie gut angewachsen sind, entwickeln sie sich im Laufe der Jahre zu ansehnlichen Halbsträuchern. Von vornherein ist also ein größerer Pflanzenabstand vorzusehen. Die Standweite beträgt beim gartenmäßigen Anbau 100×100 cm, beim feldmäßigen Anbau können engere Standräume (bis 40 × 30—40 cm) in Frage kommen. Dichte Bestände können auch später noch etwas gelichtet werden. Während der ersten 2—3 Jahre sollte auf geeigneten Böden eine Zwischenpflanzung vorgenommen werden, um durch Ausnutzung der verhältnismäßig großen Zwischenräume die Wirtschaftlichkeit des Anbaues zu verbessern, aber auch um eine natürliche Beschattung des Bodens herbeizuführen. Mit halbverrottetem Laub oder Stalldünger wird der Boden da abgedeckt, wo keine Zwischenpflanzungen möglich sind. Für letztere eignen sich z. B. Majoran und Basilikum, aber auch einige

* Die Gewinnung des Lavendelöles und in diesem Zusammenhange der Anbau in den außerdeutschen Produktionsländern wird ausführlich behandelt in GILDEMEISTER, E. und HOFFMANN, F.: Die ätherischen Öle. 3. Bd., Miltitz b. Leipzig 1931, S. 634 bis 684, und in den Berichten von SCHIMMEL & Co., ebenda.

Gemüsearten, wie Möhren, Spinat und Busch- sowie Sojabohnen. Da die Stöcke selten länger als 8—10 Jahre im Anbau ausdauern und die Erträge dann auch sehr nachlassen, werden möglichst die achtjährigen Pflanzen in jährlichen Umtrieben gerodet und durch Jungpflanzen ersetzt. Unter mitteldeutschen Verhältnissen beläuft sich die Nutzungsdauer auf 4—5 Jahre. Manchenorts, z. B. in Südfrankreich, werden die Lavendelkulturen aller drei Jahre neu angelegt. Gelegentlich wird der Lavendel auch im Abstand von 50 × 30—40 cm gepflanzt. Je nach Entwicklung der Pflanzen wird der Bestand von Zeit zu Zeit gelichtet. Ein Anbau anderer Arten zwischen den Lavendelreihen erfolgt dann allerdings nicht.

Die Pflegearbeiten bestehen in wiederholtem flachen Hacken mit der Hand oder Maschine zur Sauberhaltung und Durchlüftung des Bodens. Lediglich vor Winter ist etwas tiefer zu hacken bzw. am besten zu igeln. Vor Eintritt stärkerer Fröste empfiehlt es sich unter deutschen Anbauverhältnissen, den Bestand mit einer leichten Frostschutzdecke zu versehen. Wir deckten unsere Versuchsbestände bisher mit bestem Erfolg leicht mit Kartoffelkraut ab. Läßt die Triebkraft älterer Pflanzen nach, so werden sie stark zurückgeschnitten, wodurch sie sich wieder verjüngen. Im allgemeinen schneidet man die Pflanzen im Herbst nur schwach zurück. Das anfallende Kraut kann dem Drogenhandel zugeführt werden.

Nach eigenen und auch anderen Beobachtungen ist der Lavendel für einen guten Kalkgehalt des Bodens und für eine reichliche Kompostdüngung aller 2—3 Jahre dankbar. Er liebt Stickstoff und Phosphorsäure. Von AUTRAN und FONDARD[4] ausgeführte Düngungsversuche hatten folgendes Ergebnis: Die beste Blütenausbeute wurde bei Verwendung von Stickstoff als Natriumnitrat oder Ammoniumsulfat erzielt. Auch Düngen mit Phosphorsäure erwies sich als sehr vorteilhaft für das Wachstum der Pflanzen. Hingegen wirkte Kalium (als Sylvinit, Kaliumchlorid) nachteilig. Nach unseren Feststellungen darf aber auch die Kalidüngung nicht vernachlässigt werden. Wir können folgende Handelsdüngergaben je Hektar in Vorschlag bringen: 100 kg Kalkstickstoff und später bis 100 kg Kalkammonsalpeter (40 kg N), 100—200 kg Superphosphat (20—35 kg P_2O_5) und 200—300 kg 40%iges Kali (80—120 kg K_2O). Die Handelsdüngergaben werden vor der Pflanzung gegeben und später jährlich im zeitigen Frühjahr wiederholt. Der Kalkstickstoff darf nicht mit den Pflanzen in Berührung kommen, sondern muß sorgfältig zwischen die Reihen gestreut werden, da sonst leicht Schädigungen an den Pflanzen hervorgerufen werden können.

Ernte: Die blühenden Zweigspitzen werden geerntet, wenn der mittlere Teil der Ähre blüht. LAMOTHE[5] rät, nach dem 15. August keinen Lavendel mehr zu schneiden. Nach neueren Untersuchungen von SCHRATZ[6] ist ein Anstieg des Gehaltes an ätherischem Öl bis zur Vollblüte eindeutig. Eine hochwertige und ansehnliche Droge von *Flores Lavandulae* sollte zu diesem Zeitpunkt geerntet werden. Nach Letztgenanntem darf zur Gewinnung von *Oleum Lavandulae* dagegen erst gegen Ende der Blühperiode geerntet werden, da dann nach seinen Untersuchungen die absolute Ausbeute bedeutend höher liegt. In welchem Maße sich auch die Qualität des ätherischen Öles in der späteren Blühzeit verändert, bedarf allerdings noch der Untersuchung. Die Ernte hat schnell zu geschehen, ist aber bei Eintreten nassen Wetters zu unterbrechen. Die Ölausbeute ist bei Wind und Nebel weniger gut, aber günstiger bei Hitze und Gewitteraussichten. Sonne ist für die Bildung und Beständigkeit des Öles unerläßlich. Grundsätzlich sind die Blütenähren 10 cm unter ihrem Ansatz mit der Sichel, dem

[4] Office régionale agricole du midi, Nr. 7, S. 1 (1923); zit. nach GILDEMEISTER, E. und HOFFMANN, F.
[5] „Parfum. moderne" 18, S. 103 (1925); zit. nach GILDEMEISTER, E. und HOFFMANN, F.
[6] SCHRATZ, E.: Erntezeit und Ölausbeute bei Echtem Lavendel (*Lavandula officinalis* Chaix ex Vill.), „Pharmazie" 2, S. 175 bis 177 (1947); bzw. „Arzneipflanzen-Umschau" 2, S. 168 bis 170 (1947).

Abb. 231 Lavandula angustifolia Mill., Ernte

Messer oder einer Schere abzuschneiden. Ungeübtheit beim Schneiden schädigt die nächste Ernte. Die Destillation muß unverzüglich vorgenommen werden, da die Geruchsbestandteile sonst durch Fermentation zerstört werden[7]. Die stärkste Blütenentwicklung setzt im dritten, vierten oder sogar erst im fünften Jahr ein. Da der Lavendel nicht gleichmäßig blüht, sollte er drei- bis viermal geschnitten werden, was aber nur im Kleinanbau möglich ist. Zur Gewinnung von Arzneibuchware dürfen nur die Blüten mit dem Kelch geerntet werden, was eine sehr mühsame Arbeit ist. Durch geeignete Aufarbeitung auf mechanischem Wege (abrebeln) ist es möglich, die Blüten von den Stengeln zu trennen. Die Kelche bilden den wertvollsten Bestandteil der Droge. Sie sind zwischen den Kelchrippen neben den Spaltöffnungen mit kleinen Köpfchenhaaren und fest sitzenden Öldrüsen mit vier- oder achtzelligen Drüsenköpfchen versehen. Die Tagesleistung einer eingearbeiteten Arbeitskraft soll sich je Tag auf 150—200 kg frischer Blüten belaufen. In den französischen Anbaugebieten soll ein Arbeiter sogar 300—400 kg täglich pflücken. Das Erntegut wird auf Planen oder in dichten Stiegen gesammelt. In der UdSSR werden die Blüten maschinell geerntet.

Die Saatguternte fällt in die Monate September bis Oktober, wenn die Nüßchen sich zu bräunen beginnen. Die Nachtrocknung erfolgt dann anschließend am besten auf Böden, worauf das Saatgut mit entsprechenden Dreschmaschinen ausgedroschen oder mit der Hand ausgerieben bzw. ausgeklopft wird.

Trocknung: Die Trocknung der Lavendelblüten darf nur im Schatten erfolgen, da andernfalls Farbe und Aroma leiden können. Die künstliche Trocknung muß sehr schonend bei mäßiger Wärme (30° C) vorgenommen werden, um Verluste an Duftstoffen zu vermeiden. Das Trocknungsverhältnis bei den Blütenständen beträgt etwa 7—8 : 1 und beim Kraut 3—4 : 1.

Erträge: Die Erträge sind sehr verschieden. Sie schwanken bei den Blüten im allgemeinen zwischen 3 und 5 dz/ha (*Flores Lavandulae*). Die Erträge an *Herba Lavandulae* belaufen sich auf etwa 15—25 dz/ha.

[7] PAPAICET, E.: Spanische ätherische Öle, „Monitor de la Farmacia" 47, Nr. 1282, 1283, 1284 und 48, Nr. 1287, 1288, 1941 und 1942, nach Afinidad 1940; ref. in „Pharm. Ind." 9, S. 277 (1942); bzw. „Arzneipflanzen-Umschau" 1, S. 169 (1942).

Eine Aufstellung aufeinanderfolgender Jahresernten je Hektar ergibt in Spanien nach PAPAICET folgendes Bild:

	Blütenertrag frisch je Hektar in kg	Ölertrag je Hektar in kg
1. Jahr	—	—
2. Jahr	1430	12,87
3. Jahr	2530	22,27
4. Jahr	3080	27,72
5. Jahr	3630	32,07

In Spanien erhält man im allgemeinen aus 100 kg Blüten von einem gut gedüngten Boden 0,9—1,1 kg ätherisches Öl.
Auf dem Versuchsfeld von SCHIMMEL & Co. in Miltitz b. Leipzig wurden von 2500 qm Anbaufläche im Durchschnitt 3,3 kg Öl von gut entwickelten Pflanzen gewonnen, das entspricht einem Hektarertrag von 13,20 kg[8].
Die Saatguterträge unter deutschen Anbauverhältnissen sind gering. Sie belaufen sich auf 40—100 kg/ha.
Krankheiten und Schädlinge: Über die Krankheiten und Schädlinge des Lavendels liegen fast nur ausländische Angaben vor. Wir selbst beobachteten bisher an unseren Beständen in Leipzig-Probstheida keinerlei pilzliche oder tierische Schädigungen. Auf dem Lavendel schmarotzt zuweilen die Kleeseide, *Cuscuta epithymum* (L.) Murr. *subspec. trifolii* (Babingt.) Hegi. Auch haben die Kulturen in Frankreich häufig unter einer Wurzelfäule (Pouridité de la Lavande) zu leiden. Nach MÜHLE[9] ist im Bereich der Wurzeln das Wurzelälchen *Heterodera marioni* C. (= *H. radicicola*) festgestellt worden, das auffällige Wurzelgallen bildet*. Als Wurzelparasiten sollen am Lavendel ferner der Hallimasch (*Armillaria mellea* [Vahl.] Quél.) und der Wurzelschimmel *Rosellinia necatrix* Berl. aufgetreten sein. Vermutlich handelt es sich um eine Form des Pilzes *Pholiota praecox* (Pers.) Quél. Die von dem Pilz befallenen Pflanzen vertrocknen vollständig und sind mit einer fauligen Masse bedeckt. Auf der Oberfläche sind weiße Mycelfäden zu sehen, die das ganze Gewebe durchziehen. Auch andere pilzliche Erkrankungen, hervorgerufen durch *Septoria lavandulae* Desm. auf den Blättern und *Ophiobolus brachyascus* Wint. auf den Zweigen, lösen Schäden an den Lavendelpflanzen aus. Erheblichen Schaden verursachen kann der für den Lavendel als Stengelparasit in Erscheinung tretende Pilz *Phoma lavandulae* Gab., der bereits die jungen Triebe zum Absterben bringen kann und an älteren Stengeln nach einer schmutziggrauen Verfärbung schließlich ein Ablösen der Oberhaut in Form kleiner Schuppen bewirkt.
An den Blütenständen des Lavendels wurde auch schon eine Welkeerscheinung beobachtet, die auf den Befall durch den Grauschimmel, *Botrytis cinerea* Pers., beruhte.
Von tierischen Schädlingen haben im Bereich der oberirdischen Pflanzenteile außer Springschwänzen wie *Bourletiella sulphurea* Koch und saugenden Insekten, wie die Blindwanzen *Calocoris bipunctatus* F. und *Campylomma verbasci* Mey. D., die Zikaden *Cicadula sexnotata* Fall. und *Acocephalus bicinctus* Curt. und die besonders in den Stengeln aufgetretene Schaumzikade, *Philaenus spumarius* L., vor allem die Lavendelmotte, *Sophronia humerella* Schiff., geschadet. Außerdem wird in der Literatur noch die Fritfliege, *Oscinis frit* L., als Schädling erwähnt.
Die Droge wird häufig von der Larve der Grauen Dörrobstmotte, *Ephestia elutella* Hb., befallen.

[8] Bericht von SCHIMMEL & Co., Miltitz b. Leipzig, Jubiläumsausgabe 1929, S. 145.
[9] MÜHLE, E.: Krankheitserscheinungen und Schadbilder an weiteren Lippenblütlern und ihre Erreger. „Pharmazie" 2, S. 564 bis 565 (1947); bzw. „Arzneipflanzen-Umschau" 2, S. 283 bis 284 (1947).
* Der neue Name ist: *Meloidogyne (Hederodera) marioni* C. (= *H. radicicola* Müll.).

Lepidium sativum L., Gartenkresse

Cruciferae

Gebräuchliche Pflanzenteile: Gelegentlich wird *Lepidium sativum* L. in der Volksheilkunde benutzt. Früher waren Kraut und Samen unter der Bezeichnung *Herba* und *Semen Nasturtii hortensis* offizinell. Die Pflanze enthält u. a. das Senfölglykosid Glykotropaeolin und das Kraut außerdem l-Ascorbinsäure. Wegen des Gehaltes an Vitamin C wird die Gartenkresse gern in der gemüsearmen Zeit als Salat und Gewürz frisch verwendet.

Handelsbezeichnung: *Herba Lepidii sativi*, Kressekraut.

Botanik: Die Gartenkresse ist einjährig. Sie verfügt über eine dünne, spindelförmige Wurzel. Der aufrechte Stengel wird bis etwa 70 cm hoch; er ist meist kahl, oberwärts ästig und bläulich bereift. Die Grundblätter sind vorwiegend leierförmig-fiederschnittig, die Stengelblätter nach oben zu ± fiederig-zerschlitzt, die obersten meist linealisch. Die Blätter sind hellgrün und ebenfalls ± bereift. Die Blüten bilden einen fast traubigen Blütenstand. Die Farbe der Kronblätter ist weiß, selten rötlich.

Blütezeit: Je nach Aussaatzeit blüht die Gartenkresse vom Mai an bis in den Spätherbst.

Die Blüten werden gern von Insekten besucht. Es findet Fremd- und auch Selbstbestäubung statt. Bei Regenwetter öffnen sich die Blüten nicht völlig, es tritt dann leicht spontane Selbstbestäubung ein (HEGI).

Abb. 232
Lepidium sativum L.,
Samen

Die in den geflügelten, rundlich-eiförmigen Schötchen befindlichen Samen sind rundlich-eiförmig (HEGI bezeichnet sie als ovoidisch). Sie sind etwa 2—3 mm lang, 1—1,5 mm breit und 0,6—1,0 mm dick, glatt, rotbraun.

Lepidium sativum ändert ± ab.

Boden und Klima: Die Gartenkresse ist anspruchslos. Sie gedeiht auf jedem Gartenboden, benötigt jedoch Feuchtigkeit. Auch in etwas schattigen Lagen wächst sie gut.

Herkunft und Verbreitung: *Lepidium sativum* stammt aus dem Orient und ist über den größten Teil der Erde verbreitet. In Gärten wird sie gelegentlich angebaut.

Herkünfte des Drogenhandels: *Herba Lepidii sativi* wird nur ganz selten im Vegetabilienhandel geführt.

Sorten und Herkünfte für den Anbau: Im Handel befinden sich mehrere Sorten. In der Hauptsache werden einfache (mit glatten Blättern) und gefüllte (mit krausen Blättern) unterschieden. Eine bekannte Gruppensorte ist 'Glattblättrige Gartenkresse'. Sie entwickelt sich rasch, so daß die Ernte bereits etwa 2—3 Wochen nach der Aussaat erfolgen kann.

Saatgut: Das 1000-Korngewicht betrug nach unseren Untersuchungen 3,678 bis 4,220 g. Die Mindestreinheit sollte sich auf 97%, die Mindestkeimfähigkeit auf 85% belaufen. Die Samen keimen bei Lichtzutritt und im Dunkeln bei Zimmertemperatur sehr schnell. Nach vier Tagen kann bereits die Keimschnelligkeit und nach zehn Tagen die Keimfähigkeit festgestellt werden. Da die Samen sehr rasch auflaufen, benutzt man sie gern als „Markiersaat" bei der Aussaat schwer keimender Sämereien, um möglichst frühzeitig mit den Pflegearbeiten beginnen zu können.

Anbau: Der Anbau von Gartenkresse erfolgt am besten in dritter Tracht. Wegen der Gefahr der Übertragung von Krankheiten und Schädlingen ist darauf zu achten, daß innerhalb der Fruchtfolge keine Kulturarten aus der Familie der Kreuzblütler aufeinanderfolgen. Die Aussaat kann vom zeitigen Frühjahr bis zum Herbst vorgenommen werden. Man nimmt am besten Folgesaaten in Abständen von etwa 14 Tagen vor. Bei Drillsaat im Reihenabstand von 15—20 cm benötigt man etwa 80 g/a Saatgut. Die Gartenkresse eignet sich auch sehr gut zum Treiben. Die Aussaat erfolgt dann im Gewächshaus bzw. in kalte oder warme Kästen in etwas sandige Erde, und zwar sehr dicht. Gelegentlich wird sie auch am Zimmerfenster in Schalen gezogen.
Hinsichtlich der Düngung ist mit einer

Abb. 233
Plutella maculipennis Curt.

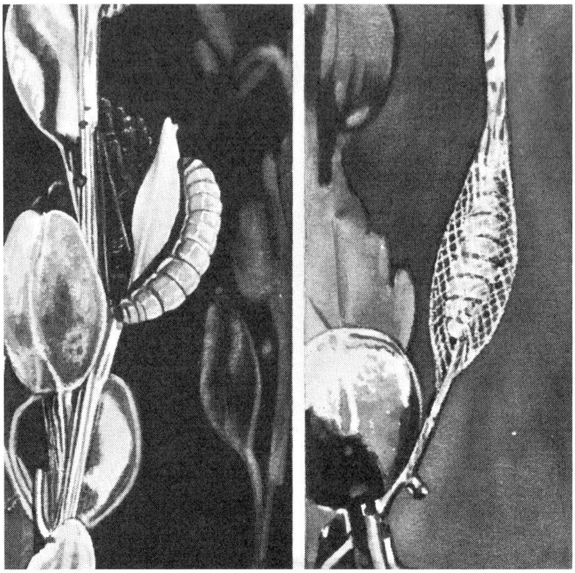

Abb. 234
Plutella maculipennis Curt. an Lepidium sativum L.; links: Raupe; rechts: Kokon

schwachen Handelsdüngergabe (N, P_2O_5, K_2O) auszukommen. Bei zu reichlicher Nährstoffzufuhr werden die Stengel zu lang, und es bilden sich zuwenig Laubblätter, auf die es letzten Endes ankommt. Infolge der kurzen Vegetationszeit ist das Ausnutzungsvermögen der Gartenkresse sehr gering.

Die Bestände müssen unkrautfrei und gut feucht gehalten werden.

Ernte: Wie bereits erwähnt, kann die Ernte schon 2—3 Wochen nach der Aussaat erfolgen, wenn das zarte Kraut etwa 6 cm hoch ist. Manchmal sind zwei Schnitte möglich. Die Samenernte wird nach 3—4 Monaten Vegetationsdauer vorgenommen, wenn die Schötchen beginnen, gelb und trocken zu werden. Die Samen fallen leicht aus.

Trocknung: Da *Lepidium sativum* fast ausschließlich frisch verwendet wird *(Herba Lepidii sativi recens)*, kommt eine Trocknung, die auf natürliche und künstliche Weise erfolgen kann, nur ganz gelegentlich in Frage.

Erträge: Hinsichtlich der Krauterträge sind uns keine Werte bekannt. Die Saatguterträge werden mit 8—12 kg/a angegeben.

Krankheiten und Schädlinge: Wie alle Cruciferen, wird auch die Gartenkresse beim Anbau im Freiland, und zwar besonders bei Trockenheit, von Erdflöhen befallen und oftmals vernichtet. Die Larven des Kresse-Mauszahnrüßlers, *Baridium lepidii* Germ., fressen im Innern der Stengel und können den Pflanzen dadurch schädlich werden. Ude fand an den Beständen in Leipzig-Probstheida die Blüten und jungen Früchte von dunkelgrauen Blattwespenlarven stark zerfressen. Ihre Weiterzucht ergab die Kohlrübenblattwespe, *Athalia rosae* L. Auch die grünen Räupchen der Gemüsemotte (Kohlschabe), *Plutella maculipennis* Curt., verursachten an Blättern und den grünen Schötchen empfindliche Fraßschäden.

Levisticum officinale Koch, Liebstock, Liebstöckel*

Umbelliferae

Gebräuchliche Pflanzenteile: DAB. 6: „Die getrockneten Wurzelstöcke und Wurzeln von *Levisticum officinale* Koch." HAB. 2: „Frischer, im Herbst gesammelter Wurzelstock mit daranhängenden Wurzeln."

Handelsbezeichnungen: *Radix Levistici*, Liebstockwurzel; *Herba Levistici*, Liebstockkraut; *Folia Levistici*, Liebstockblätter; *Fructus (Semen) Levistici*, Liebstockfrüchte.

Botanik: *Levisticum officinale* ist eine ausdauernde (zwei- bis dreijährige), fast kahle Pflanze, die selbst noch sehr strenge Winter übersteht. Die Pflanzen werden bis 200 cm hoch. Der kurze Wurzelstock ist dick, vielköpfig und hat lange, fingerdicke, ästige Wurzeln aufzuweisen, die in frischem Zustand einen blaßgelben, harzigen Milchsaft enthalten. Der Stengel wächst aufrecht und ist röhrig, stielrund und nur etwas gestreift, oberwärts gerieft und mit aufrecht-abstehenden Ästen versehen. Er ist $\pm$ bereift. Die Laubblätter sind im Umriß dreieckig-rhombisch, unten mehrfach fiederschnittig, die oberen fiederspaltig oder völlig ungespalten. Nach oben zu werden die Blätter kleiner. Die grundständigen Blätter sind langgestielt, die oberen kürzer, die obersten sitzen auf den kurzen, hautrandigen Scheiden. Die Laubblätter fühlen sich etwas derb an. Ihre Farbe ist im allgemeinen dunkelgrün, auf der Unterseite blasser, glänzend. Sie haben etwas

* Fälschlich auch „Maggipflanze" genannt, da Geruch und Geschmack der Pflanze etwas an Maggiwürze erinnern. Der Name „Maggi" ist gesetzlich geschützt und darf nur für die Produkte der Maggi-Werke benutzt werden.

Abb. 235
Levisticum officinale Koch,
Pflanzenanzucht im Freilandsaatbeet

Ähnlichkeit mit denen des Selleries und besitzen einen eigentümlichen, etwas strengen Geruch und Geschmack. Die Dolden sind mittelgroß, dicht, bis zu 12 cm im Durchmesser, gewölbt. Die blaßgelben Kronblätter sind länglich, spitz und ± eingerollt. Die Befruchtungsverhältnisse bedürfen noch der Klärung. Der Liebstock scheint vorwiegend Fremdbefruchter zu sein.

Blütezeit: VII, VIII.

Auf den Blütenständen war während einer langen Beobachtungszeit in Leipzig-Probstheida reiches und mannigfaltiges Insektenleben festzustellen. Im Jahre 1939 konnte UDE 5 Gattungen und innerhalb dieser 26 Arten beobachten. Honigbienen waren zwar meist überwiegend, aber auch viele der übrigen Arten sind stets vertreten gewesen. So tummelten sich z. B. Weichkäfer (Canthariden) sehr viel und auch in mehreren Arten auf den Blüten. Die Hymenopteren stellten die größte Artenzahl. Unter den Honigbienen wurde einmal die Varietät *ligustica* Spin. erbeutet. Von den weiteren 6 beobachteten Arten wurde die Schwarze Erdbiene, *Andrena carbonaria* L., am häufigsten auf den Blüten saugend und zugleich pollensammelnd angetroffen. Die Ordnung der Fliegen war mit 6 Arten vertreten; darunter 5 Schwebfliegenarten (Syrphiden). Die häufigste von diesen war die bekannte *Eristalis arbustorum* L. Bei sonnigem Wetter konnten unsere bekanntesten Tagschmetterlinge immer an den Blüten beobachtet werden. So waren häufig die Weißlingsarten (Pieriden), ferner die Goldene Acht, *Colias hyale* L., der Distelfalter, *Pyrameis cardui* L., der Kleine Fuchs, *Vanessa urticae* L., und das Große Ochsenauge, *Epinephele jurtina* L., vertreten. Die Ampferblattwespe, *Pachynematus mortuorum* L., wurde auch erbeutet.

Die Früchte des Liebstocks sind denen der Engelwurz (*Angelica archangelica* L.) und der Pastinake (*Pastinaca sativa* L.) ähnlich. Das handelsübliche Saatgut besteht vorwiegend aus Teilfrüchten, vereinzelt sind aber auch noch die ganzen Früchte mit dem Fruchthalter zu finden. Letzterer ist bis zum Grunde in zwei fädliche Schenkel gespalten. Die Frucht ist elliptisch und an der Basis oft ausgerandet. Die Teilfrucht ist bogenförmig gekrümmt und mit drei deutlich hervortretenden Rückenrippen und zwei dick-flügelförmigen Randrippen versehen. Im Querschnitt ist sie niedrig-halbelliptisch, fünfrippig. Auf der Fugenseite trägt sie eine starke, weißliche Längsnaht. Die Fruchtfarbe ist gelblichbraun. Sie ist 3,5—7 mm lang und 1,7—3 mm breit.
Die Früchte sind von aromatischem Geruch und Geschmack und enthalten wie die ganze Pflanze ätherisches Öl.

Boden und Klima: *Levisticum officinale* wird auch Berg-Liebstock genannt, da er besonders in Gebirgsgegenden bis 2000 m Höhe vorkommt. Er ist hinsichtlich des

Abb. 236
Levisticum officinale Koch,
Früchte

Standortes nicht wählerisch; besonders gut sagt ihm jedoch etwas feuchter, kräftiger, tiefgründiger Boden zu, und er gedeiht selbst noch auf Moorboden, wo allerdings die Gefahr des Hochfrierens besteht. Die Wurzeln reißen dann ab, und die Entwicklung wird gehemmt. Ein Verstocken der Wurzeln auf Moorboden wurde auch schon beobachtet; für ausreichende Entwässerung muß daher gesorgt werden. Auf anmoorigen Böden werden gute Ernten erzielt, besonders hohe Blatterträge. Vor allem muß der Boden tiefgründig und kalkhaltig sein, wenn man mit guten Ernten rechnen will. Ton- und schwere Lehmböden eignen sich nicht zum Anbau. Liebstock verträgt keine zu sonnigen Lagen, dagegen bevorzugt er etwas Halbschatten.

Herkunft und Verbreitung: Die Heimat des Liebstocks wurde bisher noch nicht mit Sicherheit festgestellt. Eine nahe verwandte Form ist in Persien beheimatet, und zwar *Levisticum persicum* Freyn et Bornm. Es wird vermutet, daß die Wildform in schwer zugänglichen Gebirgsgegenden Südwestasiens zu finden ist. Der Liebstock wird in einem großen Teil Europas sowie in Nordamerika angebaut, wo er auch verwildert angetroffen wird. Er ist in vielen Bauerngärten zu finden.

Herkünfte des Drogenhandels: Herkunftsgebiete für *Radix Levistici* sind Mittel- und Südosteuropa, besonders die Balkanländer. In Deutschland wird Liebstock zur Drogengewinnung hauptsächlich in Mitteldeutschland (Thüringen und Sachsen-Anhalt) angebaut.

Sorten und Herkünfte für den Anbau: Die im Handel befindlichen Herkünfte sind noch nicht völlig durchgezüchtet und stellen mehr oder weniger Formengemische dar. Die häufig angebaute Gruppensorte 'Mittelgrobblättriger Liebstock' eignet sich gleich gut zur Blatt- wie auch zur Wurzelgewinnung.

Saatgut: Das durchschnittliche 1000-Korngewicht betrug 3,678 g. Die Mindestreinheit sollte 96%, die Mindestkeimfähigkeit 70% betragen. In trockenen Jahren werden die Früchte häufig notreif geerntet und keimen dann schlecht. Als Keimtemperatur kommen Temperaturen von nur 8—12° C, 15° C oder Wechseltemperatur in Frage. Die Früchte sind Dunkelkeimer. Die Keimschnelligkeit wird nach 10 Tagen, die Keimfähigkeit nach 28 Tagen ermittelt.

Anbau: Der Liebstock sollte nach einer reichlich mit Stallmist gedüngten Hackfrucht angebaut werden.

Die Kulturdauer ist zweijährig. Obgleich eine vegetative Vermehrung gelegentlich durch Teilung älterer Stöcke geschieht, wird in der Praxis die Anzucht von Jungpflanzen aus Früchten vorgezogen. Als Anzuchtfläche wird ungefähr $^1/_7$—$^1/_{10}$ des geplanten Hauptanbaues benötigt. Die Bestellungsarbeiten haben wie zu Zuckerrüben zu erfolgen. Ende März/April drillt man in 25 cm Reihenentfernung 20 kg/ha Saatgut in einen leichten Eggenstrich auf die Anzuchtfläche und walzt anschließend zu. Herbstaussaat (August) ist auch möglich, wobei das Verpflanzen der Sämlinge dann im folgenden Frühjahr vorgenommen wird. Wir bauten den Liebstock mit gutem Erfolg z. B. nach mittelfrühen Kartoffelsorten an. Eine normale Getreidedüngung ist für die Anzucht ausreichend. Zeigt das Laub jedoch eine etwas zu helle Färbung, wird noch eine leichte Natronsalpetergabe als Kopfdünger verabreicht. Liebstock braucht zum Auflaufen je nach Wärme und Feuchtigkeit etwa 2—3 Wochen. Zeitig muß dann gehackt und während des zunächst langsamen Anfangswachstums der Boden noch durch ein oder zwei Maschinen- bzw. Handhacken offen- und saubergehalten werden. Ende Mai/Anfang Juni schließt der Bestand. Ein Laubschnitt ist dann im August/September schon möglich. Die Pflanzen dürfen jedoch noch keine vergilbten Blätter haben, wenn Maschinenmahd erfolgen soll, anderenfalls ist ein Handschnitt mit der Sichel vorzuziehen. Liebstock, auch zweijähriger, neigt besonders bei Trockenheit und Stickstoffmangel dazu, im Laub teilweise zu vergilben. Der Frischkrautertrag der Anzuchtfläche beträgt etwa 60—80 dz/ha.

Im September/Oktober nach Eintritt der Vegetationsruhe werden die Sämlingswurzeln gerodet. Einreihige Rübenheber, Pflüge ohne Streichblech und besonders der schon mehrfach erwähnte Rodepflug finden dabei im Großanbau Verwendung.

Das Feld für den Hauptanbau soll zeitig mit mittlerer Furche gepflügt sein, damit es sich bis zum Pflanzzeitpunkt gut abgesetzt hat. Mit Egge oder Scheibenegge wird das Feld dann nochmals locker hergerichtet, und anschließend werden mit dem Kartoffelvielfachgerät Furchen in 62,5 cm Abstand in etwa 10 cm Tiefe aufgezogen, in die die gerodeten Pflanzen des Anzuchtbeetes mit bleistift- bis fingerstarken Wurzeln in der schon beim Alant (S. 433) beschriebenen beetweisen Anordnung ausgelegt werden. In der Reihe wird der Abstand so gewählt, daß zwischen Wurzelende und Trieb zweier Pflanzen nur etwa 5—10 cm Zwischenraum sind. Zwischen den Augen entsteht so ein Abstand von 20—25 cm. Die ausgelegten Wurzeln werden dann zugehäufelt und angewalzt.

Mittlere Handelsdüngergaben sind im allgemeinen ausreichend. Kali und Phosphorsäure können vor dem Auspflanzen oder im zeitigen Frühjahr in Höhe von 40—50 kg P_2O_5 und 80—120 kg K_2O (220—280 kg Superphosphat und 200—300 kg 40er Kali) gegeben werden; Stickstoffdünger wird im Frühjahr verabreicht. 40—60 kg Reinstickstoff = 200—300 kg schwefelsaures Ammoniak reichen aus, wenn auf eine Laubernte kein Wert gelegt wird. Sollen aber auch die Blätter geerntet werden, ist es empfehlenswert, noch bis 40 kg Reinstickstoff als Kopfdüngung vor und nach dem ersten Schnitt in leichtlöslicher Form zu geben.

Im Frühjahr des nächsten Jahres wird zeitig geschleppt und möglichst bald ein- bis zweimal gestriegelt. Im April zeigen sich die jungen Pflanzen und werden dann mit dem Igel oder Vielfachgerät einmal durchfahren. Eine Handhacke ist unter Umständen noch vonnöten. Sobald der Liebstock etwa 20—30 cm hoch ist, wird flach angehäufelt. Weiteres Igeln und Häufeln sollen den Bestand dann während der nun folgenden Vegetationszeit sauber- und den Boden offenhalten. Hierbei ist darauf zu achten, daß die Bodenbearbeitung nicht zu tief erfolgt und die Wurzeln nicht gelockert werden, da Liebstock hiergegen etwas empfindlich ist. Blütentriebe müssen bei der Nutzung zur Wurzelernte mehrmals ausgeschnitten werden.

Zur Saatgutgewinnung läßt man einen Teil des Bestandes ein drittes Jahr zur Blüte stehen. Etwa ab August reifen dann die Früchte sehr ungleichmäßig. Die sich gelbbraun färbenden Früchte werden mit den Dolden herausgeschnitten und zur Nachreife luftig ausgebreitet. Anschließend wird gedroschen.

Ernte: Die Krauternte läßt sich in 2—3 Schnitten durchführen. Ausreichende Wasserversorgung ist dabei für drei Schnitte Voraussetzung. Es wird Ende Mai, Anfang Juli und Ende August/Anfang September geerntet. Bei zweimaliger Krauternte kommt man im Juni zum ersten und August/September zum zweiten Schnitt. Das Kraut wird dabei etwa handhoch ohne Verletzung der Herzblätter abgesichelt. Vergilbtes Laub soll nicht in das Erntegut kommen. Der Bedarf an Liebstockblättern ist sehr unterschiedlich, so daß mit dieser Nutzung nicht immer gerechnet werden kann.

Abb. 237 Levisticum officinale Koch, Wurzelstock, zweijährig

Die Wurzelernte erfolgt nach Eintritt der Vegetationsruhe im Oktober. In nassen Jahren kann man unter Umständen auch erst im Frühjahr roden, doch sollte dann die Wurzelernte noch zeitig genug vor dem Austreiben der Pflanzen vorgenommen werden. Mit einem Kartoffelrodepflug oder Pflug ohne Streichblech wird der Wurzelstock mit den Wurzeln tief herausgepflügt, aufgelesen und gut abgeklopft auf Haufen geworfen. Krautreste werden dabei gleich abgedreht oder abgeschnitten. Vorratsrodung kann nicht empfohlen werden, weil dabei leicht Wurzeln verschüttet oder eingetreten werden. Anschließend wird das Erntegut je nach den örtlichen Möglichkeiten in Bächen, mit dem Schlauch oder in Waschtrommeln sauber gewaschen und manchmal geschlitzt, d. h., es werden die starken Wurzelteile mit dem Messer aufgespaltet.

Nach Untersuchungen von FLÜCK und FEHLMANN[1] empfiehlt es sich nicht, die Wurzeln zu zerschneiden, um die Dauer der Trocknung abzukürzen. Da durch das Schneiden die ölführenden Organe verletzt werden, sind Verluste an ätherischem Öl unvermeidbar.

Trocknung: Die Trocknung im Großanbau erfolgt am zweckmäßigsten künstlich bei 35—40° C. Im Kleinbetrieb werden die Wurzeln auf Schnüre aufgefädelt und am Ofen oder an der Luft getrocknet.

Die Krauttrocknung erfolgt, besonders bei jungem, noch weichem Laub, am besten künstlich bei mäßiger Wärme. Die Eintrocknung beim Kraut erfolgt etwa im Verhältnis 5—6 : 1, bei den Wurzeln 3—4 : 1.

Erträge: Beim Kraut belaufen sich die Ernteerträge auf etwa 100—150 dz/ha frisch. Bei drei Schnitten liegen sie unter günstigen Umständen höher und können 300 dz und darüber erreichen. Entsprechend liegt der Ertrag an *Folia Levistici* bei 20—40 bzw. 60 dz/ha.

Bei den Wurzeln sind Frischerträge von 60—100 dz/ha normal. An Wurzeldroge kann man somit etwa mit 15—30 dz/ha rechnen. Auch höhere Erträge wurden bekannt. Die Saatguterträge schwanken zwischen 2 und 4 dz/ha.

[1] FLÜCK, H. und FEHLMANN, W. F.: Untersuchungen über die Trocknung der offizinellen Umbelliferenwurzeln. „Pharmaceutica Acta Helvetiae" 22, S. 279—305; S. 489—507 (1947); ref. in „Pharmazie" 6, S. 183 (1951).

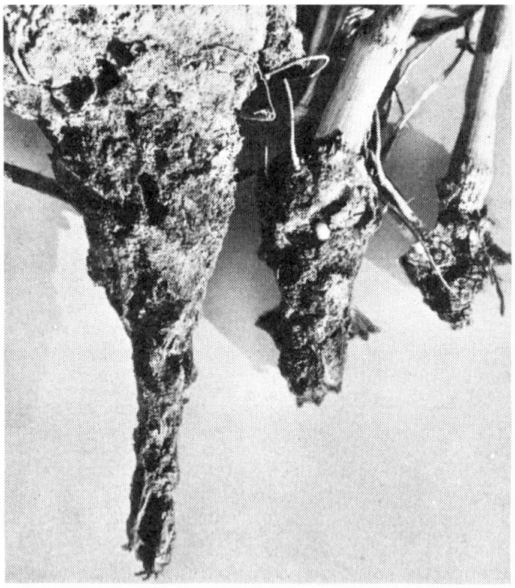

Abb. 238 Levisticum officinale Koch, Wurzelschadbild von Liophloeus tessulatus Müll.

Abb. 239 Levisticum officinale Koch, Blütenstand von Aphis (Doralis) fabae Scop. befallen

Abb. 240 Levisticum officinale Koch, Befall von Liophloeus tessulatus Müll.; welkende Pflanze

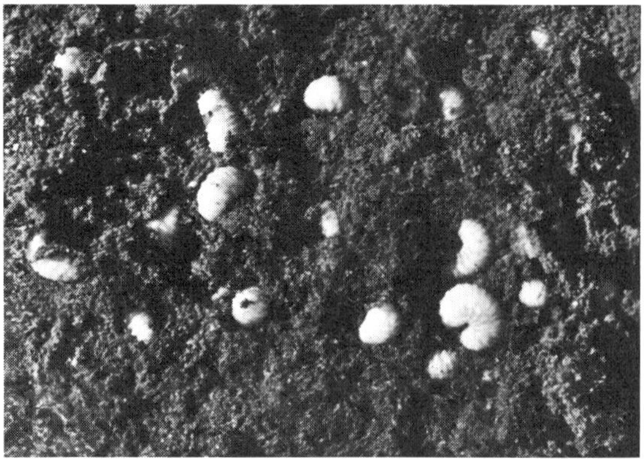

Abb. 241 Larven von Liophloeus tessulatus Müll.

Krankheiten und Schädlinge: Blattflecken am Liebstock werden hervorgerufen durch die Pilze *Ramularia levistici* Oud., *R. schroeteri* Syd. und *Septoria levistici* Westend. Über einen gefährlichen Wurzelschädling berichtet MÜHLE[2] wie folgt: „Bei der im Wurzelbereich des Liebstöckels schädlich gewordenen Käferlarve handelt es sich um die Larve des als Kulturpflanzenschädling noch unbekannten Rüsselkäfers, *Liophloeus tessulatus* Müll., der sehr große Ähnlichkeit mit dem Liebstöckelrüßler, *Otiorrhynchus ligustici* L., aufweist. Wir vermuten sogar, daß der bisher als Liebstöckelrüßler bezeichnete Käfer fälschlich nach dem Liebstock benannt und vielleicht schon bei der Namensgebung mit *Liophloeus tessulatus* verwechselt worden ist." Er kann dort, wo er massenweise auftritt, ganze Feldbestände zum Absterben bringen, wie wir dies in Leipzig-Probstheida beobachteten. MÜHLE schlägt zur Bekämpfung des Schädlings den Umbruch der befallenen Flächen vor und das Ziehen von Fanggräben im Frühjahr.
Als Stengelparasit hat sich der Schierlingsrüßler, *Lixus iridis* Ol., gezeigt. Die durch ihn verursachten Schäden waren aber nur von geringem Umfang. Der Rübenderbrüßler, *Bothynoderes punctiventris* Germ., gilt ebenfalls als Schädling an Liebstock. In Leipzig-Probstheida wurde alljährlich Blattlausbefall durch *Aphis (Doralis) fabae* Scop. festgestellt, der bereits Mitte Juni einsetzte und trotz der Vernichtungsarbeit der Marienkäfer bis zu Beginn der Saatguternte andauerte. Die Pflanzen litten darunter sehr, sie rollten die Blätter, die in frischem Zustand nicht mehr zu verwerten waren. An den Blättern des Liebstocks wurden in Leipzig-Probstheida auch alljährlich Raupen des Schwalbenschwanzfalters, *Papilio machaon* L., fressend gefunden. 1941 wurden besonders an einjährigen Liebstockbeständen auf den Blättern Schadstellen beobachtet, die auf Saugstiche von Blindwanzen schließen ließen. Beim Abstreifen fanden sich auch kleine und mittelgroße, grüne Larven und später die Vollkerfe von Blindwanzen in großer Zahl vor. Ihre Bestimmung ergab die Art *Lygus campestris* L. Die durch Saugstiche entstandenen Schäden zeigten sich durch stellenweise Schrumpfungen und Verfärbungen besonders deutlich. Auch die Erdflohart *Haltica oleracea* L. — in der Literatur zu Unrecht als Kohlerdfloh angegeben — wurde am Liebstock beobachtet, ebenso die Schildkäferart *Cassida flaveola* Thbg.
Besonderes: Das sehr aromatische Liebstockkraut eignet sich nicht zum Verfüttern. Milch und Fleisch der mit Liebstock gefütterten Tiere sollen dessen strengen Geruch und Geschmack annehmen.

Linum usitatissimum L., Lein, Flachs*

Linaceae

Linum usitatissimum wird entweder als Faserpflanze (Faserlein) zur Gewinnung von Faserflachs oder als Ölpflanze (Öllein) zur Samengewinnung angebaut. Bei beiden Nutzungsrichtungen fallen Faserflachs von sehr verschiedener Güte und Leinsamen an. Der Faserlein verfügt über eine höhere Faserleistung und -qualität als der Öllein, dafür aber über eine geringere Ölausbeute. Man unterscheidet auch noch so-

[2] MÜHLE, E.: Schäden durch Rüsselkäfer am Liebstöckel (*Levisticum officinale* Koch). „Pharmazie" 4, S. 472 bis 474 (1949); bzw. „Arzneipflanzen-Umschau" 2, S. 606 bis 608 (1949).
Derselbe: Phytopathologischer Bericht September 1942. „Pharm. Ind." 9, S. 312 bis 313 (1942); bzw. „Arzneipflanzen-Umschau" 1, S. 186 bis 187 (1942).
MÜHLE, E. und FRÖHLICH, G.: Vergleichende Untersuchungen über *Brachyrrhinus (= Otiorrhynchus) ligustici* L. und *Liophloeus tessulatus* Müll. und deren Beziehungen zum Liebstöckel, *Levisticum officinale* Koch. „Beitr. Entomol.", 1. Bd., Nr. 1, Berlin 1951 (Sonderdruck).

* Über diese uralte, „allergebräuchlichste" (*usitatissimum*) Kulturpflanze ist ein äußerst reichhaltiges Schrifttum vorhanden. Eine den Arzneipflanzenanbauer besonders interessierende Darstellung des Leinanbaues liegt u. a. vor in HACKBARTH, J.: Die Ölpflanzen Mitteleuropas. Stuttgart 1944, S. 183 bis 239.

genannte Kombinations- bzw. Kreuzungsleine, d. h. solche, die zugleich zur Faser- und Ölgewinnung dienen. Hinsichtlich der einzelnen Leistungen verhalten sich die verschiedenen Sorten entsprechend der Zuchtrichtung mehr oder weniger unterschiedlich. Die Kreuzungsleine können im Ölgehalt den Öllein und im Fasergehalt den Faserlein erreichen, wie dies nachstehende Tabelle nach SCHILLING[1] veranschaulicht:

	Faserlein	Kreuzungslein	Öllein
Pflanzenhöhe cm	70—120	70—90	30—60
Ölgehalt %	30—38	38—43	38—44
Fasergehalt %	20—24	20—22	12—18
Fasergüte	gut — sehr gut	grob — mittel	schlecht
Kornertrag dz/ha	7—8	12—15	13—22
Stengelertrag dz/ha	33—50	40—44	15—30

Als Arzneipflanze wird der Lein wegen seiner Samen angebaut, deren therapeutische Verwendung bereits bei DIOSKORIDES und PLINIUS erwähnt wird. Außer den Leinsamen (*Semen Lini*) findet in der Heilkunde entsprechend dem DAB. 6 das aus diesen ohne Anwendung von Wärme gepreßte Öl (*Oleum Lini*)* Verwendung. Auch das Leinkuchenmehl (*Placenta seminis Lini*)** wird benutzt.

Gebräuchliche Pflanzenteile: DAB. 6: „Die reifen Samen von *Linum usitatissimum* Linné." HAB. 2: „Frische, blühende Pflanze."

Handelsbezeichnung: *Semen Lini*, Leinsamen.

Botanik: *Linum usitatissimum* ist einjährig. Er verfügt über eine verhältnismäßig dünne, wenig verzweigte Pfahlwurzel mit geringem Tiefgang. Der bis 100 cm lange und gelegentlich noch längere Stengel ist nur im oberen Teil verästelt. Er enthält in verschiedener Güte die technisch genutzte Flachsfaser, die nahe an der Peripherie des Stengels liegt. Die kleinen, schmal-lanzettlichen Blätter sind ungestielt, kahl. Ihre Farbe ist dunkelgrün, grasgrün, graugrün oder hellgrün. Bei der Reife werden sie leicht abgeworfen. Im allgemeinen weisen die Blätter vom Öllein einen leichten Wachsüberzug auf. Die wenigen Blüten sind zu einer lockeren Trugdolde vereinigt. Die fünf Kronblätter sind rosa, hellblau, blau bis weiß, vorwiegend blau.
Blütezeit: VI, VII.

Die Blühdauer der einzelnen Blüte ist sehr kurz. Nektar ist vorhanden, jedoch bezeichnet HEGI den Insektenbesuch im allgemeinen als spärlich. Nach WECK[2] wird er hingegen von Insekten, besonders Bienen, lebhaft beflogen. Der Lein ist vorwiegend Selbstbestäuber.

Linum usitatissimum besitzt eine fünffächerige Kapsel. Form und Größe sind je nach Sorte verschieden. Entsprechend der Varietätszugehörigkeit springt die Kapsel bei der Reife entweder auf (Springlein), oder sie bleibt geschlossen (Schließ- oder Dreschlein).
Im DAB. 6 werden die Leinsamen wie folgt charakterisiert: „. . . länglich-eiförmig, flach, scharfrandig, an einem Ende etwas zugespitzt und fein genabelt, 4—6 mm lang, 2—3 mm breit, 1 mm dick. Die gelbe bis rotbraune, glänzende, unter der Lupe fein

[1] SCHILLING, E.: Öllein und Faserlein. Fette und Seifen 1937, S. 257; zit. nach HACKBARTH; loc. cit. S. 459.
[2] WECK, R.: Faserleinbau im Handbuch der Landwirtschaft von ROEMER- SCHEIBE- SCHMIDT- WOERMANN, 2. Bd., Berlin und Hamburg 1953, S. 564.
* Das kalt gepreßte Öl eignet sich als Speiseöl. Im Handel werden rohes, gebleichtes, raffiniertes Leinöl und Lackleinöl unterschieden. Die Verwendung ist eine sehr vielseitige. Das Leinöl gehört zu den stark trocknenden Ölen, da es reich an ungesättigten Fettsäuren ist.
** Hierbei handelt es sich um Preßrückstände des Leinsamens, die u. a. hauptsächlich als wertvolle Futtermittel Verwendung finden.

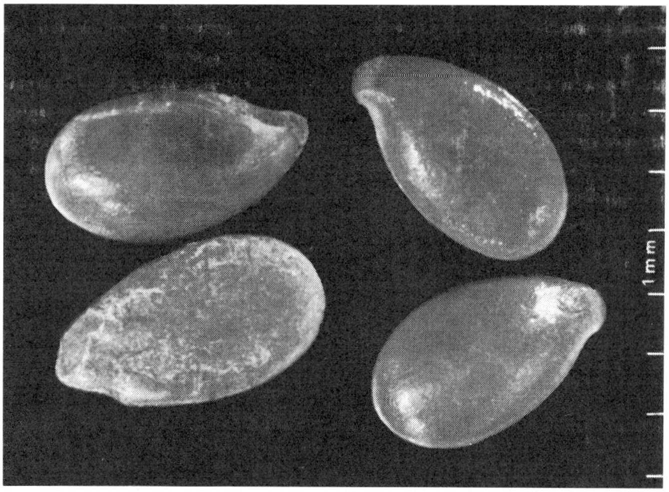

Abb. 242
Linum usitatissimum L.,
Samen

punktiert erscheinende Schale ist spröde und umschließt den von einem dünnen Endosperm umgebenen, fleischigen Keimling." In Wasser gelegt, umgibt sich Leinsamen mit einer Schleimschicht, da die Epidermis der Samenschale aus Schleimzellen besteht. Leinsamen ist geruchlos, wird beim Kauen schleimig und schmeckt mild ölig.

Einige Unterarten, Varietäten und Formen werden unterschieden, so die oben bereits erwähnten zwei Varietäten Schließ- oder Dreschlein (*Linum usitatissimum* L. *var. vulgare* Boenningh.) und Spring- oder Klanglein (*Linum usitatissimum* L. *var. humile* [Mill.] Lam. = *crepitans* Boenningh.). Der Schließlein, der hauptsächlich angebaut wird, gliedert sich in eine Winter- und eine Sommerform. *Linum usitatissimum* L. *var. bienne* Mill. (Winterlein) eignet sich unter deutschen Klimaverhältnissen nicht zum Anbau, lediglich in Südeuropa und ganz gelegentlich in Süddeutschland wird er angebaut. Kahlfröste unter —10°C verträgt der Winterlein nicht. Der sehr grobstengelige ausdauernde Lein (*Linum perenne* L.), der in Sibirien in ziemlicher Ausdehnung vorkommt, hat sich in Deutschland nicht einbürgern können. Je nach Nutzungsrichtung stellen die Varietäten — ganz abgesehen von sorteneigenen Ansprüchen — verschiedene Anforderungen an den Standort. Auch hinsichtlich der Anbaumethode bestehen Unterschiede. Da die Leinsamen offizinell sind, wird der Leinanbau nachfolgend hauptsächlich nach dieser Nutzungsrichtung hin behandelt.

Boden und Klima: Beim Anbau des Leins ist die Wahl des Standortes in besonders hohem Maße von Einfluß auf Ertrag und Güte der Endprodukte. Warmes, trockenes, kontinentales Klima fördert die Ölbildung, feuchtere, kühlere Witterung hingegen die Faserwüchsigkeit. HACKBARTH[3] bezeichnet die Bodenansprüche des Leins als nicht sehr groß. Mit Ausnahme von Sandböden und schweren, zur Verschlämmung neigenden Böden, Moor- und Kalkböden, eignen sich die meisten tiefgründigen Kulturböden für den Anbau. Zu bedenken ist, daß zu einem guten Gedeihen des Leins die günstigste Bodenreaktion bei pH = 6,2—7 liegt, da er säureempfindlich ist, und daß er stagnierende Feuchtigkeit nicht verträgt. Gegen austrocknende Winde ist er empfindlich.

Herkunft und Verbreitung: Als Stammpflanze des Leins wird *Linum angustifolium* Huds. angesehen. Nach VAVILOV[4] sind die verschiedenen Varietäten ungleichen Ur-

[3] loc. cit. S. 460.
[4] Zit. nach ZADE, A.: Pflanzenbaulehre für Landwirte. Berlin 1933, S. 247.

sprungs. Nach ihm entstammen die großsamigen (*macrospermae*) Typen (Springlein) dem Mittelmeergebiet und die kleinsamigen (*microspermae*) (Schließlein) Südwestasien. Völlige Klarheit über Ursprung und Heimat des Leins scheint jedoch noch nicht zu bestehen. Über die Verbreitung des Anbaues von Öllein unterrichtet nachstehende Tabelle.

Verbreitung des Anbaues von Öllein*

(Anbauflächen in 1000 ha)

Kontinent	1934/38	1946/47	1949/50
Europa	250**	337**	395*
UdSSR	2611**	(Anbauflächen nicht angegeben)***	
Nord- und Mittelamerika	620	2133	2050
Südamerika	2760	1497	1085
Asien	1680	1500	1645
Afrika	25	73	265
Australien	2	7	25
Weltanbau	7950	—	—
Weltanbau exkl. UdSSR	5340	5550	5465

Da der Lein sehr anpassungsfähig ist, gedeiht er ebensogut in der heißen Zone wie auch in Mittel- und sogar noch Nordeuropa. Selbst in den hohen Gebirgslagen der gemäßigten Zone gedeiht der Faserlein noch. In den Alpen steigt er höher als die Gerste empor. Er hat mit ihr die nördliche Anbaugrenze gemeinsam. In Skandinavien erreicht der Lein den 64. Breitengrad.

Innerhalb Europas wird der Lein vor allem in der Sowjetunion sowie in allen anderen Ländern zur Öl- und Fasergewinnung groß- und kleinflächig angebaut. In Deutschland war früher Schlesien das Land des Leinanbaues. Heute wird der Öllein, und besonders Kombinationslein, als eine verhältnismäßig sichere Sommerölfrucht vielenorts zur Samen- und Flachsfasergewinnung angebaut.

Herkünfte des Drogenhandels: Wichtige Herkunftsgebiete für Leinsamen sind die Mittel- und südeuropäischen Länder, Vorderasien, Ägypten, Algier, Marokko, Brasilien und die La-Plata-Gebiete. Auch die Sowjetunion ist als eines der Haupterzeugungsgebiete von Lein ein wichtiges Ausfuhrland.

Sorten und Herkünfte für den Anbau: Vom Lein, und zwar speziell auch vom Kombinations-(Kreuzungs-)Lein sowie Öllein, gibt es eine Anzahl ausländische und auch einige deutsche Zuchtsorten. Zur Gewinnung von *Semen Lini* eignen sich u. a. gut die Ölleinsorte 'Endreß Deutscher' und die Öl-Faserleinsorte 'Bernburger Öl-Faser'. Im Ratgeber zur Sortenwahl[5] werden sie wie folgt charakterisiert:

„'Endreß Deutscher' bringt auf allen nährstoffreichen Böden in warmen, sonnigen Lagen gute Korn- und Ölerträge. Er verlangt eine frühe Aussaat, zeigt mittelhohen Wuchs mit starker Verzweigung, reift spät.

'Bernburger Öl-Faser' eignet sich zum Anbau auf mittleren und besseren Böden in mittelfeuchten Gebieten. Er reift ziemlich spät. Sein Wuchs ist hoch. Bei guter Standfestigkeit verbindet er hohe Samenerträge mit einer noch gut brauchbaren Faser."

[5] Ratgeber zur Sortenwahl landwirtschaftlicher und gartenbaulicher Pflanzenarten. Berlin 1951 (S. 21).

* Nach Food a. Agriculture Organization of the United Nations: Yearbook of Food a. Agricultural Statistics. 1949: Washington, D.C., 1950; 1950: Vol. IV Part 1, Washington, D.C. 1951; 1951: Vol. V Part 1, Rome, 1952; zit. nach BOGUSLAWSKI, E. von: Ölfruchtbau im Handbuch der Landwirtschaft von ROEMER-SCHEIBE-SCHMIDT-WOERMANN, 2. Bd., Berlin und Hamburg 1953, S. 356.

** Einschließlich Faserlein.

*** Nach WECK erreichte der Faserflachsanbau nach 1945 in der UdSSR 1½ Millionen Hektar; loc. cit. S. 460.

Saatgut: Hinsichtlich des 1000-Korngewichtes können beim Lein sehr unterschiedliche Werte festgestellt werden. So unterscheidet SCHILLING[6] Faserleine mit einem 1000-Korngewicht von 3,5—5,5 g, Mitteltypen mit cincm solchen von 5,5—8,0 g und eigentliche Ölleine mit 8,0—15,0 g. Untersuchungen von MENGERSEN[7] ergaben, daß mit steigendem 1000-Korngewicht auch der Ölgehalt zunimmt. Anerkannter Saatlein muß eine Mindestreinheit von 98 % aufweisen. In einer Probe von 200 g dürfen keine Flachsseide (*Cuscuta epilinum* Weihe), nicht mehr als fünf Samen vom Leindotter oder Öldotter (*Camelina sativa* [L.] CRANTZ)* und nicht mehr als drei vom Leinlolch (*Lolium remotum* Schrank) enthalten sein. Auch dürfen sich nicht mehr als acht sonstige Unkrautsamen vorfinden. Die Mindestkeimfähigkeit muß 92 % betragen. Sie wird im Keimversuch, der bei 20° C oder Wechseltemperatur durchgeführt wird, nach 14 Tagen ermittelt. HECHT[8] bezeichnet den Leinsamen als Lichtkeimer. Hoher Glanz der Samen und weiße Schnittfläche sind Merkmale für frisches, keimkräftiges Saatgut.

Anbau: Hinsichtlich der Vorfrucht ist der Lein nicht allzu wählerisch, wenn er auch Stellung in zweite Tracht nach Hackfrüchten bevorzugt. Infolge seiner kurzen Vegetationszeit (etwa 100 Tage) räumt er frühzeitig das Feld und ist daher als Vorfrucht für Wintergetreide gut geeignet. Ebenso läßt er sich auch anstelle von ausgewinterten Arznei- und Gewürzpflanzen anbauen. Zu bedenken ist, daß der Wasserbedarf des Leins, besonders des Faserleins, groß ist. Hierauf ist bei der Sortenwahl Rücksicht zu nehmen. Mit sich selbst ist er unverträglich, d. h., bei starkem Leinanbau wird öfter ein sogenannter „Abbau" oder die Leinmüdigkeit beobachtet, die wahrscheinlich auf eine Anhäufung niederer Organismen (Pilze, Bakterien) im Boden zurückzuführen ist, von denen eine ganze Anzahl den Lein schädigen kann. Er sollte daher frühestens nach sechs Jahren erst auf demselben Schlage wiederkehren.

Die Aussaat hat so früh wie möglich in ein gartenmäßig hergerichtetes Saatbett zu erfolgen, zu dem eine Herbstfurche Voraussetzung ist und kann bei günstiger Witterung bereits ab Ende März vorgenommen werden. Auf dem Versuchsfeld in Leipzig-Probstheida erzielte von MENGERSEN[9] die höchsten Samenerträge mit Sorauer Zuchtstämmen, einem Kombinationslein, bei Aussaat im Anfang (2. und 9.) und gegen Ende (21.) April. Mai- und Juniaussaaten versagten vollkommen, wie dies aus nachstehender Übersicht ersichtlich ist:

Aussaatzeit und Samenertrag

Versuchsfeld Leipzig-Probstheida

1935		1936		1937	
Aussaat	Ertrag dz/ha	Aussaat	Ertrag dz/ha	Aussaat	Ertrag dz/ha
21. 3.	7,78	24. 3.	7,17	2. 4.	11,14
9. 4.	10,89	7. 4.	7,64	22. 4.	4,20
4. 5.	8,23	21. 4.	10,47	14. 5.	3,40
21. 5.	6,11	5. 5.	7,55	3. 6.	2,81
8. 6.	1,45	19. 5.	6,66	23. 6.	0,75

[6] SCHILLING, E.: Botanik und Kultur des Flachses. Technol. d. Textilfasern. Bd. V, 1, 1930, S. 49 bis 212; zit. nach BOGUSLAWSKI; loc. cit. S. 462.

[7] MENGERSEN, F. von: Untersuchungen über den Einfluß der Aussaatzeit auf den Ertrag und die wertbestimmenden Eigenschaften des Flachses. Landw. Jahrb. 87, S. 1 bis 111 (1939).

[8] HECHT, W. und DIETZ, R.: Anbau von Arznei- und Gewürzpflanzen. Graz 1948, S. 55.

[9] MENGERSEN, F. von: Siehe Fußnote 7.

* Öldotter wird gelegentlich als Sommerölpflanze angebaut.

Gegen kurze Frühjahrsfröste (—3 bis —4° C [nach KLAPP*]) ist der Lein praktisch unempfindlich. Das Keimtemperaturminimum beträgt nach TAMM[10] nur 1° C. Je nach Nutzungsrichtung und Sorte (verschiedene Korngrößen) schwankt die Saatstärke zwischen 100 und 150 kg/ha bei einem Reihenabstand von 10—15 cm. Die Saattiefe sollte 1—2 cm betragen. Im allgemeinen werden Ölleinsorten mit geringerer Saatmenge, also etwa 80 kg/ha, in der etwas weiteren Standweite von 25 cm gesät, während die Sorten vom Typ des Kombinationsleins mit etwas höherer Saatmenge und engerer Standweite gedrillt werden. In Gegenden mit trockenem Frühjahr oder stärkerem Erdflohbefall kann eine Aussaatmenge von 120 kg/ha durchaus zweckmäßig sein. Untersaat von späten Möhren oder Kümmel in Lein ist üblich. Bei Vorhandensein von genügend Bodenfeuchtigkeit empfiehlt es sich, Kümmel als Untersaat zu Lein anzubauen (siehe auch S. 332). Die Saatstärke der Deckfrucht Lein soll dann aber etwas niedriger gehalten werden. Die Einsaat der Unterfrucht erfolgt entweder als Mischsaat in derselben Reihe oder bei unterschiedlichen Standweiten im Lichtschachtverfahren unter Verwendung von Einsatzkästen, damit die Kultur auch gehackt werden kann. Ein einfaches Eindrillen in die Leinsaat ist nur auf völlig unkrautfreien Feldern möglich. Nach WECK[11] hat sich besonders die Einsaat von etwa 3 kg/ha abgeriebenem Möhrensaatgut bewährt. Nach der Leinernte müssen die Möhren dann sofort mit einem schnellwirkenden Stickstoffdünger versehen werden. Auch empfiehlt es sich, den Bestand zu eggen und zu hacken. Unter Umständen können so zusätzlich noch 200—250 dz/ha Möhren vom gleichen Schlage geerntet werden.

Die Düngung ist sorgfältig zu erwägen. Nach BECKER-Dillingen[12] entzieht eine mittlere Ernte dem Boden folgende Nährstoffmengen: 60—65 kg/ha N, 55—60 kg/ha K_2O, 30 kg/ha P_2O_5 und 33—40 kg/ha CaO. Es empfiehlt sich, die Nährstoffversorgung mit Handelsdünger vorzunehmen. Organische Düngemittel, wie Stalldung und Jauche, können leicht zu Lager führen, und es sollte daher Stalldung nur zur Vorfrucht gegeben werden. Stickstoff muß überhaupt sehr individuell verabreicht werden, da er anderenfalls von nachteiliger Wirkung sein kann. Die Grundlage einer ausreichenden Nährstoffversorgung des Leins bilden Kali und Phosphorsäure. Es ist eine alte Erfahrungstatsache, daß der Lein am besten auf einem Boden in alter Kraft gedeiht, der mit einer genügenden Kali-, Phosphorsäure- und mäßigen Stickstoffdüngung versehen wurde. Im zeitigen Frühjahr können etwa 400—500 kg Superphosphat = 72—90 kg P_2O_5, auf nicht phosphorsäurearmen Böden 300—400 kg = 54—72 kg P_2O_5, 200—300 kg Kali (40er) = 80—120 kg K_2O und vor der Saat 75—150 kg schwefelsaures Ammoniak = 15—30 kg N je ha verabreicht werden. Nach OPITZ und Mitarbeitern[13] hat sich beim Öllein die Düngung mit schwefelsaurer Kalimagnesia besonders gut bewährt, vor allem wurde dadurch der Ölgehalt und der Ölertrag je Flächeneinheit günstig beeinflußt. Beim Öllein kommt eine besondere Bedeutung der Phosphorsäuredüngung zu. Diesbezügliche Versuche von GERICKE[14], deren Ergebnisse in nebenstehender Tabelle folgen, lassen deutlich die Wichtigkeit der Düngung mit Phosphorsäure bei Öllein erkennen.

Die Phosphorsäuredüngung wirkt reifebeschleunigend. Eine Kalkung ist auf sauren Böden ($pH < 6$) nicht zu umgehen. Von BOGUSLAWSKI[15] erzielte auf solchen Böden

[10] TAMM: Archiv für Pflanzenbau 8, S. 536 (1932)
[11] loc. cit. S. 460.
[12] Zit. nach HACKBARTH; loc. cit. S. 459.
[13] OPITZ, K.; TAMM, E.; EGGLHUBER, E. und KNIES, W.: Untersuchungen über die Wirkung der Kalisalze auf den Ertrag und die wertbildenden Eigenschaften des Faser- und Ölleins. „Bodenkunde und Pflanzenernährung" 12, S. 257 bis 280 (1939); zit. nach HACKBARTH; loc. cit. S. 459.
[14] GERICKE, S.: Die Phosphorsäuredüngung der Ölfrüchte. „Die Phosphorsäure" 10, S. 150 bis 184 (1941).
[15] loc. cit. S. 462.
* KLAPP, E.: Lehrbuch des Acker- und Pflanzenbaues, 3. Aufl., Berlin 1951.

durch direkte Kalkung Mehrerträge, wobei auch die Ölausbeute etwas verbessert wurde. In der Literatur sind jedoch hinsichtlich der Kalkung auch gegenteilige Ansichten zu finden.

Phosphorsäuredüngungsversuche zu Öllein
nach GERICKE (zit. nach HACKBARTH)

Düngung	dz/ha Samen	dz/ha Öl	relativ
ungedüngt	8,00	3,2	92
K_2O, N + 40 kg/ha P_2O_5	8,70	3,5	100
K_2O, N + 60 kg/ha P_2O_5	11,14	4,5	128
K_2O, N + 90 kg/ha P_2O_5	14,18	5,7	163

Was nun die Pflegemaßnahmen beim Lein anbelangt, so sind — ein unkrautfreies Feld vorausgesetzt — während der Vegetation in der Regel 2—3 Hand- oder Maschinenhacken ausreichend. Die erste Hacke erfolgt, wenn die Pflanzen 8—10 cm hoch sind, und die zweite bei 15—20 cm Pflanzenhöhe.

Ernte: Der Lein reift bei rechtzeitiger Aussaat und je nach Witterung ab Ende Juli. Die Ölablagerung beginnt schon sehr frühzeitig und erreicht zur Zeit der Gelbreife einen hohen Prozentsatz fettes Öl, bezogen auf die Trockensubstanz, wie dies nachstehende Untersuchungsbefunde von DILLMANN[16] erkennen lassen.

Samenalter und Ölgehalt

Samenalter Tage nach der Blüte	Ölgehalt in % bezogen auf die Trockensubstanz
9	4
12	8
15	20
18	30
21	38
24	44

Da die Leinsamen in der Heilkunde als eine sehr wichtige Schleimdroge (*Mucilaginosum*) häufig verwendet werden, ist zu beachten, daß nach Untersuchungen von JARETZKY und ULBRICH[17] erst bei der Reife die Vollendung der Schleimbildung in der Epidermis der Samenschale durch Umwandlung der Stärke geschieht. Demnach erfolgt die Ernte am besten, wenn die Kapseln braun und die Stengel gelb zu werden beginnen und sich der Samen ebenfalls bräunt. Zu diesem Zeitpunkt ist die Ausfallgefahr gering. Die Reife erfolgt ziemlich gleichmäßig. Während der Faserflachs mit der Wurzel durch Hand oder maschinell (Flachsraufmaschine) geerntet werden muß, können zur Ernte des Ölleins sämtliche Mähmaschinen vom Grasmäher mit Anhaublech bis zum Mähbinder zum Einsatz gelangen. Jedoch ist die Verwendung des letzteren nicht immer möglich, da sich schwachwüchsiger Öllein nur sehr schwer binden läßt. In osteuropäischen Anbaugebieten und auch in Amerika wird sogar der Mähdrusch vorgenommen; die dortigen Erfahrungen lauten durchaus günstig. Zum Trocknen wird der Lein in Reihen auf den Boden gelegt und nach etwa einem Tag in langen, dachförmigen Kapellen oder Rundhocken aufgestellt. Der Lein wird mit Garbenbändern oder Flachsstrohseilen — auf keinen Fall mit Getreidestroh — gebunden. Während beim Faserlein die Entsamung (Riffelung) mit Hilfe der Riffelkämme und Spezialriffelmaschinen erfolgt,

[16] DILLMANN, A. C.: Daily growth and oil content of flaxseeds. „J. Agric. Res.“ 37, S. 357 bis 377 (1928); zit. nach HACKBARTH: loc. cit. S. 459.

[17] JARETZKY, R. und ULBRICH, H.: „Arch. Pharmaz.“ 272, S. 796 (1934); zit. nach GESSNER.

Abb. 243
Linum usitatissimum L.
Kapellentrocknung

kann beim reinen Ölleinanbau Maschinendrusch erfolgen. Das hierbei anfallende Stroh (Wirrstroh) ist keinesfalls wertlos, da es mit Hilfe des Kotonisierungsverfahrens für die Faserwirtschaft nutzbar gemacht wird.

Für homöopathische Zwecke wird die frische, blühende Pflanze geerntet. Der Bedarf ist jedoch äußerst gering, da sie nur für die Herstellung eines seltener gebrauchten homöopathischen Arzneimittels benötigt wird.

Trocknung: Das Erntegut ist nach dem Drusch flach auszuschütten. Es muß während der Lagerung sorgfältig beobachtet und durch Umschaufeln gut durchlüftet werden, da häufig der Feuchtigkeitsgehalt noch recht erheblich ist. Er darf 12% nicht überschreiten.

Erträge: Die Erträge bewegen sich beim Öllein zwischen 10 und 22 dz/ha Samen (*Semen Lini*). Daneben fällt etwa die reichlich doppelte Menge Wirrstroh an. Beim Anbau von reinem Faserflachs werden weitaus geringere Samenerträge erzielt, und zwar etwa 10—15 dz/ha.

Krankheiten und Schädlinge[18]**:** *Linum usitatissimum* wird in sehr starkem Maße von vielen Krankheiten und Schädlingen heimgesucht. Auf die Leinmüdigkeit und ihre vermutliche Ursache wurde bereits auf S. 463 hingewiesen. In hohem Maße können sich am Lein parasitisch lebende Pilzarten befinden, die von mehr oder weniger schädlichem Einfluß auf die Pflanze sind. Bereits im Keimlingsstadium treten Schädigungen auf, bedingt z. B. durch Arten der Gattung *Pythium* und den Pilz *Thielavia basicola* Zopf. Zu den Wurzelerkrankungen gehört auch der durch den Pilz *Olpidiastea radicis* de Wild. hervorgerufene Flachsbrand. Der Erreger der Brennfleckenkrankheit oder Anthraknose, *Colletotrichum lini* [Westerd.] Tochin, kann den Lein in jedem Alter befallen. Die Flachswelke wird durch *Fusarium lini* Bell. und andere *Fusarium*-Arten bedingt. Die aus Südamerika eingeschleppte Pasmo-Krankheit bedingt der Pilz *Septoria linicola* (Speg.) Gar. Die Flachsbräune und der Flachsstengelbruch werden hervorgerufen durch *Polyspora lini* Laff. *Phoma linicola* March. u. a. rufen die Stengeldürre hervor, *Melampsora lini* (Pers.) Desm. den Flachsrost, *Erysiphe polygoni* DC. den Echten Mehltau, und verschiedene Schimmelpilze (*Aspergillus, Penicillium*) befallen die Leinsamen. Außerdem können Nematodenschäden beim

[18] Fragen des Pflanzenschutzes siehe SCHMIDT, M.: Landwirtschaftlicher Pflanzenschutz. Berlin 1952, S. 221 bis 232. Unsere vorstehende Aufzählung wurde hieraus exzerpiert.

Lein beobachtet werden. Sehr gefährlich können jungen Leinpflanzen im Frühjahr bei anhaltender Wärme und Trockenheit die Flachserdflöhe *Aphthona euphorbiae* Schrk. und *Longitarsus parvulus* Payk. werden. Fraßschaden an den Kapseln ruft der Flachsknotenwickler, *Phalonia epilinana* Zell., hervor. Saugschäden können Blasenfüße (*Thrips*-Arten) bewirken. Hauptschädling ist der Leinblasenfuß, *Thrips linarius* Uz., die sogenannte „Flachsfliege". Auch Spinnmilben (*Tetranychus urticae* Koch) können den Lein schädigen. Schließlich werden noch Engerlinge, Drahtwürmer, Erdraupen, Schneckenlarven und Maulwurfsgrillen unter Umständen dem Lein gefährlich.
Die Leinsamen können auf dem Lager durch die Kupferrote Dörrobstmotte, *Plodia interpunctella* Hb., und die Mehlmilbe, *Tyroglyphus farinae* L., zerstört werden.

Besonderes: Gelegentlich findet noch in der Volksheilkunde und in der Homöopathie der Wiesen- oder Purgierlein (*Linum catharticum* L.) Verwendung. Früher war *Herba Lini cathartici* offizinell. Der Wiesenlein findet sich vorwiegend auf Wiesen und Triften und wird wildwachsend gelegentlich noch gesammelt.

Lobelia-species, Lobelia-Arten †

Campanulaceae

In der Heilkunde wird von etwa 400 *Lobelia*-Arten in der Hauptsache *Lobelia inflata* L. verwendet. Im nachfolgenden beschränken wir uns daher auf eine Anbaubeschreibung von *Lobelia inflata* L., der Aufgeblasenen Lobelie. Die Bezeichnung „aufgeblasen" (*inflata*) kennzeichnet die Form der bauchigen Kapseln. Die Gattung wurde nach dem Hofbotaniker Jakob I. von England, dem Arzte MATHIAS VON L'OBEL (1538—1616) benannt. LINNÉ kultivierte *Lobelia inflata* 1741 in Upsala und beschrieb die Art.

Lobelia inflata L., Aufgeblasene Lobelie

Gebräuchliche Pflanzenteile: DAB. 6: „Die gegen Ende der Blütezeit gesammelten, getrockneten, oberirdischen Teile von *Lobelia inflata* Linné"; HAB. 2: „Ganze frische, blühende Pflanze" derselben Art. Außerdem finden noch gelegentlich die Samen Verwendung. Während das DAB. 6 noch keinen Mindestalkaloidgehalt verlangt, schreibt das Schweizer Arzneibuch (Ph. Helv. V) einen solchen in Höhe von 0,3 % für das am Ende der Blütezeit gesammelte und getrocknete Kraut vor.

Handelsbezeichnungen: *Herba Lobeliae* (*Herba Lobeliae inflatae*), Lobelienkraut; *Semen Lobeliae inflatae*, Lobeliensamen.

Botanik: *Lobelia inflata* ist einjährig. Die zahlreichen, weißlichen, feinen Wurzeln breiten sich verhältnismäßig flach aus. Der etwa 30—60 cm hohe, aufrechte Stengel ist furchig-kantig, im unteren Teil oft rotviolett und rauhhaarig. Im oberen Teil ist er $\pm$ verästelt. Die Blätter stehen wechselständig; die unteren sind länglich-stumpf, in den kurzen Blattstiel verschmälert, die oberen sind kleiner, eiförmig bis fast lanzettlich, sitzend. Sie sind alle ungleich gesägt und zerstreut behaart. An der Spitze der Zähne befinden sich helle, drüsenähnliche Warzen. Die Pflanze führt in Amerika auch den Namen „Indian tobacco" wegen des tabakähnlichen Geruchs. — Die Blüten befinden sich in den Achseln der oberen Blätter. Die Farbe der Blumenkrone ist hellbläulich, selten weißlich.
Blütezeit: (VI) VII, VIII.

Die Blüten sind proterandrisch. Nach KNUTH hat sich diese Art beim Ausbleiben von Insektenbesuch als selbststeril erwiesen. Eigene entomologische Beobachtungen liegen nicht vor, da wir *Lobelia inflata* nur in kleinstem Umfang anbauten.

Abb. 244
Lobelia inflata L.,
Einzelpflanze

Abb. 245
Lobelia inflata L.,
blühender Einzeltrieb

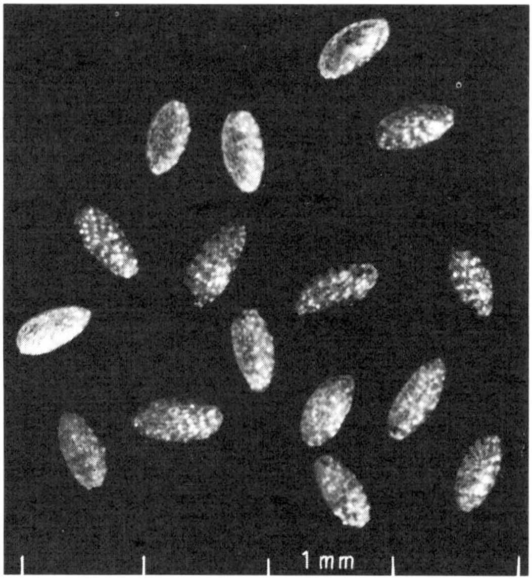

Abb. 246 Lobelia inflata L., Samen

Die sehr kleinen, etwa bis 1 mm langen und 0,33 mm dicken Samen befinden sich zahlreich in den bis 5 mm dicken aufgeblasenen, verkehrt-eiförmigen, häutigen Kapseln, die zweifächerig und vom Kelchrest gekrönt sind. Die hellbraunen bis braunen Samen sind länglich, fast eiförmig, zum Teil aber auch $\pm$ gekrümmt, und ihre Oberfläche ist netzig-grubig. Die ebenfalls alkaloidhaltigen Samen sind, wie alle übrigen Pflanzenteile, giftig.

Boden und Klima: Der Anbau von *Lobelia inflata* kann auf schweren wie auch auf leichteren, kalkhaltigen Böden erfolgen. Lockere, humose, lehmige und lehmig-sandige Böden sagen am meisten zu. Saure Böden sind nicht zuträglich. Der Boden soll genügend feucht, aber keinesfalls naß sein. Für den Anbau sind möglichst warme und geschützte Lagen zu wählen. Halbschatten wird von den Pflanzen gut vertragen.

Herkunft und Verbreitung: *Lobelia inflata* ist im östlichen Nordamerika beheimatet und dort sehr häufig wildwachsend an Wegen und auf Brachäckern, aber auch in lichten Wäldern anzutreffen. Zur Gewinnung der wertvollen Droge wird *Lobelia inflata* in Nordamerika nicht nur wildwachsend gesammelt, sondern auch angebaut. In Europa wurden fast in allen Ländern Versuchskulturen angelegt. In Deutschland war diese Sonderkultur bisher nur in ganz kleinem Umfange zu finden, und zwar hauptsächlich in Form werkseigener Kulturen des Vegetabilienhandels und der pharmazeutischen Industrie. In Holland und Frankreich wurden in größerem Umfang Anbauversuche durchgeführt. In den osteuropäischen Ländern, besonders in der UdSSR, wird *Herba Lobeliae* ebenfalls im Anbau gewonnen.

Herkünfte des Drogenhandels: *Herba Lobeliae* stammt hauptsächlich aus den Staaten New York (New Lebanon), Michigan und Massachusetts. Der Hauptausfuhrhafen ist Norfolk in Virginia. Im amerikanischen Drogenhandel werden außer dem offizinellen Kraut auch noch häufig die Samen geführt, da sie sehr alkaloidreich sind und Präparate aus diesen eine gleichmäßigere Zusammensetzung aufweisen sollen als solche aus dem Kraut. Im deutschen Drogenhandel ist *Semen Lobeliae* nur selten anzutreffen.

Nachdem *Lobelia inflata* jetzt auch noch außerhalb ihres eigentlichen Verbreitungsgebietes (Nordamerika) mit gutem Erfolg angebaut wird, gelangen u.a. auch Droge und Saatgut europäischer Herkunft, besonders aus der UdSSR, auf den deutschen Markt. Es ist anzunehmen, daß mit zunehmendem Anbau von *Lobelia inflata* in Europa auch noch andere Staaten als die genannten als Lieferanten für *Herba Lobeliae* an Bedeutung gewinnen.

Sorten und Herkünfte für den Anbau: Verschiedene *Lobelia*-Arten, besonders *L. cardinalis* L. mit lebhaft kardinalroten Blüten, *L. syphilitica* L. mit blauen oder purpurvioletten, gelegentlich aber auch weißen Blüten (*var. alba*) und die in Kamtschatka beheimatete *L. sessilifolia* Lamb. mit dunkelvioletten Blüten sind als Zierpflanzen geschätzt. Zuchtsorten, die einen hohen therapeutischen Wert aufweisen, sind uns nicht bekannt. Die züchterische Bearbeitung therapeutisch wertvoller *Lobelia*-Arten ist sehr erwünscht. ESDORN[1] führte in Hamburg Anbauversuche mit etwa 20 verschiedenen Herkünften durch, die sich alle leicht akklimatisieren ließen. Im Habitus zeigten einige Herkünfte deutliche Unterschiede. Der Alkaloidgehalt wies bei gleichen Kulturbedingungen starke Schwankungen, und zwar zwischen 0,204% und 0,500% auf. Zu erwägen wäre auch eine züchterische Bearbeitung der einzigen in Deutschland, hauptsächlich in Norddeutschland, wildwachsend vorkommenden *Lobelia dortmanna* L. (Deutsche oder Wasser-Lobelie), die nach HEGI ebenfalls das Alkaloid Lobelin enthält. Diese Art wächst vorwiegend in der Uferzone stehender Gewässer in 10—30 cm tiefem

[1] ESDORN, I.: Untersuchungen über den Alkaloidgehalt von *Lobelia inflata* L. in Abhängigkeit von äußeren und inneren Faktoren. „Heil- und Gewürzpflanzen" 19, Heft 1 (1940) (Sonderdruck).

Wasser. Sie gehört in der Norddeutschen Tiefebene (z. B. in der Lüneburger Heide) zu den charakteristischen Pflanzen der Heideseen. *Lobelia dortmanna* findet man gelegentlich als Zierpflanze auf Moorbeeten angebaut, aber auch als Torfpflanze kultiviert. Bevor jedoch diese Art zur Drogengewinnung herangezogen wird, ist noch eingehend zu prüfen, inwieweit *Lobelia dortmanna* einen vollwertigen Ersatz für *Lobelia inflata* bietet.

Saatgut: Das 1000-Korngewicht der sehr kleinen Samen schwankte zwischen 0,03 und 0,05 g. Die Mindestreinheit des Saatgutes sollte 90%, die Mindestkeimfähigkeit 85% betragen. Letztere wird bei Lichtzutritt und einer Keimtemperatur von 0—10° C ermittelt. Die Samen sind ausgesprochene Lichtkeimer. Nach den „Technischen Vorschriften für die Prüfung von Saatgut" erfolgt bei Samen der Gattung *Lobelia* die Feststellung der Keimfähigkeit nach 28 Tagen. Diese Zeitspanne reicht aber nicht aus, da die Keimung sehr langsam vor sich geht, wie dies aus dem nachfolgend wiedergegebenen Befund von ESDORN[2] hervorgeht.

Keimtemperaturen	Keimprozente nach 5 Monaten	Keimprozente nach 6 Monaten
a) 0—10° C (Außentemperatur)	84	85
b) 20° C	1	38
c) wechselnd 8 Stunden 30° C, 16 Stunden 20° C	25	65

Die Samen sind demnach keine Wärmekeimer. Vorübergehende Frosteinwirkung, die häufig keimauslösend wirkt, scheint bei *Lobelia inflata* ohne bemerkenswerten Einfluß zu sein. Die Samen bedürfen einer Nachreife, um normal zu keimen.
Bei trockener Lagerung soll hochwertiges Saatgut mindestens fünf Jahre keimfähig bleiben[3].

Anbau: Gute Vorfrüchte sind mit Stallmist gedüngte Hackfrüchte oder auch Leguminosen.

Die *Lobelia*-Kultur erfordert einen gartenmäßig vorbereiteten Boden, wo unter Umständen im Frühjahr Freilandaussaat erfolgen kann. Auch Herbstaussaat ist möglich; jedoch wurden unter deutschen Anbauverhältnissen bisher weder mit der direkten Frühjahrs- noch Herbst-Freilandaussaat befriedigende Ernten erzielt. Die Pflanzen sind vorteilhaft auf gut vorbereiteten Freilandsaatbeeten oder noch besser im Mistbeet oder Saatkasten im Gewächshaus heranzuziehen. Die Kastenaussaat erfolgt im Frühjahr (März/April). Da die Pflanzen bis zur Ernte nur eine relativ kurze Vegetationszeit benötigen, kann die Aussaat bis ins späte Frühjahr hinein erfolgen. Es empfiehlt sich jedoch frühe Aussaat, damit zeitig ins Freiland gepflanzt werden kann und die Winterfeuchtigkeit den Pflanzen in vollem Maße zugute kommt. Die Samen dürfen nur oberflächig ausgesät und leicht angedrückt werden. Da sie sehr fein sind, werden sie am besten mit Sand oder Sägemehl vermengt ausgesät. Nach etwa drei Wochen läuft die Saat auf, und nach weiteren 8—9 Wochen können kräftige, pikierte Sämlinge ins Freiland verpflanzt werden. Sie dürfen nicht zu weit entwickelt sein, da sie hinsichtlich des Verpflanzens sehr empfindlich sind und deshalb häufig nicht zur Blüte kommen. Besonders gut hat sich Büschelpflanzung bewährt.

[2] ESDORN, I.: Beitrag zur Kenntnis der Droge *Herba Lobeliae* und ihre Anbaubedingungen. „Die Deutsche Heilpflanze" 8 (1938) (Sonderdruck).

[3] MUENSCHER, W. C.: Seed Germination in *Lobelia* with special Reference to the Influence of Light on *Lobelia inflata*. „J Agric. Res." 52, S. 627 bis 631 (1936); zit. nach ESDORN (siehe oben).

In der Literatur werden sehr verschiedene Standweiten angegeben. ESDORN[4] erzielte bei einer solchen von 12 × 15 cm gute Ernten. Im Hinblick auf die Hackpflege dürfte sich jedoch eine etwas größere Pflanzweite, und zwar 20—25 cm Reihenabstand und 10 cm Entfernung innerhalb der Reihe empfehlen. Von dem sehr feinsamigen Saatgut ist mit kleinsten Mengen für die Anzucht im Kasten auszukommen. Es genügen schon etwa 10—15 g gut keimfähiges Saatgut, um Sämlinge für 1 ha Anbaufläche heranzuziehen. Die jungen Pflänzchen werden von Ende Mai bis Anfang Juni ins Freiland verpflanzt. Sie müssen anfangs gut feucht gehalten werden. Das Auspflanzen sollte, wenn künstliche Beregnung nicht möglich ist, nach einem stärkeren Regen erfolgen. Der Boden muß stets locker und unkrautfrei gehalten werden.

Düngungsversuche zu *Lobelia inflata*, die besonders von deutscher, russischer und französischer[4] Seite aus unternommen wurden, ergaben bisher noch kein völlig klares Bild über den Einfluß der Düngung auf das Wachstum und den Alkaloidgehalt (Lobelin). RJABINOVSKY und Mitarbeiter[5] stellten fest, daß Stickstoff sehr vorsichtig verabreicht werden muß, da das vegetative Wachstum der Pflanzen sonst leidet. Erforderlich ist ferner Kalk, da saurer Boden sehr schädlich für *Lobelia* ist. ESDORN erkannte, daß die Schädigung besonders groß war, wenn der Stickstoff als Ammoniakstickstoff gegeben wurde. DAFERT und HIMMELBAUR[6] stellten fest, daß durch Düngung mit Ammonsulfat oder Natriumcarbonat zwar gehaltsschwächere, dafür aber massiger entwickelte Pflanzen zu erzielen sind, wodurch schließlich doch eine bessere Gesamtausbeute je Flächeneinheit an Alkaloiden erhalten wird. MASCRÉ und GÉNOT[7] (1932) und BÄRNER[8] (1939) erzielten lediglich durch Kalidüngung eine erhöhte Alkaloidausbeute. ESDORN konnte in Gefäßversuchen bei Verabreichung von Phosphorsäure, Kali und zum Teil Kalk die Alkaloidausbeute fördern.

Solange noch keine endgültigen Ergebnisse von Düngungsversuchen mit Handelsdüngemitteln vorliegen, dürfen diese nur sehr vorsichtig in kleinen Mengen verabreicht werden. Stalldung kann zur Vorfrucht ebenso wie ein nährstoffreicher Kompost direkt zu den Pflanzen gegeben werden, ohne eine Ertrags- und Gehaltsminderung befürchten zu müssen.

Ernte: Die Ernte des Krautes erfolgt gegen Ende der Blütezeit (August). Es ist sorgfältig darauf zu achten, daß die Reife der Pflanzen nicht zu weit fortgeschritten ist, da beim Vergilben ein sehr schneller und hoher Alkaloidverlust eintritt. Auch ist zu bedenken, daß mit zunehmender Verholzung der Stengel deren Alkaloidgehalt abnimmt, zumal die Stengelteile am wenigsten Lobelin enthalten, aber mengenmäßig einen großen Teil der Droge darstellen. ESDORN untersuchte eine Probe des Handels, die einem Standgefäß entnommen wurde, wobei die oberste Schicht fast ausschließlich aus Stengelteilen bestand, die 0,312% Alkaloide enthielten, während der auf dem Boden des Gefäßes vorhandene Grus, bestehend aus Blättern, Kapseln und Samen, 0,514% Alkaloide enthielt.

Das Kraut wird kurz oberhalb des Bodens mit der Sichel abgeschnitten. Da auch die Wurzeln über einen Alkaloidgehalt verfügen, der etwa ebenso hoch wie der Durch-

loc. cit. S. 469.

RJABINOVSKY, LEPNOVA, PEHOTO, KIRILTZEVA und POPOVA: Fertilizer Experiments with Medicinal and Aromatic Plants. II. Simferopol 1934, S. 58 bis 63. Engl. Zusammenfassung 116; zit. nach ESDORN, I.: loc. cit. S. 470.

6 DAFERT, O. und HIMMELBAUR, W.: Düngungsversuche mit Arzneipflanzen. „Die Ernährung der Pflanze" **33**, S. 311 bis 314 (1937); zit. nach ESDORN, I.: loc. cit. S. 470.

7 MASCRÉ, M. und GÉNOT, H.: Expériences culturales sur la lobélie „*Lobelia inflata* L.". „Bull. Sciences pharmacol." **39**, S. 165 bis 172 (1932); dieselben: Nouvelles expériences sur la culture de la lobélie. „Bull. Sciences pharmacol." **40**, S. 453 bis 459 (1933); zit. nach ESDORN, I.: loc. cit. S. 470.

8 BÄRNER, J.: Einwirkung von Kalium, Stickstoff und Phosphorsalzen auf den Alkaloidgehalt von *Lobelia inflata* L. „Angew. Bot." **21**, S. 391 bis 397 (1939); zit. nach ESDORN, I.: loc. cit. S. 470.

schnittswert der ganzen Pflanze ist, kann für industrielle Zwecke die ganze Pflanze (*Herba Lobeliae cum radicis*) Verwendung finden. In der Homöopathie gebraucht man bereits die ganzen, frischen, blühenden Pflanzen.

Trocknung: Nach den Untersuchungen von ESDORN soll das Erntegut möglichst im Schatten bei Zimmertemperatur getrocknet werden. Ist aber eine schnelle Trocknung unbedingt erforderlich, dann sollte nicht länger als drei Stunden bei einer Temperatur bis zu 40°C getrocknet werden. Bei Anwendung höherer Trocknungstemperaturen tritt Alkaloidverlust ein, da das Lobelin hitzeempfindlich ist. Das Trocknungsverhältnis des Krautes frisch : trocken beträgt 5 : 1.
Es empfiehlt sich, die Droge nach Vorschrift des Schweizer Arzneibuches im Dunkeln über Kalk zu lagern. Die Droge verliert leicht an Wirksamkeit.

Erträge: Die Drogenerträge belaufen sich auf etwa 10—17 kg/a. Über Saatguterträge liegen Werte in Höhe von 0,2—0,4 kg/a vor.

Krankheiten und Schädlinge: Nach TSCHIRCH traten an *Lobelia inflata* die Ustilaginee *Entyloma lobeliae* Peck auf und die Imperfekten *Cercospora effusa* (Br. et Casp.) Ell. sowie *Septoria lobeliae* Peck. Pilzbefall kann die Pflanzen sehr schädigen und die Droge nicht nur unansehnlich machen, sondern auch mehr oder weniger stark entwerten. ESDORN[9] stellte als tierische Schädlinge in ihren Hamburger Versuchskulturen Erdraupen und die Rote Spinne fest. Diese konnte durch Bespritzen mit 3%iger Acarinlösung bekämpft werden. Die Pflanzen litten jedoch etwas dabei. Besonderen Schaden richteten ab Juli Erdraupen an, und zwar traten diese vorwiegend bei solchen Pflanzen auf, die sich noch im Rosettenstadium befanden, während bereits geschoßte Pflanzen weniger befallen wurden. Auslegen von Ködern (Kleie mit Schweinfurter Grün) hatte wenig Erfolg.

Majorana hortensis Moench (Origanum majorana L.)*
Majoran, Gartenmajoran

Labiatae

Gebräuchliche Pflanzenteile: Erg.-B. 6: „Die getrockneten, während der Blütezeit (Juli bis September) gesammelten und von den Stengeln abgestreiften Blätter und Blüten von *Majorana hortensis* Moench." HAB. 2: „Frische, blühende Pflanze." Hauptsächlich wird Majoran als Wurstgewürz verwendet.

Handelsbezeichnung: *Herba Majoranae*, Majorankraut.

Botanik: Der Majoran ist in Deutschland einjährig, selten zweijährig, im Mittelmeergebiet dagegen mehrjährig (Halbstrauch). Die Pflanzenhöhe schwankt zwischen 20 und 50 cm. Die vierkantigen Stengel sind meist sehr ästig, im Wuchs aufsteigend oder aufrecht bis breitwüchsig. Die Laubblätter sind verkehrt-eiförmig, abgerundet oder stumpf zugespitzt, am Grunde in den kurzen Stiel zusammengezogen. Sie sind drüsig-punktiert und ganzrandig. Die Größe der Blätter schwankt zwischen 0,5 und 2 (3) cm Länge und 0,5 und 1 cm Breite. Nach dem Erg.-B. 6 besteht die Handelsdroge aus Blättern bis zu 4 cm Länge. Nach unseren Beobachtungen beim Sortenamt Leipzig-Probstheida wurde 4 cm Blattlänge bei den dort angebauten und geprüften Sorten und Herkünften niemals festgestellt. Die Blüten bilden Scheinwirtel und werden von

[9] loc. cit. S. 469.
* Die synonyme Bezeichnung *Origanum majorana* L. gibt zu Verwechslungen mit dem Dost (*Origanum vulgare* L.) (siehe S. 550) Anlaß.

den 3—4 mm breiten, kreisrunden, graugrünen Hochblättern größtenteils verdeckt. Sie sind zu 8—12 (24) kugeligen, erbsengroßen bis zu vierseitig-prismatischen, ± 0,5 cm breiten, traubig oder rispig gehäuften Köpfchen vereint. Die Kronfarbe ist weiß bis blaßlila oder rosa. Die ganze Pflanze ist ± dicht filzig behaart. Der Geruch ist stark aromatisch, gewürzhaft. Der im ätherischen Öl dieser Pflanze enthaltene typische Geruchsstoff ist nach GESSNER noch nicht bekannt.

Blütezeit: VII—IX.

Abb. 247 Majorana hortensis Moench, Einzelpflanze, 'Blattmajoran'

Der Majoran ist proterandrisch. Sobald die Antheren vertrocknet sind, tritt der Griffel hervor, und zwar so weit, daß er etwa 2 mm aus der Krone hervorragt und hier seine auseinandergebreiteten Narbenäste zeigt. Wenn auch der Besuch der Majoranblüten durch Insekten nach Beobachtungen von UDE auf dem Prüfungsfeld in Leipzig-Probstheida im allgemeinen nicht als sehr reich bezeichnet werden kann, so ist er doch mannigfaltig. Der Weichkäfer *Rhagonicha fulva* Scop. wurde in mehreren Stücken beim Abstreifen des Bestandes im Netz vorgefunden. Von den Hautflüglern *(Hymenoptera)* war, außer unseren gemeinen Hummelarten, nur die Honigbiene, *Apis mellifica* L., zahlreich an den Blüten. Auch die *var. syriaca* Br., die sich durch ihren hellen Hinterleib von der Stammform leicht unterscheidet, war nicht selten anzutreffen. Fliegen konnten in 12 Arten erbeutet werden. Regelmäßige Blütengäste waren die Schwebfliegen *Eristalis arbustorum* L., *E. tenax* L., *Syrphus balteatus* Deg. und *Sphaerophoria scripta* L., ferner die beiden Goldfliegenarten *Lucilia silvarum* Mg. und *L. sericata* Mg., die Dungfliege *Scatophaga merdaria* F. und die beiden weiteren Arten *Hylemyia coartata* Fall. und *Syritta pipiens* L. Von Schmetterlingen konnten an den Majoranblüten saugend nur drei kleinere Tagfalterarten beobachtet werden: der Bläuling *Lycaena icarus* Rott., der Goldfalter *Chrysophanus phlaeas* L. und der Heufalter, *Coenonympha pamphilus* L.

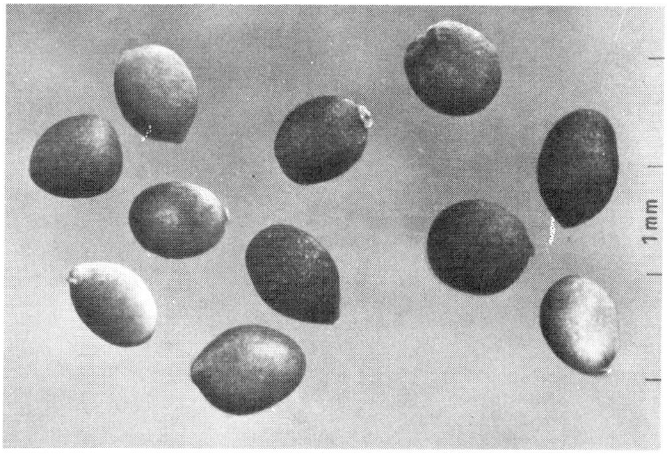

Abb. 248 Majorana hortensis Moench, Nüßchen

Die Nüßchen sind sehr klein, länglich-eiförmig bis eiförmig, seltener kugelig, etwas abgeflacht und an der Ansatzstelle ± spitz zulaufend. Die Länge beträgt etwa 0,75 bis 1 mm, die Dicke 0,5 mm. Die Oberfläche erscheint bei schwacher Lupenvergrößerung vertieft-punktiert. Die Farbe ist gelb- bis dunkelbraun.

Boden und Klima: Bevorzugt wird vom Majoran ein milder, humusreicher, nicht verkrustender Boden. Auch auf gut gekalkten Moor- und anmoorigen Böden wurden schon befriedigende Ernten erzielt. Hinsichtlich der Wachstumsbedingungen auf Böden mit verschiedenem Kalkgehalt liegt für Majoran das pH-Optimum zwischen 5,6 und 6,4[1]. Wir neigen jedoch zu der Auffassung, daß neutrale Bodenreaktion dem Majoran am besten zusagt. Schwere, kalte Böden und solche mit stauender Bodennässe sind ungeeignet, ebenso auch leicht verkrustende Böden, die das Aufgehen der langsam keimenden Saat erschweren. Da der Majoran frostempfindlich ist, empfiehlt es sich, ihn möglichst in geschützten, warmen Lagen anzubauen. Hinsichtlich der Witterungsansprüche stellten wir fest, daß er in mittelfeuchten und -warmen Lagen angebaut gute Erträge mit hoher Würzqualität der Droge liefert. Von Ende April bis Anfang Mai hat der Majoran einer besonders „kritischen Periode“ zu widerstehen. Zum Auflaufen werden viel Wärme und Feuchtigkeit benötigt, fehlen diese, so ist ein schlechter Aufgang die unausbleibliche Folge.

Abb. 249 Majorana hortensis Moench, Einzelpflanze, 'Knospenmajoran'

Herkunft und Verbreitung: Der Majoran dürfte im östlichen Mittelmeergebiet heimisch sein. Er ist weit verbreitet und findet sich u. a. in Vorderindien, Arabien, Ägypten, Nordafrika, Amerika und nördlich bis England und Südskandinavien. In fast allen Ländern der gemäßigten Zone der nördlichen Halbkugel wird er angebaut.

Herkünfte des Drogenhandels: Die Hauptlieferländer für *Herba Majoranae* sind Deutschland, Ungarn, Frankreich und Spanien. Auch in Österreich und der Tschechoslowakei wird Majoran in größerem Ausmaß kultiviert. Das Hauptanbaugebiet befindet sich bei Aschersleben (Sachsen-Anhalt), der Gewürzkammer Deutschlands. Ein kleinerer Anbau wird bei Bamberg und in Österreich am Neusiedlersee betrieben.

Sorten und Herkünfte für den Anbau: Im Handel befinden sich zwei Gruppensorten, und zwar 'Knospenmajoran' ('Deutscher Majoran') und 'Blattmajoran' ('Französischer Stauden-Majoran'). Beide Sorten leiten sich von *Majorana hortensis* Moench ab. Im LOUDON[2] wird ein „Wintermajoran“ aufgeführt, eine ausdauernde Pflanze aus Griechenland, die 1640 von dort nach England eingeführt wurde und deren Blätter denen von

[1] BECKER-Dillingen, J.: Handbuch des gesamten Gemüsebaues. 5. Aufl., Berlin und Hamburg 1950, S. 708.
[2] LOUDON, I. C.: Encyclopaedie des Gartenwesens. Aus dem Engl., Weimar 1823/24, S. 858.

Majorana hortensis mehr oder weniger gleichen, deren Blütenköpfchen aber langährenförmig sind. Es handelt sich hierbei um eine Varietät von *Origanum vulgare* L. (siehe S. 551) die aber auch noch im deutschen Fachsamenhandel unter der Bezeichnung „Wintermajoran" in den Verkehr gelangt. Mit den Sorten vom Typ des Knospen- und Blattmajorans hat diese Varietät aber nichts zu tun. Das Saatgut des 'Blattmajorans' stammt in der Regel aus Süd- und Südwesteuropa, besonders aus Frankreich, und zwar aus der Gegend von Avignon. Deutsches Saatgut vom 'Blattmajoran' gelangte bisher nur in kleinen Mengen in den Handel. Der 'Knospenmajoran' ist aus einer böhmischen Landsorte hervorgegangen, die später besonders in Ungarn angebaut wurde. Der 'Blattmajoran' ('Französischer Stauden-Majoran') zeigt einen stark verzweigten Wuchstyp mit hohem Blattbesatz, die Blätter sind elliptisch bis eiförmig und deutlich gestielt. Unter den mitteldeutschen Klimaverhältnissen liefert er ungenügende Samenerträge. Der 'Knospenmajoran' ('Deutscher Majoran') ist in seinem Wuchstyp weniger verzweigt; er ist niedriger, besitzt einen höheren Knospenanteil und weniger Blätter, die elliptisch bis breit-eiförmig und kurzgestielt sind. Er ist frühreifer als der 'Blattmajoran', und seine Samenerträge sind unter mitteldeutschen Verhältnissen besser als die des zuerst genannten. Im Aschersleben Anbaugebiet wird normalerweise nur 'Blattmajoran' angebaut. Seine Krauterträge sind höher. Die Ausbeute beträgt 45—47% an Rebelware*, während der 'Knospenmajoran' nur 30% liefern soll.

Während aus dem Ascherslebener Anbaugebiet nur gerebelter Majoran in den Handel gelangt, handelt es sich beim „Bamberger Majoran" um einen Häckselschnitt des ganzen Krautes[3].

Saatgut: Das 1000-Korngewicht kann je nach Sorte verschieden hoch sein und schwankte nach unseren Untersuchungen zwischen 0,128 und 0,253 g. Nach Angaben im Schrifttum kann es bis zu 0,49 g betragen. Das Saatgut sollte eine Mindestreinheit von 95% haben. Auf Seidefreiheit ist besonders zu achten. Der beim Sortenamt geprüfte Majoran enthielt gelegentlich, ebenso wie Basilikum (siehe S. 547) und Bohnenkraut (siehe S. 653), Australische Seide (*Cuscuta australis* Br. R. *var. breviflora* Engelm.). Darüber hinaus wurde die Seide auch in Feldbeständen in verschiedener Befallsstärke festgestellt. Das Saatgut des Majorans deutschen Ursprungs enthält häufig sehr viel unreife Nüßchen, so daß die Keimfähigkeit oft zu wünschen übrig läßt. So betrug die durchschnittliche Keimfähigkeit von 'Knospenmajoran' nur 57% und von 'Blattmajoran' 75%, wobei es sich bei letzterem vorwiegend um Saatgut französischer Herkunft gehandelt haben dürfte. Bei 'Blattmajoran' wurde gelegentlich eine Keimfähigkeit bis zu 99% festgestellt. Sie sollte für 'Blattmajoran' mindestens 65% und für 'Knospenmajoran' 60% betragen. Die Keimfähigkeit wird bei 20°C oder Wechseltemperatur, bei Lichtzutritt oder im Dunkeln ermittelt. Nach 21—28 Tagen ist der Keimversuch abgeschlossen.

Eigene Untersuchungen bestätigen die Angaben der Literatur, wonach das Saatgut 2—3 Jahre keimfähig bleibt.

Anbau: Geeignete Vorfrüchte zu Majoran sind mit Stallmist gedüngte Hackfrüchte. Im Anbaugebiet von Aschersleben erfolgt daher der Anbau vor allem nach Kartoffeln. Zuckerrüben sind als Vorfrucht geringer zu bewerten, da nach ihnen in trockenen Jahren der Majoran schlecht aufläuft, was Mindererträge nach sich zieht. Vom Majoran

[3] Steigerwald, E. und Bornträger, H.: Heil-, Duft- und Gewürzpflanzenbau. Darmstadt 1949, S. 53.

* In der Literatur findet man die Schreibweisen „rebbeln" und „rebeln". Nach Mudra, A.: Handbuch der Landwirtschaft von Roemer-Scheibe-Schmidt-Woermann, 2. Bd., Berlin und Hamburg 1953, S. 104, ist „rebbeln" der norddeutsche Ausdruck für „riffeln", z. B. den Flachs. Nach Grimm, J. und Grimm, W.: Deutsches Wörterbuch, 8. Aufl., Leipzig 1893. S. 327 bedeutet „rebeln" das Abzupfen, Kämmen der Beeren von den Weintrauben. Die Anwendung des letzteren Ausdrucks halten wir bei der Aufbereitung des Majorans für den sinnvolleren. Nicht abwegig erscheint uns aber auch die Ableitung „rebeln" von „reiben".

Abb. 250
Majorana hortensis Moench, Feldbestand im Juni bei Aschersleben

Abb. 251
Majorana hortensis Moench, Feldbestand bei Barby (Elbe) zur Zeit der Ernte

selbst gilt, daß er die Gare erhält. Als Nachfrucht kommt besonders Winterweizen in Frage. Nach sich selbst sollte Majoran aus fruchtfolgetechnischen Gründen nicht angebaut werden, obwohl in der Praxis dabei befriedigende Erträge erzielt worden sind. Da frische Stallmistdüngung der Droge einen unangenehmen, bitteren Geschmack verleihen soll, ist Majoran grundsätzlich in zweite Stallmisttracht zu stellen. Unkrautfreiheit des Feldes ist Voraussetzung für einen erfolgreichen Majorananbau.
Die Freilandaussaat erfolgt in der Regel so, daß das Auflaufen der 3—4 Wochen liegenden Saat nach den Eisheiligen, also nach dem 12. bis 14. Mai, erfolgt.
Nach unseren Feststellungen ist die Aussaat Ende April die günstigste. In nicht spätfrostgefährdeten Lagen ist eine Aussaat ab Ende März möglich, wie sie z. B. im Frühkartoffelanbaugebiet von Calbe (Saale) üblich ist. Mit Egge und Walze erfolgt die Herrichtung des Saatbettes in einen feinkrümligen, gartenmäßigen Zustand mit sehr gutem Bodenschluß. Nach dem letzten Walzen wird mit einer leichten Schleppe, die unter Umständen gleich an die Drillmaschine vor die Schare gehängt werden kann, geschleppt. Die Saat erfolgt flach in höchstens 0,5 cm Tiefe. Je Hektar werden 8—10 kg Saatgut bei 95% Reinheit und 65% Keimfähigkeit in 25—30 cm Reihenabstand ausgesät. Viele erfahrene Anbauer nähern sich lieber der unteren Grenze, da der Majoran hierbei weniger in die Breite wachsen kann und sich besser mit dem Grasmäher ernten läßt. Die Reihen bleiben nach der Aussaat entweder offen liegen, oder es wird mit einer Glattwalze zugewalzt. Auch die Verwendung von Druckrollen ist üblich, doch bringt die Anwendung letzterer bei Regen die Gefahr der Verschlämmung des Bodens mit sich.

Die Beimischung einer Markiersaat bei der Aussaat empfiehlt sich. Die Keimlinge sind schon gegen die geringste Oberflächenverkrustung sehr empfindlich. Böden, die hierzu neigen, bringen für den Anbau ein großes Risiko mit sich. Platzregen kann unter Umständen schon vor dem Auflaufen die ganze Ernte in Frage stellen. Bildet sich also auch nur eine schwache Kruste, so ist diese mit der Cambridgewalze zu brechen.
Der Anbau als Pflanzkultur ist besonders im Gartenbaubetrieb auf kleineren Flächen üblich. Den Gefahren für die Saat durch die eben erwähnte Verkrustung kann auf diese Weise ausgewichen werden. Etwa 200—500 g Saatgut genügen dabei für die Anzucht von Pflanzgut für 1 ha. In mäßig warmem Mistbeet erfolgt die Aussaat ab Februar. Die Fenster sollen dabei gekalkt sein, da das Majoransaatgut zur Keimung nach HECHT[4] einer gewissen Strahlungsschwächung bedarf. Die Auspflanzung erfolgt dann ab Mitte Mai in analogem Reihenabstand in einer Entfernung von 10—20 cm in der Reihe. Das Pflanzbeet ist hier nicht in einen so festen Schluß zu bringen wie bei der Freilandsaat, doch muß bei der Pflanzung wiederum auf gutes Andrücken der Setzlinge geachtet werden. Je Pflanzstelle setzt man 2—3 Pflanzen (Büschelpflanzung). Der Majoran kann auch noch im Sommer ausgesät werden, um ihn dann im Herbst in Handkästen zu verpflanzen. Er muß dann frostfrei überwintern. Diese Spätaussaat ist besonders zur Saatgutgewinnung des spätreifenden 'Blattmajorans', wenn allerdings auch nur im kleinen, geeignet. Die überwinterten Pflanzen werden im Mai ins Freiland verpflanzt, blühen rechtzeitig und reifen im allgemeinen recht gut.
Der Pflege der aufgelaufenen Saat ist große Aufmerksamkeit zu widmen. Das langsame Wachstum zu Beginn der Vegetation stellt dabei an den Arbeitsaufwand hohe Anforderungen. Die ersten Hacken ab Mitte Mai werden ausschließlich mit der Hand vorgenommen, da die Zugtiere in den noch jungen Beständen zuviel Trittschäden verursachen. Der Boden ist laufend offen und durch Jäten unkrautfrei zu halten. 3—4 Hacken sind meist erforderlich. Majoran ist für jede Hackarbeit dankbar, er will „großgehackt" werden. Zur Senkung des Arbeitsaufwandes hat sich der Gebrauch von Handradhacken bewährt. Bei zu dicht stehenden, gedrillten Flächen sollte der Pflanzenbestand gelichtet werden, da sonst die Blätter frühzeitig abfallen, was durch pilzlichen Befall noch gefördert wird. Im Juli sollte das Feld geschlossen sein.
Dem hohen Nährstoffbedürfnis werden Handelsdüngergaben von 60—80 kg/ha N in zwei Gaben = 300—400 kg 20%iges Stickstoffdüngemittel, 50—60 kg P_2O_5 = 280—340 kg Superphosphat und 100—120 kg K_2O = 250—300 kg 40%iges Kali gerecht. Kalkstickstoff muß mindestens zwei Wochen vor der Saat gegeben werden, da sonst Keimschädigungen eintreten können. Sonst wird schwefelsaures Ammoniak mit den anderen Nährstoffen vor der Saat eingearbeitet. Die Kopfdüngung in Form von Kalkammonsalpeter, mit der der zweite Teil der Stickstoffgabe verabreicht wird, soll erst erfolgen, wenn die Pflanzen sich genügend gekräftigt haben. Zu frühes Ausstreuen kann unter Umständen Schaden im Bestand anrichten. Diese Gabe sollte daher auch sofort eingehackt werden. Erfolgt ein zeitiger erster Schnitt, so kann sich eine schwache Kopfdüngung eines schnell wirkenden Stickstoffdüngers noch günstig hinsichtlich des Ertrages des zweiten Schnittes auswirken. Ein solcher setzt aber feuchtwarme Witterung voraus und ist bei Drillsaat nur in Ausnahmefällen möglich.

Ernte: Die Ernte wird während der Blütezeit (volle Blüte) möglichst vormittags (ab 10 Uhr) vorgenommen, da zu dieser Zeit der Gehalt an ätherischem Öl am höchsten sein soll. Die Pflanzen werden etwa 5 cm hoch über dem Boden mit der Sichel oder Sense, größere Bestände mit dem Grasmäher geerntet. Die Samenreife setzt bei guter Witterung in der Regel Mitte September ein.

[4] HECHT, W.: Beobachtungen bei der Keimung von *Origanum Majorana* L. und *Ocimum Basilicum* L. im Mistbeete. „Heil- und Gewürzpflanzen" **11**, S. 178 bis 184 (1928/29).

Trocknung: Bei Majoran erfolgt bei größerem Anbau Feldtrocknung, allerdings muß Vorsorge getroffen werden, daß er vor Regen geschützt aufgereutert wird, da er sonst leicht mißfarbig und muffig wird. In einzelnen Kleinbetrieben wird der Majoran auf dem Felde in kleinen „Kapellen" aufgestellt und getrocknet. Dieses Verfahren läuft den Bestrebungen der Qualitätsdrogengewinnung und der Senkung des Arbeitsaufwandes zuwider und ist deshalb nicht empfehlenswert. Am sichersten erfolgt die Trocknung in loser Schicht auf Speichern oder im Kleinbetrieb in Bündeln im Schatten. „Bündel-

Abb. 252
Majorana hortensis Moench, Feldtrocknung bei Barby (Elbe)

majoran" ist häufig im Kleinhandel zu haben. Meist wird das getrocknete Kraut in Spezialbetrieben (Majoran- bzw. Rebelwerken), wie sich solche besonders in Aschersleben inmitten des deutschen Hauptanbaugebietes befinden, weiterverarbeitet. Eine einwandfreie Aufbereitung durch die Rebelmaschinen ist bei einem Wassergehalt von 14% und darunter möglich. Das Eintrocknungsverhältnis des frischen Krautes zum lufttrockenen beträgt 3,5—4,5 : 1. Der Majoran gelangt dann als gerebelte Ware, bestehend aus Blättern und Blütenteilen, in den Handel. Als Schnittware (Blätter, Blüten- und Stengelteile), ungeschnitten oder auch in Pulverform wird er seltener gehandelt.

Ein qualitativ hochwertiges Majorankraut soll eine grüne Farbe aufweisen. Artfremde Pflanzenteile dürfen nicht vorkommen. Der typische Majorangeruch soll wahrnehmbar sein. Ernte- und Trocknungsfehler ziehen häufig muffige, erdige und andere Gerüche nach sich. Sie sind ein Anzeichen für eine verminderte Würzqualität. Die Rebelware wird makroskopisch genau wie das Majorankraut beurteilt. In ihr sollen aber keine Stengelteile mehr auftreten. Besondere Beachtung verdient außerdem der Asche- und Sandgehalt. Nach Pohloudek-Fabini[5] werden im „Deutschen Nahrungsmittelbuch" bei Rebelware ein Gehalt von unter 17% Rohasche und unter 5% Sand verlangt. Derselbe Autor erwähnt Untersuchungen von Oestermann und Prévot, die von 1929 bis 1941 173 Proben Rebelware untersuchten. Im Mittel wurden 13,14% Rohasche und 4,7% Sand gefunden. Die Aschersiebener Rebelwerke erreichen die verlangten Gehalte bei guter Rohware ohne Schwierigkeiten. Da im Ausland teilweise strengere Nahrungsmittelgesetze gelten als in Deutschland, sollte im Interesse eines gesteigerten Exportes von Majorandroge in Zukunft der Verminderung des Sandgehaltes besondere Beachtung geschenkt werden.

Erträge: Die Erträge an trockenem Kraut belaufen sich im Aschersiebener Anbaugebiet auf 20—30 dz/ha. In besonders günstigen Jahren wurden schon Ernten bis zu

[5] Pohloudek-Fabini, R.: Zum Asche- und Sandgehalt von Majoran. „Pharmazie" 7, S. 505 bis 506 (1952); bzw. „Arzneipflanzen-Umschau" 3, S. 327 bis 329 (1952).

50 dz/ha erzielt. In der Literatur werden Durchschnittserträge von 24—32 dz/ha angegeben, Höchsternten sollen sich auf 40 dz/ha belaufen. Bei unseren Aussaatzeitenversuchen in verschiedenen Gegenden Deutschlands waren die Ursachen niedriger Ernten ungeeignete Böden und Klimalagen, späte Saat, Saat auf frisch geackerten und nicht gesetzten sowie schnell verkrustenden Böden, lückenhafter Stand, Verunkrautung, Verschlämmung der Saat durch starke Niederschläge in hängiger Lage, Dürre, vor allem im Mai und Juni, und Schädlingsbefall, insbesondere Engerlingsfraß. Bei diesen Versuchen hatten von neun Versuchsstationen nur zwei befriedigende Ernten, und zwar Calbe mit durchschnittlich 24,67 dz/ha und Limburgerhof mit 27,32 dz/ha. Das Versuchsfeld in Calbe grenzte an das Aschersleber Majorananbaugebiet.

Die Saatgutvermehrung bringt im allgemeinen in Deutschland noch keine befriedigenden Erträge, deshalb wird der Hauptbedarf noch durch Importe, vor allem aus Frankreich, gedeckt. Nur in günstigsten klimatischen Lagen kann sie in Deutschland vorgenommen werden. Die Reife erfolgt erst im September/Oktober. Ausfallen sollen die Nüßchen angeblich nicht, die Samenträger werden daher ohne besondere Vorsicht mit der Sense, evtl. bei größeren Flächen auch mit dem Grasmäher, gemäht. Frühe Fröste vor dem Schnitt sind dem Samenmajoran schädlich. Blätter und Fruchtstände fallen dann leicht ab. Die Nachtrocknung erfolgt auf Reutern oder sicherer auf Böden, der Drusch mit geeigneten Dreschmaschinen. Die Erträge sind sehr schwankend und bewegen sich zwischen 50—100 kg/ha. Höhere Erträge kommen vor, doch ist unter deutschen Anbauverhältnissen auch mit völligen Mißernten zu rechnen. Im französischen Samenbaugebiet liegen die Saatguterträge zwischen 400 und 800 kg/ha.

Krankheiten und Schädlinge: Der Majoran wird gelegentlich von einer Art Fuß- und auch Blattkrankheit befallen. Erstere bedingt ein Umfallen der jungen Pflanzen, letztere das Abfallen der Blätter. Nach einer Mitteilung der früheren Biologischen Reichsanstalt für Land- und Forstwirtschaft ist der an den Beständen in Leipzig-Probstheida beobachtete Blattfleckenpilz identisch mit *Alternaria alunis*. Seidebefall ist häufig[6]. Befallene Pflanzen müssen vor der vollen Entwicklung des Schmarotzers vernichtet werden. Recht erheblichen Schaden können Drahtwürmer und Engerlinge anrichten. Die kaum 1 cm lange, schmutzig-braune Raupe der Majoranmotte, *Hypsolophus schmidiellus* v. Heyd., frißt in Blattrollen oder in eingeklappten Blättern. Die Fraßzeit ist im Juli, namentlich während der Nacht. Die Verpuppung erfolgt gegen Ende Juni am unteren Teil der Futterpflanze oder flach im Boden. Der Falter fliegt im Juli. Auf dem Versuchsfeld in Leipzig-Probstheida wurden alljährlich beim Abstreifen der Majoranblütenstände mit der Hand rötliche, etwa 0,5 mm lange Larven gefunden. In einer halben Handvoll Blüten wurden durchschnittlich 5—6 Larven gezählt. Ihren Bewegungen und dem sonstigen Verhalten nach konnte nur auf Fliegenlarven geschlossen werden. Ihre Weiterzucht war nicht möglich. Die Bestimmung ergab, daß es sich um Gallmückenlarven handelte. Hinsichtlich Ermittlung der Art und ihrer vermuteten Schädlichkeit sind noch weitere biologische Beobachtungen notwendig. Die auf unsere Veranlassung vom Institut für Phytopathologie in Leipzig durchgeführte Weiterzüchtung der Larven ist gleichfalls ergebnislos verlaufen.

Die beiden Kleinschmetterlinge *Pyrausta sambucalis* Schiff. und *Loxostege sticticalis* L. traten auf. Die Raupe des ersteren ist als Schädling auf Kulturpflanzen noch nicht bekannt geworden, dagegen sind größere Fraßschäden durch die Raupen von *L. sticticalis* bekannt.* In der UdSSR werden bei massenhafter Vermehrung der Raupen besonders die Aussaaten vieler Kulturen in den südlichen Bezirken vernichtet.

[6] HEEGER, E. F.: Seidebefall bei Bohnenkraut und Majoran. Nachrichten des Reichsverbandes der Heil-, Duft- und Gewürzpflanzenanbauer e. V., Heft 45 (1939).

* SARAEVA, P. J.: Kultura lekarstvennij rastenij. (Russisch.) Die Kultur der Arzneipflanzen. Moskau 1952.

Malva silvestris L., Blaue Malve

Malvaceae

Gebräuchliche Pflanzenteile: DAB. 6: „Die getrockneten Laubblätter von *Malva silvestris* Linné." „Die getrockneten Blüten." HAB. 2 : „Frische, blühende Pflanze."

Handelsbezeichnungen: *Folia Malvae,* Malvenblätter; *Flores Malvae,* Malvenblüten.

Botanik: Zur Drogengewinnung wird hauptsächlich die 'Dunkelviolette Malve' (Mauretanische Malve)*, eine Unterart der Blauen Malve, *Malva silvestris* L. *subspec. mauritanica* (L.) Thell., angebaut. Sie ist gleichzeitig eine dekorative Zier- und Bienennährpflanze[1]. Die Art ist vorwiegend zweijährig. In Deutschland wird die 'Dunkelviolette Malve' meist einjährig angebaut; in warmen Lagen überwintert sie. Die lange, spindelförmige Wurzel der Blauen Malve geht senkrecht in den Boden, sie ist fleischig und wenig verästelt. Die Stengel erreichen eine Höhe bis zu 120 cm. Sie sind vorwiegend aufsteigend, ästig, im unteren Teile ± verholzend, rund, ± reichlich mit kurzen, anliegenden oder abstehenden, einfachen Haaren und Büschelhaaren besetzt. Die Laubblätter sind drei- bis siebenlappig, mit halbkreisförmigen oder eiförmig-dreieckigen, unregelmäßig gekerbten Abschnitten. Am Blattrand sind sie spärlicher als an den Stielen behaart. Die Blüten befinden sich zu 2—6 in den Blattachseln. Die etwas behaarten Blütenstiele sind kürzer als die Blattstiele. Die fünf Kronblätter von *Malva silvestris* sind 20—25 mm lang, verkehrteiförmig, nach dem Grunde zu keilförmig verschmälert, oben tief ausgerandet oder zweispaltig und trompetenartig gestellt. Sie sind auf der Oberseite gegen den Grund zu kurzhaarig, am Grunde dicht bewimpert. Die Blütenfarbe ist vorwiegend rosaviolett mit dunkler gefärbten Längsstreifen. Die Blüten enthalten einen indigoartigen Farbstoff; sie schmecken wie die Blätter schwachschleimig, fade.

Abb. 253 Malva silvestris L. subspec. mauritanica (L.) Thell., blühender Bestand

Blütezeit: (V) VI—IX.

Nach HEGI nimmt der Blühvorgang folgenden Verlauf: Zu Beginn der Blütezeit bedecken die reifen, bläulichen Staubbeutel die noch unentwickelten, in der Staubblattröhre eingeschlossenen Narbenäste und stehen in der Mitte der Blüte. Später krümmen sich die Staubblätter nach abwärts und überlassen den heranwachsenden und sich strahlig ausbreitenden Narbenästen ihren Platz. Während KNUTH eine nachträgliche, spontane Selbstbestäubung als unwahrscheinlich ablehnt, hält WARNSTORF (nach KNUTH) eine solche im zweiten Stadium für möglich, da sich die dichtstacheligen, großen Pollenkörner noch lange nach dem Verstäuben an den entleerten Staubbeuteln vorfinden. Ein Blütenduft soll nicht wahr-

[1] EGGERS, A.: Die Bedeutung der Heil- und Gewürzpflanzen als Bienenweide. „Pharm. Ind." **10**, S. 186 bis 187 (1943); bzw. „Arzneipflanzen-Umschau" **1**, S. 305 bis 307 (1943).

* Diese Arzneimalve ist ursprünglich wildwachsend anzutreffen in Mauretanien, einer Landschaft in Nordwest-Afrika, wozu Algier gehört.

nehmbar sein; doch stellen sich eine große Zahl von verschiedenen Insekten als Besucher ein. Bemerkenswert ist die von MÜLLER (nach KNUTH) festgestellte Beobachtung, daß von den vielen von ihm beobachteten Bienenarten nur *Chelostoma nigricorne* Nyl. Pollen sammelte, während sich die anderen nur an den Nektar hielten. In Leipzig-Probstheida konnte an den meisten Malven während des ganzen Juli sehr starker Anflug von Honigbienen und auch Hummeln beobachtet werden. Von letzteren überwog die Erdhummel, *Bombus terrestris* L., bei weitem.

Die scheibenförmigen, gelblich-graubraunen Früchte sind nach HEGI 8—8,3 mm breit und im Mittel 3,5 mm hoch, genabelt, mit überragender Mittelsäule. Sie setzen sich aus 9—11 Teilfrüchten zusammen, die am Rücken netzig-grubig-höckerig, kahl oder spärlich behaart sind.

Bei *Malva silvestris* handelt es sich um eine formenreiche Art. *Malva silvestris subspec. mauritanica* weicht in ihren Merkmalen stark vom Typus ab. Sie verfügt über einen aufsteigenden bis aufrechten buschartigen Wuchs und wird 80 bis 150 cm

Abb. 254 Malva silvestris L. subspec. mauritanica (L.) Thell., Teilfrüchte: rechts Mitte: Samen

Abb. 255 Malva silvestris L. subspec. mauritanica (L.) Thell., Einzelblüten mit verschiedener Füllung

hoch. Die Stengel sind kräftig, unten ± verholzt, kahl, oben zerstreut behaart, besonders am Boden stark verzweigt. Die seitlichen Zweige sind lang, liegend-aufsteigend. Die Stengelblätter sind handförmig gelappt und weisen meist fünf stumpfe, kerbig-gesägte Lappen auf. Die Blüten der 'Dunkelvioletten Malve' stehen in Büscheln in den Blattachseln. Sie sind besonders groß, fünfblättrig, tellerförmig flach ausgebreitet, schwach ausgerandet, zum Teil gefüllt. Ihre Farbe ist dunkelviolett mit noch dunkleren Längsstreifen. Die Früchte sind denen der Blauen Malve ähnlich.

Boden und Klima: Die Blaue Malve gedeiht fast auf allen Böden, von der Ebene bis in die untere Bergstufe. Nach HEGI soll sie die vertikale Getreidebauzone kaum überschreiten. Ammoniakalische Böden sagen ihr besonders zu, wie überhaupt auf nährstoffreichen Böden ein sehr üppiges Wachstum beobachtet werden kann. Geschützte Lagen sind für den Anbau zu bevorzugen.

Herkunft und Verbreitung: *Malva silvestris* ist eine euro-sibirische Art und sehr weit verbreitet. Ihr Vorkommen erstreckt sich auf weite Gebiete Europas und Mittelasiens, wo sie einheimisch ist. Sie wird aber auch in Ostasien, Amerika, Australien und Südafrika angetroffen.

Herkünfte des Drogenhandels: Herkunftsgebiete für *Folia* und *Flores Malvae* sind vor allem Ungarn und die Balkanländer.

Sorten und Herkünfte für den Anbau: Für deutsche Anbauverhältnisse konnte eine sehr ertragreiche Gruppensorte vom Typ *Malva silvestris subspec. mauritanica* herausgestellt werden. Die Sorte ist aus einer belgischen Herkunft hervorgegangen und wird als 'Dunkelviolette Malve' in den Verkehr gebracht. Ihre großen Blüten sind nicht völlig gefüllt, sondern befinden sich im ersten Stadium der Blütenfüllung. Für die Drogengewinnung wäre eine möglichst rost- und brennfleckenpilzresistente, gefülltblühende Zuchtsorte erstrebenswert.
Der Schleimgehalt der Blüten der Unterart *mauritanica* soll höher sein als derjenige der Blüten des Typus. Blätter und Blüten finden als Schleimdrogen Verwendung.

Saatgut: Das Saatgut der 'Dunkelvioletten Malve' besteht entweder aus ganzen Früchten, Teilfrüchten oder den ausgeriebenen Samen. Beim Ausreiben der Früchte, besonders wenn dies zwischen Steinen erfolgt, werden die Samen oft beschädigt, so daß auch der Embryo verletzt und die Keimfähigkeit beeinträchtigt wird. Das 1000-Korngewicht schwankte nach unseren Untersuchungen zwischen 5,611—8,527 g (Teilfrüchte). Die Mindestreinheit sollte 96% und die Mindestkeimfähigkeit 60% betragen. Die teilweise schlechte Keimfähigkeit ist in erster Linie auf die unterschiedliche Hartschaligkeit der Samen zurückzuführen.
Das Saatgut ist oft von der Malvenmotte, *Platyedra (Gelechia) malvella* Hb., befallen und keimt dann besonders schlecht oder auch gar nicht.
Die Keimfähigkeit wird nach 21 Tagen bestimmt. Der Keimversuch ist bei Zimmertemperatur im Licht oder im Dunkeln durchzuführen.

Anbau, Ernte, Trocknung: An die Vorfrucht stellt die 'Dunkelviolette Malve' keine besonderen Forderungen. Sie läßt sich praktisch nach allen landwirtschaftlichen Nutzpflanzen anbauen. Zur Gewinnung von blühendem Kraut wird sie als raschwüchsige Kultur mit bestem Erfolg noch als Nachbau nach zeitig räumenden Arten gebracht. In dieser Form hat sie eine ausgezeichnete unkrautunterdrückende Wirkung, weswegen ihr selbst ein besonderer Wert als Vorfrucht zukommt.
Zwei Anbauweisen sind zu unterscheiden: Einmal erfolgt der Anbau zur reinen Blütengewinnung und zum anderen zur Gewinnung von blühendem Kraut. Der Anbau wird dabei unterschiedlich betrieben. Das Saatbett wird etwa wie zu Sommerroggen hergerichtet.
Zur Blütengewinnung werden im März/April im Abstand von 50 cm 3—5 kg/ha Saatgut gedrillt, wobei jede dritte Reihe ausgelassen wird als Laufreihe bei der Blütenernte. Anschließend wird zugewalzt oder geeggt. Die 'Dunkelviolette Malve' kann bis Ende Juni gedrillt werden, was jedoch zur reinen Blütenernte nicht zu empfehlen ist, da die Erträge späterer Saatzeit erheblich niedriger liegen als die bei zeitiger Aussaat. Das Auflaufen erfolgt nach etwa 2—3 Wochen. Nach 4—5 Wochen kann zum erstenmal mit der Hand gehackt und dabei zugleich verhackt werden. Die beste Entfernung in der Reihe beträgt 30 cm. Bis zum Schließen des Bestandes folgt in der Regel noch eine Maschinen- oder Igelhacke.

Abb. 256
Malva silvestris L. subspec. mauritanica (L.) Thell., Anbau in Beetanlage mit dazwischenliegenden Laufreihen

Abb. 257
Malva silvestris L. subspec. mauritanica (L.) Thell., Blütenernte

Abb. 258
Malva silvestris L. subspec. mauritanica (L.) Thell., Blatternte im Herbst, Anbau als Zwischenfrucht

Handelsdünger wird vor der Saat verabreicht. 100 kg/ha K_2O = 250 kg 40%iges Kali und 40 kg/ha P_2O_5 = 225 kg Superphosphat entsprechen etwa dem Bedürfnis. Zur Blütengewinnung genügt eine mäßige Stickstoffgabe mit 30 kg/ha N = 150 kg Stickstoffdüngemittel.

Ab Anfang Juli beginnt die Blüte und zieht sich je nach Saatzeit bis in den September hinein. Die 'Dunkelviolette Malve' ist außerordentlich reichblütig. Das Pflücken muß in etwa zwei- bis dreitägigem Abstand laufend wiederholt werden, da die Blüten sonst leicht abfallen. Geerntet wird die voll geöffnete Blüte mit oder ohne Kelch. Kelchfreie Ware wird besser bezahlt. Regennasse Blüten dürfen nicht geerntet werden. Im Gegensatz zu Königskerzenblüten (*Flores Verbasci*) werden Malvenblüten am besten vom späten Vormittag an gesammelt, da sie sich erst dann richtig geöffnet haben. Die 'Dunkelviolette Malve' und die Königskerze (siehe S. 706) lassen sich also ohne weiteres im selben Betrieb anbauen, ohne sich arbeitstechnisch zu stören. Entsprechend der Blütezeit zieht sich die Ernte etwa 6—7 Wochen hin.

Das Erntegut muß sorgfältig behandelt und gleich nach der Ernte nur locker geschüttet zur Trocknung gebracht werden. Sie erfolgt auf natürlichem Wege im Schatten oder künstlich bei mäßigen Temperaturen. Das Auflegen des Erntegutes auf die Trockenhorden darf nur in dünner Schicht erfolgen. Die Blüten der 'Dunkelvioletten Malve' nehmen beim Trocknen eine dunklere Farbe an. Die Blüten trocknen etwa 5—6 : 1 ein.

Zur Gewinnung des blühenden Krautes ist in der Aussaatzeit weiter Spielraum gegeben. Zunächst ist auch hier Drillsaat im April möglich. Unter günstigen Verhältnissen kann man bei zeitiger Aussaat und daher frühem Erntebeginn noch einen Nachbau bringen. Sicherer ist aber die Folge von 'Dunkelvioletter Malve' nach Kulturarten, die bis Ende Juli das Feld räumen. Unter Umständen ist eine Überwinterung des Bestandes möglich und damit sehr zeitig im Mai/Juni des folgenden Jahres noch ein zweiter sehr üppiger Schnitt. Der Versuch, von einem im Frühjahr angelegten Bestand zwei Schnitte im selben Jahr zu erhalten, bleibt meist erfolglos, denn der später oft einsetzende Rostbefall macht dies in der Regel unmöglich.

Bei der Aussaat zur Krautgewinnung wird eine engere Standweite (25—30 cm) gewählt. Als Aussaatmenge werden 12 kg/ha benötigt. Zur Pflege ist oft schon je nach Unkrautwüchsigkeit eine Hand- oder Maschinenhacke ausreichend.

Stickstoff wird bei dieser Art des Anbaues etwas reichlicher gegeben, und zwar bis zu 80 kg/ha N = 400 kg Stickstoffdüngemittel.

Sobald der Bestand voll erblüht ist, wird mit einem Grasmäher oder Ableger der Schnitt des Krautes vorgenommen. Bei zeitiger Aussaat ist meist der Blütenanteil höher. Der Schnitt erfolgt also je nach Saatzeit von Anfang Juli bis Oktober oder bei überwinterten Beständen schon Anfang Juni. Es ist nicht zu tief zu schneiden, damit möglichst wenig blattlose Stengelanteile in das Erntegut kommen. Auch zu später Schnitt ist zu vermeiden, da sonst die untersten Blätter schon vergilbt sind und man zu noch höherem Mähen gezwungen ist. Die Verwendung des Ablegers mit seiner besseren Einstellmöglichkeit der Schnitthöhe ist sehr zu empfehlen. Das Kraut wird dann lose geladen und zur Trocknung gebracht, die am besten künstlich erfolgt. Das Eintrocknungsverhältnis liegt etwa bei 5 : 1. Die Krautdroge wird nach dem Trocknen weiter aufbereitet. Sie wird geschnitten und auf mechanischem Wege von den groben Stengelteilen getrennt. Soll eine DAB. 6-Blattware gewonnen werden, so sind die Blätter im September nach Beendigung der Blütenernte zu pflücken, besser zu streifeln. Der Schleimgehalt der Blätter nimmt nach Untersuchungen von DODERO[2] mit dem Herannahen der Blütezeit zu. Durch Trocknen geht ein großer Teil der Schleim-

[2] DODERO, D.: Atti Soc. Sci. Lett. Genova 3, S. 258 (1938); zit nach GESSNER.

stoffe verloren bzw. ändert sich der chemische und physikochemische Charakter der Schleimsubstanzen.

Zur Saatgutgewinnung muß der Anbau zeitig erfolgen, da späte Aussaaten nicht mehr reifen; man kann auch überwinterte Bestände hierbei verwenden. Es sei aber darauf hingewiesen, daß die Winterfestigkeit der 'Dunkelvioletten Malve' nur bedingt ist. In strengen Wintern, besonders solchen mit Kahlfrösten, ist mit dem Erfrieren der Bestände zu rechnen. Der Anbau zur Saatgutgewinnung erfolgt sonst in der gleichen Weise wie zur Krautgewinnung. Die Ernte wird vorgenommen, wenn sich die Früchte braun zu färben beginnen, etwa Ende Juli/Anfang August. Mit dem Ableger wird das Kraut gemäht, dann eingebunden und wie Getreide aufgestellt. Nach genügender Trocknung wird das Erntegut eingefahren und gedroschen.

Erträge: Der Ertrag an trockenen Blüten ohne Kelch beläuft sich auf etwa 7—10 kg/a, an Blattdroge auf 20—30 kg/a, an Krautdroge auf 30—40 kg/a und an ganzen Früchten auf 6—8 kg/a.

Krankheiten und Schädlinge: Nach MÜHLE[3] sind die Krankheiten und Schädlinge an *Malva silvestris* im allgemeinen dieselben, die auch an Eibisch und Schwarzer Stockrose auftreten. Nur der Brennfleckenpilz *Colletotrichum malvarum* (Br. et Casp.) Southw. muß besonders erwähnt werden, ein Parasit, der vor allem an 'Dunkelvioletter Malve' Schäden hervorruft. Seine Gegenwart äußert sich in braunen, scharf begrenzten, allmählich einsinkenden Flecken auf Blättern und Stengeln. Letztere knicken an den befallenen Stellen oft um. Der gesamte Pflanzenbestand kann durch diese Krankheit in wenigen Tagen vernichtet werden. Die Brennflecken sind nicht mit den Flecken zu verwechseln, die bei stärkerem Rostbefall auftreten. Die Blattdroge darf keinen Pilzbefall aufweisen. Vor allem dürfen keine Teleutosporen vom Malvenrost, *Puccinia malvacearum* Mont., der die Malvenkulturen fast regelmäßig befällt, vorhanden sein.

Folia Malvae wird häufig vom Kräuterdieb, *Ptinus fur* L., heimgesucht. Auf den Befall des Saatgutes durch die Malvenmotte, *Platyedra (Gelechia) malvella* Hb., wurde schon hingewiesen.

Besonderes: In der Heilkunde finden noch andere Malvenarten Verwendung. So sind nach dem DAB. 6 auch die getrockneten Laubblätter von *Malva neglecta* Wallr. offizinell. Die Droge wird wildwachsend gesammelt. Einige Malvenarten finden außer in der Heilkunde auch noch als Gemüse-, Futter- und Faserpflanzen Verwendung, wie *Malva verticillata* L. und *Lavatera thuringiaca* L.

Marrubium vulgare L., Weißer Andorn

Labiatae

Gebräuchliche Pflanzenteile: Erg.-B. 6: „Die getrockneten, während der Blütezeit (Juni bis August) gesammelten Blätter und oberen Pflanzenteile von *Marrubium vulgare* Linné." HAB. 2: „Frische Pflanze."

Handelsbezeichnung: *Herba Marrubii albi*, Andornkraut.

Botanik: Der Weiße Andorn ist ausdauernd. Die spindelige Wurzel mit mehrköpfigem Wurzelhals treibt aufrechte und ästige, vierkantige, röhrige, bis 50 cm hohe Stengel, die weißfilzig behaart sind. Die 2—4 cm lange Blattspreite verläuft in einen unscharf abgesetzten Stiel. Das Blatt ist breit-eiförmig; die untersten Blätter gehen

[3] MÜHLE, E.: Krankheitserscheinungen und Schadbilder an Malvaceen. „Pharmazie" 1, S. 123 bis 124 (1946); bzw. „Arzneipflanzen-Umschau" 2, S. 29 bis 30 (1946)

zuweilen ins Herzförmige über, sie sind ± spitz-gekerbt und auf der Blattoberseite runzlig, schwach filzig, auf der unteren Seite netzig-grubig mit ± dichtem, weißem Filz versehen. Die kurzgestielten Blüten bilden dicht- und reichblütige, fast kugelige, 1,5—2 cm breite, blattachselständige Scheinwirtel, und zwar 6—9 je Stengel. Die flaumig-behaarte Krone ist weißfarbig.

Blütezeit: (V) VI—VIII, vereinzelt bis Oktober.

Die Blüten werden ausschließlich durch kleinere Bienenarten bestäubt. Der Nektar ist durch einen Haarring in der Kronröhre geschützt. Fremdbestäubung wird dadurch begünstigt, daß der in den engen Kronschlund eingeführte Bienenrüssel erst beim Zurückziehen von den schräg abwärts aufspringenden Antheren mit Pollen beladen wird. Spontane Selbstbestäubung ist möglich. Rein weibliche Pflanzen sollen vorkommen (HEGI).

Abb. 259 Marrubium vulgare L., Blütentrieb

Entnommen als Reproduktion aus: Köhler's Medizinalpflanzen, Gera-Untermhaus Verlag Fr. Eugen Köhler

Die Nüßchen sind länglich-eiförmig, 1,5 bis 2 mm lang, 1 mm dick, an der Bauchseite scharf dreikantig, an der Rückenseite abgerundet, glatt, graubraun, dunkler marmoriert oder einfarbig hellbraun. Bei doppelter Lupenvergrößerung fällt außerdem die feine Punktierung der beiden Bauchseiten auf. Häufig ist der Kelch feststellbar und mit lockeren Sternhaaren versehen. An ihm befinden sich nach vorn verkahlende Zähne, die etwa $^1/_3$ bis $^1/_2$ so lang sind wie die Röhre. Sie sind anfänglich vorgestreckt, aber nach dem Abfallen der Krone krallenartig zurückgebogen. Die Nüßchen von *Marrubium peregrinum* L. sind am stumpferen Ende mit einer Sternhaarkrone versehen.

Die Art variiert nur wenig; von orientalischen Arten wird *Marrubium catariaefolium* Desr. selten angebaut.

Abb. 260 Marrubium vulgare L., Nüßchen

Nach von PILLICH[1] wird beim Sammeln *Marrubium vulgare* oft mit *Marrubium remotum* Kit. verwechselt, der ein Hybrid von *Marrubium vulgare* × *Marrubium peregrinum* ist und mit den Stammeltern Assoziationen bildet.

Boden und Klima: *Marrubium vulgare* ist sehr anspruchslos. Wildwachsend gedeiht er selbst noch auf Schutt und felsigem Grund. Besonders üppig wachsend trifft man ihn an Dorfwegen und Viehlagerplätzen an. Der Untergrund muß durchlässig sein. Der Anbau sollte möglichst in etwas geschützten Lagen erfolgen, da der Andorn ein verhältnismäßig hohes Wärme- und Lichtbedürfnis hat. Trockene Standorte eignen sich durchaus für den Anbau.

Herkunft und Verbreitung: Der Weiße Andorn ist von Zentralasien bis ins Mittelmeergebiet verbreitet und kommt auch in Mittel- und Nordeuropa vor. In Nordamerika ist er eingebürgert.

Herkünfte des Drogenhandels: Die Droge wird vorwiegend wildwachsend gesammelt, früher wurde *Marrubium vulgare* häufiger angebaut, besonders in Ungarn ist er ziemlich verbreitet. Wichtige Herkunftsgebiete sind auch Frankreich und Italien.

Sorten und Herkünfte für den Anbau: Weder Sorten noch irgendwelche Herkünfte gelangten bisher beim Sortenamt zur Prüfung.

Saatgut: AUGUSTIN[2] stellte folgende 1000-Korngewichte fest:

	Größtes g	Kleinstes g	Mittel g
Marrubium vulgare	0,9264	0,8518	0,8891
Marrubium peregrinum	0,7296	0,6912	0,7104
Marrubium remotum	0,5090	0,4904	0,4997

Die Mindestreinheit des Saatgutes sollte 95% betragen. Reste der Kronröhre befinden sich gelegentlich im Saatgut. Ein Keimversuch ergab nach 20 Tagen bei Wechseltemperatur im Licht 77%, im Dunkeln 89%, bei Zimmertemperatur im Licht 31% und im Dunkeln 64% Keimfähigkeit. Sie sollte mindestens 75% betragen. Die Nüßchen schienen Dunkelkeimer zu sein.

Anbau: Geeignete Vorfrüchte sind stark mit Stallmist gedüngte Hackfrüchte. Der Anbau gleicht in vieler Hinsicht dem der Melisse (siehe S. 508). Die Aussaat ins Freiland erfolgt Ende April in einer Reihenweite von etwa 35 cm bei einem Saatgutbedarf von 8—10 kg/ha, möglichst mit einer Markiersaat, da mit einem Auflaufen der Saat oft erst nach 4—5 Wochen zu rechnen ist. Dichtstehende Bestände müssen vereinzelt werden. Am günstigsten ist aber die Anzucht der Jungpflanzen durch Kastenaussaat. Die im Frühbeet ab Ende Februar herangezogenen Pflanzen werden, wenn keine Nachtfröste mehr zu erwarten sind, in einem Abstand von 25—35 × 20 cm ins Freiland gepflanzt. Die Vermehrung kann auch durch Teilung der mehrköpfigen Wurzel im Oktober erfolgen, wenn das Kraut abgeerntet ist. Die geteilten Pflanzen werden in einem Abstand von 40 × 30 cm gepflanzt. Die Pflege besteht in mehrmaligem Lockern und Freihalten des Bodens von Unkraut. Eine Winterschutzdecke ist angebracht.

Stalldünger sollte nur zur Vorfrucht gegeben werden. Gründüngung und stärkere Kompostgaben sind angebracht, auch empfiehlt es sich, eine mittlere Handelsdüngergabe (N, P_2O_5, K_2O) zu verabreichen.

[1] PILLICH, von: Die Charakteristik von *Marrubium remotum* Kit. mit besonderer Rücksicht auf die Erkennung als Droge. „Ber. d. Ung. pharm. Ges." VII, Heft 2/1931.

[2] AUGUSTIN, B.: Das absolute Gewicht der Heilpflanzensamen. „Heil- und Gewürzpflanzen" 12, S. 86 (1929).

Ernte: Das Kraut wird während der Blüte, meist im Juni, mit der Sichel oder mit dem Grasmäher geschnitten, und zwar nicht zu tief über dem Boden. Es enthält u. a. den Bitterstoff Marrubiin (nach neueren Untersuchungen ein Diterpenoidlacton).

Trocknung: Das Erntegut muß möglichst schnell bei mäßiger Temperatur getrocknet werden. Das Verhältnis frisch : trocken beträgt etwa 4—5 : 1.

Erträge: Die Erträge an Droge schwanken zwischen 12 und 54 dz/ha, und zwar je nach Bestandsalter. Bei sorgfältiger Pflege können die Pflanzen mehrere Jahre genutzt werden. Angaben über Saatguterträge liegen nicht vor.

Krankheiten und Schädlinge: Nennenswerte Erkrankungen von *Marrubium vulgare* wurden nicht bekannt.

Matricaria chamomilla L., Echte Kamille*

Compositae

Gebräuchliche Pflanzenteile: DAB. 6: „Die getrockneten Blütenköpfchen von *Matricaria chamomilla* Linné." HAB. 2: „Frische, zur Zeit der Blüte gesammelte ganze Pflanze."

Handelsbezeichnungen: *Flores Chamomillae* (*vulgaris*), Kamillenblüten; *Herba Chamomillae cum floribus*, Kamillenkraut mit Blüten.
Die wildwachsend gesammelten Kamillen werden auch als „Feldkamillen" oder „Ackerkamillen" bezeichnet. Zur Unterscheidung von den Blüten der angebauten Echten Kamille, die im Handel unter der Bezeichnung „Kulturkamillen" geführt werden, sollten erstgenannte besser „Wildkamillen" genannt werden.

Botanik: Die einjährige Echte Kamille bildet eine dünne, spindelförmige, mit Faserwurzeln versehene Wurzel, die nur verhältnismäßig flach in den Boden eindringt. Der aufrechte, ästige, innen markige Stengel erreicht bei wildwachsenden Pflanzen eine Höhe bis zu etwa 60 cm und im Anbau je nach Sorte bis zu etwa 80 cm. Er ist leicht gerillt, bisweilen unten ± purpurrötlich gefärbt, kahl. Die wechselständig angeordneten Blätter sind zwei- bis dreifach fiederteilig. Die endständigen, einzeln stehenden Blütenköpfchen sind verschieden groß. Ihr Durchmesser schwankt zwischen 18—28 mm, die Höhe des Blütenbodens zwischen 5 und 10 mm. Polyploide Zuchtformen besitzen besonders große Blütenköpfchen. Der ausgewachsene Blütenboden ist kegelförmig, hohl, im Gegensatz zu den nicht offizinellen *Matricaria-species*, bei denen er ausgefüllt ist. Nach dem Abfallen der Früchte ist er von feingrubiger Beschaffenheit. Der Hüllkelch besteht aus

Abb. 261 Matricaria chamomilla L., Einzelpflanze einer großblütigen Zuchtsorte

* HEEGER, E. F., BAUER, K. H. und POETHKE, W.: *Matricaria Chamomilla* L., Echte Kamille (Botanik, Anbau, Inhaltsstoffe). „Pharmazie" **1**, S. 210 bis 218 (1946); bzw. „Arzneipflanzen-Umschau" **2**, S. 63 bis 70 (1946).

Abb. 262
Blütenquerschnitte; links: Matricaria chamomilla L.; rechts: Matricaria maritima L.

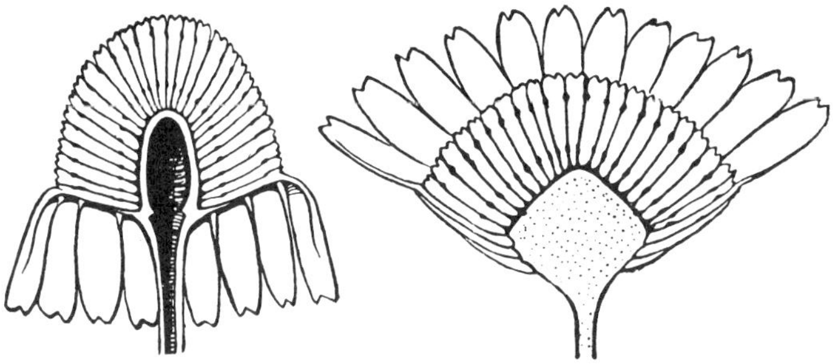

etwa 20—30 fast einreihig angeordneten, länglichen, häutig gerandeten, stumpfen Blättchen. Zungenblüten, auch Rand- oder Strahlenblüten genannt, sind etwa 12 bis 18 vorhanden. Sie sind länglich, dreizähnig und viernervig, etwa 6—9 mm lang und bis 3 mm breit, weiß und mit unterständigem, einfächerigem Fruchtknoten versehen. Der fadenförmige Griffel ist mit zwei linealischen, zurückgekrümmten Narben ausgestattet. Zuerst sind die Zungenblüten ausgebreitet und dann zurückgeschlagen. Außerdem sind zahlreiche gelbe Röhrenblüten vorhanden. Sie sind oben trichterförmig, fünfspaltig und enden in einer drüsigen Röhre. Die Saumzipfel sind nach außen gebogen. Fünf Staubgefäße sind mit dem unteren Teile der Röhre verwachsen. Die Scheibenblüten sind zwittrig. Der Pollen ist kurzstachelig, dreinabelig. Die Blüten besitzen einen charakteristischen, aromatischen, angenehmen Geruch. Der Geschmack ist bitteraromatisch. Sie enthalten ätherisches Öl, dessen therapeutisch wichtigster Bestandteil Cham-Azulen ist.

Blütezeit: V—VIII (IX). Die Echte Kamille blüht oft zweimal im Jahr. Die Blütezeit kann sich auf etwa 50—65 Tage erstrecken. Eine Blüte benötigt zu ihrer vollen Entwicklung 20—25 Tage.

Die Kamillenblüten sind heterogam. Zur Befruchtung der Blüten teilt MÜLLER (zit. nach KNUTH) mit, daß ihre Entwicklung von außen nach innen fortschreitet und der Blütenboden sich zu einem Zylinder gestaltet, dem oben ein abgerundeter Kegel aufsitzt. Der verblühte Teil des Köpfchens bildet den Zylindermantel, der noch nicht aufgeblühte den abgerundeten Kegel und der gerade blühende Teil die Grenze zwischen beiden. Letzterer wird von den anfliegenden Insekten zuerst berührt, so daß die Besucher stets auf die für ihre Ausbeute und für die Bestäubung der Blüten günstigste Stelle gelangen. Der Pollenreichtum und der starke Duft der Kamillenblüten sind verlockend. Nach KNUTH kommen als Blütenbesucher in erster Linie Fliegen in Frage, während den Bienen (mit Ausnahme der *Prosopis*-Arten) der starke Geruch der Blütenköpfchen nicht angenehm ist. Trotzdem wird die Echte Kamille hin und wieder in der Literatur als Bienennährpflanze bezeichnet. MÜLLER (I) und BUDDEBERG (II), auszugsweise zit. nach KNUTH, geben folgende Besucherliste an:

A. *Coleoptera*

a) *Cerembycidae*	1. *Leptura livida* F. (I)
	2. *Strangalia attenuata* L. (I)
b) *Nitidulidae*	3. *Meligethes* (I)

B. *Diptera*

a) *Empidae*	4. *Empis livida* L. (I)
b) *Muscidae*	5. *Lucilia cornicina* F. (I)
	6. *Pollenia vespillo* F. (I)
	7. *Sarcophaga carnaria* L. (I)
	8. *S. haemorrhoa* Mg. (I)
	9. *Spilogaster nigrita* Fall. (I)
c) *Stratiomydae*	10. *Nemotelus pantherinus* L. (I)

d) *Syrphidae*	11. *Eristalis arbustorum* L. (I)
	12. *E. nemorum* L. (I)
	13. *E. sepulchralis* L. (I)
	14. *Syritta pipiens* L. (I)
C. *Hymenoptera*	
a) *Apidae*	15. *Colletes daviesanus* Sm. (II)
	16. *Halictus nitidus* Schenck (II)
	17. *Prosopis signata* PZ. (I, II)
	18. *Sphecodes gibbus* L. (I)
b) *Vespidae*	19. *Oxybelus uniglumis* L. (I)

Außerdem bemerkte KRIEGER (ebenfalls zit. nach KNUTH) bei Leipzig die am häufigsten auftretende Seidenbiene, *Colletes daviesanus* Sm. UDE beobachtete mehrere Jahre lang die Kamillenbestände des Versuchsfeldes in Leipzig-Probstheida hinsichtlich des Insektenbefluges. Er stellte fest, daß die Kamillenblüten nicht sehr zahlreich beflogen wurden, jedoch der Insektenbesuch, artenmäßig gesehen, mannigfaltig war. Von Netzflüglern *(Neuroptera)* waren es Florfliegen *(Chrysopa)*, die sich beim Abstreifen der Pflanzen öfters im Netz vorfanden. Ihre Larven (Blattlauslöwen) sind als Blattlausvertilger recht nützlich. Der Besuch der Blüten durch Honigbienen konnte als dürftig bezeichnet werden. Die Schwarze Erdbiene, *Andrena carbonaria* L., war öfter zu sehen. Als Schmarotzer der durch ihr schädliches Auftreten an Getreide bekannten Halmblattwespe, *Cephus pygmaeus* L., ist die zarte Schlupfwespe *Collyria puncticeps* Thoms. bekannt. Wirt und Schmarotzer wurden nach Streifzügen oft im Netz hängend vorgefunden. Fliegen waren mit 10 Arten die stärkste Gruppe der Blütenbesucher. Die große Schmeißfliege *Sarcophaga carnaria* L. war häufig, ebenso die Goldfliege *Lucilia silvarum* Mg. Die auf anderen Blüten meist anzutreffenden Schwebfliegenarten *Lasiophticus pyrastri* L., *Eristalis arbustorum* L. und *Sphaerophoria scripta* L. fehlten auch hier nicht. *Onesia sepulchralis* Mg. war, wie immer, die gemeinste Art. Von Dungfliegen waren die beiden häufigsten Arten *Scopeuma stercoraria* L. und *S. merdaria* F. auf den Kamillenblüten pollenaufnehmend zu beobachten. Als spezifische Bewohner der Kamillenblüten konnten der braune Kleine Schmalbock, *Leptura livida* F., und der Glanzkäfer *Olibrus aeneus* F. erbeutet werden. Beide Arten waren häufig und fielen beim Abstreifen der Blüten regelmäßig in mehreren Exemplaren ins Netz. Von Marienkäfern war nur die eine Art *Propylaea 14-punctata* L. zu sehen. Es wurden weder Tagschmetterlinge noch bei Tage fliegende Eulen an den Blüten angetroffen.

Der bereits länger abgeerntete Bestand wurde während der Nachblüte im Herbst mehrmals wieder durchstreift. Das Ergebnis war diesmal zahlenmäßig reich. Die im Juni weniger beobachtete Wiesenblindwanze, *Lygus pratensis* L., war im Oktober, an den Blütenköpfchen saugend, gemein. In einem Stück wurde auch die Blindwanze *Lygus contaminodus* Gall. erbeutet. Sie wurde bisher nur im Jahre 1933 in einigen Exemplaren im Leipziger Gebiet gefunden. Ihre Standpflanzen sind *Salix, Alnus* und *Corylus*. Der Rapsglanzkäfer, *Meligethes aeneus* L., belebte als Pollenfresser die Blüten in großer Zahl.

Bei den Früchten von *Matricaria chamomilla* spricht man von Achänen. Sie sind klein, und zwar 0,7—1,2 mm lang und 0,3 mm breit. Nach Angaben in der Literatur können sie bis zu 2 mm lang sein. MEYER[1] teilt zu ihrer Morphologie folgendes mit:

„Sie sind von kurzstäbchenförmiger Gestalt, zum Teil schwach gekrümmt und bauchig, am Grunde etwas verschmälert. Die konkave Rückseite ist mehr oder weniger deutlich drei- bis fünfstreifig, und zwar handelt es sich hierbei um weiße Rippen, die mit kleinen Schleimdrüsen besetzt sind. Bei nicht ausgereiften Früchten sind zwischen den Rippen tiefe Furchen festzustellen. Die Vorderseite ist abgerundet, rippenlos, außen weniger drüsig punktiert. Die obere, etwas schräge Endfläche ist rundlich fünfeckig ausgebildet und besitzt im Gegensatz zur Römischen Kamille (*Anthemis nobilis* L.) keinen Pappusrest, sondern in der Mitte ist als Wurzelzäpfchen ein Griffelrest vorhanden.“

Die Farbe ist gelblichgrau (bis braun). Der typische Geruch der Kamillenblüten ist in schwächerem Maße auch den Früchten eigen. Angefeuchtet verschleimen sie.

[1] MEYER, K. (Weißenfels [Saale]): Nach einer persönlichen Mitteilung aus dem Jahre 1946.

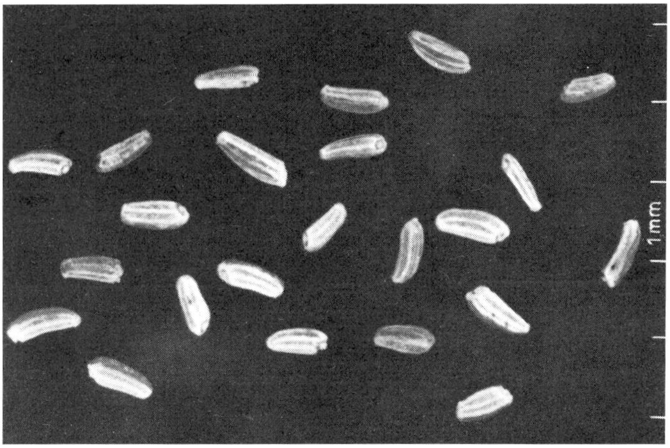

Abb. 263 Matricaria chamomilla L., Früchte

Matricaria chamomilla ändert nur wenig ab. HEGI beschreibt drei Formen, und zwar:

1. *f. nana* Custer (= *f. monocephala* Junge = *f. gracilis* Chenévard):
   Pflanze klein (10—15 cm hoch), unverzweigt, einköpfig, kleinblättrig. Stengel einfach, dünn (etwa 1 mm dick). Köpfe klein (8—15 mm im Durchmesser), schwächer gewölbt als beim Typus. Bei dieser Pflanze handelt es sich um eine Zwergform.
2. *f. paleata* Abromeit:
   Köpfe mit zarten Spreublättern.
3. *f. eradiata* Rupr. (= *f. subdiscoidea* A. Peter):
   Strahlenblüten fehlend oder sehr kurz.

ROSS[2] beobachtete, daß bei einzelnen Pflanzen der Art *Matricaria chamomilla* die Strahlenblüten fehlten. Solche Blütenköpfchen sind denen der Strahlenlosen Kamille *Matricaria matricarioides* (Less.) Porter sehr ähnlich, jedoch zeigen diese Formen stets den charakteristischen Wuchs und alle sonstigen Merkmale der Art *Matricaria chamomilla*. Wir konnten bisher in unseren Beständen in Leipzig-Probstheida strahlenlose Blüten der Echten Kamille nicht feststellen.

Die Möglichkeit der Verwechslung der offizinellen Echten Kamille mit anderen medizinisch nicht gebräuchlichen Arten besteht. Es müssen in der Hauptsache unterschieden werden:

1. Echte Kamille (*Matricaria chamomilla* L.).
2. Strahlenlose Kamille (*Matricaria matricarioides* [Less.] Porter syn. *Matricaria discoidea* DC.).
3. Geruchlose, Falsche Kamille (*Matricaria maritima* L. syn. *Matricaria inodora* L.).
4. Acker-Hundskamille (*Anthemis arvensis* L.).
5. Stinkende Hundskamille (*Anthemis cotula* L.).
6. Römische Kamille (*Anthemis nobilis* L.).

Die wichtigsten Unterscheidungsmerkmale wurden von HEEGER und BRÜCKNER[3] wie folgt zusammengestellt:

[2] ROSS, H.: Die strahlenlose Kamille, *Matricaria suaveolens*. „Heil- und Gewürzpflanzen" 1, S. 51 bis 53 (1917/18).

[3] HEEGER, E. F. und BRÜCKNER, K.: Heil- und Gewürzpflanzen / Arten- und Sortenkunde. 2. Aufl., Berlin 1952, S. 77 bis 80.

Abb. 264
Links:
Anthemis nobilis L. var. flore pleno;
rechts:
Matricaria chamomilla L.

Unterscheidungsmerkmale einiger *Anthemis*- und *Matricaria*-species

I. Ohne schuppenförmige Spreublättchen zwischen den Blüten der Blütenköpfe.

1. Köpfchenboden kegelförmig lang, hohl.

a) Pflanze mit weißen Strahlenblüten, riecht angenehm nach Kamille, einjährig: Echte Kamille (*Matricaria chamomilla* L.).

b) Pflanze ohne weiße Strahlenblüten, riecht kamillenähnlich, einjährig: Strahlenlose Kamille (*Matricaria matricarioides* [Less.] Porter syn. *Matricaria discoidea* DC.).

2. Köpfchenboden gewölbt oder nur kurz kegelförmig, markig. Pflanze ohne den typischen Kamillengeruch, riecht aber nicht unangenehm. Blütenköpfchen groß (Durchmesser etwa 3 cm), einjährig, zweijährig (oder ausdauernd): Geruchlose, Falsche Kamille (*Matricaria maritima* L.).

II. Mit, wenigstens im mittleren Teil des Köpfchens, kleinen, häutigen Spreublättchen zwischen den Blüten der Blütenköpfe.

1. Spreublättchen länglich-spitz oder stachelspitzig.

a) Pflanze widerlich riechend, einjährig: Stinkende Hundskamille (*Anthemis cotula* L.).

b) Pflanze nicht widerlich riechend, meist einjährig: Acker-Hundskamille (*Anthemis arvensis* L.).

2. Spreublättchen stumpf, an der Spitze trockenhäutig. Pflanze angenehm riechend, mehrjährig (vielköpfiger Wurzelstock): Römische Kamille (*Anthemis nobilis* L.).

Bemerkt sei, daß die Blüten der Strahlenlosen Kamille gelegentlich gesammelt werden. Sie sind aber gesondert von den Blütenköpfchen der Echten Kamille zu halten und als „Strahlenlose Kamille" zu kennzeichnen. PEYER[4] stellte fest, daß der Geruch des grünen Öles von der Strahlenlosen Kamille sich von dem des Öles der Echten

[4] PEYER, Offiz. Sitzungsber. d. X. Kongr. d. Liga Homoeopathica Internat., S. 349; zit. nach MADAUS, G.: Lehrbuch der Biologischen Heilmittel. Abt. I, Heilpflanzen. Bd. II, Leipzig 1938, S. 1855 bis 1857.

Kamille erheblich unterscheidet, obgleich der Geruch der frischen Pflanze dem der Echten Kamille ähnelt. Das DAB. 6 läßt für arzneiliche Zwecke auch nur *Matricaria chamomilla* L. zu.

Boden und Klima: Die Echte Kamille findet sich von der Ebene bis in die Alpentäler. Sie ist im allgemeinen anspruchslos und wächst auf leichten und schweren Böden, namentlich auf Lehmboden. Besonders sagen ihr Alkaliböden zu, z. B. die Salzsteppen (Czikböden) Ungarns, wo sie u. a. auf der Hortobagy bei Debreczen bisher in großer Menge wildwachsend gesammelt wurde.
Matricaria chamomilla findet sich auf Böden der verschiedensten Reaktionsbereiche, und zwar im sauren wie im neutral-alkalischen Bereich. HIMMELBAUR (zit. nach MADAUS) stellte hinsichtlich ihres Gedeihens auf Böden mit verschiedenem Kalkgehalt fest, daß das pH-Optimum zwischen 7,3 und 8,1 (neutral bis alkalisch) liegt.
Sie benötigt zu einem guten Wachstum warme Lagen. Auf schwach feuchten Böden ist sie besonders wüchsig. Je nach dem Standort, auf dem die Pflanzen gedeihen, d. h. je nach Boden- und Klimabedingungen, ist das Wachstum der Echten Kamille verschieden und damit auch der Gehalt an ätherischem Öl. BURGER[5] führte Anbauversuche u. a. auch mit deutscher Kamille im Hochland des nördlichen Tanganjika auf vulkanischem Boden, in 1600—1900 m Höhenlage, durch. Wachstum und Blütenbildung waren befriedigend. Der Gehalt an ätherischem Öl war jedoch gering.
Die beste deutsche Drogenqualität stammt von dem Marschboden Ostfrieslands, die zweitbeste aus Sachsen. Auch die fränkische Herkunft wird im Vegetabilienhandel sehr geschätzt. Ostfriesische Marschkamillen gelangen aber kaum noch in wesentlicher Menge in den Handel. Besonders kennzeichnend für die deutschen Herkünfte ist ihr guter Gehalt an ätherischem Öl mit einem hohen Anteil azulenogener Stoffe. Nur das blaue Blütenöl (*Oleum Chamomillae*) enthält als pharmakologisch wichtigsten und therapeutisch wertvollsten Bestandteil tiefblaues, Cham-Azulen genanntes Azulen. Die deutschen Herkünfte werden daher in Fachkreisen gern anderen Provenienzen vorgezogen.
Für den Anbau kann urbar gemachtes Unland und rekultiviertes Grubenabraumgelände in Frage kommen. Auch Waldkahlschläge eignen sich auf Grund der Erfahrungen von BEHRNDT[6] für den Kamillenanbau. Starke Beschattung der Pflanzen sollte jedoch vermieden werden. Im sächsischen Gebiet erfolgt der Anbau in der Hauptsache auf Kultur-, und zwar besonders auf Getreideböden.

Herkunft und Verbreitung: *Matricaria chamomilla* ist beheimatet in Süd- und Osteuropa. Sie gehört zu den Archaeophyten. Ihr Verbreitungsgebiet erstreckt sich auf fast ganz Europa bis 63°45′ nördlicher Breite. Sie ist aber auch in anderen Erdteilen anzutreffen.

Herkünfte des Drogenhandels: Hauptherkunftsgebiete für *Flores Chamomillae* sind Deutschland, Ungarn, die Balkanländer, die UdSSR, die ČSR (besonders Mähren), Jugoslawien, Belgien, Frankreich und Spanien.
In Deutschland werden Kamillenblüten vor allem wildwachsend gesammelt, aber auch anbaumäßig gewonnen. Wie bereits erwähnt, sind bekannte Herkunftsgebiete Sachsen (Sächsische Kamille) und Franken (Fränkische Kamille).
In der Literatur wird bei der Schilderung der deutschen Anbaugebiete darauf hingewiesen, daß um die Jahrhundertwende der Kamillenbau im Leipziger Raum bedeutend war. Im Rahmen eines damals umfangreichen Arzneipflanzenbaues im Süden und Westen

[5] BURGER: „Parfümerie und Kosmetik" 33, S. 205 und 242 (1952); zit. nach Bericht VEB SCHIMMEL, Miltitz b. Leipzig 1954, S. 186.

[6] BEHRNDT, C.: Anbau und Ernte der Echten Kamille, *Matricaria chamomilla* L., unter besonderer Berücksichtigung des Anbaues im Walde und der Ernte mit dem HEEGERschen Pflückgerät. „Pharmazie" 6, S. 164 bis 167 (1951); bzw. „Arzneipflanzen-Umschau" 3, S. 49 bis 52 (1951).

von Leipzig wurde aber nach Angaben von BREITFELD[7] nicht die Echte Kamille (*Matricaria chamomilla* L.) in großem Umfang angebaut, sondern die Römische Kamille (*Anthemis nobilis* L.) Die Blüten der Echten Kamille wurden bereits damals in großen Mengen wildwachsend gesammelt und vor allem dem Leipziger Drogenhandel zugeführt. Exportländer für *Flores Chamomillae* deutscher Provenienzen sind in der Hauptsache: USA, Argentinien, Brasilien, Chile, Kuba, Uruguay und die Philippinen.

Sorten und Herkünfte für den Anbau: Außer den zwei im Handel befindlichen Gruppensorten 'Quedlinburger Großblütige Kamille' und 'Erfurter Kleinblütige Kamille' gelangt noch Handelssaatgut verschiedener Herkunft, und zwar auch solches von Wildformen, zum Anbau. Bei den zugelassenen Gruppensorten handelt es sich um solche, die von mehreren Züchtern erhaltungszüchterisch bearbeitet werden. Beide Sorten unterscheiden sich hauptsächlich in der Wuchsform und Blütengröße. Sie sind hinsichtlich des Standortes anspruchslos, in feuchten Lagen jedoch besonders wüchsig. Je nach Standort, Aussaat (Frühjahr, Sommer, Herbst), Standweite und Düngung variieren die Sorten in ihrem Habitus. Über die Ertragsleistung beider Sorten liegen exakte Ergebnisse von Feldversuchen noch nicht vor. Obgleich die 'Kleinblütige Kamille' reicher zu blühen scheint als die 'Großblütige', dürfte sie doch nicht so ertragreich sein. Vom Handel wird eine großblütige Droge bevorzugt. An Neuzuchten wird gearbeitet. Besonders die Polyploidiezüchtung ist erfolgversprechend. Das Zuchtziel sind Pflanzen mit hohem Blütenanteil und gehaltvollen Blüten. Angestrebt werden besonders solche mit einer großen Zahl drüsenreicher Röhrenblüten. Letztere enthalten das ätherische Kamillenöl. Es muß tiefblau und reich an Azulen sein. Allerdings gehört es mit zu den schwierigsten Züchtungsaufgaben, Pflanzen zu gewinnen, die sich durch einen hohen Gehalt an therapeutisch wichtigen chemischen Verbindungen auszeichnen. Anzustreben ist auch ein gleichmäßiges und kurzes Abblühen der möglichst stark verzweigten Pflanzen. Die lange Blütezeit der Echten Kamille macht ein öfteres Durchpflücken der Bestände erforderlich.

Abb. 265 Matricaria chamomilla L., Blütenvergleich; links: 'Kleinblütige'; rechts: 'Großblütige Kamille'

Saatgut: Das Kamillensaatgut setzt sich aus sehr kleinen Früchten (Achänen) zusammen. Das 1000-Korngewicht ist großen Schwankungen unterworfen. Wir stellten ein solches von 0,026–0,060 g fest. Die Reinheit des Saatgutes schwankt zwischen 89 und 100%. Sie sollte bei anerkanntem Saatgut mindestens 90% betragen. Die Früchte sind oft taub. Das Saatgut ist sehr häufig mit „Blütengrus" (vom Blütenboden abgeriebene Röhrenblüten) verunreinigt. Zur Feststellung der Reinheit des Saatgutes bedient man sich am besten des Diaphanoskopes (Samenspiegel). Die Früchte sind typische Lichtkeimer, d. h., sie keimen nur normal bei ausreichender Belichtung. Laut „Methodenbuch Bd. V" werden die Früchte auf Filtrierpapier eingekeimt und bei Wechseltemperatur (zwischen 18 und 20° C während 18 Stunden und bei 30° C während 6 Stun-

[7] BREITFELD, W.: Der deutsche Drogenhandel. Leipzig 1906, S. 58 bis 59.

den) gehalten. Die Keimschnelligkeit wird nach 5 und die Keimfähigkeit nach 14 Tagen festgestellt. Sie ist oft ungenügend. Im mehrjährigen Durchschnitt der Untersuchungen zahlreicher Proben stellten wir eine Keimfähigkeit von nur 59% fest. Anerkanntes Saatgut sollte aber eine Mindestkeimfähigkeit von 70% aufzuweisen haben. Durch Frosteinwirkung soll nach Ansicht erfahrener Kamillenanbauer die Keimung begünstigt werden. Mit zunehmendem Alter des Saatgutes nimmt die Keimfähigkeit ab. Im Boden bleiben die Früchte zum Teil drei Jahre, wenn nicht sogar länger keimfähig. Nach vierjähriger Lagerung des Saatgutes stellten wir eine Abnahme der Keimfähigkeit von 47—100% fest. Bereits nach einjähriger Lagerung betrug bei von uns untersuchten Saatgutproben die Abnahme der Keimfähigkeit 7—49%. Frisches Saatgut hat die beste Keimfähigkeit.

Anbau: *Matricaria chamomilla* wurde in pflanzenbaulicher Hinsicht noch wenig experimentell bearbeitet, und somit ist nichts Näheres über ihre Fruchtfolgeansprüche bekannt. Sie gedeiht gut sowohl nach Hackfrüchten als auch nach Leguminosen und Getreide. In Arzneipflanzen-Fruchtfolgeplänen, die LIPPERT[8] veröffentlichte, ist die Echte Kamille enthalten.

Arzneipflanzen-Fruchtfolgen (auszugsweise)
nach LIPPERT (siehe auch Allgemeiner Teil, S. 110)

Vorfrucht	1. Jahr	2. Jahr	3. Jahr	4. Jahr
Wiesenumbruch, Gemenge	Eibisch als Herbstpflanzung, Untersaat: Spinat und Wintersalat	Eibisch mit Untersaat	Dill oder Bohnenkraut, Herbstsaat: Kamille	Kamille
Kartoffeln oder Rüben in Stalldung	Pfefferminze oder in warmen Lagen Fenchel mit Untersaaten	Pfefferminze nach Fenchel, Blaue Malve	Bohnen-Hafer oder Gerste mit Erbsen, Herbstsaat: Kamille	Kamille
Frühkartoffeln mit Stalldung	Stockrose (Schwarze) als Herbstpflanzung	Stockrose	Kamille	

Da erfahrungsgemäß der Herbstaussaat gegenüber der Frühjahrsaussaat der Vorzug zu geben ist, muß darauf geachtet werden, daß die Vorfrucht möglichst früh im Herbst das Feld räumt.

Zu beachten ist, daß keine Kamillenfrüchte ausfallen, die zur Verunkrautung der Nachfrucht führen. Auch Nachbarbestände können durch Früchteflug gefährdet werden.

Tritt *Matricaria chamomilla* in Nutzpflanzenbeständen als Unkrautpflanze auf, so ist sie zu vernichten. Sie entzieht den Kulturpflanzen Nährstoffe und Wasser und hindert sie bei massenhaftem Auftreten am Gedeihen. Die Bekämpfung als Ackerunkraut erfolgt hauptsächlich durch mechanische Maßnahmen, wie Eggen des Feldes vor der Bestellung, durch Striegeln sowie Hackpflege. Auch ungeölter Kalkstickstoff sowie feingemahlener (Hederich-) Kainit gelangen zur Anwendung. Die Kamille ist mit

[8] LIPPERT, F.: Heilpflanzen und landwirtschaftliche Fruchtfolge. „Heilpflanzen-Rundschau" Nr. 15 (1949).

Abb. 266 Matricaria chamomilla L., blühender Feldbestand in der Oberlausitz

Wuchsstoffen auf der Basis von 2,4-Dichlorphenoxyessigsäure nur schwer zu bekämpfen[9]. Der Erfolg ist von der Konzentration der Wuchsstoffe abhängig.
Zur Drogengewinnung kann die Aussaat im Herbst, Frühjahr und auch noch zu Anfang des Sommers erfolgen. Der mit Kamille zu bestellende Acker soll nicht tief gepflügt sein und muß sich vor der Saat gut abgesetzt haben. Das Saatbett wird fest hergerichtet. Die Herbstaussaat, die von August bis Oktober vorgenommen wird, bietet den Vorteil eines gleichmäßigen Auflaufens der Saat. Sie hat aber den Nachteil, daß im Frühjahr häufig viel Unkraut in den Kamillenbeständen enthalten ist. Herbstaussaat erfordert daher mehr Pflege als Frühjahrsaussaat. Letztere sollte vorgenommen werden, sobald die Bestellungsarbeiten möglich sind. Je früher die Aussaat erfolgen kann, um so besser wird die Winterfeuchtigkeit von den Pflanzen genutzt. Herbstaussaat liefert meist die höchsten Erträge, Sommeraussaat die geringsten.
Um die Blütenernte in einzelnen Etappen vornehmen zu können, empfiehlt Dermanis[10], die Herbstaussaat an zwei und die Frühjahrsaussaat an drei verschiedenen Terminen vorzunehmen. Wir empfehlen aus ackerbaulichen Gründen, je nach Umfang des Anbaues, die Aussaaten in kurzen Zeitabständen von etwa 8—14 Tagen folgen zu lassen. Die Aussaat erfolgt als Drillsaat. Als Reihenentfernung werden in der Literatur Maße von 20—50 cm angegeben. Die zweckmäßigsten Reihenabstände dürften sein:

a) für die Drogengewinnung 30—40 cm und
b) für die Saatgutgewinnung 40—50 cm.

Die Höhe der Aussaatmenge richtet sich nach den Saatgutwerten. Bei einer Reinheit von 90% und Keimfähigkeit von 75% genügen bei einer Reihenentfernung von 25—30 cm 20—30 g Saatgut je 100 qm Anbaufläche. Bei der Feinkörnigkeit der Kamillenfrüchte wird oft zu dick gesät; es ist daher vorteilhaft, bei der Freilandaussaat das Saatgut mit trockenem, feinem Sand vor der Aussaat gut zu mischen.

[9] Böhme, L.: Erfahrungen mit den Unkrautbekämpfungsmitteln Hormit, Hormin und UT 10 Leuna. „Die Deutsche Landwirtschaft“ 3, S. 632 bis 635 (1952).
[10] Dermanis, P.: Versuche über den Anbau der Kamille und über den Einfluß verschiedener Wachstumsfaktoren auf den Gehalt der Kamillenblüte an ätherischem Öl. „Heil- und Gewürzpflanzen“ 18, S. 7 bis 19 (1938).

Bei der Vorkultur im Kasten genügen bereits 5 g Saatgut zur Heranzucht der Pflanzen für eine Fläche von 100 qm. Sie ist jedoch unwirtschaftlich.
Da die Kamillenfrüchte spezifische Lichtkeimer sind, erfolgt die Aussaat am besten mit leicht hochgezogener Drillschar auf den Walzstrich. Um eine flache Saat zu gewährleisten, empfiehlt es sich, entweder bei Windstille zu drillen und die Schare so hoch zu hängen, daß sie gerade noch über den Boden laufen, oder besser unter den Scharen kleine Kufen aus Blechstreifen, wie man sie sich jederzeit selbst anfertigen kann, anzubringen. Auch von der Landmaschinenindustrie werden solche Gleitbügel zur Tiefenregulierung für verschiedene Scharsysteme geliefert. Man ist in diesem Falle von der Forderung nach Windstille beim Drillen unabhängig. Wo es die Bodenverhältnisse gestatten, ist es zweckmäßig, die Früchte anzuwalzen. Ein altes Sprichwort sagt, daß die Echte Kamille am besten wächst, wo sie am meisten getreten wird. Mißerfolge beim Kamillenanbau sind in der Hauptsache auf eine unsachgemäße Aussaat zurückzuführen.
Je nach den Bodenverhältnissen ist die Düngung vorzunehmen. *Matricaria chamomilla* bevorzugt vor allem Stickstoff und ist kaliliebend. Unsere Analysenbefunde ergaben, daß auf kalireichen Böden höhere Gehalte an ätherischem Öl erzielt wurden als auf kaliarmen Böden[11]. Nach DERMANIS[12] wirken Kali und Stickstoff nicht nur günstig auf den Ertrag, sondern erhöhen auch den prozentualen Ölgehalt. Empfindlich ist die Echte Kamille gegen überschüssige Phosphorsäure. Nach unseren Beobachtungen wirkt sich eine harmonische Volldüngung günstig auf die vegetative Entwicklung der Kamillenpflanzen und auch auf den Gehalt an ätherischem Öl der Drogen (Blüten sowie Kraut) aus. Auch durch die experimentellen Arbeiten von DAFERT und RUDOLF[13] sowie von HECHT[14] wird bestätigt, daß die Ausbeute an ätherischem Öl von dem Gedeihen der Pflanze bestimmt wird, das am besten bei einer Volldüngung (N, P_2O_5, K_2O) ist. HECHT[15] macht hinsichtlich der Düngung zu *Matricaria chamomilla* folgende Angaben:

4—5 dz/a Stalldung zur Vorfrucht
0,3—0,4 kg/a N
0,4—0,6 kg/a P_2O_5
1,2—1,4 kg/a K_2O.

Bei den Hauptnährstoffen N, P_2O_5 und K_2O handelt es sich um Reinnährstoffmengen. Auf Grund von Beobachtungen von DERMANIS kann auch Stalldung zu Kamille verabreicht werden. Sie entfaltet dann ein besonders üppiges Wachstum. Jedoch nützt *Matricaria chamomilla* infolge ihrer verhältnismäßig kurzen Vegetationsdauer die ihr verabreichte Stalldunggabe nicht voll aus. Wir halten es daher für wirtschaftlicher, sie als abtragende Kulturart anzubauen.
Bei genügend Feuchtigkeit und Wärme bilden die Kamillenpflanzen im April bis Mai schnell geschlossene Bestände. Die Hackpflege muß daher rechtzeitig einsetzen. Die Bestände müssen unkrautfrei gehalten werden. Unkraut in den Drogen setzt deren Wert herab und führt zu Beanstandungen. Die Intensität der Hackarbeit richtet sich folglich nach der Sauberkeit des Kamillenfeldes. Sie kann manuell, aber auch maschinell erfolgen. Herbstsaat wird zweckmäßig vor Winter noch einmal mit der Hand gehackt, und im Frühjahr genügt dann meist ein Striegelstrich oder eine zeitige Maschinenhacke. Die Echte Kamille ist völlig winterhart.

11 loc. cit. S. 488.
12 loc. cit. S. 496.
13 DAFERT, O. und RUDOLF, J.: Der Einfluß einer verschiedenen Düngung auf die Menge der wertbildenden Stoffe bei Koriander, Anis, Kamille und Paprika. „Heil- und Gewürzpflanzen" 8, S. 83 bis 92 (1925).
14 HECHT, W.: Zur Düngungsfrage der Kamille. „Heil- und Gewürzpflanzen" 5, S. 33 (1922/23).
15 HECHT, W. und DIETZ, R.: Anbau von Arznei- und Gewürzpflanzen. Graz 1948, S. 49 bis 50.

Der Anbau der Kamille zur Saatgutgewinnung wird in der Hauptsache von Zucht- und Vermehrungsbetrieben vorgenommen, die über spezielle Erfahrungen im Samenbau verfügen und die hierzu erforderlichen Einrichtungen besitzen. In Deutschland nahm der Kamillensamenbau erst nach 1933 einen etwas weiteren Umfang an, nachdem Kamillensaatgut in immer größerem Maße für den Anbau benötigt wurde. Der Kamillensamenbau wird vor allem in der Nähe der Samenzuchtgebiete Quedlinburg, Aschersleben, Erfurt und seit 1948 in der Oberlausitz (Herrnhut) betrieben. Für den Samenbau eignen sich am besten Feldstücke, die in Wiesen oder Weideland eingesprengt liegen; aber auch auf Waldkahlschlägen mit geeigneten Böden kann er erfolgen. Mit der Auswahl solcher Flächen wird einer Verwehung reifer Früchte auf benachbarte und entfernter gelegene Nutzpflanzenbestände und damit der Gefahr ihrer Verunkrautung vorgebeugt. Spezielle Erfahrungen mit dem Anbau zur Saatgutgewinnung liegen in Thüringen vor. Nach REINHOLD[16] wird er in Erfurt und Umgebung, besonders in den Feldmarken von Stotternheim und Großrudestedt, wo der Arzneipflanzenbau von alters her zu Hause ist, zwei- bis dreijährig betrieben. Der Unsicherheit des Auflaufens der Saat begegnet man durch Frühjahrspflanzung. Im März erfolgt Aussaat des Elitesaatgutes in warme Kästen, in denen die Früchte bei guter Feuchthaltung rasch auflaufen. Bereits nach 3—4 Tagen keimen sie. Ende April werden dann die Jungpflanzen bei einem Reihenabstand von 40 cm und in der Reihe 30 cm ausgepflanzt. Nach den üblichen Hackarbeiten tritt die Fruchtreife Ende Juli ein. Junge Kamillenpflanzen sind hinsichtlich des Verpflanzens unempfindlich. Der Blütenanteil der gepflanzten Kamille ist höher als bei der Drillsaat. Gelegentlich werden daher auch im Kleinanbau im zeitigen Frühjahr junge Wildkamillenpflänzchen gesammelt und auf Beete zur Gewinnung von Blüten gepflanzt. Die Ernte der Früchte erfolgt mit der Sichel, wobei die abgesichelten Pflanzen gleich auf Planen gelegt werden. Grundsätzlich erfolgt der Schnitt in den frühen Morgenstunden bei Tau, um ein zu starkes Ausfallen der Früchte zu vermeiden. Ein leichtes Abklopfen läßt die reifen Früchte ausfallen. Die abgeernteten Flächen werden dann möglichst bald mit einer schweren Egge scharf aufgeeggt und hierauf festgewalzt. Bei genügend Feuchtigkeit laufen die ausgefallenen Früchte schnell auf, und die jungen Pflanzen können sich noch bis zum Eintritt des Frostes gut entwickeln. Mit Auswinterungsschäden junger Pflanzen ist nicht zu rechnen. Möglichst im Herbst, spätestens im zeitigen Frühjahr, wird der Bestand mit der Hackmaschine bzw. Doppelradhacke auf 30—40 cm Reihenabstand durchgehackt. Der so gewonnene Zwischenraum wird offen gehalten. Im nächsten Jahr sind die Früchte bereits Ende Juni reif. Auf diese Weise kann der Bestand gegebenenfalls auch noch ein drittes Jahr zur Saatgutgewinnung genutzt werden, wobei jedoch Voraussetzung ist, daß er nicht verunkrautet sein darf. Kastenaussaat kann bereits im August erfolgen. Das Auspflanzen erfolgt dann im September. Im Kleinanbau können auch Blütenköpfe mit den reifen Früchten gepflückt werden. Zu bedenken ist hierbei, daß die Reife allmählich erfolgt und die Pflücke mehrmals vorgenommen werden muß.

Ernte: *Matricaria chamomilla* enthält in den Blüten ätherisches Öl. Am ölreichsten sind die Röhrenblüten. Sie sind mit kurzen, zweizellreihigen Drüsenhaaren versehen, die das ätherische Öl enthalten. ŠTĚRBA[17] stellte während des Pflanzenwachstums in den Blüten zwei Maxima in der Höhe des Gehaltes an ätherischem Öl fest, und zwar trat das erste beim Beginn der Knospenbildung und das zweite Maximum zur Zeit der Voll-

[16] REINHOLD, W.: Briefliche Mitteilung (1952). (Siehe auch WALTHER, O.: Arzneipflanzen-Samenbau. „Pharmazie“ 5, S. 127 bis 129 [1950]; bzw. „Arzneipflanzen-Umschau“ 2, S. 681 bis 683 [1950].)

[17] ŠTĚRBA, B.: Časapis českého lékárnictva. „Vědecká přiloha“ 6?, S. 1 bis 12 (1949). (Ermittlung des Gehaltes an ätherischem Öl bei *Matricaria chamomilla* L. während ihres Wachstums); ref. in „Pharmaz. Zhalle“ 89, S. 200 (1950).

blüte auf. Um eine gehaltreiche Blütendroge zu gewinnen, empfiehlt es sich, etwa 3–5 Tage nach dem Aufblühen mit der Ernte zu beginnen. Da die Blüten sich nach und nach öffnen, erstreckt sich die Ernte über einen längeren Zeitraum. Noch geschlossene oder auch erst halb geöffnete Blüten dürfen nicht gepflückt werden, weil sich der Ölgehalt dieser Stadien von dem der vollerblühten unterscheidet. Sie haben einen sehr schwankenden Gehalt an ätherischem Öl, trocknen sehr ungleichmäßig und werden leicht mißfarbig. Nach Untersuchungen von BLAŽEK und HUBÍK[18] hatten an trockenen, sonnigen Tagen die Kamillenblüten in den Mittagsstunden und nachts (1 Uhr) ein Maximum an azulenogenen Stoffen aufzuweisen. Besteht die Möglichkeit des Absatzes von Kamillenkraut an den Vegetabilienhandel, so werden die Bestände meist nur zweimal durchgepflückt. Das Kraut (*Herba Chamomillae cum floribus*) soll noch einen guten Blütenanteil aufzuweisen haben. Durch die Beimischung krautiger Teile zu den Blüten wird der therapeutische Wert der offizinellen *Flores Chamomillae* gemindert.
Je nachdem, ob die Aussaat im Herbst des Vorjahres oder vom Frühjahr bis Frühsommer des Erntejahres vorgenommen wird, erstreckt sich die Ernte vom Mai bis zum Herbst. Die Herbstblüte liefert sehr kleine Blütenköpfchen. Die gelben Scheibenblüten der Infloreszenz sind dann oft ungeöffnet im Knospenzustande. Nach AUGUSTIN[19] ist in Ungarn bei günstiger Witterung auf Czikböden das Sammeln der Kamillenblüten im Herbst noch lohnend, und die Qualität der Droge ist nicht nur dem Aussehen, sondern auch dem Inhalt nach gut. Nach Untersuchungen von DERMANIS[20] an in Lettland angebauter Echter Kamille hatten die in der ersten Hälfte des Sommers geernteten Kamillenblüten den höchsten Gehalt an ätherischem Öl aufzuweisen.

Die Blütenernte, auch „Pflücke" genannt, erfolgt entweder:

1. Mit der Hand, indem man die Stengel zwischen den Fingern durchgleiten läßt und mit einem kurzen Ruck durch Zusammendrücken der Finger die Blütenköpfchen abreißt;
2. mit Kämmen, die bei der Ernte von Heidel- und Preiselbeeren Verwendung finden. Verschiedene Kamillenkammsysteme haben sich dabei bewährt;
3. mit Spezialrechen;
4. mit Kammschaufeln, wie sie besonders in Ungarn zur Kamillenblütenernte dienen;
5. mit besonderen Pflückapparaten, die sich in der Praxis bisher nicht eingeführt haben.

In Deutschland wird im Großanbau die Kamillenpflücke in der Hauptsache mit Kämmen vorgenommen. Gut hat sich in der Praxis das Kamillenpflückgerät nach HEEGER eingeführt*. Ein Pflückgerät für die Kamillenernte muß, um eine Ermüdung beim Pflücken zu verhindern, möglichst leicht im Gewicht und bequem zu handhaben sein. Die Kammzinken müssen derart angeordnet sein, daß jede Blüte damit erfaßt werden kann und selbst den kleinsten Blüten ein Durchgleiten durch die Zähne oder Zinken unmöglich gemacht wird. Das Gerät muß gestatten, daß die Blüten nur mit ganz kurzem Stengel (etwa 1 cm lang) erfaßt werden und daß eine Entleerung des Sammelgutes schnell und restlos erfolgen kann. Eine nähere Beschreibung der in Deutschland zur Kamillenernte Verwendung findenden Kamillenpflückgeräte findet sich in einer Abhandlung von SCHÜTZE[21]. (Siehe auch Abb. 25, S. 151.)

[18] BLAŽEK, Z. und HUBÍK, J.: Über die Schwankungen der azulenogenen Stoffe in den Blütenkörbchen von *Matricaria chamomilla* L. im Laufe des Tages. „Pharmazie" 7, S. 180 bis 182 (1952); bzw. „Arzneipflanzen-Umschau" 3, S. 244 bis 246 (1952).
[19] AUGUSTIN, B.: Im Herbst gesammelte Kamillen. „Heil- und Gewürzpflanzen" 10, S. 87 bis 90 (1927/28).
[20] loc. cit. S. 496.
[21] SCHÜTZE, C. R.: Über Pflückapparate zur Kamillenernte. „Pharmazie" 3, S. 236 bis 237 (1948); bzw. „Arzneipflanzen-Umschau" 2, S. 354 bis 355 (1948).
* Lieferfirma: Drogenhandelsgesellschaft Carl KRÜGER & Co., Leipzig N 21, Wittenberger Str. 60/62.

Abb. 267 Kamillenpflückgerät, häufig in Mitteldeutschland verwendet

Abb. 268 Kamillenpflückgerät (kastenförmig)

Die Krauternte erfolgt gewöhnlich nach der zweiten Blütenpflücke. Soll das Kraut zu Futterzwecken Verwendung finden, so kommt es nicht auf den Blütenbesatz, sondern auf den Blattanteil an. Es wird dann am besten mit der Sense oder dem Grasmäher kurz über dem Boden abgemäht. Durch diese Maßnahme wird der Früchteausfall größtenteils vermieden, der sich sonst später als Unkraut sehr unangenehm bemerkbar macht und zur Bekämpfung erheblichen Arbeitsaufwand verursacht. Aus diesem Grund ist auch ein Stehenlassen des Bestandes für eine zweite Ernte nach dem ersten Schnitt nicht empfehlenswert. Außerdem sind die Erträge dann meist nur sehr gering. Je nach Beschaffenheit verfügt das Kraut über einen gewissen Futterwert, wie dies nachstehender Analysenbefund von DERMANIS[22] erkennen läßt.

Ertrag an lufttrockenem Kamillenkraut in dz/ha und Krautanalyse im Jahre 1928

Ertrag dz/ha	54,0
Das Kraut enthält in der Trockensubstanz v. H.	
Rohprotein	6,23
Reinprotein	5,25
Rohfett	1,84
Stickstofffreie Extraktstoffe	47,59
Rohfaser	37,95
Asche	6,39

Ertrag an lufttrockenem Kamillenkraut in dz/ha und Krautanalyse im Jahre 1929

Saatzeit	Krautertrag dz/ha	Die Trockensubstanz enthält Rohprotein	Rohfaser
13. Mai 1929	37,80	3,08	41,44
27. Mai 1929	45,12	4,79	38,30
10. Juni 1929	44,28	6,01	31,93

[22] loc. cit. S. 496.

GÜNTHER, HEEGER und ROSENTHAL[23] stellten den Vitamin-C-Gehalt in den Blättern und Blüten mit dem Ergebnis fest, daß diese l-Ascorbinsäure nur in geringer Menge, nämlich 159—369 mg%, umgerechnet auf Trockensubstanz, enthalten.
Der Drogenhandel interessiert sich in Zeiten, wo die Kamillenblüten knapp sind, für eine Krautware, die noch einen guten Blütenbesatz hat. Zu diesem Zwecke wird das noch frischgrüne Kraut mit der Sichel, Sense oder auch Grasmähmaschine geerntet. Unkräuter dürfen in der Krautware, die als Droge dient, nicht enthalten sein. Sie sollen bei der Ernte ausgelesen werden. In besonders trockenen Jahren ist das Kraut sehr stengelreich und wird schnell gelb. Zur Drogengewinnung ist es dann nicht mehr geeignet.
Der Transport der Blüten zur Trocknung muß in lockerer Schicht, am besten auf Horden, in Stiegen oder in porösen Säcken erfolgen. Die frischen Blüten dürfen nicht gepreßt werden, da sie sich schnell erhitzen und verderben.

Abb. 269
In Italien verwendetes Pflückgerät für Kamillenblüten

Trocknung: Die Qualität der Droge wird in hohem Maße von der Trocknung beeinflußt. Die frischen Blüten der Echten Kamille werden nach der Ernte am besten sofort in dünner Schicht zum Trocknen ausgebreitet, um jegliche Erhitzung zu vermeiden. Sie sind am zweckmäßigsten auf Holzböden oder Horden im Schatten zu trocknen. Nach LA FACE[24] werden in Italien die Kamillenblüten häufig in dünner Schicht an der Sonne getrocknet. Auch in anderen Ländern findet die Trocknung zum Teil noch unmittelbar im Sonnenlicht statt. Zur Vermeidung von Qualitätsminderungen sollte sie jedoch besser in überdachten Räumen im Schatten erfolgen. Sind Möglichkeiten einer künstlichen Trocknung gegeben, so ist hiervon Gebrauch zu machen. Zu einem großen Teil werden die Kamillenblüten von den Erfassungsbetrieben bereits auf diese Art getrocknet. Mit künstlich erzeugter Wärme lassen sich die Blüten in verhältnismäßig kurzer Zeit haltbar machen und somit in eine in qualitativer Hinsicht

[23] GÜNTHER, E., HEEGER, E. F. und ROSENTHAL, Chr.: Der Vitamin-C-Gehalt der in Deutschland hauptsächlich angebauten Heil- und Gewürzpflanzen in kritisch-experimenteller Betrachtung. „Pharmazie" 7, S. 24 bis 50 (1952); bzw. „Arzneipflanzen-Umschau" 3, S. 201 bis 227 (1952).
[24] LA FACE, F.: Der gegenwärtige Stand der Drogengewinnung in Italien. „Pharm. Ind." 9, S. 91 bis 102 (1942); bzw. „Arzneipflanzen-Umschau" 1, S. 83 bis 94 (1942).

wertvolle Droge überführen. Keinesfalls dürfen die Blüten aber zu scharf getrocknet werden, da sonst Verluste an ätherischem Öl unvermeidlich sind und auch beim späteren weiteren Aufbereiten und Verpacken der Droge zuviel „Kamillengrus" entsteht. Die Trocknung erfolgt am besten auf Horden, die mit einem porösen Material bespannt sind. Die Trocknungstemperatur sollte möglichst niedrig und nicht wesentlich über Zimmertemperatur (20° C) hinausgehen. Meist wird jedoch bei höheren Temperaturen (30—35° C) getrocknet. BLAŽEK und KUČERA[25] untersuchten den Einfluß verschiedener Trocknungsarten auf den Gehalt an azulenogenen Stoffen bei *Flores Chamomillae*. Sie kamen zu dem Ergebnis, daß diese Wirkstoffe am besten erhalten bleiben, wenn die Trocknung an einem schattigen Platz bei Zimmertemperatur (etwa 20° C) erfolgt. Sie stellten außerdem fest, daß gegenüber der natürlichen Trocknung im Schatten durch Verwendung von infraroter Strahlung mit einer Entfernung des Glühkörpers von 0,5 m die Trocknungszeit etwa auf ein Achtel verkürzt werden kann, was allerdings einen Verlust an azulenogenen Stoffen um etwa 17% mit sich bringt. Am ungünstigsten ist die Trocknung in direktem Sonnenlicht, da hierbei etwa 31% der azulenogenen Stoffe verlorengehen. Die Blüten dürfen während der Trocknung nicht bewegt werden. Die Trocknungszeit richtet sich nach den Trocknungsbedingungen. Bei natürlicher Trocknung im Schatten kann sich die Trocknung auf etwa 10—14 Tage erstrecken, bei künstlicher Trocknung mit Warmluft (30—35° C) werden zum Trocknen von 100 kg Blüten etwa 6—8 Stunden benötigt.

Die Trocknung des Krautes kann bei günstiger Witterung auf dem Felde erfolgen. Zu diesem Zwecke läßt man das frisch gemähte Kraut bei trockenem Wetter zunächst auf dem Boden etwas abwelken und reutert es dann in der Weise, wie der Landwirt das Heu für Futterzwecke wirbt. Nach unseren Erfahrungen eignen sich hierfür besonders gut Dreibockreuter. Auch die Dahlheimer Hütte, die als Allestrockner Verwendung findet, kann zum Trocknen des Krautes benutzt werden. Zur Erzielung einer frischgrünen Krautware muß zur künstlichen Trocknung geraten werden, wobei jedoch zu bedenken ist, daß sich damit die Gestehungskosten für die Krautdroge wesentlich erhöhen. Das Kraut wird künstlich bei etwas höheren Temperaturen (35—40° C) getrocknet.

Was nun das Trocknungsverhältnis frisch : trocken anbelangt, so ergaben eigene Untersuchungen und eine Umfrage bei Betrieben, die sich in großem Umfange mit der Trocknung von Kamille befassen, folgende Werte:

Trocknungsverhältnis der Kamillenblüten frisch : trocken = 4—6 : 1;
Trocknungsverhältnis des Kamillenkrautes frisch : trocken = 4—5 : 1.

DERMANIS[26] stellte eine Ausbeute an lufttrockener Blütendroge auf Grund der Ergebnisse von 149 Proben im Durchschnitt mit 21% der frischen Masse fest. Als Normen für das Trocknungsverhältnis von Blüten und Kraut werden von Erzeugern und Erfassungsbetrieben vorgeschlagen für Blüten 6 : 1 und für Kraut 5 : 1. So hat z. B. FÖRSTER* ein Durchschnitts-Trocknungsverhältnis von 5,1 : 1 bei den Blüten festgestellt. Er empfiehlt eine Norm von 6 : 1, da bei der Erfassung großer Mengen mit einem größeren Schwund zu rechnen ist als bei kleinen Posten. Jedoch ist es schwierig, für das Trocknungsverhältnis eine allgemeingültige Norm aufzustellen, da es sich hierbei um ein Zahlenverhältnis handelt, das die Beziehung zwischen Frisch- und Trockengewicht angibt. Dieses Verhältnis ist in der Praxis jedoch nicht konstant, sondern schwankt mehr oder weniger.

[25] BLAŽEK, Z. und KUČERA, M.: Der Einfluß verschiedener Trocknungsarten auf den Gehalt an azulenogenen Stoffen bei *Flores Chamomillae*. „Pharmazie" 7, S. 107 bis 109 (1952); bzw. „Arzneipflanzen-Umschau" 3, S. 237 bis 239 (1952).

[26] loc. cit. S. 496.

* FÖRSTER, W., (Oschatz [Sa.]): Briefliche Mitteilung vom 17. 10. 1952.

Abb. 270 Matricaria chamomilla L.,
Trocknung der Blüten in Italien auf Stapelhorden

Abb. 271 Matricaria chamomilla L.,
Trocknung der Blüten in Italien zu ebener Erde in der Sonne

Erträge: *Matricaria chamomilla* ist im Anbau eine noch sehr junge Kulturpflanze. Ergebnisse von Leistungsprüfungen mit Sorten dieser Kulturart liegen noch nicht vor. Mit der Leistungszucht wurde erst nach 1945 in Deutschland begonnen. Besonders die Ertragssicherheit läßt noch viel zu wünschen übrig. Demzufolge sind die bekannt gewordenen Ertragsschwankungen sehr groß.

Die Erträge belaufen sich:

1. an trockenen Blüten auf 5,000—20,000 kg/a, im allgemeinen auf 6,000—12,000 kg/a;
2. an trockenem Kraut auf 20,000—50,000 kg/a, im allgemeinen auf 20,000—30,000 kg/a;
3. an Saatgut auf 0,300—3,000 kg/a, im allgemeinen auf 1,000—2,000 kg/a.

Die Blütenerträge sind stark abhängig von der Zahl der Pflücken.

Krankheiten und Schädlinge: Nach HEGI wird die Echte Kamille von den Falschen Mehltaupilzen *Peronospora leptosperma* De By. und *P. radii* De By. befallen. Die letztgenannte Art soll ausschließlich im Bereich der Blütenköpfe auftreten, die dann steril bleiben und faulen. Von den Ascomyceten wird *Pleospora herbarum* (Pers.) als Parasit aufgeführt. Weiter nennt HEGI die Larven verschiedener Rüsselkäfer (namentlich *Apion*-Arten) und die Maden verschiedener Fliegen (*Trypeta*). Als Pollenfresser wurden Glanzkäfer (*Meligethes-spec.*) sehr häufig beobachtet. In den Blütenköpfchen finden sich hin und wieder auch die Larven des Käfers *Olibrus aeneus* F. Der Larven- und Käferbefall wirkt sich nachteilig auf die Drogenqualität aus. An dem Kraut sind die Raupen von *Euplexia lucipara* L., *Cucullia chamomillae* L., *C. umbratica* L. und *C. tanaceti* Schiff. sowie die Raupen verschiedener Kleinschmetterlinge festgestellt worden. Von Blattläusen werden *Aphis (Doralis) fabae* Scop., *Brachycaudus cardui* L. (= *B. chamomillae* Koch), *B. helichrysi* Kalt. als Schädlinge der Echten Kamille genannt.

FRÖMMING[27], der sich sehr eingehend mit ernährungsbiologischen Fragen bei Gastropoden beschäftigte, stellte fest, daß die Vertreter der Gattung *Matricaria* ebenso wie viele andere Arzneipflanzen auch von Schnecken befressen werden. Im Gegensatz zur früheren Meinung ist heute erwiesen, daß der Gehalt der Pflanzen an ätherischem Öl, Alkaloiden, Glykosiden usw. durchaus kein Schutzmittel gegen Tier-, insbesondere Schneckenfraß bedeutet.

Als Drogenschädlinge kommen nach MADEL[28] in Frage:

1. *Plodia interpunctella* Hb. (Kupferrote Dörrobstmotte),
2. *Ptinus latro* F. (Dunkelbrauner Diebkäfer) und *P. testaceus* Oliv. (Gelbbrauner Diebkäfer) und
3. *Gibbium psylloides* Czemp. (Kugelkäfer).

Zur Lagerung von *Flores Chamomillae* ist zu sagen, daß sie erst gelagert werden können, wenn die Blütenköpfchen auch im inneren Blütenboden vollkommen trocken sind. Gut trockene Droge kann kurze Zeit locker in Haufen liegenbleiben. Die Droge ist jedoch hygroskopisch und daher bei längerer Aufbewahrung möglichst in dichtgeschlossenen Gefäßen unterzubringen. Sehr bewährt haben sich mit Weißblech ausgeschlagene Holzvorratsgefäße. Von Zeit zu Zeit empfiehlt es sich, den Grad der

[27] FRÖMMING, E.: Briefliche Mitteilung 1952. (Siehe auch FRÖMMING, E.: Unsere gehäusetragenden Landschnecken als Feinde der Heil- und Gewürzpflanzen. „Pharmazie“ 2, S. 524 bis 526 [1947]; bzw. „Arzneipflanzen-Umschau“ 2, S. 269 bis 271 [1947]; derselbe: Unsere Nacktschnecken als Feinde der offizinellen Pflanzen. „Pharmazie“ 3, S. 420 bis 421 [1948]; bzw. „Arzneipflanzen-Umschau“ 2, S. 414 bis 415 [1948]; derselbe: Quantitative Untersuchungen über die durch Landlungenschnecken als Nahrung aufgenommenen Heil- und Gewürzpflanzen. „Pharmazie“ 4, S. 339 bis 341 [1949]; bzw. „Arzneipflanzen-Umschau“ 2, S. 570 bis 571 [1949]; derselbe: Über die individuelle Geschmacksrichtung einiger Landlungenschnecken, demonstriert an offizinellen Heilpflanzen. „Pharmazie“ 6, S. 29 bis 30 [1951]; bzw. „Arzneipflanzen-Umschau“ 3 S. 14 bis 15 [1951].)

[28] MADEL, W.: Drogenschädlinge, ihre Erkennung und Bekämpfung. Berlin 1938.

Trockenheit nachzuprüfen. Feuchte Droge ist schnell dem Verderb ausgesetzt. Sorgfältig getrocknete und gelagerte Droge ist gut haltbar.

Herba Chamomillae cum floribus kann in gut trockenem Zustand im Stapel gelagert werden.

Der Versand der Blütendroge erfolgt am besten in Kisten, die mit Papier ausgelegt sind. Die üblichen Kistenmaße für 50 kg Kamillendroge sind 90 × 70 × 65 cm. Im Innenhandel kann der Versand auch in mit Papier ausgekleideten Pappkartons und Fässern vorgenommen werden. Die Droge darf nur leicht eingedrückt werden. Säcke sind ungeeignet, weil darin die Droge leicht „grusig" wird und Feuchtigkeit anzieht. Allerdings gelangen in den USA *Flores Chamomillae* auch in gepreßter Verpackung zum Versand (siehe S. 173). Der Versand des Krautes erfolgt am besten geschnitten (gehäckselt) in größeren Säcken. Das Verpackungsmaterial muß sauber und geruchlos sein.

Besonderes: Es sei darauf hingewiesen, daß an allergischen Krankheiten (Allergosen) leidende Personen vorsichtig im Umgang mit *Matricaria chamomilla* sein sollten. Obgleich *Flores Chamomillae* zur Bereitung von Augenwasser bei Konjunktivitis und von Kamillendämpfen bei Schnupfen und Stirnhöhlenentzündung gern angewandt werden, können bei Personen, die zu Heufieber bzw. Heuasthma neigen, Beschwerden auftreten. Wir beobachteten, daß außer Kamillenpollen auch noch andere Kompositenpollen dieselben allergischen Phänomene hervorrufen können.

Melissa officinalis L., Melisse, Zitronenmelisse

Labiatae

Gebräuchliche Pflanzenteile: DAB. 6: „Die getrockneten Laubblätter angebauter Pflanzen von *Melissa officinalis* Linné." HAB. 2: „Frische Blätter."

Handelsbezeichnungen: *Folia Melissae (citratae)*, Melissenblätter. In einigen Staaten sind auch *Herba* oder *Summitates Melissae* gebräuchlich*.

Botanik: Die Melisse bildet einen mehrköpfigen Wurzelstock mit zahlreichen Wurzeln, die etwa 30 cm lang, reich befasert und von weißlich-hellbrauner Farbe sind. Die aufrechten oder aufsteigenden, vierkantigen Stengel werden 60—100, seltener bis 120 cm hoch. Die Lebensdauer der Pflanzen soll unter günstigen Bedingungen 25—30 Jahre erreichen können. Im Anbau erstreckt sich die Nutzungsdauer im allgemeinen auf 3—4 Jahre. Die eiförmigen bis fast rhombischen, zum Teil auch schwach herzförmigen, 2—6 (8) cm langen, 1,5—5 cm breiten, meist kurz zugespitzten, am Grunde gestutzten oder keilig verschmälerten Blätter sind meist grob und ziemlich regelmäßig kerbig-gesägt. Nach oben zu werden die Blätter kleiner. Sie sind oft nur oberseits behaart oder fast ganz kahl. Die Blattspreite verläuft in einen unscharf abgesetzten Stiel von 1,5—3,5 cm Länge. Die ätherisches Öl enthaltenden Blätter riechen beim Zerreiben stark zitronenähnlich und schmecken würzig**. Die Blüten stehen achselständig in Scheinwirteln. Die Farbe der Blüten ist bläulichweiß, bleichlila oder gelblichweiß.

Blütezeit: (VI) VII, VIII.

* Im Drogenhandel wird außerdem noch *Herba Melissae calaminthae* geführt. Die Stammpflanze dieser seltener verwendeten Droge ist *Satureja calamintha* (L.) Scheele, die Echte Bergminze, die auch Bergmelisse genannt wird.

** Ein ähnliches Aroma findet sich noch bei der Katzenminze (*Nepeta cataria* L.), besonders bei der *var. citriodora* (Becker) Dumolin, die häufig in Bauerngärten angebaut, aber auch verwildert anzutreffen ist. Nach GESSNER dürfte diese Art hinsichtlich der arzneilichen Verwendung ähnlich wie Melisse zu bewerten sein.

Abb. 272
Melissa officinalis L., mehrjähriger Bestand, zum Teil unter Obstbäumen

Die Zwitterblüten sind bald proterandrisch, bald homogam. Neben den Zwitterblüten scheinen auch öfters weibliche und männliche Blüten vorzukommen. Die Melisse* führt ihren Namen wegen des vielen Nektars, den sie in den Blüten aufzuweisen hat. Den Imkern sind u. a. auch die Volksnamen Bienenkraut, Honigblüte und Immenblatt geläufig. Die unscheinbaren Blüten sind eine ausgezeichnete Bienenweide. Dem Melissenkraut kommt auch eine gewisse Bedeutung in der Imkerei zu, z. B. reiben viele Imker ihre Bienenstöcke gern mit Melissenkraut ein. Der Schwarmgeruch erinnert an den Duft des Melissenkrautes.

Auf dem Prüfungsfeld des Sortenamtes in Leipzig-Probstheida wurden alljährlich zahlreiche Honigbienen beobachtet. Von Neuropteren wurden blattgrüne Florfliegen *(Chrysopae)* stets gefunden. Die Nützlichkeit ihrer Larven als Blattlausvertilger ist immer wieder erwähnenswert. Als weitere Nützlinge wurden die beiden Marienkäferarten *Coccinella septempunctata* L. und *Propylaea 14-punctata* L. sehr häufig gesehen. Aus der Familie der Blattwespen *(Tenthredinidae)* war die Art *Ametastegia glabrata* Fall. oft im Netz. An sonnigen Tagen waren unter den die Blüten besuchenden Zweiflüglern (Dipteren) die Schwebfliegen überwiegend. Genannt seien nur die häufigsten Arten: *Eristalis arbustorum* L., *Syrphus ribesii* L., *S. corollae* F. und *S. balteatus* Deg., ebenso die zarte *Sphaerophoria scripta* L. Die Langbeinige Schnake, *Pachyrrhina lineata* Scop., war häufig und flog, vom Streifnetz aufgescheucht, meist in Paarung davon. Die Goldfliege *Lucilia silvarum* Mg. und die Dungfliege *Scopeuma stercoraria* L. waren ebenfalls eifrige Blütenbesucher. Schließlich fand sich die äußerst zarte *Micropeza corrigiolata* L. zu Hunderten im Streifnetz vor. Von Tagschmetterlingsarten *(Rhopalocera)* saugten die Herbst-Generationen des braunfleckigen Kleinen Perlmutterfalters, *Argynnis selene* Schiff., und die der Goldenen Acht, *Colias hyale* L., an den Blüten. Beim Durchstreifen des Bestandes flogen der Grünspanner *Thalera fimbrialis* Scop. und der Kleinschmetterling (Zünsler) *Psammotis pulveralis* Hb. auf.

Die Nüßchen sind länglich-eiförmig, ± kantig, 1,5—2,0 mm lang, 0,75—1,00 mm breit. Die Ansatzstelle ist hufeisenförmig, weiß; im übrigen sind sie gelb- bis kastanienbraun (fast schwarzbraun), glänzend. Die Oberfläche ist vertieft punktiert, fast schwach netzig. Angefeuchtet verschleimen sie etwas.

Die Melisse variiert besonders in Wuchs, Größe, Behaarung und Blütenfarbe. HEGI weist auf folgende Bildungsabweichungen hin:

1. *f. verticillata* Bolzon (drei- oder mehrgliedrige Blattquirle).
2. *f. officinalis* (L.) Briq. Sprosse kräftig, schwach behaart bis fast kahl, bis 80 cm hoch. Untere und mittlere Laubblätter ziemlich langgestielt, mit ± 4—8 cm langer, am Grunde gestutzter bis deutlich herzförmiger, grobgesägter Spreite. Die am häufigsten kultivierte Form.

* *melissophyllon* (gr.) = Bienenblatt.

3. *f. foliosa* (Opiz) Briq. Sprosse schlaffer, ± kahl, meist nur 20—40 cm hoch. Laubblätter mit kurzem, meist undeutlich abgesetztem Stiel und nur 2—5 cm langer, ± rhombisch-eiförmiger, sehr dünner, schwächer gekerbter Spreite. Dies ist die in den Südalpentälern vorherrschende eingebürgerte Form.
4. *f. villosa* Benth. Ähnlich *f. officinalis*, aber oft noch kräftiger und viel stärker, auf der Blattunterseite fast graufilzig behaart. Typisch wohl nur im Mittelmeergebiet, besonders in den Balkanländern bis Istrien. Von dieser vielleicht allein wild vorkommenden Form dürften die anderen als Kulturformen abstammen.

Bei 3. und 4. handelt es sich um die Hauptformen, die aber durch viele und häufige Nebenformen verbunden sein können.

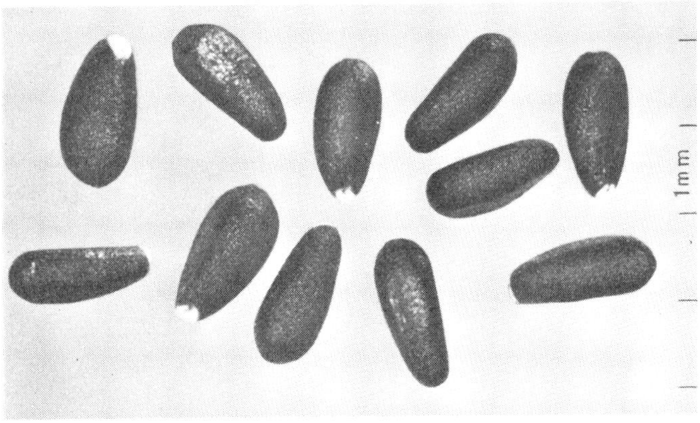

Abb. 273
Melissa officinalis L.,
Nüßchen

Boden und Klima: Ein gutes Gedeihen der Melisse kann auf nährstoffreichen, nicht zu trockenen, warmen Böden in sonniger Lage beobachtet werden. Niederungen mit häufigem Nebel eignen sich nicht zum Anbau von Melisse. Lehmiger Sand bis sandiger Lehm in gutem Kulturzustand sind für den Anbau besonders geeignet. Humose Böden, auch Niederungsmoorböden, sagen der Melisse ebenfalls zu. Halbschatten wird noch vertragen. *Melissa officinalis* eignet sich besonders gut für Weinbaulagen.
Melisse ist frostempfindlich. Anbauversuche haben nach Boshart[1] gezeigt, daß sie alljährlich in den Mooren nördlich von München im Winter erfriert und nur einjährig angebaut werden kann. Auch in Norwegen ist nur eine einjährige Kultur möglich. Auf leichten, trockenen Böden neigt die Melisse zum unerwünschten Vergilben der Blätter. Feuchte und etwas schattig gelegene Standorte sollen sich ungünstig auf das Aroma der Droge auswirken.

Herkunft und Verbreitung: *Melissa officinalis* stammt aus dem Orient und ist im ganzen Mittelmeergebiet bis in die Täler der Südalpen verbreitet. In Europa und im gemäßigten Asien sowie in Nordamerika wird sie häufig angebaut.

Herkünfte des Drogenhandels: Herkunftsgebiete sind außer Deutschland (Thüringen, Franken, Baden) Italien, Ungarn und die Balkanländer. In Bulgarien werden außer dem Kraut auch noch größere Mengen Saatgut wildwachsend gesammelt.

Sorten und Herkünfte für den Anbau: Im Handel befinden sich zwei Gruppensorten, und zwar 'Erfurter Aufrechte Melisse' und 'Quedlinburger Niederliegende Melisse'.

[1] Boshart, K.: Die Kultur der Gewürzpflanzen in Deutschland. Wiesbaden 1944.

Abb. 274
Melissa officinalis L.,
links: 'Quedlinburger Niederliegende Melisse';
rechts: 'Erfurter Aufrechte Melisse'

Die zuerst genannte ist besonders im ersten Jahr frohwüchsig, im zweiten Jahr läßt ihre Wachstumsfreudigkeit bereits nach; sie ist empfindlich gegen Spät- und Frühfröste. Die Sorte vom niederliegenden Typ ist dagegen im ersten Jahr schwachwüchsig und schwerer zu ernten, im zweiten Erntejahr aber wüchsiger und weniger frostempfindlich.

Saatgut: Das durchschnittliche 1000-Korngewicht betrug 0,620 g; die zugelassenen Sorten unterscheiden sich in diesem Merkmal nur wenig. Die Mindestreinheit sollte 95%, die Mindestkeimfähigkeit 70% betragen. Die Nüßchen sind häufig ± hartschalig. Der Keimversuch dauert 21—28 Tage und wird bei 20°C oder Wechseltemperatur bei Lichtzutritt oder im Dunkeln durchgeführt. Nach Literaturangaben soll das Saatgut 2—3 Jahre keimfähig bleiben. Nach eigenen Untersuchungen betrug nach sechsjähriger Lagerung die Abnahme der Keimfähigkeit 70—100%.

Anbau: Gute Vorfrüchte zu Melisse sind Hackfrüchte in Stalldung und Leguminosen. Soll die Melisse nach Kulturarten angebaut werden, die den Boden stark beanspruchen, so empfiehlt es sich, im Herbst eine reichliche Stalldüngergabe zu verabreichen.

Die Vermehrung der Melisse geschieht entweder durch Saat oder durch Stockteilung nicht zu alter Pflanzen. Kopfstecklinge können herangezogen werden. Wenn die Melisse auch verhältnismäßig lange ausdauert, so sollte sie doch nicht länger als 3—4 Jahre genutzt werden, da die Widerstandsfähigkeit gegen Frost mit zunehmendem Alter abnimmt. Die Stockteilung zwei- bis dreijähriger Pflanzen kann im zeitigen Frühjahr oder im Herbst erfolgen. Starke Stöcke werden mit einem Beil geteilt und mit dem Messer zurechtgeschnitten. Roden und Pflanzen soll dabei Hand in Hand gehen. Zu späte Auspflanzung im Oktober ist zu vermeiden. Eine Frühjahrsrodung und -pflanzung muß, wenn nötig, sehr zeitig vorgenommen werden. Das Pflanzen geteilter Stöcke geschieht am besten mit dem Spaten durch zwei Personen. Die Sämlingsanzucht kann im Frühbeet entweder im März/April erfolgen, wobei das Material im August/September pflanzfertig ist, oder im Juni/Juli, wobei das Auspflanzen dann in der zweiten Hälfte des Monats Mai des folgenden Jahres vorgenommen wird. Die Jungpflanzen läßt man am besten im Kasten überwintern. Bei der letzteren Art ist zwar das Überwinterungsrisiko der Jungpflanzen geringer, doch sind die Ernteerträge im ersten

Jahr gegenüber der anderen Methode niedriger. Die Herbstpflanzung sollte nach dem 15. September nicht mehr erfolgen, weil dann die Pflanzen oft nur schlecht anwurzeln. Der überwinternde junge Bestand wird am besten mit strohigem Dung abgedeckt, um dem Erfrieren vorzubeugen.

Die Kastenaussaat wird mit 500—800 g auf 120—150 qm Fläche vorgenommen. Sie liefert das Pflanzmaterial für etwa 1 ha. Das Auflaufen der Saat erfolgt nach ungefähr 3—4 Wochen. Bei Sommersaat und Überwinterung im Kasten werden die Jungpflanzen zweckmäßig im zeitigen Herbst etwas über dem Herzblatt gestutzt, damit die Wurzelausbildung kräftiger wird. Das anfallende Laub kann getrocknet und als Droge an den Handel geliefert werden. In den Kästen sind die Pflänzchen leicht mit Stroh als Frostschutz abzudecken.

Die genügend gekräftigten Pflanzen werden zu den bereits erwähnten Zeitpunkten ausgepflanzt, und zwar die niederliegende Sorte in einem Abstand von 50 × 40 cm und die aufrechte 40 × 30 cm. Das Feld soll sich vor dem Pflanzen im Herbst gut abgesetzt haben und wird nur mit Egge und Schleppe bzw. bei Frühjahrspflanzung mit Grubber, Egge und Schleppe bearbeitet. Bei Herbstpflanzung ist das Eintauchen der Wurzeln zum Schutz vor Vertrocknung in Lehmbrei angebracht.

Werden bereits im Mai junge Sämlinge gepflanzt, so kann bei der weiteren Standweite im ersten Jahr eine Zwischenfrucht angebaut werden, die bereits im Juli/August zu ernten ist. Buschbohnen sind hierfür besonders geeignet. Die einzelnen Melissepflanzen müssen aber genügend Standraum behalten, da sonst die Ausbildung der unteren Blätter leidet. Eine geeignete Zwischenfrucht ist z. B. auch der Dill, der im jungen Stadium (etwa 25 cm hoch) mit den Wurzeln gezogen wird und als sogenannter Frischdill (siehe S. 236) auf den Markt kommt.

Die Melisse muß gehackt und oftmals auch gejätet werden. Gut gepflegte Pflanzen entwickeln sich üppig, bilden geschlossene Bestände und lassen kein Unkraut aufkommen. Besonders warme Witterung ist dem Wachstum sehr förderlich. Da die Melisse, insbesondere die aufrecht wachsende Sorte, wie schon erwähnt, frostempfindlich ist, empfiehlt es sich, die Pflanzen im November mit einer leichten Frostschutzdecke zu versehen oder etwas anzuhäufeln, um Auswinterungsschäden vorzubeugen. Auch Spätfröste im Frühjahr können sich sehr unangenehm bemerkbar machen. Bei warmer Witterung treibt die Melisse schon zeitig aus und erfriert dann im Kraut sehr leicht. Zugedeckte Bestände sollten nicht vor Ende April/Anfang Mai abgedeckt werden. Frostschäden am Kraut sind zwar nicht gefährlich, doch genügen sie schon, den Schnittzeitpunkt zu verschieben, und beeinträchtigen unter Umständen durch die erfrorenen Blatteile die Qualität. Ein zu tiefes Hacken oder Igeln vor Winter ist nicht immer angebracht, sollte aber im Frühjahr ganz vermieden werden, weil dabei sehr leicht das Wurzelsystem gerade in der Zeit großer Wasser- und Nährstoffaufnahme gestört wird. Die Melissepflanzen kümmern leicht.

Eine mittlere Handelsdüngergabe ist ratsam. Der Stickstoff wird am besten in zwei Gaben verabreicht, und zwar $^2/_3$ als Grunddünger und $^1/_3$ in Form von Kalkammonsalpeter sofort nach dem ersten Schnitt. Hakaphos als Volldünger scheint besonders gut geeignet zu sein. Vor allem aber sollte im Herbst eine reichliche Kompostgabe verabreicht werden, die im Frühjahr eingearbeitet wird. Praxisüblich ist etwa folgende Düngung: 60—80 kg N = 300—400 kg Stickstoffdünger, 40—50 kg P_2O_5 = 220—280 kg Phosphorsäuredünger und 100—120 kg K_2O = 250—300 kg Kalidünger je Hektar.

Ernte: Im ersten Jahr ist die Ernte an Kraut gering, insbesondere von der spätreifenden niederliegenden Sorte. Vom zweiten Jahr an sind günstigenfalls drei Schnitte möglich. Der beste Zeitpunkt zum Schneiden ist kurz vor Beginn der Blüte, Ende

Juni/Anfang Juli. Er erfolgt mit der Sichel etwa in Handhöhe. Maschinelles Mähen hat sich nicht bewährt.

Das Kraut ist sehr druckempfindlich und soll beim Transport nur locker geladen werden. Druckstellen werden beim Trocknen schwarz. Durch öfteres Zurückschneiden der Pflanzen bilden sich an der Basis sehr viele Blätter, und es kommen verhältnismäßig wenig Stengel in die Ware. Der letzte Schnitt erfolgt meist im Spätherbst in der Zeit von September bis Oktober; das Erntegut dieses Schnittes ist oftmals in qualitativer Hinsicht nicht mehr hochwertig.

Im Kleinbetrieb wird vom geernteten Kraut die Blatt- und Spitzenware abgestreifelt und im Schatten möglichst schnell getrocknet. Im Großbetrieb erfolgt die Trennung der Blätter vom Stiel wie bei Pfefferminze (siehe S. 532) maschinell nach der Trocknung. Diese Art der Aufbereitung setzt das Vorhandensein von Spezialschneide- und Reinigungsmaschinen voraus und erfordert viel Erfahrung.

Zweckmäßig soll sein, die Blätter nach trüben, kühlen Tagen zu ernten, da der Gehalt an ätherischem Öl nach sonnigen, heißen und trockenen Tagen etwas abzunehmen scheint[2]. Da während der Blütezeit chemische Umsetzungen in der Pflanze vor sich gehen, die auch Geruch und Geschmack der Blätter beeinträchtigen, dürfen blühende oder gar fruchtende Zweige nicht mit geerntet werden (JARETZKY-GEITH)[3].

Die Saatguternte erfolgt etwa im August/September bei Verfärbung der Nüßchen in einen gelbbraunen Farbton. Sie fallen leicht aus; daher müssen die Pflanzen vorsichtig geschnitten und das Erntegut auf Planen oder in dichten Stiegen gesammelt werden. Nachgereift und getrocknet, werden sie dann ausgeklopft, und das Saatgut wird gereinigt.

Trocknung: Die Trocknung muß rasch erfolgen, da sich sonst die Blätter leicht braun verfärben. Bei künstlicher Trocknung ist besondere Sorgfalt am Platze. Es empfiehlt sich, die Wärme von 20 auf 35° C zu steigern und dann langsam wieder zu senken. Eine Temperatur von 40° C sollte nicht überschritten werden. Das Eintrocknungsverhältnis des Krautes beträgt etwa 4—6 : 1.

Erträge: Die Erträge sind sehr schwankend. Bei Frühjahrspflanzung sind sie im ersten Jahr gering und belaufen sich höchstens bis auf 80 dz/ha frisches Kraut, jedoch vom zweiten Jahr an kann man mit 100—200 dz/ha frischem Kraut = 20—40 dz/ha Krautdroge rechnen, was wiederum einer Ausbeute an *Folia Melissae* in Höhe von etwa 10—20 dz/ha entspricht. Im Kleinbetrieb werden allerdings bei intensiver Pflege der Kultur noch höhere Blattdrogenerträge erreicht.

Die Saatguterträge sind ebenfalls sehr verschieden. Sie liegen etwa bei 200—400 kg/ha. Erheblich niedrigere Ernten kommen jedoch oft vor.

Krankheiten und Schädlinge: Von Parasiten sind die Pilze *Puccinia menthae* Pers. und *Septoria melissae* Desm. zu nennen. Dieser letztere Blattfleckenpilz ist der am meisten gefürchtete. Er befällt die Pflanzen besonders leicht bei feuchter Witterung und dichtem Bestand. In feuchten Anbaulagen tritt er fast regelmäßig auf. Im Schrifttum[4] wird als Stengelparasit ein Melissekrebs erwähnt. Es handelt sich hierbei um einen noch nicht näher bestimmten Pilz der Gattung *Sclerotinia*, der in und auf den Stengeln nach Bildung eines weißlichen Pilzgeflechtes auffällig rundliche, weißliche, sich schwärzlich verfärbende Pilzkörper hervorbringt. Als Folge des Befalls setzt ein Welken und

[2] DAFERT, O., HIMMELBAUR, W. und LOIDOLT, K.: „Scientia pharmac." 6, S. 45 (1935), Beil. zur „Pharm. Presse"; „Chem. Zbl." II, S. 1212 (1935).

[3] JARETZKY, R. und GEITH, J. K.: Die deutschen Heilpflanzen in Bild und Wort. Stollberg/Berlin 1944, S. 236.

[4] MÜHLE, E.: Krankheitserscheinungen und Schadbilder an weiteren Lippenblütlern und ihre Erreger. „Pharmazie" 2, S. 563 bis 564 (1947); bzw. „Arzneipflanzen-Umschau" 2, S. 283 bis 284 (1947).

Abb. 275
Eupteryx atropunctata Goeze an Melissa officinalis L., links: befallener Blütenstand; rechts: Saugstichschäden am Blatt

Absterben der Triebe ein. An Schädlingen sind hervorzuheben der Kleinschmetterling *Cnephasia (Tortrix) wahlbomiana* L., dessen Räupchen mit einem feinen Gespinst die jungen Triebspitzen der Melisse zusammenweben, in denen sie sich dann verpuppen. Aber auch der Grüne Schildkäfer, *Cassida viridis* L., und seine Larve, ferner die Raupe des Braunen Bärs, *Arctia caja* L., und die beiden Coleopteren *Adimonia rustica* F. und *Ochrosis ventralis* Illig. können die Bestände schädigen. Auf dem Prüfungsfeld in Leipzig-Probstheida wurden außerdem vier Heteropteren (Wanzenarten) beobachtet. Sehr häufig war die Gemeine Wiesenwanze, *Lygus pratensis* L., die übrigens an vielen Pflanzen vorkommt und mitunter bei Massenauftreten sehr schaden kann, indem durch ihre Saugstiche Blattverkrümmungen hervorgerufen werden. Von Schnabelkerfen verdient weiter die kleine Grünzirpe *Chlorita viridula* Fall., eine Zikadine, genannt zu werden. Der durch ihre winzigen Saugstiche entstehende Schaden war an den Pflanzen aber kaum wahrnehmbar. Mühle beobachtete als Erreger von Saugschäden in besonders großem Umfange die Schwarzpunktzikade, *Eupteryx atropunctata* Goeze. Die von ihr befallenen Blätter zeigten anfangs eine auffällige Weißfleckigkeit, die allmählich zu einem fast vollständigen Verschwinden des Blattgrüns und zu auffälligen Absterbeerscheinungen führte. Auch Blattläuse können Saugschäden verursachen. Anfang Juli wurden beim Abernten des Bestandes bereits erwachsene Raupen der Ampfereule, *Acronicta rumicis* L., in Anzahl gefunden. Ihre Fraßstellen konnten überall nachgewiesen werden. In manchen Jahren tritt auch die polyphage Schwarze Garteneule, *Polia (Mamestra) persicariae* L., schädlich auf. Meist findet man die Raupen in grüner und brauner Färbung an ein und derselben Pflanze. Der Falter ist durch weiße Nierenmakel auf den schwarzen Vorderflügeln leicht erkennbar. Er fliegt vom Mai bis Juli und ist überall häufig.

Mentha* piperita L., Pfefferminze[1]

Labiatae

Gebräuchliche Pflanzenteile: DAB. 6: „Die getrockneten Laubblätter des von LINNÉ *Mentha piperita* genannten Bastardes zwischen *Mentha viridis* Linné und *Mentha aquatica* Linné."** HAB. 2: „Frische, blühende Pflanze."

Handelsbezeichnungen: *Folia Menthae piperitae*, Pfefferminzblätter; *Herba Menthae piperitae*, Pfefferminzkraut.

Botanik: Der botanischen Beschreibung von *Mentha piperita* L. seien einige Ausführungen hinsichtlich ihrer Entstehung als Tripelbastard vorausgeschickt. SCHULTZ[2] bezeichnet 1852 die Pfefferminze zuerst als Bastard *Mentha viridis* L. × *Mentha aquatica* L. Auch BRIQUET[3] weist 1891 auf die Bastardnatur hin. Auf Grund anatomischer, zytologisch-genetischer Arbeiten (BRUCKNER [1927][4], SCHÜRHOFF [1927][5,6], HIMMELBAUR und HINDES[7], WOLF [1929][8], LIETZ [1929/30][9], RUTTLE [Mrs. NEBEL] [1931][10] und von BERG [1938][11]) kann jetzt die Bastardnatur der Pfefferminze als gesichert betrachtet werden. Sie ist ein Bastard zwischen *Mentha spicata* L. em. Nathh. (syn. *M. viridis* L.) × *M. aquatica* L. Auch phytoserologische Untersuchungen, wie solche MEYER[12] bei *Mentha piperita* L. vornahm, deuten darauf hin, daß *Mentha spicata* L. em. Nathh. und *Mentha aquatica* L. die Eltern von *Mentha piperita* L. sind. Da *Mentha spicata* L. em. Nathh. wiederum ein Bastard zwischen *Mentha longifolia* (L.) Huds. (syn. *M. silvestris* L.) × *Mentha rotundifolia* (L.) Huds. ist, wird *Mentha piperita* L. als dreifacher Bastard (= Tripelbastard) bezeichnet. (Siehe S. 519.) Eine botanische Charakteristik der Stammeltern von *Mentha piperita* findet sich u. a. bei

[1] HEEGER, E. F.: Die Pfefferminze, eine monographische Darstellung unter besonderer Berücksichtigung neuer Erkenntnisse auf dem Gebiete des Anbaues, der Drogengewinnung und der Sortenfrage. Dissertation, Leipzig 1950; ref. in „Pharmazie" **5**, S. 559 bis 560 (1950); bzw. „Arzneipflanzen-Umschau" **2**, S. 853 bis 854 (1950).

[2] SCHULTZ, F.: Jahresbericht der Pollishia 1852; zit. nach Bericht von SCHIMMEL & Co., Miltitz b. Leipzig 1929, S. 157.

[3] BRIQUET, J.: Les Labiées des Alpes Maritimes. **1**, S. 18. 1891; zit. nach Bericht von SCHIMMEL & Co., Miltitz b. Leipzig 1929, S. 157.

[4] BRUCKNER, J.: Über die Bastardnatur der *Mentha piperita* L. Vergleichend anatomische Untersuchungen. „Pharm. Presse", Wien 1927, S. 152 bis 153.

[5] SCHÜRHOFF, P. N.: Zytologische Untersuchungen über *Mentha*. „Beiträge zur Biologie der Pflanzen" **15**, S. 129 bis 146 (1927).

[6] Derselbe: Zytologische und genetische Untersuchungen an *Mentha* und ihre Bedeutung für die Pharmakognosie. „Arch. Pharmaz." **39**, S. 515 bis 526 (1929). (Siehe auch SCHÜRHOFF in TSCHIRCH, Handbuch der Pharmakognosie. Bd. 1, Abt. 2, 2. Aufl., Leipzig 1932, S. 726 bis 730.)

[7] HIMMELBAUR, W. und HINDES, W.: Die Fortpflanzungsverhältnisse der „Pfefferminze" und ihre mutmaßlichen Stammeltern. „Heil- und Gewürzpflanzen" **11**, S. 1 bis 24 (1928/29).

[8] WOLF, P.: Zytologische Untersuchungen über verschiedene Formen von *Mentha piperita*. „Beiträge zur Biologie der Pflanzen" **17**, S. 351 bis 392 (1929).

[9] LIETZ, J.: Beiträge zur Zytologie der Gattung *Mentha*. „Heil- und Gewürzpflanzen" **12**, S. 73 bis 86; II. Mitteilung S. 113 bis 131 (1929/30).

[10] RUTTLE, M. L.: Cytological and embryological studies on the genus *Mentha*. „Gartenbauwissenschaft" **4**, S. 428 bis 468 (1931).

[11] BERG, K. H. von: Ein Beitrag zur Cytologie von *Mentha piperita*. „Gartenbauwissenschaft", 1938? (Im Druck); zit. nach WOITHE: loc. cit. S. 514.
Die Arbeit ist in der Zeitschrift „Die Gartenbauwissenschaft" nicht veröffentlicht. Dr. von BERG, der beim früheren KW-Institut für Züchtungsforschung (Erwin Baur-Institut) in Müncheberg (Mark) tätig war, ist im Kriege gefallen. Dem Institut ist über den Verbleib der Arbeit nichts bekannt.

[12] MEYER, F.: Serologische Studien über Gattungsbastarde, Pfropfbastarde und Artbastarde. „Beiträge zur Biologie der Pflanzen" **17**, S. 301 bis 350 (1929).

* Die Schreibweise des lateinischen Namens „*Menta*" wäre die richtigere.

** Bei *Mentha piperita* L. handelt es sich nicht um einen einfachen, sondern um einen dreifachen Bastard (Tripelbastard). Der jetzt gültige Name für *Mentha viridis* L., den einen Elter von *Mentha piperita*, lautet *Mentha spicata* L. em. Nathh.

Abb. 276
Mentha piperita L.,
'Mitcham-Pfefferminze',
Einzelpflanze mit
starker oberirdischer
Ausläuferbildung

HEGI. Nachfolgend sollen lediglich dieser Tripelbastard und einige weitere angebaute *Mentha-species* beschrieben werden.

Die flachwurzelnde *Mentha piperita* ist ausdauernd. Ihre zahlreichen ± langen, vorwiegend oberirdischen, zum Teil aber auch unterirdischen Ausläufer gehen von der holzigen Grundachse aus. Die Sprosse sind ± aufsteigend-aufrecht bis niederliegend und werden etwa 40—70 cm, unter besonders günstigen Anbauverhältnissen bis 100 cm hoch. Die ästigen, vierkantigen Stengel sind kahl oder mit sehr feinen, einzeln stehenden Borstenhaaren besetzt, die an den Kanten häufiger als an den Flächen zu finden sind. Die Laubblätter sind gestielt. Die Stiellänge beträgt 0,5—1,5 cm. Die Stiele sind gewimpert. Die Blätter sind länglich-eiförmig bis länglich-lanzettlich und messen 2—7 cm in der Länge und 1—3 cm in der Breite. Sie sind am Blattstiel eingebuchtet, rechtwinklig angesetzt oder verlaufen fast keilartig. Am Blattrand sind sie mit Sägezähnen versehen. Die Blätter sind kahl oder nur vereinzelt behaart. Besonders unterseits auf den Nerven finden sich kleine Borstenhaare. Bereits mit gutem Auge oder bei schwacher Vergrößerung erkennt man auf der Blattunterseite eine größere Zahl von Öldrüsen, die Labiaten-Drüsenschuppen. Ganz vereinzelt finden sich auch Drüsenhaare. Die Pflanzen sind hell- bis dunkelgrün (schwarzgrün), zuweilen ± rotviolett überlaufen.

Die kleinen, lilafarbigen, nur angedeutet zweilippigen Blüten sind in Wirteln zu ährenartigen, ± aufgelockerten, endständigen Blütenständen zusammengezogen. An den Seitenzweigen bilden sie oft ± kopfige Scheinähren, deren Länge zwischen 3 und 7 cm schwankt. Der Kelch ist röhrig-glockig und mit pfriemlichen, etwas bewimperten Zähnen versehen, schwach aber deutlich gefurcht, und weist viele Öldrüsen auf.

Blütezeit: (VI) VII—IX.

Alle zur Gattung *Mentha* L. gehörenden Arten sind nach KNUTH gynodiözisch oder gynomonözisch. Neben Pflanzen mit großen proterandrischen Zwitterblüten treten regelmäßig solche mit kleinerer, oft blasser gefärbter Krone und verkümmerten Staubblättern auf. Die Bestäubung wird durch die verschiedenartigsten Insekten herbeigeführt. Auf dem Versuchsfeld in Leipzig-Probstheida wurde in jedem Jahre während der Blütezeit reicher Insektenbeflug beobachtet. Von den Hymenopteren waren besonders *Apis mellifica* L., die Honigbiene, *Andrena propinqua* Schenck, eine Erdbiene, und *Ichneumon sarcitorius* L., eine Schlupfwespe, häufig auf den Blüten anzutreffen. Obgleich die Blüten zu den-

jenigen mit verborgenem Nektar gehören, erlaubt doch dessen wenig tiefe Lage den kurzrüsseligen Bienen und Fliegen einen bequemen Zugang.
WOITHE (1938)[13] nahm bei seinen Züchtungsversuchen mit Pfefferminze Gazeeinschlüsse unter Miteinschluß eines Bienenjungvolkes vor, um Befruchtungen zu erzielen. Er erhielt einige keimfähige Nüßchen bei einer Kreuzung zwischen einer Herkunft der Sorte 'Mitcham' und einer Minze „Thüringer Art", während Befruchtungsversuche innerhalb der Sorten negativ ausfielen. Wie HIMMELBAUR und HINDES[14] feststellten, unterliegt die Entwicklung der Pollenkörner und Embryosäcke bei *Mentha piperita*, im Gegensatz zu der ihrer Eltern, großen Störungen, jedoch sind die selten auftretenden, normal entwickelten Pollenkörner und Embryosäcke befruchtungsfähig. Es tritt aber bei den Pfefferminzsorten eine Befruchtung innerhalb der Sorte nicht ein (Selbststerilität). Nur Kreuzung von zwei verschiedenen Sorten (oder in einigen Fällen auch Arten) führt zu Fertilität.

Wie bei allen Labiaten zerfällt die Frucht in vier einsamige Nüßchen (Klausen). Die der Gattung *Mentha* sind von denen ähnlicher Gattungen leicht unterscheidbar durch ihre helle Ansatzstelle, die meist dachartig zugespitzt ist und in einen rundlichen Nabel übergeht. Über die Morphologie der Nüßchen der verschiedenen Minzearten liegen nur wenige Angaben im Schrifttum vor. GAMS (zit. nach HEGI) beschreibt nur vollständig die Nüßchen von *Mentha pulegium* und *Mentha aquatica*. Nur MEYER[15] gibt außer für *Mentha aquatica* auch eine kurze Beschreibung der Nüßchen von *Mentha piperita*. Nach seinen Beobachtungen besitzt die Oberfläche des Pfefferminznüßchens eine feine Maschenstruktur. Die Farbe ist mehr kastanienbraun und schwach glänzend. Die von uns mikroskopierten Nüßchen der als „Pfefferminze" bezeichneten Formengemische waren in allen Merkmalen unausgeglichen. Sie waren 0,5—1 mm lang. Ihre Form war lang- oder kurzeiförmig bis fast kugelig. Die Oberfläche zeigte alle Übergänge von glatt, fein-punktiert, feinwarzig bis zur $\pm$ erhabenen Maschenstruktur. Die Farbe schwankte zwischen hell- bis dunkelbraun. Nur bei einer ebenfalls als Pfefferminze bezeichneten Herkunft waren die Nüßchen in den genannten Merkmalen etwas ausgeglichener. Sie waren vorwiegend kurzeiförmig, tief dunkelbraun und hatten eine typisch erhabene Maschenstruktur. Aus diesen ging aber ebenfalls ein Formengemisch hervor, das in der Hauptsache Formen enthielt, die *Mentha spicata* glichen. Es war in keinem Falle möglich, an Hand der Beschaffenheit der Oberfläche der Nüßchen eine Artenbestimmung vorzunehmen.

Auf die Beschreibung der Unterarten, Varietäten und Formen von *Mentha piperita* wird hier verzichtet. Soweit sie für die Sortensystematik von Bedeutung sind, finden sie bei der Behandlung der Sorten (S. 517) Berücksichtigung.

Boden und Klima: *Mentha piperita* müßte ihrer Abstammung nach feuchte Standorte bevorzugen. Ein *parens*, nämlich *Mentha aquatica*, die Wasser- oder Bachminze, ist ein Hygrophyt. Sie wächst nicht nur an fließenden und stehenden Gewässern, sondern als Wasserform (*f. submersa* Glück) auch in nicht allzu tiefem Wasser. Die Pfefferminze bevorzugt nun tatsächlich auch einen etwas feuchten, humusreichen, am besten moorigen bis anmoorigen Boden. Das üppigste Wachstum (Sorte 'Mitcham'), das wir jemals bei unseren Besichtigungsreisen beobachten konnten, stellten wir fest in den Gebieten des Erdinger und Dachauer Mooses. Auf diesen entwässerten Moorböden ist die Pfefferminze am massenwüchsigsten. Aber auch auf Mineralböden gedeiht sie, besonders auf den leichteren. Am wenigsten geeignet sind für den Anbau schwere, zur Verkrustung neigende Bodenarten. In den fränkischen Anbaugebieten erfolgt die Kultur der Pfefferminze auf durchaus verschiedenen Böden. Während in Mainfranken Schwemmsandböden vorherrschen, wird die Pfefferminze in Mittel- und Ober-

[13] WOITHE, B.: Züchtungsversuche mit Pfefferminze der Sorten Mitcham und Thüringer Art. Dissertation. Leipzig 1938.
[14] loc. cit. S. 512.
[15] MEYER, K.: Arzneipflanzensamen im Lichtbild. „Pharm. Ind." 11, S. 374 bis 377 (1944); bzw. „Arzneipflanzen-Umschau" 1, S. 383 bis 388 (1944).

franken auf Alluvial- und Keuperverwitterungsböden angebaut. Sandige und lehmige Böden sind nach Untersuchungen von RABAK und anderen[16] für die Bildung von Estern und Menthol im Pfefferminzöl günstiger als schwere Böden.
Stagnierende Boden- und Luftfeuchtigkeit werden nicht vertragen.
Die vorwiegend angebauten Pfefferminzsorten (siehe S. 517) verhalten sich verschieden hinsichtlich der Bodenreaktion des Standortes. Nach ELLIS[17] ist ein Boden mit dem pH-Wert 5—7 für den Anbau der Pfefferminze am geeignetsten. Auch das Ehepaar DEEL[18] fand, daß sich für den Anbau „französischer Minze" pH = 7, für den „englischer Minze" pH = 5 als optimale Bodenreaktion erwies. Wahrscheinlich handelte es sich bei „französischer Minze" um eine solche vom Typ der 'Pfälzer Pfefferminze' und bei der „englischen Minze" um die 'Mitcham-Pfefferminze'.
In klimatischer Hinsicht ist die 'Mitcham-Pfefferminze' widerstandsfähiger als die 'Pfälzer Pfefferminze'. Während letztere wärmere Lagen bevorzugt, gedeiht die 'Mitcham-Pfefferminze' noch in Höhenlagen bis etwa 700 m. Jedoch sind Hochgebirgslagen ungünstig, da dort das Klima eine deutlich wachstumshemmende Wirkung auf die Pfefferminze ausübt und den Gehalt an ätherischem Öl herabsetzt, wie dies HECHT[19] nachwies.
Besonders warme, windgeschützte Südlagen sind für den Anbau geeignet. Halbschattige Lagen werden noch vertragen. Die Wirkung der Sonnenbestrahlung auf die Pfefferminzpflanze wird verschieden beurteilt. Bei zu starker Besonnung scheint ätherisches Öl zu verdunsten. Die hohen Ölausbeuten, die in England erzielt werden, dürften mit durch das dort vorherrschende feucht-dunstige Klima bedingt sein.
In diesem Zusammenhange sei darauf hingewiesen, daß sich die Pfefferminze als Unterkultur in Obstanlagen (Abb. 18, S. 117) eignet, zumal sie auch über ein nur oberflächlich verlaufendes Wurzelsystem verfügt. FRIEDRICH[20] äußert sich sehr günstig über den Anbau von 'Mitcham-Pfefferminze' zwischen Apfelspindeln. Der Windschutz durch die Bäume und die leichte Beschattung wirkten sich vorteilhaft auf das Wachstum der Pfefferminze aus. In geschlossenen, feuchten Lagen ist allerdings die Gefahr des Rostbefalles (*Puccinia menthae* Pers.) groß. Wir beobachteten, daß der Minzenrost besonders an solchen Stellen stark auftritt, wo häufig schnelle und schroffe Temperaturwechsel erfolgen, während in Gegenden mit ausgeglichenem Klima der Rostbefall nicht so stark aufzutreten scheint.
RABAK[21] untersuchte den Einfluß der Beschattung auf die Qualität des ätherischen Öles. Im allgemeinen ist es bei im Schatten kultivierten Pflanzen etwas heller gefärbt, und es besitzt einen vom normalen Produkt etwas abweichenden Geruch. Sowohl die Ester- als auch die Mentholbildung werden durch Beschattung herabgesetzt. Dies wird vermutlich bedingt durch die im Schatten langsamer verlaufenden photochemischen Vorgänge.
In ökologischer Hinsicht kann gesagt werden, daß die 'Mitcham-Pfefferminze' über eine große Streubreite verfügt. Sie wird nicht nur in den Hauptanbaugebieten kultiviert, sondern sie findet sich über ganz Deutschland verstreut, während die 'Pfälzer Pfefferminze' fast ausschließlich nur in Gebieten mit warmem Klimacharakter verbreitet ist.

[16] Zit. nach GILDEMEISTER, E. und HOFFMANN, F.: Die ätherischen Öle. 3. Bd., Miltitz b. Leipzig 1931, S. 789.
[17] „Perfum. Record." 43, S. 268 (1952); zit. nach Bericht von VEB SCHIMMEL, Miltitz b. Leipzig 1954, S. 89.
[18] Zit. nach WASICKY, R.: Physiopharmakognosie. Wien 1932, S. 143.
[19] HECHT, W.: Neuere Arbeiten über den Einfluß von Klima und Boden auf die Gehaltsschwankungen bei Arzneipflanzen. „Scientia Pharmaceutica" (Sonderdruck). 15, S. 51 bis 55 (1947) und 16, S. 13 bis 17 (1948).
[20] FRIEDRICH, G.: Arzneipflanzen als Unterkulturen im Obstbau. Querschnitt durch den neuen Gartenbau. 2. Bd., Berlin 1953, S. 259 bis 265.
[21] RABAK, F.: Der Einfluß der Kultur und klimatischen Verhältnisse auf die Ausbeute und Beschaffenheit des Pfefferminzöles. U. St. Dep. of Agric., Bull. Nr. 372, Washington 1916; ref. in „Heil- und Gewürzpflanzen" 1, S. 29 (1917).

Herkunft und Verbreitung: Der Tripelbastard *Mentha piperita* soll zuerst in Hertford (England) von EATON beobachtet worden sein[22]. RAIUS (oder RAY) beschrieb im Jahre 1696 die Pflanze zum ersten Male in der „Synopsis methodica stirpium britannicarum" und belegte sie 1704 mit dem Namen *Mentha palustris*, Peper-Mint. LINNÉ reihte RAYS *Mentha palustris* als *Mentha piperita* in seine „Species Plantarum" (1. Ausgabe 1753) ein. HUDSON führt die Pfefferminze von RAY in seiner „Flora Anglica" (1798) als *Mentha piperita* L. an[23]. Der bekannte pharmazeutische Schriftsteller DALE aus Essex machte schon 1705 auf die heilkräftige Wirkung der Pflanze aufmerksam, und 1721 erschien sie als *Mentha piperitis sapore* in der Londoner Pharmakopoe. In Holland und Deutschland ist sie durch englische Ärzte (1770) bekannt geworden. 1777 wird im Braunschweiger Dispensatorium *Aqua Menthae piperitae* erwähnt. Zur weiteren Anbauverbreitung der Pflanze und ihres Arzneigebrauches trug besonders in Deutschland die von KNIGGE (Erlangen)[24] im Jahre 1780 geschriebene Abhandlung über die Pfefferminze (mit Abbildung) bei.

Nach VAVILOV[25] entstammt die Pfefferminze dem Mittelmeergebiet. Genannter stellte eine pflanzengeographische Theorie der Heimat der Kulturpflanzen auf. Nach ihm umfaßt das mediterrane Ursprungszentrum der Kulturpflanzen die an das Mittelmeer angrenzenden Länder nebst Ägypten. Auch wir sind der Meinung, daß *Mentha piperita* nicht nur in England ihr Ursprungsgebiet hat, sondern darüber hinaus noch anderweitig beheimatet ist. Diese Art ist mit ihren Unterarten, Varietäten und Formen jetzt nahezu in ganz Europa, nördlich bis Norwegen, als Kulturpflanze anzutreffen. Aber auch in außereuropäischen Ländern fand ihr Anbau Eingang. Etwa seit Beginn des 19. Jahrhunderts wird sie in den Vereinigten Staaten (Michigan) und in Asien kultiviert.

Herkünfte des Drogenhandels: Der Drogenhandel bezieht die Pfefferminzdrogen (*Folia* und *Herba Menthae piperitae*) in großen Mengen aus den Balkanländern und aus Ungarn. Außerdem werden *Mentha piperita* und andere *Mentha-species* in England, Frankreich und der Sowjetunion angebaut. Große Kulturen befinden sich ferner in Nord- und Südamerika, Ostchina und Japan.

Deutsche Pfefferminzdroge wird vom Vegetabilienhandel sehr geschätzt. Im Rahmen des gesamten deutschen Arznei- und Gewürzpflanzenbaues nimmt der der Pfefferminze eine beachtliche Stellung ein.

HARAZIM[26], der eingehende Ermittlungen über die Entwicklung der Arznei- und Gewürzpflanzen-Anbauflächen in einem Zeitraum von 50 Jahren durchführte, stellte fest, daß im Jahre 1883 um Erfurt, wo noch heute die Pfefferminze besonders bei Ringleben angebaut wird, sich eine Anbaufläche von 12 ha als örtlich wichtiges Vorkommen nachweisen ließ. Für Kölleda an der Unstrut, der „Pfefferminzstadt" Deutschlands (die Bezeichnung „Pfefferminzstadt" wurde früher schon einmal im Poststempel geführt), entwickelte sich der Anbau wie folgt:

		Jahr		
1887	1888	1911	1912	1923
34 ha	38 ha	25 ha	10 ha	20 ha

22 Zit. nach KÖHLERS Medizinal-Pflanzen. Herausgegeben von G. PABST. Bd. I, Gera-Untermhaus 1887.

23 BACON, F. J.: Geschichte der botanischen Bezeichnung der Pfefferminze. „Journ. Americ. pharm. Assoc." 17, S. 1094 (1928); zit. nach Bericht von SCHIMMEL & Co., Miltitz b. Leipzig 1929, S. 156.

24 KNIGGE, Th.: De mentha piperitide commentatio botanico medica. Dissertation. Erlangen 1780. Ein Exemplar der Arbeit befindet sich in der Universitätsbibliothek Leipzig, Mat. med. 832, allerdings ohne die dazugehörigen Abbildungen.

25 VAVILOV in Theoretical bases of plant breeding, Bd. I, General principles of plant breeding. 1. Aufl. 1935; zit. nach REGEL, C. von: Pflanzen in Europa liefern Rohstoffe. Stuttgart 1945, S. 27.

26 HARAZIM, E.: Fünfzig Jahre deutscher Heil- und Gewürzpflanzenanbau 1883—1934, eine Anbauflächenübersicht. „Die Deutsche Heilpflanze" 1, S. 105 bis 108 (1935).

Es fehlen dann für die Jahre bis 1934 zuverlässige Einzelangaben. Von 1934 bis 1940 nahm die Anbaufläche fast ständig zu. Sie belief sich 1940 auf etwa 400 ha in ganz Deutschland.

Der Anbau der Pfefferminze in Kölleda geht auf die Zeit zwischen 1815 und 1818 zurück*.

Zu den Anbaugebieten um Erfurt und Kölleda kamen dann noch kleinere hinzu, so in der Pfalz in der Umgebung von Speyer und in Württemberg mit dem Hauptanbauort Hegnach und dann die Gebiete des Erdinger und Dachauer Mooses. In der Pfalz wird die Pfefferminze seit dem Jahre 1830**, in Württemberg seit 1850 (zit. nach TSCHIRCH) angebaut. Das jüngste Anbaugebiet ist das oberbayrische, es entstand 1918***.

Die Hauptanbaugebiete für Pfefferminze liegen in Deutschland in den Ländern:

Provinz Sachsen (Sachsen-Anhalt),
Thüringen,
Bayern,
Württemberg,
Pfalz.

Betrachtet man die Karte der Anbaudichte des Arznei- und Gewürzpflanzenbaues in den deutschen Ländern zwischen Oder und Rhein nach der Anbauflächenstatistik des Jahres 1937 (siehe S. 88), so wird ersichtlich, daß die Hauptanbaugebiete für Pfefferminze in den Ländern mit umfangreicherem Arznei- und Gewürzpflanzenbau liegen. Diese Gebiete erstrecken sich auf einen etwa 600 km langen und ungefähr 200 km breiten Streifen, beginnend in Mitteldeutschland zwischen Elbe, Weser und Werra und endend in Oberbayern am Inn. Das Gebiet zieht sich also von Norden nach Süden hin und weitet sich nach Westen (Württemberg) aus. Nur das Pfälzer Anbaugebiet liegt abseits dieses Streifens, und zwar linksrheinisch. Über die Elbe hinaus nach Osten findet sich kein wesentlicher feldmäßiger Anbau mehr. Erst im Jahre 1948 wurde auf unsere Anregung hin von den Gemeinschaftsbetrieben der Deutschen Evangelischen Brüderunität in Herrnhut ein versuchsweiser Anbau mit 'Mitcham-Pfefferminze' in der Oberlausitz eingeleitet und erfolgreich durchgeführt.

Oleum Menthae piperitae wird vorwiegend gewonnen in Japan, den USA, der UdSSR, Italien, Rumänien, Ungarn, England, China, Deutschland, Frankreich. Die angegebene Reihenfolge gibt nach HOPPE die Rangordnung in bezug auf die Höhe der Produktion an. In Japan erhält man das Po-Ho-Öl („Pfefferminzöl") aus mehreren Unterarten von *Mentha arvensis* L., in der Hauptsache von *Mentha arvensis* L. *var. piperascens* Malinvaud. Pfefferminze deutscher Ernte wird nur noch gelegentlich zur Pfefferminzöl-Gewinnung verwendet. Früher (vor 1914) wurden in dem Hauptanbaugebiet Kölleda mindere Qualitäten, die im Handel schwer unterzubringen waren, destilliert. Dieses „Brennen" ist aber jetzt Sache der großen Destillationsbetriebe, besonders der Fabriken für ätherische Öle, und in den deutschen Anbaugebieten ganz verschwunden. Hin und wieder wird *Oleum Menthae piperitae* deutscher Provenienz von den Destillationsbetrieben gewonnen, und zwar aus Pfefferminzrohware, die für arzneiliche Zwecke nicht mehr in Frage kommt. Das Öl der Sorte 'Mitcham-Pfefferminze' deutscher Herkunft ist meist von hervorragender Qualität und der englischen gleichwertig.

Sorten und Herkünfte für den Anbau: Angebaut werden die Gruppensorten 'Mitcham-Pfefferminze' und 'Pfälzer-Pfefferminze'. Die erstere bevorzugt einen lockeren, humusreichen Boden (auch moorig bis anmoorig) in gutem Kulturzustand. Sie ist genügend

* Nach einem persönlichen Schriftwechsel mit dem Anbauer von Pfefferminze, Herrn H. BAUER in Kölleda.

** Nach einer persönlichen Mitteilung des Geschäftsführers der Kräuterzentrale GmbH in Speyer a. Rh., Herrn KÄSTEL.

*** Nach Auskunft von Herrn Ökonomierat H. LUTZENBERGER, Franzheim, Erdinger Moos.

winterhart, ertrag- und gehalt-(menthol-)reich. Die Droge ist verhältnismäßig, und zwar je nach Standort, mehr oder weniger dunkelfarbig (violett). Sie liefert eine sehr gehaltreiche Arzneidroge und eignet sich wegen ihres hohen Gehaltes an ätherischem Öl, der sich für die Blattdroge auf etwa 1,7% belaufen sollte, besonders zur Krautdestillation. Das daraus gewonnene *Oleum Menthae piperitae Mitcham* ist sehr mentholreich.

Abb. 277 Mentha-Triebe mit Blütenständen (Herbar); links: 'Mitcham-Pfefferminze'; Mitte: 'Pfälzer Pfefferminze'; rechts: Krauseminze

Das l-Menthol ist der wichtigste Bestandteil des Pfefferminzöles. Die 'Pfälzer Pfefferminze' hat dieselben Bodenansprüche wie die 'Mitcham-Pfefferminze'. Sie bevorzugt aber warme Lagen, da sie weniger winterhart ist. Diese Sorte ist dafür aber gegen Trockenheit unempfindlicher als die 'Mitcham-Pfefferminze'. Die Droge ist gehaltsärmer und mehr oder weniger hellfarbig (grün). Die Blattdroge dieser Sorte sollte etwa 1% ätherisches Öl enthalten. Lt. DAB. 6 soll der Mindestgehalt für *Folia Menthae piperitae* 0,7% betragen. BRÜCKNER[27] ermittelte als Maximalwerte für 'Mitcham' 2,98% und für 'Pfälzer' 1,87% ätherisches Öl. Letztere ist im Geschmack milder und wird daher als „Haustee" gern der 'Mitcham-Pfefferminze' vorgezogen. Obgleich nach GESSNER Vergiftungen durch *Mentha piperita* nicht zu befürchten sind, sollte man unseres Erachtens die Pfefferminze als Haustee zum regelmäßigen Genuß möglichst nur in geringer Menge zusammen mit anderen therapeutisch indifferenten Hausteepflanzen verwenden. Den reinen Pfefferminztee als „deutschen Familientee"[28] zu bezeichnen und zu verwenden, empfehlen wir jedenfalls nicht. Menthol und Menthon können in größeren Gaben zu Gesundheitsstörungen führen.

Die Sortenliste der in der Deutschen Demokratischen Republik zugelassenen Sorten von Kulturpflanzen 1953 läßt die 'Pfälzer Pfefferminze' letztmalig 1955 zum Handel zu. Als Einzelsorte wird darin geführt 'Herrnhuter Auslese', eine verhältnismäßig sehr winterharte, ertrag- und gehaltreiche Universalsorte vom Typ der 'Mitcham-Pfefferminze'. Sie ist außerordentlich anpassungsfähig in bezug auf verschiedene Böden und klimatische Lagen und verfügt folglich über eine große ökologische Streubreite.

[27] BRÜCKNER, K.: Untersuchungen an *Mentha piperita* L. (Sorte Mitcham-Pfefferminze) über den Gehalt an ätherischem Öl, über Ertrag, Düngung und Transpiration. „Pharmazie" 8, S. 69 bis 78 (1953); bzw. „Arzneipflanzen-Umschau" 3, S. 415 bis 423 (1953).

[28] DIETRICH, R.: Pfefferminze, Der deutsche Familientee? „Pharmaz. Zhalle" 73, Nr. 20 (1932) (Sonderdruck).

Während die 'Pfälzer Pfefferminze' etwa seit dem Jahre 1770 in Deutschland bekannt ist, hat die englische 'Mitcham-Pfefferminze' erst später in Deutschland Eingang gefunden. Im Thüringer Anbaugebiet (Kölleda) wurde sie im Jahre 1903 aus England durch Ökonomierat SCHELLE in Schladebach eingeführt, im Pfälzer Anbaugebiet erst im Jahre 1927*. In den seit 1918 bestehenden oberbayerischen Anbaugebieten wird nur die 'Mitcham-Pfefferminze' angebaut.

Der 'Pfälzer Pfefferminze' identisch ist eine Herkunft „Württemberger Pfefferminze". Verschiedene Herkünfte werden auch unter der Bezeichnung „Thüringer Pfefferminze" geführt. Hierbei handelt es sich um verschiedene Minzearten und -formen, zum Teil um Formengemische, die vegetativ und manchmal sogar von Saatzuchtfirmen generativ vermehrt werden und die meist nicht dem offizinellen Stammpflanzentyp *Mentha piperita* L. (DAB. 6) entsprechen. Besonders häufig wird *Mentha piperita* L., die offizinelle Pfefferminze, mit *Mentha gentilis* L., die auch „Edelminze" oder „Thüringer Pfefferminze" genannt wird, verwechselt. Dieser Bastard (*Mentha arvensis* L. × *Mentha spicata* L. em. Nathh.) ist morphologisch *Mentha piperita* L. sehr ähnlich. *Mentha gentilis* unterscheidet sich von *Mentha piperita* besonders durch die kürzer gestielten bis sitzenden, am Grunde keiligen Laubblätter und die großen Tragblätter in der Scheinähre. In der Literatur des vorigen Jahrhunderts wird oft darauf hingewiesen, daß *Mentha gentilis* vom Landvolk wie auch in den Apotheken so wie *Mentha piperita* verwendet wurde. Im Kommentar zum DAB. 6 [29] wird auf die Möglichkeit der Verwechslung mit *Mentha piperita* hingewiesen. Nach dem Kommentar sollen die Blätter von *Mentha gentilis* ungestielt sein, was keinesfalls immer zutrifft. Je nach Varietät ist die Blattstiellänge verschieden. Das geht aus einer systematischen Arbeit von TOPITZ (1913)[30] sehr klar hervor, der auch Abbildungen der Blattformen beigefügt sind. Die Blätter von *Mentha gentilis* können fast sitzend, aber auch bis 10 mm lang gestielt sein. Ihnen fehlt der typische Mentholgeruch der Pfefferminze. Ihr Geruch ist kümmelähnlich.

Die unter der Drogenbezeichnung „*Folia Menthae piperitae thuringica*" in den Handel gelangende Droge entspricht keinesfalls immer hinsichtlich ihrer Stammpflanze der offizinellen Art *Mentha piperita* L., wie sie im DAB. 6 für *Folia Menthae piperitae* vorgeschrieben ist.

Nebenstehend sind die verwandtschaftlichen Verhältnisse der Pfefferminzsorten 'Pfälzer' und 'Mitcham' dargestellt.

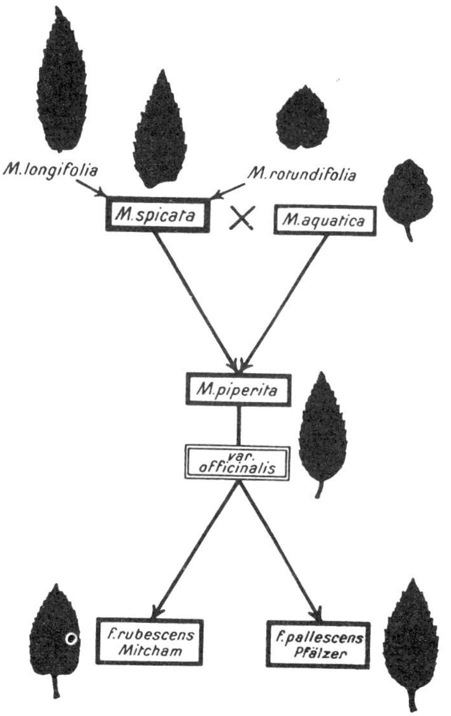

Abb. 278 Verwandtschaftliche Verhältnisse von Mentha piperita L.

[29] ANSELMINO, O. und GILG, E.: Kommentar zum DAB. 6, Bd. 1, Berlin 1928, S. 663 bis 665.

[30] TOPITZ, A.: Beiträge zur Kenntnis der Menthenflora von Mitteleuropa. „Beihefte zum Bot. Cbl." 30, S. 138 bis 264 (1913); (Blattformen von *Mentha* nach TOPITZ siehe auch HEGI).

* Nach persönlichen Auskünften durch den Pfefferminzanbauer Herrn H. BAUER in Kölleda (Thür.) und den Geschäftsführer der Kräuterzentrale GmbH, Speyer (Pfalz), Herrn KÄSTEL.

Als ein sehr wichtiges Merkmal wurde die für die betreffende Art bzw. Sorte typische Blattform in der Darstellung aufgenommen und damit jede Art und Sorte in einem Hauptmerkmal charakterisiert. Bei der Wiedergabe der Blattformen handelt es sich um Lichtpausen der frischen, also völlig unveränderten Blätter. Sie wurden Blattserienuntersuchungen entnommen und unter Berücksichtigung der Variationsbreite ausgesucht. Die Form der Blätter, die Beschaffenheit des Blattrandes und, soweit Blattstiele vorhanden sind, die Stiellänge sind trotz der hier erforderlichen Verkleinerung um 2/3 gut erkennbar. Aus der Darstellung geht sehr deutlich die Abstammung der offizinellen Pfefferminz-Sorten 'Mitcham' und 'Pfälzer' hervor. Obwohl beide Sorten die gleichen Stammeltern haben, dominieren bei 'Mitcham-Pfefferminze' die Merkmale der *Mentha aquatica* L., während bei der 'Pfälzer Pfefferminze' die der *Mentha spicata* L. em. Nathh. vorherrschen. Beide Sorten gehören zur *var. officinalis* Sole, und zwar die 'Pfälzer Pfefferminze' zur *f. pallescens* (withe mint) und die 'Mitcham-Pfefferminze' zur *f. rubescens* (black mint). Die Differenzierung dieser Formen erfolgte im Jahre 1911 durch A. und E. G. CAMUS[31].

Das „Degenerieren" der Pfefferminze: Im Zusammenhange mit der Entstehung der Pfefferminze als Tripelbastard und der Sortenfrage bedarf das sogenannte „Degenerieren der Pfefferminze" einer Erörterung. In der Praxis und auch in der Fachliteratur sind hierüber verschiedene und sehr irrige Auffassungen zu finden. Die *Pharmacopoea Helvetica, Editio Quinta,* Bern 1941, S. 423, enthält sogar die Vorschrift, daß die Droge keine Blätter von degenerierter Pfefferminze, die nach Carvon und Pulegon riechen, enthalten darf.

Besonders im Thüringer Anbaugebiet klagen die Landwirte, daß ihre Pfefferminze degeneriere. Eine Besichtigung der Bestände bei Kölleda und Ringleben ergab, daß diese tatsächlich vom Typ der Pfefferminze mehr oder weniger abweichende Formen enthielten. Sie unterschieden sich morphologisch und hatten ein vom Typ abweichendes und schlechtes Aroma. Derartige Formen setzen den Wert der Droge herab, wenn sie bei der Ernte nicht ausgelesen werden. Es handelt sich nun hierbei nicht um ein Degenerieren, d. h. Entarten des Tripelbastardes *Mentha piperita* L., sondern um ein Überhandnehmen wertloser, vom Typ der offizinellen Pfefferminze abweichender Formen in den Beständen.

Im Kölledaer Anbaugebiet stellten wir bei unseren Exkursionen verschiedene Minzen fest, bei denen es sich meist um Bastarde handelte, mit Ausnahme von *Mentha aquatica* und *Mentha arvensis*, die artenecht auftreten. Die Sorten der Kulturart Pfefferminze können mitunter durch andere Minzen befruchtet werden und mehr oder weniger keimfähige Nüßchen bilden. Diese fallen aus und liefern erbgutmäßig ein sehr buntes, als Droge wertloses Formengemisch. Eine solche Vermischung mit diesen meist sehr wüchsigen Formen nimmt schnell auf generative wie auch vegetative Weise überhand. Zwar soll die Pfefferminze zu Beginn der Blüte geschnitten werden, da zu diesem Zeitpunkt der Gehalt an ätherischem Öl am höchsten ist, aber es bleiben doch hin und wieder, wie wir uns im Thüringer Anbaugebiet selbst überzeugen konnten, Blütenstände der unteren Seitentriebe, besonders bei stark auseinanderfallenden Pflanzen, stehen. Vor allem bilden die vielen hybridogenen Sippen des Formenkreises *Mentha arvensis* eine ständige Gefahr der Verunkrautung der Pfefferminzfelder. Bastarde zwischen *Mentha arvensis* × *Mentha piperita* (Pfälzer Typ) sind im Kölledaer Anbaugebiet keine Seltenheit. Um dieser Gefahr vorzubeugen, müssen die Pfefferminzfelder peinlichst sauber gehalten und die Pflanzen zu Beginn der Blüte tief

[31] CAMUS, A. und E. G.: Bull. Roure — Bertrand Fils, octobre 1911, 3; zit. nach Bericht von SCHIMMEL & Co., Miltitz b. Leipzig 1929, S. 157.

geschnitten werden. Auf dem Versuchsfeld in Leipzig-Probstheida, wo seit 20 Jahren Pfefferminze angebaut wird, konnten noch keine derartigen Bastarde in den Beständen der Pfefferminze festgestellt werden, obgleich auch *Mentha arvensis* ganz vereinzelt als Ackerunkraut auftritt.

Saat- bzw. Pflanzgut[32]: Bei generativer Vermehrung von *Mentha piperita* spaltet diese als Tripelbastard auf. Solange keine Pfefferminz-Zuchtsorten zum Anbau zugelassen sind, die auf geschlechtlichem Wege sortenecht vermehrt werden können, muß von der Verwendung „handelsüblichen Pfefferminzsaatgutes" abgesehen werden. Im Bereiche der Deutschen Demokratischen Republik ist daher seit dem 1. Juli 1952 der Verkauf von Pfefferminzsaatgut zum Schutze der Verbraucher untersagt. Erfolgt trotzdem eine Anzucht aus Saatgut, so läuft der Anbauer Gefahr, seine Ernte nicht absetzen zu können. Als Arzneibuchware ist sie überhaupt nicht verwendbar. Der Kleinanbauer, der für den Eigenbedarf Pfefferminze kultivieren will, wird enttäuscht. Letzten Endes gerät durch den Anbau minderwertiger Minzen der ärztlicherseits geschätzte und gern verordnete Pfefferminztee, der auch ein Bestandteil vieler Kräutertees ist und wohl auch in keiner Hausapotheke fehlt, in Mißkredit. Die zum Anbau zugelassenen Pfefferminzsorten sind daher nur vegetativ zu vermehren, und zwar durch sogenannte Kopfstecklinge oder durch Ausläufer (Stolonen). Letztere werden in der Praxis auch als Läufer, Ranken, Setzlinge, Keime, Wurzeln, Wurzelkeime, Wurzelrhizome, Wurzelschnittlinge oder Senker bezeichnet.

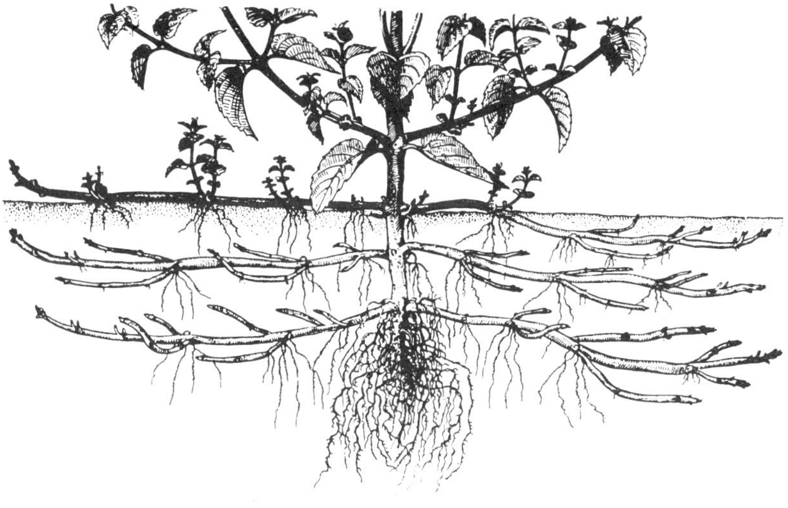

Abb. 279 Mentha piperita L., Ausläuferbildung

Zur Gewinnung der Kopfstecklinge schneidet man von den kräftig entwickelten Pflanzen die beblätterten Triebspitzen ab, die dann in einen Frühbeetkasten, unter Glas und gut schattiert, in sandige Komposterde gepflanzt werden. Die Stecklinge bewurzeln sich schnell. Kopfstecklinge mit mehreren Seitentrieben und mit einem

[32] HEEGER, E. F.: Die Vermehrung der Pfefferminze (*Mentha piperita* L.). „Der Deutsche Gartenbau" 1, S. 153 bis 156 (1954).

Abb. 280
Anzucht von Mentha-Kopfstecklingen in Sand für Schausortiment

Abb. 281
Mentha piperita L., 'Mitcham-Pfefferminze Herrnhuter Auslese', HZ. Stecklingsanzucht im Frühbeet in Herrnhut (Oberlausitz)

guten Wurzelballen sind für Neuanlagen besonders geeignet. Der Vorteil der Kopfstecklinge besteht darin, daß sie sehr schnell anwachsen und der Trockenheit besser widerstehen als die Ausläufer, die besonders bei Trockenheit sehr langsam auflaufen. Das hat auf Böden, die zur Verkrustung neigen, Lücken und somit rasche Verunkrautung zur Folge. Die mit Kopfstecklingen angelegten Bestände können bald nach dem Auspflanzen gehackt werden.
Für den feldmäßigen Großanbau kommt aber die Anlage mit Kopfstecklingen meist nicht in Frage, da die Anschaffungskosten zu hoch sind. Die Vermehrung erfolgt daher vorwiegend unter Verwendung von Ausläufern. Es sind dies Teile der beblätterten, oberirdischen oder unterirdischen Bodenausläufer, die umgebildeten Seitenästen entsprechen. Sie weisen eine sehr starke Internodienstreckung auf, so daß die Sproßachsen zu fädigen Organen werden, die auf dem Boden hinkriechen (oberirdische Ausläufer) oder in diesen verlagert sind (unterirdische Ausläufer). Die ersteren bilden neben

Niederblättern auch Laubblätter; die letzteren sind mit bleichen Niederblättern besetzt. An den Knoten der Ausläufer bilden sich sproßbürtige Wurzeln, die sie vom Hauptwurzelsystem unabhängig werden lassen. Entsprechend dieser Entwicklung sollen die Setzlinge oder Ausläufer möglichst mehrere Internodien aufweisen. Es genügt im allgemeinen eine Länge von etwa 10—15 cm, jedoch möchten mindestens drei wurzelnde Knoten vorhanden sein. Die unterirdischen weißen bis weißlichgrünen Ausläufer eignen sich am besten als Pflanzgut.

Während des Transportes muß das Pflanzgut feucht gehalten werden, Verpackung in Moos oder Torfmull und Anfeuchten durch Begießen sind zu empfehlen. Es ist zweckmäßig, die Setzlinge während der Lagerung noch mit nassen Säcken zuzudecken. Trockene, verbrannte, aber auch faulende Setzlinge wurzeln nicht an. Sie ergeben lückige Bestände, so daß oftmals sogar Umbruch erfolgen muß.

Anbau: Die Pfefferminze braucht zu einem guten Gedeihen einen Boden von lockerkrümeliger, elastischer, aber nicht loser Struktur. Mit Stallmist gedüngte Hackfrüchte bieten hierfür eine gute Voraussetzung. Auf Niederungsmoorböden ist der Hanf (siehe S. 316) eine gute Vorfrucht. In den Anbaugebieten wird der Fruchtwechsel sehr unterschiedlich gehandhabt. Eine häufig anzutreffende Fruchtfolge ist: Kartoffeln, Pfefferminze, Sommergetreide (Gerste). Zuckerrüben sollen nicht geeignet sein, da sie aus noch ungeklärten Gründen eine nachteilige Wirkung auf die ihnen folgende Pfefferminze ausüben. Ungeeignet sind auch Vorfrüchte, die an den Wasserhaushalt hohe Ansprüche stellen.

Abb. 282
Mentha piperita L.,
Feldbestand in Thüringen

Brachfelder sind für den Anbau der arbeitsintensiven Pfefferminze nicht geeignet, da sie oft sehr verunkrautet sind. Infolge der starken Ausläuferbildung bei den Pfefferminzsorten wird die Hackpflege erschwert, oft sogar unmöglich, und es muß dann gejätet werden.

Die Pfefferminze sollte nur aller 5—7 Jahre auf demselben Felde angebaut werden. Sie ist eine gute Vorfrucht für fast alle landwirtschaftlichen Kulturarten. Hackfrüchten, besonders Rüben, ist der Vorzug zu geben, wenn die Pfefferminze als mehrjährige Kultur angebaut wurde; das Unkraut nimmt dann nicht so leicht überhand.

Die verschiedenen Anbaumethoden: Folgende Anbauweisen sind grundsätzlich zu unterscheiden:

1. Anbau unter Verwendung von Kopfstecklingen
   a) einjährige Kultur,
   b) zwei- und mehrjährige Kultur.
2. Anbau unter Verwendung von Stolonen
   a) einjährige Kultur,
   b) zwei- und mehrjährige Kultur.

Gewinnung und Wert der Kopfstecklinge für eine Neuanlage wurden bereits unter Abschnitt Saat-/Pflanzgut behandelt. Wenn der Anbauer nicht in der Lage ist, Kopfstecklinge für die Bepflanzung größerer Flächen selbst heranzuziehen, liegen die Anlagekosten im Verhältnis zum Reinerlös zu hoch. Kopfstecklinge finden daher auch meist nur bei der Anlage kleinster Bestände, die später zur Vermehrung dienen, Verwendung. Das Schneiden derselben erfolgt ab Ende Mai bis Juni. Die Bewurzelung geht rasch vonstatten, so daß nach 6—8 Wochen schon verpflanzt werden kann. Die Anlage liefert im gleichen Jahr aber noch keinen Ertrag. Auch ein längeres Aufschulen der Kopfstecklinge mit Überwinterung im Kasten ist üblich, wobei das Auspflanzen dann im Frühjahr ab Ende April erfolgt. Die Kopfstecklinge werden in gut vorbereiteten Boden, möglichst nach einem Regen, in einer Reihenweite von 40—60 cm und in der Reihe in einer Entfernung von 20 cm gepflanzt. Da die Pfefferminze nur flach wurzelt, dürfen die Stecklinge nicht zu tief, je nach Umfang des Wurzelballens nur 5—10 cm tief, gepflanzt werden.

Am häufigsten finden in der Praxis als Pflanzgut die Ausläufer, deren Gewinnung bereits beschrieben wurde, Verwendung. Sie können in einem Abstand von 50 × 15—20 cm ausgelegt werden. Die Kosten für das Ausläufer-Pflanzgut sind etwas geringer. Die Anlage stellt sich wesentlich billiger, weil die Stolonen wie die Pflanzkartoffeln aus der Schürze oder dem Korb in Furchen gelegt werden. Bei Verwendung der ganzen Ausläufer werden diese mit der Hand auseinandergerissen und fortlaufend in der Reihe ausgelegt. Die Reihen werden mit dem Furchenzieher gezogen. In Kölleda werden die Setzlinge hinter dem Pflug eingelegt. Auch das Stollsche Kartoffelvielfachgerät kann gut Verwendung finden. Es hat nur den einen Nachteil, daß seine Reihen-

Abb. 283
Mentha piperita L., Doppelreihen-Bandanlage kurz nach dem Austreiben der Läufer

Abb. 284
Mentha piperita L., 'Mitcham-Pfefferminze', Feldbestand, Herbstpflanzung. Aufnahme erfolgte im Juli des darauffolgenden Jahres

Abb. 285
Mentha piperita L., 'Mitcham-Pfefferminze', Feldbestand, Frühjahrspflanzung. Im Juli des gleichen Jahres aufgenommen

entfernung genormt ist und daher die Standweite der Pfefferminze davon abhängt. Die Arbeitsersparnis durch Verwendung dieses Gerätes wiegt aber in den meisten Betrieben die durch die weite Stellung etwas niedrigeren Ernten auf. Im Kölledaer Anbaugebiet beträgt die Reihenentfernung nur etwa 30 cm. Durch den engen Abstand beschattet die Pfefferminze den Boden vollständig. Die Stolonen werden in der Furche leicht angedrückt (angetreten) und anschließend sofort ganz flach angehäufelt. Damit entfällt die zeitraubende Pflanzarbeit, die bei der Verwendung von Kopfstecklingen die Anlagekosten sehr erhöht. In der Praxis wird gelegentlich auch so verfahren, daß die Stolonen in jede zweite flache Pflugfurche gelegt werden. Eine Furche bleibt frei, um den Reihenabstand genügend weit zu halten. Dabei ist aber darauf zu achten, daß die Stolonen nicht zu tief zu liegen kommen. Bei der Frühjahrsanlage soll die Furchentiefe 6—10 cm und bei der Herbstanlage höchstens bis zu 15 cm betragen.

Die Stolonen können bei genügend Bodenfeuchtigkeit im Herbst (September bis November) oder auch im zeitigen Frühjahr (Ende März bis Mitte April) gelegt werden. Eine von uns im September auf entwässertem Moor angelegte Pflanzung mißglückte, da zwei Drittel der Stolonen verfaulten. Wir empfehlen seitdem auf Moorboden die Frühjahrspflanzung. Bei letzterer muß vor allem darauf geachtet werden, daß die Winterfeuchtigkeit den Pflanzen in vollem Maße zugute kommt. Auch empfiehlt es sich, die Stolonen vor dem Auslegen mit frischem Wasser zu besprengen. Es sollte möglichst immer gleich hinter dem Furchenziehgerät oder Pflug gelegt werden, denn die Furchen dürfen nicht erst austrocknen. Die Stolonen brauchen zum Auflaufen reichlich Bodenfeuchtigkeit. Mitte April gelegte Stolonen treiben im Mai kräftig aus und wachsen bei genügender Feuchtigkeit und Wärme rasch. Windschutz wirkt sich sehr günstig auf die Entwicklung aus. In Nordamerika schützt man die Pfefferminzfelder gegen Wind, indem als Windbrecher in größeren Abständen Getreidestreifen in die Felder gelegt werden. Auf dem Versuchsfeld in Leipzig-Probstheida dienen meist Topinambur, Mais, Mariendistel oder auch Hanf als Windschutz für die Arzneipflanzenbestände. Eine Windschutzeinfassung wirkt gleichzeitig als Wärmemantel und ist für die Entwicklung, insbesondere der jungen Pfefferminze, recht vorteilhaft.

Ob nun der ein-, zwei- oder mehrjährige Anbau vorzuziehen ist, hängt in erster Linie vom Zustand des Bodens ab, insbesondere von seiner Fruchtbarkeit, und davon, ob er unkrautfrei ist. Es entscheidet hier viel das Können des Anbauers hinsichtlich der Wahl der Anbauweise. Bis 1939 waren die zwei- und mehrjährigen Kulturen die üblichen. Auf einem unkrautfreien, gut gepflegten Boden kann ein Bestand drei Jahre genutzt werden, dann aber gehen die Erträge sehr stark zurück. Es gibt Bestände, die noch länger als drei Jahre stehenbleiben. Nach unseren Beobachtungen treten aber schon bei zweijähriger Kultur Nachteile auf. In den Jahren 1948 und 1949 beobachteten wir in regelmäßigen Abständen einen $2^1/_4$ ha großen Bestand von 'Mitcham-Pfefferminze' auf einem Lößlehmboden. Obgleich dieser schwere Boden für die Pfefferminze weniger geeignet war, entwickelten sich die Pflanzen im ersten Vegetationsjahr ausgezeichnet und bildeten einen geschlossenen Bestand. Als Pflanzgut fanden Stolonen Verwendung. Die Pflanzung erfolgte vom 7. bis 16. April 1948. Es wurden zwei Schnitte erzielt, die einen guten Ertrag brachten. Im zweiten Jahre waren kleinere Auswinterungsschäden wahrzunehmen, jedoch wuchsen die Reihen durch die starke Ausläuferbildung bald zu. Die Pflegearbeiten wurden sehr erschwert. Es waren drei Handhacken erforderlich, und einmal mußte gejätet werden. Ebenfalls wurden zwei Schnitte gewonnen. Der Bestand bildete einen dichten Pfefferminzrasen, und wies allerdings einige Lücken auf. Er war zum Teil so stark verunkrautet, daß nicht mehr gehackt werden konnte und der Bauer mit der Jätearbeit nicht nachkam. Die Ernte war sehr stengelig, die Blätter waren zum Teil klein und die unteren oft vergilbt. Nach der Ernte erfolgte Umbruch. Dies ist das übliche, sich in der Praxis bietende Bild der zwei- und mehrjährigen Pfefferminzkulturen. Mitbedingt durch die große Trockenheit im Jahre 1949 war die Gesamternte im genannten Betriebe nur gering. Sie betrug an Blattdroge im ersten Anbaujahr 17 dz/ha und im zweiten Jahre nur 10 dz/ha. Der einjährige Pfefferminzanbau setzt sich immer mehr durch. Die Kultur wird also alljährlich entweder im Herbst oder zeitigen Frühjahr neu angelegt. Die Pfefferminzpflanzen werden nach dem letzten Schnitt (August bis September) herausgeschält oder mit der Kartoffelschleuder gerodet, die Stolonen geschnitten und auf einem anderen Schlage, möglichst nach einer Hackfrucht, neu ausgelegt. Die Standweite wird bei dieser Anbauweise etwas enger bemessen, und zwar 20 cm in der Reihe bei einem Reihenabstand von etwa 30–40 cm. Die einjährige Kultur liefert zwei, in besonders günstigen Jahren, jedoch selten, drei Schnitte. Sie hat sich gut bewährt, so daß sie empfohlen werden kann. Ist der Bestand einer einjährigen Kultur in bester Ordnung, d. h., sind die Pflanzen im Herbst noch nicht zu dicht untereinander durch ihre Ausläufer verwachsen (verfilzt) und ist der Bestand unkrautfrei, so kann er gegebenenfalls in einen zweijährigen übergeführt werden. Bleibt der Bestand zu einem weiteren Nutzungsjahre stehen, so empfiehlt sich ein Umschälen mit einer Furche von etwa 6–8 cm Tiefe. Dabei kommt es darauf an, sowohl die oberirdischen als auch die unterirdischen Ausläufer unter den Boden zu bringen und sie genügend mit Erde zu bedecken. Eine zu tiefe Furche ist dabei gefährlich, da die nur flachwurzelnde Pfefferminze bei zu hoher Bodenbedeckung erstickt. Durch das Schälen wird neben der Unkrautbekämpfung wieder für eine genügende Bodengare gesorgt. Die Verwendung von Schneid- oder Scheibensechen ist dabei für eine saubere Arbeit unbedingt notwendig. Der geschälte Acker ist danach wieder anzuwalzen. Beim Einsatz eines Treckerpfluges genügt unter Umständen schon das Anhängen eines Walzengliedes. Daß sich der Boden bei dieser Schälarbeit in entsprechender Struktur befinden muß, ist Voraussetzung. Unter Umständen kann der Einsatz einer nicht zu schräg gestellten Scheibenegge bei zu großer Trockenheit vor dem Schälen angebracht sein. Es soll dabei aber niemals mehr Fläche vorbereitet werden, als am selben Tage geschält wird. Nach dem Abschleppen im Frühjahr erfolgt dann die weitere Pflege wie im ersten Anbaujahre, nur mit dem Unterschied, daß Maschinenarbeit infolge der Verfilzung des Bestandes nicht mehr möglich ist. Alle Hackpflegemaßnahmen müssen als Handarbeit durchgeführt werden. Auf diese Weise läßt sich eine Pfefferminzanlage drei und unter Umständen fünf Jahre erhalten. Naturgemäß wachsen allerdings auch die Pflegekosten und überschreiten in alten Kulturen meist die Kosten der neuangelegten einjährigen Anlage. Länger als drei Jahre sollte man die Nutzung nicht ausdehnen, ganz abgesehen davon, daß die Pfefferminze nach englischen Feststellungen im zweiten Anbaujahr die beste Ölausbeute liefert[33]. Derjenige Betrieb, der also Wert auf billige Pflege legen muß, legt zweckmäßigerweise alljährlich seine Kultur um, indem er einen Feldwechsel vornimmt. Mit dieser Feststellung allein ist aber das Problem ein- oder mehrjähriger Pfefferminzanbau noch nicht gelöst. Im Großanbau wird das Umlegen mit seinem stoßweisen Arbeitskräftebedarf nicht alljährlich möglich sein. Dazu kommt das Verlangen der Pfefferminze nach siebenjähriger Anbaupause und ihre hohen Bodenansprüche. Nicht jeder Boden wird sich in einem Betriebe zum Anbau der Pfefferminze eignen. Unpassender Boden wirkt sich leicht in Mißernten aus. Steht also genügend pfefferminzefähiger Boden zur Verfügung und hat der Anbau eine solche Größe, daß die Anbaupause ohne weiteres eingehalten werden kann, ist natürlich alljährliches Umlegen anzustreben. Ist dies aber nicht der Fall und kann die Anbaupause nur durch mehrjährige Kulturdauer erreicht werden, so bleibt kein anderer Ausweg.

Zur außerordentlich wichtigen Hackpflege ist zu bemerken, daß sie äußerst sorgfältig vorzunehmen ist, wobei man bedenke, daß nicht nur das Unkraut bekämpft, sondern auch der Wasserhaushalt des Bodens günstig beeinflußt werden muß. Bei der Anlage der Kultur im Herbst wird möglichst bald im Frühjahr geschleppt und bis zum Spitzen der Pfefferminze einmal gestriegelt. Die Pflanzen zeigen sich je nach Erwärmung ab Ende April bis Anfang Mai. Die Frühjahrspflanzung wird gleichfalls gestriegelt. Das Spitzen erfolgt hier etwas später, etwa ab Mitte Mai. Auch danach kann unbedenklich noch einmal gestriegelt werden. Mehrere Hand- und im ersten Jahre Maschinenhacken sollen den Boden bis zum Schließen im Juni offen und von Unkraut frei halten. Nach dem ersten Schnitt wird wieder mit der Hand oder im ersten Jahre

[33] „Journal of the Board of Agriculture" 15, Nr. 5 (1908); zit. nach Bericht von SCHIMMEL & Co., Miltitz b. Leipzig 1909, S. 96.

mit der Maschine gehackt und gestriegelt. Der Offenhaltung des Bodens und der Unkrautbekämpfung ist bei der Pfefferminze größte Aufmerksamkeit zu widmen.
In rauhen Lagen müssen überwinternde Bestände gegen Auswinterung geschützt werden. Entweder werden die Pflanzreihen leicht angehäufelt oder mit strohigem Stalldung abgedeckt. Sehr bewährt hat sich das Abdecken mit einem unkrautfreien, nährstoffreichen Kompost, der zugleich eine wertvolle Düngewirkung zur Folge hat.
Erwähnt werden soll noch, daß sich in den Beständen als Unkraut besonders die Quecke sehr nachteilig auswirkt, so daß nur völlig queckenfreies Land mit Pfefferminze bestellt werden sollte. Aber auch alle anderen Unkrautgräser erschweren die Pflegearbeit. Bei Gommern, Bezirk Magdeburg, und an anderen Orten stellten wir alljährlich in den dortigen Beständen *Solanum nigrum* L. fest. Da der alkaloidhaltige Schwarze Nachtschatten giftig ist, muß besonders bei der Gewinnung von Krautware, die fast ausschließlich in den dortigen Gegenden üblich ist, darauf geachtet werden, daß keine Pflanzenteile dieses Unkrautes in die Droge gelangen. Pfefferminzdroge darf überhaupt keinerlei Fremdbestandteile enthalten.

Düngung: OPITZ[34] ermittelte den Nährstoffentzug für einige Heilpflanzenarten bis zur Ernte und errechnete für Pfefferminze folgende Werte:

Ernte	N	P_2O_5	K_2O	CaO	MgO
75 kg/a (frisch)	0,46 kg/a	0,10 kg/a	0,29 kg/a	0,41 kg/a	0,19 kg/a

Wenn auch das tatsächliche Düngebedürfnis der Pflanze zu diesem Nährstoffentzug nur in loser Beziehung steht, so geht doch daraus hervor, daß die Pfefferminze einen besonders hohen Stickstoff- und Kalkbedarf hat. Der Stickstoff-, aber auch der Kalkbedarf ist infolge des starken Regenerationsvermögens der Pfefferminze auffallend groß. Kalk ist für ein ungestörtes Wachstum der Pfefferminze erforderlich. Auch die Phosphorsäure- und Kaliversorgung darf nicht vernachlässigt werden. BRÜCKNER (1953)[35] stellte an Hand von Gefäßversuchen mit einem Boden aus dem Pfefferminzanbaugebiet Kölleda und einem Moorboden fest, daß bei beiden Bodenproben die NP-Düngung im Hinblick auf Ertrag an Droge und Gehalt gut abschneidet. Dieser Befund deckt sich mit den Versuchsergebnissen von SPRINGER (1937)[36], der auf Moorboden mit NP-Düngung den besten Ertrag und höchsten Gehalt an ätherischem Öl erzielte. Er führt noch gleichsinnige Ergebnisse der Versuchsanstalt Großbeeren und widersprechende Ansichten anderer Versuchsansteller (BOSHART[37], PILZ[38]) an. Einige sprechen von einem besonderen Düngebedürfnis an Kali. BRÜCKNER beobachtete dies nicht. Viel bedeutender als das Kali erwies sich die Phosphorsäure. Mangel an ihr wirkte in beiden Fällen auf Ertrag an Droge und Gehalt an ätherischem Öl ungünstig. Auch STRAZEWICZ (1928)[39] stellte eine günstige Düngewirkung von Superphosphat hinsichtlich der Ausbeute an Kraut fest, und außerdem erwies es sich wirksam gegen die Rostkrankheit. SCHRATZ und WIEMANN (1949)[40] wiesen an Hand von Quarzsandkulturen nach, daß eine Volldüngung (N, P_2O_5, K_2O) vorteilhaft ist.

[34] OPITZ, H.: Das Nährstoffbedürfnis einiger Heilpflanzen. „Die Deutsche Heilpflanze" 3, S. 133 bis 135 (1937).
[35] loc. cit. S. 518.
[36] SPRINGER, R.: Pfefferminze und Pfefferminzöl und die Abhängigkeit der darin erzeugten Inhaltsstoffe von Wachstum und Erntebedingungen. „Bot. Arch." 39, S. 102 bis 146 (1937).
[37] BOSHART, K.: Der Anbau der Pfefferminze. Flugblätter Nr. 6/7, Berlin 1935.
[38] PILZ, F.: *Mentha piperita* L. und ihre Ansprüche an den Vorrat von Pflanzennährstoffen im Boden. „Zeitschrift f. d. landw. Versuchswesen in Österreich", 1912, S. 575 bis 589.
[39] Broschüre, Warschau 1928. Nach „Chem. Abstracts" 23, S. 4018 (1929).
[40] SCHRATZ, E. und WIEMANN, P.: Über den Einfluß mineralischer Düngung auf Entwicklung und Ölgehalt von Labiaten. „Pharmazie" 4, S. 31 bis 35 (1949); bzw. „Arzneipflanzen-Umschau" 2, S. 467 bis 471 (1949).

Auch sie ermittelten eine besonders günstige Wirkung der Phosphorsäure hinsichtlich des Blattertrages. Bei ihren Versuchen zeigte sich außerdem, daß der Stickstoff ausschlaggebend für den Grad der Ölbildung ist. Nach Untersuchungen von ULBRICHT (1937)[41] wurde eine günstige Wirkung des Stickstoffes als schwefelsaures Ammoniak sowohl auf den Massenertrag als auch auf den Öl- und Mentholgehalt festgestellt. Einseitige Düngung kann nachteilige Folgen haben. Die Düngermenge muß daher individuell dem Nährstoffgehalt des Bodens angepaßt werden. Es wäre abwegig, nach einem „Universaldüngungsrezept" zu verfahren. Um ein optimales Gedeihen der Pfefferminze zu ermöglichen, kommt es sehr auf das richtige Nährstoffverhältnis an. Felddüngungsversuche mit Pfefferminze in Leipzig-Probstheida brachten den höchsten Ertrag bei folgenden Düngergaben:

150 dz/ha Stallmist (im zeitigen Frühjahr in sehr gut verrottetem Zustand eingebracht),
30 kg/ha N = 146,34 kg/ha Kalkammonsalpeter (20,5 % N)
(diese Stickstoffmenge wurde in zwei Gaben verabreicht),
30 kg/ha P_2O_5 = 166,67 kg/ha Superphosphat (18 % P_2O_5),
40 kg/ha K_2O = 83,33 kg/ha Kaliumsulfat (48 % K_2O).

Aus der nachfolgenden Gegenüberstellung der erzielten extremen Erträge geht das hohe Nährstoffbedürfnis der Pfefferminze eindeutig hervor.

Düngungsversuch mit 'Mitcham-Pfefferminze' auf dem Versuchsfeld in Leipzig-Probstheida

Vergleich Volldüngung (Düngergaben siehe oben) und ungedüngt

Schnitt	Blattertrag (Droge) gedüngt dz/ha	Blattertrag (Droge) ungedüngt dz/ha	Gehalt an ätherischem Öl gedüngt %	Gehalt an ätherischem Öl ungedüngt %
1.	10,70	7,82	1,70	1,90
2.	17,81	11,67	1,00	0,90
insgesamt	28,51	19,49		

Die gedüngte Parzelle brachte einen Mehrertrag an Blattdroge in Höhe von 46,28 %. Der hohe Ertrag des 2. Schnittes bildet eine Ausnahme. Hinsichtlich des Gehaltes an ätherischem Öl ergaben sich nur ganz geringfügige Unterschiede, die keine gesicherten Schlüsse bezüglich der Düngewirkung zulassen. In der Praxis werden oftmals wesentlich größere Mengen Handelsdüngemittel als in unserem Versuch verabreicht.

Grundsätzlich ist zur Düngung der Pfefferminze zu sagen, daß der Humusbedarf hoch ist. Er wird am besten in Form reichlicher Stalldung- oder Kompostgaben gedeckt. Wenn Stalldung nicht zur Vorfrucht, sondern direkt verabreicht werden muß, dann sollte er besonders gut verrottet sein, um zur vollen Wirkung kommen zu können. Jauche, wie auch menschliche Fäkalien, dürfen keine direkte Verwendung finden, und zwar nicht nur wegen der Wurminfektionsgefahr, sondern schon im Hinblick auf die allgemeine Hygiene. Die „Einheitsbestimmungen für Marken-Pfefferminze und Marken-Eibisch" verbieten jegliche Düngung mit Jauche, Fäkalien (Abortdünger) und Stadtabwässern[42]. Die zu verabreichende Form eines hochwertigen Stickstoffdüngers richtet

[41] ULBRICHT, H.: Ernährungsphysiologische Untersuchungen an Arzneipflanzen. Unveröffentlichter Bericht über die Versuche RAG I/21, Dresden 1937.

[42] HEEGER, E. F.: Die Düngung der Heil- und Gewürzpflanzen, wie überhaupt jeglicher Gemüse mit menschlichen Fäkalien, eine Quelle der Wurminfektion. „Pharmazie" 4, S. 192 bis 193 (1949); bzw. „Arzneipflanzen-Umschau" 2, S. 529 (1949).

sich nach der Bodenreaktion. Es werden gern schwefelsaures Ammoniak, Kalkstickstoff und als Kopfdünger Kalkammonsalpeter verabreicht. Auf stickstoffreichen Niederungsmoorböden, auf denen häufig Pfefferminze angebaut wird, ist mit schwachen bis mittleren Stickstoffgaben auszukommen. Sehr empfehlenswert ist es, etwa drei Viertel des Stickstoffes im zeitigen Frühjahr und ein Viertel in schnell wirkender Form sofort nach dem ersten Schnitt zu verabreichen. Durch eine reichliche Kaliumsulfatdüngung wird dem Befall der Pfefferminze mit *Puccinia menthae* Pers. entgegengewirkt, während durch starke Stickstoffgaben nach unseren eigenen Feststellungen die Rostanfälligkeit erhöht wird.

OPITZ[43] untersuchte auch den Einfluß von Spurenelementen auf Pfefferminze in Wasserkultur. Er benutzte eine Nährlösung, der die Spurenelemente in Form der A—Z-Lösung von HOAGLAND zugeführt wurden. Diese Lösung enthält die Elemente Li, Cu, Zn, B, Al, Sn, Mn, Ni, Co, Ti, J, Br. Die Analysenergebnisse zeigten, daß die Spurenelemente der A—Z-Reihe den Ölgehalt steigern. Bei den Versuchen ohne A—Z-Lösung schwankte der Gehalt an ätherischem Öl, bezogen auf Trockensubstanz, zwischen 0,17 und 0,18% und bei denen mit A—Z-Lösung zwischen 0,22 und 0,24%. Die niedrigen Werte sind auf die Wasserkultur zurückzuführen. Auch eine veränderte Zusammensetzung des ätherischen Öles wurde festgestellt; denn es fand sich, daß das Öl der A—Z-Versuchsreihe mit dem spezifischen Gewicht 0,901 leichter war als das der Kontrollreihe mit 0,918. Den Einfluß einzelner Spurenelemente auf das Wachstum in Nährlösungen prüfte auch BODE[44]. Nach seinen Tastversuchen scheinen zu einem ungestörten Wachstum der Pfefferminze B, Cr, Co, Al, Sn und Cu notwendig zu sein.

Ernte: Untersuchungen zur Ermittlung des günstigsten Erntezeitpunktes für Pfefferminze ergaben, daß der Gehalt an ätherischem Öl in den von uns untersuchten Minzen einschließlich der Sorten 'Mitcham-' und 'Pfälzer Pfefferminze' vom Frühjahr an zunahm und zu Beginn der Blüte den Höhepunkt erreichte. Zur Zeit des Aufblühens und der damit verbundenen Stockung des vegetativen Wachstums geht der Gehalt an ätherischem Öl zurück. Es wurde auch nachgewiesen, daß die Zusammensetzung des ätherischen Öles von der Sorte und der vegetativen Entwicklung derselben abhängig ist[45]. Auf Grund der analytischen Befunde sollte der erste Schnitt der Pfefferminze im Knospenstadium bzw. zu Beginn der Blüte erfolgen, und zwar möglichst in den Vormittagsstunden oder am späten Nachmittag, da zu diesen Zeitpunkten der Gehalt an ätherischem Öl am höchsten und die Gefahr der Verdunstung am geringsten ist. Nach TCHIRIKOV[46] wird bei *Mentha piperita* das ätherische Öl am Tage gebildet und nicht in der Nacht. Das Schneiden darf nicht im Tau oder bei Regen vorgenommen werden. Der erste Schnitt fällt in den Juli. In unkrautfreien Beständen wird mit dem Grasmäher tief gemäht. Ältere Bestände sollen etwas höher geschnitten werden, da sie meist dicht stehen und dadurch die unteren Blätter eher vergilben. Besonders bewährt hat sich dabei im Großbetrieb eine an den Grasmäher angebrachte Sammelvorrichtung, ähnlich dem Ablegeblech beim Ableger, deren Bedienung von drei Personen vorgenommen wird. Ein Zusammenharken, das meist mit Verlusten und bei feuchtem Boden mit Verschmutzung des Erntegutes verbunden ist, entfällt dabei. Auch Kurzfuttersammler dürften geeignet sein. Ver-

43 OPITZ, H.: Über den Einfluß von Spurenelementen auf *Mentha piperita* in Wasserkultur. Bericht der Fa. Dr. Willmar SCHWABE, Leipzig 1939, S. 84.

44 BODE, H. R.: Über den Einfluß von Spurenelementen auf das Wachstum der Pfefferminze (*Mentha piperita* L.). „Die Gartenbauwissenschaft" 14, S. 654 bis 664 (1940).

45 BAUER, K. H.: Über die Abhängigkeit der Zusammensetzung des Pfefferminzöles von der vegetativen Entwicklung und von der Sorte. „Pharmaz. Zhalle" 80, S. 353 bis 356 (1939).

46 Zit. nach HEGNAUER, R.: Über den Einfluß äußerer Faktoren auf den Gehalt an wirksamen Bestandteilen von Arzneipflanzen. V. Über tägliche Gehaltsschwankungen bei Pflanzen mit flüchtigen Ölen. „Pharmaceut. Weekbl." 88, S. 137 bis 143 (1953).

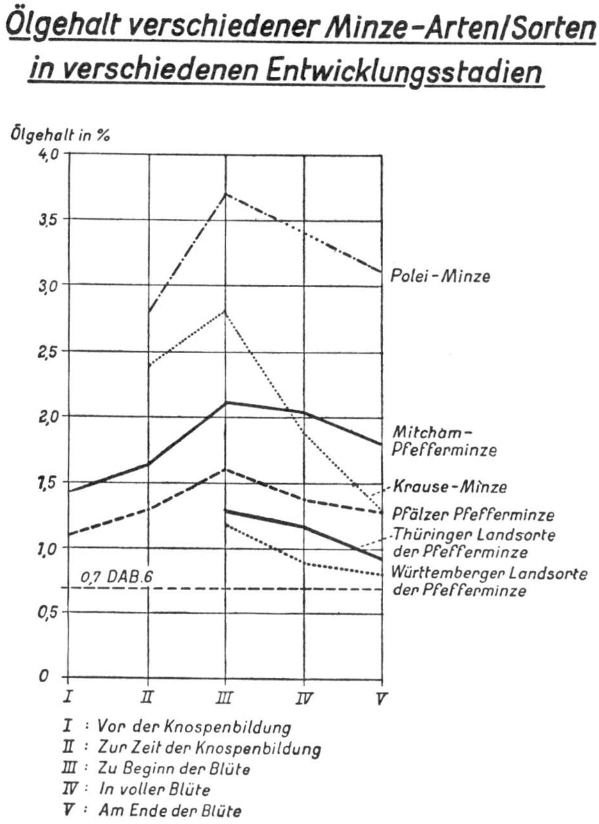

Abb. 286 Graphische Darstellung des Gehaltes an ätherischem Öl

unkrautete Bestände sind mit der Sichel zu schneiden. Der Sichelschnitt liefert zweifellos die sauberste Qualität, doch ist er teuer und oft aus Arbeitskräftemangel nicht durchzuführen. Beim Grasmäherschnitt ist ein zweiter, gegen den Strich laufender Stoppelschnitt zur Verminderung der Rostbildung, die sich besonders leicht auf überständigen Pflanzenresten entwickelt und dann schnell ausbreitet, angebracht. Auch der Bastardierungsgefahr mit anderen Minzen wird dadurch vorgebeugt (siehe S. 520). Ein zweiter Schnitt erfolgt dann in gleicher Weise im September. Er bringt meist etwa ein Drittel des Ertrages vom ersten Schnitt. In trockenen Jahren ist er aber ohne künstliche Beregnung oft nicht zu erzielen. Ein dritter Schnitt kommt nur in klimatisch sehr begünstigten Gebieten vor. Die Droge dieses Schnittes ist immer am geringwertigsten. Der Stengelanteil ist beim dritten Schnitt meist sehr hoch, und die Pflanzen sind mehr oder weniger vom Rost befallen. Blätter solcher Pflanzen scheiden als Teeware aus.

Ist das Kraut vom Rost befallen, erfroren oder überhaupt nicht einwandfrei, wird es am besten zur Destillation verwendet. Durch das Erfrieren des Krautes scheint der Gehalt an ätherischem Öl nicht beeinträchtigt zu werden. Nach RABAK[47] ist der Geruch

[47] loc. cit. S. 515.

des ätherischen Öles aus erfrorenem Kraut angenehmer und blumiger infolge des hohen Gehaltes an Menthylazetat. Auch enthält dieses Öl mehr freies Menthol.

Zur Gewinnung von Blattdroge werden die Blätter nach dem Schnitt mit der Hand abgestreift, indem man die Pflanzenteile mit der linken Hand an der Spitze faßt und mit der rechten Hand die Blätter von oben nach unten abzieht. Die Triebspitzen mit den obersten drei jungen Blattpaaren werden nicht gezupft, sondern im ganzen zur Blattware hinzugenommen.

Die Blätter, und zwar besonders die kleinen, haben einen hohen Gehalt an ätherischem Öl aufzuweisen, der nur noch von den Blütenständen, die als Knospen am gehaltreichsten sind, erreicht bzw. übertroffen wird. Letztere können ohne weiteres mit als Droge Verwendung finden, zumal nach RABAK (zit. nach GILDEMEISTER und HOFFMANN)[48] die Bildung von Menthol und Menthylacetat, des wichtigsten Bestandteils von *Oleum Menthae piperitae*, hauptsächlich in den Stengelspitzen stattzufinden scheint.

Die „Deutschen Normen"[49] gestatten die Beimengung der Triebspitzen, umfassend die Knospen und die nachfolgenden drei Blattpaare, zu *Folia Menthae piperitae*. Stengel, vergilbte oder kranke Blätter dürfen nicht verwendet werden. Eine Analyse von getrocknetem Pfefferminzkraut der Sorte 'Mitcham', Ernte 1949, Leipzig-Probstheida, ergab folgende Werte:

Pflanzenteil	Gehalt an ätherischem Öl %
Blätter	
bis 1,5 cm lang	2,43
1,5 bis 3 cm lang	1,98
über 3 cm lang	1,53
Blütenstände	2,52
Stiele	0,20
Blätter und Blüten	2,25

Die Gewinnung der Blattdroge ist sehr zeitraubend. Deshalb kommt man immer mehr von der oben geschilderten Gewinnung der Blätter, dem sogenannten Streifeln, ab und geht in der Praxis zum „Krüllschnitt" über, wobei das Pfefferminzkraut sofort nach dem Schnitt in kurze Stücke gehäckselt wird. Das Häckseln muß mit sehr scharfen Messern vorgenommen werden, da man ein Reißen und Quetschen vermeiden muß. Die gehäckselten Krautteile werden dann mit einer Windfege (Gebläse) von groben Stengelteilen befreit. Der Stengelanteil des Krüllschnittes darf 12% nicht übersteigen. Bei der Trocknung kräuseln („krüllen") sich die Blätter. Der Krüllschnitt, wie er erstmalig von den Eichenauer Anbauern als eine „Fastblattware" zu einer Arbeitsmethode entwickelt wurde, führt zu einer Droge, die immer mehr Eingang im Drogenhandel findet, aber qualitativ nicht so wertvoll ist wie die reine, vom DAB. 6 geforderte Blattware. Noch größer ist die Wertminderung, wenn das Zerkleinern der Rohdroge erst nach dem Trocknen durch Spezialmaschinen erfolgt. Das Zerkleinern der vorher angefeuchteten Rohdroge erfolgt unter Druck, wobei eine starke Verletzung der Öldrüsen unvermeidbar ist. In letzter Zeit wurde in den bayerischen Anbaugebieten der Krüllschnitt sehr verbessert, so daß die dortigen Absatzgenossenschaften jetzt den „Blattkrüll" anbieten, der sich allgemeiner Beliebtheit erfreut. Er sollte im neuen Deutschen Arzneibuch (DAB. 7) aufgenommen werden.

48 loc. cit. S. 515.
49 DIN/VORNORM LAND 1040, Juli 1936, Pfefferminze (getrocknete Blattware) *Folia Menthae piperitae*.

Auf dem Transport zur Trocknung soll das Kraut vorsichtig behandelt und nicht gedrückt werden. Sich erhitzendes Erntegut wird schwarzbraun und unansehnlich. Es wird schnell wertlos.

Trocknung: In den Anbaugebieten wird die Pfefferminze zu einem großen Teil natürlich im Schatten in etwa 5 cm hoher Schicht getrocknet. Im Thüringer Anbaugebiet werden zur Erntezeit alle zur Verfügung stehenden Böden und Säle mit Pfefferminze belegt, und in Eichenau hat man besondere Trockenschuppen und -horden, sogenannte „Eichenauer Kipphorden", für die Pfefferminztrocknung konstruiert. Aber auch mit künstlicher Wärme wird die Pfefferminze getrocknet. Hierzu finden Trokkenapparate von der einfachen Darre bis zum leistungsfähigsten Trockner Verwendung.

Zur Erzielung einer Qualitätsdroge ist es nun vor allen Dingen wichtig, daß richtig getrocknet wird. Das zu trocknende Erntegut darf nicht betaut, wie überhaupt nicht naß sein. Es muß in dünner, loser Schicht, höchstens in Höhe einer Handbreite, zum Trocknen ausgebreitet werden. Trocknung an der Sonne ist zu vermeiden. Nach Untersuchungen von JUD[50] können beim Trocknen an der Sonne beträchtliche Verluste an ätherischem Öl entstehen. Sie schwankten bei *Mentha*-Droge zwischen 1,8 und 23%. Genannter führte auch Versuche mit künstlicher Trocknung durch, und zwar mit verschiedenen Temperaturen in stiller Luft, mit Umluft, mit Zufuhr von Frischluft und auch im Vakuum. Schattentrocknung oder künstliche Trocknung mit Temperaturen von 25—30°C ergaben die besten Drogen. Nach SPRINGER[51] ist bei Pfefferminze der Gehalt an Gesamtmenthol, Estermenthol und Menthon neben den bereits erwähnten Faktoren auch abhängig von den Trocknungsmaßnahmen. Um rasch trocknen zu können, ist die Verwendung von Apparaten mit Umluft, verbunden mit Frischluftzufuhr, angezeigt.

Die Qualität der Droge ist in ganz besonders hohem Maße von der Trocknung abhängig. Sie kann daher nicht sorgfältig genug vorgenommen werden. SPRINGER wies nach, daß bei *Folia Menthae piperitae* die Beschaffenheit der Öldrüsen ein Kriterium ist für die Aufbereitungsart, und damit auch für den Ölgehalt. Zerstörte Öldrüsen lassen auf eine unsachgemäße Aufbereitung schließen.

Das Eintrocknungsverhältnis beträgt: Kraut 4—6 : 1, Krüllschnitt 5—7 : 1, Blätter 6—8 : 1.

Die sorgfältig getrocknete Ware wird entweder in einer Höhe bis zu 100 cm lose, ungesackt oder locker in porösen Säcken, am besten in Jutesäcken, in trockenen Räumen gelagert. Die Droge muß vor Feuchtigkeit geschützt werden. Bereits hohe Luftfeuchtigkeit kann von nachteiligen Folgen sein. Es empfiehlt sich für den Anbauer nicht, die Drogen längere Zeit zu lagern, da immer die Gefahr besteht, daß die Qualität durch Umwelteinflüsse beeinträchtigt wird. Auch ist mit dem Altern der Droge die Gefahr einer Wertminderung verbunden. STAMM und WILLNER[52] wie auch JARETZKY[53] berichten hierüber eingehend. Nach den ersteren ergaben sich für *Mentha*-Droge nachfolgende Verluste in Prozenten des ursprünglichen Gehaltes:

nach 1 Jahr	5 Jahren	7 Jahren
36,1	50,0	62,5

[50] JUD, J.: Untersuchungen über die Trocknung von Labiatendrogen. „Ber. d. Schweiz. Bot. Ges." **50**, S. 19 bis 98 (1940).

[51] SPRINGER, R.: Pfefferminze und Pfefferminzöl und die Abhängigkeit der darin erzeugten Inhaltsstoffe von Wachstum und Erntebedingungen. „Bot. Archiv" **39**, S. 102 bis 146 (1937).

[52] STAMM, J. und WILLNER, E.: Gehaltsminderung an ätherischem Öl durch längere Aufbewahrung von Drogen. „Pharmazia" **14**, S. 2 (1934); zit. nach „Chem. Zbl." I, S. 2313 (1934).

[53] JARETZKY, R.: Das Altern der Drogen. „Arch. Pharmaz." **280**, S. 293 bis 304 (1942).

Wie SPRINGER feststellte, ist die Lagerfähigkeit der Droge in starkem Maße von der Trocknungsweise abhängig. Die geringste Verletzung der Öldrüsen hat ständige Gehaltsverluste durch Verdunstung zur Folge. Wir überprüften ebenfalls den Einfluß der Lagerung auf den Gehalt an ätherischem Öl bei unzerkleinerter Blattware, Sorte 'Mitcham', der Ernte 1948. Verluste konnten nach 16 Monaten nur in Höhe von 1,4—8,8% festgestellt werden. Die Lagerung erfolgte locker in Papiertüten. Bei unsachgemäß aufbereiteter und gelagerter Droge ist allerdings mit größeren Verlusten zu rechnen, wie dies auch aus den von STAMM und WILLNER ermittelten Werten hervorgeht. Besonders bei der Krüllschnittware, bei der die Öldrüsen infolge des Schneidens mehr oder weniger zerstört sind und die somit schon einen geringeren Gehalt an ätherischem Öl aufzuweisen hat, sind die Verluste infolge der Verdunstung des ätherischen Öles größer als bei einer sorgfältig aufbereiteten Blattware.

Erträge: Beim Anbau von Pfefferminze sind die Erträge nach Kraut- und Blattdroge zu unterscheiden. Der Blattanteil ist sortenbedingt und wird von den Kulturmaßnahmen beeinflußt. Unsere Untersuchungen ergaben einen Blattanteil vom ersten und zweiten Schnitt für 'Mitcham-Pfefferminze' im Mittel von 61,1% und für eine Minze „Thüringer Art" von 61,6%. Die durchschnittliche Erntemenge betrug für erstere 12,14 dz/ha Blattdroge und für die letztgenannte 9,70 dz/ha. Ergebnisse amtlicher Wertprüfungen für die Pfefferminzsorten liegen noch nicht vor. In der Literatur werden Erntemengen von 25—50 dz/ha für Krautdroge, 10—30 dz/ha für Krüllschnittdroge und 10—20 dz/ha für Blattdroge angegeben. Auf Niederungsmoorböden wurden zum Teil sogar noch höhere Erträge erzielt. Andererseits sind Erträge unter 10 dz/ha Blattdroge keine Seltenheit, und zwar besonders in trockenen Jahren. Diese Ertragswerte dürften im wesentlichen die Sorte 'Mitcham-Pfefferminze' betreffen.

Was nun die Frage anbelangt, ob die einjährige, zweijährige oder mehrjährige Kultur die höchsten Jahreserträge bringt, so wurde festgestellt, daß der Ertrag im ersten Anbaujahr wesentlich von der Pflanzzeit abhängt. Die 'Mitcham-Pfefferminze' sollte so zeitig wie nur möglich, am besten schon im Herbst, gepflanzt werden, damit ihr in der Jugendentwicklung die Winterfeuchtigkeit in vollem Maße zugute kommt. Wenn die klimatischen Verhältnisse, besonders Trockenheit, die Herbstpflanzung nicht zulassen, so muß die Pflanzung im zeitigen Frühjahr erfolgen. Im dritten Jahr läßt die Pfefferminze im Ertrag sehr nach. Bei der 'Pfälzer Pfefferminze' stellten wir bereits im zweiten Jahre einen starken Ertragsrückgang fest. Im dritten Jahr war der Bestand dann nur noch lückig und mangelhaft entwickelt. Da die 'Pfälzer Pfefferminze' bedeutend frostempfindlicher ist als die 'Mitcham-Pfefferminze', so sollte sie nicht im Herbst, sondern im zeitigen Frühjahr gepflanzt werden. Unter deutschen Anbauverhältnissen sind, wie bereits ausgeführt, bei Herbst- oder zeitiger Frühjahrspflanzung mit der einjährigen Pfefferminzkultur quantitativ wie auch qualitativ gute Ergebnisse zu erzielen.

Auf den Pflanzgutertrag sei auch noch hingewiesen, da sich hierüber im Schrifttum meist keine zuverlässigen Angaben finden. In der Praxis rechnet man bei 'Mitcham-Pfefferminze' mit einem Vermehrungsverhältnis von 1 : 3 bis 1 : 6, d. h., die von 1 ha gerodeten Stolonen reichen für die Neuanlage von 3—6 ha aus. Nach unseren Erfahrungen können unter günstigen Bedingungen von einer im Frühjahr angelegten 'Mitcham-Pfefferminze'-Fläche in der Größe von 1 ha bei Umbruch im Herbst die Stolonen für die Neuanlage einer Fläche von etwa 5 ha Größe gewonnen werden, von der 'Pfälzer Pfefferminze' sogar bis zu 10 ha. Nach nassen wie auch nach sehr strengen Wintern ist im Frühjahr der Pflanzgutertrag jedoch geringer, da die Pflanzen oft abstocken bzw. erfrieren. Im allgemeinen lassen sich von einer gut entwickelten Pflanze der Sorte 'Mitcham-Pfefferminze' fünf Setzlinge gewinnen.

Die Stolonen können im Herbst eingemietet werden, wobei sie feucht und kühl zu lagern sind. Sie vertrocknen leicht.

Krankheiten und Schädlinge: Die Minzearten haben unter einer Anzahl von Krankheiten und Schädlingen zu leiden, durch deren Befall Ertrags- und Qualitätsminderungen eintreten. Im einschlägigen Schrifttum wird hierüber zum Teil ausführlich berichtet. So findet sich ein phytopathologischer Überblick über einige Arznei- und Gewürzpflanzenarten, einschließlich Pfefferminze, in einer Arbeit von BOSHART (1934)[54] und, speziell für *Mentha piperita*, in einer Abhandlung von MÜHLE (1946)[55].

Von den pilzlichen Erkrankungen ist der Pfefferminzrost (*Puccinia menthae* Pers.) am gefährlichsten. Dieser Rost zerfällt nach Untersuchungen von CRUCHETS[56] in eine Anzahl biologischer Rassen, die nicht ohne weiteres von einer Minzeart auf die andere übergehen. Von allen von uns beobachteten Minzearten war *Mentha piperita* am stärksten vom Rost befallen. Die Sorte 'Pfälzer Pfefferminze' scheint ganz besonders stark anfällig zu sein. Jedoch fällt auch der Rost auf dem helleren Grün der 'Pfälzer Pfefferminze' mehr ins Auge als bei den zum Teil sehr stark rotviolett gefärbten Pflanzen der 'Mitcham-Pfefferminze'. Als rostresistent erwies sich bisher *Mentha pulegium* L. Sie wurde auf dem Versuchsfeld in Leipzig-Probstheida noch in keinem Jahre infiziert, obgleich sie unmittelbar neben befallenen Pfefferminzbeständen angebaut wurde. Der Befall mit Uredosporen erscheint gewöhnlich zu Beginn der Blüte und nimmt nach dem Herbst hin zu, wenn die vegetative Kraft der Pflanze nachzulassen beginnt. Die Verbreitung erfolgt an den Pflanzen von unten nach oben. Sobald auf den unteren Blättern Rostbefall beobachtet wird, muß sofort mit dem Schnitt begonnen werden. Die nachwachsenden Triebe sind dann wieder gesund, sie werden meist erst im Spätsommer bei Eintritt der kühleren Witterung und der Nebelbildung vom Rost befallen. Auch im zweiten Vegetationsjahr treiben die Pflanzen wieder gesund aus. Sagen der Minze die Wachstumsbedingungen nicht zu, nimmt der Rost schnell überhand. Durch starke und besonders durch einseitige Stickstoffdüngung wird dem Rostbefall Vorschub geleistet. In kürzester Zeit können ganze Bestände vom Rost vernichtet werden. In feuchten Lagen ist die Infektionsmöglichkeit sehr groß, ebenso in Gegenden mit stark schwankenden Temperaturen. In

Abb. 287 Spermagonien (Pyknidien- und Aecidiengruppen) von Puccinia menthae Pers. an Stengeln und Blättern von Mentha piperita L. Sorte 'Mitcham'

[54] BOSHART, K.: Die Krankheiten und Schädlinge der wichtigsten Arznei- und Gewürzpflanzen. Sonderdruck aus „Nachrichten über Schädlingsbekämpfung" Nr. 2, 1934.

[55] MÜHLE, E.: Die Krankheitserscheinungen und Schadbilder an der Pfefferminze (*Mentha piperita* L.) und ihre Erreger. „Pharmazie" 1, S. 34 bis 36 (1946); bzw. „Arzneipflanzen-Umschau" 2, S. 8 bis 10 (1946).

[56] CRUCHETS, P.: Untersuchungen über die verschiedenen biologischen Rassen von *Puccinia Menthae* Pers.; zit. nach TSCHIRCH, A.

Gebieten mit ausgeglichenem Klima haben die Minzen weniger unter Rostbefall zu leiden. Die Kulturen im Osten Deutschlands sind daher mehr gefährdet als die im Süden. Außer dem Rost tritt in den Beständen auch noch der Blattfleckenpilz *Septoria menthae* Sacc. auf. Gelegentlich befällt noch der Mehltaupilz *Erysiphe galeopsidis* DC. die Pfefferminze. Auch der Wurzeltöterpilz *Rhizoctonia crocorum* (Pers.) DC. tritt auf. Pilze der Gattung *Verticillium* verursachen Welkeerscheinungen. So berichtet FISCHER[57], daß in einigen Gebieten der USA ein teilweiser Rückgang des Pfefferminzanbaues festzustellen ist, der verursacht wird durch das Auftreten der *Verticillium*-Welke. Durch tierische und pilzliche Schädlinge wird nicht nur der Ertrag geschmälert oder die Ernte sogar ganz vernichtet, sondern es können, z. B. bei Rostbefall, erhebliche Qualitätsminderungen die Folge sein. Es sind daher Pflanzenschutzmaßnahmen zu ergreifen, um Verlusten vorzubeugen. Da die chemische Bekämpfung bei der Gewinnung von Kraut- und Blattdrogen meist nicht möglich ist, liegt der Schwerpunkt in der Prophylaxe. Die wichtigste vorbeugende Maßnahme gegen den Pfefferminzrost ist die einjährige Kultur bei ausreichender Nährstoffversorgung unter möglichster Verwendung von Kaliumsulfat, nicht zu enger Standweite, sorgfältiger Hackpflege und rechtzeitiger Ernte. Auch sollte nur anerkanntes Pflanzgut aus rostfreien Beständen Verwendung finden. Von MÜHLE und HANDTE[58] durchgeführte Versuche, durch Beizung der Stecklinge der Überhandnahme von Pfefferminzrost zu begegnen, scheinen erfolgversprechend zu sein. Gelegentlich sollen in der Rostbekämpfung Erfolge erzielt worden sein, indem man nach dem Herbstschnitt und im Frühjahr nach dem Austrieb die Pflanzen mit 2%iger Kupfersulfatlösung spritzt und bereits im Juni erntet, ehe die Uredosporen erscheinen. Nach einer Mitteilung der Farbwerke Hoechst A. G. vormals MEISTER, LUCIUS u. BRÜNING soll sich neuerdings ihr Fungizid „Nirit conc." nicht nur bei der Bekämpfung des Obstschorfes (*Fusicladium*), sondern auch bei den echten Rostkrankheiten, so *Puccinia menthae*, bewährt haben.

In den Jahren 1939 bis 1941 wurde an den Beständen auf dem Versuchsfeld in Leipzig-Probstheida ganz beträchtlicher Fraßschaden durch den Violetten Blattkäfer, *Chrysomela menthastri* Suffr. (*Chrysomela coerulans* Scr.), verursacht. Die Bestände wurden zum Teil vernichtet. Das Schadbild glich sehr dem durch *Leptinotarsa decemlineata* Say. an Kartoffeln verursachten[59]. Ein weiterer, auch sehr gefährlicher Schädling ist *Cassida viridis* L., der Grüne Schildkäfer. In Leipzig-Probstheida wurde er erstmalig 1942 beobachtet. Neben ihm schädigt *Cassida murraea* L. die Minzen. Als weitere Schädlinge wurden in Leipzig-Probstheida an der Unterseite der Minzeblätter vielfach Ansiedlungen von Blattläusen beobachtet. Auch die unter Glas stehenden Kopfstecklinge werden gern von Blattläusen befallen. Häufig wurden im August die Spitzen der Minzepflanzen zusammengesponnen vorgefunden. In den Gespinsten fressen die als Schädlinge bekannten Räupchen von *Pyrausta aurata* Scop., einem Kleinschmetterling.

Abb. 288 Mentha piperita L. Fraßschaden von Chrysomela menthastri Suffr.

[57] Drug Standards **20**, S. 7 (1952); zit. nach Bericht von VEB SCHIMMEL, Miltitz b. Leipzig 1954, S. 89.

[58] HANDTE, O.: Beiträge zur Bekämpfung des Pfefferminzrostes, *Puccinia menthae* Pers. „Pharmazie" **8**, S. 268 bis 275 (1953); bzw. „Arzneipflanzen-Umschau" **3**, S. 477 bis 484 (1953).

[59] HEEGER, E. F. und UDE, W.: Der Violette Blattkäfer (*Chrysomela coerulans* Scr.) als Schädling an Minzearten. Nachrichten des Reichsverbandes der Heil-, Gewürz- und Duftpflanzenanbauer e. V., Nr. 58, 1940.

UDE konnte durch Weiterzucht der dunkelgrauen Raupe den polyphagen Wickler *Cnephasia* (*Tortrix*) *wahlbomiana* L. feststellen. Als weitere Schädlinge konnten verschiedentlich Erdflöhe beobachtet werden, von denen z. B. der braungelbe *Longitarsus waterhousei* Kutsch. oft im Frühjahr ein Schadbild hinterläßt, das von weitem Rostbefall oder Blattfleckenkrankheit vortäuschen kann. Ebenso kann *Longitarsus lycopi* Foud. Schaden verursachen. In Leipzig-Probstheida fand UDE 1954 die letztgenannte

Abb. 289 Larve von Chrysomela menthastri Suffr. auf Mentha piperita L.

Abb. 290 Chrysomela menthastri Suffr. an Mentha piperita L.

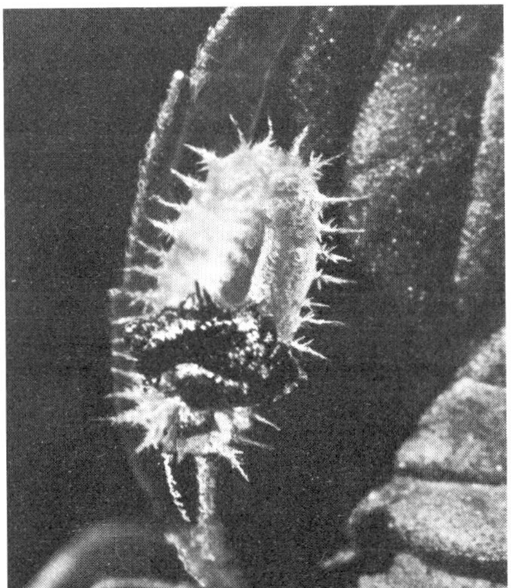

Abb. 291 Larve von Cassida viridis L. an Mentha piperita L.

Abb. 292 Cassida viridis L. mit Schadbild an Mentha piperita L.

Art in solchen Mengen an den mehrjährigen Beständen vor, daß diese empfindlich geschädigt wurden, zumal der Käfer seine Fraßperiode bis Anfang November ausdehnte. Vom Pfefferminzrost befallene Blätter wurden von dem Käfer weniger angegriffen. Zikaden können durch Besaugen, vor allem der Blattunterseite, eine Weißsprenkelung der Blattflächen hervorrufen. MÜHLE beobachtete an den Beständen vor allem die auch an anderen Arzneipflanzenkulturen sehr häufige weißgelblich- und schwarzgefleckte Schwarzpunktzikade, *Eupteryx atropunctata* Goeze. Auch die Raupe des Gelben Minzenbärs, *Spilarctica lubricipeda* L. (*Sp. lutea* Hufn.), und die der Messingeule, *Phytometra* (*Plusia*) *chrysitis* L., werden als Blattschädlinge genannt. Als Schädlinge der Blütenstände bzw. Blüten erwähnt MÜHLE die gelben Larven der Blütengallmücke *Asphondylia menthae* Pierre.

Drahtwürmer und Engerlinge können an den unterirdischen Teilen der Pflanzen auftreten und ein plötzliches Welken und Absterben bedingen. In ähnlicher Weise können Erdraupen, Larven von Haarmücken und besonders im Winter die Feldmäuse im Wurzelbereich und an den Stolonen Schäden verursachen.

Erwähnt werden soll noch, daß die lagernde Droge gelegentlich von der Raupe eines im Drogenhandel gefürchteten Kleinschmetterlings, der Kupferroten Dörrobstmotte, *Plodia interpunctella* Hb., befallen wird.

Weitere Mentha-species

Außer *Mentha piperita* L. finden noch andere *Mentha-species* als Droge oder für Destillationszwecke Verwendung, so *Mentha gentilis* L., Edelminze; *Mentha aquatica* L., Wasserminze; *Mentha arvensis* L., Ackerminze; *Mentha pulegium* L., Poleiminze; *Mentha longifolia* (L.) Huds., Roßminze und *Mentha spicata* L. em. Nathh. (= *M. viridis* L.), Grüne Minze. Diese Arten kommen, mit Ausnahme der letzteren Art, wildwachsend vor und werden in Deutschland nur noch ganz gelegentlich angebaut. Die Drogen und ätherischen Öle dieser Minzearten werden kaum im Handel geführt. Ihr ätherisches Öl enthält mit Ausnahme von *Mentha pulegium* kein Menthol, wohl aber u. a. Carvon (*M. aquatica*, *M. longifolia*, *M. spicata*) bzw. Pulegon (*M. arvensis*, *M. pulegium*).

Im Erg.-B. 6 sind *Folia Menthae crispae* enthalten. Es handelt sich hierbei um die während der Blütezeit gesammelten und getrockneten Laubblätter der **Krauseminze** (*Mentha spicata* L. em. Nathh. *var. crispata* [Schrad.] Beck)*, einer krausblättrigen Varietät von *Mentha spicata*. Diese wird besonders in Nordamerika, Südeuropa und in England angebaut. In Amerika werden die getrockneten Blätter und Zweigspitzen dieser Minze unter dem Namen Spearmint geführt. In Deutschland ist der Anbau der Krauseminze unbedeutend. Als mehrjährige, krautige, 60—80 cm hohe Pflanze ähnelt sie im Gesamtbild der Pfefferminze, von der sie sich aber durch die krausen Blätter und den kümmelartigen Geruch unterscheidet. Als Varietät der *Mentha spicata* stellt sie den Typ der Grünen Minze dar, nur ändert sie in der Blattform ab. Das ist zu beachten, denn auch von anderen Arten, z. B. der Wasserminze (*Mentha aquatica* L.), sind Varietäten mit krausen Blättern bekannt. Ihre untersten Blätter sind herzförmig, die oberen lanzettlich, eiförmig, zugespitzt, mittelgroß, wellig-kraus, ohne Blattstiel, zuweilen kurzgestielt, dunkelgrün. Der Blattrand ist ± zerschlitzt, grobgesägt.

Die Blüten befinden sich in Wirteln in einem langen, lockeren, ährenartigen Blütenstand. Die Blütenfarbe ist hellviolett.

Blütezeit: VIII, IX.

* Im Erg.-B. 6 heißt die Stammpflanze für *Folia Menthae crispae* noch *Mentha spicata* Hudson *var. crispata* Briquet.

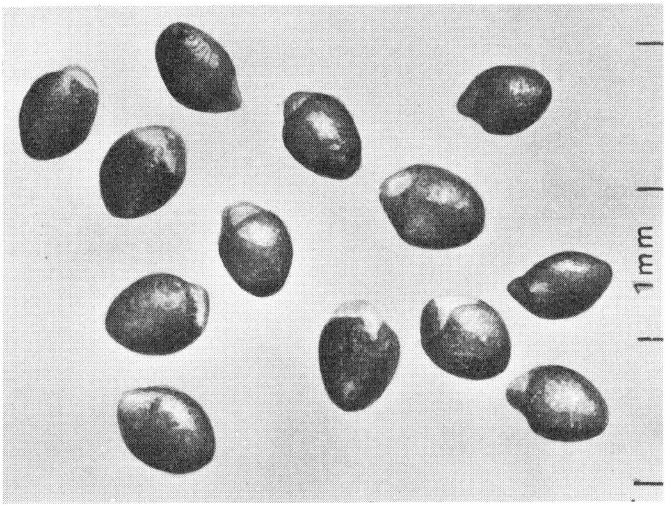

Abb. 293
Mentha spicata L. em. Nathh. var. crispata (Schrad.) Beck, Nüßchen

Die Bastardierungsmöglichkeit mit anderen Minzen ist groß. Der Fruchtansatz ist sehr gut. Der Aufwuchs aus Saatgut ergibt häufig wertlose Formengemische, so daß es sich empfiehlt, die Krauseminze ebenso wie die Pfefferminze vegetativ zu vermehren. Sie bildet in starkem Maße vorwiegend unterirdische Ausläufer.

Die Nüßchen sind fast eiförmig, an der Ansatzstelle zugespitzt, hell- bis dunkelbraun. Sie sind von denen anderer Minzen kaum zu unterscheiden. Das 1000-Korngewicht schwankte bei unseren Untersuchungen zwischen 0,060 und 0,092 g. Die Mindestreinheit des Saatgutes muß 95 % und die Mindestkeimfähigkeit 75 % betragen. Nach den „Technischen Vorschriften für die Prüfung von Saatgut" wird der Keimversuch bei Lichtzutritt, 20°, 30° C oder Wechseltemperatur durchgeführt und nach 21 Tagen abgeschlossen.

Abb. 294
Raupe von Pyrausta aurata Scop. an Mentha spicata L. em. Nathh. var. crispata (Schrad.) Beck

Zum Anbau gelangt hin und wieder die Gruppensorte 'Erfurter Echte Krauseminze'. Auch sie sollte möglichst vegetativ vermehrt werden.

Für die Krauseminze gilt hinsichtlich der Boden- und Klimaansprüche, Vorfrucht, Düngung und Anbautechnik sowie Ernte und Trocknung das gleiche wie bei der Pfefferminze Ausgeführte. Auch dieselben Krankheiten und Schädlinge treten an ihr auf. Sie ist gegen Kälte widerstandsfähiger und verträgt auch noch schattige Lagen. Unter ihr zusagenden Anbaubedingungen ist sie sehr wüchsig.

Die Standweite sollte mit 60 cm Reihenabstand gewählt werden, da sie massenwüchsiger als Pfefferminze ist. Bei zu dichtem Stand wirft sie leicht die untersten Blätter frühzeitig ab. Das Kartoffelvielfachgerät kann also bei ihrem Anbau sehr gut zur Anwendung kommen.

Die Ernteerträge liegen etwas über denen der Pfefferminze. 20—30 dz/ha Blattdroge können unter günstigen Bedingungen erzielt werden. 40—60 dz/ha Krautdroge entsprechen einer sehr guten Ernte. Die Saatguterträge schwanken zwischen 0,025 und 0,100 kg/a.

Das Kraut der **Poleiminze** (*Herba Pulegii*) wurde schon im Altertum und Mittelalter arzneilich verwendet. Jetzt wird die frische, blühende Pflanze noch in der Homöopathie gebraucht. Von den Imkern wird *Mentha pulegium L.* gern als Bienenfutterpflanze angebaut.

Abb. 295
Mentha pulegium L., Einzelpflanze

Bei der mehrjährigen Poleiminze handelt es sich ebenfalls um eine krautige, im Wuchs aber niedrige Pflanze. Sie wird nur 20—40 cm hoch und breitet sich schnell durch die zahlreichen oberirdischen Ausläufer aus. Durch ihren eigenartigen Pulegongeruch läßt sich die Poleiminze leicht von anderen Minzearten unterscheiden. Die Blätter sind elliptisch bis schmal-eiförmig, nach dem Blattstiel zu verlaufend, schwach gekerbt oder ganzrandig, sehr kurz-gestielt, klein, hell- bis mittelgrün. Die Blüten befinden sich in kugeligen, blattachselständigen Wirteln. Die Blütenfarbe ist violett. Sie besitzt außer den proterandrischen Zwitterblüten monoezisch und gynoezisch verteilte Blüten.

Blütezeit: VIII, IX.

Die Nüßchen sind fast eiförmig, nach der Ansatzstelle ± dreikantig, fast zugespitzt, sehr klein, etwa 0,50—0,75 mm lang und 0,50 mm breit, hell- bis dunkelbraun, sehr schwach glänzend und am Vorderende zuweilen kurzflaumig behaart. Das 1000-Korngewicht schwankte zwischen 0,057 und 0,096 g. Die Mindestreinheit des Saatgutes sollte 95% und die Mindestkeimfähigkeit 75% betragen. Der Keimversuch wird bei Lichtzutritt sowie Wechseltemperatur durchgeführt und nach 28 Tagen abgeschlossen.

Die Poleiminze stellt keine besonderen Ansprüche an den Standort. Feuchte Lagen werden jedoch bevorzugt. Sie ist verhältnismäßig sehr frostempfindlich und wintert unter deutschen Klimaverhältnissen oft aus.

Nur bei der Poleiminze ist eine generative Vermehrung möglich, da sie nicht in Formengemische aufspaltet. Angebaut wird gelegentlich die Gruppensorte 'Erfurter

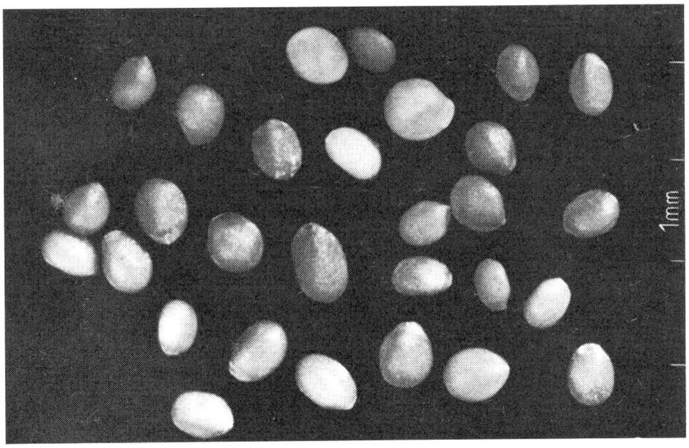

Abb. 296
Mentha pulegium L.,
Nüßchen

Poleiminze'. Die Aussaat erfolgt im März in halbwarme Frühbeete. Im Mai wird in mindestens 60 × 60 cm Abstand ins Freiland verpflanzt. Der größere Abstand ergibt sich aus dem kriechenden Wuchs der Poleiminze, durch den sie sich wesentlich von den anderen Minzearten unterscheidet. Sie bildet einen dichten Rasen. Die Ernte erfolgt bei ihr nur mit der Sichel. Die Erträge liegen wesentlich niedriger als bei Pfeffer- und Krauseminze. Der Saatgutertrag schwankt zwischen 0,300 und 1,500 kg/a.
Besonderes: Die Stengel der angebauten Minzearten, die nicht als Droge Verwendung finden, können zusammen mit anderem Rauhfutter verfüttert werden. Kleintierhalter wollen beobachtet haben, daß sie in den Ställen der Fliegenplage entgegenwirken.

Nigella sativa L., Schwarzkümmel*

Ranunculaceae

Gebräuchliche Pflanzenteile: Erg.-B. 6 und HAB. 2: Die reifen Samen von *Nigella sativa* Linné.

Handelsbezeichnungen: *Semen Nigellae sativae*, Schwarzkümmel, Schwarzer Kreuzkümmel, Römischer oder Schwarzer Koriander**.

Botanik: *Nigella sativa* ist einjährig und hat eine senkrechte, fadenförmige Wurzel. Der meist einfache oder wenig verästelte, ± behaarte Stengel wird bis 40 (60) cm hoch. Die Laubblätter sind mehrfach fiederspaltig und mit lanzettlichen bis linealischen Abschnitten versehen. Die unteren Blätter sind gestielt, die oberen sitzend. Sie sind von hellgrüner Farbe. Die nektarreichen Blüten stehen einzeln und endständig. Die fünf großen Kelchblätter sind eirund-zugespitzt, weiß, an der Spitze grünlich oder bläulich, flach, in einen nur kurzen Nagel zusammengezogen. Die acht Kronblätter, von denen jedes nur 7 mm mißt, sind langgestielt, grünlich, am Nagel und an der schüppchenartigen, eilänglichen, zugespitzten Oberlippe bläulich. Die Unterlippe ist zweilappig, jeder Lappen endigt in einen stumpfen Höcker.

Blütezeit: VII, VIII (IX).

* Die Stammpflanze der Droge *Fructus Carvi* ist *Carum carvi* L., Kümmel (siehe S. 328).
** Die Stammpflanze der Droge *Fructus Coriandri* ist *Coriandrum sativum* L., Koriander (siehe S. 361).

Abb. 297 Links: Nigella sativa L., Einzelpflanze: rechts: Trieb von Nigella damascena L.

Entnommen als Reproduktion aus: Köhler's Medizinalpflanzen, Gera-Untermhaus Verlag Fr. Eugen Köhler

Die Blüten der *Nigella*-Arten sind ausgesprochen proterandrisch (HEGI). Nach MEYER[1] bietet ein blühendes Schwarzkümmelfeld den Bienen eine gute Weide.

Die Frucht ist eine rundliche, blaßbraune Balgkapsel, drüsig rauh, bei *Nigella arvensis* L. und *N. damascena* L. glatt. Die mattschwarzen, drei- bis vierkantigen Samen sind etwa 2,5 bis 4 mm lang, 1,5—2,0 mm breit und 1 mm dick. Sie riechen nach Zerreiben etwas eigenartig und schmecken anfangs bitter, später scharf würzig. Das ätherische Öl der Samen des Damaszener Schwarzkümmels (Türkischer Schwarzkümmel) hat einen fast an Ananas erinnernden Geruch aufzuweisen. Auch diese Samen finden gelegentlich unter der Bezeichnung *Semen Nigellae damascenae* als Droge Verwendung. Sie sind von geringerem Wert als *Semen Nigellae sativae*.

Boden und Klima: Warme Lagen mit einem nährstoffreichen, weder zu schweren noch zu leichten Boden mit genügend Feuchtigkeit sagen dem Schwarzkümmel sehr zu. Sandige Lehmböden eignen sich besonders gut für den Anbau.

Herkunft und Verbreitung: Als Heimatgebiet wird Südeuropa oder Westasien genannt. *Nigella sativa* wird vielenorts angebaut, in Mitteleuropa allerdings in keinem größeren Umfange. In Deutschland wurde die Droge früher besonders in der Gegend um Erfurt und Söflingen bei Ulm gewonnen.

Herkünfte für den Drogenhandel: In Mitteleuropa ist der Anbau des Schwarzkümmels sehr zurückgegangen; jetzt wird vor allem in den Balkanländern und in der Sowjetunion *Semen Nigellae sativae* erzeugt.

Sorten und Herkünfte für den Anbau: Sorten sind nicht bekannt, im Gegensatz zu *Nigella damascena* L., Damaszener Schwarzkümmel, auch „Jungfrau im Grün“ oder „Braut in Haaren“ genannt, von dem es mehrere Ziersorten gibt. Bei dem zur Aussaat gelangenden Saatgut handelt es sich meist um Importware.

Saatgut: Das 1000-Korngewicht schwankte nach unseren Untersuchungen zwischen 1,920 und 2,619 g. Die Mindestreinheit des Saatgutes von *Nigella sativa* sollte 95% betragen. Verunreinigungen und auch Verfälschungen mit *Nigella arvensis* L., dem Acker- oder Wilden Schwarzkümmel, kommen vor. Die Samen dieser Art sind aber

[1] MEYER, Th.: Arzneipflanzenkultur und Kräuterhandel. Berlin 1934, S. 73 bis 74.

etwas kleiner als die in der Heilkunde gebräuchlichen von *Nigella sativa,* und zwar sind sie etwa nur 2 mm lang. Handelssaatgut sollte 90% Mindestkeimfähigkeit aufzuweisen haben. Die Samen benötigen zur Keimung Zimmertemperatur und keimen im Dunkeln, wobei bereits nach 7 Tagen die Keimschnelligkeit und nach 15 Tagen die Keimfähigkeit ermittelt werden. Sie sollen 2—3 Jahre keimfähig bleiben. Das Saatgut muß beim Lagern vor Lichteinwirkung geschützt werden, da es sonst leicht hartschalig wird. Im Dunkeln gelagertes Saatgut behält eine weiche Testa und keimt verhältnismäßig schnell.

Anbau: Der Schwarzkümmel gedeiht am besten in zweiter oder dritter Tracht nach Hackfrüchten. Die Aussaat wird in einen gut vorbereiteten Boden möglichst im März/April (Mai) vorgenommen. Spätere Aussaaten reifen oftmals schlecht. Es erfolgt Drillsaat auf den Walzenstrich in 20 cm Reihenentfernung. Je nach Keimfähigkeit werden 15—20 kg/ha Saatgut benötigt.

Die Pflegearbeiten bestehen bis zum Schließen des Bestandes in zwei- bis dreimaligem Hacken.

Abb. 298
Nigella sativa L.,
Samen

Abb. 299
Nigella sativa L.,
Feldbestand zur Zeit
der Fruchtreife

Entnommen als Reproduktion aus: KRKOŠKA, S.: Pěstování rostlin léčivých a kořenných. Praze 1941.

Nigella sativa ist wenig anspruchsvoll. Frischer Stalldünger wird nicht vertragen, dafür aber Handelsdünger. Mittlere Mengen Phosphorsäure und Kali sowie geringe Stickstoffgaben genügen.

Ernte: Bei genügend früher Saat setzt die Reife der Früchte Ende August ein. Mit der Mahd wird begonnen, sobald die Fruchtkapseln anfangen, sich braun zu färben. Um Samenverluste durch Ausfall zu vermeiden, wird morgens im Tau gemäht. Der Schnitt kann mit dem Grasmäher mit Anhaublech und gegebenenfalls auch mit dem Mähbinder vorgenommen werden. Man bündelt in mäßig starke Bunde und stellt sie dann zu vieren zum Nachtrocknen zusammen. Beim Einfahren verwendet man am besten die Rapsplane. Auch Hockendrusch kann durchaus angebracht sein.

Trocknung: Nach dem Dreschen wird die Saat auf der Windfege gereinigt, in dünner Schicht dunkel gelagert und bis zur völligen Trocknung öfter gewendet.

Erträge: Als Samenerträge werden in der Literatur solche von 17—24 dz/ha angegeben.

Krankheiten und Schädlinge: Hierüber fanden sich keine Mitteilungen im Schrifttum; eigene Beobachtungen liegen nicht vor.

Ocimum basilicum L., Basilikum, Basilienkraut

Labiatae

Gebräuchliche Pflanzenteile: HAB. 2: Die frischen Blätter von *Ocimum basilicum* Linné und die frischen Blätter von *Ocimum canum* Sims. Außerdem finden die frischen oder getrockneten Blätter der ersteren Art als Gewürz Verwendung.

Handelsbezeichnungen: *Herba Basilici*, Basilienkraut, Königskraut.

Abb. 300 Ocimum basilicum L., Einzelpflanze der Sorte 'Großblättriges Grünes Löffel-Basilikum'

Botanik: *Ocimum basilicum* ist eine einjährige Pflanze. Die dünne, verzweigte Wurzel treibt einen einfachen oder ästigen, aufrechten oder aufsteigenden, bis 50 (60) cm hohen Stengel. Die Blätter sind nach Sortenzugehörigkeit verschieden, oft eiförmig-länglich, am Grunde stumpf, entfernt schwach gesägt und gestielt. Der an der Basis ± verzweigte Stengel und die Blätter sind kahl oder schwach behaart. Die Blattfarbe ist hell- bis dunkelgrün und ± glänzend, zum Teil ist die Blattfläche wellig bis blasig. Die Blüten befinden sich an der Spitze des Stengels und der Äste in meist sechsblütigen Scheinwirteln. Die unteren Blütenwirtel stehen ± voneinander entfernt, die obersten dicht beisammen. Die Kronblätter sind weiß.

Blütezeit: VIII, IX; oftmals aber auch schon früher und gelegentlich auch länger.

KNUTH berichtet über die Bestäubungsverhältnisse wie folgt: „Der Nektar wird in der Kronröhre

durch Haare an den oberen Staubfäden geschützt. Im ersten Blütenzustande biegen sich die Staubblätter aufwärts, der Griffel abwärts, im zweiten Stadium ist es umgekehrt, so daß besuchende Insekten entweder nur die Antheren oder nur die Narbe berühren (Fremdbestäubung)."
An den Beständen in Leipzig-Probstheida wurden Hymenopteren nur in spärlicher Zahl beim Anflug an die Blüten beobachtet. Das Basilienkraut gilt aber als eine sehr gute Bienenweide. Es konnten auch die Honigbiene, *Apis mellifica* L., die Schmalbiene, *Halictus calceatus* Scop., und die Erdhummel, *Bombus terrestris* L., festgestellt werden. Von letzterer waren es nur männliche Tiere und Hilfsweibchen. Die Familie der Dipteren war nur durch die Schwebfliegenart *Syrphus corollae* F. vertreten. Sie wurde saugend an den Blüten beobachtet. Tagschmetterlinge fanden sich nicht ein. Bei gelegentlichem Besammeln des Bestandes flog regelmäßig die Gammaeule, *Phytometra (Plusia) gamma* L., auf. Der Falter wurde auch an den Blüten saugend beobachtet. Ein kleiner, schwarzweißer Spanner (*Phasiane clathrata* L.) wurde mehrmals von den Blüten abgefangen.

Abb. 301
Ocimum basilicum L.,
Nüßchen

Die Form der Nüßchen ist eiförmig bis länglich-eiförmig. Die Bauchseite ist ± scharfkantig. Die Länge schwankt zwischen 1,5 und 2,5 mm. Die Dicke der Nüßchen beträgt im allgemeinen 1 mm. Die kleine Ansatzstelle an der Basis ist hellgelblich, deutlich sichtbar. Die Oberfläche ist schwach grubig-vertieft, fast netzig, dunkelbraun bis schwarz. Bei Anfeuchtung bilden die Oberhautzellen sofort Schleim und umgeben sich mit einer dichten Hülle.

Die wichtigsten Merkmale der verschiedenen Varietäten und Formen von *Ocimum basilicum* L. sind nach HEGI (gekürzt) folgende:

var. pilosum (Willd.) Bentham: Stengel aufsteigend, sehr ästig, gleich den kleinen, länglichen, ganzrandigen Laubblättern und den ziemlich langen Blütenständen ziemlich dicht behaart. Krone meist kahl. Dies vielleicht die eigentliche Wildform, kaum in Kultur.

var. anisatum (Hort.) Bentham: Stengel mehr aufrecht, schwächer behaart. Laubblätter etwas größer, dicker und deutlich gesägt. Krone oft behaart, mit Zitronengeruch. Dies die Zitronenbasilie der Autoren des 17. Jahrhunderts (*Ocimum citri odore et anisi odore* C. Bauhin).

var. glabratum Bentham: Stengel aufrecht, meist wie die Laubblätter ganz kahl, nur die Blütenstiele und Kelche etwas bewimpert. Hierher gehören die meisten Gartenformen, so:

Abb. 302
Ocimum basilicum L., *Einzelpflanze der Sorte 'Mittelgroßblättriges Grünes'*

subvar. vulgare Alefeld: Laubblätter mittelgroß, undeutlich gekerbt. Blütenstand meist eine einfache, verlängerte Scheintraube, seltener kopfig verkürzt (*f. densiflorum* [Bentham]) oder stärker rispig zusammengesetzt (*f. thyrsiflorum* [L.]). Die am häufigsten kultivierte Form.

subvar. purpurascens Bentham: Sprosse ähnlich wie bei *subvar. vulgare*, doch auch im Blütenstand fast ganz kahl und dunkelpurpurn überlaufen. Dies vielleicht die im alten Ägypten hauptsächlich kultivierte Form. Als „Ägyptische Basilien" bereits um 1600 zu Eichstätt kultiviert.

subvar. majus (Hort.) Bentham: Wie *subvar. vulgare*, aber in allen Teilen größer, Laubblätter ± 4–5 cm lang, flach, grün. Dies die „große Basilie" der alten Autoren, jetzt anscheinend nur noch sehr selten kultiviert.

subvar. difforme Bentham: Laubblätter stärker gewölbt (*f. pelvifolium* Alefeld) bis blasig aufgetrieben (*f. bullatum* [Lam.] Alefeld, „Schiffsbasilikum"), ± grobgesägt bis tief eingeschnitten (*f. fimbriatum* Hort.) oder stärker kraus (*f. crispum* [Burm.] Camus). Derartige Formen sind gleichfalls schon im 16. Jahrhundert aus Indien eingeführt und um 1600 bereits in verschiedenen italienischen und deutschen Gärten kultiviert worden. Die *f. crispum* soll am meisten ätherisches Öl liefern.

Boden und Klima: Das Basilienkraut bevorzugt einen humusreichen, sandigen Lehmboden in guter Dungkraft, auch ist es sehr wärmeliebend. Auf Moorboden gedeiht es ebenfalls noch. Der feldmäßige Anbau sollte nur in warmen, trockenen Lagen erfolgen. Leichte Beschattung wird vertragen.

Nach PONPA[1] wirkte sich beim Anbau von Basilikum Beschattung günstig auf den Ertrag an Kraut und den Gehalt an ätherischem Öl aus.

Herkunft und Verbreitung: *Ocimum basilicum* ist vielleicht nur in Vorderindien einheimisch. Es wird in den Tropen wie in den gemäßigten Zonen angebaut. In der rö-

[1] PONPA, D. L.: Ansammlung von ätherischem Öl bei verschiedenen Kräften des Lichtes bei dem Basilienkraut (*Ocimum basilicum* L.). Works of North-Caucasian Institute of special and technical cultures (Krasnodar). Vol. I, 2. S. 45; Derselbe: Einige Versuchsergebnisse über die Kultur von *Ocimum basilicum* L. Ebenda S. 84; ref. in „Heil- und Gewürzpflanzen" 15, S. 149 (1933/34).

mischen Kaiserzeit war das „Königskraut", wie man das Basilienkraut auch nannte, nicht nur eine geschätzte Arznei- und Gewürzpflanze, sondern auch eine beliebte Gartenzierpflanze. Die Sorte 'Kleinblättriges Grünes Zwerg-Basilikum' wirkt durch ihre Kugelbuschform besonders dekorativ.

Herkünfte des Drogenhandels: Basilienkraut wird garten- und feldmäßig angebaut. Das deutsche Hauptanbaugebiet befand sich in der Gegend von Aschersleben. Fremdländische Herkunftsgebiete sind hauptsächlich Südfrankreich, Spanien und Italien.

Sorten und Herkünfte für den Anbau: Die im Handel befindlichen Gruppensorten
'Großblättriges Grünes Löffel-Basilikum',
'Mittelgroßblättriges Grünes Basilikum',
'Kleinblättriges Grünes Basilikum' und
'Kleinblättriges Grünes Zwerg-Basilikum'
leiten sich von den beschriebenen botanischen Varietäten und Formen ab. Feldmäßig wird gern die mittelgroßblättrige Sorte angebaut. Während die kleinblättrigen Sorten verhältnismäßig spät bis sehr spät blühen, handelt es sich bei den groß- und mittelgroßblättrigen um mittelfrühe Sorten. Für Zierzwecke werden gelegentlich auch violettblättrige Sorten angebaut.

Abb. 303
Ocimum basilicum L.,
Einzelpflanze der Sorte
'Kleinblättriges Grünes'

Saatgut: Das 1000-Korngewicht schwankte bei unseren Untersuchungen je nach Sortentyp zwischen 1,017 und 1,658 g. Die Mindestreinheit sollte 95% betragen. Es ist besonders darauf zu achten, daß das Saatgut seidefrei ist. In fremdländischem, besonders italienischem Saatgut, finden sich gelegentlich die Samen von *Cuscuta australis* R. Br. *var. breviflora* Engelm. Basilikumsaatgut sollte mit mindestens 65% keimen. Hartschalige Samen kommen gelegentlich in größerer Zahl vor. Sie keimen am besten bei Wechseltemperatur und Lichtzutritt. Nach 14 Tagen ist die Hauptkeimung abgeschlossen. Das Saatgut ist nach Angaben in der Literatur noch nach 4–5 Jahren keimfähig. Nach eigenen Untersuchungen schwankte die Abnahme der Keimfähigkeit nach sechsjähriger Lagerung zwischen 10 und 82%.

Anbau: Das Basilikum benötigt zu einem guten Gedeihen einen unkrautfreien Boden und wird in der Fruchtfolge am besten in zweiter Tracht nach reichlich mit Stallmist gedüngten Hackfrüchten, am besten Kartoffeln, angebaut. Der Boden muß sich in einem guten Garezustand befinden.

Beim feldmäßigen Anbau erfolgt die Aussaat direkt ins Freiland als Drillsaat, sobald die Frostgefahr vorbei ist, und zwar etwa ab Anfang Mai. Die Aussaatmenge beträgt 6—8 kg/ha bei einer Reihenweite von 30 cm. Bei Verwendung eines Saatgutes von 90 und mehr Prozent Keimfähigkeit ist mit einer geringeren Aussaatmenge, etwa 5—6 kg, auszukommen. Im März oder April kann auch die Aussaat in ein halbwarmes Mistbeet vorgenommen werden. Für die Pflanzenanzucht im Frühbeet genügen 6—8 g Saatgut zum Anbau von 1 a. Die vorher noch möglichst verstopften Jungpflanzen werden dann ab Mitte Mai in einer Reihenweite von 30 cm und bei einem Abstand von 25 cm in der Reihe ins Freiland gepflanzt. Diese Art des Anbaues erfolgt aber nur im Kleinbetrieb und meist zum Zwecke der Saatgutgewinnung, die bisher in Deutschland auf klimatische Schwierigkeiten stieß. Nur in geeigneten, warmen Lagen gelangen die groß- und mittelgroßblättrigen Sorten zur Fruchtreife, während die kleinblättrigen zur Saatgutgewinnung unter deutschen Anbauverhältnissen nicht zu empfehlen sind.
Da die Saat nur langsam aufläuft, ist darauf zu achten, daß vor dem Aufgang jeder Krustenbildung entgegengewirkt wird, gegen die die Keimlinge sehr empfindlich sind. Die Entwicklung geht in den ersten Wachstumswochen sehr langsam vor sich. Sobald die Pflanzen aber über ein gutes Wurzelsystem verfügen, schreitet das Wachstum schneller fort. Die Pflegearbeiten erstrecken sich auf Offenhalten des Bodens und Unkrautbekämpfung. Bei Seidebefall ist sofort die Bekämpfung derselben in Angriff zu nehmen.

Abb. 304
Ocimum basilicum L., Einzelpflanze der Sorte 'Kleinblättriges Grünes Zwerg-Basilikum'

Das Basilikum hat ein hohes Nährstoffbedürfnis, dem durch folgende Handelsdüngergaben, die vor der Saat zu verabreichen und einzuarbeiten sind, gerecht zu werden ist: 200—300 kg/ha Kalkammonsalpeter (40—60 kg N/ha), 200 kg Superphosphat (35 kg P_2O_5/ha) und 400 kg/ha Patentkali (100—120 kg K_2O/ha). Diese Gaben sind um etwa ein Drittel zu erhöhen, wenn die Vorfrucht keinen Stalldung erhielt. Direkte Stallmistdüngung aber soll sich nachteilig auf die Qualität des Basilikum-Öles auswirken.
Ernte: Die Wachstumsdauer ist je nach Sorte verschieden. Der Schnitt mit Sichel oder Grasmäher wird begonnen, wenn die Pflanzen anfangen zu blühen. Keinesfalls soll die Blüte schon zu weit fortgeschritten sein. In günstigen Jahren sind zwei Schnitte möglich. Nach Untersuchungen von WEICHAN[2] war der Gehalt an ätherischem Öl zur Zeit des zweiten Schnittes bei einer harmonischen Düngung am höchsten.

[2] WEICHAN, C.: Der Gehalt an ätherischem Öl bei aromatischen Pflanzen in Abhängigkeit von der Düngung. „Pharmazie" 3, S. 464 bis 467 (1948); bzw. „Arzneipflanzen-Umschau" 2, S. 421 bis 425 (1948).

Das Erntegut ist sehr druckempfindlich. Der Transport des Krautes zur Trocknung erfolgt am besten gleich nach dem Schnitt in Holzstiegen oder Körben.

Trocknung: Das Kraut kann auf natürliche Weise im Schatten getrocknet werden. Im Großanbau empfiehlt es sich jedoch, künstlich bei 30° C zu trocknen, um den Trocknungsprozeß des sehr empfindlichen Krautes zu beschleunigen. Das Eintrocknungsverhältnis beträgt etwa 5—7 : 1.

Erträge: Die Erträge an Krautdroge bewegen sich zwischen 8 und 15 dz/ha; bei zwei Schnitten können etwa 20 dz/ha und mehr erzielt werden. Die Saatguterträge belaufen sich bei den groß- und mittelgroßblättrigen Sorten unter günstigen Anbauverhältnissen auf etwa 80—100 kg/ha. Im allgemeinen kann in Deutschland der Basilikum-Samenbau als sehr unsicher bezeichnet werden. Saatgut wird vorwiegend aus Südeuropa, besonders Italien, importiert, wo die Erträge wesentlich höher liegen.

Krankheiten und Schädlinge: An den Basilikum-Beständen in Leipzig-Probstheida wurde bisher nur gelegentlich eine schwache Schädigung durch einen Blattfleckenpilz beobachtet. Die Pflanzen waren auch teilweise schon im jugendlichen Stadium von Blattläusen befallen. Marienkäfer und deren Larven ließen jedoch eine stärkere Vermehrung nicht aufkommen. Am häufigsten wurde die große Art *Coccinella septempunctata* L. beobachtet. Beim Abstreifen der großblättrigen Sorten des Basilienkrautes wurde auch die Blindwanze *Lygus pratensis* L. gefunden. Ihre Saugstiche waren auf den Blättern überall sichtbar. Größerer Schaden war jedoch nicht festzustellen. Mitte September 1942 war die Raupe der Ampfereule, *Acronicta rumicis* L., nicht selten. Auch sie bevorzugte die großblättrigen Sorten, und teilweise waren ihr starke Fraßstellen nachzuweisen.

Ocimum canum Sims, Kampfer-Basilikum

Während *Ocimum basilicum* L. arzneilich hauptsächlich als Stomachicum und Carminativum sowie als Gewürz Verwendung findet, wird die nahe verwandte tropische Art *Ocimum canum* außer zu arzneilichen Zwecken noch zur Kampfergewinnung angebaut, so z. B. in der Sowjetunion. Die Anbauweise ist fast die gleiche wie die für *Ocimum basilicum*. Außer Versuchskulturen ist uns ein größerer Anbau in Deutschland nicht bekannt geworden. Wir halten es in warmen Lagen, z. B. in der rheinischen Klimaprovinz, für durchaus anbaufähig. Nach Untersuchungen von Esdorn[3] und Bruns-Runge[4] kann es unter Einhaltung bestimmter Anbau-, besonders Anzuchtbedingungen sogar noch in Norddeutschland kultiviert werden.

Abb. 305 Ocimum canum Sims, Einzelpflanze

[3] Esdorn, I. und Bruns-Runge, G.: Untersuchungen über den Gehalt an ätherischem Öl und Kampfer in *Ocimum canum* Sims. „Pharmazie" 4, S. 70 bis 77 (1949); bzw. „Arzneipflanzen-Umschau" 2, S. 477 bis 483 (1949).

[4] Bruns-Runge, G.: *Ocimum canum* Sims, Kampferbasilikum. „Pharmazie" 3, S. 262 bis 272 und S. 315 bis 324 (1948); bzw. „Arzneipflanzen-Umschau" 2, S. 362 bis 382 (1948).

Origanum vulgare L., Dost, Brauner Dosten

Labiatae

Gebräuchliche Pflanzenteile: Erg.-B. 6: „Das getrocknete, während der Blütezeit (Juli bis September) gesammelte und von den dickeren Stengeln befreite Kraut von *Origanum vulgare* Linné." HAB. 2: „Frisches, blühendes Kraut."

Handelsbezeichnung: *Herba Origani vulgaris*, Dost.

Botanik: Der Dost, der auch fälschlich „Wilder oder Ausdauernder Majoran" genannt wird, ist dem Echten Majoran (*Majorana hortensis* Moench) nahe verwandt*. Im Gegensatz zu ihm enthält der Dost ätherisches Öl mit Thymol, während der Majoran kein Thymol aufzuweisen hat. Bereits am Saatgut (siehe unten) lassen sich die beiden Arten unterscheiden, aber auch im gesamten Habitus weicht der Dost stark vom Majoran ab. *Origanum vulgare* ist eine 40—60 cm hohe, kräftige Staude mit einjähriger Primärwurzel und Primärachse, aus deren Knospen sowohl reich bewurzelte, ± verholzende Bodenausläufer als auch Laub- und Blütensprosse hervorgehen. Die Stengel sind vierkantig, ± behaart, meist rötlich angelaufen. Die Blätter stehen kreuzgegenständig, sind breit-eiförmig, 1—4 cm lang, 0,75—2,50 (3,00) cm breit, spitz oder stumpflich, ganzrandig oder schwach gekerbt. Sie sind mit 0,25—1,00 cm langen Stielen versehen. Die Blätter sind ebenfalls ± behaart und am Rande bewimpert. Die kurzgestielten Blüten stehen in den Achseln elliptischer oder ovaler Hochblätter und bilden pyramidale bis trugdoldige Rispen. Die Farbe der Krone ist hellkarminrot bis fleischfarben, selten weiß. Die Blüten sind zweigeschlechtig.

Abb. 306 Origanum vulgare L., Einzelpflanze

Blütezeit: VII—IX (—XI).

Die meist sehr ansehnlichen Blütenstände locken zahlreiche Besucher an, die aus verschiedenen Insektengruppen stammen. Da die Kronröhre kurz und weit ist, gelangen auch kurzrüsselige Insekten zum Nektar und führen Fremdbestäubung herbei. Selbstbestäubung ist infolge der Proterandrie nicht möglich. An allen vom Wetter begünstigten Sammeltagen wurde in Leipzig-Probstheida stärkster Anflug von Honigbienen festgestellt. Der Dost wird auch von den Imkern als Bienennährpflanze geschätzt. Von weiteren Hymenopteren waren die Hilfsweibchen der Erdhummel, *Bombus terrestris* L., fleißige Blütengäste. Auf Schmetterlinge übte der blühende Dost immer eine ganz besondere Anziehungskraft aus. Von unseren Tagfalterarten waren der Schwalbenschwanz, *Papilio machaon* L., der Kleine Fuchs, *Vanessa urticae* L., das Tagpfauenauge, *Vanessa jo* L., alle unsere Weißlingsarten (*Pieridae*), der Mauerfuchs, *Pararge megaera* L., das Ochsenauge, *Epinephele jurtina* L., der Kleine Goldfalter, *Chrysophanus phlaeas* L. und der Bläuling, *Lycaena icarus* Rott., immer in Anzahl auf den Blüten saugend anzutreffen.

* Früher wurden beide Arten zur Gattung *Origanum* gezählt.

Die bei Tage fliegende Gammaeule, *Phytometra (Plusia) gamma* L., fand sich auch sehr häufig saugend an den Blüten ein.

Die Nüßchen sind sehr ähnlich denen von *Majorana hortensis* Moench (siehe S. 474). Sie erreichen eine Länge von 1 mm, meist sind sie nur 0,75 mm lang. Ihre Form ist eiförmig, vorwiegend breit-eiförmig bis länglich-eiförmig, abgeflacht, an der Ansatzstelle etwas spitz zulaufend und vor allem ± kantig. Die Oberfläche ist sehr feinwarzig-rauh, braun bis rotbraun.

In den vegetativen Merkmalen zeigt *Origanum vulgare* auffallende Ähnlichkeit mit *Satureja calamintha* (L.) Scheele (Echte Bergminze) und *Satureja vulgaris* (L.) Fritsch (Wirbeldost) mit denen er auch sehr oft zusammen wildwachsend vorkommt.

Abb. 307 Origanum vulgare L., Nüßchen

Wittmack[1] beobachtete einen Bastard von *Origanum vulgare* und *Majorana hortensis*. Die Pflanze glich im Habitus ganz und gar *Origanum vulgare*. Appl[2] berichtet über einen Bastard von *Majorana hortensis* ♀ und *Origanum vulgare* ♂ und dessen Aufspaltung in der F_2-Generation. Der Bastard nahm in seinen Eigenschaften eine ausgesprochene Zwischenform zwischen den beiden Elternformen ein. Es gelang aber nicht, in den späteren Generationen den Majorancharakter zu erhalten, da die Pflanzen erfroren.

Boden und Klima: Man findet den Dost auf kalkhaltigen wie auf kalkarmen Böden, desgleichen auf Kieselböden und besonders in trockenen, warmen Lagen.

Herkunft und Verbreitung: *Origanum vulgare* ist in den gemäßigten und subtropischen Zonen Europas und Asiens häufig zu finden und auch in Nordamerika eingeführt. Neben *Thymus serpyllum* L. (Quendel, Feldthymian) ist *Origanum vulgare* von allen Saturejien in Eurasien am weitesten verbreitet. In Deutschland kommt er besonders häufig im Süden und Osten vor.

Herkünfte des Drogenhandels: Hauptherkunftsgebiete sind mittel- und südeuropäische Länder. In Deutschland sammelt man den Dost vorwiegend wildwachsend. In Westdeutschland wird die Unterart *prismaticum* Gaudin als sog. „Wintermajoran" oder „Staudenmajoran" auf kleinsten Flächen angebaut. In Vorarlberg soll die *var. virescens* statt Majoran kultiviert werden. Sie können jedoch nicht in derselben Weise verwendet werden wie *Majorana hortensis*, da ihnen der typische Geschmack nach „Wurstwürze" fehlt.

[1] Wittmack, L.: Über kurz- und langjährigen Majoran. Verhandl. Botan. Ver. der Prov. Brandenburg. Bd. XXXII, 1890, pag. XXIV/XXIX und Bd. XXXIII, 1891, pag. XLIV/XLVI.

[2] Appl, J.: Über einen Bastard von *Origanum majorana* ♀ und *Origanum vulgare* ♂ und dessen Aufspaltung in der F_2-Generation. „Preslia" Vol. VI, 1928.

Abb. 308
Links:
Majorana hortensis Moench;
rechts:
Origanum vulgare L.

Sorten und Herkünfte für den Anbau: Die bisher beim Sortenamt geprüften Herkünfte sind noch mehr oder weniger Formengemische, die der Unterart *prismaticum var. macrostachyum* nahezustehen scheinen.

Saatgut: Das durchschnittliche 1000-Korngewicht betrug 0,116 g. Die Mindestreinheit sollte 95%, die Mindestkeimfähigkeit 75% betragen. Der Keimversuch dauert 28 Tage und wird bei Wechseltemperatur unter Lichtzutritt oder im Dunkeln durchgeführt. Da bei den wildwachsenden Pflanzen die Fruchtstände meist bis zum Frühjahr erhalten bleiben und oft über die Schneedecke herausragen, vermutet HEGI, daß dies nicht nur für die Verbreitung der Nüßchen, sondern auch für deren Keimung von Bedeutung sein könnte.

Anbau: Hinsichtlich der Vorfrucht stellt der Dost keine besonderen Ansprüche.
Der Anbau gleicht dem des Majorans. Die Aussaat kann jedoch früher, und zwar Ende April erfolgen. Auch die Standweite sollte größer (bis 50 cm) gewählt werden. Bei Drillsaat empfiehlt es sich, die Pflanzen in der Reihe auf 20—30 cm zu vereinzeln. Die Aussaatmenge beträgt bei Drillsaat etwa 4—6 kg/ha. Auch durch Stockteilung und Stecklinge kann die Vermehrung erfolgen.
Die Pflegearbeiten erstrecken sich auf wiederholtes Hacken. Auch ist es angebracht, den Pflanzen vor Eintritt des Winters eine leichte Schutzdecke zu geben, um Auswinterungsschäden vorzubeugen.
Über die Düngung liegen keine Erfahrungen vor. Nach Angaben im botanischen Schrifttum soll der wildwachsende Dost Düngung meiden. Den Dostbeständen in Leipzig-Probstheida wurden ohne nachteilige Folgen dieselben Düngergaben verabreicht wie zu Thymian (siehe S. 676).

Ernte: Das blühende Kraut wird bei der Ernte mit der Sichel mindestens 5 cm über dem Erdboden abgeschnitten. Es ist darauf zu achten, daß von den rhizomartigen Bodenausläufern nicht zu viele mit herausgerissen werden, da sonst die Droge leicht mit Erdteilchen verunreinigt wird. Der Bestand kann 3—5 Jahre genutzt werden.

Erträge: Im ersten Anbaujahr ist meist nur ein Schnitt möglich und somit der Ertrag gering. Bei mehrjährigem Anbau kann bei jährlich 2—3 Schnitten mit 30—50 dz/ha Droge gerechnet werden.
Die Saatguterträge belaufen sich auf etwa 100—150 kg/ha.

Trocknung: Wie beim Majoran, so ist auch beim Dost eine Feldtrocknung möglich. Sicherer ist jedoch die natürliche Trocknung unter Dach und die künstliche bei mäßiger Temperatur. Das Trocknungsverhältnis frisch zu trocken beträgt etwa 3—4 : 1.

Krankheiten und Schädlinge: Nach HEGI deformiert *Puccinia ruebsameni* P. Magnus die Sprosse. Blütengallen erzeugen *Eriophyes thomasi* Nal. *var. origani* Nal. und *Asphondylia hornigi* Wachtl., Blattkräuselung *Aphis nepetae* Kalt., Stengelgallen *Thamnurgus kaltenbachi* Bach. Auf den Stengeln leben zahlreiche Ascomyceten, z. B. aus den Gattungen *Leptosphaeria* (*L. menthae* Fautr. et Lamb. *f. origani* Oudem.), *Lophiostoma* (*L. origani* Kunze), *Metasphaeria* (*M. origani* Mout.), *Ophiobolus* u. a. Nach P. KNUTH sollen sich auch mehrere Kleinschmetterlinge an *Origanum vulgare* entwickeln. Genannt seien nach K. ECKSTEIN nur einige der häufigsten Arten, die teils durch das Zusammenziehen der Blätter, teils durch das Verspinnen der Pflanzenspitzen empfindlich schaden können, z. B. die Zünsler *Salebria obductella* Z., *Pionea pandalis* Hb., *Pyrausta porphyralis* Schiff. und der sogenannte Purpurzünsler, *Pyrausta aurata* Scop. Zwei weitere Kleinschmetterlinge, der Wickler *Euxanthis augustana* Hb. und die Palpenmotte *Reuttia subocellea* Steph. sollen in den Blüten und Nüßchen von *Origanum* ihre Entwicklung durchmachen.

Paeonia officinalis L., Großblumige Pfingstrose (†)

Ranunculaceae

Gebräuchliche Pflanzenteile: Erg.-B. 6: „Die schnell getrockneten Kronblätter der gefüllten Gartenform von *Paeonia officinalis* Linné" und „die getrockneten, reifen Samen von *Paeonia peregrina* Miller."* HAB. 2: „Frische, im Frühjahr gesammelte Wurzel von *Paeonia officinalis* Retz."**

Handelsbezeichnungen: *Radix Paeoniae*, Pfingstrosenwurzel; *Flores Paeoniae rubrae*, Pfingstrosenblüten; *Semen Paeoniae*, Pfingstrosensamen.

Abb. 309
Paeonia officinalis L., gefülltblühende Form

* Der richtige Name ist *Paeonia peregrina* Koch non Mill., und zwar ist dies ein Synonym zu *P. officinalis* L.
** Der Autor darf nicht Retz. (RETZIUS) heißen, sondern Linné. Ersterer beschreibt *Paeonia corallina*.

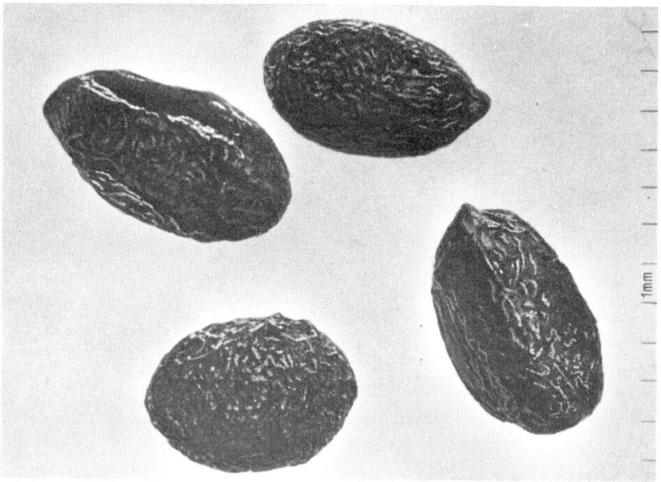

Abb. 310
Paeonia officinalis L., Samen

Botanik: Die Großblumige Pfingstrose ist eine aufrechte, buschige, schönblühende Staude. Sie wird häufig als Zierpflanze in Gärten, besonders Bauerngärten („Bauernrose"), angepflanzt. Die Wurzeln sind zu langen, spindelförmigen, nicht gegliederten, meist langgestielten Knollen verdickt. Die etwa 50 cm hohen, aufrechten Stengel sind unverzweigt, kahl, beblättert, einblütig. Die doppelt- bis dreizähligen Laubblätter haben eine hellgrüne, schwach behaarte Unterseite aufzuweisen. Die einzelnen Abschnitte sind ± breit-lanzettlich.

Die fünf und mehr Kronblätter der Großblumigen Pfingstrose sind etwa bis 5 cm lang, breit-eiförmig, ganzrandig oder unregelmäßig gebuchtet, dunkelrot, selten rosa oder gelblich. In Südtirol wurden Pflanzen mit weißen Blüten und mit lanzettlichen Blattabschnitten (*var. alba* Porta) festgestellt (HEGI). Die Blüte ist nur am Tage geöffnet.

Blütezeit: V—VI.

Bei den Pfingstrosenblüten handelt es sich um proterogyne Pollenblumen. Die Befruchtung soll nach DELPINO durch Käfer (Cetonien) bewirkt werden (zit. nach KNUTH).

In den Balgfrüchten befinden sich die zahlreichen Samen. Sie sind eiförmig, bis 10 mm lang, ± runzelig, schwarzblau oder braun, glänzend.

Boden und Klima: Für den Anbau von *Paeonia officinalis* eignen sich besonders kalkhaltige Böden. Sie sollen eher trocken als feucht sein. Nahrhafte, tiefgründige Böden werden bevorzugt, desgleichen sonnige bis halbschattige Südlagen.

Herkunft und Verbreitung: Als allgemeines Verbreitungsgebiet gilt Südeuropa (von Portugal bis Albanien), Kleinasien und Armenien. Im Süden der Alpen wurde *Paeonia officinalis* wildwachsend beobachtet (HEGI). Gelegentlich ist sie verwildert anzutreffen, z. B. an den mageren Muschelkalk-Berghängen in der Umgebung von Jena. Bei Jenalöbnitz, am Fuße des Gleißberges*, wird die Großblumige Pfingstrose seit vielen Jahren großflächig kultiviert.

Herkünfte des Drogenhandels: *Paeonia officinalis* wird gelegentlich zur Schnittblumen- und Drogengewinnung auf größeren Flächen angebaut. Eine vom Drogenhandel geschätzte Provenienz ist die Thüringer Ware. Herkunftsgebiete im weiteren Sinne sind Mittel- und Südeuropa sowie Asien.

* Für „Gleißberg" findet man in der Literatur verschiedene Schreibweisen: Lt. Karte des Dt. Reiches 1:100000, Bl. 439, Jena, Ausg. 1941, „Gleis-Berg" und nach Prof. Dr. Otto SCHWARZ in „Thüringen, Kreuzweg der Blumen", Jena 1952, S. 230, „Gleißberg"

Sorten und Herkünfte für den Anbau: Von der etwa 15 Arten umfassenden Gattung *Paeonia* L. werden mehrere Arten als Zierpflanzen angebaut. Sie eignen sich sehr gut als Gruppen- und Rabattenstauden, auch liefern sie geschätzte Schnittblumen. In der Blütenfarbe variieren die Ziersorten vom reinsten Weiß bis Purpurviolett. Die Blüten sind mehr oder weniger gefüllt.

Bekannte aus *Paeonia officinalis* hervorgegangene Zierformen sind: *alba plena*, reinweiß, gefüllt; *mutabilis plena*, im Aufblühen zart fleischfarbenrosa, dann weiß; *rubra pl.* (*purpurea pl.*), bekannte schöne, dunkelpurpurne Sorte der alten Bauerngärten; *rosea* (*carnea pl.*) im Aufblühen leuchtend rosa, später heller; auch 'La Négresse', sehr dunkelpurpurn (Silva Tarouca und Schneider). Zur Drogengewinnung von *Flores Paeoniae* dienen nur die gefüllten, dunkelroten Blüten.

Saatgut: Die Anzucht aus Samen ist langwierig und erfolgt vorwiegend nur in Zuchtbetrieben. Die Pfingstrosen werden daher so gut wie ausschließlich vegetativ vermehrt. Das 1000-Korngewicht der Samen schwankte nach unseren Untersuchungen zwischen 52,970 und 103,118 g. Sie keimen sehr schwer. Der Keimversuch wird bei Zimmer-

Abb. 311
Gleißberg bei Jenalöbnitz (Thür.)

Abb. 312
Kultur von Paeonia officinalis L. am Steilhang des Gleißberges bei Jenalöbnitz (Thür.)

temperatur unter Lichtabschluß durchgeführt. Erst nach 90 Tagen wird die Keimfähigkeit bestimmt. Sie erlischt schnell, und zwar bereits etwa nach einem Jahr.

Anbau: Eine Pfingstrosenkultur wird vorteilhaft nach einer stark mit Stalldung versehenen Hackfrucht angelegt. Die Vermehrung erfolgt am besten durch Teilung älterer Stauden im September/Oktober, wenn das Laub im Absterben oder bereits abgestorben ist. Wie bei allen fleischigen, knollenähnlichen Wurzeln ist darauf zu achten, daß am Halse jeder Knollenwurzel mindestens eine Knospe vorhanden ist. Bei der Pflanzung ist wichtig, daß nicht zu tief gepflanzt wird. Die Wurzelkrone soll etwa nur 3 Finger stark mit Erde bedeckt werden. Angebaut wird die Pfingstrose bei einer Reihenweite von 60—100 cm und einem Abstand innerhalb der Reihe von 40—50 cm. Im ersten Anbaujahr kann eine Zwischenkultur erfolgen. Erst im zweiten und dritten Jahr entwickeln sich die Pflanzen zu starken Stauden.
Hinsichtlich der Düngung wird empfohlen, im Herbst zwischen die Reihen gut verrotteten Stalldung einzugraben. Außerdem soll sich die Verabreichung einer mittleren Volldüngung günstig auswirken.

Ernte: Eine neuangelegte Pfingstrosenkultur blüht erst vom dritten Jahr an. Die dunkelroten Blütenblätter werden bei schönem Wetter kurz vor dem Abblühen gepflückt. Zur Samengewinnung werden die Balgfrüchte geerntet, sobald sie sich braun gefärbt haben. Die Samen reifen meist im August. Für die Drogengewinnung sollten die Wurzelknollen älterer Pflanzen Verwendung finden. Im allgemeinen ist mit der Wurzelernte nicht vor dem fünften Vegetationsjahr zu beginnen. Die Pflanzen werden unter Umständen sehr alt.

Trocknung: Die Blütenblätter müssen schnell im Schatten oder bei mäßiger Wärme künstlich getrocknet werden, da sie sonst ihre Farbe einbüßen. Der Wasserverlust bei der Trocknung betrug im Mittel 83,3%. Die Wurzelknollen werden am besten künstlich getrocknet. Ihr Wasserverlust bei der Trocknung betrug im Mittel 66,7%. Die Drogen sind sorgfältig vor Luft und Feuchtigkeit geschützt aufzubewahren.

Erträge: Hinsichtlich der Erträge sind keine Werte bekannt. Der Anbau erfolgt meist zur Gewinnung von Schnittblumen oder Pflanzgut. Im Rahmen der Nebennutzung werden die *Paeonia*-Drogen gewonnen. Ihre therapeutische Bedeutung ist gering. Eine Aufnahme in das neue Deutsche Arzneibuch (DAB. 7) ist sehr fraglich.

Krankheiten und Schädlinge: Die Pfingstrosen sind gegen Krankheiten und Schädlinge ziemlich widerstandsfähig. Irgendwelche Schäden wurden uns nicht bekannt.

Papaver somniferum L., Mohn, Schlafmohn (†) *

Papaveraceae

Gebräuchliche Pflanzenteile: Von *Papaver somniferum* L. finden alle Pflanzenteile als pharmazeutische Rohstoffe Verwendung. Er liefert das Opium. Gemäß eines im Jahre 1912 im Haag getroffenen internationalen Abkommens ist unter Rohopium zu verstehen[1]: „Der spontan eingetrocknete Saft, gewonnen aus den Kapseln des Schlafmohns (*Papaver somniferum*), der keiner anderen als der durch Verpackung und Transport erforderlichen Behandlung unterzogen wurde." Mit den Worten des DAB. 6 ausgedrückt, handelt es sich beim Opium um durch Anritzen der unreifen Mohnkapseln gewonnenen,

[1] JERMSTAD, A.: Das Opium. Seine Kultur und Verwertung im Handel. Wien und Leipzig 1921, S. 125/26.
* Siehe HEEGER, E. F. und POETHKE, W.: *Papaver somniferum* L., Der Mohn. Anbau, Chemie, Verwendung. „Pharmazie", 4. Beiheft/1. Ergänzungsband; 2. Aufl. 1948.

an der Luft eingetrockneten Milchsaft. Im DAB. 6 werden ferner die reifen, weißen Samen von *Papaver somniferum* genannt. Aus den Mohnsamen wird fettes Öl (*Oleum Papaveris*) gepreßt (Erg.-B. 6), auch finden sie für Genußzwecke (z. B. als Zusatzmittel für Gebäck) Verwendung. Auch Samenemulsionen werden in der Heilkunde verwendet. Die nach dem Abfallen der Blütenblätter gesammelten, vor dem Trocknen der Länge nach halbierten und von den Samen befreiten unreifen Früchte (*Fructus Papaveris immaturi*) von *Papaver somniferum* L. *var. album* (Mill.) DC. sind im Erg.-B. 6 enthalten. Außerdem finden noch die reifen, leeren Kapseln mit kurzem Stiel (*Fructus Papaveris maturi*) zu fabrikatorischen Zwecken Verwendung. In neuerer Zeit werden aus diesen Ernterückständen therapeutisch wertvolle Alkaloide, besonders Morphin, gewonnen. Nach GESSNER liefern Mohnstroh (*Stramentum Papaveris*) und Mohnwurzeln (*Radix Papaveris*) noch 0,03% Morphin. Die getrockneten Mohnblätter werden nur gelegentlich als Beruhigungsmittel in der Volksheilkunde benutzt. Sie enthalten wie die Wurzeln, Stengel und Kapseln in geringen Mengen Morphin. Das meiste Morphin enthalten die reifen Kapseln[2].

Handelsbezeichnungen: *Folia Papaveris*, Mohnblätter; *Fructus* Papaveris immaturi*, unreife Mohnkapseln; *Fructus Papaveris maturi*, reife Mohnkapseln; *Semen Papaveris*, Mohnsamen; *Opium crudum*, Rohopium.

Botanik: Der Schlafmohn ist einjährig. Die Pfahlwurzel treibt einen aufrechten, bis 150 cm hohen, einfachen oder verzweigten stielrunden Stengel. Er ist unten kahl und nur nach oben zu mit einzelnen Borstenhaaren besetzt. Die Laubblätter sind sitzend, länglich-eiförmig, die unteren in einen kurzen Stiel hinablaufend, die oberen ± stengelumfassend, am Rande gekerbt oder gesägt bis unregelmäßig gelappt. Die Blattunterseite ist ± blaugrün bereift. Die Blütenstengel stehen zunächst aufrecht, später nehmen sie eine nickende Stellung ein. Erst beim Aufblühen richten sie sich wieder senkrecht auf. Die Mohnblüten erreichen einen Durchmesser bis zu etwa 10 cm. Form und Farbe der 4 Kronblätter sind sehr variabel, gewöhnlich sind sie weiß mit violettem Fleck am Grunde (*var. album*) oder purpurviolett mit dunkelviolettem bis schwärzlichem Fleck (*var. nigrum*). Im Handel befinden sich verschiedene Mohn-Ziersorten, auch Staudenmohne. Sie sind oftmals gefüllt und die Kronblätter hin und wieder zerschlitzt. Auch zahlreiche Farbabweichungen können beobachtet werden.

Abb. 313 Papaver somniferum L., Blüten

Blütezeit: VII.

Der Mohn gehört vorwiegend zu den Selbstbestäubern, zumal der Pollen meist in der noch geschlossenen Blüte von den Antheren auf die Narbe gelangt.

[2] WEGNER, E.: Die Morphinverteilung in der Mohnpflanze und ihre Veränderungen im Laufe der Vegetationsperiode als Beitrag zur Physiologie des Alkaloids. „Pharmazie" 6, S. 420 bis 426 (1951); bzw. „Arzneipflanzen-Umschau" 3, S. 141 bis 147 (1951).

* Die Mohnkapseln werden außer *Fructus* noch *Capita* oder *Capsulae* genannt.

An den Beständen in Leipzig-Probstheida war nach UDE der Besuch durch Insekten äußerst spärlich. Nur Glanzkäfer (*Meligethes-spec.*) hatten sich Anfang Juli in Menge auf dem Grunde der Blüten eingefunden. Trotz mehrmaliger längerer Beobachtung des Bestandes waren nur einige Hilfsweibchen der Erdhummel, *Bombus terrestris* L., und die pollenaufnehmende Schwebfliege *Syritta pipiens* L. die einzigen Blütengäste. Auch wurde in einem zur Rohopiumgewinnung angelegten Mohnsortenversuch eine pollensammelnde kleine Erdbienenart (*Andrena-spec.*) häufig beobachtet. Honigbienen dagegen waren nur in geringer Zahl vertreten.

Abb. 314 Papaver somniferum L., Knospen, Blüten und Kapseln

Bei der Mohnfrucht handelt es sich um eine verschiedenartige Kapselfrucht (Porenkapsel). Sie besteht aus 8—12 Fruchtblättern, deren miteinander verwachsene Ränder nur wenig in die Fruchthöhle vorspringen. Bei der Reife lösen sie sich unterhalb des Narbenkranzes entweder nur unvollständig (Schüttmohn) oder gar nicht (Schließmohn). Die Kapseln sind zum Teil sortentypisch (Kugel-, Tonnen-, Birnen-, Langform). Leistungsfähige Kapselformen im Hinblick auf Samenertrag und Morphingehalt sind nach unseren Feststellungen Kugel-, Tonnen- und flache Birnenformen des Schließmohns. Die Samen sind dick-nierenförmig, bis 1,5 mm lang, bis 1,1 mm breit und bis 0,9 mm dick und haben eine gleichmäßig grobnetzige Oberfläche. An einer Seite ist der Samen etwas rundlicher, an der anderen spitzer. In der Mitte der konkaven Seite ist etwas erhaben der Nabel zu erkennen. Die Samenfarbe ist je nach der Rassenzugehörigkeit verschieden. Im allgemeinen ist sie blaugrau, weiß, gelb, graurot oder schwarz. Durch Kreuzungen sind ± Farbabweichungen möglich. Der Ölgehalt der Samen schwankte nach Feststellungen von SPENNEMANN[3] in den Jahren 1934 bis 1936 bei den deutschen Zuchtsorten zwischen 43,9 und 46,8% der Trockensubstanz. Nach unseren Untersuchungen bei den im Jahre 1946 auf dem Prüfungsfeld des Sortenamtes in Leipzig-Probstheida angebauten Sorten schwankte der Ölgehalt der Samen ungeritzter Kapseln zwischen 39,70 und 44,55%. Sie enthalten nach LESCHKE[4] 0,01% Alkaloide, deren Natur noch nicht ermittelt zu sein scheint. An Samen aus Kapseln, die zur Opiumgewinnung nicht sorgfältig geritzt wurden, können Opiumspuren vorhanden sein, die auf äußerlich anhaftendes Kapselsekret zurückzuführen sind. Unreife Mohnsamen können nach FLOTOW[5] zu Vergiftungen führen.

Mohnsamen müssen fast geruchlos sein und dürfen nur mild ölig, nicht ranzig schmekken. Verwechslungsmöglichkeit mit anderen Mohnarten besteht, insbesondere mit *Papaver rhoeas* L., dem Klatschmohn. Die Blüten dieses Mohns (*Flores Rhoeados*) werden gesammelt. In der Tschechoslowakei (Mähren) wird der Klatschmohn für die Drogengewinnung auf kleinsten Flächen angebaut. Er ist ebenfalls eine einjährige Art

[3] SPENNEMANN, F.: Ergebnisse der Mohnsortenversuche 1936. „Mittl. Landw." 52, S. 268 (1937).
[4] LESCHKE, E.: S. Vergift. F. 3, A. 248, S. 171 (1932); zit. nach GESSNER.
[5] FLOTOW: Lebensmittelvergiftungen durch Gewürze, Früchte und Zuckerersatz. „Lebensmittelindustrie", Ausg. C 4, 1952, S. 47 bis 48.

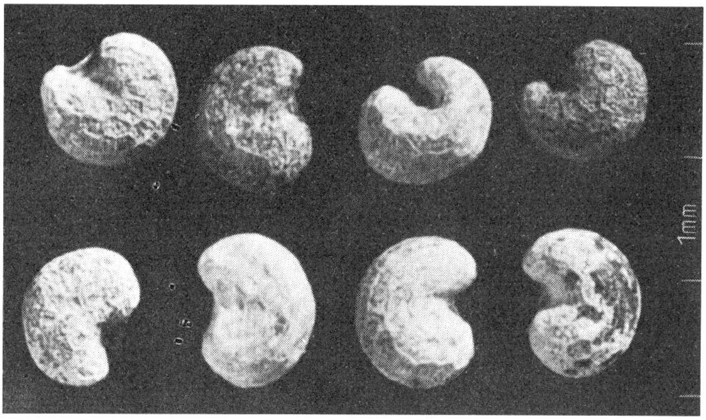

Abb. 315
Papaver somniferum L.,
Samen

und sehr anspruchslos. Um Verwechslungen vorzubeugen, sind im nachfolgenden die Samenmerkmale von *Papaver somniferum* und *Papaver rhoeas* zusammengestellt worden. Auch der Saatmohn (*Papaver dubium* L.) wird erwähnt, da er in das HAB. 2 unter die selten verwendeten Mittel aufgenommen worden ist. Zur Verwendung kommt in diesem Falle die frische Pflanze.

Samenmerkmale

	P. somniferum L. Schlafmohn	*P. rhoeas* L. Klatschmohn	*P. dubium* L. Saatmohn
Größe (mm)			
Länge	1,25—1,5	0,5—0,9	0,7—0,8
Breite	0,8—1,1	0,4—0,6	0,4—0,6
Dicke	0,6—0,9	0,3—0,5	0,4—0,6
Form	dick-nierenförmig	dickwalzig-nierenförmig	dick-nierenförmig
Farbe	vorwiegend dunkelblaugrau oder braun, zum Teil hellgrau bis fast weiß	braun bis dunkelgrau	schwärzlichbraun
Nabel	in der Vertiefung länglich	in der Vertiefung flachrundlich	in der Vertiefung vorstehend länglich
Netzstruktur	regelmäßig viereckig, zum Teil fast quadratisch, Leisten schmal, scharf hervortretend	breite, viereckige, fast quadratische Felder, Leisten etwas breiter als beim Schlafmohn	regelmäßig netzförmig, in der Mitte zuweilen breiter als hoch

In der älteren Systematik findet sich noch eine weitgehende Unterteilung der Art *P. somniferum* in Abarten je nach Blüten- bzw. Samenfarbe. Ein systematischer Einteilungswert als Varietäten kommt ihnen aber nicht zu, da es sich bei den Merkmalen um einfache erbliche Unterschiede und somit nur um Rassen handelt.

Boden und Klima: Der Mohn gedeiht besonders auf wärmeren, nährstoffreichen, garen Böden, die in gutem Humus- und Kulturzustand sind. Auf jedem Mittelboden wie auch auf leichterem Boden kann der Anbau noch vorgenommen werden. Er versagt eigentlich nur auf extremen Böden. Kalkreiche Luzerneböden sagen ihm besonders zu. Der

Kalkbedarf ist hoch. Nach GERICKE[6] ist das Reaktionsoptimum eng begrenzt, und zwar liegt es zwischen pH 6,0 und 6,5. Wenn die Wasserführung geregelt ist, kann Mohn auch mit Erfolg auf gut zersetztem Niederungsmoor angebaut werden. Er stellt verhältnismäßig hohe Wasseransprüche. Gegen extreme Feuchtigkeit ist er allerdings sehr empfindlich. Naßkalte Lagen, ebenso Gegenden mit starken Winden sind für den Mohnanbau ungeeignet. Im rauhen Klima reift der Mohn schwer aus. Hinsichtlich der Klimaansprüche deutet das Verbreitungsgebiet des Mohnbaues auf Luzerne und Körnermais hin; wie neuere Versuche ergaben, gedeiht der Mohn aber auch in Mittelgebirgslagen noch gut. Er verfügt über eine größere ökologische Anpassungsfähigkeit, als bisher angenommen wurde. Der Anbau erstreckt sich fast auf das gesamte Gebiet des Roggenfrühdrusches. Die deutschen Mohnanbaugebiete, besonders in Klimaprovinzen mit warmem und trockenem Klimacharakter, sind geradezu prädestiniert für die landwirtschaftliche Nebengewinnung hochwertigen Opiums. Voraussetzung ist, daß die hierfür geeigneten Mohnsorten angebaut werden, die gleichzeitig gut und sicher im Kornertrag sind[7]. Die reifen, von Samen entleerten Mohnkapseln sind ein wichtiger Rohstoff für die industrielle Gewinnung von Alkaloiden.

Herkunft und Verbreitung: Der oft in die Aszendenz von *Papaver somniferum* gestellte Borstenmohn (*Papaver setigerum* L.) kommt auf Grund zytologischer Untersuchungen von KUZMINA[8] als direkter Vorfahr nicht in Betracht. Er wird hin und wieder noch angebaut, z. B. in Frankreich. Im Mittelmeergebiet, besonders im östlichen Teil, soll er heimisch sein, und es ist durchaus möglich, daß in den Opium-Produktionsländern die Opiummohnsorten dieser mutmaßlichen Stammpflanze des Mohns noch sehr nahestehen. In immer zunehmendem Maße werden aber für die Opiumgewinnung Ölmohn-Zuchtsorten der Art *Papaver somniferum* kultiviert, die sich durch eine hohe Opiumausbeute mit reichem Morphingehalt auszeichnen. Die Urheimat des Kulturmohns dürfte wohl in Klein- und Mittelasien zu suchen sein; von dort aus hat der Mohnanbau eine außerordentlich weite Verbreitung gefunden. In Europa wird er besonders in den mittleren und südlichen Ländern betrieben.

Herkünfte des Drogenhandels: Hauptherkunftsgebiete für Opium sind Nordgriechenland, Bulgarien, die Türkei, Iran, Marokko, Persien und Vorderindien. In Deutschland wird Opium im feldmäßigen Anbau nur in geringem Umfange gewonnen. Der Mohnsamen wird neben dem Opium auch in den obengenannten Herkunftsgebieten erzeugt. Er wird vorwiegend aus Mittel- und Südeuropa eingeführt. Gelegentlich gelangen auch größere Posten aus der UdSSR und Nordafrika nach Deutschland. Vorwiegend wird aber der Mohnsamen in Deutschland selbst gewonnen. Die Verbreitung des Mohnanbaues beschränkte sich früher in der Hauptsache auf Württemberg, Baden, Thüringen, Provinz Sachsen-Anhalt und Schlesien. In den letzten Jahren hat der Anbau des Mohns als besonders wertvolle und ertragreiche Ölfrucht aber auch in weiteren Teilen Deutschlands eine erhebliche Ausdehnung erfahren. Durch starkes Auftreten verschiedener Krankheiten zeigt dagegen der Anbau in Mitteldeutschland eine fallende Tendenz.

Sorten und Herkünfte für den Anbau: In den Opiumproduktionsländern wird der sogenannte „Opiummohn" für Zwecke der Opiumgewinnung angebaut. Auf Grund eigener Untersuchungen sind wir der Ansicht, daß es sich größtenteils bei dem dort ange-

[6] GERICKE, S.: Wirkung verschiedener Wachstumsfaktoren auf Ertrag und Ölgehalt von Mohn. „Zeitschrift f. Pflanzenernährung, Düngung und Bodenkunde" **40**, S. 34 (1948).

[7] HEEGER, E. F. und BAUER, K. H.: Untersuchungen über den Morphingehalt der zum Handel zugelassenen und einiger anderer Mohnsorten und die Möglichkeit der Opiumgewinnung im Dt. Reich. „Landw. Jahrb." **90**, S. 397 bis 429 (1940) mit 97 Quellenangaben.

[8] KUZMINA, N. E.: Die Zytologie des kultivierten Mohnes (*Papaver somniferum* L.) im Zusammenhang mit seiner Abstammung und Evolution. Trudy prikl. Bot. i pr. II Genetics, Plant Breeding a. Cytology Nr. 8, 8 I u. engl. Zusammenfassung 190 (1935) (Russisch); ref. in „Der Züchter" **9**, S. 53/54 (1937).

bauten „Opiummohn“ nicht um Zuchtsorten, sondern um alte Landsorten handelt, die noch außerordentlich formenbunt sein können.

ZÖRNIG[9] nennt als Stammpflanze für Opiummohn *Papaver somniferum* L. *var. album* (Mill.) DC., den weißsamigen Mohn. Diese Varietät wird neben anderen häufig in den Produktionsgebieten angebaut. Nach unseren Befunden hat aber unter deutschen Anbaubedingungen das Opium der weißsamigen Mohnsorten einen geringeren Morphingehalt als das der blausamigen. Das der erstgenannten entspricht oft nicht den Anforderungen des DAB. 6, wonach der Mindestgehalt des Opiums an Morphin 12% betragen muß.

Die nachstehend aufgeführten, in Deutschland sehr häufig angebauten blausamigen Schließmohnsorten hatten in unseren vierjährigen Versuchen einen hohen Morphingehalt aufzuweisen. HACKBARTH[10] beschreibt diese Sorten wie folgt:

1. 'Eckendorfer Blausamiger'. Intensivsorte für gute Klima- und Bodenverhältnisse. Mittelspätreif. Hochwüchsig, daher manchmal zu Lager neigend. Mittlerer Ölgehalt, mittlerer Samen- und Ölertrag.
2. 'Mahndorfer Blausamiger'. Intensivsorte für gute Klima- und Bodenverhältnisse. Mittelspätreif. Hochwüchsig, etwas standfester als Eckendorfer. Hoher Ölgehalt, Samen- und Ölertrag.
3. 'Peragis Weihenstephaner'. Sehr gute Sorte für mittlere Lagen und Böden, aber auch günstige Verhältnisse ausnutzend. Frühreif. Wuchs mittelhoch, Standfestigkeit sehr gut. Mittlerer Ölgehalt, sehr gute Samenerträge; daraus sehr hohe Ölerträge resultierend.
4. 'Strubes Blauer'. Nur für beste Klima- und Bodenverhältnisse geeignet, dort auch gute Erträge liefernd. Spätreif, deshalb nur für Gegenden mit langer Vegetationszeit. Sehr hochwüchsig, dabei aber verhältnismäßig standfest. Hoher Ölgehalt.

Zur Zeit sind folgende deutsche Schließmohnsorten zugelassen:

Deutsche Demokratische Republik:
'Kleinwanzlebener'
'Mahndorfer'
'Schlanstedter'

Deutsche Bundesrepublik:
'Strubes Blauer'
'Mahndorfer Blausamiger'
'Peragis Weihenstephaner'
'Erbachshofer Blau'
'Eckendorfer Blausamiger'.

Die früher als Landsorten verbreiteten Schüttmohnsorten werden in Deutschland kaum noch angebaut.

Versuche in Leipzig-Probstheida und bei der Bayrischen Landessaatzuchtanstalt in Weihenstephan ergaben, daß die Höhe des Morphingehaltes erblich bedingt, aber durch Boden-, Klima- und Ernährungsfaktoren sowie durch die Art der Gewinnungsmethoden veränderlich ist. Aus nachstehenden graphischen Darstellungen ist ersichtlich, daß die zugelassenen blausamigen Sorten hinsichtlich des Morphingehaltes den Anforderungen des DAB. 6 genügen. Nur die Sorte Nr. 4 entsprach 1937 in Leipzig-Probstheida nicht diesen Vorschriften, was darauf zurückzuführen ist, daß die zur Untersuchung gelangende Probe angeschimmelt war. Der Morphingehalt wurde nach einer von K. H. BAUER und H. HILDEBRANDT entwickelten Halbmikromethode bestimmt[11]. Der

[9] ZÖRNIG, H.: „Arzneidrogen“ Heft 1, S. 428 (1909).
[10] HACKBARTH, J.: Die Ölpflanzen Mitteleuropas. Stuttgart 1944, S. 118.
[11] loc. cit. S. 560.

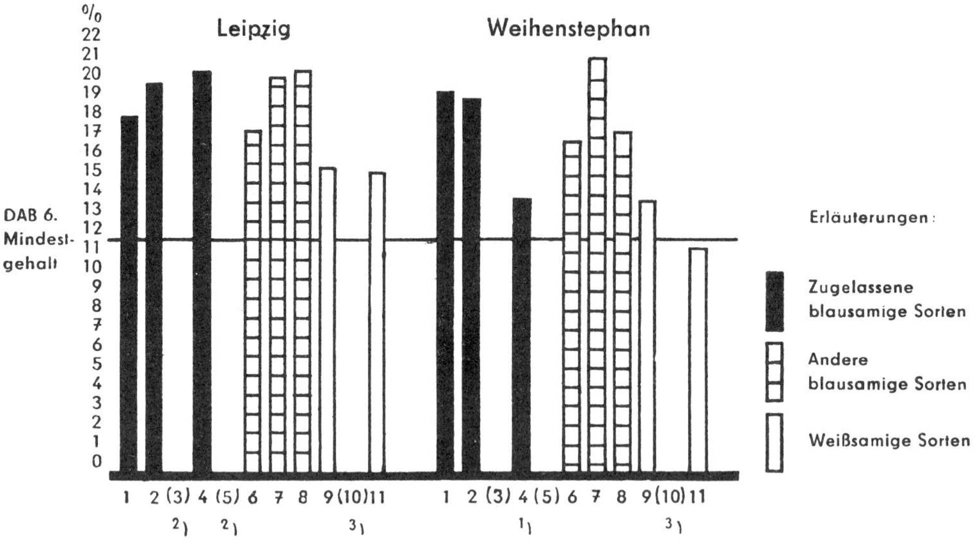

Abb. 316 Morphingehalt zugelassener und anderer Mohnsorten im Jahre 1938 bei den Sortenregisterstellen Leipzig und Weihenstephan

1) Probe angeschimmelt, 2) geschätzter Wert (ungenau), 3) im Jahre 1938 nicht angebaut

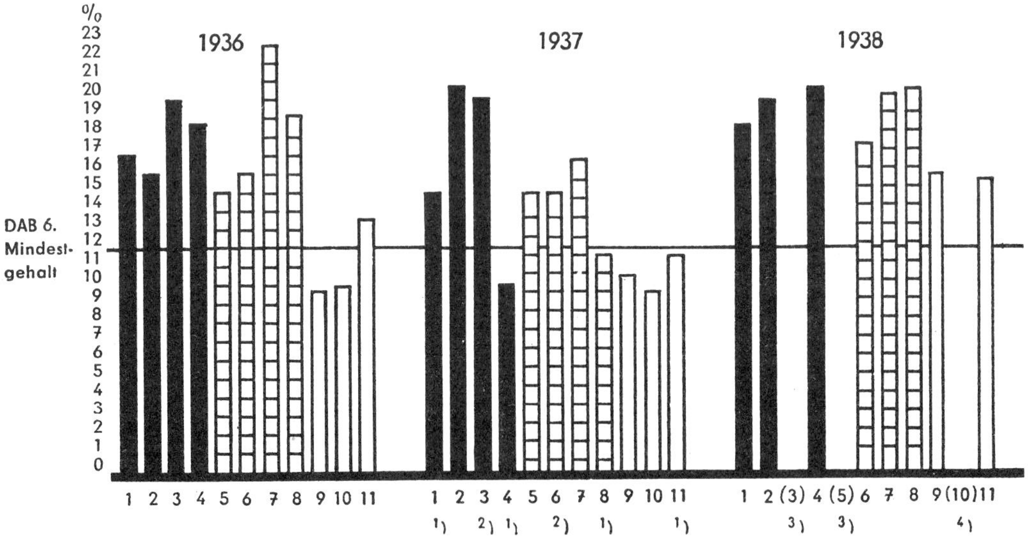

Abb. 317 Morphingehalt zugelassener und anderer Mohnsorten in den Jahren 1936—1938 bei der Sortenregisterstelle in Leipzig

1) Probe angeschimmelt, 2) Annäherungswert, 3) geschätzter Wert (ungenau), 4) im Jahre 1938 nicht angebaut

Zulassung der oben aufgeführten blausamigen Sorten für medizinische Zwecke dürfte nach unseren Erkenntnissen nichts mehr im Wege stehen. Wenn das DAB. 6 als *Semen Papaveris* nur die weißen Samen zuläßt, so sei hierzu bemerkt, daß in Deutschland der Anbau weißsamiger Sorten kaum noch von Bedeutung ist. Der weißsamige Mohn ist wohl sehr ölreich, aber nicht so ertragreich wie der blausamige. Für die Aufnahme des weißsamigen Mohns im DAB. 6 dürfte ausschlaggebend gewesen sein, daß Verwechslungsmöglichkeiten mit den den Mohnsamen morphologisch sehr ähnlichen, giftigen Samen des Bilsenkrautes (*Hyoscyamus niger* L. [siehe S. 421]) vorgebeugt werden sollte. In deutscher Mohnsaat dürften aber Samen dieser Solanacee kaum vorkommen. Der Morphingehalt ist erblich bedingt. Eine Steigerung auf züchterischem Wege ist erstrebenswert, wobei es sich aber keinesfalls um eine leicht zu lösende Aufgabe handelt. Es kommt darauf an, Mohnsorten zu züchten, die eine hohe Ölernte und Alkaloidausbeute ergeben*. Die Frage der Züchtung eines ausgesprochenen Opiummohnes mit hohem Morphingehalt ist besonders für die Länder bedeutungsvoll, die Opium in großem Ausmaß gewinnen.

Saatgut: Für die Reinheit und Keimfähigkeit von anerkanntem Saatgut gelten folgende Mindestforderungen: Reinheit 98%, Keimfähigkeit 75%. Sorgfältig geerntetes und aufbereitetes Saatgut hat höhere Keimfähigkeitswerte (bis 100%) aufzuweisen. Die Keimfähigkeit wird nach den „Technischen Vorschriften für die Prüfung von Saatgut" schon nach 10 Tagen bestimmt. Die Keimung erfolgt bei Lichtzutritt bei Zimmer-, Wechsel- oder niedriger Temperatur. Das 1000-Korngewicht schwankte zwischen 0,239 und 0,607 g. Der Besatz mit Unkrautsamen darf einen Gewichtsanteil von 0,05% nicht überschreiten. Besatz mit Bilsenkrautsamen ist unzulässig. ZADE[12] gibt ein Litergewicht von 590—600 g an.

Das 1000-Korngewicht der Proben von *Papaver rhoeas* L. schwankte zwischen 0,098 und 0,135 g. Die Keimfähigkeit wurde bei Wechseltemperatur und Lichtzutritt bestimmt, sie betrug im Durchschnitt 89%.

Anbau: Als Vorfrucht kommen Arten in Frage, die den Boden unkrautfrei und in alter Kraft zurücklassen. Es sind dies besonders reichlich mit Stallmist gedüngte Hackfrüchte, jedoch nicht Kartoffeln. Aber auch nach Leguminosen kann der Mohn angebaut werden. Nach eigenen Beobachtungen zu urteilen, ist er nicht nur eine wertvolle Vorfrucht für Wintergetreide, besonders Weizen, sondern auch für viele Arznei- und Gewürzpflanzenarten. Da er über eine reiche Blattentwicklung verfügt, wird eine sehr intensive Beschattung des Bodens herbeigeführt und der Garezustand dadurch gefördert. Sehr wichtig ist es allerdings, daß die vom Mohn geschaffene Schattengare nach dessen Aberntung durch sofortiges flaches Schälen der Mohnstoppeln erhalten bleibt. Müssen Winterraps und -rübsen wegen Frostschäden im Frühjahr umgebrochen werden, was nach strengen Wintern und nach später Herbstaussaat dieser Winterölfrüchte oftmals der Fall ist, so kann noch mit Erfolg Mohn angebaut werden. Diese Folge ist auch insofern von Bedeutung, als damit solche Umbruchsflächen dem Ölfruchtbau erhalten bleiben, der für die menschliche Ernährung als wichtige Fettquelle von großer Bedeutung ist. Dem Mohn folgen, falls er reichlich gedüngt wird, Getreidearten, anderenfalls möglichst Leguminosen.

Bei der Bodenbearbeitung ist größte Aufmerksamkeit der Erhaltung der Winterfeuchtigkeit zu widmen. Am besten wird schon vor Eintritt des Winters tief gepflügt. Bei

[12] ZADE, A.: Pflanzenbaulehre für Landwirte. Berlin 1933, S. 235.

* Siehe hierzu auch BREDEMANN, G.: Beiträge zur Züchtung des Mohns (*Papaver somniferum* L.) auf hohen Alkaloidgehalt. VI. Congrès International Technique et Chimique des Industries Agricoles. Budapest 1939 (Sonderdruck) und DETERMANN, W.: Über Zusammenhänge zwischen Alkaloidgehalt und Zahl u. Größe der Milchröhren in den Kapseln von *Papaver somniferum* L. Diss. Hamburg 1940 (siehe auch „Zeitschrift f. Pflanzenzüchtung" 23, S. 371 bis 410 (1941).

Abb. 318
Papaver somniferum L., zur Zeit der Opiumgewinnung, im Vordergrund Majorana hortensis Moench

schließendem Boden gibt man im Frühjahr noch eine flache Furche, um ihn gartenmäßig vorbereiten zu können. Hinsichtlich der Methoden des Mohnanbaues sind keine wesentlichen Unterschiede zwischen dem Anbau von Samen- bzw. Öl- oder Opiummohn nachzuweisen. Über Fragen des Mohnanbaues zur Samengewinnung wird in der landwirtschaftlichen Literatur ausführlich berichtet. Grundsätzliches über den Anbau soll jedoch hier erörtert werden.

Die Entwicklung des Mohns erweist sich in stärkstem Maße abhängig von der Aussaatzeit. Frühe Saat begünstigt die Ölbildung in den Samen. Bei später Aussaat liegt der Ölgehalt erheblich niedriger. Die Aussaat erfolgt daher mit Rücksicht auf den Langtagcharakter des Mohnes frühzeitig, und zwar im März/April, möglichst nicht nach dem 20. April. Die Aussaatzeit fällt mit der des Sommergetreides zusammen. Das Keimtemperaturminimum beträgt nach ZADE 3—4° C. In Leipzig-Probstheida wird der Mohn Anfang April ausgesät. Er ist nur wenig frostempfindlich, erst bei — 5 bis — 6° C treten Schädigungen ein. In wärmeren Ländern wird der Mohn hin und wieder überwinternd angebaut. Zur Herbstaussaat kann unter deutschen Verhältnissen nicht geraten werden, ehe nicht völlig winterfeste Sorten vorhanden sind; auch bestehen Bedenken, daß zu starke Winterfeuchtigkeit den Pflanzen schaden kann, da der Mohn etwas nässeempfindlich ist. Für den Anbau von Körnermohn empfiehlt sich eine Standweite von 25—30 cm. Beim Anbau von Opiummohn können weitere Standweiten (30—50 cm) in Frage kommen. Beim Mohnanbau zur Samengewinnung wähle man keine allzu großen Standweiten, da sich sonst die Pflanzen zu stark verzweigen und ungleichmäßig reifen. Der Standraum richtet sich auch nach der anzubauenden Sorte; auch hier gibt es Elastizitätsgrenzen. Die Aussaatmenge ist verschieden und schwankt bei Drillsaat zwischen 3 und 4 kg/ha. Bei unseren Versuchen in Leipzig-Probstheida betrug die Aussaatmenge bei einer Standweite von 40 cm 4 kg/ha. Die Saattiefe sollte etwa 0,75 cm betragen. Nach der Saat, bei der die Verwendung von Druckrollen zweckmäßig sein kann, wird mit der leichten Saategge der Boden vorsichtig übereggt. Die Samen können, wenn es die Bodenverhältnisse gestatten, auch mit einer Cambridge- oder Ringelwalze angedrückt werden. Die Keimdauer beläuft sich auf 10—14 Tage. Wenn die Pflanzen dann das dritte oder vierte Blatt (Fingerlänge) gebildet haben, so erfolgt das Verhacken und Vereinzeln auf 8—15 bzw. auch 18 cm. Diese Arbeiten müssen rechtzeitig erfolgen, da zu weit entwickelter Mohn leicht beschädigt wird. Ein verspätetes Verziehen ist mit Ertragsverlusten verbunden. Beim Vereinzeln auf eine Pflanze wird eine Bestandsdichte von 25—30 Pflanzen je Quadratmeter als am günstigsten angesehen. Aus Gründen der Arbeitsersparnis erfolgt auch Dünnsaat, wobei sich eine Aussaatmenge von 1,5—2 kg/ha bewährt hat. Es genügt dann ein rechtzeitiges Verhacken auf 15 cm. Steht keine für derartig geringe Aussaatmengen geeignete Drillmaschine zur Verfügung, so kann das feinsamige Saatgut mit einem Streckmittel vermischt oder noch besser mit einer mehrfachen Menge desselben Saatgutes vermengt werden, das vorher durch Erhitzen abgetötet wurde. Beim Anbau zur Opiumgewinnung empfiehlt es sich, zwischen jeweils vier Reihen eine Laufreihe von 50 cm Abstand einzulegen.

Der Mohnanbau kann als Reinkultur, aber auch als Mischkultur durchgeführt werden. Wir bauten z. B. feldmäßig Speise- und Futtermöhren als Hauptfrucht an und vermengten das Saatgut je nach Keimfähigkeit praxisüblich mit etwa 3—5% Mohnsamen. Der Ertrag wurde nicht ermittelt. Versuche von KLITSCH (1939)[13] und von HÖSSLIN (1953)[14] über die Wirkung von Mohn als Beisaat zu Spätmöhren ergaben eine nicht unbeträchtliche Senkung des Möhrenertrages, desgl. wurde auch der Mohnertrag, wenn auch in geringerem Maße, nachteilig durch Möhrenbeisaat beeinflußt.

Möhren und Mohn

Gesamtertrag von je 10 qm im dreijährigen Mittel nach von HÖSSLIN

Saatgutmengen	Möhrenernte in kg	Mohnernte in kg
1 kg Möhren im Alleinanbau	52,32	—
1 kg „ + 12,5 g Mohn	31,33	0,866
1 kg „ + 25 g „	24,87	1,072
1 kg „ + 50 g „	21,67	1,340
1 kg „ + 100 g „	16,07	1,648
100 g Mohn im Alleinanbau	—	1,910

Kleearten haben sich als Untersaaten bewährt (siehe auch S. 112), in einigen Gegenden auch Weberkarde (*Dipsacus sativus* [L.] Scholler)*. Man kann den Mohn im Kleinanbau dünn zwischen Futterrüben und Kartoffeln säen, wie er auch nicht selten in Wechselreihen mit Gemüse angebaut wird. Auch als Überfrucht zu Kümmel kann Mohn mit gutem Erfolg Verwendung finden. Er räumt frühzeitig das Feld, so daß der Kümmel noch genügend Zeit zur Herbstentwicklung hat. Die Kümmelerträge, wie sie KLITSCH ermittelte, lassen erkennen, daß der Mohn eine sehr gute Überfrucht ist. Er hat einen hohen Pflegebedarf, allein schon wegen seines langsamen Jugendwachstums. Jede Krustenbildung ist durch Hacken zu verhindern und aufkommendes Unkraut zu bekämpfen. Er darf nicht taufeucht gehackt werden. Eine Unkrautbekämpfung mit chemischen Mitteln empfiehlt sich nicht, da die Mohnpflanzen empfindlich sind. Grundsatz muß sein, nur bei trockenem Boden und Wetter zu hacken, weil sonst die Pflanzen leicht beschädigt werden.

Stalldünger ist möglichst nicht unmittelbar zum Mohn zu geben, es sei denn, daß er gut verrottet ist; 150—250 dz/ha genügen. Er muß noch im Herbst eingepflügt werden. Gründüngung ist ebenfalls vor Winter unterzubringen. Verabreichung von Jauche ist von Vorteil. Durch richtig bemessene Handelsdüngergaben werden

[13] KLITSCH: Steigerung der Erzeugung durch Mohnanbau. „Mittl. Landw.“ 54, S. 1080 bis 1082 (1939).

[14] HÖSSLIN, R. von: Versuchsergebnisse über die Wirkung der Beisaat verschiedener Gemüsearten zu Spätmöhren. „Süddeutscher Erwerbsgärtner“ 7, S. 268 bis 270 (1953).

* Die früher als Heilmittel benutzte Weberkarde, Weberdistel oder Walkerdistel wird gelegentlich für technische Zwecke feldmäßig angebaut. Die Blütenköpfe finden in der Textilindustrie zum Aufrauhen der Tuche Verwendung. Auch in der Kranzbinderei werden sie benötigt.

Standfestigkeit, Öl- und Opiumertrag sowie Morphingehalt nicht gefährdet, wohl aber durch einseitige Stickstoffüberdüngung. Nach NEHRING[15] sind zusätzliche Stickstoffgaben, die sich vor allem auf den Samenertrag auswirken, in erheblichem Maße von der Aussaatzeit abhängig. Bei später Aussaat wird eine zusätzliche Stickstoffgabe unter Umständen gar nicht mehr ausgenutzt. Wie Versuche von KLITSCH[16] deutlich zeigten, reagierte der Mohn auf eine gute Versorgung mit Kali durch Mehrerträge. Auf schweren, kaliarmen Böden konnten durch Kalidüngung Ertragssteigerungen bis zu 37% erzielt werden. Es empfiehlt sich, Kaliumsulfat zu verwenden, 200 kg/ha = 100 kg K_2O dürften im allgemeinen genügen. Bei fehlender Stallmistdüngung bedarf die Gabe noch einer Erhöhung. GERICKE[17] wies nach, daß bei Düngung mit Phosphorsäure zusätzlich zur Kali- und Stickstoffdüngung eine Ertragssteigerung um rund 30% erfolgte, und zwar im Samen- wie auch im Ölertrag. Da aus den Versuchen von GERICKE der Einfluß der Düngung auf Ertrag und Ölgehalt besonders deutlich hervorgeht, führen wir die von ihm erzielten Werte nachfolgend an:

	Kornertrag		Ölertrag	
	dz/ha	relativ	dz/ha	relativ
		Versuchsserie 1		
Ungedüngt	8,48	92	3,66	93
K_2O, N	9,20	100	3,94	100
K_2O, N, P_2O_5	12,38	134	5,26	133
		Versuchsserie 2		
Ungedüngt	10,1	68	4,34	70
K_2O, N	14,9	100	6,21	100
K_2O, N, P_2O_5	19,3	130	8,07	130

Da der Phosphorsäurebedarf des Mohns hoch ist, empfiehlt es sich, mindestens 400 kg/ha eines Phosphorsäuredüngemittels (64—72 kg/ha bei 16—18% P_2O_5) zu verabreichen. Auch die Stickstoffdüngung darf nicht vernachlässigt werden. Mit Gaben von 300 bis 400 kg/ha = 60—80 kg N dürfte im allgemeinen auszukommen sein. Der Stickstoff sollte in zwei Gaben verabreicht werden, und zwar vor der Saat und vor der letzten Hacke. Da der Mohn im Keimlingsstadium gegen höhere Salzkonzentration im Boden empfindlich ist, empfiehlt ROEMER[18], die Verabreichung der Kali- und Phosphorsäuredüngemittel mindestens 3 Wochen vor der Aussaat vorzunehmen. Bei der Düngung ist zu bedenken, daß der Mohn ein hohes Nährstoffbedürfnis und geringes Aufschlußvermögen hat, so daß nur ausreichende Handelsdüngergaben hohe Ernten ermöglichen. Eigene Versuche zeigten, daß die höchste Opiumernte bei einer mineralischen Volldüngung erzielt wurde. Der Morphingehalt des Opiums wurde durch die Düngung etwas beeinflußt. Der höchste Morphingehalt wurde durch Volldüngung bei besonders reichlicher Stickstoffgabe erreicht[19].

Ernte: a) Opiumernte. Um den geeigneten Zeitpunkt für das Ritzen der Kapseln, d. h. die Opiumreife, feststellen zu können, haben wir eine Anzahl Versuche durchgeführt und festgestellt, daß das Ritzen je nach Sorte etwa 8—10 Tage nach dem Abfallen der Blütenblätter erfolgen soll. Die einzelnen Sorten müssen also je nach der Blütezeit zu verschiedenen Zeiten geritzt werden. Um die Schnittreife für die

[15] NEHRING, K.: Aussaat- und N-Düngungsversuch zu Mohn. „Zeitschrift für Pflanzenernährung, Düngung und Bodenkunde" 42, (87), S. 38 (1948).
[16] KLITSCH: Neue Erfahrungen im Mohnanbau. „Mittl. Landw." 57, S. 30, 49 bis 50 (1942).
[17] GERICKE, S.: Die Phosphorsäuredüngung der Ölfrüchte. „Die Phosphorsäure" 10, S. 150 bis 184 (1941).
[18] ROEMER, F.: Vierzehnjährige Erfahrungen im Mohnanbau. „Mittl. Landw." 57, S. 154 bis 155 (1942).
[19] HEEGER, E. F. und BAUER, K. H.: loc. cit. S. 560.

Abb. 319 Papaver somniferum L., angeritzt; Kapseln mit austretendem Milchsaft (Opium)

Opiumgewinnung etwas näher zu charakterisieren, sei erwähnt, daß die Kapseln beim Fingerdruck nicht mehr nachgeben dürfen. TSCHIRCH empfiehlt, mit dem Ritzen zu beginnen, wenn 15—20% der Kapseln opiumreif sind. Versuche ergaben keine auffallenden Unterschiede hinsichtlich des Morphingehaltes zwischen vormittags und abends geritzten Kapseln. Weiter haben wir festgestellt, daß mit zunehmender Reife der Opiumertrag abnimmt und somit im reziproken Verhältnis zum Ölgehalt steht, der nach FRUWIRTH[20] mit fortschreitender Reife zunimmt. KÜSSNER[21] wies nach, daß hingegen der Morphingehalt vom Reifegrad der Kapseln (unreif 0,26%, halbreif 0,31%, ausgereift 0,39%) abhängig ist. Er stellte auch Sortenunterschiede hinsichtlich des Morphingehalts der entsamten Kapseln fest.

Nach unseren Erfahrungen erwies sich folgende Technik des Ritzens als vorteilhaft. Die Kapsel wird mit der linken Hand festgehalten und mit der rechten ungefähr in der Mitte sehr vorsichtig angeritzt. Der Schnitt wird um die ganze Kapsel geführt, doch nicht so, daß die Enden zusammentreffen. Je Kapsel können gleichzeitig in einem Abstand von 3—5 mm drei Schnitte ausgeführt werden. Man benutzt hierzu sehr scharfe Messer. Besonders Rasierklingen eignen sich gut. Drei Rasierklingen können mit Zwischenlagen und Flügelschrauben zu einem Arbeitsgerät zusammengefügt werden. Die Verwundung der Kapseln soll nur einmal erfolgen. Die Kapselwände, die je nach der Sorte verschieden stark sind, dürfen keinesfalls durchschnitten, sondern nur ganz leicht angeritzt werden, da anderenfalls der Saft ins Innere abfließt. Der austretende Milchsaft an den Kapseln dient der Pflanze als Wundverschluß. Unsachgemäßes Ritzen hat geringen Opiumertrag zur Folge und wirkt sich nachteilig auf den Samenertrag und Ölgehalt aus. Ertragsminderung nach erfolgtem Ritzen ist wahrscheinlich auf

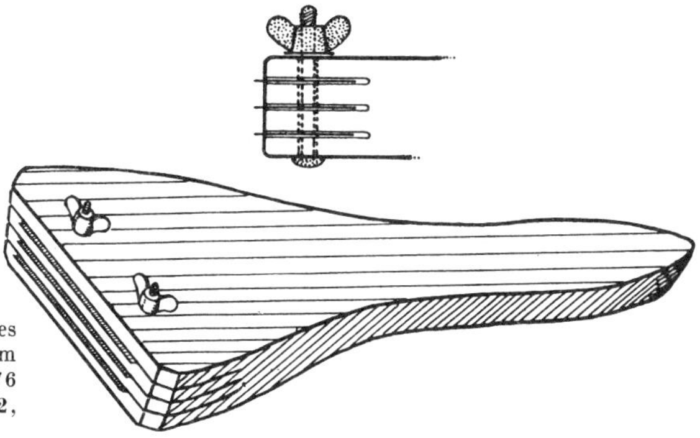

Abb. 320 Ritzgerät zur Opiumgewinnung mit auswechselbaren Rasierklingen.

Über Herstellung und Anwendung des Gerätes siehe: FRIEDEL, P.: Rohopiumgewinnung im Land Sachsen-Anhalt. „Pharmazie“ 3, S. 276 (1948); bzw. „Arzneipflanzen-Umschau“ 2, S. 360 (1948).

[20] FRUWIRTH, C.: Saatfeldanerkennung bei Mohn und bei Raps. „Z. f. Pflanzenzüchtung“ 5, S. 260 bis 262 (1917).

[21] KÜSSNER, W.: Mercks Jahrb. 1940, S. 29; zit. nach GESSNER.

ernährungsphysiologische Störungen während der Samenausbildung zurückzuführen. Je nach der morphologisch-anatomischen Beschaffenheit der Pflanze, und zwar besonders der Kapseln, scheinen sie aber verschieden zu verlaufen. Die Sorte 'Strubes Blausamiger Schließmohn' hatte im Versuchsjahr 1946 bei unseren in Leipzig-Probstheida durchgeführten Versuchen die größten (vorwiegend kugelförmigen) und somit für das Ritzen geeignetsten Kapseln von allen untersuchten Mohnsorten und lieferte den höchsten Opium- und Morphinertrag. Nach unseren Untersuchungen, die wir in den Jahren 1936 bis 1938 und 1946 durchführten, zu urteilen, scheint sich die spätreife Sorte 'Strubes Blausamiger Schließmohn' für die Ölgewinnung und speziell auch für pharmazeutische Zwecke sehr zu eignen. Ihr Anbau kommt besonders für beste Lagen und Böden in Betracht. Die Frage nach dem Einfluß des Ritzens der Mohnkapseln auf den Ölgehalt der Samen konnte von POETHKE und ARNOLD[22] geklärt werden. Sie stellten fest, daß die aus geritzten Kapseln erhaltenen Samen einen geringeren Ölgehalt aufzuweisen haben als die aus ungeritzten, jedoch ist der Unterschied nicht erheblich. Der Ölgehalt der Samen betrug im dreijährigen Durchschnitt bei ungeritzten Kapseln 47,01% und bei geritzten 45,24%.

Von großer Wichtigkeit ist eine rechtzeitige Mohnernte, damit bei den geritzten Kapseln infolge Aufplatzens keine Samenverluste eintreten.

Das Einsammeln des Opiums hat am Tage nach dem Ritzen, also spätestens nach 24 Stunden, zu erfolgen. In den Opiumproduktionsländern werden die Kapseln meist bei Sonnenuntergang geritzt. Der Milchsaft trocknet dann über Nacht ein, und bereits vor Sonnenaufgang wird das Opium gesammelt, um zu vermeiden, daß es unter dem Einfluß des Sonnenlichts eine dunklere Farbe annimmt. Je heller das Opium ist, um so höher beläuft sich sein Handelswert. Der an der Luft bräunlich gewordene, stark verdickte Milchsaft wird abgeschabt und zu Kuchen* geformt. Die mit der Ernte des Opiums beschäftigten Arbeiter sind auf die Schädlichkeit desselben hinzuweisen. Bei Opium- wie überhaupt Mohnvergiftungen ist wie bei allen toxischen Erscheinungen sofort ärztliche Hilfe in Anspruch zu nehmen. Tödlich verlaufende Vergiftungen sind nicht allzu selten.

Jede unerlaubte Gewinnung von Rohopium ist strafbar. § 10(1) des Gesetzes über den Verkehr mit Betäubungsmitteln (Opiumgesetz) besagt u. a., daß derjenige schwer bestraft wird, der Opium gewinnt. Nach den Ausführungsbestimmungen beginnt die Gewinnung mit dem Ritzen der Mohnkapseln und der Abnahme des Milchsaftes. Die Gewinnung darf nur mit behördlicher Genehmigung und unter staatlicher Aufsicht erfolgen[23], **.

b) Blatternte: Die unteren Blätter der Mohnpflanze werden meist vor der Entfaltung der Blüte gepflückt. Es dürfen von jeder Pflanze immer nur einige gesunde Blätter geerntet werden. Die Droge wird verhältnismäßig selten gefragt. Sie ist offizinell im französischen, portugiesischen und spanischen Arzneibuch (HOPPE).

c) Kapselernte (unreife Kapseln): Die unreifen Mohnkapseln werden nach dem Abfallen der Kronblätter abgeschnitten; die Ernte kann erfolgen, solange die Kapseln noch Milchsaft führen.

[22] POETHKE, W. und ARNOLD, E.: Untersuchungen über den Morphingehalt der Mohnpflanze. „Pharmazie" 6, S. 406 bis 420 (1951); bzw. „Arzneipflanzen-Umschau" 3, S. 127 bis 141 (1951).

[23] Merkblatt über die Gewinnung von Rohopium. Herausgegeben von der Dt. Zentralverw. f. d. Gesundheitswesen in Zusammenarbeit mit der Dt. Verw. für Land- und Forstwirtschaft in der sowjetischen Besatzungszone. „Pharmazie" 1, S. 127 bis 128 (1946); bzw. „Arzneipflanzen-Umschau" 2, S. 33 bis 34 (1946).

* Die Droge besteht aus verschieden großen und unterschiedlich geformten, rundlichen oder abgeplatteten, oftmals in Mohnblättern eingehüllten Stücken und wird als „Opiumkuchen" bezeichnet.

** Die Bestimmungen der Opiumgesetzgebung der Länder sind genauestens zu beachten! Siehe hierzu u. a. auch LINZ, A.: Die Deutsche Opiumgesetzgebung. Berlin und Göttingen 1948.

d) Samenernte: Der Mohn reift je nach Sorte verschieden, im allgemeinen Ende Juli/Mitte August, mitunter noch im September. Die Blätter fangen an zu vergilben, und die Kapseln verfärben sich. Sobald dann der Samen in den Kapseln beim Schütteln raschelt, d. h., wenn die Samen von den Lamellen abgefallen sind, ist er reif, so daß er geerntet werden kann. Da die Samen beim Schließmohn nicht ausfallen können, ist jede vorzeitige Ernte zu vermeiden, da sonst leicht Schrumpfkörner gebildet werden, die für die Ölgewinnung unerwünscht sind. Der Schnitt wird mit dem Binder oder Ableger wie bei Getreide vorgenommen. Das eingebundene Erntegut wird dann ebenfalls wie Getreide behandelt und in Stiegen oder Hocken zur Trocknung und Nachreife aufgestellt, eingefahren und gedroschen. Im Kleinanbau oder beim Anbau als Mischfrucht, z. B. in Möhren, werden die Kapseln mit der Hand abgebrochen bzw. geschnitten und müssen dann auf Böden zur Trocknung bis zum Drusch flach ausgebreitet werden. Von den üblichen Erntemethoden zur Gewinnung von Mohnsamen werden nachstehend an Hand von Merkblättern, herausgegeben von der Mohnabfälle verarbeitenden Industrie, diejenigen Methoden aufgeführt, die sich für die Erfassung der leeren Kapseln als wertvollen Rohstoff eignen:

I. Erntemethode bei Kleinanbau und Zwischenfrucht.

Die Kapseln werden auf dem Felde durch Handauslese abgebrochen oder abgeschnitten. Das Mohnfeld wird an mehreren Tagen begangen, und es werden jeweils die reifen Kapseln geerntet. Nach den Erfahrungen von ROEMER[24] benötigen 16—20 Leute je Hektar einen Tag. Diese Ernteweise kommt bei einem kleinflächigen Anbau und beim Mischanbau in Frage. Die Kapseln werden in der Scheune oder im Speicher in dünner Lage zum Nachtrocknen ausgebreitet. In der arbeitsschwachen Zeit sind die Kapseln mit Messern, der Rübenmühle oder der Kartoffelquetsche zu zerkleinern und die Mohnsamen zu gewinnen. Die entleerten Kapseln bzw. Kapselteile werden bis zur Ablieferung an die zuständige Aufkaufsstelle weiterhin trocken gelagert.

II. Erntemethoden für größere Anbauflächen.

Die Erntemethoden richten sich nach den örtlichen Verhältnissen, der Witterung und den vorhandenen Lagerräumen. Folgende Hinweise können gegeben werden:

a) Man bricht oder schneidet die Kapseln auf dem Felde (wie oben für kleine Anbauflächen und Zwischenfrucht beschrieben) und bringt nur die Kapseln ein. Voraussetzung ist jedoch, daß genügend Lagerräume vorhanden sind, denn die Kapseln müssen in dünner Lage ausgebreitet werden, damit sie noch nachtrocknen. In der arbeitsschwachen Zeit werden die Kapseln durch die Dreschmaschine geschickt und nach ihrer Entleerung abgeliefert.

b) Man kann auch die ganzen Mohnpflanzen mähen bzw. sicheln. Die Mohnpflanzen werden zu Garben gebunden und aufgestellt. Nachdem sie auf dem Felde nachgetrocknet sind, schneidet oder bricht man die Kapseln ab und bringt sie ein. Es ist zweckmäßig, die Kapseln in dünner Lage auszubreiten. Sie können dann jederzeit ausgedroschen werden. Die leeren Kapseln werden abgeliefert.

c) Sind die obigen Methoden nicht durchführbar, so mäht oder sichelt man die ganzen Mohnpflanzen, bindet sie zu Garben und läßt sie auf dem Felde nachtrocknen. Die Garben werden später in die Scheune eingebracht. In der arbeitsschwachen Zeit wird gedroschen. Man drischt aber nicht die ganzen Mohnpflanzen, sondern nur die Kapseln. Zu diesem Zweck werden die Kapseln einige Tage vor dem Dreschen von den Garben abgeschnitten; hierzu bedient man sich eines einfachen Stroh- oder Krautschneiders bzw. einer Gartenschere. Man kann die Kapseln auch mit der Hand ab-

[24] loc. cit. S. 566

brechen. Um das Abschneiden oder Abbrechen zu erleichtern, empfiehlt es sich, die Garben möglichst hoch zu binden. Der an den Kapseln verbleibende Stengelteil soll nur 3 cm betragen, aber nicht länger als 20 cm sein. Der Druschabgang, bestehend aus zerkleinerten Kapseln und kurzen Stengelteilen, wird an die zuständige Aufkaufstelle abgeliefert.

Die zur Ablieferung gelangenden Mohnkapseln müssen gesund und trocken sein. Nicht brauchbar sind solche, die schwarz aussehen, feucht oder lederartig sind, Schimmelbildung zeigen und muffig riechen.

Trocknung: Das Opium trocknet bereits an der Luft und wird dann nachgetrocknet. Die grünen Kapseln müssen der Länge nach halbiert, von den Samen befreit und dann künstlich getrocknet werden. Dabei soll mit mäßiger Temperatur begonnen und nicht über 70° C hinausgegangen werden. Das Trocknungsverhältnis beträgt etwa 6—10:1. Die Blätter werden am besten natürlich oder auch bei 35° C künstlich getrocknet.

Nach dem Drusch wird der Mohnsamen auf einem luftigen Boden anfangs dünn aufgeschüttet (20—30 cm hoch) und wiederholt umgeschaufelt. Bei längerer Lagerung wird er zunächst nicht vollständig gereinigt, weil die Kapsel- und Strohteile zur Lüftung beitragen. Der Feuchtigkeitsgehalt des direkt vom Felde weg gedroschenen Mohns ist meist sehr hoch.

Die beim Drusch anfallenden und durch das Spreu- und Kurzstrohgebläse abgehenden Kapselrückstände werden ebenfalls gesammelt und der industriellen Verwertung zur Alkaloidgewinnung zugeführt.

Erträge: Der Opiumertrag ist sehr unterschiedlich. Im Schrifttum werden Erträge bis über 6 kg/ha lufttrockenes Rohopium angegeben. Die Ertragsmengen sind stark abhängig von der Zahl der angeritzten Kapseln sowie der der Einschnitte. Bei eigenen, auf dem Versuchsfelde des Sortenamtes in Leipzig-Probstheida durchgeführten Versuchen erzielten wir von 100 Mohnkapseln blausamiger Sorten 0,688—3,02 g lufttrockenes Opium[25]. 1946 erfolgte eine versuchsweise Nebennutzung der Mohnkulturen der Groß-Rosenburger Feldmark durch BERGER[26]. Nach dem Versuchsbericht des Genannten ergaben 100 Pflanzen 3 g lufttrockenes Opium. Der Morphingehalt, gewichtsanalytisch nach dem abgekürzten Helfenberger Verfahren bestimmt, betrug 15,5 % bei einem Wassergehalt des Opiums von 4 %. Damit wurde auch von BERGER der Nachweis erbracht, daß deutsche Mohnsorten ein Opium von hoher Qualität liefern, das dem ausländischen Opium zumindest gleichwertig, ja manchen Provenienzen sogar überlegen ist. Die wirtschaftliche Opiumgewinnung ist, nach dem Bericht des Genannten zu urteilen, bei sachgemäßer Nebennutzung der Mohnbestände möglich.

Der Ertrag an frischen Kapseln schwankt zwischen 40 und 60 dz/ha. Der Anfall getrockneter leerer Mohnkapseln wird etwa auf die Hälfte der Samenerträge geschätzt. Er ist je nach Sorte verschieden. Die Samenerträge belaufen sich bei Reinsaat unter Anbaubedingungen, die dem Mohn zusagen, auf 10—15 dz/ha, in selteneren Fällen sogar bis 20 und mehr dz/ha.

Ertragsergebnisse für die Blätter liegen in der Literatur nicht vor. Der Strohanfall schwankt zwischen 18 und 25 (bis 45) dz/ha. Das Stroh kann für industrielle Zwecke (u. a. zur Zellulose-Herstellung) und gegebenenfalls auch als Heizmaterial Verwendung finden. Futterwert besitzt es nicht, als Streumaterial läßt es sich kaum verwenden.

[25] HEEGER, E. F. und BAUER, K. H.: loc. cit. S. 560.

[26] BERGER, H.: Bericht über einen Versuch der Rohopiumgewinnung. „Pharmazie" 1, S. 319 (1946); bzw. „Arzneipflanzen-Umschau" 2, S. 112 (1946), und derselbe: Die Rohopiumernte 1949 im Lande Sachsen-Anhalt. Gesamtergebnis und Auswertung. „Pharmazie" 5, S. 239 bis 241 (1950); bzw. „Arzneipflanzen-Umschau" 2, S. 721 bis 722 (1950).

Krankheiten und Schädlinge: *Papaver somniferum* hat in immer stärkerem Maße unter Krankheiten und Schädlingen zu leiden. Ihrem Auftreten und ihrer Bekämpfung ist daher große Aufmerksamkeit zu widmen.

Gelegentlich kann der Mohn von einem Echten Mehltaupilz (*Erysiphe polygoni* DC.) befallen werden. Verhältnismäßig häufig wird der Falsche Mehltau *Peronospora arborescens* Berk. beobachtet. Die jungen Pflanzen schossen nicht oder nur kümmerlich und gehen letzten Endes ein. Die Blätter älterer Pflanzen bekommen kleine Flecke, sie kräuseln sich. Die Stengel wachsen kaum, und die Blüten und Kapseln verkümmern. Auch *Helminthosporium-species* können den Mohn befallen. So wird die parasitäre Blattdürre (Helminthosporiose) des Mohns durch *Helminthosporium papaveris* Saw. hervorgerufen. Der Krankheitserreger wird mit dem Samen übertragen. Befallene Saat läuft schlecht auf. Wurzelbrand mit brauner, verfaulter oder vermorschter Stengelbasis ist u. a. festzustellen. Nach SCHMIDT[27], dem wir hier hinsichtlich der Krankheiten und Schädlinge des Mohns im wesentlichen folgen, liegt das Wachstumsoptimum dieses Pilzes bei 25—30° C. Bei feuchter und warmer Witterung entsteht dann als zweites Krankheitsbild bei den älteren Pflanzen, und zwar während und kurz nach der Blüte, die „Parasitäre Blattdürre". Sie macht sich mit einem Verdorren der Blätter unter Braunfärbung bemerkbar. Die Blüten können unter schwarzbrauner Verfärbung vertrocknen und abfallen, die Kapseln können deformiert sein und schwarzbraune Flecke haben. Saatgutbeizung mit Trockenbeizmitteln gilt als die wichtigste Verhütungsmaßnahme. Auch Schwärzepilze, z. B. *Cladosporium herbarum* Pers., können die Kapseln befallen. Erwähnt werden muß auch noch die Herzfäule des Mohns, eine wahrscheinlich auf Bormangel zurückzuführende Krankheitserscheinung, an deren Folgen die erkrankten Pflanzen eingehen. Zur Verhütung dieser Krankheit finden leichtlösliche Borverbindungen wie bei der Herz- und Trockenfäule der Rüben Verwendung.

Von tierischen Schädlingen ist der Mohnwurzelrüßler, *Stenocarus fuliginosus* Mrsh., dessen weißliche Larven in den Wurzeln, besonders am Wurzelhals, fressen, zu nennen. Auch Engerlinge benagen die Mohnwurzeln und fressen sie ab. Nach SCHMIDT können auch aus Luzernefeldern abwandernde Luzernerüßler, *Otiorrhynchus ligustici* L., dem Mohn gefährlich werden. So wie man die Rübenschläge gegen diesen Schädling durch Fanggräben schützt, sollten auch bedrohte Mohnäcker mit solchen versehen werden. Schaden an den Mohnkapseln können die weißen Larven des Mohnkapselrüßlers, *Ceutorrhynchus macula-alba* Harst., verursachen. Sie zerfressen die unreifen Samen. Meist zeigen im Wachstum zurückgebliebene, fleckig verfärbte Kapseln runde Ausbohrlöcher der Larven. Durch die Bohrlöcher des Mohnkapselrüßlers oder durch andere Verletzungsstellen legt die Mohngallmücke, *Dasyneura papaveris* Winn., ihre Eier in die Kapseln. Nach SCHMIDT kommen ihre kleinen, orangeroten Larven in großer Zahl, auch vergesellschaftet mit den Rüsselkäferlarven, in den Kapseln vor. Erwähnt sei auch noch die Mohnstengelgallwespe, *Timaspis papaveris* Kieff., deren gelblichweiße Larven Fraßschäden an den Stengeln hervorrufen und dadurch die Entwicklung der Mohnkapseln stören. Auch können die großen grünlichen bis bräunlichen, mit feinen hellen Rückenlinien versehenen Raupen der Kohleule, *Barathra brassicae* L., an den Kapseln Fraßschaden verursachen. Kotreste im Innern der ausgefressenen Kapseln weisen auch nach dem Verpuppen in der Erde noch auf sie hin. Die Jungraupen befressen die Blätter. Außerdem schadet die Graue Ackerschnecke, *Deroceras agreste* L., jungen Blättern durch die von ihr verursachten Fraßstellen. In trockenen Jahren können, besonders in kontinentalem Klima, auch Blattläuse *Doralis fabae* Scop. und *Myzodes persicae* Sulz[28]

[27] SCHMIDT, M.: Landwirtschaftlicher Pflanzenschutz. Berlin 1952, S. 216.

[28] MÜHLE, E.: Die Blattläuse der Heil- und Gewürzpflanzen. „Pharm. Ind." **11**, S. 352 bis 360 (1944); bzw. „Arzneipflanzen-Umschau" **1**, S. 369 bis 377 (1944).

Schäden verursachen. An den Beständen in Leipzig-Probstheida zeigten sich die ersten Spuren von Blattlausbefall bereits Anfang Juli an den Blattstielen. Bis Mitte Juli nahm der Befall zu und griff auf die Unterseite der Blätter über. Bei unseren Versuchen zur Gewinnung von Opium an den zugelassenen Mohnsorten zeigte sich, daß durch Blattlausbefall und durch das Auftreten von Falschem Mehltau (siehe oben) der Opiumertrag leidet[29]. Bei Befall mit Mehltau kann die Opiumausbeute um 50—60% sinken[30].

Vögel, vor allem Sperlinge und Finken, hacken die reifen Mohnkapseln an der Basis an, so daß die Samen ausfallen. Sobald der Mohn auf dem Felde genügend abgetrocknet ist, sollte er eingefahren werden. Durch Abdecken der Hocken mit Strohhauben kann man den Verlusten durch Vogelfraß vorbeugen.

Besonderes: Aus dem Mohnstroh (*Stramentum Papaveris*) und besonders aus den entleerten, reifen Mohnkapseln (*Fructus Papaveris maturi sine semine*), werden, wie bereits erwähnt, in industriellem Verfahren einzelne Alkaloide, in der Hauptsache Morphin, gewonnen, während man das eigentliche Opium aus der lebenden Pflanze (frischen Kapsel) (siehe S. 566) erhält. ROTERMEL[31] schlägt folgende mechanisierte Opiumgewinnung vor: Die halbreifen Mohnkapseln werden nach der Einsammlung zerkleinert und die Samen abgesiebt. Diese, ebenso die Maschine und Siebe, werden mit wenig Wasser abgewaschen, das Waschwasser in einen Gärungsbottich gegossen, wohin auch die zerschnittenen und vom Samen befreiten Mohnkapseln kommen. In den Bottich gießt man so viel (50—60° C) warme einprozentige Schwefelsäurelösung, bis die Kapseln fingerhoch mit der Flüssigkeit bedeckt sind. Bei einer 50° C nicht übersteigenden Temperatur setzt man eine Aussaat (5 ccm auf 1500 g) von Bakterien, Schimmelpilzen und Hefe hinzu, mischt die Masse mit einem Holzspatel und überläßt das Ganze 24—48 Stunden der Gärung. Dann neutralisiert man den Inhalt des Bottichs mit Kalkmilch, preßt die Mohnkapseln aus, und nach Absetzen des Niederschlages dampft man in besonderen Abdampfpfannen aus emailliertem Eisenblech die geklärte Flüssigkeit bei 40—50° C bis zur zähflüssigen Konsistenz ein. So erzieltes Extrakt wird stark mit einem Holzspatel durchgemischt und zu kleinen Portionen auf einer Pfanne weitergetrocknet. Das halbtrockene Extrakt wird warm zu einem gleichmäßigen Teig geknetet, geformt und schließlich getrocknet. So bereitetes Opium enthält 8—10% Morphin und 2—4% andere Alkaloide, hat eine rotbraune Färbung, einen spezifisch-narkotischen Geruch und bitteren Geschmack. Dieses Produkt ist viel billiger als das nach der Methode der Opiumproduktionsländer gewonnene. Man muß recht aufmerksam beobachten, daß die Gärung vollständig durchgeführt wird. Nur bei voller Gärung des Preßsaftes kann man alle Alkaloide erhalten. Die Alkaloidausbeute aus dem Preßsaft nach der Fermentationsmethode soll nach ROTERMEL viel größer und vorteilhafter sein als beim Ritzen der Mohnkapseln.

Wie aus den Ausführungen über die Erntemethoden (Seite 569—570) hervorgeht, erfordert die Kapselernte einen sehr erheblichen Handarbeitsaufwand. Da die reifen, leeren Mohnkapseln den wichtigsten Ausgangsrohstoff für die in Deutschland übliche industrielle Gewinnung von Alkaloiden (besonders des Morphins) darstellen, sollte versucht werden, sie künftig maschinell zu ernten. Eine besonders kurzstengelige, standfeste und gleichmäßig reifende Mohnsorte mit hohem Alkaloidgehalt käme hierfür in Frage. Die Züchtung einer solchen Mohnsorte wäre eine dankenswerte Aufgabe.

[29] HEEGER, E, F. und BAUER, K. H.: loc. cit. S. 560.
[30] Intern. Agrikulturw. Rundschau 1928, S. 98; ref. in „Heil- und Gewürzpflanzen" **11**, S. 102 (1928).
[31] ROTERMEL, A.: „Pharmaz. Ztg." **79**, S. 729 (1934). Hier finden sich auch weitere Literaturangaben; zit. nach HEEGER, E. F. und POETHKE, W.: loc. cit. S. 556.

Petroselinum crispum (Mill.) Nym. ex Hort. Kew., Garten-Petersilie

Umbelliferae

Gebräuchliche Pflanzenteile: Die Petersilie wird meist als Wurzel- und Blattgemüse bezeichnet, obwohl ihre Wurzel oft nur als sog. ,,Wurzelwerk" für Küchenzwecke und ihre Blätter vorwiegend als Gewürz und zur Garnierung mancherlei Speisen Verwendung finden. Aber auch zu arzneilichen Zwecken wird sie genutzt, so nach dem Erg.-B. 6 ,,die meist in ihre Teilfrüchte zerfallenen, reifen Spaltfrüchte" und ,,die im Frühjahr gesammelte Wurzel von *Petroselinum hortense* Hoffm."*. In der Homöopathie (HAB. 2) findet ,,die frische, bei Beginn der Blüte gesammelte, ganze Pflanze" Verwendung.

Handelsbezeichnungen: *Radix Petroselini*, Petersilienwurzel; *Herba Petroselini*, Petersilienkraut; *Fructus Petroselini*, Petersilienfrüchte.

Botanik: Die Petersilie ist zwei- bis mehrjährig. Die senkrechte, spindel- bis rübenförmige, fast faserlose Pfahlwurzel treibt im zweiten Vegetationsjahr einen aufrechten, stielrunden, oft röhrigen, fein gerillten, sich nach oben zu verästelnden, kahlen, glänzenden Stengel, der bis 130 cm hoch werden kann. Die Grund- und unteren Stengelblätter sind gestielt, während die oberen auf breit weiß-hautrandigen Scheiden sitzen. Die unteren Blätter sind doppelt- bis dreifach-dreizählig oder fast fiederförmig-zerschnitten und die obersten sind oft einfach drei- bis fünfschnittig. Sie sind von dunkelgrüner Farbe und oberseits glänzend. Die Petersilie ist normalerweise durch eine Verschiedenblättrigkeit (Heterophyllie) ausgezeichnet. Die Dolden sind langgestielt, endständig, mittelgroß und etwa zehn- bis zwanzigstrahlig. Die Kronblätter sind grünlichgelb, zuweilen rötlich überlaufen. Hüllblätter sind nur wenige, meist 1—3, vorhanden. Sie sind lanzettlich-pfriemlich, hautrandig. An Hüllchenblättern sind meist 6—8 vorhanden, ihre Form ist pfriemlich-linealisch, kaum merklich hautrandig, etwa halb so lang wie die Döldchenstrahlen und diesen anliegend.

Blütezeit: VI, VII.

In Leipzig-Probstheida wurden an den proterandrischen Blüten des Petersilienbestandes einige Schwebfliegenarten, besonders *Eristalis arbustorum* L., erkannt. Von den Hymenopteren war die Kleine Erdbiene, *Andrena flavipes* Panz., der häufigste Blütengast. Honigbienen, die teils saugend, teils pollensammelnd arbeiteten, waren nur vereinzelt anzutreffen. Bei sonnigem Wetter fanden sich pollenfressende Fliegen in großer Anzahl auf den Blüten ein. Einige Vertreter der Goldfliegengattung *Lucilia* Rob. waren recht gemein. Ihnen folgte relativ häufig die Syrphide *Syritta pipiens* L. als spezifischer Blütenbesucher.

Die Frucht ist breit-eiförmig, am Grunde schwach herzförmig gebuchtet, 2—3,5 mm lang, 2 mm breit und 1 mm dick. An der Spitze sind gelegentlich noch die Griffelreste mit den zwei nach auswärts gebogenen Narben vorhanden. Die Früchte zerfallen leicht in zwei Teilfrüchte, die länglich ei- bis birnenförmig sind und sich nach oben zu $\pm$ stark verjüngen. Von der Seite her sind sie zusammengedrückt und schwach sichelförmig gekrümmt. Sie lassen deutlich fünf schwach hervortretende weißliche Rippen erkennen, und zwar drei auf dem Rücken und zwei am Rande der Teilfrucht. Die Ölstriemen befinden sich einzeln unter den Tälchen. Im Querschnitt erscheinen die Teilfrüchte halbrundlich fünfeckig. Der Fruchtträger ist bis zur Mitte geteilt. Die Farbe der Früchte

* *Petroselinum crispum* (Mill.) Nym. ex Hort. Kew. Synonyme sind u. a. *Petroselinum hortense* Hoffm.; *Petroselinum sativum* Hoffm.

Abb. 321 Petroselinum crispum (Mill.) Nym. ex Hort. Kew., Früchte

ist grünlichgrau bis graubraun, matt. Geruch und Geschmack sind aromatisch, typisch petersilienartig, verlieren sich aber bei zunehmendem Alter. Die Garten-Petersilie enthält in allen Organen, besonders reichlich in der Frucht, ätherisches Öl, dessen pharmakologisch wichtigster Bestandteil das Apiol ist. Die Früchte sind sehr ähnlich denen des Selleries (*Apium graveolens* L.), jedoch viel größer als diese. Auch gleichen sie etwas denen des Flecken-Schierlings (*Conium maculatum* L. †). Von letzterem unterscheiden sie sich aber durch die sehr dünnen, glatten Rippen, die bei den Früchten des Flecken-Schierlings meist wellig sind. (Übersicht der Fruchtmerkmale ähnlicher Umbelliferen siehe bei Anis, Seite 581.)

Petroselinum crispum gliedert sich in die Varietäten *foliosum* (Alef.) Thell. = Kraut- oder Blattpetersilie und *tuberosum* (Bernh.) Thell. = Wurzelpetersilie.

Boden und Klima: Die Garten-Petersilie verlangt einen tiefgründigen, humusreichen und etwas feuchten Boden. Besondere klimatische Anforderungen werden nicht gestellt. Selbst in Gebirgslagen gedeiht sie noch.

Herkunft und Verbreitung: Als Kulturpflanze ist die Petersilie fast über die ganze Erde verbreitet. Verwildert ist sie vielenorts anzutreffen. Ihre Heimat läßt sich nicht mehr mit Sicherheit feststellen, sie dürfte aber in den Mittelmeerländern zu suchen sein. Wildwachsend findet sie sich u. a. im östlichen Südeuropa.

Herkünfte des Drogenhandels: Herkunftsgebiete sind Mittel- und Südeuropa, besonders die Balkanländer, Frankreich und die Sowjetunion. In Deutschland wird sie zum Teil feldmäßig angebaut.

Sorten und Herkünfte für den Anbau: BECKER-Dillingen[1] entnehmen wir folgende Sortenübersicht:

1. Wurzelpetersilie

   Die Wurzel ist fleischig verdickt und wird neben den Blättern als Suppenwürze usw. benutzt. In manchen Gegenden, z. B. in Mittelfranken, werden die Wurzeln aber auch als Gemüse verwendet.

   a) 'Kurze, dicke Wurzelpetersilie'. Kleine kräftige Wurzel. Etwas früher als die folgenden:

[1] BECKER-Dillingen, J.: Handbuch des gesamten Gemüsebaues. 5. Aufl., Berlin 1950, S. 679.

b) 'Halblange Wurzelpetersilie (Berliner)'. Mittelgroße, halblange, mittelstarke Wurzel.

c) 'Lange, glatte Wurzelpetersilie (Bardowieker)'. Mittelgroße bis große, lange, schlanke Wurzel.

2. Blattpetersilie

Unter den verschiedenen Sorten gibt es glattblättrige, krause, mooskrause, farnblättrige usw.

a) 'Einfache Schnittpetersilie'. Einfaches, nicht gekraustes Fiederblatt, dunkelgrün bis dunkelbläulichgrün, Wuchs sperrig, langstenglig, Aroma mild bis scharf. Ähnlich ist 'Hamburger Schnitt'.

b) 'Mooskrause Schnittpetersilie'. Völlig mooskrauses, polsteriges Blatt, gelblichsattgrün, mittellange Stengel, nur leicht aromatisch.

c) 'Wuschelkopf'. Feines, nadelig gefiedertes Blatt, niedriger, gedrungener Wuchs, kurze bis mittellange Stengel, leicht aromatisch.

d) 'Edelstein'. Durch stark eingekrallte Spitzen völlig mooskrauses, polsteriges Blatt. Wuchs niedrig, zwergig. Blatt tief dunkelgrün, kurzstenglig. Wurzel kurz, schwach, verzweigt.

Abb. 322 Petroselinum crispum (Mill.) Nym. ex Hort. Kew., Blatt-Typen; links: glattblättrig; Mitte: krausblättrig; rechts: mooskrausblättrig

Saatgut: Das 1000-Korngewicht betrug 1,425 g im Durchschnitt und wies große Schwankungen auf. Das Hektolitergewicht schwankt nach Angaben in der Literatur zwischen 51 und 60 kg. Eigene Untersuchungen ergaben Werte von 52,000—55,683 kg/hl. Die Mindestreinheit beträgt 90%, die Mindestkeimfähigkeit 70%. Der Keimversuch wird bei Wechseltemperatur und Lichtzutritt durchgeführt und nach 21 Tagen abgeschlossen. Nach sechsjähriger Lagerung hatte die Keimfähigkeit um 89—96% abgenommen. Nach Angaben in der Literatur sollte das Saatgut nicht länger als drei Jahre gelagert werden.

Anbau: Garten-Petersilie wird am besten in zweiter Tracht nach mit Stallmist gedüngten Hackfrüchten oder nach Leguminosen gebracht. Stellung in Stallmist ist nicht zu empfehlen, da die Wurzeln sonst leicht madig werden. Auf Unkrautfreiheit des Feldes ist zu achten, da die Früchte lange zum Auflaufen brauchen und die Anfangsentwicklung ebenfalls recht langsam vor sich geht. BECKER-Dillingen bezeichnet die Wurzelpetersilie als eine schlechte Vorfrucht für Gemüse.

Der Anbau selbst hat größte Ähnlichkeit mit dem der Möhren. Der herbstgepflügte Acker wird zeitig geschleppt sowie möglichst bald tief gegrubbert und mit Egge, Walze und Saategge so hergerichtet, daß bei guter Bodenlockerung in der Oberschicht genügend Festigkeit zur flachen Aussaat (1 cm tief) vorhanden ist. In den letzten Saateggenstrich wird dann gedrillt und anschließend mit einer leichten Walze zugewalzt. Die Aussaat kann je nach Witterung von März bis April vorgenommen werden.

Im Anbau selbst sind zwei Nutzungsarten zu unterscheiden, einmal zur Wurzel- und zum anderen zur Laubgewinnung. Standweite und Saatmenge wählt man dabei verschieden. Für die Wurzelgewinnung kommen 4—5 kg/ha Saatgut in 30—35 cm Reihenabstand zur Aussaat, während für die Blattgewinnung 8—10 kg/ha in 20 bis 25 cm Abstand gedrillt werden. Wegen der Feinheit des Saatgutes und der langen Auflaufzeit ist die Beimischung einer Markiersaat (Spinat) in Stärke von 4 kg/ha angebracht. Das Auflaufen der Petersilie erfolgt etwa nach 4 Wochen. Ein vorsichtiger Striegelstrich 8—10 Tage nach der Saat kann zur vorbeugenden Unkrautbekämpfung angebracht sein.

Nach dem Auflaufen wird möglichst bald vorsichtig mit der Hand gehackt. Zwei bis drei weitere Hand- bzw. Maschinenhacken folgen bis zum Schließen des Bestandes. Da die Petersilie Feuchtigkeit liebt, empfiehlt es sich, bei anhaltender Trockenheit zu beregnen.

Stärkere Handelsdüngergaben je Hektar von Superphosphat und 40er Kali in Höhe von 225—315 kg = 40—50 kg P_2O_5 und 200—250 kg = 80—100 kg K_2O werden gut aufgenommen. Stickstoff wird in größeren Gaben von 300—400 kg/ha = 60—80 kg N in Form von Kalkammonsalpeter bevorzugt.

Die Petersilienblätter liefern im Winter in frischem Zustand ein geschätztes Vitamin-C-reiches Küchengewürz. Die Petersilie kann zu diesem Zweck in Mistbeetkästen angebaut werden. Die Aussaaten erfolgen im Juni in Kästen, die vom Eintritt des Frostes an warm zu halten sind (+ 8° C) und von denen man den ganzen Winter über frische Petersilie ernten kann. Auch die Wurzeln können zum Treiben Verwendung finden. In den Gewächshäusern eignen sich auch die Flächen unter den Stellagen zum Treiben der Wurzelpetersilie. Im Freiland ist sie vor Frost zu schützen, weil sich sonst die Blätter leicht braun verfärben. Es empfiehlt sich, die Beete mit Tannen- oder Fichtenreisig abzudecken.

Für die Gewinnung der Früchte werden die Wurzeln am besten frostfrei in Erdeinschlägen überwintert. Es ist ratsam, die Blätter von Fruchtträgern möglichst nicht zu ernten, um kräftige und gesunde Wurzeln zu erzielen. Das Einmieten erfolgt am besten im Sandeinschlag oder mit Sandschichtung zwischen den einzelnen Lagen. Die Mietenabdeckung darf, wie bei Möhren, nicht zu warm sein. Im Frühjahr werden die Stecklinge verlesen, beinige Wurzeln ausgeschieden und ab März in 30 × 25 cm Abstand in ein gut krumiges und lockeres Pflanzbeet ausgepflanzt. Blattpetersilie kann etwas enger, in 25 × 20 cm Abstand gestellt werden.

Ernte: Die würzigen Blätter werden vor dem Schossen der Pflanzen, ohne die Herzblätter zu verletzen, über dem Erdboden abgeschnitten. Im Großbetrieb bedient man sich hierzu der Sichel. Unkrautfreie Bestände können auch mit der Grasmähmaschine, die mit einer Sammelvorrichtung versehen ist, geschnitten werden. Für Gemüse- und

Gewürzzwecke sind die Wurzeln im Herbst (Ende Oktober/Anfang November) mit dem Spaten, Rübenheber oder auch Pflug wie Möhren zu ernten. Die glatten Blätter der Wurzelpetersilie finden sehr häufig in frischem oder getrocknetem Zustand wie die der Blattpetersilie Verwendung, jedoch ist ihr Geschmack etwas strenger. Für die Gewinnung von *Radix Petroselini* zu arzneilichen Zwecken soll die überwinterte Wurzel im Frühjahr gewonnen werden. Vor der Trocknung werden die Wurzeln je nach den örtlichen Verhältnissen in Trommelwäschen oder ähnlichen Waschmöglichkeiten gereinigt und gespaltet. Die Ernte der Früchte erfolgt vor Eintritt der Vollreife, wobei das Kraut mit der Sichel oder Mähmaschine zu schneiden ist. Die Früchte müssen nach dem Drusch gut nachtrocknen.

Trocknung: Bei der Trocknung des Krautes bzw. der Blätter bedarf es großer Vorsicht. Sie werden am besten künstlich bei etwa 40° C getrocknet und gut verschlossen aufbewahrt, da sie schnell mißfarbig werden und an Aroma verlieren. Die Wurzeln sind bei 80° C künstlich zu trocknen. Bei niedrigeren Temperaturen dauert die Trocknung oftmals zu lange, und die Wurzeln sind nur außen abgetrocknet und innen noch streifenweise feucht. Sie schimmeln und verderben dann leicht. Das Trocknungsverhältnis frisch : trocken der Wurzeln beträgt 4—5 : 1, des Krautes 5—6 : 1 und der Früchte 1,2 : 1.

Erträge: Die Erträge belaufen sich auf etwa 25—30 dz/ha getrocknetes Kraut; 20 bis 40 dz/ha lufttrockene Wurzeln und bis 15 dz/ha Früchte.

Krankheiten und Schädlinge: Sehr häufig wird die Petersilie von Pilzkrankheiten befallen. So werden Blattflecken hervorgerufen durch *Septoria petroselini* Desm., *Cercospora apii* Fres. und *Bacillus petroselini* Pot. Falscher Mehltau wird durch *Plasmopara nivea* (Ung.) Schroet. verursacht. Auch Rostbefall wird bei der Petersilie beobachtet, es handelt sich hierbei um *Puccinia petroselini* (DC.) Liro. Das Absterben der ganzen Pflanze, zuweilen auch der Keimlinge, unter Auftreten harter, schwarzer Pilzkörper, wird verursacht durch *Sclerotinia sclerotiorum* (Lib.) Sacc. et Trott., das der Wurzeln, die von einem dunkelvioletten Pilzgewebe überzogen sind, durch *Rhizoctonia crocorum* (Pers.) DC. Auf jungen Pflanzen entwickelt sich häufig *Macrosporium ramulosum* Sacc. Dieser Pilz haftet bereits dem Saatgut an. Als tierische Schädlinge werden von Schmetterlingen *Eupithecia-* und *Depressaria-*Arten genannt. Nach BECKER-Dillingen[2] richten die Raupen der Gänsefuß-Eule, *Scotogramma* (*Mamestra*) *chenopodii* F., und die der Gamma-Eule, *Phytometra* (*Plusia*) *gamma* L., gelegentlich Schaden durch Abfressen der Blätter an.

Besonderes: Da die einfache (glattblättrige) Petersilie leicht mit *Aethusa cynapium* L. † (Hundspetersilie)*, ebenfalls einer Umbellifere, zu verwechseln ist, werden besonders im gartenmäßigen Anbau krausblättrige Sorten bevorzugt. Gelegentlich kommt die Hundspetersilie in Europa auf Äckern und Gartenland und so auch in Petersilienbeständen als Unkraut vor. Auf Kalkboden findet sie sich besonders gern. Nach GESSNER wurden Vergiftungen mit Hundspetersilie, auch mit tödlichem Ausgang, bei Menschen und Tieren schon öfter beobachtet. *Aethusa cynapium* enthält ätherisches Öl von unangenehmem Geruch. Der Hauptwirkstoff ist Coniin bzw. ein coniinähnliches Alkaloid. Wenn BECKER-Dillingen (S. 677) schreibt: „*Aethusa cynapium* L. ist nicht giftig", so halten wir diesen Hinweis für irreführend. Die wichtigsten Unterscheidungsmerkmale der Petersilie von der Hundspetersilie sind in umstehender Übersicht zusammengestellt:

[2] loc. cit. S. 574.

* Weitere volkstümliche Namen für Hundspetersilie, die auf die Ähnlichkeit mit der Garten-Petersilie hinweisen, lauten Wilde Petersilie und Glanz-Petersilie.

Wichtige Unterscheidungsmerkmale von

Merkmal	Garten-Petersilie (*Petroselinum crispum* [Mill.] Nym. ex Hort. Kew.)	und Hundspetersilie † (*Aethusa cynapium* L.)
Wurzel	spindelförmig, meist nicht verästelt	spindelförmig, dünn, verzweigt
Blattbeschaffenheit	doppelt- bis dreifach-dreizählig oder fast fiederförmig zerschnitten	im Umriß dreieckig, zwei- bis dreifach fiederschnittig
Blattfarbe	dunkelgrün, oberseits ± glänzend (krausblättrige Sorten matt)	dunkelgrün, unterseits heller (gras- oder mittelgrün), frisch stark glänzend
Geruch und Geschmack der Blätter	angenehm, stark würzig, typisch petersilienartig	widerlich, etwas knoblauchartig
Austrieb der Blütenstengel	Der Blütenstengel erscheint erst im zweiten Vegetationsjahr	Der Blütenstengel erscheint auf Kulturboden oft schon im ersten Vegetationsjahr
Blütezeit	VI—VII	IX—X
Hüllchenblätter	6—8 pfriemliche, kaum merklich hautrandige Hüllchenblätter, anliegend	3 linealisch-fädige, krautig oder unterwärts hautrandige Hüllchenblätter, auf der Außenseite der Döldchen herabhängend
Farbe der Kronblätter	grünlichgelb, zuweilen rötlich überlaufen	weiß, selten rötlich
Frucht	(siehe Seite 573 u. 581)	(siehe Seite 581)

In der Homöopathie wird aus *Aethusa cynapium* eine Essenz (gebräuchliche Potenz D_3 bis D_6)* angewendet, die aus der frischen, blühenden Pflanze hergestellt wird.

Pimpinella anisum L., Anis

Umbelliferae

Gebräuchliche Pflanzenteile: DAB. 6: Die reifen Spaltfrüchte, meist im ganzen Zustand, seltener in die beiden Teilfrüchte zerfallen. HAB. 2: „Reife Früchte."

Handelsbezeichnung: *Fructus Anisi vulgaris***, Anisfrüchte (-samen).

Botanik: Der Anis ist einjährig und erreicht eine Höhe von 30—50 (bis 70) cm. Die Pflanze ist in allen Teilen ± fein behaart. Die Wurzel ist dünn und spindelförmig, der Stengel aufrecht, stielrund, gerillt und oberwärts ästig. Die langgestielten unteren Blätter sind ungeteilt, rundlich-nierenfömig und eingeschnitten gezähnt sowie etwas gelappt, die mittleren sind gefiedert. Die oberen Blätter sind kurzgestielt, auf den schmalen Scheiden sitzend, meist zwei- bis dreifach fiederschnittig, mit schmalen (lineallanzettlichen), mehr entfernten Zipfeln versehen, die obersten sind einfach dreischnittig bis ungeteilt. Die Blätter, besonders die der Keimpflanzen, ähneln denen des Korianders (siehe S. 361). Die flachen Dolden sind ziemlich locker und setzen sich aus 6—15 zerstreutkurzhaarigen Strahlen zusammen. Die weißen Kronblätter sind nur 1,5 mm lang.
Blütezeit: VII, VIII.

* Die homöopathischen Arzneimittel werden in Potenzen verabfolgt, d. h. als Verreibungen und Verdünnungen, die nach dem Dezimalsystem (D_1 = 1 : 10, D_2 = 1 : 100 usw.) hergestellt sind.

** Als *Fructus Anisi stellati* (Sternanis) werden die Früchte von *Illicium verum* Hook. f., einer Magnoliacee bezeichnet, die in Ostasien heimisch ist.

Die Frucht ist eine seitlich etwas abgeflachte ei- bis birnenförmige Spaltfrucht, die sich nach der Spitze zu verjüngt. Die beiden Teilfrüchte trennen sich schwer. Der Fruchthalter ist fast bis zum Grunde zweiteilig. Handelssaatgut enthält meist die ganzen Früchte, ab und zu noch Teile des Fruchtstieles. Die Früchte sind mit dem Griffelpolster 3 bis 5 (6) mm lang, 1,5—2,5 (3) mm breit und 2—4 mm dick. Das Griffelpolster selbst ist niedrig-kegelförmig. Die oft unregelmäßig ausgebildeten Hauptrippen treten hervor, die fugenständigen liegen etwas vom Fruchtrand zurück. Je 4—8 Ölstriemen befinden sich unter den Tälchen und bilden fast einen zusammenhängenden Kranz. An der Fugenfläche erkennt man meist zwei langgestreckte, oft von kleineren begleitete Ölstriemen. Das Nährgewebe an der Fugenseite ist deutlich ausgebuchtet, in der Mitte ist die Raphe zu sehen. Die Früchte sind ± kurz und dicht flaumig behaart. Ihre Farbe ist grünlichgrau bis graubräunlich. Die Rippen erscheinen heller. Geruch und Geschmack sind typisch anisartig. Die Früchte enthalten ätherisches Öl; sie sind ähnlich denen des sehr giftigen Flecken-Schierlings (*Conium maculatum* L.) (Abb. 155, S. 331).

Boden und Klima: *Pimpinella anisum* sollte auf kalkhaltigen, nährstoffreichen, leichteren und mittelschweren Böden angebaut werden. Kalte, tonige und feuchte Böden sind dem Anis nicht zuträglich. Er verlangt ein warmes, mäßig feuchtes Klima mit langem, trockenem Herbst.

Abb. 323 Pimpinella anisum L. Keimpflanzen und blühende Einzelpflanze (Herbar)

Abb. 324 Pimpinella anisum L., Früchte

Herkunft und Verbreitung: Das Ursprungsland ist nicht mit Sicherheit bekannt; vermutlich ist der Anis in Ägypten, Syrien, Cypern, Griechenland sowie den benachbarten Inseln beheimatet. Verwildert und angebaut ist er in den verschiedenen Erdteilen anzutreffen. Er bevorzugt warme Klimate.

Herkünfte des Drogenhandels: Die Hauptherkunftsgebiete für den europäischen Handel sind die Sowjetunion und Spanien. In Italien, Griechenland und Bulgarien wird der Anis ebenfalls großflächig angebaut, in kleinerem Ausmaß in Frankreich, Belgien und Deutschland. Eine bekannte und vom Handel geschätzte deutsche Provenienz ist der 'Thüringer Anis'. Die Früchte deutscher und russischer Herkunft haben nach HOPPE eine kürzere und dickere Form und bräunlichgelbe Farbe aufzuweisen, spanische und italienische sind hingegen schlanker und im Farbton mehr grau.

Sorten und Herkünfte für den Anbau: Eine gern angebaute Landsorte ist der 'Thüringer Anis'. Sie eignet sich vor allem zum Anbau in trockenen Lagen mit langem Herbst. Erwünscht ist eine Zuchtsorte, die lagerfest ist und über einen festen Fruchtsitz verfügt.

Saatgut: Nach unseren Untersuchungen schwankte das 1000-Korngewicht der Teilfrüchte zwischen 1,070 und 1,530 g, das Hektolitergewicht zwischen 35,257 und 41,078 kg. Die Mindestreinheit sollte 90% und die Mindestkeimfähigkeit 70% betragen. Der Keimversuch wird bei Zimmer- oder Wechseltemperatur im Dunkeln durchgeführt und nach 21 Tagen abgeschlossen. Ausgereifte Früchte keimen verhältnismäßig schnell, so daß bereits nach 7 Tagen die Keimschnelligkeit bestimmt werden kann. Gut keimt meist nur Saatgut der letztjährigen Ernte, da die Keimkraft schnell nachzulassen scheint. 5 Jahre gelagertes Saatgut keimte nicht mehr.
Da die Anisfrüchte leicht mit einigen anderen Umbelliferenfrüchten verwechselt werden können, ist besonders darauf zu achten, daß keine giftigen Früchte, wie die des bereits erwähnten Flecken-Schierlings, im Saatgut enthalten sind. Besatz mit solchen ist daher nicht zulässig. Die Früchte von *Conium maculatum* sind im Gegensatz zu denen von *Pimpinella anisum* meist stärker gerippt (deutlich wellig) und weisen keine Ölstriemen auf. (Siehe nebenstehende Tabelle, S. 581.)

Anbau: Der Anbau von Anis wird am besten nach mit Stallmist gedüngten Hackfrüchten in zweiter Tracht vorgenommen. Die Aussaat erfolgt nach genügender Bodenerwärmung unter mitteldeutschen Verhältnissen etwa Mitte bis Ende April mit einer Saatmenge von 20—25 kg/ha, in einer Reihenentfernung von 25 cm in den letzten Walzenstrich etwa 1 cm tief. Mit einer leichten Walze wird danach die Saat zugewalzt. Innerhalb der ersten 8 Tage kann unbedenklich mit einer leichten Saategge zur Unkrautbekämpfung gestriegelt werden. Zum Auflaufen benötigt der Anis je nach Witterung etwa 2—3 Wochen. Ein Mischanbau mit späten Möhrensorten ist möglich ($^2/_3$ Anis-, $^1/_3$ Möhrensaatgut). Bereits THAER[1] empfahl Möhrenbeisaat zu Anis.
Handelsdünger wird vor der Saat gegeben und eingearbeitet. Normale Kali- und reichlichere Phosphorsäuredüngung in Höhe von 200—250 kg 40er Kali = 80—100 kg K_2O und 280—400 kg Superphosphat = 50—70 kg P_2O_5 je Hektar haben sich bewährt. Mit Stickstoff empfiehlt es sich, sehr vorsichtig zu sein, da sonst leicht ein zu üppiges Wachstum verbunden mit schlechtem Fruchtansatz und Lagerbildung auftritt; 100—150 kg/ha Kalkammonsalpeter = 20—30 kg N reichen in der Regel aus. Infolge des langsamen Anfangswachstums ist meistens mehrmaliges Hacken zur Unkrautbekämpfung und Offenhaltung des Bodens bis zum Schließen des Bestandes erforderlich. Aus diesem Grund empfiehlt es sich, in der Praxis eine Reihenentfernung von 25 cm zu wählen, wenn auch wohl versuchstechnisch bei engerem Reihenabstand bis zu 15 cm höhere Er-

[1] THAER, A.: Grundsätze der rationellen Landwirtschaft. 6. Aufl., Berlin 1868.

Übersicht ähnlicher Umbelliferenfrüchte

	Aethusa cynapium L. Hundspetersilie †	*Conium maculatum* L. Gefleckter Schierling †	*Petroselinum crispum* (Mill.) Nym. ex Hort. Kew. Garten-Petersilie	***Pimpinella anisum*** **L.** Anis
Form	breit-eiförmig bis fast kugelig	eirund bis eiförmig, seitlich abgeflacht, kahl	breit-eiförmig, am Grunde fast herzförmig, von der Seite zusammengedrückt	eiförmig bis birnenförmig, von den Seiten etwas abgeflacht, nach der Spitze hin halsartig verjüngt, kurz-flaumhaarig
Größe	etwa 2,5—5 mm lang und fast ebenso dick	etwa 2,5—3,5 mm lang und im größten Querdurchmesser etwa ebenso breit	etwa 2—3,5 mm lang, bis 2 mm breit	etwa 3—5 (6) mm lang, 1,5—2,5 (3) mm breit
Farbe	bei der Reife strohgelb mit rotbraunen Striemen	graugrün bis bräunlich-grau	grünlichgrau bis graubraun	grünlichgrau bis bräunlichgelb mit helleren Rippen
Geruch			charakteristisch	auffallend charakteristisch
Teilfrüchte	im Querschnitt fast halbkreisförmig, sehr leicht spaltbar	im Querschnitt rundlich fünfeckig	im Querschnitt halbrundlich fünfeckig	im Querschnitt abgerundet fünfkantig, fast nierenförmig, an der ganzen Fugenfläche zusammenhängend, trennen sich schwer
Hauptrippen	*stark vorspringend*, voll schwammigen Gewebes; die 3 rückenständigen scharf gekielt, im Querschnitt dreieckig-eiförmig mit geschweiften Seitenrändern; die beiden Randrippen halbeiförmig, mit schmalem Flügelrand. Tälchen schmal eingeschnitten	alle 5 fast gleichgestaltet, dreikantig vorspringend, stumpf, meist *wellig gekerbt*, im Innern von einem starken Leitbündel durchzogen. Tälchen ziemlich breit und seicht	*sehr dünn*, weißlich, fast ganz von dem Leitbündel ausgefüllt, die rückenständigen jeder Teilfrucht stark bogig	etwas kantig hervortretend, oft unregelmäßig ausgebildet oder zu mehr als 5; fugenständige etwas vom Rande zurückliegend
Ölstriemen	oberflächig liegend, von außen leicht sichtbar, einzeln in den Tälchen, 2 bogenförmig verlaufende an der Fugenfläche	unter den Tälchen je 2—3, zur Reifezeit fehlend	unter den Tälchen einzeln, an der Fugenfläche zwei	unter den Tälchen zu 4—8, fast einen zusammenhängenden Kranz bildend, an der Fugenfläche meist zwei
Griffel, Griffelpolster	Griffelpolster flach gewölbt Griffel kurz (etwa 0,5 mm), zuletzt über das Polster zurückgebogen und etwa dessen Rand erreichend, mit schwach kopfig-angeschwollener Narbe	Griffel etwa 1 mm lang, fast doppelt so lang wie die Höhe des Griffelpolsters, zuletzt zurückgebogen, mit etwas kopfig-angeschwollener Narbe	Griffel dünn, verlängert, an der heranreifenden Frucht zurückgeschlagen und dem kegelförmigen Griffelpolster anliegend; die kopfige Narbe über den Rand desselben vorragend	Griffelpolster niedrig-kegelförmig, Griffel aufrecht abstehend, etwa 2 mm lang
Hauptinhaltsstoffe	Coniin bzw. ein coniinähnliches Alkaloid — giftig!	d-Coniin giftig!	Ätherisches Öl (mit Apiol)	Ätherisches Öl (mit Anethol und Methylchavicol)

träge erzielt worden sind. Die Schwierigkeit des Sauberhaltens ist dann aber sehr groß. Schon deshalb ist eine Hackvorfrucht erwünscht. Ein Nichtbewältigen der Hackarbeit durch Witterungseinflüsse oder aus sonstigen Gründen kann den Ertrag sehr stark mindern, da der wenig robuste Anis gegen Unkrautwüchsigkeit außerordentlich empfindlich ist.

Ernte und Trocknung: Weil der Blüh- und Reifevorgang sich über einen längeren Zeitraum erstreckt, darf mit der Ernte nicht zu lange gewartet werden Der richtige Zeitpunkt zum Schnitt ist gekommen, wenn sich die Früchte der mittleren Hauptdolden bräunen und die Stengel gelb färben. Da Anis leicht ausfällt, ist die Ernte möglichst bei Tau am Morgen oder in den Abendstunden vorzunehmen, es sei denn, daß trübe Witterung den Schnitt auch tagsüber zuläßt. Die Ernte kann mit den üblichen Maschinen, wie Grasmäher mit Anhaublech, Ableger oder bei günstigem Stand sogar mit Binder erfolgen. Bei dem zuletzt Genannten sollte möglichst ein Körnerfänger angebracht sein, um Ausfallverlusten vorzubeugen. Stark lagernder Anis muß unter Umständen mit der Hand gezogen werden. Er wird dann in kleine, lockere Garben gebunden und in Stiegen oder Kapellen aufgestellt. Das Einbinden kann auch unterbleiben, da die Bunde von selbst zusammenhalten; doch erleichtert es die spätere Arbeit beim Aufladen und Dreschen. Wenn der Anis gut nachgereift und trocken ist, wird er unter Verwendung von Rapsplanen aufgeladen, abgefahren und gleich gedroschen. Beim Vorhandensein eines Mähdreschers kann auch auf dem Felde Hockendrusch erfolgen.

Abb. 325 Pimpinella anisum L., Fruchtstände

Erträge: Der Fruchtertrag ist sehr schwankend. Er bewegt sich etwa zwischen 5 und 10 dz/ha. Darüberliegende Erträge (bis 20 dz/ha) kommen wohl vor, doch dürften sie unter deutschen Verhältnissen seltener sein als darunterliegende. Die geringe Standfestigkeit, Empfindlichkeit gegen Schlechtwetter in der Blüte und gegen Unkrautwuchs sind Faktoren, die sich immer wieder stark ertragsmindernd auswirken und damit ein hohes Risiko für den Anbauer bringen. Starker Sonnenbrand auf kurz vorher niedergegangenen Regen oder Tau läßt die Blüten verdorren. Völlige Mißernte ist dann die Folge.

Der Arbeitsaufwand liegt bei der Handarbeit infolge der notwendigen Pflegemaßnahmen auf jeden Fall über dem für Getreide notwendigen Aufwand und kann in ungünstigen Fällen noch erheblich ansteigen, wobei er dann meist in keinem Verhältnis mehr zum Ertrag steht. Der Aufwand an Motor- und Gespannkraft liegt dafür in der Regel aber etwas unter dem für Getreide notwendigen.

Außer den Früchten nimmt die einschlägige Industrie auch einen Teil des anfallenden Strohes und der Spreu, deren Ertrag zwischen 10 und 20 dz/ha schwankt, zur Verwertung auf.

Krankheiten und Schädlinge: Bei kräftigen, gesunden Anisbeständen ist meist nicht mit dem Auftreten von Krankheiten und Schädlingen zu rechnen. Nur dann, wenn der

Anis infolge zu starken Unkrautbesatzes oder witterungsbedingt in seiner Entwicklung gehemmt oder geschwächt ist, können gelegentlich pilzliche Erkrankungen oder tierische Schädlinge beobachtet werden. Nach HEGI und nach MÜHLE[2] kommen in erstgenanntem Falle ein Falscher Mehltau (*Plasmopara nivea* [Ung.] Schroet.) und der Rostpilz *Puccinia pimpinellae* Mart. an den Anisblättern vor. Springschwänze richteten schon Schaden an den Pflanzen im Bereich des Wurzelhalses an. Die Raupen verschiedener Schmetterlinge schädigen die Blätter und die Räupchen der Motte *Depressaria depressella* Hb. die Fruchtdolden. HEGI berichtet über gallenartig aufgedunsene Früchte und Anschwellungen der Doldenstrahlen, die durch tierische Schädlinge verursacht wurden. MÜHLE weist auf die Möglichkeit des Auftretens von Blattläusen hin, wie sie an anderen Doldenblütlern festgestellt werden.

Besonderes: Die aromatischen Druschabfälle können zusammen mit anderem Rauhfutter an Rinder verfüttert werden, soweit sie der Drogenhandel nicht abnimmt.

Plantago lanceolata L., Spitzwegerich*

Plantaginaceae

Gebräuchliche Pflanzenteile: Erg.-B. 6: „Das getrocknete oder frische, während der Blütezeit (Mai bis September) gesammelte Kraut von *Plantago lanceolata* Linné." HAB. 2: „Frische Pflanze." Die Samen finden gelegentlich in der Heilkunde Verwendung (Ersatz für *Semen Psylli*).

Handelsbezeichnungen: *Herba Plantaginis lanceolatae*, Spitzwegerichkraut; *Semen Plantaginis lanceolatae*, Spitzwegerichsamen.

Botanik: *Plantago lanceolata* ist ausdauernd und mit einer reichfaserigen Wurzel versehen. Die Pflanzenhöhe beträgt bis zu 80 cm. Alle Laubblätter sind zu einer grundständigen Rosette angeordnet. Sie sind lineal-lanzettlich, in den breiten Stiel allmählich verschmälert und am scheidigen Grunde etwas wollig, drei- bis siebennervig, spitz, ganzrandig oder entfernt gezähnelt, anliegend behaart bis fast kahl, meist aufgerichtet. Die Blätter des Spitzwegerichs ähneln im Aussehen etwas denen des Wolligen Fingerhutes (*Digitalis lanata* L. †) (siehe S. 377), mit denen sie nicht verwechselt werden dürfen. Die aufsteigenden oder aufrechten Blütenstengel sind fünffurchig, angedrückt behaart. Die Blütenähre ist vorwiegend kurz-walzlich, vor dem Aufblühen kurz-kegelig zugespitzt. Die Blumenkrone ist 2—3 mm lang, bräunlich, mit kahler Röhre. Die Staubfäden sind zwei- bis dreimal so lang wie die Blumenkrone.

Blütezeit: V—IX.

Die *Plantago*-Arten sind im allgemeinen als proterogyne Windblütler zu bezeichnen. Die kugeligen oder zylindrischen Ähren blühen zonenweise von unten nach oben auf, und zwar macht jeder Kranz zuerst ein weibliches Stadium durch. Die Staubbeutel öffnen sich besonders bei warmem, trockenem Wetter und schließen sich wieder bei feuchtem. Dadurch wird der Pollen vor Regen, Tau usw. ge-

[2] MÜHLE, E.: Krankheitserscheinungen und Schadbilder an weiteren Doldenblütlern. „Pharmazie" 2, S. 471 bis 472 (1947); bzw. „Arzneipflanzen-Umschau" 2, S. 256 bis 257 (1947).

* Verschiedene Wegerich-Arten werden landwirtschaftlich, medizinisch und technisch genutzt. Für arzneiliche Zwecke wird in Deutschland fast ausschließlich *Plantago lanceolata* angebaut. Außer dem Spitzwegerich findet auch noch der Breitwegerich (*Plantago major* L.) als Droge (*Herba Plantaginis majoris*) Verwendung. Sie ist ebenfalls im Erg.-B. 6 enthalten. *Plantago psyllium* L. (Flohkraut), *Plantago indica* L. (Sandwegerich) und *Plantago sempervirens* Cr. sind die Stammpflanzen für *Semen Psylli*. Die Samen stammen von Wildbeständen, zum Teil aber auch aus dem Anbau. So werden *Plantago psyllium* und *P. indica* in Frankreich angebaut. Über einen versuchsweisen Anbau in Deutschland (Hamburg) finden sich u. a. Angaben in der Dissertation von KRAHL, P. P.: Die landwirtschaftlich, medizinisch und technisch genutzten *Plantago*-Samen. Ihre Herkunft, Chemie, Anwendung und Unterscheidung. Dissertation. Hamburg 1947.

schützt. Die Blüten werden von pollenfressenden und pollensammelnden Insekten aufgesucht, so daß gelegentlich auch die Bestäubung durch Insekten erfolgen kann. UDE beobachtete an den Beständen in Leipzig-Probstheida von Mitte bis Ende August die beiden Schwebfliegenarten *Platychirus peltatus* Mg. und *Pyrophaeno granditarsa* Farst. unter den übrigen Insekten als die bei weitem häufigsten Blütenbesucher. In einigen Stücken wurde der Graurüßler, *Sitona humeralis* Steph., mit dem Netz von den Pflanzen abgestreift. Von Hymenopteren war die Erdhummel, *Bombus terrestris* L., an den Blüten etwas häufiger als die Honigbiene, *Apis mellifica* L. Beide Arten wurden nur pollensammelnd beobachtet.

Abb. 326 Plantago lanceolata L., blühende Einzelpflanze

In der Übersicht auf den Seiten 586 und 587 wurden die wichtigsten Samenmerkmale der Stammpflanzen der als Arzneidrogen besonders interessierenden *Plantago-species* zusammengestellt.

Boden und Klima: Die Wegerich-Arten sind größtenteils hinsichtlich des Standortes anspruchslos. *Plantago lanceolata* ist von der Ebene bis in die höheren Voralpen anzutreffen und findet sich auch sehr häufig auf Wiesen, Weiden, grasigen Plätzen, auf Wegen, Sandhalden usw. Er kommt wildwachsend bezeichnenderweise häufig in Kleebeständen vor und ist ein ausgesprochenes Klee-Unkraut. Das rührt daher, daß seine Samen nur schwer aus der Kleesaat entfernt werden können. Da der Spitzwegerich ausdauernd ist, findet er im Kleebestand besonders gute Wachstumsbedingungen. Er wächst in den Kleebeständen oft besonders da, wo der Klee aus irgendwelchen Ursachen verschwunden ist. Sein Auftreten wird als ein Zeichen von Kalkmangel gedeutet. Aus den Beobachtungen von EICHINGER[1] geht aber hervor, daß dies keinesfalls immer zutrifft, wenn der Spitzwegerich allein auftritt. Nach den Untersuchungen von NIELSEN[2] ergibt sich, daß der Spitzwegerich einen ziemlich weiten Reaktionsbereich hat. Zwar findet er sich hauptsächlich auf leicht sauren Böden, doch kommt er nicht selten auch auf neutralen, ja sogar alkalischen Böden vor. Auf kleesicherem Boden können hohe Erträge erzielt werden. Schwere, undurchlässige und zur Verkrustung neigende Böden sagen ihm nicht zu. Gute, humose Lehm- bis sandige Lehmböden mit einer guten Wasserversorgung sind für den Anbau am geeignetsten. Halbschatten wird noch gut vertragen.

Herkunft und Verbreitung: *Plantago lanceolata* kommt in ganz Europa, seltener im Norden vor. Außerdem findet er sich in Nord- und Mittelasien, Nord- und Südafrika, in Nord-, Mittel- und Südamerika sowie in Neuseeland und Australien.

Herkünfte des Drogenhandels: *Herba Plantaginis lanceolatae* wird zum größten Teil noch wildwachsend gesammelt. Wichtige Herkunftsgebiete sind die mittel- und ost-

[1] EICHINGER: Die Unkrautpflanzen des kalkarmen Ackerbodens. Berlin 1927.

[2] NIELSEN, N. C.: Ukrudsvegetationen som Vejledning ved Undersögelser over Mineraljorders Kalktrang. (Beretning fra N. J. F. s. Kongress i Oslo, Juni 1926.)
NIELSEN, N. C.: Kalktrangsundersögelser om plantevegetationen som Vejledning ved Kortlaegningen i Marken. (Jorders Grundforbedring, 1925, III. Raekke, No. 8.)

europäischen Länder. In Deutschland, in der Tschechoslowakei und anderenorts wird die Droge zum Teil auch im Anbau gewonnen.

Plantago-Samen sind häufig in Futterpflanzensämereien, besonders in Klee- und Grassaaten enthalten. Soweit die *Plantago*-Arten in bestimmten Klimazonen vorkommen, sind sie besonders für die Herkunftsbestimmung von Futterpflanzensaatgut von Bedeutung. Nach KRAHL[3] liefert z. B. das Fehlen bzw. das Zurücktreten (negativer Index)

Abb. 327
Plantago lanceolata L.,
Samen

von *Plantago lanceolata* einen Hinweis für die Herkunft. Er verschwindet in Europa nach Norden und Osten zu allmählich aus der Unkrautflora und ist nach Genanntem in finnischen, ostrussischen und sibirischen Rotkleesaaten nur sehr selten enthalten.

Sorten und Herkünfte für den Anbau: Zuchtsorten sind nicht vorhanden. Verschiedene von uns angebaute Herkünfte zeigten Unterschiede im Blatt- und Stengelanteil. Erwünscht wäre eine blattreiche Zuchtsorte mit hohem Schleimgehalt. Das zum Anbau gelangende Saatgut wird gelegentlich wild gesammelt oder aus Futterpflanzensämereien herausgereinigt.

Saatgut: Nach AUGUSTIN[4] betrug das 1000 Korngewicht der Samen von *Plantago lanceolata* im Mittel 1,143 g; 95 % Mindestreinheit und 75 % Mindestkeimfähigkeit können gefordert werden. In den „Technischen Vorschriften" ist lediglich *Plantago lanceolata* enthalten. Der Keimversuch mit den Samen dieser Art ist bei 20° C durchzuführen und wird nach 21 Tagen abgeschlossen. Besondere Maßnahmen, z. B. ob die Samen als Licht- oder Dunkelkeimer zu behandeln sind, wurden bisher nicht vermerkt. Eigene Untersuchungen mit Saatgut der Ernte Leipzig-Probstheida 1944 ergaben nach 21 Tagen folgende Werte in Prozenten:

	Probe I	Probe II	Probe III
a) als Lichtkeimer behandelt bei Wechseltemperatur	94	97	91
b) „ Dunkelkeimer „ „ „	99	97	91
c) „ Lichtkeimer „ bei Zimmertemperatur	84	90	85
d) „ Dunkelkeimer „ „ „	98	98	87

Die Probe I wurde von dreijährigen, Probe II von zweijährigen und Probe III von einjährigen Pflanzen geerntet.

[3] loc. cit. S. 583.
[4] AUGUSTIN, B.: Das absolute Gewicht der Heilpflanzensamen. „Heil- und Gewürzpflanzen" 12, S. 89 (1929/30).

Gegenüberstellung der Samenmerkmale

	Plantago lanceolata L.	*Plantago major* L.	*Plantago media* L.
Größe	1,4—3,6 × 0,7—1,7 mm	0,7—2,0 × 0,4—1,0 mm	1,4—3,0 × 0,8—1,5 mm
100-Korngewicht	0,129—0,252 g	0,012—0,032 g	0,031—0,062 g
Form	Umriß regelmäßig oval bis elliptisch. Rücken konvex; stark gekrümmte, fast walzenförmige Samen	Form, Größe und Farbe etwas uneinheitlich: abgeplattet, oval bis polygonal, Rückenseite schwach konvex, gewölbt	Etwas uneinheitlich, meist oval, seltener polygonal. Rückenseite konvex; Bauchseite meist konkav, selten eben. Oberfläche matt bis schwach glänzend, runzlig
Farbe	Meist hellbraun, etwas gelbstichig, dies besonders über dem Embryo	Meist braun mit charakteristischer Maserung der Oberfläche	Meist braun

Anbau: Besondere Ansprüche an die Vorfrucht werden von Spitzwegerich nicht gestellt. Mit bestem Erfolg werden die Wegerich-Arten nach Leguminosen angebaut. Die Kleearten scheinen als Vorfrucht besonders geeignet zu sein. Aber auch als Mischkultur kann er angebaut werden, z. B. mit gutem Erfolg zwischen Medizinalrhabarber und Gelbem Enzian. Das mit Spitzwegerich zu bestellende Feld darf nicht verunkrautet sein. Er selbst hinterläßt einen unkrautfreien Acker in gutem Garezustand. Hinsichtlich des Aussaattermines ist der Spitzwegerich sehr unabhängig, jedoch wird die Zahl der möglichen Schnitte stark durch den Zeitpunkt der jeweiligen Aussaat bedingt. Für eine Frühjahrsaussaat wird der mit mittlerer Furche im Herbst gepflügte Acker zeitig geschleppt und möglichst bald gegrubbert, geeggt und gewalzt. Ende März/Anfang April wird dann die Aussaat in das nochmals mit Egge und Walze feinkrümelig gartenmäßig mit festem Bodenschluß hergerichtete Saatbett vorgenommen. Mit einer leichten Saategge wird vorher nochmals aufgeeggt und dann in etwa 20 cm Reihenentfernung 20 kg/ha ausgedrillt*. Anschließend wird zugewalzt. Wenn keine für diese geringe Aussaatmenge geeignete Drillmaschine zur Verfügung steht, kann der Samen mit Sand oder einem anderen Streckmittel vermischt werden. Das Auflaufen erfolgt nach etwa 2—3 Wochen. Bald wird dann mit der Hand vorsichtig gehackt. Eine zweite Handhacke kann bei Unkrautwüchsigkeit notwendig sein, doch sind die nun folgenden Hacken, am besten nach jedem Schnitt, in der Regel auf Maschinenarbeit beschränkt. Auch ein Eggenstrich genügt oft statt einer Hacke.

In der Praxis hat sich folgende Anbauweise gut bewährt:

Die Aussaat erfolgt im Juni/Juli nach zeitig räumenden Kulturen, nachdem der Acker durch entsprechende Bearbeitung das schon geschilderte Saatbett erhalten hat. Der erste hochwertige Laubschnitt kann dann Ende September/Anfang Oktober vorgenommen werden. Im nächsten Jahr erfolgt dann schon zeitig ein erster Laubschnitt im Mai. Auf nahrhaftem Boden bleibt die Kultur ein weiteres Jahr stehen. Erscheint dies bedenklich, so läßt man den Spitzwegerich nur noch einmal überwintern und nimmt den hochwertigen Laubschnitt des dritten Kulturjahres im Mai noch mit. Anschließend bricht man um und baut spätes Futtergemenge, Malven oder ähnliche Kulturen, evtl. auch Kartoffeln, an. Durch diese Anbauweise werden erheblich mehr und

* PATER, B. empfiehlt in einer Abhandlung „Über einen Anbauversuch mit dem Spitzwegerich" in „Pharmazeutische Monatshefte" 6, S. 2 bis 3 (1925) als günstigste Standweite 40 cm. Unter mitteldeutschen Anbauverhältnissen halten wir diesen Reihenabstand für zu weit.

verschiedener Plantago-species*

Plantago arenaria W. et K.**	*Plantago psyllium* L.	*Plantago cynops* L.***
1,4—3,3 × 0,8—1,7 mm	1,5—3,4 × 0,8—1,5 mm	2,3—4,2 × 1,2—2,0 mm
0,048—0,185 g	0,058—0,158 g	0,134—0,330 g
Umriß regelmäßig, oval bis elliptisch, Länge: Breite etwa 2 : 1. Rückenseite konvex	Länglicher, der Eiform ähnlicher Umriß. Rückenseite konvex. Oberfläche meist glatt und stark glänzend	Durchschnittlich über 3 mm lang. Umriß eiförmig. Rücken konvex. Oberfläche meist punktiert, matt bis schwach glänzend, glatt, oft auch runzlig bis faltig
± mahagonibraun	Braun, etwas wechselnd	Sehr wechselnd von grünstichig hellbraun, über tabakbraun bis braunschwarz
Samen dienen als Lieferanten der sogenannten *Psyllium*-Droge		

* Auszugsweise entnommen: KRAHL, P. P.: loc. cit. S. 583.
** *Plantago indica* L. (syn. *P. arenaria* W. et K.), Sandwegerich
*** *Plantago sempervirens* Cr. (syn. *P. cynops* L.), Strauchiger Wegerich (vom Handel weniger geschätzt)

ertragreichere Laubschnitte als mit einer Frühjahrssaat erzielt. Auch spätere Aussaat ist unter Verzicht auf den ersten Herbstschnitt möglich, doch sollte sie nicht mehr im September vorgenommen werden, da sonst die Pflanzen zu schwach in den Winter gehen und unter Umständen Auswinterungsschäden die Folge sind.

Zur Saatgutvermehrung läßt man ein entsprechendes Stück nach dem zweiten Schnitt stehen und ausreifen.

Für eine ausreichende Düngung mit Phosphorsäure und Kali ist Sorge zu tragen. Reichliche Stickstoffgaben wirken ertragsfördernd. Nach MAYER[5] wird beim Spitzwegerich durch Kalidüngung der Extraktgehalt um das Doppelte erhöht. In den Aschebestandteilen der Pflanze lassen sich beträchtliche Kalimengen nachweisen. Das hohe Nährstoffbedürfnis, besonders an Stickstoff, wird mit einer Handelsdüngergabe je Hektar von 80—100 kg K_2O = 200—250 kg 40er Kali, 30—40 kg P_2O_5 = 170—225 kg Superphosphat und 160 kg N in drei Gaben, davon die erste mit 400 kg schwefelsaurem Ammoniak und zwei weitere mit je 200 kg Kalkammon- oder 250 kg Natronsalpeter befriedigt. Die erste Gabe wird vor der Saat gegeben. Die weiteren nach dem ersten bzw. zweiten Schnitt. Diese Gaben werden in jedem Nutzungsjahre zeitig wiederholt.

Ernte: Nach der Vorschrift des Erg.-B. 6 soll die Ernte während der Blütezeit erfolgen. Im Anbau wird häufig der Schnitt bereits vor dem Erscheinen des Blütenstandes vorgenommen. Wichtig ist, daß in der Droge keine reifen Samen enthalten sind. Bei der Frühjahrsaussaat ist im ersten Jahre mit dem ersten Schnitt Anfang Juli zu rechnen, wenn der Bestand geschlossen ist und etwa eine Höhe von 40—50 cm erreicht hat. Je nach Witterung oder Wasserversorgung (evtl. Beregnung) schließen sich im Abstand von 3—6 Wochen weitere Schnitte an. Dabei wird der Zeitraum von Schnitt zu Schnitt mit dem Vorrücken der Jahreszeit immer länger, und die Qualität und Erntemenge verschlechtern sich, besonders durch den immer mehr zunehmenden Stengel- und Blütenanteil. Mit drei, unter Umständen auch vier Schnitten kann man im ersten Jahre nor-

[5] MAYER, C.: Zur Frage der Düngung im Arzneipflanzenanbau. „Pharm. Ind." 9, S. 170 (1942); bzw. „Arzneipflanzen-Umschau" 1, S. 125 (1942).

Abb. 328
Plantago lanceolata L., Feldbestand zur Erntezeit; links: Saatgutgewinnung; rechts: Drogengewinnung (Schnitt erfolgte vor der Blüte)

malerweise rechnen. Im zweiten Jahr erfolgt der erste Schnitt wesentlich früher. Nachtfröste können dabei den sehr zeitig austreibenden Spitzwegerich im Wachstum durch Erfrieren der ersten Austriebe hindern, schädigen ihn jedoch nicht wesentlich, da er immer wieder neu austreibt. Späte Fröste beeinflussen jedoch den Schnittzeitpunkt sehr. In günstigen Jahren kann man schon ab Anfang bis Mitte Mai mit dem ersten Schnitt rechnen, spätestens jedoch Ende Mai. Ist die weitere Witterung günstig, können vier und evtl. auch fünf Schnitte genommen werden. Gegen Trockenheit ist er allerdings sehr empfindlich. Die Blattbildung läßt dann zu wünschen übrig. Die Ernte selbst wird am besten mit der Sense vorgenommen, wobei sich eine kleine Auffang- und Sammelvorrichtung am Sensenbaum, ähnlich dem Rüstzeug bei der Getreidemahd, bewährt hat. Ein Mähen mit dem Grasmäher kommt im allgemeinen nur zur Samenernte oder beim ersten Schnitt im ersten Anbaujahr in Frage, da sonst zuviel Blattware verlorengeht.

Gegen Ende September/Anfang Oktober wird der größte Teil der sehr ungleich von unten nach oben reifenden Samen in der Ähre braun. Zu diesem Zeitpunkt wird der Schnitt mit der Sichel oder dem Grasmäher vorgenommen. Bewährt hat sich dabei auch das Sammelblech. Die Schwaden läßt man zunächst etwas auf dem Felde nachtrocknen und fährt dann unter Verwendung von Planen das Erntegut ein. Eine völlige Feldtrocknung ist in dieser Jahreszeit meist nicht möglich und sollte auch der stärkeren Ausfallgefahr wegen vermieden werden. Das eingefahrene Erntegut wird deshalb zur endgültigen Nachreife und Trocknung auf einen Boden oder einer Tenne ausgebreitet.

Nach der Trocknung erfolgt der Ausdrusch.

Trocknung: Das Erntegut muß rasch getrocknet werden, da bei langsamer Trocknung die Blätter schnell braun und unansehnlich werden. Man trocknet daher am besten künstlich bei 40—50° C. Das Eintrocknungsverhältnis beträgt etwa 5—7 : 1.

Erträge: Der Ertrag an frischem Kraut kann bei günstigen Anbaubedingungen 200—400 dz/ha und mehr betragen. Der erste Schnitt bringt im allgemeinen fast die Hälfte des Gesamtertrages. Was die Saatguterträge anbelangt, so belaufen sie sich auf etwa 3—4 dz/ha und mehr.

Der kultivierte Spitzwegerich kann auf guten Böden unbedenklich 2—3 Jahre genutzt werden. Auf leichteren Böden ist die ein- bis eineinhalbjährige Nutzung angebrachter, da die späteren Erträge nicht mehr lohnend sind.

Krankheiten und Schädlinge: PATER[6] beobachtete an vierjährigen Pflanzen eine Pilzkrankheit, welche auf den Blättern zahlreiche kleine, scharf umrissene runde Flecke verursachte. Das Gewebe starb an den Flecken ab, so daß die Blätter wie durchlöchert aussahen und dann völlig abstarben. Auch an den Blütenstengeln war die Krankheit wahrnehmbar. Als Erreger dieser Krankheit wurde der Pilz *Phyllosticta plantaginis* Sacc. festgestellt. GOLDIN[7] beobachtete eine Mosaikerkrankung des Wegerichs, die auch auf Tabak und Tomaten übertragen werden kann. Nach Genanntem scheint es sich bei diesem Wegerichmosaikvirus nicht um das bekannte Tabakmosaikvirus zu handeln. In Leipzig-Probstheida zeigten hin und wieder schon vor Beginn der Blütezeit die meisten Blätter Fraßstellen. Eine mattgrüne Blattwespenlarve hatte die Blätter von der Unterseite aus nach Blattwespenart in runden und ovalen Löchern zerfressen. Die Bestimmung ergab die Art *Amastegia glabrata* Fall., eine Blattwespe, die in Leipzig-Probstheida auch an anderen Pflanzen häufig beobachtet werden konnte. An den noch grünen Blütenähren fraßen die graugrünen Raupen der Meldeneule, *Trachea atriplicis* L. Anfang September war die Wiesenblindwanze, *Lygus pratensis* L., an den halbreifen Fruchtständen gemein. Graue Stellen verrieten die Folgen ihrer früheren Saugstiche.

Besonderes: Außer der Droge finden verschiedene *Plantago-species* auch als Nahrungs- und Futtermittel Verwendung. So werden z. B. die frischen Blätter des Spitzwegerichs zur Herstellung von Pflanzensäften gebraucht. Auch kann das Kraut bedenkenlos verfüttert werden. In der Geflügelhaltung und -zucht finden frische Spitzwegerichblätter u. a. zur Verhütung von Darmkrankheiten Verwendung, was vielleicht auf die in den Blättern enthaltenen bakteriziden bzw. bakteriostatischen Wirkstoffe zurückzuführen ist. Da sich die Geflügelhaltung mit Wechselauslauf am besten bewährt, empfehlen wir bei der Anlage einer Geflügelweide verschiedene Kräuter, besonders *Plantago lanceolata*, zu berücksichtigen. Mit dieser Empfehlung wurden in der Praxis schon sehr gute Erfolge erzielt. Die Samen können ebenfalls als Futtermittel dienen. Nach KRAHL[8] entsprechen sie im Futterwert etwa geringem Hafer oder Hirse. Sie bedürfen allerdings infolge ihrer hornartigen Endospermzellen einer Vorbehandlung, indem sie am besten geschrotet werden.

Rheum palmatum L.*, Medizinalrhabarber

Polygonaceae

Je nach dem Verwendungszweck gliedert sich der Anbau von Rhabarber in solchen für

Speisezwecke (Speise- oder Gemüserhabarber-Anbau) und

Arzneizwecke (Medizinalrhabarber-Anbau).

Im nachfolgenden beschränken wir uns auf den Anbau des Medizinalrhabarbers (*Rheum palmatum* L.), was nicht ausschließt, daß noch andere Rhabarberarten arzneilich genutzt werden können, wenn deren Wurzelstöcke mit ihren Wurzeln über spezifisch abführende Wirkstoffe verfügen wie *Rheum rhaponticum* L. (Rhapontikrhabarber).

[6] loc. cit S. 586.

[7] GOLDIN, M. J.: Mosaikerkrankung beim Wegerich. „Ber. Akad. Wiss. UdSSR (N. S.)“ 88, S. 933 bis 935 (1953); ref. in „Chem. Zbl.“ 125, S. 2419 (1954).

[8] loc. cit. S. 583.

* Der Name für die Stammpflanze von *Rhizoma Rhei* lautet im DAB. 6 *Rheum palmatum* L. *var. tanguticum* Maxim. Außerdem werden in der Literatur u. a. noch als Stammpflanzen genannt: *Rh. tanguticum* Maxim. und *Rh. tanguticum* Tschirch. Das Bestehen letzterer Arten halten wir für fraglich. Wahrscheinlich handelt es sich hierbei nur um Formen von *Rheum palmatum* L., die ± mit *var. tanguticum* Maxim. identisch sind.

Über die Frage, ob der Speiserhabarber eine brauchbare Austauschdroge für Medizinalrhabarber darstellt, ist schon oft diskutiert worden. KROEBER[1], der sich eingehend mit dem Rhabarber beschäftigte und die therapeutische Wirkung des Wurzelstockes vom Speiserhabarber (*Rheum undulatum* L.) prüfte, konnte wohl, wenn auch nur schwach, die Bornträgersche Anthrachinonreaktion erhalten, aber eine direkte Abführwirkung bei keiner einzigen Versuchsperson, weder mit der gepulverten Droge noch mit dem Extrakt, erzielen. Die einzige erkennbare Wirkung äußerte sich zuweilen in einer Erweichung der Fäces. Genannter hat nachgewiesen, daß an der Abführwirkung des Medizinalrhabarbers außer den als maßgeblich angesehenen Anthrachinonen auch noch andere bei der Säurehydrolyse nicht erfaßbare Inhaltsstoffe beteiligt sind. Unabhängig von KROEBER sind CASPARIS und GÖLDLIN[2] zu der Feststellung gelangt, daß auch ein praktisch anthrachinonfreier Chinarhabarber (Medizinalrhabarber) noch eine volle Abführwirkung zeigt. Es wurde daher angenommen, daß dem Speiserhabarber die an der Abführwirkung beteiligten noch unbekannten Stoffe des Medizinalrhabarbers fehlen. Auf Grund der Befunde von KROEBER sollte sich das pulverisierte Rhizom des Speiserhabarbers lediglich als Stomachicum eignen. Nach neueren Untersuchungen von GSTIRNER und HOLTZEM[3], die eine biologische Prüfung an der Ratte vornahmen, muß auch *Rheum undulatum* eine abführende Wirkung zugesprochen werden. Nach Genannten dürfte die zweckmäßigste Form der Anwendung der schonend zubereitete wässerige Spissumextrakt sein.

Gebräuchliche Pflanzenteile: DAB. 6: „Die bis in die Nähe des Kambiums oder noch darüber hinaus von den äußeren Teilen befreiten, getrockneten Wurzelstöcke und Wurzeln von *Rheum palmatum* Linné *var. tanguticum* Maximowicz." HAB. 2: „Bis in die Nähe des Kambiums abgeschälter Wurzelstock" von *Rheum palmatum* L. und *Rheum officinale* Baillon. Das HAB. 2 fußt hier noch auf der früheren Ansicht (*Pharm. Germ. Ed.* III), wonach als Stammpflanze für *Rhizoma Rhei* „*Rheum*-Arten Hochasiens, vorzüglich wohl *Rheum officinale* Baillon", also mehrere Arten, von denen lediglich genannte Art hervorgehoben wird, angesehen wurden. Inzwischen hat sich aber ergeben, daß es sich bei der Stammpflanze des echten chinesischen Rhabarbers um *Rheum palmatum* L. handelt (*Pharm. Germ. Ed.* IV). Näheres hierüber findet sich im „Kommentar zum DAB. 6" von O. ANSELMINO und E. GILG, 2. Band, Berlin 1928, S. 378 bis 379. Offizinell sind demnach in Deutschland nur der Wurzelstock und die Wurzeln von *Rheum palmatum* L. *var. tanguticum* Maxim. Außer diesen finden keine weiteren Pflanzenteile arzneiliche Verwendung. Nach der Patentschrift Nr. 730077, ausgegeben am 6. Januar 1943, können gegebenenfalls auch Blätter von *Rheum undulatum* für pharmazeutische Zwecke (Herstellung von Laxantien) Verwendung finden[4].

Handelsbezeichnung: *Rhizoma (Radix) Rhei.* Rhabarberwurzel.

Botanik: Die Rhabarberarten sind ausdauernd. Sie verfügen über ein fast knollig verdicktes, zur Verholzung neigendes, mit starken, fleischigen Wurzeln versehenes Rhizom. Die Wurzeln erreichen bis 1 m Tiefe. Die sehr großen, langgestielten Blätter von *Rheum palmatum* L. sind handförmig gelappt und zugespitzt, kreis- bis breit-

[1] KROEBER, L.: Bildet *Rheum undulatum* L. (Garten-Gemüserhabarber) einen brauchbaren Ausweichstoff für *Rheum palmatum* L. *var. tanguticum* Maximowicz (Medizinalrhabarber)? „Süddeutsche Apotheker-Zeitung" 88, S. 92 bis 93 (1948).

[2] CASPARIS, P. und GÖLDLIN, H.: „Schweizer Apoth.-Ztg." 1923, Nr. 31; 32, 35, 37, 38; zit. nach KROEBER, L.: Die Möglichkeiten der Medizinal-Rhabarber-Gewinnung im großdeutschen Raum. „Pharm. Ind." 9, S. 289 bis 290 (1942); bzw. „Arzneipflanzen-Umschau" 1, S. 173 bis 174 (1942).

[3] GSTIRNER, F. und HOLTZEM, H.: Über die arzneiliche Verwendbarkeit von *Rheum undulatum*. „Pharmazie" 4, S. 333 bis 339 (1949); bzw. „Arzneipflanzen-Umschau" 2, S. 563 bis 569 (1949).

[4] Zit. nach „Nachrichten des Reichsverbandes d. Heil-, Duft- und Gewürzpflanzenanbauer e. V." **10**, Nr. 103 (1944).

eiförmig. Sie verfügen über eine handförmige Nervatur. Bereits im ersten Anbaujahr wurden Blattgrößen von 25 × 26 cm bis 60 × 64 cm mit einer Tiefe der Lappen von 3—13 cm von uns gemessen. Die unteren Blätter älterer Pflanzen können bis über 1 m im Durchmesser betragen. Am Grunde des Blattstieles befindet sich eine aus den verwachsenen Nebenblättern entstandene häutige Scheide. Die hohlen, ± verholzenden Stengel stehen aufrecht und können fast Armstärke und eine Höhe bis zu 250 cm erreichen. Die Blüten sind traubig oder rispig angeordnet, zwittrig oder auch durch Fehlen eines Geschlechtes eingeschlechtig. Die Farbe der Blütenhülle ist dunkelpurpurn. Die Gefahr der Bastardierung ist infolge Fremdbestäubung sehr groß.

Abb. 329 Rheum palmatum L. var. tanguticum Maxim., Parzellenbestand

Blütezeit: V, VI.

Auf dem Prüfungsfelde des Sortenamtes in Leipzig-Probstheida war im Jahre 1940 ein unterschiedlicher Insektenbeflug bei Rhabarber festzustellen. Die aus Früchten gezogenen Rhabarberpflanzen der Deutschen Hindukusch-Expedition (siehe S. 595) blühten viel früher als die deutschen Herkünfte des Medizinalrhabarber-Types. Trotz günstiger Witterung war an letzteren nur verhältnismäßig wenig Insektenleben anzutreffen. Die Blüten wurden vorwiegend von Fliegen besucht. Von den vier festgestellten Arten seien die allgemein sehr häufigen *Sarcophaga carnaria* L. und *Onesia sepulchralis* Mg. genannt. Erstere saß häufig auf den Blättern und wurde an den Blüten auch pollenaufnehmend gesehen. Blattwespen hatten sich in mehreren Arten eingefunden, z. B. die schwarzgraue *Dolerus puncticollis* G. G. Thoms sowie die Wiesenblattwespe, *D. pratensis* L. Auch die Gartenhaarmücke, *Bibio hortulanus* L., wurde an den Blüten beobachtet. Am Gemüserhabarber, der zu vergleichenden Untersuchungen ebenfalls angebaut wurde, war reicheres Insektenleben festzustellen. Als Vertreter der Hautflügler war allerdings nur die Erdbienenart *Andrena albicans* Müll. zu sehen. Obwohl Blattläuse nicht immer beobachtet wurden, hatten sich viele Marienkäfer der Arten *Coccinella septempunctata* L. und *C. quinquepunctata* L. eingefunden. Vor allem wurden die Blüten von Weichkäfern, und zwar von den Arten *Cantharis livida* L. und *C. fusca* L. besucht. Zwei große Blattwespenarten (*Dolerus gonager* F. und *D. pratensis* L.) waren auch auf den Blüten nicht selten. Eine kleine, zarte Halmfliegenart (*Chlorops nasuta* Schrk.) war gleichfalls häufig anzutreffen.

Die Rhabarberfrüchte sind oval, kantig, dreiflügelig; hin und wieder werden auch vierflügelige gefunden. Ihre Länge beträgt im Mittel 10,2 mm, die Breite 7,8 mm. Die Nüßchen sind 6—10 mm lang und messen bis 7 mm im Durchmesser. Die Farbe der Früchte ist rotbraun bis braun bei etwas helleren, pergamentartigen Flügeln.

Boden und Klima: Der Medizinalrhabarber wächst in seinen Herkunftsgebieten (Hochasien) vorwiegend auf sandig-lehmigen, trockenen Böden. In Deutschland untersuchte besonders eingehend Ross[5] die Anbaumöglichkeiten. Das Ergebnis seiner an etwa hundert verschiedenen Stellen eingeleiteten Versuche über ganz Deutschland auf den verschiedensten Bodenarten, in allen nur möglichen Höhenlagen und unter sehr ungleichen Lebensbedingungen faßt er dahin zusammen: Die verschiedenen Medizinal-

[5] Ross, H.: Festzeitschrift für A. Tschirch. Leipzig 1926, S. 174; „Heil- und Gewürzpflanzen" 4, S. 76 (1921); ebenda 6, S. 34 (1923); zit. nach Kroeber, L.: loc. cit. S. 590, Fußnote 2.

Abb. 330
Rheum palmatum L. var. tanguticum Maxim., Früchte

rhabarberarten gedeihen sowohl im Flachland als auch in etwas höheren Lagen gut, wenn sie tiefgründigen, nährstoffreichen, möglichst kalkreichen, gut bearbeiteten, nicht zu trockenen, aber auch nicht zu feuchten Boden zur Verfügung haben. Ungünstig verliefen die Anbauversuche nur in warmen und trockenen Gegenden, also besonders in den Weinbaugebieten sowie in sehr windigen oder zu feuchten Lagen. Ebenso waren entgegen der ursprünglichen Erwartung in Anbetracht des Hochgebirgscharakters des chinesischen und tibetanischen Rhabarbers die Ergebnisse im Alpengarten auf dem bayrischen Schachen wenig günstig. Die Pflanzen fanden in dem kümmerlichen Erdreich des Hochgebirges zuwenig Nahrung zu ihrer Entwicklung; auch ist dort anscheinend die Vegetationszeit zu kurz.

Nach eigenen Beobachtungen gedeiht *Rheum palmatum* L. *var. tanguticum* Maxim. besonders gut auf frischen Wiesenböden. Gegen anhaltende Feuchtigkeit ist er empfindlich. Der Grundwasserstand sollte sich zwischen 1 und 1,5 m bewegen. Anbauversuche führten zu dem überraschenden Ergebnis, daß der Medizinalrhabarber auch auf entwässertem Moorboden noch gut gedeiht. Er zeigte auf solchen Böden nicht nur ein kräftiges, sondern auch ein schnelles Rhizomwachstum, so daß die lange Wachstumsdauer von mindestens 3 Jahren bis zur Rhizomernte auf Moorboden abgekürzt werden könnte, vorausgesetzt, daß eine therapeutisch wertvolle Droge gewonnen werden kann. Auch ist zu bedenken, daß die Wurzelstöcke im Laufe des Winters durch den Frost gehoben werden können. Wenn dies der Fall ist, müssen sie im Frühjahr wieder festgetreten werden. In der Obersteiermark auf humosem Boden angebauter Medizinalrhabarber gedieh zwar üppig, jedoch bildeten sich keine starken Rhizome; sie waren schwammig, meist hohl und wenig aromatisch. Auf verwittertem Tonschiefer gingen die Pflanzen bald an Trockenheit zugrunde, während sie sich anderenorts auf letteartigem Tonboden der Alluvialformation befriedigend entwickelten. Gut gediehen die Pflanzen in Holzschlägen neben alten Stubben auf sandig-lehmigem Untergrund. Der lößartige Boden, der in Österreich im Donauland vorkommt und dem Boden des chinesischen Herkunftslandes ähnelt, hat sich für den Anbau von Medizinalrhabarber als besonders geeignet erwiesen. Auch das Mährische Hochland der Tschechoslowakei soll für den Medizinalrhabarber-Anbau in Frage kommen. Wir selbst konnten sehr gut entwickelte Kulturen in Österreich und in der Tschechoslowakei besichtigen und eigene Anbauerfahrungen auf dem Versuchsfeld des Sortenamtes in Leipzig-Probstheida sammeln. Die vegetativ und auch generativ vermehrten Pflanzen wuchsen langsam und litten häufig unter Trockenheit. Besonders groß war der Pflanzenausfall in den Dürrejahren 1946 und 1947, wo die Niederschlagsmengen zum Teil weit unter dem langjährigen Jahresdurchschnitt von 600 mm blieben (1947 = 457,6 mm). Frostschäden wurden in keinem Jahre wahrgenommen. Halbschatten, etwas kühle und feuchte Lagen werden vom Medizinalrhabarber gut vertragen, so daß er sich auch als Zwischenkultur in Obstplantagen und als Zierstaude, in Gruppen gepflanzt, in Parkanlagen und vor allem auch als schmuckvolle Einzelpflanze auf Rasen eignet.

Herkunft und Verbreitung: Die echte Chinaware wird von wildwachsenden Pflanzen in einer Höhenlage von 2500—3200 m und darüber hinaus gesammelt, und zwar besonders um den Kuku-nor, dem Quellgebiet des Hoangho, ferner in den östlicher gelegenen Provinzen Shensi und Szetschwan am oberen Kiang. Das Heimatgebiet umfaßt einen großen Raum; es ist dies das Gebiet zwischen dem 22. und 40. Grad nördlicher Breite von Nordwest- bis Nordchina und Osttibet. Von da aus hat der Medizinalrhabarber als Kulturpflanze seine Verbreitung über die ganze Welt gefunden, und er wird heute vielenorts als wertvolle Arzneipflanze und dekorative Zierstaude kultiviert. Auch in Deutschland befinden sich verschiedene Kulturen, eine der ältesten und bekanntesten in Württemberg*.

Herkünfte des Drogenhandels: Mittelpunkte und Hauptstapelplätze des Überseehandels sind Si-ning in der Provinz Kansu und Kwan-hien in der Provinz Szetschwan. Der größte Teil wird von Tientsin und Shanghai, früher auch von Kanton aus verschifft. Die wichtigsten Handelssorten sind „Shensi-", „Shanghai-" und „Kanton"-Rhabarber. In der übrigen Welt wird der Medizinalrhabarber fast ausschließlich für den Eigenbedarf angebaut. Was den deutschen Medizinalrhabarber anbelangt, so äußert sich Ross[6] folgendermaßen: „Da der in Deutschland gewonnene Medizinalrhabarber der chinesischen Droge völlig ebenbürtig ist, seiner Frische wegen sogar reicher an wirksamen Stoffen ist als die stets ältere Ware des letzteren, so soll derselbe nicht als ein Notbehelf, als ‚Ersatz' betrachtet werden, dessen Herkunft man besser verschweigt. In Anbetracht seiner Güte vom pharmako-chemischen Standpunkt aus sollte er als *Rhizoma Rhei palm. germ.* im Handel geführt werden."

Sorten und Herkünfte für den Anbau: Sorten vom offizinellen Typ *Rheum palmatum* L. *var. tanguticum* Maxim. wurden noch nicht herausgestellt. Verschiedentlich sind dem Sortenamt Saatgutproben zur Prüfung eingesandt worden, die mit *Rheum palmatum* L. bezeichnet waren. Der Aufwuchs ergab in jedem Falle infolge der Heterozygotie ± Formengemische. Es handelte sich hierbei um Herkünfte vom Botanischen Institut in Tübingen, wo man sich besonders mit Züchtungs- und Anbauversuchen[7] befaßte, ferner um solche aus Österreich, und zwar aus Korneuburg bei Wien, wo sich im dortigen Versuchsgarten des Österreichischen Komitees für Arzneipflanzenbau ein alter Medizinalrhabarber-Bestand vorfand, und um eine Herkunft aus der Tschechoslowakei (Aujest bei Pruhonitz). Mehrere heute angebaute Herkünfte dürften gleichen Ursprungs sein, und zwar, zufolge eines Berichtes von Tschirch[8], auf das von Tafel auf seiner

[6] Ross, H.: Praktische Winke für den Anbau des Medizinal-Rhabarbers. „Heil- und Gewürzpflanzen" 6, S. 34 bis 41 (1923).

[7] Wallach, A.: Züchtungs- und Anbauversuche an Medizinal-Rhabarber. „Arch. Pharmaz." 279, S. 393 bis 403 (1941).

[8] Tschirch, A.: Die Kultur des chinesischen Rhabarbers. „Die Deutsche Heilpflanze" 1, S. 62 bis 64 (1935).

* Dr. Mauz, Salzmannsche Apotheke in Eßlingen am Neckar, baut mit bestem Erfolg seit vielen Jahren *Rheum palmatum* L. feldmäßig an.

Reise vom Kuku-nor an die tibetanische Grenze 1905* bei Dulangomba gesammelte Saatgut zurückzuführen sein. Von der Sendung TAFELS waren nur zwei Früchte unversehrt geblieben, aus denen im Berner Botanischen Garten Pflanzen erwuchsen, die aufspalteten. Es entstanden Formen mit tiefgeteilten Blättern und weißen oder schwach rötlichen Blüten und solche mit ungeteilten Blättern, ebenfalls weiß oder rötlich blühend. Die Produkte der Aufspaltung des von TAFEL gesammelten chinesisch-tibetanischen *Rheum*-Bastards beschreibt TSCHIRCH.

Der Typ *palmatum* wurde im Berner Botanischen Garten vermehrt, und viele Pflanzen wurden an zahlreiche Stellen außerhalb der Schweiz abgegeben, so daß hieraus wahrscheinlich verschiedene pharmazeutische Werkkulturen entstanden.

Die Drogen der von TSCHIRCH beschriebenen Aufspaltungsprodukte wurden nach der von ihm entwickelten titrimetrischen Methode, die auch in die Schweizerische Pharmakopoe, Editio V.** aufgenommen wurde, untersucht und lieferten wirksame Inhaltsstoffe. Es handelte sich um Drogen, die dem chinesischen Rhabarber gleichwertig waren[9].

Auch wir beobachteten ähnliche Aufspaltungen wie TSCHIRCH an den uns zur Prüfung eingesandten Herkünften. Der *palmatum*-Typ dominierte.

A: Blätter stark eingeschnitten, mit länglichen, scharfen Zähnen. Einschnitte zwischen den Zähnen tief. Blattstiele zu 48% grün, rot gestrichelt und 52% dunkelkirschrot.

B: Blätter kleiner als die vorigen, schwach eingeschnitten, mit kurzen, scharf-, seltener mit stumpfendigen Zähnen. Einschnitte zwischen den Zähnen klein, Blattstiel grün, rot gestrichelt zu 38,5%, dunkelkirschrot zu 61,5%.

Im Verlauf der späteren Jahre wurden auch die Infloreszenzen beobachtet. Die Blütenfarbe war verschieden, sie schwankte von weißlichgelb bis sehr schwach rötlich, auch noch dunklere Formen wurden festgestellt. Bei der Beurteilung der Rhizome konnten zwei verschiedene Färbungen beobachtet werden, und zwar war die Rhizomfarbe (Rinde) entweder gelb oder rötlich. Wir können uns daher der Ansicht TSCHIRCHS anschließen, daß in dem Bastard, dessen Früchte TAFEL an TSCHIRCH sandte, „kein einfacher Bastard vorliegt, sondern ein schon stark gemischter, und daß schon in Tibet Kreuzungen verschiedenster Arten stattgefunden haben". Als Stammpflanze für *Rhizoma Rhei* sieht das DAB. 6 *Rheum palmatum* L. *var. tanguticum* Maxim. vor. Diese Varietät verfügt über etwas mehr länglichere Blätter als die Art. Da dies ein sehr geringfügiges und variables Merkmal ist, dürfte es unseres Erachtens genügen, als Stammpflanze für die offizinelle Droge *Rhizoma Rhei Rheum palmatum* L. vorzuschreiben, wie dies bereits im HAB. 2 erfolgte. In der *Pharmacopoea Helvetica, Editio Quinta* (S. 793), heißt es auch bereits wie folgt: *Rhizoma Rhei*: „Das geschälte, getrocknete Rhizom und die geschälte, getrocknete, dickere Wurzel von *Rheum palmatum* L." Auch in den Arzneibüchern der Sowjetunion, Finnlands und Englands wird lediglich *Rheum palmatum* L. als Stammpflanze für die offizinelle Droge genannt. Es ist außerdem anzunehmen, daß die in Deutschland vorhandenen *Rheum palmatum*-Pflanzen nicht alle auf das von TAFEL gesammelte Material zurückzuführen sind, sondern auch auf bereits früher vorhandenes. So wurde *Rheum palmatum* L. schon 1752*** in Europa bekannt, als in Petersburg (Lenin-

[9] SCHMITZ, P.: Über die pharmako-chemische Wertbestimmung einiger Anthraceendrogen. Bern 1929 (Dissertation); zit. nach A. TSCHIRCH.

* Nach dem von TSCHIRCH herausgegebenen Handbuch der Pharmakognosie, 1. Bd., 2. Abt., S. 724, Leipzig 1932, erhielt er die von TAFEL gesammelten Früchte aus China im Jahre 1907.

** Im Kommentar zu diesem Vorschriftenbuch (1947) wird die angegebene Bestimmungsmethode abgelehnt.

*** Nach SEMMEL, A.: Der Anbau der offizinellen Rhabarberarten in Europa (Anbau in Rußland und Kurland). „Heil- und Gewürzpflanzen" 3, S. 164 bis 166 (1920), wurden die ersten Anbauversuche mit *Rheum palmatum* L in Rußland im Jahre 1750 unternommen. Früchte hiervon wurden auch an die verschiedenen botanischen Gärten Deutschlands, Schottlands und Englands verteilt.

grad) Früchte keimten, die durch Vermittlung eines tatarischen Rhabarberhändlers dorthin gelangt waren. Ferner fand der berühmte russische Reisende PRZEVALSKIJ Rhabarberpflanzen in der Gegend des Kuku-nor, dem Zentrum des besten Herkunftsgebietes. Er sandte 1872 Früchte der von ihm gefundenen Stammpflanze nach Petersburg. Aus diesen zog MAXIMOWICZ im Auftrage REGELS eine Pflanze, welche sich durch Überwinterungsfähigkeit auszeichnete und die er *Rheum palmatum* L. *var. tanguticum* MAXIMOWICZ nannte. Sie wird als die Stammpflanze der offizinellen Droge *Rhizoma Rhei* betrachtet. REGEL veröffentlichte eine populäre Abhandlung, in der er den Anbau dieser Arzneipflanze empfahl. Nach ihm eignet sie sich besonders zum Anbau im nördlichen Deutschland, in den Ostseeprovinzen, im ehemaligen Petersburger und Nowgorodschen Gouvernement Rußlands und in der Schweiz [10]. Nach KROEBER[11] wurden in Deutschland Anbauversuche mit *Rheum palmatum* L. 1759 in Insterburg mit bestem Erfolg durchgeführt. Die im Friedrichshospital in Berlin mit diesem ersten in Deutschland geernteten Medizinalrhabarber durchgeführten Versuche ergaben bereits dessen Gleichwertigkeit mit der eingeführten China-Droge. In der deutschen Literatur[12] ist ferner zu finden, daß im Jahre 1917 weiteres Saatgut aus China eingeführt wurde. Dieses Material ist bei der Versuchsstation Happing bei Rosenheim angebaut worden und fand ebenfalls weitere Verbreitung. Die Württemberger Herkunft von Dr. MAUZ und auch die von uns angebaute Tübinger Herkunft leiten sich hiervon ab.

Es erübrigt sich hier, die verschiedenen Rhabarberarten zu beschreiben, die als Speiserhabarber Verwendung finden und von denen es eine ganze Anzahl Zuchtsorten gibt. Näheres hierüber findet sich u. a. bei BECKER-Dillingen. *Rheum officinale* Baill., der besonders im südlichen Teile Hochasiens auch als Arzneidroge gewonnen wird, soll noch Erwähnung finden, da er gelegentlich mit *Rheum palmatum* verwechselt wird. Die Blätter dieser Art sind rundlich, fast kreisrund, etwa bis 1,30 m im Durchmesser. Sie sind mit gezähnten, tiefen Lappen versehen und unterseits behaart. Die Blütenrispen sind von bleichgrüner Farbe. Nach Untersuchungen von WALLACH[13] steht *Rheum officinale* in der Wirkung neben den besseren *Rheum palmatum*-Formen. Zu seinem Anbau kann in Deutschland nicht geraten werden, zumal das Wachstum dieser Art sich noch langsamer vollzieht als bei *Rheum palmatum*.

Wir selbst untersuchten bisher außer den Herkünften der Art *Rheum palmatum* L. noch eine weitere, von welcher uns die Deutsche Hindukusch-Expedition (DHE) im Jahre 1935 Früchte mitbrachte, die am Südanstieg zur Tiritsch-Mir-Gruppe in 3600 m Höhe gesammelt und uns zusammen mit anderem Material zum versuchsweisen Anbau übergeben worden war[14]. Es handelte sich hierbei um eine Art, die sich in ihrem Erbgang im Gegensatz zu *Rheum palmatum* konstant verhielt. Sie verfügt über einen typischen Gebirgsformcharakter und entwickelt sich sehr langsam. Nach unserem Dafürhalten handelt es sich bei dieser *Rheum-species* um eine Art, die in hohen Gebirgslagen mit Erfolg zur Drogengewinnung angebaut werden kann, und zwar auf Gelände, das sich landwirtschaftlich nicht mehr nutzen läßt. Bei den abführend wirkenden Bestandteilen des Medizinalrhabarbers handelt es sich um Anthracenderivate, daneben sind glykosidisch gebundene Gerbstoffe vorhanden, die eine entgegengesetzte Wirkung besitzen. Zur Beurteilung der von uns angebauten Typen wurde der Gerbstoff-

[10] Zit. nach SEMMEL, A. (siehe nebenstehende Anmerkung).
[11] loc. cit. S. 590, Fußnote 2.
[12] WALLACH, A.: loc. cit. S. 593.
[13] loc. cit. S. 593.
[14] HEEGER, E. F.: Beobachtungen und Untersuchungen an den im Jahre 1936 bei der Sortenregisterstelle in Leipzig-Probstheida angebauten, von der Deutschen Hindukusch-Expedition 1935 gesammelten Herkünften mehrerer Arznei- und Gewürzpflanzen (Protokoll).

gehalt nach dem Hauptpulververfahren bestimmt. Dagegen verzichteten wir auf die chemische Bestimmung der Anthrachinone, da sie einerseits mit erheblichen Schwierigkeiten verbunden ist, andererseits infolge der gleichzeitig vorhandenen Gerbstoffe kein unmittelbarer Schluß auf die abführende Wirkung gezogen werden kann. Dafür wurde sie direkt im Tierversuch an Ratten ermittelt. Hiernach zeigten die Drogen von *Rheum palmatum* und auch vom „Hindukusch-Rhabarber" eine deutlich abführende Wirkung.

Bei letzterem handelt es sich um eine bisher in Deutschland und wahrscheinlich auch darüber hinaus noch nicht angebaute Rhabarberart mit einer laxierenden Wirkung seiner Droge. Inwieweit diese Art identisch sein könnte mit dem im Libanon und in Südpersien beheimateten *Rheum ribes* L., dem sie uns sehr ähnlich erschien, konnte in Ermangelung von vergleichbarem Pflanzenmaterial nicht festgestellt werden.

Abb. 331 Rheum-species aus dem Hindukusch, dreijährig; Anbau Leipzig-Probstheida

Aufgabe der Züchtung ist es, eine besonders therapeutisch hochwertige Medizinalrhabarber-Zuchtsorte zu schaffen, die hinsichtlich ihrer Wirksamkeit mindestens dem *palmatum*-Typ entspricht. Nach den Untersuchungen von WALLACH zu urteilen, dürfte schon ein züchterischer Fortschritt durch Auslese frohwüchsiger palmater Formen mit rötlichem Stiel und wenig, aber tief geteilter Blattfläche erzielbar sein, da sich diese Formen im physiologischen Versuch als die wirksamsten erwiesen. Interessant ist in diesem Zusammenhange die Tatsache, daß in der Speiserhabarber-Züchtung ebenfalls Rotstengeligkeit zu den Zuchtzielen gehört. Wichtig ist es auch, auf züchterischem Wege eine für deutsche Anbauverhältnisse frohwüchsige und ertragsichere Sorte zu erreichen. Die starke Neigung des Medizinalrhabarbers zur Blütenstandsbildung und damit zur Blüte wäre weitgehend herabzudrücken zugunsten einer kräftigen Rhizombildung, wobei noch eine gewisse Frühreife des Wurzelstockes erstrebenswert ist. Das Rhizom sollte spätestens nach zwei Vegetationsjahren höchste Wirksamkeit aufweisen, erntereif sein und einen guten Ertrag liefern. Unter günstigsten Verhältnissen ist der Medizinalrhabarber in Deutschland nach drei Jahren erntbar. Das Rhizom soll sehr kräftig und fest, nicht schwammig, innen reich gemasert, dunkelorangegelb und im Geruch aromatisch sein.

Bei den Züchtungsarbeiten wie auch beim Samenbau ist stets zu bedenken, daß die Bastardierungsmöglichkeiten beim Rhabarber sehr groß und daher Isolierungen notwendig sind. Auch ist zu beachten, daß es bei der Gattung *Rheum* neben fertilen Rassen auch solche gibt, die bei Selbstbestäubung steril bleiben[15]. Die verschieden abblühenden Auslesen müssen räumlich genügend weit entfernt angebaut werden, nach BECKER-Dillingen in einer Mindestentfernung von 300 m.

[15] ROSENTHAL, Chr.: Über Selbststerilität des medizinischen Rhabarbers (*Rheum palmatum*). „Zeitschrift für Züchtung", Reihe A, 22, S. 317 bis 322 (1938).

Saatgut: Nach BECKER-Dillingen beträgt das 1000-Korngewicht der Früchte der Speiserhabarber-Sorten 9—14 g und das Litergewicht 120 g. Wir ermittelten beim Medizinalrhabarber Tausendkorngewichte von 12,163—15,953 g. Das Litergewicht einer Herkunft aus Tübingen betrug 92 g und das einer tschechischen Herkunft 100 g. Die Mindestreinheit von *Rheum palmatum* sollte 98% und die Mindestkeimfähigkeit 80% betragen. Die Keimfähigkeit belief sich im mehrjährigen Durchschnitt auf 84%; frisches Saatgut keimte bis zu 100%. Die Abnahme der Keimfähigkeit nach sechsjähriger Lagerung betrug 45—86%. Der Keimversuch wird im Dunkeln bei 30° C oder Wechseltemperatur durchgeführt. Entsprechend den „Technischen Vorschriften für die Untersuchung von Saatgut" wird bereits nach 5 Tagen die Keimschnelligkeit und nach 14 Tagen die Keimfähigkeit festgestellt.

Anbau: Gute Vorfrüchte zu Medizinalrhabarber sind reichlich gedüngte Hackfrüchte; aber auch nach Grünlandumbruch kann der Anbau erfolgen, jedoch ist danach die Gefahr der Verunkrautung besonders groß. Im landwirtschaftlichen Betrieb wird der Medizinalrhabarber hinsichtlich der Fruchtfolge nach Art der Springschläge behandelt wie die Luzerne.

Beim Anbau des Medizinalrhabarbers ist der Bodenvorbereitung besondere Aufmerksamkeit zu widmen. Der Boden ist vor allem tief zu bearbeiten, und zwar mindestens so wie für den Anbau von Zuckerrüben, besser noch tiefer. Im allgemeinen wird beim gartenmäßigen Anbau zwei Spatenstiche tief rigolt und beim feldmäßigen Anbau mit dem Rigolpflug mindestens 30 cm tief gepflügt, bei rohem Untergrund möglichst bis zu einer Tiefe von 35 cm. Die Anwendung der Untergrundlockerung erscheint uns zweckmäßig. Wir beobachteten, daß eine gründliche tiefe Bodenbearbeitung der Entwicklung eines kräftigen Wurzelstockes mit tiefgehenden Wurzeln sehr förderlich ist.

Die Vermehrung des Medizinalrhabarbers kann durch Saatgut erfolgen, wobei aber, wie bereits oben ausgeführt, zu bedenken ist, daß es weder vom Medizinalrhabarber noch vom Speiserhabarber völlig samenechte Sorten gibt und die Aufspaltungsmöglichkeiten groß sind. Zur Pflanzenanzucht für 1 a Hauptanbau genügen 5 g Saatgut. Die vegetative Vermehrung ist vorzuziehen.

Die Aussaat erfolgt im Herbst oder im zeitigen Frühjahr ins Mistbeet oder auch im April/Mai auf ein gut vorbereitetes Freilandsaatbeet. Bei ausreichender Feuchtigkeit und genügend Bodenwärme keimen die Früchte, die Dunkelkeimer sind, bereits nach 14 Tagen. Bei Freilandaussaat im Frühjahr läuft die Saat oft erst nach 30—40 Tagen auf. Es besteht dann die Gefahr, daß bei trockener Witterung bereits die Keimpflanzen durch Erdflohfraß Schaden nehmen. Aber auch gleich nach der Saatguternte (Ende Juli) kann die Aussaat vorgenommen werden. Die Keimung erfolgt epigäisch, d.h., die Keimblätter treten über die Erde und assimilieren. Die im

Abb. 332 Rheum palmatum L. var. tanguticum Maxim., Feldbestand in der Oberlausitz (generative Vermehrung)

Kasten herangezogenen Sämlinge werden Ende Mai, spätestens Anfang Juni ins Freiland verpflanzt. Sie dürfen dann nicht schon zu stark entwickelt sein, da zu große Sämlinge oft nur schwer anwachsen, wie überhaupt der Medizinalrhabarber in der Jugendentwicklung gegen das Umpflanzen etwas empfindlich ist. Trockenheit wirkt sich sehr nachteilig auf das Wachstum des Medizinalrhabarbers aus. 2,5 qm Anzuchtfläche ergeben das Pflanzmaterial für 1 a. Durch Teilung älterer artechter Pflanzen werden sogenannte Setzpflanzen gewonnen. Eine solche sollte mindestens 250 g wiegen und ein Auge oder einen Sproß aufzuweisen haben. Beim Teilen der Pflanzen sind große Wunden möglichst zu vermeiden, da sie in feuchten Jahren leicht zur Fäulnis Anlaß geben. Hiergegen vorbeugend hat sich ein Bestäuben der Schnittstellen mit feingemahlener Holzkohle

Abb. 333 Rheum palmatum L. var. tanguticum Maxim., Feldbestand in Rheinhessen (vegetative Vermehrung)

bewährt. Die Pflanzen des Medizinalrhabarbers lassen sich aber bei weitem nicht so leicht teilen wie die meist viel älteren Wurzelstöcke des Speiserhabarbers. Gepflanzt werden kann mit dem Spaten im Herbst und im Frühjahr, selbst noch im Winter an bodenfrostfreien Tagen. Am besten ist die Herbstpflanzung im Oktober. Ist letztere nicht möglich, dann muß im Frühjahr so zeitig wie möglich gepflanzt werden. Es empfiehlt sich, um die Pflanze eine Vertiefung zu treten, so daß sich im ersten Jahre das Regenwasser etwas sammeln kann. Später wird diese Vertiefung bei der Bodenbearbeitung eingeebnet. Dabei ist zu beachten, daß sich die Pflanzen mit dem Boden noch etwas setzen. Es darf nur so tief gepflanzt werden, daß die Knospen eben mit Erde bedeckt sind. 125 cm allseitiger Pflanzenabstand ist das Mindestmaß, unter das nicht herabgegangen werden sollte. Wir pflanzten die Tübinger und tschechische Herkunft in einem Abstand von 150 × 150 cm und die besonders großblättrige österreichische Herkunft aus Korneuburg in einem solchen von 175 × 175 cm, beim „Hindukusch-Rhabarber" genügt schon ein allseitiger Abstand von 80 cm. Bei dreijährigem Anbau ist unter Umständen schon mit 80 × 60 cm auszukommen. Zwischen den beblätterten Pflanzen dürfen keine größeren Zwischenräume sichtbar sein. Die Rhabarberblätter müssen den Standort gut bedecken, so daß Unkraut nicht aufkommen kann.

Im Frühjahr treibt der Rhabarber bald aus und kann vorher noch gestriegelt und anschließend bald geigelt werden. Allerdings ist dabei zu beachten, daß die Wurzelstöcke und die zum Teil etwas flachliegenden Wurzeln nicht verletzt werden. Eine Handhacke schließt sich an. Unkrautwüchsigkeit kann noch eine weitere Hacke erforderlich machen, doch ist der Bestand meist rasch geschlossen. Soll kein Saatgut geerntet werden, so müssen die Blütenschäfte, die von Mai bis Juni erscheinen, regelmäßig ausgerissen, nicht aber abgebrochen oder abgeschnitten werden. Stummel dürfen nicht übrigbleiben, da sie hart und klobig werden und das Wachstum der Pflanze beeinträchtigen.

Sehr günstig auf das Wachstum wirkt sich während längerer Trockenperioden künstliche Bewässerung aus.

Im ersten Jahre ist es möglich, zwischen den Rhabarberreihen eine oder zwei Reihen Gemüse anzubauen, z. B. Buschbohnen, Steckzwiebeln oder Porree.

Der Medizinalrhabarber verlangt als massenwüchsige Pflanze reichliche Nährstoffmengen. Die tiefe Bodenbearbeitung erfordert ebenfalls eine starke Düngung, wobei auch das relativ hohe Kalkbedürfnis zu berücksichtigen ist. Als Vorratsdüngung empfiehlt es sich, vor allem hohe Gaben Phosphorsäure und Kali möglichst im Herbst einzubringen. Sofern keine Stellung in zweiter Tracht erfolgt, sollten vor der Pflanzung reichliche Mengen Stalldünger eingepflügt werden. Für magere Böden wird besonders die Verwendung von Schafdünger empfohlen. Zur Zeit des jährlichen Austriebes ist es vorteilhaft, auch noch eine mittlere Gabe eines Handelsvolldüngers zu verabreichen. Bei Zwischenkultur ist die Handelsdüngergabe je nach Pflanzenart etwas höher zu bemessen. MADAUS beobachtete einen Einfluß der Düngung auf die Güte der Droge, und zwar stellte er fest, daß der Anthrachinongehalt nach erfolgter Düngung von 8 bis auf 3% sank. Durch kritisch-experimentelle Düngungsversuche muß aber noch der Einfluß verschiedenartiger Düngung auf den Wertstoffgehalt nachgewiesen werden, bevor diesem Ergebnis allgemeine Gültigkeit zugesprochen werden kann.

Ernte: Frühestens im dritten oder vierten Jahre kann mit der Wurzelernte begonnen werden. Besser soll es aber sein, wenn später geerntet wird, da die wertvollen Eigenschaften und besonders auch die erwünschte rötliche Färbung der Droge erst im späteren Alter vorhanden sein sollen. PALLAS[16], ein Asienkenner, berichtet, daß 10—12 Jahre zur vollkommenen Wurzelreife erforderlich sind. Der Rhabarber kann unter Umständen 30 Jahre und älter werden. In der Sowjetunion erntet man meist nach vier Jahren die Rhizome. Ihr Frischgewicht beträgt dann etwa 3—5 kg je Pflanze. Nach neueren Untersuchungen soll die Wirkung junger sowie alter Wurzelstöcke gleich sein. Die Ernte erfolgt im allgemeinen im Herbst (Oktober/November), wenn die oberirdischen Teile der Pflanzen abgestorben sind, möglichst bevor Frost eingetreten ist. Über den richtigen Zeitpunkt der Ernte herrscht jedoch noch keine volle Klarheit. Gelegentlich erntet man auch im zeitigen Frühjahr vor dem Austrieb. In den asiatischen Herkunftsgebieten wird der Wurzelstock in den Monaten Juli bis August wildwachsend gesammelt. Nach WALLACH[17] ergaben Vergleiche mit Rhizomen, die während der Vegetationsperiode gegraben wurden, daß sich die physiologische Wirkung nur unwesentlich ändert. Das Ausgraben der Wurzelstöcke und der bis 1 m und tiefer gehenden Wurzeln ist eine schwere Arbeit. Im Großanbau werden sie vierspännig oder besser mit dem Traktor unter Verwendung eines wenigstens 40—50 cm tief gehenden Pfluges ohne Streichblech gehoben und dann mit der Hand herausgezogen. Ein Teil der tiefer sitzenden Wurzeln geht hierbei allerdings verloren. Die Wurzelstöcke werden anschließend an die Ernte oder bei frostfreier

[16] PALLAS; zit. nach JÄGER-WESSELHÖFT: Der Apothekergarten. Leipzig 1913, S. 137.
[17] loc. cit. S. 593.

Abb. 334 Rheum palmatum L. var. tanguticum Maxim., Samenträger, Rhizom

Lagerung erst im Winter geputzt, d. h., die Ansatzstellen der Blätter und Triebe am oberen Ende des Wurzelstockes, ebenso alle Knospen der Seitentriebe werden abgeschnitten. Die Wurzeln sind zu schälen und dann in 3—5 cm lange Stücke zu schneiden. Beim Schälen darf das unter der Haut befindliche Gewebe nicht verletzt werden. Alle schwammigen und schadhaften Stücke des Rhizoms sind bei der Aufbereitung auszuschneiden. Die wertvollsten sind die oberen starken Teile. Werden die Wurzelstöcke gewaschen, was möglichst zu vermeiden ist, so sind sie keinesfalls etwa zu wässern. Die Wurzelabfälle können noch in der Tierheilkunde Verwendung finden. Die Blattstiele des Medizinalrhabarbers finden keine Verwendung. Soll Saatgut geerntet werden, so verbleibt den Pflanzen am besten nur ein gut entwickelter Blütenstand. Gelegentlich läßt man aber auch zwei Triebe stehen. Zur Saatgutgewinnung eignen sich besonders Pflanzen, die älter als drei Jahre sind. Der Medizinalrhabarber benötigt bis zum Fruchten 3—4 Jahre. Da die Früchte sehr leicht abfallen, sind sie rechtzeitig (Juli) abzustreifeln. Es können auch die ganzen Fruchtstände abgeschnitten, die Früchte abgeklopft oder abgestreifelt und zum Nachtrocknen ausgebreitet werden. Das Saatgut ist dann in dünner Schicht trocken zu lagern; ein künstliches Nachtrocknen kann sich erforderlich machen. Die Fruchtträgerpflanzen lassen sich mehrere Jahre nutzen.

Trocknung: In den asiatischen Herkunftsgebieten wird das Erntegut nach dem Schälen und Schneiden auf Schnüre gezogen, aufgehängt und dann entweder in der Sonne, auf erhitzten Steinen oder über Holzfeuer getrocknet. Bei feldmäßigem Anbau wird am besten bei künstlicher Wärme (30—45° C) getrocknet, wobei bereits an der Luft vorgetrocknet werden kann. Durch schnelles Trocknen wird der Schimmelbildung vorgebeugt. Das Trocknungsverhältnis frisch : trocken beträgt 3—4 : 1.

Erträge: Die Erträge an *Rhizoma Rhei* sind sehr unterschiedlich. Je nach Anbaubedingungen und Pflanzenalter schwanken sie zwischen 25—80 kg/a; aber auch Erträge unter 25 kg/a sind bei jüngeren Beständen keine Seltenheit. Saatguterträge belaufen sich auf etwa 2—4 kg/a.

Krankheiten und Schädlinge: Nach MÜHLE[18] gleicht die Pathologie des Medizinalrhabarbers in vieler Hinsicht der des Speiserhabarbers.

An den Beständen in Leipzig-Probstheida wurden an pilzlichen Blattschädlingen der Falsche Mehltau *Peronospora polygoni* Thun. und eine Fleckenkrankheit, verursacht durch *Ramularia rhei* Allsch., bemerkt. Wie bereits erwähnt (S. 597) sind schon die Keimpflanzen bei trockener Witterung dem Erdflohfraß ausgesetzt. MÜHLE stellte 1942

[18] MÜHLE, E.: Krankheitserscheinungen und Schädigungen am Medizinal-Rhabarber, *Rheum palmatum* L., und an kultivierten Ampferarten, *Rumex spec.*, und ihre Erreger. „Pharmazie" 5, S. 130 bis 131 (1950); bzw. „Arzneipflanzen-Umschau" 2, S. 683 bis 684 (1950).

umfangreiche Fraßschäden an den Wurzeln des Medizinalrhabarbers fest, die vermutlich von der Larve des Rüsselkäfers *Otiorrhynchus raucus* F. verursacht worden waren. UDE beobachtete 1940 ebenfalls eine größere Zahl tierischer Schädlinge. Der kleine, schwarze Blattfloh *Chaetocnema concinna* Marsh. war überall in den Rhabarber-Beständen anzutreffen und verrichtete sein Zerstörungswerk meist in Kolonien zu 10 bis 12 Stück. Kleinere Blätter waren oft bis zur Hälfte ihres Assimilationsgewebes beraubt. Auch der rote Rüsselkäfer *Apion miniatum* Germer hatte sich eingefunden, der vorher an Ampferarten sein Unwesen getrieben hatte. Er war fast nur auf der Unterseite der Blätter anzutreffen; auf dem Erdboden aufliegende bevorzugte er. Ebenfalls an den Blättern wurden mehrere halberwachsene Raupen der Schwarzen-C-Erdeule, *Agrotis C nigrum* L., fressend angetroffen. An den Spitzen der Fruchtstände und an den Blättern wurden Blattläuse der Art *Doralis evonymi* F. beobachtet. Die Blindwanze *Lygus campestris* L. war häufig auf den Blattflächen zu finden.

Bei den aus Speiserhabarber-Saatgut hervorgegangenen Aufspaltungen wurde der große, graue Schnellkäfer *Brachylacon murinus* L. mehrfach beobachtet, wie er das Knospenhüllblatt durchfraß, um zu dem begehrten Knospeninneren zu gelangen. Außer ihm wurde überall dort, wo sich bereits halboffene Knospen zeigten, der Ampferrüßler, *Phytonomus rumicis* L., in Paarung angetroffen und beim Fressen der Blütenteile beobachtet. Ende Mai 1942 wurde noch eine weitere Rüßlerart (*Rhinoncus pericarpius* L.) bei der gleichen schädlichen Tätigkeit in Anzahl gesehen. Bisweilen wurden von dieser kleineren Art auf den noch halb vom Hüllblatt eingeschlossenen Knospen 4—6 Stück gefunden. Die durch das Einbohren des Rüssels hervorgerufenen Schädigungen an der Knospe waren überall erkennbar und hinterließen braune Stellen. Die Zerstörungen der großen Rhabarberblätter wurden durch das plötzliche Auftreten von Larven des Grünen Blattkäfers, *Gastroidea viridula* Deg., in erhöhtem Maße fortgesetzt. An allen Rhabarber-Herkünften, mit Ausnahme der Hindukusch-Herkunft, waren stärkste Zerstörungserscheinungen bemerkbar. Die deutschen Herkünfte wurden so sehr geschädigt, daß meist nur die Rippen übrigblieben. UDE berichtet außerdem noch über eine interessante Beobachtung, die sich dem Auge insofern bot, als unmittelbar neben den meisten Käferlarven regelmäßig eine kleine Schlupfwespe (Braconide) saß, die auf jede Bewegung der instinktmäßig beunruhigten Larve mit Flügelbewegungen reagierte. Das beiderseitige Gehaben zeigte sich immer wieder, ohne daß es gelungen wäre, trotz sehr langen Beobachtens selbst einmal das Anstechen bzw. eine Eiablage der Schlupfwespe zu sehen. Es dürfte kaum ein Zweifel darüber sein, daß es sich hierbei um einen Schmarotzer handelt, der sich der katastrophalen Ausbreitung des Grünen Blattkäfers entgegenstellt. Der bekannte Hymenopteren-Spezialist Ch. COHRS † erkannte die ihm

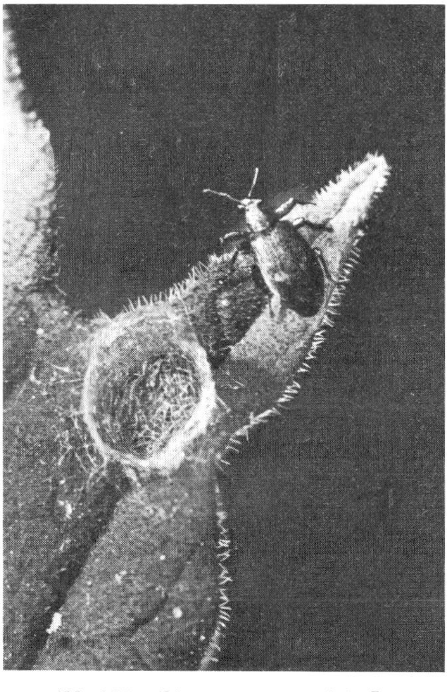

Abb. 335 Phytonomus rumicis L. neben Eiablage auf Rheum palmatum L. var. tanguticum Maxim.

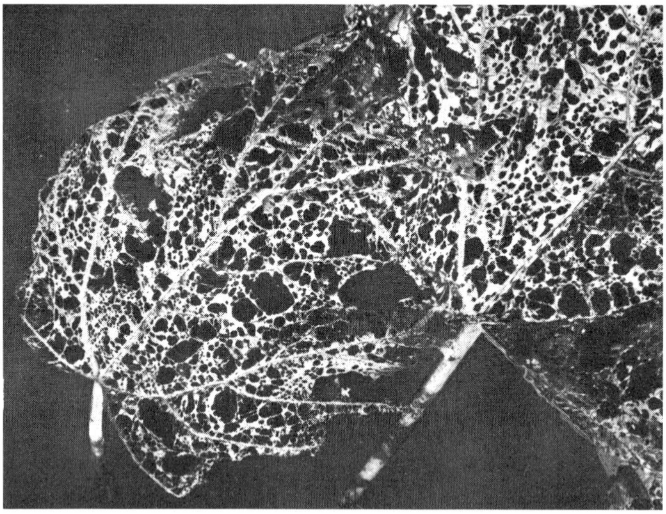

Abb. 336
Fraßschäden von Gastroidea viridula Deg. an Rheum palmatum L. var. tanguticum Maxim.

zur Bestimmung übersandten Schlupfwespen als Weibchen der Art *Cracon guttiger* Wesm. Er bezeichnete das Vorkommen einer Braconide bei *Gastroidea viridula* Deg. als neu. In der Literatur wird unter den Schädlingen des Gemüserhabarbers meist nur der Rhabarberspanner, *Timandra amata* L., ein kleiner, graubrauner Nachtfalter, der in der Ruhe seine Flügel ausbreitet, genannt. Außerdem wird noch die Lederwanze *Mesocerus marginatus* L., die allerorts ziemlich häufig auftritt und sehr übel riecht, als Schädling des Rhabarbers erwähnt.
Die Droge *Rhizoma Rhei* wird von den Dörrobstmotten *Plodia interpunctella* Hb. und *Ephestia elutella* Hb. und außerdem vom kleinen Tabakkäfer, *Lasioderma serricorne* F., sowie vom Messingkäfer, *Niptus hololeucus* Fald., befallen.

Besonderes: Die Verfütterung der Anthraglykoside enthaltenden Blätter des Gemüserhabarbers verursachte bei Schweinen schwere, sogar tödliche Vergiftungen, die nicht durch die Oxalsäure des Blattes, sondern durch Spaltprodukte der Glykoside bewirkt wurden, von denen das freie Anthron besonders toxisch ist (GESSNER). Für den menschlichen Genuß („Spinatzubereitung") sind die Blätter wegen ihrer toxischen Eigenschaften nicht geeignet.

Ricinus communis L., Rizinus †*

Euphorbiaceae

Gebräuchliche Pflanzenteile: Aus den geschälten Samen wird das in der Heilkunde gebräuchliche Rizinusöl (*Oleum Ricini*, DAB. 6) gewonnen. Darüber hinaus wird das fette Öl der Rizinussamen u. a. auch noch technisch sehr vielfältig verwendet, z. B. für die Herstellung von Seifen und als Schmiermittel.

Handelsbezeichnung: *Semen Ricini*, Rizinussamen.

Botanik: *Ricinus communis* wird nicht nur wegen der großen Bedeutung seines Öles, sondern auch als Zierpflanze in zahlreichen Varietäten und Formen angebaut. Nörd-

* Rizinus wird auch Wunderbaum, Christus- oder Ölnußpalme genannt.

Abb. 337
Ricinus communis L., Feldbestand mit Malva silvestris L., supspec. mauritanica (L.) Thell. als Unterkultur

lich der Alpen kann der Anbau nur einjährig erfolgen, da Rizinus unter mitteleuropäischen Klimaverhältnissen nicht im Freiland überwintert. Er verfügt über eine starke Pfahlwurzel und unter der Oberfläche verlaufende Seitenwurzeln. Der Stengel kann unter mitteleuropäischen Verhältnissen eine Höhe bis zu 250 cm und mehr erreichen. In Südeuropa entwickelt sich die Pflanze bereits strauchartig und ist zwei- bis dreijährig. In den Tropen und Subtropen ist sie ausdauernd, und der Stamm wird bis zu 13 m hoch und 0,50 m dick. Der Stengelquerschnitt ist $\pm$ rund bis leicht oval. Der Stengel ist in Längsrichtung ganz fein gerieft und $\pm$ bereift. Rein rote Formen sind ohne Wachsschicht. Abgesehen von den Verzweigungsstellen sind sämtliche Stengelteile und Blattstiele hohl. Die Pflanze ist gering bis stark verzweigt, hochwachsend oder buschig. Die spiralig angeordneten großen Blätter sind exzentrisch-schildförmig, langgestielt, bis über die Mitte handförmig, fünf- bis elflappig geteilt, gezähnt, handnervig und unbehaart. Die Blattfarbe ist je nach Varietätszugehörigkeit verschieden, und zwar grün und helladrig bis braunrot und rotadrig. Die Blätter haben eine durchschnittliche Größe von etwa 30×25 cm. Beim Blütenstand handelt es sich um eine traubenförmige Rispe, die zunächst endständig erscheint, später jedoch blattgegenständig ist. Im Blütenstand sind unten die büschelig gehäuften männlichen, oben die fast ungestielten weiblichen Blüten vereinigt. Letztere entwickeln sich meist 1—3 Tage vor den männlichen. Zwitterblüten sind ziemlich häufig. Rizinus ist windblütig.

Blütezeit unter mitteldeutschen Anbauverhältnissen: VII, VIII (X).

Ude beobachtete an den Blüten und zwischen den jungen Fruchtansätzen schwachen Blattlausbefall. Eine Anzahl Marienkäfer hatten sich eingefunden. An Hymenopteren wurden pollensammelnde Honigbienen beobachtet. Wespen liefen emsig an den Stengeln der starken Pflanzen auf und ab, anscheinend den Wachsbelag benagend. Die Art wurde als *Vespa silvestris* Scop. bestimmt. In Anzahl wurden die Blüten des Pollens wegen von der Schmeißfliegenart *Sarcophaga carnaria* L. und den beiden Musciden *Pollenia rudis* F. und *P. vespillo* F. aufgesucht.

Die Fruchtkapsel ist eiförmig bis fast kugelig, 13—24 mm lang, glatt oder $\pm$ weichstachelig, zwei- bis fünfsamig, meist zweisamig. Die Samen sind 8—22 mm lang, 4—12 mm breit und 4—8 mm dick. Von uns untersuchte Hindukusch-Herkünfte waren auffallend kleinkörnig. Die ovalen Samen sind mit einer wulstigen Samen-

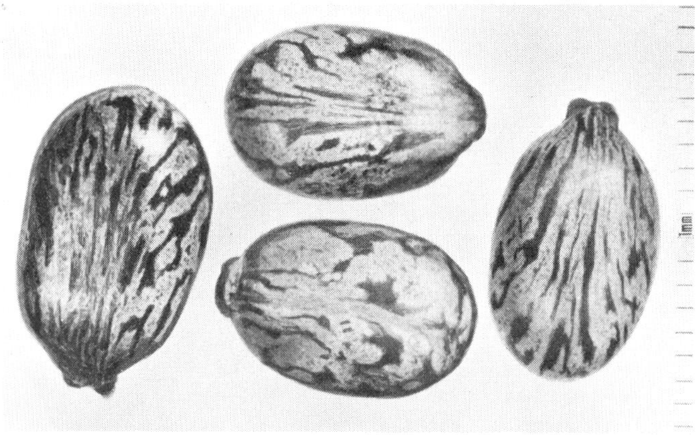

Abb. 338
Ricinus communis L.,
Samen

schwiele versehen, die nach dem Ablösen eine grubige Vertiefung hinterläßt. Dicht darunter befindet sich der wenig hervortretende Nabel, von dem aus auf der Bauchfläche bis gegen das andere Ende die Samennaht (Raphe) verläuft. Die äußere Samenschale ist hart, brüchig, glatt, glänzend, grau, braun oder rotbraun gesprenkelt, innen schwarzbraun. Die innere dünne Samenschale ist weiß und am Knospengrunde (Chalaza) mit einem braunen Fleck versehen.
Die Samen sind giftig. Das in ihnen enthaltene Ricin ist ein Blutgift, das die Blutkörperchen agglutiniert und ausfällt. Bereits der Genuß einiger Samen kann von tödlicher Wirkung sein.
Ricinus communis variiert sehr. Im Fachsamenhandel finden sich zahlreiche Formen, die sich besonders auffallend im Habitus (Wuchsform, Verzweigung, Belaubung, Form des Fruchtstandes, Beschaffenheit der Kapsel) sowie in der Farbe und Bereifung der Sprosse unterscheiden. Auch in der Samengröße und -farbe finden sich Unterschiede. In vielen Fällen dürfte es sich um Aufspaltungen nach natürlichen Kreuzungen handeln.

Boden und Klima: Der Anbau sollte nur auf nährstoffreichen und tiefgründigen kalkhaltigen Böden erfolgen. Auf milden, lehmigen Sandböden gedeiht der Rizinus allerdings auch noch. Kalte, schwere Böden sind ungeeignet. An eine gute Wasserversorgung stellt er nur als Jungflanze, etwa bis zur Ausbildung des vierten Blattpaares, höhere Ansprüche. Späterhin kann er als für Trockengebiete geeignet angesehen werden. Bodensäure verträgt er nicht. Hinsichtlich der Klimaansprüche sind der hohe Wärme- und Sonnenscheinbedarf kennzeichnend. Für den Anbau kommen daher nur warme und geschützte Lagen in Frage. Windschutz ist angebracht. Er ist in klimatischer Hinsicht noch anspruchsvoller als der Tabak. Unter mitteleuropäischen Verhältnissen halten wir den Rizinus im Weinbauklima, z. B. an der Bergstraße, für anbauwürdig. Bei unseren langjährigen Anbauversuchen in Mitteldeutschland zeigte sich immer wieder, daß nur in Lagen mit trockenem Klima und einem langen, warmen Herbst ein großer Teil der Früchte reift. Der Anbau ist in Deutschland noch sehr risikobehaftet.

Herkunft und Verbreitung: *Ricinus communis* ist eine Ölpflanze der Alten Welt. Nach von Boguslawski[1] ist ihre Heimat das tropische Afrika, Südwestasien und Indien. Die stachellose Form scheint in Südindien beheimatet zu sein. Sie ist eine uralte Öl-

[1] Boguslawski, E. von: Ölfruchtbau im Handbuch der Landwirtschaft von Roemer-Scheibe-Schmidt-Woermann, 2. Bd., Berlin und Hamburg 1953, S. 382.

pflanze Ägyptens. Wegen der großen Bedeutung des Rizinusöls wird diese Euphorbiacee in vielen tropischen und subtropischen Gebieten nicht nur der Alten, sondern auch der Neuen Welt angebaut[2]. Darüber hinaus finden sich große Kulturen in den Südgebieten der Sowjetunion (Nordkaukasien, Ukraine) und in Südost- und Südeuropa, z. B. in den Balkanländern und in Italien (Po-Ebene). Über Ungarn und die Tschechoslowakei dringt der Anbau bis nach Mitteleuropa und somit auch nach Deutschland vor, wo Rizinus schon lange als Zierpflanze angebaut wird. Auch in Westeuropa wird dieser „Wunderbaum" in warmen Gegenden, z. B. in Frankreich, kultiviert. Die nördliche Anbaugrenze für diese thermophile Kulturart soll etwa bei 47° nördlicher Breite liegen. Eine Ausdehnung des Anbaues auf nördlichere Gebiete ist zu beobachten.

Herkünfte des Drogenhandels: Wie bereits vorstehend erwähnt, wird *Semen Ricini* vielenorts großflächig gewonnen. Die bisherigen Hauptherkunftsgebiete für die Droge sind jedoch Indien und Brasilien, neuerdings entstehen in Zentral- und Südafrika große Anbaugebiete.

Sorten und Herkünfte für den Anbau: Über eine zugelassene Zuchtsorte von *Ricinus communis* verfügt man in Deutschland noch nicht. Die Züchtung hat jedoch in letzter Zeit gute Fortschritte gemacht. So bauten wir auf dem Versuchsfeld in Leipzig-Probstheida mehrere Jahre hintereinander eine Zuchtform des VEB Homöopharm

Abb. 339 Ricinus communis L., Fruchtstand einer bewehrten Form

Abb. 340 Ricinus communis L., Fruchtstand einer unbewehrten Form

[2] BREDEMANN, G.: Rizinus im Handbuch der tropischen und subtropischen Landwirtschaft. Herausgegeben von SCHMIDT, Geo A. und MARCUS, A., 1. Bd., Berlin 1943, S. 627 bis 632.

Dr. Willmar SCHWABE, Leipzig-Paunsdorf, an, deren stachelige Fruchtkapseln so gut wie nicht platzend sind und deren Reife im Vergleich zu anderen Herkünften als mittelfrüh bezeichnet werden kann. Bei genügend zeitlicher Vorlage im Anbau (Anzucht im Gewächshaus oder Frühbeet) und günstiger Herbstwitterung wurden bereits beachtliche Erträge erzielt. Erwünscht sind niedrig wachsende, frühreife, und zwar gleichmäßig reifende, platzfeste und ertragsichere Sorten mit einem hohen Ölgehalt.

Saatgut: Das 1000-Korngewicht der Rizinussamen ist je nach Varietätszugehörigkeit verschieden. Wir stellten Gewichte zwischen 228,96 und 663,00 g fest. Die Mindestreinheit sollte 98% und die Mindestkeimfähigkeit 85% betragen. Letztere wird unter Lichtabschluß bei Zimmer- oder Wechseltemperatur bestimmt. Der Keimversuch soll nach 20 Tagen abgeschlossen werden. Die Keimkraft der Samen bleibt etwa drei Jahre und bei sorgfältiger Lagerung auch noch länger erhalten.

Anbau: Besonders geeignete Vorfrüchte sind mit Stallmist gedüngte Hackfrüchte, aber auch Leguminosen kommen in Frage. Der Rizinus selbst muß als eine Hackfrucht, die den Nährstoff- und Wasservorrat des Bodens stark beansprucht, angesehen werden. Der Anbau setzt eine sehr sorgfältige Bodenbearbeitung voraus. Die Pflugtiefe sollte 35—40 cm betragen. Zur Keimung verlangt er hohe Bodentemperaturen. Nach ULLMANN[3] beträgt das Keimtemperaturminimum 14—15° C, während es sich bei dem ebenfalls wärmeliebenden Mais auf 9—10° C beläuft. Wir nehmen in Leipzig-Probstheida die Aussaat im Mai (nach den „Eisheiligen", 15. Mai) vor, wenn die mittlere Tagestemperatur etwa 18° C beträgt. Bei genügend Bodenfeuchtigkeit und anhaltend warmer Witterung läuft die vorgequollene Saat dann nach 7—10 Tagen, unbehandelte oftmals aber auch erst nach 14—21 Tagen und manchmal noch später auf. Vor der Aussaat werden die Samen am besten in lauwarmem Wasser etwa 24 Stunden vorgequollen, um die Keimung zu beschleunigen. SCHICHT* nimmt in Salzmünde bei Halle (Saale) die Aussaat je nach Witterung bereits vom 20. bis 30. April vor. Das zu bestellende Feld wird in einem Abstand von 50—100 cm über Kreuz markiert. In Leipzig-Probstheida beträgt der Abstand 80 × 60 cm. Das Auslegen der Samen erfolgt dann am besten in zwei Arbeitsgängen mit der Hand unter Verwendung der Hacke. In etwa 5—6 cm tiefe Löcher werden 2—3 Samen gelegt. Die hierfür erforderliche Aussaatmenge beträgt etwa 20—25 kg/ha. Die Samen werden sofort mit Erde bedeckt. Später wird auf eine Pflanze verzogen. Nach erfolgtem Auslegen wird das Feld mit leichter bis mittlerer Egge übereggt. Da die Samen fest liegen sollen, kann unter entsprechenden Bodenverhältnissen auch ein vorheriges Anwalzen in Frage

Abb. 341 Ricinus communis L., epigäische Keimung; rechts: Keimpflanzen, die mittlere mit völlig entfalteten assimilierenden Keimblättern

[3] ULLMANN, W.: Rizinus-Anbau. „Deutsche Landwirtschaftliche Presse" 64, Nr. 19/20, S. 226 u. 236 (1937).

* Herrn Saatzuchtleiter Dipl.-Landwirt F. SCHICHT, Saatzuchthauptgut Salzmünde bei Halle (Saale), verdanke ich wertvolle Kulturhinweise.

kommen. Auch Dibbelsaat ist möglich, kommt aber wegen des hohen Saatgutbedarfes kaum in Frage. Bei Verkrustung des Bodens nach starken Regenfällen und bei reichlichem Unkrautwuchs kann bis 10 Tage nach der Aussaat nochmals geeggt werden. Auch zeitige Anzucht im warmen Kasten oder besser im Gewächshaus in Töpfen ist möglich, jedoch sind die Jungpflanzen hinsichtlich des Verpflanzens sehr empfindlich. Nach dem Auspflanzen tritt eine Wachstumsstockung ein, die oftmals von längerer Dauer ist, so daß der erwünschte zeitliche Vorsprung gegenüber der Freilandsaat verlorengehen kann. Leichte Bodenfröste können den Bestand bereits völlig vernichten. Jedoch nach Erfahrungen von SCHICHT sind in Mitteldeutschland kurz anhaltende Fröste bis zu —2° C von den Jungpflanzen ohne sichtbare Schäden vertragen worden. Obgleich sich die Pflanzen zunächst nur langsam entwickeln, haben sie infolge ihres Kurztagcharakters unter ihnen zusagenden mitteleuropäischen Standortsverhältnissen ein üppiges vegetatives Wachstum während der Sommermonate aufzuweisen.

Das Nährstoffbedürfnis ist groß. Die starke Pfahlwurzel mit den vielen, zum Teil dicht unter der Oberfläche verlaufenden Seitenwurzeln läßt auf eine günstige Wasserausnutzung und ein großes Aneignungsvermögen für Nährstoffe schließen. Über Düngungsversuche berichtet SCHROPP[4]. Wasser-, Sand- und Bodenkulturen führten zu der Feststellung, daß Ammoniakstickstoff gegenüber Salpeterstickstoff bevorzugt wird; ebenso schwefelsaures Kali gegenüber chlorhaltigen Kalisalzen. Am besten erfolgt eine Mineraldüngung wie zu Mais; das Phosphorsäurebedürfnis des Rizinus scheint jedoch höher zu sein. Stickstoff kann zugunsten der Phosphorsäure etwas zurücktreten. IWANOW[5] erzielte bei *Ricinus communis* mit der nesterweisen Einbringung von granuliertem Superphosphat höhere Samenerträge als bei der sonst üblichen Verabreichung.

VENNING[6] stellte an Hand von Wasserkulturen fest, daß ein Mangel an Calcium- und Phosphationen auf das Wachstum von Rizinus von Einfluß ist. Er machte sich besonders in der generativen Phase bemerkbar. VENNING hält die beiden Elemente für Antagonisten und ist der Ansicht, daß beide Nährstoffe zur Zellenstreckung erforderlich sind. Die Verabreichung von Stalldünger und zuviel Stickstoffdüngemitteln hat eine unerwünschte Verlängerung der an und für sich schon langen Vegetationsperiode zur Folge. Kopfdünger auf taufrische Pflanzen gestreut, ruft Verbrennungen hervor. Er sollte sorgfältig um die Pflanzen herumgestreut werden. Die Kopfdüngung erfolgt nach dem Aufgang, wenn die Keimblätter ergrünt sind.

Die Pflegearbeiten bestehen meist in zwei- bis dreimaligem Hacken. Der Bestand muß unkrautfrei und der Boden locker gehalten werden. Man muß auf Schonung und Erhaltung des Wasserhaushaltes stets bedacht sein. Die zweite Hacke erfolgt nach der Ausbildung des zweiten Blattpaares. Zu diesem Zeitpunkt sollen die Pflanzen auch vereinzelt werden. Eine dritte Hacke erfolgt, wenn notwendig, vor dem Ansatz der ersten Blüten. Nach unseren Erfahrungen empfiehlt es sich, gut entwickelte Pflanzen im Juli auszugeizen, d. h., alle Blütentriebe bis auf drei wegzuschneiden. Die Samenausbildung und -reife werden durch diese Maßnahme gefördert. Beim großflächigen Rizinusanbau kommt jedoch das Ausgeizen kaum in Frage.

Ernte: Unter mitteldeutschen Verhältnissen beginnen die Samen etwa vier Monate nach der Aussaat zu reifen. Nach BREDEMANN[7] ist ihr Ölgehalt stark von der Witterung abhängig. Er steigt mit der Wärmemenge, welche der Rizinus während seines Wachstums erhält. Die Fruchtstände reifen von unten nach oben. Der Fortgang des langsamen

[4] SCHROPP, W.: Ernährungsphysiologische Versuche am Rizinus. „Tropenpflanzer" 44, S. 289 bis 303 (1941).
[5] IWANOW, W. K.: Nesterweise Einbringung von granuliertem Superphosphat bei Rizinus. Allunions landwirtsch. Lenin-Akad. 17, Nr. 5, S. 31—33, Mai 1952 (russisch); ref. in „Chem. Zbl." 124, S. 6753 (1953).
[6] VENNING, L. Frank D.; Entgegengesetzte Wirkungen von Calcium und Phosphationen auf Wachstum, Zusammensetzung und Bau von *Rizinus communis*. J. Washington Acad. Sci. 44, S. 65—82 (1954).
[7] loc. cit. S. 605.

Ausreifens hängt von der Herbstwitterung ab. Sobald die Kapseln hart werden und sich bräunen, wird mit der Ernte begonnen. Bei nicht platzfesten Formen springen die reifen Kapseln sehr leicht auf, und die Samen werden herausgeschleudert. An heißen Tagen hört man das Aufspringen der Kapseln. Die Ernte erstreckt sich über den ganzen Oktober bis November, vorausgesetzt, daß die Witterung ein Reifen und Abernten ermöglicht. Solange noch keine gleichmäßig reifenden Sorten zur Verfügung stehen, müssen die Fruchtkapseln mit der Hand geerntet werden. Ein mindestens dreimaliges Durchpflücken der Bestände ist erforderlich.

SCHICHT pflückt bei der stachellosen Form nur zweimal. Die erste Pflücke nimmt er nach dem ersten stärkeren Frost vor, der die Blätter zum Absterben bringt, die zweite etwa 2—3 Wochen später. Nach Genanntem sollen Qualitätsunterschiede des Öles bestehen. Gut ausgebildete Samen der zweiten Pflücke sind noch voll keimfähig. Solange eine mechanisierte Ernte noch nicht möglich ist, dürfte ein großflächiger Anbau allein schon aus arbeitswirtschaftlichen Gründen in Deutschland in Frage gestellt sein.

Trocknung: Die Fruchtkapseln werden am besten in dünner Schicht gelagert und nach völligem Trocknen vorsichtig gedroschen, wobei darauf zu achten ist, daß nicht zuviel Samen zerschlagen werden. Bei künstlicher Wärme (etwa 30° C) springen die Kapseln meist schon von selbst auf. Feucht geerntete Kapseln schimmeln sehr leicht.

Erträge: Die Erträge schwanken sehr. In der Literatur werden Werte in Höhe von 5—20 dz/ha angegeben. Aus Ungarn sind Erträge bis 40 dz/ha bekannt geworden. SCHICHT[8], der sich in jüngster Zeit in Mitteldeutschland mit der Züchtung von *Ricinus communis* befaßt, erzielte im Versuchsanbau 1952 mit einer stachellosen Form der Varietät *sanguineus* 12—15 dz/ha Samen und mit einer stacheligen Form 8—10 dz/ha. Genannter ist wie wir der Ansicht, daß sich die Erträge durch züchterische Bearbeitung der angebauten Formen noch erheblich steigern lassen.

Wegen ihrer Giftigkeit werden die Samen nur zur Gewinnung des Öles und der dabei anfallende toxisch wirkende Preßkuchen als Düngemittel verwertet. Die Gewinnung von *Oleum Ricini* ist an besondere technische Voraussetzungen gebunden. Bei letzterem handelt es sich um das aus den geschälten Samen kalt ausgepreßte und dann mit Wasser ausgekochte Öl. Es findet in der Heilkunde als sicher wirkendes Abführmittel Anwendung und ist bei richtiger Dosierung ohne irgendwelche Nebenwirkungen. Auch ist noch darauf hinzuweisen, daß die reifen, gut haltbaren Samen trocken gelagert werden müssen, da sonst ihr Säuregehalt zunimmt und damit ihr Wert beeinträchtigt wird.

Krankheiten und Schädlinge: Durch Befall mit Pilzkrankheiten können die Pflanzen Schaden nehmen, z. B. durch *Fusisporium ricini*, wobei braune Flecke und brandige Stellen an den Blättern, Stengeln und Wurzeln hervorgerufen werden, durch *Cercospora ricinelli*, die trockene Stellen auf den Blättern erzeugt, und durch *Melampsora ricini* Pass., die den Blattgrund vergilbt und die Blätter zum Absterben bringt. In Leipzig-Probstheida waren die Pflanzen meist durch *Colletotrichum ricini* Bub. et Frag. befallen. Der Pilz ist ein typischer Blattfleckenerreger und verfärbt die Blätter stellenweise braun. Gestalt und Größe der Flekken sind unregelmäßig. Aber auch tierische Schädlinge treten auf. So wurde z. B. an den Beständen in Leipzig-Probstheida von Ende September bis Mitte Oktober an den Blättern erheblicher Fraßschaden festgestellt. Nach längerem Suchen konnten als Ursache in Anzahl die Raupen der Schwarzen-C-Erdeule, *Agrotis C nigrum* L., gefunden werden. Auch an den Blüten wurden mehrmals Fraßschäden beobachtet. Die starken Raupen, bei Tage meist versteckt lebend, waren tief in die Blüten eingedrungen und hatten teilweise die Staubgefäße vollständig ausgefressen. Andere, gleichzeitig an den Pflanzen gefundene Raupen

[8] SCHICHT, F.: Rizinus im mitteldeutschen Raum (Versuchsanbau 1952). „Die Deutsche Landwirtschaft" 4, S. 251 (1953).

Abb. 342 Ricinus communis L., Befall mit Colletotrichum ricini Bub. et Frag.

Abb. 343 Ricinus communis L., Hagelschaden an Feldbestand

Abb. 344 Raupe von Agrotis C nigrum L. an Blütenstand (oben) von Ricinus communis L.

gehörten der früher *Mamestra* Hb. genannten Gattung an. Es handelte sich hierbei in erster Linie um die Kohleule, *Barathra brassicae* L., welche dieselben Zerstörungen an Blättern und Blüten angerichtet hatte.

Die Droge kann vom Kräuterdieb, *Ptinus fur* L., geschädigt werden.

Besonderes: Nebenbei sei noch erwähnt, daß die Blätter von *Ricinus communis* das Futter für die Eri-Seidenraupe, *Philosamia cynthia* (Boisd.) Drory, die besonders in Assam gezüchtet wird, liefern. HAUDING[9] berichtet über Erfahrungen in Frankreich, wo *Ricinus communis* als Fangpflanze für den Kartoffelkäfer, *Leptinotarsa decemlineata* Say., angebaut werden soll. Auf dem Versuchsfeld in Leipzig-Probstheida wurde gelegentlich Befall der Kartoffeln mit diesem gefährlichen Schädling festgestellt. Die alljährlich in der Nähe der Kartoffeln befindlichen Rizinuspflanzen waren jedoch niemals befallen. SCHICHT teilt mit, daß im Jahre 1954 im Bezirk Halle (Saale) angelegte Versuche ebenfalls keine Bestätigung erbrachten, daß der Rizinus als typische Fangpflanze für den Kartoffelkäfer anzusehen ist. Vom Institut für Phytopathologie der Karl-Marx-Universität in Leipzig in dieser Hinsicht durchgeführte Nachprüfungen haben die Angaben HAUDINGS auch nicht bestätigt.

[9] HAUDING, F.: *Ricinus communis*, Fangpflanze für Kartoffelkäfer. „Deutsche Gärtner-Post" 6, Nr. 38 (1954).

Rosmarinus officinalis L., Rosmarin

Labiatae

Gebräuchliche Pflanzenteile: Erg.-B. 6: „Die während und nach der Blüte gesammelten und getrockneten Laubblätter von *Rosmarinus officinalis* Linné." HAB. 2: „Getrocknete Blätter."

Handelsbezeichnungen: *Folia Rosmarini* (*Folia Anthos*), Rosmarinblätter; *Flores Rosmarini* (*Flores Anthos*), Rosmarinblüten.

Botanik: Der Rosmarin ist ein holziger, immergrüner Halbstrauch, der 50 bis 150 (200) cm hoch wird. Die zahlreichen ± verholzten Wurzeln sind stark verzweigt. Die älteren Wurzeln sind hell- bis mittelbraun, die jüngeren weißlich. Zum Teil erscheinen auch Wurzeln aus der Basis der untersten Seitentriebe. Die älteren Äste weisen eine schuppige Borke auf. Die jüngeren Zweige sind stumpfvierkantig, flaumig-behaart. Alle Laubblätter sind sitzend, ganzrandig und in ihrer Gestalt breitnadelförmig, 15—35 mm lang, 1,5—3 (4) mm breit und am Rande umgeschlagen. Sie sind oberseits glatt, bleich- bis dunkelgrün. Während die Oberseite nur mit vereinzelten, sehr kleinen Sternhaaren versehen ist, ist die Unterseite dicht davon besetzt. Die Blüten bilden endständige, zwei- bis zehnblütige Scheintrauben. Die Farbe der Krone ist blauviolett, selten weiß.

Abb. 345 Rosmarinus officinalis L., Einzelpflanze

Blütezeit: V, VI, als Topfpflanzen vereinzelt das ganze Jahr über.

Neben proterandrischen Zwitterblüten kommen kleinere Blüten mit völlig verkümmertem *Androeceum* vor (*Gynomonoecie* und *Gynodioecie*). Besucht werden die Blüten von langrüsseligen Apiden (*Bombus, Xylocopa, Megachile, Eucera* u. a.); sie sind reiche Nektarspender. Der Honig von Narbonne und Mahon soll seine Güte den Rosmarinblüten verdanken. Entomologische Beobachtungen aus Leipzig-Probstheida liegen nicht vor, da die Rosmarinpflanzen regelmäßig erfroren. Im Gewächshaus überwinterte Pflanzen hatten nur kümmerlichen Wuchs aufzuweisen und kamen im Freiland selten zur Blüte. KNUTH führt als blütenbesuchende Insekten nur Hymenopteren an. Unter anderen werden genannt: die Erdbienen *Andrena carbonaria* L. und *A. flavipes* Panz., die Erdhummel, *Bombus terrestris* L., die Schmalbienenarten *Halictus xanthopus* K. und *H. levigatus* K., die Blattschneidebiene, *Megachile manicata* Gir., die Wespenbienen *Nomada lineola* Panz. und *N. succincta* Panz., die Mauerbiene *Osmia rufa* L. und schließlich noch einige Pelzbienenarten.

Die hellbraunen bis braunen, schwach glänzenden Nüßchen sind verkehrt-eiförmig oder länglich-oval, 1,5—2,3 mm lang und bis 1,3 mm breit. Sie sind sehr fein punktiert, fast glatt und mit einer rundlichen, fast die Hälfte der Länge einnehmenden, hellen Ansatzfläche versehen. Bei Anfeuchtung verschleimen die Nüßchen sehr stark.

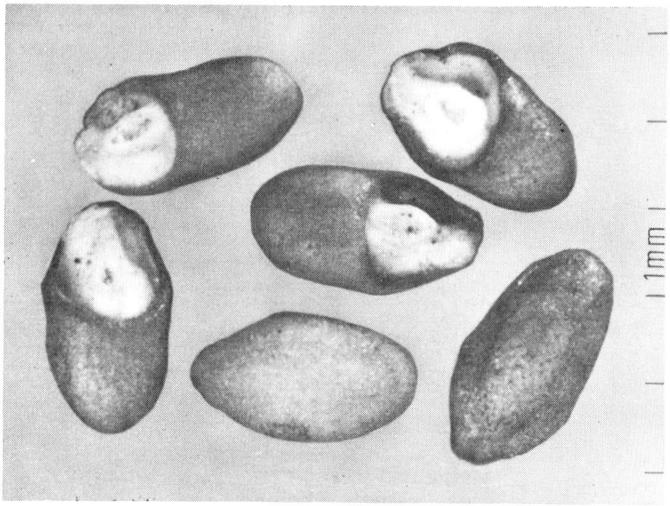

Abb. 346 Rosmarinus officinalis L., Nüßchen

Neben anderen Varietäten kommen in Südfrankreich und Italien zwei Varietäten vor, die nach Art der Blätter unterschieden werden: *Rosmarinus officinalis* L. *var. angustifolius* Guss. mit schmalen, am Rande umgeschlagenen, unten weißfilzigen Blättern und *Rosmarinus officinalis* L. *var. latifolius* Bég., dessen Blätter sich nicht am Rande umschlagen und beiderseits grün sind.

Rosmarinus officinalis enthält ätherisches Öl mit reichlich Terpenen.

Der Rosmarin wird gelegentlich mit dem Wilden Rosmarin oder Sumpfporst (*Ledum palustre* L.) verwechselt, welcher in Nord- und Osteuropa beheimatet ist. Der Wilde Rosmarin findet in der Heilkunde unter der Drogenbezeichnung *Herba Ledi palustris* ebenfalls Verwendung. Von der Homöopathie (HAB. 2) werden die getrockneten jungen Laubsprosse zur Herstellung von Tinktur benutzt. Angebaut wird diese *Ericaceae* hin und wieder in Gärten. Auch mit der Polei-Rosmarinheide oder dem Falschen Porst (*Andromeda polifolia* L.) wird Rosmarin gelegentlich verwechselt.

Boden und Klima: Wildwachsend ist der Rosmarin sehr anspruchslos. In den Küstengebieten des Mittelmeeres gedeiht er selbst noch an sterilen, rauhen Abhängen. Für den Anbau zur Drogengewinnung eignet sich jedoch besonders ein etwas sandiger Lehmboden. Da der Rosmarin unter deutschen Standortsverhältnissen hinsichtlich der Winterhärte zu wünschen übrigläßt, sollte er nur in warmen Südlagen angebaut werden. In der Schweiz wird er z. B. vielfach in milden Lagen gezogen. Nach eigenen Beobachtungen ist er in Mitteldeutschland bedeutend kälteempfindlicher als der Lavendel (*Lavandula angustifolia* Mill.). In genügend warmen Gegenden kann aber der Anbau auch auf minderwertigen, trockenen, stark der Sonne ausgesetzten Böden erfolgen, die sich für eine landwirtschaftliche Nutzung nicht mehr eignen. Auch beim Rosmarin scheinen sich die Umweltbedingungen sehr auf die Qualität des Rosmarinöls auszuwirken. Das südfranzösische Öl soll im Vergleich zu dem englischen und spanischen bedeutend besser in der Qualität sein. Der Rosmarin wird besonders gern auf dem Lande als Zimmerpflanze gezogen. Häufig wird er von Mai bis Oktober im Freien kultiviert und dann zur frostfreien Überwinterung in Töpfe oder Kästen gepflanzt.

Herkunft und Verbreitung: *Rosmarinus officinalis* kommt in einer Anzahl von Varietäten und Formen wildwachsend sowie angebaut häufig in Südeuropa vor, besonders in den mediterranen Gebüschformationen. Massenhaft findet sich Rosmarin auch in Südfrankreich. Unter anderen wird er in Deutschland, England und Nordamerika als Zier- und Arzneipflanze angebaut.

Herkünfte des Drogenhandels: Die Hauptherkunftsgebiete sind Jugoslawien (besonders Dalmatien), Südfrankreich, Spanien, Nordamerika, England und Mexiko. In Deutschland wird Rosmarin zur Drogen- oder Ölgewinnung nicht erwerbsmäßig angebaut, sondern nur als Garten- und Zimmerpflanze gepflegt.

Sorten und Herkünfte für den Anbau: Die von uns angebauten Herkünfte waren noch mehr oder weniger Formengemische. Unter mitteldeutschen Anbaubedingungen (Calbe a. d. Saale, Leipzig und Nossen) winterten die Jungpflanzen im Freien regelmäßig zum größten Teil aus. Deutsche Zuchtsorten sind nicht vorhanden. Erwünscht ist eine wüchsige Sorte, die sich für deutsche Klimaverhältnisse eignet und Pflanzen mit hohem Blattanteil und Wertstoffgehalt liefert.

Saatgut: Das durchschnittliche 1000-Korngewicht betrug 0,911 g. Die Mindestreinheit sollte 95% betragen. Die durchschnittliche Keimfähigkeit belief sich auf nur 17%; sie schwankte von 1—41%. Sie sollte mindestens 60% betragen. Die Nüßchen sind sehr hartschalig. Nach Angaben in der Literatur bleibt die Keimfähigkeit nur 2—3 Jahre erhalten. Die Abnahme der Keimfähigkeit schwankte nach fünfjähriger Lagerung zwischen 81 und 83%, nach sechsjähriger Lagerung zwischen 83 und 100%. Im Keimversuch wird die Keimfähigkeit nach 28 Tagen bestimmt. Als Temperatur sind 20° C und Wechseltemperatur vorgesehen. Der Keimversuch wird bei Lichtzutritt oder im Dunkeln durchgeführt.

Anbau: Hinsichtlich der Vorfrucht ist Rosmarin anspruchslos. In Südeuropa wird er gelegentlich auf urbar gemachtem Ödland angebaut.

Die Vermehrung erfolgt vegetativ oder generativ. Von den älteren Pflanzen werden etwa 8—10 cm lange Stecklinge geschnitten und in 10 cm Entfernung in ein Warmbeet gepflanzt. Die Aussaat ins Frühbeet muß zeitig erfolgen. Die jungen Pflänzchen werden verstopft, ehe sie ins Freiland verpflanzt werden. Die Pflanzweite sollte unter deutschen Verhältnissen etwa 30—40 × 30 cm betragen, weitere Abstände sind in wärmeren Lagen angebracht. Da der Rosmarin in der ersten Zeit sich nur sehr langsam entwickelt, sollte eine Zwischenpflanzung, etwa wie beim Lavendel, zur besseren Beschattung des Standortes und Nutzung des Bodens erfolgen. Der Saatgutbedarf beläuft sich bei Kastenaussaat auf 5—10 g für die Pflanzenanzucht für 1 a.

Abb. 347 Rosmarinus officinalis L., Triebspitze

Die Pflegearbeiten bei Rosmarin bestehen in wiederholtem Hacken. Da unter deutschen Anbauverhältnissen die Pflanzen vor Kälte geschützt werden müssen, werden sie vor dem Winter etwas zurückgeschnitten und gut mit Laub abgedeckt.

Zur Vorfrucht empfiehlt es sich, Stalldünger einzubringen. Reichliche Handelsdüngergaben sollten ebenfalls verabreicht werden. Sehr angebracht ist eine stärkere Kaligabe, wodurch die

Ölbildung günstig beeinflußt werden soll. Empfohlen werden je Hektar 200 kg 40%iges Kali = 80 kg K_2O, 100—150 kg Superphosphat = 20—25 kg P_2O_5 und dieselbe Menge eines Stickstoffdüngers = 20—30 kg N. Auch für reichliche Kompostgabe ist Rosmarin dankbar.

Ernte: Die Sprosse der Rosmarinpflanze werden während oder nach der Blüte geschnitten und entblättert, teils werden auch nur die Blüten gesammelt. Die Ernte sollte möglichst an warmen und sonnigen Tagen erfolgen.
Die Saatguternte setzt meist Ende Juli ein. Die Nüßchen reifen sehr schnell und werden häufig von Ameisen (*Lasius niger* L. und besonders *Messor barbarus* L.) gesammelt und verschleppt; die Ernte muß daher rechtzeitig erfolgen.

Trocknung: Das Erntegut kann natürlich oder künstlich getrocknet werden. Das Gewichtsverhältnis frisch : trocken beträgt für die Blätter 4 : 1. Die getrockneten Blätter sehen Tannennadeln sehr ähnlich. Die Trocknung der Blüten sollte möglichst auf natürlichem Wege im Schatten erfolgen, wobei mit etwa 80 % Wasserverlust zu rechnen ist.

Erträge: Der Ertrag an *Folia Rosmarini* beträgt in den Anbauländern im zweiten Anbaujahr etwa 40—50 kg/a. Hinsichtlich des Blütenertrages wurden uns keine Werte bekannt. Die Nüßchen reifen unter deutschen Anbauverhältnissen selten.

Krankheiten und Schädlinge: Auf den Zweigen des Rosmarins lebt gelegentlich ein Schlauchpilz (*Melanopsamma bolleana* [Pass. et Thüm.]). Die Gallmücke *Asphondylia rosmarini* Kieff. erzeugt Blattgallen.

Besonderes: Von Schafen wird das Rosmarinlaub gierig gefressen, und das Fleisch der auf den Rosmarintriften in Südfrankreich weidenden Schafe gilt als besonders schmackhaft.

Rubia tinctorum L., Krapp, Färberröte

Rubiaceae

Gebräuchliche Pflanzenteile: Der Krapp war seit dem Altertum bis zur synthetischen Herstellung der Farbstoffe eine der bedeutendsten wildwachsenden und angebauten Farbpflanzen*. Der wichtigste Farbstoff der Krappwurzel ist das Alizarin**. Auch berichtet schon DIOSKORIDES um die Mitte des 1. Jahrhunderts n. Chr., daß der Krapp außerdem arzneiliche Anwendung findet. Im HAB. 2 ist er heute noch enthalten, und zwar findet die getrocknete Wurzel Verwendung. In letzter Zeit hat die Krappwurzel besonders als ein Mittel bei Nierensteinleiden wieder an Bedeutung gewonnen[1].

Handelsbezeichnung: *Radix Rubiae tinctorum*, Krappwurzel, Färberwurzel.

Botanik: *Rubia tinctorum* ist ausdauernd. Der kurze, gegliederte Wurzelstock ist mit einer rotbraunen Rinde bedeckt, im Innern ist er hingegen gelb***. Er treibt sehr lange, gegliederte, verhältnismäßig dünne Wurzeln von hellroter Farbe. Ausläufer sind nicht vorhanden im Gegensatz zum nahe verwandten *Rubia peregrina* L., der auch Wilder Krapp genannt wird und Ausläufer treibt. Die Pflanze wird etwa bis 100 cm hoch,

[1] Siehe u. a. KELLER, J.: Die Krappwurzel — ein Mittel bei Nierensteinleiden. „Pharmazie" 6, S. 675 bis 680 (1951); bzw. „Arzneipflanzen-Umschau" 3, S. 185 bis 190 (1951). Siehe auch derselbe: Schußbrüche und Nierensteinbildung. Die Medizinische Welt 1944, S. 268 und KELLER-GÖRLICH: Die chemische Einwirkung von Krappwurzel auf Nieren- und Blasensteine. „Zeitschrift für Urologie" 1944, Heft 1.

* Zahlreiche andere *Rubia-species* enthalten ebenfalls Farbstoffe. In Indien wird z. B. *Rubia cordifolia* L. als Farbpflanze ebenso wie *Rubia tinctorum* L. angebaut.

** 1868 gelang es GRAEBE und LIEBERMANN, die chemische Konstitutionsformel des Alizarins aufzuzeigen und die Reindarstellung aus Anthracen bekanntzugeben. Ab 1871 wurde dieser Farbstoff fabrikmäßig billiger hergestellt.

*** Die beim Brechen des Rhizoms auftretende Rotfärbung ist auf das Freiwerden des Purpurins zurückzuführen.

Abb. 348
Rubia tinctorum L.,
Ausschnitt aus
Parzellenbestand

und die Haupttriebe von etwa 200 cm Länge kriechen ± am Boden. Die zahlreichen Nebentriebe wachsen aufrecht. Die Stengel sind geflügelt-vierkantig, an den Kanten von Stachelzähnchen, die nach rückwärts gerichtet sind, besetzt, rauh oder auch glatt, haarlos. Die kurzgestielten, matt-hellgrünen Laubblätter stehen vier- bis sechsquirlig. Sie sind oval oder eilanzettlich bis lanzettlich, spitz, einnervig und am Rande unterseits am Mittelnerv durch kleine Stachelchen rauh.

Die Blüten stehen in lockeren end- und blattachselständigen, beblätterten, armblütigen Trugdolden. Die 2—3,5 mm breite, blaßgelb-grünlichgelbe Blumenkrone ist fast bis zum Grunde vier- bis fünfspaltig, mit eiförmigen, anfangs aufrechten, später abstehenden Zipfeln. Der Kelch ist unscheinbar und der Fruchtknoten typisch unterständig.

Die unscheinbaren Blüten werden hauptsächlich von Hymenopteren besucht. Neben Fremdbestäubung scheint auch Selbstbestäubung möglich zu sein.

Blütezeit: VI—VIII.

Die Frucht ist eine erbsengroße, glatte Beere, die erst rot und später rotbraun bis schwarz wird; sie mißt im Durchmesser 3—3,5 mm. Der Samen ist etwa 1 mm dick, flachrund, an einer Seite etwas eingesunken, hellbraun und hat zahlreiche helle Grübchen, die unter dem Mikroskop sichtbar sind.

Boden und Klima: Tiefgründige, sandige, humose Lehmböden in feuchter Lage, jedoch ohne stauende Nässe, eignen sich für den Krappanbau besonders gut. Auch auf schwe-

Abb. 349 Rubia tinctorum L.,
Blütenstand

Abb. 350
Rubia tinctorum L.,
Früchte

reren Böden gedeiht er noch, doch bereitet auf diesen die Reinigung der Wurzel gewisse Schwierigkeiten. Die Bodenreaktion soll neutral bis alkalisch sein.

Herkunft und Verbreitung: Die Heimat von *Rubia tinctorum* liegt im mediterranen Ursprungszentrum der Kulturpflanzen. In Mitteleuropa findet er sich vielfach verwildert.

Herkünfte des Drogenhandels: Herkunftsgebiete sind der Orient und Südeuropa. In Mitteleuropa, somit auch in Deutschland, wird der Krapp gelegentlich kleinflächig als Arzneipflanze angebaut.

Sorten und Herkünfte für den Anbau: Zuchtsorten sind nicht vorhanden. Verschiedene Herkünfte, die sich sowohl durch äußere Merkmale als auch durch die Qualität unterscheiden und als Varietäten angesehen werden, sind bekannt, so Smyrnaer, holländischer, neapolitanischer, französischer und deutscher Krapp[2]. Die letzten beiden werden besonders geschätzt. Nach KELLER[3] soll der sogenannte „Levantische Krapp" als Droge besonders wirksam sein. Als Stammpflanze hierfür dürfte *Rubia peregrina* L. in Frage kommen.

Saatgut: 1000 Früchte wiegen etwa 17 g. Hinsichtlich der Keimungsbiologie wurde uns Näheres nicht bekannt. Das Methodenbuch, Band V, enthält keine Angaben hinsichtlich der Untersuchung des Saatgutes. Handelssaatgut sollte eine Mindestreinheit von 95% und eine Mindestkeimfähigkeit von 60% aufzuweisen haben.

Anbau: Der Anbau erfolgt in Stalldung oder nach gut gedüngten Hackfrüchten in zweiter Tracht. Nach einem zwei- bis dreijährigen Stand auf demselben Feld bis zur Wurzelrodung folgt ihm Sommergetreide. In Schlesien war eine beliebte Fruchtfolge: Roggen, Krapp, Gerste, Lein, Krapp.

Krapp sollte jedoch möglichst immer erst wieder nach einer gewissen Pause auf demselben Feldstück angebaut werden. Die Kultur selbst kann entweder durch Sämlingsanzucht im Freilandsaatbeet mit Jungpflanzen oder durch Wurzelteilung vorgenommen werden. Die auf letztere Art entstehende Kultur ist nach zwei Jahren erntefähig, während die aus Früchten angelegte ein Jahr länger braucht und erst im dritten Jahre nach der Aussaat Ertrag liefert.

[2] Siehe auch LÖBE, L.: Anleitung zum rationellen Anbau der Handelsgewächse. 5. Abt. Farbpflanzen. Stuttgart 1868, S. 20 bis 32.

[3] loc. cit. S. 613.

In ein gartenmäßiges Saatbeet wird im April nach genügend Erwärmung die Aussaat in 25 cm Reihenentfernung nicht zu tief vorgenommen. 2 kg Saatgut liefern bei 95% Reinheit und etwa 60% Keimfähigkeit das Pflanzmaterial für 1 ha. Das Auflaufen erfolgt nach etwa 3—4 Wochen. Durch mehrmaliges Hacken und Jäten wird der Bestand im ersten Jahre saubergehalten. Gelegentlich erfolgt eine Kastenaussaat. Im Frühjahr des folgenden Jahres wird ab Ende März/April aufs Feld verpflanzt in 20 bis 25 × 35 bis 40 cm Abstand. Der Acker soll dazu im Herbst tief gepflügt sein und wird dann mit Schleppe, Grubber und Egge zu einem guten und tief gelockerten Pflanzbett hergerichtet. Eine Bearbeitung mit dem Untergrundlockerer ist angebracht. Das Pflanzen erfolgt am besten mit dem Pflanzspaten, wobei die Wurzeln in Schräglage in den Boden gebracht werden. Die Anlage mit Wurzelstockteilen, die bei der Rodung alter Bestände durch Ausbrechen oder Schneiden der jüngeren Austriebe gewonnen werden, erfolgt in gleicher Weise, wobei das Verpflanzen entweder gleich nach der Ernte im Herbst vorgenommen wird oder die im Herbst anfallenden Wurzeltriebe in einem sandigen Einschlag überwintert und dann im Frühjahr ausgepflanzt werden. Krapp ist in unserem Klima genügend winterhart, weswegen die Herbstpflanzung normalerweise zu bevorzugen ist.

An Handelsdüngemitteln ist vor der Pflanzung und im zeitigen Frühjahr jedes Vegetationsjahres eine starke Gabe der drei Kernnährstoffe (N, P_2O_5, K_2O) zu empfehlen. Zur Pflege sind während der zwei bis drei Jahre Vegetationszeit auf dem Felde mehrere Hand- oder Maschinenhacken zur Sauberhaltung der Bestände und zur genügenden Durchlüftung notwendig. Zu tief soll dabei aber nicht gehackt werden, damit die teilweise flach unter der Oberfläche kriechenden Wurzeln nicht beschädigt werden. Das Kraut kann im Herbst kurz vor dem Absterben gemäht und mit verfüttert werden. Von den Wiederkäuern soll es gern und ohne jeden Nachteil gefressen werden. Anderenfalls wird es jeweils im Herbst oder im zeitigen Frühjahr vor dem neuen Austreiben abgeräumt. Auch zur Saatgutgewinnung, die Ende Juli/August nach dem Reifen der Früchte vorgenommen wird, kann der Bestand in der Zwischenzeit genutzt werden. Die Früchte zeigen um diese Zeit eine dunkelviolette Farbe. Das Kraut wird geschnitten, auf Böden getrocknet, anschließend werden die getrockneten Früchte herausgeschüttelt. Man kann sie aber auch pflücken, wenn sie zu schrumpfen anfangen. Die Trennung des Samens vom Fruchtfleisch erfolgt dann wie bei Tollkirsche (*Atropa bella-donna* L.). (Siehe S. 153 u. 296.)

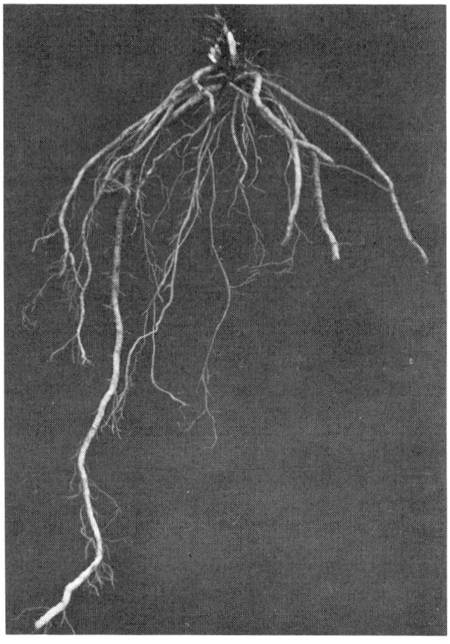

Abb. 351 Rubia tinctorum L., Wurzelstock, einjährig

Ernte: Im Herbst des zweiten Hauptanbaujahres, etwa im Oktober, oder noch im ganz zeitigen Frühjahr des folgenden Jahres wird die Wurzelernte vorgenommen. Furche für Furche wird mit dem Pflug ohne Streichblech oder einem ähnlichen Rodepflug tief gelockert, und anschließend werden die Wurzelgeflechte mit Gabel oder Karst aus der Erde gehoben. Zunächst sind sie gut auszuklopfen und von den Krautresten zu befreien. Anschließend wird das Erntegut gewaschen, in etwa 10 cm lange Stücke geschnitten und dann getrocknet. Bei der Rodung können gleich die zur Neuanlage dienenden jungen und in der Farbe helleren Wurzelaustriebe getrennt geerntet werden. Soll die Droge zum Färben verwendet werden, so müssen die Faserwurzeln und die Wurzeloberhaut entfernt werden.

Trocknung: Die Trocknung erfolgt am besten bei etwa 40° C, da die Wurzeln leicht schimmeln und faulen und damit wertlos werden. Früher wurden die Krappwurzeln auf besonderen „Krappdarren" getrocknet.

Erträge: Die Erträge belaufen sich auf etwa 60 dz/ha frischer Wurzeln, die bei einem Eintrocknungsverhältnis von 4—5 : 1 etwa 15 dz getrockneter Rohdroge liefern. Höhere Erträge sind durchaus möglich. An Saatgut sollen je Hektar nur 40—60 kg anfallen. Diese Werte erscheinen uns sehr niedrig.

Krankheiten und Schädlinge: HEGI berichtet über verschiedene Gallmücken, die an Sproßachsen oder Blüten Gallen erzeugen. Gallmilben oder Blattläuse verursachen Blütenvergrünungen. UDE fand in Leipzig-Probstheida Anfang September 1954 erstmalig die Raupen des Labkrautschwärmers, *Deilephila galii* Rott.

Besonderes: Der Farbpflanzenbau zur Gewinnung von Farbstoffen ist in Deutschland erloschen. Wie *Rubia tinctorum* L. interessiert von den Farbpflanzen nach GESSNER lediglich noch als Arzneipflanze die Gelbstoffpflanze *Reseda luteola* L. (Färber-Wau), eine *Resedaceae*, die vor allem zur Gewinnung von reinem Luteolin für die Flavontherapie angebaut und genutzt werden kann.

Rumex acetosa L., Großer Sauerampfer

Polygonaceae

Gebräuchliche Pflanzenteile: HAB. 2: „Im Juni gesammelte, frische Wurzel." Außerdem finden die Blätter und Wurzeln in der Volksheilkunde gelegentlich Verwendung. Hauptsächlich dienen aber die Blätter als Gewürz, z. B. für die Ampfersuppe.

Abb. 352
Links: Rumex acetosa L., rechts: Rumex patientia L.

Handelsbezeichnungen: *Radix Rumicis acetosae*, Ampferwurzel; *Herba Rumicis acetosae*, Ampferkraut.

Botanik: *Rumex acetosa* ist ausdauernd. Die spindelige Wurzel ist mehrköpfig, ziemlich lang, außen braun und innen gelbweiß. Sie ist mit zahlreichen Faserwurzeln versehen. Der aufrechte, einfache, bis 150 cm hohe Stengel ist glatt, gefurcht und vorwiegend hell- bis mittelgrün, am Grunde ± rotbraun angelaufen. Die Laubblätter sind gestielt, pfeilförmig, glatt, zuweilen aber auch etwas kraus. Die Stengelblätter sind ein wenig kürzer gestielt, zuletzt ungestielt, ebenfalls pfeilförmig und glatt. Sie umfassen den Stengel mit ihren pfeiligen Lappen. Die Stengel und Blätter sind von saurem Geschmack. Bereits der wissenschaftliche wie auch der deutsche Pflanzenname weisen auf diese Eigenschaft hin. In allen Organen, besonders reichlich in den Blättern, ist Kaliumbioxalat enthalten und im Saft der frischen Blätter in geringer Menge auch Oxalsäure im freien Zustand. Der Blütenstand gleicht einer Art lockerer Rispe. Er trägt zahlreiche unscheinbare ungeschlechtliche Blüten. Die 6 Hüllblätter sind zunächst blaßgrün; sie färben sich später rot bis rotbraun, wenigstens am Rande. Sie umschließen bei den männlichen Blüten 6 Staubgefäße, bei den weiblichen Blüten einen dreikantigen Fruchtknoten mit kurzem Griffel und 3 großen, vielfach geteilten, rötlichen Narben.

Blütezeit: V—VII (VIII).

Der zweihäusige Große Sauerampfer ist ein Windblütler. Honigbienen besuchen die Blüten des reichen Pollens wegen. Die Früchte sind purpurbraun. Die einsamigen Nüßchen sind dunkel-, fast schwarzbraun, glänzend, scharf dreikantig, beiderends spitz. Sie sind (0,5) 1,5—2,5 mm lang und 0,5—1,5 (2,0) mm breit.

Rumex acetosa zerfällt in die sehr formenreichen *subspec. acetosa* (L.) Hayek und *thyrsiflorus* (Fingerhut) Hayek. Infolge vieler Kreuzungsmöglichkeiten können mancherlei Bastarde beobachtet werden.

Abb. 353 Rumex acetosa L., Früchte

Boden und Klima: Wildwachsend ist *Rumex acetosa* besonders auf feuchten Wiesen und Weiden verbreitet. An Bächen, Gräben und in Gebüschen ist er häufig zu finden. Er gedeiht von der Ebene bis ins hohe Gebirge. Auf jedem Gartenboden wächst er; ein nährstoffreicher, etwas feuchter Boden wird allerdings bevorzugt. Auch verträgt er etwas Beschattung und ist sehr winterhart.

Herkunft und Verbreitung: *Rumex acetosa* ist in fast ganz Europa verbreitet, im Süden allerdings nur im Gebirge. Er findet sich auch im gemäßigten Asien, in Nordamerika und in Chile.

Herkünfte des Drogenhandels: Der Große Sauerampfer wird als Gewürzpflanze vornehmlich in Hausgärten angebaut. Ein größerer Anbau zur Drogengewinnung sowie bestimmte Herkunftsgebiete sind uns nicht bekannt geworden. Die in den Handel gelangenden Drogen werden vorwiegend wildwachsend gesammelt.

Sorten und Herkünfte für den Anbau: Sehr gern wird die Gruppensorte 'Großblättriger Sauerampfer', die auch unter der Bezeichnung 'Großblättriger Deutscher' bekannt ist, angebaut. Diese Sorte verfügt über ein großes, dickes Blatt mit angenehm säuerlichem Geschmack. Sie bevorzugt einen etwas nahrhaften Boden.

Saatgut: Das 1000-Korngewicht der Nüßchen schwankte bei unseren Untersuchungen zwischen 0,558 und 1,190 g. Die Mindestreinheit sollte 98%, die Mindestkeimfähigkeit 75% betragen. Der Keimversuch, der 14 Tage dauert, wird am besten bei 20° C im Dunkeln durchgeführt.

Anbau: Die Aussaat erfolgt oftmals als Drillsaat im August oder im zeitigen Frühjahr bei einer Reihenentfernung von 30—40 cm. Der Saatgutbedarf beläuft sich auf etwa 40—50 g/a. Innerhalb der Reihen ist es angebracht, auf 15—20 cm zu vereinzeln. Die Pflanzen können auch im Frühbeetkasten herangezogen werden. Nachdem sie sich kräftig entwickelt haben, sind sie in einem Abstand von 30 × 30 bzw. 40 × 40 cm ins Freiland zu pflanzen.
Der Große Sauerampfer hat ein hohes Nährstoffbedürfnis. Eine reichliche Volldüngung sollte alljährlich verabreicht werden und möglichst noch nach jeder Blatternte eine Stickstoff-Kopfdüngung.
Die Pflegearbeiten bestehen in wiederholtem Hacken. Zur Krautgewinnung sollten die Pflanzen gut feucht gehalten werden. Die sich entwickelnden Blütentriebe müssen regelmäßig ausgebrochen werden.
Bemerkt sei, daß sich die im Handel befindliche, obenerwähnte Sorte auch gut im kalten oder halbwarmen Kasten treiben läßt.

Ernte: Sobald die grundständigen Blätter voll ausgebildet sind, werden sie am besten mit der Hand gepflückt. Bei größerem Anbau kann die Ernte mit der Sichel erfolgen, wobei jedoch darauf zu achten ist, daß die Herzblätter unverletzt bleiben. Das Erntegut muß, wenn der Bestand nicht völlig unkrautfrei ist, sorgfältig handverlesen werden.

Trocknung: Die Blätter werden nur ganz selten getrocknet. Die Wurzeln sollte man möglichst mit künstlicher Wärme trocknen, wobei es sich empfiehlt, stärkere Wurzeln vorher zu spalten. Das Trocknungsverhältnis der Wurzeln frisch : trocken beträgt etwa 5 : 1.

Erträge: Über die Erträge lagen uns keine zuverlässigen Mitteilungen vor.

Krankheiten und Schädlinge: In Leipzig-Probstheida verursachten alljährlich die Raupen der Ampfereule, *Acronicta rumicis* L., Blattschaden. In der Gefangenschaft ver-

Abb. 354
Rumex patientia L., Früchte

puppten sie sich rasch. Die Raupe fügt das interessante Kokon aus den Früchten von *Rumex acetosa* L. zusammen. Der Ampferblattkäfer, *Gastroidea viridula* Deg., schädigte die Bestände zum Teil ganz erheblich. Häufig wurden die Ampferfrüchte von Bluthänflingen, *Carduelis cannabina* L.*, und Grünfinken, *Chloris chloris* L., gefressen. Sie traten zum Teil in größerer Zahl an den Beständen auf.

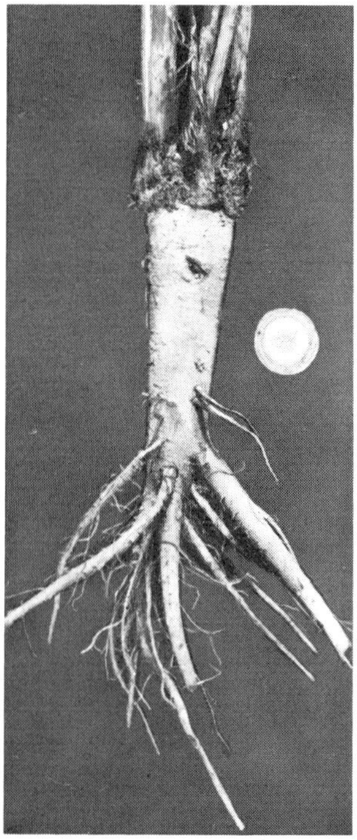

Abb. 355 Rumex patientia L., Wurzel mit Wurzelquerschnitt

Besonderes: Außer *Rumex acetosa* finden noch weitere *Rumex-species* in Volksheilkunde und Küche Verwendung, z. B. *Rumex patientia* L., der Moenchsrhabarber (Abb. 352), *Rumex alpinus* L., der Alpen-Ampfer, der auch Mönchsrhabarber genannt wird. Sie enthalten in ihren Wurzelstöcken und Wurzeln abführend wirkende Stoffe. Die großen Blätter des letzteren, die an den Gemüserhabarber erinnern, führten u. a. auch noch zur Benennung Wilder Rhabarber, Deutscher Rhabarber, Almrhabarber. *Rumex alpinus* wird in den Alpentälern oft in besonderen Blacken- oder Krautgärten zur Futtergewinnung (Sauerfutter) angebaut. Eine gewisse Anbaubedeutung kommt auch noch *Rumex scutatus* L. zu. Wegen seiner fast schildförmigen Blätter wird diese Art Schild-Ampfer genannt. Im Anbau trifft man gelegentlich die Varietäten *hortensis* Gaud. und *tenax* Beck an. Die Pflanzen der *var. hortensis* sind seegrün, die Blütenstiele gegliedert, die der *var. tenax* sind ebenfalls seegrün, aber ± bereift und die Blütenstiele hingegen ungegliedert. Früher wurde das Kraut dieser Art in der Heilkunde verwendet. Heute finden die Blätter des Schild-Ampfers gelegentlich noch als Gemüse unter den Namen Römischer oder Französischer Spinat Verwendung. Da er wie *Rumex acetosa* ebenfalls als Gewürz verwendet wird, nennt man ihn auch Gewürz-Ampfer. Die Blätter von *Rumex scutatus* sind saftiger und herber im Geschmack als die von *Rumex acetosa*. Erwähnt seien noch einige wildwachsend gesammelte Arten, wie *Rumex acetosella* L., der Kleine Sauerampfer, dessen Blätter und Kraut Verwendung finden, und *Rumex obtusifolius* L., der Stumpfblättrige Ampfer, sowie *Rumex crispus* L., der Krause Ampfer. Die Wurzeln dieser beiden letztgenannten Ampferarten finden sich gelegentlich unter der Bezeichnung *Radix Lapathi acuti* (Ampfergrindwurzel) im Handel. Früher fanden die Wurzeln verschiedener *Rumex-species* außer in der Heilkunde noch in der Färberei Verwendung. Sie enthalten u. a. gelbe Farbstoffe, die mit Alkalien purpurne Lösungen geben. *Rumex patientia* wird auch „Englischer Spinat" genannt. Der saure Geschmack der Ampfergemüse ist nicht bei jedem beliebt.

In der Landwirtschaft müssen die wildwachsenden Ampferarten als Unkräuter energisch bekämpft werden. Besonders auf Wiesen und Weiden mit dünnem Futterpflanzenbestand nehmen sie sehr schnell überhand und beeinträchtigen dann den Ertrag des Grünlandes und die Güte des Futters.

* Anstatt des Gattungsnamens *Carduelis* ist auch *Acanthis* gebräuchlich.

Ruta graveolens L., Weinraute, Gartenraute

Rutaceae

Gebräuchliche Pflanzenteile: Erg.-B. 6: „Die vor der Blüte gesammelten und getrockneten Laubblätter von *Ruta graveolens* L. *subspec. hortensis* (Miller) Gams.“ HAB. 2: „*Ruta graveolens* L. Frisches, vor Beginn der Blüte gesammeltes Kraut.“

Handelsbezeichnungen: *Folia Rutae*, Weinrautenblätter; *Herba Rutae hortensis*, Weinrautenkraut*; *Semen Rutae*, Weinrautensamen.

Botanik: *Ruta graveolens* ist ein Halbstrauch, der nicht nur zur Drogengewinnung angebaut wird, sondern der auch als Zierpflanze, z. B. für Felsenanlagen, Verwendung findet. Er verfügt über eine ästige Wurzel. Die Sprosse sind kahl, bleichgrün, ± dicht mit punktförmig erscheinenden, ± warzig vortretenden Öldrüsen besetzt. Sie wachsen starr-aufrecht und können bis 90 cm hoch werden. Das Erg.-B. zum DAB. 6 gibt sogar eine Höhe von 150 cm an. Im mitteleuropäischen Anbau konnten

Abb. 356
Ruta graveolens L.,
Blütenstände

wir Pflanzen mit einer solchen Wuchshöhe nicht feststellen. Meist sind die Stengel nur am Grund und im Blütenstand verzweigt, stielrund, unterwärts ± verholzend, bis 12 Laubblätter tragend. Die Laubblätter** werden bis 11 cm lang und 7 cm breit. Sie sind unpaarig gefiedert, mit 1—3 fiederspaltigen Fiederpaaren, mit spateligen bis lanzettlichen, vorn sehr fein gekerbten oder gesägten Endabschnitten. Im durchfallenden Lichte erscheinen die Blättchen punktiert (Öldrüsen). Die Farbe ist bläulich-grün. Die Kronblätter sind spatelig, 6—7 mm lang, löffelförmig gewölbt, kapuzenförmig eingekrümmt, am Rand ± gezähnelt, lebhaft grünlich-gelb, drüsig-punktiert.

Blütezeit: VI—VIII.

Der Nektar wird auf dem Diskus, namentlich in 8 oder 10 Grübchen desselben, ganz offen abgesondert. Die Blüten gelten als proterandrische Ekelblumen, deren scharfer Geruch außer Dipteren und Hymeno-

* *Herba Rutae murariae* = *Herba Adianti albi* = *Herba Paronychiae* stammt von der Mauerraute, auch Weißes Frauenhaar oder Rautenmilzkraut genannt (*Asplenium ruta-muraria* L.). Es handelt sich hierbei um eine *Polypodiaceae*.

** Die bildende Kunst hat sich mehrfach der Rautenblattform als Vorlage bedient. Sie findet sich stilisiert im sächsischen Wappen und auch in solchen von Gärtnerzünften und in Familienwappen (s. Abb. 224, S. 441).

pteren besonders gern fäulnisliebende Insekten anlockt. In Leipzig-Probstheida war bis in den Herbst hinein ein reicher, aus Bienen, Fliegen, Käfern und anderen Insektengruppen bestehender Besucherkreis zu beobachten. Mit vollem Recht bezeichnet KNUTH die Weinraute vor allem aber als eine Fliegenblume. Am auffallendsten waren zweifellos auch hier wieder Schwebfliegen, insbesondere Schlammfliegen vertreten, von denen sich die größten Arten, wie *Eristalis arbustorum* L. und *E. tenax* L., bisweilen auf die von anderen Insekten besetzten Blüten stürzten, um in den Besitz von Pollen und Nektar zu gelangen. Von mittleren und kleineren Schwebfliegen waren die Arten *Syrphus ribesii* L., *S. corollae* F., *S. balteatus* Deg. und *Sphaerophoria scripta* L. saugend beschäftigt. Außer ihnen wurden die Musciden *Sarcophaga carnaria* L., *Pollenia rudis* F. sowie die beiden Goldfliegenarten *Lucilia sericata* Mg. und *L. silvarum* Mg. als häufige Blütenbesucher festgestellt. Auch die sonst nicht häufige Singfliege *Pipiza lugubris* Fall., deren Larven sich von Blattläusen nähren, konnte 1942 erstmalig von den Blüten abgefangen werden. Glanzkäfer, *Meligethes-spec.* (Nitituliden), bevölkerten ebenfalls die Blüten. Reich waren die Hymenopteren vertreten. Außer den zahlreichen Honigbienen umflogen auch echte Wespen die Rautenblüten, um sich gelegentlich auf ihnen niederzulassen und saugend zu verweilen. *Vespa germanica* F. war die häufigste Art; ihr folgte *V. silvestris* Scop. und dieser *V. vulgaris* L. Im übrigen war das Sammeljahr 1942 besonders reich an Schlupfwespen. Auch auf der Raute zeigten sich drei bisher an Heil- und Gewürzpflanzen noch nicht festgestellte Arten, und zwar: *Ichneumon confusorius* Grav., *Stenichneumon culpator* Schrk. und *Mellinus arvensis* L., während die vierte Art, *Ichneumon sarcitorius* L., schon früher mehrmals beobachtet worden war. Auch die schöne Goldwespe *Chrysis ignata* L. konnte als Blütenbesucher verzeichnet werden. Obwohl sich von unseren Tagschmetterlingen der Schwalbenschwanz, *Papilio machaon* L., der Zitronenfalter, *Gonepteryx rhamni* L., der Bläuling *Lycaena icarus* Rott. und die Weißlingsarten an den Blüten niederließen, war doch ein längerer Aufenthalt, der auf ein stetiges Saugen hätte schließen lassen, nicht zu beobachten. Offenbar wurden die Falter nur durch den starken Duft angezogen. Nach EBERT[1] sollen allerdings die Weibchen des Schwalbenschwanzes mit Vorliebe die Rautenblätter zur Eiablage benutzen.

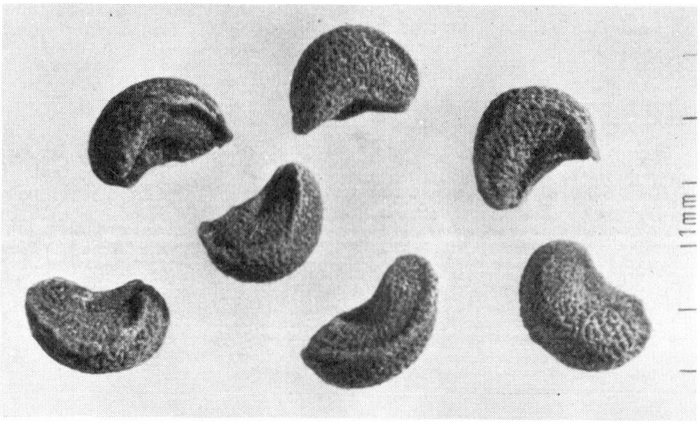

Abb. 357
Ruta graveolens L., Samen

Die Frucht ist eine flachspaltige, vielsamige Kapsel. Der Samen ist 1,5—2,0 (2,2) mm lang und 0,8—1,0 (1,3) mm breit und dick. Er ist gekrümmt, leicht sichelförmig gebogen, 3-kantig und grobhöckerig. Die Farbe ist vorwiegend schwarzgrau, zum Teil auch blaugrau, matt. Geruch und Geschmack besonders frischer Samen sind typisch, jedoch schwächer als beim Kraut. *Ruta graveolens* enthält ätherisches Öl mit dem Hauptbestandteil Methyl-n-nonylketon und das Flavonglykosid Rutin.

Die Art zerfällt in zwei Unterarten, die HEGI wie folgt beschreibt:

I. *subspec. divaricata* (Tenore) Gams: Stengel ± 15—40 cm hoch. Laubblätter gelblichgrün, fast geruchlos, eiförmig; die Endabschnitte lanzettlich, ± 1—2,5 cm lang und

[1] EBERT, K.: Der feldmäßige Anbau einheimischer Arznei-, Heil- und Gewürzpflanzen. Stuttgart 1949, S. 159.

2—4 mm breit. Kronblätter ziemlich kurz genagelt, deutlich gezähnelt. Kapsel nur flach gespalten. Man unterscheidet noch die Formen *genuina* Pospichal und *crithmifolia* (Moricandi) Bartling. Diese Unterart ist in den Mittelmeerländern heimisch und dürfte als Droge kaum von Wert sein.

II. *subspec. hortensis* (Miller) Gams: Stengel 30—50 (90) cm hoch. Laubblätter mehr bläulichgrün, stark aromatisch, von mehr dreieckigem Umriß; die Endabschnitte verkehrt-eiförmig oder spatelig, ± 1—1,5 cm lang und 2,5—5 mm breit. Kronblätter länger genagelt, weniger stark gezähnelt. Kapsel tiefer gespalten, mit größeren, eingesenkten Drüsen. Blüht später als die vorige. Es handelt sich hierbei wohl nur um eine Kulturrasse der vorigen Unterart, die allgemein angebaut wird und die in Südeuropa vollständig verwildert anzutreffen ist.

Boden und Klima: Wildwachsend gedeiht die Weinraute an trockenen, warmen Felshängen. Auch auf Felsschutt im Mittelmeergebiet, in Felsensteppen, in Weinbergen, auf alten Mauern und in Kiesgruben ist sie zu finden. Kalkböden werden bevorzugt. Auch auf kalkhaltigem Eruptivgestein, z. B. auf Basalt, gedeiht sie. Für den Anbau eignen sich besonders kalkhaltige, lockere, mittelschwere Böden in geschützten, warmen Lagen. Auch im Halbschatten ist der Anbau noch möglich.

Herkunft und Verbreitung: *Ruta graveolens* ist in Südeuropa beheimatet und besonders verbreitet auf der Balkanhalbinsel. Sie findet sich außerdem im Karstgebiet sowie in Ober- und Mittelitalien. Völlig eingebürgert ist sie namentlich in den Südalpen, in Südfrankreich und in Spanien. Im übrigen Europa wird sie häufig kultiviert. Verwildert ist sie des öfteren anzutreffen, z. B. an Burgruinen und besonders in Weinbergen.

Herkünfte des Drogenhandels: Die Weinraute wird in Deutschland garten- und auch feldmäßig angebaut, so besonders in Mitteldeutschland, z. B. in Jenalöbnitz. Eingeführt wird die Droge hauptsächlich aus der Tschechoslowakei, Österreich, Italien und den Balkanländern.

Sorten und Herkünfte für den Anbau: Eine gern angebaute Gruppensorte ist die 'Kleinblättrige Mittelfrühe Weinraute'. Sie ist vor allem weniger frostempfindlich als die grobblättrige.

Abb. 358
Ruta graveolens L.,
links: grobblätteriger;
rechts: kleinblätteriger
Typ

Saatgut: Das 1000-Korngewicht schwankte nach unseren Untersuchungen zwischen 1,929 und 2,769 g. Das Saatgut der grobblättrigen Sorte ist schwerer als das der kleinblättrigen. Die Mindestreinheit sollte 97% betragen, die Mindestkeimfähigkeit 60%. Die Samen sind oft hartschalig und keimen ungenügend. Die Keimfähigkeit schwankt außerordentlich stark. Die Keimung hat unter Lichtabschluß bei 15 oder 20° C zu erfolgen. Nach BECKER-Dillingen[2] soll ein trockenes Durchfrieren die Keimung begünstigen. Nach 28 Tagen wird die Keimfähigkeit festgestellt. Nach Angaben in der Literatur bleibt sie 2—3 Jahre erhalten. Eigene Versuche ergaben, daß die Samen einzelner Herkünfte noch nach sechsjähriger Lagerung keimten. Die Abnahme schwankte zwischen 67 und 100%.

Anbau: Hinsichtlich der Vorfrucht sind die Ansprüche der Weinraute gering. Gut gedüngte Hackfrüchte sagen ihr aber besonders zu. Man sollte ihnen daher schon im Hinblick auf die Mehrjährigkeit der Weinrautenkultur den Vorzug geben.

Drillsaat ist möglich, jedoch wegen des langsamen Anfangswachstums mit sehr hohen Pflegeaufwendungen und nur geringem Ertrag im ersten Jahr verbunden. Das zu bestellende Feld ist im Herbst zu pflügen. Im April/Mai erfolgt die Aussaat in das gartenmäßig hergerichtete Land in einen leichten Eggenstrich. 6—8 kg/ha Saatgut werden in 30 cm Reihenabstand ausgedrillt und anschließend zugewalzt. Eine Markiersaat sollte unbedingt Verwendung finden, damit zeitig gehackt werden kann. Ein Vorquellen der Samen etwa sechs Stunden lang bei 40° C empfiehlt sich.

Außer der Drillsaat kommt vor allem die Pflanzung im Mai oder August/September nach vorausgegangener Anzucht in Frage. Diese bringt im folgenden Anbaujahre schon volle Erträge. Die Pflanzen werden hierfür im warmen Kasten entweder im März für die Frühjahrspflanzung oder Mai/Juni zur Herbstpflanzung ausgesät. 1 bis 1,5 kg Saatgut auf 150 qm Fläche liefern das Pflanzmaterial für 1 ha, das sind etwa 135000 Pflanzen. Der Samen ist sehr hartschalig und läuft bei genügender Feuchtigkeit im Frühbeet nach 2—3 Wochen auf, im Freiland meist später.

Der Pflanzacker soll sich besonders bei Spätsommerpflanzung gut abgesetzt haben und wird nur mit Egge und Schleppe feinkrümelig und locker hergerichtet. Die kräftig entwickelten Pflanzen werden dann in 30 × 25 cm Abstand ausgepflanzt. Bei August/September-Pflanzung empfiehlt es sich, die Wurzeln vor dem Auspflanzen in Lehmbrei zu tauchen, um sie vor dem Austrocknen zu schützen. Die Setzlinge müssen beim Pflanzen gut angedrückt werden. Auch durch Stecklinge kann die Weinraute vermehrt werden.

Die Pflege bei Drillsaat erfordert nach dem Auflaufen bis zum Schließen des Bestandes mehrere Hand- und Maschinenhacken. Auch die Pflanzkulturen werden möglichst bald gehackt. Die Spätpflanzung ist vor Winter noch ein- bis zweimal zu hacken. Es empfiehlt sich, vor jeder Überwinterung nach dem letzten Schnitt grundsätzlich noch einmal zu hacken oder zu igeln. In den späteren Jahren erfolgt die Hackarbeit vorwiegend maschinell.

Die Pflanzen entwickeln sich nur langsam, und erst in der wärmeren Jahreszeit setzt ein üppigeres Wachstum ein. Um buschige Pflanzen für die Krautgewinnung zu erzielen, müssen sie öfters geschnitten und am Samentragen gehindert werden. In wenig geschützten Lagen empfiehlt es sich, die Pflanzen vor Eintritt des Winters gegen Frostschäden durch leichtes Abdecken zu schützen.

Frische Stalldüngung ist der Weinraute anscheinend nicht zuträglich. Stalldünger sollte daher nur zur Vorfrucht gegeben werden. Handelsdünger (N, P_2O_5, K_2O), besonders Stickstoff, werden gut aufgenommen. Es empfiehlt sich, vor der Aussaat bzw.

[2] BECKER-Dillingen, J.: Handbuch des gesamten Gemüsebaues. 5. Aufl., Berlin und Hamburg 1950, S. 624.

Pflanzung eine mittlere Volldüngung und nach jedem Schnitt eine schwache Stickstoffgabe, am besten in Form von Kalkammonsalpeter, zu verabreichen.

Ernte: Bei gedrillten oder frühjahrsgepflanzten Beständen liegt die erste Ernte meist etwas später im Juli/August, während in den folgenden Jahren der erste Schnitt im Juni/Juli und der zweite etwa im August/September anfällt.
Geerntet wird das Kraut kurz vor Beginn der Blüte. Es ist darauf zu achten, daß die Krautdroge keine blühenden Sprosse und Trugdolden mit bereits reifenden Kapseln enthält. Nach PARIS[3] enthalten die beblätterten Zweige mehr Rutin als die blühenden und fruchttragenden. Der Schnitt erfolgt mit der Sichel etwa handhoch über dem Erdboden. Eine Maschinenmahd kommt besonders in älteren Beständen nicht in Frage, da sich das geschnittene Erntegut wegen der hohen und holzigen Stoppeln nur schlecht und mit Verlusten vom Boden aufnehmen läßt. Der Einsatz eines Kurzfuttersammlers kann das Problem des Maschinenschnitts evtl. einer Lösung näherbringen. Der Schnitt darf nicht bei Tau erfolgen. Hautempfindliche Personen sollen möglichst nicht bei der Ernte beschäftigt werden. Das ätherische Rautenöl bzw. dessen Hauptbestandteil Methyl-n-nonylketon wirkt örtlich stark reizend. Nach von GUTTENBERG[4] erfolgt bereits bei jeder Verbiegung des Blattes eine Entleerung der Öltropfen aus den Blattdrüsen. Bei *Ruta graveolens* liegt über der Drüse mit dem ätherischen Öl ein Deckel eingesenkter Epidermiszellen, die sich leicht in der Mittellamelle ihrer Radialwände voneinander lösen. Die Berührung mit dem Kraut kann zu sehr unangenehmen Hautentzündungen (Erytheme) und zeitweiliger Arbeitsunfähigkeit führen. Zumindest sind die Hände mit Handschuhen zu schützen und ist Kleidung mit langen Ärmeln und langen Hosen zu tragen. Barfußgehen ist zu unterlassen. Bei der Erntearbeit vermeide man, sich ins Gesicht zu fassen. Mit Weinrautenkraut gefüllte Körbe sollen von dünnbekleideten Personen nicht auf dem Rücken getragen werden. Nach Beobachtungen von R. CAESAR* erwiesen sich hellhaarige Personen empfindlicher als dunkelhaarige. Auf Grund dieser unangenehmen Eigenschaften wird *Ruta graveolens* im Volksmund auch „Krätzraute" genannt.
Zur Samengewinnung wird das Kraut mit den reifenden Kapseln im September geschnitten. Der richtige Erntezeitpunkt ist gekommen, wenn sich die Kapseln braun zu färben beginnen. Das Erntegut wird auf Planen oder in dichten Stiegen gesammelt und am besten auf Böden zur Nachreife und Trocknung ausgebreitet. Anschließend wird es ausgedroschen. Die Druschrückstände werden manchmal von der Drogen verarbeitenden Industrie aufgenommen.

Trocknung: Die Trocknung des Krautes erfolgt am besten auf natürliche Weise im Schatten so schnell wie möglich. Es muß öfter gewendet werden, da es schwer trocknet. Künstliche Trocknung sollte bei Temperaturen von nicht über 35° C erfolgen. Beim Trocknen des Krautes entwickelt sich ein an *Fructus Cardamomi* erinnernder Geruch. Das Eintrocknungsverhältnis frisch : trocken beträgt etwa 3—4 : 1.

Erträge: Die Erträge an Krautdroge sind je nach Zahl der jährlichen Schnitte verschieden. Vom zweiten Anbaujahr an schwankte der Ertrag bei zwei Schnitten zwischen 20 und 30 dz/ha *Herba Rutae graveolens* bzw. 10 und 15 dz *Folia Rutae graveolens*. Die Saatguterträge beliefen sich auf 1,1 bis 2,0 dz/ha. Drei bis vier Jahre läßt sich ein Weinrautenbestand zur Drogengewinnung nutzen, später sinken die Erträge jedoch stark. Samenträgerflächen können unter Umständen noch länger genutzt werden. Hinsichtlich des Einflusses des Alters der Pflanzen auf den Wertstoffgehalt der Krautdroge

[3] PARIS, R.: Bull. Sci. pharmacol. **43**, (38), 279 (1936); zit. nach GESSNER.
[4] GUTTENBERG, H. von: Lehrbuch der Botanik. Berlin 1951, S. 111.
* Nach einer persönlichen Mitteilung von Herrn Rudolf CAESAR.

stellten HEEGER und ROSENTHAL[5] fest, daß die einjährigen Pflanzen meist gehaltreicher als die älteren sind, wie dies aus folgender Übersicht hervorgeht:

Jahr der Aussaat	Ernte-jahr	Gehalt der angebauten Herkünfte an ätherischem Öl in %				
1937	1939	0,10	0,15	0,20	0,10	0,20
1938	1939	0,25	0,25	0,35	0,15	0,25
1939	1939	0,40	0,55	0,35	0,35	0,40

Krankheiten und Schädlinge: HEGI berichtet, daß auf den Laubblättern von *Ruta graveolens* durch *Sphaerella rhea* Fautr. eine Fleckenkrankheit hervorgerufen wird. Der gelbgürtelige Blattfloh *Psylla succincta* M. C. wird als Schädling genannt. Er tritt von April bis Mai auf. Die Pflanzen werden von dem bläulichen Flaum der Larven oft ganz überzogen und sterben dann ab. An den Beständen des Sortenamtes in Leipzig-Probstheida verursachten Raupen des Schwalbenschwanzes, *Papilio machaon* L., Fraßschäden. Die Zerstörungen an den betroffenen Pflanzen waren insofern auffallend, als nur die Blütenstände abgefressen waren. Auch die eingetragenen Raupen nahmen während der Weiterzucht mit Vorliebe zunächst nur die Blütenstände an, um sich erst später mit den Blättern zu begnügen. Hasen und Wildkaninchen nagen an den Pflanzen.

Salvia-species, Salbei-Arten

Labiatae

I. Salvia officinalis L., Gebräuchlicher Salbei, Gartensalbei, Edelsalbei[1]

Gebräuchliche Pflanzenteile: DAB. 6: „Die getrockneten Laubblätter von *Salvia officinalis* Linné.“ HAB. 2: „Frische Blätter.“

Handelsbezeichnungen: *Folia Salviae*, Salbeiblätter. Gelegentlich werden noch als Volksheilmittel genannt: *Radix Salviae*, Salbeiwurzeln, und *Flores Salviae*, Salbeiblüten.

Botanik: Der Salbei ist ein 80 (100) cm hoher Halbstrauch mit braunen, ästigen Wurzeln. Die meist stark verzweigten Äste tragen eine schuppige, graubraune Borke. Die Stengel sind fast stielrund, unterwärts oft ± violett angelaufen und meist ziemlich dicht weißwollig behaart. Die Blätter sind länglich-eiförmig bis schmal-elliptisch, am Grunde verschmälert und oftmals mit zwei kleinen Fiederchen (Öhrchen) versehen, sehr fein gekerbt, schwach runzlig und ± lang gestielt. Besonders in der Jugendentwicklung sind die Blätter weißlich-graufilzig (silberfarben) behaart. Der dichte Haarfilz deutet darauf hin, daß es sich um ein Trockenlandgewächs, einen Xerophyten, handelt.

Der Salbei bildet eine allseitige Scheinähre aus etwa vier- bis achtblütigen Scheinwirteln. Die Farbe der Krone ist hellviolett, selten weiß. Die Blüten verbreiten wie die grünen Teile einen eigenartigen, herben Geruch.

Blütezeit: VI, VII.

[5] HEEGER, E. F. und ROSENTHAL, Chr.: Vorschläge für die Festsetzung der Wertstoffmindestgehalte deutscher Anbaudrogen im neuen Deutschen Arzneibuch (DAB. 7) auf Grund kritisch-experimenteller Untersuchungen. „Pharmazie“ 4, S. 380 bis 390 (1949); bzw. „Arzneipflanzen-Umschau“ 2, S. 573 bis 584 (1949).

[1] HEEGER, E. F., BAUER, K. H. und POETHKE, W.: *Salvia officinalis* L., Gebräuchlicher Salbei; *Salvia Sclarea* L., Muskatellersalbei, Botanik, Anbau, Inhaltsstoffe. „Pharmazie“ 2, S. 274 bis 281 (1947); bzw. „Arzneipflanzen-Umschau“ 2, S. 189 bis 196 (1947).

Neben Pflanzen mit proterandrischen Zwitterblüten kommen auch rein weibliche vor. JARETZKY-GEITH[2] erwähnen als biologische Besonderheit den eigenartigen, eine Fremdbestäubung gewährleistenden Bestäubungsmechanismus, der durch zahlreiche Hautflügler ausgelöst wird. So besitzen die beiden fertilen Staubblätter ein stark verlängertes Konnektiv, das mit dem Filament gelenkartig verbunden ist und diesem als ungleicharmiger Hebel aufsitzt. Der längere Hebelarm trägt an seinem Ende einen linealen Pollensack und liegt unter der Oberlippe verborgen. Der kurze Hebelarm trägt teilweise verkümmerte, löffelartig verbreiterte Pollensäcke, die miteinander verklebt oder verwachsen und so angeordnet sind, daß sie den Zugang zur Blumenkronröhre versperren, in welcher der Nektar abgeschieden wird. Will die Biene den Nektar saugen, so muß sie den „Löffel" nach innen biegen, wodurch die fertilen Staubbeutel am langen Hebelarm auf den Rücken des Insektes herabgedrückt werden. Dieser Vorgang kann sich des öfteren wiederholen. Somit wird jedesmal ein Teil des Pollens auf dem Rücken der Biene abgeladen. Der anfangs unter der Kronoberlippe liegende Griffel streckt sich später, so daß die ersten nach den Pollenfächern reifenden Narbenäste in dieselbe Lage kommen, in die bei der Bestäubung die Pollenfächer gebracht werden. Durch diese Proterandrie und den komplizierten Hebelmechanismus wird Fremdbestäubung gesichert. Auch Schwebfliegen und Tagfalter besuchen die Blüte, vermögen jedoch nicht, das „Schlagwerk" in Tätigkeit zu setzen.

Abb. 359 Salvia officinalis L., Blütenstände

Der Salbei ist eine ausgezeichnete Bienenpflanze. Auch in Leipzig-Probstheida wurde der Bestand sehr häufig von Honigbienen besucht, die an den Blüten sogen. Wenn auch noch weitere Hymenopterenarten beobachtet werden konnten, so doch nur in wenigen oder gar nur einzelnen Stücken. Von den im allgemeinen häufigen Hummeln wurden Hilfsweibchen der Erdhummel, *Bombus terrestris* L., und die beiden weiteren Arten *B. lapidarius* L. und *B. agrorum* L. saugend beobachtet. Weiter wurden noch die beiden Schmalbienen *Halictus trumulorum* L. und *H. quadrinotatus* L. im weiblichen Geschlecht erbeutet. Schließlich konnte noch eine kleinere Blattwespenart (*Pachyprotasis rapae* L.) und die auf blühendem Kümmel teils beim Pollenfressen, teils als Räuber häufig beobachtete größere Art *Tenthredo arcuata* Forst. festgestellt werden. Von Fliegen waren es die beiden in Leipzig-Probstheida seither noch nicht beobachteten Arten *Liogaster metallinus* F. und *Winthemia xanthogastra* Rond., die von den Blüten abgestreift wurden. Als einziger Tagfalter ließ sich mehrfach der Rapsweißling, *Pieris napi* L., an den Blüten saugend sehen. Außerdem durchschwirrte häufig die bei Tage fliegende Gammaeule, *Phytometra (Plusia) gamma* L., den Bestand und verweilte saugend an den Blüten. Früheren blütenbiologischen Mitteilungen zufolge sind diese beiden Schmetterlinge schon am Salbei beobachtet worden. Sie werden aber als unbedeutende Blütenbesucher hingestellt, da beim Saugen weder die Narbe noch die Antheren berührt werden. Von der Schildkäfergattung *Cassida* L. wurde beim Durchstreifen des Salbeibestandes für Leipzig-Probstheida die Art *Cassida nebulosa* L. im Netz erkannt.

Zwei Schwebfliegenarten (*Syrphus balteatus* Deg. und *Platychirus clypeatus* Mg.) fanden sich nach dem Abstreifen der Blüten zahlreich vor. Auch eine der häufigsten Heteropteren, die große Blindwanze *Adelphocoris lineolatus* Goeze, wurde oft erbeutet. Irgendwelche Saugschäden an den Pflanzen konnten ihr nicht nachgewiesen werden.

Die Nüßchen sind fast kugelig, 2—3 mm lang und 2 mm breit und dick, vertieft punktiert, dunkelbraun bis schwärzlich. Sie besitzen einen kleinen weißen, lochförmigen Nabel als Ansatzstelle.

[2] JARETZKY-GEITH: Die deutschen Heilpflanzen in Bild und Wort. II. Teil, Stollberg i. E./Berlin 1944. S. 235.

Abb. 360
Salvia officinalis L.,
Nüßchen

Salvia officinalis umfaßt mindestens drei anscheinend ursprünglich ziemlich scharf geschiedene und darum meist als Arten getrennte, bei den zahlreichen Kulturformen aber oft schwer auseinanderzuhaltende Unterarten:

1. *subspec. lavandulifolia* (auct. an Vahl?) Gams: Blattspreiten länglich-lanzettlich bis linealisch, meist unter 3 cm lang und höchstens 1 cm breit, mindestens unterseits weißfilzig behaart. Blüten kurzgestielt bis fast sitzend, nur etwa 2 cm lang, in unterbrochenen oder (*f. spicata* Willk. et Lange) ± dichten Scheinähren.
2. *subspec. minor* (Gmelin) Gams: Blattspreiten meist etwas kürzer gestielt, etwa 4 bis 7 cm lang und 1—2 cm breit, schwächer behaart, am Grunde zuweilen (*f. auriculata* [Mill.] Vis.) mit einem Paar kleiner Fiederblättchen („Kreuzsalbei") versehen. Blüten länger als bei voriger Unterart gestielt, etwa 2—2,5 cm lang. Von dieser Unterart leiten sich wohl alle in den Südalpen eingebürgerten Pflanzen und die meisten der in Österreich und in Norddeutschland angebauten Formen ab. Außer dem als besonders „heilkräftig" geltenden „Kreuzsalbei" und weiß- und rotblütigen Formen (*f. albiflora* et *rubriflora* Alef.) sind schon seit langem zahlreiche krausblättrige und buntblättrige Gartenformen bekannt, bei denen jedoch die Zugehörigkeit zu dieser oder der folgenden Unterart meist fraglich ist, so *f. purpurascens* Alef., Laubblätter rötlich. Eine stark aromatische, besonders in England beliebte Form.
3. *subspec. major* (Garsault) Gams: In allen Teilen größer als die vorigen Unterarten. Blattspreiten etwa 5—10 cm lang, 2—5 cm breit, beiderseits kurzfilzig, am Grunde meist ± herzförmig, nie mit Öhrchen versehen. Blüten etwa 3—3,5 cm lang, kurz, aber deutlich gestielt, in meist ziemlich dichten Scheinähren. Hierzu gehört u. a. als alte Gartenform *f. crispa* Alef. mit stärker gezähnten, ± krausen Laubblättern (Hegi).

Boden und Klima: Zur kräftigen Entwicklung benötigt *Salvia officinalis* besonders Kalkboden in windgeschützter, warmer Lage. Sandige Lehmböden bis lehmige Sandböden in gutem Kalkzustand sind für den Anbau besonders geeignet. Selbst in Höhenlagen hat der Anbau noch Erfolg; so berichtet z. B. Hegi, daß Salbei noch in 1900 m Höhe gedeiht. An steilen Hängen, z. B. in Weinbergen, und sonstigen landwirtschaftlich nur schwer nutzbaren Stellen kann er angebaut werden. Ein genügend hoher Grundwasserstand ist dem Wachstum förderlich.

Herkunft und Verbreitung: Der Salbei ist eine typisch mediterrane Pflanze, die in Südeuropa besonders an dürren Kalkhängen beheimatet ist. Als eigentliche Heimat wird das Gebiet vom Quarnero durch Dalmatien bis Südost-Serbien und Mazedonien (Ostrowo) angesehen, wo der Salbei Berghänge bis zu 800 m Höhe bedeckt. In Mitteleuropa wird er angebaut und nicht selten verwildert angetroffen. In Deutschland kommt *Salvia officinalis* gelegentlich noch als Kulturflüchtling vor.

Herkünfte des Drogenhandels: Bekannte Herkunftsgebiete für *Folia Salviae* sind Dalmatien, Italien, Griechenland mit Kreta und die Sowjetunion. Besonders auch in Südengland wird Salbei feldmäßig angebaut. In Deutschland findet er sich sehr häufig in Gärten kultiviert. Ein größerer Anbau befindet sich in der Umgebung von Dresden und bei Wernigerode am Harz, wo besonders pharmazeutische Werke den Anbau betreiben.

Sorten und Herkünfte für den Anbau: Die zur Prüfung beim Sortenamt eingesandten Herkünfte stellten bisher vorwiegend noch mehr oder weniger Formengemische dar, so auch die zugelassene Gruppensorte 'Echter Salbei'. Die Blattformen sind sehr wechselnd. Übergänge von der schmalblättrigen bis zur breitblättrigen Form wurden festgestellt. Teilweise waren die Blätter mit Öhrchen versehen, auch eine unterschiedliche Behaarung wurde beobachtet. Die in der Literatur zu findende Annahme, daß der mit Blattöhrchen versehene Salbei besonders wertvoll sei, wurde von uns dahingehend nachgeprüft, daß wir den Gehalt der Blätter an ätherischem Öl bestimmten. Der Unterschied zwischen Salbeipflanzen mit „Blattöhrchen" (Fiedern) und ohne solche war nur sehr gering und konnte nicht als gesicherter Unterschied festgestellt werden. Wir erhielten folgende Werte: Gehalt an ätherischem Öl einer Durchschnittsprobe von einer in Leipzig-Probstheida angebauten Herkunft mit Blattöhrchen = 1%, einer solchen ohne Blattöhrchen = 0,95%. Die Probeentnahme erfolgte gegen Ende der Blüte. Die Bestimmungen des ätherischen Öles bei verschiedenen Herkünften ließen überhaupt keine sortenkundlichen Schlüsse zu. Der Blattanteil je Herkunft ist sehr unterschiedlich, auch variieren die verschiedenen Herkünfte in der Blütengröße und -farbe.
Die sogenannte Sorte „*lavandulifolia*" wird verhältnismäßig selten angebaut. Sie kommt vor in Süd-, Mittel- und Ostspanien. In der Gegend von Granada steigt sie bis 2000 m hoch. Auch in den französischen Pyrenäen ist sie anzutreffen. Die sogenannte Rasse „*major*", auch „Großblättriger Salbei" genannt (*subspec. major*), wird häufiger angebaut. Wildwachsend findet sie sich u. a. auf der Krim, in Kleinasien, Cypern und Nordsyrien. Sie ist angeblich einheimisch in Nord-, Ost- und Mittelspanien, in den Küstengebieten der Adria bis Istrien, ganz vereinzelt auch in Südostserbien und in Mazedonien. Nach vorläufigen Untersuchungen beim Sortenamt sind die bisher geprüften deutschen Herkünfte wahrscheinlich größtenteils auf diese Unterart zurückzuführen.

Saatgut: Das 1000-Korngewicht betrug im mehrjährigen Durchschnitt 7,692 g. Die Mindestreinheit sollte 98%, die Mindestkeimfähigkeit 75% betragen; anerkanntes Saatgut sollte eine solche von 80% aufweisen. Je nach dem Ausreifungsgrad keimt das Saatgut schneller bei Licht oder im Dunkeln. Als Keimtemperaturen sehen die „Technischen Vorschriften für die Prüfung von Saatgut" 20° C (Zimmertemperatur) vor. Nach 21 Tagen wird der Keimversuch abgeschlossen.
Sachgemäß geerntetes Saatgut ist nach einjähriger Lagerungszeit hinsichtlich der Keimfähigkeit hochwertig. Vom dritten Jahre der Lagerung an läßt sie stark nach.

Anbau: In der Fruchtfolge steht der Salbei am besten mit seiner normalerweise dreijährigen Kulturdauer nach gut gedüngten Hackfrüchten, besonders Kartoffeln, oder nach Leguminosen. Da er den Boden sehr beansprucht, folgen ihm selbst nach einer Stalldunggabe am besten wieder Hackfrüchte. Mit sich selbst soll Salbei verträglich sein.

Abb. 361 Salvia officinalis L., Ausschnitt aus Bestand

Nach ENGELMANN[3] ist er schon mehrere Jahre auf dem gleichen Feld ohne Nachteil angebaut worden.

Im großflächigen Anbau wird die Kultur ausschließlich als Drillsaat ab April angelegt. Wegen des hohen Wasserbedürfnisses während der Jugendentwicklung ist der Acker im Herbst zu pflügen. Im Frühjahr wird er zeitig geschleppt und zunächst mit Grubber, Egge und Schleppe bearbeitet. Nach genügender Bodenerwärmung wird das Saatbett mit Egge und Walze feinkrümelig mit festem Bodenschluß hergerichtet. In einen leichten Eggenstrich wird dann flach in 40 cm Reihenabstand eingedrillt. 20 kg Saatgut je Hektar werden hierbei benötigt, und anschließend wird zugewalzt. Innerhalb der ersten acht Tage nach der Aussaat kann noch einmal zur vorbeugenden Unkrautbekämpfung vorsichtig gestriegelt und anschließend wieder gewalzt werden. Das Auflaufen erfolgt etwa nach drei Wochen, bei zeitiger Saat und geringer Wärme aber auch erst später. Eine große Gefahr für das Auflaufen der Saat sind Tauben, die nach ENGELMANN mit besonderer Vorliebe die Salbeinüßchen annehmen.

Abb. 362 Salvia officinalis L., Stand der Frühjahrsaussaat im September; rechts: nach der Ernte (handbreit über dem Boden geschnitten)

[3] ENGELMANN: Heil- und Gewürzpflanzenbau in Sachsen. „Vorträge", gehalten anläßlich der Lehrgänge für Heil- und Gewürzpflanzenanbauer im Juni 1938, Berlin 1939, S. 10 bis 17.

Um die Saat vor Vogelfraß zu schützen, empfahl ein erfahrener Salbeianbauer, das Salbeisaatgut mit Bleimennige und Tischlerleim in einem Holzbottich so lange zu verrühren, bis es gewissermaßen „kandiert" ist. Diese Behandlung hat sich sehr bewährt, zumal die Keimfähigkeit hierbei nicht leiden soll.

Die Aussaat kann auch im März/April ins Frühbeet erfolgen. Zur Anzucht von genügend Salbeipflanzen für eine Fläche von 1 ha werden 2 kg Saatgut benötigt. Die Pflanzen werden später pikiert und ins Freiland verpflanzt, sobald sie sich kräftig entwickelt haben. Auf Freilandsaatbeeten kann die Anzucht ebenfalls vorgenommen werden. Die Aussaaten sind gut feucht zu halten, da sie zum Keimen verhältnismäßig viel Wasser benötigen.

Über die Standweite gehen die Ansichten auseinander. Im ersten Jahre ergaben Standweiten von 40 × 40 cm gute Erträge, während bei solchen von 25 × 25 cm der Ertrag relativ wie absolut am besten war (O. Dafert und J. Mauerer[4]). Mit steigender Standweite sanken die Blatterträge, während der Ölgehalt bei allen Standweiten fast der gleiche blieb.

Salbei läßt sich auch vegetativ vermehren, und zwar durch Stecklinge oder durch Teilung älterer Pflanzen. Eine vegetative Vermehrung kommt aber für den feldmäßigen Anbau kaum in Betracht, da sie meist unwirtschaftlich sein dürfte.

Abb. 363 Salvia officinalis L., als Zwischenkultur im Obstbau. Aussaat im Herbst. Aufgenommen im darauffolgenden Frühjahr

Salvia officinalis kann auch als Zwischenkultur, z. B. im Obstbau, angebaut werden. Nach Untersuchungen von Bode[5] wird im diffusen Tageslicht ein Schattenpflanzentypus erzeugt, der sich durch eine beträchtliche Vermehrung der Blattflächen gegenüber den im vollen Tageslicht gewachsenen Pflanzen auszeichnet. Die Schattenpflanzen hatten im Hochsommer auch höhere Ölwerte aufzuweisen als die Sonnenpflanzen. Erhöhte Verdunstung des ätherischen Öles bei Sonnenbestrahlung war zu beobachten.

[4] Dafert, O. und Mauerer, J.: Versuch über den Einfluß der Standweite auf den Gehalt an ätherischem Öl von *Salvia officinalis* L. „Ztschr. f. d. Landw. Versuchsw. in Deutsch-Österreich", 1923, S. 101; ref. in „Heil- und Gewürzpflanzen" 6, S. 92 (1923).

[5] Bode, H. R.: Der Einfluß des Lichtklimas auf die Eigenschaften der Droge bei der Gartensalbei (*Salvia officinalis* L.). „Heil- und Gewürzpflanzen" 19, Heft 2, S. 33 bis 39 (1940/41).

Bode erzielte bei den Schattenpflanzen eine um ein Fünftel geringere Drogenernte als bei den Sonnenpflanzen, weil das Trockengewicht der Sonnenpflanzen höher liegt als das der Schattenpflanzen.
Sobald die Saat aufgelaufen ist, wird unter Verwendung von Hohlschutzscheiben mit der Maschine gehackt. Weitere Maschinen- und Handhacken schließen sich besonders im ersten Jahre während des langsamen Wachstums zum Offenhalten des Bodens und zur Sauberhaltung des Bestandes an. Zu dichte Bestände werden dabei frühzeitig etwas ausgelichtet. Die Zahl der Hacken ist sehr von der Witterung und Unkrautwüchsigkeit abhängig. In den nächsten Jahren sind selten mehr als eine Handhacke und 2—3 Maschinenhacken jährlich notwendig. Bei sauberen Beständen kann auch die Handhacke unter Umständen wegfallen. Nach dem letzten Schnitt im August sollte grundsätzlich noch einmal gehackt werden, damit der Bestand unkrautfrei und mit guter Bodenlockerung in den Winter geht. Diese Hacke kann auch mit einem Igel vorgenommen werden und soll etwas tiefer greifen. Auch ein flaches Anhäufeln kann angebracht sein. In rauhen Lagen ist zur Überwinterung eine Abdeckung mit Kartoffelkraut und ähnlichem zum Schutz gegen Auswinterungsschäden zu empfehlen. Die oberirdischen Teile der Pflanze treiben im Frühjahr erst spät (Anfang Mai) wieder neu aus. In besonders geschützten Lagen bleibt Salbei wintergrün.
Frischer Stalldünger ist zu vermeiden, denn er soll den Gehalt an ätherischem Öl ungünstig beeinflussen. Der Salbei sollte möglichst in zweiter Tracht oder nach Gründüngung angebaut werden. Auch eine Düngung mit Kompost ist zu empfehlen. Da er den Boden stark beansprucht, muß zur Nachfrucht eine starke Düngergabe verabreicht werden. Eine mittlere Grunddüngung (N, P_2O_5, K_2O) wird vor der Saat gegeben und eingearbeitet, wobei wir empfehlen, besonders einer ausreichenden Kaliversorgung Aufmerksamkeit zu widmen. *Salvia officinalis* ist, wie auch noch andere offizinelle Halbsträucher aus der Familie der Labiaten, mediterraner Herkunft, und unter deutschen Anbauverhältnissen etwas frostempfindlich. Durch eine genügende Düngung mit Kaliumsulfat kann ein günstiger Einfluß auf die Frosthärte genommen werden. In den späteren Nutzungsjahren soll das Ausstreuen im zeitigen Frühjahr erfolgen. Nach dem ersten Schnitt gibt man noch einmal eine Kopfdüngung an Stickstoff in leichtlöslicher Form. 60 kg N = 300 kg als jährliche Grunddüngermenge und vom zweiten Jahr an 20—40 kg/ha = 100—200 kg Kopfdünger sollten verabreicht werden. Der Bedarf an Phosphorsäure ist nicht so hoch.

Ernte: Im ersten Anbaujahr darf bei später Aussaat noch kein Schnitt erfolgen. Vom zweiten Jahr an entwickeln sich die Pflanzen meist sehr kräftig. Nach Angaben in der Literatur erfolgt der Schnitt im allgemeinen vor der Blüte. Die vor der Blütenentwicklung geernteten Blätter sollen die inhaltreichsten und somit auch wirksamsten sein. Die österreichische Pharmakopoe schreibt vor, daß Salbei zur Blütezeit zu ernten ist. In Dalmatien wird sogar erst geerntet, wenn die Blüte vorbei ist. Pflanzen im zweiten Vegetationsjahr sollen meist reicher an ätherischem Öl sein als solche im ersten Jahr. Nach unseren Erfahrungen kann empfohlen werden, die Ernte bei beginnender Blüte vorzunehmen (Ende Juni/Juli).
Die Pflanzen werden am zweckmäßigsten mit der Sichel geerntet. Es ist sehr darauf zu achten, daß nicht zu tief geschnitten wird. Unter mitteldeutschen Anbauverhältnissen stellten wir fest, daß der Salbei außerordentlich empfindlich gegen späten Herbstschnitt ist. Stark zurückgeschnittene Bestände treiben im Frühjahr meist nur lückig oder gar nicht aus. Aus diesem Grund empfehlen wir, im ersten Anbaujahr bei Aprilaussaat und guter Entwicklung des Bestandes im August nur die Spitzen zu ernten. In den späteren Jahren sollte der erste Schnitt möglichst früh (Juni) etwas über den verholzten Pflanzenteilen erfolgen und bei guter Entwicklung im August noch ein

Abb. 364 Salvia officinalis L., Schnittiefenversuch im Herbst. Aufgenommen im Frühjahr nach dem Austrieb; links: stark zurückgeschnitten (Pflanzen abgestorben); Mitte: halbhoch abgeschnitten (Pflanzen treiben wieder aus); rechts und im Hintergrund: ungeschnitten

Nachschnitt vorgenommen werden, der aber keinesfalls zu tief erfolgen darf. Etwa 20 cm hohe und gut beblätterte Pflanzen überwintern ohne Frostschutz meist am besten.

Wenn reine Blattware erzielt werden soll, muß das Kraut gestreifelt werden, d. h., die Blätter sind von den Stengeln zu entfernen. Man unterscheidet im Drogenhandel Blatt- und Krautdroge. Reine Blattware wird besser bezahlt als Stengelware. Ein Abstreifeln der Blätter von den Stengeln in frischem Zustand, wie es früher mit der Hand vorgenommen wurde, ist heute im Großanbau nicht mehr möglich. Die Blattdroge wird jetzt aus arbeitswirtschaftlichen Gründen oft auf dieselbe Weise wie Pfefferminzblattdroge maschinell hergestellt. (Siehe S. 532.)

Außer dem Kraut wurden von uns noch getrennt untersucht die Blüten, die Blätter und die Stengel. Der Gehalt der letzteren an ätherischem Öl schwankte zwischen 0,15—0,60% und ist somit nicht unbedeutend, so daß insbesondere zu Zeiten, in denen großer Drogenmangel besteht, die Verwendung von Krautware angebracht sein kann. Das DAB. 6 läßt jedoch nur *Folia Salviae* für arzneiliche Zwecke zu.

Zur Saatgutvermehrung läßt man im letzten (dritten oder vierten) Nutzungsjahre einen entsprechenden Feldstreifen zur Reife stehen. Sobald sich die Nüßchen bräunen, etwa gegen Mitte bis Ende Juli, wird mit der Sichel vorsichtig geschnitten, da sie leicht ausfallen. Das Erntegut wird am besten auf Planen oder in dichten Holzstiegen gesammelt. Auf Böden läßt man es dann nachreifen und trocknen. Die Nüßchen lassen sich sehr leicht ausklopfen. Bei größerem Ernteanfall kann der Drusch auch mit geeigneten Dreschmaschinen erfolgen.

Trocknung: Die Trocknung erfolgt auf natürlichem Wege im Schatten, am besten auf Trockenböden, oder künstlich bei Temperaturen bis zu 35° C. Das Eintrocknungsverhältnis beträgt etwa 4—5 : 1. Das Erntegut von älteren Kulturen ist holziger und trocknet nicht so schnell.

Erträge: Die Frischkrauterträge können sich bei der Ernte im ersten Jahr auf etwa 30—40 dz belaufen, im zweiten und dritten Jahre bei zwei Schnitten auf etwa 80—120 dz/ha. Späterhin nehmen die Erträge ab. Eine längere Kulturdauer als 3 bis 4 Jahre ist nicht zu empfehlen. Die Erntemenge des zweiten Schnittes beträgt im Durchschnitt ein Drittel des ersten Schnittes. An Droge kann man mit etwa 20—30 dz/ha

Herba bzw. 15—20 dz/ha *Folia Salviae* rechnen. Höhere Erträge können bei günstigen Bedingungen gelegentlich erzielt werden. Der geringe Ertrag des ersten Anbaujahres deckt oft die Kosten noch nicht. Einsaat von Bohnen zwischen die Reihen oder Mischsaat mit Radieschen im ersten Jahr ermöglichen einen gewissen Ausgleich. Das Feld muß bei einem Zwischenanbau unkrautfrei sein, da sonst für die Pflege ein erheblicher Mehraufwand an Handarbeit entsteht. Für den Zwischenanbau sind frühe Sorten zu verwenden.

Die Saatguterträge schwanken zwischen 5 und 6 dz/ha.

Krankheiten und Schädlinge: Nach HEGI werden Blattflecken hervorgerufen durch *Ascochyta vicina* Sacc., Stengelflecken durch *Phoma salviae* Brun. und Mehltau durch *Oidium erysiphoides* Fr. Schaden an den Pflanzen verursachen auch Blattläuse, Schildkäferlarven (*Cassida*), Erdflöhe (*Haltica*) und einige Raupen, z. B. von *Zygaena punctum* Ochs., *Phytometra* (*Plusia*) *chrysitis* L., der Gattung *Mamestra* Hb. und andere. Blütengallen erzeugt *Aulax salviae* Gir. Auch die Spinnmilbe *Tetranychus ludeni* Zach. kann den Pflanzen schädlich werden.

II. Salvia sclarea L., Muskateller-Salbei[6]

Gebräuchliche Pflanzenteile: In den Handel kommen *Herba* und *Flores Salviae sclareae*. Die Drogen finden noch gelegentlich in der Volksheilkunde Verwendung und außerdem in der Parfümerie das aus den Blüten gewonnene ätherische Öl, dessen Hauptbestandteil Linalool ist und das etwas an Lavendelöl erinnert.

Handelsbezeichnungen: *Herba Salviae sclareae*, Muskatellerkraut, Muskatellersalbeikraut; *Flores Salviae sclareae*, Muskatellersalbeiblüten.

Botanik: Der Muskateller-Salbei ist eine zweijährige Halbrosettenstaude, die bis 200 (250) cm hoch wird. Die lange, spindelförmige, reich mit Wurzelfasern versehene Wurzel treibt einen aufrechten, kantigen Stengel, der stark mit Drüsenhaaren besetzt ist. Die Laubblätter sind im ersten Jahre zu einer grundständigen Rosette vereinigt, 12—25 cm lang und 7—15 cm breit, eiförmig, am Grunde ungleich herzförmig, stumpf und langgestielt. Die Stengelblätter werden nach oben zu kleiner und sind immer kürzer gestielt, zuletzt sitzend, stengelumfassend und vorn spitz. Alle Blätter sind netzig-runzelig, beiderseits ± graufilzig behaart. Die lockere bis ziemlich dichte, oft ± rispig verzweigte Scheintraube hängt anfangs etwas über, doch schon im Knospenstadium richtet sie sich auf. Die zahlreichen vorblattlosen Scheinquirle sind vier- bis sechsblütig. Die Blüten sind 2—2,5 cm lang. Die großen, herzförmigen, rundlichen Deckblätter sind lang, zugespitzt, im frühen Stadium hell-dunkelviolett, später grünlichweiß. Sie sind immer zottig-gewimpert und wie die Laubblätter unterseits drüsig-punktiert.

Blütezeit: (VI), VII, VIII.

Abb. 365 Salvia sclarea L., Einzelpflanze im Abblühen

[6] loc. cit. S. 626, Fußnote 1.

In Leipzig-Probstheida wurde im Juli reicher Insektenbeflug beobachtet. Als Blütenbesucher wurden meist langrüsselige Hymenopteren festgestellt. Vor allem war die schwer zu erbeutende Blattschneidebiene, *Megachile ericetorum* Lep., reich vertreten. Außer ihr flog auch die Woll-, Schab- oder Kugelbiene *Anthidium manicatum* L. gern die Blüten an. Beide Bienenarten sind infolge ihrer langen Rüssel den Blüten des Muskateller-Salbeis mit seinen tiefliegenden Nektarien weitgehend angepaßt. Den eingesammelten Blütenstaub tragen sie an der Unterseite ihres Hinterleibes (Bauchsammler). Die Honigbienen konnten trotz aller Anstrengungen mit ihren kurzen Saugrüsseln die tiefen Nektarien nicht erreichen. Sie begnügten sich deshalb mit den bereits abgefallenen Blüten, die sie am Ansatz noch lange besogen. Die Neigung dafür war so groß, daß sie im Arbeitseifer vielfach samt den auf den rauhen Blättern umherliegenden Blüten auf den Erdboden rollten und dort ihre Arbeit fortsetzten. Auch die Schwarze Erdbiene, *Andrena carbonaria* L., beschäftigte sich mit den abgefallenen Blüten.
Von nützlichen Insekten umflogen die Blüten noch zwei kleinere Schlupfwespenarten. Schmetterlinge wurden auch bei späterer gelegentlicher Beobachtung des Bestandes an den Blüten nicht gesehen. Hegi nennt als Bestäuber *Bombus-*, *Eucera-* und *Podalirius-species.*

Die Nüßchen sind ± eiförmig, stumpf-dreikantig und mit sehr kleiner Ansatzstelle versehen. Sie sind 2—3 mm lang, fast glatt, zum Teil schwach glänzend, hell- bis dunkelbraun, ± dunkel geadert. Besonders nicht völlig ausgereifte Nüßchen sind häufig mit dunkleren Längsadern versehen. Nach Anfeuchtung umgeben sie sich mit einer dicken Schleimhülle.

Abb. 366 Salvia sclarea L., Nüßchen

Salvia sclarea L. wird hin und wieder mit dem Scharlach-Salbei (*Salvia viridis* L.) verwechselt, obgleich er sich durch mehrere Merkmale von dieser Art leicht unterscheiden läßt. Der Scharlach-Salbei wird in Mitteleuropa nur selten in größerem Ausmaß angebaut und ist in Deutschland seit etwa 1600 als Gartenpflanze zu finden. Es gibt mehrere Formen, die kaum die Höhe von *Salvia sclarea* erreichen, da sie im allgemeinen nur bis 60 cm hoch werden. Die Blüten des Scharlach-Salbeis sind ebenfalls kleiner, und zwar nur 1,2—1,8 cm lang.

Boden und Klima: Der gegen Trockenheit widerstandsfähige Muskateller-Salbei wächst an trockenen und steinigen Stellen. Auf besseren Böden, insbesondere Schwemmlandböden, entwickelt er sich sehr kräftig und bildet große Blätter. Die optimale Reaktion des Bodens ist nach dem Ehepaar Deel[7] etwa pH 4,5. Bei diesem Wert ist sowohl

[7] Deel, H. und Deel, H.: Bull. Soc. Chim. de France (4) 39, S. 946 (1926); „Chem. Zbl.“ II, S. 1430, 1926.

die Ausbeute an Kraut als auch an ätherischem Öl sowie die Qualität des Öles am besten. Auch auf neutralen Böden gedeiht er gut. Früher wurde Muskateller-Salbei viel in Weinbergen angebaut. Er steigt so hoch wie der Weinstock. Nach HEGI wird er im Wallis, wo er häufiger anzutreffen ist, kaum über 900 m Höhenlage kultiviert.

Herkunft und Verbreitung: Der Muskateller-Salbei ist als mediterrane Art im Mittelmeergebiet verbreitet von Transkaukasien, Persien und Syrien über Italien bis Südfrankreich und Nordafrika. In Mitteleuropa ist er stellenweise eingebürgert im mittleren Rheintal, in Lothringen, Süd-Belgien, Böhmen, in Südost- und Osteuropa, in Ungarn und in der Ukraine.

Herkünfte des Drogenhandels: *Salvia sclarea* wird gelegentlich auf kleinsten Flächen angebaut. Nach HEGI hängt vielleicht der ausgedehnte Anbau in den Kropfgegenden Tirols und des Wallis mit der äußerlichen Verwendung als Kropfmittel zusammen. Größere Kulturen befinden sich u. a. bei Villeurbanne (Lyon), Fontescallières (Nimois) im Schatten von Olivenbäumen, bei Lorgues (Var) und in Piémonte. Vorwiegend findet aber der Anbau zur Gewinnung des ätherischen Öles statt.

Sorten und Herkünfte für den Anbau: HEGI nennt zwei Formen, und zwar *f. pyramidalis* (Petagna) Fiori et Paol. (kräftig und 50—60 cm hoch) und die stärker behaarte *var. hirsuta* Fiori et Paol. Angebaut wird vor allem die Gruppensorte 'Erfurter Frühblühender Muskateller-Salbei'.

Saatgut: Das 1000-Korngewicht betrug im mehrjährigen Durchschnitt 3,484 g. Die Mindestreinheit sollte 98% und die Mindestkeimfähigkeit 80% betragen. Nach unseren Untersuchungen wurde nach vierjähriger Lagerung eine Abnahme um nur 4% festgestellt. Die Nüßchen sind Dunkelkeimer. Der Keimversuch ist bei Wechseltemperatur durchzuführen; nach 30 Tagen wird die Keimfähigkeit bestimmt.

Anbau: Es empfiehlt sich, Muskateller-Salbei nach Hackfrüchten und Leguminosen anzubauen, aber auch auf gut gedüngte Gemüsearten kann er folgen.

Salvia sclarea bringt erst im zweiten Jahr Ertrag. Er bildet im ersten Jahr eine Rosette und blüht im zweiten Jahre. Die Aussaat wird am zweckmäßigsten im Sommer nach Pflückerbsen, Frühkartoffeln oder zeitlich ähnlich räumenden Kulturen vorgenommen. Das abgeerntete Feld wird sofort mit mittlerer Furche gepflügt und mit Schleppe, Egge und Walze als feinkrümeliges, festes Saatbett hergerichtet. In den letzten leichten Eggenstrich wird die Aussaat Ende Juni, Anfang Juli in mindestens 40 cm Reihenabstand vorgenommen. Spätere Aussaat ist wegen der erhöhten Auswinterungsgefahr nicht ratsam. 12 kg/ha Saatgut genügen. Bei Frühjahrsaussaat kann zusammen mit Radies oder Rettich ausgesät werden. Auch Dill oder frühe, niedrige Erbsensorten kommen als Überfrucht in Frage. Nach etwa drei Wochen läuft die Saat auf und kann unter Verwendung von Hohlschutzscheiben bald mit der Maschine gehackt werden. Danach wird der Bestand in der Reihe auf etwa 30—40 cm verhackt und später möglichst vereinzelt. Das Wachstum der Pflanzen im ersten Jahr ist ein langsames. Die Kultur bedarf mehrerer Maschinen- und Handhacken zur Sauber- und Offenhaltung des Bodens. Es empfiehlt sich, den Bestand gegen Frostschäden durch Abdecken mit Kartoffelkraut zu schützen. Im folgenden Frühjahr wird möglichst bald mit der Hand oder Maschine gehackt. Eine weitere Hacke kann unter Umständen vor dem Schließen noch erforderlich sein. Im Mai ist der Bestand geschlossen und fängt im Juni/Juli an zu blühen.

Organischer Dünger ist den Pflanzen am zuträglichsten, wobei aber zu bedenken ist, daß größere Stickstoffmengen die Pflanze in ihrem Ölgehalt schädigen[8]. Phosphor-

[8] PAPAICET, E.: Spanische ätherische Öle, Monitor de la Farmacia, 47 u. 48, 1941 u. 1942,; ref. in „Pharm. Ind." 9, S. 277 bis 279 (1942); bzw. „Arzneipflanzen-Umschau" 1, S. 169 bis 171 (1942).

säurehaltige Düngemittel und Kalidünger werden in mittlerer, Stickstoffdünger in schwacher Gabe verabreicht, und zwar möglichst in Form von Ammoniumsulfat.

Ernte: Die Ernte erfolgt in der Blütezeit, vorwiegend im Juli. Die Ölausbeute ist dann am ergiebigsten, und das Öl wird vom Handel auch höher bewertet. Bei der Destillation werden entweder die ganzen Pflanzen oder nur die Blütenstände verarbeitet. Die Ausbeute an ätherischem Öl hängt davon ab, ob nur die Blütenstände oder mehr oder weniger Blätter mit destilliert werden, da die Blätter wesentlich ärmer an Öl sind. Aus den nach der Saatgutgewinnung übriggebliebenen Stengeln und der Spreu erhielt KOPP[9] noch 0,18–0,28% gelblichbraunes ätherisches Öl, das sich im Geruch von dem aus frischen Pflanzen erhaltenen Öl unterschied. PATER[10] weist darauf hin, daß die Abfälle von *Salvia sclarea* teilweise gute ätherische Öle lieferten. Bei Untersuchungen über den günstigsten Zeitpunkt für die Ernte stellte STREPKOV[11] fest, daß der Gehalt an ätherischem Öl bis zum Ende der Blütezeit ansteigt und dann abfällt. Ferner ist der Ölgehalt nachts (Maximum 21 bis 3 Uhr) größer als am Tage (Minimum 12 bis 15 Uhr). Hohe Luftfeuchtigkeit verringert die Ölverluste. Nach GAPONENKOW[12] erreicht der Ölgehalt der ganzen Pflanze im zweiten Jahre sein Maximum am Ende der Blütezeit, im dritten Jahre bei beginnender Vollreife der Nüßchen. Nach Angaben im deutschen botanischen Schrifttum ist *Salvia sclarea* eine zweijährige Halbrosettenstaude. Bei unserem Anbau erfolgte die Saatguternte regelmäßig im zweiten Jahre. Dreijährige Pflanzen beobachteten wir in Leipzig-Probstheida sehr selten.

Je nach den Wünschen des Verarbeitungsbetriebes richtet sich die Art des Schnittes beim Muskateller-Salbei. Man kann entweder die ganzen blühenden Pflanzen ernten, wobei sich der Ableger verwenden läßt, oder es werden die Blütenstände mit möglichst geringem Krautanteil als hochwertigstes Material abgesichelt. Anschließend wird dann das restliche Kraut gesondert geerntet. Verunkrautete Bestände sind mit der Hand zu schneiden. Auch bei der Krauternte ist der Schnitt nicht zu tief vorzunehmen, damit die untersten schon abgewelkten und abgestorbenen Blätter nicht mit in die Ware kommen.

Trocknung: Die Trocknung hat sehr schonend entweder künstlich oder auf natürliche Weise im Schatten, am besten auf Trockenböden, zu erfolgen. Nach STREPKOV treten durch den Trocknungsprozeß starke Ölverluste auf, die bei Sonnentrocknung wesentlich größer sind als bei Schattentrocknung. Das Eintrocknungsverhältnis bei Kraut beträgt 4–6 : 1, bei den Blütenständen 7 : 1.

Erträge: Geerntet werden etwa 40–80 dz frische Blütenstände und 80–140 dz frisches Kraut je Hektar. Entsprechend schwankt die Ausbeute an getrockneter Droge je Hektar bei Blütenständen von etwa 6–12 dz und bei Krautdroge von 20 bis 35 dz.
Die Saatguternte erfolgt in gleicher Weise wie beim Gebräuchlichen Salbei im August. Die Erträge liegen etwa bei 2–4 dz/ha.

Krankheiten und Schädlinge: An den Beständen des Muskateller-Salbeis in Leipzig-Probstheida konnten bisher weder Krankheiten noch bedeutsame Schädlinge festgestellt werden. Nur die polyphage Ampfereule (*Acronicta rumicis* L.) beschädigte die

[9] KOPP, E.: „Pharmaz. Zhalle“ 69, S. 677 (1928); PATER, B.: „Pharm. Monatsh.“ 5, S. 70 (1924); zit. nach GILDEMEISTER, E. u. HOFFMANN, F.: Die ätherischen Öle, Bd. 3, S. 702; RUTOWSKI, B. N. und SABRODINA, K.: „Riechstoffind. u. Kosmetik“ 7, S. 174 (1932); „Chem. Zbl.“ I, S. 3804 (1933).
[10] PATER, B.: „Pharm. Monatsh.“ 4, S. 63 (1923); „Chem. Zbl.“ IV, S. 432 (1923).
[11] STREPKOV, S. M.: „Botan. Archiv“ 39, S. 166 (1938); „Chem. Zbl.“ II, S. 3257 (1938).
[12] GAPONENKOW, T. K.: „Sowjet-Pharmaz.“ 6, Nr. 4, S. 31 (1935); „Chem. Zbl.“ II, S. 3129 (1935).

Blätter durch Lochfraß. In der Literatur (MÜHLE[13]) finden sich jedoch Hinweise, daß schon die jungen Keimpflanzen von *Pythium de baryanum* Hesse, dem Erreger von Fuß- bzw. Umfallkrankheiten, befallen werden können. Blattflecke, verursacht durch *Phyllosticta-spec.* und den Falschen Mehltau *Peronospora lamii* De By. wurden beobachtet. Fraßschäden an Blättern und zusammengesponnenen Endtrieben können weiter hervorrufen die Raupen von *Phytometra (Plusia) gamma* L., *Cnephasia wahlbomiana* L., *Polia (Mamestra) persicariae* L. und Larven der Blattwespe *Pachyprotasis rapae* L.

Besonderes: Außer *Salvia officinalis* L. und *Salvia sclarea* L. ist in der Volksheilkunde noch gelegentlich *Salvia pratensis* L., der Wiesen-Salbei, gebräuchlich. Letzterer wird aber nur wildwachsend gesammelt. Alle drei Arten finden außer in der Heilkunde auch in der Gartengestaltung Verwendung, und zwar besonders als Rabattenpflanzen.

Abb. 367 Raupe von Acronicta rumicis L. an Salvia sclarea L.

Sanguisorba minor Scop., Gartenpimpinelle, Kleiner Wiesenknopf*

Rosaceae

Gebräuchliche Pflanzenteile: *Sanguisorba minor* Scop. war früher vorwiegend als *Herba Pimpinellae italicae* im Gebrauch. Heute finden die Blätter hauptsächlich Verwendung als frisches Gewürz. Außerdem dient die Pflanze aber auch noch in der Volksheilkunde als Adstringens und blutstillendes Mittel. In der Homöopathie (HAB. 2) benutzt man nur das frische, blühende Kraut von *Sanguisorba officinalis* L., dem Großen Wiesenknopf.

Handelsbezeichnung: *Herba Sanguisorbae minoris*, Wiesenknopfkraut.

Botanik: Die ausdauernde Gartenpimpinelle hat einen meist sehr kräftigen, ästigen, verholzenden Wurzelstock und bildet zunächst eine dichte Rosette von unpaariggefiederten, langgestielten Grundblättern. Dann entwickeln sich ± zahlreiche Stengel, die kahl oder locker abstehend behaart, hellgrün und ± purpurviolett überlaufen sind. Die aufrechten Stengel werden bis 80 cm hoch. Die stengelständigen Blätter unterscheiden sich von den grundständigen dadurch, daß sie nach oben zu immer spitzer und schmaler werden und an der Basis zwei eiförmige, am Blattstiel verwachsene Nebenblätter aufweisen. Die Laubblätter sind 10—20 cm lang und haben zahlreiche Fiederblättchen, die eiförmig bis kreisrund, 2—3 cm lang und breit und jederseits mit 3—9 ziemlich groben Zähnen versehen sind. Sie sind kahl, hellgrün, unterseits meist nur wenig heller.

[13] MÜHLE, E.: Krankheitserscheinungen und Schadbilder an weiteren Lippenblütlern und ihre Erreger. „Pharmazie" 3, S. 83 bis 84 (1948); bzw. „Arzneipflanzen-Umschau" 2, S. 314 bis 315 (1948).

* Die Bezeichnung „Bibernelle" für *Sanguisorba minor* Scop. ist irreführend und hat schon zu Drogenverwechslungen mit *Radix Pimpinellae* (Stammpflanzen: *Pimpinella major* [L.] Huds. und *Pimpinella saxifraga* L., Große und Kleine Bibernelle aus der Familie *Umbelliferae*) geführt.

Die endständigen Blütenköpfe sind ziemlich zahlreich, ± langgestielt, kugelig bis tonnenförmig, im unteren Teil mit männlichen, im mittleren oft mit zwittrigen, im oberen mit meist weiblichen Blüten. Die Blütenfarbe ist grünlich-rötlich.

Blütezeit: V, VI (bis VIII).

Die Blüten enthalten keinen Nektar. Die Befruchtung erfolgt durch Windbestäubung. Nach HEGI finden sich nur ausnahmsweise Insekten an den Blüten ein. UDE dagegen stellte in Leipzig-Probstheida 1941 im August reges Insektenleben fest. Von Neuropteren waren die Florfliegen *(Chrysopae)* besonders häufig. Von den Hymenopteren wurde mehrfach die Sandwespe *Ammophila sabulosa* L. als Larvenfeind beobachtet. Dipteren hatten sich in 15 verschiedenen Arten eingefunden, in der Hauptsache Schwebfliegen (Syrphiden). Ein häufiger Gast an der Gartenpimpinelle war auch die große, langbeinige Schnake *Pachyrrhina lineata* Scop.

Abb. 368 Sanguisorba minor Scop., Blütenstände

Die Früchte des im Handel befindlichen Saatgutes von *Sanguisorba minor* sind fast eiförmig-rund, mit vier ganzrandigen oder gezähnten (kammförmigen) Kanten versehen. Die vier Außenflächen erscheinen meist durch wenig deutliche Querstreifen ± tief-netzig bis runzelig. Die zweisamigen Früchte sind etwa 4 mm lang und 3 mm breit. Ihre Farbe ist graubraun bis hellgelb. Die eiförmigen glatten Samen werden von der Fruchthülle fest umschlossen.

Sanguisorba minor Scop. erinnert in ihrem Habitus an *Sanguisorba officinalis* L., den Großen Wiesenknopf. Sie ist ihm in allen Merkmalen sehr ähnlich, letzterer besitzt aber bis 150 cm hohe Stengel mit braunroten Blütenköpfchen, die im Gegensatz zur Gartenpimpinelle von oben nach unten aufblühen und nur zwittrige Blüten enthalten.

Boden und Klima: *Sanguisorba minor* ist anspruchslos, Kalkboden sagt ihr jedoch besonders zu. Im Alpengebiet ist sie aber auch öfters auf kalkarmer Unterlage anzutreffen. Auf trockenen Wiesen ist sie häufig zu finden.

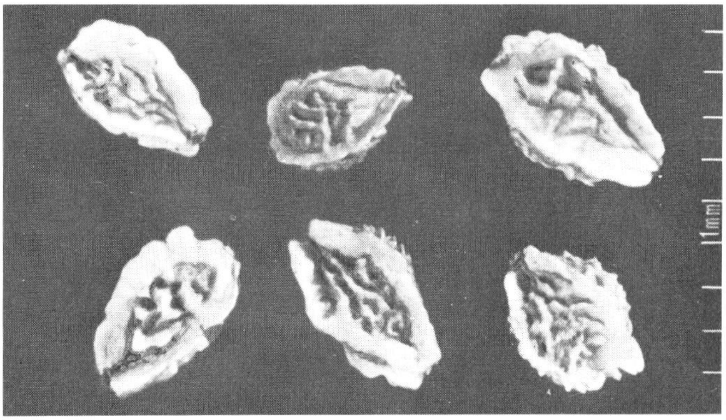

Abb. 369 Sanguisorba minor Scop., Früchte

Herkunft und Verbreitung: Die Wildformen sind verbreitet in Europa bis Großbritannien und Skandinavien, in Asien (Sibirien und Vorderasien), Persien und Armenien sowie in Nordafrika. Kultiviert und verwildert findet sich *Sanguisorba minor* auch in Nordamerika. Ihrem Hauptverbreitungsgebiet nach ist sie eine mediterrane Art.

Herkünfte des Drogenhandels: Allgemeine Herkunftsgebiete für die Droge sind Mittel- und Südeuropa. Der Bedarf ist sehr gering. Als Gewürz finden die frischen, nußartig schmeckenden Blätter Verwendung. Sie enthalten Gerbstoff.

Sorten und Herkünfte für den Anbau: Für den Anbau ist eine besonders blattreiche Gruppensorte 'Quedlinburger Blatt-Gartenpimpinelle' zugelassen. Handelssaatgut der Gartenpimpinelle besteht oft aus Formengemischen. Da *Sanguisorba minor* ein häufiges Begleitunkraut der als Futterpflanze angebauten Esparsette (*Onobrychis viciaefolia* Scop.) ist, wird sie aus dem Saatgut herausgereinigt und findet dann noch für Anbauzwecke Verwendung.

Saatgut: Das 1000-Korngewicht schwankte nach unseren Untersuchungen zwischen 3,752 und 11,485 g. Die Mindestreinheit des Saatgutes beträgt 95 % und die Mindestkeimfähigkeit 80 %. Die Früchte keimen am besten im Dunkeln bei 20° C oder bei Wechseltemperatur. Meist ist die Keimung nach 28 Tagen abgeschlossen.

Anbau: Die Gartenpimpinelle wird in der Fruchtfolge am besten nach mit Stallmist gedüngten Hackfrüchten gestellt. Der Anbau wird vorwiegend kleinflächig als Gewürzpflanze in Gärten vorgenommen. Der nachstehend geschilderte feldmäßige Anbau erfolgte während der Kriegsjahre 1939 bis 1945 in Mitteldeutschland zur Herstellung des damals vielverwendeten Frischkräutergewürzes „Herbavit", welches die frischen krautigen Pflanzenteile von verschiedenen Gewürzpflanzen enthielt.

Abb. 370 Sanguisorba minor Scop., Parzellenbestand

Die Gartenpimpinelle wird im April gedrillt bei einer Standweite von 30 cm und einer Aussaatmenge von 300 g/a. Die Erdbedeckung darf im Höchstfalle 2 cm stark sein. Es empfiehlt sich, unter Verwendung von Druckrollen auszusäen.

Vor der Bestellung ist es ratsam, eine Phosphorsäurevorratsdüngung zu geben. Im zeitigen Frühjahr erfolgt dann eine reichliche Volldüngung. Stickstoffdünger sollte außerdem noch in Form von Kalkammonsalpeter in mehreren schwachen Gaben nach jedem Schnitt verabreicht werden.

Der mehrjährige Bestand der Gartenpimpinelle kann im zeitigen Frühjahr mit der Egge bearbeitet werden. Es ist darauf zu achten, daß kein Unkraut aufkommt.

Ernte: Der erste Schnitt erfolgt, wenn die Blütentriebe erscheinen. Im Großanbau können völlig unkrautfreie Bestände mit dem Grasmäher, der möglichst mit einem Futtersammler versehen sein soll, niedrig gemäht werden. Bei guter Entwicklung lassen sich jährlich 2—3 Schnitte ernten. Wo die Möglichkeit besteht, sollte man nach jedem

Schnitt die Bestände durch Schafe abweiden lassen, die die übriggebliebenen Blätter abfressen, wodurch vermieden wird, daß der nächste Schnitt mißfarbige Blätter enthält. Die Gartenpimpinelle wird von den Schafen gern gefressen. Sie sollen in weitem Gehüte über die Bestände ziehen. Der Tritt der Herde trägt dabei wesentlich zur Bodenfestigung bei. Die verbissenen Pflanzen vernarben schnell und treiben sehr bald wieder aus. Zu späte Hütung ist nicht angebracht, da der Frost in frische Bißstellen eindringt und dann bei milder Witterung leicht Fäulnis entsteht. Nach dem Abweiden ist der Bestand zu hacken. In England wird die Gartenpimpinelle hin und wieder auf armen Böden zur Futtergewinnung angebaut.
Zur Saatgutgewinnung dienen meist drei- und vierjährige, aber auch noch ältere Bestände. Die Ernte erfolgt meist im August, sobald sich die Früchte leicht vom Fruchtstand lösen und hart anfühlen. Sie fallen seh leicht aus und sind stark dem Vogelfraß ausgesetzt.

Trocknung: Die Trocknung kann natürlich und künstlich erfolgen. Das Trocknungsverhältnis des Krautes frisch : trocken beträgt 5 : 1.

Erträge: An frischem Kraut wurden im feldmäßigen Anbau 100 dz/ha = 20 dz *Herba Sanguisorbae minoris* ermittelt. Im zweiten Vegetationsjahr dürfte sich der Ertrag in ähnlicher Höhe bewegen, während er dann im dritten Jahr nachläßt. Nach den Erfahrungen eines Großanbauers zu urteilen, sollten die Bestände zur Krautgewinnung nur 3—4 Jahre genutzt werden. Die Saatguterträge schwanken zwischen 4 und 8 kg/a.

Krankheiten und Schädlinge: Die Gartenpimpinelle wird hin und wieder von Mehltau befallen. Ein starkes Auftreten konnten wir im Juli 1946 beobachten. HEGI teilt mit, daß neben *Phragmidium sanguisorbae* (DC.) Schroet. noch *Peronospora potentillae* De By. und *Xenodochus carbonarius* Schlecht. auftreten können. Sehr häufig sind *Erineum poterii* (Filzgallen) der Gallmilbe *Eriophyes sanguisorbae* (Can.) Nal. anzutreffen. In den Blättern minieren die Räupchen der beiden Zwergmottenarten *Nepticula poterii* Stt. und *N. geminella* Frey.

Besonderes: In diätetischer Hinsicht ist das frische Kraut der Gartenpimpinelle für die Tierernährung wertvoll. Wir benutzten es auch gern gegen Durchfallserscheinungen bei Ziegen (Gerbstoffwirkung)[1].

Saponaria officinalis L., Seifenkraut

Caryophyllaceae

Gebräuchliche Pflanzenteile: DAB. 6: „Die getrockneten Wurzeln von *Saponaria officinalis* Linné." HAB. 2: „Getrocknete Wurzel."

Handelsbezeichnungen: *Radix Saponariae rubrae*, Seifenkrautwurzel (Rote Seifenwurzel*), *Herba Saponariae*, Seifenkraut.

Botanik: *Saponaria officinalis* ist ausdauernd. Das Rhizom ist ausläuferartig, verzweigt, weithin kriechend. Es werden fruchtbare und unfruchtbare Sprosse gebildet. Die kräftigen Stengel der schon im ersten Jahre blühenden Pflanze wachsen aufrecht bzw. aufsteigend. Sie erreichen eine Höhe bis zu etwa 100 cm. Die Stengel sind oft fein-

[1] HEEGER, E. F.: Wertvolle Heilkräuterbeisaaten zu Wiesen- und Weidenmischungen. „Die Deutsche Landwirtschaft" 3, S. 116 bis 117 (1949).

* *Radix Saponariae albae.* Weiße, Russische oder Levantiner Seifenwurzel stammt von verschiedenen *Gypsophila*-Arten (*Caryophyllaceae*). Angebaut wird gelegentlich *Gypsophila paniculata* L., das Rispige Gipskraut.

Abb. 371
Saponaria officinalis L.,
Ausschnitt
aus blühendem Bestand

flaumig behaart, einfach bzw. oberseits etwas ästig. Die Internodienlänge beträgt etwa 4—6 cm. Die Stengelknoten sind grün oder rot. Die Laubblätter sind elliptisch bis länglich-lanzettlich, beiderends verschmälert, spitz, dreinervig, fast kahl, am Rande rauh. Sie sind etwa 7—10 cm lang und 2,5—3 cm breit, mittel- oder dunkelgrün. Die wohlriechenden Blüten befinden sich in end- und blattwinkelständigen, großen und ziemlich dichten Büscheln. Die Farbe der Kronblätter ist schwach oder kräftig rosa, mitunter auch weiß. Der Kelch ist röhrig, am Grunde ohne Hüllblättchen, vorwiegend grün mit rötlichen Zipfeln, auch kräftig rot und nur am Grunde grün.

Blütezeit: VII—IX.

Saponaria officinalis ist eine ausgeprägt proterandrische Abend- und Nachtfalterblume, die besonders am Abend stark duftet. Der Nektar wird am Grunde der bis 22 mm langen Kelchröhre abgesondert. Als Bestäuber kommen zahlreiche Sphingiden (Schwärmer) sowie Noctuiden (Eulen) aus den Gattungen *Dianthoecia* und *Scotogramma (Mamestra)* in Betracht. Die letzteren benützen den Fruchtknoten als Brutstätte für ihre Nachkommenschaft, indem sie mit ihrer langen Legeröhre die Eier in denselben bringen. UDE beobachtete an den Beständen in Leipzig-Probstheida, daß der süße, betäubende Duft der Blüten viele Insekten anzog. Von den meisten Blüten wurde der untere Teil des Kelches und der Kronröhre durch die kurzrüsselige Hummel *Bombus terrestris* L. angebissen und die Blüte durch das entstandene Loch ihres Nektars beraubt. Den auf diese unnatürliche Weise geschaffenen bequemen Weg zum Nektarium nahmen auch die weniger häufig beobachteten Hummelarten *Bombus lapidarius* L., *B. distinguendis* Mor., *B. subterraneus* L. *f. latreillella* Kirby und die Schmarotzerhummel *Psithyrus vestalis* Geoffr. Auch die Honigbienen benutzten nach kurzen, erfolglosen Versuchen, das Nektarium auf natürlichem Wege zu erreichen, den Hummeleinbruch.

Blattlausbefall hatte die beiden Marienkäferarten *Coccinella septempunctata* L. und *C. bipunctata* L. angelockt. Glanzkäfer *(Meligethes-spec.)* saßen überall auf den Staubgefäßen. Auch innerhalb der Kronröhren mancher Blüten hielten sie sich auf. Recht häufige Blütengäste waren auch die drei Schwebfliegenarten *Syrphus corollae* F., *S. balteatus* Deg. und *Lasiophticus pyrastri* L. Sie wurden pollenaufnehmend beobachtet, können aber dadurch meist nur Selbstbestäubung bewirken. Sehr interessant war die Beobachtung der mittelgroßen, braunen Dickkopffliege *Sicus ferrugineus* L., die den blühenden Bestand immer flüchtig durchstreifte. Sie besucht mit Vorliebe im Sommer die Blüten von Doldengewächsen. Ihre Entwicklung ist noch unbekannt. Vermutlich lebt sie, wie ihre verwandten Arten, schmarotzend im Hinterleib von Hymenopteren. Deshalb dürften möglicherweise auch die vielen, die Seifenkrautblüten besuchenden Hummeln und Bienen ihr Anziehungspunkt gewesen sein. Von Tagschmetterlingen versuchten die heimischen Weißlingsarten, der Kleine Fuchs, *Vanessa urticae* L., und das

Ochsenauge, ***Epinephele jurtina*** L., an den Blüten zu saugen. Sie konnten aber wegen der Kürze ihrer Rüssel die Nektarien am Grunde der Kelchröhre nicht erreichen. Anfang Juli 1943 wurde mehrfach der Ligusterschwärmer, ***Sphinx ligustri*** L., in dem blühenden Bestande beobachtet. An den letzten Blüten in der ersten Hälfte des Oktobers war der Taubenschwanz, ***Macroglossa stellatarum*** L., in den Abendstunden häufig vertreten. Nach dem Abstreifen der Pflanzen saßen die beiden Blindwanzenarten ***Lygus campestris*** L. und ***L. lucorum*** Mey. D. in Anzahl an den Netzwänden. Merklicher Saugstichschaden war nirgends nachweisbar. In wechselnder Häufigkeit belebten stets Florfliegen ***(Chrysopae)*** die Seifenkrautbestände.

Die in einfächerigen Kapseln befindlichen Samen sind rundlich, fast nierenförmig, etwa 1,8—2,2 mm lang, 1,5— 2 mm breit und 0,7 mm dick. Sie sind stark abgeflacht mit konzentrisch angeordneten Reihen feiner, stumpfer Höcker versehen, schwarz, matt.

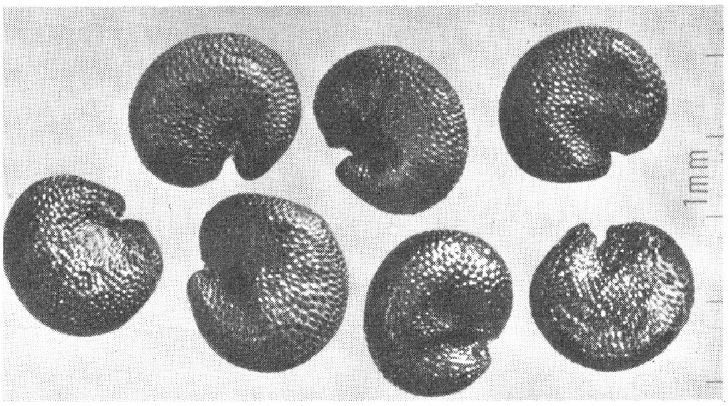

Abb. 372
Saponaria officinalis L.,
Samen

Boden und Klima: *Saponaria officinalis* gedeiht auf allen mittleren, tiefgründigen Böden, besonders auf etwas feuchten. Es findet sich wildwachsend u. a. in Flußgeschiebe, auf Flußmarschen, an Ufern und besonders in den Niederungen in der Nähe größerer Flüsse. Es eignen sich für den Anbau auch Sand- und Kiesböden. Besonders auf humosem Sandboden gedeiht es sehr gut. Als Zierpflanze trifft man das Seifenkraut gelegentlich in trockenen Lagen an, z. B. in Parkanlagen, und zwar u. a. *var. purpurea flore pleno* und *var. alba flore pleno*.

Herkunft und Verbreitung: In Europa kommt *Saponaria officinalis* in Mittel- und Südeuropa vor, darüber hinaus trifft man es auch in Sibirien, Kleinasien und Teilen Asiens an. In Nordamerika wurde es eingeschleppt.

Herkünfte des Drogenhandels: Bekannte Herkunftsgebiete für *Radix Saponariae rubrae* liegen in Mittel- und Südeuropa (Balkanländer). Herkunftsgebiete für *Radix Saponariae albae* sind hingegen in der Hauptsache die Mittelmeerländer, besonders Süditalien und Sizilien, die Sowjetunion (Kasachstan, Kirgisien, Dongebiet).

Sorten und Herkünfte für den Anbau: Eine bekannte Gruppensorte ist 'Erfurter Seifenkraut'. Sie blüht vorwiegend rosa und ungefüllt. Sie eignet sich für die Drogengewinnung wie auch als Zierpflanze.

Saatgut: Das 1000-Korngewicht bewegte sich zwischen 1,633 und 2,042 g. Die Mindestreinheit sollte 97% und die Mindestkeimfähigkeit 70% betragen. Die Samen sind mehr oder weniger hartschalig. Als Keimtemperatur sind 20° C vorgeschrieben. Hinsichtlich der Belichtung sollen sie sich indifferent verhalten. Wir erhielten günstige Keimwerte bei Anwendung von Wechseltemperatur unter Lichtabschluß. HECHT[1] teilt mit, daß

[1] HECHT, W. und DIETZ, R.: Anbau von Arznei- und Gewürzpflanzen. Graz 1948, S. 71/72.

nach Frosteinwirkung eine wesentlich bessere Keimung erzielt wird. Nach 17 Tagen wird die Keimfähigkeit bestimmt.

Anbau: Hinsichtlich der Vorfrucht stellt das Seifenkraut keine besonderen Ansprüche. Lediglich muß das zu bestellende Feld unkrautfrei sein, da besonders ältere, zur Krautgewinnung angebaute Bestände sehr leicht verunkrauten.
Das Seifenkraut wird am besten vegetativ durch Wurzeltriebe (Läufer) vermehrt, die bei der Rodung gewonnen werden.
Auch Vermehrung durch Samen ist möglich. Drillsaat an Ort und Stelle läuft meist sehr schlecht auf. Gelegentlich wird Herbstaussaat empfohlen. Die Saat soll nur sehr flach durchgeführt werden. Die Angaben im Schrifttum über den Saatgutbedarf gehen auseinander. 8—10 kg/ha dürften ausreichend sein, vorausgesetzt, daß der Samen sehr gut aufläuft, sonst erscheinen 15 kg/ha durchaus als angemessen. Auch über Reihenabstand und Entfernung in der Reihe gehen die Ansichten sehr auseinander. 50 × 40 cm werden empfohlen. Bei einer Standweite von 30 × 15 cm werden jedoch gut deckende Bestände erzielt. Bei Drillsaat ist ein Verhacken auf jeden Fall notwendig. Die Pflanzenanzucht durch Kastenaussaat ist jedoch der besseren Wasserversorgung wegen der Drillsaat vorzuziehen. 8—10 g Saatgut werden im Februar/März ausgesät und feucht gehalten. Die heranwachsenden Pflanzen genügen, um eine Fläche von 1 Ar im oben angegebenen Abstand im Mai zu bepflanzen. Bei der Anlage durch Läufer, wie sie sich besonders für den Großanbau empfiehlt, soll das Feld unbedingt herbstgepflügt sein. Im Frühjahr wird es dann sorgfältig zur Bestellung hergerichtet. Mit einem Furchenzieher werden 5—10 cm tiefe Furchen gezogen, in welche die im Herbst gewonnenen und im Kasten eingeschlagenen angetriebenen Läufer ausgelegt, mit der Hand zugehackt und angewalzt werden. Die Anlage ist möglichst zeitig im Frühjahr (März) vorzunehmen, damit dem Pflanzgut, das in der Anfangsentwicklung gegen Trockenheit sehr empfindlich ist, noch genügend Feuchtigkeit zukommt. Auch Herbstpflanzung kann vorgenommen werden.
Mittlere Handelsdüngergaben der drei Kernnährstoffe (N, P_2O_5, K_2O) vor der Anlage einer Seifenkrautkultur und im Frühjahr des zweiten Anbaujahres dürften im allgemeinen ausreichend sein. Besonders Stickstoff und Kali wirken nach Versuchen von DAFERT und MAUERER[2] bei Sämlingspflanzen günstig auf den Saponingehalt der Wurzeln. Es befinden sich in allen Organen Saponine.
Zur Pflege im zeitigen Frühjahr kann zunächst der Striegel eingesetzt werden. Später ist mehrmals mit der Hand oder im ersten Jahre noch mit der Maschine zu hacken, um den Boden offen und sauber zu halten. Eine Ernte ist meist erst im zweiten Jahre möglich. Der Bestand verfilzt dann sehr leicht, so daß alle Pflegemaßnahmen Handarbeit erfordern.

Ernte: Das Kraut wird zur Drogengewinnung während der Blütezeit mit der Sichel, dem Grasmäher oder gegebenenfalls mit dem Ableger geerntet. Der Saponingehalt nimmt mit der Entwicklung der Pflanzen zu, so daß nach KROEBER[3] die Blütentriebe erheblich reicher an Saponinen sind als die Laubtriebe. Die Wurzelernte wird ab August vorgenommen. Unter günstigen Wachstumsverhältnissen können die Wurzeln bereits im ersten Jahr geerntet werden. Nach Untersuchungen des Genannten haben im November geerntete Wurzeln nur die Hälfte des Saponingehaltes der im August ge-

[2] DAFERT, O. und MAUERER, J.: Versuch über den Einfluß verschiedener Düngung auf den Saponingehalt von *Saponaria*. „Zeitschr. f. d. landw. Versuchswesen in Deutsch-Österreich" 26, S. 86 (1923).

[3] KROEBER, L.: Ein Beitrag zur Kenntnis der Verteilung der Saponine in der Pflanze während verschiedener Reifestadien. „Heil- und Gewürzpflanzen" 12, S. 131 bis 137 (1929/30). Siehe auch BOSHART, K.: Der Einfluß von Kulturmaßnahmen auf den Gehalt der angebauten Arzneipflanzen an medizinisch wirksamen Stoffen (Vortrag). Beilage der „Pharmaz. Monatsh." 1928; derselbe: Arzneipflanzenbau und Medizin. Knoll's Mitteilungen für Ärzte. Jan. 1930.

ernteten aufzuweisen. Die Ernte sollte daher nicht erst im Spätherbst erfolgen. Mit einem Pflug ohne Streichblech wird Furche für Furche gerodet. Dabei sind die verhältnismäßig dünnen Wurzeln herauszuziehen und vom Kraut, das sich leicht abbrechen läßt, zu befreien. Eine Nachlese nach einem anschließenden Grubber- und Eggenstrich ist ratsam, um auch die bei der Rodung abgerissenen Wurzelteile noch zu erfassen. Von den roten Wurzeln, die als Droge Verwendung finden, werden die weißen Seitentriebe zur Vermehrung abgebrochen.

Die Saatguternte erfolgt, sobald sich die Samenkapseln bräunen. Die Samen fallen sehr leicht aus, so daß der Schnitt am besten mit der Sichel vorgenommen wird.

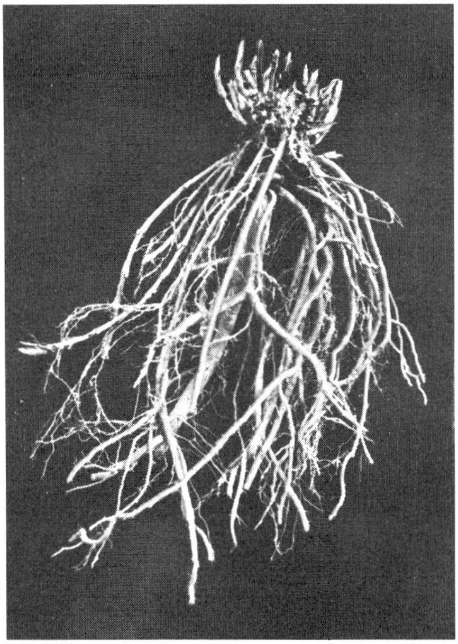

Abb. 373 Saponaria officinalis L., Wurzelstock, zweijährig

Trocknung: Das Kraut wird rasch künstlich bei höherer Temperatur getrocknet. Die Wurzeln werden nach sorgfältiger Reinigung bei 40—50° C getrocknet. KROEBER nimmt an, daß bei einer langsamen Trocknung fermentative Vorgänge an der raschen Minderung des Saponingehaltes Anteil haben. Vor dem Trocknen sind die oberirdischen Stengelreste zu entfernen und die Wurzeln gegebenenfalls zu waschen. Die Eintrocknung des Krautes erfolgt etwa im Verhältnis 5—6 : 1, die der Wurzeln 3—4 : 1. Die getrockneten Wurzeln gelangen oft in Bündeln von etwa 300—400 g in den Handel.

Erträge: Die Erträge an Krautdroge liegen je nach Bestandsalter etwa zwischen 10 und 30 kg/a, die an Wurzeldroge zwischen 10—20 kg/a und die an Samen bei 3—6 kg/a.

Krankheiten und Schädlinge: An *Saponaria officinalis* wurden bisher keine auffallenden Schädigungen irgendwelcher Art beobachtet. Lediglich Blattlausbefall wurde in Leipzig-Probstheida festgestellt.

Satureja hortensis L., Einjähriges Bohnenkraut, Garten-Bohnenkraut, Pfefferkraut

Labiatae

Gebräuchliche Pflanzenteile: Erg.-B. 6: „Die getrockneten, während der Blütezeit (Juli bis September) gesammelten oberirdischen Teile von *Satureja hortensis* Linné."

Handelsbezeichnung: *Herba Saturejae*, Bohnenkraut, Pfefferkraut.

Botanik: *Satureja hortensis* ist einjährig. Die Wurzel ist ± stark verzweigt. Der stumpf-vierkantige Stengel ist aufrecht, kräftig, ± filzig behaart und am Grunde ± verholzt und borkig. Er ist an allen Knoten mit aufrechten, meist buschig-verzweigten Ästen besetzt. Die dunkelgrünen Laubblätter sind etwas dick, schmal, spatelig- bis lanzettförmig, ganzrandig, ohne deutlich abgesetzten Stiel und ohne deutliche Seitennerven. Die Blätter sind gewimpert und tragen beiderseits zahlreiche große Drüsenschuppen, die, gegen das Licht gehalten, als feine Punkte erscheinen. Die Pflanzen sind ± violett angelaufen; sie werden bis 60 cm hoch.

Die Blüten sind sehr kurz, aber deutlich gestielt; sie stehen meist zu fünft in den Blattachseln, lockere bis ziemlich dichte, meist deutlich einseitswendige Scheinähren bildend. Die Krone ist lila, rosa oder weißlich, am Schlunde rotpunktiert, feinflaumig.

Blütezeit: VII—IX (X).

Glanzkäfer *(Meligethes-spec.)* fanden sich in Leipzig-Probstheida nach dem Durchstreifen des Bestandes immer reichlich im Netz. Das Vorkommen von Hymenopteren war auf nur zwei Arten beschränkt. Die Honigbiene, die sich nur vereinzelt an den Blüten aufhielt, wurde festgestellt, außerdem die Wespenart *Vespa germanica* F. Von fünf Fliegenarten waren die bekannten Schlammfliegen *Eristalis tenax* L. und *E. arbustorum* L., wie an vielen anderen Heil- und Gewürzpflanzenbeständen, auch hier am häufigsten. Ebenso fanden sich die beiden zarten Schwebfliegenarten *Sphaerophoria scripta* L. und *S. menthastri* L. immer auf den Blüten ein. Die große Blindwanze *Adelphocoris lineolatus* Goeze war von den drei anwesenden Wanzenarten am stärksten vertreten. Fünf Tagfalterarten und zwei bei Tage fliegende Eulen besuchten die Blüten. Von den Tagfaltern war der Hauhechelbläuling, *Lycaena icarus* Rott., immer und in beiden Geschlechtern anzutreffen.

Die Nüßchen sind rundlich bis eiförmig, etwa 1—1,5 mm lang, von der Ansatzstelle aus meist schwach dreikantig, dunkelbraun bis schwarzbraun, zum Teil grünlichbraun, dunkel geadert, fein punktiert.

Abb. 374
Satureja hortensis L., Nüßchen

Im Kraut ist ätherisches Öl mit dem Hauptbestandteil Carvacrol enthalten. Der Geruch ist stark würzig, der Geschmack etwas scharf, fast pfefferartig. Wegen der letzteren Eigenschaft wird das Bohnenkraut auch Pfefferkraut genannt.

Boden und Klima: An den Standort stellt *Satureja hortensis* keine hohen Anforderungen. Es ist wärmebedürftig, beansprucht den Wasserhaushalt des Bodens in hohem Maße und wird auf den verschiedensten Böden angebaut. Auf lockeren, nährstoffreichen Böden werden besonders hohe Ernten erzielt.

Herkunft und Verbreitung: Das Bohnenkraut ist im Mittelmeerraum, in Mitteleuropa und in Vorderasien zu finden. Ursprünglich scheint es in den Ländern um das Schwarze Meer und das östliche Mittelmeer zu sein.

Herkünfte des Drogenhandels: *Satureja hortensis* wird vorwiegend in Sachsen-Anhalt, und zwar großflächig vor allem bei Aschersleben angebaut. Aus den Balkanländern und den östlichen Mittelmeergebieten wird gelegentlich *Herba Saturejae* nach Deutschland eingeführt.

Sorten und Herkünfte für den Anbau: Die im Handel befindlichen Herkünfte setzen sich häufig aus sehr verschiedenen Formen zusammen, die sich besonders im Habitus, im Blattbesatz und in der Blütezeit unterscheiden. Es sollten nur Herkünfte mit hohem Blattanteil, z. B. die Gruppensorte 'Einjähriges Blatt-Bohnenkraut', angebaut werden.

Abb. 375 Satureja hortensis L.; links: Blatt-Typ; rechts: Stengel-Typ

Saatgut: Das 1000-Korngewicht betrug im mehrjährigen Durchschnitt 0,628 g. Die Mindestreinheit sollte 95%, die Mindestkeimfähigkeit 80% betragen. Das Saatgut muß seidefrei sein. Die Nüßchen sind Lichtkeimer; die Keimzeit beträgt 14—21 Tage. Nach Angaben in der Literatur bleibt die Keimfähigkeit 1—2 Jahre erhalten. Eigene Untersuchungen mit zahlreichen Herkünften ergaben im ersten Jahre der Lagerung eine Abnahme der Keimfähigkeit in Höhe von 1—55%; im zweiten Jahr 12—89%; im dritten Jahr 33—96%; im vierten Jahr 50—100%; im fünften Jahr 98—100%.

Anbau: An die Vorfrucht stellt das Bohnenkraut keine besonderen Ansprüche. Es gedeiht gut sowohl nach Getreide als auch nach Klee, Hackfrüchten bzw. auch Gemüse. Allerdings ist auf Sauberkeit des Feldes zu sehen, da Unkraut im Erntegut viel Mehrarbeit verursacht.

Bohnenkraut hat, wie schon erwähnt, ein hohes Wasserbedürfnis, woraus sich die Forderung nach einer Herbstfurche ergibt. In der Aussaatzeit ziemlich unempfindlich, kann es von Ende März bis Ende Juni bestellt werden. Schleppe, Grubber, Egge und Walze bereiten das Saatbett entsprechend der gewählten Saatzeit gut vor. Gartenmäßige Herrichtung mit gutem Bodenschluß soll dabei erreicht werden. Die Aussaat wird dann in 25—30 cm Reihenabstand mit einer Saatmenge von 7—10 kg/ha flach, am besten in den Walzenstrich oder einen ganz leichten Eggenstrich, vorgenommen. Nachdem zugewalzt ist, kann bei zeitiger Aussaat innerhalb der ersten acht Tage unbedenklich noch einmal leicht gestriegelt werden. Bei späterer Aussaat empfiehlt sich dies nicht. Das Auflaufen erfolgt je nach Wärme innerhalb von 14—21 Tagen.

Abb. 376 Satureja hortensis L., Feldbestand bei Aschersleben zur Zeit der Ernte

Bei der Raschwüchsigkeit des Bohnenkrautes kommt man nach dem Auflaufen in der Regel mit einer Hand- und evtl. Maschinenhacke als Pflegemaßnahme aus. Der geschlossene Bestand hält den Boden in gutem Garezustand, weswegen dem Bohnenkraut ein gewisser Vorfruchtwert zukommt, obgleich es den Wasservorrat des Bodens sehr beansprucht. Stalldung soll nicht direkt zu Bohnenkraut gegeben werden. Mittlere Handelsdüngergaben (N, P_2O_5, K_2O) sind hingegen angebracht.

Ernte: Zur Krauternte wird *Satureja hortensis* während der Blütezeit geschnitten. Nicht allzu stark verholzte Bestände können mit dem Grasmäher geerntet werden. Mit der Saatguternte ist zu beginnen, sobald sich die Nüßchen braun verfärben, da sie leicht ausfallen. Die Verwendung von Planen empfiehlt sich.

Trocknung: Die Trocknung erfolgt entweder künstlich oder natürlich auf luftigen Böden. Bei guter Witterung kann auch Reutertrocknung auf dem Felde in Frage kommen. Das Kraut soll dabei nicht zuviel bewegt werden, da sonst Verschmutzung der Ware und Ernteverluste eintreten. Das Eintrocknungsverhältnis liegt etwa bei 3—4 : 1.
Das Erntegut zur Saatgutgewinnung soll auf Planen gut nachreifen und trocknen, ehe der Ausdrusch mit der Dreschmaschine erfolgt.

Erträge: Der Ertrag an *Herba Saturejae* beträgt etwa 20—40 dz/ha. Die Saatguterträge schwanken zwischen 1,20—6,50 (—8,00) dz/ha.

Krankheiten und Schädlinge: Bei der Kulturart Bohnenkraut haben Krankheiten und Schädlinge bisher wenig an Bedeutung gewonnen. Von pilzlichen Erkrankungen kommt der im Pfefferminzbau sehr gefährliche und gefürchtete Pfefferminzrost,

Abb. 377 Satureja hortensis L. mit Seidebefall

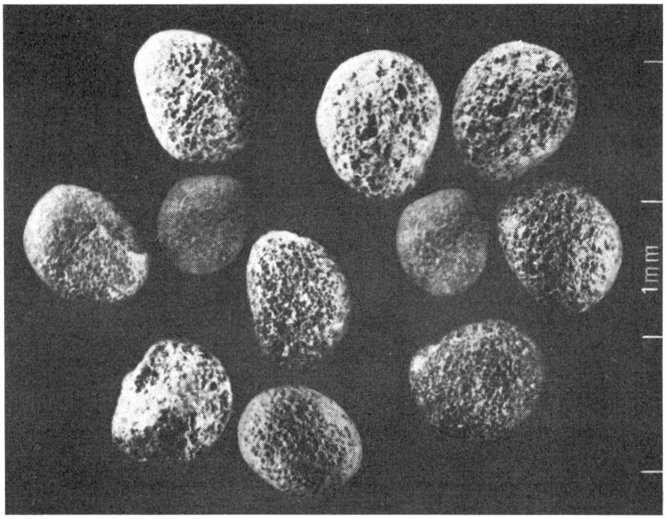

Abb. 378
Cuscuta epithymum (L.) Murr., Samen

Puccinia menthae Pers., auf Blättern und Stengeln des Bohnenkrautes vor, ohne jedoch hier in ähnlicher Weise wie an Pfefferminze (siehe S. 535) schädlich zu werden.
Die Bohnenkrautbestände sind oft mit Seide verunreinigt. In Leipzig-Probstheida wurde wiederholt Befall mit Grobseide, *Cuscuta australis* R. Br. *var. breviflora* Engelm., festgestellt. Die *Cuscuta-species* finden mit dem Saatgut Verbreitung. Die Seide wird am besten durch Übergießen der betroffenen Stellen an warmen, trockenen Tagen mit 15- bis 20prozentiger Eisenvitriollösung bekämpft. Seit Einführung der Saatenanerkennung bei Heil-, Gewürz- und Duftpflanzen in Deutschland hat der Seidebefall stark abgenommen.

Satureja montana L., Winter-, Stauden-, Berg-Bohnenkraut*

Labiatae

Gebräuchliche Pflanzenteile: Von *Satureja montana* findet das ganze Kraut ebenso wie das von *Satureja hortensis* L. vorwiegend für Gewürzzwecke Verwendung. In Frankreich wird hieraus auch *Oleum Saturejae aethereum* gewonnen.

Handelsbezeichnung: *Herba Saturejae montanae,* Winter-, Stauden-, Berg-Bohnenkraut. Es gelangt auch unter der Bezeichnung „Italienisches Bohnenkraut" in den Handel.

Botanik: Das Winter-Bohnenkraut unterscheidet sich vom Einjährigen Bohnenkraut im wesentlichen durch die Vegetationsdauer. *Satureja montana* ist ein etwa 50 cm hoher Halbstrauch. In günstigen Lagen kann er bis fünf Jahre ausdauern. Er bildet eine kräftige Pfahlwurzel von mittel- bis dunkelbrauner Farbe. Die Seitenwurzeln sind heller, stark verzweigt und reich befasert. Der Stengel ist stumpf-vierkantig bis fast rund. Er verholzt schnell und ist mit einer beinahe seidig-schimmernden Borke umgeben, die sich leicht ablösen läßt. Die graugrünen, etwas glänzenden Blätter sind von fast lederiger Beschaffenheit, lineal-lanzettlich, oft $\pm$ eingerollt, ganzrandig,

* Gelegentlich findet sich für *Satureja montana* L. auch die Bezeichnung Winter-Bergminze in der Literatur. Dieser Name sollte vermieden werden.

± scharf zugespitzt, ohne deutlich abgesetzten Stiel und ohne vortretende Seitennerven. Sie sind am Rand unterwärts ± gewimpert und tragen zahlreiche große, in die Epidermis eingesenkte Drüsenschuppen.

Die Blüten sind deutlich gestielt und befinden sich zu 3–7 in den Blattachseln; sie haben linealische, pfriemenförmige Deckblättchen. Die Krone ist weiß, rosa oder violett, am Gaumen etwas behaart. Die Staubblätter liegen unter der Oberlippe; sie sind kahl mit vorn verschmelzenden, fast rechtwinklig spreizenden Pollensäcken. Pflanzen mit kleineren und ± rückgebildeten Kronen kommen vor.

Blütezeit: (VI) VIII–X.

Das Winter-Bohnenkraut hat ebenso wie das Einjährige Bohnenkraut eine sehr lange Blütezeit. An mehreren aufeinanderfolgenden Sammeltagen war in Leipzig-Probstheida reicher Anflug von Honigbienen zu verzeichnen. Von anderen Hymenopteren ist nur noch die Schmalbienenart ***Halictus lativentris*** Schrk. an den Blüten zu beobachten gewesen. Die beiden großen Schlammfliegenarten ***Eristalis tenax*** L. und ***E. arbustorum*** L. mit mehreren kleineren Schwebfliegenarten waren immer reichlich vertreten. Von Schmetterlingen ließen sich die kleinen Tagfalterarten, der Hauhechelbläuling, ***Lycaena icarus*** Rott., der Heufalter, ***Coenonympha pamphilus*** L., und der Kleine Goldfalter, ***Chrysophanus phlaeas*** L., regelmäßig an den Blüten saugend antreffen. Die Gammaeule, ***Phytometra (Plusia) gamma*** L., und die Bleiche Schilfgraseule, ***Leucania pallens*** L., beflogen im hellsten Sonnenschein lebhaft die Blüten.

Die Nüßchen sind rundlich bis eiförmig, an der Ansatzstelle ± scharf dreikantig, 1–1,4 mm lang Eine schwache Äderung ist ± sichtbar. Sie sind feinpunktiert, hellbraun bis braun.

Von *Satureja montana* gibt es mehrere Varietäten.

Abb. 379
Satureja montana L.,
Nüßchen

Hegi beschreibt:

1. *var. communis* Vis.: Sprosse kräftig, ± 20–40 cm hoch, feinflaumig, graugrün. Laubblätter lineal-lanzettlich, beiderseits drüsig-punktiert. Cymenstiele meist aufrecht abstehend, ± 3–5 mm lang. Kelch röhrig-glockig, mit ziemlich langen, etwas bogig gekrümmten, wenig spreizenden Zähnen. Krone weiß, mit bis 7 mm langer Röhre, 3–4 mm langer, hellrosa Oberlippe und bis 5 mm langer Unterlippe mit gezähneltem Lappen. Nach Hegi ist es die verbreitetste Rasse in Mitteleuropa.
2. *var. variegata* (Host) Vis.: Wuchs, Behaarung und Blattform wie bei der vorigen. Cymenstiele stärker spreizend, die Blütenstände daher locker rispig. Kelch kurzglockig, flaumig, mit sehr undeutlichen Nerven und kurzen, starren, stärker sprei-

zenden Zähnen. Krone lila bis hellviolett, mit den Kelch kaum überragender Röhre, 3 mm langer, oft etwas gezähnelter Oberlippe und 5 mm langer, dunkler, violett gezeichneter Unterlippe mit abgerundet rechteckigen, ⊥ ganzrandigen Lappen.

3. *var. subspicata* Vis.: Niedriger, meist nur 8—15 (30) cm hoch, mit kräftigem Holzkopf und sehr ästigen, ± aufrechten, fast ganz kahlen, glatten Sprossen. Stengel deutlicher vierkantig als bei den vorigen, ganz kahl oder nur auf zwei Streifen abwechselnd behaart. Laubblätter lineal-lanzettlich, nur unterseits drüsig-punktiert, nicht oder sehr schwach gewimpert. Cymen kürzer als bei den vorigen gestielt, nur zwei- bis fünfblütig, nur ± so lang wie die Laubblätter, zu kurzen, dichten Scheinähren vereinigt. Kelch röhrig-glockig, meist violett, mit stärker vortretenden Nerven, die Zähne nur wenig kürzer bis so lang wie die Röhre, borstig-gewimpert. Krone lebhaft violett, mit den Kelch meist deutlich überragender Röhre, abgerundeter Oberlippe und rotviolett gezeichneter Unterlippe mit abgerundeten Lappen. Blüht später als die vorigen.

Satureja montana L. enthält wie *Satureja hortensis* L. ätherisches Öl, das besonders reich an Carvacrol sein kann. Im Geruch erinnert das Kraut sehr an das des Einjährigen Bohnenkrautes, jedoch ist es im Geschmack etwas strenger.

Boden und Klima: An den Standort stellt das Winter-Bohnenkraut nur sehr bescheidene Ansprüche. Es bevorzugt einen trockenen Kalkboden in möglichst warmer Lage. Südhänge sind besonders zum Anbau geeignet.

Herkunft und Verbreitung: *Satureja montana* ist vorwiegend verbreitet in Algerien, Portugal, Spanien, Südfrankreich, Nord- und Mittelitalien, in den nördlichen Balkanländern, im Süden der UdSSR bis zum Kaukasus. In den Adrialändern wird *Satureja montana* häufig als Gewürzpflanze angebaut. Hegi berichtet, daß es in den Karstheiden und in beschränkterem Umfang auch in den südlichen Kalkalpen weite Flächen bedeckt und bei seiner späten Blütezeit für den Hochsommeraspekt zusammen mit anderen duftenden Lippenblütlern, wie Thymian, Ysop, Salbei und Gamander, sowie Korbblütlern besonders charakteristisch ist.

Herkünfte des Drogenhandels: Das Winter-Bohnenkraut wurde bisher nur seltener im Vegetabilienhandel geführt. Im Handel befinden sich besonders italienische Herkünfte, aber auch aus den Balkanländern, z. B. Bulgarien, wird Winter-Bohnenkraut ausgeführt. In Deutschland wird es fast nur gartenmäßig angebaut. Es eignet sich gut für Einfassungen, wo es für den Hausbedarf fast das ganze Jahr über frisches Küchengewürz liefert.

Sorten und Herkünfte für den Anbau: Im deutschen Fachsamenhandel befinden sich zwei Gruppensorten. Sie sind nach ihrer Wuchsform benannt: 'Quedlinburger Aufrechtes Winter-Bohnenkraut' und 'Erfurter Niederliegendes Winter-Bohnenkraut'.
Sie unterscheiden sich neben anderen Merkmalen auch in der Reife. Die Sorte mit aufrechtem Wuchs ist etwas früher reif als die mit niederliegendem. Sie leiten sich von den beschriebenen Varietäten *communis* und *subspicata* ab.

Saatgut: Das 1000-Korngewicht ist je nach Sorte verschieden. 'Quedlinburger Aufrechtes' hatte bei unseren Untersuchungen im Durchschnitt ein solches von 0,451 g und 'Erfurter Niederliegendes' ein solches von 0,327 g aufzuweisen. Die Mindestreinheit sollte 92%, die Mindestkeimfähigkeit 60% betragen. Nach einjähriger Lagerung war das Saatgut noch gut keimfähig, die Abnahme betrug 29%. Nach zweijähriger Lagerung wurde eine Abnahme von 70—77% festgestellt. Nach vierjähriger Lagerung war die Keimkraft praktisch erloschen. Die Nüßchen sind ausgesprochene Lichtkeimer. Als Keimtemperatur kommt Wechseltemperatur in Frage. Nach 28 Tagen wird die Keimfähigkeit bestimmt.

Abb. 380 Satureja montana L.; links: aufrechter Typ; rechts: niederliegender Typ

Anbau: Das Winter-Bohnenkraut stellt keine besonderen Ansprüche an die Vorfrucht. Mit gutem Erfolg wird es nach Wintergetreide und Hackfrüchten angebaut.

Die Aussaat erfolgt in warmen Lagen im August, Anfang September oder besser von April bis Mai. Bei Drillsaat beträgt die Aussaatmenge etwa 60—80 g/a bei einer Standweite von 30 bis 40 cm. Das 'Niederliegende Winter-Bohnenkraut' benötigt eine etwas größere Standweite (40 cm) als das 'Aufrechte' (30—35 cm). Auch vegetative Vermehrung ist möglich, aber nicht ratsam. Oftmals erfolgt für den gartenmäßigen Anbau auch Kastenaussaat. 3—5 g Saatgut genügen, um für 1 Ar Pflanzen anzuziehen.

Da der Bestand mehrere Jahre genutzt wird, sollte die Unkrautbekämpfung besonders sorgfältig vorgenommen werden. Vor Eintritt des Frostes empfiehlt es sich, eine leichte Winterschutzdecke aufzubringen, um Auswinterungsschäden vorzubeugen. *Satureja montana* ist verhältnismäßig winterhart.

Die Düngung ist dieselbe wie zu *Satureja hortensis* L., nur ist außerdem eine besonders gute Kalkversorgung notwendig. Es empfiehlt sich, als Handelsdünger Kalkammonsalpeter, Superphosphat, schwefelsaures Kali bzw. Kalimagnesia zu verabreichen. Mittlere Gaben dürften im allgemeinen ausreichen. Nach jedem Schnitt sollte ein schnell wirkender Stickstoffdünger verabreicht werden, jedoch spätestens im Juli.

Ernte: Bei Aprilaussaat kann im ersten Vegetationsjahr im September ein erster Schnitt gewonnen werden, im zweiten Vegetationsjahr unter Umständen zwei bis drei Schnitte. Je öfter die Pflanzen im zweiten Vegetationsjahr geschnitten werden, um so kräftiger entwickeln sie sich. Allerdings dürfen sie auch nicht zu kurz gehalten werden, vor allem beim letzten Schnitt, da das Winter-Bohnenkraut andernfalls unter Frost leidet. Zum Frischverbrauch kann bei guter Pflege des Bestandes im zweiten Anbaujahr bereits ab Mai geerntet werden. Auch eignet sich *Satureja montana* zum Treiben im warmen Kasten oder im Gewächshaus. Zur Gewinnung von *Herba Saturejae montanae* wird das Kraut am besten kurz vor der Blüte geschnitten, da zu dieser Zeit der Gehalt an ätherischem Öl hoch und die Verholzung der Stengelteile noch nicht so weit fortgeschritten ist. Der Schnitt kann beim aufrechten Typ mit dem Grasmäher erfolgen.

Trocknung: Das Winter-Bohnenkraut wird natürlich getrocknet oder künstlich bei etwa 35° C. Feldtrocknung ist möglich. Das Trocknungsverhältnis schwankt zwischen 4—5 : 1.

Erträge: Die Erträge an *Herba Saturejae montanae* betragen nach Versuchsberichten aus Aschersleben, wo es in geringem Umfang angebaut wurde, im ersten Vegetationsjahr vom ersten Schnitt 10,00—12,50 dz/ha. Im zweiten Jahr wurden fast immer mindestens zwei Schnitte gewonnen, wobei die Ernte insgesamt 16—19 dz/ha betrug; der erste Schnitt ergab 10—12 dz, der zweite Schnitt 6—7 dz/ha Droge. Winter-Bohnenkraut ist demnach nicht so ertragreich wie das Einjährige Bohnenkraut. Die Saatguterträge werden auf 1—2 kg/a geschätzt.

Krankheiten und Schädlinge: *Satureja montana* kann von denselben Krankheiten und Schädlingen befallen werden wie *Satureja hortensis.* Auch Seidebefall wurde schon von uns festgestellt.

Silybum marianum (L.) Gaertn., Mariendistel*

Compositae

Gebräuchliche Pflanzenteile: In der Homöopathie (HAB. 2) wie auch in der Volksheilkunde finden die reifen Früchte, deren Wirkstoffe noch nicht näher erforscht sind, Verwendung. Früher gebrauchte man gelegentlich noch die Wurzeln und Blätter. Letztere finden jetzt aber kaum noch Anwendung.

Handelsbezeichnungen: *Fructus* bzw. *Semen Cardui Mariae,* Mariendistelsamen.

Botanik: *Silybum marianum* ist ein- bis zweijährig, unter deutschen Standortsverhältnissen vorwiegend einjährig. Die mit einer Pfahlwurzel versehenen Pflanzen werden bis etwa 200 cm hoch. Die straff-aufrechten Stengel sind rundlich, gefurcht,

Abb. 381 Silybum marianum (L.) Gaertn. im Rosettenstadium

* Als Mariendistel wird gelegentlich auch *Carlina acaulis* L., Gemeine bzw. Weiße Eberwurzel oder Wetterdistel, ebenfalls eine Komposite, bezeichnet.

von der Mitte an ästig und nach oben zu wollig-spinnwebig-behaart. Die aus großen, derben Grundblättern gebildete Rosette liegt dem Boden flach an. Die ungestielten, oberwärts stengelumfassenden Blätter sind länglich-elliptisch, buchtig-gelappt. Sie sind am Blattrand sehr stark bewehrt und entfernt bewimpert. Die glänzendgrünen Blätter sind außerdem besonders gekennzeichnet durch die mit chlorophyllosem Blattgewebe umgebenen Nerven, so daß sie weißlich gefleckt (marmoriert) erscheinen. Die gipfelständigen, purpurfarbenen Blüten stehen in großen, eiförmigen Köpfen (5—8 cm lang und breit) vereint. Die Hüllblätter des mehrreihigen Hüllkelches sind ebenfalls stark bewehrt (stachelspitzig).

Blütezeit: VII, VIII.

UDE beobachtete in Leipzig-Probstheida an den blühenden Beständen der Mariendistel häufig schwarze Glanzkäfer (*Meligethes-spec.*). Sehr fleißig flogen auch die Honigbienen zu und ab, ebenso die beiden Hummelarten *Bombus terrestris* L. und *B. lapidarius* L.

Die Früchte sind länglich-eiförmig, an einer Seite ± leicht gekrümmt. Die Länge beträgt bis 8 mm, die Breite bis 4 mm. Der Scheitel ist gelblichweiß und hebt sich

Abb. 382
Silybum marianum (L.) Gaertn., Blütenkopf

Abb. 383
Silybum marianum (L.) Gaertn., Früchte

scharf ab. Die Farbe der Früchte ist vorwiegend gelblichbraun bis braunschwarz, gestrichelt bzw. gefleckt, ähnlich wie die Blätter marmoriert, glänzend. Hellfarbige Früchte sind meist unreif geerntet worden und erscheinen grauweiß. Auf dem Scheitel der Frucht befindet sich ein deutlich sichtbares kegelförmiges, weißes Zäpfchen, welches aber auch häufig bei der Saatgutaufbereitung abgeschlagen wird und daher nicht immer vorhanden sein muß. Pappusreste finden sich nur selten im Saatgut.

Boden und Klima: Die Mariendistel gedeiht auf den verschiedensten Böden, selbst noch auf Moorböden. Sonnige, windgeschützte Standorte sagen ihr besonders zu. Wildwachsend oder verwildert trifft man sie u. a. auf sonnigen, felsigen Hängen und auf Ruderalplätzen an. Für ihren Anbau sind nach unseren Beobachtungen reine Sandböden weniger geeignet. Zu einem guten Gedeihen wird ein nahrhafter, genügend feuchter Boden benötigt.

Herkunft und Verbreitung: *Silybum marianum* hat ein weites Verbreitungsgebiet. Es erstreckt sich auf die Mittelmeerländer und Vorderasien. Sie ist also eine thermophile Pflanze der mediterran-vorderasiatischen Steppen- und Gebüschformationen, wo sie zum Teil hohe „Distelwälder" bildet. Darüber hinaus findet sie sich angebaut und verwildert auch noch in anderen Erdteilen, so in ganz Europa.

Herkünfte des Drogenhandels: Die Mariendistel wurde früher häufiger in Deutschland angebaut, z. B. in Thüringen (Jenalöbnitz). Herkunftsgebiete sind jetzt in der Hauptsache die Mittelmeerländer.

Sorten und Herkünfte für den Anbau: Im Handel befindet sich eine Gruppensorte, die sich durch Frohwüchsigkeit auszeichnet.

Saatgut: Das 1000-Korngewicht der Früchte schwankte zwischen 22,174 und 31,238 g. Das Hektolitergewicht einer Herkunft betrug 67,00 kg. Die Mindestreinheit sollte 98% und die Mindestkeimfähigkeit 70% betragen. Letztere wird am besten bei Zimmertemperatur unter Lichtabschluß bestimmt. Es ist darauf zu achten, daß für Anbauzwecke nur gut ausgereiftes Saatgut Verwendung findet. Wir erzielten Keimfähigkeitswerte mit frischem, reifem Saatgut bis zu 100%.

Anbau: Hinsichtlich der Vorfrucht stellt die Mariendistel keine besonderen Ansprüche. Sehr geeignet sind gut gedüngte Hackfrüchte. Der Boden muß tief bearbeitet sein. Beim einjährigen Anbau darf mit der Aussaat nicht länger als bis März/April

Abb. 384
Silybum marianum (L.) Gaertn., Feldbestand in Jenalöbnitz (Bandsaat)

gewartet werden. In warmen Gebieten, wo mit keiner Auswinterung zu rechnen ist, kann die Aussaat bis August erfolgen. Bei 50 cm Reihenentfernung werden 20 kg/a Saatgut benötigt. Im Mai/Juni wird der Bestand verhackt. Der Mindestabstand von Pflanze zu Pflanze sollte etwa 20 cm betragen. Es empfiehlt sich, nach vier Reihen eine Laufreihe zu lassen, um die Erntearbeit zu erleichtern.

Zur Pflege sind allenfalls zwei Hacken erforderlich, da sich der Bestand verhältnismäßig schnell schließt und kein Unkraut aufkommen läßt.

Zu einem guten Gedeihen der Mariendistel ist die Verabreichung einer mittleren Handelsdüngergabe erforderlich. Sie scheint besonders ein hohes Bedürfnis an Phosphorsäure und Kali zu haben. Mengen von 40—50 kg P_2O_5 (225—310 kg Superphosphat) und 80—100 kg K_2O (200—250 kg 40er Kali) je Hektar sind angebracht. Stickstoff darnur in mäßiger Gabe von 20—30 kg N/ha (100—150 kg 20%iges Stickstoffdüngemittel) verabreicht werden, um die Standfestigkeit der Pflanzen nicht zu gefährden.

Ernte: Sobald die Hüllblätter trocknen und die ersten Köpfe weiße Spitzen, d. h. den Pappus, zeigen, was meist Mitte bis Ende August der Fall ist, muß mit der Ernte der Früchte begonnen werden, da sie sonst ausfallen. Der Schnitt kann mit dem Grasmäher erfolgen. Im Kleinanbau werden die Blütenköpfe je nach der fortschreitenden

Abb. 385 Rosenpräsentierschere, geeignet zum Ernten stacheliger Fruchtstände. Rechts: reifer Fruchtstand von Silybum marianum (L.) Gaertn.

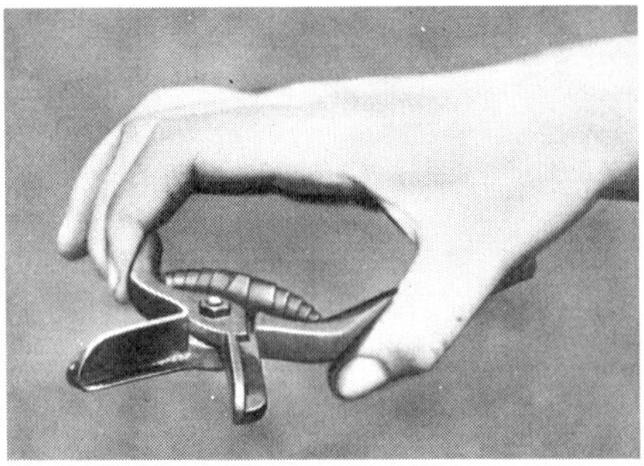

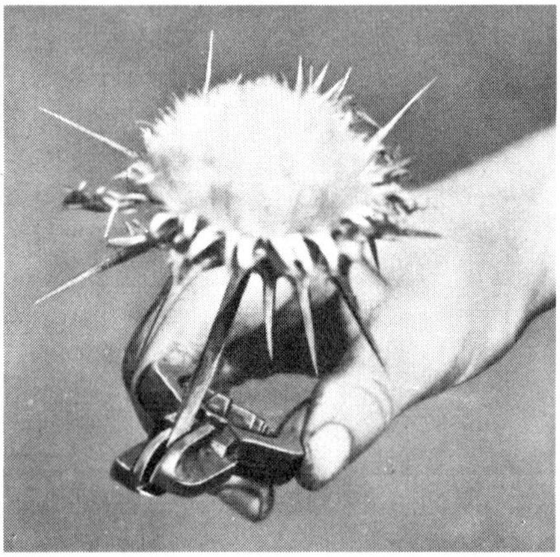

Reife abgeschnitten, wobei ein hochwertiges Saatgut erzielt wird. Die von uns mit verschiedenen Geräten durchgeführten Ernteversuche ergaben, daß hierfür am besten die Rosenpräsentierschere geeignet ist. Die Ernte- und auch Druscharbeiten dürfen aber nur mit Hand- und Armschutz durchgeführt werden. Infolge der bewehrten Pflanzen treten häufig Verletzungen auf, die zu Entzündungen führen können.

Trocknung: Die geernteten Köpfe werden zum Nachtrocknen auf einem Holzboden flach ausgebreitet. Sie lassen sich dann in gut trockenem Zustand ausdreschen. Das Druschgut ist leicht zu reinigen. Früher wurden die reifen Früchte auf einer Hechel aus dem Kopf entfernt.

Erträge: Die Erträge an *Fructus Cardui Mariae* schwanken zwischen 5 und 10 kg/a. Im Versuchsanbau 1953 erzielten wir auf unserem Versuchsfeld in Liebertwolkwitz bis 13,5 kg/a.

Krankheiten und Schädlinge: Als Schmarotzer wurde auf der Mariendistel *Ustilago cardui* Fisch. de Wald. beobachtet (HEGI). UDE bemerkte an fast allen Blättern runde und ovale Fenster, die auf den ersten Blick den charakteristischen Fraß von Schildkäfern vermuten ließen. Bei näherer Betrachtung wurden auch in Mengen kleine und halberwachsene Larven dieser Gattung entdeckt, die aber für den Beschauer zunächst schwer erkennbar sind. Die hier in Frage kommende Art wurde von K. DORN, Leipzig, als *Cassida rubiginea* Müll. bestimmt. Von ihr wurde nur das innere Blattgewebe verzehrt, während eine Epidermis gleichsam als Membran stehenblieb. Die an *Mentha-spec.* als Schädling beobachtete Art *Cassida viridis* L. hingegen durchfraß die Blätter vollständig. Als der Mariendistelbestand zu Anfang August bereits stark im Abblühen war, wurden noch immer die Larven der Schildkäfer in allen Stadien angetroffen. An den Blattansätzen war hier und da Blattlausbefall festzustellen.

Abb. 386 Silybum marianum (L.) Gaertn. als „Sommerhecke" angebaut

Besonderes: *Silybum marianum* wird nicht nur als Arzneipflanze, sondern wegen ihres dekorativen Aussehens auch als Zierpflanze angebaut. Neuerdings wird sie zum Anbau als sogenannte sommerliche „Mehrzweckhecke" empfohlen[1]. Sofern keine Möglichkeit besteht, eine Gehölzhecke oder einen Zaun zu errichten, kann sie als Schutzpflanzung in Frage kommen. Bei zeitiger Aussaat im März und warmer Witterung bildet sie ab Mai/Juni bis zur Ernte im August nicht nur einen wirksamen Windschutz, sondern auch einen fast undurchdringlichen Bestand, der infolge der außerordentlich starken Bewehrung der Pflanzen Eindringlinge abhält. Man verwendet die Mariendistel z. B. gern zum Schutze von Zuchtgärten. Wir bauten sie schon öfter mit gutem Erfolg als „Stacheldrahtersatz" an. Der Anbau erfolgt dann am besten in einer Mindestentfernung von 50 × 30 cm. Vier Reihen bilden schon einen wirksamen Schutz. Bis zu einem gewissen Grade können die Pflanzen auch noch nach der Ernte der Blütenköpfe schützend wirken, wenn man sie bis zum Frühjahr stehen läßt. In besonders warmen Lagen sollte die Aussaat bereits im August/September erfolgen, um im Frühjahr über eine wirksame Schutzpflanzung zu verfügen. In Mitteldeutschland wintern jedoch die Herbstsaaten fast immer mehr oder weniger aus. Für Zuchtgarten-Isolierungen und die Anlage von Windschutzstreifen eignen sich auch noch weitere Arzneipflanzen sehr gut, wie der einjährige Haschisch-Hanf (siehe S. 320), und für Daueranlagen einige Strauch- und Baumarten. (Siehe auch Kapitel Nebennutzung, S. 202.)

[1] „Deutsche Gärtner-Post", Nr. 10/1954.

Sinapis alba L., Weißer Senf, Gelbsenf

Cruciferae

Sinapis alba wird angebaut:

1. als Ölpflanze zur Gewinnung von fettem Öl (Gehalt der Samen bis 30%);
2. als Gewürzpflanze, wobei entweder die „Senfkörner" oder das entfettete bzw. nicht entfettete Senfmehl zur Herstellung von Tafelsenf (Mostrich) Verwendung finden;
3. als Arzneipflanze mit geringerer Bedeutung (Samen finden fast die gleiche Anwendung wie die von *Brassica nigra* [L.] Koch);
4. als Futterpflanze im Rahmen des Feldfutter- und Zwischenfruchtbaues;
5. als Gründüngungspflanze.

Nachfolgend wird der Weiße Senf als eine Körnerdroge liefernde Arznei- und Gewürzpflanze behandelt.

Gebräuchliche Pflanzenteile: Erg.-B. 6 und HAB. 2: „Die reifen Samen von *Sinapis alba* Linné."

Handelsbezeichnungen: *Semen Erucae, Semen Sinapis albae,* Weißer oder Gelber Senf.

Botanik: Der Weiße Senf, der einjährig ist, besitzt eine dünne, spindelförmige Wurzel. Der Stengel ist aufrecht, kantig-gefurcht, unten mit borstigen Haaren besetzt, nach oben zu ± behaart. Die Pflanzen werden 130—150 cm hoch. In sehr trockenen Jahren bleiben sie oft niedriger, sie erreichen dann mitunter nur eine Länge von 25 bis 50 cm. Die gestielten Laubblätter sind im Umriß länglich oder eiförmig-länglich, leierförmig-fiederspaltig bis fiederteilig, meist jederseits mit 2—3 länglichen bis lanzettlichen, eingeschnitten-gezähnten oder buchtig-gelappten Abschnitten und größerem, fast gleichgestaltetem Endlappen. Wie die Stengel, sind auch sie mit einzelnen Borstenhaaren besetzt, teils aber auch kahl. Die endständigen Blütenstände bilden beim Aufblühen eine dichte Doldentraube, die sich zur Fruchtzeit stark streckt, so daß sie fast eine lange Traube darstellt. Ein bis anderthalb Tage vor dem Aufblühen werden zwischen den Kelchblättern die hell- bis goldgelben kreuzständigen Kronblätter sichtbar. Das Aufblühen eines Blütenstandes beginnt unten; die Aufblühfolge der ganzen Pflanze schreitet dagegen von oben nach unten vor; der endständige Haupttrieb blüht zuerst. Die Blühdauer erstreckt sich auf 20—25 Tage. (Siehe Abb. 139, Seite 301.)

Blütezeit: VI, VII.

Über die Bestäubungs- und Befruchtungsvorgänge hat Baur[1] eingehende Beobachtungen mitgeteilt. Obwohl der Senf seinem ganzen Blütenaufbau nach für Insektenbestäubung eingerichtet ist, kommt Selbstbestäubung häufig vor.

Bei den Beständen in Leipzig-Probstheida konnte nach kaum begonnener Blüte — gewöhnlich Anfang Juni — schon reiches Insektenleben festgestellt werden. Der Weiße Senf, der zu den Pflanzen mit halbverborgenem Nektar gehört, hat demzufolge in großer Häufigkeit auch mittelrüsselige Insekten als Bestäubungsvermittler aufzuweisen. Die einfachen, bei Sonnenschein offenen, pollenreichen Blüten wurden in Leipzig-Probstheida zu 90% von Honigbienen aufgesucht. Die *Sinapis*- und *Brassica*-Arten sind auch von Imkern sehr geschätzte Bienennährpflanzen. Erdbienen waren saugend und pollenfressend in den Arten *Andrena lapponica* Zelt., *A. albicans* Müll., *A. carbonaria* L. und *A. flavipes* Panz. vertreten. Die Schwarze Erdbiene, *Andrena carbonaria* L., war an manchen Beobachtungstagen besonders häufig. Auch eine kleine Schmalbiene (*Halictus xanthopus* K.) war auf den Blüten nicht selten. Die neben Nektar auch gern Pollen aufnehmenden Schwebfliegen fanden reiche Nahrung. Die

[1] Baur, H.: Bestäubungs- und Befruchtungsverhältnisse beim Weißen Senf. „Der Züchter" **12**, S. 189 bis 193 (1940); zit. nach Hackbarth, J.: Die Ölpflanzen Mitteleuropas. Stuttgart 1944, S. 137 bis 148.

beiden Arten *Syritta pipiens* L. und *Lasiophticus pyrastri* L. wurden öfter gesehen. Von den pollenliebenden Schlammfliegen war auf der Frühjahrsblüte die Art *Eristalis arbustorum* L. häufig, während auf der Herbstblüte bei sonnigem Wetter noch Mitte Oktober die größere Art *Eristalis tenax* L. die erstere überwog. Durch den reifen Pollen angezogen, hatten sich auch Blattwespen auf den Blüten eingefunden. In großer Zahl bevölkerte immer die Kohlrübenblattwespe, *Athalia rosae* L., die Bestände im Frühjahr. Die später auf Umbelliferen, vor allem auf Kümmel, gemeine Art *Tenthredo arcuata* Forst. *var. sulphuripes* Kriechb. war auch auf den Blüten anzutreffen. Außer dem recht seltenen Spanner *Lithostege farinata* Hufn., der beim Durchstreifen mit dem Netz in zwei Stücken abflog, wurden weitere Schmetterlinge an den Blüten nicht beobachtet.

Die Schoten befinden sich auf verlängertem, kantig-gefurchtem, zuletzt etwas verdicktem, anfangs aufsteigendem, zur Reife fast waagerecht abstehendem Stiele. Sie sind etwa 20—50 mm lang und 3—7 mm breit. Die Fruchtklappen sind häufig borstig behaart und verlaufen in einen flach-zusammengedrückten, säbelförmig gebogenen Schnabel. In den Schoten befinden sich meist zwei und mehr Samen, die fast kugelig sind. Ihr Durchmesser beträgt bis zu 2,5 mm. Die Samenfarbe ist vorwiegend gelblichweiß bis gelb. Der hervortretende Nabel ist öfter etwas dunkler gefärbt. Je nach Varietät ist die Samenfarbe verschieden. So sind z. B. nach HEGI die Samen von *subvar. vulgaris* Alef. gelblichweiß, von *subvar. batavica* Jessen, dem sogenannten „Holländischen Senf", zum Teil hellbraun und von *subvar. melanosperma* Alef. braunviolett bis schwärzlich. Die Oberfläche der Senfsamen ist bei stärkerer Vergrößerung feingrubig-punktiert. Die Samen der *subspec. dissecta* erscheinen etwas stärker grubig-punktiert, sie gelangen namentlich aus der Sowjetunion in den Handel, wo diese Unterart viel angebaut wird. (Siehe Abb. 141, S. 302).

Die Art gliedert sich wie folgt:

I. *subspec. eu-alba* Briq., a) *var. genuina* Briq., *subvar. vulgaris* Alef., *subvar. batavica* Jessen, *subvar. melanosperma* Alef.; b) *var. corsica* Briq.

II. *subspec. dissecta* (Lag.) Bonnier [1911], Briq. [1913].

Boden und Klima: Hohe Samenerträge werden auf humosem, kalkhaltigem Lehmboden, aber auch auf humosem, lehmigem Sandboden erzielt. Ausgesprochen sandige und sehr tonreiche Böden sowie solche mit stauender Nässe sind für den Anbau von Körnersenf ungeeignet. Auch auf gut zersetztem Niederungsmoorboden gedeiht *Sinapis alba* noch befriedigend. Auf Neuland kann er ebenfalls mit Erfolg angebaut werden. Zur Körnergewinnung kultiviert, ist er gegen saure Bodenreaktion sehr empfindlich; am besten sagt ihm neutrale bis alkalische Reaktion zu. Klimatisch ist der Weiße Senf eine anspruchslose Pflanze. Gegen schwächere Fröste (bis —5° C) ist er fast unempfindlich. Nach unseren Aussaatzeitenversuchen[2] zu urteilen, scheinen für den Samenbau Gebiete mit kontinentalem Klima gut geeignet zu sein. Wir stellten fest, daß ausnehmend hohe Wärmesummen während der Vegetationszeit den Ertrag etwas verringern, obgleich der Weiße Senf über eine thermophile Konstitution verfügt. Sehr gute Erträge werden auch im Bereich der ozeanischen Klimaprovinz erzielt, dem eigentlichen Hauptanbaugebiet von *Sinapis alba*, z. B. in Ostfriesland, wo im Frühjahr kühles, trockenes, im Sommer verhältnismäßig kühles und im Herbst warmes Wetter herrscht.

Herkunft und Verbreitung: Die Urheimat des Weißen Senfes läßt sich nicht mehr mit Sicherheit feststellen. Nach ZADE[3] ist wahrscheinlich Südeuropa das Ursprungsgebiet.

[2] BAUER, K. H., RUDORF, W. und HEEGER, E. F.: Die Anbauverhältnisse einiger Heil- und Gewürzpflanzen unter besonderer Berücksichtigung der Wertstoffgehalte. Eine die Wachstumsverhältnisse vergleichende Untersuchung auf Grund eines dreijährigen Aussaatzeitenversuches. „Landw. Jahrbücher" **92**, S. 1 bis 52 (1942).

[3] ZADE, A.: Pflanzenbaulehre für Landwirte. Berlin 1933, S. 228 bis 231.

Er ist einheimisch im Mittelmeergebiet, in Vorderasien bis Ostindien, in Nordafrika, und außerdem findet er sich in Mittel- und Nordeuropa, Japan, Amerika und Westindien.

Herkünfte des Drogenhandels: Feldmäßig wird der Weiße Senf z. B. in Ostfriesland zur Körnergewinnung auf großen Flächen angebaut. Da er auch als verhältnismäßig ertragsichere Sommer-Ölfrucht gilt, hat sein Anbau in den letzten Jahren an Ausdehnung zugenommen. *Semen Erucae* wird besonders aus Holland, der ČSR, den Balkanländern, der UdSSR und gelegentlich auch aus China nach Deutschland eingeführt.

Sorten und Herkünfte für den Anbau: Als eine Universalsorte kann 'Maleksberger Gelb' bezeichnet werden. Sie ist frühreifend und so gut wie für alle Boden- und Klimaverhältnisse geeignet. Sie kann noch in den Gebieten des Wintergetreideklimas nach Wintergerste als Zwischenfrucht zur Grünfuttergewinnung angebaut werden. Außerdem gelangen noch die Sorten 'Dr. Francks Hohenheimer Gelb', 'Erbachshofer Gelb', 'Waldmanns Halloren' und die über Hollands Grenzen hinaus verbreitete Sorte 'Mansholts Weißer' gern zum Anbau.

Saatgut: Nach unseren Untersuchungen betrug das 1000-Korngewicht im mehrjährigen Mittel 5,522 g; das Hektolitergewicht schwankte zwischen 68,00 und 73,32 kg. Die Mindestreinheit soll 98%, die Mindestkeimfähigkeit 95% betragen. Die Samen keimen sehr schnell, oftmals mit 100%. Die Keimung beginnt nach 3—4 Tagen; bereits nach zehn Tagen wird die Keimfähigkeit ermittelt, die Keimschnelligkeit schon nach drei Tagen. Der Keimversuch wird bei 20° C oder Wechseltemperatur bei Lichtzutritt oder im Dunkeln durchgeführt. Nach fünfjähriger Lagerung stellten wir eine Abnahme der Keimfähigkeit bis zu 33% fest. Das Saatgut bleibt also lange Zeit keimfähig. Auf den gelblichweißen Samen kann zuweilen ein weißlicher Schimmelüberzug beobachtet werden, der wenig auffällt. Solches Saatgut ist meist unsachgemäß geerntet worden und keimt schlecht.

Anbau: In bezug auf die Vorfrucht ist der Weiße Senf nicht anspruchsvoll. Am besten gedeiht er nach gut gedüngten Hackfrüchten, er kann aber auch mit Erfolg nach Leguminosen und noch nach Getreide angebaut werden. Nach letzterem besonders dann, wenn eine gute Herbstbearbeitung (tiefe Herbstfurche) des Feldes möglich war. Bei unseren Aussaatzeitenversuchen hatte der Senf in zwölf Fällen eine Körnerfrucht, nämlich den Koriander, als Vorfrucht. Dieser, bescheiden in seinen Ansprüchen, ermöglichte gute Senfernten. In der Fruchtfolge darf der Senf nicht zweimal hintereinander angebaut werden. Auch dürfen ihm in der Fruchtfolge keine anderen Kreuzblütler, wie etwa Schwarzer Senf, Löffelkraut, Raps und Rübsen oder Gemüsekohlarten, folgen, da sonst Fruchtfolgeschäden mit Überhandnehmen von Schädlingsbefall und Krankheiten die Folge sind. Der Weiße Senf hinterläßt das Feld meist in einem guten Zustand der Schattengare. Da er aber dem Boden alle leicht zugänglichen Nährstoffe entzieht, sollte dem nachfolgenden Getreide eine gute Nährstoffversorgung zuteil werden. Wenn eine ausreichende Düngung nicht möglich ist, empfiehlt es sich, dem Senf Leguminosen folgen zu lassen. Seine kurze Vegetationszeit gestattet auch, daß er als Ersatzfrucht für ausgewintertes Wintergetreide angebaut werden kann. In Leipzig-Probstheida erfolgt die Aussaat Anfang April. Unter klimatisch günstigen Bedingungen ist auch schon Märzaussaat möglich. Das Keimtemperaturminimum wird mit 1° C angegeben. Der Senf ist eine ausgesprochene Langtagpflanze, d. h., er entwickelt sich am schnellsten bis zur Reife während der langen Sommertage. Bei früher Aussaat dagegen, wobei die Jugendentwicklung an kurzen Tagen abläuft, dauert die Zeitspanne von Aussaat bis Reife länger. Frühe Aussaat führt also, so widersprechend es sich anhört, zu verhältnismäßig späterer Ernte als späte Aussaat. Im Gegensatz dazu steht die vegetative Entwicklung. Sie ist bei früher Aussaat bedeutend kräftiger als bei später. Bei letzterer, insbesondere bei Sommeraussaat, bleiben die Pflanzen sehr klein, blühen und reifen schnell und geben ihrer vegetativen Entwicklung nach auch geringe Erträge. Der Einfluß auf die Bodengare ist in diesem Falle weniger günstig. Bei der an sich kurzen Vegetationsdauer ist es also auf jeden Fall richtig, die Aussaat möglichst früh vorzunehmen. Man erzielt auf diese Weise höhere Erträge, und die Reife erfolgt immer noch zeitig genug. In warmen Gegenden Deutschlands kann man also schon Anfang März aussäen, während in Ostdeutschland Mitte bis Ende April oder Anfang Mai der richtige Termin zu sein scheint. Wir stellten fest, daß der Weiße Senf im Durchschnitt von 22 Versuchen, die sich über fast ganz Deutschland verteilten, bei früher Aussaat einen Ertrag von 8,4 dz/ha lieferte, bei später dagegen nur 4,51 dz/ha. Nur ein rechtzeitig ausgesäter Senf liefert eine großkörnige Samenernte. 1000-Korngewicht und Ölgehalt korrelieren. Wir konnten u. a. eindeutige Beziehungen zwischen dem Gehalt an fettem Öl und dem 1000-Korngewicht feststellen, wie dies aus nachfolgenden Werten hervorgeht:

Zahl der Ernten	1000-Korngewicht	Fettes Öl %
17	4,92	19,55
16	5,56	24,90

Wichtig beim Senfanbau ist die richtige Vorbereitung des Saatbettes. Es darf nicht zu locker sein, damit die Samen nicht tiefer als höchstens 2 cm zu liegen kommen. Die Aussaatmenge beträgt bei Drillsaat mit 15—30 cm Reihenabstand 10—15 kg/ha. Oftmals genügen auch bereits 8 kg/ha. Zu starke Saat ist der Verästelung und dem Schotenansatz nicht dienlich. Bei Drillsaat kann die Anwendung von Druckrollen zweckmäßig sein.

Der Weiße Senf eignet sich auch als Stützfrucht für Erbsen. Er wird in diese bald nach dem Auflaufen eingedrillt und zugleich mit ihnen reif. Jedoch ist hierbei zu bedenken, daß sich der Senf als Beisaat zu Erbsen unter Umständen auf die Erbsenernte ungünstig auswirken kann, besonders wenn die Menge der Beisaat zu hoch bemessen wird. Auch als Überfrucht zu Kümmel kann er empfohlen werden.

Die Pflegearbeiten beschränken sich im allgemeinen auf eine Maschinenhacke. Die Pflanzen entwickeln sich rasch und bilden bald einen dichten Bestand, so daß Unkräuter nicht mehr aufkommen können. Zu bedenken ist, daß spät gesäter Senf besonders während Trockenzeiten sehr leicht dem Erdflohfraß ausgesetzt ist, wodurch er in seinem Wachstum gehemmt, wenn nicht sogar vernichtet wird.

Voraussetzung für einen erfolgreichen Senfanbau ist ein guter Kalkzustand des Bodens. Wie schon eingangs erwähnt, bedarf der Senf zu seinem Gedeihen neutraler bis alkalischer Bodenreaktion. Frische Stallmistdüngung ist beim Körnersenfanbau nicht erwünscht, weil dadurch der Blattwuchs zuungunsten der Samenentwicklung beeinflußt wird. Der Stalldünger sollte möglichst zur Vorfrucht gegeben werden. In hohem Maße fördernd auf den Ertrag wirken Kali und Stickstoff und ganz besonders eine reichliche Phosphorsäuredüngung. Durch letztere wurde schon eine Erhöhung des Kornertrages um mehr als ein Drittel gegenüber der Kali- und Stickstoffdüngung erzielt, auch der Ölertrag wurde um ein Drittel erhöht (Hackbarth)[4]. Versuchsergebnisse im Mittel von drei Versuchen sind aus nachfolgender Tabelle zu ersehen:

[4] loc. cit. S. 658.

Phosphorsäure-Düngungsversuche zu Senf
nach GERICKE[5]

Düngung	dz/ha Samen	relativ	dz/ha Öl	relativ
Ungedüngt	7,42	77	2,30	79
K_2O, N	9,52	100	2,92	100
K_2O, N, P_2O_5	12,78	136	3,82	131

150—200 kg/ha (30—40 kg N) eines leichtlöslichen Stickstoffdüngemittels dürften zur Erzielung guter Erträge im allgemeinen als ausreichend anzusehen sein. Der Stickstoff ist möglichst zeitig zu geben, damit er den jungen Pflanzen zu schnellem Wachstum verhilft. Es ist dies das sicherste Mittel gegen die Erdflöhe. Nach Getreide muß die Stickstoffgabe auf 200—300 kg/ha erhöht werden. Als Kalidüngung werden für mittlere Verhältnisse 200 kg/ha (80 kg K_2O) und als Phosphorsäuredüngung 300 kg/ha (50 bis 54 kg P_2O_5) empfohlen. Es ist angebracht, die Phosphorsäure in Form von Superphosphat zu verabreichen. Die Handelsdüngemittel sind zeitig zu streuen, da der Weiße Senf sehr schnellwüchsig ist und schon früh die Nährstoffe aufnimmt. Nach Möglichkeit sind physiologisch neutral bis alkalisch wirkende Formen der Mineraldünger zu verwenden.

Ernte: Wenn die Schoten anfangen, sich gelb zu färben, muß mit der Ernte begonnen werden. Eine Ernte mit dem Mähdrescher ist möglich. Im Kleinbetrieb wird die Ernte meist mit der Sense oder auch mit der Sichel, bei größerem Anbau mit dem Grasmäher mit Anhaublech, Ableger oder Binder durchgeführt. In Mitteldeutschland erfolgt die Ernte Mitte Juli, in den östlichen Gebieten entsprechend später.

Trocknung: Das Erntegut wird in kleine Garben gebunden. Nach HACKBARTH ist die beste Weise des Aufstellens die doppelte Rundhocke, wie sie auch beim Rapsbau üblich ist. Man läßt es etwa 8—14 Tage auf dem Felde zum Nachreifen und Trocknen stehen. Bevor es unter Verwendung von Rapsplanen eingefahren wird, muß es völlig trocken sein. Hockendrusch mit dem Mähdrescher hat sich bewährt. Feuchte Samen schimmeln sehr leicht und verderben. Vor dem Dreschen sollen sie möglichst gut durchschwitzen. Nach dem Drusch werden die Samen zuerst nur etwa 5 cm hoch gelagert und bis zur völligen Trocknung oft umgeschaufelt. Später können sie höher aufgeschüttet werden. Die gut trockenen Samen werden recht bald in Säcke gefüllt und der weiteren Verarbeitung zugeführt.

Erträge: Die Erträge beim Körnersenf schwanken sehr. Ergebnisse aus unseren Aussaatzeitenversuchen führten wir schon oben an. In Leipzig-Probstheida erzielten wir mit durchschnittlich 13,89 dz/ha bei früher Aussaat und 11,10 dz/ha bei später Aussaat befriedigende Erträge. Feststellbare Ursachen geringer Ernten waren bei unseren Aussaatzeitenversuchen verregnete oder zu späte Saat, lückiger oder dünner Stand, Trockenheit, Blattlaus- und bei 20% der Ernten starker Erdflohbefall. Die Versuche ergaben aber auch, daß gute Ernten gewöhnlich bei einer Wachstumsdauer von 97—115 Tagen erzielt wurden. Nach von BOGUSLAWSKI[6] beläuft sich die Vegetationszeit von *Sinapis alba* im Durchschnitt auf 90—105 Tage. Bei Juni-Saat waren einigermaßen befriedigende Ernten selten. Im September und Oktober sind kaum noch solche zu erzielen. In der Literatur werden Erträge für Körnersenf in Höhe von 8—16 dz/ha, ja sogar bis zu 24 dz/ha angegeben. Die Stroherträge belaufen sich auf 20—30 dz/ha.

[5] GERICKE, S.: Die Phosphorsäuredüngung der Ölfrüchte. „Die Phosphorsäure" 10, S. 150 bis 185 (1941); zit. nach HACKBARTH, J.: loc. cit. S. 658.

[6] BOGUSLAWSKI, E. von: Senf (*Sinapis alba* L.) im Handbuch der Landwirtschaft von ROEMER-SCHEIBE-SCHMIDT-WOERMANN. Berlin und Hamburg 1953/54, S. 350 bis 352.

Krankheiten und Schädlinge: Der Weiße Senf wird weitgehend von denselben Schädlingen befallen, die an anderen Kreuzblütlern auftreten und über deren Biologie und Bekämpfung man in den meisten Fällen ausreichende Kenntnisse besitzt. MÜHLE[7] berichtet hierüber folgendes: Von den pilzlichen Erkrankungen der Senfarten wird an erster Stelle die Kohlhernie genannt, deren im Boden überwinternder Erreger, *Plasmodiophora brassicae* Wor., alle Kreuzblütler befallen kann. Größere Schäden wurden aber bisher am Senf noch nicht beobachtet. Um Kohlherniebefall beim Senf zu vermeiden, ist es wichtig, daß er niemals auf Feldern zum Anbau gelangt, auf denen in den vergangenen 2—3 Jahren die Kohlhernie aufgetreten ist. Für das Auftreten der Kohlhernie ist vor allem die Tatsache von Bedeutung, daß die Anfälligkeit bei den Kreuzblütlern mit der Höhe des Gehalts an flüchtigen Senfölen gekoppelt ist, eine Erkenntnis, die besonders bei der Züchtung Berücksichtigung verdient. Von den übrigen pilzlichen Schädlingen treten in Senfbeständen neben dem Falschen Mehltau *Peronospora brassicae* Gäum. und dem auch als Erreger des Rapskrebses bekannten polyphagen *Sclerotinia sclerotiorum* (Lib.) Sacc. et Trott. verschiedentlich Erreger von Fußkrankheiten auf, von denen im Schrifttum insbesondere *Pythium de baryanum* Hesse, *Olpidium brassicae* (Wor.) Dang. und *Botrytis cinerea* Pers. genannt werden. Ferner wird verschiedentlich auch der besonders das Hirtentäschel befallende Weißrost, *Albugo* (*Cystopus*) *candida* (Pers.) Ktze., als Parasit der Senfarten aufgeführt.

Viel häufiger als von pilzlichen Schmarotzern wird der Senf von tierischen Schädlingen heimgesucht. Während er im Jugendstadium vor allem von verschiedenen Erdfloharten empfindlich geschädigt werden kann, wird er später sehr häufig von den graugrünen, nach der letzten Häutung grauschwarzen Larven der Kohlrübenblattwespe, *Athalia rosae* L., befallen. Im Kampf gegen die Erdflöhe stehen uns neben einer frühen Aussaat heute moderne Kontaktinsektizide auf DDT-Basis zur Verfügung. Als bekanntestes Mittel ist dabei das Gesarol zu erwähnen. In gleicher Weise dürften diese Mittel auch gegen die Raupen der Kohlweißlinge wirken. Die Vernichtung der Kohlrübenblattwespenlarven erfolgt mit E-Mitteln, z. B. Wofatox, soweit die Pflanzen noch nicht in Blüte stehen. Bei Anwendung von Kontaktinsektiziden sind die behördlichen Bestimmungen (Verordnungen zum Schutz der Bienen) zu beachten. Die Versuche zur Bekämpfung der Larven mit bienenungefährlichen Pflanzenschutzmitteln sind noch nicht abgeschlossen.

UDE beobachtete speziell an den Beständen des Sortenamtes in Leipzig-Probstheida den Rapsglanzkäfer, *Meligethes aeneus* L., schon vor Blühbeginn in sehr großer Zahl. Der Senf gelangte zum Teil gar nicht zur Blüte infolge der starken Zerstörungen der Knospen. Vom Juli an war ein starkes Zurückweichen dieses Schädlings zu beobachten. An seine Stelle traten Erdfloharten, die zunächst an den Fruchtständen und von Mitte September an auch an spät blühenden Pflanzen bedenklichen Schadfraß verursachten. An den Spitzen einiger Pflanzen war bereits im Juni starker Befall durch eine graue Blattlausart zu beobachten. Bis Mitte Juli nahm der Befall derartig an Ausbreitung zu, daß manche Pflanzenstengel grauen „Säulen“ glichen. Schließlich konnte auch noch Ende September die Wiesenblindwanze, *Lygus pratensis* L., beobachtet werden. In der vorgerückten Jahreszeit waren ihre Saugstichschäden nicht erheblich.

Die Samen werden vom Brotbohrer, *Stegobium paniceum* L., befallen.

Besonderes: Wegen ihres Gehaltes an Allylsenföl sollten Senfpreßrückstände trotz ihres Eiweißgehaltes nicht oder nur in kleinen Gaben als Kraftfuttermittel Verwendung finden.

[7] MÜHLE, E.: Der Stand der phytopathologischen Forschung auf dem Gebiete der Heil-, Gewürz- und Duftpflanzen. „Pharm. Ind.“ 9, S. 58 bis 65 (1942); bzw. „Arzneipflanzen-Umschau“ 1, S. 75 bis 82 (1942).

Symphytum officinale L., Beinwell, Große Wallwurz, Schwarzwurz*

Boraginaceae

Gebräuchliche Pflanzenteile: HAB. 2: „Frische, vor Beginn der Blüte gesammelte Wurzel" und außerdem die „frische, blühende Pflanze von *Symphytum officinale* Linné". In der Volksheilkunde finden noch Verwendung *Herba Symphyti* (*Herba Consolidae*), Beinwellkraut und *Radix Symphyti* (*Radix Consolidae*), Beinwellwurzeln, Schwarzwurz*.

Handelsbezeichnungen: *Radix Symphyti* (*Radix Consolidae*), Beinwellwurzeln, Schwarzwurz*; *Herba Symphyti* (*Herba Consolidae*), Beinwellkraut.

Abb. 387 Symphytum officinale L., Ausschnitt aus Parzellenbestand

Botanik: *Symphytum officinale* ist ausdauernd und wird nicht nur als Arzneipflanze angebaut, sondern findet gelegentlich auch in Parkanlagen als anspruchslose Zierstaude Verwendung. Sie hat eine senkrechte, rübenförmige, etwa bis 30 cm lange, 1—2,5 cm dicke, mehrköpfige, verästelte Pfahlwurzel. Diese ist fleischig und schleimhaltig, außen schwärzlich (Schwarzwurz) und innen weißlich. Die steif-aufrechten Stengel werden etwa bis 100 cm hoch. Sie sind hohl und ziemlich dicht beblättert. Die am Stengel herablaufenden Laubblätter sind lanzettlich-eiförmig, bis 20 cm lang und bis 7 cm breit, spitz, netznervig-runzlig, oberseits zerstreut, unterseits besonders auf den Nerven rauhhaarig. Die unteren Blätter sind in den Blattstiel verschmälert. Die hängenden Blüten sind lang-glockenförmig mit sehr kurzem Saum, schmutzigpurpurn oder gelblichweiß. Sie befinden sich in nur am Grunde beblätterten, gipfel- oder blattachselständigen Wickeln (dichtblütige Doppelwickel).

Blütezeit: V—VII.

Die sehr nektarreichen Blüten sind homogam. Nur langrüsselige Apiden und Schwebfliegen (*Rhingia*) können auf normalem Wege zum Nektar gelangen, indem sie den an den Antheren und Schlundschuppen gebildeten Kegel öffnen, wo sich der Pollen schon vor dem Öffnen der Blüten angesammelt hat. Kurzrüsselige Hummeln und Honigbienen rauben Nektar durch seitlichen Einbruch. Bei ausbleibendem Insektenbesuch kann wahrscheinlich Selbstbestäubung eintreten, wenigstens bei einzelnen Formen, von denen es lang- und kurzgriffelige gibt (Hegi).

Die Früchte enthalten vier einsamige, graubraune bis schwarzbraune Nüßchen, die 4,5—5 mm lang, innen scharfkantig, außen glänzend glatt, feinwarzig sind. Sie

* *Symphytum officinale* L. darf nicht verwechselt werden mit der Schwarzwurzel, *Scorzonera hispanica* L., einer Komposite. Letztere wird vorwiegend als Wurzelgemüse angebaut und findet nur selten in der Volksheilkunde als *Radix Scorzonerae* Anwendung.

haben einen vortretenden, die weiße Pseudostrophiole umgebenden Ring. Die Art ändert sehr stark ab.

Boden und Klima: *Symphytum officinale* kann hinsichtlich der Standortsansprüche als bescheiden bezeichnet werden. Sie gedeiht von der Ebene bis in Höhenlagen von 2000 m. Feuchte Standorte, selbst Überschwemmungsgelände, mit sonniger oder halbschattiger Lage werden bevorzugt. Gegen saure Bodenreaktion scheint die Art verhältnismäßig unempfindlich zu sein. Mittlerer, humoser Lehmboden sagt ihr besonders zu.

Herkunft und Verbreitung: Beinwell findet sich im größten Teil Europas und in Nordamerika verwildert. In Deutschland trifft man die Art häufig wildwachsend an Gräben und auf feuchten Wiesen an. Gelegentlich wird sie als Arzneipflanze angebaut.

Herkünfte des Drogenhandels: *Symphytum*-Drogen führt der Handel nur selten. Die Pflanzen werden vorwiegend frisch zu Arzneimitteln verarbeitet. Herkunftsgebiete im weiteren Sinne sind Nord- und Mitteleuropa.

Sorten und Herkünfte für den Anbau: Zuchtsorten sind nicht vorhanden. Verschiedene Varietäten und Formen finden seltener als Zierstauden Verwendung, z. B. *f. coccineum* Hort.

Saatgut: Nach AUGUSTIN[1] beträgt das 1000-Korngewicht etwa 9,22 g. Hinsichtlich einer zu fordernden Mindestreinheit und -keimfähigkeit liegen keine Werte vor. Nach den „Technischen Vorschriften für die Untersuchung von Saatgut" wird der Keimversuch unter Lichtabschluß bei 20—30° C durchgeführt.

Anbau: Beinwell wird am besten nach einer mit Stallmist gedüngten Hackfrucht angebaut. Auch nach Wiesenumbruch kann der Anbau vorgenommen werden. Ebenfalls empfiehlt es sich, nach *Symphytum* wieder eine Hackfrucht folgen zu lassen.

Die Vermehrung kann durch Anzucht von Jungpflanzen erfolgen, indem man die Aussaat im zeitigen Frühjahr auf einem gartenmäßig vorbereiteten Saatbeet oder im Kasten vornimmt. Im allgemeinen erfolgt jedoch im Frühjahr vegetative Vermehrung durch Teilung älterer Pflanzen oder durch Wurzelschnittlinge. In letzterem Falle werden von den Wurzelstöcken Stücke von 6—10 cm Länge geschnitten und etwa 10—15 cm tief gepflanzt im Abstand von 35—50 × 30 cm.

Außer Stalldünger wirkt sich auch Jauchedüngung, die vor Beginn des Wachstums verabreicht werden muß, günstig auf die Entwicklung aus. Eine reichliche Volldüngung vorzunehmen, ist ratsam. Bei der Krauternte ist eine jährlich zu wiederholende Stickstoffdüngung unerläßlich.

Der Bestand ist durch öfteres Hacken gut sauberzuhalten. Für ausreichende Bodenlockerung ist dabei unbedingt Sorge zu tragen.

Ernte: Die Ernte kräftig entwickelter Wurzeln erfolgt im zeitigen Frühjahr oder auch im Spätherbst, indem man sie ausgräbt oder auspflügt. Das Kraut wird während der Blüte mit der Sichel oder der Grasmähmaschine geerntet.

Trocknung: Die Trocknung erfolgt am besten künstlich bei 40—60° C. Besonders die Stengel sind sehr wasserhaltig. Das Eintrocknungsverhältnis beträgt bei den Wurzeln frisch : trocken etwa 5—6 : 1 und beim Kraut 8—10 : 1.

Erträge: *Symphytum officinale* ist sehr wüchsig und liefert gute Erträge. Über Ertragswerte liegen keine Angaben vor.

Krankheiten und Schädlinge: Auch über Erkrankungen des Beinwells wurde uns nichts bekannt.

[1] AUGUSTIN, B.: Das absolute Gewicht der Heilpflanzensamen. „Heil- und Gewürzpflanzen" 12, S. 86 (1929).

Besonderes: Als Futterpflanze besitzt die Große Wallwurz keine Bedeutung. Das rauhe Kraut wird weder frisch noch getrocknet vom Vieh gern gefressen, im Gegensatz zu der nahe verwandten Art *Symphytum asperum* Lepechin, dem Comfrey. Das Comfreykraut eignet sich besonders als Schweinefutter. Für Futterzwecke wird gern der Bastard (*Symphytum asperum* Lepechin × *S. officinale* L.) angebaut.

Taraxacum officinale Web. in Wigg., Kultur-Löwenzahn*

Compositae

Der Gemeine Löwenzahn ist als Wildpflanze weit verbreitet und allgemein bekannt. Besonders in älteren, lückigen Luzerne- und Rotkleefeldern tritt er oft massenhaft auf. In Deutschland wird er noch nicht allzu häufig angebaut, obgleich seine Inkulturnahme schon längere Zeit zurückliegt. TSCHIRCH berichtet bereits 1910, daß er für Heilzwecke in Indien kultiviert wird. In Frankreich wird *Taraxacum officinale* sehr häufig als Salatpflanze angebaut. Er hat geschmacklich viel mit Endivien- und Chicoréesalat gemeinsam. Aus Gründen der besseren Wirtschaftlichkeit empfiehlt es sich, den Kultur-Löwenzahn gleichzeitig zur Gemüse- und Drogengewinnung (*Radix Taraxaci*) anzubauen.

Gebräuchliche Pflanzenteile: Erg.-B. 6: „Die getrocknete, im Frühjahr vor der Blütezeit gesammelte, mit Blütenstandsknospen versehene ganze Pflanze von *Taraxacum officinale* (Withering) Wiggers."** HAB. 2: „Ganze frische Pflanze." *Radix Taraxaci* ist in verschiedenen ausländischen Arzneibüchern, so in der *Pharmacopoea Helvetica, Editio Quinta* und in der Pharmacopoe der UdSSR, 1952, enthalten.

Handelsbezeichnungen: *Radix Taraxaci cum herba*, Löwenzahnwurzel mit Kraut; *Radix Taraxaci*, Löwenzahnwurzel; *Herba Taraxaci*, Löwenzahnkraut.

Botanik: *Taraxacum officinale* ist eine formenreiche Sammelart, die sich in neun Unterarten aufteilen läßt. HEGI führt *Radix Taraxaci* unter *subspec. vulgare* (Lam.) Schinz et Keller auf. In den Arzneibüchern werden darüber keine näheren Angaben gemacht. Auch die kultivierten Rassen, die in Westeuropa angebaut werden, rechnet Genannter zu der angegebenen Unterart, die nach ihm wie folgt zu charakterisieren ist: Die mehrjährige, 5—50 (120) cm hohe Pflanze besitzt ausschließlich grundständige Blätter, blattlose, aufrecht bis aufsteigende hohle Stengel mit immer nur einem Blütenköpfchen. Alle Teile der Pflanze enthalten einen weißen Milchsaft. Im ersten Jahre bildet sich eine spindelförmige, bräunlichgelbe, tief in den Boden dringende Pfahlwurzel, später ein Wurzelstock mit kräftigen bis fingerstarken Haupt- und vielen Nebenwurzeln von 30—50 cm Länge. Die zahlreichen Laubblätter sind ± aufrecht oder flach ausgebreitet, kahl oder unterseits nur auf dem Mittelnerv behaart, verkehrteilanzettlich bis verkehrt-eiförmig, eingeschnitten mit schmal-dreieckigen bis linealischen Abschnitten, selten nur gezähnt. Sie variieren in ihren Merkmalen sehr. Die Blüten sind alle gleichartig als Zungenblüten ausgebildet, von gold- bis schwefelgelber Farbe, zahlreich, in meist großen, 2,0—2,5 cm langen Köpfchen (Durchmesser etwa 2—7 cm) vereint. Es ist ein doppelter Hüllkelch vorhanden. Die äußeren Hüllblätter sind grau- bis schwärzlichgrün, an der Spitze bisweilen mit einer kleinen Schwiele versehen, lineal- oder schmal-lanzettlich, zur Blütezeit breiter, aber nicht viel kürzer als die inneren, über

* Siehe auch BRÜCKNER, K.: Zur Sorten- und Anbaufrage sowie Verwendung des Kultur-Löwenzahns (*Taraxacum officinale* Web.). „Pharmazie" 8, S. 1043 bis 1051 (1953); bzw. „Arzneipflanzen-Umschau" 3, S. 733 bis 741 (1953).

** Der gültige Autorname lautet WEBER. (Genauer: WEBER in WIGGERS.)

Abb. 388
Taraxacum officinale
Web. in Wigg.,
Kulturform

dem Grunde deutlich umgeschlagen, nur ausnahmsweise abstehend oder teilweise aufrecht, am Rande mit einem undeutlichen weißen Hautsaum.

Blütezeit: Vorwiegend IV, V (Maiblume*), vereinzelt auch bis zum Herbst.

Die Sammelart *Taraxacum* gilt als eine der besten Bienenkräuter. Jeder Kopf enthält etwa 100 bis 200 Blüten, die namentlich von Bienen, aber auch von Faltern, Käfern, Fliegen usw. beflogen werden. Der Besuch dürfte aber bedeutungslos sein, da die Entwicklung des Embryos ohne einen Befruchtungsvorgang erfolgt. BRÜCKNER[2] bestätigte die für den Löwenzahn bekannte Apomixis durch Kastrierungsversuche vor dem Entfalten der Blütenstandsknospen. UDE beobachtete in Leipzig-Probstheida von Hymenopteren hauptsächlich Honigbienen auf den Blütenköpfchen. Von Dipteren waren die drei Schlammfliegenarten *Eristalis arbustorum* L., *E. tenax* L. und *E. intricarius* L., die die Blüten des Pollens wegen besuchten, vorherrschend. Von weiteren Arten wurden festgestellt: Die Dungfliegen *Scopeuma stercoraria* L. und *S. merdaria* L., ferner die Musciden *Sarcophaga carnaria* L., *Onesia sepulchralis* Mg. und *Hylemyia antiqua* Mg. Außer Glanzkäfern (*Meligethes-spec.*) wurden weitere Coleopteren nicht beobachtet. Schmetterlinge waren nur durch den Kleinen Kohl- oder Rübenweißling, *Pieris rapae* L., vertreten. Besondere Vorliebe für den Pollen des *Taraxacum officinale* zeigte Anfang Juni immer die Halmblattwespe, *Cephus pygmaeus* L.

Die grau- bis hellbraunen Früchte sind 3—4 mm lang und 1 mm breit, lanzettlich bis keulenförmig, gerippt, reichlich höckerig, mit langem Schnabel, der etwa zwei- bis dreimal so lang wie die Frucht ist. Bei Fehlen des letzteren sind jedoch oftmals noch seine Reste festzustellen.

Boden und Klima: Löwenzahn kommt noch häufig auf Wiesen, Kleeäckern und an Wegrändern vor. Er ist von der Ebene bis zur Waldgrenze verbreitet und steigt in die alpine Stufe vorzugsweise auf Viehlagern bis etwa 2650 m auf. Auf mageren Böden ist er allerdings seltener anzutreffen. Witterungseinflüssen gegenüber ist der Löwenzahn sehr widerstandsfähig. Auf tiefgründigem, humosem Boden angebaut, liefert er hohe Erträge.

[1] MARZELL, H.: Wörterbuch der deutschen Pflanzennamen. Leipzig (erscheint seit 1937 in Lieferungen).
[2] loc. cit. S. 666.
* *Taraxacum officinale* blüht hauptsächlich im Mai und wird daher auch sehr häufig „Maiblume" genannt. MARZELL[1] schätzt die Löwenzahnnamen im deutschen Sprachgebiet auf 500—600. Unter „Maiblume" verstehen die Zierpflanzengärtner jedoch *Convallaria majalis* L., das Maiglöckchen † aus der Familie der Liliaceen. Auch bei dieser Art handelt es sich um eine wertvolle Arzneipflanze. GESSNER hält die Wiederaufnahme des früher einmal offizinell gewesenen *Herba Convallariae* als Droge mit amtlich festgestelltem Wirkungswert (*Herba Convallariae titrata*) in das DAB. 7 für wünschenswert.

Abb. 389
Taraxacum officinale Web. in Wigg., Früchte

Herkunft und Verbreitung: *Taraxacum officinale* ist weit verbreitet. Er findet sich in Europa, Nordasien, Nordafrika und Nordamerika.

Herkünfte des Drogenhandels: Als Drogenherkunftsgebiete werden die mittel- und osteuropäischen Länder genannt. Hauptlieferländer sind Belgien, Polen, die Sowjetunion, Tschechoslowakei, Ungarn und Rumänien. Auch deutsche Provenienzen werden gern gehandelt. Früher soll vor allem in der Umgebung von Jenalöbnitz (Thüringen) und Schweinfurt (Bayern) der Löwenzahn angebaut oder auch wildwachsend geerntet worden sein. In Westeuropa, z. B. in Frankreich, wird *Taraxacum officinale* häufig als Gemüse angebaut. (Siehe unter „Besonderes“, S. 672.)

Sorten und Herkünfte für den Anbau: BECKER-Dillingen[3] führt drei Sorten an, die vorwiegend als Gemüse angebaut werden und die er wie folgt charakterisiert:

'Frühester Verbesserter Löwenzahn'. Sehr rasch und großwüchsig, größer im Wuchs als die Sorte 'Großblättriger Löwenzahn'. Es ist die großblättrigste Sorte.

'Großblättriger Löwenzahn'. Die Blätterbüschel erreichen einen Durchmesser von 50–60 cm.

'Krausblättriger Löwenzahn'. Die Herzblätter drängen sich kopfförmig zusammen, die Köpfe sind kleiner als beim 'Großblättrigen' und die Blätter weniger breit. In der Sortenliste der Deutschen Demokratischen Republik ist 'Vollherziger Löwenzahn' als Gruppensorte aufgeführt, die sich durch blattreiche Formen auszeichnet. Die Sorte ist noch unausgeglichen und enthält verschiedene Typen, die sich im Wuchs und in den Blatt-, Blüten- und Fruchtmerkmalen unterscheiden. Sie eignet sich sowohl als Gemüse wie auch zur Drogengewinnung.

Außer diesen Sorten werden im Handel noch weitere geführt, die sich vor allem in den Blattmerkmalen unterscheiden. Das Institut für Sonderkulturen in Leipzig verfügt über drei Neuzüchtungen.

Saatgut: Das 1000-Korngewicht schwankte zwischen 0,523 und 1,005 g, die Mindestreinheit sollte 98% und die Mindestkeimfähigkeit 75% betragen. Nach den „Tech-

[3] BECKER-Dillingen, J.: Handbuch des gesamten Gemüsebaues. 5. Aufl., Berlin 1950, S. 777 bis 778.

nischen Vorschriften für die Untersuchung von Saatgut" gehört der Löwenzahn zu den Dunkelkeimern. Die Keimschnelligkeit wird nach 7 Tagen, die Keimfähigkeit nach 21 Tagen bei Zimmertemperatur ermittelt.

Anbau: Die Aussaat des Löwenzahns erfolgt im März oder April auf ein Freilandsaatbeet mit einem Reihenabstand von 15—20 cm. Da *Taraxacum officinale* absolut winterhart ist, kann die Aussaat auch im August vorgenommen werden. Etwa 80 bis 100 g Saatgut genügen für eine Anzuchtfläche von 1 a. Bei gut keimfähigem Saatgut erhält man von einem Saatbeet des genannten Umfanges Pflanzen für etwa 8—10 a bei einem Pflanzenabstand von 30 × 30 cm. BECKER-Dillingen empfiehlt für die bekannten Sorten folgende Standweiten:

Gewöhnlicher Löwenzahn	30 × 30 cm,
Sorte 'Krausblättriger'	40 × 40 cm,
Sorte 'Großblättriger'	60 × 60 cm.

Die Aussaat hat ganz flach zu erfolgen, und das Saatbeet muß gut feucht gehalten werden. Nach etwa 10—14 Tagen läuft die Saat auf. Je nach Aussaatzeit werden dann die Jungpflanzen entweder von Mai bis Juni oder im Herbst bis Ende Oktober auf das zur Drogengewinnung dienende Feld verpflanzt. Sehr bewährt hat sich nach unseren Erfahrungen folgende gärtnerische Anbaumethode: Vorkultur im warmen Kasten oder im Gewächshaus bei Aussaat im Februar/März und Auspflanzen der einmal pikierten Sämlinge Ende April im Abstand von 30—40 × 30 cm. Die Bestände müssen rechtzeitig gehackt werden, denn später ist dies meist infolge der ausgebreiteten Blätter nicht mehr möglich. Sehr ist darauf zu achten, daß keine Früchte ausfallen, da anderenfalls die Gefahr der Verunkrautung mit Löwenzahn sehr groß ist.

Der Löwenzahn ist eine nitrophile Pflanze und benötigt daher besonders viel Stickstoff zum guten Gedeihen. Die Verabreichung einer stickstoffbetonten Volldüngung halten wir für sehr angebracht, wobei der Löwenzahn möglichst nach einer stark mit Stallmist gedüngten Hackfrucht angebaut werden sollte. BECKER-Dillingen empfiehlt, mit Mineraldüngerlösungen zu düngen, wie sie sich besonders beim Anbau von Gurken bewährt haben. Demnach sollen in 10 Liter Wasser 10—20 g folgender Mischung enthalten sein:

34 Teile Superphosphat (16 % P_2O_5),
16 Teile schwefelsaures Kali (50 % K_2O) oder 32 Teile Kalimagnesia (26 % K_2O) und
50 Teile schwefelsaures Ammoniak (21 % N).

Abb. 390
Taraxacum officinale Web. in Wigg., Anzucht verschiedener Zuchtstämme im Handkasten

Ernte: Soll das Kraut zur Drogengewinnung geerntet werden, so hat der erste Schnitt vor der Blüte zu erfolgen. Nach der Vorschrift des Erg.-B. 6 ist die Ernte von *Radix Taraxaci cum herba* im Frühjahr vor der Blütezeit vorzunehmen. Geerntet wird die ganze Pflanze mit den Blütenstandsknospen, indem man sie mit Spaten oder Grabegabel ausgräbt. Nach dem Schweizer Arzneibuch sind die Wurzeln im Spätherbst zu sammeln. Sie werden entweder ausgegraben oder ausgepflügt und anschließend abgeklopft. Bei gärtnerischer Vorkultur im Februar/März ernten wir in Leipzig-Probstheida bereits gut entwickelte Rhizome im Herbst des ersten Anbaujahres, während sonst die Ernte meist erst im zweiten Jahre erfolgt. Bei stärkerer Verschmutzung, was besonders beim Anbau auf schwereren Böden der Fall ist, müssen die Wurzelstöcke gewaschen und längs gespaltet werden. Die Wurzeln sollen eine Mindeststärke von 1,5 cm aufweisen.

Abb. 391 Taraxacum officinale Web. in Wigg., Wurzelstock zweijährig

Taraxacum officinale ist im Frühjahr besonders reich an Milchsaft. Darauf hingewiesen sei, daß der Genuß des Milchsaftes* zu gesundheitlichen Schädigungen führt. Es ist besonders der Unsitte der Kinder zu begegnen, den Milchsaft aus den Stengeln zu saugen. Nach GESSNER können bei Milchsaftvergiftungen, die auf den Gehalt an Taraxacin zurückzuführen sind, neben Übelkeit, Erbrechen und Durchfällen starke Rhythmusstörungen des Herzens auftreten. *Taraxacum*-Vergiftungen können unter Umständen sogar tödlich enden. Nach Genanntem ist der Hauptwirkstoff Taraxacin am reichlichsten im Wurzelstock mit den Wurzeln sowie im Blütenstengel enthalten und in geringerer Menge im Blatt. Ihm zufolge ist der am Bitterwert gemessene Taraxacingehalt großen Schwankungen unterworfen. Im Wurzelstock ist er im Juli/August und im Blatt im Frühjahr am höchsten. Nach SAYRE[4] enthält der im September geerntete Wurzelstock das meiste Taraxacin, während der im März gewonnene den meisten Extrakt liefert. Nach ihm führt der im August geerntete Wurzelstock auch das meiste Inulin. THAA[5] teilt mit, daß im Herbst bis zu 40% Inulin enthalten sind und im Frühjahr nur 1—2%. Nach letztgenanntem handelt es sich bei *Taraxacum officinale* auch um eine cholinhaltige Arzneipflanze. Das Cholin ist eine acyclische Ammoniumbase von therapeutischer Bedeutung. Zufolge THAA findet sich im Extrakt aus im Früjahr (März) geernteten Wurzeln ein bemerkenswerter Gehalt an Cholin. Wird besonderer Wert auf das Cholin gelegt, so empfiehlt es sich, im zeitigen Frühjahr zu ernten.

Soll Saatgut gewonnen werden, so ist es ratsam, die Anbaufläche mit einer dichten Windschutzpflanzung zu umgeben oder sie mit einem engmaschigen Gewebe von etwa 1,5 m Höhe zu isolieren, um das Fortfliegen der mit einem Pappus versehenen,

4 SAYRE, zit. nach SCHWARZ, H.: Der Löwenzahn (*Taraxacum officinale*), „Heil- und Gewürzpflanzen“ 8, Heft 1, S. 48 bis 53 (1925).

5 THAA, H.: Cholinhaltige Arzneipflanzen. „Pharmazie“ 8, S. 262 bis 268 (1953); bzw. „Arzneipflanzen-Umschau“ 8, S. 471 bis 476 (1953).

* Im Britischen Arzneibuch aus dem Jahre 1914 ist der eingetrocknete Milchsaft unter der Bezeichnung *Leontodonium* enthalten. (Zit. nach GESSNER.)

Abb. 392 Taraxacum officinale Web. in Wigg., Saatguternte im Zuchtgarten mit Windschutz

sehr gut flugfähigen Früchte zu vermeiden. Auch sollte die Saatgutgewinnung grundsätzlich nur in besonders windgeschützten Lagen erfolgen. Mit Beginn der Fruchtreife muß der Bestand täglich mindestens zweimal durchgepflückt werden. Bereits beim geringsten Anstoß der Fruchtstände fallen die Früchte aus und werden vom leisesten Luftzug fortgetragen.
Was die Bekämpfung des Löwenzahns als Unkraut anbelangt, so hat sich nach PETERSEN[6] das Streuen von Kalkstickstoff morgens im Tau vor Beginn der Blüte bewährt.

Trocknung: Die Trocknung der Blätter muß sehr sorgfältig erfolgen, da sie leicht brechen und die Droge in unerwünschter Weise dann grusig wird.
Bei der Wurzelstockernte im Spätherbst ist die künstliche Trocknung zu empfehlen, da die saftreichen Wurzeln leicht schimmeln. Bei der Ernte des Krautes im Frühjahr ist die natürliche Trocknung möglich, die künstliche ist jedoch vorzuziehen. Das Eintrocknungsverhältnis beträgt für die Wurzelstöcke 5—6 : 1, für das Kraut 6—8 : 1.

Erträge: Im Parzellenanbau wurden von uns bei zweijähriger Kultur auf dem Versuchsfeld in Leipzig-Probstheida folgende Erträge festgestellt:
Wurzeln (frisch) im Herbst des zweiten Anbaujahres bei einmaligem Grünschnitt im Frühjahr: 300 kg/a. Meist bewegen sich die Erträge an Wurzeldroge (*Radix Taraxaci*) zwischen 25 und 50 kg/a.
Die Krauterträge richten sich nach der Zahl der Schnitte. Einzelpflanzen lieferten insgesamt bis 1117 g Grünmasse. Ein fünfjähriger Durchschnittsertrag erbrachte bei einem Vermehrer der Sorte 'Vollherziger' einschließlich einer Mißernte 0,920 kg/a Saatgut.

Krankheiten und Schädlinge: An pflanzlichen Parasiten kommen vor *Erysiphe cichoracearum* DC., *Protomyces pachydermus* Thüm., *Puccinia silvatica* Schroet. und *P. taraxaci* Plowr. Als weitere Pilzparasiten führt HÄRDTL[7] *Sphaerotheca fulginea* Salm. (Schlecht.) und *Ramularia taraxaci* Karst. an. Auch an Wurzeln treten pilzliche Schäd-

[6] PETERSEN, A.: Die Gräser als Kulturpflanzen und Unkräuter auf Wiese, Weide und Acker. Berlin 1953.
[7] HÄRDTL, H.: Untersuchungen über die Pilzflora an *Taraxacum*-Arten. „Nachrichtenblatt für den deutschen Pflanzenschutzdienst." Neue Folge (33), 7, S. 103 bis 107 (1953).

linge auf. Von tierischen Schädlingen kommen nach HEGI in Betracht: in den Blütenköpfen die Made der Löwenzahnbohrfliege, *Trypeta leontidis* DC., auf den Laubblättern die Raupen der Gänsekohleule (Grauer Mönch), *Cucullia umbratica* L., des Rainweidenspanners, *Larentia quadrifasciaria* Cl. (= *Larentia ligustrata* Hübn. H. S.), ferner Blattläuse, der Erdfloh *Psylla flavipennis* F. und Wurzelläuse. *Synchytrium taraxaci* De By. et Wor. erzeugt auf den Laubblättern kleine warzenartige Erhöhungen. Andere Gallenerzeuger sind *Cystiphora taraxaci* Kieff., *Trioza dispar* F. Löw., eine *Tylenchus*-Art, *Phyllocoptes rigidus* Nal. usw. Auf dem Löwenzahn lebt eine große Zahl von Schmetterlingsraupen. In Leipzig-Probstheida waren die Laubblätter oft von Eulen- und Bärenraupen zerfressen. Die Raupen der Ampfereule, *Acronicta rumicis* L., die des Braunen Bärs, *Arctia caja* L., und des Gelben Fleckleibbärs, *Spilosoma lubricipeda* L., sind besonders erwähnenswert.

Teratologische Mißbildungen sind beim Löwenzahn sehr häufig anzutreffen. In Leipzig-Probstheida wurden von uns besonders Zwangsdrehungen des Schaftes und Verbänderungen beobachtet.

Wie alle inulinführenden Wurzeln unterliegen auch die des Löwenzahns sehr dem Wurmfraß. In der Droge findet sich bisweilen *Stegobium paniceum* L.

Besonderes: *Taraxacum officinale* wird, wie bereits erwähnt, seiner verschiedenen Inhaltsstoffe wegen sehr vielfältig genutzt. Hauptsächlich findet er Verwendung als Arznei-, Gemüse- und Futterpflanze. Wegen des hohen Inulingehaltes wird die getrocknete und geröstete Löwenzahnwurzel gelegentlich auch als Kaffeesurrogat verwendet. Die Blütenknospen dienen als Kapernersatz* und die geöffneten Blütenköpfe unter Zusatz von Moselhefe zur Weinbereitung. Besonders wertvoll halten wir den Löwenzahn auch für die menschliche und tierische Ernährung wegen seiner außerordentlich günstigen diätetischen, appetitanregenden Wirkung. Soll er als Gemüse Verwendung finden, so hat der Anbau wie der der Winter-Endivie (*Cichorium endivia* L.) zu erfolgen, wobei besondere Aufmerksamkeit dem Bleichen der Pflanzen zu widmen ist. Das kann direkt am Standort erfolgen durch Abdecken der Pflanzen in Höhe von etwa 20 cm mit sehr lockerer Erde, Sand, Laub, Häcksel, Sägespäne oder durch Überstülpen von Gefäßen. Bei günstigen Bodenverhältnissen kann man die Pflanzen im Herbst auch anhäufeln. Die etiolierten Blätter, und nur diese dienen der Salatbereitung, enthalten wesentlich weniger Bitterstoff als die normal belichteten und sind auch zarter. Zum Treiben eignet sich der Kultur-Löwenzahn ebenfalls. Bei 12 bis 15° C im Dunkeln entwickeln sich die Blätter rasch und können meist nach 2—3 Wochen geerntet werden. Sie stellen ein wertvolles Blattgemüse während der gemüsearmen Jahreszeit dar. Die Blätter werden einschließlich Blattstiel etwa 20 cm lang. Sie sollen von gelber Farbe sein. Näheres über den Anbau von Kultur-Löwenzahn als Gemüse siehe u. a. bei BECKER-Dillingen.

Bereits wiederholte Male haben wir auf die Bedeutung einiger Heilkräuter für die Tierernährung hingewiesen[8]. Im Falle *Taraxacum officinale* sei bemerkt, daß es sich bei dieser Art ebenfalls um eine besonders in diätetischer Hinsicht sehr wertvolle Futterpflanze handelt. PETERSEN[9] empfiehlt zur Ausrottung des Löwenzahns als Unkraut auf Wiesen, außer der bereits erwähnten Bekämpfungsmaßnahme mit Kalkstickstoff, sich der Schweine zu bedienen. Mit sicherem Instinkt sollen sich die Tiere besonders gern die Löwenzahnpflanzen suchen, sie samt der Wurzel herauswühlen und

[8] Siehe u. a. HEEGER, E. F.: Wertvolle Heilkräuterbeisaaten zu Wiesen- und Weidenmischungen. „Die Deutsche Landwirtschaft“ 3, S. 116 bis 117 (1949).

[9] loc. cit. S. 671.

* Unter Kapern versteht man die mit Salz, Essig oder Öl konservierten Blütenknospen des im Mittelmeergebiet heimischen Kapernstrauches (*Capparis spinosa* L.).

wie wahre Leckerbissen fressen. Die Vorliebe der Schweine gerade für den Löwenzahn wird ähnlich begründet sein wie bei den Ziegen, Kaninchen und anderen Kleintieren, für die die Tierhalter besonders gern im Frühjahr das Kraut wildwachsend sammeln. Erwähnt sei noch, daß die Löwenzahnblätter als ein ausgezeichnetes Geflügelfutter, das nach FISCHER[10] die Eierproduktion fördert, Verwendung finden und daß sie sich auch in der Kückenaufzucht und bei mausernden Hühnern vorteilhaft auswirken sollen. Nährstoffanalysen, die wir mehrere Jahre hindurch mit dem Erntegut unseres Löwenzahnanbaues auf dem Versuchsfeld Leipzig-Probstheida von der Staatlichen Landwirtschaftlichen Versuchs- und Forschungsanstalt in Leipzig-Möckern durchführen ließen, ergaben, daß es sich tatsächlich, wie öfter schon in der Literatur — z. B. auch bei HEGI — zum Ausdruck gebracht, um ein nährstoffreiches Futter handelt, das etwa dem des Rotklees (*Trifolium pratense* L.) entspricht. Der Gehalt an Rohprotein schwankte zwischen 15 und 22%, an Rohfett zwischen 4 und 9%, an N-freien Extraktstoffen zwischen 15 und 19% und an Rohasche zwischen 17 und 27%. Die blühenden Stengel sind als Futter höher zu bewerten als die Blätter, da ihre Werte für die Verdaulichkeit des Rohproteins und des Reineiweißes sehr hoch liegen (82 gegen 54% bzw. 75 gegen 31%). Aber auch die in therapeutischer Hinsicht wertvollen Inhaltsstoffe des Löwenzahns, und zwar besonders der Bitterstoff Taraxacin und die mit dem frischen Kraut durch die Tiere aufgenommenen Vitamine (Provitamin A, Vitamin B, C und D) dürften in tierernährungsphysiologischer Hinsicht wertvoll sein.
Abschließend sei noch erwähnt, daß *Taraxacum officinale* in geringen Mengen auch Kautschuk enthält. Besonders kautschukhaltige *Taraxacum-species* sind für die Gewinnung des Naturkautschuks, der sonst hauptsächlich in tropischen Gebieten aus der *Euphorbiacea Hevea brasiliensis* (H. B. K.) Muell.-Arg. in großen Mengen gewonnen wird, bedeutungsvoll geworden. Vor allem in der Sowjetunion werden zur Gewinnung von Rohkautschuk großflächig angebaut *Taraxacum kok-saghys* Rodin (Kok-Saghys) und *Taraxacum hybernum* Stev. (Krim-Saghys)[11].

Thymus vulgaris L., Thymian, Gartenthymian, Echter Thymian

Labiatae

Gebräuchliche Pflanzenteile: DAB. 6: „Die abgestreiften, getrockneten Blätter und Blüten von *Thymus vulgaris* Linné." HAB. 2: „Frische, blühende Pflanze."

Handelsbezeichnung: *Herba Thymi*, Thymiankraut.

Botanik: *Thymus vulgaris* ist ein ästiger, immergrüner Halbstrauch von 20—40 cm Höhe mit kräftiger Pfahlwurzel. Die aufrechten oder aufsteigenden, oben gleichmäßig kurz behaarten Äste verholzen sehr stark. Die Hauptäste sind meist nicht wieder verzweigt, aber sie tragen in allen Blattachseln fast rosettig gehäufte Büschel von kleineren Blättern. Die Laubblätter sind nur kurz- oder ungestielt. Die Blattspreite ist linealisch bis elliptisch, spitz, am Grunde breiter, gerundet — rhombisch, 4,5—7 (11) mm lang und bis 4,5 mm breit; der Rand ist eingerollt. Die Blätter sind ± filzig behaart, besonders unterseits. Die Blüten bilden kopfige, fast kugelige, blattachselständige Scheinwirtel, die zusammen den an eine Ähre erinnernden Blütenstand darstellen. Die Farbe der Krone ist dunkellila bis rosa.

Blütezeit: V, VI und länger.

[10] FISCHER, E.: Unsere Heilpflanzen in neuer Wertung und Geltung. Zürich 1941, S. 203.
[11] UHLMANN, M.: Wertvolle Kautschukpflanzen des gemäßigten Klimas. Berlin 1951.

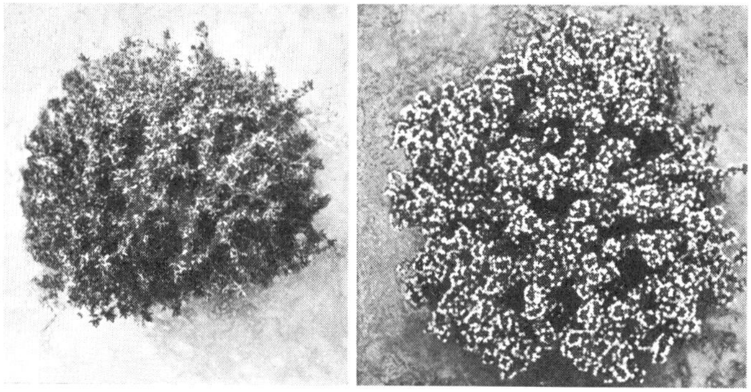

Abb. 393
Thymus vulgaris L., gleichaltrige Einzelpflanzen von oben; links: ohne Blüten; rechts: in voller Blüte

Beim Beobachten der blühenden Thymianbestände in Leipzig-Probstheida fand sich besonders häufig der kleine Schnellkäfer *Advastus axillaris* Ev. Honigbienen beflogen die Thymianblüten zahlreich. Von sonstigen Hymenopteren wurde nur noch die Halmblattwespe, *Cephus pygmaeus* L., mehrfach gesehen. Die Dipteren wurden in acht Arten beobachtet. Die sehr zarte *Micropeza corrigiolata* L. fand sich in großen Mengen im Streifnetz vor. Andere Arten, meist Schwebfliegen, waren bis auf die Muscide *Onesia sepulchralis* Mg. nicht allzu häufig.

Die vorwiegend dunkelbraunen, gelegentlich aber auch hellbraunen Nüßchen ähneln in ihrer Gestalt u. a. etwas denen des Majorans. Sie sind 0,75—1 mm lang, kugelig, teils abgeflacht eiförmig. Die Nüßchen vom Typ des 'Deutschen Winter-Thymians' sind im allgemeinen etwas größer als die des 'Französischen Sommer-Thymians'. Die Oberfläche ist von sehr feiner, maschig-grubiger Struktur, die Ansatzstelle an der Basis kurz, ± spitz, kaum sichtbar und etwas dunkler, fast schwarz. Bei Anfeuchtung verschleimen die Nüßchen schwach.

Die beiden wichtigsten Formen von Thymian sind:

f. capitatus Willk. et Lange: Laubblätter linealisch bis linealisch-lanzettlich, 4—5 mm lang und 1—2 mm breit. Blütenstand kopfig.

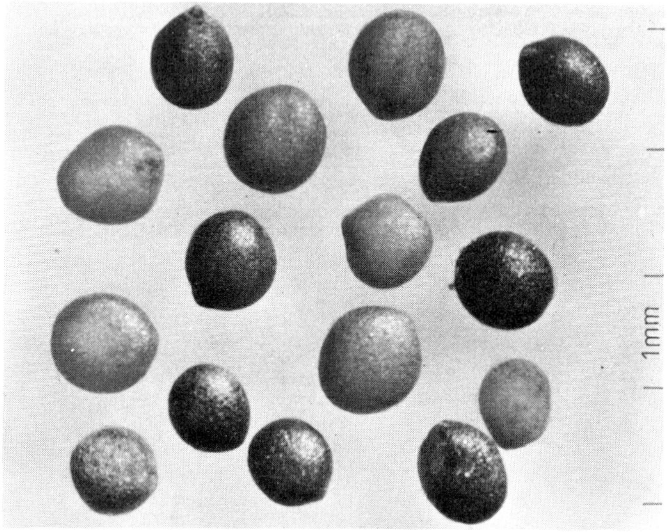

Abb. 394
Thymus vulgaris L., Nüßchen

f. verticillatus Willk. et Lange: Laubblätter lanzettlich bis elliptisch-lanzettlich, am Rande oft kaum umgerollt, 5—8 mm lang und 3—4 mm breit. Blütenstand verlängert, die unteren Scheinwirtel abgerückt. Mit voriger Form durch Übergänge verbunden.

Die Form *capitatus* soll zur Gewinnung von *Oleum Thymi* weniger geeignet sein. Sie findet jedoch in Spanien und Nordafrika für Destillationszwecke Verwendung.

Boden und Klima: Hinsichtlich der Bodenansprüche ist Thymian genügsam. Für den Anbau eignen sich besonders leichte, lehmig-sandige und kalkhaltige Böden. Auch auf Flachmoorböden kann der Anbau erfolgen. Der Boden soll möglichst nicht übermäßig nahrhaft sein, da sonst die Güte des Aromas angeblich ungünstig beeinflußt wird. Das Thymiankraut enthält ätherisches Öl mit Thymol (= Thymiankampfer) und riecht stark aromatisch. Der Geschmack ist gewürzhaft, etwas bitter und mehr oder weniger kampferartig. Besonders sonnige Standorte sind dem Thymian zuträglich.

Herkunft und Verbreitung: *Thymus vulgaris* ist hauptsächlich in den Felsenheiden und Macchien des westlichen Mittelmeergebietes beheimatet und wird im übrigen Europa und in Nordamerika häufig angebaut. In den Seealpen steigt er bis zu 1000 m Höhe auf, gelegentlich ist er aber auch noch in höheren Lagen zu finden.

Herkünfte des Drogenhandels: In Deutschland wird der Thymian feldmäßig vorwiegend in Sachsen-Anhalt, und zwar in der Umgebung von Aschersleben angebaut, ferner in Thüringen, Franken; vielenorts wird er auch gartenmäßig kultiviert. Ausfuhrländer sind hauptsächlich die UdSSR, England, Spanien, Österreich, Ungarn, Bulgarien, Jugoslawien, Frankreich sowie Nordafrika und Nordamerika.

Sorten und Herkünfte für den Anbau: Bei der Kulturart Thymian werden zwei Sorten unterschieden, und zwar die Landsorte 'Französischer Sommer-Thymian' und die Gruppensorte 'Deutscher Winter-Thymian'. Erstere kann unter deutschen Anbauverhältnissen meist nur einjährig kultiviert werden, da sie nicht genügend winterhart ist. Der Winter-Thymian ist ebenfalls nicht völlig frosthart, und besonders nach kalten Wintern sind in ungeschützten Lagen größere Auswinterungsschäden oftmals zu beobachten, aber er ist widerstandsfähiger gegen Fröste als der Sommer-Thymian. Unter günstigen Standortsbedingungen ist es aber immerhin möglich, den Winter-Thymian drei Jahre lang zu nutzen. Ältere Pflanzen sollen dann an Würzkraft verlieren. Beide Sorten sind gegen Trockenheit unempfindlich. Sie leiten sich von den beschriebenen Formen *capitatus* und *verticillatus* ab, wobei die letztere Form die wertvollere zu sein scheint, da sie allein schon über ein größeres Blatt verfügt. Großblättrige Sorten mit hohem Gehalt an ätherischem Öl sind erstrebenswert.

Saatgut: Die 1000-Korngewichte sind je nach Sorte verschieden. So betrug das durchschnittliche 1000-Korngewicht für Winter-Thymian über 0,200 g (0,280 g), für Sommer-Thymian unter 0,200 g (0,187 g). Die Mindestreinheit sollte 98% betragen. Die Keimfähigkeit von Winter-Thymian sollte sich auf mindestens 70%, die des Sommer-Thymians auf 60% belaufen. Das Saatgut keimt bei 20° C oft schon in 14 Tagen aus. Nach den „Technischen Vorschriften für die Prüfung von Saatgut" dauert der Keimversuch 21 Tage. Außer bei 20° C Wärme keimt das Saatgut auch bei anderen Temperaturen, so daß neben Zimmertemperatur noch niedrigere Temperaturen und Wechseltemperatur vorgesehen sind. Die Keimung erfolgt bei Lichtzutritt, aber auch im Dunkeln. Das Saatgut bleibt nach Literaturangaben 2—3 Jahre keimfähig. Nach unseren Untersuchungen betrug die Abnahme der Keimfähigkeit nach fünfjähriger Lagerung 69—100%. Im Thymian-Saatgut befindet sich gelegentlich Quendelseide (*Cuscuta epithymum* [L.] Murr.).

Anbau: Der Thymian sollte möglichst nach einer mit Stallmist gedüngten Hackfrucht, am besten nach Kartoffeln, angebaut werden. Auf unkrautwüchsigen Böden empfiehlt sich sein Anbau nicht.

Die Vermehrung erfolgt fast ausschließlich durch Saatgut, und nur für züchterische Zwecke kann eine Vermehrung durch Stecklinge in Frage kommen. Entweder wird Anfang März in einen Frühbeetkasten ausgesät oder im April auf ein gut vorbereitetes, sonnig und warm gelegenes Freilandsaatbeet. Das Saatgut wird ganz dünn gesät und angewalzt. Das Saatbeet ist gut feucht zu halten. Sobald sich die jungen Pflänzchen kräftig entwickelt haben, etwa von Anfang Mai an, werden sie in einem Abstand von 25 × 15 cm oder 20 × 15 cm ins Freiland verpflanzt. Zur Heranzucht von Pflanzen im Kasten, die zur Bestellung einer Fläche von 1 ha erforderlich sind, genügt eine Saatgutmenge von 500—800 g. Meist wird aber stärker (bis 1 kg) ausgesät. Besonders Sommer-Thymian sollte im Mistbeet vorgezogen werden. Beim feldmäßigen Anbau erfolgt vorwiegend Drillsaat ab Ende März bis Anfang April, bei einem Reihenabstand von 20—25 cm. In Leipzig-Probstheida wurden bei einer

Abb. 395
Thymus vulgaris L., einjähriger Feldbestand bei Aschersleben

Reihenentfernung von 35 cm noch gut geschlossene Bestände erzielt. Die Aussaatmenge betrug 7 kg/ha. Im allgemeinen werden bei 25—30 cm Reihenentfernung 8—10 kg Saatgut je Hektar benötigt. Einer schnell überhandnehmenden Verunkrautung ist unter allen Umständen vorzubeugen. Da das Anfangswachstum sehr langsam vor sich geht, empfiehlt es sich, etwa sechs bis zehn Tage nach der Aussaat eine Blindhacke zu geben. Das Auflaufen selbst erfolgt nach 3—4 Wochen. In der sich daran anschließenden Zeit ist der Boden durch mehrmaliges Hacken mit der Hand oder der Maschine offen und frei von Unkraut zu halten.

Der Pflege des Thymians ist größte Aufmerksamkeit zu widmen. Ein richtiges Schließen des Bestandes erfolgt unter Umständen im ersten Anbaujahre noch nicht. Die Pflege im zweiten und dritten Jahr ist wesentlich einfacher und beschränkt sich auf Offen- und Sauberhalten des Bodens durch mehrere Maschinen- oder Handhacken.

Der Mineraldünger wird vor der Aussaat oder Pflanzung gegeben. Mengen von 200—300 kg Kalkammonsalpeter (40—60 kg N), 225—280 kg Superphosphat (40 bis 50 kg P_2O_5) und 240—300 kg schwefelsaurem Kali (120—150 kg K_2O) oder rd. 600 kg Patentkali sind für einen Hektar ausreichend. Steht der Thymian nicht in zweiter Gare, empfiehlt sich eine entsprechende Erhöhung der Kali- und Phosphorsäuregabe um etwa ein Drittel. Entsprechende Mengen sind im zweiten und dritten Anbaujahre zeitig zu geben und einzuarbeiten. Gleich nach dem ersten Schnitt im zweiten und dritten Jahre sind nochmals 20—30 kg Reinstickstoff je Hektar in leichtlöslicher Form zu verabreichen. Auch Kompostdüngung ist sehr ratsam. Eine Kalkung der Kultur kann unter Umständen nützlich sein.

Ernte: Da sich die Pflanzen im ersten Vegetationsjahr, besonders bei später Aussaat, bis zum Herbst nur schwach entwickeln, empfehlen wir, von einem Schnitt der einjährigen Bestände abzusehen. Bei der Ernte wird das Kraut kurz vor oder zu Beginn der Blüte, am besten in den frühen Nachmittagsstunden mit der Sichel oder Heckenschere etwa zwei Fingerbreit über dem Boden geschnitten. ROSENTHAL[1] stellte das Maximum des Gehaltes an ätherischem Öl zu der obengenannten Tageszeit fest. Nach Genannter hatte der zweite Schnitt höhere Gehaltswerte als der erste aufzuweisen.
Der Thymian läßt sich nur schwer mit dem Grasmäher schneiden, da die Stengel mehr oder weniger stark verholzt sind und zur Seite gedrückt werden. Beim Herbstschnitt, der im zweiten Anbaujahr im allgemeinen im September vorgenommen wird, darf keinesfalls zu tief geschnitten werden, weil sonst die Bestände leicht auswintern.
Die Saatguternte erfolgt beim Winter-Thymian erst im zweiten Vegetationsjahr, sobald sich die untersten Früchte bräunen, und zwar von August bis September. Da die Nüßchen sehr leicht ausfallen, muß die Ernte rechtzeitig erfolgen. Es empfiehlt sich, die Früchte auf Horden nachreifen zu lassen.

Trocknung: Die Trocknung hat sorgfältig im Schatten oder künstlich bei mäßiger Temperatur (35° C) zu erfolgen. Feldtrocknung auf Reutern ist in trockenen Jahren durchaus möglich. Das Eintrocknungsverhältnis beträgt 3—4 : 1.

Erträge: Im ersten Anbaujahr sind die Erträge an trockenem Kraut meist sehr gering, und zwar betrugen sie etwa nur 10—15 dz/ha, vom zweiten Jahr an schwankten sie zwischen 20 und 45 dz/ha. Die Erträge an frischem Kraut zweijähriger Bestände von 20 auf dem Prüfungsfeld des Sortenamtes in Leipzig-Probstheida angebauten Herkünften vom Typ des 'Deutschen Winter-Thymians' schwankten je nach Herkunft zwischen 95 und 180 dz/ha. Der Ertrag des zum Teil ausgewinterten 'Französischen Sommer-Thymians' belief sich hingegen nur auf 55 dz/ha. Da die Erträge im dritten Nutzungsjahre meist bedeutend nachlassen, erfolgt im allgemeinen nach drei Jahren Umbruch. Zur Saatgutgewinnung kann der Winter-Thymian jedoch unter Umständen 4—5 Jahre stehenbleiben. Die Saatguterträge sind sehr verschieden, sie schwanken nach Angaben der deutschen Vermehrer zwischen 40 und 111 kg/ha.

Krankheiten und Schädlinge: Am Thymian tritt gelegentlich ein Rostpilz auf. Vielleicht handelt es sich um den nach KÖHLER[2] für *Thymus*-Arten in Betracht kommenden *Puccinia caulincola* Schn. Blattläuse, besonders *Myzus ornatus* Laing. und die gelbe, mit schwarzen Punkten versehene Raupe des Kleeblutströpfchens, *Zygaena trifolii* Esp., können Schaden verursachen. Letztere frißt im Mai an den Thymianpflanzen. Das gleiche gilt von der Raupe des Haarstrang-Widderchens, *Zygaena ephialtes* L. *var. peucedani* Esp., und des Purpurwidderchens, *Z. purpuralis* Brünn. Die Raupen der Spanner *Acidalia ornata* Scop. und *A. rubiginata* Hufn. sind im Mai, Juni und August häufig. Die graubraune Raupe des Grauen Quendelspanners, *A. incanata* L., frißt in zwei Bruten, im Mai und im Juli. Ebenfalls graubraun, nur etwas kleiner ist die auch im Mai auftretende Raupe des Walzenquendelspanners, *A. dimidiata* Hufn. Durch das Saatgut wird die Quendelseide (*Cuscuta epithymum* [L.] Murr.) verschleppt. Die von ihr befallenen Pflanzen müssen abgemäht und die freigelegten Stellen gründlich mit einer 15—20%igen Eisenvitriollösung bespritzt werden, um den Schmarotzer völlig zu vernichten. Außer Seidebefall konnten wir an den Beständen in Leipzig-Probstheida und auch im übrigen mitteldeutschen Anbau keinerlei auffallende Schädigungen beobachten.

[1] ROSENTHAL, Chr.: Züchtungsarbeiten bei *Thymus vulgaris* L. „Pharm. Ind." **10**, S. 22 bis 25 (1943); bzw. „Arzneipflanzen-Umschau" **1**, S. 237 bis 241 (1943).

[2] Zit. nach MÜHLE, E.: Krankheitserscheinungen und Schadbilder an weiteren Lippenblütlern und ihre Erreger. „Pharmazie" **3**, S. 83 bis 84 (1948); bzw. „Arzneipflanzen-Umschau" **2**, S. 314 bis 315 (1948).

Thymus serpyllum L. em. Fries, Quendel

Arzneiliche Verwendung findet auch der botanisch nächststehende Verwandte von *Thymus vulgaris*, *Thymus serpyllum*. Er enthält ebenfalls ätherisches Öl und darin als Hauptbestandteil p-Cymol und im Gegensatz zu *Thymus vulgaris* nur wenig Thymol. Der Quendel ist in ganz Europa und in anderen Erdteilen beheimatet. An sonnigen Wegrändern, Hängen, auf trockenen Wiesen und anderenorts kommt er noch häufig vor. Ähnlich wie *Thymus vulgaris* angebaut, findet man ihn ganz gelegentlich, wobei es sich ausschließlich um werkseigene Kulturen handelt.
Beide *Thymus*-Arten verfügen über einen gewissen Zierwert und eignen sich z. B. für Steingärten.

Trigonella coerulea (L.) Ser., Schabziegerklee, Blauer Steinklee

Leguminosae

Gebräuchliche Pflanzenteile: Früher war das Kraut des Schabziegerklees offizinell, heute wird die Droge nur noch gelegentlich in der Volksheilkunde verwendet. Außerdem dienen die jungen Pflanzen, die zu Beginn der Blüte geerntet werden müssen, bei der Käsebereitung (Kräuter- oder Schabziegerkäse) als Gewürz (Käseklee).

Abb. 396 Trigonella coerulea (L.) Ser., blühender Trieb

Handelsbezeichnungen: *Herba Trigonellae coeruleae*, Schabziegerklee, Blauer Steinklee.

Botanik: Der Schabziegerklee ist einjährig. Er verfügt über eine Pfahlwurzel und bildet vorwiegend aufrechte Stengel, die kahl oder oberwärts etwas abstehend behaart sind. Sie werden 50—80 (—100) cm hoch und sind, wie die ganze Pflanze, bleichgrün. Die dreizähligen (steinkleeartigen) Laubblätter sind lang-, die Blättchen hingegen kurzgestielt. Letztere sind verkehrt-eiförmig bis lanzettlich, bis 3 cm lang, entfernt stachelspitzig gesägt, das mittlere ist länger gestielt als die seitlichen. Die Nebenblätter sind lanzettlich-pfeilförmig, gezähnt.
Die Blüten in den Achseln der oberen Laubblätter bilden eine kleine, kopfige Traube. Sie sind hellblau (selten weiß), violettblau geadert (Blauer Steinklee).

Blütezeit: VI, VII.

Die Blüten sind wie bei anderen Steinkleearten nach dem sogenannten Klapptypus gebaut und werden namentlich von Honigbienen viel besucht.
Die Hülse ist fast stielrund, länglich-eiförmig, bis 7 mm lang, geschnäbelt. Die kleinen Samen sind rundlich-nierenförmig, bis 2,5 mm lang, bis 2,0 mm breit und bis 1,2 mm

Abb. 397 Trigonella coerulea (L.) Ser.; links: Hülsen; rechts: Samen

dick. Ihre Oberfläche ist von feinwarziger Beschaffenheit. Sie sind gelbgrün bis dunkelbraun, zum Teil auch olivenfarbig. Die Farbe älterer Samen ist oft mehr violettbraun. Das Keimwürzelchen ist anliegend, doch deutlich von den Keimblättern getrennt. Die Samen riechen „maggiähnlich". Sie enthalten wahrscheinlich das Alkaloid Trigonellin. Die Art gliedert sich in zwei oder drei Unterarten, wenn die auf Kleinasien und Transkaukasien beschränkte Art *Trigonella capitata* Boiss. mit einbezogen wird. HEGI beschreibt die Unterarten *procumbens* (Besser) Thell. und *sativa* (Alef.) Thell. wie folgt:

subspec. procumbens: Stengel niederliegend bis aufsteigend, selten bei kleinen Exemplaren aufrecht, meist kürzer als bei *subspec. sativa*. Blättchen viel schmaler als bei letzterer, länglich-lineal. Blütentrauben eiförmig, locker. Kelchzipfel etwas kürzer als die Röhre. Fruchttraube verlängert. Hülse bis viermal so lang wie die Kelchröhre, etwas zusammengedrückt, allmählich in den gekrümmten Schnabel verschmälert, mit kräftigen Längsnerven.

subspec. sativa: Stengel aufrecht, 30—60 (100) cm hoch, einfach oder schwach ästig. Blättchen länglich-eiförmig, die der oberen Laubblätter schmaler. Blütentrauben kugelig, bis höchstens $1^1/_2$ cm lang, sehr dicht. Kelchzipfel etwa so lang wie die Kelchröhre. Fruchttraube gedrängt, eiförmig. Hülse kaum zusammengedrückt, dreimal so lang wie die Kelchröhre, plötzlich in den fast geraden Schnabel verschmälert, mit schwachen Längsnerven.

Boden und Klima: Schabziegerklee gedeiht auf allen kleefähigen Böden, die nicht zu nährstoffreich sind. Leichtere und auch chloridreiche Böden eignen sich für den Anbau. Die Bodenreaktion sollte neutral bis alkalisch sein. *Trigonella coerulea* ist etwas wärmeliebend.

Herkunft und Verbreitung: Die allgemeine Verbreitung des Schabziegerklees erstreckt sich auf das östliche Mittelmeergebiet.

Herkünfte des Drogenhandels: *Trigonella coerulea* findet sich in Deutschland nur kleinflächig angebaut. Die Droge wird vorwiegend aus Südosteuropa nach Deutschland eingeführt. Der Bedarf ist sehr gering.

Sorten und Herkünfte für den Anbau: Angebaut wird eine Gruppensorte vom Typ *Trigonella coerulea* (L.) Ser. *subspec. sativa* (Alef.) Thell.

Saatgut: Das 1000-Korngewicht schwankte zwischen 1,216 und 2,729 g. Als Mindestreinheit werden 95 %, als Mindestkeimfähigkeit 85 % gefordert. Wie viele Leguminosensämereien sind auch die Samen des Blauen Steinklees oftmals hartschalig. Die Keimversuche werden bei Zimmertemperatur entweder im Dunkeln oder bei Lichtzutritt durchgeführt. Nach den „Technischen Vorschriften für die Prüfung von Saatgut" kann der Keimversuch auch bei 20—30° C vorgenommen werden. Die Keimschnelligkeit wird nach 7 Tagen, die Keimfähigkeit nach 21 Tagen ermittelt.

Anbau: Als Vorfrucht zu Schabziegerklee sind alle Halm- und Hackfrüchte geeignet. Er sollte möglichst in zweiter oder dritter Stallmisttracht zu stehen kommen, denn es empfiehlt sich nicht, ihn unmittelbar nach frischer Stallmistdüngung anzubauen. Als Stickstoffsammler ist der Schabziegerklee eine ausgezeichnete Vorfrucht für alle

Abb. 398
Trigonella coerulea (L.) Ser.,
blühender Bestand

landwirtschaftlichen und gartenbaulichen Kulturarten, einschließlich Arznei- und Gewürzpflanzen. Sein Vorfruchtwert entspricht dem der einjährigen Futterleguminosen.
Es empfiehlt sich, die Aussaat des etwas wärmebedürftigen Schabziegerklees nicht vor Mitte April vorzunehmen. Auf dem Versuchsfeld in Leipzig-Probstheida erfolgt die Aussaat erst gegen Ende April in ein gut vorbereitetes Saatbett. Der Reihenabstand beträgt bei Drillsaat 20—25 cm. Als Aussaatmenge kommen je Hektar 20—25 kg in Frage. Sie richtet sich nach der Standweite und der Keimfähigkeit. Ratsam ist es, das Saatgut vor der Aussaat sorgfältig zu beizen (Trockenbeize). Auf einem gut vorbereiteten Boden und bei Vorhandensein von genügend Keimwasser läuft die Saat nach etwa 8—14 Tagen auf. *Trigonella coerulea* ist sehr raschwüchsig und hat nur eine kurze Vegetationsdauer von etwa 12—14 Wochen, so daß er noch als Nachfrucht im Juli angebaut werden kann. Bei Trockenheit läuft die Saat allerdings nur schlecht auf. Als Düngung empfiehlt sich eine mittlere Mineraldüngergabe vor der Aussaat und außerdem bei mehreren Schnitten nach jeder Ernte eine schwache, schnellwirkende Kopfdüngung mit Stickstoff. Schabziegerklee benötigt als Nährstoffe besonders Phosphorsäure und Kali, aber auch ein Kalkbedürfnis liegt vor.
Die Pflegearbeiten erstrecken sich auf ein- bis zweimaliges Hacken. Je nach Aussaatzeit erfolgt die Ernte etwa nach 12—14 Wochen zu Beginn der Blüte. Bei besonders

günstigen Witterungsbedingungen können auch 2—3 Schnitte erfolgen. In der Regel wird der Schabziegerklee nur einschnittig genutzt.

Die Saatguternte erfolgt meist im August.

Zur Samengewinnung kann geschnitten werden, wenn die Hülsen braun geworden sind. Die Ausfallgefahr ist nicht sehr groß. Geschnitten wird im feldmäßigen Großanbau am besten mit dem Grasmäher, der mit einem Anhaublech versehen ist, sonst mit der Sense oder Sichel. Das Erntegut wird in kleine Bunde abgerafft, locker eingebunden und zu Kapellen zur Nachreife und Trocknung aufgestellt. Später wird es eingefahren, gedroschen und am besten mit einem Kleereiber so wie Wundklee (*Anthyllis vulneraria* L.*) enthülst.

Trocknung: Die Trocknung erfolgt auf natürliche Weise oder künstlich. Im Juli ist bei trockener Witterung oftmals Feldtrocknung auf Reutern möglich. Künstlich sollte das Kraut nur bei mäßiger Wärme (30—50° C) getrocknet werden. Das Trocknungsverhältnis beträgt etwa 5 : 1. Der aromatische Geruch entwickelt sich erst richtig nach sorgfältigem Trocknen.

Erträge: Der Ertrag an Droge beläuft sich auf etwa 20—35 dz/ha, die Saatguterträge betragen etwa 2—6 dz/ha.

Krankheiten und Schädlinge: Nach Hegi werden die Pflanzen gelegentlich von einer Mehltauart (*Erysiphe pisi* DC.) befallen, und an den Wurzeln wurde *Thielavia basicola* Zopf beobachtet.

Trigonella foenum-graecum L., Bockshornklee, Griechisch-Heu

Leguminosae

Gebräuchliche Pflanzenteile: DAB. 6 und HAB. 2: „Die reifen Samen von *Trigonella foenum graecum* Linné."

Handelsbezeichnungen: *Semen Foenugraeci, Semen Trigonellae*, Bockshornkleesamen, Griechisch-Heu-Samen.

Botanik: Der einjährige Bockshornklee bildet eine lange, spindelförmige Pfahlwurzel. Die schlanken, ± aufrechten bis aufsteigenden Stengel sind ± verzweigt und erreichen eine Höhe bis zu 50 cm. Die Laubblätter haben eine ähnliche Gestalt wie die der Luzerne. Die Blättchen des „Dreiblattes" sind 1—4 cm lang, fast gleich groß, verkehrt-eiförmig bis länglich-lanzettlich, nach der Basis zu keilförmig und ganzrandig, im oberen Drittel fein-stachelspitzig gezähnelt. Die Blattstiele sind 1—3 cm lang, gerieft, nach oben zu etwas dicker werdend und mit Haaren besetzt; an ihrer Basis sitzen die beiden lanzettförmigen, ± stark behaarten Nebenblätter. Die 0,8 bis 1,8 cm langen Blüten befinden sich einzeln oder zu zweit in den Blattachseln und sind fast ungestielt. Die Kronfarbe ist hellgelb, seltener dunkler oder hellviolett.

Blütezeit: VII.

Die Hülse wird bis 12 cm lang und 0,5—1 cm breit, sie steht ± aufrecht, ist linealisch, gerade oder gekrümmt, mit einem 2—3 cm langen Schnabel versehen und ± anliegend behaart. Die großen, flachgedrückten, bis 5 mm langen, 3 mm breiten und 2,5—3 mm

* *Anthyllis vulneraria* L. gehört zu den landwirtschaftlich unbedeutenderen Kleearten, jedoch kann er für gewisse Lagen eine wertvolle Futterpflanze sein. Nach Gessner findet das Saponine enthaltende Kraut (*Herba Vulnerariae*) in der Volksheilkunde bei schlecht heilenden Wunden und Geschwüren Anwendung. Auch dienen die Blüten des Wundklees (*Flores Anthyllidis*) als Wundheilmittel.

Abb. 399 Trigonella foenum-graecum L., Blütenstand

dicken Samen erscheinen in der Seitenansicht rhombisch oder rechteckig, sehr selten länglich-oval. Die End- und Seitenflächen verlaufen meist schief oder sind gerade abgestutzt. Die Oberfläche ist feinwarzig. Etwa in der Mitte der einen langen Schmalseite befindet sich der etwas vertiefte, helle Nabel. Die Samen sind hellbraun oder gelblichgrau, aber auch graurötlich bis braunviolett. Die Samenfarbe dunkelt mit zunehmendem Alter nach. Die sehr harten Samen quellen im Wasser stark. Sie enthalten bis 30% Schleimstoffe (Mannogalactane) und sind von aromatischem Geruch und etwas bitterem Geschmack. Das Kraut selbst hat einen starken, heuähnlichen Geruch aufzuweisen, worauf auch der Name Griechisch-Heu zurückzuführen ist. Früher wurde *Trigonella foenum-graecum* wegen der typischen Hülsenform auch „Kuhhorn" bzw. „Ziegenhorn" genannt. LINNÉ bezeichnete „*Trigonella*" so wegen seiner „dreieckigen" Blätter (*trigonum* = Dreieck).

Abb. 400 Trigonella foenum-graecum L., Einzelpflanze mit Hülsen

Die Art zerfällt in zwei Unterarten. HEGI beschreibt *subspec. gladiata* (Stev.) Aschers. et Graebn. und *subspec. culta* (Alef.) Gams. Für den Anbau dürfte die letztere Art besonders interessieren. Ihre botanischen Merkmale sind folgende: ganze Pflanze ± kahl, nur in der Jugend deutlich behaart; Stengel und Äste steif aufrecht, hohl, Blättchen verkehrt-eiförmig, bis 3 cm lang und bis 1,5 cm breit, mit 5—8 Paar Seitennerven; Blüten 1,3—1,8 cm lang; Krone meist hellgelb, nur am Grunde mit violetten Strichen; Hülse 6—11 cm lang, mit 1—2,5 cm langem Schnabel und schiefen, feinen Nerven, meist stark gekrümmt. Die Samen sind flach rautenförmig bis unregelmäßig gerundet, 2—4 (5) mm lang und 2 mm dick. Sie sind ± gefurcht oder ganz glatt, hellbraun bis gelblichbraun.

Boden und Klima: An sich ist *Trigonella foenum-graecum* anspruchslos und gedeiht wildwachsend u. a. sogar noch auf steinigen Hängen. Besonders gute Drogenerträge werden erzielt, wenn der Anbau auf nährstoffreichen, lockeren, kalkhaltigen und die Feuchtigkeit haltenden Böden erfolgt. Sandig-lehmiger Boden in alter Dungkraft ist sehr geeignet. Der Boden soll „kleefähig" sein. Für den Anbau sind warme Lagen mit trockenem Herbst zu wählen.

Herkunft und Verbreitung: Der Bockshornklee ist durch das ganze Mittelmeergebiet, von der Iberischen Halbinsel bis zur Ukraine und Vorderasien, Vorderindien und China sowie südlich bis Abessinien verbreitet. Er dürfte im westlichen Asien heimisch sein.

Herkünfte des Drogenhandels: Herkunftsgebiete für die Droge sind Nordafrika, besonders Marokko und Tunis. Als Lieferländer kommen außerdem noch in Frage Ägypten, Abessinien, Syrien, Vorderindien und China.

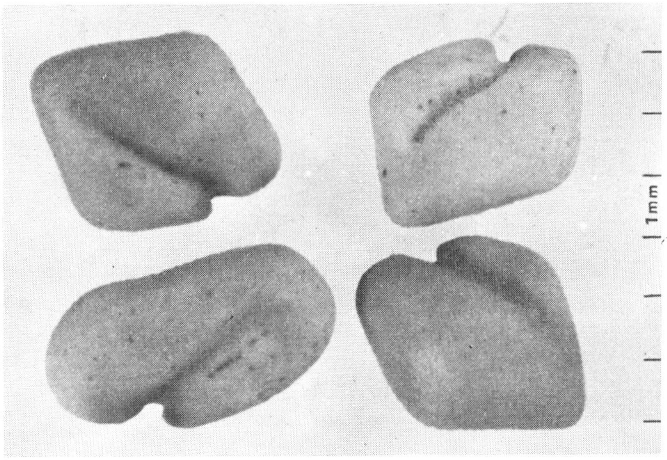

Abb. 401
Trigonella foenum-graecum L.,
Samen

In Deutschland wird der Bockshornklee hin und wieder feldmäßig angebaut. Früher beschränkte sich der Anbau vorwiegend auf Thüringen und das Vogtland sowie auf Franken. Nach Angaben im älteren Schrifttum[1] sollen allein in der Umgebung von Erfurt jährlich 2000 dz Bockshornkleesamen gewonnen worden sein.

Sorten und Herkünfte für den Anbau: Zuchtsorten wurden uns nicht bekannt. Züchterisch dürfte *Trigonella foenum-graecum* bisher auch kaum bearbeitet worden sein, obwohl das sehr wünschenswert wäre. Besonders wichtige Zuchtziele sind Standfestigkeit, gleichmäßige Reife und Nichtplatzen der Hülsen sowie Ertragssicherheit.

Saatgut: Das 1000-Korngewicht schwankt sehr; so z. B. betrug das einer mährischen Herkunft im Jahre 1941 20,563 g und im Jahre 1943 18,261 g. Das 1000-Korngewicht der von der Deutschen Hindukusch-Expedition (DHE) gesammelten Proben schwankte zwischen 9,261g und 11,460 g, das von einer aus der Türkei stammenden Probe betrug

[1] JÄGER-WESSELHÖFT: Der Apothekergarten. Leipzig 1913, S. 57

13,072 g. Becker-Dillingen[2] gibt ein Hektolitergewicht von 78 kg an. Die Reinheit des Saatgutes sollte mindestens 95% und die Keimfähigkeit 80% betragen. Nach den „Technischen Vorschriften für die Prüfung von Saatgut" muß der Keimversuch 14 Tage lang bei Wechseltemperatur durchgeführt werden. Nach Schrifttumsangaben sind die Samen von *Trigonella foenum-graecum* Dunkelkeimer. Nach Ebert[3] soll die Keimkraft nur 1—2 Jahre erhalten bleiben.

Anbau: Solange in Deutschland noch keine besonderen Erfahrungen vorliegen, empfiehlt es sich, den Bockshornklee wie andere Körnerleguminosen in die Fruchtfolge einzugliedern. Als Stickstoffsammler kommt ihm ein gewisser Vorfruchtwert zu, und er läßt sich als eine einjährige Art auch gut in die landwirtschaftliche Fruchtfolge einreihen. Nach sowjetischen Erfahrungen soll er u. a. eine gute Vorfrucht zu Tabak sein[4]. Im April wird der Bockshornklee in einer Reihenentfernung von 25 cm gedrillt. Der Saatgutbedarf beläuft sich auf 20—25 kg/ha. Es darf nicht zu stark gedrillt werden. Im wärmeren Klima, z. B. im Orient, wird auch Herbstaussaat (September/Oktober) vorgenommen. Der Samen darf nicht stark mit Erde bedeckt, sondern nur leicht angewalzt werden. Da die Pflanzen eine verhältnismäßig geringe Standfestigkeit haben, kann die Aussaat in Mischung mit anderen Kulturarten vorgenommen werden, z. B. mit Ackerbohnen (*Vicia faba* L.). Die Reihenweite ist dann allerdings weiter zu wählen. Soll die Aussaat als Mischsaat erfolgen, dann ist noch zu bedenken, daß die Bockshornklee-Pflanzen durch die Stützfrucht nicht zu stark beschattet werden dürfen.
Die Pflegearbeiten erstrecken sich auf zweimaliges bis öfteres Hacken. Der Bestand bedeckt oftmals den Boden nur mangelhaft. Auch aus diesem Grunde nimmt man gern Mischanbau vor.
Mineraldüngergaben werden etwa wie zu Ackerbohnen verabreicht. Schwerlösliche Düngemittel, z. B. Thomasmehl, streut man am besten schon im Herbst, damit sie rechtzeitig zur vollen Wirkung gelangen. Der Bockshornklee hat ein hohes Nährstoff- und besonders Kalkbedürfnis. Zur Reifebeschleunigung ist eine ausreichende Phosphorsäureversorgung mit 40—60 kg/ha P_2O_5 = 270—400 kg Thomasmehl notwendig. Auch empfiehlt es sich, eine mäßige Stickstoffgabe (bis 20 kg/ha N = 100 kg Kalkammonsalpeter) zur Förderung des langsamen Jugendwachstums zu geben. Dem Kalibedürfnis werden Gaben von 80 kg K_2O = 200 kg/ha 40%iges Kali gerecht.

Ernte: Wie fast bei allen Kleearten reifen die Samen ungleichmäßig. Die Ernte erfolgt, wenn die Hülsen beginnen, gelb zu werden (August). Später fallen die Samen leicht aus. Der Bestand kann mit dem Grasmäher mit Anhaublech geschnitten werden.
Sichere und befriedigende Samenernten sind in Deutschland eigentlich nur in warmen Lagen zu erzielen.

Trocknung: Bei günstigem Erntewetter setzt man kleine Windhocken oder packt das Kraut zum Trocknen auf Reuter. Das Dreschen sollte sich der Trocknung möglichst bald anschließen. Nach dem Dreschen und Reinigen müssen die Samen auf luftigen Böden gelagert und öfter umgeschaufelt werden. Brotgetreide und dergleichen darf nicht in der Nähe von Bockshornkleesamen lagern, da dieses den eigenartigen Geruch des Bockshornklees („Bockgeruch") leicht annimmt. Auch die benutzten Dreschmaschinen, die Reinigungsgeräte und Säcke sind gut zu lüften.
Der nicht gerade angenehme Geruch und Geschmack wird erst beim Trocknen wahrnehmbar und wird bedingt durch ein unangenehm riechendes ätherisches Öl.

[2] Becker-Dillingen, J.: Handbuch des Hülsenfruchter- und Futterbaues. Berlin 1929, S. 372.
[3] Ebert, K.: Der feldmäßige Anbau einheimischer Arznei-, Heil- und Gewürzpflanzen. Stuttgart 1949, S. 92 bis 93.
[4] Prjanischnikow, D. N.: Der Stickstoff im Leben der Pflanzen und im Ackerbau der UdSSR. Berlin 1952, S. 196.

Erträge: Als Saatgut- und somit Drogenerträge werden im Schrifttum für Reinsaat Werte von 8—15 dz/ha angegeben, als Heuerträge solche in Höhe bis zu 50 dz/ha.

Krankheiten und Schädlinge: Der Bockshornklee hat unter den üblichen Leguminosenkrankheiten und -schädlingen zu leiden. Besonders häufig wird über Befall mit dem Mehltaupilz *Erysiphe polygoni* DC. berichtet. Die Bestände werden oft stark von Pilzen der Formengruppe *Fusarium* befallen. 1953 wurden fast alle Bestände in der Umgebung von Leipzig vernichtet. Die Pflanzen gingen an einer Gefäßmykose* ein. Es ist ratsam, das Saatgut vorbeugend zu beizen (Trockenbeize).

An lagernden *Semen Foenugraeci* kann die Kupferrote Dörrobstmotte, *Plodia interpunctella* Hb., schädigend auftreten.

Besonderes: Obgleich der Futterwert des Bockshornkleeheues gering ist, wird es hin und wieder besonders an Pferde verfüttert. Es ist reich an Kalk und Phosphorsäure. Man erntet bis zu 200 dz/ha grünes Kraut, das entspricht etwa 50 dz/ha Heu. Bei der Verfütterung an Milchvieh ist Vorsicht am Platze, denn der eigenartige Geruch und Geschmack des Krautes soll sich der Milch mitteilen. Die eiweißreichen Samen können geschrotet im Mischfutter Verwendung finden. Sie enthalten etwa 27% Eiweiß und 6% fettes Öl. In Aserbaidshan wird z. B. der Bockshornklee mit Erfolg zu Futterzwecken angebaut[5].

Urtica-species, Brennessel-Arten

Urticaceae

Gebräuchliche Pflanzenteile: Erg.-B. 6: „Die getrockneten, während der Blütezeit (Juni bis September) gesammelten oberirdischen Teile von *Urtica dioica* Linné und *U. urens* Linné." HAB. 2: „Frisches Kraut" von *Urtica dioica* L. und „Frische, blühende Pflanze" von *Urtica urens* L.

Handelsbezeichnungen: *Radix Urticae*, Brennesselwurzeln; *Herba Urticae*, Brennesselkraut, Nesselkraut; *Folia Urticae*, Brennesselblätter; *Semen Urticae*, Brennesselsamen.

I. Urtica dioica L., Große Brennessel

Botanik: Die bis 150 cm hohe *Urtica dioica* besitzt ein ausläuferartig unterirdisch kriechendes, stark verästeltes Rhizom. Die Ausläufer kriechen waagerecht, während die strohhalmstarken oder fädigen, gold- oder fahlgelben Wurzeln in die Tiefe gehen. Das Rhizom bringt zahlreiche aufrecht stehende, einfache, vierkantige Stengel, die mit kurzen Borsten und langen Brennhaaren besetzt sind, hervor. Die gegenständigen, gestielten, ± herzförmigen, zugespitzten, grobgesägten, dunkelgrünen Blätter sind wie die Stengel mit Brennhaaren bewehrt.

Die Brennhaare, die sich bereits an der Blattoberseite der Keimpflanze vorfinden, bestehen je aus einer einzigen, auf einem Zellpolster stehenden langen Röhrenzelle, deren Wand im oberen Teil dünn, aber hart und spröde wie Glas (inkrustiert) ist und die in einem leicht zur Seite gebogenen Köpfchen endet, das bei leisester Berührung abbricht. Die Bruchstelle ist schräg und bildet so eine scharfe Spitze, ähnlich der einer Injektionsspritze. Diese Spitze dringt in die Haut eines mit ihr in Berührung kommenden Menschen oder Tieres ein und erzeugt eine winzige Wunde, in die der in den Haaren befindliche entzündungserregende Zellinhalt (Nesselgiftstoff) fließt und das bekannte Brennen und die damit verbundene Nesselquaddel erzeugt. Gegenmittel sind laugenhafte Flüssigkeiten, wie Speichel, Seife, Salmiakgeist. Sehr stark „nesseln" manche exotische Arten, so bewirken z. B. die stechende Javanische

[5] loc. cit. S. 684 (PRJANISCHNIKOW).

* Laut schriftlichem Befund des Institutes für Phytopathologie der Karl-Marx-Universität Leipzig.

Nessel (*Urtica stimulans* L.) und die gekerbte Ostindische Nessel (*Urtica crenulata* Roxb.) ohne irgendeine stark wahrnehmbare Geschwulst einen 24 Stunden anhaltenden Schmerz, oft sogar ein neuntägiges Brennfieber, das ebenso heftig wiederkehrt, wenn der kranke Körperteil angefeuchtet oder irgendwie mit Wasser in Berührung kommt. Die auf Timor wachsende *Urtica urentissima* Blum. brennt am stärksten. Die Berührung mit ihr verursacht jahrelang, ja lebenslänglich bei feuchtem Wetter ganz entsetzliche Schmerzen und wird deshalb von den Eingeborenen Teufelsblatt genannt.

Abb. 402 Urtica dioica L., Ausschnitt aus Parzellenbestand

Die Blätter sind beiderseits mit angedrückten, kurzen Haaren versehen, zwischen denen sich die Brennhaare befinden. Die Nebenblätter stehen frei, sie sind von lineallanzettlicher Form, spitz.

Die Große Brennessel ist eine zweihäusige Pflanze, und nach HEGI treten nur gelegentlich einhäusige, d. h. solche Formen auf, die im oberen Teile weibliche, im mittleren gemischte und im unteren Teile männliche Blütenstände tragen. Die männlichen, aufrechten Blütenzweige sind rispenförmig-wickelartig und mit kurzen Seitenästen versehen, während die weiblichen längere Seitenäste tragen, die später herabhängen. Die Blüten sind weißlich bis hellgrün, unscheinbar. Ihre Bestäubung erfolgt durch den Wind.

Blütezeit: VI–X.

Die Frucht von *Urtica dioica* ist ein 1 mm langes, 0,75 mm breites, 0,2—0,4 mm dickes, im Umriß eiförmiges, abgeflachtes, gelbes-gelbgrünliches, mattes Nüßchen, das entweder an beiden Enden oder wenigstens am oberen spitz verläuft und oftmals noch mit dem Griffelrest versehen ist. Mitunter ist es noch von den grünlichen Perigonblättern umgeben und erscheint dann als Scheinfrucht. Diese ist 1,5 mm lang, 1,1 mm breit und 0,8 mm dick.

Urtica dioica ändert sehr ab. Es gibt Varietäten, die fast keine Brennhaare aufzuweisen haben, wie z. B. *var. subinermis* Uechtritz und *var. elegans* Chenevard.

Abb. 403 Blatt-Typen von Urtica-species: links: Urtica urens L.; rechts: Urtica dioica L.

Abb. 404
Urtica dioica L., Früchte

II. Urtica urens L., Kleine Brennessel

Botanik: *Urtica urens* ist einjährig und wird im günstigsten Falle 80 cm hoch. Die Wurzel ist spindelförmig, gelblichweiß. Die aufrechten Stengel sind vierkantig, einfach oder ästig. Die gegenständigen Laubblätter sind wesentlich kleiner als die von *Urtica dioica,* eiförmig oder elliptisch, stumpflich, eingeschnitten gesägt, langgestielt. Sie sind oberseits dunkelgrün, mit Ausnahme vorhandener Brennhaare, die Nesselgiftstoff enthalten, fast unbehaart, ± glänzend.
Die Kleine Brennessel ist eine einhäusige Pflanze, und zwar befinden sich männliche und weibliche Blüten an den Blütenstandästen. Letztere sind kürzer als die der Großen Brennessel, ihre Stellung ist aufrecht oder abstehend. Sie ist ebenfalls ein Windblütler.

Blütezeit: V—XI, im Süden das ganze Jahr über.

Die Nüßchen sind denen der Großen Brennessel zum Verwechseln ähnlich, jedoch größer und etwas glänzend.
Urtica urens ändert nur sehr wenig ab, und zwar ist nur eine einzige Abänderung (*f. microphylla* Murr.) bekannt. Von *Urtica urens* und *U. dioica* wurden aber Bastarde beobachtet. *Urtica oblongata* Koch soll der Kreuzung *U. dioica* L. × *U. urens* L. entsprechen.
Herba sowie *Semen Urticae* (*minoris*) werden nach den gleichen Grundsätzen gewonnen wie die entsprechenden Drogen von *Urtica dioica,* nur daß sich der Anbau von *Urtica urens* einfacher gestaltet, da diese Art einjährig ist und die Vermehrung durch Samen erfolgen kann. Der Ertrag von Kraut und Blättern ist etwas niedriger. Als Faserpflanze eignet sich die Kleine Brennessel nicht.

Boden und Klima: Hinsichtlich des Standortes sind beide Brennesselarten verhältnismäßig anspruchslos. Besonders auf gedüngtem Boden entwickeln sie sich üppig, z. B. sind sie häufig anzutreffen auf Weide- und Lagerplätzen des Viehes, besonders an Stellen, wo menschliche oder tierische Fäkalien abgelagert werden, an den Rändern der Rieselfelder und auf Kompost- und Schutthaufen. *Urtica dioica* steigt bis in die Hochalpen (2500 m) hinauf, und die im allgemeinen etwas wärmeliebendere *Urtica urens* kann noch in Höhenlagen bis etwa 2000 m beobachtet werden. Für den Anbau beider Arten eignen sich besonders nährstoffreiche, nicht zu trockene Böden in warmer, sonniger Lage. Bodenfeuchtigkeit wird bevorzugt. Sie sollten in erster Linie auf Böden angebaut werden, die sich für eine landwirtschaftliche Nutzung nicht eignen. Mit ihrem reichen Wurzelwerk hält *Urtica dioica* das Erdreich fest und verhindert dessen Wegschwemmen, auch sorgt sie durch ihr üppiges Kraut für eine Beschattung der Hänge. Sehr gut eignen sich für den Anbau in Kultur genommene Niederungsmoore. Die einjährige *Urtica urens* gedeiht auf jedem fruchtbaren Boden und am besten im Halbschatten.

Herkunft und Verbreitung: Sowohl *Urtica dioica* als auch *Urtica urens* sind Kosmopoliten, die mit Ausnahme arktischer und einiger tropischer Gebiete fast überall zu finden sind. Die Große Brennessel ist ein typischer Kulturbegleiter. Obwohl beide Arten wildwachsend überaus häufig vorkommen, werden sie auch gelegentlich angebaut. Aus *Urtica dioica* wird eine Ersatzfaser, die sogenannte Nesselfaser für Textilzwecke (Nesselgarn und -tuch) gewonnen. Ferner finden die beiden Brennesselarten für pharmazeutische und kosmetische Zwecke Verwendung. Das Brennesselkraut ist u. a. ein wichtiger Rohstoff für die industrielle Chlorophyllgewinnung. Im Blatt sind auffallend viel Chlorophyll und reichlich Xanthophyll, Vitamin C, etwas Carotin, Fermente und Glucokinine enthalten.

Herkünfte des Drogenhandels: Die Brennessel wird in allen Ländern, wo sie vorkommt, genutzt. Die verschiedenen *Urtica*-Drogen gelangen besonders aus den Balkanländern, aus der Tschechoslowakei (Böhmen) und Ungarn sowie der Sowjetunion auf den Markt. Auf dem Balkan, in Ungarn, Niederösterreich und besonders in der UdSSR wird auch *Urtica kioviensis* Rogowitsch, die Russische Brennessel, deren Artberechtigung schon mehrfach bestritten wurde, da sie *Urtica dioica* sehr ähnlich ist, gesammelt. Sie ist besonders massenwüchsig.

Sorten und Herkünfte für den Anbau: Die arzneilich genutzten Brennesselarten wurden bisher als Heilpflanzen züchterisch noch nicht bearbeitet. Es sind Versuche unternommen worden, den Nesselanbau, wie überhaupt die Gewinnung der Nesselfasern, für die Herstellung von Nesselgarn und -geweben zu fördern. Nach einer Mitteilung des Botanikers BÖHMER bestand noch zu Anfang des 18. Jahrhunderts in Leipzig eine Nesselgarnmanufaktur[1]. In Deutschland war der textile Erfolg der Nesselgewinnung nicht beachtlich, und *Urtica dioica* hat als Faserpflanze keine größere Bedeutung erlangt. Der Fasergehalt des Nesselstengels ist zu gering, er läßt sich aber züchterisch verbessern. Züchterische Erfolge erzielte BREDEMANN[2] in Hamburg. Während für die Fasergewinnung Pflanzen mit gutem Fasergehalt erwünscht sind, die langaufschießend und geradwüchsig sind und die eine geringe Verzweigung aufzuweisen haben, werden für die Drogengewinnung reichverzweigte und -beblätterte mit niedrigem Stengelanteil benötigt. Außer als Faser- und Heilpflanze kommt den Brennesseln noch eine gewisse Bedeutung als Futter- und Gemüsepflanze zu. Besonders in ländlichen Kreisen ist die junge Brennessel ein geschätztes Wildgemüse*. In der UdSSR gelangen die jungen Sprosse mit als erstes Gemüse auf den Markt. Das frische und auch das getrocknete Kraut sind ein gesundes Futter bei der Aufzucht der Rinder, Schafe und Schweine und ganz besonders des Geflügels. Von manchen Tieren wird es allerdings in frischem Zustande gemieden. Diese vielseitige Verwendungsmöglichkeit läßt es wünschenswert erscheinen, die Brennesseln züchterisch zu bearbeiten, wobei die Zuchtziele

[1] BÖHMER, G. R.: Technische Geschichte der Pflanzen. Erster Teil, Leipzig 1794, S. 543 bis 547.

[2] BREDEMANN, G.: Über Erfahrungen im feldmäßigen Nesselbau und über neuere Forschungen auf dem Gebiete der Nesselkultur und Nesselzüchtung, Berlin 1920. (Broschüre der Nesselanbau-Gesellschaft.)

* Als Gemüse werden nur junge Brennesselblätter wegen ihres hohen Vitamin-C-Gehaltes verwendet.

für die Schaffung von Brennesselsorten darauf abgestellt sein müssen, daß sie als Futter-, Gemüse- und Heilpflanzen gleich nutzbringend und erfolgreich angebaut werden können.

Saatgut: Eigene Saatgutuntersuchungen liegen nicht vor. AUGUSTIN[3] stellte folgendes fest:

	1000-Korngewichte in g		
	das größte	das kleinste	Mittel
Urtica dioica L.	0,1490	0,1420	0,1455
Urtica urens L.	0,5224	0,5124	0,5174

Demnach ist das Saatgut der Kleinen Brennessel wesentlich größer als das der Großen Brennessel, die Nüßchengröße steht also im umgekehrten Verhältnis zum Habitus beider Arten. Über die Keimungsverhältnisse berichtet SCHWEDE[4], daß die sehr schwer keimenden Nüßchen Frostkeimer sind. WACKER[5] teilt mit, daß die Versuche, geschlossene *Urtica dioica*-Bestände durch Aussaat der Nüßchen zu erzielen, nicht gelangen. Es scheint, daß sie sehr hartschalig sind oder infolge anderer individueller Ursachen unter den Bedingungen der bisherigen Anbauweise nur schwer keimen. Die Vermehrung erfolgt daher vorwiegend auf vegetativem Wege. WACKER empfiehlt die Verwendung etwa 10 cm langer Setzlinge, ähnlich den Pfefferminzläufern, die mit je vier bis sechs Augen versehen sind.

Anbau: Der Brennesselanbau sollte vorwiegend auf solchen Böden erfolgen, die für eine der sonst üblichen landwirtschaftlichen oder gartenbaulichen Nutzungen nicht mehr in Frage kommen. Erfolgt der Anbau von *Urtica dioica* auf Feldschlägen, so muß er außerhalb der sonst üblichen Fruchtfolge stehen, da sich die Nutzungsdauer des Bestandes über mehrere Jahre erstreckt. Es empfiehlt sich, nach der Brennessel eine stark mit Stallmist zu düngende Hackfrucht, am besten Kartoffeln, anzubauen. Das Feld muß vorher sehr gut bearbeitet werden, und die Brennesselwurzeln sind weitgehend zu entfernen. Die Nachfrucht gedeiht dann meist bei ausreichender Düngung sehr gut, da die Brennesseln eine gare Krume hinterlassen. Die *Urtica-species*, ganz besonders die einjährige *Urtica urens*, sind auch sehr für Zwischenpflanzungen geeignet, wo sie auf ihre Nachbarpflanzen eine günstige Wirkung ausüben sollen. LIPPERT[6] berichtet in diesem Zusammenhang ausführlich über die Bedeutung der Brennessel im Heilpflanzenbau. Die einjährige Art läßt sich leicht in den Fruchtfolgeplan einer Wirtschaft eingliedern. Da Brennesselsaatgut, besonders das von *Urtica dioica*, wie schon erwähnt, schwer keimt und die Nüßchen Frostkeimer sind, erfolgt Drillsaat bereits im Herbst in einer Reihenentfernung von mindestens 30 cm. Bei zu dichtem Stand empfiehlt es sich, die Pflanzen in der Reihe auf etwa 10 cm zu vereinzeln. Die einjährigen Brennesselarten werden enger gedrillt. Die Aussaatmengen belaufen sich je nach Keimfähigkeit für *Urtica dioica* auf etwa 4—6 kg/ha und für *Urtica urens* auf etwa 5— 10 kg/ha. Die vegetative Vermehrung, der bei *Urtica dioica* vor der generativen der Vorzug zu geben ist, erfolgt im Herbst oder im sehr zeitigen Frühjahr durch Teilung älterer Pflanzen oder am besten unter Verwendung der bereits oben erwähnten Setzlinge. Letztere werden in einer Standweite von 30 × 15 cm in das gut hergerichtete Land in flache Furchen ausgelegt.

[3] AUGUSTIN, B.: Das absolute Gewicht der Heil- und Gewürzpflanzensamen. „Heil- und Gewürzpflanzen" **12**, S. 86 bis 91 (1929/30).

[4] SCHWEDE in „Textile Forschung" **1**, S. 72 bis 75 (1919); zit. nach WIESNER, J. von: Die Rohstoffe des Pflanzenreiches. 3. Bd., Leipzig 1921, S. 234.

[5] WACKER, H.: Der Handelsgewächsbau. Landwirtschaftliche Bücherei, Bd. 14, Friedrichswerth 1917.

[6] LIPPERT, F.: Zur Praxis des Heilpflanzenbaues. Demeter-Schriftenreihe, Bd. 2/3. Dresden und Planegg 1939.

Im Verlauf der Vegetation ist die Pflanzung zur Offenhaltung des Bodens und zur Unkrautvernichtung mehrmals zu hacken. Die Entwicklung der *Urtica dioica*-Pflanzen ist im ersten Jahr eine sehr langsame, und auch im zweiten Jahre nach der Pflanzung zeigen sie noch kein so üppiges Wachstum, wie dies sonst bei den wildwachsenden Pflanzen zu beobachten ist. Später entwickeln sie sich aber bei guter Pflege und reichlicher Düngung ausgezeichnet.

Die Brennesseln stellen als Ruderalpflanzen besonders große Forderungen an den Bodenstickstoff (Nitrate, Nitrite und Ammoniumsalze). *Urtica dioica* ist eine typische Nitratpflanze. CARSTEN-OLSEN[7] hat den Nitratgehalt des Bodens verschiedener Standorte bestimmt, wo sich *Urtica dioica* mehr oder weniger reich entwickelt hatte. Nachstehend werden die Ergebnisse auszugsweise wiedergegeben.

Entwicklung von *Urtica dioica*	Nitratgehalt in 1 l frischem Boden
225 cm hoch	107,90 mg
200 cm ,,	225,87 mg
160 cm ,,	79,87 mg
100 cm ,,	50,04 mg
80 cm ,,	40,98 mg
abwesend	37,19—1,37 mg

WACKER[8] führte kleinere Anbau- und Düngungsversuche auf gebundenem, tiefgründigem Lehmboden auf dem Versuchsfeld der Landwirtschaftlichen Hochschule in Hohenheim durch. Im Nachfolgenden berichten wir über die Ergebnisse, obgleich uns die Erträge sehr niedrig erscheinen.

Pflanzjahr	Ertrag 1 ha Grüne Masse, Stengel und Blätter zusammen
auf Parzelle 1, Düngung: je Hektar 400 dz Stallmist	13,48 dz
auf Parzelle 2, Düngung: 400 dz Stallmist, 80 hl Jauche	18,48 dz
auf Parzelle 3, Düngung: 400 dz Stallmist, 200 kg schwefelsaures Ammoniak	14,13 dz

2. Vegetationsjahr	Trockene Ware Stengel	Trockene Ware Blätter
auf Parzelle 1, Düngung 0	6,52 dz	1,30 dz
auf Parzelle 2, Düngung: 400 kg Thomasmehl, 150 kg 40%iges Kalisalz, 100 hl Jauche	6,95 dz	3,04 dz
auf Parzelle 3, Düngung: 400 kg Thomasmehl, 150 kg 40%iges Kalisalz, 200 kg schwefelsaures Ammoniak	9,56 dz	5,65 dz

[7] CARSTEN-OLSEN: „Journ. of Ecol." 9, S. 1, 1921; zit. nach LUNDEGÅRDH, H.: Klima und Boden, 4. Aufl., Jena 1954, S. 417.

[8] loc. cit. S 689.

Aus diesen Versuchen ist deutlich zu ersehen, daß die Brennesseln einen hohen Stickstoffbedarf haben. Stalldung und besonders Jauche, die im Herbst oder Winter, jedenfalls nach der Ernte, verabreicht werden sollte, fördern das Wachstum.

Ernte: Bei der Ernte empfiehlt es sich, mit Handschuhen zu arbeiten und dicke Strümpfe zu tragen, da die ganze Pflanze, wie bereits erwähnt, mit Brennhaaren besetzt ist und die leiseste Berührung heftiges Brennen, Jucken, Röten der Haut mit Blasenbildung (Nesselausschlag) zur Folge haben kann.

Zur Fasergewinnung erfolgt der Schnitt, wenn die Pflanzen verblüht sind und ihre ganze Höhe erreicht haben. Als Gemüse finden die jungen Blätter vom zeitigen Frühjahr bis zum Herbst Verwendung. Als Grün- und Trockenfutter dient das Kraut, das ein der Kleie nahezu gleichwertiges Futtermittel ist. Getrocknet und gemahlen werden die Blätter gern als Geflügelbeifutter verwendet. KELLNER-FINGERLING[9] machen hinsichtlich des Futterwertes folgende vergleichende Angaben:

	Art des Futtermittels (Gehalt in 100 Teilen)		
	Brennessel-blätter	Luzerne vor der Blüte	Zuckerrüben-köpfe und Blätter getrocknet
Rohnährstoffe			
Trockenmasse	88,6	84,0	86,0
Rohprotein	18,3	16,2	9,1
Rohfett	7,7	2,4	0,8
Stickstofffreie Extraktstoffe	38,0	31,1	34,8
Rohfaser	10,6	27,0	11,1
Verdauliche Nährstoffe			
Rohprotein	12,8	12,1	4,4
Rohfett	4,9	1,1	0,2
Stickstofffreie Extraktstoffe	30,0	21,1	29,2
Rohfaser	6,0	11,3	7,9
Wertigkeit (vollwertig = 100)	89	63	82
Verdauliches Eiweiß	9,3	8,1	2,4
Stärkewert für den Doppelzentner	48,0	26,5	32,6

Zur Gewinnung von *Herba Urticae* werden die blühenden Pflanzen mit der Sichel, Sense, dem Grasmäher oder Ableger einige Zentimeter über dem Erdboden (Handhöhe) abgemäht. Oftmals sind bei älteren Beständen jährlich je nach Witterung von August bis Oktober 2—3 Schnitte möglich. Mit der Hand werden anschließend die Blätter von den Stengeln abgestreift, sofern nicht das ganze Kraut zur Trocknung und Verarbeitung gelangen soll. Zur Saatgutgewinnung werden die Früchte im August und September abgestreift und auf einer festen Papierunterlage zum Trocknen ausgebreitet. Nach beendeter Trocknung wird das Erntegut abgesiebt. Das Sieb darf gerade noch die etwa 1 mm langen Früchte passieren lassen. Die Wurzeln werden im Spätherbst oder zeitigen Frühjahr geerntet.

Trocknung: Die Trocknung des Krautes erfolgt in Puppen oder durch Aufstellen der gebündelten Pflanzen entlang von Mauern, Zäunen usw. Zur Drogengewinnung nimmt

[9] Zit. nach BECKER-Dillingen, J.: Handbuch des Hülsenfruchter- und Futterbaues. Berlin 1929, S. 475.

man sie am besten in überdachten, luftigen Räumen vor. Sie soll möglichst rasch erfolgen. Bei künstlicher Trocknung sollen 50° C nicht überschritten werden. Das Erntegut nimmt eine schwarzgrüne Färbung an. Das Brennesselkraut trocknet im Verhältnis 5—6 : 1 ein.
Die Wurzeln werden gründlich gewaschen und dann 10—14 Tage zur Vortrocknung auf einem Dachboden oder auf Horden ausgelegt. Dann sind sie am besten bei künstlicher Wärme (bis 60° C) nachzutrocknen. Die fertige Droge muß eine schöne gelbbraune Farbe aufweisen.

Erträge: Wie bereits aus den Ernteergebnissen der Versuche von WACKER[10] hervorgeht, schwanken die Erträge sehr. Sie belaufen sich bei *Herba Urticae* je nach Alter des Bestandes ungefähr auf 10—20 dz/ha. Wurzelerträge wurden uns nicht bekannt. Von *Urtica dioica* erntet man etwa 500—600 g Saatgut je Ar.

Krankheiten und Schädlinge: Die mit Brennhaaren versehenen Nesseln werden nur wenig von Krankheiten und Schädlingen befallen. Die Brennhaare werden oft als Schutzmittel gegen Tiere, welche die Pflanzen fressen wollen, angesehen. Dies scheint nur sehr bedingt der Fall zu sein. So z. B. fressen die Raupen des Kleinen Fuchses, *Vanessa urticae* L., und des Tagpfauenauges, *Vanessa jo* L., mit Vorliebe Brennesselblätter. In Leipzig-Probstheida wurden 1954 die *Urtica*-Bestände durch die Raupen des Kleinen Fuchses vollständig vernichtet. Letztere leben im Jugendstadium gesellig in Nestern bis zu 50 Stück. Ihre Grundfarbe ist schwärzlich. Der ganze Körper ist mit Scheindornen besetzt. Die braune Puppe hat Goldflecken. Der Falter erscheint in 2—3 Generationen, wovon die letzte überwintert. Marienkäfer suchen die Pflanzen gern auf. Schon im zeitigen Frühjahr finden sie sich sehr zahlreich an den jungen Pflanzen und tragen ganz wesentlich zur Bekämpfung der Blattläuse bei. Nicht selten wird die Brennessel von *Cuscuta europaea* L. befallen.

Besonderes: Die Römische oder Kugel-Nessel (*Urtica pilulifera* L.) sei noch erwähnt. Sie ist die im Mittelmeergebiet, besonders in Griechenland, häufigste Nesselart, und ihre Nüßchen gelangen unter der Drogenbezeichnung *Semen Urticae romanae* gelegentlich in den Drogenhandel. Nach OSSWALD (zit. nach HEGI) wurde *Urtica pilulifera* entweder im 10. Jahrhundert durch die Wenden oder im 12. Jahrhundert durch die Vläminger in Thüringen eingeschleppt. Nach HEGI soll sie in Thüringen angebaut werden. Wir selbst trafen sie in Deutschland angebaut bisher noch nicht an, wildwachsend aber auf Schutt und alten Mauern. Auch sie ist wie *Urtica urens* L. einjährig, jedoch wird sie nur bis 50 cm hoch. Ihre Blätter sind länglich-eiförmig, tief eingeschnitten-gesägt, zugespitzt. *Urtica pilulifera* ist ebenfalls einhäusig. Die weiblichen, langgestielten Blüten sind kugelförmig, die männlichen befinden sich in denselben Blattachseln in Ähren. *Urtica pilulifera* blüht von Juli bis September (Oktober). Ihre Brennhaare rufen bei Berührung ein weit schärferes Brennen als die von *Urtica dioica* und *U. urens* hervor, jedoch hält das Jucken nur kürzere Zeit an. Sie läßt sich leicht anbauen.
Es wäre eine dankbare Aufgabe der pflanzenbaulichen Forschung, die in Mitteleuropa vorkommenden *Urtica*-Arten (*U. dioica*, *U. urens*, *U. pilulifera* und *U. kioviensis*) hinsichtlich ihres Anbauwertes als Gemüse-, Heil- und Futterpflanzen für deutsche Verhältnisse eingehender zu untersuchen, da die bisherigen Beobachtungen meist nur rein empirischer Art sind. Auch wertstofflich sind die genannten Arten noch nicht ausreichend erforscht. Ihre Wertschätzung als Droge, Gemüse und Futtermittel müßte genügen, eine gründliche Untersuchung zu rechtfertigen.

[10] loc. cit. S.689.

Valeriana officinalis L., Gebräuchlicher Baldrian

Valerianaceae

Gebräuchliche Pflanzenteile: DAB. 6: „Die mit den Wurzelstöcken und Ausläufern gesammelten und getrockneten Wurzeln von *Valeriana officinalis* Linné*." HAB. 2: „Getrocknete Wurzel."

Handelsbezeichnung: *Radix (Rhizoma) Valerianae*, Baldrianwurzel.

Botanik: *Valeriana officinalis* ist eine mehrjährige Pflanze von 40—170 (200) cm Höhe. Der Wurzelstock ist kurz und walzenförmig. Er bildet nestförmig zusammengedrängte, braune, innen weißliche Faserwurzeln mit charakteristischem Geruch.

Abb. 405
Valeriana officinalis L.,
Trugdolden
mit reifenden Früchten

Kurze unterirdische Ausläufer sind teilweise vorhanden. Der Stengel ist gefurcht, unten kurzhaarig und oben kahl. Die unpaarig-gefiederten Laubblätter sind mit 11—23 lanzettlichen bis linealischen, ganzrandigen bis grob-gezähnten Fiedern versehen. Je nach Blattform werden verschiedene Varietäten unterschieden. Bastardbildungen kommen vor. Mißbildungen, insbesondere Fascinationen und Zwangsdrehungen der Stengel, werden beobachtet.

Die hellrosa bis weißen, zuweilen auch grünlichen Blüten sind zu rispigen, schirmförmigen Trugdolden vereinigt. Der Baldrian besitzt eine gespornte, fünfzählige, asymmetrische Krone, drei Staubblätter und drei Fruchtblätter, von diesen ist aber nur eins fertil.

Blütezeit: V—VII (IX). (Sehr früh blüht *Valeriana sambucifolia* Mik.)

* WALTHER[1] stellt die Forderung, die Bezeichnung *Valeriana officinalis* L. wegen der Mehrdeutigkeit nach den Nomenklaturregeln fallenzulassen und im neuen Deutschen Arzneibuch (DAB. 7) durch die zur Drogengewinnung benutzten Kleinarten zu ersetzen. Wünschenswert wäre unseres Erachtens vor der endgültigen Aufnahme dieser in das DAB. 7 noch eine Bestätigung von pharmakologischer Seite hinsichtlich ihrer therapeutischen Gleichwertigkeit. Nach GESSNER sowie QUEDAU (siehe S. 695) trifft dies für den von verschiedenen Autoren und auch von uns als Art bezeichneten Holunderblättrigen Baldrian (*Valeriana sambucifolia* Mik.), den WALTHER zu dem Arzneibaldrian rechnet, nicht zu.

[1] WALTHER, E.: Zur Morphologie und Systematik des Arzneibaldrians in Mitteleuropa. Schriften der Thür. Landesarbeitsgemeinschaft für Heilpflanzenkunde und Heilpflanzenbeschaffung in Weimar, Heft 2; bzw. Mitt. d. Thür. Bot. Ges. (ehem. Thür. Bot. Verein), Beiheft 1, Weimar 1949. (Nicht im Buchhandel.)

Abb. 406 Valeriana officinalis L., Stengelverbänderung

Die Blüten sind proterandrisch oder homogam. In Leipzig-Probstheida zeigte sich, daß die Kulturart Baldrian mit außerordentlich stark fluktuierenden Merkmalen behaftet ist, was auf Fremdbestäubung schließen läßt. Im ersten Blühstadium ragen die mit Pollen bedeckten Antheren aus der Blüte hervor und im zweiten die drei auseinandergespreizten Narbenlappen. Die besuchenden Insekten beladen sich daher auf jüngeren Blüten mit Pollen, um dann beim Besuch einer Blüte im zweiten Stadium die Bestäubung vorzunehmen. Der Nektar wird über dem Grunde der Kronröhre in einer kleinen Aussackung abgesondert. Nach IHBE[2] soll Autogamie möglich sein. Da die Antheren aber nach außen gebogen sind, ist spontane Selbstbestäubung wohl ausgeschlossen. Von züchterischer Bedeutung ist, daß eine erfolgreiche Selbstung vorgenommen werden kann. Vergrünungen (Verlaubung) der Blüten kommen vor, sie werden durch Gallmilbenbefall (siehe S. 705) verursacht.

Entomologische Beobachtungen an dem Baldriansortiment in Leipzig-Probstheida ergaben, daß der Anflug von Honigbienen als recht gut bezeichnet werden konnte. Die sonst in Leipzig-Probstheida nur auf Engelwurz und Senfarten häufig anzutreffende Erd- oder Sandbiene, *Andrena carbonaria* L., fand an den Pollen der Baldrianblüten Gefallen und wurde vielfach beobachtet. Vor allem wurden die stark duftenden Blüten in überreicher Zahl von Fliegen besucht. Sie können beim Baldrian nur bedingt als Nützlinge angesehen werden, weil sie bei ihrem lebhaften Doldenbeflug Blütenstaub weitertragen. Die drei Schlammfliegen *Eristalis arbustorum* L., *E. tenax* L. und *E. intricarius* L. waren die häufigsten Besucher der Baldrianblüten. Bei der ersteren Art war ein starkes Überwiegen des männlichen Geschlechtes wahrnehmbar. Von weiteren Schlammfliegenarten wurde die mittelgroße, nicht häufige *Eristalinus sepulchralis* L. pollenfressend auf den Blüten angetroffen. Auch die seltene Schenkelfliege *Merodon equestris* F., deren Larven sich in Zwiebeln von Liliaceen, vorzugsweise in denen der Narzissen, entwickeln, und die bisher in Leipzig-Probstheida nur am blühenden Majoran und Fenchel festgestellte, sehr flüchtige Striemenfliege *Helophilus trivittata* F. wurden auf den Blüten beobachtet. Ferner wurde die Dickkopffliege *Sigus ferrugineus* L., die sich lebhaft auf den Blüten zu schaffen machte, erbeutet. Diese Art wurde in Leipzig-Probstheida nur noch einmal an den Blüten von Koriander beobachtet. Schließlich konnte auch noch eine Hummelfliegenart *Volucella pellucens* L. festgestellt werden. 1942 wurden erstmalig auch Schmetterlinge an den Baldrianblüten gesehen. Weißlingsarten (Pieriden) waren immer vertreten, außer ihnen konnten noch der Kleine Fuchs, *Vanessa urticae* L., und der Kleinschmetterling *Pyrausta aurata* Scop. aus der Familie der Zünsler saugend beobachtet werden.

[2] IHBE, H.: Populationsanalyse von *Valeriana officinalis Hercynica* auf Grund des Wertstoffgehaltes und der Morphologie. „Die Deutsche Heilpflanze" 3, S. 159 bis 161 (1937); 4, S. 6 bis 11, 17 bis 19, 30 bis 33 (1938).

Abb. 407
Valeriana officinalis L.,
Früchte

Wenn beim Baldrian in der Umgangssprache von Samen die Rede ist, so handelt es sich um eine etwa 3 mm lange, 1,3 mm breite und 0,5 mm dicke Frucht, und zwar um eine einsamige Schließfrucht, bei der Samen- und Fruchtschale miteinander verwachsen sind. Die von der Basis zuspitzend verlaufende Fruchtform trägt als besondere Kennzeichen auf der konvexen Seite drei hervortretende Längsrippen und auf der konkaven Seite einen hervortretenden Kiel. Die Früchte der Wildformen sind vorwiegend kahl, vereinzelt aber auch ± stark behaart. Zur Zeit der Fruchtreife tragen die Früchte einen Pappus (Federkrone). Unreif geerntetes Saatgut enthält oftmals noch Früchte mit Federkronen, die sich zum Teil noch nicht entfaltet haben. Die Verbreitung der Früchte findet hauptsächlich durch den Wind statt.

Außer *Valeriana officinalis* wird auch *Valeriana sambucifolia* Mik. (Holunderblättriger Baldrian) angebaut, jedoch seltener. Nach GESSNER ist er pharmakologisch ähnlich wie *Valeriana officinalis* zu bewerten. Jedoch nach neueren Untersuchungen von QUEDAU[3] ist diese Art nur halb so wirksam wie der offizinelle Baldrian und auch nicht frei von Exzitationswirkung. Die wichtigsten Unterscheidungsmerkmale beider Arten sind in nachstehender Übersicht zusammengestellt:

Merkmal	*Valeriana officinalis* L., Gebräuchlicher Baldrian	*Valeriana sambucifolia* Mik., Holunderblättriger Baldrian
Wurzelstock	ohne oberirdische Ausläufer	± lange oberirdische Ausläufer
Farbe des Austriebes	vorwiegend rötlich	vorwiegend grün
Laubblätter:		
Grundblattstiele	fast in der ganzen Länge hohl	gefüllt
Fiederblätter des Grundblattes	7—11 Paar, schmal bis breit, ⌀ 1—3,5 cm	3—5 Paar, sehr breit, ⌀ über 5 cm
Behaarung der Früchte	vorwiegend kahl oder vereinzelt behaart	kahl
Fruchtgröße (Länge × Breite)	⌀ 3,0 × 1,3 (1,5) mm	⌀ 4,0 × 1,75 mm
1000-Korngewicht	0,490—0.785 g	0,881—0,948 g
Geruch des frischen Wurzelstockes	stark, durchdringend aromatisch	schwach

[3] QUEDAU, H.: Dissertation. Hamburg 1947; zit. nach GESSNER.

Abb. 408
Links: Valeriana sambucifolia Mik., Wurzelstock mit Ausläufern; rechts: Valeriana officinalis L., Wurzelstock ohne Ausläufer (Kleinform V. exaltata Mik.)

Der Holunderblättrige Baldrian ändert ab. So bildet *Valeriana sambucifolia* Mik. *var. microphylla* Hausm. zwei- bis dreimal kleinere Blättchen aus. Diese Varietät kann besonders leicht mit der gelegentlich im Anbau vorkommenden *Valeriana officinalis* L. *var. latifolia* Vahl verwechselt werden.

In der älteren Literatur findet noch *Valeriana phu* L. (Großer, Weißer oder Garten-Baldrian, Römischer Baldrian, Theriakskraut), der in Sibirien und dem Ural beheimatet und ebenfalls *Valeriana officinalis* L. etwas ähnlich ist, als Arzneipflanze Erwähnung[4]. Aber auch andere Arten werden als heilkräftig erwähnt, so u. a. *Valeriana celtica* L. (Keltischer oder Nardenbaldrian, Echter Speik). Die Wurzel dieser durchdringend riechenden Pflanze, die in den Alpen vorkommt, wird besonders in der Parfümerie und auch als Rauchwerk verwendet. Nach HEGI wurde *Valeriana celtica* L. in der Steiermark und in Kärnten viel gesammelt und besonders nach dem Orient ausgeführt. Von *Valeriana dioica* L. (Kleiner Baldrian, Sumpfbaldrian), der in Europa beheimatet ist, war die Droge unter der Bezeichnung *Radix Valerianae palustris* in der Heilkunde gebräuchlich.

Verwechslungen kommen bei dem offizinellen Baldrian im Drogenhandel kaum noch vor, seitdem die Droge fast nur noch im Anbau gewonnen wird.

Mehrere Baldrian-Arten und -Varietäten, darunter auch *Valeriana officinalis* und *V. sambucifolia*, werden als Zierpflanzen angebaut.

Boden und Klima: Der wildwachsende Baldrian gedeiht unter den verschiedenartigsten Umweltbedingungen, sowohl an schattigen als auch an sonnigen, ebenso an feuchten wie an trockenen Orten, denen er sich bis zu einem gewissen Grade durch mannigfaltige Ausbildung der Laubblätter (Transpirationsschutz) anpaßt. In 2400 m Höhe

[4] JÄGER-WESSELHÖFT: Der Apothekergarten. Leipzig 1913.

werden Wildformen noch vereinzelt beobachtet. Baldrian bevorzugt feuchte Standorte. Nach unseren dreijährigen Untersuchungen in verschiedenen Gegenden Deutschlands erscheint eine durchschnittliche Jahresniederschlagsmenge von 650 mm am günstigsten[5]. Der Gehalt an ätherischem Öl ist um so höher, je regenreicher die Tage der Wachstumszeit sind. Pharmazeutisch am besten bewertbare Droge wird auf leichteren Höhenböden gewonnen. Schwere, bindige Böden sind für den Anbau weniger geeignet, da der flachwurzelnde Baldrian zwischen den Faserwurzeln die Erde festhält und die Reinigung der Wurzeln sehr zeitraubend ist. Kalkhaltige Böden werden als Standort bevorzugt. Es ist zweckmäßig, für den Anbau einen tiefgründigen, sandigen Humusboden in gutem Kalkzustand und in feuchter Lage zu wählen. Auch Moorboden ist geeignet. In Franken wird der Baldrian mit gutem Erfolg auf leichten Schwemmlandböden angebaut.

Nach unseren Untersuchungen ist der Gehalt der Droge an ätherischem Öl auch von der Luftwärme abhängig. Mittlere Luftwärme ist am günstigsten. Bei kühlem und heißem Wetter nimmt der Gehalt an ätherischem Öl ab.

Herkunft und Verbreitung: *Valeriana officinalis* ist in Europa mit Ausnahme des äußersten Nordens und Südens beheimatet; aber auch in Teilen Nordasiens ist er verbreitet.

Herkünfte des Drogenhandels: Im Drogenhandel werden verschiedene Herkünfte gütemäßig unterschieden, und zwar in erster Linie Harzer, Thüringer, Fränkischer, Sächsischer, Belgischer und Japanischer Baldrian. Ferner gelangen noch in den Handel Herkünfte aus Holland, Frankreich, Italien, Polen, der Tschechoslowakei, der Sowjetunion und den Balkanländern. Außerdem wird der Baldrian noch in anderen Ländern, so z. B. in England und Nordamerika angebaut. In Deutschland erstreckt sich der Anbau hauptsächlich in Franken auf die Gegend zwischen Schweinfurt und Würzburg, im Harz zwischen Harzgerode und Aschersleben (Hauptanbauort Pansfelde). In Thüringen wird Baldrian um Ringleben angebaut und in Sachsen in kleinem Ausmaß im Erzgebirge und in der Lausitz. HOPPE berichtet 1951, daß neuerdings auch in Norddeutschland qualitativ hochwertiger Baldrian gewonnen wird. Harzer und Thüringer Baldrian werden wegen ihres milden, charakteristischen, nicht unangenehmen Geschmacks und Geruchs im Drogenhandel von jeher bevorzugt. Besondere Wertschätzung genießt die mit zahlreichen Nebenwurzeln besetzte Harzer Herkunft (*Radix Valerianae montanae hercynica*), die kleinere Wurzelstöcke aufzuweisen hat als die Thüringer (*Radix Valerianae thuringica*). Die Ursache dieser Vorzüge soll mit in den Standortsverhältnissen zu suchen sein. Von Bedeutung für die so geschätzte Qualität der Harzer Herkunft dürfte auch mit die Art und Weise der Vermehrung sein. Im Harz werden die Bestände des Baldrians oftmals noch unter Verwendung wildwachsender Pflanzen herangezogen, im Gegensatz zu Sämlingskulturen anderer Gebiete, die einer natürlichen Auffrischung entbehren. So gehen z. B. die Pansfelder Anbauer kilometerweit in die Harzberge, um die jungen Baldrianpflänzchen (Setzlinge) zu sammeln. In der Umgebung von Pansfelde wird der Baldrian auf vorwiegend steinigen Böden in einer Höhenlage von 300—350 m angebaut. Auch die Art der Aufbereitung der Droge dürfte mit eine Ursache für die bevorzugte Güte des Harzer Baldrians sein. Die Harzer Droge, welche noch größtenteils natürlich getrocknet wird, macht durch das längere natürliche Trocknen einen allmählichen Fermentierungsprozeß durch, und eine Schädi-

[5] BAUER, K. H.; RUDORF, W. und HEEGER, E. F.: Die Anbauverhältnisse einiger Heil- und Gewürzpflanzen unter besonderer Berücksichtigung der Wertstoffgehalte. „Landwirtschaftliche Jahrbücher" 92, S. 1 bis 52 (1942) sowie HEEGER, E. F. und BAUER, K. H.: *Valeriana officinalis* L., Gebräuchlicher Baldrian (Botanik, Anbau, Inhaltsstoffe). „Die Pharmazie" 1, S. 27 bis 34 (1946); bzw. „Arzneipflanzen-Umschau" 2, S. 1 bis 8 (1946).

gung der Inhaltsstoffe ist kaum möglich. DRUCKREY und KÖHLER[6] bestimmten nach der Methode HAFFNER den Wirkungswert von *Radix Valerianae* in verschiedenen pharmazeutischen Zubereitungen. Zur Untersuchung gelangte Harzer, Thüringer, Japanischer, Fränkischer und Belgischer Baldrian. Harzer und Thüringer Baldrian hatten den höchsten, der Belgische hatte den geringsten Wirkungswert aufzuweisen.

Sorten und Herkünfte für den Anbau: Von *Valeriana officinalis* gelangt vor allem die Gruppensorte 'Erfurter Breitblättriger Baldrian' zum Anbau. Die Sorte 'Frankfurter Schmalblättriger Oderland-Baldrian' und die Gruppensorte 'Oberlausitzer Schmalblättriger Baldrian' befinden sich laut Sortenliste 1953 der in der Deutschen

Abb. 409
Links: Valeriana sambucifolia Mik.; rechts: Valeriana officinalis L.

Demokratischen Republik zugelassenen Sorten von Kulturpflanzen 1955 letztmalig im Handel. Vom Standpunkt des Landwirts aus gesehen wird die breitblättrige Sorte, die allerdings feuchte Böden zum guten Gedeihen benötigt, den schmalblättrigen Sorten, die oftmals schlecht den Boden decken, bevorzugt. Sie darf nicht verwechselt werden mit der frühreifen Gruppensorte 'Erfurter Holunderblättriger Baldrian', die sich von *Valeriana sambucifolia* Mik. herleitet, deren arzneilicher Wert nach GESSNER und QUEDAU[7] jedoch ein anderer als der der Sorten vom Typ *Valeriana officinalis* L. ist[8, 9, 10, 11].

Saatgut: Der Baldrian wird g e n e r a t i v und v e g e t a t i v v e r m e h r t. Die vegetative Vermehrung erfolgt durch Teilung starker Wurzelstöcke (Wurzelschnittlinge oder Fechser). Das 1000-Korngewicht betrug im mehrjährigen Durchschnitt für die Sorten vom schmalblättrigen Typ 0,565 g und für die Sorten der breitblättrigen Form 0,615 g. Das Saatgut sollte eine Reinheit von mindestens 95% besitzen. Die Keimfähigkeit ist oft ungenügend und betrug im mehrjährigen Durchschnitt nur 59%. Anerkanntes

[6] DRUCKREY, H. und KÖHLER, G.: Über die sedative Wirkung des Baldrians. „Naunym-Schmiedebergs Archiv für experimentelle Pathologie und Pharmakologie" **183**, S. 106 bis 109 (1936).
[7] loc. cit. S. 695.
[8] HEEGER, E. F.: Sortenkundliche Untersuchungen zur Kenntnis der deutschen Baldriansorten. „Heil- und Gewürzpflanzen" **21**, S. 1 bis 35 (1942).
[9] ROSENTHAL, Chr.: Sind die zugelassenen Baldriansorten offizinell? Ein Beitrag zur Revision des DAB. 6. „Pharmazie" **5**, S. 279 bis 281 (1950); bzw. „Arneipflanzen-Umschau" **2**, S. 725 bis 727 (1950).
[10] HEEGER, E. F. und BRÜCKNER, K.: Heil- und Gewürzpflanzen/Arten- und Sortenkunde. 2. Aufl., Berlin 1952, S. 24 bis 29.
[11] loc. cit. S. 693. (WALTHER, E.)

Saatgut sollte mindestens 70% Keimfähigkeit aufzuweisen haben. Die Keimfähigkeit nimmt sehr schnell ab. Bereits nach einjähriger Lagerung wurde eine Abnahme von 9—97% festgestellt. Nur bei wenigen Herkünften keimte das Saatgut noch nach sechsjähriger Lagerung. Es sollte nicht länger als 1 Jahr aufbewahrt werden. Die Keimprüfung ist in 28 Tagen bei Wechseltemperatur und Licht durchzuführen.

Anbau: Hinsichtlich der Vorfrucht ist *Valeriana officinalis* ziemlich anspruchslos. Hohe Erträge werden erzielt, wenn der Baldrian in zweite Tracht zu stehen kommt, so daß es sich empfiehlt, ihn nach reichlich mit Stallmist gedüngten Kartoffeln anzubauen. Auch Leguminosen haben sich als günstige Vorfrucht erwiesen.

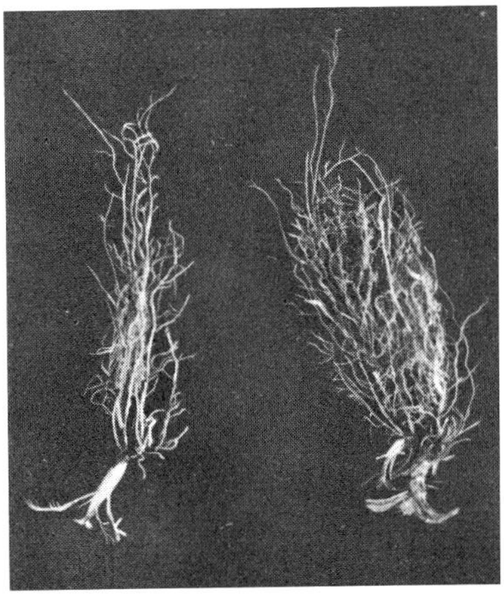

Abb. 410 Valeriana officinalis L., ungeputzte Fechser

Abb. 411 Valeriana officinalis L., pflanzfertige Fechser (Wurzeln gekürzt)

Die Anbauweise wird sehr unterschiedlich gehandhabt. Die generative Vermehrung mit Anlage einer Vorkultur und anschließender Pflanzung ist allgemein üblich. Die gelegentlich vorgenommene vegetative Vermehrung, indem von älteren Pflanzen Fechser gewonnen werden, halten wir beim Anbau des Baldrians zur Drogengewinnung für weniger geeignet, desgleichen die Vermehrung durch Stolonen. Ungeschlechtlich vermehrtes Pflanzgut neigt stark zur Schosserbildung im Frühjahr. Die Drogenernte fällt bei Verwendung von Wildpflanzensämlingen und aus Saatgut herangezogener Baldrianpflanzen meist besser aus. Bei geschlechtlicher Vermehrungsweise werden nach unseren Erfahrungen die Baldrianrhizome besser ausgebildet.

Die Kulturdauer ist aber nicht nur von der Vermehrungsweise, sondern vor allem von den Klima- und besonders den Niederschlagsverhältnissen abhängig. In niederschlagsreicheren Gegenden ist die einjährige Kultur möglich, während in trockeneren Lagen der Anbau zweijährig durchgeführt wird.

Die Aussaat erfolgt auf ein gartenmäßig vorbereitetes Saatbeet entweder im Spätsommer (August) oder im zeitigen Frühjahr (März—April). Auch Kastenaussaat kann vorgenommen werden. Die Früchte werden in 20 cm Reihenabstand ganz flach ausgedrillt, so daß sie nur schwach mit Erde bedeckt werden, denn sie keimen besonders gut bei Lichtzutritt. Ratsam ist es, die Saat leicht anzuwalzen. Bei einem Vermehrungskoeffizienten von 1:10 werden etwa 1—1,5 kg Saatgut benötigt, die, auf 1000 qm ausgesät, Pflanzen für 1 ha Anbau liefern. Bei Kastenaussaat kommt man mit etwa der halben Menge aus. Auf gutes Feuchthalten des Saatbeetes ist zu achten. Bei Frühjahrsaussaat erfolgt das Auflaufen bei genügender Bodenerwärmung und Feuchtigkeit etwa nach 4 bis

5 Wochen. In klimatisch günstigen Lagen ist ein Verpflanzen der jungen Sämlinge aus dem Anzuchtbeet oder Kasten oft schon ab Ende Mai möglich. Die Jungpflanzen haben aber bei Frühsommerpflanzung eine gute Wasserversorgung nötig, die nicht überall um diese Zeit gegeben ist. In trockeneren Lagen ist daher ein Stehenlassen der Sämlinge auf dem Saatbeet bis zum Herbst zu empfehlen.

Die Pflege der Anzucht erstreckt sich auf Sauber- und Offenhalten des Bodens durch mehrmaliges flaches Hacken und Jäten. Da der Baldrian eine Krumenpflanze ist, darf nicht zu tief gehackt werden, da sonst Wurzelbeschädigungen die Folge sind. Nach Eintritt der Vegetationsruhe im Herbst können dann die Jungpflanzen aus dem Anzuchtbeet herausgenommen und verpflanzt werden. Die Wurzeln kräftiger Sämlingspflanzen werden vor dem Auspflanzen etwas gekürzt. Während die Frühjahrssämlinge vorsichtig und nicht zu tief gepflanzt werden dürfen, sind die kräftiger entwickelten Herbstpflanzen hinsichtlich des Standortwechsels unempfindlicher. Mit dem Pflanzspaten werden sie so gepflanzt, daß die Wurzelstöcke gerade mit Boden bedeckt sind.

Als Reihenentfernung hat sich unter mitteldeutschen Anbauverhältnissen in verhältnismäßig trockenen Lagen die engere Standweite von 30 × 25 cm gegenüber der weiteren mit 40 × 30 cm hinsichtlich des Ertrages besser bewährt. In feuchteren Lagen, auf baldrianwüchsigen Böden und auch beim Anbau breitblättriger Sorten, besonders des 'Erfurter Holunderblättrigen Baldrians', findet das Vielfachgerät Verwendung. Der Reihenabstand beläuft sich dann auf 62,5 cm und in der Reihe auf 25 cm. Diese Standweite bietet den Vorteil der Bearbeitung, wie sie zur Kartoffel erfolgt. Gelegentlich wird sogar etwa Anfang Juli ein flaches Anhäufeln der Baldrianpflanzen vorgenommen. Soll geigelt werden, so ist immer wieder darauf zu achten, daß die Wurzeln der Baldrianpflanzen nicht verletzt werden; man darf daher nicht zu dicht an die Pflanzen heranfahren. Im Herbst gepflanzter Baldrian kann im zeitigen Frühjahr ein- bis zweimal gestriegelt werden.

Hinsichtlich der Pflegearbeiten ist noch zu bemerken, daß die der Wurzelgewinnung dienenden Pflanzen nicht schossen dürfen. Die Blütentriebe sind frühzeitig tief auszugeizen, anderenfalls wird der Wurzelertrag und die Güte der Droge vermindert. Die Eigenschaft des Schossens ist besonders der zweijährigen Kultur eigen.

Was das Nährstoffbedürfnis von *Valeriana officinalis* anbelangt, so kann gesagt werden, daß er superphosphatliebend ist, während man Kali nur in schwachen Gaben verabreicht. Zu einem guten Gedeihen ist vor allem Humus erforderlich. Auch muß der Kalkzustand des Bodens in Ordnung sein. Zur Pflanzenanzucht genügt schon eine schwache N, P_2O_5, K_2O-Düngung und zur Hauptkultur unter Berücksichtigung des oben Gesagten eine solche, wie sie etwa zu Wintergetreide üblich ist. In der Zeit des Verpflanzens sind die Baldrianpflanzen gegen Mineraldünger empfindlich, daher sollte vor dem Pflanzen gedüngt werden. Auf leicht austrocknendem Boden wurden gelegentlich Schädigungen durch zu reichlich bemessene mineralische Düngung beobachtet. Da der Baldrian sich nur langsam entwickelt, kann unter Umständen eine schwache Kopfdüngung mit einem schnellwirkenden Stickstoffdünger angebracht sein, die am besten 2—3 Wochen nach der Pflanzung erfolgt.

In pharmakologischer Hinsicht wirkt sich eine harmonische Düngung günstig aus. NOLLE[12] untersuchte Baldrianextrakte ungedüngter und gedüngter Pflanzen, und er stellte einen günstigen Einfluß sachgemäßer Düngung auf den Gehalt an ätherischem Öl fest. Die pharmakologische Wirkung der Extrakte prüfte er am Frosch. Er kam zu dem Ergebnis, daß der Gehalt an ätherischem Öl nicht mit der Wirkung parallel

[12] NOLLE: „Archiv f. exp. Path. u. Pharmakologie" 145, S. 248 (1929).

läuft. Nach seinen Versuchen brachte die Düngung mit Superphosphat den höchsten Gehalt an *Oleum Valerianae*, nämlich 1,63 %, gegenüber den ungedüngten Pflanzen von 0,17—0,88 %. Die höchste pharmakologische Wirksamkeit hatte die Droge solcher Pflanzen aufzuweisen, die entweder nur mit Stalldung oder mit diesem und Superphosphat gedüngt worden waren. Während die ungedüngte Droge nur 66—133 Werteinheiten je 100 g Frosch ergaben, erreichte die mit Stalldung und Superphosphat gedüngte 200 Werteinheiten je 100 g. GSTIRNER[13] hat den Einfluß einzelner Mineraldünger auf den Drogenertrag, den Gehalt an ätherischem Öl und die physiologische Wirkung der Droge ermittelt. Er kam zu dem Ergebnis, daß der Einfluß einer harmonischen Düngung auf den Drogenertrag geringfügig ist. Durch Kalidüngung wurde allerdings ein Drogenminderertrag von 12,9 % erzielt. Auch bei der Volldüngung war eine nachteilige Wirkung zu beobachten. Stickstoffdüngung bewirkte die höchste Zunahme von 9,3 %. Dagegen wirkte sich die Düngung beträchtlich auf den Gehalt an ätherischem Öl aus, der in den Drogen bestimmt wurde, wie dies aus nachstehender Tabelle ersichtlich ist.

Düngung	Gehalt an ätherischem Öl in %	Mehrgehalt in %
Ohne Düngung	0,48	0
K_2O	0,64	33,3
P_2O_5	0,68	41,7
N	0,48	0
Volldüngung	0,68	41,7

Interessant ist auch die Feststellung, daß die Kalidüngung zwar eine Ertragsdepression zur Folge hatte, der Gehalt an ätherischem Öl aber gegenüber den ungedüngten Pflanzen erhöht wurde. Außerdem untersuchte GSTIRNER die pharmakologische Wirksamkeit der Droge an weißen Mäusen nach dem Verfahren von KOCHMANN und KUNZ[14] in der Weise, daß die Mindestdosis eines wäßrigen Baldrianwurzelauszuges (Infusum) ermittelt wurde, die durch Koffein erregte Mäuse im Zitterkäfig zu beruhigen vermag. Die Droge mit Volldüngung wies die größte Wirkung auf; ihr folgte dann die mit Stickstoff gedüngte. Die schwächste Wirkung hatte die ungedüngte Droge aufzuweisen. Auch dieser Versuch läßt wieder erkennen, daß einer harmonischen Volldüngung im Arzneipflanzenbau der Vorzug vor einer einseitigen Düngung zu geben ist. (Siehe auch Kapitel X, Seite 127.)

Ernte: Ab Oktober, wenn das Laub abzusterben beginnt und die Vegetationsruhe eintritt, werden die Baldrianwurzeln gerodet. Mit der Ernte darf nicht zu früh begonnen werden. Wir konnten nachweisen, daß sich der Baldrian ähnlich wie die Zuckerrübe verhält, die ebenfalls im Oktober noch einen beträchtlichen Zuwachs erfährt. Obwohl durch die späte Ernte eine größere Erntemenge gesichert ist, kann sie jedoch nicht zu weit hinausgeschoben werden, weil gefrorener Boden das Roden unmöglich macht und ungünstige, nasse Witterung die Räumungsarbeiten sehr erschwert und damit die Drogengewinnung verteuert. Auch im sehr zeitigen Frühjahr, bevor die Vegetation wieder einsetzt, können die Wurzelstöcke gerodet werden. Einige Arzneibücher, z. B.

[13] GSTIRNER, F.: Düngungsversuche mit *Atropa Belladonna* und *Valeriana officinalis*. „Pharmazie" 5, S. 498 bis 501 (1950); bzw. „Arzneipflanzen-Umschau" 2, S. 816 bis 818 (1950).

[14] KOCHMANN, M. und KUNZ, H.: Über die Wirkung des Baldrians und eine Methode der Wertbestimmung. „Archiv f. exp. Path. u. Pharmakologie" 181, S. 421 (1936).

Abb. 412
Valeriana officinalis L., einjähriger Bestand, links: ausgepflügte Rhizome

das Österreichs, schreiben eine Frühjahrsernte vor. Nach FAUCONNET[15], der die Schwankungen des ätherischen Öles, der Trockensubstanz und des Extraktgehaltes der Rhizome im Laufe des Jahres untersuchte, bezeichnet die Monate November bis Februar als die günstigste Zeit für die Baldrianernte. Die Rodung selbst wird mit einem Pflug ohne Streichblech, einem Kartoffelrodepflug oder den schon einmal beim Fenchel (siehe S. 399) erwähnten Pflug vorgenommen. Kartoffelschleudern haben sich nicht bewährt. Da die Wurzeln flach ausgebreitet im Boden verlaufen, braucht nicht sehr tief gepflügt zu werden. Die Wurzelstöcke werden am besten laufend aufgesammelt, gut abgeklopft und ausgeschüttelt und vom Kraut durch Abdrehen mit der Hand befreit. Vorratsrodung hat sich wegen des Festtretens schon gehobener Wurzeln nicht bewährt. Diese reinigen sich nachher besonders schwer. Die Reinigungs- und Aufberei-

Abb. 413
Valeriana officinalis L. zur Saatgutgewinnung mit Einschlüssen

[15] FAUCONNET: „Schweizerische Apotheker-Zeitung" 85 (1947); zit. nach KARSTEN, G. und WEBER, U.: Lehrbuch der Pharmakognosie. Jena 1949, S. 96.

tungsarbeiten am Erntegut lassen sich in die ruhigere Winterzeit verlegen, falls frostfrei gewaschen und künstlich getrocknet werden kann. Die Wurzelstöcke müssen dann vor Frost geschützt in Scheunen, Schuppen oder im Keller in nicht zu hoher Schicht gelagert werden. Eine zu hohe Lagerung ist unbedingt zu vermeiden, da die Rhizome sonst leicht zu treiben beginnen oder sich so stark erwärmen, daß sie verbrennen und damit verderben.

Die so gut wie irgend möglich vorgereinigten Wurzelstöcke werden dann mit dem Messer oder einem kleinen Beil geteilt, damit die noch in den „Wurzelbärten" und besonders auch im Rhizomkopf haftende Erde besser herausgereinigt werden kann. Bei der Reinigung ist darauf zu achten, daß möglichst wenig Wurzeln verlorengehen. Das Waschen der Wurzelstöcke erfolgt je nach den örtlichen Möglichkeiten in fließenden Gewässern so wie bei Angelika (siehe S. 247) oder auch auf Drahtsieben, mit dem Schlauch durch Abspritzen oder in Waschanlagen. Warmes Wasser sollte nicht verwendet werden, auch dürfen die Rhizome nicht zu lange wässern (Gefahr der Auslaugung). Im Großanbau werden die so gereinigten Wurzelstöcke dem Verarbeitungsbetrieb zur künstlichen Trocknung abgeliefert.

Abb. 414 Valeriana officinalis L. zur Saatgutgewinnung

Die Baldrianfrüchte reifen von Juli bis August (September). Die schmalblättrigen Baldrianformen sind früher reif als die breitblättrigen. *Valeriana sambucifolia* reift früher als *Valeriana officinalis.* Die Zeitunterschiede können bis zu vier Wochen betragen. Soll Saatgut geerntet werden, dann sind die Trugdolden zu schneiden, sobald die ersten Früchte zu reifen beginnen und sich gelblichbraun färben. Die Früchte reifen sehr ungleichmäßig und werden leicht vom Wind weggetragen. Bei Ausfall der Früchte kann der Baldrian zu einem lästigen Unkraut in Dauerkulturen, besonders auch auf benachbarten Wiesen werden. Kleinanbauer schließen daher die Trugdolden mit den reifenden Früchten in Papiertüten ein. Bei einer Saatgutgewinnung im großen läßt man sie am besten auf Horden nachtrocknen und -reifen. Zu früh geschnittene Dolden haben einen sehr hohen Anteil unreifer Früchte, die später die Keimfähigkeit des Saatgutes stark beeinträchtigen. Das Erntegut muß sorgfältig gereinigt werden. Wind und Regen können unter Umständen den Ernteertrag völlig in Frage stellen.

Trocknung: Die Trocknungstemperatur der Baldrianwurzelstöcke darf 40° C nicht übersteigen, sie sollte 30—35 ° C betragen. Im Kleinanbau wird auf natürliche Weise getrocknet. Die feinen, wenig gehaltvollen Wurzelfasern der geteilten und gewaschenen Wurzelstöcke werden zunächst mit einem Eisenkamm, wie er in der Pferdepflege Verwendung findet, gekämmt und dann zum Trocknen auf Böden ausgebreitet oder auf Schnüre gefädelt und an Hausgiebeln aufgehängt. Das Eintrocknungsverhältnis schwankt zwischen 3—5 : 1.

Vom Trocknungsprozeß hängt in starkem Maße die Qualität der Droge ab. Bekanntlich wird eine dunkle Baldriandroge vom Handel bevorzugt. Die Farbe allein

Abb. 415 Valeriana officinalis L., Trocknung von Wurzelstöcken an der Hauswand in Pansfelde (Südharz)

sollte jedoch bei der Beurteilung der Droge nicht ausschlaggebend sein. Sie bildet sich durch einen Fermentierungsprozeß beim Trocknen und Lagern und kann unter Umständen auch durch unsachgemäße Behandlung hervorgerufen sein. Es wäre falsch, einen noch nicht genügend abgelagerten hellen Baldrian als minderwertig zu bezeichnen. Einzelne Arzneibücher, wie das der Schweiz, vermeiden sogar die Fermentierung und fordern zur Bereitung der Tinktur die frische Wurzel, die vor der Verarbeitung stabilisiert wird, um die Inhaltsstoffe möglichst im ursprünglichen Zustand zu erhalten[16]. Erwähnt sei, daß neuerdings die sedative Baldrianwirkung dem ätherischen Öl abgesprochen und als Alkaloidwirkung angesehen wird (GESSNER).

Katzen sind vom Erntegut fernzuhalten, da sie für den Baldriangeruch eine besondere Vorliebe haben, sich gern auf dem Erntegut wälzen und die Droge verunreinigen.

Erträge: Der Ertrag an lufttrockener Droge beläuft sich auf etwa 15—30 dz/ha. In Pansfelde (Südharz), wie überhaupt im mitteldeutschen Hauptanbaugebiet, beläuft sich eine Mittelernte auf 120 dz/ha frischer Wurzeln = 30 dz/ha lufttrockener = 25 dz/ha darrtrockener Droge.

Unsere Aussaatzeitenversuche ergaben geringe Ernten, wenn im April gepflanzt und schon im Oktober geerntet wurde. Der im Mai gepflanzte und erst im November geerntete Baldrian ergab immer gute Ernten.

Die Saatguterträge sind sehr schwankend. Etwa 30 kg/ha gelten als Normalertrag. Höhere und geringere Erträge sowie völlige Mißernten kommen vor.

Krankheiten und Schädlinge: Am Baldrian wurden wiederholt Mehltau (*Erysiphe polygoni* DC. und Falscher Mehltau (*Peronospora valerianae* Trail.) festgestellt. Ein Rostpilz (*Uromyces valerianae* [Schum.] Fuck.) befällt gelegentlich im Sommer die Blätter und kann die Pflanzen im Wachstum hemmen. In den letzten Jahren trat öfter eine Wurzelhalsfäule in Erscheinung. Nach MÜHLE[17] äußerte sie sich in einer Schwärzung des Stengelgrundes, die mit Fäulniserscheinungen verbunden war und zum Umknicken und Absterben der Stengel führte. Verschiedentlich waren auch die Hauptwurzeln von dieser Fäulniserscheinung betroffen. Mit dem Einsetzen der Trockenperiode ging die Krankheit allmählich zurück. Nach WALTHER[18] gelingt die Kultur des parasitischen Pilzes leicht. Nach neueren Untersuchungen soll es sich um eine *Phoma-spec.* handeln. Die Erkrankung der Pflanzen kommt einer Verticillose gleich. 1946 trat in den Baldrianbeständen des Sortenamtes als Schädling eine grüne Larve der Blattwespe *Macrophya albicincta* Schrk. verheerend auf. Sie fraß in kürzester Zeit die Pflanzen völlig

[16] GSTIRNER, F.: Baldrianwurzel und Baldriantinktur. „Die deutsche Apotheke“ 2, Nr. 42 (1934).
[17] MÜHLE, E.: Phytopathologischer Bericht Oktober 1943. „Pharm. Ind.“ 10, S. 251 (1943); bzw. „Arzneipflanzen-Umschau“ 1, S. 329 bis 330 (1943).
[18] loc. cit. S. 693.

kahl. Blattlausbefall (*Aphis fabae* Scop.) wurde wiederholt festgestellt. Auch der blütenfressende und als Rosenschädling bekannte Goldkäfer, *Cetonia aurata* L., wurde 1940 an den Baldrianbeständen in Leipzig-Probstheida mehrmals gefunden. Nach Angaben im Schrifttum saugen an den Blättern, ohne den Pflanzen eigentlich gefährlich zu werden, die Schwarzpunktzikade, *Eupteryx atropunctata* Goeze, und die Wollblumenblindwanze, *Campylomma verbasci* Mey. D. ZACHER[19] berichtet, daß die Blätter von vier verschiedenen Schmetterlingsraupen verzehrt werden, und zwar von der Raupe eines Tagfalters (*Melitaea dictynna* Esp.), einer Eulenraupe (*Caradrina quadripunctata* F.), einer Spannerraupe (*Tephroclystia valerianata* Hb.) und einer Kleinschmetterlingsraupe (*Depressaria pulcherimella* Stt.). Eine Gallmilbe (*Eriophyes macrotubeculatus* Nal.) verursacht Vergrünung (Verlaubung) der Blüten, während die Entwicklung der Achsen des Blütenstandes durch die Larven einer Gallmücke (*Contarinia valerianae* Rübs.)

Abb. 416 Valeriana officinalis L., in der Bildmitte: an Baldrianwelke erkrankte Pflanze, verursacht durch Phoma-species

Abb. 417 Larve der Blattwespe Macrophya albicincta Schrk.

Abb. 418 Valeriana officinalis L., Schadbild der Blattwespe Macrophya albicincta Schrk.

[19] ZACHER, F.: Tierische Schädlinge an Heil- und Giftpflanzen und ihre Bedeutung für den Arzneipflanzenanbau. (Vortrag), „Ber. d. Deutsch. Pharmaz. Ges." **31**, S. 53 bis 65 (1921).

gehemmt wird, so daß die Blüten dicht gedrängt stehen und unfruchtbar bleiben. Im September 1945 wurde in Leipzig-Probstheida beobachtet, daß mehrere Rhizome dreijähriger Pflanzen von Tausendfüßlern ausgehöhlt waren. Auch Engerlinge zeigten sich oft an den Wurzelstöcken. 1939 wurde in Leipzig-Probstheida als entomologische Besonderheit auf einer blühenden Dolde sitzend ein weibliches Exemplar der Spanischen Fliege, *Lytta vesicatoria* L., festgestellt[20]. Dieses Insekt ist nach dem DAB. 6 (*Cantharides*) offizinell. Trotz eifrigen Absuchens der Blütenstände an anderen Sammeltagen konnte ein weiteres Stück nicht aufgefunden werden. Nach Mitteilung der Leipziger Coleopterologen ist dieser Käfer seit etwa 30 Jahren nicht mehr bei Leipzig beobachtet worden.

Fraßschaden an der Droge verursacht der Messingkäfer, *Niptus hololeucus* Fald.

Besonderes: Nach Angaben in der älteren landwirtschaftlichen Literatur, z. B. in ALEFELD, Landwirtschaftliche Flora, Berlin 1866, werden die frischen Baldrianblätter als ein gutes Rindviehfutter bezeichnet. Auf Grund eigener Beobachtungen empfehlen wir nicht, Baldriankraut allein als Grünfutter zu verfüttern. Ganz abgesehen davon, daß die Wurzelstockernte erst erfolgen soll, wenn die Blätter im Absterben begriffen sind und an Futterwert bereits verloren haben, konnten wir vorübergehende gesundheitliche Schädigungen bei Kühen feststellen, wo Baldriankraut als Notfutter in größerer Menge verfüttert wurde. Als solches dürfte es unseres Erachtens nur in geringem Umfang zusammen mit anderem Grünfutter Verwendung finden, denn auch das Kraut enthält nach WEHMER[21] in geringer Menge ätherisches Öl.

Verbascum-species, Königskerze-, Wollblumen-Arten

Scrophulariaceae

Gebräuchliche Pflanzenteile: DAB. 6: „Die getrockneten, goldgelben Blumenkronen mit den ihnen aufsitzenden Staubblättern von *Verbascum phlomoides* Linné und *Verbascum thapsiforme* Schrader."* HAB. 2: „Frisches, zu Beginn der Blüte gesammeltes Kraut" von *Verbascum thapsiforme* Schrad.

Handelsbezeichnungen: *Flores Verbasci*, Königskerzen, Wollblumen; *Folia Verbasci*, Königskerzen- oder Wollblumenblätter; *Semen Verbasci*, Königskerzen- oder Wollblumensamen. Blätter wie auch Samen finden nur gelegentlich in der Volksheilkunde Verwendung.

Botanik: Die Gattung *Verbascum* ist sehr artenreich. MURBECK[1] beschreibt 252 Arten. Sie bastardieren leicht, so daß die Zahl der Bastarde groß ist. Die offizinellen Arten trifft man eigentlich nur selten völlig artenrein an. In einer Übersicht von BRANCO[2], in welcher die wichtigsten botanischen Merkmale von acht in Deutschland einheimischen Arten zu finden sind, werden die offizinellen Königskerzen wie folgt (auszugsweise) charakterisiert:

[20] UDE, W. und HEEGER, E. F.: *Cantharides* — Spanische Fliegen. „Pharmaz. Zhalle" 82, Nr. 17 (1940) (Sonderdruck).
[21] WEHMER, C.: Die Pflanzenstoffe. 2. Bd., 2. Aufl., Jena 1931, S. 1191.
[1] MURBECK, Sv.: Monographie der Gattung *Verbascum*. Lund 1933.
[2] BRANCO, K.: Arzneipflanzen in Einzeldarstellungen. Die Königskerzen, Systematik und Morphologie. „Die Deutsche Heilpflanze" 2, S. 49 bis 54 (1936).
* Im Belgischen und Französischen Arzneibuch sind *Verbascum thapsiforme* Schrader und *V. thapsus* L. offizinell.

	Verbascum thapsiforme Schrad. Großblumige Königskerze Pflanze zweijährig, selten mehrjährig	*Verbascum phlomoides* L. Gemeine Königskerze Pflanze zweijährig
Wurzel	spindelförmig, ästig	spindelförmig, ästig
Stengel	50—200 cm hoch, dichtfilzig, durch die herablaufenden Blätter geflügelt, auf gutem Boden meist oberwärts ästig, sonst unverzweigt	50—150 cm hoch, meist nicht verzweigt, dichtfilzig behaart
Blätter	beiderseits dicht sternhaarig-filzig; Rosettenblätter sehr kurz gestielt. Stengelblätter sitzend, zum nächstunteren herablaufend	dicht gelblich-sternhaarig-filzig; Rosettenblätter kurz gestielt, Stengelblätter sitzend, ein Stück am Stengel herablaufend, jedoch nicht bis zum nächstunteren Blatt
Blüten	zu 2—9, meist zu 4 gebüschelt in verlängerter einfacher oder ästiger Traube	zu 2—9, meist zu 4 gebüschelt in einfacher Traube
Blütenstiele	kürzer als der Kelch	dichtfilzig, so lang oder kürzer als der Kelch
Blumenkrone	hellgelb, sehr selten weiß, Durchmesser 25—50 mm	hellgelb, Durchmesser 25 bis 55 (!) mm
Staubfäden	die beiden längeren kahl mit lang herablaufenden Staubbeuteln; die Fäden höchstens 2mal so lang wie ihre Staubbeutel. Die 3 kürzeren Staubfäden sind weißwollig und tragen nierenförmige, nicht herablaufende Staubbeutel	die beiden längeren kahl, mit lang herablaufenden Staubbeuteln, die Fäden 1,5- bis 2mal so lang wie ihre Staubbeutel. Die 3 kürzeren Staubfäden sind weißwollig und tragen nierenförmige, nicht herablaufende Staubbeutel
Fruchtkapsel	elliptisch-eiförmig, dicht sternhaarig, 5—9 mm lang	elliptisch-eiförmig, sternhaarig, 5—8 mm lang
Blütezeit	Juni bis Oktober	Juli bis Oktober

ZWINGENBERGER[3] stellte bei der Durchführung von Anbauversuchen fest, daß eine sichere botanisch-systematische Abgrenzung der beiden genannten Arten wegen der vielen morphologischen Übergänge infolge Bastardierung unmöglich war.

Blütezeit: VI—VII—X.

Die *Verbascum-species* sind Pollenblumen, doch söndern einige Arten, z. B. *Verbascum phoeniceum* L., die Purpurrote Königskerze und *Verbascum blattaria* L., das Schaben- oder Mottenkraut, auch am Grunde der Kronblätter spärlichen Nektar ab. Die Blüten sind homogam, manchmal auch schwach proterogyn oder proterandrisch. Die Narbe überragt die Staubblätter, so daß die anfliegenden, mit dem Pollen einer anderen Blüte beladenen Insekten erst die Narbe berühren und so Fremdbestäubung stattfindet. Selbstbestäubung durch den auf die tiefer gelegene Narbe herabfallenden eigenen Pollen ist zwar möglich, aber wirkungslos. Die Besucher der *Verbascum*-Arten sind hauptsächlich Schwebfliegen, Bienen und Hummeln (HEGI). An den Beständen in Leipzig-Probstheida wurden von pollensammelnden Hymenopteren vor allem Honigbienen beobachtet. Auch die viel kleinere *Prosopis communis* Kyl. aus der Gattung der Maskenbienen wurde an den Blüten festgestellt. Von *Bombus*- Arten wurde nur die Erdhummel pollensammelnd an den Blüten angetroffen. Von Käfern waren die meisten Blüten der Königskerze mit *Meligethes-spec.* stark besetzt. Auch der schwarz und gelb gezeichnete Marienkäfer, *Propylaea 14-punctata* L., war nicht selten und läßt fast die Vermutung aufkommen, daß er neben seiner Hauptnahrung — den Blattläusen — auch Pollen nicht verschmäht. Am Blütengrunde hielt sich gern der dunkelblaue Spitzrüßler *Apion pisi* F. auf. Relativ häufig wurden die Blüten auch von dem Schmalbock *Leptura rubra* L. beflogen. Auch er zeigte Vorliebe für den Pollen. Fliegen

[3] ZWINGENBERGER: Zur Kenntnis des Königskerzen-Anbaues. Gewinnung der „*Flores Verbasci*". Dissertation Hamburg 1938. (Siehe auch: „Angewandte Botanik" **20**, Heft 1 [1938].)

wurden unter dem Besucherkreis in elf Arten festgestellt. Allein aus der Gattung *Syrphus* waren die Arten *S. balteatus* Deg., *S. ribesii* L., *S. luniger* Mg. und *S. corollae* F. vertreten. Dann folgten die stets beieinander anzutreffenden, zarten *Sphaerophoria*-Arten *S. scripta* L. und *S. menthastri* L. Weiter beobachtete Schwebfliegen waren *Eristalis tenax* L., *E. arbustorum* L., *Lasiophticus pyrastri* L. und *Melanostoma mellinum* L. Schmetterlinge wurden an den Blüten nicht gesehen.

Die Frucht ist eine eiförmige, zweifächerige, zweiklappig aufspringende, vielsamige Kapsel. Die Samen sind prismatisch bis breit-keilförmig, d. h. am Grunde zugespitzt, mit winzigem Nabel, am gegenüberliegenden, breiten Ende stets ± eingedrückt-ausgehöhlt. Die Oberflächen der Längsseiten sind mit zahlreichen, in Längsreihen stehenden, derben Wärzchen versehen und erscheinen daher netzig-grubig. Die Farbe ist dunkelbraun. Die Unterschiede zwischen den einzelnen Arten sind sehr gering und nur bei stärkerer Vergrößerung zu erkennen. Die Samengröße und das 1000-Korngewicht bei den einzelnen Arten weisen nur geringe Unterschiede auf, wie aus folgender Zusammenstellung zu ersehen ist.

Abb. 419 Verbascum thapsiforme Schrad., Bestand

	Samenlänge	Mittel	Samendurchmesser	Mittel
V. phlomoides	von 0,6 bis 1,0 mm	0,77 mm	von 0,4 bis 0,6 mm	0,47 mm
V. thapsiforme	von 0,6 bis 0,9 mm	0,74 mm	von 0,4 bis 0,5 mm	0,45 mm

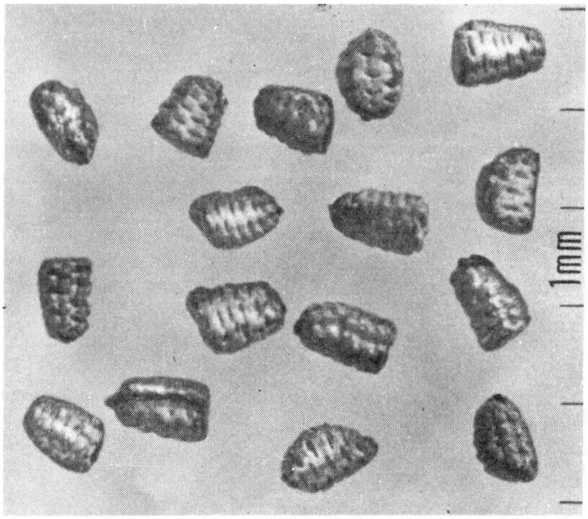

Abb. 420
Verbascum thapsiforme Schrad., Samen (Betr. Abb. 419-427: Die Artbezeichnung V. thapsiforme Schrad. entspricht den Angaben des Züchters; eine Nachbestimmung wurde nicht vorgenommen.)

Boden und Klima: Wildwachsend gedeihen beide Arten auf ärmeren Böden, man findet sie sogar an steinigen, sonnigen Plätzen, z. B. an Bahndämmen. In höheren Lagen trifft man sie seltener an. Auch in der Kultur stellen sie nur geringe Ansprüche an den Boden. Leichtere, lehmige Sand- bis Sandböden in sonniger, windgeschützter Lage sagen gut zu. Trockenheit wird im allgemeinen vertragen. In der Jugend benötigen die Kulturformen zu einer guten Entwicklung jedoch etwas Feuchtigkeit.

Herkunft und Verbreitung: Nach HEGI ist *Verbascum phlomoides* in ganz Europa und dem Kaukasus verbreitet, fehlt aber im höheren Norden. *Verbascum thapsiforme* findet sich ebenfalls in ganz Europa, außer dem hohen Norden und dem Südwesten der Pyrenäenhalbinsel.

Herkünfte des Drogenhandels: Königskerzenblüten werden wildwachsend gesammelt, aber auch häufig im Anbau gewonnen. Wichtige Produktionsländer sind Belgien, Italien, Österreich (Mühlviertel), Tschechoslowakei und Ungarn. In Deutschland wird Königskerze besonders häufig in Hessen und Franken (Schweinfurter Gegend) angebaut.

Sorten und Herkünfte für den Anbau: Im Handel befindet sich eine Gruppensorte 'Großblütige Königskerze', die sich vom Typ *Verbascum thapsiforme* herleitet. Erwünscht wäre eine einjährige Hochzuchtsorte von mittelhohem Wuchs, die mehltauresistent ist. Sie müßte große, evtl. gefüllte, goldgelbe Blüten aufweisen und trotz der Einjährigkeit im Ertrag und in der Drogenqualität befriedigen. ZWINGENBERGER[4] erscheint die Heterosiszüchtung aussichtsreich. Nach ihm ist eine Auslese erstrebenswert unter dem Gesichtspunkt der größeren Wirksamkeit der Droge, z. B. auf besonders dickfleischige Blüten mit höherem Schleim- und Saponingehalt. Obgleich der Bedarf an Saatgut verhältnismäßig gering ist und sich die Züchtung für Drogenzwecke kaum lohnt, dürfte eine solche an Interesse gewinnen, wenn diese Zuchtsorte zugleich als Zierpflanze empfohlen werden kann. Die großblütigen Königskerzen können als sehr dekorative Gruppen-, Rabatten- und Parkpflanzen Verwendung finden.

Abb. 421 Verbascum thapsiforme Schrad., Blütenstand

Saatgut: Nach unseren Untersuchungen schwankte das 1000-Korngewicht bei *Verbascum phlomoides* zwischen 0,079 und 0,160 g und bei *Verbascum thapsiforme* zwischen 0,093 und 0,180 g. Es ist nicht artentypisch. Die Mindestreinheit sollte 90% und die Mindestkeimfähigkeit 80% betragen. Nach dem Methodenbuch (Technische Vorschriften für die Prüfung von Saatgut) sollen die Samen im Keimversuch als Dunkelkeimer behandelt werden. Nach den Feststellungen von ZWINGENBERGER sowie eigenen Versuchen empfiehlt es sich, sie als Lichtkeimer

[4] loc. cit. S. 707.

zu behandeln. Die Keimschnelligkeit wird bereits nach fünf Tagen und die Keimfähigkeit nach 14 Tagen festgestellt.

Anbau: Als Vorfrucht eignen sich alle zeitig bis Juli/Anfang August das Feld räumenden Kulturarten. Frühe und mittelfrühe Kartoffelsorten sind besonders gute Vorfrüchte. Für den Anbau ist zunächst eine Vorkultur im Mistbeet oder auf einem gartenmäßig hergerichteten Freilandbeet notwendig. Pflanzen von im März im

Abb. 422 Verbascum thapsiforme Schrad., während der Blütenernte

Frühbeet flach ausgesäten Samen werden zweckmäßig noch einmal ins Freiland pikiert. 200—250 g Saatgut werden benötigt, um die Pflanzen für 1 ha anzuziehen.

Die Freilandanzucht wird am besten erst nach reichlicher Bodenerwärmung im April/Mai vorgenommen, wobei in 25 cm Reihenabstand ebenfalls flach ausgesät wird. 800—1000 g liefern hier das Pflanzgut für 1 ha. Auf ein Pikieren wird dabei verzichtet. Die Saat läuft nach etwa 14 Tagen auf und wird durch mehrmaliges Hacken saubergehalten.

Im August/September, nicht später, werden dann die Pflanzen herausgenommen und in 50 × 45 cm Reihenabstand in den nach dem Pflügen gut abgesetzten und mit Egge und Schleppe hergerichteten Acker ausgepflanzt. Die Sämlinge mit bleistiftstarken Wurzeln werden vorher auf etwa 8 cm Wurzellänge geschnitten und in ihrem Laub etwas zurückgestutzt. Beim Pflanzen sollen die Herzblätter nicht verschüttet werden. Um die spätere Pflückarbeit zu erleichtern, ist nach je zwei Reihen eine 80 cm breite Laufreihe einzuschalten, so daß jeweils der Reihenabstand zwischen 50 und 80 cm wechselt.

Unsachgemäßes und zu spätes Pflanzen fördert die Trotzerbildung im zweiten Jahre, so daß die Mehrzahl der Pflanzen meist erst im dritten Jahre schoßt.

Auch eine Anlage als Drillsaat gelingt hin und wieder, sie ist jedoch sehr unsicher und kann keinesfalls empfohlen werden. Der Saatgutbedarf ist dabei verhältnismäßig hoch und liegt etwa bei 4 kg/ha. Die Aussaat wird am besten als Untersaat im Mai in entsprechendem Reihenabstand vorgenommen. Pflückerbsen eignen sich besonders als Deckfrucht. Nach Räumung der Überfrucht wird dann der Bestand verhackt und vereinzelt. Die Sauberhaltung ist aber meist etwas schwierig.

Als Mineraldünger wird eine normale Getreidedüngung der drei Kernnährstoffe in Höhe von 30—50 kg N (150—250 kg Kalkammonsalpeter), 40—50 kg P_2O_5 (225—280 kg Superphosphat) und 80—100 kg K_2O (200—250 kg 40 %iges Kali) je Hektar im Herbst oder im ganz zeitigen Frühjahr verabreicht. Auch Jauchegaben wirken sich günstig aus. Vor Winter wird die Anlage mit der Hand, der Maschine oder dem Igel gehackt. In rauhen Lagen kann eine Abdeckung mit Kartoffelkraut oder Stroh angebracht sein. Durch den Frost gehobene Pflanzen sind im Frühjahr wieder anzudrücken, was am besten bei der ersten zeitigen Hacke mit vorgenommen werden kann. Dabei wird zweckmäßig etwas Erde an die Pflanzen herangezogen. Mit Hackmaschine oder Igel kann dann noch eine zweite Hacke vor dem Schossen erforderlich sein. Danach hat jede Pflegearbeit zu unterbleiben.

Ernte: Im Juni beginnt die Blüte und damit auch die Ernte. Sie zieht sich bis in den Herbst hinein. Die Blüten fallen bereits bei der leisesten Erschütterung ab. JARETZKY und GEITH[5] vermuten, daß es sich in dieser Beziehung vielleicht um die empfindlichsten Blüten der deutschen Flora handelt. Die Blüten sind in erster Linie durch ihren Schleimgehalt als Mucilaginosum in der Heilkunde von Bedeutung. Aber auch ihr Saponingehalt macht sie als Expectorans sehr geeignet. Nach Untersuchungen von HUMMEL und

Abb. 423 Verbascum thapsiforme Schrad., Blütenernte

KRAATZ[6] erreicht die Saponinbildung im Verlauf des Blütenwachstums einen Höhepunkt in Blumenkrone und Fruchtknoten. Er tritt ein, wenn die grüne, geschlossene, vom Kelch fast bedeckte Krone unter lebhaftem Wachstum sich gelb färbt und entfaltet. Blüten im Jugendstadium enthalten niemals erhebliche Mengen Saponin. Zufolge GESSNER sollen anscheinend die Blüten von *Verbascum phlomoides* mehr Saponin enthalten als die von

[5] JARETZKY, R. und GEITH, K.: Die deutschen Heilpflanzen in Bild und Wort. 2. Teil, Stollberg und Berlin 1944, S. 260.
[6] HUMMEL, K. und KRAATZ, H.: Organentwicklung und Saponinbildung bei *Verbascum phlomoides*. „Arzneimittel-Forschung" 2, S. 543 bis 547 (1952).

Verbascum thapsiforme. Die Pflückzeit dauert etwa drei Monate, wobei täglich die völlig geöffneten Blüten mit der Hand zu pflücken sind. Das Pflücken geschieht am besten in der Weise, daß man jede voll entfaltete Blüte einzeln faßt und zwischen Daumen und Zeigefinger kräftig drückt. Durch diesen Kunstgriff erreicht man, daß sich die Blüten nicht wieder schließen. Die abgefallenen Blüten sind als Droge nicht mehr zu verwenden. Die Pflückzeit muß daher früh am Tage einsetzen, sobald der Tau abgetrocknet ist, und gegen 11 Uhr beendet sein, da dann die Blüten bereits schlaff werden und leicht eine unansehnliche Droge liefern. Das Pflücken ist besonders bei Wind unangenehm und ruft Jucken an Händen, Unterarm und Hals hervor. Gelangen die feinen Blütenhärchen in die Augen, so entzünden sich diese schmerzhaft, so daß es sich empfiehlt, Schutzbrillen bei der Blütenernte zu tragen*. Das Erntegut wird in Körbe gesammelt und sehr locker geschichtet. Die Blüten dürfen nicht gedrückt werden, da sie beim Trocknen sonst unansehnlich werden. Der Abtransport zur Trocknung muß schnell nach der Ernte vorgenommen werden.

Trocknung: Das Erntegut wird am besten künstlich bei Temperaturen von 45—50° C getrocknet. ZWINGENBERGER[7] empfiehlt Trocknen bei 50—60° C. Da der Trockenprozeß rasch erfolgen soll, ist im Kleinanbau oft eine künstliche Trocknung auf Horden

Abb. 424
Droge (Flores Verbasci)

in der Nähe eines Ofens (evtl. Backofen) nicht zu umgehen. Bei natürlicher Trocknung wird die stark hygroskopische Droge unansehnlich. Trocknungsfehler wirken sich sehr stark qualitätsmindernd aus. Getrocknete Blüten müssen goldgelb aussehen. Das Eintrocknungsverhältnis bewegt sich etwa zwischen 8 : 1 bis 10 : 1.

Seltener gefragt sind *Folia Verbasci.* Wird Blattdroge verlangt, so werden gesunde Blätter ebenfalls zu Beginn der Blüte gepflückt und im Schatten oder künstlich getrocknet. Das Eintrocknungsverhältnis beträgt etwa 5 : 1.

Zur Saatguternte läßt man die Kapseln reifen und erntet sie im August/September durch Abschneiden der ganzen Blütenstände, die dann nach einer kurzen Nachtrocknung wie Getreide mit einer geeigneten Dreschmaschine ausgedroschen werden oder sich ausklopfen bzw. ausreiben lassen.

[7] loc. cit. S. 707.
* Nach einer brieflichen Mitteilung der Drogenfirma Hans JAEGER & Co. in Ludwigslust (Mecklenburg).

Erträge: Geerntet werden etwa 60—120 dz/ha frische Blüten = 6—12 dz/ha Droge. Höhere Ernten können in günstigen Jahren vorkommen, doch sind in regnerischen und trüben Sommern auch darunterliegende Erträge möglich. An Blättern kann man etwa bis 50 dz/ha = 10 dz/ha und mehr *Folia Verbasci* ernten. Der Saatgutertrag beläuft sich auf etwa 2,50—3,00 dz/ha.

Krankheiten und Schädlinge: Die Königskerze wird häufig von pilzlichen Parasiten befallen, so von *Erysiphe cichoriacearum* DC. und *Peronospora sordida* Berk, dem Echten und Falschen Mehltau, von *Uromyces thapsi* (Opiz) Bubàk, einem Rostpilz und von den Blattfleckenpilzen *Ascochyta verbasci* Sacc. und *Ramularia variabilis* Fuck.

Abb. 425
Verbascum thapsiforme Schrad., Schadbild von Nothris verbascella Hb., rechts: gesunder Trieb

In starkem Maße werden die Königskerzenbestände von Insekten heimgesucht und teilweise beträchtlich geschädigt. In Leipzig-Probstheida wurde die Königskerze in allen Beobachtungsjahren stark von Schädlingen angegriffen. Von allen Pflanzenteilen sind dabei besonders die Blätter dem Befall durch Insekten bzw. deren Larven ausgesetzt. Blattrand- und Lochfraß sind die hauptsächlichsten Kennzeichen der Schädigungen. Nach MÜHLE[8] tritt vor allem die Raupe der Wollblumenmotte, *Nothris verbascella* Hb., als Urheber von Fraßschäden auf. Sie befällt vorzugsweise jüngere Blätter in der Nähe der Triebspitzen, hinterläßt wollige Ballen aus Blatthaaren und verunreinigt die Pflanzen durch ihren Kot. Auch die bunten Raupen der Wollkrautmönchseule, *Cucullia verbasci* L., die der Gammaeule, *Phytometra* (*Plusia*) *gamma* L., und der Messingeule, *Ph.* (*Plusia*) *chrysitis* L., schädigen die Blätter. Kleine, rundliche Fraßstellen verursachen Larven und Vollkerfe des Wollblumenrüßlers, *Cleopus solani* F. Auch der Rüsselkäfer *Cionus hortulans* Geoffr. zählt zu den Blattschädlingen. Saugschäden geringeren Ausmaßes verursachen die Wollblumenlaus, *Doralina verbasci* Schrk., die Blindwanze *Campylomma verbasci* Mey. D. und die Schwarzpunktzikade, *Eupteryx atropunctata* Goeze. Ihre Bekämpfung mit insektiziden Pflanzenschutzmitteln muß bereits frühzeitig (Mai) einsetzen. Wir erzielten sehr gute Erfolge durch Bestäuben mit Gesarol. An den Blütenständen der Königskerze treten gelegentlich auch Gallenbildungen und Vergrünungen auf.

Wurzeln und überwinternde Blattrosetten sind im Winter sehr stark dem Hasen- und Mäusefraß ausgesetzt.

[8] MÜHLE, E.: Krankheitserscheinungen und Schadbilder an Rachenblütlern und ihre Erreger. „Pharmazie" 1, S. 184 bis 186 (1946); bzw. „Arzneipflanzen-Umschau" 2, S. 58 bis 60 (1946).

Abb. 426 Verbascum thapsiforme Schrad., Schadbild von Cucullia verbasci L.

Abb. 427 Raupen von Cucullia verbasci L. an Verbascum thapsiforme Schrad.

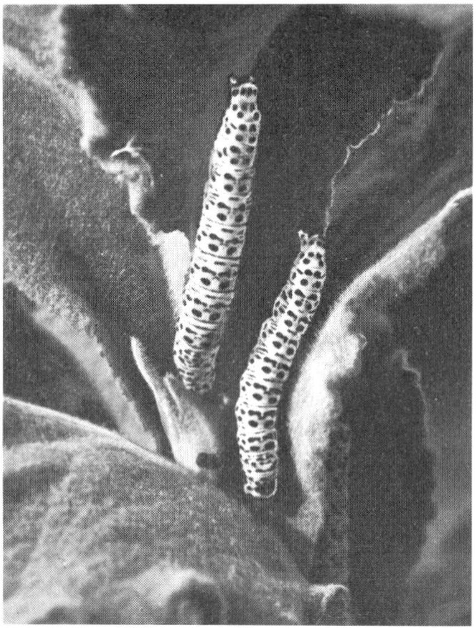

Die Droge wird häufig von der Kupferroten Dörrobstmotte, *Plodia interpunctella* Hb., befallen. Sie ist der für den Drogenhandel schädlichste Kleinschmetterling, dessen Larve ganze Bestände zerstören kann.

Lagerung und Versand: Die getrockneten Blüten ziehen sofort die Luftfeuchtigkeit an, rollen sich zusammen, werden braun und somit unansehnlich und wertlos. Sie müssen daher nach dem Trocknen in luftdicht verschließbaren Gefäßen aufbewahrt werden. Die Aufbewahrung in einer Kiste mit doppeltem, durchlöchertem Boden über ungelöschtem Kalk oder Kieselgel bewährt sich sehr. Der Versand muß ebenfalls in gut schließenden Gefäßen erfolgen.

Viola tricolor L., Feldstiefmütterchen

Violaceae

Gebräuchliche Pflanzenteile: DAB. 6: „Die getrockneten, oberirdischen Teile blühender, wildwachsender Pflanzen von *Viola tricolor* Linné." HAB. 2: „Frisches, blühendes Kraut." Hin und wieder findet auch die ganze getrocknete Pflanze mit den Wurzeln Verwendung.

Handelsbezeichnungen: *Herba Violae tricoloris* (*Herba Jaceae*), Stiefmütterchenkraut; *Flores Violae tricoloris* (*Flores Jaceae*), Stiefmütterchenblüten.

Botanik: *Viola tricolor* ist einjährig bis ausdauernd. Es verfügt über ein sehr feines Wurzelsystem. Die weißlich-hellbraunen Haupt- und Seitenwurzeln sind sehr stark verzweigt und reich befasert. Die Stengel haben unterwärts meist ± verkürzte, oberwärts verlängerte Internodien, sie sind aufsteigend bis aufrecht, meist gelblichgrün, kahl oder ± kurzhaarig. Sie erreichen eine Höhe bis zu 40 cm. Meist sind sie ästig, stielrund oder kantig. Die Laubblätter sind gestielt, eiförmig-lanzettlich bis eirund, bis 5 cm lang und etwa 1,5 cm breit, schwach gekerbt. Die Nebenblätter sind kleiner, fiederspaltig, mit 2–4 Paar linealischen Fiedern und ± laubblattartigem, seltener ± linealischem, ganzrandigem Endabschnitt.

Die Blüten haben einen Durchmesser von 1–3 cm. Die fünf Kronblätter sind breitverkehrt-eiförmig, hellgelb, weißlich, rosa oder ± violett. Die drei unteren weisen purpurne bis schwärzliche Nektarstriche auf, dazu das unterste ein gelbes Saftmal. Blatt- und Blütenmerkmale variieren je nach Standort und Jahreszeit. Die Färbung der Blüten an ein und derselben Pflanze ist veränderlich. Bei vollentwickelten Blüten und im Alter ist die Violett- und Gelbfärbung stärker. Nach WALTHER[1] verstärkt sich die Violettfärbung mit zunehmender Luftfeuchtigkeit.

Blütezeit: V–VIII. Die Ackerformen blühen oft noch länger.

Durch den Farbenkontrast der Stiefmütterchenblüten wird ihre Augenfälligkeit für die anfliegenden Insekten gesteigert. Von Käfern waren in Leipzig-Probstheida an den Blüten *Meligethes-spec.* anzutreffen. Trotzdem sich diese ausgesprochenen Blütenkäfer von Staub- und Fruchtblättern nähren, sind sie nicht immer als Schädlinge zu betrachten, da sie auch als Bestäuber vieler Blüten anzusehen sind. Die Hymenopteren waren durch die beiden Hummelarten *Bombus terrestris* L., *Bombus lapidarius* L., die Honigbiene, *Apis mellifica* L., die Sandwespe *Ammophila sabulosa* L. und die kleine Schlupfwespe *Collyria puncticeps* Thoms. vertreten. Zwei Schwebfliegen ergänzten weiterhin die Blütengäste, wobei es sich um die Arten *Lasiophticus pyrastri* L. und *Sphaerophoria scripta* L. handelte. Häufig war die zarte *Micropeza corrigiolata* L. Von Tagschmetterlingen wurde nur der Rapsweißling *Pieris napi* L. häufig beobachtet; bei Sonnenschein sog er eifrig an den Blüten.

Abb. 428
Viola tricolor L.,
Samen

Die Kapsel ist eiförmig, höchstens so lang wie der Kelch, kahl, aufspringend. Die Samen sind länglich-eiförmig, fast birnenförmig, gelblichbraun, glänzend und mit einem kleinen, weißlichen Anhängsel (Elaiosom) versehen. Die Länge der Samen beträgt etwa 1,5 mm, ihr Durchmesser 1,0 mm.

[1] WALTHER, K.: Beiträge zur Biologie und Systematik von *Viola tricolor* L. „Die Deutsche Heilpflanze" 4, S.171 bis 173 (1938).

Abb. 429 Viola tricolor L. subspec. arvensis (Murr.) Gaud., Einzelpflanze

Abb. 430 Viola tricolor L. subspec. eutricolor Syme, Einzelpflanze

Von *Viola tricolor* werden gelegentlich angebaut *subspec. arvensis* und *eutricolor*:

subspec. arvensis (Murr.) Gaud.: Einjährig bis zweijährig, meist einjährig. Sprosse meist niederliegend oder aufsteigend, seltener aufrecht, kahl oder spärlich flaumig, meist stark verzweigt, oftmals nur 10—20 cm hoch. Laub- und Nebenblätter sehr veränderlich. Blattstiel oft länger als die 1—2 (3) cm lange Spreite. Endabschnitt der Nebenblätter meist eiförmig bis schmal-lanzettlich, gleich den Laubblättern ± gekerbt oder ganzrandig. Blüten 1—1,5 cm groß, an aufrechten oder abstehenden, die Laubblätter um das Zwei- bis Dreifache überragenden Stielen. Kronblätter kürzer bis wenig länger als die Kelchblätter, blaßgelb, das unterste lebhaft gelb, der Sporn und oft auch die oberen Kronblätter ± violett. Sporn gleichlang bis wenig länger als die Kelchanhängsel. Pollenkammer offen, Pollenkörner meist fünfkantig, wenige vierkantig. Blühzeit April bis Oktober, oft auch im Winter.

Diese Unterart ist sehr formenreich und mit allen übrigen Unterarten von *Viola tricolor* durch hybridogene Übergänge verbunden.

subspec. eutricolor Syme: Einjährig bis ausdauernd. Stengel meist nur 10—20 (5 bis 30) cm hoch, einfach oder ästig, meist aufsteigend, gleich den Laubblättern kahl oder unterwärts zerstreut behaart. Blattspreiten meist ziemlich schmal. Endabschnitt der Nebenblätter eiförmig-lanzettlich, meist gekerbt. Blüten 1,5—2,5 (seltener bis 3,5) cm lang, meist auffallend bunt. Sporn 3—5 mm lang, gleichlang bis $1^1/_2$ mal so lang wie die Kelchanhängsel. Pollenkammer geschlossen, Pollenkörner meist 4 (3, 5)-kantig. Blühzeit April bis Oktober. (HEGI.)

Diese Unterart ist ebenfalls sehr formenreich. Viele Ziersorten leiten sich von ihr her.

Boden und Klima: *Viola tricolor subspec. arvensis*, das Ackerstiefmütterchen, tritt wildwachsend fast auf allen Böden, besonders als Ackerpflanze, auf. *Viola tricolor subspec. eutricolor*, das Sandstiefmütterchen, hingegen bevorzugt Sand- und Torfböden und kann hauptsächlich als Sandpflanze festgestellt werden. Beide Unterarten stellen verschiedene Ansprüche an den Kalkzustand des Bodens. Das Ackerstiefmütterchen kommt auf den verschiedensten Bodenarten vor, sogar auf Kalkböden, hier allerdings seltener. Auf mageren, kalkarmen bis kalkärmsten Böden fehlt es dagegen meist ganz oder zeigt nur kümmerlichen Wuchs. Das Sandstiefmütterchen findet sich hingegen vorzugsweise auf kalkarmen bis kalkärmsten Sandäckern und tritt hier meist sehr gesellig auf. Besonders zwischen der Roggenstoppel entwickelt es sich sehr schnell. Sein häufiges Auftreten mit anderen säureanzeigenden Leitunkräutern ist immer ein Zeichen für Kalkmangel. Das Sandstiefmütterchen kommt auf den Dünen der Nord- und Ostseeküste vor, im Binnenland auf dünenartigen, dürftigen Sandhalden von Bergwerken usw. (EICHINGER)[2].

Herkunft und Verbreitung: Die allgemeine Verbreitung von *Viola tricolor* erstreckt sich auf Europa, nördlich bis Island, Nordskandinavien und Sibirien, östlich bis zum Altai, südlich bis zum Mittelmeer und Vorderindien. Die Unterart *arvensis* tritt als Unkraut fast kosmopolitisch auf.

Herkünfte des Drogenhandels: Die Droge wird vorwiegend wildwachsend gesammelt, gelegentlich aber auch im Anbau gewonnen. Herkunftsgebiete sind u. a. Holland, Frankreich, Italien, die Balkanländer und besonders Osteuropa.

Sorten und Herkünfte für den Anbau: Angebaut werden zwei Landsorten, und zwar 'Gelbes Feld-Stiefmütterchen' und 'Hellviolettes Feld-Stiefmütterchen'. Ersteres gehört dem Typ *arvensis* und letzteres dem Typ *eutricolor* an.

Erwünscht wäre eine einjährig-überwinternde, frohwüchsige Sorte mit aufrechtem Wuchs, ausgeglichener Blütenfarbe und hohem Saponingehalt. Auf dem Prüfungsfeld des Sortenamtes in Leipzig-Probstheida waren nur aus Züchtersaatgut des gelbblühenden Typus *arvensis* hervorgegangene Bestände formenrein. Das violettblühende Sandstiefmütterchen hat größere Blüten und einen höheren Wuchs aufzuweisen als das gelbblühende Ackerstiefmütterchen. Es ist häufig mehrjährig im Gegensatz zu letzterem, das nicht älter als zwei Jahre wird.

Da vom Vegetabilienhandel die Droge des 'Hellvioletten Feld-Stiefmütterchens' höher bewertet wird als die des 'Gelben Feld-Stiefmütterchens', wird im Anbau dem ersteren der Vorzug gegeben, obgleich die Droge von *subspec. arvensis* therapeutisch angeblich wirksamer sein soll.

Saatgut: Das 1000-Korngewicht schwankte zwischen 0,490 und 1,018 g. Die Mindestreinheit beträgt 95%, die Mindestkeimfähigkeit 90%. Die Samen sind typische Lichtkeimer. Der Keimversuch wird bei Wechseltemperatur durchgeführt und dauert 21 Tage. Nach sechsjähriger Lagerung war die Keimkraft erloschen.

Anbau: Hinsichtlich der Vorfrucht stellt *Viola tricolor* keine besonderen Ansprüche. Es kann unter einer Deckfrucht angebaut werden. Winter- und Sommerroggen sollen hierfür geeignet sein. Die Ernte des Feldstiefmütterchens gestaltet sich dann aber wegen der vorhandenen Stoppelrückstände des Roggens schwierig. In diesem Zusammenhange sei darauf hingewiesen, daß MOTHES[3] die von MADAUS[4] in mehreren Veröffentlichungen niedergelegten Beobachtungen, daß *Viola tricolor* allein schlecht

[2] EICHINGER: Die Unkrautpflanzen des kalkarmen Bodens. Berlin 1927.
[3] MOTHES, K.: Die Bedeutung der Spurenstoffe für die Entwicklung und Vergesellschaftung der Pflanzen. Organismen und Umwelt (20 Vorträge), Dresden u. Leipzig 1939, S. 150 bis 158.
[4] MADAUS, G.: Lehrbuch der Biologischen Heilmittel. Bd. I, Abt. I, Leipzig 1938, S. 88 bis 89.

keimt, mit Weizen vergesellschaftet gar nicht und mit Roggen zu 100%, nicht bestätigen konnte.
Am besten erfolgt der Anbau als Zwischenfrucht nach Getreide oder anderen das Feld früh räumenden Kulturarten. Hierbei erwies sich bei unseren Versuchen in Leipzig-Probstheida als günstigste Aussaatzeit Ende Juli bis Mitte August. Als Hauptkultur angebaut, kann auch Frühjahrsaussaat bis Ende Mai vorgenommen werden. Bei einem Reihenabstand von 25—30 cm beträgt die Aussaatmenge 30—35 g/a. Es empfiehlt sich, Drillsaat zusammen mit einer Markiersaat vorzunehmen. Die Samen dürfen nur leicht angewalzt werden. Die Keimdauer beläuft sich je nach Bodenfeuchtigkeit auf 3—4 Wochen. Als Zwischenfrucht angebaut, wachsen die Pflanzen im Frühjahr sehr rasch, vorausgesetzt, daß die Herbstaussaat gut entwickelt in den Winter ging. Die Pflanzen überwintern dann ohne Bedeckung sehr gut. Die Bestandspflege erstreckt sich auf das Freihalten von Unkraut mit der Rad- und Handhacke. Eine mittlere mineralische Volldüngung (N, P_2O_5, K_2O) ist angebracht. Beim Anbau von Feldstiefmütterchen auf dem Versuchsfeld in Leipzig-Probstheida bewährten sich Handelsdüngergaben je Ar in Höhe von 2 kg schwefelsaurem Ammoniak, 3 kg Superphosphat und 2 kg 40%igem Kali. Der Handelsdünger wird vor der Aussaat verabreicht, da die jungen Pflanzen eine Kopfdüngung nicht gut vertragen. Wir beobachteten Verbrennungen. Lediglich unmittelbar nach dem Schnitt wird eine schwache Kopfdüngung mit einem schnell wirkenden Stickstoffdünger gut aufgenommen.

Ernte: Das blühende Kraut wird von Mitte bis Ende Mai mit der Sichel oder Sense geschnitten. Im Großanbau kann die Ernte auch maschinell mit dem Grasmäher erfolgen, allerdings müssen die Bestände dann auch völlig unkrautfrei sein. Erfolgt kein Umbruch, so wird der zweite Schnitt meist Anfang Juli vorgenommen, und bei günstiger Witterung ist noch ein dritter ab Ende August (Herbstschnitt) möglich. Da die Hauptwirkstoffe (Saponine) im Kraut und besonders in der Wurzel enthalten sind, empfiehlt GESSNER an Stelle der offizinellen Krautdroge die ganze Pflanze (*Herba Violae tricoloris cum radices*) zu ernten. Eine solche Ernte erfordert einen erheblichen Handarbeitsaufwand, da in diesem Fall die Pflanzen mit dem Spaten geerntet und die Wurzeln gut gesäubert werden müssen.
Um Saatgut zu ernten, wird auf den ersten Krautschnitt verzichtet. Die Kapseln reifen im Juni/Juli. Da sie sehr ungleichmäßig reifen und leicht platzen, empfiehlt es sich, den Bestand des öfteren durchzupflücken. Am besten erfolgt die Ernte, wenn sich die Kapseln zu bräunen beginnen. Nach der Ernte werden sie dann vorteilhaft zum Trocknen in Handkästen geschüttet und mit Papier abgedeckt. Sie trocknen schnell und platzen auf, so daß das Saatgut nur noch gereinigt zu werden braucht. Unreif geerntetes Saatgut keimt ungenügend.

Trocknung: Das Kraut wird entweder in dünner Schicht auf luftigen Böden oder künstlich bei mäßiger Temperatur (etwa 40° C) getrocknet. Auf dem Versuchsfeld in Leipzig-Probstheida erzielten wir auch schon gute Ergebnisse mit der Feldtrocknung, denn das Feldstiefmütterchen trocknet bei gutem, sonnigem Wetter auf dem Erdboden, besser noch auf Reutern, verhältnismäßig rasch. Das Trocknen unter Dach ist allerdings der Feldtrocknung vorzuziehen. Das Trocknungsverhältnis frisch : trocken beträgt 5—6 : 1.

Erträge: Die Drogenerträge richten sich nach der Zahl der Schnitte. In Leipzig-Probstheida ernteten wir bei zeitiger Herbstaussaat und günstiger Witterung im darauffolgenden Jahr von insgesamt drei Schnitten rund 500 kg/a frisches Kraut = 100 kg/a *Herba Violae tricoloris* bei einem Trocknungsverhältnis frisch: trocken = 5:1.

Die Saatguterträge belaufen sich auf 0,6—1,0 kg/a.

Krankheiten und Schädlinge: An den Beständen in Leipzig-Probstheida wurden auffallende Schädigungen nicht beobachtet. Nach HEGI sollen außer den auch an anderen *Viola*-Arten auftretenden Parasiten u. a. der Rostpilz *Urocystis kmetiana* Magnus und als Erzeuger von Blütengallen die Fliege *Lauxania aenea* Mg. an Feldstiefmütterchen auftreten.

Besonderes: Außer den verschiedenen Unterarten von *Viola tricolor* L. findet in der Heilkunde auch noch *Viola odorata* L., das März- oder Wohlriechende Veilchen, Verwendung. Zur Drogengewinnung (Wurzel, Kraut, Blüten) wird es in Deutschland nur in geringem Umfang angebaut. Auch von dieser Art befinden sich Zierformen im Handel. In Südfrankreich, besonders um Grasse, dem Hauptsitz der Parfümfabrikation, und an der Riviera werden die Veilchen feldmäßig angebaut. Es handelt sich hierbei um eine zartblaue, gefüllte Abart von *Viola odorata*, das sogenannte Parmaveilchen. Es findet Verwendung bei der Herstellung von Veilchenparfüm und -pomade. In der Homöopathie (HAB. 2) wird von *Viola odorata* L. die frische, blühende Pflanze verwendet.

Die im Drogenhandel als Veilchenwurzel, Florentiner Veilchenwurzel, bezeichnete Droge stammt nicht von *Viola*-Arten, sondern von *Iris pallida* Lam., *I. germanica* L. bzw. *I. florentina* L. (siehe S. 435).

Wir stellten fest, daß sich die Sorte 'Hellviolettes Feld-Stiefmütterchen' sehr gut als frühblühende Zierpflanze eignet. Es verfügt über eine gleichmäßige Höhe, gute Farb- und Flächenwirkung sowie anhaltendes Blühen, kann an Ort und Stelle ausgesät werden und erfordert keine Vorkultur.

Nachwort

Nur etwa zwei Jahre nach Herausgabe des Handbuches des Arznei- und Gewürzpflanzenbaues/Drogengewinnung verstarb Erich Fürchtegott HEEGER an einer heimtückischen Krankheit. Noch im Jahr vor seinem Tode hatte er sich den Strapazen einer längeren Studienreise durch China unterzogen und war mit neuen Impulsen für die Perspektive der Arznei- und Gewürzpflanzenproduktion in die DDR zurückgekehrt. HEEGER konnte seine neuen Ideen nicht mehr verwirklichen. Das „Handbuch" blieb der Höhepunkt seiner wissenschaftlichen Arbeit. Seit dem sind über 30 Jahre vergangen, und noch immer ist kein vergleichbares moderneres Werk in deutscher Sprache erschienen. Das hat seine Gründe, einen davon kann man gewiß in der Person HEEGERS suchen. Er hat – zunächst vielleicht ungewollt – dieses „Handbuch" durch zahlreiche Publikationen, 123 an der Zahl, z. T. gemeinsam mit anderen Autoren, wie K. H. BAUER, W. RUDORF, W. POETHKE, K. BRÜCKNER vorbereitet. Ein erster Schritt war vielleicht seine Mitarbeit am „Handbuch der Landwirtschaft", das von ROEMER, SCHEIBE, SCHMIDT und WOERMANN herausgegeben wurde. Das nur 22 Seiten umfassende Kapitel über Heil- und Gewürzpflanzen war gewiß auch nach seiner Ansicht noch kein ausreichendes Informationsmaterial für die sich rasch entwickelnde Landwirtschaft. Richtungsweisend war seine „Arten- und Sortenkunde". Der Band über Heil- und Gewürzpflanzen war der erste aus einer Reihe von Sortenbeschreibungen, die die Zentralstelle für Sortenwesen in Nossen herausgegeben hat. HEEGER erarbeitete auch umfangreiches Vorlesungsmaterial, das er für seine Lehrtätigkeit an den Universitäten Leipzig, Berlin und Halle benötigte, nachdem 1952 das Institut für Sonderkulturen in Leipzig gegründet worden war. HEEGER war der erste Direktor dieser Hochschuleinrichtung. Er habilitierte 1953 mit einer Arbeit über „Die acker- und pflanzenbaulichen Grundlagen zur Entwicklung eines wirtschaftlichen Arznei- und Gewürzpflanzenanbaues in Deutschland". Er sah es als eine seiner Hauptaufgaben an, die landwirtschaftlichen Betriebe beim Auf- und Ausbau dieser Spezialrichtung in vielfältiger Weise zu unterstützen. So setzte er seine ganze Kraft dafür ein, die nach dem zweiten Weltkrieg zum Erliegen gekommene Versuchstätigkeit im Interesse der Arznei- und Gewürzpflanzenproduzenten wieder zu aktivieren. Er baute mit seinen Mitarbeitern eine mehrere Hektar große Versuchsstation auf, die unmittelbar vor den Toren von Leipzig verkehrsmäßig günstig zu erreichen war. Er interessierte sich ganz besonders für Fragen der Qualität und der Qualitätserhaltung, dazu gehörte die sachgemäße Trocknung und Lagerung. Die von ihm eingeleiteten Forschungsarbeiten konnten im 1956 erschienenen „Handbuch" nicht mehr berücksichtigt werden, aber in den spezialisierten Landwirtschaftsbetrieben der DDR stehen heute leistungsfähige Trocknungsanlagen als Ergebnis einer guten Zusammenarbeit zwischen Wissenschaft und Praxis.

HEEGER war sehr kontaktfreudig. Er unterhielt eine umfangreiche Korrespondenz mit zahlreichen Fachkollegen des In- und Auslandes. Besonders eng fühlte er sich mit Professor HECHT, Wien, verbunden. Dieser arbeitete ähnlich wie er selbst an vielen Problemen des Arznei- und Gewürzpflanzenbaues. HECHT beglückwünschte HEEGER sofort nach Herausgabe des „Handbuches". Zu einigen Textstellen hatte er auch kritische Be-

merkungen, aber insgesamt stellte er fest, daß er in Wien ein solches Buch nicht hätte schreiben können. Aus vielen Ländern erhielt HEEGER anerkennende Worte zum „Handbuch“. Keiner ahnte damals, daß dieses Werk keine zweite überarbeitete Auflage erleben sollte.
Wer HEEGER persönlich gekannt hat, wird sich gewiß in gleicher Weise erinnern können, daß er einen ausgeprägten Sinn für die Realität hatte. Auch die Herausgabe des „Handbuches“ zu diesem Zeitpunkt war von diesem Realitätssinn geprägt. Es steht am Beginn einer beachtlichen Entwicklung der Arznei- und Gewürzpflanzenproduktion. Weltweit ist der Bedarf an solchen pflanzlichen Rohstoffen angestiegen. Die Sortimente sind in den verschiedenen Ländern gewiß unterschiedlich, die Art und Weise ihrer Produktion wird aber immer gewisse Ähnlichkeiten aufweisen. So kann HEEGERS „Handbuch“ überall mit Interesse gelesen werden. Die Produktion von Arzneimitteln auf pflanzlicher Rohstoffbasis hat neue Dimensionen erreicht. Vor 30 Jahren war das nicht vorhersehbar, aber HEEGER hat zu keiner Zeit an der Zukunftsträchtigkeit seines Arbeitsgebietes gezweifelt. Das „Handbuch des Arznei- und Gewürzpflanzenbaues/Drogengewinnung“ ist wohl das beste Zeugnis dafür.
Den Leser der Reprint-Auflage möchte ich als ehemaliger Schüler des Buchautors bitten, alle Mängel und Unzulänglichkeiten, die sich aus heutiger Perspektive zeigen, mit Nachsicht zu behandeln und dafür dankbar zu sein, daß durch HEEGERS „Handbuch“ viele Fakten und Begebenheiten der Vergessenheit entrissen wurden.
Die umfassende Tätigkeit E. F. HEEGERS fand ihre äußere Anerkennung in zahlreichen Ehrungen und Berufungen. Er war

- Mitarbeiter der Sektion Gartenbau der Akademie der Landwirtschaftswissenschaften zu Berlin,
- Mitarbeiter der Deutschen Akademie der Wissenschaften (Arzneibuchkommission),
- Mitarbeiter im Zentralen Arbeitskreis für Forschung und Technik (Heilpflanzen)
- Mitarbeiter beim Deutschen Amt für Material- und Warenprüfung in der DDR,
- Mitglied des Kuratoriums des Instituts für Tabakforschung,
- Mitglied des Sortenzulassungsausschusses,
- Mitglied der Redaktion der Zeitschrift „Planto medica“,
- Mitglied der Redaktion der Zeitschrift „Pharmazie“,
- Mitglied der Redaktion der Zeitschrift „Der Deutsche Gartenbau“
- Mitglied der Redaktion der Zeitschrift „Archiv für Gartenbau“,
- Mitherausgeber der „Arzneipflanzen-Umschau“.

Dem Verlag gebührt Dank für diese Reprint-Ausgabe, der das „Handbuch“ damit einer neuen Generation von Wissenschaftlern und Praktikern zugänglich macht.

Manfred Müllenberg

Literaturhinweise

Bei den einzelnen Kapiteln befinden sich außerdem Quellennachweise.

EGGEBRECHT, H.: Methodenbuch Band V: Die Untersuchung von Saatgut. (Technische Vorschriften für die Prüfung von Saatgut.) Hamburg 1949.

GESSNER, O.: Die Gift- und Arzneipflanzen von Mitteleuropa. Heidelberg 1953.

HEEGER, E. F. und BRÜCKNER, K.: Heil- und Gewürzpflanzen/Arten- und Sortenkunde. Berlin 1952.

HEGI, G.: Illustrierte Flora von Mitteleuropa. München 1908/1939.

HOPPE, H. A.: Europäische Drogen. Hamburg 1948/1951.

KNUTH, P.: Handbuch der Blütenbiologie. Leipzig 1898/99.

KROEBER, L.: Das neuzeitliche Kräuterbuch. Stuttgart 1947/1949.

MADAUS, G.: Lehrbuch der biologischen Heilmittel, Abteilung I: Heilpflanzen. Leipzig 1938.

MADEL, W.: Drogenschädlinge, ihre Erkennung und Bekämpfung. Berlin 1938.

MANSFELD, R.: Verzeichnis der Farn- und Blütenpflanzen des Deutschen Reiches. Berlin 1940.

MARZELL, H.: Wörterbuch der deutschen Pflanzennamen. Leipzig 1937 (noch im Erscheinen).

ROEMER, Th.; SCHEIBE, A.; SCHMIDT, J. und WOERMANN, E.: Handbuch der Landwirtschaft. Berlin und Hamburg 1952/1954.

SCHMITT, L. und OTT, M. (neubearbeitet von SCHUPHAN, W.): Methodenbuch Band IV: Chemische und biologische Qualitätsbestimmung gärtnerischer und landwirtschaftlicher Erzeugnisse. Radebeul und Berlin 1953.

SILVA TAROUCA, E. und SCHNEIDER, C.: Unsere Freilandstauden. Wien und Leipzig 1927.

TSCHIRCH, A.: Handbuch der Pharmakognosie. Leipzig 1930/1932.

WEBER, U. und WEGNER, E.: Methodenbuch Band XIV: Die Untersuchung von Heil- und Gewürzpflanzen. Radebeul und Berlin 1953.

WEHMER, C.: Die Pflanzenstoffe. Jena 1929/1931 (Ergänzungsband 1935).

WITTMACK, L.: Landwirtschaftliche Samenkunde. Berlin 1922.

ZANDER, R.: Handwörterbuch der Pflanzennamen und ihre Erklärungen. Stuttgart, z. Zt. Ludwigsburg 1954.

Deutsches Arzneibuch, 6. Ausgabe 1926 (DAB. 6).

Ergänzungsbuch zum Deutschen Arzneibuch, 6. Ausgabe 1926 (Erg.-B. 6). Berlin 1941.

Homöopathisches Arzneibuch, 2. abgeänderte Aufl. (HAB. 2). Leipzig 1934.

INDEX KEWENSIS. Einschließlich Supplemente, Oxford 1895.

Archiv der Pharmazie und Berichte der Deutschen Pharmazeutischen Gesellschaft, Berlin.

Arzneimittel-Forschung, Aulendorf/Württ.

Arzneipflanzen-Umschau. (1941—1944 monatlicher Sonderdruck der Zeitschrift „Die Pharmazeutische Industrie", Berlin und seit 1946 der Zeitschrift „Die Pharmazie", Berlin.)

Biologisches Zentralblatt, Leipzig.

Chemisches Zentralblatt, Berlin.
Die deutsche Heilpflanze, Stollberg (Erzgeb.). (Erscheinen eingestellt.)
Die Pharmazie, Berlin.
Heil- und Gewürzpflanzen, Freising, später Stuttgart. (Erscheinen eingestellt.)
Materiae Vegetabiles, Den Haag.
Pharmazeutische Zentralhalle für Deutschland, Dresden.
Planta Medica, Stuttgart.
Bericht SCHIMMEL & Co. bzw. VEB SCHIMMEL, Miltitz, Bez. Leipzig, über ätherische Öle, Riechstoffe usw. (Erscheinen jährlich.)

Sortenliste der in der Deutschen Demokratischen Republik zugelassenen Sorten von Kulturpflanzen.
Sortenliste der im Bundesgebiet zugelassenen landwirtschaftlichen und gärtnerischen Kulturpflanzen.

Namenverzeichnis

A

Ahmed, Z. F. 426
Akačič, B. 295
Albert 445
Albertus Magnus 23
Alefeld 254, 428, 706
Ansegis 21
Anselmino, O. 519, 590
Antonow, M. 219
Appl, J. 34, 551
Aristoteles 20
Arland, A. 73, 76
Arnold, E. 568
Augustin, B. 33, 34, 135, 178, 209, 376, 487, 499, 585, 665, 689
Auster, F. 212, 264, 292, 293, 295, 408, 409
Autran 448

B

Bacon, F. J. 516
Ballerstedt 305
Bärner, J. 471
Bauer, H. 517, 519
Bauer, K. H. 70, 84, 132, 177, 196, 334, 362, 365, 488, 530, 560, 561, 566, 570, 572, 626, 659, 697
Bauhin, Caspar 25
Baumann, H. 30
Baur, H. 658
Becker-Dillingen, J. 186, 214, 222, 320, 321, 325, 327, 464, 474, 574, 576, 577, 595, 596, 624, 668, 669, 672, 684, 691
Becker, H. 307
Behrndt, G. 85, 101, 493
Békésy, M. 189
Beketow 328
Belenky, N. G. 385
Belon, Pierre 27
Berg, K. H. von 512
Berger, H. 570
Bergold, M. 373
Bingen, Hildegard von 23
Birkfeld, A. 201
Bisaz, S. 167
Bittel, K. 25
Blattny, C. 435
Blažek, Z. 167, 499, 502
Bock, Hieronymus 25
Bode, H. R. 115, 125, 271, 530, 631, 632
Boguslawski, E. von 13, 462, 463, 464, 604, 662
Böhme, L. 496
Böhmer, A. 354
Böhmer, G. R. 688
Bollstädt, Graf von 23
Bondarzewa-Monteverde, W. N. 420
Bordolo, Jacomo 29
Borghesanis, G. 438
Bornträger, H. 39, 412, 475
Borsalino, A. M. 377
Boshart, K. 19, 30, 31, 32, 33, 37, 43, 70, 119, 125, 188, 227, 325, 334, 351, 372, 373, 375, 385, 388, 424, 425, 507, 528, 535, 644
Branco, K. 706
Brauer, E. 446
Braun-Blanquet 77
Bredemann, G. 563, 605, 607, 688
Breitfeld, W. 494
Briquet, J. 428, 445, 512
Briosi 310
Broughton 345
Bruckner, J. 512
Brückner, D. H. 32
Brückner, K. 15, 37, 44, 135, 180, 277, 491, 518, 528, 666, 667, 698
Brunfels, O. 25
Bruns-Runge, G. 149, 549
Buddeberg 489
Burgeff, H. 191
Burger 493
Burmann 70
Busch, W. 85

C

Caesar, R. 14, 39, 104, 142, 149, 176, 371, 625
Caesar, W. 14, 72, 403
Camerarius, Joachim 25
Camus, A. 520
Camus, E. G. 520
Cantimpré, Thomas de 23
Carsten-Olsen 690
Casparis, P. 590
Clusius, Carolus 25, 27
Cohrs, Ch. 601
Corl 350
Columella, Lucius 20
Cordus, Valerius 25
Couvreur, A. 178, 258
Cromwell, B. T. 294
Cruchets, P. 535
Csapo 323

D

Dafert, O. 70, 137, 372, 373, 380, 384, 385, 471, 497, 510, 631, 644
Dale 516
Danert, S. 367, 368
De Candolle 185
Decker, L. 167
Deel 77, 276, 515, 635
De Graaff, W. C. 33, 178
Delpino 554
Denolin ,J. 178
Dermanis, P. 496, 497, 499, 500, 502
Determann, W. 195, 563
Dezani, S. 377
Diemair, W. 167

Dietrich, R. 518
Dietz, R. 158, 425, 463, 497, 643
Dillmann, A. C. 465
Dioskorides 460, 613
Dodero, D. 484
Dordi, G. 208
Dörfel 135
Dorn, K. 16, 657
Döring, P. 263, 264
Drobkow, A. A. 125
Druckrey, H. 698
Dümling, F. 186

E

Eaton 516
Ebert, K. 42, 43, 303, 342, 622, 684
Eckhard 21
Eckstein, K. 553
Eggers, A. 198, 480
Egglhuber, E. 464
Eichinger 584, 717
Eisenhuth, F. 369
Ellis 515
Emden, F. van 16
Engelmann 630
Engler, A. 313
Englisch 137
Esdorn, I. 149, 263, 469, 470, 471, •472, 549

F

Fahmy, I. R. 426
Fahrenkamp, K. 384
Fauconnet, W. 167, 702
Feldhaus, J. 374
Fehlmann, W. F. 457
Feuer, H. 179
Feuerstein, H. 31
Fingerling 691
Fischer, E. 673
Fischer, H. 25
Fischer, L. 536
Flader 310
Flamm, S. 33
Flotow 558
Flück, H. 33, 67, 69, 84, 260, 373, 457
Fondard 448
Förster, W. 502
Foster, Sir Michael 440
Freudenberg, G. 39, 104, 142, 149, 176
Friedel, P. 567
Friedrich, G. 117, 364, 515
Friedrich, H. 30, 187
Fröhlich, G. 15, 459
Fromme 315
Frömming, E. 376, 504
Fruwirth, C. 567
Fuchs, L. 386
Fuchs, Leonhard 25

G

Galenos 20
Gams, H. 514
Gaponenkow, T. K. 637
Gareis, E. 21
Gasstew, N. Ss. 292
Geith, J. K. 297, 510, 627, 711
Génot, H. 471
Gentner, G. 135, 258
Gericke, S. 464, 465, 560, 566, 662
Gerlach, J. 243
Gesner, Conrad 25, 27
Gessner, O. 12, 53, 150, 188, 250, 259, 266, 284, 309, 318, 342, 377, 386, 465, 473, 505, 518, 557, 558, 567, 577, 602, 617, 625, 667, 670, 681, 693, 695, 698, 704, 711, 718
Gianella, W. 167
Giesenhagen, K. 32
Gildemeister, E. 148, 200, 436, 438, 439, 447, 448, 515, 532, 637
Gilg, E. 519, 570
Girardet, A. 167
Gizycki, Fr. von 25, 212
Gleisberg, W. 27
Gnadinger 350
Göldin, H. 590
Goldin, M. J. 589
Goris, A. 209
Graaff, W. C. De 33, 178
Graebe 613
Graf, F. 179
Grimm, J. 475
Grimm, W. 475
Görlich 613
Gstirner, F. 127, 294, 570, 701, 704
Guttenberg, H. von 625
Günther, E. 68, 360, 501
Günther, H. 11

H

Hackbarth, J. 300, 303, 312, 313, 314, 459, 460, 461, 464, 465, 561, 658, 661, 662
Haffner, F. 386, 698
Hahnemann, Samuel Friedrich Christian 29
Handte, O. 130, 536
Hannig, E. 299
Haraoka, M. 282
Harazim, E. 34, 516
Härdtl, H. 671
Hartwich, C. 314
Hasper, E. 126
Hauding, F. 609
Hecht, W. 67, 84, 103, 158, 178, 179, 184, 189, 363, 386, 425, 463, 477, 497, 515, 643
Heerklotz, H. 115, 116
Heeger, E. F. 15, 19, 30, 35, 37, 39, 42, 44, 47, 53, 68, 69, 70, 72, 84, 89, 121, 129, 131, 132, 135, 136, 154, 155, 175, 177, 180, 186, 188, 193, 196, 197, 201, 216, 221, 231, 254, 262, 277, 330, 334, 360, 362, 365, 366, 375, 380, 382, 401, 441, 479, 488, 491, 501, 512, 521, 529, 536, 556, 560, 566, 570, 572, 595, 626, 641, 659, 672, 697, 698, 706
Hegi, G. 14, 31, 33, 80, 135, 207, 208, 210, 211, 213, 231, 234, 239, 254, 258, 260, 261, 262, 266, 279, 280, 284, 289, 290, 291, 293, 296, 305, 307, 313, 339, 340, 366, 376, 397, 405, 409, 411, 425, 426, 428, 440, 445, 451, 460, 469, 480, 481, 486, 491, 504, 513, 514, 542, 545, 552, 553, 554, 583, 617, 626, 628, 634, 635, 636, 639, 641, 650, 651, 656, 659, 664, 666, 672, 673, 679, 682, 686, 692, 696, 707, 709, 716, 719
Hegnauer, R. 295, 386, 530
Heineck 290
Heinisch, O. 353
Heinrich II. 27
Hemberg, T. 373
Herschel, K. 136
Heuser 310, 315
Hildebrandt, H. 196, 561
Hilkenbäumer, F. 90
Hill, G. A. 150

Himmelbaur, W. 33, 34, 84, 191, 380, 414, 471, 493, 510, 512, 514
Hindes, W. 512, 514
Hippokrates 20
Hitzemann, W. 310, 314, 315
Hoagland 125, 530
Hoffmann, Fr. 148, 200, 436, 447, 448, 515, 532, 637
Holmes 424
Holtzem, H. 590
Homer 20
Hoppe, H. A. 16, 340, 342, 363, 517, 568, 580
Hösslin, R. von 115, 236, 565
Howard, A. 122
Hubik, J. 167, 499
Hudson 516
Humboldt 313
Hummel, K. 711

I

Ibach, H. 23
Ihbe, H. 694
Iljin, W. S. 265
Iwanow, W. K. 607

J

Jacobus Theodorus 25
Jäger, H. 40, 599, 683, 696
Josirowa, M. S. 350
Jakob I. von England 467
Jakowlewa, S. W. 293
Jaretzky, R. 175, 297, 465, 510, 533, 627, 711
Jentzsch, K. 375
Jermstad, A. 191, 556
Jesajas 20
Joachimoglu, G. 382
Joamin 260
Juckenack, A. 354
Jud, J. 533

K

Kabert, I. 386
Kann, Fr. 40
Kannenberg, H. 317
Kawatani, T. 282
Karl I. 21
Karsten, G. 313, 350, 357, 702
Kästel 517
Katschinskij, N. A. 113
Keller, J. 613, 615
Kellner 691
Kerner 290, 305, 394
Kertscher 122, 401
Kersting, L. 29
Kienitz, E. 259, 260
Kinzel 293, 340
Kirchner, O. von 404, 405
Kiriltzeva 471
Klan, Z. F. 137, 418, 422, 424
Klapp, E. 121, 464
Klitsch 565, 566
Kneipp, Sebastian 29
Knies, W. 464
Knigge, Th. (Erlangen) 516
Knuth, P. 287, 339, 394, 467, 480, 481, 489, 490, 513, 553, 554, 610
Koch, G. P. 422
Koch, H. 310, 312, 317
Koch, W. 84
Kochmann, M. 127, 701
Kofahl, H. 335
Köhler 677
Köhler, G. 698
Koenig, P. 37
Koennecke, G. 108
Kofler, L. 334
Kolušek, J. 409
Konowalloff, W. C. 350
Königer, W. 167
Königsmann, E. 338
Kopetz, L. M. 321, 325, 326, 327
Kopp, E. 375, 637
Körner 28
Kraatz, H. 711
Krahl, P. P. 583, 585, 587, 589
Krantz 121
Krause, E. H. L. 445
Krause, H. 69
Kreitmair, H. 409
Kretschmer, W. 41
Krieger 490
Krische, P. 76
Krkoška, S. 191, 418, 435, 543
Kroeber, Ludwig 32, 33, 53, 115, 257, 259, 260, 434, 590, 591, 595, 644, 645
Kronfeld 207
Krówczýnski 241
Kučera, M. 167, 502
Kuckuck, H. 194
Kuhnert 312
Kunz, H. 127, 701
Kunigunde, Kaiserin 27
Küssner, W. 567
Kuzmina, N. E. 560
Kwizda 137

L

La Fače, F. 501
Lamothe 448
Lange, B. 338
Lauer, E. 370
Lauingen, Albert von 23
Lentze 121
Lepnova 471
Leschke, E. S. 558
Letzterich, L. 211
Leunis, J. 318
Leone, G. 388
Liebermann 613
Lickefett 30
Lietz, J. 512
Limbach, R. 43, 186, 325, 351
Lindner, E. 197
Lindner, M. W. 256, 258, 259, 260
Linné, C. von 28, 467, 516, 682
Lippert, F. 109, 110, 116, 126, 495, 689
Lippmann, Edmund O. von 19
L'obel, Mathias von 467
Löbe, W. 40, 412, 615
Löhner, M. 169
Loidolt 380, 510
Loos, W. 340
Loudon, I. C. 474
Löwy 385
Lucass, R. 70, 88, 186
Ludwig der Fromme 21
Ludwig, W. 241
Lundegårdh, H. 13, 66, 77, 263, 690
Lustig 85
Lutzenberger, H. 31, 517
Lwow, N. A. 293
Lybing, J. 134

M

Madaus, G. 33, 111, 115, 209, 272, 386, 418, 492, 493, 599, 717
Madel, W. 504
Mäding 35
Maiwald 121
Maku, J. 124
Mannewitz 162
Mansfeld, R. 13, 51, 221, 255, 441

Marcus, A. 605
Marzell, H. 13, 667
Mascré, M. 471
Matthioli, André 25
Mätzner, F. 72
Mauerer, J. 137, 631, 644
Mauz 593, 595
Maximowicz 595
Mayer, C. 120, 587
Megenberg, Konrad von 23
Mengersen, F., Graf von 463
Métin, M. 209
Metzger 345
Meyer 387
Meyer, F. 512
Meyer, K. 490, 514
Meyer, Th. 542
Mitlacher 33
Mitscherlich, E. A. 74, 123, 330
Mitsuhashi, H. 282
Mochmann, H. 121
Molisch, H. 115, 117
Möller, O. 72
Monardes, Nicolas 25
Mothes, K. 115, 189, 190, 717
Mudra, A. 475
Muenscher, W. C. 470
Mühle, E. 15, 109, 146, 201, 228, 237, 248, 273, 274, 280, 283, 296, 297, 335, 338, 366, 376, 380, 403, 404, 405, 425, 450, 459, 485, 510, 511, 535, 536, 538, 571, 583, 600, 638, 663, 677, 704, 713
Müller 481, 489
Müller, H. 305
Mueller, N. R. 426
Müller-Stoll, W. R. 258, 259, 260, 261
Münich, H. 84
Murbeck, Sv. 706
Mussijko, A. S. 319

N

Nebel 512
Nehring, K. 566
Neuer, H. 310, 313, 317, 319
Nielsen, N. C. 584
Nolle 700

O

Oberdorf, F. 112, 115
Obermayer 70, 326
Oelkers, H. A. 318
Oestermann 478
Opitz, H. 119, 124, 125, 528, 530
Opitz, K. 464
Osswald 692
Ostwald, W. 178, 179

P

Pabst, G. 516
Palilow 219
Palladius 20
Pallas 599
Papaicet, E. 252, 449, 450, 636
Paracelsus 2
Paris, R. 625
Passon, M. 179
Pater, B. 291, 358, 381, 425, 586, 589, 637
Pelechowa, J. N. 292
Pellissier 438
Pehoto 471
Perrot 33
Pertz 21
Petersen, A. 671, 672
Peyer, W. 492
Pillich, von 486
Pilz, F. 528
Plank, R. 169
Plinius 23, 209, 460
Plinka, A. D. 218
Pfaffinger, A. 158, 167
Poethke, W. 19, 129, 154, 155, 188, 366, 375, 380, 382, 488, 556, 568, 572, 626
Pohloudek-Fabini, R. 478
Poleschtuk, P. W. 218
Polster, H. 259, 260
Ponpa, D. L. 546
Popova 471
Potlog, A. S. 334
Pouterman, E. 167
Prévot 478
Prjanischnikow, D. N. 684, 685
Przevalsky 595

Q

Quedau, H. 693, 695, 698

R

Rabak, F. 515, 531, 532
Rademacher, B. 144
Rademacher, J. G. 29
Raius 516
Raunert, M. 70, 321, 323, 324
Ray 516
Reichert, Alexander 16, 248, 274
Reinhardt, L. 12, 20
Reinhold, D. 247
Reìnhold, W. 31, 498
Regel, Ed. von 595
Regel, C. von 185, 516
Reko, V. A. 371
Retzius 553
Reverchon 445
Rjabinowsky 471
Rochelmeyer, H. 189
Rowson, J. M. 370
Roemer, F. 566, 569
Roemer, Th. 13, 39, 72, 123, 133, 194, 195, 313, 353, 460, 462, 475, 604, 662
Romanowski, H. 172
Röntsch, B. 420
Rosenthal, Chr. 53, 68, 277, 279, 360, 501, 596, 626, 677, 698
Rosenthaler, L. 426
Ross, H. 491, 591, 593
Rotermel, A. 572
Rudolf, J. 497
Rudorf, W. 70, 84, 132, 193, 195, 362, 365, 370, 659, 697
Rutowski, B. N. 637
Rüther, H. 116
Ruttle, M. L. 512
Ryff, W. H. (Rivius) 27

S

Sabrodina, K. 637
Sayre 670
Sabalitschka, Th. 314, 315, 317
Saburow, N. 219
Salomo 20
Sandfort, E. 370
Saraeva, P. J. 113, 479
Seel, H. 33, 38, 181, 272
Semmel, A. 594, 595
Senft, E. 420
Shibata, S. 282
Sieber, S. 28
Siegmund, O. 372
Sievers, A. F. 293
Silva Tarouca, E. Graf 437, 555
Sinz, K. 38
Sirach 20
Sirks, M. J. 381
Soos, E. 386
Spaning, M. 195, 373
Spennemann, F. 558
Springer, R. 175, 528, 533
Springer, U. 123

Sch
Schäfer, J. 212, 264, 292, 293, 295, 408, 409
Schander, H. 265
Schanderl, H. 84
Scheerer, G. 35
Scheffer, F. 123, 133
Scheibe, A. 13, 39, 72, 123, 313, 353, 460, 462, 475, 604, 662
Schelle 519
Scheludko 69
Schenck, E. G. 70, 88, 186
Schicht, F. 606, 607, 608, 609
Schilling, E, 460, 463
Schilling, K. 116, 289
Schindler, H. 272, 378, 386, 391
Schimper, A. F. W. 72
Schmalfuß, K. 120, 123
Schmidt, E. 30
Schmidt, Geo A. 605
Schmidt, H. 277
Schmidt, J. 13, 39, 72, 123, 313, 353, 460, 462, 475, 604, 662
Schmidt, M. 466, 571
Schmiedel, R. 184
Schmitt, L. 126
Schmitz, P. 594
Schneider, C. 437, 555
Schoeffer, Peter 24
Schratz, E. 124, 195, 251, 306, 308, 373, 446, 448, 528
Schröck, O. 409
Schröder, H. 47
Schröder, K. 199
Schröder, W. 389
Schropp, W. 607
Schultz, F. 512
Schulz 394
Schürhoff, P. N. 512
Schütze, C. R. 163, 176, 499
Schwabe (Weimar) 40
Schwarz, H. 670
Schwarz, Otto 554
Schwede 689
Schwenkel, H. 75

St
Stamm, J. 174, 175, 533, 534
Stebler, F. G. 186, 409
Steigerwald, E. 37, 183, 412, 475
Steinegger, E. 126
Štěrba, B. 498
Sticker, G. 23
Stirnadel, M. 264
Stoll, A. 189
Strabo, Walafridus 23
Straub, W. 387
Strazewicz 528
Stremme, H. 76
Strepkov, S. M. 637

T
Tabernaemontanus 25
Tafel 593, 594
Tamm 315, 464
Täufel, K. 354
Tattje, D. H. E. 387
Tchirikov 530
Thaa, H. 670
Thaer, A. von 21, 580
Theophrastus 20
Tilgner, D. J. 167
Tilmanns 354
Toghini 310
Topitz, A. 519
Torres, J. C. 295
Tournefort 313
Tragus 25
Tschikalow, P. M. 364
Tschirch, Alexander 19, 21, 22, 23, 32, 34, 166, 191, 209, 445, 472, 512, 593, 666
Tunmann, O. 137

U
Ude, W. 16, 229, 230, 253, 273, 275, 280, 287, 290, 309, 358, 362, 376, 394, 406, 430, 431, 435, 473, 490, 536, 537, 558, 584, 601, 603, 617, 639, 642, 654, 656, 663, 667, 706
Uhlmann, M. 673
Ulbrich, H. 465
Ulbricht, H. 529
Ullrich, H. 129
Ullmann, W. 606

V
Vageler, C. 282
Vavilov 461, 516
Venning, L. Frank D. 607
Vollmer, H. 384

W
Wacker, H. 689, 690, 692
Wagner, G. 217
Waldstätten, E. 179
Wallach, A. 195, 593, 595, 596, 599
Wallentin, J. 137, 384
Wallis, E. 320
Walther, E. 348, 693, 698, 704
Walther, K. 715
Warnstorf 480
Wasicky, R. 33, 77, 177, 179, 182, 363, 515
Wawilow, P. 137
Weber, D. 172
Weber, U. 313, 350, 357, 702
Weck, R. 460, 462, 464
Weese, H. 386
Wegener, G. G. 70, 88, 186
Weger, N. 145
Wegner, E. 557
Wegner, R. 77
Wehlmann, Kf. 37, 89, 94, 96, 97, 98, 99, 100, 102, 103, 104, 136, 321, 325, 326, 327
Wehmer, C. 706
Weichan, C. 548
Weiland 345
Wein, K. 368
Weiss, W. 28, 31, 241
Wesselhöft, J. 40, 599, 683, 696
Wettstein, R. von 417
Wiemann, P. 124, 528
Wiesner, J. von 313, 445, 689
Wiljams, W. R. 113
Willner, E. 174, 175, 533, 534
Wilpert 259
Wilson 296
Winter, G. 126
Wittmack, L. 551
Woermann, E. 13, 39, 72, 123, 313, 353, 460, 462, 475, 604, 662
Woithe, B. 512, 514
Wolf, P. 512

Z
Zade, A. 35, 303, 315, 335, 351, 353, 461, 563, 659
Zacher, F. 705
Zahn 80, 281
Zaręw 149
Zillig, H. 351
Zhukovsky, M. Z. 292
Zörnig, H. 561
Zwingenberger
Zwinger, Theodor 25

Verzeichnis der geographischen Namen

A

Abessinien 396, 683
Adriainseln 348
Adriaküste 348, 629
Adrialänder 651
Afghanistan 411
Afrika 302, 313, 323, 330, 344, 604
  Nordafrika 288, 292, 303, 307, 340, 348, 422, 474, 560, 584, 636, 640, 660, 668, 675, 683
  Ostafrika 348
  Südafrika 310, 396, 412, 482, 584, 605
  Westafrika 377
  Zentralafrika 605
Ägypten 19, 20, 156, 307, 426, 462, 474, 516, 546, 580, 605, 683
Alaska 285
Albanien 554
Alexandrien 20
Algerien 446, 651
Algier 340, 462
Alpen 21, 71, 208, 263, 303, 312, 462, 603, 639, 696
  Südalpen 428, 507, 554, 623, 628, 651
Altai 428, 717
Alte Welt 604, 605
Amerika 257, 302, 323, 344, 369, 474, 482, 660
  Mittelamerika 342, 285, 584
  Nordamerika 221, 257, 268, 270, 276, 285, 292, 298, 303, 310, 313, 342, 359, 396, 415, 418, 422, 432, 455, 469, 487, 507, 516, 526, 538, 551, 584, 612, 618, 640, 643, 665, 675, 688, 697
  Südamerika 257, 270, 323, 342, 396, 466, 516, 584
Amphill 445
Anhalt 87
Antillen 323
Arabien 426, 440, 474
Archangelsk 312
Argentinien 313, 494
Arkansas 390
Armenien 348, 554, 640
Artern 31, 80, 83, 281
Aschersleben (Sachsen-Anhalt) 30, 80, 81, 83, 276, 474, 475, 478, 498, 646, 653, 675, 676, 697
Aserbaidshan 369, 685
Asien 281, 292, 302, 323, 330, 344, 507, 516, 551, 554, 618, 640, 643, 683
  Mittelasien 276, 388, 482, 560, 584
  Nordasien 224, 276, 292, 422, 584, 668, 697
  Ostasien 221, 422, 482, 578
  Südwestasien 455, 462, 604
  Vorderasien 21, 268, 356, 462, 640, 646, 655, 660, 683
  Westasien 224, 288, 388, 396, 422, 542
  Zentralasien 313, 432, 487
Asow-Schwarzmeergebiete 369
Assyrien 411
Atlasgebirge 340
Aujest bei Pruhonitz 593
Australien 313, 422, 482, 584
Avignon 475

B

Babylonien 411
Baden 32, 87, 507, 560
Badische Rheinebene 353
Bad Wörishofen 29
Balkanländer 208, 214, 225, 231, 235, 258, 268, 270, 285, 292, 298, 303, 307, 340, 356, 363, 378, 383, 422, 432, 440, 455, 482, 493, 507, 516, 542, 574, 605, 623, 651, 643, 660, 688, 697, 717
Bamberg 26, 81, 83, 225, 410, 411, 474
Basses-Alpes 446
Batum 411, 412
Bayern 80, 87, 221, 411, 517
  Oberbayern 31, 263, 517
Bayrischer Schachen 592
Belgien 225, 231, 250, 258, 353, 493, 580, 636, 668, 709
Bengalen 313
Bergstraße 323, 604
Bern 34
Bernburg 83
Beskiden 383
Bezirk Halle (Saale) 609
Bisamberg bei Wien 446
Bockau (Erzgeb.) 28, 80, 83, 91, 240, 241, 247
Böhmen 28, 263, 356, 636, 688
Böhmerwald 87
Bojanafluß 348
Bombay 313
Börde, Magdeburger 81, 352
Brandenburg (Havel) 83, 87
Brasilien 323, 344, 462, 494, 605
Braunschweig 81, 87, 353
Bremen 87
Bretten (Baden) 83
Budapest 34
Buil-les-Baronnies (Drôme) 446
Bulgarien 323, 378, 507, 560, 580, 651, 675
Burkhardsgrün 28

C

Cachstedt 80
Calabrien 412
Calbe (Saale) 476, 479, 612
Cannes 446
Carlsfeld (Erzgeb.) 84
Carroll County 345

Chile 303, 313, 342, 494, 618
China 76, 231, 396, 517, 660, 683
Nordchina 593
Nordwestchina 593
Ostchina 516
Colorado 276
Costarica 441
Croisic 437
Crottendorf 28
ČSR 292, 302, 356, 493, 660
Cypern 580, 629

D

Dachau 83
Dachauer Moor 31, 514, 517
Daghestan 258
Dalmatien 348, 350, 411, 445, 612, 629
Damme (Oldenburg) 83
Dänemark 34
Debreczen 493
Departement Ain 439
— Gard 446
— Hérault 446
Deutsche Bundesrepublik 40, 561
Deutsche Demokratische Republik 40, 323, 521, 561, 668
Deutschland 37, 144, 208, 212, 214, 250, 258, 292, 303, 313, 315, 323, 330, 340, 342, 344, 346, 348, 353, 356, 359, 362, 363, 369, 379, 382, 383, 393, 396, 407, 410, 411, 412, 415, 418, 422, 428, 432, 437, 440, 445, 446, 455, 461, 469, 474, 478, 479, 480, 493, 499, 507, 515, 516, 517, 519, 536, 538, 542, 549, 551, 560, 561, 563, 574, 580, 583, 585, 590, 591, 593, 595, 596, 604, 605, 608, 612, 615, 617, 623, 629, 635, 646, 651, 655, 660, 665, 666, 675, 679, 683, 684, 688, 692, 697, 706, 709, 719
Mitteldeutschland 80, 81, 88, 143, 151, 281, 330, 352, 353, 383, 437, 445, 455, 604, 607, 608, 623, 657, 662
Norddeutsche Tiefebene 470
Norddeutschland 263, 313, 362, 383, 469, 549, 628
Nordost-Deutschland 313
Nordwestdeutschland 263, 313
Süddeutschland 81, 302, 461
Südwestdeutschland 445
Westdeutschland 383
Dnepr 313
Donau 323
Donauland 592
Dongebiet 330, 643
Dorsetshire 445
Dresden 83, 629
Dresden-Radebeul 378
Drontheim 445
Dsungarei 214, 411
Dulangomba 594
Düna 313
Dünzig 81

E

Eibenstock 28
Eichenau 31, 81
Eichstätt 546
Eisleben 81
Elbe 88, 379, 517
England 144, 250, 292, 303, 354, 410, 441, 446, 474, 515, 517, 538, 594, 612, 641, 675, 697
Südengland 445, 629
Erding 31, 81, 83
Erdinger Moos 81, 514, 517
Erfurt 31, 80, 81, 83, 281, 363, 498, 516, 517, 542
Erzgebirge 28, 32, 80, 87, 240, 241, 445
Essex 516
Eßlingen (Neckar) 83
Euphratländer 410, 412
Eurasien 551
Europa 208, 224, 254, 270, 276, 281, 284, 288, 292, 298, 302, 313, 323, 340, 342, 344, 410, 415, 418, 432, 455, 462, 469, 482, 507, 516, 551, 560, 577, 584, 618, 623, 640, 643, 665, 668, 675, 678, 696, 697, 709, 717
Mitteleuropa 235, 268, 284, 288, 307, 313, 330, 352, 356, 359, 396, 418, 428, 440, 455, 462, 487, 542, 554, 574, 605, 615, 629, 635, 640, 643, 646, 650, 660, 665
Nordeuropa 330, 359, 462, 487, 611, 660, 665
Osteuropa 235, 270, 288, 340, 493, 611, 636, 717
Südeuropa 214, 250, 268, 323, 352, 359, 407, 410, 437, 440, 461, 475, 493, 538, 542, 554, 574, 603, 605, 611, 612, 615, 623, 629, 640, 643, 659
Südosteuropa 378, 407, 411, 455, 574, 605, 636, 679
Südwesteuropa 475
Westeuropa 250, 359, 396, 605, 668

F

Fichtelgebirge 87, 263
Finnland 432, 594
Fischamend 379
Florenz 437
Fontescallières (Nimois) 636
Forcalquier 446
Forchheim bei Karlsruhe 37
Franken 32, 432, 493, 507, 675, 683, 697, 709
Mittelfranken 514
Oberfranken 263, 411, 514
Frankenwald 80
Frankfurt (Main) 83
Frankreich 34, 225, 231, 250, 258, 276, 285, 292, 353, 354, 383, 437, 440, 441, 446, 450, 469, 474, 475, 479, 487, 493, 516, 517, 560, 580, 583, 605, 609, 649, 666, 668, 675, 697, 717
Südfrankreich 303, 323, 410, 412, 428, 446, 448, 547, 611, 612, 613, 623, 636, 651, 719
Freising 81
Friedrichsbrunn 187
Friedrichsgrün 28
Fürstenfeldbruck 81, 83
Fürth (Bayern) 31, 215

G

Gachstedt 80
Galizien 411
Gebesee bei Erfurt 83
Georgien 369
Germersheim 83
Gleis-Berg 554
Gleißberg 208, 554
Gochsheim 31, 227

Gommersheim (Pfalz) 31
Granada 441, 629
Grasse 446, 719
Grettstadt 31, 80
Greußen (Thür.) 83
Griechenland 323, 446, 560, 580, 629, 692
Großbritannien 640
Großneuhausen (Thür.) 80, 83
Groß-Rosenburg 570
Großrudestedt 80, 83, 498

H

Haag 556
Halle (Saale) 81, 83
Hamburg 32, 469, 583
Hamburg-Glinde 83
Hannover 87
Happing (Oberbayern) 314, 595
Harz 32, 80, 87, 383, 629, 697
Harzgerode 697
Harzvorland 378, 379
Haßleben bei Erfurt 83
Haßleben bei Templin 83
Hegnach 31, 81, 83
Heidelberg 83
Heldrungen (Unstrut) 83
Herat 313
Hérault 446
Herfordshire 445
Herrnhut (Oberlausitz) 83, 84, 498, 522
Hertford (England) 516
Herzegowina 348
Hessen 32, 84, 709
Hessen-Nassau 87
Himalaja 312
Hitchin 445
Hoangho 593
Hochasien 590, 591, 595
Hochland von Jemen 440
Höchstadt (Aisch) 81, 83
Hofgeismar 83
Holland 34, 302, 330, 335, 362, 409, 469, 516, 660, 697
Hortobagy 493
Hundshübel 28

I

Iberische Halbinsel 683
Illinois 390
Indien 303, 313, 422, 426, 437, 546, 604, 605, 666
  Ostindien 313, 396, 660
  Südindien 604
  Vorderindien 285, 474, 546, 560, 683, 717
  Westindien 660
Ingolstadt 81
Inn 517
Insterburg 595
Iowa 390
Irak 412
Iran 348, 560
  Nordiran 410
Irland 441
Island 717
Istrien 348, 629
Italien 21, 34, 212, 215, 225, 231, 250, 258, 270, 285, 288, 303, 313, 330, 383, 388, 410, 412, 428, 437, 438, 440, 446, 487, 507, 517, 547, 549, 580, 605, 623, 629, 636, 697, 709, 717
  Mittelitalien 411, 445, 623, 651
  Norditalien 208, 263, 651
  Oberitalien 436, 623
  Süditalien 445, 643

J

Japan 261, 282, 348, 396, 516, 517, 660
Java 261
Jena 80, 554
Jenalöbnitz (Thüringen) 31, 80, 83, 208, 258, 359, 437, 554, 623, 655, 668
Johanngeorgenstadt, Erzgeb. 28
Jugel 28
Jugoslawien 313, 323, 344, 348, 428, 493, 612, 675

K

Kachstedt 80, 281
Kalifornien 292
Kalkalpen, südliche 651
Kalocsa 323
Kamenez-Podolsk-Distrikt 292
Kamtschatka 285, 469
Kanada 418
Kanarische Inseln 388
Kansas 390
Kansu 593
Kanton 513
Karlsruhe (Baden) 83
Kärnten 696
Karpaten 383
Kasachstan 643
Kaschgar 313
Kaspisches Meer 225, 313, 428
Kassel 83
Nordkaukasien 605
Kaukasus 221, 340, 363, 369, 411, 651, 709
Kaukasusgebiete 348, 410
Kent 445
Kentucky 390
Kenya 348
Kiang 593
Kirgisien 643
Kitzingen 80
Kleinasien 20, 298, 303, 313, 330, 411, 412, 428, 432, 554, 560, 629, 643, 679
Kleinrudestedt 80
Kölleda (Unstrut) 30, 80, 83, 281, 516, 517, 519, 520, 528
Köln-Merheim 83
Kolumbien 313
Korneuburg 33, 418, 420, 593
Kreta 231, 440, 629
Krim 428, 629
Kroatien 263, 348
Kuba 494
Kujbyschew-Gebiet 363
Kuku-nor 593, 594, 595
Kursker Gebiet 363, 369
Kwan-hien 593
Kyffhäuser 80

L

La-Plata-Gebiete 462
Lausitz, Sächsische 32
Leipzig 32, 38, 41, 81, 83, 494, 612, 668
Leipzig-Probstheida 107, 112, 126, 228, 258, 273, 274, 276, 277, 280, 286, 289, 290, 292, 294, 296, 298, 299, 300, 304, 305, 308, 309, 312, 320, 332, 333, 334, 335, 337, 341, 343, 346, 347, 351, 352, 354, 355, 357, 358, 359, 362, 363, 366, 376, 378, 381, 382, 383, 385, 394, 400, 401, 402, 406, 407, 409, 415, 421, 430, 431, 436, 443, 444, 445, 450, 453, 454, 459, 463, 472, 473, 479, 481, 490, 506, 511, 513, 521, 526, 529, 532, 535, 536, 549, 550, 552,

553, 558, 561, 564, 568, 572, 573, 584, 585, 589, 591, 593, 600, 605, 606, 608, 609, 610, 617, 619, 622, 626, 627, 629, 635, 637, 639, 642, 645, 646, 649, 650, 657, 658, 660, 662, 663, 667, 670, 671, 672, 673, 674, 676, 677, 680, 692, 694, 705, 706, 707, 715, 717, 718, 719
Leithagebirge 378
Libanon 596
Liebertwolkwitz 656
Limburgerhof 479
Lippe 87
Lincolnshire 445
Lorgues (Var) 636
Lothringen 636
Louisiana 390
Ludwigsburg 81
Lüneburger Heide 470
Lützen 29, 80, 83, 214, 394, 396, 403

M

Madison 345
Magdeburg 83, 281, 353
Magdeburger Börde 81, 352
Magstadt (Württemberg) 83
Mahón 610
Mähren 212, 263, 330, 396, 407, 412, 493, 558
Mährisches Hochland 592
Mainfranken 514
Mandschurei 313
Marokko 340, 363, 462, 560, 683
Massachusetts 469
Mazedonien 629
Mecklenburg 83, 87
Merseburg 83, 396
Mexikanisches Hochland 369
Mexiko 285, 342, 344, 415, 441, 612
Mibuyomogi 282
Michigan 469, 516
Miltitz bei Leipzig 446
Mississippi-Ohio-Tennessee-Zone 390
Missouri 390
Mitcham 445
Mittelmeer 71, 717
Mittelmeergebiet 68, 284, 298, 302, 307, 356, 362, 396, 426, 428, 437, 445, 472, 474, 487, 507, 516, 560, 623, 636, 660, 675, 683, 692
Mittelmeergebiet, östliches 411, 474, 646, 679
Mittelmeer, Küstengebiet 611
Mittelmeerländer 363, 574, 623, 643, 655
Mittelmeerraum 646
Mogador 437
Mongolei 412
Monte Cassino 21
Mont Ventoux 446
Moskauer Gebiet 428
Mühlviertel 709
München 83

N

Narbonne 610
Nebraska 390
Nepal 313
Neudorf 28
Neuseeland 270, 396, 584
Neusiedlersee 474
Neustadt (Aisch) 81
New Lebanon 469
New York 469
Niedersachsen 330
Niederschlesien 87
Nildelta 426
Nordseeküste 78, 717
Nordwestdeutsches Küstengebiet 31
Norfolk 469
Norwegen 330, 432, 445, 516
Nossen (Sachsen) 612
Nowgorodsches Gouvernement 595
Nürnberg 28, 81, 83, 215
Nürnberg-Fürth 31, 225

O

Oberlausitz 269, 281, 498, 517, 597
Oberpfalz 32, 263
Oder 88, 514
Offstein bei Worms 39, 81, 83
Oklahoma 390
Oldenburg 86
Ontario 418
Orient 214, 221, 231, 235, 310, 362, 428, 451, 507, 615, 684, 696
Österreich 208, 225, 250, 292, 302, 330, 342, 344, 353, 369, 378, 379, 383, 412, 418, 420, 474, 592, 593, 623, 628, 675, 702, 709
Ostfriesland 81, 83, 87, 330, 493, 659, 660
Ostpreußen 32
Ostrowo 629
Ostseegebiete 263, 595
Ostseeküste 78, 717

P

Palästina 440
Pansfelde (Südharz) 30, 80, 83, 187, 697, 704
Pen-Bron 437
Persien 313, 340, 411, 426, 455, 560, 636, 640
Südpersien 596
Peru 441
Petersburger Gouvernement 595
Pfalz 31, 81, 517
Philippinen 494
Piémonte 636
Pillnitz (Elbe) 324
Po-Ebene 605
Polen 302, 313, 330, 353, 388, 668, 697
Pommern 87
Portugal 554, 651
Pruhonitz bei Prag 34, 435
Pünderich (Mosel) 83
Pyrenäen 629
Pyrenäenhalbinsel 709

Q

Quarnero 629
Quedlinburg 38, 81, 83, 498
Quellgebiet des Hoangho 593
Querfurt 281

R

Regnitz 411
Reichenau (Bodensee) 23
Rhein 88, 517
Rheinhessen 598
Rheinisch-Westfälisches Schiefergebirge 383
Rheinland 87
Rheinpfalz 147
Rheinpreußen 32
Rheintal 81, 636
Rhön 80, 87
Rhônetal 428

Ringleben 31, 80, 83, 516, 520
Riviera 719
Robenhausen 20
Rocky Mountains 415
Röthlein 31, 80
Rumänien 313, 323, 330, 369, 517, 668
Rußland 595
Mittelrußland 411
Südrußland 313, 411, 412
Zentralrußland 411, 412

S

Saale 142
Sachsen 80, 87, 379, 493
Sachsen-Anhalt 29, 39, 80, 330, 396, 428, 455, 474, 517, 560, 646, 675
Sachsen, Provinz 32, 87, 517
Saffi 437
Sahara 446
Salerno 21
Salzmünde bei Halle/S. 606
Sangerhausen 281
Saratower Gebiet 363
Sarepta 411
Seealpen 445, 675
Sennfeld 31
Serbien 629
Shanghai 593
Shensi 593
Sibirien 221, 268, 276, 285, 288, 412, 461, 640, 643, 696, 717
Südsibirien 411
Westsibirien 313
Si-ning 593
Sizilien 412, 643
Skandinavien 284, 298, 330, 462, 640
Nordskandinavien 717
Südskandinavien 474
Slowakei 215
Söflingen bei Ulm 542
Sosa 28
Sowjetunion 133, 208, 258, 330, 356, 363, 364, 369, 388, 396, 418, 428, 462, 516, 542, 549, 574, 580, 594, 605, 629, 643, 659, 668, 688, 697
Spanien 34, 148, 268, 323, 330, 410, 412, 428, 445, 446, 450, 474, 493, 547, 580, 612, 623, 651, 675
Mittelspanien 629
Nordspanien 629
Ostspanien 629
Südspanien 629
Spessart 87
Speyer 81, 83, 517
Suffolk 445
Syrien 298, 307, 412, 440, 580, 629, 636, 683
Szegedin 323
Szetschwan 593

Sch

Schkölen bei Markranstädt 398
Schkopau bei Merseburg 142, 403
Schladebach 519
Schlesien 32, 87, 462, 560
Schleswig-Holstein 87
Schneeberg (Erzgeb.) 28
Schonen 29
Schottland 441
Schwäbische Alb 86
Schwarzes Meer 20, 225, 270, 428, 646
Schwarzwald 32, 87, 383, 387
Schwebheim bei Schweinfurt 31, 80, 83
Schweden 208, 330
Schweinfurt 31, 80, 81, 83, 89, 94, 215, 225, 231, 668, 697, 709
Schweiz 34, 281, 383, 409, 440, 595

St

Steiermark 592, 696
Steinheidel 28
Stolberg 187
Stotternheim 498
Stützengrün 28
St. Wandrille 21

T

Tanganjika 493
Tannenberg (Erzgeb.) 28
Taunus 383
Texas 276, 390, 415
Theiß 323
Thüringen 29, 32, 80, 87, 147, 258, 276, 356, 359, 411, 428, 432, 455, 498, 507, 517, 560, 655, 675, 683, 692
Thüringer Becken 81
Thüringer Wald 80, 383
Tibet 592
Tientsin 593
Timor 686
Tiritsch-Mir-Gruppe 595
Tirol 445, 554
Transkaukasien 636, 679
Trauter (Erzgeb.) 28
Tschechoslowakei 34, 208, 212, 214, 258, 330, 342, 344, 353, 369, 396, 407, 412, 418, 428, 474, 558, 585, 593, 605, 623, 668, 688, 697, 709
Tübingen 597
Tunis 683
Türkei 560, 683
Turkestan 411, 412

U

UdSSR 225, 231, 268, 270, 276, 282, 285, 292, 303, 312, 313, 363, 378, 383, 422, 469, 479, 493, 517, 560, 651, 660, 675, 688
Ukraine 330, 363, 369, 379, 411, 605, 636, 683
Ungarn 34, 151, 212, 214, 225, 231, 292, 313, 323, 330, 353, 356, 369, 378, 411, 412, 422, 446, 474, 475, 493, 516, 605, 636, 668, 675, 688, 709
Upsala 467
Ural 411, 696
Uralfluß 412
Uruguay 494
USA 292, 383, 412, 419, 426, 494, 505, 517, 536, siehe auch Vereinigte Staaten von Nordamerika

V

Velebitgebirge 348
Vereinigte Staaten von Nordamerika 144, 390, 516, siehe auch USA
Villeurbanne (Lyon) 636
Virginia 469
West-Virginia 418
Vogesen 383
Vogtland 28, 683
Voralpen 584
Voralpenstufe 422
Vorarlberg 445, 551

W

Waiblingen 81,83
Weeze 83
Weihenstephan 562
Weimar 80, 363
Weißenfels 83, 396, 403
Weißensee 80, 83
Wernigerode 83, 378, 629
Werra 88, 517
Weser 88, 517
Westfalen 87
Wien 593
Wiener Becken 379
Wiesbaden 42
Wolfenbüttel 81
Wolga 313
Wolga-Delta 411, 412
Woronesher Gebiet 363, 369
Württemberg 32, 81, 87, 353, 517, 560, 593
Würzburg 80, 83, 697
„Wurzelbucke“ 247

Y

Yorkshire 410

Z

Zell an der Mosel 29, 81

Sachregister

Halbfett gesetzte Ziffern geben an, wo eine Sache hauptsächlich abgehandelt ist

A

Aasfliegen 276, 291
Abbauerscheinungen 131
Abdeckung mit Kartoffelkraut 429, 632, 636, 711
— — strohigem Dung 145, 429
Abfälle der Rebelware 145
Abführmittel 61, 63, 608
Abführwirkung 590
Abgase der Industrie 74
Abortdünger 122
Abrotanin 55
Absinth **268**, 269
Absinthin 57, 272
Absinthiin 272
Absterbeerscheinungen 380, 405, 511
—, nekrotische 145
Abtrünnigkeit 327
Abwasser, phenolhaltiges 72
Abweiden 641
Acanthis 620
Acarinlösung 472
Acer campestre L. 75
Aceria carvi (Nal.) 338
Acherontia atropos L. 376
Achillea millefolium L. 48, 115, 120, 126, 186
Acidalia dimidiata Hufn. 677
— *incanata* L. 677
— *ornata* Scop. 431, 677
— *rubiginata* Hufn. 677
Ackerbohnen 684
Ackerkamillen 488
Acker-Hundskamille 491
Ackerminze 538
Ackerschachtelhalm 126, 186, 201
Ackerschnecke, Graue 571
Acker-Schwarzkümmel 542
Ackersenf 201
Ackerunkräuter 201
Acocephalus bicinctus Fall. 274, 280, 430, 450
Aconitin 55, 208
Aconitum napellus L. 48, 51, 54, 70, 85, 134, 166, 198, 204, **207**
— — *var. album* 208
— — *var. carneum* 208
— — *var. emineus* 208
— — *var. superbum* 208
Aconitum — species 185, 197
Acorus calamus L. 48, 85, 441
Acrolepia assectella Zell. 223
Acronicta rumicis L. 300, 511, 549, 619, 637, 672
Adalia bipunctata L. 224, 290, 432
Adelphocoris lineolatus Goeze 280, 430, 627, 646
Adimonia rustica F 511
Adonis vernalis L. 48
Adopaea lineola O. 339
Advastus axillaris Ev. 674
Aecidiengruppen 535
Aecidium dracunculi Thüm. 279
— *foeniculi* Kast. 404, 405
Aelothrips fasciata Od. 430
Aerogenesgruppen 154
Aethusa cynapium L. 254, 577, 581
Aethylalkohol 135
Ätzwirkung 144
Aglykon 386
Agrimonia eupatoria L. 25, 48, 51, 54, 134, **210**
— *odorata* (Gouan) Mill. 210
Agrimonia-spec., Unterscheidungsmerkmale der Scheinfrüchte 211
Agropyron repens (L.) Pal. Beauv. 48, 129
Agrotis baja F. 297
— *candelisequa* Hb. 297
— *C nigrum* L. 601, 609
— *pronuba* L. 297
— *stigmatica* Hübn. 260
Akelei 200
Akeleisamen 200
Akklimatisation 68, 194
Akklimatisationsgärten 190
Alant (Echter) 92, 148, 197, **430**
Alantwurzel 430
Alantwurzelstock 44, 58, 92
Albugo (Cystopus) candida Pers. Ktze. 663
Alchemilla 71
Älchen 404
Algen 77, 190
alias 22
Alizarin 613
Alkaloidbildung 137
Alkaloiddrogen 147
Alkaloide 57, 59, 63, 65, 292, 370, 426, 471, 504, 557
Alkaloidexkretion, kutikuläre 373
Alkaloidgehalt 70, 137, 147, 149, 294, 295, 370, 372, 373, 424, 425, 426, 469, 471
— erfrorener Stechapfelblätter 373
—, Tagesperiodizität 373
Alkaloidgewinnung 57, 59, 63
Alkaloidpflanzen 150
Alkaloidpflanzenzüchtung 39
Alkaloidverteilung in den Organen von *Datura stramonium* 374
Allelopathie 115, 117
Allelopathischer Einfluß 75
Allergosen 505
Allermannsharnisch 22
Allestrockner 156, 502

Allium ascalonicum L. 22
— *cepa* L. 22, 95, 199, 219
— *porrum* L. 22
— *sativum* L. 22, 48, 51, 54, **213**
— *schoenoprasum* L. 48, 51, 54, 90, 138, **219**
— — *var. sibiricum* (L.) Garcke 221
— — *var. album* Hort. 221
— — *var. riparium* (Opiz) Čelak 221
— *ursinum* L. 48
Allylsenföl 663
Almrhabarber 620
Alnus 490
Alpen-Ampfer 620
Alpenkräuter 87
Alpenschnittlauch 221
Alpenveilchen 200
Altes Testament 20
Althaea officinalis L. 21, 28, 31, 48, 52, 54, 70, 74, 81, 85, 111, 116, 174, 198, **223**, 444
— *rosea* (L.) Cav. *var. nigra* Hort. 48, 52, 54, 69, 85, 122, 138, 197, 204, **229**
Althaea-species 197
Althee 21
Alter, phylogenetisches 190
Alternaria 327, 380
— *alunis* 479
— *crassa* (Sacc.) Rands 376
Amaranth blidas 21
Amberkraut 50
Ameisen 306, 613
Ametastegia glabrata Fall. 506, 589
Ammoniak 124
Ammophila sabulosa L. 639, 717
Ampferblattkäfer 620
Ampferblattwespe 454
Ampfereule 300, 511, 549, 619, 637, 672
Ampfer, Garten- 50
—, Gewürz- 620
Ampfergrindwurzel 620
Ampfer, Krauser 620
Ampferkraut 618
Ampferrüßler 601
Ampfer, Schild- 620
—, Stumpfblättriger 620
Ampfersuppe 617
Ampferwurzel 618
Amphipyra tragopogonis L. 430
Amseln 297
Amylum Avenae 200
— *Maydis* 200
Anacardiaceae 203
Anayclus officinarum Hayne 48
Analgeticum 188
Analyse, Betriebs- u. arbeitswirtschaftliche 104
Anbau 14
— als Untersaat 111
Anbau-Zentren, Deutsche 80
Anbau als Zweitfrucht 112
Anbaudichte (Karte) 86
Anbaudrogen, Bedarf 44
Anbaufläche 37
Anbauflächenstatistik 42
Anbaugebiete 80
Anbaugebiet, Mainfränkisches 80
—, Mittelfränkisches 81
—, Oberfränkisches 81
—, Unterfränkisches 60
—, Oberbayrisches 81
—, Weißenfels-Lützener 398
Anbau, Geschichte 19
Anbaurisiko 131
Anbauvertrag 105
Andorn 49, 52, 60, **485**
Andornkraut 60, 485
Andrena albicans Müll. 591, 658
— *carbonaria* L. 239, 454, 490, 610, 635, 658, 694
— *flavipes* Panz. 573, 610, 658
— *lapponica* Zelt. 658
— *nigro aena* K. 361
— *parvula* K. 361
— *propinqua* Schenck 427, 513
Andrena-species 558
Andromeda polifolia L. 611
Anemone nemorosa L. 418
— *pratensis* L. 48
— *pulsatilla* L. 85
Anethum graveolens L. 22, 36, 48, 52, 54, 103, 198, **233**
— — *f. hortorum* Alef. 234
— — *f. minus* (Gouan) Moris 234
— — *f. submarginatum* Lej. et Court. 234
anetum 22
Angelica archangelica L. 28, 48, 52, 54, 74, 84, 85, 135, 149, 173, 197, 198, **238**, 454
Angelica archangelica subspec. eu-archangelica Thell. 139, 239, 240, 242
— — *subspec. eu-archangelica* Thell. *var. norwegica* (Rupr.) Rikli 239
— — *subspec. eu-archangelica* Thell. *var. sativa* (Mill.) Rikli 239, 241, 242
— — *subspec. litoralis* (Fries) Thell., 239, 240, 242
— — Anbauvergleich Bockau (Erzgeb.)-Kölleda (Thür.) 243
— — Sächsische Zopfware 248
— *silvestris* L. 240
Angelika 28, 48, 52, 54, 80, 83, 91, 198, **238**
Angelikafrüchte 54, 238
Angelikakraut 238
Angelika, „Sächsische“ 196, 241, 248
Angelikastengel 238
Angelikawurzel 54, 196, 238
Angina pectoris 188
Anis 21, 22, 50, 52, 62, 129, 130, 145, 194, 198, 361, 574, **578**
Anisfrüchte 62, 578
Anissamen 578
Anis, ‘Thüringer’ 580
Anlageaufwand 97, 100
Anobium domesticum Geoffr. 260
— *striatum* Ol. 260
— *punctatum* Deg. 260
Anomalien 145
Anomalon carinops Grav. 394
Anschwellungen durch Wanzenstiche 405
Anthelminthicum 342
Anthemis arvensis L. 145, 491, 492
— *cotula* L. 491, 492
— *nobilis* L. 48, 53, 54, 101, 143, 204, **249**, 490, 491, 492, 494
Anthemis- und *Matricaria-species*, Unterscheidungsmerkmale 492
Anthidium manicatum L. 635
Anthocyanglykosid 55
Anthoxanthum odoratum L. 48
Anthracenderivate 63
Anthracenessigsäure 141
Anthrachinon 590, 596
Anthrachinonreaktion, Bornträgersche 590
Anthraglykosid 602

Anthraknose 466
Anthriscus cerefolium (L.) Hoffm. 22, 36, 48, 52, 54, 112, 139, 253
— — *var. sativum* (Lam.) Thell. *f. vulgare* (Alef.) Thell. 254
— — *var. sativum* (Lam.) Thell. *f. crispum* (Alef.) Thell. 254
— *silvestris* (L.) Hoffm. 253
Anthron 602
Anthyllis vulneraria L. 681
Antibiotica 126, 190
Antiseptikum 63
Anwelkmethode nach Arland 73
Apion pisi F. 707
Aphis evonymi F. 336
— *(Doralis) fabae* Scop. 248, 336, 459, 504, 705
— *nepetae* Kalt. 553
Aphthona euphorbiae Schrk. 467
Apidae 490
Apiden 211, 610, 664
Apiin 63
Apiol 63, 574
Apion aeneum F. 229
— *miniatum* Germer 601
Apis mellifica L. 239, 298, 328, 355, 394, 473, 513, 545, 584, 715
— — *var. syriaca* 328, 473
apium 22
Apium graveolens L. 22, 574
Apocynaceae 377
Apocynacee 309
Apocynum cannabinum L. 309
Apomixis 667
Apothekenordnung, Schleswig-Holstein-Dänische 24
Apothekergärten 24, 35
Appetitanregung 57, 65
Aqua Menthae piperitae 516
Aquilegia vulgaris L. 200
Arbeitsaufwand 91
Arbeitsintensität 91
Archangelica officinalis Hoffm. 238
Arctia caja L. 511, 672
— *hebe* L. 274
Arctium edule (Sieb.) Wilp. 261
— *edulis* 258
— *(Lappa) edulis* Hort. 261
— *lappa* L. 21, **255**
Arctium minus (Hill) Bernh. 255, 256, 257, 260
— *nemorosum* Lej. et Court. 260
— *tomentosum* Mill. 255, 256, 257, 260
Arctium-species 48, 53, 54
— —, Unterscheidungsmerkmale 256
Arge rosae L. 239
Argynnis lathonia L. 444
— *selene* Schiff. 506
Aristolochia clematitis L. 48
Armillaria mellea Vahl. Quél. 450
Armschutz 656
Arnica montana L. 48, 53, 54, 85, 125, 132, 185, **261**, 340
Arnicin 55
Arnika 48, 53, 54, 190, **261**
Arnikablüten 54, 261
Arnikakraut 54, 261
Arnikakulturversuche mit Einheitserde 265
Arnikawurzel 54
Aronstab 48
Arsen, vegetabilisches 209
Artemisia abrotanum L. 21, 48, 53, 54, 68, 116, 131, **267**
— *absinthium* L. 48, 53, 56, 85, 96, 115, 117, 119, 147, 159, **268**
— *cina* (Berg) Willkomm 282
— *dracunculus* L. 48, 53, 56, 85, 131, 149, **275**
— — *redowskyi* Hort. 275, 277
— — *var. redowskyi* Turcs. 277
— —, Unterscheidungsmerkmale 277
— *maritima* L. 31, 48, 53, 56, 80, **280**
— — *subspec. maritima* (L.) 80, 280
— — *subspec. monogyna* (Waldst. et Kit.) 280
— — *subspec. salina* (Willd.) 80, 280
— — *subspec. vallesiaca* All. 280
— *paniculata* Lam. 268
— *procera* Willd. 268
— *vulgaris* L. 48, 53, 56, 85, 280, **284**, 430
Artemisia-species 31, 267, 270, 280, 284
Arten, hauptsächlich angebaute 47
Arten- und Sortenkunde 44
— — Sortenwahl 13, **89**, 103
Arterienverkalkung 55
Arum dracunculus L. 21
— *maculatum* L. 48
Arzneibuch siehe auch Pharmacopoea
Arzneibuch, Brasilianisches 182
—, Britisches 670
—, Deutsches 13, 53
—, Französisches 568
—, Portugiesisches 568
—, Spanisches 568
—, Schweizerisches 147, 209, 310, 387, 670
Arzneikräuter, wildwachsende 87
Arzneimittelwerke 39
Arzneipflanzen 11
—, in Deutschland angebaute Arten **47**
—, des Gebirges, Heilkraft 84
Arzneipflanzenforschung 41
Arzneipflanzen-Fruchtfolgen **109**, 495
Arzneipflanzen im Forstwirtschaftsbetrieb 85
Arzneipflanzen-Leguminosen 108
Arzneipflanzensämereien 130
Arzneipflanzenzüchtung 36
Arznei- und Gewürzpflanzen, Klassifizierung 11
—, Anbauorte Deutschlands; Schwerpunkte nach dem Stande im Jahre 1953 (Karte) 82
—, in Deutschland häufig angebaute; nach Familien geordnet 51
—, verschiedene; Anbauorte 83
Arznei- und Gewürzpflanzenbau in Deutschland; Dichte (Karte) im Jahre 1937 86
Asarum europaeum L. 21
Ascarideninfektion 121
Ascaridol 57, 342, 345
Aschegehalt von *Herba Majoranae* 183, 478
Ascochyta hyoscyami Pat. 425
— *pinzolensis* Kabak et Bubak 425
— *verbasci* Sacc. 713
— *vicina* Sacc. 634

ascolonias 22
Ascomyceten 504, 553
l-Ascorbinsäure 68, 451, 501
Asparagus officinalis L. 199
Aspergillus 466
Asperula odorata L. 48, 53, 56, 134, **286**
Asphondylia hornigi Wachtl. 553
— *menthae* Pierre 538
— *rosmarini* Kieff. 613
Asplenium ruta-muraria L. 621
Assimilation 69
Assimilationsintensität 73
Asthma 57
Asthmamittel 59, 61
Astragalus glycyphyllus L. 407, 410
Athalia lineolata Lep. 253
— *rosae* L. 329, 355, 394, 453, 659, 663
Athamanta meum L. 21
Atmungsorgane 61, 65
Atmungsprozeß 141
Atriplex 346
Atropa bella-donna L. 48, 52, 56, 70, 85, 109, 137, 147, 150, 153, **289**
— — *var. flava* Pater? 291
— — *var. intermedia* 291
— — *var. lutea* Döll 291
Atropin 292, 368, 371, 421
Atropos 297
Atroscin 421
Aufwand und Ertrag 89
Augenheilkunde 57
Augenwasser 55, 59, 505
Aulax salviae Gir. 634
Aureomycin 190
Ausläufer 521
Aussaat **132**
Aussaatmenge 136
Aussaattiefe 136
Aussaatzeitenversuch 132
Ausschlagdünger aus Mistbeeten 120
Austauschdroge 44
Australische Seide 475
Auswurfförderndes Mittel 61, 65
Auxin 141
Avena sativa L. 200
A-Z-Lösung (nach Hoagland) 125, 530
Azulen 493

B

Bachminze 514
Bacillus omnivorus 439
— *petroselini* Pot. 577
Backwarenherstellung 63
Bäder 57, 59, 61, 65
Bakterienbefall 145
Bakterienleben 145
Bakterienvegetation 155
Baldrian (Gebräuchlicher) 30, 36, 38, 43, 50, 53, 64, 80, 92, 116, 149, 187, 198, **693**
—, Belgischer 697, 698
—, 'Erfurter Breitblättriger' 105, 698, 700
—, 'Erfurter Holunderblättriger' 698
—, 'Frankfurter Schmalblättriger Oderland' 698
—, Fränkischer 697, 698
—, Garten- 696
—, Großer 696
—, Harzer 697, 698
—, Holunderblättriger 693, 695
—, Japanischer 697, 698
—, Keltischer 696
—, Kleiner 696
—, ,Oberlausitzer Schmalblättriger' 105, 698
—, Römischer 696
—, Sächsischer 697
—, Thüringer 697, 698
—, Weißer 696
Baldrianextrakte; pharmokologische Wirkung 700
Baldriangeruch 704
Baldriangewächse 53
Baldriankraut, Futterwert 706
Baldriansorten 105
Baldrianwirkung, sedative 127, 704
Baldrian, Unterscheidungsmerkmale 695
Baldrianwelke 704
Baldrianwurzel 64, 92, 127, 327, 693
Balsamkraut 48
Bandsaat 655
Bandtrockner 159, 163, 167
Bär, Brauner 511, 672
Barathra (*Mamestra*) *brassicae* L. 280, 425, 571, 609
Bardana 255
Bärenraupen 672
Bärenschote, Süße 407, 410
Bärenwurzel, ameum 21
Baridium lepidii Germ. 453
Bärlauch 48
Basilie, „Ägyptische" 546
—, „große" 546
Basilienkraut 50, 52, 60, **544**
Basilikum 80, 448, **544**
—, 'Löffel-Großblättriges Grünes' 544, 547
—, 'Kleinblättriges Grünes' 197, 547
—, 'Zwerg, Kleinblättriges Grünes' 547
—, 'Mittelgroßblättriges Grünes' 547
Basilikum-Öl 548
„Bauernrose" 554
Bäume und Sträucher, einheimische Drogen liefernde 202
Baumschulen 382
Baumwollsaatkuchenmehl als Düngemittel 419
Baustoffherstellung 198
Beeinflussung, gegenseitige 115
Beeren 152
Begasung 73
Beifuß (Gewürz) 53, 56, 280, 283, **284**
Beifußkraut 56, 284
Beifußwurzel 284
Beinwell 50, 52, 64, 387, **664**
Beinwellkraut 664
Beinwellwurzel 64, 664
Beinigkeit 129
Beisaat 134
Beizung von Saatgut 130
Bekämpfungsmittel, chemische 146
Belegdichte je m^2 natürliche Trokkenfläche 158
Belladonnablätter 147
Belladonnawurzel 147
Belonielle arctii Lib. 260
Belüftungsmöglichkeiten 160
Benediktenkraut 49, 53, 56, 95, **355**
—, 'Quedlinburger Mittelfrühes' 356
Benediktendistel 355
Benediktinermönche 21, 412
Benetzungsverfahren 130
Berberidaceae 202, 417
Berberis vulgaris L. 71, 202
Beregnung, künstliche 142, 360, 416, 471

Berg-Bohnenkraut 649
Bergkümmel 237
Berg-Liebstock 454
Bergmelisse 505
Bergminze, Echte 551
Bergwohlverleih 48, 53, **261**
Bertram, Deutscher 48
—, Rosenroter 348
Berufsdermatitis 150
Beruhigungsmittel 57, 557
Beschattung, natürliche 419
Bestandspflege **143**
Beta-Rüben 352
Beta-species 22
betas 22
Betäubungsmittel, Verkehr mit (Opiumgesetz) 310, 568
Betriebsplanung 90
Betriebswirtschaftliche Verhältnisse **89**
Betulaceae 202
Betula pendula Roth (*B. verrucosa* Ehrh.) 202
— *pubescens* Ehrh. 202
Bewässerung, künstliche 142
Bewertungsschema f. *Mentha piperita* 183
— f. Drogen 183
Bewurzelung 141
Bibernelle 638
—, Große 50, 188, 638
—, Kleine 50, 188, 638
Bibio hortulanus L. 329, 336, 403, 591
Bienen 199, 622, 642, 707
Bienenblatt 506
Bienenfutterpflanzen 198
Bienenkraut 506
Bienennährpflanzen 199, 360, 480, 489, 540, 550, 658, 627
Bienenweide 16, 220, 394, 426, 506, 542, 545
Bifänge 227, 438
Bilsenkraut (Schwarzes) 49, 52, 58, 95, 109, 368, **420**
Bilsenkraut, 'Schwarzes' 422
Bilsenkrautblätter 58, 420
Bilsenkrautsamen 48, 420
Bilsenkrautwurzel 58, 420
Bindenbär 274
Binder 96
Biokatalysatoren 55
Bioklimatische Versuche 84
Biotische Faktoren 77
Bitterdistel 355
Bitterstoff 55, 57, 59, 63, 65
Bittersüß 109
Bitterwert 670
Blackengärten 620
Blähungen 59, 61, 63, 65
Blasenfüße 296, 388, 404, 430, 467
Blasensteine 613
Blattdrogen 90, 96, 108, 158, 159
Blattdürre, parasitäre 571
Blatternte 150
Blattflecken 309, 319, 425, 459, 537, 577, 634, 638
Blattfleckenpilze 273, 479, 510, 536, 608, 713
Blattfloh 601, 626
Blattfrüchte 108
Blattgallen 613
Blattgemüse 672
Blattkäfer, Grüner 601
— Violetter 536
Blattkrankheiten 388, 479
Blattkräuselung 553
Blattkrüll 532
Blattläuse 132, 146, 237, 248, 255, 267, 268, 274, 280, 283, 289, 290, 296, 300, 319, 336, 338, 346, 376, 388, 404, 432, 435, 504, 511, 536, 549, 571, 583, 603, 617, 634, 642, 645, 662, 672, 677, 692, 705
Blattlauslöwen 248, 490
Blattpetersilie 254, 574
Blattrandkäfer 296, 408
Blattschneidebiene 610, 635, 426
Blattschnitt 150
Blattschorf 248
Blattspanner, Gelber 431
Blattsprühung 124
Blattverkrümmungen 511
Blattwespe 253, 291, 329, 407, 453, 506, 589, 591, 627, 638, 659, 704
Blaugel 169
Bläuling 339, 427, 473, 622
Bleimennige (Saatgutvergällung) 631
Blindhacke 134
Blindwanze 248, 268, 280, 286, 296, 336, 405, 430, 450, 459, 490, 549, 601, 627, 643, 646, 713
Bluthänflinge 620
Blühhormone 306
Blütendrogen 90, 100, 158, 159
Blütengallen 553
Blütengallmücke 538
Blütengrus 494
Blutdruck, hoher 55
Blutstillendes Mittel 59
Boarmia selenaria Hb. 404
Bockgeruch 684
Bockkäfer 351, 361
Bockshornklee 22, 50, 51, 64, 116, 199, **681**
Bockshornkleeheu, Futterwert 685
Bockshornkleesamen 64, 681
Boden 66, 76
Bodenansprüche 84
Bodenbakterien 77, 145, 358
Bodenbearbeitung **128**
Bodenbedeckung 76, 145, 198
Bodenbenutzungserhebungen 37
Boden, Beschattung 143
Bodendesinfektion 140
Bodendünger 120
Bodenerosion 74, 76
Bodenfeuchtigkeit 72
Bodenfräse 129
Bodenfruchtbarkeit 77
Bodenimpfung 127, 407
Bodenkarten 76
Bodenkrümel, Stabilität 113
Bodenlockerung 128, 143
Bodenmeißel 143
Bodenmikroorganismen 77
Bodenmüdigkeitserscheinungen 111
Bodennutzungsformen 85
Bodenreaktion 77, 124
Bodenschätzung 76
Bodenschluß 136
Bodenstruktur, physikalische 66, 76
Bodenverdichtung 128, 396
Bodenverkrustung 128
Boden, Verschlämmung 142
Bohnenarten 22
Bohnenkraut, (Garten-) 21, 22, 64, **645**
—, Berg- 649
—, 'Einjähriges Blatt-' 647
—, Einjähriges 50, 52, 64, 96, 198, **645**
—, „Italienisches" 649
—, Stauden- 649
—, Winter- 50, 52, 64, 198, **649**
—, — 'Erfurter Niederliegendes' 651

Bohnenkraut, Winter 'Quedlinburger Aufrechtes' 651
Bohnenlaus 248
Bohnenschalen 199
Bohrfliege 266
Bombus-Arten 443, 610, 707
Bombus agrorum L. 627
— *distinguendis* Mor. 642
— *hortorum* L. 431, 443
— *hypnorum* L. 443
— *lapidarius* L. 220, 406, 421, 427, 431, 443, 627, 642, 654, 715
— *silvarum* L. 407
— *subterraneus* L. *f. latreillella* Kirby 642
— *terrestris* L. 211, 220, 298, 394, 407, 421, 427, 431, 443, 481, 545, 550, 558, 584, 610, 627, 642, 654, 715
Bor 124
Boraginaceae 52, 297, 664
Borago officinalis L. 48, 52, 56, 198, **297**
Boretsch 48, 52, 56, 198, 285, **297**, 358
Boretschblüten 297
Boretschgewächse 52
Boretschkraut 56
Borstenmohn 560
„Botanisie" 30
Botrytis 154
— *allii* Munn 219
— *cinerea* Pers. 425, 450, 663
Bothynoderes punctiventris Germ. 459
Bourletiella sulphurea Koch 248, 274, 430, 450
Brache 112
Brachycaudus cardui L. (*B. chamomillae* Koch) 504
— *helichrysi* Kalt. 504
Brachylacon murinus L. 329, 601
Brachyrrhinus (*Otiorrhynchus*) *ligustici* L. 459
Braconide 601
Brandwunden 61
Brasilianisches Arzneibuch 182
Brassica-Arten 302, 329, 658
Brassica eruca L. 21
— *juncea* (L.) Czern. 302
— *napus* L. em Metzg. *var. arvensis* (Lam.) Thell. 201, 303
Brassica nigra (L.) Koch 48, 51, 56, 198, **300**, 658
— *oleracea* L. 23
— *rapa* L. *var. oleifera* Metzg. 201, 303
Brauneria angustifolia (DC.) Heller 390
— *purpurea* (L.) Britt. 390
Braunschweiger Dispensatorium 516
Braut in Haaren 542
Brechmittel 63, 376
„brechtrocken" 155
Breitsaat 132
Brennessel 50, 51, 64, 129, 187, 198, **685**
Brennesselblätter 685
Brennesselgewächse 51
Brennessel, Große **685**, 689
—, Kleine **687**
—, Russische 688
Brennesselkraut 64, 685
Brennesselsamen 685
Brennesselwurzeln 64, 129, 685
Brennfleckenpilze 336, 466, 485
Brevarium rerum fiscalium 21
Britisches Arzneibuch 670
Brombeere 75, 202
Bronchialkatarrh 59, 63
Brotbohrer 248, 297, 405, 663
Bruchweide 203
Brunnenkresse 21, 50, 358
Brustwurz, Wilde 240
Bruttoerlös 43
Brutzwiebeln 214
Bryonia dioica Jacq. 139
Buchenbegleiter 287
Bücherlaus 297
Buchweizen 123
„Buffbohnen" 21
Bulbus Allii sativi 54, 94, 213
— *Colchici* 189
Bündelmajoran 478
Buntschlag 113
Buschbohnen 116, 199, 227, 412, 448, 599
Büschelpflanzung 470, 477
Buschtomaten 116

C

Calendula arvensis L. 307
— *microphylla* Lange 307
— *officinalis* L. 48, 53, 56, 85, 101, 112, 197, 198, 204, **304**
Calendula officinalis f. isabellina 305
— — *f. ligulata* Hort. 305
— — *f. pallida* 305
— — *f. prolifera* DC. 305
— — *f. ranunculoides* 305
— — *f. regalis* 305
— — *f. sulfurea* 305
— — *f. superba* 305
— *suffruticosa* Vahl. 307
— *officinalis* L. 1000-Korngewicht der verschiedenen Fruchtformen 307
Calocoris bipunctatus F. 450
Camelina sativa (L.) Crantz 463
Campanulaceae 53, 467
Campylomma verbasci Mey. D. 430, 450, 705, 713
Cannabis sativa L. 20, 75, 201, **309**
— — *var. indica* (Lam.) Hegi 48, 51, 56, 132, 138, **310**
Canthariden 233, 454
Cantharides 706
Cantharis fusca L. 239, 328, 591
— *lateralis* L. 280
— *livida* L. 591
Capita Papaveris 557
„Capitulare" 21, 23
Capparis spinosa L. 672
Caprifoliaceae 203
Capsaicin 57, 70, 321
Capsella bursa-pastoris (L.) Medik. 201
Capsicum annuum L. 47, 48, 52, 56, 109, 153, 198, **320**
— *fastigiatum* Bl. 323
— *frutescens* L. 323
— *minimum* Roxb. 323
Capsiden 280
Capsulae Papaveris 557
Caradrina morpheus Hfn. 286
— *quadripunctata* F. 705
Carcharodus alceae Esp. 229, 444
Carduelis cannabina L. 620
Carduus 441
Carminativum 549
Carlina acaulis L. 653
Carotin 57, 688
Carthamus tinctorius L. 48
Carvon 61, 520, 538
d-Carvon 57, 329
Caryophyllaceae 51

Carum carvi L. 20, 21, 31, 48, 52, 56, 69, 84, 111, 112, 122, 122, 132, 152, 156, 174, 186, 271, **328**, 541
Carvacrol 646, 651
Caryophyllaceae 641
Cassida L. 627, 634
— *canaliculata* Laich. 273
— *flaveola* Thbg. 459
— *murraea* L. 536
— *nebulosa* L. 346, 627
— *rubiginea* Müll. 657
— *viridis* L. 511, 536, 537, 657
Castanea sativa Mill. 203
caulas 23
Cavariella aegopodii Scop. 237, 336, 404, 405
— *capreae* F. 336
— *pastinacae* L. 536
— *umbellatarum* Koch 336
— *-species* 338
Cayennepfeffer 323
Centaurium chilense Pers. 342
— *pulchellum* (Sw.) Druce 342
— *umbellatum* Gilib. 48, 52, 56, 85, 132, 185, **339**
— — *f. capitatum* (Cham.) 340
— *vulgare* Rafn. 342
Cephus pygmaeus L. 490, 667, 674
cepos 22
Cerceris rybiensis L. 361
Cercospora absinthii Sacc. 273
— *apii* Fres. 577
— *calendulae* Sacc. 309
— *carvi* West et v. Luijk 336
— *crassa* Sacc. 376
— *daturae* Peck. 376
— *effusa* (Br. et Casp.) Ell. 472
— *foeniculi* Magn. 404
— *olivacea* Otth. 273
— *ricinelli* 608
Cerosporina daturicola Speg. 376
Cerembycidae 489
cerefolium 22
Cetonia aurata L. 705
Cetonien 554
Ceutorrhynchus macula-alba Harst. 571
Chaetocnema concinna Marsh. 601
Cham-Azulen 61, 489, 493
Cheiranthus cheiri L. 199
Chelidonium majus L. 48, 125, 138, 188
Chelostoma nigricorne Nyl. 481
Chemotherapeutica 40
Chemotherapie 45
Chenopodiaceae 51, 342
Chenopodium ambrosioides L. 48, 51, 56, 138, **342**
— —, *var. anthelminthicum* A. Gr. 342
— —, Ölgehalt 346
— *anthelminthicum* L. 342
— *vulvaria* L. 346
Chicorée 351, 666
Cichorium endivia L. 672
Chilles 323
Chinarhabarber 590
Chloris chloris L. 620
Chlorita flavescens F. 248, 296, 430
— *viridula* Fall. 274, 280, 430, 511
Chlorkalklösung 134, 371
Chlorophyll 65, 688
Chlorops glabra Mg. 336
— *nasuta* Schrk. 591
Chloroseerscheinungen 264
Cholecystopathie 188
Cholelithiasis 188
Cholera 121
Cholesterin 65
Cholin 670
Christrose 49
Christuspalme 602
Chrysanthemum americanum Pluk. 390
— *balsamita* L. 21, 22, 48
— *cinerariifolium* (Trev.) Vis. 48, 53, 56, 70, 139, 150, **347**
— *parthenium* (L.) Bernh. 48
— *roseum* Weber et Mohr 348, 351
Chrysis ignata L. 622
Chrysomela coerulans Scr. 536
— *menthastri* Suffr. 536
Chrysopa 490, 506, 639, 643
— *perla* L. 406
Chrysophanus phlaeas L. 473, 550, 650
Cicadula sexnotata Fall. 450
Cichorien 21
Cichorium intybus L. 48, 53, 56, 199, **351**
— — *var. foliosum* 351
— — *var. sativum* Bischoff 351
Cichorium intybus var. silvestre Bischoff 352
Cicuta virosa 85
Cineol 57, 284
Cinchona 441
Cinchonen 36, 191
Cionus hortulans Geoffr. 713
Citral 61
Citronellal 61
Cladosporium herbarum Pers. 571
Claviceps purpurea (Tul.) 85, 189, 190, 201
Cleopus solani F. 713
Cnephasia (*Tortrix*) *wahlbomiana* 248, 274, 280, 430, 435, 511, 537, 638
Cnicin 57, **357**
Cnicus benedictus L. 20, 28, 49, 53, 56, 112, 139, **355**
Coccineliden 233, 237
Coccinella bipunctata L. 642
— *11-punctata* L. 290, 346
— *quinquepunctata* L. 346, 591
— *septempunctata* L. 224, 290, 346, 356, 376, 506, 549, 591, 642
Cochlearia officinalis L. 49, 51, 56, 138, **358**
— — *subspec. alpina* (Bab.) J. D. Hook 359
— — *subspec. officinalis* (L.) J. D. Hook 359
Cochlearia-species 68
Codein 63
Coenonympha pamphilus L. 473, 650
Coffea arabica 441
Colchicin 189
Colchicum autumnale L. 49, 70, 188, 189
Coleopteren 511, 667
Coleoptera 489
coliandrum 22
Colias hyale L. 427, 454, 506
Coligruppen 154
Colletes daviesanus Sm. 421, 490
Colletotrichum lini (Westerd.) Tochin 466
— *malvarum* (Br. et Casp.) Southw. 485
— *ricini* Bub. et Frag. 608
Collyria puncticeps Thoms. 239, 490, 715

Colombowurzeln 44
Coloquinten 21
Coloradoa artemisiae d. Gn. C. B. 274
Comfrey 666
Common marygold 305
Compositae 53, 249, 255, 261, 267, 268, 275, 280, 284, 304, 347, 351, 355, 388, 414, 430, 488, 653, 666
Coniin 577
Conium maculatum L. 49, 85, 145, 254, 331, 574, 579, 580, 581
Conops scutellata Mg. 395
Contarinia valerianae Rübs. 705
Convallaria majalis L. 49, 185, 200, 667
Coriandrum sativum L. 19, 20, 22, 28, 49, 52, 56, 84, 103, 112, 117, 132, 137, 152, 156, 198, **361**, 541
— — *var. microcarpum* DC. 362
— — *var. vulgare* Alef. 362
Cortex Cascarillae 44
— *Frangulae* 202
— *Granati arboris et radicis* 44
— *Hamamelidis* 203
— *Mezerei* 202
— *Quercus* 202
— *Rhamni purshianae* 203
— *Rhois aromaticae radicis* 203
— *Salicis* 203
— *Viburni prunifolii* 203
Corylus 490
— *avellana* L. 75
costo 22
Crataegus axyacantha L. 202
Crataegus-species 75
Crioceris merdigera L. 223
Crocus sativus L. 20, 49
Cruciferae 51, 300, 329, 358, 451, 658
Cucullia absinthii L. 274, 286
— *artemisiae* Hufn. 274, 286
— *chamomillae* L. 504
— *tanaceti* Schiff. 286, 504
— *umbratica* L. 504, 672
— *verbasci* L. 713, 714
Cucullia-Arten 286
Cucurbita-species 199
Cumarin 57, 289
cumino 22
Cuminum cyminum L. 22, 49
Cupressaceae 202
Curcuma longa Koenig et auct. non L. 417
Cuscuta australis Br. R. *var. breviflora* Engelm. 475, 547, 649
— *epilinum* Weihe 463
— *epithymum* (L.) Murr. 405, 649, 675, 677
— — *subspec. trifolii* (Babingt.) Hegi 283, 450
— *europaea* L. 319, 692
— *suaveolens* Ser. 338
Cuscuta-species 447
Cyclamen europaeum L. 200
Cydonia oblonga Mill. 203
p-Cymol 678
Cynoglossum officinale L. 139
Cystiphora taraxaci Kieff. 672
Czikböden 493, 499

D

DAB. 6 13, 53
Dachklappen 160
Dahlheimer Hütte 156, 502
Daphne mezereum L. 202
Darmerkrankungen 55, 57, 61, 121, 589
Darmparasiten 347
Darre 167
darrtrocken 155
Dasyneura papaveris Winn. 571
Datura arborea L. 376
— *bertolonii* Parlat. 368
— *cornigera* Hook. 376
— *inermis* Jacq. 368
— *innoxia* Mill. 376
— *laevis* L. f. 368
— *metel* L. 376
— *meteloides* Dun. 376
— *praecox* Godr. 368
— *sanguinea* Ruiz et Pav. 376
— *stramonium* L. 47, 49, 52, 58, 70, 84, 85, 109, 112, 134, 139, **366**
— — *var. chalybaea* Koch 368
— — *var. godronii* Danert 368
— — *var. inermis* (Jacq.) Timm. 368, 375
— — *var. stramonium* 368, 369
— — *var. tatula* (L.) Torr. 195, 368, 370, 375
Datura stramonium, Keimungstemperaturen 370
— *tatula* L. 368
— — *inermis* Godr. 368
— — *var. inermis* Timm. 368
— *wallichii* Dun. 368
Datura-species 122, 134, 149, 366
— — tetraploide 370
Datura-Sorten, scopolaminreiche 370
Daucus carota L. 199
DDT-Mittel 146
Deckfrucht 111, 116, 464, 710, 717
Definition des Begriffes Sonderkulturen 11
Degeneration des Pollens 316
Degenerieren 306
Deilephila galii Rott. 617
Dematiaceae 439
Depressaria absinthiella H. S. 274
— *nervosa* Hw. 336
Dermatitis, Berufs- 150
Dichlorphenoxyessigsäure 496
Dickkopffliege 395, 642, 694
Dictamnus albus L. 49
Diebskäfer, Australischer 426
—, Dunkelbrauner 504
—, Gelbbrauner 504
Digitalis 125, 149
— *ambigua* Murr. 388
— *canariensis* L. 388
— *ferruginea* L. 388
— *grandiflora* Mill. 388
— *lanata* Ehrh. 47, 49, 52, 58, 85, 139, 167, 204, **377**, 388, 583
— *levigata* W. et K. 388
— *lutea* L. 388
— *orientalis* L. 388
— *purpurea* L. 47, 49, 52, 58, 70, 85, 115, 164, 177, 182, 191, 197, 198, 204, 377, **380**
Digitalis-species 197, 377
Digitalisglykoside 59, 377, 386
Digitalis, Saatgutmessungen 378
Digitoxose 386
Dill 21, 22, 38, 43, 48, 52, 54, 83, 198, 227, **233**, 285, 299, 403, 509
—, Acker- 234
—, Blatt- 243
—, Blatt- 'Chrestensens Herkules' Hz. 235

Dillfrüchte 54, 233
Dill, Garten- 234
—, Körner- 233
Dillkraut 54, 233
Dillöle 148
Dillsamen 233
Dill, Sowa- 234
—, Wilder 234
DIN Vornorm Land 180
Dipsacus sativus (L.) Scholler 565
Diptam 21, 49
Dipteren 276, 305, 343, 347, 356, 427, 431, 443, 489, 506, 621, 639, 667, 674
Dissimilation 69
Distel 129
Distelfalter 300, 358, 427, 454
Distelwälder 655
Diterpenoidlakton 488
Ditylenchus dipsaci Kühn 223
Doldenblüter 52
Dolerus gonager F. 591
— *pratensis* L. 591
— *puncticollis* G. G. Thoms 591
Dolichos melanopthalmus DC. 22
Doralina malvae Koch 228, 229
— *verbasci* Schrk. 713
Doralis evonymi F. 601
— *fabae* Scop. 571
„doroga" 12
Dörrfleckenkrankheit 124, 327
Dörrobstmotte 376, 450, 602
—, Graue 248
—, Kupferrote 248, 467, 504, 538, 685, 714
Dost 50, 52, 60, 190, 199, 472, **550**
Dosten, Brauner **550**
Dostenkraut 60
Drahtwurmbefall 319
Drahtwürmer 280, 296, 319, 327, 467, 479
Dranunculus virginianus latifolius Morison 390
Dreibockreuter 156, 502
Dreschen 152
Dreschkorb 152
Dreschlein 460, 461
Dreschmaschine 152
Dreschtrommel 152
Drillmaschine 133
Drillsaat 94, 132
„drög" 12
Droge, hygroskopische 174, 712
Drogen 12, 47, 202
Drogenabfälle 122
Drogen, alkaloidhaltige 149
Drogenappretur 175
Drogenaufbewahrung 172
Droge, das Altern der 175
Drogendesinfektion 174
Drogen, genormte 184
Drogenhandel 34, 151, 152
Drogenimporte 34, 40, 42
Drogenindustrie 133
Drogenkontor 41
Drogen liefernde Sonderkulturen 12
Drogennormierung, Internationale 37
Drogenrohstoffe 199
Drogenschädlinge 174, 260, 504
Droge, standardisierte 177
Drogenverarbeitung 12
Drosera-Arten 191
Drosera anglica Huds. 191
— *intermedia* Hayne 191
— *rotundifolia* L. 49, 191
Drosera-species 185
Drosseln 297
Druckrollen 133, 316
Druschabfälle 152, 366, 403
Druschrückstände 358
Drüsenerkrankungen 65
Dungfliege 343, 395, 473, 490, 506, 667
Düngung **119**
Düngewirkung 144
Düngung; Einfluß auf Gehalt an ätherischem Öl (Baldrian) 701
—; Einfluß auf den Wertstoffgehalt 119
—; Einfluß auf die pharmakologische Wirksamkeit 127
—; Einfluß auf die verschiedenen Inhaltsstoffe und ihre Komponenten 120
—; bakterielle 127
—; harmonische 120
—; mit Gesteinsmehlen 125
Düngemittel, organische 120
Düngungsversuche 119, 210, 294, 326, 372, 385, 448, 529
Dunkel-Hyphenpilz 439
Dunkelkeimer 67
Durchfall 63, 65, 670
Durchfälle der Ziegen 641
Durchlüftung (Boden-) 66, 76
— (Trocknung) 161
Dürreschäden 143

E

Eberesche, Süße Mährische 75
Eberraute 48, 53, 54, 68, 131, 141, **267**
— abrotanum 21
Eberrautenblätter 54
Eberrautenkraut 54, 267
Eberraute, 'Feinblättrige, Oberlausitzer' 268
—, 'Großblättrige, Erfurter' 268
Eberreis 267
Eberwurzel 653
Echinacea-Arten, Gegenüberstellung 390
Echinacea angustifolia DC. 204, **388**, 390, 391, 392
— — Hook. 390
— *intermedia* Lindb. 390
— *pallida* Nutt. 388, 390
— *purpurea* Moench 204, **388**, 390, 392, 393
— *sanguinea* Nutt. 390
Echinacea-species 49, 53, 58, 204, **388**, 390, 391, 392
Echinacea-Drogen 388
Edaphische Faktoren 66, **76**
Edelgamander 50
Edelminze 519, 538
Edelsalbei **626**
Ehrenpreis, Echter 51
Eibisch 38, 43, 48, 52, 54, 81, 83, 92, 93, 94, 148, 180, 198, 215, **223**, 444, 485
Eibischblätter 54, 223, 228
Eibischblüten 54, 223
Eibisch, 'Erfurter' 225
— ibischa 21
—, 'Oberlausitzer' 225
Eibischwurzel 54, 149, 223
Eichen 75
Eichenauer Kipphorden 533
— Trockenschuppen 162, 169, 533
Eierproduktion 673
Einbürgerung fremdländischer Arten 47
Einheitsbestimmung für Markenpfefferminze und Markeneibisch 180, 529
Einheitserde 265
Einradhacken 143
Einreibungen 59

Einsaat 333, 340
Einsatzkästen für Drillmaschinen 133, 333
Einschlag 140, 413
Einspritzverfahren 116
Einzelkultur **115**
Einzelsorten 15, 35
Eisenhutblätter 207
Eisenhut, Blauer (Echter) 48, 51, 54, 204, **207**
Eisenhutknollen 54, 91, 207
Eisenhutkraut 54, 198, 207
Eisenkraut 51
Eisenmadigkeit 404
Eisenversorgung 265
Eisenvitriollösung 649, 677
Eiweißabbauprodukte 294
Ekzeme 150
Elaiosom 715
Elemente, radioaktive 125
Emerus strigatus Fall. 343
E-Mittel 663
Empidae 489
Empis livida L. 489
Empoasca artemisiae Hpt. 274
Endiviensalat 666
Endivie, Winter- 672
Engelwurz 38, 48, 52, 54, **238**, 454
—, Berg- 239
—, Garten- **238**, 239
—, Küsten- 242
Engerlinge 248, 296, 327, 335, 403, 467, 479, 571, 706
entomologische Befunde 16
Entyloma calendulae (Oudm.) De By. 266, 309
— *lobeliae* Peck. 472
Enzian, Gelber 49, 85
Enziangewächse 52
Enzyme 386, 387, 439
Ephestia elutella Hb. 248, 450, 602
Epinephele jurtina L. 444, 454, 550, 643
Epithrix atropae Foudr. 296, 425
— Foudr. 376
— *pubescens* Koch 296, 425
Equisetum arvense L. 126, 201
— *hiemale* L. 201
Erbsen 331, 332, 333, 357, 412
Erbsensorten 116
Erdbeerblätter 199
Erdbeerwurzeln 199
Erdbiene 361, 427, 454, 490, 513, 558, 591, 610, 658, 694
—, Kleine 573
—, Schwarze 239, 635, 658
Erddämpfgeräte 140
Erdeule, -C- Schwarze 601, 608
Erdfeuchtigkeit 160
Erdfloh 132, 273, 376, 425, 453, 537, 634, 662, 663, 672
Erdflohart 296, 346, 459
Erdflohbefall 662
Erdflohfraß 302, 360, 425, 597, 600, 661
Erdhummel 211, 220, 298, 394, 421, 427, 431, 481, 545, 550, 558, 584, 610, 627, 707
Erdmischung 140
Erdmist 145
Erdorchideen 191
Erdrauch, Echter 49
Erdraupen 296, 467, 472
Erdtöpfe 140, 325
Erdwanze 237, 336
Erfahrungsheillehre 29
Erg.-B. 6 13, 53
Erhaltungszucht 36
Ericaceae 611
Erineum poterii 641
Eriophyes macrotubeculatus Nal. 705
— *peucedani* (Can.) Nal. *var. carvi* Nal. 336, 338
— *sanguisorbae* (Can.) Nal. 641
— *thomasi* Nal. *var. origani* Nal. 553
Eri-Seidenraupe 609
Erstalinen 395
Eristalinus sepulchralis L. 694
Eristalis arbustorum L. 233, 287, 291, 305, 339, 356, 361, 415, 427, 454, 473, 490, 506, 573, 622, 646, 650, 659, 667, 694, 708
— *intricarius* L. 667, 694
— *nemorun* L. 490
— *sepulchralis* L. 490
— *tenax* L. 211, 287, 291, 305, 431, 473, 622, 646, 650, 659, 667, 694, 708
Erkrankungen 65
—, katarrhalische 55, 61
Erkrankungen, pilzliche 535, 663
Ernte **147**
— der oberirdischen Pflanzenteile 149
— der unterirdischen Pflanzenteile 148
Ernteplane 304, 364, 662
Ernteverluste 151
Erntevorschriften 147
Erregungssymptome 297
Erregungszustände 59
Erscheinungen, chlorotische 264
Erträge 137, **147**, 153
Ertragsangaben 153
Ertragssteigerung 116, 142
Ertragswert 42
erweichendes Mittel 61
Erysiphe cichoriacearum DC. 260, 425, 671, 713
— *galeopsidis* DC. 536
— *pisi* DC. 681
— *polygoni* DC. 210, 425, 466, 685, 704
— *umbelliferarum* De By. 248
Erytaurin 339
Erytheme 625
Erythramin 339
Erythraea centaurium Pers. siehe *Centaurium umbellatum* Gilib.
Erzengelwurz **238**
Erzeugerhöchstpreise 42
Erzeugungskosten 132
Esche 202
Eselsfenchel 396
Esparsette 347, 640
Essig 376
Essigrose 202
Esterbildung 515
Estermenthol 533
Estersäure, acyclische 65
Estragol 276, 277
Estragon 48, 53, 56, 80, 105, **275**
—, 'Deutscher Aromatischer' 105, 106, 131, 140, 276, 277, 278
—, Französischer 276
—, 'Russischer' 105, 106, 276, 277, 278
Estragonkraut 56, 275
Estragon-Sorten, Unterscheidungsmerkmale 277
—, Sortenvergleich 278
Eucalyptol 284

Eucera 610
Eulenarten 274, 286, 319, 430, 642, 672, 705
Euphorbiaceae 52, 602, 673
Euphorbiacee 605
Eupithecia-Arten 577
Euplexia luxipara L. 504
Eupterix atropunctata Goeze 229, 248, 280, 296, 511, 538, 705, 713
Eupteryx artemisiae Kb. nec Rb. 268, 274
— *aurata* L. 430
Euxanthus augustana Hb. 553
Euzophera cinerosella Z. 273
Exportdrogen 30, 43
Extractum Galegae 409
Extraktionsrückstände 122, 338
Exzitationswirkung 695

F

Fachsamenhandel, deutscher 44
Fachzeitschriften 41
Fadenpilz 189
Fagaceae 202, 203
Fagus silvatica L. 292
Fäkalien 120
Familientee, deutscher 518
Fangpflanze f. d. Kartoffelkäfer 609
Färberröte **613**
Färber-Saflor 48
Färberwau 617
Färberwurzel 613
Farbpflanzen 40, 613
Farbpflanzenbau 617
Farbstoffe, carotinoide 57, 63
Faseolen 21
Faserflachs 459, 466
Fasergewinnung 198, 315, 317, 460, 462, 688, 691
Faserhanf 316, 318
Faserlein 459, 460
Faserleistung 314, 459
Faserpflanze 261, 309, 459, 485, 688
Faserqualität 314, 320, 459
fasiolo 22
Fastblattware 96, 150, 532
Faulbaum, 202
—, Amerikanischer 203
Fechser 94, 226, 227, 412, 413
Federzahngrubber 129
Feinsämereien 133, 136
Feldahornhecke 75
Felderbsen 116
Feldgemüsebau 91
Feldkamille 186, 488
Feldkümmel careium 21
Feldmarkierung 141
Feldmäuse 335, 403, 404, 538
Feldrittersporn 186
Feldsaatfolgen 113
Feldstiefmütterchen 51, 52, 64, 112, 186, 190, **714**
Feld-Stiefmütterchen, 'Gelbes' **717**
—, 'Hellviolettes' 717, 719
Feldstiefmütterchenkraut 64, 714
Feldthymian 187, 551
Feldtrocknung 156, 228, 272, 408, 429, 478, 553, 588, 677, 681, 718
Femmelhanf (Femel) 311
fenagraeca 22
Fenchel 21, 22, 38, 43, 49, 52, 58, 83, 101, 130, 198, **393**
Fenchelanbaugebiet 29
Fenchelanbauzentrum 80
Fenchel, 'Bologneser' 396
—, 'Deutscher Großfrüchtiger (Lützener)' 196, 397
—, Dunkler 396
—, Einmieten von Stecklingen 399
—, 'Florentiner' 397
—, Heller 396
—, Indischer 396
—, Italienischer 396
—, Kretischer 397
—, Lützener 29, 396
—, Mährischer 396
—, 'Neapolitanischer Riesen' 397
—, Römischer 397
—, Süßer 396
—, Thüringer Qualität 396
Fenchelfrüchte 58, 69, 393
Fenchelkraut 393
Fenchelqualitäten 402
Fenchelspinne 405
Fenchelstroh 393
Fenchelwurzel 393
feniculum 22
Fenusella pygmaea Kl. 213
Festlandsklima 81
Fettpflanzen 120
Fettsäuren 120
Feuchtigkeitsgehalt 155
Feuchtigkeitsgehalt, höchstzulässiger für Drogen der Pharmakopoea der UdSSR 156
Feuerlilie 199
Fichtenhecken 74
Fieberklee 85
Fiebermittel 55
Filzgallen 641
Fimmelhanf 311
Fingerhutblätter 58, 377, 380
Fingerhutdrogen 387
Fingerhut, Gelber 388
—, Roter 49, 52, 58, 190, 198, 204, 378, **380**
—, 'Roter Erfurter' 383
—, 'Roter Oberlausitzer' 204, 383
—, Wolliger 49, 52, 58, 204, **377**, 583
Fingerhutsamen 58, 377, 380
Finken 572
Finocchio 397
Fistulae Angelicae 238
Flachs 52, 60, **459**
Flachsbräune 466
Flachserdflöhe 467
Flachsfaser 460
Flachsfliege 467
Flachsknotenwickler 467
Flachsraufmaschine 465
Flachsriffelkamm 402
Flachsrost 466
Flachsseide 463
Flachsstengelbruch 466
Flachswelke 466
Flachwurzler 76
Flavon 65
Flavontherapie 617
Flechten 65
Fleckenbildungen 405
Fleckenkrankheit 600, 626
Flecken-Schierling 574, 579, 581
Fleckleibbär, Gelber 672
Fleischfliege, Graue 356, 431
Fleuster 399
Fliegen 358, 427, 430, 504, 622
Fliegenlarven 479
Fliege, Spanische 706
Flohkraut 583
Flohkrauteule 404
Flores Althaeae 54, 101, 223
— *Anthos* 610
— *Anthyllidis* 681
— *Arnicae cum calycibus* 266

Flores Arnicae montanae 54, 261, 307
— — *sine calycibus* 261
— *Boraginis* 297, 300
— *Calendulae* 56, 197, 304, 307, 309
— — *cum calycibus* 309
— — *sine calycibus* 307
— — *silvestris* 307
— *Chamomillae romanae* 54, 249, 250, 252
— — (*vulgaris*) 60, 101, 145, 151, 167, 173, 186, 488, 493, 499, 502, 504, 505
— *Cheiranthi cheiri* 199
— *Chrysanthemi cinerariifolii* 56
— — *insecticidi* 347
— *Cichorii* 351
— *Cinae* 44
— *Colchici* 189
— *Graminis* 201
— *Grataegi* 202
— *Insectorum* 347
— *Jaceae* 714
— *Koso* 44
— *Lavandulae* 58, 441, 448, 449
— *Malvae* 60, 101, 480, 482
— — *arboreae* 54, 229
— *Paeoniae* 555
— — *rubrae* 62, 553
— *Pruni spinosae* 202
— *Pyrethri dalmatini* 347
— *Rhoeados* 558
— *Rosae* 202
— *Rosmarini* 610
— *Salviae* 626
— — *sclareae* 64, 634
— *Sambuci* 203
— *Tiliae* 202
— *Violae tricoloris* 714
— *Trifolii albi* 201
— — *rubri* 201
— *Verbasci* 64, 100, 101, 174, 253, 484, 706, 712
Flos Malvae silvestris 179, 180
— — *silvestris sine calyce* 179
— — *subspec. mauritanica* Thell. *cum calyce* 179
— *Verbasci Austriaci* 179
Florfliege 224, 248, 406, 490, 506, 639, 643
Florfliegenlarven 255
Flugasche 74
Fluoreszenz 276
Flußschlamm 120
Foeniculum vulgare Mill. 22, 28, 49, 52, 58, 69, 129, 151, 152, 156, 174, 198, **393**
— — *subspec. capillaceum* (Gilib.) Holmboe 1914 396
— — *subspec. capillaceum* (Gilib.) Holmboe 1914 *var. azoricum* (Mill.) Thell. 396
— — *subspec. capillaceum* (Gilib.) Holmboe 1914 *var. dulce* (Mill.) Thell. 396
— — *subspec. capillaceum* (Gilib.) Holmboe 1914 *var. panmorium* DC. 396
— — *subspec. capillaceum* (Gilib.) Holmboe 1914 *var. vulgare* (Mill.) Thell. 396
— — *subspec. capillaceum* (Gilib.) Holmboe 1914 *var. vulgare* (Mill.) Thell. *f. claryi* Battandier et Trabut 396
— — *subspec. capillaceum* (Gilib.) Holmboe 1914 *var. vulgare* (Mill.) Thell. *f. pauciradiatum* Nàbelěck 1923 396
— — *subspec. piperitum* (Ucria) Coutinho 1913, Holmboe 1914 396
— — *subspec. piperitum* (Ucria) Coutinho 1913, Holmboe 1914 *var. pluriradiatum* Boiss. 396
Folgesaaten 452
Folia Abrotani 54
— *Ansinthii* 56, 179
— *Aconiti* 207
— *Althaeae* 54, 223
— *Anthos* 610
— *Belladonnae* 56, 147, 289
— *Betulae* 202
— *Calendulae* (= *Herba*) 304
— *Castaneae* 203
— *Digitalis* 149, 177, 182
— — *lanatae* 58, 377
— — *purpureae* 58, 380
— *Fragariae* 199
— *Fraxini* 202
— *Hamamelidis* 203
— *Hyoscyami* 58, 420
— *Juglandis* 203
— *Lauri* 203
— *Levistici* 453, 457
— *Malvae* 60, 480, 482, 485
Folia Malvae arboreae 229
— *Melissae* (*citratae*) 60, 505, 510
— *Menthae crispae* 60, 538
— — *piperitae* 60, 96, 180, 512, 516, 518, 533
— — *piperitae thuringica* 519
— *Papaveris* 557
— *Plantaginis lanceolatae* 62, 188
— *Ribes nigri* 202
— *Rosmarini* 62, 610, 613
— *Rubi fruticosi* 202
— — *idaei* 202
— *Rutae* (*graveolens*) 62, 621, 625
— *Salviae* 62, 626, 633
— *Stramonii* 58, 366
— *Theae* 45
— *Thymi cum floribus* 64
— *Toxicodendri* 203
— *Urticae* 685
— *Verbasci* 64, 706, 712, 713
Folium Digitalis lanatae Austriacae 179
— *Menthae piperitae Austro-Mitcham* 179
Formengemische 15, 44, 196
Fortpflanzungsmöglichkeiten 130
Fragaria-species 199
Französisches Arzneibuch 568
Fraßschäden 280, 309, 335, 403, 404, 408, 430, 435, 453, 467, 479, 536, 571, 608, 626, 638, 713
Frauenhaar, Weißes 621
Frauenminze 22
Frauenmünze costum 21
Fraxinus excelsior L. 202
Freie Sorten 15
Freilandaussaat 132
Frischdill 509
Frischgewürz 53, 90
Frischkräutergewürz „Herbavit“ 640
Frischpflanzenzubereitung 29
Fritfliege 450
Fröste 132
Frostempfindlichkeit 324, 409
Frostkeimer 69, 132, 135
Frostschäden 142
Fruchtbildung 69
Fruchtdrogen 90, 151
Früchte 15, 152
Fruchtfolge 107, 110, 111, 112, 495

Fruchtfolgeschäden 107, 111, 660
Fructus Alkekengi 200
— *Anethi* 54, 148, 233, 237
— *Angelicae* 54, 238
— *Anisi stellati* 578
— — *vulgaris* 62, 578
— *Belladonnae* 289
— *Berberidis* 202
— (*Semen*) *Cannabis* 310, 317
— *Capsici* 56, 320
— *Cardamomi* 625
— *Cardui bendicti* 355
— (*Semen*) *Cardui Mariae* 64, 75, 653, 656
— *Carvi* 56, 130, 237, 328, 331, 334, 335, 541
— *Coriandri* 56, 361, 541
— — *majoris* 363
— — *minoris* 363
— *Crataegi oxyacanthae* 202
— *Cynosbati cum semine* 202
— — *sine semine* 202
— *Dauci* 199
— *Foeniculi* 30, 58, 130, 179, 196, 393, 395
— — *indici* 396
— *Juniperi* 202
— (*Semen*) *Lappae majoris* 256
— *Lauri* 203
— — *Levistici* 60, 453
— *Papaveris immaturi* 62, 557
— — *maturi* 62, 557, 572
— *Petroselini* 62, 199, 573
— *Phaseoli sine semine* 199
— *Rhamni catharticae* 202
Frühkartoffeln 332, 357, 374, 383, 636
Frühlings-Adonisröschen **48**
Frühlings-Schlüsselblume 50
Fuchs, Kleiner 427, 431, 444, 454, 550, 642, 692, 694
Fumaria officinalis L. 49
Furchen 142
Furunkulose 55, 65
Fusarium-Arten 466
Fusarium lateritium Nees 283
— *lini* Bell. 466
Fusicladium 404, 536
— *depressum* (Berk. et Br.) Sacc. 404, 405
Fusisporium ricini 608
Fußkrankheit 319, 479, 638
Fußkrankheiten des Getreides 108
Futter 197
Futtergemenge 357, 586
Futtermittel 129
Futterpflanzen 112, 113, 304, 338, 353, 371, 374, 409, 485, 641, 658, 666, 672, 685, 688, 689, 691, 692
Futtersaatfolgen 113
Futter- und Gründüngungspflanzen als Untersaaten zu Arznei- und Gewürzpflanzen 112
Futterzwecke 286, 338, 354, 366, 374, 403, 409, 459, 500, 541, 583, 589, 663, 666, 673, 685, 691

G

Galega officinalis L. 49, 51, 58, 108, **406**
Galegin 59, 408
Galenica 16, 45
galenische Präparate 12, 20, 63
Galeopsis segetum Necker (*Galeopsis dubia* Leers; *G. ochroleuca* Lam.) 49
Galium-Arten 287
Gallen 260
Gallenbildungen 405, 713
Gallenleiden 55, 57, 65
Gallmilbe 338, 617, 641, 694, 705
Gallmücke 338, 405, 479, 613, 617, 705
Gallwespe 213
Gamander 651
Gammaeule 220, 233, 273, 280, 305, 336, 395, 427, 444, 545, 551, 577, 627, 650, 713
Gänsefuß-Eule 577
Gänsefußgewächse 51
Gänsefußkraut 56
Gänsefuß, Stinkender 346
—, Wohlriechender 51, 56, **342**
Gänsekohleule 672
Gartenbaubetriebe 90
Garteneule, Schwarze 511
Gartenfenchel 396
—, Wilder 396
Gartengestaltung 197
Gartenhaarmücke 329, 336, 403, 591
Gartenhummel 421, 431
Gartenkerbel 22, 48, 52, 54, 227, **253**
Gartenkerbelkraut 54
Gartenkresse 49, 51, 58, 134, **451**
—, 'Glattblättrige' 452
Gartenkressekraut 58
Gartenmajoran **472**
Garten-Petersilie **573**
Gartenpimpinelle 50, 51, 64, **638**
—, 'Quedlinburger Blatt' 640
Gartenpimpinellenkraut 64
Gartenrauke 21
Gartenraute **621**
Gartenreseda 200
Gartenrettich 22
Gartenrose 202
Gartensalbei **626**
Gartenthymian **673**
Gartenzwiebel 22, 95, 199, 219
„Gartheil" 268
Gastroidea viridula Deg. 601, 602, 620
Gastronomie 40
Gefäßmykose 685
Gefleckter Schierling 351, 574, 579, 581
Geflügelfutter 589, 673, 691
Gefriertrocknung 169
Gehaltsschwankungen 84
Gehölzsämereien 134
Geißklee **406**, 409
Geißraute 49, 51, 58, 95, **406**
—, 'Erfurter Großblättrige' 407
Geißrautenheu 409
Geißrautenkraut 58
Gelbklee 112
Gelbsenf **658**
Gelbstoffpflanze 617
Gelbsucht 57
Gelbwurz, Kanadische 49, 51, 58, **417**
Gelechia malvella Hb. 482
Gelsemium sempervirens (L.) Ait. 203
Gemeinschaftsanbau 115
Gemüse 94, 278, 297, 299, 412, 448, 565, 599, 647, 668, 672, 688, 691, 692
Gemüsebau 89
Gemüsefenchel 396
Gemüsekohl 23
Gemüsekohlarten 660
Gemüsekulturen 91
Gemüsemotte 453
Gemüsepflanzen 485, 672, 688, 689
Gemüserhabarber 589, 602

Gemüsezwischenkultur 283
Gentianaceae 52, 339
Gentiana 134, 135
— *centaureum* L. 21
— *lutea* L. 49, 84, 85, 108, 112, 166, 197
Gentiana-species 85, 185, 197
Genußmittel 45
Genzentren 193
Geologisch-agronomische Ausgaben der Meßtischblätter 76
Gerbstoff 55, 57, 59, 63, 65, 298, 596, 640
Germer, Weißer 51
Gerste 108, 137, 200, 462, 523, 615
Gerstevorfrucht 357
Gesamtarbeitsaufwand je Flächeneinheit 104
Gesamtaufwand 91
Gesarol 319, 338, 403, 663, 713
Geschichte des Anbaues 37
Geschmackskorrigentien 198
Geschwür 57, 61, 65, 681
Gespinstpflanzenanbau 310
Gestellhorden 159, 161
Getränkegewürz 57, 286
Getreide 281, 324, 334, 657, 660, 662, 718
Getreidebau 91, 101
Getreidedeckfrucht 332
Getreidestreifen 526
Getreidetrocknungsanlagen 171
Geum urbanum L. 355
Gewinnung ätherischer Öle 176
— von Riechstoffen 45
Gewürz 55, 57, 59, 61, 63, 65, 130
Gewürz-Beifuß 48, 190, **284**
Gewürzdrogen 53, 182
Gewürz-Fenchel 396
Gewürzkammer Deutschlands 30, 80, 474
Gewürzpflanzen 45, 113
—, in Deutschland angebaute Arten 47
Gewürzpflanzenanbaugebiete 80
Gewürzsumach 203
Gibbium psylloides Czemp. 504
Gicht 55, 57, 65
Giftdrogen (Lagerung) 173
Giftigkeit 209, 296, 387, 425
Giftköder 320
Giftlattich 49, 81, 83
Giftpflanze 108, 145, 150, 207, 289, 309, 342, 366, 377, 380, 417, 420, 467, 602
Giftpräparate 146
Giftsumach 150, 203
Giftwirkung 144
Gipskraut, Rispiges 641
gitto 23
gladiola 22
Gladiolenblätter 200
Gladiolus-species 22, 200
Glanzkäfer 286, 366, 425, 431, 490, 504, 558, 622, 642, 646, 654, 667
Glycine soja (L.) Sieb. et Zucc. 115
Glockenblumengewächse 53
Glucokinine 688
Glycyrrhiza-Arten 411
Glycyrrhiza echinata L. 411
— *glabra* L. 26, 49, 51, 58, 81, **409**
— — *var. glandulifera* (W. et K.) Reg. et Herd. 411
— — *var. pallida* Boiss. 411
— — *var. typica* Reg. et Herd. 410
— — *var. violacea* Boiss. 410
Glycyrrhizin 59, 410
Glykocochlearin 359
Glykosid 63, 70, 377, 384, 387, 504
Glykosidgewinnung 59
Glykosidpflanzen 70
Glykotropaeolin 451
Goldblume 305
Goldene Acht 427, 454, 506
Goldfalter 473, 550, 650
Goldfliege 220, 239, 276, 395, 490, 506
Goldfliegenarten 473, 622
Goldfliegengattung 573
Goldkäfer 705
Goldlack 199
Goldrute 50
Goldsiegel 417
Goldsiegelwurzel 417
Goldwespe 622
Gonepteryx rhamni L. 622
Grabwespe 361
Granatbaumrinde 44
Gräser 113, 341
Grasmäher 96
Grassamenbau 133, 263
Graurüßler 275, 346, 414, 584
Grauschimmel 450
Griechisch-Heu 22, **681**
— — Samen 681
Grindelia-Arten 49, 53, 58, **414**
Grindeliakraut 58
Grindelia robusta Nutt. 414
—, *squarrosa* (Pursh) Dun. 414
Grindelia-species 49, 53, 58, 414
Grindelie, Sperrige 414
Grindelienkraut 414
Grobseide 649
Großklima 78
Grubberstrich 129
Grubenhalden 84
Gründüngung 123
Grünfinken 620
Grünfutter 113
Grünlandumbruch 316, 597
Grünspanner 506
Grünzirpe 268, 274, 296, 511
Gruppensorte (Freie Sorte) 15, 35 196
Guanidin-Derivat 408
Guinea-Pfeffer 323
Gülle 120
Gurgelmittel 65
Gurgelwasser 55, 59, 61
Gurken 21, 94, 153, 156, 227
Gurkengewürz 297
Gurkenkraut **297**
Gütebestimmungen 131, 180
Guttation 71
Gynäkologie 188
Gypsophila-Arten 641
Gypsophila paniculata L. 641

H

Haarmücken 538
Haarstrang-Widderchen 677
Haarwässer 65
HAB. 2 53
Habichte, künstliche 152
Hackaggregate 142
Hackarbeit 143, 419
Hackfrucht 108
Hackfruchternte 91, 148
Hackmaschine 93, 143
Häckselschnitt 475
Hafer 137, 200, 332, 398, 437, 589
Haferkoleoptile 141
Haferstärke 200
Hagebutten 75, 167

Hagedorn, Gemeiner 22
Hagel 72
Hahnenfußgewächse 51
Hainblindwanze 274
Hainklette 260
Halbkultur 132, 288, 384
Halbmikromethode 196
Halictus calceatus Scop. 211, 545
— *flavipes* F. 347
— *lativentris* Schrk. 650
— *levigatus* K. 610
— *nitidus* Schenck 490
— *pauxillus* Schck. 421
— *quadrinotatus* L. 627
— *rubicundus* Christ. 421
— *trumulorum* L. 627
— *xanthopus* K. 610, 658
Hallimasch 450
Halmblattwespe 490, 667, 674
Halmfrucht 107, 283, 407, 429, 680
Halophytenflora 80
Halskrankheiten 63
Haltica 634
— *oleracea* L. 346, 459
Halticus saltator Geoffr. 229, 274
Hamamelidaceae 203
Hamamelis virginiana L. 203
Hämostyptikum 188
Handarbeitsaufwand 91, 98
Handdreschmaschine 152
Handelsdüngemittel 123, 133
—, Mischaussaat 133
Handelssaatgut 15
Handhacken 143
Handsämaschinen 133
Handschnitt 96, 100
Handschutz 656
Hanf, Gemeiner 201, **309**, 526
—, 'Bernburger Einhäusiger' 314
—, 'Dr. Schurigs' 314
—, 'Havelländer' 314
—, 'Hohenthurmer Gleichzeitigreifender' 314
—, Indianischer 309
— Indischer 309, 310
—, 'Indischer-Haschisch' 314
—, Kanadischer 309
—, 'Kuhnowscher' 314
Hanferdfloh 319
Hanfextrakt 314
Hanfextraktionsschrot 320
Hanföl 309
Hanf, Rausch- 310
Hanfsamen 310
Hanfwürger 319
Hanfzweigspitzen 310, 318
Hängehorden 160
Hangrichtung 76
Harntreibendes Mittel 55, 59, 61, 63, 65
Hartheu, Johanniskraut 49
Harz (Inhaltsstoff) 57, 59, 63, 65, 318
Haschisch 310
Haschisch-Hanf 48, 51, 56, 309
Haschischkraut 56, 310
Haschischrassen 314
Haselnußstrauch 75
Haselwurz vulgignia 21
Häufelkultur 145
Hauhechel 50, 71
Hauhechelbläuling 427, 646, 650
Haupterzeugungsgebiet für Haschisch-Hanf 313
Hauptwirkstoffe 12, 53, 55—65
Hauptzuchtziele 193
Hautflügler 291, 329, 394, 426, 443, 473
Hautleiden 55, 65
Hautreizmittel 57, 59, 63, 247
Heckenpflanzung 75
Heckenschere 268
Hederich 201, 301
Hederich-Kainit 144, 495
Heidelbeerkämme 150
Heidemoorkrankheit 124, 319
Heiserkeit 59
Heißgärdungbereitung 121
Heißlufttrockenkammer 170
Heilmittelversorgung 38
Heilpflanzen 11
Heilpflanzenlehre 20
Helleborus niger L. 49
Helleborus-species 185, 197
Helianthus annuus L. 75, 201
— *tuberosus* L. 75
Helianthus-species 75
Helminthosporium papaveris Saw. 571
Helminthosporium-species 571
Heliothis peltigera Schiff. 425
— *scutosa* Schiff. 430
Heliotrop solsequiam 21
Helophilus trivittata F. 694
Hemerobidera 248
Herba Aconiti 54, 207
— *Abrotani* 54, 267, 268
— *Absinthii* 56, 147, 179, 269
Herba Absinthii maritimi 280, 282
— *Adianti albi* 621
— *Agrimoniae* 54, 210
— *Alii schoenoprasi* 219
— — — *recens* 54
— *Anethi* 54, 233, 237
— *Angelicae* 238
— *Arnicae* (*montanae*) 54, 261
— *Artemisiae* 56
— — *maritimae* 56
— — (*vulgaris*) 284
— *Asperula odoratae* 56, 287
— *Basilici* 60, 544
— *Belladonnae* 295
— *Boraginis* 56, 297, 300
— *Botryos* 342
— *Cannabis indicae* 56, 310, 314, 318
— *Cardui benedicti* 56, 355 356
— *Centaurii* 56
— — (*minoris*) 339
— *Cerefolii* 54, 253, 255
— *Calendulae* 304
— — *cum floribus* 309
— *Chamomillae cum floribus* 60, 488, 499, 505
— *Chenopodii* (*ambrosioides*) 56, 342, 346
— *Cichorii* 351
— *Cochleariae* 56, 358
— *Consolidae* 664
— *Convallariae* (*titrata*) 667
— *Dracunculi* 56
— *Echinaceae* 58, 388
— *Erythraeae centaurii* 339
— *Foeniculi* 393
— *Galegae* 58, 406
— *Glycyrrhizae silvestris* 410
— *Grindeliae* 58, 414, 416
— *Hyssopi* 58, 426
— *Jaceae* 714
— *Lappae majoris* 256
— *Lavandulae* 441, 449
— *Ledi palustris* 611
— *Lepidii sativi* 58, 451
— — — *recens* 453
— *Levistici* 60, 453
— *Lini cathartici* 467
— *Lobeliae* (*inflatae*) 60, 147, 467, 469
— — *cum radicis* 472

Herba Majoranae 60, 182, 183, 472, 474
— *Marrubii (albi)* 60, 485
— *Matrisilvae* 287
— *Medicago sativae* 201
— *Melissae* 505
— — *calaminthae* 505
— *Menthae crispae* 60
— — *piperitae* 60, 512, 516
— — — *Austro-Mitcham* 179
— *Nasturtii hortensis* 451
— *Origani (vulgaris)* 60, 550
— *Paronychiae* 621
— *Petroselini* 62, 573
— *Phaseoli* 199
— *Pimpinellae italicae* 638
— *Plantaginis lanceolatae* 62, 583, 584
— *Pulegii* 60, 540
— *Rumicis (acetosae)* 62, 618
— *Rutae (graveolens)* 62, 625
— — *hortensis* 621
— — *murariae* 621
— *Salviae* 62
— — *sclareae* 634
— *Sanguisorbae (minoris)* 64, 638, 641
— *Saponariae* 64, 641
— *Saturejae* 64, 645, 648
— — *montanae* 64, 649, 652, 653
— *Stramonii recens* 58
— *Symphyti* 664
— *Taraxaci* 64, 666
— *Thymi* 64, 673
— *Trigonellae coeruleae* 64, 678
— *Urticae* 64, 187, 685
— — *(minoris)* 687
— *Violae tricoloris* 64, 186, 714, 718
— — — *cum radicis* 718
— *Vulnerariae* 681
Herbarius 24
Herbstzeitlose 49, 188, 201
herbularius 22
Herzbeschwerden, nervöse 65
Herzgespann 49
Herzmittel 59
Heterodera marioni C. (= *H. radicicola*) 450
— *radicicola* Müll. 336
Heteroptera 362
Heteropteren 511
Heterosiszüchtung 194
Heterosporium gracile Sacc. 439
Heuasthma 505
Heublumen 129, 201
Heufalter 473, 650
Heufieber 505
Heumotte 248
Heuschnupfen 272
Hevea brasiliensis (H. B. K.) Muell.-Arg. 673
Hibiscus cannabinus L. 309
Himbeere 75, 202
Hippophaë rhamnoides L. 75
Hirse 200
Hirsezünsler 319
Hirtentäschel 186
Hirtentäschelkraut 201
Hochzuchtsorten 15, 36, 196
Hockendrusch 237, 335, 365, 544, 582, 662
Höhenlage 76, 84
Hollunder, Schwarzer 203
Homöopathie 29
Honigbiene 239, 276, 290, 298, 305, 328, 351, 355, 358, 361, 378, 381, 394, 406, 415, 421, 426, 431, 443, 454, 473, 481, 490, 506, 513, 545, 550, 558, 573, 584, 618, 622, 635, 642, 646, 650, 664, 667, 674, 694, 707, 715
Hopfen 49, 201, 125
Hopfenklee 112
Horden 159
Hordeum vulgare L. 200
Hormonpräparate 144
Hornklee 329
— fenigrecum 21
Hortobombus ruderatus F. 366, 378, 381, 421
Hortulus 23
hortus 22
Huflattich 129, 186
Hummelarten 358, 366, 378, 381, 406, 421, 426, 431, 473, 481, 627, 642, 654, 664, 707, 715
Hummelfliegenart 694
Humulus lupulus L. 49, 201
Humusanreicherung 122
Hundskamille 145, 491
Hundspetersilie 254, 577, 581
Hundsrose 202
Hyadaphis foeniculi Pass. 336, 405
— *lonicerae* CB. 336
Hyadaphis-species 338
Hydrastin 59, 418
Hydrastis canadensis L. 49, 51, 58, **417**
Hydrophyten 72, 156
Hydroponik 125
Hygromorphosen 71
Hygrophyten 72, 156
Hylemyia antiqua Mg. 667
— *coarctata* Fall. 430, 473
Hymenopteren 276, 298, 339, 343, 347, 355, 361, 394, 426, 431, 443, 454, 473, 490, 513, 584, 603, 610, 622, 627, 635, 639, 642, 646, 650, 667, 674, 707, 715
Hyoscyamin 59, 375
d-Hyoscyamin 421
l-Hyoscyamin 57, 59, 292, 368, 421
Hyoscyamus bohemicus Schmidt 422
— *muticus* L. 426
— *niger* L. 49, 52, 58, 84, 137, 139, 368, **420**, 563
— *niger* L. *var. agrestis* K. 422
— — *var. annuus* Sims. 422
— — *var. pallidus* W. et K. 422
Hyoscyamus-species 109, 122, 149
Hypericum perforatum L. 49, 116, 139
Hypsolophus schmidiellus v. Heyd. 479
Hyssopus officinalis L. 49, 52, 58, 84, 116, 156, **426**
— — *subspec. canescens* (DC.) Briq. 428
— — *subspec. officinalis* Briq. *var. angustifolius* (Bieb.) Benth. 428
— — *subspec. officinalis* Briq. *var. vulgaris* Benth. *f. albus* Alef. 428
— — *subspec. officinalis* Briq. *var. decussatus* Pers. 428
— — *subspec. officinalis* Briq. *var. vulgaris* Benth. *f. cyaneus* Alef. 428
— — *subspec. officinalis* Briq. *var. vulgaris* Benth. *f. ruber* (Mill.) Alef. 428

I

Ichneumon confusorius Grav. 622

Ichneumon culpator Schrk. 394
— — *var. adsentator* Tischb. 394
— *sarcitorius* L. 394, 513, 622
Ichneumonida 394
Igelkopf, Blaßfarbener 390
—, Purpurfarbener 390
—, Schmalblättriger 390
Illicium verum Hook. f. 578
Immenblatt 506
Immergrüne Gewächse 73
Indian tobacco 467
Indikationsgebiete 53
Indischer Hanf 56, 309, 310, 314
Indolylbuttersäure 141
Indore-Verfahren 122
Infrarotstrahlentrocknung 167
Inhaltsstoffe (Tabelle) 55—65, 67, 154
Inkarnatklee 116, 316
Inkulturnahme wildwachsender Arzneipflanzen **185**
Inschriften, hieroglyphische 156
Insektenbekämpfungsmittel 57, 146
Insektenblütenpflanze 56, 347, 350
Insektengifte, pflanzliche 347
Insektenpulver 347
Insektenpulverpflanze, Dalmatinische 48, 53, 56, **347**
—, 'Erfurter Echte' (Dalmatinische) 348
—, Rosafarbige 348
Insektizide, synthetische 347
Intybin 351
Inula britannica L. 262
— *candida* (L.) Cass. 432
— *helenium* L. 20, 28, 49, 53, 58, 139, 197, **430**
— *orientalis* Lam. 432
Inulin 55, 57, 259, 434, 670, 672
Inulindrogen 257, 259
Iridaceae 51, 435
Iris bulb scab 439
— *foetidissima* L. 435, 441
— *florentina* L. 22, 204, 435, 436, 439, 440, 441, 719
— *germanica* L. 22, 204, 435, 436, 439, 440, 441, 719
— *iberica* Hoffm. 440
— *pallida* Lam. 204, 435, 436, 437, 440, 719
— *pseudacorus* L. 435, 441
— *reticulata* Bieb. 439
Iris sambucina L. 437
— *squalens* L. 437
— *variegata* L. 437
— *versicolor* L. 209, 435, 441
Iris-species 49, 51, 58, 204, 435
Irisfäule 439
Irisknollenschorf 439
Iriswurzel (Amerikanische) 435
Iron 435
Isoanethol 277

J

Jalousien 160
Jalousientrockner 167
Japanische Scorzonera 261
Jarowisation 69
Jasmin, Gelber 203
Jätearbeit 143
Jauche 120
Jauchedrill 120
Javis barbam 21
Jesuitentee 342
Jodzahlen 120
Johannisbeere, Schwarze 202
Johanniskraut 49
Johannisroggen 85
Judenkirsche 200
Juglandaceae 203
Juglans regia L. 203
Juglans-species 75
Jugoslawische Pharmacopoe II 295
„Jungfrau im Grünen" 542
Juniperus communis L. 75, 202
Jupiterbart 21

K

Käfer 280, 430, 504, 622
Käferparasit 329
Kaffee-Ersatz 351
Kaffeegewürz 57, 65, 351
Kaffeesurrogat 672
Kaffee-Zusatzstoff 351
Kahlschläge 292
Kakomotte 248
Kali 120, 124
Kalimagnesia 124
Kali, schwefelsaures 124
Kalkchlorose 265
Kalkkiste 174
Kalkstickstoff 144
Kalkung 120
Kalmus 48, 85
Kalmus, Echter 441
—, falscher 441
Kaltlufttrockenverfahren 168
Kamille, Echte 43, 49, 53, 60, 128, 186, 190, **488**
—, Edel- 249
—, 'Erfurter Kleinblütige' 494
—, Falsche 491
—, Fränkische 493
—, Geruchlose 491
—, 'Quedlinburger Großblütige' 494
—, Römische 48, 53, 54, **249**, 250, 490, 491, 494
—, —, 'Gefülltblühende' 204, 250
—, Sächsische 493
—, Strahlenlose 491, 492
—, Krautanalyse 500
Kamillenernte 151
Kamillenblüten 60, 101, 488, 502
—, Römische 54
Kamillengrus 502
Kamillenkämme 151
Kamillenkammsysteme 499
Kamillenkraut, lufttrockenes; Ertrag 500
— mit Blüten 60, 488
Kamillenöl 494, 499
Kamillen-Pflückgerät 101
Kammertrockner 167
Kammfenchel 151, 402
Kammpflanzung 141
Kammschaufeln 499
Kampfer-Basilikum 149, **549**
Kampfergewinnung 549
Kanadische Gelbwurzel **417**
Kanaltrockner 167
Kaninchen, Haus- 371, 673
—, wilde 404
Kapellen 465, 478, 582
Kapern 672
Kapernersatz 672
Kapernstrauch 672
Kardobenediktenfrüchte 355
Kardobenediktenkraut 355
Kardobenediktensamen 355
Karotten 21
Kartoffeln 108, 113, 131, 137, 142, 201
Kartoffeldämpfer 140
Kartoffelerdfloh 296
Kartoffelernte 92, 148
Kartoffelerntemaschinen 149
Kartoffelfruchtfolge 113

Kartoffelkäfer 109, 297, 376, 426
Kartoffelkraut 279, 408, 429
Kartoffelkrebs 425
Kartoffelpflanzlochmaschine 141
Kartoffelrodepflug 149, 702
Kartoffelsorten, mittelfrühe 456
Kartoffelvielfachgerät 142, 524, 540
Käsegewürz 65
Kaskarillrinde 44
Kastanie 203
Kastenaussaat 137
Kastengurken 140
Katarrhe der oberen Luftwege 59, 63, 65
Katzenkraut 50
Katzenmünze 21
Kautschuk 65, 673
Kegelblume, Blaßfarbene 390
—, Purpurfarbene 390
—, Schmalblättrige 390
Keimlingspilz 319
Keimpflanzen 138
—, Kenntnis 135
Keimschäden 134
Keimstimmung 69
Keimung 67, 69, 77
Keimungsbiologie 130
keimungsbiologische Eigenschaften 364
Keimwasserbedarf 128
Kerbel, 'Garten'- 21, 253, 285, 299
—, 'Glattblättriger' 254
—, 'Benarys Krauskopf' 36, 254
Kerbelfrüchte 253
Kerbelkraut 253
Kerbelsamen 253
Keuchhusten 59
Kichererbse 21
Kiefferia pimpinellae F. Lw. 338, 405
Kieselböden 551
Kieselgel 169
Kieselsäure 65
Kippen 84
Kipphorde 159, 161
Kirschlorbeer 70
Kitzelhusten, tuberkulöser 59
Klanglein 461
Klärschlammkompost 120
Klatschmohn 50, 186, 558
„Klauen" 213
Klee 409, 647
Kleeblutströpfchen 677
Klee-Eule 346
Kleegrasgemisch 113, 266
Kleekarren 385
Kleemüdigkeit 111
Kleereiber 681
Kleereuter 156
Kleesaaten 134
Kleeseide 283, 319, 450
Kleinklima 75, 78
Kleinsaatbereiter „Thüringen" 152
Kleinschmetterling 319, 479, 504, 506, 511, 536, 705
Kleintierfutter 673
Klette-Arten 48, 53, 54, 260
— —, Unterscheidungsmerkmale 256
Klette, Filzige 260
—, Große **255**
—, Japanische = Eßbare 258
—, Kleinköpfige 260
Kletten-Früchte 256, 260
Klettenkraut 256
Klettenwurzel 54, 256
—, Eßbare 261
—, Japanische 261
Klette, parduna 21
Klima 66
—, kontinentales 78, 378
—, maritimes 302, 362, 382
Klimabereiche 78
Klimaprovinzen Deutschlands **78**, 329
Klimaprovinz, alpine 79, 84
—, baltische 78, 84
—, herzynische 79, 80
—, ozeanische 78, 81
—, rheinische 79, 80, 81, 267
—, schwäbisch-bayrische 79, 80, 81
—, zentrale 78
Klimarhythmus 134
Klimatisch-edaphische Faktoren 66, 71
Klimatische Faktoren 66, 67
Klostergärten 23
Kloster St. Gallen 21
Knoblauch 21, 22, 48, 51, 54, 83, 94, **213**, 227
Knoblauch-Aufbewahrung in „Zöpfen" 218
„Knoblauchbauern" 215
Knoblauchgärten 214
„Knoblauchland" 31, 215
Knoblauchöl 216
Knoblauch, 'Thüringer' 215
Knoblauchzwiebeln 54, 213
Knollen 91, 130, 148
Knollendrogen 90
Knollengewächse 108
Knospen 131
Knöterichgewächse 51
Köder bei Schneckenbefall 472
Kohl 21
Kohlarten 299, 324
Kohlenhydratsynthese 69
Kohlensäuredüngung 123
Kohlensäureentwicklung 145
Kohlensäurefaktor 66, 73
Kohlensäurepatronen 73
Kohlerdfloh 459
Kohleule 280, 425, 571
Kohlhernie 663
Kohlrabi 94, 134, 227
— ravacaulos 21
Kohlrübenblattwespe 329, 355, 394, 453, 659, 663
Kohlschabe 453
Kohlweißling 305, 663, 667
Koliken 57, 65
Kolumbawurzeln 44
Kombinationshanf 314
Kombinationslein 460, 462
Kompost 120, 122
Komposterde, gedämpfte 140
Konditoreizwecke (Nebennutzung) 197
Königskerze-Arten 51, 52, 64, 198, **706**
Königskerze 38, 43, 101, 387, 484, 706
—, 'Großblütige' 100, 709
—, Purpurrote 707
Königskerzenblätter 64, 706
Königskerzenblüten 64, 100, 101, 484, 706
Königskerzensamen 706
Königskraut 544, 547
Konjunktivitis 505
Konservenfabrikation 57, 275
Konstitution, genotypische 381
Kontaktinsektizide 146, 663
Kopfdüngung 124
Kopfschmerzen 61
Kopfstecklinge 141
Korbblütler 53
Koriander 21, 22, 38, 49, 52, 56, 80, 83, 103, 117, 198, **332**, **361**, 541, 660
Korianderbestände 152

Korianderfrüchte 56
Koriander, Holländischer 363
—, Mährischer 363
—, Ostindischer 363
—, Römischer 541
—, Russischer 363
—, Schwarzer 541
—, 'Thüringer' 363
Kornblume 186
Körnerdill 233
Körnerdrogen 43, 89, 90, 101, 103, 151, 658
—, Schwitzen 173
Körnerleguminose 684
Kosmetik 55, 59
Kosoblüten 44
Kosten der Heilmittelversorgung 46
Kotonisierungsverfahren 466
Krampfhusten 59
Krampfstillendes Mittel 55, 61, 63
Krankheiten, allergische 505
Krankheitskeime 140
Kranzbinderei 197
Krapp 31, 50, 53, 62, **613**
—, deutscher 615
—, französischer 615
—, holländischer 615
—, levantischer 615
—, neapolitanischer 615
—, Smyrnaer 615
— warentiam 21
Krappdarren 617
Krappwurzel 62, 613, 617
Kräuselkrankheit 274
Krauseminze 49, 52, 60, 198, 518, 520, **538**
—, 'Erfurter Echte' 539
Krauseminzeblätter 60
Krauseminzekraut 60
„Krausemünze" 21
Kräuter 11
Kräuterdieb 414, 485, 609
Krautdrogen 89, 90, 95, 108, 159
Kräuterecke 42
Krauternte 149
Kräuteressigfabrikation 57, 275
Kräutergarten 22, 24, 39, 81, 620
Kräuterhändler 23
Kräuterkammer 22
Kräuterkissen 59, 61
Kräuterkunde 24
Kräutersammler 23, 147
Krätzraute 625
Kreidemehl 133
Kresse 21
Kressekraut 451
Kresse-Mauszahnrüßler 453
Kreuzblütler 51, 303
Kreuzdorn 202
Kreuzkümmel 22, 49
— ciminum 21
—, Schwarzer 541
Kreuzmandeln 402
Kreuzsalbei 628
Kreuzungslein 460, 462
Kreuzzüge 24
Krüllschnitt 96, 150, 374, 532, 534
Krümelstruktur 76
Kruziferen 112
Küchenzwiebel 95
Kückenaufzucht 673
Kugelbiene 635
Kugelkäfer 504
Kugel-Nessel 692
Kugelspringschwanz 248
Kuhhorn 682
Kuhschelle 85
Kulturdauer 132
Kulturkamillen 488
Kümmel 20, 34, 38, 48, 52, 56, 83, 87, 102, 110, 111, 130, 194, 198, **328**, 400, 401, 403, 404, 464, 541, 565, 627, 659
—, 'Frankfurter Oderland' 330
—, 'Königsberger' 330
—, 'Niederdeutscher' 330
—, 'Zernickower Märkischer' 330
—, holländische Herkünfte 330
Kümmelersatz 237
Kümmelfrüchte 56, 69
Kümmelgeschmack, typischer 338
Kümmelmotte 146, 336, 405
—, Bekämpfungsmaßnahmen 338
Kümmelstroh 338
Kümmel-Überfrucht 661
Kümmel„vergrünung" 338
Kümmerwuchs 271
Kunstdung 122
Kupfer 124
Kupfermangelerscheinungen 317
Kürbisse 21
Kürbiskerne 44, 199
Kurzbeizverfahren 130
Kussoblüten 44

L

Labiatae 52, 426, 441, 472, 485, 505, 512, 550, 610, 645, 649, 673
Labiaten-Drüsenschuppen 513
Labkraut-Arten 287
Labkrautgewächse 53
Labkrautschwärmer 617
Labkrautspanner 362
Lackleinöl 460
lactuca 22
Lactucarium 29
Lactuca-species 22
Lactuca virosa L. 29, 49, 81
Lagern 74
Lagerräume 172
Lagerung **172**
Lagerverluste 175
Laktation 409
Lamium amplexicaule L. 227
Landbauzonen 85
Landeswappen 441
Landmaschinenindustrie 136
Landsberger Gemenge 116
Landsorten 15, 35, 196
Langlebige Arten 108
Lappa edulis Sieb. 261
— *major* 256
— *minor* 256
— *tomentosa* 256
Larentia bilineata L. 431
— *ferrugata* L. 362
— *ligustrata* Hübn. H. S. 672
— *quadrifasciaria* Cl. 672
Larvenfrüchte 306
Laserpitium siler L. 237
Laser trilobum (L.) Borkh. 237
Lasioderma serricorne F. 297, 351, 602
Lasiophticus pyrasti L. 356, 407, 444, 490, 642, 659, 708, 715
Lasioptera carophila F. Löw. 338, 405
Lasius niger L. 613
Lauberde 263
Laubheuschrecke 346
Laub, verrottetes 145
Laubwaldboden 85
Lauch 21
Lauchminiermotte 223
Läufer 142, 521
Läufergewinnung 97
Laufreihen 483, 656
Lauraceae 203

Laurus nobilis L. 203
Lauxania aenae Mg. 719
Lavandula angustifolia Ehrh. 441
— — Mill. 52, 58, 112, 116, 139, 198, **441**, 611
— — *var. alba nana* 446
— — *var. delphinensis* (Juss.) Briq. 445
— *argentina* E. H. L. Krause (?) 444, 445
— *burnati* Briq. 445
— *dentata* L. 445
— *latifolia* Vill. 442, 444, 445, 447
— *officinalis* Chaix ex Vill. **441**
— *spica* All. non. L. *spica var. a* L. 444
— *spica* L. *var. a* 441
— — *var. angustifolia* All. 441
— — *var. latifolia* L. 444
— *stoechas* L. 445
— *vera* DC. 441
— *vulgaris* Lam. *var. a* 441
— *vulgaris var. β* Lam. 444
Lavandula-species 49, 122, 145, 197
Lavatera thuringiaca L. 485
Lavendel, (Echter) 49, 52, 58, 70, 198, **441**, 445, 611
—, 'Frankfurter Oderland-' 446
—, Welscher 445
—, Varietät ,,Dwarf blue" 446
Lavendelblüten 58, 441, 449
Lavendelkraut 441
Lavendelmotte 450
Lavendelöl 446, 634
Laxantien 590
Lebensgemeinschaften 116
Leberklette 211
Leberleiden 55, 57, 65, 211
Lederwanze 602
Ledum palustre L. 49, 611
Leguminosae 51, 406, 409, 678, 681
Leguminosen 112, 116, 123, 316, 331, 344, 371, 383, 397, 410, 437, 447, 470, 508, 563, 606, 636, 660
Lehmbrei 271, 509
Lein 36, 49, 52, 60, 130, 201, 332, **459**, 615
—, 'Bernburger Öl-Faser' 462
—, 'Endreß Deutscher' 462
—, ausdauernder 461
Leinblasenfuß 467
Leindotter 463
Leingewächse 52
Leinkuchenmehl 460
Leinlolch 463
Leinmüdigkeit 463
Leinöl 120, 460
Lein, Ölgehalt 460, 464, 465
Leinsamen 60, 460, 461, 465, 467
Leontodonium 670
Leonurus cardiaca L. 49
Lepidium sativum L. 49, 51, 58, 90, 112, **451**, 452
Lepidopteren 305, 427
Leptinotarsa decemlineata Say. 109, 297, 376, 425, 426, 536, 609
Leptosphaeria herpotrichoides De Not. 108
— *menthae* Fautr. et Lamb. *f. origani* Oudem. 553
Leptura livida F. 361, 489, 490
— *rubra* L. 707
Lestes barbara F. 427
— *sponsa* Hansen 427
Leucania pallens L. 427, 650
Leucanium pulchrum March. 248
Leunasalpeter 124
Levisticum officinale Koch 21, 22, 49, 52, 60, 198, 271, **453**
— *persicum* Freyn et Bornm. 455
Lezithin 65
Liane 377
Libellen 427
Lichtblätter 67
Lichteinfluß 137
Lichtfaktor 66, 67
Lichtkeimer 67, 136
Lichtschachtverfahren 115, 333, 464
Licht, ultraviolettes 276
Liebstock 21, 22, 49, 52, 60, 198, **453**
—, 'Mittelgrobblättriger' 455
Liebstockblätter 453
Liebstockfrüchte 60, 453
Liebstockkraut 60, 453
Liebstockwurzel 60, 453
Liebstockrüßler 403, 459
Lignum Juniperi 202
Ligusterschwärmer 643
Likörherstellung 55, 63
Likörindustrie 57, 59, 61
Liliaceae 51, 213, 219
Liliengewächse 51
Lilien 21
Lilienhähnchen 223
Lilie, Weiße 22, 199
lilium 22
Lilium 441
— *bulbiferum* L. 199
— *candidum* L. 22, 199
— *tigrinum* Ker-Gawler 199
Lilium-species 22
Linaceae 52, 459
Linalool 634
l-Linalylacetat 443
Lindenia alebilabris F. 347
Linum angustifolium Huds. 461
— *catharticum* L. 467
— *perenne* L. 461
— *usitatissimum* L. 49, 52, 60, 201, **459**
— —, großsamige Typen (*macrospermae*) 462
— —, kleinsamige Typen (*microspermae*) 462
— — *var. bienne* Mill. 461
— — *var. humile* (Mill.) am. 461
— *usitatissimum* L. *var. vulgare* Boenningh. 461
Liogaster metallinus F. 627
Liophloeus tessulatus Müll. 458, 459
Lippenblütler 52
Liposcelis divinatorius Müll. 297
Literatur 40
Lithostege farinata Hufn. 659
Lithospermum officinale L. 49
Lixus iridis Ol. 459
Lobelia-Arten 467
Lobelia cardinalis L. 469
— *dortmanna* L. 469, 470
— *inflata* L. 49, 53, 60, 119, 147, **467**
— *sessilifolia* Lamb. 469
— *syphilitica* L. 469
— — *var. alba* 469
Lobelia-species 467
Lobelie, Aufgeblasene 49, 53, 60, **467**
—, Deutsche 469
—, Wasser- 469
Lobelienkraut 60, 467

Lobeliensamen 467
Lobelin (Alkaloid) 61, 469, 471, 472
Locusta viridissima L. 346
Löffelkraut, 'Erfurter Echtes' 360
Löffelkrautblätter, frische 358
Löffelkrautsamen 358
Loganiaceae 302
Lohnaufwand 144
Lolium remotum Schrk. 463
Longitarsus lycopi Foudr. 537
— *parvulus* Payk. 467
— *succineus* Foudr. 273
— *waterhousei* Kutsch. 537
Lophiostoma origani Kunze 553
Lorbeer 203
Lößgebiete 76
Lößlehmboden 526
Lotus corniculatus L. 329
Löwenzahn 50, 53, 64, 187, 198, 354, **666**
—, 'Frühester, Verbesserter' 668
—, 'Großblättriger' 668
—, 'Krausblättriger' 668
—, 'Vollherziger' 668
Löwenzahnbohrfliege 672
Löwenzahnkraut 66, 666
Löwenzahnwurzel 44, 147, 666
— mit Kraut 64, 666
Loxostege sticticalis 479
lubestica 22
Lucilia caesar L. 276
— *cornicina* F. 489
— Rob. 573
— *sericata* Mg. 473, 622
— *silvarum* Mg. 220, 239, 473, 490, 506, 622
Lucilia-species 395
Luftfeuchtigkeit 72
—, relative 71
Luftheizungsanlage Heidenia 165
Lufttrockenheit 156
Lüftungsjalousien 167, 168
Luftverunreinigungen 74
Luftwege 55, 59, 61
Lungenkraut 50
Lupinen 123, 265
Lupinus luteus L. 265
— *polyphyllus* Lindl. 85
Luteolin 617
Luzerne 353, 407, 409, 560, 597, 666
—, nordamerikanische 414
Luzernekraut 201
Luzernerüßler 571
Lycaena damon Schiff. 339
Lycaena icarus Rott. 427, 444, 473, 622, 646, 650
Lygus campestris L. 248, 336, 404, 405, 459, 601, 643
— *contaminodus* Gall. 490
— *kalmi* L. 405
— *lucorum* Mey. D. 274, 280, 286, 643
— *pratensis* L. 237, 280, 296 346, 490, 511, 549, 589, 663
Lysimachia 135
Lysin 409
Lytta vesicatoria L. 706

M

Macroglossa stellatarum L. 339, 643
Macrophya albicincta Schrk. 704
— *rufipes* L. 407
Macrosiphoniella absinthii L. 274
— *pulvera* Walk. 283
Macrosiphon solanifolii Ashm. 296
Macrosporium cookei Sacc. 376
— *daturae* Fautr. 376
— *ramulosum* Sacc. 577
Magenleiden 55, 57, 61, 323
Magenmittel 57, 63
Maggi 453
Maggipflanze 453
Magnesiumchlorid 135
Magnoliaceae 578
magones 22, 23
Maiblume 667
Maiglöckchen 49, 200
Maikraut 287
Mais 75, 200, 526, 560
Maisbeulenbrand 200
Maisgebiete 322
Maisgriffel 200
Maisstärke 200
Maisstroh 145, 408
Maiszünsler 319
Majorana hortensis Moench. 28, 49, 52, 60, 67, 81, 117, 119, 132, 139, 156, 174, 183, 198, **472**, 550, 551
Majoran 38, 49, 52, 60, 74, 80, 83, 95, 96, 106, 116, 128, 129, 145, 182, 448, **472**, 674, 694
—, ausdauernder 550
Majoran, „Bamberger" 475
—, 'Blatt-' 106, 474, 475
—, 'Deutscher' 106, 474, 475
—, Echter 550
—, 'Französischer Stauden-' 106, 474, 475
—, 'Knospen-' 106, 474, 475
—, Wilder 550
—, „Winter" 475
Majorankraut 60, 472
Majorankultur 30
Majoranmotte 479
Malvaceae 52, 112, 223, 229, 480
Malva neglecta Wallr. 485
— *silvestris* L. 49, 52, 60, 85, 199, **480**
— — *subspec. mauritanica* (L.) Thell. 112, 122, 138, 198, 480, 481, 482, 603
— *verticillata* L. 485
Malva-species 20, 197
Malve, Blaue 49, 52, 60, 199, **480**
—, 'Dunkelviolette' 95, 101, 143, 198, 357, **480**, 482
—, Mauretanische 480
—, Schwarze 48, 52, 54, 204, **229**
—, —, 'Erfurter Schwarze' 231
Malven 21, 586
Malvenblätter 60, 480
Malvenblattfloh 229, 233
Malvenblüten 60, 480, 484
—, Schwarze 54
Malvenfalter 229, 444
Malvengewächse 52, 309
Malvenmotte 225, 229, 482, 485
Malvenrost 226, 485
Mamestra Hb. 609, 634, 642
Mandel, Bittere 203
Mangan 124, 385
Manganchlorid 135
Mangansulfat 135
Mangold 22
Mannogalactane 682
Marienblatt 48
Mariendistel 50, 53, 64, 75, 80, 526, **653**
Mariendistelsamen 653
Marienkäfer 146, 224, 233, 237, 255, 274, 346, 356, 376, 432, 459, 490, 506, 549, 591, 603, 642, 692, 707
Marienkörner (Stechkörner) 64
Marken-Eibisch 122
Marken-Pfefferminze 122
Markierpflanzen 134

Markiersaat 134, 143, 144, 294, 349, 372, 385, 424, 452, 477, 487, 576, 624, 718
Markör 142
Marktlage 105
Marrubiin 61, 488
Marrubium catariaefolium Desr. 486
— *peregrinum* L. 486
— *remotum* Kit. 487
— *vulgare* L. 49, 52, 60, **485**
Marschkamillen, Ostfriesische 493
März-Veilchen 719
Maschinenmahd 149
Maskenbienen 707
Mastelhanf 311
Mastichkraut 50
Matricaria chamomilla L. 20, 49, 53, 60, 85, 101, 126, 136, 167, 186, 350, **488**, 491, 492
— — *f. eradiata* Rupr. 491
— — *f. gracilis* Chenévard 491
— — *f. monocephala* Junge 491
— — *f. nana* Custer 491
— — *f. paleata* Abromeit 491
— — *f. subdiscoidea* A. Peter 491, 492
— *discoidea* DC. 491, 492
— *inodora* L. 491
— *maritima* L. 489, 491, 492
— *matricarioides* (Less.) Porter 491
— *suaveolens* (Pursh) Buchenau 491
Matricaria- u. *Anthemis-species*, Unterscheidungsmerkmale 492
Mauerbiene 610
Mauerfuchs 550
Mauerraute 621
Maulbeergewächse 51
Maulwürfe 420
Maulwurfsgrillen 420, 467
Mäusefraß 260, 300, 335, 399, 420, 459, 713
Mechanisierung 105
Medicago sativa L. 201
— *lupulina* L. 112
Medizinalpflanzen 11
Medizinalrhabarber 47, 50, 51, 62, 83, 195, **589**
Meeresstrandbeifuß 282
Meerrettich 215
Meer-Wermut 31, **280**
Meerzwiebel 21, 50
Megachile 610
— *ericetorum* Lep. 427, 635
— *manicata* Gir. 610
Megalocoleus molliculus Fall. 430
Mehlmilbe 467
Mehltau 75, 132, 213, 309, 388, 425, 536, 634, 641, 681, 685, 704
—, Echter 248, 354, 466, 571, 713
—, Falscher 223, 248, 253, 336, 354, 404, 504, 571, 572, 577, 583, 638, 663, 704, 713
Mehrzweckhecke, sommerliche 657
Mehrzweck-Trockenschuppen 168
Melampsora agrimoniae (DC.) 213
— *lini* (Pers.) Desm. 466
— *ricini* Pass. 608
Melanopsamma bolleana (Pass. et Thüm.) 613
Melanostoma mellinum L. 224, 343, 427, 708
Melde adripias 21
Meldeneule 589
Meligethes aeneus L. 490, 663
Meligethes-species 211, 286, 354, 366, 421, 425, 431, 489, 504, 558, 622, 642, 646, 654, 667, 707, 715
Melilotus altissimus Thuill. 108
— *officinalis* (L.) Lam. em. Thuill. 49, 84, 108
Melissa 137
— *officinalis* L. 28, 49, 52, 60, 70, 117, 119, 124, 174, 198, 271, 312, **505**
— — *f. foliosa* (Opiz) Briq. 507
— — *f. officinalis* (L.) Briq. 506
— — *f. verticillata* Bolzon 506
— — *f. villosa* Benth. 507
Melisse 38, 43, **505**
—, 'Erfurter Aufrechte' 507
—, 'Quedlinburger Niederliegende' 507
—, Zitronen- 49, 52, 60, 198, **505**
Melissenblätter 60, 505
Melissenkraut 506
Melissekrebs 510
Melitaea athalia Rott. 339
— *dictynna* Esp. 705
Mellinus arvensis L. 622
Meloidogyne (Heterodera) marioni C. 336
Melonen 21
menta 22, 512
Mentha 35, 124, 180
— *aquatica* L. 512, 514, 520, 538
— — *f. submersa* Glück 514
— *arvensis* L. 517, 519, 520, 538
— — *var. piperascens* Malinvaud 517
— *gentilis* L. 519, 538
— *longifolia* (L.) Huds. 512, 538
— *palustris* 516
— *piperita* L. 30, 31, 49, 52, 60, 70, 77, 81, 96, 108, 111, 117, 119, 124, 125, 131, 132, 147, 162, 167, 174, 183, 198, **512**
— — Sorte 'Mitcham' 514
— — „Thüringer Art" 514
— — *var. officinalis* Sole 520
— — *var. officinalis* Sole *f. pallescens* 520
— — *var. officinalis* Sole *f. rubescens* 520
— — Anbaumethoden, verschiedene 524
— — Ausläuferbildung 513, 521
— — Ölgehalt verschiedener Arten/Sorten 531
— — verwandtschaftliche Verhältnisse 519
— piperitis sapore 516
— *pulegium* L. 21, 22, 49, 52, 60, 198, 514, 535, 538, **540**
— *rotundifolia* (L.) Huds. 512
— *silvestris* L. 512
— *spicata* L. em. Nathh. 512, 514, 519, 520, **538**
— — *var. crispata* (Schrad.) Beck 49, 52, 60, 198, **583**
— *viridis* L. 512, 538
Mentha-species 22, 70, 80, 96, 143, 150, 513, 516, **538**, 657
Menthol 61, 518, 532, 533, 538
l-Menthol 518
Mentholbildung 515
Mentholgehalt 529
Mentholgeruch 519

Menthon 518, 533
Menthylazetat 532
Menyanthes trifoliata 85
Merodan equestris E. 694
Mesocerus marginatus L. 602
Mesophyten 72, 156, 288
Messingeule 538, 713
Messingkäfer 297, 602, 706
Messor barbarus L. 613
Metasphaeria origani Mout. 553
Methylchavicol 276, 277
Methyl-n-nonylketon 625
Micropeza corrigiolata L. 211, 239, 329, 506, 674, 715
Migräne 57, 59
Mikrobestimmungsmethoden 195
Mikroklima 78, 137
Mikrokokken 154
Mikroorganismen 73
Mikroorganismenleben 66, 76, 77
Milbenbefall 248, 336
Milch 376
Milchertrag, Steigerung 409
Milchkraut 409
Milchsaft 670
Milchsekretion 59
Milchvieh-Futter 685
Mimikry 306
Mindestwertstoffgehalt 53
Mineraldüngung 120
Mineralstoffernährung 123
Minierfliege 300
Minierschäden 274, 296
Minzearten 22
Minze 20
—, englische 515
—, französische 515
—, Grüne 538
Minzenbär, Gelber 538
Mischanbau 94
Mischkultur 115
Mischregeln für Kunstdünger 123
Mischungstafeln für Kunstdünger 123
Mißbildungen 327, 396, 672
Mißwuchs 144
Mitcham-Pfefferminze 31, 81, 84, 513, 515, 517, 518, 519, 520, 525, 526
Mitosegift 189
Mittelmeerflora 21
Moenchsrhabarber 50, **620**
Mohn 21, 23, 36, 95, 111, 130, 133, 155, 195, 201, 332, 333, **556**
—, 'Eckendorfer Blausamiger' 561
—, 'Erbachshofer Blau' 561
—, 'Kleinwanzlebener' 561
—, 'Mahndorfer' 561
—, 'Mahndorfer Blausamiger' 561, 561
—, 'Peragis Weihenstephaner' 561, 561
—, 'Schlanstedter' 561
—, 'Strubes Blauer' 561
Mohnanbaugebiete 560
Mohnblätter 557
Mohn, Erntemethoden 569
—, Ertrag 565
Mohngallmücke 571
Mohngewächse 51
Mohnkapseln 155, 556, 557, 566, 569, 571, 572
Mohnkapselrüßler 571
Mohn, Kornertrag 566
—, Ölertrag 566
—, Ritzen der Kapseln 566
Mohnsamen 62, 557, 559, 560
Mohn, Schlaf- 22, 198, **556**
Mohnstengelgallwespe 571
Mohnstroh 557, 572
Mohnvergiftungen 568
Mohnwurzeln 557
Mohnwurzelrüßler 571
Mohn-Ziersorten 557
Möhren 95, 116, 236, 448, 464, 576, 577
Möhrenbeisaat 565, 580
Möhren, Ertrag 565
Möhrenfliege 336
Möhrenfrüchte 199, 336
Möhren, 'Nantaiser' 116
Mohrrübe 22
Mönchseulen 273
Mönch, Grauer 672
Mondphasen 147
Moorbirke 202
Moraceae 51, 309
Morphin 63, 557, 572
Morphingehalt 558, 562, 563, 566, 567
Mosaikerkrankung 589
Mostrich 658
Mottenkraut 707
Mucilaginosum 191, 465, 711
Mucilago Salep 191
Mucor 154
Müll 123
Mülldüngung 123
Mundentzündungen 55
Mundkrankheiten 63
Mundwasser 55, 61, 65
„Münze" 21
Muschelkalk-Berghänge 554
Musciden 211, 276, 291, 362, 431, 489, 603, 622, 667, 674
Muskatellerkraut 634
Muskateller-Salbei **634**
— —, Blüten 64, 634
— — 'Erfurter Frühblühender' 636
Muskatellersalbeikraut 634
Muskat-Salbei sclarejam 21
Muskelerkrankung 65
Mutterkorn 189, 201
Mutterkornanbau 85
Mutterkornzüchtung 39
Mutterkraut 48
Myatropa florea L. 395
Myodina vibrano L. 431
Myrosin 65
Myrrhendolde olisatum 21
Mytrosporium adustum Mass. 439
Myzodes persicae Sulz. 280, 296 571
Myzus ornatus Laing. 677

N

Nacheinanderanbau 107
Nachreife 134
Nachtfalter 602
Nachtkerze 50
Nachtrocknen 103
Nachtschattengewächse 52, 109, 324, 423
Nachtschatten, Schwarzer 528
Nachtschweiß 63
Nacktschnecken 267
Nadelbäume 418
Nadelwaldböden 85
Nährlösungen 125
Nährsalzgehalt 66, 76
Nährstoffentzug einiger Arzneipflanzen 75, 119, 528
Naphthalinderivat 280
α-Naphtylessigsäure 141
Narcotin 63
Nardenbaldrian 696
Narkoticum 57, 59
Nasturtium officinale R. Br. 50

Naßbeizverfahren 130
Naßkopfdüngung 124
Natronzehrer 222
Naturheilkunde 29
Naturschutz 185, 209
Naturschutzbehörde 263
Naturschutzverordnung 263
Nebennutzung, Arznei- und Gewürzpflanzen **197**
Nelkengewächse 51
Nelkenwurz, Echte 355
Nematodenbefall 108
Nematoden-Feindpflanze 353
Nematodenschaden 219
Nemotelus pantherinus L. 489
Nepeta cataria L. 21, 271, 505
— — *var. citriodora* (Becker) Dumolin 505
Nepticula geminella Frey. 641
— *poterii* Stt. 641
Nepticulidae Spul. 213
Nervenerkrankung 65
Nervenmittel 55, 63
Nervenschmerzen 55, 57, 59
Nervenschwäche 59
Nervosität 61
Nesselausschlag 691
Nesselfaser 688
Nesselgarn 688
Nessel, gekerbte Ostindische 686
Nesselgewebe 688
Nesselgewinnung 688
Nesselgiftstoff 65, 685
Nessel, Javanische 685
Nesselkraut 685
Nesselquaddel 685
Nesselstengel, Fasergehalt 688
Netzflügler 490
Neuralgien 57
Neuroptera 490
Nicotiana tabacum L. 201
Niederschläge 72, 78
Niederungsmoor 108
Nierenleiden 57
Nierensteine 63, 613
Nigella-Arten 542
Nigella arvensis L. 542
— *damascena* L. 542
— *sativa* L. 23, 49, 51, 60, **541**
Niptus hololeucus Falderm. 297, 602, 706
Nirit, conc. 536
Nitiduliden 489, 622
Nitrophile Pflanzen 76
Noctuiden 642
Nomada lineola Panz. 610
— *succincta* Panz. 610
Normen, behördliche für die Qualitätsbeurteilung von Drogen 155
—, österreichische 179
Normierungsbestrebungen 90
Normierung 13, **177**
— und Standardisierung der Drogen **177**
Nothris verbascella Hb. 713
N-Phenanthrenderivat 189
Nußbäume 75

O

obsolete Pflanzen 53
Obstbau 89
Obstbaumspritzung 118
Obstplantagen 382
Obstschorf 536
Ochrosis ventralis Illig. 511
Ochsenauge 444, 454, 550, 643
Ocimum basilicum L. 50, 52, 60, 67, **117**, **197**, 271, 477, **544**
— — *var. anisatum* (Hort.) Benth. 545
— — *var. glabratum* Benth. 545
— — *var. glabratum* Benth. *subvar. difforme* Benth. 546
— — *var. glabratum* Benth. *subvar. difforme* Benth. *f. bulleatum* (Lam.) Alef. 546
— — *var. glabratum* Benth. *subvar. difforme* Benth. *f. crispum* (Burm.) Camus 546
— — *var. glabratum* Benth. *subvar. difforme* Benth. *f. fimbriatum* Hort. 546
— — *var. glabratum* Benth. *subvar. difforme* Benth. *f. pelvifolium* Alef. 546
— — *var. glabratum* Benth. *subvar. majus* (Hort.) Benth. 546
— — *var. glabratum* Benth. *subvar. purpurascens* Benth. 546
— — *basilicum* L. *var. glabratum* Benth. *subvar. vulgare* Alef. 546
— — *var. glabratum* Benth. *subvar. vulgare* Alef. *f. densiflorum* (Benth.) 546
Ocimum var. glabratum Benth. *subvar. vulgare* Alef. *f. thyrsiflorum* (L.) 546
— — *var. pilosum* (Willd.) Benth. 545
— *canum* Sims 149, 544, **549**
— *citri odore et anisi odore* C. Bauhin 545
Ödland 284, 410, 612
Odermennig 48, 51, 54, 190, **210**
—, 'Erfurter Spätblühender' 212
Odermennigkraut 54, 210
Odermennigwurzel 210
Odonaten 427
Oenothera biennis L. 50
offizinelle Pflanzen 53
Oleaceae 202
Oleum Anethi 148
— *Angelicae* 247
— *Cannabis* 309
— *Chamomillae* 493
— — *romanae* 252
— *Chenopodii* (*anthelminthici*) 342, 345, 346
— *Lavandulae* 444, 448
— *Lini* 120, 460
— *Menthae piperitae* (Mitcham) 517, 518, 532
— *Papaveris* 557
— *Ricini* 602, 608
— *Saturejae aethereum* 649
— *Spicae* 444
— *Thymi* 675
— *Valerianae* 701
Öl, ätherisches 55, 57, 59, 61, 63, 65, 70, 72, 147, 148, 149, 150, 166, 250, 277, 329, 330, 334, 343, 346, 363, 364, 397, 403, 414, 428, 434, 435, 437, 440, 443, 445, 446, 447, 448, 450, 457, 473, 477, 489, 493, 498, 505, 510, 515, 518, 520, 528, 530, 531, 532, 534, 538, 542, 546, 548, 550, 574, 577, 579, 611, 625, 629, 631, 632, 633, 634, 636, 637, 646, 651, 652, 675, 677, 678, 697, 700, 701, 702, 706
Öldotter 463
Öl-Faserlein 'Bernburger' 462
Öl, fettes 61, 63, 65, 120, 260, 261, 320, 376, 557, 602, 658, 661, 685
—, — Ertrag 464, 566
Ölfrüchte 283, 312, 560

Ölgewinnung 61, 63
Öllein 459, 460, 464, 466
—, Anbauverbreitung 462
—, 'Endreß Deutscher' 462
Ölmohn 560
Ölnußpalme 602
Ölpflanze 260, 261, 300, 309, 459, 604, 658
Oidium erysiphoides Fr. 634
Olibrus aeneus F. 346, 490, 504
Olitätenhändler 23
Olpidiastea radicis de Wild. 466
Olpidium brassicae (Wor.) Dang. 663
Onesia cognata Mg. 276
— *sepulchralis* Mg. 224, 276, 362, 490, 591, 667, 674
Onobrychis viciaefolia Scop. 640
Ononis spinosa L. 50, 71, 108, 138
Ophiobolus 553
— *acuminatus* Pers. 260
— *brachyascus* Wint. 450
— *graminis* Sacc. 108
Opium (crudum) 62, 63, 556, 557, 560, 563, 570, 572
Opiumertrag 566, 570, 572
Opiumgesetz 310, 568
Opiumgewinnung 19, 558, 560, 565, 572
Opiummohn 560, 561, 563
Opiumreife, 566
Optimum, physiologisches 70
Opuntia 441
Orchis-Knollen 149
Origanum dictamnus L. 21
— *majorana* L. 67, **472**, 477
— *vulgare* L. 50, 52, 60, 199, 472, 475, **550**
— — *subspec. prismaticum* Gaudin 551
— — *subspec. prismaticum var. macrostachyum* 552
— — *var. virescens* 551
Orobanche ramosa L. 319
Oscinis frit L. 430, 450
Osmia rufa L. 610
Osterluzei 48
Ostwaldsches System 178
Otiorrhynchus ligustici L. 403, 459, 571
— *raucus* F. 601
Oxybelus uniglumis L. 490
Oxalis acetosella 441
Oxalsäure 602
Oxydationsvorgänge 154

P

Pachynematus mortuorum L. 454
Pachyprotasis rapae L. 291, 627, 638
Pachyrrhina lineata Scop. 366, 506, 639
Paeonia-Drogen 556
Paeonia corallina Retz. 553
— *officinalis* L. 50, 51, 62, 204, **553**
— — *f. alba plena* 555
— — *f. carnea plena* 555
— — *f. mutabilis plena* 555
— — *f. purpurea plena* 555
— — *f. rosea* 555
— — *f. rubra plena* 555
— — *var. alba* Porta 554
— *peregrina* Mill. 204, 553
Pales lineata Scop. 233
Palpenmotte 553
Panicum miliaceum L. 200
papaver 22, 23
Papaveraceae 51, 556
Papaver dubium L. 559
— *rhoeas* L. 50, 558, 559, 563
— *setigerum* L. 560
— *somniferum* L. 19, 22, 50, 51, 62, 155, 198, 201, **556**
— — *var. album* (Mill.) DC. 557, 561
— — *var. nigrum* 557
Papaverin 63
Papier-Gewebe 157
Papilio machaon L. 237, 248, 336, 395, 403, 404, 431, 459, 550, 622, 626
Pappelrose **229**
Paprika 47, 48, 56, 198, **320**
Paprikafrüchte 171, 320
Paprika, Gemüse- 47, 321, 322, 326, 327
—, Gewürz- 47, 52, 56, **320**
—, — 'Cayennepfeffer' 323
—, — 'Elytza' 323
—, — 'Kleinfrüchtiger Scharfer' 323
—, — 'Kleiner Roter Chilipfeffer' 323
—, Rosen- 323
Paprikaschnaps 323
Paprika-Schoten 321
Paprikasorten, ungarische 323
Paralleldrogen 44
Pararge megaera L. 550
Parasiten, pilzliche 283, 420, 671
Parfümerie 65
Parkgestaltung 197
Parzellen-Dreschmaschine 152
Pasmo-Krankheit 466
Passiflora-species 47, 50
Passionsblume-Arten 50
Pastinaca sativa L. 23, 454
Pastinake 21, 23, 80, 454
pastinochus 23
PCU-Draht 164
Pegomyia hyoscyami Panz. 296, 376, 425
Pelzbienenarten 610
Penicillin 126, 190
Penicillium 126, 154, 466
Peper-Mint 516
Perlmutterfalter 444, 506
Peronospora arborescens Berk. 571
— *brassicae* Gäum. 663
— *erythraeae* (Kühn) Gäum. 342
— *hyoscyami* De By. 425
— *lamii* De By. 638
— *leptospermae* De By. 253, 504
— *polygoni* Thun. 600
— *potentillae* De By. 213, 641
— *radii* De By. 504
— *schleideni* Ung. 223
— *sordida* Berk. 713
— *valerianae* Trail. 704
Peronosporacee 296
Petersilie 21, 22, 50, 52, 62, 90, 130, 145, 573
—, Blatt- 'Edelstein' 575
—, — Einfache Schnittpetersilie 575
—, — 'Hamburger Schnitt' 575
—, — 'Mooskrause Schnittpetersilie' 575
—, — 'Wuschelkopf' 575
—, Wurzel- 'Halblange (Berliner) Wurzelpetersilie' 575
—, — 'Kurze, dicke, Wurzelpetersilie' 574
—, — 'Lange, glatte Wurzelpetersilie (Bardowicker)' 575
—, Garten- 573, 581
—, Glanz- 577
—, Wilde 577

Petersilienfrüchte 62, 199, 573, 574
Petersilienkraut 62, 573
Petersilienwurzel 62, 573
Petroselinum crispum (Mill.) Nym. ex Hort. Kew. 22, 50, 52, 62, 90, 199, 254, **573**, 581
— — *var. foliosum* (Alef.) Thell. 574
— — *var. tuberosum* (Bernh.) Thell. 574
— *hortense* Hoffm. 573
— *sativum* Hoffm. 573
—, Unterscheidungsmerkmale 578
petrosilium 22
Pfeffer, Echter 327
Pfefferfenchel 396
Pfefferkraut **645**
Pfefferminzanbau 30, 80, 81
Pfefferminzblätter 60, 96, 512
Pfefferminze 27, 30, 31, 38, 43, 49, 52, 60, 77, 83, 96, 131, 141, 180, 198, 316, 374, 510, **512**
—, Beizung der Stecklinge 536
—, „Degenerieren" 520
—, Hauptanbaugebiete Deutschlands 517
—, (Mitcham) 31, 77, 81, 84, 513, 515, 517, 518, 520, 525, 526, 529, 530, 531, 532, 534, 535
—, 'Mitcham-Herrnhuter Auslese' HZ. 36, 518, 522
—, 'Pfälzer' 77, 81, 515, 517, 518, 519, 520, 530, 531, 534, 535
—, „Thüringer" 30, 519, 534
—, „Württemberger" 519
Pfefferminzkraut 60, 512
Pfefferminzöl 515, 529
—, Gewinnung 517
Pfefferminzpflanzgut 130
Pfefferminzrost 130, 535, 536, 648
Pfefferminzsamen 131, 521
Pfefferminzstadt Deutschlands 80, 516
Pfefferminztee 518
Pferdebohnen 116, 332
Pferdedung 73, 413
Pfingstrose 50, 51, 62, 80, 204
—, Großblumige **553**
Pfingstrosenblüten 62, 553
Pfingstrosensamen 62, 553
Pfingstrosenwurzel 62, 553
Pflanzenanzucht 137
Pflanzendünger 120
Pflanzen, epizoochore 212
Pflanzengemeinschaftsversuche 365
Pflanzenglossare 21
Pflanzen, glykosidhaltige 149
—, heraldische 441
pflanzenphysiologische Fragen 196
Pflanzensaft, atropinhaltiger 150
Pflanzenschutz 15, **143**
Pflanzenzüchtung 14
Pflanzgut **130**
Pflanzguterzeugung, Umfang der 44
Pflanzgutpreis 132
Pflanzgutwechsel 131
Pflanztermin 132
Pflanztopfpresse 140
Pflanzung 137
Pflegekosten 95
Pflückapparate 499
Pflücke 499
Pflückerbsen 101, 332, 374, 636, 710
Pflückgeräte 151, 350, 500, 501
Pflückgerät, Heegersches 101, 151, 499
Pflugsohle 129
Pflugsohlenverdichtung 129, 396, 400
Phalacride 346
Phalonia epilinana Zell. 467
Pharmacopoea Helvetica, Editio Quinta, Bern 1941 147, 310, 520, 594, 666
— —, Editio Quinta, Supplementum primum (1948) 164, 182
— der UdSSR, VIII. Auflage, Moskau 1946 155, 666
—, II Jugoslawische 295
Pharmakodynamik 33
Pharmakohistoria 19
Pharmakologische Wirkung 119
Pharmazeutische Industrie 39
Phaseolus-species 199
Phasiane clathrata L. 545
Phenoxyfettsäure 144
Philaenus graminis Deg. 280, 430
— *spumarius* L. 450
Philophylla heraclei L. 248
Philosamia cynthia (Boisd.) Drory 609
Phlyctaenodes sticticalis L. 280
Pholiota praecox (Pers.) Quél. 450
Phoma-Arten 404
Phoma daturae Speg. 376
— *foeniculina* Sacc. 404
— *lavandulae* Gab. 450
— *linicola* March. 466
— *longissima* Westd. 404
— -Pilze 404
— *salviae* Brun. 634
pH-Reaktionsbereich 77
Phorbia antiqua Mg. 219
Phosphorsäure 124
Photosynthese 67, 73
Phragmidium sanguisorbae (DC.) Schroet. 641
Phyllachora angelicae Fuck. 248
Phylliodes Berthold 376
Phyllocoptes rigidus Nal. 672
Phyllosticta arnicae (Fuck.) Allesch. 266
— *glycyrrhizae* Brun. 414
— *hydrastidis* 420
— *plantaginis* Sacc. 589
Phyllosticta-species 638
Physalis alkekengi L. 200
Phytochemie 19
Phytoecia virgula Charp. 351
Phytohormone 141
Phytolacca decandra L. 125
Phytometra (Plusia) chrysitis L. 260, 538, 634, 713
— (*Plusia*) *gamma* L. 220, 233, 260, 273, 280, 305, 336, 395, 427, 444, 545, 551, 577, 627, 638, 650, 713
Phytonomus rumicis L. 601
Phytophthora cryptogaea var. atropae 296
— *erythroseptica* Peth. 296
Phytotherapie 33, 38, 45
Pieriden 287, 427, 431, 454, 550, 694
Pieris brassicae L. 220, 305
— *napi* L. 220, 444, 627, 715
— *rapae* L. 305, 339, 444, 667
Pikieren 140
Pilzbefall 145, 414, 472, 485
Pilze 77, 154, 190, 463
Pilzkrankheiten 72, 577, 608
Pimpinella anisum L. 20, 22, 28, 50, 52, 62, 137, 152, 156, 174, 198, **578**
— *magna* L. 50
— *major* (L.) Huds. 50, 188, 638

Pimpinella saxifraga L. 50, 188, 638
Pionea pandalis Hb. 553
Piper nigrum L. 327
Pipiza lugubris Fall. 622
Placenta seminis Lini 460
Plagiognathus albipennis Fall. 268
Plantaginaceae 52, 377, 583
Plantago arenaria W. et K. 587
— *cynops* L. 587
— *lanceolata* L. 50, 52, 62, 117, 139, 188, 377, **583**
— *major* L. 583, 586
— *media* L. 586
— *indica* L. 583
— *psyllium* L. 583, 587
— *sempervirens* Cr. 583
Plantago-species, Gegenüberstellung der Samenmerkmale 586
Plasmodiophora brassicae Wor. 663
Plasmopara nivea (Ung.) Schroet. 248, 336, 404, 577, 583
Platychirus clypeatus Mg. 627
— *peltatus* Mg. 584
Platyedra (*Gelechia*) *malvella* Hb. 225, 229, 485
Platzminen 425
Pleosphaerulina argentinensis Speg. 376
Pleospora herbarum (Pers.) 504
Plodia interpunctella Hb. 248, 376, 467, 504, 538, 602, 685, **714**
Plusia festucae L. 427
Plutella maculipennis Curt. 452, 453
Podagrica fuscicornis L. 229, 233
— *malvae* Illig. 229
Po-Ho-Öl 517
Poleiminze 22, 49, 52, 60, 198, 538, **540**
—, 'Erfurter' 540
Poleiminzekraut 60
Polei-Rosmarinheide 611
Poleymünze puledium 21
Polia (*Mamestra*) *persicariae* L. 404, 511, 638
— *pisi* L. 430
Pollenia rudis F. 291, 362, 603, 622
— *vespillo* F. 362, 489, 603
Polygonaceae 51, 589, 617
Polygonum hydropiper L. 50, 188
Polyploidiezüchtung 195, 494
Polypodiaceae 621
Polyspora lini Laff. 466
Pomobombus pomorum Pz. 407
Porree 21, 22, 599
porros 22
Porst, Falscher 611
Portugisisches Arzneibuch 568
Portulaca oleraceae L. 50
— — *subspec. sativa* (Haw.) Thell. 138
Portulak 50
Poterium sanguisorba L. 50
Pouridité de la Lavande 450
Preisbildung für Qualitätsdrogen 104
Preiselbeerkämme 150, 499
pressed herbs 173
Primeldermatitis 150
Primula 135
— *elatior* (L.) Grufb. 50
— *glutinosa* Wulf. 444
— *obconica* Hance 150
Primula officinalis Hill 50
— *veris* L. em. Huds. 50
Primula-species 150, 185
Probedrusch 152
Propylaea 14-*punctata* L. 290, 376, 490, 506, 707
Prosopis-Arten 489
Prosopis communis Kyl. 707
— *signata* Pz. 490
Prosternon tesselatus L. 239
Protomyces macrosporus Ung. 336
— *pachydermus* Thüm. 671
Protozoon 77
Provitamine 57, 673
Prunus amygdalus Batsch *var. amara* (DC.) Koch 203
— *laurocerasus* L. 70
— *spinosa* L. 202
Psammotis pulveralis Hb. 506
Pseudomonas exitiosa 439
— *fluorescens* 439
— *viridis* 439
Psila rosae F. 336
Psithyrus vestalis Four. 220, 431, 642
Psylla flavipennis F. 672
— *succincta* M. C. 626
Psylliodes affinis Payk. 296
— *attenuata* Koch 319
— *hyoscyami* L. 425
Ptinus fur L. 414, 485, 609
— *latro* F. 504
— *tectus* Boield 426
— *testaceus* Oliv. 504
Ptinus-species 260
Puccinia absinthii DC. 273
— *aconiti-rubrae* W. Lüdi 210
— *allii* Rud. 223
— *angelicae* Fuck. 248
— *bardanae* Corda 260
— *caulincola* Schn. 677
— *hyssopi* Schw. 430
— *iridis* DC. 439
— *malvacearum* Mont. 226, 229, 232, 485
— *menthae* Pers. 72, 130, 510, 515, 530, 535, 649
— *petroselini* (DC.) Liro 237, 366, 577
— *pimpinellae* Mart. 583
— *porri* (Sow.) Wtr. 223
— *ruebsameni* P. Magnus 553
— *silvatica* Schroet. 671
— *tanaceti* DC. 273, 279
— *taraxaci* Plowr. 671
— *verrucosa* Schultz 430
pulegium 22
Pulegon 61, 520, 538
Pulmonaria officinalis L. 50
Pulsatilla pratensis Mill. 48
Punica granatum L. 441
Pupillenerweiterung 150
Purgierlein 467
Purpurin 613
Purpurweide 203
Purpurwidderchen 677
Purpurzünsler 553
Pyknidiengruppen 535
Pyrameis cardui L. 300, 358, 427, 454
Pyrausta aurata Scop. 536, 539, 553
— *nubilalis* Hb. 319
— *porphyralis* Schiff. 553
— *sambucalis* Schiff. 479
Pyrethrin 57, 70, 347, 348, 350
Pyrethrum **347**
— *cinerariaefolium* Trev. 48, **347**
Pyrophaeno granditarsa Farst. 584

Pythium 466
— *de baryanum* Hesse 319, 327, 638, 663

Q

Qualitätsdrogen-Gewinnung 180
Qualitätseigenschaften 36
Qualitätsprinzip 14
Quecke 48, 129, 270, 528
Queckenwurzeln 129
Quendel 50, 187, 551, 678
Quendelseide 675, 677
Quendelspanner, Grauer 677
Quercus petraea (Mattuschka) Lieblein 202
— *robur* L. 202
— *tostum* 202
Quercus-species 75
Quitte 203

R

Rachenblüter 52
radices 22
Radices Echinaceae 388
Radieschen 134, 227
Radix Aconiti 207
— *Acori vulgaris* 441
— — *palustris* 441
— *Agrimoniae* 210
— *Althaeae* 54, 94, 174, 180, 223
— *Angelicae* 54, 174, 196, 245
— (*Rhizoma*) — (*sativae*) 238
— (*Rhizoma*) *Arnicae* (*montanae*) 54, 261
— *Artemisiae* 284
— *Asparagi* 199
— *Bardanae* 54, 256, 257, 259, 260, 261
— *Belladonnae* 56, 147, 289, 297
— *Cichorii* 56, 351
— *Colombo* 44
— *Consolidae* 664
— *Fragariae* 199
— *Echinaceae* 58
— *Enulae* 430
— *Foeniculi* 393
— *Graminis* 129
— *Helenii* 430
— *Hellebori* 197
— *Hyoscyami* 58, 420
— (*Rhizoma*) *Iridis* 435, 440
Radix (*Rhizoma*) *Iridis florentinum* 435
— — — *pseudacori* 435, 441
— — — *versicoloris* 209, 435
— *Lapathi acuti* 620
— *Levistici* 60, 243, 453, 455, 459
— *Liquiritiae* 58, 409, 410, 412, 414
— *Paeoniae* 62, 553
— *Papaveris* 557
— *Petroselini* 62, 573, 577
— *Pimpinellae* 188, 638
— (*Rhizoma*) *Rhei* 62, 590, 594, 600, 602
— *Rubiae* (*tinctorum*) 62, 613
— *Rumicis acetosae* 618
— *Salviae* 626
— *Saponariae albae* 641, 643
— — *rubrae* 64, 641, 643
— *Scorzonerae* 664
— *Senegae* 44
— *Symphyti* 64, 664
— *Taraxaci* 44, 147, 666, 671
— — *cum herba* 64, 354, 666, 670
— *Urticae* 64, 129, 685
— *Valerianae* (*montanae*) *hercynica* 30, 697
— — *palustris* 696
— — *thuringica* 697
— (*Rhizoma*) *Valerianae* 64, 115, 127, 158, 187, 693
— *Veratri* 197
— *Violae odoratae* 435
Räuchertee 63
Raphanus sativus L. 22
Rauhfutter 366, 541, 583
Rainfarn 48, 190
Rainfarren 21
Rainfarnmönch 273
Rainweidenspanner 672
Ramularia levistici Oud. 459
— *rhei* Allsch. 600
— *schroeteri* Syd. 459
— *taraxaci* Karst. 671
— *variabilis* Fuck. 388, 713
Ranunculaceae 51, 207, 417, 541, 553
Ranken 521
Ranunculus ficaria L. 360
Raphanus raphanistrum L. 301
— — *subspec. segetum* (Baumg.) Chavaud, Bonnier 201
Raps 123, 201, 331, 332, 333, 660
Rapsglanzkäfer 490, 663
Rapskrebs 663
Rapsplanen 150
Rapsweißling 627, 715
Raps, Winter- 108
Rapunzel 283
Rasenerde 263
rascheltrocken 155
Ratgeber zur Sortenwahl landwirtschaftlicher und gartenbaulicher Pflanzenarten 45, 105
Rauchschäden 74, 84
Raute 21
Rautengewächse 52
Rautenmilzkraut 621
Rautenöl 625
Rebelmaschinen 478
Rebelware 475
Rebelwerke 478
Regenwürmer 420
Reihenrichtung 137
Reihenzieher 142
Reinigung der Wurzeln und Wurzelstöcke 92
Reinsubstanzen 40, 45, 53
Reizhusten 59
Relieffaktoren 76
Rentabilität 104
Resedaceae 617
Reseda luteola L. 138, 617
— *odorata* L. 50, 200
—, Wohlriechende 50
Rettich 21, 227
Reutertrocknung 162
Reuttia subocellea Steph. 553
Rhabarber-Aufspaltungsmöglichkeiten 597
Rhabarber, Chinesischer 592
—, Deutscher 620
—, Hindukusch- 596, 598
—, Kanton- 593
—, Shanghai- 593
—, Shensi- 593
—, Tibetanischer 592
—, Wilder 620
Rhabarberspanner 602
Rhabarberwurzelstock 62, 590
Rhagonicha fulva Scop. 233, 431, 473
Rhamnaceae 202, 203
Rhamnus catharticus L. 202
— *frangula* L. 202
— *purshiana* DC. 203
Rhapontikrhabarber 589

Rhenaniaphosphate 124
Rheuma 55, 57, 65
Rheum officinale Baillon 590, 595
— *palmatum* L. 108, 112, **589**
— — *var. tanguticum* Maxim. 47, 50, 51, 62, 138, 197, 589, 590, 592, 593, 594, 595
— *ribes* L. 596
— *rhaponticum* L. 589
— *tanguticum* Maxim. 589
— *undulatum* L. 590
Rhingia 664
Rhinitis anaphylactica 272
Rhinoncus pericarpius L. 601
Rhizoctonia crocorum (Pers.) DC. 248, 404, 430, 536, 577
— *violacea* Tul. 248, 404, 414, 430
Rhizoma Angelicae (sativae) 238
— *(Radix) Arnicae (montanae)* 54, 261
— *et Radices Echinaceae* 388
— *Gelsemii* 203
— *Helenii* 44, 58, 430, 434, 435
— *(Radix) Hydrastis* 58, 417
— *Iridis* 58
— *(Radix) Iridis* 435, 440
— — — *florentinum* 435
— — — *pallidae* 440
— — — *pseudacori* 435, 441
— — — *versicoloris* 209, 435
— — *Rhei* 62, 590, 594, 600, 602
— *Rhei palm. germ.* 593
— *(Radix) Valerianae* 64, 115, 127, 158, 187, 693
Rhizomunkräuter 129
Rhombenspanner 404
Rhopalocera 506
Rhizosphäre 76
Rhus aromatica Ait. 203
— *toxicodendron* L. 150, 203
Rhus-Gift 150
Ribes nigrum L. 202
Ricin 63
Ricinus communis L. 19, 47, 50, 52, 62, 71, 132, 138, 173, 197, **602**
— — *var. sanguineus* 608
— — Hindukusch Herkünfte 603
— — Ölgehalt 607
Richtlinien für Ankauf und Erfassung 155
Riechstoff-Industrie 148
Rieselfelder 122, 687
Rieseltrockner 167
Riffelung (Lein) 465
Rinder 197, 371, 583, 688
Ringelblume 38, 48, 53, 56, 101, 197, 198, 204, **304**
—, 'Meisterstück' 307
—, 'Orangekönig' 307
—, 'Orangekugel' 307
—, Acker- 307
—, 'Gefüllte Erfurter Orangefarbige' 204, 304, 307
—, Kleine 307
Ringelblumenblätter 304
Ringelblumenblüten 304
Ringelblumenkraut 304
Risikoverteilung 102
Ritzgerät zur Opiumgewinnung 567
Ritzmaschinen 134
Rizinus 47, 50, 52, 62, **602**
Rizinusöl 602, 605, 607, 608
Rizinussamen 47, 62, 602
Roden 94
Rodepflug 148
Römische Kamille
— —, 'Gefülltblühende' 250
Roggen 112, 115, 200, 360, 615, 718
Rohopium 556, 557, 568, 570
Rohstoffe der pharmazeutisch-chem. Industrie 45
Rorippa nasturtium-aquaticum (L.) Hay. 50, 358
Rosa 441
— *canina* L. 202
— *centifolia* L. 202
— *gallica* L. 202
— *rubiginosa* L. 22
Rosa-species 22, 75
Rosaceae 51, 202, 203, 210, 355, 638
rosas 22
Rosellinia necatrix Berl. 450
Rosen 21
Rosenarten 22, 75
Rosenblattwespe 239
Rosenfenchel 396
Rosengewächse 51
Rosenpaprika 323
Rosenpräsentierschere 656
Rosenschädling 705
Rosettenpflanzen 149
Rosmarin 21, 22, 50, 52, 62 **610**
Rosmarinblätter 62, 610
Rosmarinblüten 610
Rosmarin, Wilder 611
rosmarino 22
Rosmarinöl 611
Rosmarinus officinalis L. 22, 50, 52, 62, 119, **610**, 611
— — *var. angustifolius* Guss. 611
— — *var. latifolius* Bég. 611
Roßkümmel 237
Roßminze 538
Rostpilze 213, 223, 229, 237, 248, 273, 279, 354, 366, 404, 430, 484, 485, 515, 528, 535, 577, 583, 677, 704, 713, 719
Rostbekämpfung 72, 75, 96, 132, 536
Rotbuche 292
Rote Rüben 227
— Spinne 472
Rotklee 201, 666, 673
Rotschwingel 133
Rottewasser 318
Rubiaceae 53, 286, 613
Rubia cordifolia L. 613
— *peregrina* L. 613, 615
— *tinctorum* L. 31, 50, 53, 62, 111, **613**
Rubus fruticosus L. 202
— *idaeus* L. 202
Rubus-species 75
Ruchgras 48
Rudbeckia pallida Nutt. 390
— *purpurea* L. 390
— *serotina* Sweet 390
Rüben 108, 371, 412, 523
Rübenderbrüßler 459
Rübenfliege 296, 425
Rübenheber 149, 399, 456
Rübenmüdigkeit 111
Rübenspaten 149
Rübenwäsche 92, 149
Rübenweißling 305, 339, 667
Rübsen 108, 123, 201, 331, 332, 333
Rüsselkäfer 229, 459, 504, 504, 601, 713
—, Spitzsteißiger 354
Rüstzeiten 93
Ruhr 121

Rumex acetosa L. 50, 51, 62, **617**
— — *subspec. acetosa* (L.) Hayek 618
— — *subspec. thyrsiflorus* (Fingerhut) Hayek 618
— *acetosella* L. 620
— *alpinus* L. 620
— *crispus* L. 620
— *obtusifolius* L. 620
— *patientia* L. 50, 617, 618–620
— *scutatus* L. 620
— — *var. hortensis* Gaud. 620
— — *var. tenax* Beck 620
Runkelrüben 21
ruta 22
Rutaceae 52, 621
Ruta graveolens L. 22, 50, 52, 62, 116, 138, 150, 198, 272, **621**
— — *subspec. divaricata* (Tenore) Gams 622
— — *subspec. divaricta* (Tenore) Gams *f. crithmifolia* (Moricandi) Bartling 623
— — *subspec. divaricata* (Tenore) Gams *f. genuina* Pospichal 623
— — *subspec. hortensis* (Miller) Gams 621, 623
Rutin 625

S

Saatbett 128
Saatfurche 129
Saatgut 36, **130**
—, Beizen 130
Saatgutbedarf 42
Saatgutbeschaffung 132
Saatgutbedarf 42
Saatgutbeschaffung 132
Saatguteinsparung 133, 134, 136
Saatguterzeugung, Umfang der 44
Saatgut, hartschaliges 134
—, Herrichtung 152
Saatgutimpfung 127
Saatgut, pilliertes 134
Saatgutpreis 132
Saatgutreinigung 201
Saatgutvergällung 631
Saatgutwechsel 131
Saathohlzahn 49
Saatmohn 559
Saatzeit 132
Sadebaum 21
Safran 49, 307
—, Indischer 417
Sägespäne 133
Sämereien, hartschalige (Behandlung) 134
Sättigungsdefizit 71
Säure, schwefelige 74
Salat 21, 22, 134, 227, 283
Salatzubereitung 354, 358
Salatzichorie 351
Salbeiarten 22, **626**
Salbei, 'Echter' 629
—, Gebräuchlicher 21, 43, 50, 52, 62, 95, 98, 198, **626**, 651
—, „Großblättriger" 629
—, Muskateller- 50, 52, 64, 198, **634**
—, 'Erfurter Frühblühender' 636
Salbeigamander 50
Salbeiblätter 62, 626
Salbeiblüten 626
Salbeikraut 62
Salbeiwurzeln 626
Salebria olductella Z. 553
Salepdroge 191
Salicaceae 203
Salinengräben 281
Salix 203, 490
— *alba* L. 203
— *fragilis* L. 203
— *purpurea* L. 203
Salpetersäure 134
Salvia 22, 425
— *officinalis* L. 50, 52, 62, 71, 84, 96, 116, 117, 124, 139, 145, 156, 174, 197, 198, **626**
— — *subspec. major* (Garsault) Gams 628
— — *subspec.* (*major*) (Garsault) Gams *f. crispa* Alef. 628
— — *subspec. minor* (Gmelin) Gams 628
— — *subspec. minor* (Gmelin) Gams *f. albiflora* Alef. 628
— — *subspec. minor* (Gmelin) Gams *f. auriculata* (Mill.) Vis. 628
— — *subspec. minor* (Gmelin) Gams *f. purpurascens* Alef. 628
— — *subspec. minor* (Gmelin) Gams *f. rubriflora* Alef. 628
— — *subspec. lavandulifolia* (auct. an Vahl?) Gams 628
— — *subspec. lavandulifolia* (auct. an Vahl?) Gams *f. spicata* Willk. et Lange 628
— *pratensis* L. 638
— *sclarea* L. 21, 50, 52, 64, 198, 271, **634**
— — *f. pyramidalis* (Petagna) Fiori et Paol. 636
— — *var. hirsuta* Fiori et Paol. 636
— *viridis* L. 635
Salvia-species 22, **626**
Salzböden 281
Salz-Wermut 31, **280**
Sambucus nigra L. 203
Samenausfall 103
Samenbau 80
Samendrogen 151
Samenspiegel 494
Sammeln von Heilpflanzen 34, 186
Sandbiene 694
Sanddorn 75
Sandwegerich 583, 587
Sandwespe 639, 715
Sanguisorba minor Scop. 50, 51, 64, 138, **638**
— *officinalis* L. 638, 639
Santonin 57, 280, 282
Santoninpflanze 282
Saponaria officinalis L. 50, 51, 64, 84, 138, **641**
— — *var. alba flore pleno* 643
— — *var. purpurea flore pleno* 643
Saponine 57, 59, 61, 65, 298, 644, 681, 711, 718
sataregia 22, 23
Satureja calamintha (L.) Scheele 505, 551
— *hortensis* L. 21, 22, 23, 50, 52, 64, 117, 156, 198, **645**, 649, 651, 653
— *montana* L. 23, 50, 52, 64, 198, **649**
— — *var. communis* Vis. 650
— — *var. subspicata* Vis. 651
— — *var. variegata* (Host) Vis. 650
— *vulgaris* (L.) Fritsch 551
Saturejien 551
Sauerampfer, Großer 50, 51, 62, **617**
—, 'Großblättriger' (Deutscher) 619
—, Kleiner 620

Sauerampferkraut 62
Sauerdorn 71, 202
Sauerfutter 620
Sauerstoff 72, 74, 76
Saugschäden 274, 404, 430, 467, 511, 627, 713
Saugstiche 274, 405, 459, 511
Saugstichschäden 511, 643, 663
Sarcophaga carnaria L. 356, 378, 431, 489, 490, 591, 603, 622, 667
— *haemorrhoa* Mg. 489
Saxifragaceae 202
Scatophaga merdaria F. 395, 473
— *stercoraria* L. 291, 395
Sclerotinia 154, 510
— *libertiana* Fuck. 376, 404
— *sclerotiorum* (Lib.) Sacc. et Trott 319, 337, 404, 577, 663
Scilla maritima L. 50
Scopeuma merdaria F. 276, 490, 667
— *stercoraria* L. 276, 291, 343, 490, 506, 667
Scopolamin 59, 375
l-Scopolamin 57, 368, 421
Scorzonera hispanica L. 664
Scotogramma (Mamestra) 642
— (*Mamestra*) *chenopodii* F. 577
— — *trifolii* Rott. 274, 346
Scrophulariaceae 52, 109, 377, 380, 706
Secale cereale L. 200
— *cornutum* 39, 189, 201
Sedum reflexum L. 50
— *rupestre* L. 50
— — *subspec. reflexum* (L.) Hegi et Schmid 138
Seestrandbeifuß 31, 48, 53, 56, 80, 83, **280**
Sehirus bicolor L. 237, 336
Seidebefall 338, 475, 479, 648, 649, 653, 677
Seidelbast 202
Seidenbiene 421, 490
Seifenkraut 50, 51, 64, **641**
—, 'Erfurter' 643
Seifen(kraut)wurzel 64, 641
Sellerie 21, 22, 324, 574
Selleriefliege 248
Semasia pupillana Cl. 273
Semen Amygdalae amarae 203
— (*Fructus*) *Angelicae* 238
— *Aquilegiae* 200
Semen Belladonnae 56, 289
— (*Fructus*) *Cannabis* 310, 317
— *Cardui benedicti* 355, 356
— (*Fructus*) *Cardui Mariae* 653
— — *Cerefolii* 253
— *Cinae* 44
— *Cochleariae* 358
— *Colchici* 130, 188
— (*Fructus*) *Coriandri* 361
— *Cucurbitae* 44, 199
— *Cydoniae* 203
— *Cynosbati* 202
— *Digitalis lanatae* 58, 377
— — *purpureal* 58, 380
— *Erucae* 658, 660
— *Foenugraeci* 64, 681, 685
— *Hyoscyami* 58, 420
— *Lappae majoris* 256
— (*Fructus*) *Levistici* 453
— *Lini* 60, 460, 462, 466
— *Lobeliae inflatae* 467, 469
— *Nasturtii hortensis* 451
— *Nigellae damascenae* 542
— — *sativae* 60, 541, 542
— *Paeoniae* (*rubrae*) 62, 553
— *Papaveris* 62, 557
— *Plantaginis lanceolatae* 583
— *Psylli* 583
— *Quercus* 202
— *Ricini* 62, 602, 605
— *Rutae* 621
— *Sinapis (nigrae)* 56, 300
— — *(albae)* 64, 658
— *Stramonii* 58, 366
— *Trigonellae* 681
— *Urticae* (*minoris*) 685, 687
— *Verbasci* 706
Sempervivum tectorum L. 21
Senecio 425
Senegawurzel 44
Senf 21, 83, 123, 134, 332
—, Brauner 300
—, 'Dr. Francks Hohenheimer Gelb' 660
—, 'Erbachshofer Gelb' 660
—, Gelber **658**
—, „Holländischer" 659
—, 'Maleksberger Gelb' 660
—, 'Mansholts Weißer' 660
—, Roter 300
—, Schwarzer 48, 51, 56, 83, 198, **300**, 660
—, 'Waldmanns Halloren' 660
Senf, Weißer 38, 50, 51, 64, 198, 300, 303, 304, **658**
—, Wilder 22
Senfkörner 658
Senfölglykosid 57, 59, 359, 451
Senfmehl, entfettetes 658
Senfpreßrückstände, Futterwert der 663
Senker 521
Sense 95
Septoria daturae Speg. 376
— *hyoscyami* Hollos 425
— *lavandulae* Desm. 450
— *levistici* Westend. 459
— *linicola* (Speg.) Gar. 466
— *lobeliae* Peck. 472
— *melissae* Desm. 510
— *menthae* Sacc. 536
— *petroselini* Desm. 577
— *pinzolensis* Kabak et Bubak 425
Sesel silum 21
Seseli tortuosum L. 21
Setzpflanzen 140
Setzlinge 521
Sicus ferrugineus L. 642, 694
Siebtrockner 167
Siechwurz gladiolum 21
Siegwurz 22
Silberweide 203
Siler montanum Crantz 237
Silomais 114
Silybum marianum (L.) Gaertn. 50, 53, 64, 75, 132, 173, **653**
Sinapis alba L. 31, 50, 51, 64, 84, 103, 112, 115, 132, 173, 198, 201, 300, 302, 303, **658**
— — *subspec. dissecta* (Lag.) Bonnier (1911), Briq. (1913) 659
— — *subspec. eu-alba* Briq. *var. corsica* Briq. 659
— — *subspec. eu-alba* Briq. *var. genuina* Briq. *subvar. batavica* Jessen 659
— — *subspec. eu-alba* Briq. *var. genuina* Briq. *subvar. melanosperma* Alef. 659
— — *subspec. eu-alba* Briq. *var. genuina* Briq. *subvar. vulgaris* Alef. 659
— *arvensis* L. 201
Sinapis nigra L. 48, **300,** siehe auch *Brassica nigra*

Sinapis-Arten 329
Sinalbin 65
Singfliege 622
Sinigrin 57
sisimbria 22
Sisymbrium officinale (L.) Scop. 22
Sitona hispidulus F. 275
— *humeralis* Steph. 275, 584
— *lineatus* L. 414
— *puncticollis* Steph. 346
— *sulcifrons* Thb. 296, 346
Sitona-species 408
Sklerotienpilz 337
Skorbut 360
Smyrnium olusatrum L. 21
Soja 115, 116, 448
Solanaceae 52, 109, 112, 137, 289, 296, 320, 366, 420, 563
Solanaceen-Alkaloide 39
Solanum dulcamara L. 109
— *lycopersicum* L. 150, 322
— *nigrum* L. 144, 528
— *tuberosum* L. 201
Solidago virgaurea L. 50
Sophronia humerella Schiff. 450
Sorbus aucuparia L. *var. dulcis* 75
— — *var. edulis* Dieck 75
Sommergerste 111, 332, 407
Sommergetreide 353, 357, 523
Sommerhecke 657
Sommerlinde 75, 202
Sommerroggen 482, 717
Sonderkulturen, Definition des Begriffes 11
Sonnenblume 75, 123, 201
Sonnenhut, Blaßfarbener 390
—, Purpurfarbener 390
—, 'Leuchtstern' 389
—, 'Morgenröte' 389
—, Schmalblättriger 390
Sonnenhut-Arten 49, 53, 58, 204, **388**
Sonnenhutkraut 58, 388
Sonnenhutwurzel 58, 388
Sonnentau, Rundblättriger 49
Sonnentau-Arten 191
Sonnentrocknung bei Salbei 637
Sorten 36
Sortenbereinigungen 36, 44
Sortenbeschreibung 15, 35, 37, 44
Sortenliste, amtliche 12, 180
— der in der Deutschen Demokratischen Republik zugelassenen Sorten von Kulturpflanzen 190
Sortenregister 35, 37
Sortenregisterprüfung 180
Sortensystematik 35
Sortenunterschiede 77
Sortenwahl **89**, 105
Spanisches Arzneibuch 568
Spanner 274, 286, 545, 659, 677, 705
Spargelwurzeln 199
Spasmolyticum 188
Speik, Echter 444, 696
—, Großer 444
Speisemöhren 116, 565
Speiseöl 460
Speiserhabarber 589, 590, 600, 601
Speisezwiebeln 116, 227
Sperlinge 572
Spermagonien 535
Spezialbetriebe 90
Sphaerella rhea Fautr. 626
Sphaerophoria-Arten 708
Sphaerophoria scripta L. 343, 407, 415, 421, 427, 444, 473, 490, 506, 622, 646, 708, 715
— *menthastri* L. 421, 646, 708
Sphaerotheca humuli DC. *var. fuliginea* Schlecht. 266
— *fuliginea* (Schlecht.) Salm. 213, 309, 671
Sphecodes gibbus L. 490
Sphinx ligustri L. 643
Spiklavendel 444, 445, 446
Spiköl 444, 446
Spilarctica lubricipeda L. 538
— *lutea* Hufn. 538
Spilogaster nigrita Fall. 489
Spilosoma lubricipeda L. 672
Spinat 283, 297, 324, 448
—, Englischer 620
—, Französischer 620
—, Römischer 620
Spinne, Rote 229
Spinnmilben 376, 388, 467, 634
Spinnpflanzen 310
Spitzwegerich 50, 52, 62, 95, 188, 357, 377, **583**
Spitzwegerichblätter 62
Spitzwegerichkraut 62, 583
Spitzwegerichsamen 583
Spörgel 123
Sporen 130
Springlein 460, 461, 462
Springschlag 108, 597
Springschwanz 274, 430, 450, 583
Springwanze 229, 274
Spurenelemente 66, 76, 124, 530
Succus Liquiritiae 410
Sudangras 123
Sukkulenten 156
Sumitates Cannabis (*indicae*) 310, 318
— *Grindeliae* 414
— *Hyssopi* 426
— *Melissae* 505
Sumpfbaldrian 696
Sumpffliegen 395
Sumpfporst 49, 611
Superphosphat, granuliertes 607
— (zur Krankheitsbekämpfung) 439
Suppengrün 90
Süßholz 49, 51, 58
—, Gemeines **409**
—, Russisches 411
—, Spanisches 410
—, Wildes 407, 410
Süßholzanbau 411
Süßholzdroge 411
Süßholzdroge, Russische 411
Süßholzersatz 410
Süßholzhandel 27
Süßholzkulturen, mährische 414
Süßholzwurzel 58, 409
Süßlupinen 383
Symphytum asperum Lepechin 666
— *officinale* L. 50, 52, 64, **664**
— — *f. coccineum* Hort. 665
Symphytum-species 387
Synchytrium aureum Schroet. 260
— *endobioticum* (Schilb.) Pers. 425
— *taraxaci* De By. et Wor. 672
Syritta pipiens L. 473, 490, 558, 573, 659
Syrphidae 490
Syrphiden 211, 395, 415, 443, 454, 573, 639
Syrphus 444, 708
— *balteatus* Deg. 211, 339, 343, 427, 444, 473, 506, 622, 627, 642, 708

Syrphus corollae F. 211, 407, 444, 506, 545, 622, 642, 708
— *luniger* Mg. 708
— *ribesii* L. 211, 444, 506, 622, 708

Sch

Schabbiene 635
Schabenkraut 707
Schabziegerklee 50, 51, 64, 95, 198, **678**
Schabziegerkraut 64
Schachttrockner 167
Schadwasser 72
Schaffutter 409, 641, 688
Schafgarbe 48, 186, 198
Schälen (Drogenaufbereitung) 92
Schälfurche 129
Schalotten 21, 22
Scharbockskraut 360
Scharfstoffe 65
Scharlach-Salbei 635
Schattenblätter 68
Schattenwirkung 75
Schaumzikade 280, 430, 450
Scheckenfalter 339
Scheibenegge 129
Schenkelfliege 694
Schierling, Gefleckter 49, 85, 145, 254, 581
Schierlingsrüßler 459
Schiffsbasilikum 546
Schild-Ampfer 620
Schildeule 430
Schildkäfer 459, 627, 634, 657
—, Grüner 511, 536
—, Nebliger 346
Schildlaus 248
Schilf 145
Schilfgraseule, Bleiche 427, 650
Schimmelpilze 154, 466, 572
Schlafmittel 57, 65
Schlafmohn 22, 50, 51, 62, **556**
Schlafmohnfrüchte (-kapseln), reife 62, 557
—, unreife 62, 557
Schlafmohnsamen 62, 557
Schlagflora 382
Schlammfliege 233, 287, 291, 305, 356, 361, 395, 415, 427, 431, 622, 646, 650, 659, 667, 694
Schlangenwurz dragantea 21
Schlankjungfern 427
Schlauchpilz 613
Schlehdorn 202
Schleimdroge 465, 482
Schleimgehalt 227, 482, 585
Schleimhäute 153
Schleimstoffe 55, 57, 59, 61, 63, 65, 70, 298, 484, 682
Schleppenstrich 129
Schleuderradvorrichtung 149
Schließlein 460, 461, 462
Schließmohn 558
Schließmohnsorten 561
Schlitzen (Aufbereitung) 92
Schlotten 54, 219
Schlüsselblume, Hohe 50
Schlupfwespe 239, 394, 490, 513, 601, 622, 715
Schmalbienen 211, 421, 545, 610, 627, 650, 658
Schmalbock 490, 707
Schmarotzerhummel 220, 431, 642
Schmarotzerpilze 342, 376, 425
Schmeißfliege 378, 490, 603
Schmerzstillendes Mittel 55
Schmerzzustände 59
Schmetterlinge 336, 378, 381, 388, 427, 431, 473, 577, 583, 627, 650, 659, 708
Schmiermittel 602
Schmuckspanner 431
Schnake 233, 366, 403, 506, 639
Schnecken 297, 420, 467, 504
Schnee 72
Schneeball, Amerikanischer 203
Schnellbestimmungsmethoden 195
Schnellkäfer 239, 329, 601, 674
Schnittblumen 197
Schnittlauch 48, 51, 54, 90, **219**
— britlas 21
—, 'Feinröhriger' 221
—, 'Grobröhriger (Erfurter Riesen)' 221
—, 'Mittelgrobröhriger' 221
Schnittlauchklumpen 221
Schnupfen 323, 505
Schöllkraut 48, 188
Schopflavendel 445
Schubhorden 160
Schüttelfrost 323
Schüttmohn 558, 561
Schutzmaßnahmen bei Ernte 150
Schwachregner 142
Schwalbenschwanz 237, 248, 336, 395, 404, 431, 459, 550, 622
Schwammigwerden des Hanfes 319
Schwärmer 642
Schwärzepilze 365, 571
Schwarzerdegebiet 80, 81
Schwarzer Kreuzkümmel 541
— Koriander 541
Schwarzkümmel 23, 49, 51, 60, **541**
—, Damaszener 542
—, Wilder 542
—, Türkischer 542
— git 21
Schwarzkümmelsamen 60, 541
Schwarzpunktzikade 280, 296, 511, 538, 705, 713
Schwarzwurz 50, 52, 64, **664**
Schwebfliegenarten 146, 339, 343, 356, 395, 407, 415, 421, 427, 443, 454, 473, 490, 545, 558, 573, 584, 622, 627, 639, 642, 646, 650, 658, 664, 674, 707, 708, 715
Schwefelkohlenstoff (zur Bodendesinfektion) 439
Schwefelsäure 134
Schweinefutter 354, 602, 666, 672, 688
Schweißhemmendes Mittel 59
Schweizer Arzneibuch, 5. Ausgabe, Bern 1941 147, 209, 310, 387, 670
Schwertlilie-Arten 49, 51, 58, 58, 204, 209, **435**
—, Blasse 440
—, Deutsche 22, **435**, 440
—, Florentiner 22, 440
—, Gelbe 441
—, Gladwyn- 441
—, Wasser- 441
Schwertliliengewächse 51
Schwertlilienwurzel 58, 435
Schwingeleule 427
Schwundwerte 175

St

Stabilität der Produktion 184
Stacheldrahtersatz 657
Stadtabwässer 122
Stagonosporopsis hydrastidis 420
Stalldung 120, 145
Stallmistlagerungsversuche, Hohenheimer 121
Stallmistvererdung 122

Stammsaat 15
Standardisierung 13, **177**
Standortsfaktoren **66**
Standweite 137
Stapeldung 121
Stärke 59, 70, 153
Staubgehalt der Luft 74
Staubmasken 357
Staudenmajoran 551
Staudenmohn 557
Stechapfel, Gemeiner (weißer) 47, 49, 52, 58, 129, **366**
—, 'Bewehrter Weißer' 369
—, 'Stachelloser Weißer' 369
—, 'Bewehrter Violetter' 369
—, 'Stachelloser Violetter' 369
Stechapfelblätter 58, 366
Stechapfelkraut, frisches 58
Stechapfelsamen 58, 134, 366
Stecklinge 94, 130, 140
Stecklingsbewurzelung 141
Steckzwiebeln 599
Stegobium paniceum L. 248, 260, 297, 405, 435, 663, 672
Steinhummel 220, 421, 427, 431
Steinklee, Blauer 116, 198, **678**
—, Hoher 108
Steinsame, Echter 49
Stengeldürre des Leins 466
Stengelflecken 376, 634
Stengelgallen 553
Stengelparasit 336, 450, 510
Stengelwelke 327
Stenichneumon culpator Schrk. 622
Stenocarus fuliginosus Mrsh. 571
Sternanis 578
Stickstoff 74, 123
Stickstoffsammler 108
Stiefmütterchen **714**
Stiefmütterchenblüten 714
Stiefmütterchenkraut 714
Stieleiche 202
Stigmata Croci 307
— *Maydis* 200
Stimulation 135, 141
Stinkdrüsen (Wanzen) 362
Stirnhöhlenentzündung 505
Stockälchen 223
Stockmalve 223, **229**
Stockrose 48, 52, 54, 204, 223
—, Schwarze 101, **229**
Stockrosenblätter 229
Stockrosenblüten 229
Stockteilung 251
Stoffwechselvorgänge 69, 120
Stolonen 94, 97, 141, 521
Stomachicum 549
Stopfmittel 61
Strahlung, infrarote 167
Strahlungsschwächung 67
Strahlungstabelle nach Lundegårdh 67
Stramentum Papaveris 557, 572
Strangalia attenuata L. 489
Stratifikation 134
Stratiomydae 489
Straußgras 133
Streptomycin 190
Striegelstrich 129
Striemenfliege 694
Strobili Lupuli 125, 201
Strohfenchel 151, 402
Strohkümmel 330
Strophanthin 377
Strophantus gratus Franch. 377
Sturmhut **207**
Sturmhutblätter 207
Sturmhutkraut 207

T

Tabak 201
—, Havanna- 201
Tabakkäfer 297, 351, 602
Tabakmosaikvirus 589
Taeniocampa gracilis F. 286
Tafelsenf 658
Tagfalter 339, 550, 627, 646, 650, 705
Tagpfauenauge 427, 431, 550, 692
Tagschmetterlinge 395, 431, 444, 454, 506, 642, 715
Tagschwärmer **339**
Tanacetum balsamita L. 21, 48
— *vulgare* L. 48, 84, 139
Tanymecus palliatus F. 354
Taraxacin 65, 670, 673
Taraxacum 346
— *hybernum* Stev. (Krim-Saghys) 673
— *kok-saghys* Rodin (Kok-Saghys) 673
— *officinale* Web. in Wigg. 50, 53, 64, 125, 187, 354, **666**
— — *subspec. vulgare* (Lam.) Schinz et Keller 666
Taraxacum-Vergiftungen 670
Tau 72
Tauben 630
Taubenschwanz 643
Taubnessel, Kleine 227
Tauchverfahren (Beizung) 130
Tausendgüldenkraut 48, 52, 56, 133, 190, **339**
—, Ästiges 342
— febrefugium 21
—, Strand- 342
Technisierung 105
Tee, Schwarzer (Echter) 45, 297
Teer enthaltende Bodenbedekkungsmittel 145
Teetherapie 45
Teeverschönerungsmittel 57, 63
Teleutosporen 485
Temperaturextreme, klimatische 68
Temperaturfaktor 66, 68
Temperaturminimum 69
Temperaturoptimum, phyiologisches 68
Tenthredinidae 506
Tenthredo arcuata Forst. 329, 627
— — Forst. *var. melanoxyston* Ensl. 329
— — Forst. *var. sulphuripes* Kriechb. 659
Tephritis arnicae L. 267
Tephroclystia absinthiata Cl. 286
— *innotata* Hufn. 274, 286
— *succenturiata* L. 286
— *valerianata* Hb. 705
Tetrahydrocannabinol 313
Tetraneura 388
Tetranychus althaeae v. Hanst. 229
— *ludeni* Zach. 634
— *urtica* Koch 229, 248, 467
Teucrium chamaedrys L. 50
— *marum* L. 50, 119, 125
— *scorodonia* L. 50, 119
Teufelsblatt 686
Textilfasern 310
Thalera fimbrialis Scop. 506
Thamnurgus kaltenbachi Bach. 553
Thebain 63
Theriakskraut 696
Thomasphosphat 124
Thielavia basicola Zopf 466, 681
Thrips 467

Thrips communis Uzel 296
— *linarius* Uz. 467
— *physapus* L. 404
— *tabaci* Lind. 296
Thuja 74
Thymelaeaceae 202
Thymian 38, 43, 50, 52, 64, 80, 95, 96, 98, 99, 145, 187, 198, 429, 552, 651, **673**
— 'Deutscher Winter-' 36, 674, 675, 677
— 'Französischer Sommer-' 674, 675, 677
Thymianblätter mit Blüten 64
Thymiankampfer 675
Thymiankraut 64, 673, 675
Thymol 65, 550, 675, 678
Thymus 137
— *serpyllum* L. em. Fries 20, 50, 187, 551, 678
— *vulgaris* L. 50, 52, 64, 70, 84, 96, 116, 117, 156, 174, 187, 198, **673**
— — *f. verticillatus* Willk. et Lange 675
— — *f. capitatus* Willk. et Lange 674
Tiefenbegrenzer 136
Tiefwurzler 76
Tierbefall 145
Tierernährung 16, 19, 641, 672, siehe auch Futterzwecke
Tierheilkunde 19, 45
Tigerlilie 199
Tiliaceae 202
Tilia cordata Mill. 75, 202
— *platyphyllos* Scop. 75, 202
Timandra amata L. 602
Timaspis papaveris Kieff. 571
Tiphia minuta Lind. 329
Tipula oleracea L. 403
— *paludosa* Mg. 320
Tischlerleim (Saatgutvergällung) 631
Tollkirsche 48, 52, 56, **289**, 425
—, 'Gelbfrüchtige' 292
—, 'Schwarzfrüchtige' 292
Tollkirschenblätter 56, 289
Tollkirschenfrüchte 289
Tollkirschensamen 56, 289, 293
Tollkirschenvergiftung 297
Tollkirschenwurzel 56, 289
Tomate 150, 153, 322, 324, 325
Ton 265
Tontöpfe 140
Topinambur 75, 526
Torffäkalkompost 120
Torfkompost 120, 122, 384
Trachea atriplicis L. 589
Tragopogon pratensis L. 261
Transpirationsintensität 73
Transpiration 71
Transport des frischen Erntegutes 150
Traubeneiche 202
Traubenkraut 342
Traumelfenchel 151, 402
Trawopolnaja-System **113**
Trifolium 441
— *pratense* L. 201, 673
— *repens* L. 201
Trigonella capitata Boiss. 679
— *coerulea* (L.) Ser. 50, 51, 64, 108, 112, 198, **678**
— — *subspec. procumbens* (Besser) Thell. 679
— — *subspec. sativa* (Alef.) Thell. 679
— *foenum-graecum* L. 21, 22, 50, 51, 64, 103, 108, 111, 117, 173, 199, **681**
— — *subspec. culta* (Alef.) Gams 682
— — *subspec. gladiata* (Stev.) Aschers. et Graebn. 682
Trigonellin 65, 679
Trioza dispar F. Löw. 672
Tripelbastard 131, 512, 513, 516, 520
Tripmadam 50
Triticum repens L. 48
— *sativum* L. 200
Trockenbeize 130
Trockendarre 170
Trockenfäule 327
— der Rüben 124, 571
Trockengerüste 156
Trockengestell 157
Trockengut 160
Trockenhorden 159, 533
Trockenperiode 73
Trockenschuppen 159, 160, 166, 168, 169
—, Durchlüftung 162
Trocknen 12
Trocknung 73, **154**
— auf Horden 159
— des Arznei- und Gewürzpflanzensaatgutes 169
—, künstliche 163
Trocknung, natürliche 156
Trocknungsdauer bei natürlicher Trocknung 158
Trocknungssysteme 167
Trocknungstechnik 166
Trommeltrockner 167
„Trotzer" 333, 334, 416, 710
Tropaeolum 71
Tropophyten 72
Trypeta 266, 267, 504
— *arctii* Ratz. 260
— *arnicivora* Löw. 266, 267
— *artemisiae* F. 274
— *leonitidis* DC. 672
Tubera Aconiti 54, 91, 207, 209, 210
— *Salep* 191
Tubifera trivittata F. 427
Türkische Erbsen 21
Tussilago 346
— *farfara* 71, 129, 157
Tylenchus-Art 672
Typhus 121
Tyroglyphus farinae L. 467

U

Übelkeitserscheinungen 150, 297, 376, 670
Überfrucht 111, 116
Überschwemmungen 72
Umbelliferae 52, 233, 238, 253, 328, 361, 393, 453, 573, 578, 638
Umbelliferen 112, 145, 659
Umbelliferenfrüchte (Übersicht der Unterscheidungsmerkmale) 581
Umschläge 61,65
Umweltfaktoren 190
Umfallkrankheit 638
Unkrautbekämpfung 129, 144
Unkräuter 145
—, Verwendung als Droge **201**
Unkraut-Ex 144
Unkrautkunde 144
Unkrautsamen 134, 140, 201
Unkrautstriegel 143
Unland 84
Unterfrucht 117
Untergrundlockerung 412, 597
Untergrundverdichtung 128
Untersaat **116**

Urbarmachungskrankheit 124, 319
Uredosporen 535
Urginea maritima (L.) Bak. 50
Urocystis cepulae (Frost) Liro 223
— *kmetania* Magnus 719
Uromyces galegicola Woron. 409
— *glycyrrhiza* Magnus 414
— *graminis* (Nießl.) Diet. 404
— *thapsi* (Opitz) Bubàk 713
— *valerianae* (Schum.) Fuck. 704
Urticaceae 51, 685
Urtica crenulata Roxb. 686
— *dioica* L. 187, **685**, 686, 687, 689, 690
— — *var. elegans* Chenevard 686
— — *var. subinermis* Uechtritz 686
— *kioviensis* Rogowitsch 688, 692
— *oblongata* Koch 687
— *pilulifera* L. 692
Urtica-species 50, 51, 64, 115, 126, 129, 187, **685**
— —; Futtermittel, Gehaltstabelle 691
— *stimulans* L. 686
— *urens* L. 685, **687**, 689
— — *f. microphylla* Murr. 687
— *urentissima* Blum. 686
Urushiol 150
Ustilaginee 472
Ustilago cardui Fisch. de Wald. 656
— *maydis* 200, 201
UT 10 (Leuna) 496

V

Väter der Botanik 25
Vakuumtrockner 167
Valeriana celtica L. 444, 696
— *dioica* L. 696
— *officinalis hercynica* 187
Valeriana officinalis L. 30, 31, 50, 53, 64, 80, 81, 84, 85, 105, 115, 116, 125, 132, 139, 198, **693**
— — *var. latifolia* Vahl 696
— —; Rhizome, Extraktgehalt 702
— —; Unterscheidungsmerkmale 695
Valeriana phu L. 696
— *sambucifolia* Mik. 693, 695, 698, 703
— — *var. microphylla* Hausm. 696
— —; Unterscheidungsmerkmale 695
Valerianaceae 53, 693
Vanessa jo L. 427, 431, 550, 692
— *urticae* L. 427, 431, 444, 454, 550, 642, 692, 694
Vegetationspunkte 131
Veilchen 200, 435, 719
Veilchengewächse 52
Veilchenparfüm 719
Veilchenpomade 719
Veilchenwurzel 22, 435, 437, 440, 719
—, Florentiner 435, 719
Veratrum album L. 51, 197
Verbascum blattaria L. 707
— *phlomoides* L. 706, 709
— —; Merkmale 707
— *phoeniceum* L. 707
— *thapsiforme* Schrad. 85, 706, 709, 712
— —; Merkmale 707
Verbascum-species 31, 51, 52, 64, 69, 71, 74, 85, 109, 122, 132, 197, 198, 387, **706**
— —; Samenunterschiede 708
— —; Unterscheidungsmerkmale 707
Verbena officinalis L. 51
Verdauungsstörungen 57, 61, 65
Verdünnung, homöopathische 125
Verdunstungskälte 71
Verdunstungsverluste 145
Verfälschungen 145
Vergärungsmethode (Saatgutgewinnung) 153
Vergiftungen 210, 297, 371, 376, 409, 518, 558, 568, 577, 602
Vergrünung 338, 366, 705, 713
Verlaubungserscheinungen 338, 705
Verlust an ätherischem Öl bei der Lagerung einiger Drogen 174
Verlustminderung 152
Veronica officinalis L. 51
Verpackungsmaterial 173
Verqueckung 129
Versand **172**
Verschleimung 59
Verstopfen der Sämlinge 140
Versuchs-Dreschmaschine 152
Versuchsring 35
Verticillium 536
Verunkrautung 134
Vespa germanica F. 622, 646
— *rufa* L. 394
— *silvestris* Scop. 394, 603, 622
— *vulgaris* L. 622
Vespidae 490
Viburnum prunifolium L. 203
Vicia faba L. 684
Vielfachgerät 142
Violaceae 52, 714
Viola odorata L. 200, 435, 719
— *tricolor* L. 51, 52, 64, 112, 115, 186, **714**
— — *subspec. arvensis* (Murr.) Gaud. 716, 717
— — *subspec. eutricolor* Syme 139, 186, 716, 717
— — Ziersorten 716
Viren-Mosaik-Erkrankung 435
Virusbefall 145
Viruserkrankungen 146, 435
Vitamine 57
Vitamin A 65
— B 673
— C 57, 63, 65, 68, 360, 451, 501, 576, 673, 688
— D 673
Vogelfraß 75, 299, 304, 320, 360, 620, 631, 641
Volksheilkunde 53, 59, 267, 297, 351, 355, 358, 451, 467, 557
Volucella pellucens L. 694
Vorbehandlung von Saatgut 134
Vorfruchtwert 108
Vorratsrodung, Nachteile der 434, 457, 702
Vorreinigen 94
Vorsichtsmaßnahmen bei Ernte von Giftpflanzen 150, 296, 376, 425
— — — von bewehrten Pflanzen 656

W

Wacholder, Gemeiner 75, 202
Wachstumsfaktoren, Wirkungsgesetz 74
Wachstumsstimulatoren 190
Waldanemone 418

Waldbestände 382
Waldblöße 436
Walderde 384
Waldfeldbau 85
Waldkahlschläge 85
Waldlichtungen 292
Waldmeister, Echter 48, 53, 56, 190, **286**
Waldmeisterkraut 56, 287
Waldpflanze 287
Waldstaudenroggen 85
Walkerdistel 565
Wallwurz, Große **664**, 666
Walnuß 203
Walzenquendelspanner 677
Wanzen 362, 404, 511
Wanzenkraut 362
Wanzenschäden 404
Wanzenstiche 405
Wasserentzug 75
Wasserfaktor 66, 71
Wassergehalt 156
Wasserhaushalt 72, 73
Wasserkulturen 294, 607
Wasserminze 514, 538
Wasserpfeffer-Knöterich 50, 188
Wasserröste 318
Wasserschierling 85
Wasserschwertel 441
Wasserschwertlilienwurzel 435
Wasserstoffionenkonzentration 66, 77
Wasserstoffsuperoxyd 293
Wasserverdunstung 143
Weberdistel 565
Weberkarde 21, 565
Wegerichgewächse 52
Wegerichmosaikvirus 589
Wegerich, Strauchiger 587
Wegezeiten 93
Wegrauke 22
Wegwarte 352
Weichkäfer 233, 239, 328, 431, 454, 473, 591
Weideleguminose 112
Weidelgras, Welsches 116
—, Westerwoldisches 123
Weiden (Wiese) 263
Weidenutzung 338
Weinbeeren 156
Weinbereitung 672
Weinberge 269, 348, 445, 623, 628
Weingebiete 322, 592
Weingelände 436
Weinraute 22, 50, 52, 62, 80, 198, **621**
—, 'Kleinblättrige Mittelfrühe' 623
Weinrautenblätter 62, 621
Weinrautenkraut 62, 621
Weinrautensamen 621
Weinrose 22
Weißbirke 201
Weißdorn 75, 201
Weißfleckigkeit 511
Weißklee 201
Weißlingsarten 220, 287, 427, 431, 454, 550, 642, 694
Weißrost 663
Weißseuche 124
Weißtorf 265
Weizen 75, 115, 200, 331, 398, 437, 563, 718
Welkeerscheinung 450, 705
Welkekrankheit 296, 450, 705
Wellenlängen 67
Werkkulturen 39, 47
Wermut 48, 53, 56, 95, 99, **268**
—, Blattausscheidungen 271
—, 'Großblättriger' 270
Wermutblätter 56
Wermutbohrfliege 274
Wermutkraut 56, 147, 269
Wermutmotte 274
Wertbestimmung, biologische 177
Wertminderung 174
Wertsteigerung 191
Wertstoffgehalt 137, 147, 153
—, jahreszeitliche Schwankungen 70
—, tageszeitliche Schwankungen 69
Wespenart 646
Wespenbienen 610
Wespenschmarotzer 395
Wetterdistel 653
Wicken 116
Wickler 248, 273, 274, 280, 537, 553
Wickroggen 316
Wiesen 132, 263
Wiesen-Alant 262
Wiesenblattwespe 591
Wiesenblindwanze 346, 490, 589, 663
Wiesenbocksbart 261, 262
Wiesenkerbel 253
Wiesenknopf, Großer 638, 639
Wiesenknopf, Kleiner 51, 64, **638**
Wiesenknopfkraut 638
Wiesenküchenschelle 48
Wiesenkümmel 186, 330
Wiesenlein 467
Wiesenrispe 133
Wiesen-Salbei 638
Wiesenschnake 320
Wiesenumbruch 340, 665
Wiesenwanze 237, 511
Wildformcharakter 190
Wildgemüse 187, 198, 261, 688
Wildkamillen 488
Wildpflanze 47, 386, 666
Wildverbiß 75
Windbrecher 526
Windbruch 74
Windfege 96, 152, 532
Windhocken 684
Windschutz 526, 604, 657
Windschutzhecken 75
Windschutzpflanzung 78, 670
Windschutzstreifen 74
Windwirkung 74
Winter-Bergminze 649
Winter-Bohnenkraut 64, **649**
— —, 'Quedlinburger Aufrechtes' 651
— —, 'Erfurter Niederliegendes' 651
Winterfeuchtigfleit 132
Winterfrost 135
Winterfurche 128
Wintergemüse 283
Wintergerste 423
Wintergetreide 331, 357, 402, 423, 563, 652, 660
Winterlein 461
Winterlinde 75, 202
Wintermajoran 474, 551
Winterraps 108, 134, 294, 331, 357, 563
Winterrübsen 108, 134, 331, 357, 563
Winterroggen 113, 717
Winterruhe 73
Winterschachtelhalm 201
Winterschutz 294, 379, 407
Winterspinat 140
Winterweizen 75, 108, 324, 331, 398, 563
Winterwicke 116
Winterzwischenfruchtbau 114
Winthemia xanthogastra Rond. 627
Wirbeldost 551

Wirkstoffe, bakteriostatische 63
—, bakterizide 63
Wirkstoffgehalt 130
Wirkung, hautreizende 439
—, hypnotische 318
—, physiologische (Baldrian) 127
—, sedative (Baldrian) 127
Wirsing 227
Wirtschaftlichkeit, Verbesserung 105
Wirtschaftsdünger 120
Wirtschaftsweise, biologisch-dynamische 125, 126, 147
Witterungseinflüsse 158
Wofatox 267, 663
Wolfsmilch lacteridae 21
Wolfsmilchgewächs 47, 52
Wollbiene 635
Wollblumen **706**
Wollblumenblätter 706
Wollblumenblindwanze 705
Wollblumenlaus 713
Wollblumenmotte 713
Wollblumenrüßler 713
Wollblumensamen 706
Wollkrautmönchseule 713
Wucherblume, Aschblättrige 347
Wuchsfreudigkeit 132
Wuchsstoffe, synthetische 141, 144, 496
Wühlmäuse 229, 248, 335
Wunden 55, 57, 61, 63, 65, 681
Wunderbaum 197, 602, 605
Wundklee 681
Wundmittel 59
Wurmfraß 672
Wurminfektion 121, 529
Wurmmittel 57, 280
Wurmsamen 44
Wurmsamenöl 342
—, amerikanisches 345
Wurstgewürz 61, 472, 551
Wurzelälchen 336, 450
Wurzelausscheidungen 299
Wurzeldrogen 90, 91, 108, 148, 159
Wurzeldrogenabfälle 133
Wurzelerkrankungen 466
Wurzelernte 148
Wurzelfäule 296, 358, 450
Wurzelgallen 450
Wurzelgemüse 261, 664
Wurzelgewächse 108
Wurzelhaare 71
Wurzelhalsfäule 704
Wurzelkeime 433, 521
Wurzelläuse 672
Wurzelparasiten 337, 450
Wurzelpetersilie (siehe auch Petersilie) 227, 353, 574, 577
Wurzelpilz 266
„Wurzelrhizome“ 521
Wurzelrost 346
Wurzelschimmel 450
Wurzelschnittlinge 521
Wurzelschößlinge 226
Wurzelschwund 296
Wurzelspieß 148
Wurzelstockdrogen 91
Wurzelstöcke 130, 148
Wurzelstockteilung 140
Wurzeltöterpilz 248, 404, 430, 536
Wurzelzichorie 129, 351, 353

X

Xanthophyll 688
Xerophyten 72, 156
Xenodochus carbonarius Schlecht. 641
Xylocopa 610

Y

Yezabura angelicae Koch 48
Ysop 49, 52, 58, 198, **426**, 561
—, 'Blaublühender' 428
—, blaublütiger 428
—, rotblütiger 428
—, weißblühender 428
Ysopkraut 58, 426
Yucca filamentosa L. 200

Z

Zahnfleischentzündungen 55
Zahnpasten 59, 65
Zaubernuß, Nordamerikanische 203
Zea mays L. 75, 138, 200
„Zehen“ (Nebenzwiebeln) 213
Zeigerpflanzen 77
Zeitpunkt der Ernte 147
Zichorie 48, 53, 56, 83, 199, **351**
—, 'Magdeburger' 352, 353
Zichorienblüten 351
Zichoriendarren 354
Zichorien-Kaffee 351
Zichorienkraut 351
Zichorienschnitzel 354
Zichorienwurzel 56, 351
Ziegen, Durchfallserscheinungen 641
Ziegenfutter 673
Ziegenhorn 682
Zierpflanzen 16, 199, 307, 347, 360, 376, 383, 409, 414, 430, 437, 440, 446, 469, 470, 480, 547, 554, 555, 593, 602, 605, 612, 621, 643, 657, 664, 665, 696, 709, 719
Zierzwecke, Verwendung für 204
Zikaden 248, 274, 280, 450
Zikadine 430, 511
Zingiberacee 417
Zitronenbasilie 545
Zitronenfalter 622
„Zitronenkraut“ 267
Zitronenmelisse 49, 52, 60, 198, 267, **505**
Zitwerblüten 44
Zitwersamen 44
Zone der Futterbauwirtschaften 85
— — Futterbau-Hackfruchtbauwirtschaften 87
— — Futter-Getreidebauwirtschaften 85
— — Getreide-Futterbauwirtschaften 87
— — Getreide-Hackfruchtbauwirtschaften 87
— — Hackfrucht-Futterbauwirtschaften 87
— — Hackfrucht-Getreidebauwirtschaften 86
Zoocecidien 260
Zuchtsorten 15, 35
Züchtungsmethoden 194
Züchtung von Arznei- und Gewürzpflanzen 36, 83, **193**
Zuchtziele für Arznei-, Gewürz- und Duftpflanzen, allgemeine 36, 193
Zucker (Inhaltsstoff) 63
Zuckerkrankheit 59
Zuckerrübengebiete 353

Zünsler 273, 506, 553
Zusammenanbau mit Obstgehölzen 117
Zusammenziehendes Mittel 65
Zusatzbestäubung, künstliche 319
Zusatzbewässerung 117, 142
Zweiflügler 443
Zwergmottenarten 641
Zwiebelbrand 223
Zwiebelbrut 223
Zwiebeldrogen 90, 94
Zwiebelfenchel 396
Zwiebelfliege 219, 223
Zwiebelgewächse 105
Zwiebeln 130, 148
Zwiebeln uniones 21, 199, 227
Zwischenfruchtbau 109
Zwischenkultur (-pflanzung) 283, 285, 341, 412, 447, 556, 593, 612, 631
Zwischenpflanzung 689
Zygaena ephialtes L. *var. peucedani* Esp. 677
— *punctum* Ochs. 634
— *purpuralis* Brünn. 677
— *trifolii* Esp. 677

Bildnachweis

Da nicht mehr alle Abbildungen der 1. Auflage im Verlag vorlagen, stellten die Herren Halwaß, Dr. Plescher und Karpf neue Bilder zur Verfügung.

Archiv des Instituts für Sonderkulturen

Prof. Dr. Heeger: 37, 62, 207, 224, 281, 332, 333; K. Herschel: 279; Lips: 19, 20, 26, 28–31, 36, 42, 46, 47, 50, 51, 53–57, 60, 61, 64, 66–72, 74, 75, 80, 81, 86, 87, 89, 90, 93, 99, 100, 101–103, 106, 109, 111, 112, 115, 116, 120–125, 127–130, 133–137, 140–142, 144, 147, 148, 151, 154, 159, 160, 162, 163, 165–168, 170, 172, 174, 178, 184, 188, 191, 194, 196, 203, 205, 208, 212, 215, 216–218, 220, 222, 223, 225, 227, 228, 232, 236, 242, 244, 245, 246, 248, 249, 254, 256, 258, 260, 263, 266, 272, 273, 276, 280, 283, 285, 293, 296, 298, 301, 307, 310, 312, 315, 321, 324, 325, 327, 330, 337, 338, 342, 345, 346, 347–354, 356, 357, 360–364, 366, 369–374, 379, 381–383, 384, 385, 387, 389, 391, 392, 394, 397–399, 400–404, 407, 409–412, 414, 420, 428; Müllenberg: 415; Ude: 16, 17a, 278

Archiv des Sortenamtes für Nutzpflanzen, Zweigstelle Leipzig

34, 35, 38, 48, 49, 65, 73, 84, 88, 105, 114, 126, 131, 138, 143, 146, 149, 150, 152, 155, 161, 169, 175, 176, 179, 182, 183, 185–187, 193, 195, 197, 226a, 226b, 235, 250, 251, 253, 255, 261, 264, 265, 274, 277, 282, 286, 288, 295, 300, 303, 304, 306, 308, 316–318, 322, 323, 329, 331, 334, 339, 340, 343, 344, 358, 359, 365, 376, 377, 380, 386, 388, 390, 393, 395, 405, 413, 416; Spatzier: 44

Archiv Dr. Saenger

1–11, 14, 17b, 23, 25, 231, 269, 270, 271, 313, 320; Bittner: 82, 104, 210, 424; Deckart: 378; K. Herschel: 21, 22, 58, 63, 83, 107, 113, 164, 171, 192, 201, 211, 214, 229, 233, 238–241, 262, 275, 290, 291, 292, 294, 335, 336, 341, 355, 367, 396, 408, 417–419, 421, 426, 427; Prof. Dr. Mühle: 425

Bauernbild: 27, 59, 145, 198, 230, 243, 257, 267, 423
Bayrische Landesanstalt für Pflanzenbau und Pflanzenschutz, München: 12
Prof. Dr. Esdorn, Hamburg: 305
Foto-Meister Georgi, Bockau/Erzgeb.: 94–98
E. Halwaß, Nossen: 15, 24, 32, 33, 39, 40, 41, 43, 45, 52, 76, 77, 85, 92, 117, 118, 119, 132, 139, 153, 158, 173, 177, 189, 190, 204, 213, 219, 220, 234, 237, 247, 252, 268, 284, 302, 311, 314, 319, 328, 375, 422, 429, 430
K. Herschel, Holzhausen: 78, 79, 108, 110, 157, 180, 181, 202, 206, 221, 309, 326, 368
Institut für Obst- und Gemüsebau der Martin-Luther-Universität Halle/Wittenberg in Halle (Saale): 18
Institut für Phytopathologie der Karl-Marx-Universität in Leipzig: R. Herschel: 287
H. Karpf, Oelsnitz/Erzgeb.: 91
Dr. A. Plescher, Artern: 156, 199, 200, 290, 406
Prof. Dr. Seel, Berlin-Friedenau: 13

Berichtigungen

S. 33, 15. Zeile v. u.: statt DE GRAAF: DE GRAAFE
S. 126, 1. Zeile v. o.: statt *Taraxacum officinalis*: *Taraxacum officinale*
S. 200, 22. Zeile v. o.: statt *Hordeum vulgaris* L.: *Hordeum vulgare* L.
S. 237, 8. Zeile v. u.: statt *Laserpitium silea* L.: *Laserpitium siler* L.
S. 266, 3. Zeile v. u.: statt *Entyloma candulae* Oudem: *Entyloma calendulae* (Oud.) De By.
S. 319, 19. Zeile v. o.: statt *Sclerotinia sclerotorum* (Lib.) Sacc. et Trott.: *Sclerotinia sclerotiorum* (Lib.) Sacc. et Trott.
S. 327, 14. Zeile v. u.: statt *Phytium de baryanum* Hesse: *Pythium de baryanum* Hesse
S. 354, Lit.-Anm. 4: statt BÖRNER: BÖHMER
S. 403, 18. Zeile v. o.: statt *Othiorrhynchus ligustici* L.: *Otiorrhynchus ligustici* L.
S. 444, 6. Zeile v. o.: statt *Epiphinele jurtina* L.: *Epinephele jurtina* L.
S. 473, 3. Zeile v. u.: statt *Hylemyia coartata* Fall.: *Hylemyia coarctata* Fall.
S. 504, 12. Zeile v. o.: statt *Peronospora leptosperma* De By.: *Peronospora leptospermae* De By.
S. 671, 2. Zeile v. u.: statt *Sphaerotheca fulginea* (Schlecht.) Salm.: *Sphaerotheca fuliginea* (Schlecht.) Salm.
S. 694, 7. Zeile v. u.: statt *Sigus ferrugineus* L.: *Sicus ferrugineus* L.